本书得到国家科技重大专项——重大新药创制“药物一致性评价关键技术与标准研究”课题（2017ZX09101001）的资助

吸收与药物开发

溶解度、渗透性和电荷状态（第二版）

Absorption and Drug Development: Solubility, Permeability, and Charge State (Second Edition)

[美]亚历克斯·阿夫迪夫（Alex Avdeef） 著

许鸣镝　牛剑钊　主译

科学技术文献出版社
SCIENTIFIC AND TECHNICAL DOCUMENTATION PRESS
·北京·

图书在版编目（CIP）数据

吸收与药物开发：溶解度、渗透性和电荷状态：第二版/（美）亚历克斯·阿夫迪夫（Alex Avdeef）著；许鸣镝，牛剑钊主译.—北京：科学技术文献出版社，2021.6（2024.1重印）

书名原文：Absorption and Drug Development: Solubility, Permeability, and Charge State, Second Edition

ISBN 978-7-5189-7201-2

Ⅰ.①吸… Ⅱ.①亚… ②许… ③牛… Ⅲ.①药物—研制 Ⅳ.①TQ46

中国版本图书馆CIP数据核字（2021）第061065号

著作权合同登记号　图字：01-2020-0997

吸收与药物开发：溶解度、渗透性和电荷状态（第二版）

策划编辑：孙江莉　　责任编辑：宋红梅　　责任校对：王瑞瑞　　责任出版：张志平

出 版 者　科学技术文献出版社
地　　址　北京市复兴路15号　邮编 100038
编 务 部　(010) 58882938，58882087（传真）
发 行 部　(010) 58882868，58882870（传真）
邮 购 部　(010) 58882873
官方网址　www.stdp.com.cn
发 行 者　科学技术文献出版社发行　全国各地新华书店经销
印 刷 者　北京虎彩文化传播有限公司
版　　次　2021年6月第1版　2024年1月第2次印刷
开　　本　787×1092　1/16
字　　数　806千
印　　张　39.25
书　　号　ISBN 978-7-5189-7201-2
定　　价　138.00元

译者名单

主　译　许鸣镝　牛剑钊

副主译　许明哲　杨永健　胡　琴　关皓月　刘　倩

译　者　（按姓氏拼音排序）

陈　悦	陈德俊	陈民辉	堵伟锋
关皓月	胡　琴	姜建国	柯　静
刘　茜	刘　倩	刘雪峰	卢　骏
马玲云	牛剑钊	阮　昊	孙　婷
王　婧	王　琳	王昊天	王孝艳
谢　华	谢子立	徐玉文	许明哲
许鸣镝	杨东升	杨永健	袁耀佐
曾令高	翟晨斐	张　喆	张秉华
张广超	张晓明	郑　萍	郑金琪

译　序

ADME 是药物“吸收（Absorption）、分布（Distribution）、代谢（Metabolism）和外排（Excretion）”的简称，代表了药物进入机体后机体对药物的处置过程。药物的这四个属性决定了一个药物在体内的浓度、组织分布和代谢途径，对于预测药物的生物利用度和生物活性（即一个药物能否到达它的作用靶点并产生相应的治疗效果）具有重要的参考价值。我国药代动力学研究起步于20世纪50年代，对于评价候选药物的成药性具有关键作用。伴随着我国医药产业的转型升级，创新药物研究开发需求增大，溶解度、渗透性和电荷状态等相关吸收参数的研究及数学模型的建立具有重要的理论和实际价值。

作者亚历克斯·阿夫迪夫（Alex Avdeef）博士是美国药物科学家协会（FAAPS）的会员，也是伦敦国王学院的客座高级研究员。Alex Avdeef 博士一直致力于教授、研究和开发测量药物电离常数、溶解度、溶出度和渗透性的方法、仪器和分析软件，于2002 年编写了第一版《Absorption and Drug Development》，并于2011 年修改再版，内容丰富，数据详实，是制药行业中介绍药物吸收相关参数的一本出色的参考书。

为便于制药行业从业者和药学专业师生系统了解、学习药物吸收理化参数及测量技术的现状，特编译此书。本书2002 年第一次出版，2011 年第二次出版，2021 年我们组织有关专家对第二版内容进行了翻译。译书出版后，受到药学从业者的广泛学习和关注。在经过3 年学习使用后，我们对翻译内容进行修订和校对。

全书内容分为10 章。第1 章阐明药物研发的理化检测需求。第2 章基于 Fick 扩散定律，探讨作为 pH 函数的电离常数、溶解度和渗透性之间的关系，为本书后续章节奠定了基础。第3 章介绍电离常数 pK_a 及其测定、分析方法。第4 章讨论亲脂性，介绍测量分配系数 $\log P$ 和分布系数 $\log D$ 的实验方法。第5 章考虑“仿生”亲脂性，即药物在脂质体 - 水体系中分配系数的测定。第6 章讨论难溶性可电离药物溶解度的 pH 依赖性测量的实验和数学基础。第7 章介绍了 PAMPA——一种高通量人工膜渗透性测量方法。第8 章考虑使用上皮细胞模型，采用 Caco - 2 和 MDCK 上皮细胞系开展渗透性分析。第9 章考虑使用内皮细胞模型，重点分析基于血脑屏障内皮细胞模型细胞分析的渗透性数据。第10 章对前述章节进行总结并做简要补充。全书结构清晰，逻辑严谨，适用性强。

本书的翻译是由全国多个省市药检机构专业人员完成的；本书的发行与再次印刷

离不开科学技术文献出版社给予的大力支持；在此表示诚挚的谢意。同时也感谢十三五国家“重大新药创制”科技重大专项课题（2017ZX09101001）的支持。

相信此译本的出版将进一步提高我国药学从业者的科学水平，优化药物发现筛选机制，促进我国药品结构由仿制到创新为主的战略转移，推动医药行业结构优化升级。

主译 许鸣镝

于中国北京

2024 年 1 月

卡拉
纳塔利
迈克尔
奥布里

序　言

自《吸收与药物开发》第一版问世以来的 9 年里，药物研究取得了许多进展，尤其是在渗透性方面。药物研究人员已经描述了几种基于靶向脂质制剂的 PAMPA 模型。引入新的数据处理程序来解释下述模型中渗透性 - pH 依赖的关系（梯度 pH 和等度 pH），如 PAMPA、培养的上皮细胞系（如 Caco - 2、MDCK）、原代内皮培养细胞［如猪脑微毛细管内皮细胞（BMEC）和人 BMEC］及啮齿类动物原位脑灌注模型。首次报道了专门模拟血脑屏障（BBB）渗透性的 PAMPA 模型，也描述了用于皮肤渗透的 PAMPA 模型。此外，在溶解度数据分析领域也取得了一些进展。

在第一版中，pK_a和溶解度部分比较粗略，更像是综述，而不是书籍的章节。最初的渗透性篇幅较长，且主要集中在被称为 Double - Sink 的 PAMPA 方法的发展早期阶段。经过反思，显然需要更均衡的覆盖面。

在第二版中，舍弃了大部分原始 PAMPA 素材，取而代之的是基于文献中所述的最近研究的模型描述和应用，参考了我所在的 *p*ION INC. 团队发表的 30 多篇 PAMPA 相关论文。此外，增加了两个新的章节：第 8 章（渗透性：Caco - 2/MDCK）和第 9 章（渗透性：血脑屏障），从而极大地丰富了 pK_a章节的内容。详细阐述了电位滴定技术，但紫外线和其他方法的处理仍比较简单。新的原点偏移 Yasuda - Shedlovsky（OSYS）法揭示了如何以不同的方式处理不溶性酸和碱的新见解。迄今为止，溶解度章节已经提出了许多处理几乎不溶性化合物测试的实例。曾经尝试增加一个关于溶出度的新章节，但会超出本书计划的篇幅。因此认为，溶解度 - 溶出度最好留作将来的项目进行单独处理。

所有的数据库表单都经过了审核，并更新了更多的数值。目前，pK_a表已经超过 900 个条目，其中许多条目是在 37 ℃测定的。每个渗透性章节都增加了新表格，其中包括大量的 Double - Sink PAMPA、PAMPA - BBB、Caco - 2/MDCK、多物种 BMEC 和原位脑灌注（PS）值的列表。由于第一版以来药物研究的研发方式发生了重大变化，所以序言章节，即第 1 章，也已更新。

基于第一版的内容，我曾两次在伦敦国王学院开展为期 10 周的非正式课程。还在赫尔辛基大学举办了两场小型教学演讲。本书经常出现服务于教育目的的概念。几个药剂学和制药科学的大学院系根据马丁的经典教科书——《物理药剂学和药学》（目前为第六版）开设物理药剂学和药剂学课程。这是一本出色的综合教材，供学制为两个学期的研究生作为入门课程使用。我曾数次在波士顿东北大学作为客座讲师讲授其中的一些内容。但是，仅靠马丁的书无法学习到如何进行理化检测（如 pK_a、溶解度和渗透性）。因此，对于药剂学研究生，尤其是那些即将进入制药行业的研究生，需要对药物吸收相关的理化方法进行更深入的研究。我收到了不少教授的意见，他们曾使用《吸收与药物开发》第一版中的部分内容作为高级药剂学课程的补充。尝试将第二版做成教育教科书是非常诱人的，但由于时间问题，决定将其留作将来配合正文而单独附加的小册子。准备有用的问题和答案不是一个小项目。第二版仍可作为药剂学高级研究生课程的扩充，并可作为药物研发研究人员的参考书（在某些情况下还可以用于农业化学、环境和相关行业）。希望收到来自学术界和其他读者的更多反馈，既可作为教学指导，也可作为参考完善本书内容。

第二版共分为 10 章。第 1 章介绍了在快速变化的环境中，药物研发的理化检测需求。第 2 章以溶解度、渗透性和电荷状态（pK_a）为基础，定义了基于 Fick 扩散定律的通量模型，为本书其余部分奠定了基础。第 3 章涉及电离常数主题：如何快速、准确地测量 pK_a常数，以及可以使用哪些方法。相比第一版的较短篇幅，本章完全重写。第 4 章是关于测量分配系数 log P 和 log D 的实验方法。这一章包含了对 Dyrssen 双相电位滴定法的描述，该法仍然是用于测量可电离分子 log P 的“黄金标准”技术，log P 具有独特的 10 个数量级范围（从 -2 到 8）。第 5 章讨论了脂相是由磷脂双层形成的脂质体组成的分配系数这一专题。本章内容与第一版大致相同。第 6 章介绍了溶解度的测量，内容上有广泛的扩展。第 7 章介绍了一种高通量人工膜渗透性测量方法——PAMPA，该方法最初由 Manfred Kansy 及来自 Hoffmann - La Roche 的同事采用。这一章进行了重大修改，仍是关于迅速发展的重要主题的深层次说明。本章列出了数百个原始测量结果。第 8 章考虑使用上皮细胞模型，如 Caco - 2 和 MDCK 进行渗透性测量。第 9 章考虑使用内皮细胞培养的细胞模型进行渗透性测量，并试图将这些与管腔渗透性的动物原位脑灌注测量相关联。第 10 章总结了简单的理化性质近似值。本书在编写过程中参考了大量资料，包括超过 1350 篇的参考文献、200 多幅图和 200 多页表格。

在此，我要感谢我的同事：Joan Abbott、Mike Abraham、Per Artursson、David Begley、Stephanie Bendels、Christel Bergström、Marival Bermejo、Li Di、Jennifer Dressman、Beate Escher、Bernard Faller、Holger Fischer、Norman Ho、Pranas Japertas、Paulius Jurgutis、Manfred Kansy、Ed Kerns、Stefanie Krämer、Chris Lipinski、Sibylle Neuhoff、Alanas Petrauskas、Tom Raub、Jean - Michel Scherrmann、Abu Serajuddin、Kiyohiko Sugano、Krisztina Takács - Novák、Bernard Testa、Björn Wagner、Han van de Waterbeemd 和 Shinji Yamashita，他们提出了他们的想法、批评、指导，给予了很好的合作机会。我还要感谢许多其他人，包括我在 *p*ION INC. 和 Sirius 分析仪器有限公司的前同事们。我在年初离开了 *p*ION INC.，创办了 ADME 研究所（ADME 软件和咨询），并完成了本书的撰写工作。

在本书的撰写过程中，Salvatore Cisternino、Markus Fridén、Margareta Hammarlund -

Udanaes、Krisztina Takács – Novák 和 Kin Tam 阅读了一些章节，并提出了许多非常有用的建议，因此我特别感激他们。

Joan Abbott，我亲爱的朋友，我花了很多时间在她的伦敦国王学院团队中进行写作和休整，她是一个慷慨的主人。

我非常荣幸，在过去的 20 年里，能够与 Manfred Kansy 认识并成为朋友。

我还要感谢 Joyce Saltalamachia 的爱和支持，在我写作的 12 个月里，她承担了很多。

亚历克斯·阿夫迪夫
于马萨诸塞州剑桥
2011 年 9 月

第一版序言

这本书是为开展 ADME 检验的执业药物科学家撰写的，他们需要与药物化学家进行有说服力的沟通，以保证新的合成分子更具有“类药性”。ADME 是关于“药物分子生命中的一天”（吸收、分布、代谢、排泄）的全部内容。具体而言，本书试图描述测量电离常数（pK_a）、油水分配系数（log *P*/log *D*）、溶解度和渗透性（人造磷脂膜屏障）的现状。基于新开发的称为 PAMPA（平行人工膜渗透性测定）的方法，详细地介绍了渗透性。

这些物理参数构成了制药行业从药物发现到药物开发的物理化学剖析（ADME 中的“吸收”）的主要组成部分。然而在其他领域，特别是农业化学和环境行业，也会用到这些方法。另外，在化妆品行业中增加动物模型的新应用可能是值得探索的。

我一直认为，药物科学的研究生课程往往忽视了这些经典的溶液化学专题。通常，制药公司的年轻科学家被赋予测量其项目中某些特性的任务。大多数发现学习难度很大。此外，处于职业中期经验丰富的科学家第一次接触物理化学剖析的专题，他们发现除了原始文献外几乎找不到可以利用的资源。

当我在加州大学伯克利分校 Ken Raymond 教授的研究小组做博士后时，开始关注金属与生物配体的结合，出现了写一本关于该主题的书的想法，并开始构思。当我在锡拉丘兹大学担任化学助理教授时，每次讲授形态分析专题课程时，都会在“书”中添加更多的注释。5 年后，积累了超过 300 页的手写笔记和注释，但没有成书。几年后，原始笔记的一小部分，经过 Sirius 分析设备有限公司（位于伦敦南部，Ashdown 森林边缘，一个迷人的四酒吧村庄——Forest Row）成立初期的努力，作为《pH 计测定 pK_a和 log *P* 的应用和理论指南》刊出。在 Sirius，我参与了向使用 Sirius 制造的 pK_a和 log *P* 测量设备的高级用户讲授为期 3 天的综合培训课程。学员来自制药和农业化学公司，他们在课程中分享了许多新的想法。在过去的 10 年里，Sirius 已经将制药和农业化学行业中的 pK_a值测量进行了标准化。大约 50 个课程后，我在另一家年轻公司 *p*ION INC.（位于马萨诸塞州波士顿市北部，128 号高速公路沿线）继续开展这项工作。在过去的 12 年中，随着新仪器的开发，主题列表有所扩展，涵盖溶解度、溶出度和渗透性。2001 年，我得到一个撰写综述文章的机会，并且在 *Current Topics in Medicinal Chemistry* 刊出一长篇文章，题为《物理化学简谱（溶解度、渗透性和电荷状态）》。在这篇综述手稿中，Cynthia Berger（*p*ION INC.）表示，稍加额外的努力，“这可能成为一本书”。

进一步的鼓励是来自 John Wiley & Sons 的 Bob Esposito。pION INC. 的同事对我在英格兰休假时的态度非常友善，使我可以专注于写作。我有幸在伦敦国王学院 Joan Abbott 教授的神经科学实验室工作了 3 个月，当本书刚写完的时候，我在那里进行了一次关于本书主题的为期 10 周的非正式短期研究生课程。下班后，很荣幸地与西伦敦 Hash House Harrier 的朋友一起慢跑。在撰写渗透性的章节时，我在 pION INC. 勤劳的同事受本书撰写内容的启发，很快地测定了膜模型的渗透性。正是由于他们的努力，第 7 章载入了如此多的原始数据，其中包括用于预测人肠道渗透性的“双漏槽”PAMPA 模型。当手稿完成的时候，Per Nielsen（pION INC.）以敏锐的眼光审查了手稿。与他的许多深夜讨论激发了我新的灵感和见解，现在都已体现在书的各个部分中。

本书共分为 8 章。第 1 章介绍了药物研发的物理化学需求。第 2 章以溶解度、渗透性和电荷状态（pK_a）为基础，定义了基于 Fick 扩散定律的通量模型，为本书其他部分奠定基础。第 3 章涉及电离常数的专题：如何快速、准确地测量 pK_a值，以及可以使用哪些方法。揭示 Bjerrum 分析是最有效方法背后的“秘密”武器。第 4 章是关于测量分配系数 log P 和 log D 的实验方法。这一章包含对 Dyrssen 双相电位滴定法的描述，该法真正是用于测量可电离分子 log P 的“黄金标准”方法，log P 具有独特的 10 个数量级范围（从 -2 到 8）。还介绍了高通量方法。第 5 章是关于分配系数的特殊专题，其中脂相由囊泡形成的脂质体组成，而囊泡由磷脂双层制得。第 6 章主要是溶解度的测量。基于溶解模板滴定法的独特方法已证明可测定低至 1 ng/mL 的溶解度。另外，描述了用于测定“热力学”溶解度常数的高通量微量滴定板 UV 方法。在第 3 至第 6 章的末尾，尽力收集整理了药物分子常数的关键选定值（最佳可用值），并做了列表。第 7 章介绍了 PAMPA，这是最近由 Hoffmann - La Roche 的 Manfred Kansy 等人发现的高通量方法。第 7 章是关于该主题的第一次详尽的论述，几乎占了本书的一半。本章列出了近 4000 个原始测量结果。第 8 章以简单的规则做总结。本书涵盖了超过 600 篇的参考文献和 100 多幅图。

Norman Ho 教授（犹他大学）非常友善地、批判性地阅读了渗透性章节，对各种推导和概念进行了点评。数十年来他一直专注于这个专题。他的想法和建议（15 页手写笔记）激励我重写了该章节中的某些部分。我非常感谢他。同时非常感谢 pION INC. 的其他同事，他们熟练地进行了许多溶解度和渗透性的测量，在本书中都有所体现，这些同事是 Chau Du、Jeffrey Ruell、Melissa Strafford、Suzanne Tilton 和 Oksana Tsinman。另外，感谢 Dmytro Voloboy 和 Konstantin Tsinman 在数据库、计算和理论方面的帮助。我还与许多同事进行了有益的讨论，特别是 Hoffmann La - Roche 的 Manfred Kansy 和 Holger Fischer、惠氏制药的 Ed Kerns 和 Li Di，以及 Sirius 分析仪器公司的同事们，尤其是 John Comer 和 Karl Box。对 John Dearden 教授（利物浦约翰摩尔斯大学）和 Hugo Kubinyi（海德堡大学）的友好意见表示感谢。我还要感谢 Anatoly Belyustin 教授（圣彼得堡大学），他提供了一些非常相关的俄罗斯参考文献。在过去的 10 年里，Chris Lipinski（辉瑞公司）给了我很多仪器和药物研究方面相关的良好建议，对此我非常感激。

与 Krisztina Takács－Novák（赛梅维什医科大学，布达佩斯）和 Per Artursson（乌普萨拉大学）的合作非常有意义。James McFarland（Reckon. Dat）和 Alanas Petrauskas（Pharma Algorithms）一直是我在计算机模拟方法方面的老师。我非常感激 Joan Abbott 教授和 David Begley 博士，因为他们允许我在伦敦国王学院的实验室里待了 3 个月，在那里我学到了很多关于血脑屏障的知识。伦敦皮姆利克的沃里克街 Minon 咖啡餐厅的 Omar，他是如此友善，让我在他小小的三明治店里待上好几个小时，我可以在那里写几篇论文，喝上几杯咖啡。最后感谢 David Dyrssen 和已故的 Jannik Bjerrum，为 pH 测量方法播下了有趣且有弹性的种子。还有洛桑大学的 Bernard Testa 教授，孜孜不倦地传播物理化学剖析，正值他退休之际，对他表示祝贺。

亚历克斯·阿夫迪夫
于马萨诸塞州波士顿
2002 年 9 月

目　录

缩略语表

ABL（or UWL）	水边界层（或未搅拌的水层）
ADME	吸收、分布、代谢、排泄
AP	吸收电位
AS	蒽酰基硬脂酸
AUC	曲线下面积
BA/BE	生物利用度/生物等效性
BBB	血脑屏障
BBM	刷状缘膜
BCS	生物药剂学分类系统
BLM	黑色脂膜（单个双层膜屏障）
BMEC	脑微毛细血管内皮细胞（体外培养的细胞模型）
BPC	脑渗透分类
BSA	牛血清白蛋白
CE	毛细管电泳
CGM	分类梯度图
Cho	胆固醇
CL	心磷脂
CMC	临界胶束浓度
CPC	离心分配色谱
CRE	Cronoe－Renkin 方程
CV	循环伏安法
DA	十二烷基羧酸
DMPC	二肉豆蔻酰磷脂酰胆碱
DOPC	二油酰磷脂酰胆碱
DRW	动态范围窗
DS	双漏槽（PAMPA）
DSHA	*N*－丹酰十六烷胺
DTT	溶解模板滴定（溶解度法）
ECF	细胞外液（脑中）

续表

EMF	电动势（mV）
ER	外流比（体外极化运输）
ET	挤出技术（用于制造 LUV）
FAT	冷冻和解冻（制作 LUV 的步骤）
FDM	促进溶解方法（溶解度法）
FFA	游离脂肪酸
FLW	流量限制窗
GIT	胃肠道
GOF	拟合优度（回归分析中）
HDM	十六烷膜
hERG	人 ether－a－go－go 相关基因
HIA	人肠道吸收
HJP	人空肠渗透性
HP－β－CD	羟丙基－β－环糊精
HTS	高通量筛选或溶解度
IAM	固化人造膜
ISF	间质流体（脑中）
IUPAC	国际纯粹与应用化学联合会
IVIVC	体内－体外相关性
KRB	Krebs－Ringer 碳酸氢盐（缓冲液）
KO/WT	敲除/野生型 P－糖蛋白（Pgp）转染的小鼠模型
LFER	线性自由能关系
LJP	液体接界电位（mV）
LOD	检测限
LUV	大单层囊泡
M6G	吗啡－6β－D－葡糖苷酸
MAD	最大吸收剂量（mg）
MBUA	小鼠脑摄取测定
MDCK	Madin－Darby 犬肾（细胞系）
MEP	分子电势
MLR	多元线性回归
MLV	多层囊泡
MSF	小型摇瓶（溶解度法）
NaTC	牛磺胆酸钠
NCE	新化学实体
NIST（NBS）	国家标准与技术研究院（原国家标准局，NBS）

续表

NMP	1-甲基-2-吡咯烷酮
NMR	核磁共振
OECD	经济合作与发展组织
OIM	开放式创新模式（制药企业合作）
OSYS	原点偏移的 Yasuda-Shedlovsky（共溶剂 pK_a分析中的函数）
PA	磷脂酸
PAMPA	平行人工膜渗透性测定
PAMPA-BBB	基于 PBLE 配方，用于预测血脑屏障渗透性的 PAMPA
PASS	部分自动溶解度筛选
PBLE	猪脑脂质提取物
PBPK	基于生理学的 PK
PC	磷脂酰胆碱
PE	磷脂酰乙醇胺
PEG	聚乙二醇低聚物
PG	磷脂酰甘油或丙二醇
PGDP	丙二醇二壬酸酯
PI	磷脂酰肌醇
PK	药代动力学
*p*OD	pK_a^{FLUX}—优化设计
PS	磷脂酰丝氨酸
PSA	极性表面积（计算机模拟描述符）
PVDF	聚偏氟乙烯（疏水性滤器）
QSPR	定量结构-渗透性关系
RBC	红细胞
SCFA	短链脂肪酸
SIP	表面离子对（带电的药物膜表面分配）
SLS	十二烷基硫酸钠（阴离子清洁剂）
RLJP	残留 LJP
Sph	鞘磷脂
SSF	饱和摇瓶（溶解度法）
SUV	小单层囊泡
TEER	跨内皮电阻（$\Omega \cdot cm^2$）
TJ	紧密连接络合物
TMA-DPH	三甲基氨基-二苯基己三烯氯化物

术语表

A	PAMPA 滤器面积（cm^2）
C_0	不带电物质在水相中的浓度（$mol \cdot cm^{-3}$）
$C_m(x)$	x 位点的膜中溶质浓度（$mol \cdot cm^{-3}$）
C_m^x	x 位点的膜内侧溶质浓度（$mol \cdot cm^{-3}$）
C_R，C_D	分别为受体和供体水性溶质浓度（$mol \cdot cm^{-3}$）
D	pH 依赖关系的脂质－水分配函数（也称为表观分配系数）
D_{aq}（D_m）	溶质在水（膜）溶液中的扩散率（$cm^2 \cdot s^{-1}$）
diff	不带电物质与带电物质的分配系数之差
D_{MEM}	溶质在膜内的扩散率（$cm^2 \cdot s^{-1}$）
$D_{MEM/W}$	pH 依赖关系的膜－水表观分配系数（无量纲）
Double－Sink	存在两种漏槽条件：电离和结合
$E(\Delta\varphi)$	跨细胞接界处电位降的函数（无量纲）
$f_{(0)}$，$f_{(+)}$，$f_{(-)}$	分别为不带电荷形式、带正电荷形式和带负电荷形式的分子浓度分数
$F(r_{HYD}/R)$	Renkin 分子筛选函数，无量纲分数，在 0 和 1 的范围内
F_{pf}	脑血管灌注液流速（$mL \cdot g^{-1} \cdot s^{-1}$脑组织）
h	膜厚度（cm）
$h_{ABL}, h_{ABL}^R, h_{ABL}^D$	分别为 ABL（cm）、受体侧（R）、供体侧（D）的厚度
h_{ABL}^{TOT}	ABL 的总厚度，等于 $h_{ABL}^R + h_{ABL}^D$
hit	一种分子，其具备初次测定确定的活性、二次测定中良好结果和确定的结构
h_m	膜厚度（cm）
h_m^R, h_m^D, h_m^F	过量的脂层厚度（受体侧/供体侧）和滤器厚度
h_m^{TOT}	脂层总厚度：$h_m^R + h_m^D + h_m^F$
in combo	一种组合方法，其中将测得的特性（如 PAMPA 渗透速率）与计算的（计算机模拟）描述符（如氢键电势）进行加成“组合”
J	跨膜通量（$mol \cdot cm^{-2} \cdot s^{-1}$）
j_H	Avdeef－Bucher 四参数电极标准化方程中的低 pH 接界电位参数
j_{OH}	Avdeef－Bucher 四参数电极标准化方程中的高 pH 接界电位参数
k_a	吸收速率常数（min^{-1}）
K_e	提取常数

续表

K_{in}	单向转移常数（mL·g^{-1}·s^{-1}）：K_{in} =（Q_{br}/C_{pf}）/T，其中 Q_{br} = 测试化合物实质脑浓度（nmol·g^{-1}脑组织）（经血管体积校正后），C_{pf} = 灌注液浓度（nmol·mL^{-1}），T = 灌注时间（s）
k_S	Avdeef - Bucher 四参数电极标准化方程的斜率因子
K_{sp}	溶度积，如［Na^+］［A^-］或［BH^+］［Cl^-］
n_H	通过样品物质（以其放入溶液中的形式）贡献给溶液的可解离质子总数
$\bar{n}_H$	Bjerrum 函数：在特定 pH 下分子上结合质子的平均数
P	非 pH 依赖关系的脂质 - 水分配系数，也称为 P_{OCT}、$P_{X/W}$，其中 X = ALK、DD、HXD、LIPO、MEM、OCT、O 等。
P_0	非 pH 依赖关系的固有渗透率（药物的不带电形式）（cm·s^{-1}）
P_a	表观人工膜渗透率（cm·s^{-1}）——与 P_e 相似，但有一些限制性假设
P_{ABL}	体外或 PAMPA 模型 ABL 渗透速率（cm·s^{-1}）：$P_{ABL} = D_{aq}/h_{ABL}$
P_{app}	体外跨细胞表观渗透速率（cm·s^{-1}）
P_C	体外跨内皮（细胞）渗透率（cm·s^{-1}），由经流体动力学效应（ABL、细胞旁路、滤器）校正后的 P_{app}得出，取决于可电离渗透物的 pH
p_cH	基于氢离子浓度的 pH 标度
$P_C^{in\ situ}$	来自原位脑灌注技术的血脑屏障管腔渗透速率（cm·s^{-1}）：$P_C^{in\ situ}$ =（PS）/S，经流量校正后的渗透速率，取决于可电离渗透物的 pH
P_e	有效渗透速率（cm·s^{-1}）——根据试验测定的值
$P_e^{in\ situ}$	未针对流量进行校正的有效管腔渗透速率（cm·s^{-1}）：$P_e = K_{in}/S$，取决于可电离渗透物的 pH
pH	操作的 pH 标度
p_cH	基于浓度的 pH 标度
pH - CRE	pH 依赖关系的 Crone - Renkin 方程（CRE）流量校正方法
P_i（or $P_i^{in\ situ}$）	电离形式的渗透物的渗透速率（cm·s^{-1}）
pK_a	基于浓度标度的电离常数（负对数形式）
pK_a^{DTT}	DTT 方法中出现沉淀物时的表观 pK_a
pK_a^{FLUX}	由 log P_e - pH 曲线得出的表观 pK_a，在该 pH 下，50% 的运输阻力是由于人造膜屏障造成的，另外 50% 是由 ABL 造成的
pK_a^{GIBBS}	物质的不带电形式和盐形式共沉淀时的 pH
pK_a^{MEM}	膜 pK_a（在膜脂质 - 水体积比较高时滴定的限制表观 pK_a）
pK_a^{OCT}	辛醇 pK_a（在辛醇 - 水体积比较高时滴定的限制表观 pK_a）
P_m	PAMPA 跨膜渗透率（cm·s^{-1}）——针对 ABL 和水相孔扩散效应校正后的 P_e；pH 依赖关系遵循 Henderson - Hasselbalch 方程
P_0^{BLM}	指双层膜对不带电荷形式的可电离分子的固有渗透率
P_{OCT}	不带电物质的辛醇 - 水分配系数

续表

$P_0^{in\ situ}$	不带电形式的渗透物的 BBB 管腔固有渗透速率；对于可电离的化合物，$P_0^{in\ situ} = P_C^{in\ situ} \times (10^{\pm(\text{pH}-\text{p}K_a)}+1)$，其中酸为“+”，碱为“-”
P_0^{PBLE}	不带电形式的渗透物的 PAMPA-BBB 固有渗透速率；对于可电离的化合物，$P_0 = P_m \times (10^{\pm(\text{pH}-\text{p}K_a)}+1)$，其中酸为“+”，碱为“-”
P_{para}	PAMPA 膜旁渗透速率（$\text{cm}\cdot\text{s}^{-1}$）——渗透物通过在 PAMPA-BBB 薄膜中形成的水相孔的扩散：$P_{\text{para}} = (\varepsilon/\delta)_2 D_{\text{aq}}$
$P_{\text{para}}^{\text{BBB}}$	细胞旁路渗透速率（$\text{cm}\cdot\text{s}^{-1}$），表明渗透物通过由血脑屏障形成的紧密连接进行水相扩散
$P_{\text{para}}^{\text{ENDO}}$	细胞旁路渗透速率（$\text{cm}\cdot\text{s}^{-1}$），表明渗透物通过在内皮细胞模型中形成的渗漏连接进行水相扩散
$P_{\text{para}}^{\text{PBLE}}$	PAMPA 跨膜渗透速率（$\text{cm}\cdot\text{s}^{-1}$）——渗透物通过在 PAMPA-BBB 薄膜中形成的水相孔的扩散：$P_{\text{para}} = (\varepsilon/\delta)_2 D_{\text{aq}}$
PS	毛细血管渗透率-表面积乘积（$\text{mL}\cdot\text{g}^{-1}\cdot\text{s}^{-1}$），传统上由吸收速率常数（$K_{\text{in}}$）和 Crone-Renkin 方程（CRE）确定：$K_{in} = F_{\text{pf}}(1-e^{-PS/F_{\text{pf}}})$，其中 F_{pf} 为局部脑组织的灌注液流量（$\text{mL}\cdot\text{g}^{-1}\cdot\text{s}^{-1}$）
R	膜接界孔半径（Å），也称为 Abraham-van der Waals LFER 描述符
R_w	共溶剂质量百分比
r_{HYD}	分子的流体动力学半径（Å）
R_M	膜滞留率——经膜滞留的化合物的摩尔分数
S	摩尔溶解度，单位 $\mu\text{g}\cdot\text{mL}^{-1}$ 或 $\text{mg}\cdot\text{mL}^{-1}$
S（or A）	每克脑组织中的内皮表面积（假设为 $100\ \text{cm}^2\cdot\text{g}^{-1}$）
S_0	不带电物质的固有溶解度
SC	选择性系数；体外-体内相关性图中对数-对数的斜率
S_i	电离物质（盐）的溶解度，一种条件常数，取决于溶液中反离子的浓度
sink	任何能显著降低受体室中的中性形式的样品分子浓度的工艺；实例包括：物理漏槽（其中接收室中的缓冲液经常换新）、电离漏槽（其中由于电离而使中性形式的药物浓度减少）和结合漏槽（其中中性形式的药物浓度由于与接收室中的血清蛋白、环糊精或表面活性剂结合而减少）
S_0	固有溶解度，即不带电物质的溶解度
S_w	回归分析中残差的加权平方和
V_L	管腔液体体积，250 mL
V_x	Abraham McGowan 分子体积 LFER 描述符
%para，%trans，%ABL	分别为受细胞旁路、跨内皮（细胞）和 ABL 途径影响的相对渗透分数
±	方程中的符号：“-”用于碱，而“+”用于酸
δ	不带电物质在脂质体-水和辛醇-水之间的 log P 的差异

续表

α	经验流体动力学常数，通常值为0.5～1.0；理论值为0.5；也是电极标准化中4个Avdeef－Bucher参数之一；也是Abraham H键供体LFER描述符
β	Abraham H键受体LFER描述符
π	Abraham极性LFER描述符
Δ－Shift	由于DMSO－药物结合或药物－药物聚集结合，在溶解度－pH曲线中观察到的真实pK_a与表观pK_a之间的差异
$\Delta\varphi$	由排列在单层细胞连接孔内的带负电荷的残基所产生的电场上的电位降（mV）
ε	由制造商规定的标称微滤器孔隙率（值为0.05～0.70）；也是溶剂的介电常数
ε_a	表观滤器孔隙率，取决于所用的PAMPA脂质的体积、所用的滤器的面积和厚度，以及标称滤器孔隙率
ε/δ	细胞旁路连接孔的孔隙率除以限制速率的细胞旁路路径长度（大小受限的，阳离子选择性的）
$(\varepsilon/\delta)_2$	次级孔隙率－路径长度比（未指定尺寸/电荷依赖性）；膜旁水相孔的孔隙率除以PAMPA－BBB薄膜中充水通道的长度（δ约为0.01 cm）
ν	搅拌速度，RPM（$r \cdot min^{-1}$）
τ_{LAG}	将样品放入供体室后，在渗透池中达到稳态所需的时间；在本书描述的PAMPA模型中，近似为首次在受体室中检测到样品的时间

商业商标

pCEL－X™和 μDISS－X™是 ADME 研究所的商标。Double－Sink™、Prisma™、PAMPA Evolution™、μSOL Evolution™和 STIR－WELL™是 pION INC. 的商业商标。Transwell®、Freedom Evo®、Biomek－FX® 和 Excel® 分别是 Corning、Tecan、Beckman Coulter 和 Microsoft 的注册商标。

1 引 言

新药研发是一个漫长的过程。研发的损耗较高，成本也在不断攀升（现在每种上市药品的成本可能高达20亿美元）。从发现化合物到药物研发的传统模式正在发生改变，许多制药公司通过整合研究基地、精简研究人员、参与更多的外部合作和外包服务来控制研发成本。

1.1 新药研发化合物的筛选犹如大海捞针?

尽管在最近10年，由于新化合物较差的药代动力学特性导致的研发损耗率有所改善，但药物吸收仍然是现代药物研发中一个重要问题。新药的研发是艰巨的、昂贵的、风险较高的，但潜在的回报率也是较高的。

如果将化合物的分子量限制为小于600 Da①，并且由普通的原子组成，则化学空间估计包含10^{40} ~ 10^{100}个化合物，这对于寻找潜在药物而言是难以想象的巨大数量[1]。为了解决这一问题，“最大化学多样性”[2]被用于构建大型实验筛选库。现在人们普遍认为，先导物的质量比数量更重要。传统上，大型化合物库已可通过生物“靶标”来识别活性分子，希望其中一些“选中的化合物”（hits）有一天能够成为药物。前基因组时代的目标空间相对较小：用于发现已知药物的靶标少于500个[3]。随着基因组学技术的提高和对蛋白质－蛋白质相互作用的深入理解，有机会发现新的靶标，未来几年内靶标数量将增加到数千个[4-5]。但是预计在3000个新靶标中，只有约20%具有商业开发价值[5]。由于基因组和生物系统不可预见的复杂性，开发新药花费的时间比最初估计的要更长，而且成本也更高[5-8]。

尽管在过去的20年间，筛选产量大幅提高（在设计和运行方面付出了巨大的成本），但是先导物发现的数量并没有相应地提高[5-8]。C. Lipinski 提出，考虑到化学空间的巨大规模，尤其是临床上有用的药物似乎在化学空间中以小且紧密的团簇形式存在，最大的化学多样性是一种无效的文库设计策略：“……人们可以提出这样的观点，即筛选真正多样化的药物活性库是公司破产的最快方法，因为筛选率太低了。”[1]制药公司命中靶点，

① 注：本书为翻译图书，单位符号与原书保持一致。

这是因为最有效的（不一定是最大的）筛选库高度集中，以反映假定的紧密集群。寻找减少试验次数、使筛选“更智能”的方法具有巨大的削减成本的意义。

表1.1概述了21世纪初期几家制药公司遵循的药物探索、发现和开发过程[9-12]。一家大型制药公司每年可能会筛选10万~100万个具有生物活性的分子。其中，有3000~10 000个命中的化合物。这些化合物中的大多数，尽管有效，但缺少明确的理化性质、稳定性和安全性数据。大型制药公司每年将约12个化合物推向临床前研发。Ⅰ期临床后，12个候选化合物中仅有5个能够幸存（表1.1）。幸运的话，进入人体Ⅰ期临床的9个化合物中可能会有1个进入产品上市阶段[6]。对于该化合物，从开始到完成可能需要14年的时间（表1.1）。

落选的化合物具有“偏离靶标”的活性或不良反应。不幸的是，动物模型在人体有效性和安全性方面的预测能力较弱[7]。有时直到该药物大规模投放市场后，才发现对人体的不良反应。

表1.1　药物研发中的损耗

药物探索（2.5年，总花费的4%）		
了解疾病	选择治疗靶标	开发筛选试验
化合物库设计； 确定优先级别； 识别非期望的结构特征	治疗目标识别； 生物信息学：计算机-溶解度、渗透性、代谢稳定性、蛋白质结合、CNS渗透、口服生物利用度、P450相互作用和抑制、致突变性、致癌性	治疗靶标验证； 生物信息学：为竞争性结合研究识别的参考配体； 建立初次筛选； 缺乏强有力的计算机毒性预测（训练集非“类药性”）
损耗：40% ADME、40%效能、20%毒性		

药物发现（3年，总花费的15%）				
命中的化合物的发现	先导物产生	先导物优化（阶段1）	先导物优化（阶段2）	先导物优化（阶段3）
先导物识别 文库筛选； 效力和选择性（生物分析）； 筛选化合物的IC_{50}值； 优化筛选方案； 验证分子结构； 定量结构-活性关系； 分析命中的化合物的ADME特性： 溶解度评定；	自发现命中的化合物起6个月； 先导物选择； 1~10 μM效力（IC_{50}值）； 有效性、效力和选择性； 建立活性机制； 初步啮齿动物体内PK用于为体外SAR设立基准；	自发现命中的化合物起12个月； 化合物重新设计； 100 nM效力； 清除率、药物-药物相互作用、毒性； 二次筛选溶解度时的体外功能活性； 实验理化特性；	自发现命中的化合物起18个月； 10 nM效力； 良好的选择性vs.相关靶标（500~1000倍）； 二次筛选中的体外功能活性；	自发现命中的化合物起24个月； 开发候选物； 临床候选物选择； <10 nM效力； 专利公布； 与靶标蛋白的相互作用已知； 良好的选择性vs.相对靶标（1000倍）；

续表

<table>
<tr><td colspan="30">损耗：40% ADME、40%效能、20%毒性　　药物发现（3年，总花费的15%）</td></tr>
<tr><td colspan="6">PK筛选/盒式给药；
确定主要代谢部位；
确定吸收潜力；
应用Lipinski“五律”；
分析命中的化合物的毒性；
确定细胞毒性</td><td colspan="6">体外PK（CaCo－2）数据是体内活性（IC50）的良好预测因子</td><td colspan="6">申请专利；
CYP 450代谢筛选；
代谢稳定性筛选（%剩余）；
在定向数据库中筛选同源物：
吸收；
CNS渗透性；
细胞毒性</td><td colspan="6">先导化合物的溶解度必须良好；
通过体外PK数据（CaCo－2）印证体内PK数据（啮齿动物）；
特性良好；
专利完成；
瓶颈：体内PK、计算机代谢和毒性及体外技术均有待改进</td><td colspan="6">先导化合物所要求的：
溶解度特性；
表征代谢特征；
表征吸收过程；
初步PK特征；
表征毒性潜力</td></tr>
<tr><td colspan="30">损耗：33% ADME、33%效能、35%潜在毒性　药物开发（10年，总花费的81%）</td></tr>
<tr><td colspan="5">临床前研究（1年，总花费的10%）</td><td colspan="5">Ⅰ期临床（1.5年，总花费的15%）</td><td colspan="5">Ⅱ期临床（2年，总花费的22%）</td><td colspan="5">Ⅲ期临床（2.5年，总花费的31%）</td><td colspan="5">FDA审评（3年，总花费的3%）</td><td colspan="5">药品上市（14年，总花费的100%）</td></tr>
<tr><td colspan="5">进入人体研究；
IND－研究性新药；
处方前任务；
安全性、有效性、PK</td><td colspan="5">早期临床安全性；
业务分析和营销决策；
制药开发；
剂型开发和测定</td><td colspan="5">早期临床有效性</td><td colspan="5">关键的安全性和有效性</td><td colspan="5">药品注册NDA－新药申请</td><td colspan="5">上市后监督</td></tr>
</table>

注：概述药品研发各个阶段。包括每个阶段的估算用时、每个阶段的成本及相对损耗率。数据基于多个来源的研究[7-10]。

2001年，药品投放市场的成本约为8.8亿美元，这涵盖了许多失败的成本（表1.1）。2010年，每个获批药品的成本接近20亿美元[7]。据估计，由于ADME（吸收、分布、代谢、排泄）问题，进入临床前研究的化合物中约有33%最终被拒绝。其他损耗原因为缺乏有效性（33%）和安全性（34%）。花在失败化合物上的钱远比用于成功化合物的多。工业界已开始做出反应，尝试在化合物进入开发之前筛选出ADME性质较差的化合物。然而，这带来了另一个挑战：如何足够快地进行额外的筛选[13]。廉价而快速检测的不良后果是它们的质量较低[5]。

组合化学程序已趋向于选择分子量较高、溶解度较低的化合物。“早期警告”（early warning）工具［如Lipinski的“五倍率法则”（Rule of Five）[1]］和通过二维结构来预测溶解度与其他特性的简易计算机程序[14-15]，试图在发现程序中尽早剔除此类分子。尽管如此，由于用来测量溶解度的方法过于简单，许多有溶解度问题的化合物在早期研究中仍未被识别[16]。在药物研发的候选阶段，已证明更准确（但仍然较快）的溶解度[16-19]（参见第6章）和人工膜的渗透性[20-24]（参见第7章）测定方法对于在更早阶段识别真正有问题的化合物特别有效。甚至有人建议，如果该方法快速、需要化合物少、性价比高且合理准确，则可以用于候选药物未来的处方有效性筛选（pH和赋形剂对溶解度和渗透性的影响）[16-18]。

1.2 研发方式的转变

由于推出治疗药品的成本不断增加，许多制药公司已开始改变寻找和研发药品的方式[5]：

• 内部研究规模和范围不断缩小，不仅在寻找阶段，而且在研发阶段也更多地考虑外包。

• 很多公司已将内部结构重新调整为更小的“类生物技术”的结构单元。

• 与小型生物技术公司和学术界的外部合作有所增加。

• 许多业内人士预测，更多的生物疗法将要出现（其Ⅱ期耗损率较低[6]），对于小分子化合物的重视程度可能会降低。

发现策略正在改变[7]：

• 多靶标疗法的开发将会增加。

• 借助于对蛋白质-蛋白质相互作用不断加深的理解，将越来越多地探索全路径方法。

• 从特定疾病模型和途径入手的生物学驱动药物的发现，将受益于与学术团体的外部合作。

• 多基因复杂疾病分析。

• 网络药理学。

• 利用小型临床研究及应用微量给药技术，获得概念的早期证明。

与表1.1所示的过程不同，“开放式创新模式”（OIM）[8]涉及发现和研发的过程。损耗“漏斗”将从许多测试化合物开始。即使在早期阶段，想法和技术也可能被许可或者不被许可。在后期的优化阶段，与学术实验室的双向合作将扮演越来越重要的角色。产品注册许可证将被考虑。临近产品发布阶段，通过合作伙伴和合资企业进行的生产线扩展将越来越受欢迎。在OIM中，知识产权将被选择性地分配并主动管理和共享，以创造其他方面无法实现的价值。

1.3 靶向筛选或 ADME 谁优先?

大多数商业组合数据库(其中一些非常大并且可能是多种多样的)中只有很少一部分的类药化合物[1]。是否应该仅使用较少的类药部分来针对靶标进行测试?现有的做法是在“类药性”之前筛选受体活性。理由是,由于 ADME 性能差而被拒绝的分子的结构特征可能是与靶标相关的生物活性的关键。人们相信有缺陷的活性分子可由药物合成化学家进行修饰,此种方法对药效的影响最小。Lipinski[1]认为,出于经济原因,测试顺序可能会在不久的将来发生变化。他补充说,查看先前成功和失败案例所获得的数据可能有助于推导出一套适用于新化合物的指南。当检测一个新的生物治疗靶标时,对于配体与靶标结合的结构要求可能一无所知。筛选可能或多或少是一个随机过程。对一个化合物库进行活性测试,然后基于结果构建计算模型,用新合成的化合物重复该过程,可能重复多次,才能得到足够有用的化合物。对于大量的化合物,该过程可能会很昂贵。如果首先对公司数据库进行 ADME 特性筛选,那么该筛选仅进行一次。相同的分子可以针对现有的或将来的靶标循环多次,同时了解类药性以微调优化过程。如果明智地滤掉一些 ADME 特性很差的化合物,那么生物活性测试过程的成本将会降低。但是,测试(活性 vs. ADME)的顺序可能会继续成为未来争论的主题[1]。

1.4 ADME 和多机制筛选

计算机时代比以往任何时候都更需要进行属性预测,以应对筛选过载[14-15]。改进的预测技术不断涌现,然而,如何将可靠测量的理化性质用作新靶标应用的“训练集”,并没有跟上计算机模拟方法学发展的步伐。

ADME 特性的预测看似简单,与有效药物 - 受体结合空间相关的数量相比,构成该特性的描述符数量相对较少。实际上,ADME 的预测是困难的。当前的 ADME 实验数据反映了多种机制,使预测缺乏准确性。生物活性的筛选系统通常是单一机制,便于计算模型的开发[1]。

例如,水溶性是一种多机制系统。它受亲脂性、溶质和溶剂之间的氢键、分子内和分子间氢键、静电键(晶格力)及分子的电荷状态影响。当化合物分子带电时,溶液中的反向带电离子可能会影响所测量化合物的溶解度。溶液微平衡并行发生,从而影响溶解度。药物合成化学家对这些理化因素并没有很好地理解,但他们却被要求制造出新的化合物来克服 ADME 缺陷而又不丧失功效。

另一个多机制探究的例子是 Caco - 2 渗透性测定法(参见第 8 章)。分子可以通过数种同时作用的机制跨过 Caco - 2 单层细胞,但程度不同:跨细胞被动扩散,细胞旁路被动扩散，横向被动扩散，转运蛋白介导的主动流入或流出，膜结合蛋白介导的被动转运，受体介导的胞吞作用，pH 梯度和静电梯度驱动的机制等（参见第 2 章）。如果在测定过程中溶质浓度足够高，则 P－糖蛋白（Pgp）外排转运蛋白饱和。如果溶质浓度非常低（可能因为在发现过程中没有足够多的化合物，或者由于低溶解度），则在胃肠道（GIT）吸收中外排转运蛋白的重要性可能被高估，从而过低地预测了肠渗透性[1,25]。在某些体外细胞系统中，药物代谢会使测定结果更加复杂化。

来自传统药物领域的化合物（“常见药物”——可以从化学品供应商处获得）通常被学术实验室用于分析验证和计算模型构建的研究，当此类模型的结果应用于“真正的”[12]发现化合物时，可能会导致误导性的结论，因为化合物通常具有极低的溶解度[25]。

随着更多数据的积累，用于单机制测定的计算模型（如生物受体亲和力）变得更好[1]。相反，用于多机制分析的计算模型（如溶解度、渗透性、电荷状态）变得更差[1]。当仅考虑少量化合物时，使用 Caco－2 渗透性预测人体口服吸收可能会具有很好的相关性。然而，随着策略中包含更多的化合物使得良好的相关性变差，且不具有可预测性。“解决这个难题的方法是进行单机制 ADME 实验分析，并构建单机制 ADME 计算模型。在这方面，ADME 领域至少比生物治疗靶标领域落后 5 年以上”[1]。

1.5　ADME 和药物化学

尽管 ADME 分析通常由分析化学家进行，但是药物合成化学家——化合物制造者——需要对化合物的理化过程有所了解。

近一个世纪前，Overton 和 Meyer 首次证明一系列化合物的生物活性与其成员共有的一些简单物理性质之间存在关系。在随后的几年中，他们发现的萌芽进一步发展，其影响范围拓展到了药物化学、农业化学和农药研究、环境污染方面，甚至通过对熟悉领域的奇妙改造，已经拓展到化学学科本身的一些基础领域。然而，它的进一步发展被长期拖延了。40 年后，ICI（现阿斯利康）的 Ferguson 将相似的原理应用于气态麻醉剂的相对活性的合理化，并且在 Hansch 拟定下一个关键步骤之前，还有 20 多个步骤要通过……毫无疑问，拖延的一个主要因素是分隔主义。科学的各个分支过去比现在要多得多。宣称科学的重大进步是沿着学科之间的边界进行的，这几乎已经成为陈词滥调，但实际上，这发生在我们现在所说的 Hansch 分析的案例中，它结合了药剂学、药理学、统计学和物理有机化学等方面。然而，还有另一个鲜为人知的功能，它具有更直接的当代意义。平衡过程的物理和物理有机化学（溶解度、分配、氢键等）并不是一个引人注目的主题，它似乎太简单了。即使专家可能在这样的数字组合中获得丰富的信息内容，但对于习惯以三维角度思考的合成化学家来说，这些数字看起来都是无结构的，没有直观的意义。50 年前，正是 Ehrlich 的“锁与钥”理论的警钟，使药物化学家从一种原本可以更早获得的物理理解中解脱出来。比如当今的电视，无论显示什么内容，有时可能是一个完全虚拟的内容。但它具有视觉效果，因此更舒适且更易于接纳，这就是电视机的魅力所在。同样，在复兴的阶段 MO 理论将神秘宗教的异国情调与新发现的三维彩色投影的视觉效果结合在一起，这确实可以给人一种身临其境的感觉，人们可以直观地了解它的全部含义。但所有这些都是机遇与风险同在：如果药物合成化学家真的要执行他们刚刚尝试的巧妙对接程序，他们可能会忘记或未充分注意该药物分子将面临的在活动位点附近的溶解、渗透、分布、新陈代谢及其最终非特异性相互作用的障碍，所有这些都是与计算机图形学无关的物理原理的结果。由于成本和人力方面的原因，最近这种趋势在急剧恶化，从而将重点放在了体外实验上。很多时候，化学家为某些化合物在体外所获得的活性完全不能转化为体内活性而感到不安，通常情况下，简单地了解基本物理原理就不会让他们失望；更好的是，可以事先建议他们如何避免这种失望。我们还没有走上应该走的启蒙之路。更重要的是，如果新兴的受体科学与这些更为实际的物理原理之间的平衡无法正确保持，那么其中的一些可能会消失。①

——Peter Taylor [26]

1990 年，Taylor[26] 以一种全面而丰富的方式描述了理化特性，但此后发生了许多事情。仪器公司对 pK_a（参见第 3 章）、log P（参见第 4 至第 5 章）或溶解度（参见第 6 章）分析仪器的制造没有明显的兴趣，也没有人想到要做 PAMPA（参见第 7 章）。组合化学、HTS、Caco－2（参见第 8 章）、IAM 和 CE 领域在很大程度上仍然未知。因此，现在是评估过去 20 年工作经验的好时机。

1.6 ADME 中的“吸收”

本书侧重于物理化学剖析，以支持对 ADME 中“吸收”预测方法的改进。分布、代谢和消除部分则不作具体分析（代谢和 ADME 的其他组成部分将超出本书的范围）。此外，与被动吸收有关的特性是本书探讨的重点，而主动转运机制将仅被间接考虑。与被动吸收相关的最重要的理化参数是酸－碱特性（确定在特定 pH 的溶液中化合物的电荷状态）、亲脂性（确定化合物在水溶性和脂质环境之间的分布）、溶解度（限制化合物剂型可以溶解至溶液中的浓度及化合物从固体形式溶解的速率）及膜渗透性（决定化合物穿过膜屏障的速度）。本书将深入讨论这些特性（如 pH 的重要函数）的测量技术的现状。

① PETER J TAYLOR. Hydrophobic properties of drugs. Comprehensive medicinal chemistry，1990：241－294. 经 Elsevier 许可复制。

1.7 不只是一个数字，更是一个多机制

药物通过与特定受体的结合发挥治疗作用。药物与受体的结合取决于受体附近药物的形式和浓度。药物在受体附近的形式和浓度取决于其物理性质。口服的药物需要在胃肠道的吸收部位溶解，并穿越多个膜屏障才能与受体相互作用。当药物分布到人体的各个部位时，部分（少量）药物会到达受体部位。大多数药物的转运和分布都受被动扩散的影响，被动扩散依赖于亲脂性，以跨越脂质屏障[27]。物理化学原理很好地描述了被动扩散的转运形式[27-29]。

本书的目的是研究与电荷状态相关的多机制过程的组成部分：分子的 pK_a（参见第 3 章）、亲脂性（参见第 4 至第 5 章）、溶解度（参见第 6 章）和渗透性（参见第 7 至第 9 章），目的是改进与药物吸收有关的体外研究策略。在高通量筛选（HTS）中，有时将这些参数简单地看作数字，可以快速粗略地确定分子的“好”和“坏”。我们将尝试研究这一重要方面。此外，还将研究物理测量中基于分子水平解释如何帮助改善这些分析测定的设计，目的是在不影响高速需求的前提下，将 HTS 的数据素材提升到更高的质量水平[16-24]。大量的测量将引起计算机模拟方法的改进。在 Lipinski“五倍率法则”的原则下，将寻求简单的规则（以视觉上有吸引力的方式呈现），不仅适用于药物合成化学家，还适用于处方前研究人员。本书试图使负责修饰化合物的药物合成化学家与负责理化分析的药物科学家之间的对话更容易，他们需要以最佳有效的方式交流实验数据结果。

参考文献

[1] Lipinski, C. A. Drug-like properties and the causes of poor solubility and poor permeability. *J. Pharmacol. Toxicol. Methods* **44**, 235 - 249 (2000).

[2] Martin, E. J.; Blaney, J. M.; Siani, M. A.; Spellmeyer, D. C.; Wong, A. K.; Moos, W. H. Measuring diversity: Experimental design of combinatorial libraries for drug discovery. *J. Med. Chem.* **38**, 1431 - 1436 (1995).

[3] Drews, J. Drug discovery: A historical perspective. *Science* **287**, 1960 - 1963 (2000).

[4] Pickering, L. Developing drugs to counter disease. *Drug Discov. Dev.* **Feb.**, 44 - 47 (2001).

[5] Perrior, T. Overcoming bottlenecks in drug discovery. *Drug Discov. World* 29 - 33 (Fall 2010).

[6] Kola, I.; Landis, J. Can the pharmaceutical industry reduce attrition rates? *Nature Rev.*

Drug Discov. **3**, 711 – 715 (2004).

[7] Haberman, A. B. Overcoming phase II attrition problem. *Gen. Eng. Biotech. News* **29**, 63 – 67 (2009).

[8] Hunter, J. Is the pharmaceutical industry open for innovation? *Drug Discov. World* **Fall**, 9 – 14 (2010).

[9] Allan, E. – L. Balancing quantity and quality in drug discovery. *Drug Discov. World* **Winter**, 71 – 75 (2002/2003).

[10] Browne, L. J.; Taylor, L. L. *Drug Discov. World* **Fall**, 71 – 77 (2002).

[11] Kerns, E. H.; Di, L. *Drug-like Properties: Concepts, Structure Design and Methods*, Academic Press, Amsterdam, 2008.

[12] Rydzewski, R. M. *Real World Drug Discovery—A Chemist Is Guide to Biotech and Pharmaceutical Research*, Elsevier, Amsterdam, 2008.

[13] Lipinski, C. A.; Lombardo, F.; Dominy, B. W.; Feeney, P. J. Experimental and computational approaches to estimate solubility and permeability in drug discovery and development settings. *Adv. Drug Deliv. Rev.* **23**, 3 – 25 (1997).

[14] Algorithm Builder v1.8; ADME Boxes v4.9; ACD/pK_a Database in ACD/ChemSketch v3.0; ACD/Solubility DB. Advanced Chemistry Development Inc., Toronto, Canada (www.ACD/Labs.com).

[15] MarvinSketch v5.3.7. ChemAxon, Budapest, Hungary (www.chemaxon.com).

[16] Glomme, A.; März, J.; Dressman, J. B. Comparison of a miniaturized shake-flask solubility method with automated potentiometric acid/base titrations and calculated solubilities. *J. Pharm. Sci.* **94**, 1 – 16 (2005).

[17] Bergström, C. A. S.; Luthman, K.; Artursson, P. Accuracy of calculated pH-dependent aqueous drug solubility. *Eur. J. Pharm. Sci.* **22**, 387 – 398 (2004).

[18] Avdeef, A.; Bendels, S.; Tsinman, O.; Kansy, M. Solubility—Excipient classification gradient maps. *Pharm. Res.* **24**, 530 – 545 (2007).

[19] Avdeef, A. Solubility of sparingly-soluble drugs. [Dressman, J; Reppas, C. (eds.). Special issue: The Importance of Drug Solubility]. *Adv. Drug Deliv. Rev.* **59**, 568 – 590 (2007).

[20] Kansy, M.; Avdeef, A.; Fischer, H. Advances in screening for membrane permeability: High-resolution PAMPA for medicinal chemists. *Drug Discov. Today: Technologies* **1**, 349 – 355 (2005).

[21] Avdeef, A.; Artursson, P.; Neuhoff, S.; Lazarova, L.; Gräsjö, J.; Tavelin, S. Caco – 2 permeability of weakly basic drugs predicted with the double-sink PAMPA pK_a^{flux} method. *Eur. J. Pharm. Sci.* **24**, 333 – 349 (2005).

[22] Avdeef, A. The rise of PAMPA. *Expert Opinion Drug Metab. Toxicol.* **1**, 325 – 342

(2005).

[23] Avdeef, A.; Bendels, S.; Di, L.; Faller, B.; Kansy, M.; Sugano, K.; Yamauchi, Y. PAMPA—A useful tool in drug discovery. *J. Pharm. Sci.* **96**, 2893-2909 (2007).

[24] Sugano, K.; Kansy, M.; Artursson, P.; Avdeef, A.; Bendels, S.; Di, L.; Ecker, G. F.; Faller, B.; Fischer, H.; Gerebtzoff, G.; Lennernäs, H.; Senner, F. Coexistence of passive and active carrier-mediated uptake processes in drug transport: A more balanced view. *Nature Rev. Drug Discov.* **9**, 597-614 (2010).

[25] Lipinski, C. A. Avoiding investment in doomed drugs—Is solubility an industry wide problem? *Curr. Drug Discov.* **Apr**, 17-19 (2001).

[26] Taylor, P. J. Hydrophobic properties of drugs. In: Hansch, C.; Sammes, P. G.; Taylor, J. B. (eds.). *Comprehensive Medicinal Chemistry*, Vol. 4, Pergamon, Oxford, 1990, pp. 241-294.

[27] Kubinyi, H. Lipophilicity and biological activity. *Arzneim. - Forsch. / Drug Res.* **29**, 1067-1080 (1979).

[28] van de Waterbeemd, H.; Smith, D. A.; Jones, B. C. Lipophilicity in PK design: Methyl, ethyl, futile. *J. Comp. -Aided molec. Design* **15**, 273-286 (2001).

[29] van de Waterbeemd, H.; Smith, D. A.; Beaumont, K.; Walker, D. K. Property-based design: Optimization of drug absorption and pharmacokinetics. *J. Med. Chem.* **44**, 1313-1333 (2001).

2 转运模型

本章在使用 Fick 扩散定律的框架内定义了作为 pH 函数的电离常数、溶解度和渗透性之间的关系。简言之，跨膜屏障的通量是饱和溶液中的溶解度和渗透性的乘积函数。本章讨论了通量曲线和 pH－分配假说之间的对比。在此理论背景下，对胃肠道的特性进行了简要概述，同时考虑了单层上皮细胞的肠结构（褶皱、绒毛、微绒毛、黏液层），并定义了细胞跨膜转运渗透和细胞旁路转运渗透。简要讨论了在肠道表面的 pH“微环境”，并将 FDA 的生物药剂学分类系统与溶解度、渗透性和 pH 相关的概念整合在一起。

2.1 渗透性－溶解度－电荷状态和 pH－分配假说

膜的 Fick 第一定律[1-3]表明，溶质的被动扩散是膜内溶质的扩散率和浓度梯度的乘积。膜/水表观分配系数 $D_{MEM/W}$ 指溶质在膜内部与外部水中的浓度梯度，即由膜分开的两种溶液之间的浓度差异。为了使可电离的分子通过被动扩散最高效率地渗透，该分子需要在膜表面呈不带电的形式。这就是 pH－分配假说的本质[4]。在给定 pH 下，不带电荷形式分子数量直接影响通量，这取决于几个重要因素，如 pH、与内源性载体（蛋白质和胆汁酸）的结合、自结合（形成聚集物或胶束）和溶解度（固态形式的自结合）。低溶解度作为降低转运机制的条件，在转运中需要予以考虑，将其视为热力学的“速度衰减因素”。因此，渗透性和溶解度是跨膜转运中的动力学和热力学部分。

假设一个容器分成两个腔室，所述腔室由均匀的脂质膜隔开。如图 2.1 所示的装置示意图。左侧是供给室，其中首先加入样品；右侧是接收室，其在开始时没有加入任何样品。稳态时应用于均质膜的 Fick 第一定律是一个转运公式：

$$J = D_m \mathrm{d}C_m/\mathrm{d}x = D_m(C_m^0 - C_m^h)/h \text{。} \tag{2.1}$$

其中，J 是通量，单位为 $\mathrm{mol \cdot cm^{-2} \cdot s^{-1}}$；$C_m^0$ 和 C_m^h 是在两个水－膜边界处（在图 2.1 中 $x=0$ 和 $x=h$ 处，其中 h 是膜的厚度，单位为 cm）的膜中不带电形式的溶质浓度，单位为 $\mathrm{mol \cdot cm^{-3}}$；$D_m$ 是溶质在膜中的扩散率，单位为 $\mathrm{cm^2 \cdot s^{-1}}$。在稳态时，均质膜中的浓度梯度 $\mathrm{d}C_m/\mathrm{d}x$ 是线性的，因此可以在式（2.1）的右侧使用差值。假设对溶液进行非常充分的搅拌，在厚度为 125 μm[3] 的膜中建立稳态需要约 3 分钟。

式（2.1）的限制因素是，测量膜的不同部分中溶质的浓度非常不方便。由于可以估计（或可能测量）本体水和膜之间的分配系数 $\log D_{\text{MEM/W}}$（pH 依赖的表观分配系数），可将式（2.1）转化为更方便的公式：

$$J = D_m D_{\text{MEM/W}}(C_D - C_R)/h。\tag{2.2}$$

其中，$D_{\text{MEM/W}}$的代入使得供给室和接收室中溶质在水中的浓度分别为 C_D 和 C_R（就可电离的分子而言，C_D和 C_R指溶质所有带电状态形式的加和浓度）。通过标准技术可以很容易地测量出这些浓度。式（2.2）仍然不够方便，因为需要估计 D_m 和 $D_{\text{MEM/W}}$。通常将这些参数和膜厚度合在一起形成复合参数，将其称为“膜渗透速率”，即 P_m：

$$P_m = D_m D_{\text{MEM/W}}/h 。\tag{2.3}$$

式（2.2）（预测分子通过单层膜的速度）以浓度计算溶解度。考虑“漏槽”（sink）条件中 C_R基本上为零，式（2.2）可简化成以下通量公式：

$$J = P_m C_D 。\tag{2.4}$$

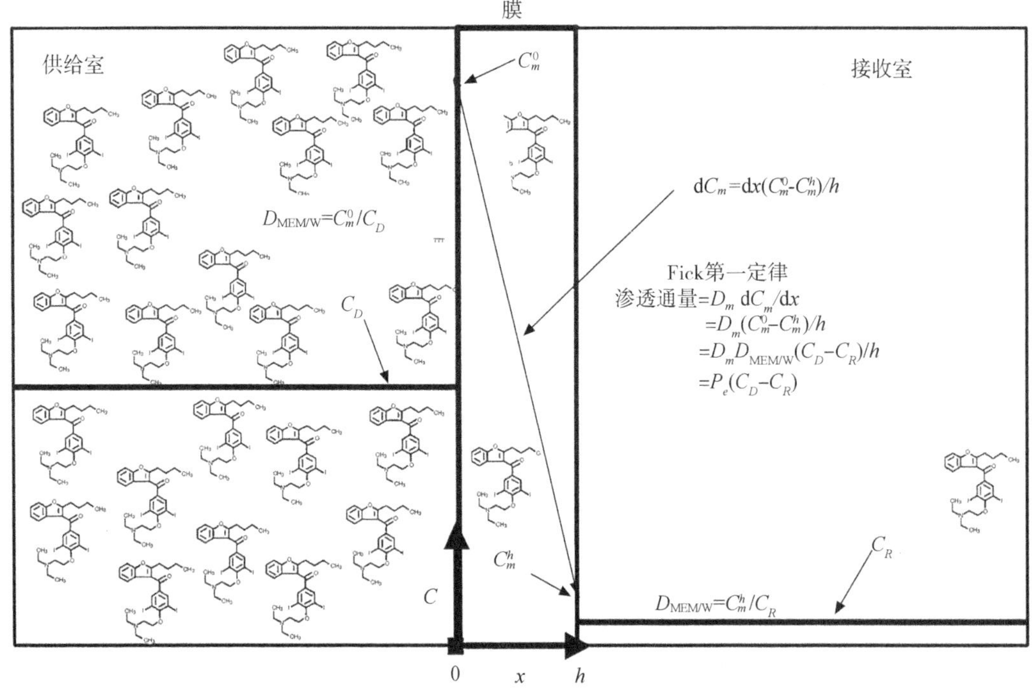

图 2.1　运转模型图

（描绘了由膜屏障分隔的水性室。将药物分子放入供给室中。在膜中的浓度梯度促使分子向接收室方向转运。表观分配系数 K_d 为2。转载自 AVDEEF A. Curr. Topics Med. Chem.，2001，1：277－351。经 Bentham Science Bentham，Ltd. 许可复制）

通量取决于溶质的膜渗透速率与膜供给室的溶质浓度（所有电荷状态形式的总和）的乘积。在理想情况下，这个浓度可能等于药物的剂量，除非该剂量超过所考虑的 pH 下溶解度的极限，在这种情况下，浓度等于溶解度。由于不带电的分子物质是渗透物，因此式（2.4）可重新表达为：

$$J = P_0 C_0 \leqslant P_0 S_0。 \tag{2.5}$$

其中，P_0和C_0分别是不带电物质的固有渗透速率和浓度。固有渗透速率不依赖于 pH，但其在通量公式中的辅助因子 C_0 却依赖于 pH。不带电物质的浓度总是等于或小于所述物质的固有溶解度，即 S_0，其不依赖于 pH。

注意，就不带电物质而言，式（2.3）可呈以下形式：

$$P_0 = D_m P_{MEM/W}/h。 \tag{2.6}$$

其中，$P_{MEM/W} = C_m(0)/C_{D0}$；同样，$P_{MEM/W} = C_m(h)/C_{R0}$；$C_{D0}$和$C_{R0}$分别是在供给侧和接收侧不带电物质的水溶液浓度。

就可电离分子而言，在某些 pH 下饱和的溶液（存在过量的固体）中，log C_0 对 pH 的图在形式上很简单：它是直线段的组合，在不连续点处连接，表明饱和状态与完全溶解状态之间的边界。这些连接点的 pH 取决于计算中使用的剂量，在饱和溶液中，log C_0 的最大值始终等于 log S_0[5]。

图 2.2 用酮洛芬作为酸的例子，用维拉帕米作为碱的例子，以及用吡罗昔康作为两性电解质的例子来阐述这一观点。在这 3 种情况下，计算中的假定浓度被设置为各自的剂量[5]。对于酸，log C_0 与 pH 的关系图（图 2.2a 中的虚线）在饱和溶液中处于低 pH 时是一条水平线（log C_0 = log S_0），并且在溶质完全溶解的 pH 范围内以 -1 的斜率减小。对于碱（图 2.2b），log C_0 与 pH 的关系图在饱和溶液中处于高 pH 时也是一条水平线，当小于开始沉淀的 pH 时，其直线的斜率为 1。

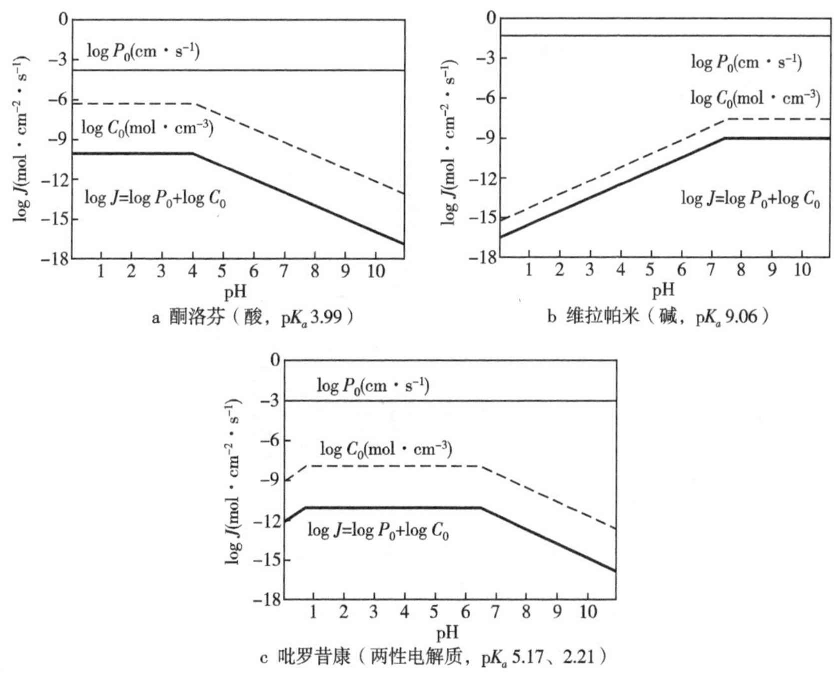

图 2.2 给药浓度下 log 通量 - pH 曲线

（不带电荷物质的渗透速率和浓度用 P_0和 C_0表示。转载自 AVDEEF，A. Curr. Topics Med. Chem.，2001，1：277 - 351。经 Bentham Science Bentham，Ltd. 许可复制）

log C_0 对 pH 的关系图被称为“通量因子”曲线[5]，其想法是当与固有渗透速率结合使用时，该关系图可以作为体外分类方案的基础，用来预测被动口服吸收药物随 pH 的变化趋势。这些将在后面的内容中讨论。

图 2.1 和图 2.2 代表了基本模型，将用于描述理化参数测量的讨论，以及解释其在口服吸收过程中的作用[6-17]。

2.2 胃肠道（GIT）的特性

人类胃肠道与药物吸收有关的特性在很多地方都有所收载[17-22]。图 2.3 显示了胃肠道的模拟图，标注了各个区段的表面积和 pH（空腹和进食状态）。空肠和回肠中可吸收的表面积最高，占总吸收表面积的 99% 以上。在空腹状态下，胃中的 pH 约为 1.7。胃中酸化的内容物在十二指肠中被从胰管输注的碳酸氢根离子中和。经过将胃和十二指肠分开的幽门括约肌，pH 陡升至约 4.6。在空肠近端和回肠远端之间，pH 从约 6 逐渐升高到 8。由于微生物对某些碳水化合物的分解作用，结肠中的 pH 可能会降至 5，从而产生浓度高达 60 ~ 120 mM 的短链脂肪酸（SCFA）[23]。胃肠道表现出相当大的 pH 梯度，并且 pH - 分配假说预测可电离药物的吸收可能具有位置特异性。

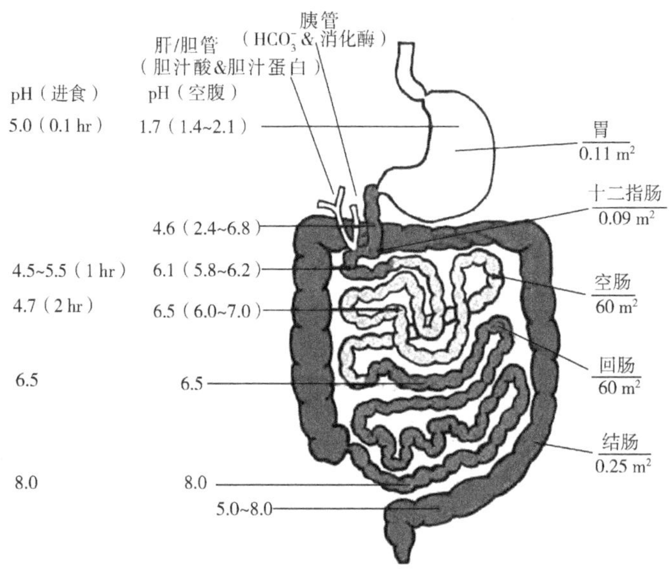

图 2.3 胃肠道的物理特性

（其中的近似值由若干个来源汇编[18-22]。大多数情况下，pH 指的是中位数，而括号中的范围指的是四分位数[21-22]。被引用的表面积来自参考文献［20］。转载自 AVDEEF, A. Cur. Topics. Med. Chem., 2001, 1: 277-351。经 Bentham Science Bentham, Ltd. 许可复制）

摄入食物后，胃中的 pH 可能会短暂上升至 7，但在 0.1 小时后下降至 5，然后在 1 小时后下降至 3，并在 3 小时后下降至空腹值。食物沿小肠的运动使空肠近端的 pH

在进食后1～2小时内降至4.5，但小肠远端和结肠的pH不会因食物的转运而发生显著变化。胃周期性地排空其内容物，其速度取决于内容物。空腹时，200 mL水的排空半衰期为0.1～0.4小时，但固体（如片剂）可能滞留0.5～3小时，较大的颗粒滞留时间更长。食物可保留0.5～13小时，其中脂肪类食物和大颗粒食物的排空时间最长。空肠和回肠的转运时间为3～5小时。正在消化的食物可能会在结肠中停留7～20小时，具体取决于睡眠阶段。高脂食物触发胆汁酸、磷脂和胆汁蛋白通过肝/胆管进入十二指肠。胆汁酸和卵磷脂结合形成混合胶束（参见7.5.5节），有助于溶解脂质分子，如胆固醇（或高亲脂性药物）。在空腹条件下，小肠中的胆汁与卵磷脂的浓度分别为4 mM和1 mM，但是高脂膳食可以将其水平提高到15 mM和4 mM[22,24]。

因此，在pH 4.5～8.0的范围内，药物在空肠和回肠中的最大吸收时间为3～5小时。这表明弱酸和弱碱应分别在空肠和回肠中有更好的吸收。

在空肠近端，单位长度浆膜（血液）侧的小肠管腔表面积是巨大的，并且在小肠的远端逐渐减少（为起始值的20%左右[18]）。表面积通过围绕管腔圆周方向的隆起增加了3倍[25]。除口腔和食管外，在胃肠道的所有节段都发现相似的褶皱[20]。由于绒毛结构的存在，表面积进一步增大10倍[18,25]，如图2.4所示（参见图8.1）。绒毛结构内衬的上皮细胞层将管腔与循环系统分开。上皮细胞是在绒毛的隐窝褶中形成的，它们大约需要两天的时间才能移动到绒毛尖端的区域，然后在那里脱落到管腔中。上皮细胞表面示意图显示，由于细胞层肠腔的微绒毛，结构的表面积扩展了10～30倍[18,19,25]，如图2.5所示。

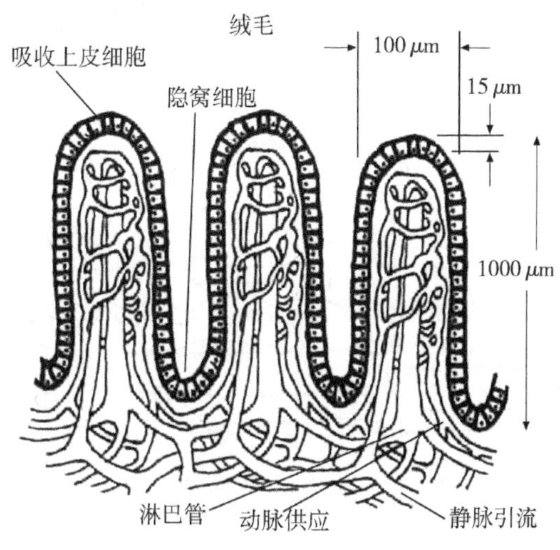

图2.4　绒毛“纤维”被单层上皮细胞覆盖的示意

（将管腔与毛细血管网分开[19,25]。转载自AVDEEF A. Cur. Topics Med. Chem., 2001, 1: 277－351。经Bentham Science Bentham, Ltd.许可复制）

在十二指肠、空肠和回肠中绒毛和微绒毛结构的密度最高，而在结肠近端的小段区域中则以较低的密度存在[20]。微绒毛具有伸入管腔内液中的糖蛋白（糖萼）。糖蛋白中残留有负电荷。单层中的一些细胞称为杯状细胞（图 2.4 和图 2.5 中未示出），其功能是产生覆盖糖萼的黏液层。黏液层由高分子（2×10^6 Da）糖蛋白组成，其中 90% 是寡糖，富含唾液酸残基（图 2.6），使该层带负电荷[19]。对药物分子在黏液层中扩散的研究表明，亲脂性分子会被黏液降低扩散速度[26]。糖萼和黏液层构成水性边界层（ABL）的结构[27]。在体内，ABL 的厚度估计为 700 ~ 1000 μm（人们对此范围存在一些争议）[28]（参见第 8 章）。在分离的组织中（在没有搅拌的情况下），黏液层的厚度为 300 ~ 700 μm[27]。未搅拌的水层的 pH 为 5.2 ~ 6.2，并且可以独立于管腔 pH 进行调节（参见 2.3 节）。黏液层可能在调节上皮细胞表面的 pH 中发挥作用[27]。

面对管腔的膜表面称为顶表面，而面对血液侧的膜表面称为基底外侧表面。肠细胞在紧密连接处相连[19,29]。这些连接处的孔可以使小分子（MW < 200 Da）在水性溶液中扩散。在空肠中，孔的大小为 7 ~ 9 Å。在回肠中，连接处更紧密，孔的大小（如甘露醇的大小）为 3 ~ 4 Å[19]。这些尺寸现在还存在一些争议（参见 8.8.2 节和表 8.5）。

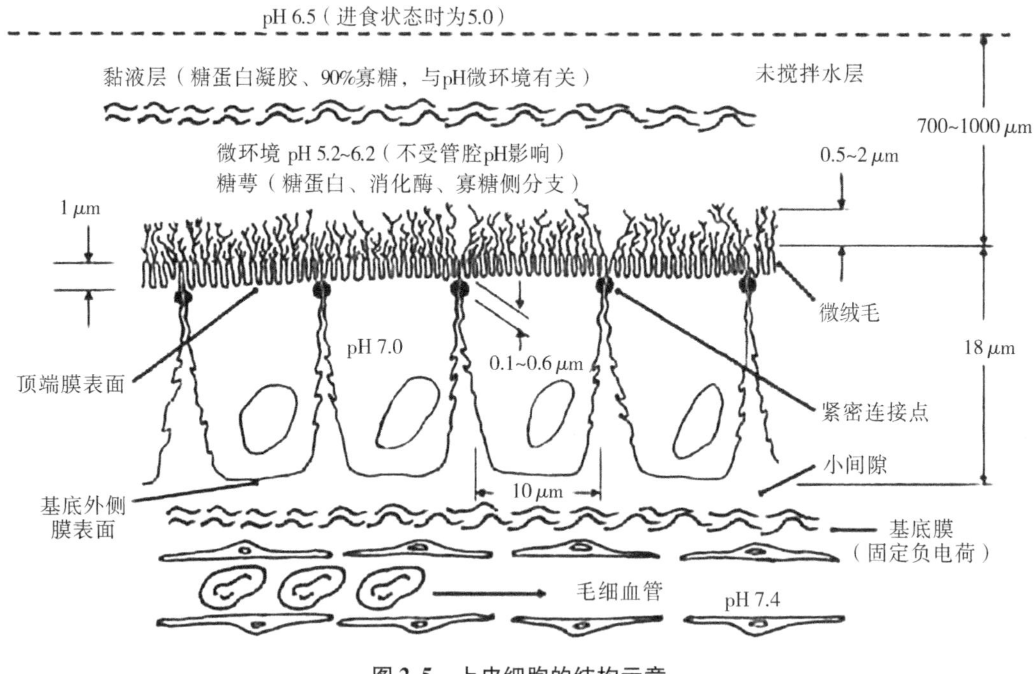

图 2.5　上皮细胞的结构示意

［基于若干个文献来源[15,19,25,27,28,30,32,33]。紧密连接点和基底膜展现出轻微的离子选择性（排列着一些负电荷基团）[29,30,33]。转载自 AVDEEF A. Curr. Topics Med. Chem.，2001，1：277 - 351。经 Bentham Science Bentham，Ltd. 许可复制］

顶端表面装载有 20 多种不同的消化酶和蛋白质；蛋白质与脂质的质量比为 1.7 : 1[19]。这些蛋白质的半衰期为 6 ~ 12 小时，而上皮细胞可持续 2 ~ 3 天。因此，细胞必须替换这些成分而不会使其自身去极化。细胞骨架可能在维持表面成分的极性分布中起作用[19]。

渗透物在通过细胞屏障后，会在基底膜中遇到电荷选择性屏障（图 2.5）[30]。带正电荷的药物渗透性略高。经过此屏障后，药物可能会通过高度开放的毛细血管中的开口进入毛细血管网络。上皮细胞表面由磷脂双层组成，如图 2.7 所示。

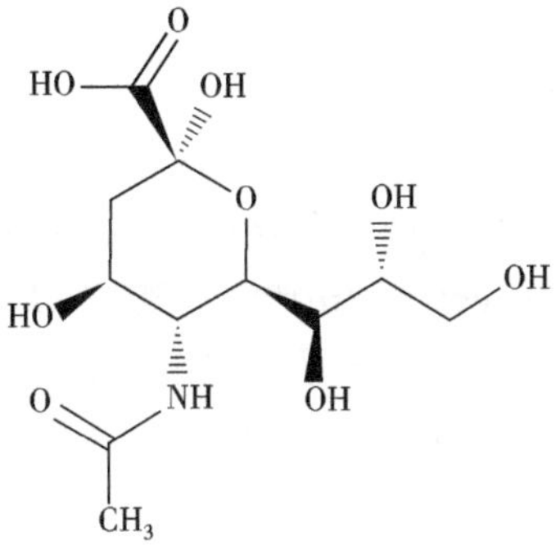

HO OH O OH O OH HO OH NH O OH CH_3

图 2.6　唾液酸

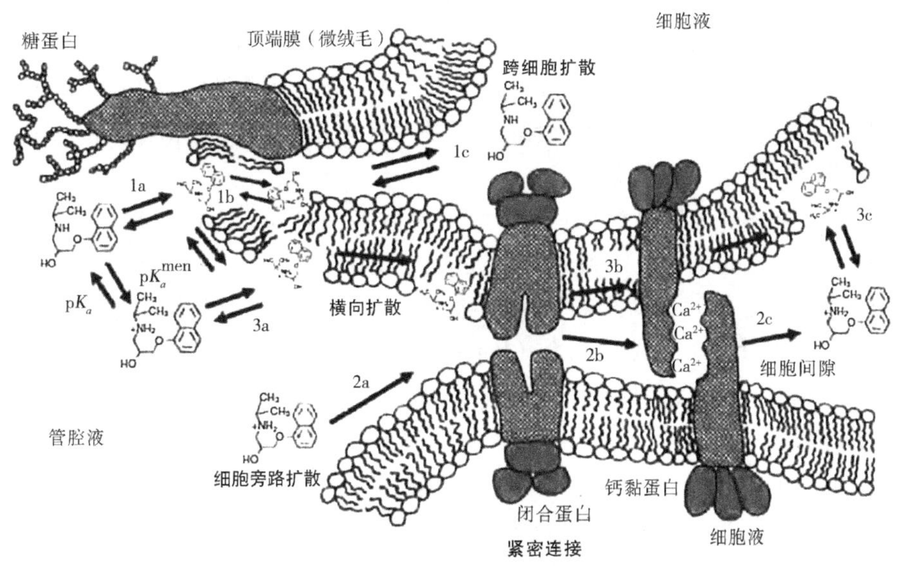

图 2.7　上皮细胞顶端磷脂双层表面的示意

［显示了 3 种被动扩散方式：跨细胞模型（1a→1b→1c）、细胞旁路模型（2a→2b→2c）和假设的横面模型（“在紧密连接皮肤下”，3a→3b→3c）。根据参考文献［29］，蛋白质的紧密连接基质是高度程式化的。转载自 AVDEEF A. Curr. Topics Med. Chem.，2001，1：277－351。经 Bentham Science Bentham，Ltd. 许可复制］

被动扩散的两个主要途径是：跨细胞扩散（图 2.7 中的 1a→1b→1c）和细胞旁路扩散（2a→2b→2c）。上皮双层内叶的磷脂成分的侧向交换似乎是可能的，在顶端和基底外侧之间混合简单的脂质。然而，即便有一些证据支持（对于某些脂质），外小叶的膜脂质是否能穿过紧密连接点扩散仍是一个有争议的观点[19]。在本书中，基于药物在双层外小叶（3a→3b→3c）中的横向扩散，提出了第 3 种被动机制假说，认为这可能是极性或带电荷两亲分子的转运方式。

在通过被动扩散穿过磷脂双层的转运过程中，中性分子的渗透性比带电形式的渗透性高约10^8倍。对于上皮细胞而言，比值为10^5。对于基底膜（图 2.5）来说，不带电分子比带电分子更容易通过，达到其 10 倍[30]。

2.3 pH 微环境

作为 pH 函数，短链弱酸性药物在大鼠肠道中的吸收似乎与 pH - 分配假说不符[4]，相似的异常也在弱碱性药物中发现[31]。相比于真实的 pK_a值，在吸收 - pH 曲线中观察到的表观 pK_a值偏移为较高的酸值和较低的碱值。这种偏差可以通过酸层对细胞顶端的作用来解释，即所谓的酸性 pH 微环境[4,23,27,30-38]（参见 7.5.2 节）。

Shiau 等[27]直接测量了覆盖正常黏液层的肠道不同区域的微环境 pH（pH_m），为 5.2 ~ 6.7（在给定区域中高重现性的值），即管腔（大部分）pH、pH_b保持在 7.2。良好的控制可以排除 pH 电极伪像。洗掉黏液层后，pH_m从 5.4 上升到 7.2。值得注意的是，低于 3 和高于 10 的 pH_b都不会影响 pH_m。建立微环境时，葡萄糖不会影响 pH_m。但是，当黏液层被冲洗掉并将 pH_m升至 pH_b时，添加28 mM 葡萄糖就会导致5 分钟后恢复至原来的低 pH_m。Shiau 等[27]假设黏液层是两性电解质（具有相当大的 pH 缓冲容量），其可形成 pH 酸性微环境。

Said 等[32]在体外和体内条件下测量大鼠肠道中的 pH_m。当 pH_b恒定在 7.4 时，pH_m变化如下：6.4 ~ 6.3（十二指肠近端至远端）、6.0 ~ 6.4（空肠近端至远端）、6.6 ~ 6.9（回肠远端至近端）和 6.9（结肠）。浆膜表面 pH 正常。从洗液中除去葡萄糖或钠离子后，pH_m开始上升。代谢抑制剂（1 mM 碘乙酸盐或 2，4 - 二硝基苯酚）也会引起 pH_m上升。Said 等[32]假设，依赖于细胞代谢的 Na^+/H^+ 逆转运蛋白机制是造成酸性 pH 微环境的原因。

绒毛的尖端具有最低的 pH_m，而隐窝区域的 $pH_m > 8$[23]。最引人注目的是在人的胃中观察到碱性微环境（pH_m 8），其空腹总 pH_b通常约为 1.7。在胃和十二指肠中，接近中性的 pH 微环境归因于胃上皮细胞分泌的 HCO_3^-[23]。

2.4 细胞内 pH 环境

Asokan 和 Cho[37]对细胞内 pH 环境的分布进行了综述。生理文献中的大部分已知信息可以通过使用 pH 敏感性荧光分子和特定的功能抑制剂来确定。细胞液中的生理 pH 通过质 - 膜结合的 H^+ - ATP 酶、离子交换剂和 Na^+/K^+ - ATP 酶泵来维持。在细胞器内部，通过离子泵、渗漏和内部离子之间的平衡来维持 pH 微环境。表 2.1 列出了各个细胞隔室的近似 pH。

表 2.1 细胞内 pH 环境

细胞内隔室	pH
线粒体	8.0
细胞液	7.2～7.4
内质网	7.1～7.2
高尔基体	6.2～7.0
内体	5.5～6.0
分泌颗粒	5.0～6.0
溶酶体	4.5～5.0

2.5 紧密连接络合物

在过去的20年中，已经定义了紧密连接络合物（TJ）的许多结构组件[39-49]。Lutz和Siahaan[47]描述了TJ的蛋白质结构成分。图2.7描述了使水孔受限的闭合蛋白复合物。TJ收缩区的冷冻－断裂电子显微照片显示，网状的线条围绕着细胞（部分由细胞骨架组成），并在顶端和基底外侧之间形成分隔。一个10股宽的区域形成具有非常小的孔开口的连接；较少的股线会导致更具有渗漏性的连接。实际的细胞－细胞黏附发生在距离顶端侧较远的钙黏蛋白连接处。显然，3个连续的钙原子连接钙黏蛋白的10个残基部分，该部分跨越两个相邻的细胞壁，如图2.7所示[47]。钙结合剂通过与钙黏蛋白复合物的相互作用来打开细胞间的连接。

2.6 辛醇的结构

鉴于将管腔内容物与浆膜侧分开的磷脂双分子层的复杂性，像辛醇这样简单的"各向同性"溶剂系统作为预测转运性质的模型系统发挥了很大作用[50]。然而，对于水－饱和辛醇结构的最新研究表明其相当复杂，如图2.8所示[51-52]。

25 mol%的水/辛醇溶液中的水不能均匀分散。形成周围由约16个辛醇分子包围而成的水团簇，其极性羟基指向该簇，并在氢键网络中缠绕在一起。

脂肪族末端形成一个碳氢化合物区域，其性质与双层的碳氢化合物核心相差不大（参见7.2.1节）。此外，在水内部和辛醇羟基之间具有边界区域。因为水可以进入辛醇，带电药物无须在进入辛醇相时脱落整个溶剂壳。带电药物与反离子配对（以在辛醇的低电介质中保持电荷中性，$\varepsilon=8$）可以很容易在辛醇中扩散。磷脂双层可能没有与带电亲脂性物质相似的扩散机制，自由扩散可能无法实现。

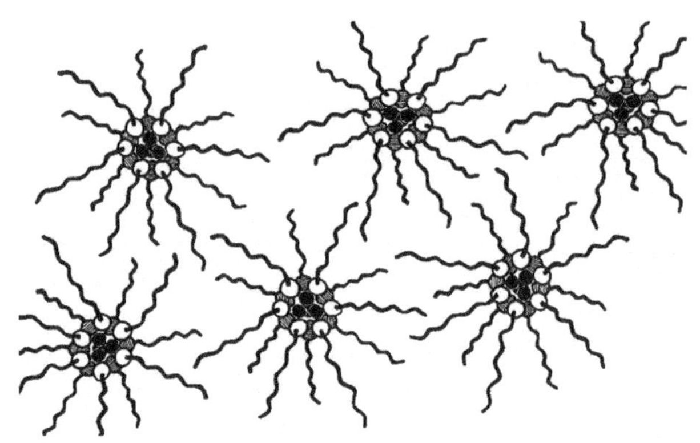

图 2.8　基于低角度 X 线衍射研究的湿辛醇结构[52]

［在每个簇中心的 4 个黑色圆圈代表水分子。4 个水分子依次被大约 16 个辛醇分子包围（只显示了 12 个）的氢键相互结合，并与水分子相连。辛醇分子的脂肪族尾部形成了基本上没有水分子的碳氢化合物区域。一般认为，含有离子对的药物位于水－辛醇簇中，因此很容易通过“各向同性”的介质扩散。例如，用辛醇浸渍过的滤膜显示出带电药物具有很好的渗透性。然而，带电药物在填充有磷脂－烷烃溶液的滤膜中的渗透速率非常低。转载自 AVDEEF A. Curr. Topics Med. Chem.，2001，1：277－351。经 Bentham Science Bentham，Ltd. 许可复制］

2.7　生物药剂学分类系统

本书所考虑的基于渗透性和溶解性的转运模型也可以在 FDA 的生物药剂学分类系统（BCS）指南中找到，该指南用于生物利用度－生物等效性（BA/BE）实验[53－61]。BCS 分类可以估算 3 个主要因素：溶出度、溶解度和肠道渗透性，它们影响速释固体口服产品的口服药物吸收。图 2.9 显示了基于溶解性和渗透性的高低指标的 4 个 BCS 分类。FDA 网站上发布的文件草案详细说明了用于确定分类的方法[54]。如果一个分子被归类为高溶解性和高渗透性（第 1 类）并且不属于窄治疗指数范畴的药物，则有资格获得 BA/BE 临床豁免。

溶解性是根据在 pH 1～8 范围内以最低溶解度溶解最大剂量所需水的体积（mL）定义的，其中 250 mL 是高、低之间的分界线。因此，高溶解性是指在 1～8 的 pH 范围内，最大剂量的药品完全溶解在 250 mL 溶液中。

当来自胃肠道的吸收动力学是由生物药剂学因素控制而不是由制剂因素控制时，渗透性是主要的速率控制步骤。将 BCS 应用于低渗透性药物时要求辅料不影响渗透性和肠道滞留时间[58]。

BCS 中的渗透性是指人体空肠值，其中“高”是指数值高于 10^{-4} cm·s^{-1}，而“低”是指低于该值（表 8.4）。众所周知的药物的人体空肠值是在体内 pH 6.5 条件下测定的[16]（表 8.4）。高渗透性药物主要针对在小肠几乎完全吸收（＞口服给药剂量的 90%）的药物。分类边界基于质量平衡或与静脉内参考剂量相比，没有证据表明其在胃肠道中不稳定。肠膜渗透性可以通过体外或体内方法来测量，该方法可以预测人体内药物的吸收程度。奇怪的是，小肠的 pH 梯度跨度为 5 ~ 8，但很少强调渗透性的 pH 依赖性。

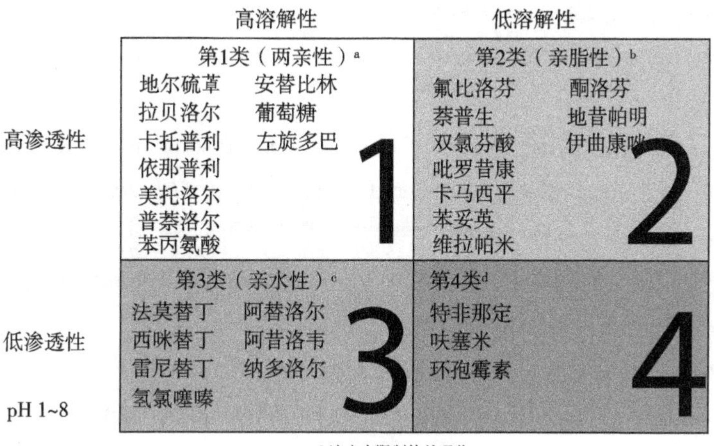

图 2.9 生物药剂学分类系统[53-61]

（实例来自参考文献［60 -61］。转载自 AVDEEF A. Curr. Topics Med. Chem., 2001, 1: 277 -351。经 Bentham Science Bentham, Ltd. 许可复制）

快速溶出的定义是：使用 USP 装置I（100 RPM）或装置II（50 RPM），在 900 mL pH 分别为 1、4.5 和 6.8 的水性介质中，30 分钟时体外溶出度均大于 85%[61]（现已变为 15 分钟）。

在欧盟，已经引入了类似的指南[59]。图 2.9 中给出了来自 4 个不同类别药物的示例[60-61]。

参考文献

[1] Fick, A. Ueber diffusion. *Ann. Phys.* **94**, 59 -86 (1855).

[2] Flynn, G. L.; Yalkowsky, S. H.; Roseman, T. J. Mass transport phenomena and models: Theoretical concepts. *J. Pharm. Sci.* **63**, 479 -510 (1974).

[3] Weiss, T. F. *Cellular Biophysics*, Vol. I: *Transport*. MIT Press, Cambridge, MA, 1996.

[4] Schanker, L. S.; Tocco, D. J.; Brodie, B. B.; Hogben, C. A. M. Absorption of drugs from the rat small intestine. *J. Am. Chem. Soc.* **123**, 81 -88 (1958).

[5] Avdeef, A. High-throughput measurements of solubility profi les. In: Testa, B.; van de Waterbeemd, H.; Folkers, G.; Guy, R. (eds.). *Pharmacokinetic Optimization in Drug Research*, Verlag Helvetica Chimica Acta, Zürich; and Wiley-VCH, Weinheim, 2001, pp. 305 -326.

[6] van de Waterbeemd, H. Intestinal permeability: Prediction from theory. In: Dressman, J. B.; Lennernäs, H. (eds.). *Oral Drug Absorption—Prediction and Assessment*, Marcel Dekker, New York, 2000, pp. 31 -49.

[7] Kubinyi, H. Lipophilicity and biological activity. *Arzneim. -Forsch. /Drug Res.* **29**, 1067 - 1080 (1979).

[8] Dressman, J. B.; Amidon, G. L.; Fleisher, D. Absorption potential: estimating the fraction absorbed for orally administered compounds. *J. Pharm. Sci.* **74**, 588 - 589 (1985).

[9] Borchardt, R. T.; Smith, P. L.; Wilson, G. *Models for Assessing Drug Absorption and Metabolism*, Plenum Press, New York, 1996.

[10] Camenisch, G.; Folkers, G.; van de Waterbeemd, H. Review of theoretical passive drug absorption models: Historical background, recent developments and limitations. *Pharm. Acta Helv.* **71**, 309 -327 (1996).

[11] Grass, G. M. Simulation models to predict oral drug absorption from in vitro data. *Adv. Drug. Del. Rev.* **23**, 199 -219 (1997).

[12] Dowty, M. E.; Dietsch, C. R. Improved prediction of *in vivo* peroral absorption from *in vitro* intestinal permeability using an internal standard to control for intra- & inter-rat variability. *Pharm. Res.* **14**, 1792 -1797 (1997).

[13] Curatolo, W. Physical chemical properties of oral drug candidates in the discovery and exploratory settings. *Pharm. Sci. Tech. Today*, **1**, 387 -393 (1998).

[14] Camenisch, G.; Folkers, G.; van de Waterbeemd, H. Shapes of membrane permeability-lipophilicity curves: Extension of theoretical models with an aqueous pore pathway. *Eur. J. Pharm. Sci.* **6**, 321 -329 (1998).

[15] Ungell, A. -L.; Nylander, S.; Bergstrand, S.; Sjöberg, Å.; Lennernäs, H. Membrane transport of drugs in different regions of the intestinal tract of the rat. *J. Pharm. Sci.* **87**, 360 -366 (1998).

[16] Winiwarter, S.; Bonham, N. M.; Ax, F.; Hallberg, A.; Lennernäs, H.; Karlen, A. Correlation of human jejunal permeability (*in vivo*) of drugs with experimentally and theoretically derived parameters. A multivariate data analysis approach. *J. Med. Chem.* **41**, 4939 -4949 (1998).

[17] Dressman, J. B.; Lennernäs, H. (eds.). *Oral Drug Absorption—Prediction and Assessment*, Marcel Dekker, New York, 2000.

[18] Wilson, J. P. Surface area of the small intestine in man. *Gut* **8**, 618 -621 (1967).

[19] Madara, J. L. Functional morphology of epithelium of the small intestine. In: Field, M.; Frizzell, R. A. (eds.). *Handbook of Physiology*, Section 6: *The Gastrointestinal System*, Vol. IV, *Intestinal Absorption and Secretion*, American Physiological Society,

Bethesda, MD, 1991, pp. 83 – 120.

[20] Kararli, T. T. Comparative models for studying absorption. AAPS Workshop on Permeability Definitions and Regulatory Standards for Bioequivalence. Arlington, 17 – 19 August, 1998.

[21] Charman, W. N.; Porter, C. J.; Mithani, S. D.; Dressman, J. B. The effect of food on drug absorption—a physicochemical and predictive rationale for the role of lipids and pH. *J. Pharm. Sci.* **86**, 269 – 282 (1997).

[22] Dressman, J. B.; Amidon, G. L.; Reppas, C.; Shah, V. Dissolution testing as a prognostic tool for oral drug absorption: immediate release dosage forms. *Pharm. Res.* **15**, 11 – 22 (1998).

[23] Rechkemmer, G. Transport of weak electrolytes. In: Field, M.; Frizzell, R. A. (eds.). *Handbook of Physiology*, Section 6: *The Gastrointestinal System*, Vol. IV, *Intestinal Absorption and Secretion*, American Physiological Society, Bethesda, MD, 1991, pp. 371 – 388.

[24] Dressman, J. B.; Reppas, C. *In vitro-in vivo* correlations for lipophilic, poorly water-soluble drugs. *Eur. J. Pharm. Sci.* **11** (Suppl 2), S73 – S80 (2000).

[25] Berne, R. M.; Levy, M. N. *Physiology*, 4th ed., Mosby Yearbook, St. Louis, 1998, pp. 654 – 661.

[26] Larhed, A. W.; Artursson, P.; Gråsjö, J.; Björk, E. Diffusion of drugs in native and purifi ed gastrointestinal mucus. *J. Pharm. Sci.* **86**, 660 – 665 (1997).

[27] Shiau, Y. -F.; Fernandez, P.; Jackson, M. J.; McMonagle, S. Mechanisms maintaining a low-pH microclimate in the intestine. *Am. J. Physiol.* **248**, G608 – G617 (1985).

[28] Lennernäs, H. Human intestinal permeability. *J. Pharm. Sci.* **87**, 403 – 410 (1998).

[29] Lutz, K. L.; Siahaan, T. J. Molecular structure of the apical junction complex and its contributions to the paracellular barrier. *J. Pharm. Sci.* **86**, 977 – 984 (1997).

[30] Jackson, M. J.; Tai, C. -Y. Morphological correlates of weak electrolyte transport in the small intestine. In: Dinno, M. A. (ed.). *Structure and Function in Epithelia and Membrane Biophysics*, Alan R. Liss, New York, 1981, pp. 83 – 96.

[31] Winne, D. Shift of pH-absorption curves. *J. Pharmacokinet. Biopharm.* **5**, 53 – 94 (1977).

[32] Said, H. M.; Blair, J. A.; Lucas, M. L.; Hilburn, M. E. Intestinal surface acid microclimate in vitro and in vivo in the rat. *J. Lab Clin. Med.* **107**, 420 – 424 (1986).

[33] Jackson. M. J. Drug transport across gastrointestinal epithelia. In: Johnson, L. R. (ed.). *Physiology of the Gastrointestinal Tract*, 2nd ed., Raven Press, New York, 1987, pp. 1597 – 1621.

[34] Takagi, M.; Taki, Y.; Sakane, T.; Nadai, T.; Sezaki, H.; Oku, N.; Yamashita, S. A new interpretation of salicylic acid transport across the lipid bilayer: Implication of pH-dependence but not carrier-mediated absorption from the GI tract. *J. Pharmacol. Exp. Therapeut.* **285**, 1175 – 1180 (1998).

[35] Kimura, Y.; Hosoda, Y.; Shima, M.; Adachi, S.; Matsuno, R. Physicochemical properties of fatty acids for assessing the threshold concentration to enhance the absorption of a hydrophilic substance. *Biosci. Biotechnol. Biochem.* **62**, 443 – 447 (1998).

[36] Yamashita, S.; Furubayashi, T.; Kataoka, M.; Sakane, T.; Sezaki, H.; Tokuda, H. Optimized conditions for prediction of intestinal drug permeability using Caco-2 cells. *Eur. J. Pharm. Sci.* **10**, 109 – 204 (2000).

[37] Asokan, A.; Cho, M. J. Exploitation of intracellular pH gradients in the cellular delivery of macromolecules. *J. Pharm. Sci.* **91**, 903 – 913 (2002).

[38] Antonenko, Y. N.; Bulychev, A. A. Measurements of local pH changes near bilayer lipid membrane by means of a pH microelectrode and a protonophore-dependent membrane potential. Comparison of the methods. *Biochim. Biophys. Acta* **1070**, 279 – 282 (1991).

[39] Schneeberger, E. E.; Lynch, R. D. Structure, function, and regulation of cellular tight junctions. *Am. J. Physiol.* **262**, L647 – L661 (1992).

[40] Anderberg, E. K.; Lindmark, T.; Artursson, P. Sodium caprate elicits dilations in human intestinal tight junctions and enhances drug absorption by the paracellular route. *Pharm. Res.* **10**, 857 – 864 (1993).

[41] Bhat, M.; Toledo-Velasquez, D.; Wang, L. Y.; Malanga, C. J.; Ma, J. K. H.; Rojanasakul, Y. Regulation of tight junction permeability by calcium mediators and cell cytoskeleton in rabbit tracheal epithelium. *Pharm. Res.* **10**, 991 – 997 (1993).

[42] Noach, A. B. J. Enhancement of paracellular drug transport across epithelia—*in vitro* and *in vivo* studies. *Pharm. World Sci.* **17**, 58 – 60 (1995).

[43] Lutz, K. L.; Jois, S. D. S.; Siahaan, T. J. Secondary structure of the HAV peptide which regulates cadherin-cadherin interaction. *J. Biomolec. Struct. Dynam.* **13**, 447 – 455 (1995).

[44] Tanaka, Y.; Taki, Y.; Sakane, T.; Nadai, T.; Sezaki, H.; Yamashita, S. Characterization of drug transport through tight-junctional pathway in Caco-2 monolayer: Comparison with isolated rat jejunum and colon. *Pharm. Res.* **12**, 523 – 528 (1995).

[45] Brayden, D. J.; Creed, E.; Meehan, E.; O'Malley, K. E. Passive transepithelial diltiazem absorption across intestinal tissue leading to tight junction openings. *J. Control. Rel.* **38**, 193 – 203 (1996).

[46] Lutz, K. L.; Szabo, L. A.; Thompson, D. L.; Siahaan, T. J. Antibody recognition of

peptide sequence from the cell-cell adhesion proteins: N-and E-cadherins. *Peptide Res.* **9**, 233 - 239 (1996).

[47] Lutz, K. L.; Siahaan, T. J. Molecular structure of the apical junction complex and its contributions to the paracellular barrier. *J. Pharm. Sci.* **86**, 977 - 984 (1997).

[48] Pal, D.; Audus, K. L.; Siahaan, T. J. Modulation of cellular adhesion in bovine brain microvessel endothelial cells by a decapeptide. *Brain Res.* **747**, 103 - 113 (1997).

[49] Gan, L.-S. L.; Yanni, S.; Thakker, D. R. Modulation of the tight junctions of the Caco-2 cell monolayers by H2-antagonists. *Pharm. Res.* **15**, 53 - 57 (1998).

[50] Hansch, C.; Leo, A. *Substituent Constants for Correlation Analysis in Chemistry and Biology*, Wiley-Interscience, New York, 1979.

[51] Iwahashi, M.; Hayashi, Y.; Hachiya, N.; Matsuzawa, H.; Kobayashi, H. Self-association of octan-1-ol in the pure liquid state and in decane solutions as observed by viscosity, self-diffusion, nuclear magnetic resonance and near-infrared spectroscopy measurements. *J. Chem. Soc. Faraday Trans.* **89**, 707 - 712 (1993).

[52] Franks, N. P.; Abraham, M. H.; Lieb, W. R. Molecular organization of liquid *n*-octanol: An X-ray diffraction analysis. *J. Pharm. Sci.* **82**, 466 - 470 (1993).

[53] Amidon, G. L.; Lennernäs, H.; Shah, V. P.; Crison, J. R. A theoretical basis for a biopharmaceutic drug classification: The correlation of *in vitro* drug product dissolution and *in vivo* bioavailability. *Pharm. Res.* **12**, 413 - 420 (1995).

[54] FDA guidance for industry waiver of *in vivo* bioavailability and bioequivalence studies for immediate release solid oral dosage forms containing certain active moieties/active ingredients based on a biopharmaceutics classification system. CDERGUID \ 2062dft. wpd Draft, January 1999.

[55] Blume, H. H.; Schug, B. S. The biopharmaceitics classification system (BCS): Class Ⅲ drugs—Better candidates for BA/BE waiver? *Eur. J. Pharm. Sci.* **9**, 117 - 121 (1999).

[56] Lentz, K. A.; Hayashi, J.; Lucisano, L. J.; Polli, J. E. Development of a more rapid, reduced serum culture system for Caco-2 monolayers and application to the biopharmaceutics classification system. *Int. J. Pharm.* **200**, 41 - 51 (2000).

[57] Chen, M.-L.; Shah, V.; Patnaik, R.; Adams, W.; Hussain, A.; Conner, D.; Mehta, M.; Malinowski, H.; Lazor, J.; Huang, S.-M.; Hare, D.; Lesko, L.; Sporn, D.; Williams, R. Bioavailability and bioequivalence: An FDA regulatory overview. *Pharm. Res.* **18**, 1645 - 1650 (2001).

[58] Rege, B. D.; Yu, L. X.; Hussain, A. S.; Polli, J. E. Effect of common excipients on Caco-2 transport of low-permeability drugs. *J. Pharm. Sci.* **90**, 1776 - 1786 (2001).

[59] CPMP Note for Guidance on the Investigation of Bioavailability and Bioequivalence.

CPMP/EWP/QWP/1401/98 Draft, December 1998.

[60] Amidon, G. L. The rationale for a biopharmaceutics drug classification. In: *Biopharmaceutics Drug Classification and International Drug Regulation*, *Capsugel Library*, 1995, pp. 179 – 194.

[61] Hussain, A. S. Methods for permeability determination: A regulatory perspective. *AAPS Workshop on Permeability Definitions and Regulatory Standards for Bioequivalence. Arlington*, 17 – 19 August 1998.

3 pK_a测定

本章介绍了通过电位滴定技术测定电离常数 pK_a 的实践和理论方面的最新进展，特别着重于那些通常在水中难溶的类药物分子。详细考虑了离子强度和温度的影响，广泛探索了 Bjerrum 图的诊断用途，讨论了使用混合溶剂法来测定几乎不溶性药物的 pK_a 值，如 Yasuda－Shedlovsky 法。尽管引用了 UV/pH 分光光度法、毛细管电泳法和其他 pK_a 方法的最新参考文献，但在这里并未详细介绍这些方法。附录详细阐述了滴定时使用玻璃膜 pH 电极进行 pH 测量的相关前沿内容，涉及了控制不良的电极接界电位的影响。附录中还介绍了对平衡常数修正的理论和策略，包括在样品滴定过程中进行电极标准化的最新原位方法。还包括一个超过 900 个 pK_a 值的数据库（其中一些为 37 ℃时表征的值）。

3.1 电荷状态与 pK_a

本章讨论了一种分子性质——电荷状态，它显著影响药物的吸收、药物在各器官中的分布、药物的生物转化及药物最终从体内排出。这些是机体对药物进行处置的 ADME（吸收、分布、代谢和排泄）过程；人们可能说，“这就像是药物分子生命中的一天”。分子的电荷状态可以通过电离常数 pK_a 和分子溶解介质的 pH 来预测[1-5]。由于电荷状态在药物的药代动力学中起着如此重要的作用，因此美国食品药品监督管理局（FDA）和经济合作与发展组织（OECD）要求对所有的新化学物质进行 pK_a 值测量并作为新药申请的一部分。

根据 pH 的不同，弱酸和弱碱在溶液中发生不同程度的电离。这种电离反过来影响它们参与物理、化学和生物反应的程度。可电离药物分子在生理介质中的溶解度、辛醇/水分配系数和磷脂双层/水分配系数、双层膜的渗透性及反应速率等理化性质都会受 pK_a 值的影响[4]。

口服药物的 pK_a 值/信息可用于预测药物分子从所配制的片剂中释放的速度。溶出度检测对于几乎不溶性或难溶性药物的处方设计尤为重要[6-9]。

对一种物质 pK_a 的了解，可以揭示在基于细胞的转运模型（如 Caco－2、MDCK）中，水边界层（ABL）的阻力在总体渗透性测量时的作用，以及经皮和细胞旁路的渗透受 pH 的影响（参见第 7 章）。

对一种物质 pK_a 的了解可用于解释内源性酶动力学[10]。底物对受体相互作用的特异性可能取决于分子的 pK_a、受体环境的离子强度、受体位点处的局部 pH 及可解离受体位点残基的电离常数。如图 3.1 所示，假定两个环境的 pH 都接近 7.4，与在水中相比，所有数值可能受到受体位点潜在降低的电介质的影响，在水中时主要为两性离子（双电荷），在受体口袋中可能更多变成普通的两性电解质（无电荷）。药物的生物转化可能受到相似的介电性质变化的影响。

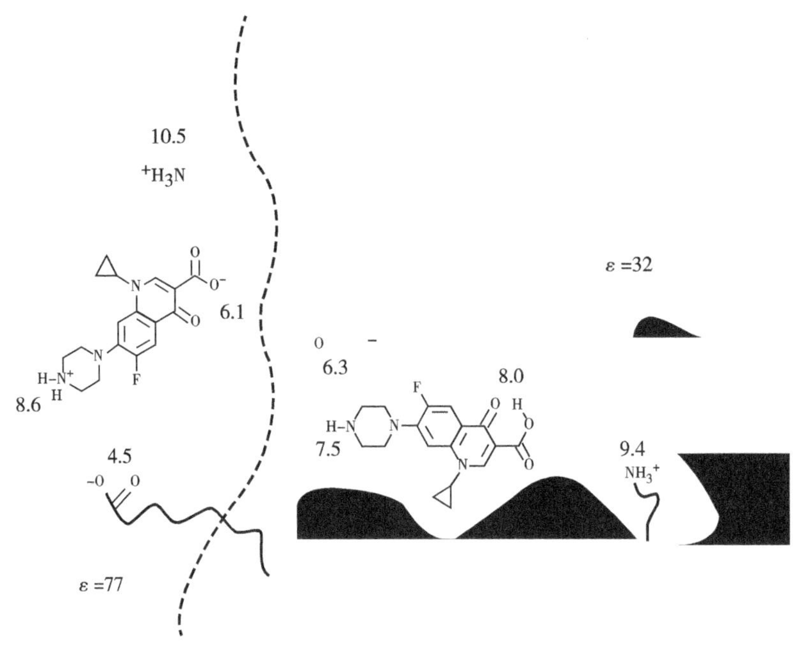

图 3.1　电荷状态和 pK_a

［受体－药物界面处的电离常数（预测药物的电荷状态）会与在本体溶液中的电离常数显著不同，可能源于受体环境与本体水性介质中的介电常数的差异。此外，两种环境之间的 pH 差异会改变两种环境中药物的电荷状态］

即使以最简单的方式去了解物质的 pK_a 也是非常有用的。例如，尿液的 pH 通常为 5.7～5.8，出于治疗的原因或者在药物过量/中毒的紧急情况下，口服一定剂量的氯化铵或碳酸氢钠会充分改变尿液 pH，以调节不带电物质的重吸收或者排泄离子化物质[11]。弱酸可以在碱性尿液中排泄，而弱碱可以在酸性尿液中消除，在诸如巴比妥酸盐、苯丙胺类和麻醉剂过量的情况下，这一原理可能会挽救生命。

测定 pK_a 值有可能具有挑战性，因为许多令人感兴趣的新药物质在水溶液中的溶解度很差。如果物质在一定 pH 范围内的溶解度至少为 10^{-4} M，那么电位滴定法可以作为一种 pK_a 测定的可靠技术[1-5]。对稀释到 10^{-5} M 的溶液仍可以进行分析，但必须特别注意电极的计量，而且需要对溶液中潜在杂质（包括溶解的二氧化碳）进行可靠的评估。如果某物质只能溶解到 10^{-6} M 的范围，并且具有可用于分析的发色团，那么需要采用分光光度法。共溶剂法可以进一步提高灵敏度，但需具备相关的方法学知识，且谨慎使用。

虽然分子的 pK_a 知识在许多化学学科中都非常重要，但这里的重点将集中于在药剂学和生物药剂学领域的应用。

3.2 pK_a 值测定方法的选择

玻璃膜 pH 电极和高阻抗 pH 计使得电位滴定法普遍适用于测定 pK_a 值[1-5,12-18]。也有很多情况下采用分光光度法（UV）[19-41]和毛细管电泳法（CE）进行 pK_a 的测定[42-45]，某些情况下采用色谱法[46]和核磁共振（NMR）技术[47-49]。最高精度的 pK_a 值可以通过电导率方法测定，无须直接测量 pH[1,5]。尽管电导率法在玻璃膜 pH 电极普及之前被广泛使用，但在如今的药物研究中却几乎不再使用。

紫外分光光度法本质上比电位滴定法更灵敏，因此对样品的要求更低（10～100 倍）。它经历了广泛的发展，尤其是自 20 世纪 90 年代末以来，并且在商业上得到了充分支持[30-41]。对于几乎不溶性物质，只要该分子的每个离子化状态都具有不同的 pH 敏感性发色团，那么 UV 方法可能会具有独特的优势。

CE 方法目前正在发展，也出现了专门为 pK_a 测定设计的商用 CE 仪器。已经建立起来了一个小而热情的用户群，并且可能还在不断增长。

尽管如此，使用玻璃膜 pH 电极的电位滴定法仍然是药物研究中的首选方法，因为其在普遍适用性、准确性、可重现性和便利性上具有优势。它比其他方法发展得更加深入，并被持续改进，在商业上得到了大力支持。

3.3 使用玻璃膜 pH 电极的滴定

在电位滴定法中，将已知精确体积的标准化强酸（如 HCl）或强碱（如 KOH）加入剧烈搅拌的可电离物质的溶液中。在滴定剂加入后不久，停止搅拌，并且用精密组合玻璃电极重复测量 pH，直至达到平衡，该方法使用的 pH 范围限定在 1.5～12.5。待测定的物质（50～500 μM 或更高）溶于 1～20 mL 水溶液中，或溶解于水和与水混溶的有机共溶剂（如甲醇、乙腈、二氧六烷、DMSO 或 1－丙醇）组成的混合介质中。将“本底”电解质（0.15 M KCl）加入溶液中以提高测量精密度，并模拟生理水平的盐。通常，反应容器在（25.0 ±0.1）℃恒温，并且用重惰性气体（氩气或氮气，但不用氦气）覆盖溶液表面。

图 3.2a 显示了最简单的电位滴定曲线，通常称为“空白”滴定曲线，因为溶液只含有强无机酸和强碱［除了从空气中吸收和（或）可能由强碱滴定剂带来的少量二氧化碳］。该图显示了 20 mL 0.15 M KCl 溶液，首先用约 0.87 mL 标定的 0.5 M HCl 酸

化，然后用已知精确体积标定的 0.5 M KOH 滴定。以①标识的中性点称为“终点”，此时 $[H^+] = [OH^-]$。这种滴定会经常进行，作为滴定设备的总体评估，也将操作 pH 标度（pH 计显示的；参见 A3.2 节）转换为平衡商表达式所用的基于氢离子浓度的 p_cH（参见 3.4 节）。图 3.2b 显示了使用相同的 pH 电极和相同的滴定仪，在超过 20 个月的时间内、超过 500 次空白滴定中，将溶液的 pH 降至 1.8 时所用的 HCl 体积。预期该数值将保持恒定，并且前 16 个月数值为（0.87 ± 0.03）mL。在质量控制监测中，该量度可用作电极/滴定剂/注射器的状态指标。正如图 3.2b 中逐渐增加的 HCl 体积所间接表明的，电极在使用的最后 4 个月时开始偏离标准。在使用 20 个月寿命结束时更换电极。

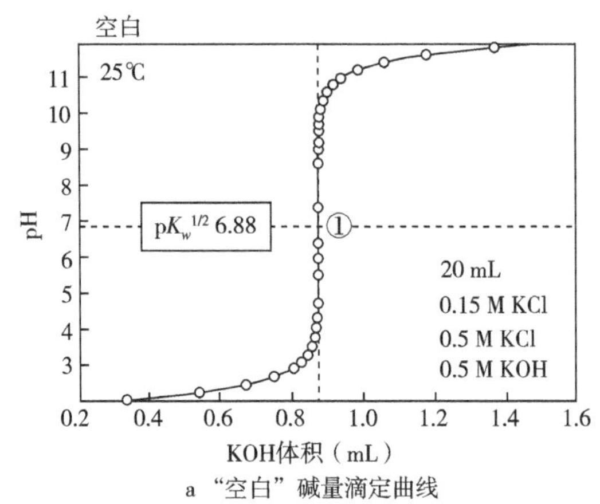

a “空白”碱量滴定曲线

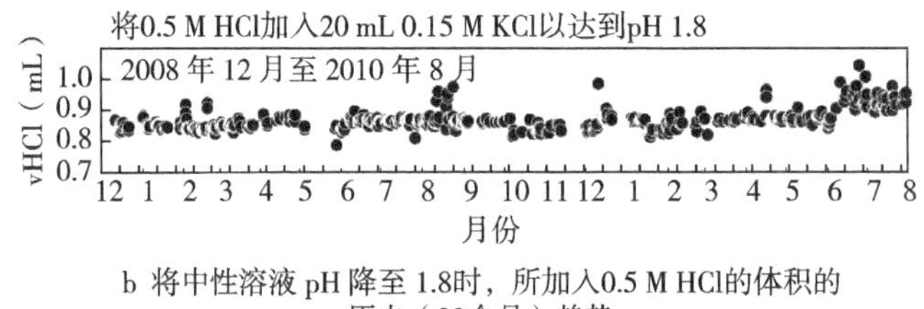

b 将中性溶液 pH 降至 1.8时，所加入0.5 M HCl的体积的历史（20个月）趋势

图 3.2　使用玻璃膜 pH 电极的滴定

［终点（中性点）用①表示］

图 3.3a 描绘了甲氧苄啶的滴定曲线，其具有单一的 pK_a 7.07。该曲线的形状可以表明存在物质的量和其特征性的酸 - 碱电离特性。图中的①和②表示滴定中的两个终点，这些对应绝对滴定曲线斜率最大处的拐点。在①的左边，弱碱几乎完全为质子化状态；在②的右边，分子几乎完全为游离碱的形式。在两个终点之间，当 pH 增加时，分子电荷从 +1 变为 0。两个终点之间的中间 pH 等于分子的 pK_a，即“半电离”点。

图 3.3b 是环丙沙星的滴定曲线。该双 pK_a 两性电解质具有酸性（pK_{a1} 6.14）和碱性（pK_{a2} 8.64）两种官能团。滴定曲线中有 3 个终点，标记为①、②、③。3 个终点的每一对的中间值分别对应两个 pK_a 值中的任意一个。

以上两个例子很简单，可以直观地估计 pK_a 常数。通常，其他分子并非这种情况。

如果多个 pK_a 值之间的分离很小（“重叠值”）或该值远离中性（pH <3 或 pH >11），则 pK_a 值可能会被掩盖。图 3.3c 表明了使用简单的滴定曲线通过检查来确定 pK_a 值的缺点。吗啡-6-葡糖苷酸（M6G，吗啡的代谢物）具有 3 个 pK_a 值（$XH_3^+ \rightleftharpoons XH_2^{\pm} \rightleftharpoons XH^- \rightleftharpoons X^{2-}$；参见 3.4 节）[50]。图 3.3c 中在 pH 5.5（$XH_2^{\pm}$ 两性离子）和 10.0（XH^-）处有两个明显的终点。斜率值最小处的拐点表示最大的缓冲区间（M6G 曲线中的 pH 8.8）。在该点处，除非在缓冲区内有两个或更多个重叠的 pK_a 值，否则分子通常以两个相等浓度的质子化状态存在（pH = pK_a）。因此，通过检查图 3.3c，可以说 M6G 的 pK_a 约为 8.8（这是错误的，在 3.10 节中将会知道，对滴定曲线的这种简单解释可能会导致错误的结论，因为 M6G 有两个大概以 pH 8.8 为中心的重叠 pK_a 值）。那么，M6G 的另外两个 pK_a 值是多少呢？这个例子强调了滴定曲线并不总是直观地显示分子可能具有的所有 pK_a 值。为了揭示 M6G 的另外两个 pK_a 值并检测重叠值，将滴定曲线转换成 Bjerrum 图会有所帮助（参见 3.10 节）[3,14,17,51-54]。

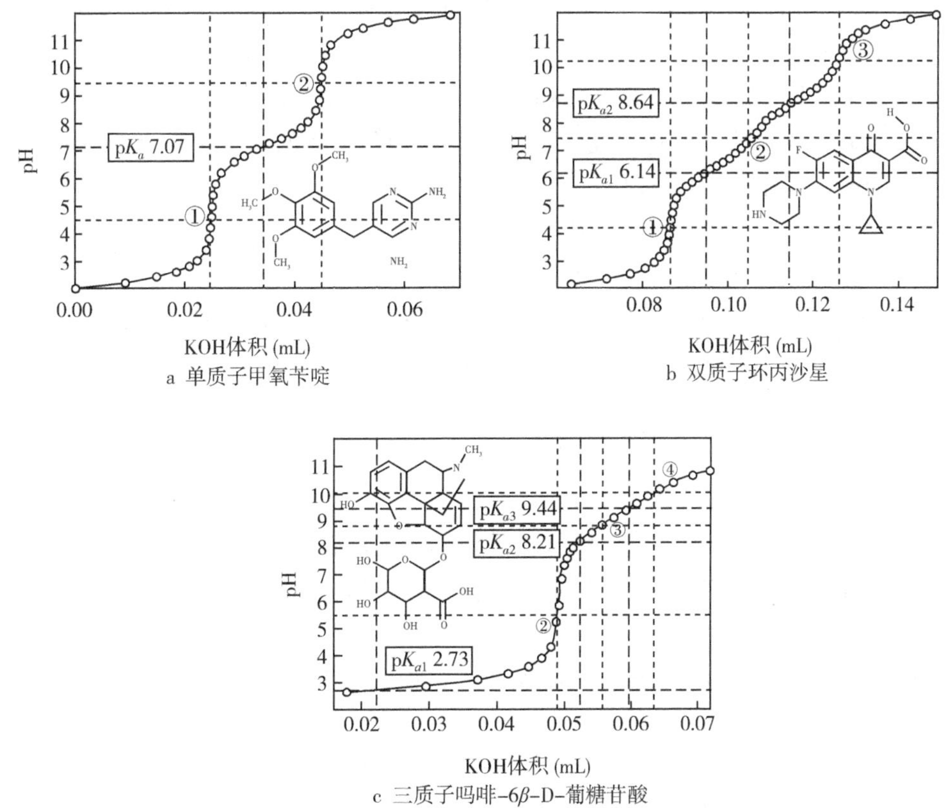

图 3.3 单质子甲氧苄啶、双质子环丙沙星和三质子吗啡-6β-D-葡糖苷酸的碱量滴定曲线

（带圈的数字表示终点的位置。终点之间的中点处是其中 pK_a 等于 pH 的缓冲区。使用的滴定剂为 0.5 M KOH，而滴定剂的体积取决于溶液中存在的药物量）

3.4 平衡方程与电离常数

本节的讨论将定义几种类型的平衡常数：K_{ai}、K_i、K_b和${}_mK_a$。对于多质子物质，指数 i 为1，…，N，其中 N 是物质在相关实验条件下能可逆地结合的可解离质子的最大数量（当 $N=1$ 时，不使用下标 i）。通常常数的数值以对数形式（底数为10）表示为 log K 和 pK_a（= −log K_a）。另外两种重要性较小的常数形式是："碱性"常数 K_b和 Brønsted "混合"常数${}_mK_a$。不同形式常数之间的关系很简单，需要牢记它们之间的区别。

当酸或碱在溶液中不完全解离时，称为"弱"，并且这种溶液的描述需要使用平衡反应方程和相关的平衡常数。Brønsted – Lowry 理论是一种广泛接受的对酸和碱解离的描述[55-56]。弱酸有释放质子的倾向，而弱碱有接受质子的倾向。可以使用相同类型的平衡表达式来描述这两个反应。例如，氨的平衡反应包括弱共轭酸 XH_4^+ 和不带电的弱碱XH_3；苯甲酸是不带电的弱酸 C_6H_5COOH 和弱共轭碱 $C_6H_5COO^-$。

质量作用定律确定了可逆的化学反应中反应物和产物的浓度关系。考虑两个简单的弱酸（HA）和弱碱（B）反应：

$$HA \rightleftharpoons A^- + H^+ 。\tag{3.1a}$$

$$BH^+ \rightleftharpoons B + H^+ 。\tag{3.1b}$$

上述两个反应用解离（质子释放）公式来表示。两种相应的解离平衡常数（也称为酸度或电离常数）可根据质量作用定律分别表示为：

$$K_a = \{A^-\}\{H^+\}/\{HA\}。\tag{3.2a}$$

$$K_a = \{B\}\{H^+\}/\{BH^+\}。\tag{3.2b}$$

其中，{} 表示物质的化学活度（而不是浓度）。

如果式（3.1）以相反的顺序将氢离子写在左边，被称为生成（质子吸收）公式。生成常数（有时也称为质子化常数）与式（3.2）中的常数互为倒数，通常表示为 K_1，或者简称为 K（但不是 K_a）。

在较早的文献中，涉及碱的平衡表达式，如式（3.1b），有时写有 OH^- 而不是 H^+。例如：

$$B + H_2O \rightleftharpoons BH^+ + OH^- 。\tag{3.1c}$$

相应的平衡商（"碱度"常数）为：

$$K_b = \{BH^+\}\{OH^-\}/\{B\}。\tag{3.2c}$$

式（3.2b）和式（3.2c）的乘积合并为：

$$K_aK_b = \{H^+\}\{OH^-\} = K_w。\tag{3.3}$$

因此，K_a 和 K_b 只与水的电离常数 K_w 有关。为了将报告为 pK_b 的常数转换为 pK_a，需要从 pK_w（13.764，25 ℃和0.15 M KCl）中减去 pK_b 的值。

pK_a 和其他类似术语中的 p，表示以 10 为底数的 $-\log$ 或 $-\log_{10}$。在这里的处理中，下标 10 将从对数项去掉，使“log”本身表示以 10 为底数。自然对数（以 e 为底数）将以符号“ln”表示。

通常使用的命名法会引起一些混淆，特别是在研究多质子化合物时。考虑双质子两性电解质，如肌酐，我们选择用符号 X 代替 A 和 B 来代表两性分子。

$$XH_3^+ \rightleftharpoons XH + H^+。 \tag{3.4a}$$

$$XH \rightleftharpoons X^- + H^+。 \tag{3.4b}$$

两个相应的解离商为：

$$K_{a1} = \{XH\}\ \{H^+\}\ /\ \{XH_2^+\}。 \tag{3.5a}$$

$$K_{a2} = \{X^-\}\ \{H^+\}\ /\ \{XH\}。 \tag{3.5b}$$

K_{ai}（$i=1$，2）常数是指从弱酸 XH_2^+ 逐步释放第 i 个质子。相反，生成常数 K_j 指的是弱碱 X^- 逐步摄取第 j 个 H^+。

$$K_1 = \{XH\}\ /\ \{X^-\}\ \{H^+\}\ = 1/K_{a2}。 \tag{3.5c}$$

$$K_2 = \{XH_2^+\}\ /\ \{XH\}\ \{H^+\}\ = 1/K_{a1}。 \tag{3.5d}$$

例如，肌酐（37 ℃，0.18 M 离子强度）的 $\log K_1 = pK_{a2} = 9.23$，$\log K_2 = pK_{a1} = 4.66$（注意数值指数的变换）。现代电位型 p$K_a$ 分析仪以 $\log K_j$ 形式列出常数（按数量级递减排列）。

在这一点上值得注意的是，尽管式（3.1c）中有 H_2O，但平衡商式（3.2c）中却没有。类似地，众所周知，H^+ 在溶液中不是以孤立离子（非溶剂化质子）存在，不过根据惯例，通常在平衡表达式中使用 H^+。稀释的水溶液中水的浓度几乎恒定在 55.51 M。因此，55.51 已经嵌入平衡常数的数值之中［式（3.2c）］。同样，很容易理解，质子在溶液中以各种形式存在，如水合氢离子 H_3O^+ 及更高级聚集体 $H^+(H_2O)_n$，$n>1$。有时离散的水合质子络合物在晶体中孤立存在，与 $H^+(H_2O)_6$ 一样[57]。但是在溶液中很难区分各种形式，因为水的浓度具有非常高的淹没效应。

形式上，酸的相对强度的测量是相对于一种标准碱，通常是溶剂（水）。因此，式（3.1a）可能会写成（尽管相当烦琐）：

$$HA(H_2O)_r + sH_2O \rightleftharpoons A^-(H_2O)_{r+s-t-u\cdots} + H^+(H_2O)_t + H^+(H_2O)_u + \cdots。 \tag{3.6}$$

按照惯例，H^+ 被定义为所有 t、u……质子水合形式的总浓度，水的浓度隐含地增加到平衡商中（或者可以说水在其自身相中的活性被定义为一致）。因此，HA 相对于质子受体 H_2O 的酸度的测量由式（3.2a）给出。类似地，共轭碱 - 酸对（B、BH^+）的相对强度被定义为与水的碱 - 酸体系（OH^-、H_2O）有关。上述所有关于质子水合作用的内容也可以说是关于 OH^- 的，尽管 OH^- 作为比质子 H^+ 大得多的离子，可能水合作用略低。

最后，当质子从一个水分子转移到另一个相邻水分子时，水自身会发生电离；在此过程中，随着所产生的离子呈现稳定的水合结构，“冻结”了 s 摩尔的水分子（从而降低熵值），各种结构重排随之发生。

$$sH_2O \rightleftharpoons H^+(H_2O)_t + HO^-(H_2O)_{t-s}。 \tag{3.7}$$

式（3.7）反应平衡常数的常规形式被称为水的离子积 K_w，如式（3.3）右边所示。

3.5 “纯溶剂”的活度标度

只有使用活度代替浓度时，质量作用定律才是严格有效的，尽管活度参考状态可以通过多种方式进行定义（参见3.7节）。通常，电化学方法的测量是基于活度的，而光学方法是基于浓度的。前面章节中使用的{}表示产品和反应物的活度（而［］代表浓度），单位通常用体积摩尔浓度（M）或质量摩尔浓度（m）表示。物质 X 的活度等于其浓度与其活度系数 f_X（M 单位；γ_X 通常与质量摩尔浓度一起使用）的乘积：

$$\{X\} = f_x[X]。 \tag{3.8}$$

将此定义应用于式（3.2a），从而可以将“热力学”常数 K_a 与“浓度” $_cK_a$ 常数关联起来。

$$\begin{aligned} K_a &= \{A^-\}\{H^+\}/\{HA\} \\ &= ([A^-][H^+]/[HA])(f_A f_H/f_{HA}) \\ &= {}_cK_a\ (f_A f_H/f_{HA})。 \end{aligned} \tag{3.9}$$

当系统接近某个限制状态时，特定溶质的活度接近浓度。在传统活度标度的情况下，这种限制状态是纯溶剂（水）。随着溶液中所有物质的浓度趋于零，每种物质的活度系数趋于一致。pK_a 值的实际测定需要知道物质的活度系数，或者至少要保持系数基本恒定。通过选择含有惰性盐的溶液作为限制态，可以获得明确且有用的热力学上的活度标度。纯溶剂的状态在本质上并不比基于恒定离子介质的状态更好（参见3.7节）。

3.6 离子强度与 Debye – Hückel/Davies 方程

离子强度的概念由 Lewis 和 Randall 提出[58]，并由 Debye – Hückel 理论给出了理论背景[59-60]。离子强度被定义为：

$$I = 1/2 \sum C_i z_i^2。 \tag{3.10}$$

其中，总和针对溶解的所有物质，其浓度和电荷分别是 C 和 z。它是由各种离子之间的电荷吸引和排斥所产生的离子间效应的量度。

在低离子强度的溶液（稀溶液）中，特定溶质的活度系数在相同离子强度的所有溶液中都是相同的。溶液中离子的远程静电相互作用不取决于离子的性质，而仅仅取决于它们的电荷。通过假定离子是在介电常数等于水的连续介质中的点电荷，Debye 和 Hückel 能够建立活度和浓度之间的理论关系。将单离子活度系数与离子强度相关联的低离子强度（$I<0.01$ M）Debye－Hückel 表达式近似为：

$$-\log f(I \to 0) \approx Az^2\sqrt{I}。 \tag{3.11a}$$

在离子强度较高（$I \leqslant 0.1$ M）的情况下，离子彼此更加接近，离子的大小会影响活度：

$$-\log f = Az^2 \frac{\sqrt{I}}{1 + B\mathring{a}\sqrt{I}}。 \tag{3.11b}$$

其中，25 ℃时参数 $A = 1.825 \times 10^6 (\varepsilon T)^{-3/2} = 0.5115$（介电常数 ε，于25 ℃纯水在零离子强度下为78.3，在0.15 M KCl 中为76.8[61]），25 ℃时 $B = 50.29 (\varepsilon T)^{-1/2} = 0.329$（摩尔标度），$T$ 是绝对温度（K），$\mathring{a}$ 是对应于水合离子平均直径的可调整参数。后一个参数的样本值在表3.1 中列出[62]。该表还显示了根据上述公式计算的活度系数。式（3.11b）预测了从纯溶剂活度状态的浓度变化如何影响活度系数。对于 $I>0.1$M 的情况，该公式通常不能令人满意。Debye－Hückel 方程的 Davies[63] 修正被认为可用于较高离子强度（$I<0.5$ M）的情况：

$$-\log f = 0.5z^2\left(\frac{\sqrt{I}}{1+\sqrt{I}} - 0.3I\right)。 \tag{3.12}$$

表 3.1 单离子的 Debye－Hückel 活度系数[a]

离子	$\mathring{a}$（10^{-8}cm）	f_X 计算值 $I=0.01$ M	水（$\varepsilon=76.8$） $I=0.15$ M	甲醇（$\varepsilon=32$） $I=0.15$ M
H^+	9.0	0.961	0.910	0.762
Li^+	6.0	0.958	0.891	0.708
Na^+，HCO_3^-，$H_2PO_4^-$	4.0	0.955	0.874	0.655
OH^-，ClO_4^-	3.5	0.955	0.869	0.640
K^+，Cl^-，NO_3^-	3.0	0.954	0.863	0.622
Cs^+，NH_4^+	2.5	0.954	0.857	0.603

[a]采用式（3.11b）计算25 ℃下的 f_X[62]。

表3.2 列出了 HCl、KCl 和 NaCl 的测量活度系数 $f_\pm = (f_+f_-)^{1/2}$ 与根据 Davies 方程和 Debye－Hückel 方程计算得到的活度系数的比较。$I=0.01$ M 和 0.15 M 时，Debye－Hückel 方程和实验的活度系数之间的平均误差分别为 0.2% 和 －3.2%。Davies 方程和实验值之间的平均误差较低，分别为 －0.1% 和 0.6%。虽然 HCl、KCl 和 NaCl 难以采用大样本进行比较，但结果似乎与上述公认的局限性一致。

表 3.2 平均活度系数 $f_{\pm}$ 的观测值与计算值

离子	I = 0.01 M			I = 0.15 M		
	实验值	计算值[a]	计算值[b]	实验值	计算值[a]	计算值[b]
HCl	0.905	0.906	0.904	0.781	0.751	0.764
KCl	0.902	0.898	0.904	0.743	0.705	0.764
NaCl	0.902	0.900	0.904	0.756	0.715	0.764

[a] Debye - Hückel 方程，式（3.11b），表 3.1 单离子数值的平均值，$f_{\pm} = (f_{+}f_{-})^{1/2}$。

[b] Davies 方程，式（3.12）。

经验方程 Davies 没有可调参数，因此使用方便。商用电位型 pK_a 分析仪在很大程度上采用 Davies 方程且用于水溶液。在一般情况下，它运行良好。不过，它没有考虑到温度和介电常数的变化（参见图 3.8）。由于介电常数的变化，Debye - Hückel 方程在混合溶剂系统中可能实际效果更好。在大多数混合溶剂的低介电介质中，若简单地将式（3.12）中的 0.5 替换为式（3.11b）中的 A，结果将无法令人满意[18]。

3.7 “恒定离子介质”的活度标度

在药物研究中测定 pK_a 值的大多数研究人员使用恒定离子介质的活度标度，其选择含有“淹没”浓度的强惰性电解质（如 KCl）的溶液代替纯溶剂作为标准状态[64]。这相当于改变了传统纯溶剂的活度标度。在恒定的离子介质的活度标度中：

$$\{X\} = f'_x [X]。 \tag{3.13}$$

只需要物质 X 的浓度接近零，而惰性本底电解质保持恒定，以使新的活度系数 f_X' 趋近一致。如果本底电解质浓度为 X 浓度的 10 ~ 100 倍，活度系数 f_X' 至少在实验误差范围内仍然接近一致（表 3.3）。因此，X 通常没必要外推到零。正如 Biedermann 和 Sillén 所指出的[64]，纯溶剂的活度标度和恒定离子介质的活度标度在热力学上同样明确。因此，在恒定离子介质的标度中，活度等于浓度；因而可以使用电位测量方法来测量“浓度”。下一节将详细介绍在使用不同的标准状态时，基于一个活度标度的平衡常数如何转换为基于另一个标度的平衡常数。

表 3.3 恒定离子介质的活度系数（I_0 = 0.150 M）

I (M)	f_X'
0.140	1.005
0.150	1.000
0.159	0.996
0.167	0.993

3.7.1 恒定离子介质的活度标度 f_X'

在稳健的参比状态下，预计活度系数会保持恒定。纯溶剂体系在实际的药物 pK_a 测定中并不便于使用，因为滴定需要在几个不同的样品浓度下进行，并且结果需要外推到零离子强度（这不是生理相关条件），或者根据式（3.9）可以很好地依据 Debye - Hückel 方程或 Davies 方程将基于浓度的 pK_a 修正为零离子强度的 pK_a。在恒定离子介质的参比系统（如 0.15 M KCl）中，样品浓度被本底电解质所淹没，所以外推至零样品浓度可能不是必需的。如果在滴定过程中确实发生了离子强度的微小变化，数值稍微偏离 0.15 M 的水平，那么使用 Debye - Hückel/Davies 方程将基于浓度的 pK_a 调整回 0.15 M 参比水平，这只会对理论产生轻微的影响。在下一节中，将考虑一个简单的实例。

3.7.2 恒定离子介质的活度标度处理的实例

我们假定，在 1.000 mL 高纯度、无碳酸盐（“18 MΩ”等级）水中精准地加入 0.10 mg 酮洛芬（pK_a 3.993，25 ℃，0.15 M KCl 中）和 11.18 mg KCl，所得溶液将包含 $C_{KCl}=0.150$ M 和 $C_{HA}^{tot}=0.393$ mM（低于酮洛芬的溶解度限度），并且 pH 约为 3.91。同时，恒定离子介质的参比值 $I_0=0.150$ M。现在想象向溶液中加入 0.050 mL 的 0.500 M 标准 HCl 滴定液，平衡后，pH 约 1.74。此时，浓度（校正稀释后）为 $C_{HA}^{tot}=0.375$ mM，$[K^+]=0.143$ M，$[Cl^-]=0.167$ M，$[H^+]=0.0238$ M，$I=0.167$ M［式（3.10）］。在恒定离子介质的模型中，类似于式（3.9）的公式为：

$$
\begin{aligned}
K_a &= K_a'(f_A' f_H' / f_{HA}') \\
&= K'_a[(f_A^I/f_A^{I_0})\cdot(f_H^I/f_H^{I_0})/(f_{HA}^I/f^{I_0}_{HA})]。
\end{aligned}
\tag{3.14}
$$

计算 pH 为 1.74 时的浓度时，需要使用 pK_a'（$I=0.167$ M 时），因此需要根据离子强度的变化调整参比值 pK_a（$I=0.150$ M 时）。可以假设在式（3.14）中，$f_{HA}=f'_{HA}=1$，$f_A=f_H$，且 $f_A=f'_H$。根据式（3.13）和式（3.14），通过下式确定 pK_a 相比参比状态值的偏移：

$$
\begin{aligned}
pK_a' &= pK_a + 2(\log f^I - \log f^{I_0}) \\
&= pK_a - (0.167)^{1/2}/(1+(0.167)^{1/2}) + 0.3(0.167) + \\
&\quad (0.15)^{1/2}/(1+(0.15)^{1/2}) - 0.3(0.15) \\
&= pK_a - 0.2400 + 0.2343 \\
&= pK_a - 0.006。
\end{aligned}
\tag{3.15}
$$

由于校正是在 $I_0=0.15$ M 的恒定离子介质参比状态与实际离子强度 $I=0.167$ M 之间，因此 pK_a 的变化为 0.006。在这个例子中，偏离 0.15 M 的程度是碱性滴定时样品溶液的初始酸化造成的。然后随着少量精确体积的 0.500 M KOH 标准滴定液的加入，该滴定继续进行。随着滴定过程的进行，离子强度会进一步变化，因为滴定剂会带来

K^+离子而增加离子强度，但滴定液也会在每次递增加入时稀释浓度。

当加入0.05 mL KOH时，所得到的pH将为3.94（由于稀释效应和基质盐水平的变化，不是精确的初始值）。此时，$[K^+] = [Cl^-] = I = 0.159$ M。较早加入的一些HCl的中和作用会导致较低的离子强度（0.159 M vs. 0.167 M）。

另外加入0.001 mL KOH滴定液将未缓冲的pH提高到9.88，此时酮洛芬将完全电离。然而，离子强度仍将约为0.159 M。式（3.15）计算的pK_a从基础值仅移动0.004个单位。因此，滴定过程中的pK_a只需要0.004～0.006个对数单位的调整，这个数值与pH测量中的不确定度相当。

上述“假设实验”中的活度变化被限定为非常小的值，如表3.3所示，使得恒定的离子介质成为一个合适的稳健参比状态。正如在A3.5节以更普遍的方式所讨论的那样，基于恒定离子介质参比状态的现代商用电位型pK_a分析仪，计算每个滴定点的实际离子强度，并在非线性回归分析中根据参比值进行调整。上述调整取决于活度系数之间的差异［参见式（3.14）］而非其绝对值［参见式（3.9）］。

当滴定介质中不添加KCl时，离子强度在更大范围内变化，液体接界电位也是如此。这会导致在典型的滴定过程中难以控制离子活度的变化（参见A3.4节）。

在基于0.15 M KCl的恒定离子介质参比系中，可将$f_X{}'$值简单地定义为一致，并且“热力学”$p_cK_a = 3.99$。使用式（3.16）将恒定离子介质转换为纯溶剂参比状态［参见式（3.9）］：

$$\begin{aligned} pK_a &= p_cK_a - \log(f_A f_H / f_{HA}) \\ &= 3.99 - \log(0.764 \times 0.764/1) \\ &= 4.22。 \end{aligned} \tag{3.16}$$

上述数值是传统纯溶剂的活度标度中其他“热力学”常数的预估值（所有物质外推至零浓度，包括惰性本底电解质）。

使用恒定离子介质的活度标度有两个公认的好处：①如上文所示，当在较高浓度的本底电解质（如0.15 M KCl）存在下，滴定低浓度（如0.0001～0.005 M）的物质时，样品物质的活度系数的改变很小或不显著，因为总离子强度保持有效恒定。②此外，样品（具有本底惰性电解质）介质和浓缩的（≥3.5 M）KCl桥溶液之间在液体接界处的接界电位是稳定的（保持恒定），A3.4节将对此进行讨论。

调节离子强度最常用的盐是KCl、KNO_3、$KClO_4$、$NaNO_3$、$NaClO_4$和NaCl。钾盐的使用可以使电极在高pH时的“钠误差”最小化。硝酸盐和高氯酸盐是“非配位的”，因此不会干扰含有过渡金属离子的研究体系的测量[17]。使用NaCl模拟生物流体或海水可能是合理的。但是，如果离子强度保持在0.15 M附近并且pH测量值保持在11.5以下，那么使用哪种盐控制离子强度实际上都没有关系，只要使用一些惰性盐即可。

就盐浓度而言，文献中似乎描述了3种情况：①一些研究人员研究了3.0 M（或有时为1.0 M）的高氯酸盐和硝酸盐。样品对离子强度的贡献实际上为零，并且残留液体接界电位也基本为零（参见A3.4.1节）。有时需要高盐浓度来研究可能高度带电的多核金属络合物。在如此高的盐浓度下，使用极其纯净的盐尤其重要。②模拟海水条件选择的盐浓度接近0.7 M。③剩下的研究（可能是最大的）优先考虑0.10 M（NIST缓冲区；NIST是国家标准与技术研究院）或0.15 M（生理）区域。后一种情况的3个优点是：①浓度模拟生理水平0.16 M。②Debye - Hückel理论［Davies方程，式(3.12)］依然是可靠的。③不管使用哪种常用盐，样品离子的活度几乎以相同的方式受到影响。缺点是：如果样品离子高度带电，则样品浓度可能显著影响总离子强度。使用远低于1 mM的样品浓度可减少样品物质的影响。

药学应用中优选0.15 M KCl，其值接近盐的生理水平。不过，不推荐使用非常高的离子强度，因为用于电极校准的标准缓冲液（如邻苯二甲酸和磷酸）的pK_a值是以0.1 M左右的离子强度为参比的。

总之，在恒定离子介质的标准状态下，电离常数测定的精度非常高。在这种介质中，可以（并且非常方便）将pK_a常数表示为浓度商（而不是纯溶剂的活度商）。为此，有必要将常规的pH标度（基于活度）转换为基于H^+浓度的pH标度，即p_cH标度（$p_cH = -\log[H^+]$）。该过程在3.9节中详述。

3.8 pK_a 值的温度依赖性

除非在相同温度下测定，否则可能无法可靠地比较相关系列化合物的pK_a值。除非在测定时使用相同温度（室温可以是15～30 ℃的任何温度），否则可能难以比较几种不同文献来源的pK_a值。需要将多来源的pK_a值调整到常规的参比温度下（如25 ℃）。

pK_a的温度依赖性是热力学现象。导致电离增加的质子转移反应（特别是对于简单弱酸）会引起反应物周围的氢键水结构的大量重排[65-66]。电离时，熵通常会减少，并具有潜在的非线性热容效应[67-69]。似乎没有专门的理论可以预先（如根据二维结构的知识）对非标准温度下的pK_a测定进行温度“校正”，无法像采用Debye - Hückel方程［式(3.11b)］那样根据离子强度的变化而对值进行补偿[59-60,70]。

3.8.1 pK_a 值温度依赖性的热力学

表3.4列举了一些常见弱酸、碱和两性电解质pK_a值的温度系数实例[1]。图3.4是许多众所周知的分子pK_a值随温度变化图。从表中可以看出，碱对温度的变化通常比酸更加敏感。对于碱，大部分数值为负值（$-0.03 \sim -0.02\ \text{deg}^{-1}$）。对于许多分子，$\partial pK_a/\partial T$值不是常数，与$T$是二次函数关系。在理想情况下，电离常数的测定可以精确到±0.005。但一般来说，除非在滴定过程中能将温度控制在±0.2 ℃以内，否则无法达到此精度。

表 3.4　25 ℃和 $I=0.15$ M 下 pK_a 的温度系数（deg^{-1}）

酸	pK_a	$(\partial pK_a/\partial T)_P$	碱	pK_a	$(\partial pK_a/\partial T)_P$	两性电解质	pK_a	$(\partial pK_a/\partial T)_P$
乙酸	4.52	0.000	苯胺	4.61	-0.016	多潘立酮（碱）	7.29	0.003
苯甲酸	3.98	0.000	阿替洛尔	9.54	-0.029	多潘立酮（酸）	9.69	-0.008
硼酸	8.98	-0.007	阿托莫西汀	9.66	-0.014	甘氨酸（碱）	2.33	-0.014
丁酸	4.67	0.002	桂利嗪（pK_{a2}）	7.69	-0.020	甘氨酸（酸）	9.60	-0.025
碳酸（pK_{a1}）	6.12	-0.005	可待因	8.24	-0.018	拉贝洛尔（碱）	7.28	-0.019
碳酸（pK_{a2}）	9.88	-0.008	乙二胺（pK_{a1}）	7.15	-0.026	拉贝洛尔（酸）	9.27	-0.035
氢氯噻嗪（pK_{a1}）	8.75	-0.019	乙二胺（pK_{a2}）	9.97	-0.028	奥美拉唑（碱）	4.14	-0.004
氢氯噻嗪（pK_{a2}）	9.96	-0.014	组胺（pK_{a1}）	6.17	-0.021	奥美拉唑（酸）	8.90	0.022
吲哚美辛	4.42	-0.010	组胺（pK_{a2}）	9.87	-0.031	吡罗昔康（碱）	5.17	-0.040
酮洛芬	3.99	0.003	咪唑	7.10	-0.021	吡罗昔康（酸）	2.21	-0.009
羟基丁二酸	4.68	0.007	普萘洛尔	9.53	-0.030			
萘普生	4.09	-0.015	他莫昔芬	8.48	-0.014			

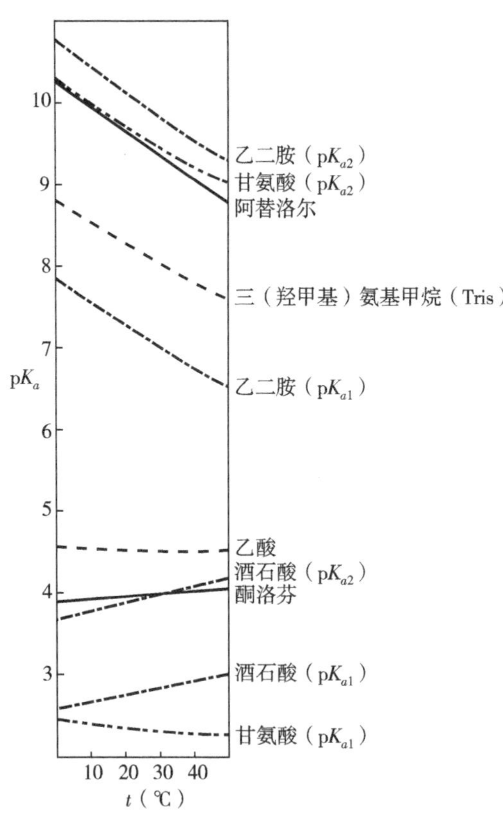

图 3.4　几种常见分子电离常数的温度依赖性的实例

（碱具有明显的负斜率，而酸显示对温度不依赖或稍有正依赖性）

对于恒定压力和给定温度下的平衡过程，Gibbs 自由能、焓和熵之间的关系如下：

$$\Delta G = \Delta H - T\Delta S。\qquad (3.17)$$

如果 ΔH 和 ΔS 与温度无关，那么在恒定压力下，与温度有关的 ΔG 部分通过熵的变化来定义：

$$(\partial \Delta G/\partial T)\text{p} = -\Delta S。\quad (3.18)$$

自由能与平衡常数的关系是：

$$\Delta G^0 = -RT\ln K_a = 2.303RT\text{p}K_a。\quad (3.19)$$

其中 ΔG^0是当所有的反应物和产物处于标准状态时，与电离有关的自由能的变化。合并式（3.17）和式（3.19），得到：

$$\text{p}K_a = -\frac{\Delta S^0}{2.303R} + \left(\frac{\Delta H^0}{2.303R}\right)\cdot\frac{1}{T}。\quad (3.20)$$

如果在几个不同温度下测定 pK_a 值，则 pK_a 对 $1/T$ 作图应该是直线，ΔH^0 和 ΔS^0 分别由斜率和截距确定。然而，许多物质所做的图却是弯曲的。因此，式（3.20）对温度的依赖比所示更复杂。

已经提出了许多经验方程，用热力学参数来表征这种曲线。其中一个更全面的表征是假定热容量 $C_\text{p} = \text{d}\Delta H/\Delta T$ 是温度的二次函数：$\text{d}\Delta H/\Delta T = \Delta a + \Delta bT + \Delta cT^2$。这种表征会导出综合经验表达式[70]：

$$\text{p}K_a = c_0 + c_1/T + c_2\log T + c_3T + c_4T^2。\quad (3.21)$$

系数 $c_0 - c_4$（$c_2 = -\Delta a/2.303R$，$c_3 = -1/2\Delta b/2.303R$，$c_4 = -1/6\Delta c/2.303R$）通过多重线性回归（MLR）来确定，只要在测定 pK_a 值时使用足够大的温度范围即可。由于需要大量的实验工作，所以实际上从未对类药物分子进行过这种分析。

上述表征的一个替代方案（仍然假定焓和熵与温度无关）是考虑在常数 P 下 $\Delta G/T$ 相对于 T 的扩展偏微分：

$$\begin{aligned}(\partial(\Delta G/T)/\partial T)_\text{P} &= -\Delta G/T^2 + (\partial \Delta G/\partial T)_\text{P} \\ &= -\Delta H/T^2。\end{aligned}\quad (3.22)$$

将式（3.19）代入上述自由能项，即得到 Van't Hoff 方程：

$$(\partial\text{p}K_a/\partial T)_\text{P} = -\Delta H^0/2.303RT^2。\quad (3.23)$$

借助式（3.20），上式的焓项可以用熵来代替，得到：

$$\begin{aligned}(\partial\text{p}K_a/\partial T)_\text{P} &= -(\text{p}K_a + \Delta S^0/2.303R)/T \\ &= -(\partial\text{p}K_a + 0.0522\Delta S^0)/T。\end{aligned}\quad (3.24)$$

其中，$R = 8.3143\ \text{J}\cdot\text{mol}^{-1}\cdot\text{K}^{-1}$。如果可以汇总典型的弱酸和碱的 ΔS^0 值，那么式（3.24）会很有用。不幸的是，类药物分子的标准熵值表非常稀少。尽管如此，Perrin 等[2]和 Perrin[71]提供了一些非常有用的近似计算：

- 对于简单羧酸，$\text{HA} \rightleftharpoons \text{A}^- + \text{H}^+$，电离产生两个单位的电荷，在 25 ℃时 $\Delta S^0 \approx (-88 \pm 17)\ \text{J}\cdot\text{deg}^{-1}\cdot\text{mol}^{-1}$。由于许多羧酸的 p$K_a$ 值接近 4.6，并且 $0.0522\Delta S^0 \approx -4.6$，所以可以得出：

$$(\partial\text{p}K_a/\partial T)_\text{P} \approx (4.6 - \text{p}K_a)/T \approx 0。\quad (3.25\text{a})$$

- 与简单羧酸相比，苯酚（p$K_a \approx 10$）的 $\Delta S^0 \approx (-100 \pm 17)\ \text{J}\cdot\text{deg}^{-1}\cdot\text{mol}^{-1}$，但也具有更高的 p$K_a$ 值，这表明：

$$(\partial\text{p}K_a/\partial T)_P \approx -0.016\ \text{deg}^{-1}。\quad (3.25\text{b})$$

• 对于杂环化合物（$\Delta S^0 \approx -105\ \mathrm{J \cdot deg^{-1} \cdot mol^{-1}}$），

$$(\partial \mathrm{p}K_a/\partial T)_\mathrm{P} = -(\mathrm{p}K_a - 5.4)/T。 \tag{3.25c}$$

• 对于单质子弱碱，$BH^+ \rightleftharpoons B + H^+$，没有净电荷的产生，熵效应非常小，$\Delta S^0 \approx (-17 \pm 25)\ \mathrm{J \cdot deg^{-1} \cdot mol^{-1}}$，

$$(\partial \mathrm{p}K_a/\partial T)_\mathrm{P} = -(\mathrm{p}K_a - 0.9)/T。 \tag{3.25d}$$

• 对于双质子二胺中第一个质子的失去，$BH_2^{2+} \rightleftharpoons BH^+ + H^+$（$\Delta S^0 \approx 0\ \mathrm{J \cdot deg^{-1} \cdot mol^{-1}}$），可以得到：

$$(\partial \mathrm{p}K_a/\partial T)_\mathrm{P} = -\mathrm{p}K_a/T。 \tag{3.25e}$$

将式（3.25d）和式（3.25e）应用于乙二胺，预测 $\mathrm{p}K_{a1}$ 和 $\mathrm{p}K_{a2}$ 分别为 $-0.023\ \mathrm{deg^{-1}}$ 和 $-0.030\ \mathrm{deg^{-1}}$，这与测量值 −0.026 和 −0.028（表 3.4）相当。

3.8.2 根据 25 ℃时的测量值预测 37 ℃时的 pK_a 值

在式（3.24）中，$\mathrm{p}K_a$ 和 ΔS^0 值都可能取决于温度。对于许多分子，ΔS^0 值与温度呈线性关系（图 3.5）。简单弱酸显示最大的负斜率，而碱则显示轻微的正斜率[72]。如果考虑限制在相对小的温度范围内（如 25 ~ 37 ℃），则相关性可以近似为线性方程：

$$\Delta S^0(T) = \Delta S^0_{25} + b_0(T - T_1)。 \tag{3.26a}$$

$$\Delta H^0(T) = \Delta H^0_{25} + b_1(T - T_1)。 \tag{3.26b}$$

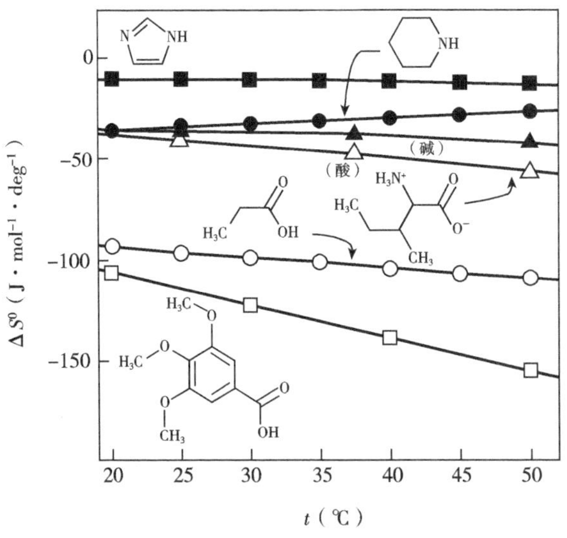

图 3.5 酸和碱样品标准电离熵的温度依赖性

（酸倾向于显示负斜率，而碱显示轻微的正斜率）

其中，$T_1 = 298.15\ \mathrm{K}$（25 ℃）。常见分子的 b_0 和 b_1 值可以根据《生物化学手册》[72] 中的热力学常数与 T 推导出来。例如，丙酸 $b_1 = -161\ \mathrm{J \cdot mol^{-1} \cdot K^{-1}}$，哌啶 $b_1 = 90\ \mathrm{J \cdot mol^{-1} \cdot K^{-1}}$。图 3.5 中丙酸、异亮氨酸（$\mathrm{p}K_{a1}$）和 3，4，5－三甲氧基苯甲酸的 b_0 值

分别为 $-0.53\ J \cdot mol^{-1} \cdot K^{-2}$、$-0.58\ J \cdot mol^{-1} \cdot K^{-2}$和$-1.62\ J \cdot mol^{-1} \cdot K^{-2}$，而哌啶、咪唑和异亮氨酸（p$K_{a2}$）等碱的 b_0值分别为 $0.29\ J \cdot mol^{-1} \cdot K^{-2}$、$-0.03\ J \cdot mol^{-1} \cdot K^{-2}$和$-0.20\ J \cdot mol^{-1} \cdot K^{-2}$。利用上述线性关系，式（3.20）可以表示成两个温度下的公式：

$$pK_a^{37} = -\frac{\Delta S_{25}^0}{2.303R} + \left(\frac{\Delta H_{25}^0}{2.303R}\right) \cdot \frac{1}{T_2} - \frac{b_0 \Delta T}{2.303R} + \frac{b_1 \Delta T}{2.303RT_2}。 \quad (3.27a)$$

$$pK_a^{25} = -\frac{\Delta S_{25}^0}{2.303R} + \left(\frac{\Delta H_{25}^0}{2.303R}\right) \cdot \frac{1}{T_1}。 \quad (3.27b)$$

其中，$T_2 = 310.15$ K（37 ℃）。式（3.27a）和式（3.27b）之间的差异产生了 van't Hoff 公式［参见式（3.23）］的一个扩展形式[73]：

$$\frac{\Delta pK_a}{\Delta T} = -\left(\frac{\Delta H_{25}^0}{2.303RT_1T_2}\right) - \frac{b_0}{2.303R} + \frac{b_1}{2.303RT_2}。 \quad (3.28)$$

其中，$\Delta pK_a = pK_a^{37} - pK_a^{25}$，且 $\Delta T = T_2 - T_1$。借助式（3.20），可以得到一个基于熵的线性方程：

$$\Delta pK_a = k_0 pK_a^{25} + k_1 \Delta S_{25}^0 + g(b_0, b_1)。 \quad (3.29)$$

其中，理论系数为 $K_0 = -\Delta T/T_2 = -0.039$，$k_1 = -\Delta T/2.3RT_2 = -0.002$，梯度函数 $g(b_0,\ b_1) = -b_0\Delta T/2.3R + b_1\Delta T/2.3RT_2 = -0.63b_0 + 0.002b_1$。例如，丙酸和哌啶的 $g(b_0,\ b_1)$ 分别为 +0.0041 和 −0.0014（无量纲）[72]。由于无法得知新化学实体（NCE）的 ΔS_{25}^0、b_0 和 b_1，因此开发了一种策略，先根据溶质的二维结构计算出的 Abraham 线性自由能溶剂化描述符[74]，再由此从 NCE 的二维结构估算其贡献[75]。

利用 Abraham 的[74] 5 个线性自由能关系（LFER）溶剂化描述符，估算出式（3.29）中的第 2 和第 3 项，从而得到设计方程：

$$\Delta pK_a = k_0 \cdot pK_a^{25} + c_0 + c_1 \cdot \alpha + c_2 \cdot \beta + c_3 \cdot \pi + c_4 \cdot R + c_5 \cdot V_x。 \quad (3.30)$$

其中，k_0、c_0、c_1……c_5 被视为多元线性回归（MLR）系数，α 和 β 分别是溶质总氢键的酸度和碱度，π 是由于键的偶极和诱导偶极之间的溶质－溶剂相互作用所引起的溶质极性/极化，R（$dm^3 \cdot mol^{-1}/10$；也称为 E）是过量的摩尔折射，模拟溶质的 π 电子和 n 电子产生的色散力相互作用，且 V_x 是溶质的 McGowan 摩尔体积（$dm^3 \cdot mol^{-1}/100$）。Abraham 描述符可以通过 ACD/Labs（位于加拿大多伦多市）的 ADME Boxesv 4.9 程序[75]来计算。

在 Sun 和 Avdeef[73]描述的分析中，143 个分子在 25 ℃和 37 ℃下的 187 个 pK_a 值被分为 3 类：酸、碱和两性电解质。酸类分子的 MLR 分析结果得出了一个经验方程：

$$\Delta pK_a = -0.022pK_a^{25} + 0.123 + 0.093\alpha + 0.045\beta - 0.145\pi + 0.004R + 0.028V_x。 \quad (3.31a)$$

其中，$r^2 = 0.60$，$s = 0.084$，$F = 11$，$n = 50$（酸）。由于 pK_a 的系数 k_0 为负数，所以 pK_a^{25} 的值越高，ΔpK_a 的负值越大。例如，pK_a^{25} 为 13.3 的水杨酸的 ΔpK_a 为 −0.29，而 pK_a^{25} 为 1.7 的马来酸的 ΔpK_a 仅改变 −0.04。根据 Abraham 描述符预测，对 ΔpK_a 的平

均熵贡献为0.10（范围为 -0.15 ~ 0.16），这抵消了式（3.31a）中 pK_a^{25} 效应的负贡献。酸类的平均 ΔpK_a 为 -0.02；测量值范围从 -0.34（吲哚美辛）到0.15（2-萘甲酸）。

碱类和两性电解质类的 MLR 分析结果分别得到以下两个方程[73]：

$$\Delta pK_a = -0.026pK_a^{25} - 0.136 + 0.008\alpha + 0.018\beta + 0.035\pi - 0.032R + 0.020V_x。\tag{3.31b}$$

其中，$r^2 = 0.55$，$s = 0.072$，$F = 17$，$n = 93$（碱），以及

$$\Delta pK_a = -0.038pK_a^{25} + 0.051 + 0.011\alpha - 0.103\beta + 0.060\pi + 0.002R + 0.075V_x。\tag{3.31c}$$

其中，$r^2 = 0.74$，$s = 0.091$，$F = 18$，$n = 44$（两性电解质）。

氢键导致酸和碱两者的 ΔpK_a 都呈现出更大的正值，尽管碱的程度较小。此外，分子越大，所有3种情况下的 ΔpK_a 正值越大，尽管这种效应对两性电解质最为显著。在这3类物质中，极性和色散力以不同的方式做出贡献。

对于碱类物质，许多 $pK_a^{25} > 10$ 的胺的 ΔpK_a 降低至少 -0.22。根据 Abraham 参数预测，碱类的平均熵贡献为 -0.06（范围为 -0.12 ~ 0.07），与酸值相比减少了0.16个单位。碱类的平均 ΔpK_a 为 -0.28；数值范围从 -0.47（氯喹 pK_{a2}；pK_a 提高的小分子）至0.09（长春新碱 pK_{a2}；近中性 pK_a 的大分子）。

发现两性化合物对 ΔpK_a 的平均熵贡献为0.12（范围0.05 ~ 0.30），与酸的值相似。两性电解质类的平均 ΔpK_a 为 -0.11；数值范围从 -0.49（加巴喷丁 pK_{a2}）至0.32（美法仑 pK_{a2}）。

图3.6显示了各个分类的 ΔpK_a 观测值对应的计算值[73]。当三级结果合并时，统计变为 $r^2 = 0.80$，$s = 0.076$，$F = 749$，$n = 187$。碱类倾向于聚集在 -0.3 附近，酸类倾向于聚集在0.0附近，而两性电解质分布在整个数值范围内。

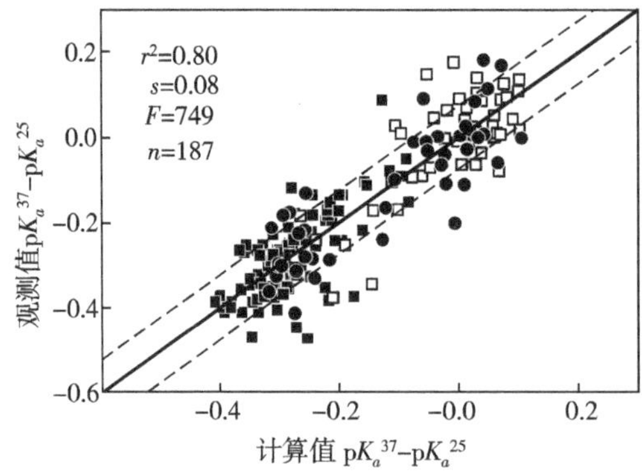

图3.6　187个 pK_a 值的预测值与计算值在37 ℃和25 ℃下的 pK_a 差值（$\Delta pK_a = pK_a^{37} - pK_a^{25}$）

［使用 Abraham 溶剂化描述符进行的各个类型（酸、碱、两性电解质）的分析合并到图中。统计信息对应于合并集。实心正方形符号表示碱，空心正方形符号表示酸，实心圆表示两性化合物。转载自 SUN N，AVDEEF A. Biorelevant pK_a（37 ℃）predicted from the 2D structure of the molecule and its pK_a at 25 ℃. J. Pharm. Biomed. Anal.，2011，56：173-182。经 Elsevier 许可复制］

3.9 电极的校准和标准化

本节介绍现代电位型 pK_a 分析仪中采用的玻璃膜 pH 电极的调节。具体讨论电极的“校准”和“标准化”。前一种方法就是其通常的含义，而后一种方法与基于浓度的 pH 标度有关。短期和长期电极性能的特性也将考虑。此外，还取决于离子强度和温度对电极响应的影响。所引用的实例都是基于许多可从优质电极供应商处获得的“研究级”玻璃膜 pH 电极实验所得[76]。

3.9.1 概述：从毫伏到 pH 再到 p_cH

为了建立操作 pH 标度[77-87]，首先需要用单一水性的 pH 7 NIST 磷酸盐缓冲液，以假设的理想能斯特斜率（Nernst slope）对 pH 电极进行“校准”[也就是说，将电位计测量的原始 mV 读数（EMF）转换为显示的“pH”]。A3.2.2 节描述了这一过程，除了仅使用一种 NIST 缓冲液作为 pK_a 测定过程的一部分。然后如 3.9.3 节所述，将操作 pH 转化为基于浓度的 p_cH 标度（$-\log[H^+]$），该过程被称为电极“标准化”（电极斜率因子在此第二步中测定）。

质量平衡方程中需要 p_cH（参见 A3.5 节）。同时，用于构建解离常数的恒定离子介质活度标度（参见 3.7 节）也需要 p_cH。pH 至 p_cH 转化基于 Avdeef - Bucher 四参数方程[14,18,64,87-94]：

$$pH = \alpha + k_S \cdot p_cH + j_H \cdot [H^+] + j_{OH} \cdot K_w/[H^+]。\tag{3.32}$$

其中，K_w 是水的电离常数，且 $K_w = [H^+][OH^-]$（浓度标度）[95]。在 25 ℃和 0.15 M 离子强度下，$pK_w = 13.764$。碱量滴定法滴定已知 HCl 浓度（pH 1.8 ~ 12.2），并且可能添加稀释的标准缓冲液或通用缓冲液混合物，利用得到的数据通过加权最小二乘法来确定 4 个参数值（α、k_S、j_H、j_{OH}）[14,65,96-101]。25 ℃和 0.15 M（KCl）离子强度下可调节参数的典型水性值（表 3.5 和图 3.7）。这样的标准化方案扩展了精确 pH 测量的范围，并且使评价的 pK_a 值低至 0.6（咖啡因[89]）和高达 13.0（异喹胍[90]），尽管实际工作的 pH 范围为 1.5 ~ 12.5。

3.9.2 电极的单缓冲操作校准和自动温度补偿

在每次测定开始时完成电极“校准”。该步骤的目的是将通常以毫伏为单位的 pH 计或滴定仪的 EMF 读数转换为 pH。所有使用 pH 电极的人都应当熟悉这一过程（参见 A3.2.2 节）。

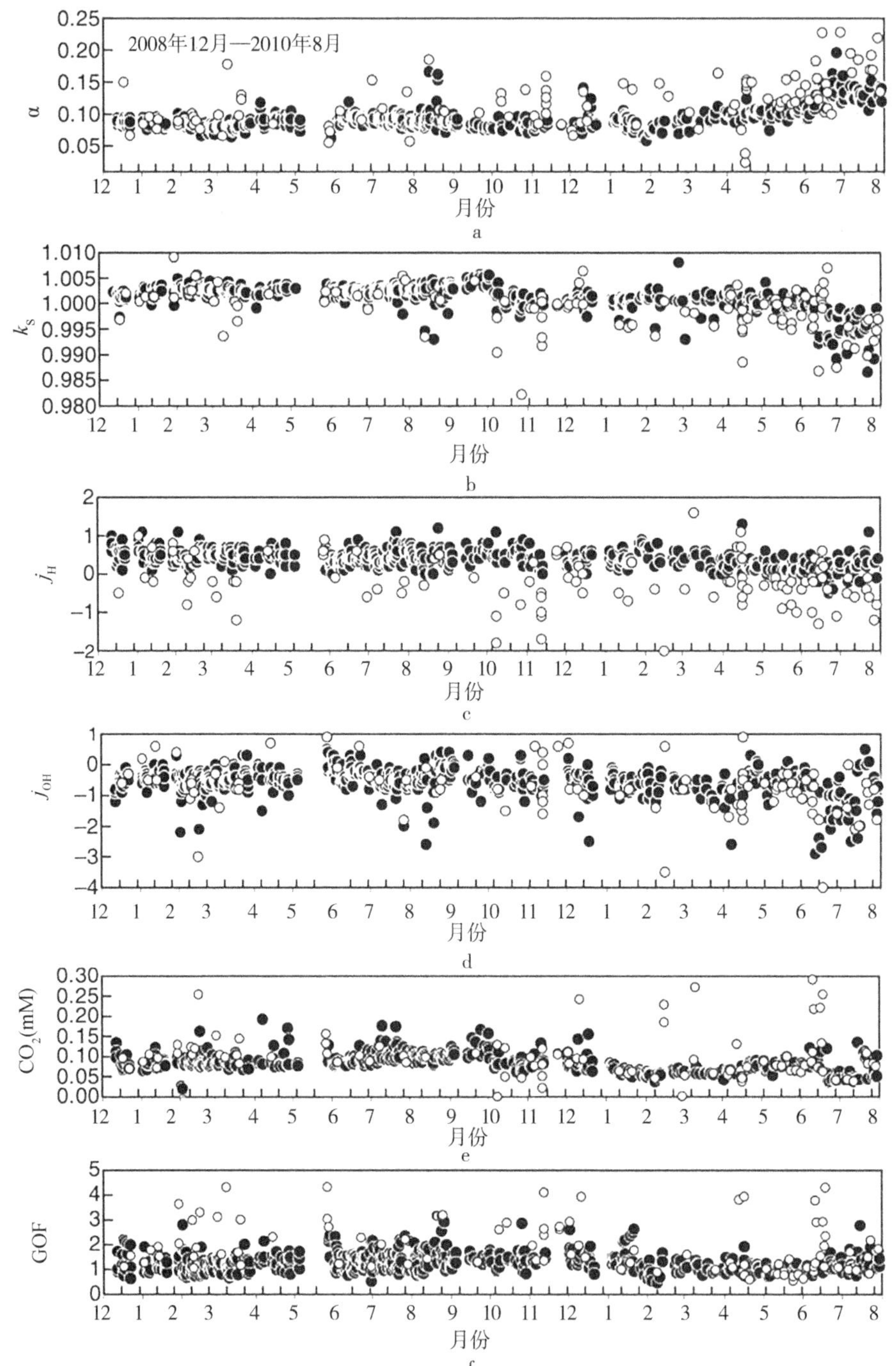

图 3.7　在 *p*ION 质量控制程序中，使用相同的玻璃膜 pH 电极，追踪 20 个月（2008 年 12 月—2010 年 8 月）的 4 电极标准化参数和空白滴定中二氧化碳的环境水平

（空心圆表示滴定超出可接受的标准范围，因此在质量控制程序中予以拒绝。在最后 3 个月中，α 和 k_S 参数开始整体超过可接受范围，之后更换电极）

表 3.5 25 ℃下的玻璃膜 pH 电极标准化参数

参数	电极 A Ross 型 (I_2/I_3^-)[a]	电极 B Ross 型 (I_2/I_3^-)[b]	电极 C Ross 型 (Ag/AgCl)[c]
α	0.083 ±0.004	0.094 ±0.020	0.090 ±0.034
k_S	1.0012 ±0.0006[d]	1.0043 ±0.0020[d]	1.0019 ±0.0022[d]
j_H	1.1 ±0.1	1.1 ±0.3	0.5 ±0.2
j_{OH}	−0.1 ±0.1	−0.8 ±0.5	−0.5 ±0.4

[a] 短期监测：3 周（0.10 M KNO_3）[3]；

[b] 中期监测：3 个月（0.10 M KNO_3）[3]；

[c] 长期监测：20 个月，基于图 3.7 中的 517 次空白滴定（0.15 M KCl）[pION]；

[d] 分别为 100.12% 能斯特、100.43% 能斯特和 100.19% 能斯特。

电位型 pK_a 分析仪采用 pH 7 磷酸盐缓冲液［pH（S），许多商业来源的黄色标准溶液］的毫伏读数 E_S。选择的该缓冲液与 pH 电极的等电点一致［式（3.34）］[76]；因此，E_S 几乎与温度无关（参见 A3.2 节图 A3.2）。假设剩余的液体接界电位（LJP）为零，根据能斯特方程表达式［式（A3.8）］，从这个读数就可以确定操作 pH 标度［式（3.33）］。

$$pH = pH(S) - \frac{(E - E_S)}{2.303RT/F}。 \tag{3.33}$$

其中，$2.303RT/F$ 为能斯特斜率，在 25 ℃时为 59.16 mV/pH。在 25 ℃下，商用 pH（S）定义为 7.000（可追溯至 pH 6.865 的 NIST 磷酸盐缓冲液）。其他温度下的数值取自 NIST 出版物[77-78,83]；通常制造商会将这些数值打印在缓冲液瓶身上或缓冲液附带的小册子中。商用电位型 pK_a 分析仪的数据采集软件中考虑了这种温度依赖性。因此，能斯特斜率和 pH（S）都是以一种已知的方式与温度相关。表 3.6 显示了一些选定的二级 pH（S）标准值，可溯源到 NIST 值，并且能斯特斜率随温度变化而变化。

表 3.6 缓冲液的温度依赖性

T（℃）	$2.303RT/F$（mV/pH）	pH（S）[a]
15	57.17	7.035
20	58.16	7.016
25	59.16	7.000
30	60.15	6.988
37	61.54	6.976

[a] 二级 pH 7 标准值，可溯源到 NIST 值。

$pH(S) = 3459.39/T - 20.9224 + 0.073301T - 6.2266 \times 10^{-5}T^2$。

来源：由 Bates[78] 第 76 页改编。

可以在室温下［通常为（22 ±3）℃］进行上述“锚定点”单缓冲液的校准，pK_a 分析仪会自动对任何其他温度下滴定所得到的操作 pH 标度进行补偿，尽管当在37 ℃

使用时最好将缓冲液和电极预热至该温度。如图 A3.2（参见 A3.2 节）所示，自动温度补偿方案使用了公式：

$$pH(t) = pH_{iso} - \frac{(E(t) - E_{iso})}{59.16 \times \left(\frac{273.15 + t}{298.15}\right)}。 \tag{3.34}$$

这需要考虑温度对 pH 测量的影响。但是正如 3.8 节中所讨论的，pK_a 值也取决于温度。为了实现最高精度的 pK_a 测定，在滴定过程中保持温度的恒定对其准确测量非常重要；滴定容器可能需要恒温。由于通常在 37 ℃下进行基于细胞的分析和溶出研究，因此在此类应用中最好在合适的温度下测量 pK_a，而不是简单地使用可用的 25 ℃下的值。或者，可以使用 3.8.2 节中描述的经验方案估算 37 ℃时的 pK_a 值。

对于 ROSS 品牌的 pH 电极（Thermo，8103SC），E_S 为 −25 ~ 0 mV，实际值取决于电极及其使用历史。对于给定的电极，实际值在数周内会微小地变化（ −2.1 mV/月[3]），但在一次滴定的时间内通常不会变化。这种漂移通常是由于组合电极中 pH 缓冲的 I_3^-/I_2 氧化还原溶液的化学组成发生了变化，大概是由于微量杂质和微量氧气的进入造成的。实际上，这种长期变化已经经过校准。基于 Ag/AgCl 的参比电极不会显示这种效应。

当然，如果 pH（S）缓冲液被污染或老化，并且由于蒸发而部分浓缩，那么测量的 E_S 将会产生精密但不准确的操作 pH（参见 A3.2 节）。即使如此，只要在电极标准化与样品滴定中使用相同的“污染”缓冲液，那么由于系统误差被消除，所得到的 p_cH 和 pK_a 值也不会出错。标准化参数 α［式（A3.7）和式（3.32）］只是表示一个异常（但有效）值。

图 3.7 显示了一个特定电极（Ag/AgCl 参比电极）在 20 个月内的标准化历史［pION 质量控制］。在接近一年半的操作时间内，可以看到一个明显的稳定趋势。之后，参数 α 和 k_S 在 3 个月内逐渐开始偏离最佳限度，最后电极被更换。许多供试化合物在应用于 pK_a 分析仪的测定中会由于低溶解度而发生沉淀，可能会堵塞电极的结熔玻璃部分，因此很难预测一个特定电极能使用多长时间。在一个例子中，电极在笔者的实验室中使用超过了 4 年。然后它被丢弃了，结束了漫长的工作历程。实际经验表明，在典型的药品样品暴露下，可以使用的工作周期是 1 年。

每天进行单点 pH 校准时，必须使用新鲜且未受污染的 pH 7 缓冲液。应当采用良好单一商业来源的 pH 7 缓冲液。把不同制造商的缓冲液混合起来并不是一个好主意；它们可能并不完全一样。

3.9.3 标准化 pH 电极的四参数程序：参数 α、k_S、j_H、j_{OH}

大约每周进行一次电极“标准化”。大多数 pK_a 测定的新从业者对 Avdeef – Bucher（1978）[4]四参数的电极标准化并不熟悉。通过进行电极“标准化”，大致基于活度的操作 pH 读数［式（A3.1）和式（A3.3）］可转化为基于浓度的 p_cH 读数［式

(3.32)]。

“校准”（第一步）程序设定了操作 pH 范围（从 mV 读数），其接近标准活度范围（纯水作为限制状态，但使用0.1 M 离子强度的 NIST 缓冲液）。然而，正如这里所讨论的，由 pK_a 分析仪测定的 pK_a 值是基于浓度的标度（第二步）。后一种恒定的离子介质标度也是一种有效的活度标度，其中限制状态是离子强度调节的盐溶液（如 0.15 M KCl)，而不是纯水。因此，如3.7 节（及 A3.6 节）中，电离商的所有术语都是以摩尔浓度单位表示，包括氢离子浓度。在恒定的离子介质标准状态下，它们具有所有严格的活度意义（参见3.7 节）。因此，当报道恒定离子介质的 pK_a 值时，对离子强度及温度做出说明就很重要。pK_a 分析仪的离子强度调节液使用的是 0.15 M 的本底电解质（KCl），用于在滴定过程中维持几乎恒定的离子强度（参见 A3.2 至 A3.4 节）。经验表明，如果缺少本底电解液，则会由于 pH 标度的中间区域的液体接界电位发生变化，使得 pK_a 值的测定结果变得不够可靠（参见 A3.4 节中的图 A3.3）。另外，在蒸馏水中进行滴定时，加入的 HCl 或 KOH 滴定液会向介质中引入一些盐，所以在这种情况下实际的离子强度通常会大于0.01 M，这有助于提高电极性能。0.15 M 的本底电解质是在药物应用中的一个实际选择。

A3.5.9 节中描述的原位电极标准化方法将空白和样品滴定结合到一个操作中，同时通常可以从相同滴定中确定标准化常数 α、k_S、j_H 和 j_{OH} 及 pK_a 值。

3.9.3.1 空白滴定

“标准化”电极的最简单方法是：取0.15 M KCl 溶液，加入足量的0.5 M HCl 标准溶液，将 pH 降低至1.8［如果使用20 mL 溶液，则为（0.87 ±0.03）mL］，并以 0.5 M KOH 标准溶液滴定至 pH 约为 12.2（大约消耗 2 mL 0.5 M KOH）。这被称为空白滴定，如图 3.2 所示。由于水的电离常数精确已知[95]，并且在每个点的滴定溶液中 KOH 和 HCl 的浓度也是已知的，因此可以简单地计算出氢离子的浓度［H^+］。所以，在空白滴定的每个点上，操作 pH 和浓度 p_cH 都是已知的。假如在随后某种物质的滴定中，离子强度和温度基本相同，并且其他实验条件也几乎一致，如 pH 范围和数据采集速度，那么可以推测两个值之间的关系保持不变。必须强调的是，标化和样品滴定中单一 NIST 缓冲液校准必须使用完全相同的 pH 7 缓冲液。它是标准与样品之间的联系。

根据式（A3.7）中基于活度的 p_aH 的定义，以及 H^+ 和 OH^- 离子对残留液体接界电位的影响［参见 A3.4 节中式（A3.32)］，可以推断出：

$$pH = -\log f_H + 常数 + p_cH + 0.6[H^+] - 0.4[OH^-]。 \quad (3.35)$$

式（3.35）中的前两项是常数，其总和决定了式（3.32）中的 α。其他常数 0.6 和 -0.4 由 Henderson 公式（参见 A3.4 节）在理论上计算，与实验测得的结果相近。由于目的是将两个 pH 标度成功地关联起来，所以可以将这两个因子分别作为可调节参数 j_H 和 j_{OH} 来处理，其值可以在标准化程序中通过实验来确定。α 参数也可以作为可调节参数。如果 pH 7 缓冲液被污染，则 α 参数将补偿误差，前提是在空白和样品滴定中使用相同的缓冲液。此外，可以引入第 4 个因子 k_S 以考虑到特定 pH 电极可能不具有 100% 能斯特斜率的情况。如 A3.4 节所述，在低离子强度溶液中形成的 LJP 可能略微依赖于 pH，这种效应会扩散到 k_S 的经验斜率因子参数中［式（A3.31）］。因此，对两个标度 pH 和 p_cH 之间关系的描述可以使用多参数方程［式（3.32）］，方程基于 4 个参数 α、k_S、j_H 和 j_{OH}，可以通过将计算的空白 p_cH 滴定曲线对观察到的空白 pH 滴定数据点进行最小二乘拟合而推导出来[14]。可调参数的典型值为：$\alpha = 0.08 \sim 0.15$（取决于给定 pH 电极的商用 pH 7 缓冲液的情况），$k_S = 0.995 \sim 1.005$（取决于电极），$j_H = 0.5 \sim 1.0$ 或更高，以及 $j_{OH} = -0.5$ 或更低（表 3.5）。图 3.7 显示了一个电极的长期趋势。对于给定电极，4 个参数的精度通常分别为 ±0.02、±0.002、±0.2 和 ±0.4，如表 3.5 所示（参见图 3.7）。

理想情况下，k_S 斜率因子为 1.000。不过，当使用两个或多个 NIST 缓冲液进行校准时，pH 电极通常会表现出轻微的非理想响应，特别是如果电极没有在每个缓冲液中充分平衡的话。通常，25 ℃时的电极斜率为（58.5 ±0.3）mV/pH。实际上，斜率因子（实际斜率除以理论斜率）似乎随着离子强度的变化而变化，这可能是残留 LJP 效应的一种间接体现（参见图 3.8a）。

j_H 项修正了中等酸性溶液（pH 1.5 ~2.5）中由于液体接界电位和不对称电位造成的 pH 读数的非线性 pH 响应[78]。j_{OH}项修正了碱性（pH >11）的非线性影响，主要是原点的液体接界。当使用 NaCl 调节离子强度和（或）以 NaOH 为滴定剂时，后一参数也可补偿“钠差”。已经观察到，j_H/j_{OH}的比值通常非常接近等效的电导率之比 λ_H/λ_{OH}（参见 A3.4 节中表 A3.4），表明 LJP 是低和高 pH 下电极响应呈非线性的主要因素。

当将空白滴定中 pH - p_cH 的差值作为 pH 函数进行检测时，pH 4 ~9 区间的差异很大，正如在强酸、强碱滴定的非缓冲中性 pH 区域中所预期的那样。将四参数方程成功应用于这些数据需要一个适当的加权方案[16]。假如适当评估 pH 测量中的实验误差，那么大的 pH - p_cH 差值不会使四参数拟合发生偏斜。

图 3.7 包括 517 个空白标准化滴定，在 20 个月内几乎每天都进行。关于固态最佳拟合曲线的点的离散程度充分说明：如果不经常执行电极的标准化，那么 pH 读数将会产生偏差。对于 2 ~3.5 的缓冲 pH，偏差大致为 ±0.01；对于 10 ~12 的缓冲 pH，pH 精密度为 ±0.02。文献中报道的缓冲溶液也观察到类似的重现性（参见 A3.2 节）。这些数值与 Bates 在 NIST（原国家标准局，NBS）的系列论文中所引用的预期值一致[78,83,102-104]。

3.9.3.2 缓冲容量增强的标准化滴定

在空白滴定中，中性 pH 区域数据点的大量离散可以通过包含缓冲液的标准化方法来消除[14]。将具有精确已知离子型介质 pK_a 的高纯度标准物质加入空白的标准溶液中。选择合适的物质缓冲中性 pH 区域，从而获得更精确的 pH 读数。商用 pK_a 分析仪具有内置的识别乙酸钠、磷酸氢二钾、硼砂和碳酸氢钠等标准缓冲液的能力。已知所有相应的 pK_a 值与温度（10 ~ 40 ℃）和离子强度（0.0 ~ 0.3 M）的关系。表 3.7 列出了 25 ℃时两个离子强度值下的 pK_a 值。知道标准化合物的 pK_a 值，就可以计算在缓冲的标准化滴定的每个点处的 p_cH。计算很复杂，但可以在 pK_a 分析仪中实现完全自动化[14]。在缓冲溶液中，pH - p_cH 的离散通常不大于 ±0.02[16]。在缓冲溶液中测定的 α、k_S、j_H 和 j_{OH}参数与从简单空白滴定中推导出的参数的一致性良好。

此外，这 4 个参数与使用不同品牌的电极测定的文献值惊人一致[14,16]，表明只要电极正常运行并且是高质量的研究级电极，那么标准化方法可能在一定程度上与所使用的特定玻璃电极无关。

表 3.7 标准缓冲物质的 pK_a 值（25 ℃）

标准	I = 0.01 M	I = 0.15 M
乙酸	4.756	4.523
磷酸	12.441	11.717
	7.199	6.699
	2.147	1.922
碳酸	10.332	9.877
	6.352	6.115
硼酸	9.237	8.975

3.9.4 空白滴定评价测量系统的状态

空白滴定可以执行 5 个重要功能。

①当指定 pH 1.8 为 20 mL 0.15 M KCl 碱量滴定的起始 pH 时，滴定仪中加入接近 0.8 ~ 0.9 mL 0.5 M HCl 以达到起始 pH。通过中和加入的 HCl 所需的 KOH 标准溶液的体积，可以非常精确地确定 HCl 的浓度，因此不必为了标准化强酸而单独进行三（羟甲基）氨基甲烷（Tris）滴定[105]。

②可靠地确定 4 个标准化参数。

③可以精确测定 0.15 M KCl 和 KOH 滴定液中的 CO_2浓度，因为中性 pH 区域清楚地显示出碳酸的曲线（图 3.9f）。

④由于不需要称量样品，空白滴定很方便。

⑤电极可以进行标准化，以用于混合溶剂如水 - 甲醇中的 pH 测定。

3.9.5 电极标准化的频率

作为 pK_a 测定质量控制的一部分，建议定期进行空白滴定，以确保电极/测量系统的正常运行。图 3.7 显示了 4 个标准化参数在 20 个月内随时间变化的趋势。在那段时间内，j_H 和j_{OH}值没有明显的趋势，而 α 和 k_S 在 17 个月后开始向相反的方向漂移。α 和 k_S 曲线的趋势表明，如果每周进行一次标准化，一次两份，可以实现对标准化参数的可靠监测。表 3.5 总结了 3 种不同电极的加权平均标准化参数。

3.9.6 离子强度对 α、k_S、j_H 和 j_{OH}的影响

对离子强度范围从 0.02 M 至 1.12 M 的不同浓度的盐（KNO_3）进行了 16 次空白滴定（25 ℃）。图 3.8 显示了所得到的 4 个标准化参数。

α 和 k_S 参数似乎与之前观察到的一样，对离子强度具有相同的依赖性[14]。表 3.8 比较了用 Davies 方程［式（3.12）］计算的 $-\log f_H$值与观测到的 α 值。虽然 Davies 方程本不用于如此高的离子强度，但计算出的相关性仍然与所观察到的相似。

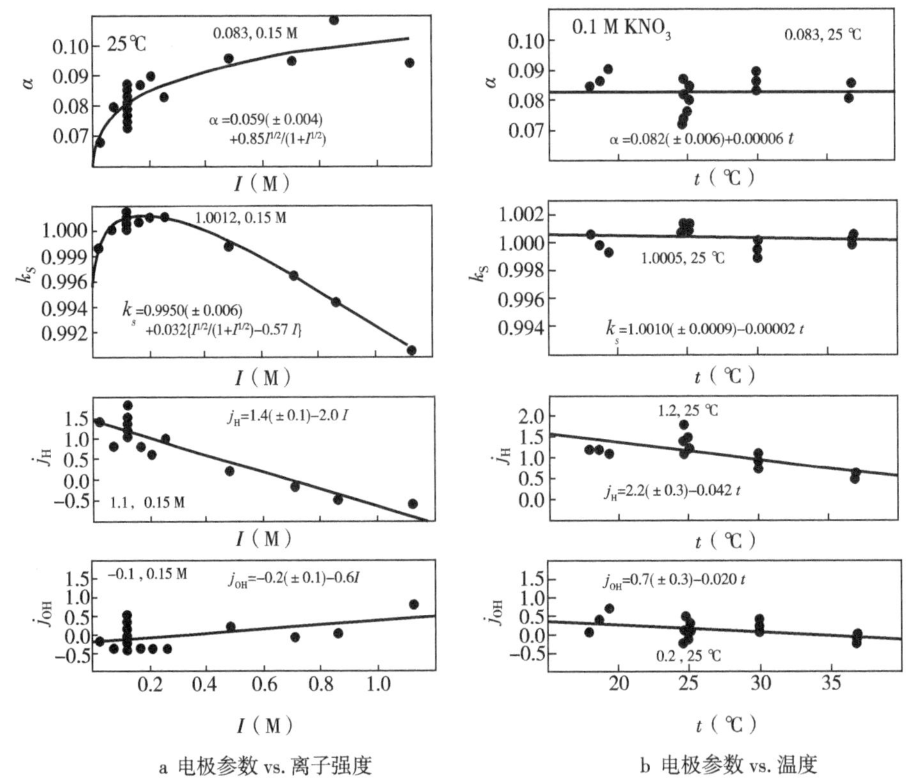

a 电极参数 vs. 离子强度　　　b 电极参数 vs. 温度

图 3.8　作为离子强度和温度的函数的电极标准化参数

（数据来自参考文献［3］）

有人提出[18]，斜率对离子强度的依赖可能是 pH 依赖性的 LJP 贡献的结果。A3.4.3 节进一步讨论了这一点。图 3.8a 中的 LJP 项 j_H 和 j_{OH}随着离子强度的增加而显示出减小的变化幅度。这与简单的定性预期是一致的。随着样品离子强度的增加并接近参比半电池电解质（3 M KCl）的离子强度，液体接界电位预计接近于零。

3.9.7 温度对 α、k_S、j_H 和 j_{OH} 的影响

图 3.8b 显示了 4 个标准化参数在 20 ~ 37 ℃对温度的依赖性。α 和 k_S 显示很小的温度依赖性。由于 α 与 $-\log f_H$ 有关，因此 Debye - Hückel 方程［式（3.11b）］中的 A 和 B 项表现出了一些温度依赖性。但是，从 20 ℃到 37 ℃，计算的 $-\log f_H$ 值仅仅下降 0.005，这与 α 明显缺乏温度依赖性相一致。

表 3.8 活度 vs. 离子强度（KNO_3），25 ℃

I（M）	式（3.12）中的 $-\log f_H$	α
0.02	0.059	0.070
0.2	0.125	0.085
0.4	0.134	0.092
0.6	0.128	0.096
0.8	0.116	0.099
1.0	0.100	0.102
1.2	0.081	0.103

由于 k_S 是电极斜率的倍增因子，其温度依赖性由能斯特方程和自动温度补偿描述［式（3.33）］，因此 k_S 参数未显示出温度依赖性也许并不奇怪。

根据 Henderson 方程［参见 A3.4 节中式（A3.21）］，随着温度的升高，j_H 应该增加，j_{OH} 应该降低，这并不能完全解释图 3.8b 中的趋势。但 Henderson 方程中等效电导率的温度依赖性使得这种效应变得复杂。

3.10 Bjerrum 图：pK_a 值分析中最有用的图形工具

Bjerrum[52] 图可能是在滴定数据分析初始阶段最有用的图形工具。理想情况下，它们表示了在特定 pH 下与弱酸/碱结合的解离质子的平均数 $\bar{n}_H$。例如，对于 pK_a 为 4.5 的单质子弱酸，pH 为 2 时 $\bar{n}_H = 1.0$，pH 为 4.5 时 $\bar{n}_H = 0.5$，pH 为 9 时 $\bar{n}_H = 0.0$。

3.10.1 Bjerrum 函数的推导

总氢余量：

$$H = A - B + n_H X 。 \tag{3.36}$$

被定义为溶液中总无机酸（如 HCl）浓度（A）和由物质 X 引入溶液中的可电离质子 n_H 的总浓度（$n_H X$）之和，减去溶液中无机碱（如 KOH）的总浓度（B）（例如，

如果将单质子弱碱 X 以盐酸盐形式引入溶液中，则 $n_H = 1$；如果将物质 X 以游离碱加入溶液中，则 $n_H = 0$）。未结合（游离）氢余量被定义为：

$$H_{游离} = [H^+] - [OH^-] = h - K_w/h \quad (3.37)$$

结合氢余量 $H_{结合}$ 仅是式（3.36）和式（3.37）之间的差值。将结合氢浓度除以总结合 X 浓度定义为 Bjerrum 函数 $\bar{n}_H$。

$$\begin{aligned} \bar{n}_H &= H_{结合}/X \\ &= (H - H_{游离})/X \\ &= (A - B + n_H X - h + K_w/h)/X \end{aligned} \quad (3.38)$$

滴定实验中任何测量的操作 pH 点，可以很容易地根据加入滴定剂的体积和加入溶液中 X 的重量（X 以 n_H 质子化的形式加入）确定 A、B 和 X 值（经稀释校正后）。可以根据式（3.32）由实际 pH 计算得到 h 值（= $[H^+]$）。因此，在滴定曲线的每个 p_cH 处都可以很容易地确定 Bjerrum 函数。

在 Bjerrum 图中，通过 $\bar{n}_H$ 半整数值的 p_cH，可以很好地得到近似 pK_a 值，这是 Bjerrum 图的一个性质，如图 3.9 所示。

$$\log K_j = p_cH \quad （在 \bar{n}_H = j - 1/2 处） \quad (3.39)$$

根据 3.12 节的案例研究，图 3.11f 中 M6G[50] 的 3 个 pK_a 值很明显：2.7、8.2 和 9.4。因此，简单通过检查滴定曲线来推断常数是不可能的（参见图 3.3c）。首先，图 3.3c 中的低 pK_a 被水的缓冲作用所掩盖。其次，pH 为 8.8 的表观 pK_a 具有误导性。M6G 有两个重叠的 pK_a 值，平均值为 8.8。M6G 有效地说明了 Bjerrum 分析的价值。

通过 Bjerrum 分析，可轻松处理重叠 pK_a 值。图 3.9d 显示了一个 6 - pK_a 分子万古霉素的例子[90,106]。图 3.9e 显示了一个 30 - pK_a 分子脱金属硫蛋白的例子，它是富含巯基的小型重金属结合蛋白[107]。

该曲线作为用于确定 pK_a 值和金属结合常数的常规用途有着广泛的历史，可以追溯到至少 20 世纪 40 年代[52-54,108-109]。在无机化学文献中，它们通常被称为形成曲线或 Bjerrum 图。

图 3.9b 显示的是对应于酸化的 0.005 M 环丙沙星溶液碱量滴定的 Bjerrum 曲线。该图清楚地显示，当 pH 从 3 升高到 12 时，两性分子在两个离散步骤中失去两个质子。pH 在 5 以下时 $\bar{n}_H = 2$，表明该物质发生了双重质子化（XH_2^+）。在 pH7.4 的拐点处 $\bar{n}_H = 1$，表明分子通过单质子化（$XH^\pm$）状态而发生转变。随着 pH 进一步升高至 12，$\bar{n}_H$ 接近于零，表明完全失去两个可电离质子。

空白滴定的分析有可能确定溶液中的 CO_2 量。图 3.9f 显示的 Bjerrum 图表明了 CO_2 的存在，对数据的干扰较大，因为弱酸的浓度仅为 38 μM。

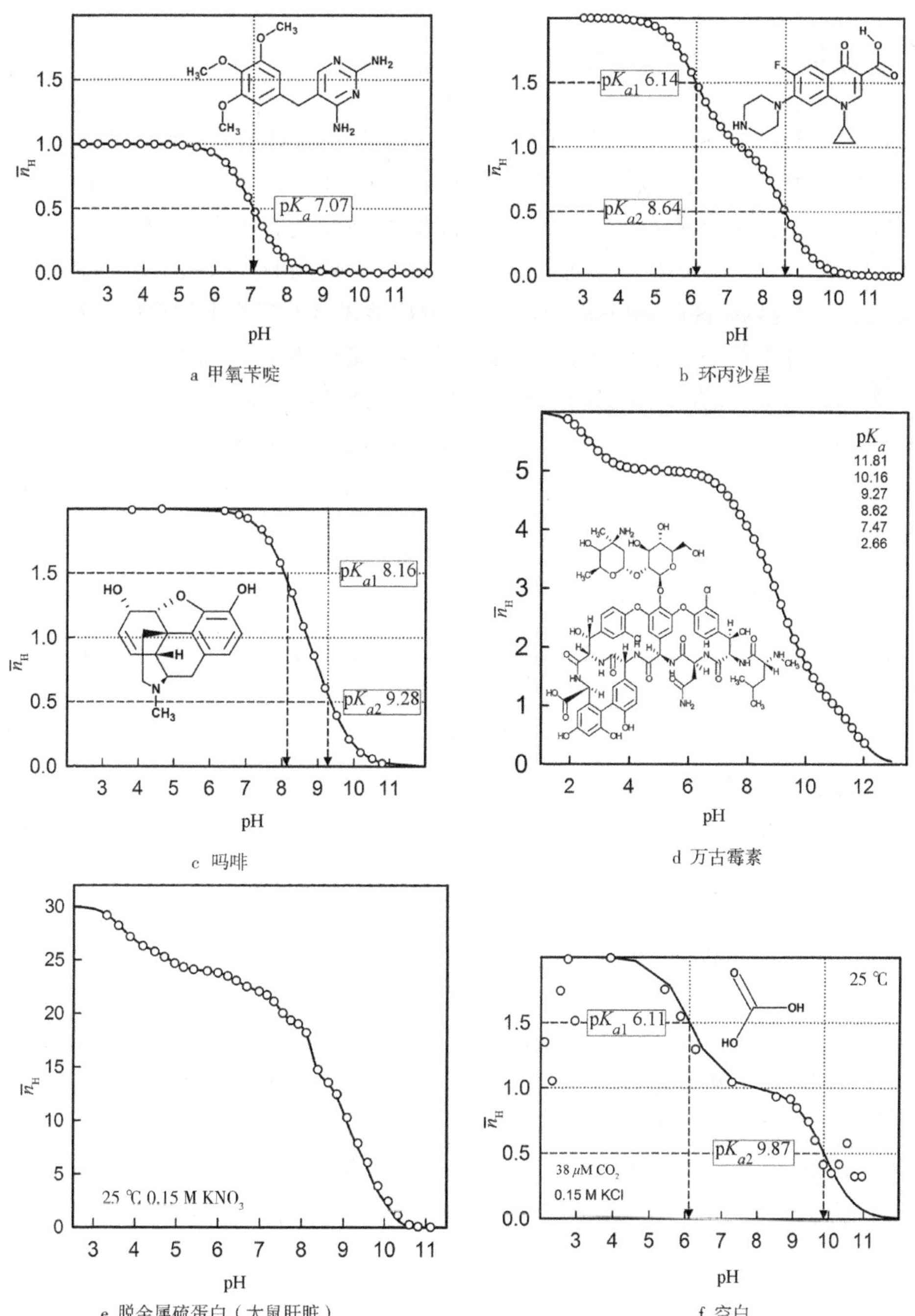

图 3.9　从单质子（甲氧苄啶）到 30 个可电离质子（脱金属硫蛋白）分子的 Bjeixum 图取样

（在$\bar{n}_H$ 的半整数值处的 pH 大致对应 pK_a 值。图 3.9d 和 3.9e 转载自 AVDEEF A. Curr. Topics Med. Chem.，2001，1：277－351。经 Bentham Science Publishers，Ltd. 许可复制）

3. 10. 2 Bjerrum 图的诊断用途

Bjerrum 函数是一种非常有价值的诊断工具，它可以揭示样品浓度误差、残留酸差/碱差、未预料到的化学杂质、电极性能问题或描述平衡反应模型中的无效假设[54]。

作为构建平衡模型的第一步，有必要先确定物质预期有多少个 pK_a 值，以及物质以哪种分析形式引入溶液中（n_H 值）。例如，对于双质子可电离的弱碱，n_H 可以是 0、1 或 2，分别对应以游离碱、单盐酸盐或二盐酸盐形式引入溶液中的物质。然而，在研究化合物时，并不总是清楚一个分子有多少个可电离的质子。有时合成化学家不能确定物质的形式（n_H 的值）。从缓冲溶液中分离出的合成肽可能具有非整数的 n_H，表明分离出的固体为混合物形式，可能含有一些共沉淀的缓冲组分。这些问题都可以通过 Bjerrum 图解决。以下例子基于甲氧苄啶。它们代表了可以使用 Bjerrum 图来识别各种类型的误差。

3. 10. 2. 1 确认 pK_a 值的数量和 n_H 的值

图 3. 10a 显示甲氧苄啶在 pH 为 2 ~ 12 时仅解离一个质子。实线曲线是甲氧苄啶的无误差 Bjerrum 图。当 n_H 值假设错误时，会得到点划线曲线。具体来说，甲氧苄啶作为游离碱引入；但错误地认为它是盐酸盐。Bjerrum 曲线向上偏移了一个单位的甲氧苄啶浓度。可以通过测定残余碱度或使用正确物质 n_H 形式来修正误差。正确选择的可视化确认需要在最小二乘法优化最终的平衡模型之前。

3. 10. 2. 2 校正残留酸差/碱差

图 3. 10c 说明了 Bjerrum 图由于残留酸差/碱差而产生位移。位移可通过恒定的$\bar{n}_H$增加表现出来，并均匀分布在整个 pH 范围内。

如果 Bjerrum 曲线显示出偏移预期值较小的非整数位移（在 pH 范围内恒定），则说明由于溶液中残留的酸度/碱度而出现了误差。也就是说，在溶液中存在一些未计算在内的强酸或强碱。有一些这样轻微错误的例子。例如，一些滴定剂可能黏附在分配器尖端的外表面上；它对 H 的贡献未计算在内，因此出现误差。又如，如果在滴定中使用 HCl 将 pH 降低至起始值并且未准确知道其浓度，则在碱量滴定中可以看到净酸差。

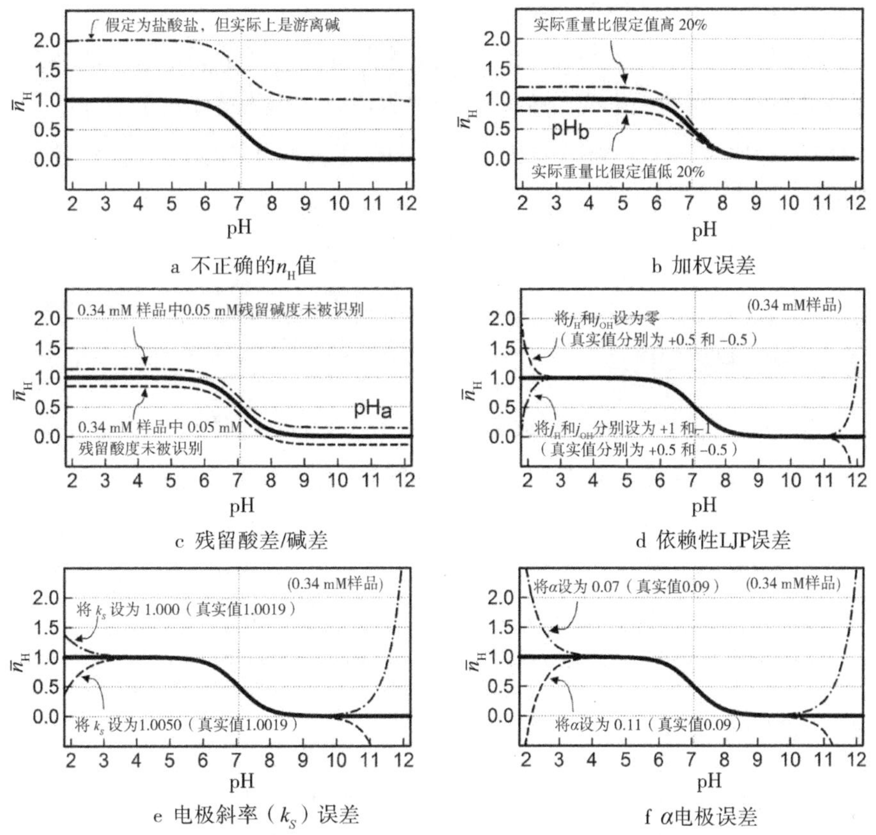

图 3.10　Bjerrum 图可用于诊断系统浓度和电极标准化误差

（实线曲线没有误差。虚线或点划线曲线表示数据的系统误差，或者是浓度，或者是电极标准化参数[54]）

考虑定义的项[54]：

$$F = (h - K_w/h) - (A - B)。\tag{3.40}$$

给定 A 或 B 的系统误差（表示为 ΔA），式（3.38）可以变换为：

$$\bar{n}_H = n_H - (F - \Delta A)/X。\tag{3.41}$$

为了计算 ΔA，需要确定 pH_a，预期$\bar{n}_H$ 等于n_H 时的 pH。在图 3.10c 中，pH_a 可以选择为 10。在 pH_a 为 10 时，$\bar{n}_H = n_H$，式（3.41）简单地变换为：

$$\Delta A = F_a。\tag{3.42}$$

其中，F_a 是在 pH_a 下的 F。

3.10.2.3　校正样品浓度误差

图 3.10b 显示了由于样本浓度误差而导致 Bjerrum 图的位移特性。当样品稍微潮湿或可能为未知溶剂化物时，可能发生称重误差。这将导致如图中点划线/虚线曲线所示的位移曲线。表观浓度降低的另一个原因可能是润湿性差或溶解度低，或者少量化合物片黏附在容器壁上而未进入溶液中，使部分样品未完全溶解。如图 3.10b 中的点划线所示，大于预期值可能是由于称重误差或使用了错误的分子量。图 3.10b 中的误差

可以通过$\bar{n}_H$在pH为2～12时的非整数差异来识别。

注意，在Bjerrum图中$\bar{n}_H$与n_H处的pH大概相同处（高于pH_a），浓度误差并未显示。为了校正浓度，需要识别$\bar{n}_H$预计是一个整数值时（但不等于$\bar{n}_H$）的pH（$\equiv pH_b$）。在图3.10b中，pH_b约为3。利用3.10.2.2节的校正ΔA，可以得到[54]反应物X的校正总浓度为：

$$X = F_b - \Delta A$$
$$= F_b - F_a。 \tag{3.43}$$

3.10.2.4 识别电极校准误差

在对数据的电离模型（pK_a的数量、n_H）、酸度和物质浓度的误差进行校正后，Bjerrum图仍可能相比预期理想形状位移。这可能是由于电极校准误差。图3.10d至图3.10f是4个标准化参数出现误差时的特征性位移。正如图3.10f的两条曲线所示，α参数导致两个pH极端区域的特征性位移。斜率参数k_S在高pH下出现误差比在低pH下更普遍（图3.10e）。LJP参数的误差限制在低pH或高pH区域（图3.10d）。在所有4种情况下，随着物质浓度变小，位移程度变大。这使得样品浓度的下限约为5×10^{-5}M。

3.10.2.5 滴定剂浓度的误差

如果没有对滴定剂进行适当的标化，那么Bjerrum图可能会出现特征性的位移现象。对滴定剂进行恰当和频繁的标化，可以消除这些误差。区别于其他不可避免的误差来源可能非常困难，但可以也应该避免滴定剂浓度的误差。

3.10.2.6 离子强度误差的后果

如果在制备离子强度调节液时粗心（如疏忽大意而遗漏了本底盐），那么Bjerrum曲线将显示出在高pH区域的失真。这主要是因为K_w的推导（来自数据库中数值）取决于（正确的）离子强度。

3.10.2.7 沉淀的证据

除了之前所述的情况，还可能会遇到其他的异常效应。一般来说，当一个化合物在所研究的pH范围内是水溶性的，相应的Bjerrum曲线会对称地（非不连续）出现在1/2整数值所对应的拐点（pK_a区域）两侧。当一种物质沉淀时，在沉淀开始时经常会观察到一个不连续点，使曲线看起来不连续。第6章中的溶解度测定部分介绍了这方面的实例。当观察到这种不连续的曲线时，建议使用较少的样品重复滴定，或者在混合溶剂溶液中使用可自由溶解物质的水溶性共溶剂进行滴定（参见3.11节）。或者，如果滴定过程中发生沉淀，可以采用第6章中描述的DTT方法来测定pK_a值（参见6.4.5.4节）。

3.10.2.8 pK_a “异常”

分析化学家必须对 Bjerrum 图出现在 pH 的极端区域（<3 或 >11）进行评判。图 3.10d 中的虚线表明可能存在两个额外的电离，pK_a 值约为 2 和 12。这是一个错误的解释，因为该效应是由于错误地计入液体接界电位造成的。此外，对于图 3.10e 至图 3.10f 中低 pH 端与高 pH 端间的点划线和虚线，可能会得出错误的结论。所有这些曲线均由于数据中的分析误差而失真，可能会被误认为具有非常低或非常高的 pK_a 值的电离过程。尽管结果对于某些极端 pH 的 pK_a 值不具有意义，但最小二乘法修正仍能收到令人满意的拟合结果。

通过检查分子的结构可以避免这种误解。鉴于类似分子的已知性质，在 pH 的极端区域预期 pK_a 值是否合理？如果不合理，那么应谨慎对待极端 pH 区域的数据。在最小二乘法修正时，只使用最接近 pK_a 值的 pH 区域中的数据，以获得更高的置信度。使用 pK_a 预测程序（参见 3.15 节）可能有助于拒绝可疑的 pK_a 值。

如果重要的是要探究“异常” pK_a 确实是真实值的可能性，那么就要使用 pK_a 最接近目标区域的标准化合物（醋酸盐、磷酸盐等），并使用最能模拟样品滴定的实验装置，仔细地重新标准化电极。在此之前，确保滴定剂浓度准确已知。确保滴定剂中的碳酸盐水平经过准确评估，并且不大于滴定剂浓度约 0.25%。确保离子强度调节液不被污染。然后重复样品滴定。如果“异常” pK_a 持续存在并且在重复滴定中再现，那么可能该 pK_a 是真实值。应该尝试一种替代方法（UV、CE）来确认这种临界结果。

3.10.2.9 重叠 pK_a 值

如果多质子物质的 pK_a 值紧密间隔，那么式（3.38）只能得到近似值。仍然有可能从 Bjerrum 图中直观地得出 pK_a 值。这些近似值是通过最小二乘法进一步修正的良好“种子”值（参见 A3.5 节）。

3.10.3 多种物质：溶解二氧化碳的效应

当滴定多种可电离物质时，正常（单一物质）的 Bjerrum 函数，式（3.38）是无效的。经常遇到带有可电离的反离子药物盐的例子。就此而言，每次使用碳酸盐校正时，用式（3.38）计算的 Bjerrum 图可能是错误的；但该图在诊断上仍然有用，因为 CO_2 浓度通常远低于样品浓度。

对于双物质（X 和 Y）测定，复合 Bjerrum 图可以定义为：

$$\bar{n}_H = (H - h + K_w/h)/(X + Y)。\qquad (3.44)$$

仍然可以识别诸如拐点等特征，并且可以从中得到很多信息，但是当这两种物质的浓度不同时，确实需要一些解释技巧。可能有必要定义一个合适的电离模型，并通过最小二乘法分析直接对其进行试验，这是一个用于多物质的完全常规程序（参见

A3.5 节）。

在本小节中，将引出一个新的多物质 Bjerrum 函数，它可以减去“干扰”物质（碳酸盐）的贡献，显示归因于单一物质的 Bjerrum 曲线。这就像一个 Bjerrum 的 Bjerrum 图，即原始的复合 Bjerrum 图中减去一个 pK_a 值和浓度均准确已知的组分物质。当所有已知的可滴定物质都被减去时，那么就得到一个残留的 Bjerrum 图 $\bar{n}_0$。以空白滴定为例，如果减去碳酸盐贡献，应该留下什么？什么都没有。如果在残留中发现了什么呢？这意味着问题与碳酸盐无关。它可能是介质中的不明杂质。电极性能和滴定剂强度误差可能导致 Bjerrum 图出现位移。这些位移在残留的 Bjerrum 图中变得更加明显。

让我们考虑一种双物质体系：X 可能是一种药物，Y 可能是 CO_2。残留 Bjerrum 图的推导过程如下。总氢余量 H 可以用相关变量（p_cH）和自变量（A、B、X、Y）表示。将两者等同起来，得到：

$$\begin{aligned} H &= h - K_w/h + \bar{n}_{H(X)}X + \bar{n}_{H(Y)}Y \\ &= A - B + n_X X + n_Y Y。 \end{aligned} \tag{3.45}$$

其中，$\bar{n}_X$和$\bar{n}_Y$是物质 X 和 Y 以其引入形式对溶液贡献的可解离氢离子的数量，$\bar{n}_{H(X)}$是指残留 Bjerrum，而$\bar{n}_{H(Y)}$是指物质 Y 的结合质子的平均数量，将被减去。如果确切知道物质 Y 的 pK_a 值和浓度，则可以根据下式计算$\bar{n}_{H(Y)}$：

$$\bar{n}_{H(Y)} = \frac{\sum_{j=0}^{N-1} j \cdot \beta_j^{(Y)} \cdot h^j}{1 + \sum_{j=0}^{N-1} \beta_j^{(Y)} \cdot h^j}。 \tag{3.46}$$

其中，N 是反应物 - Y 的 pK_a 值的数量，β 是累积形成常数（对于 CO_2 $\log \beta_1^{(Y)} = 9.93$，且 $\log \beta_2^{(Y)} = 16.07$，参见 A3.5 节）。因此，式（3.45）转换为：

$$\bar{n}_{H(X)} = (H - h + K_w/h - \bar{n}_{H(Y)}Y)/X。 \tag{3.47}$$

其中，$\bar{n}_{H(Y)}$ 根据式（3.46）计算得到。

从复合 Bjerrum 图中减去 CO_2和物质 X，得到残留 Bjerrum 图$\bar{n}_0$，可以一定的浓度单位（如 0.001 M）作图，并定义为：

$$\bar{n}_0 = (H - h + K_w/h - \bar{n}_{H(X)}X - \bar{n}_{H(Y)}Y)/0.001。 \tag{3.48}$$

可以利用与式（3.46）类似的方程来计算式（3.48）中的$\bar{n}_{H(X)}$。当然，前提是 X 的电离常数和浓度准确已知。

如果溶液中存在一种未知杂质，那么残留 Bjerrum 图可能会显示杂质的存在、浓度和 pK_a。这是一个非常有用的功能。

3.10.4 实例

图 3.11 显示了 Bjerrum 图的各种实例。图 3.11a 和 3.11b 是简单的单质子碱：红霉素（4 组，3.2 ~ 9.4 mM）和阿米洛利（3 组，0.44 ~ 1.9 mM）。双质子分子的例子如图 3.11c 至图 3.11e 所示，分别是普通两性电解质法莫替丁（3 组，0.38 ~ 0.43 mM）、

二碱式二甲双胍（7 组，30 ~ 113 mM）和两性离子曲伐沙星（7 组，0. 11 ~ 0. 53 mM）。二甲双胍的 pK_{a2}值为 12. 1 ± 0. 4，仍然低于 NMR 的预估值 13. 85[110]，大概是因为滴定没有达到足够高的 pH。曲伐沙星在 pH > 10 时 Bjerrum 函数的分散（图 3. 11e）是由于检测的浓度低（见上文）。图 3. 11f 至图 3. 11h 的示例分别是三质子两性离子吗啡 - 6 β - D - 葡糖苷酸（8 组，0. 46 ~ 1. 0 mM）、四质子两性离子多西环素（5 组，0. 95 ~ 8. 8 mM）和六质子碱新霉素 B（4 组，0. 09 ~ 0. 15 mM）。

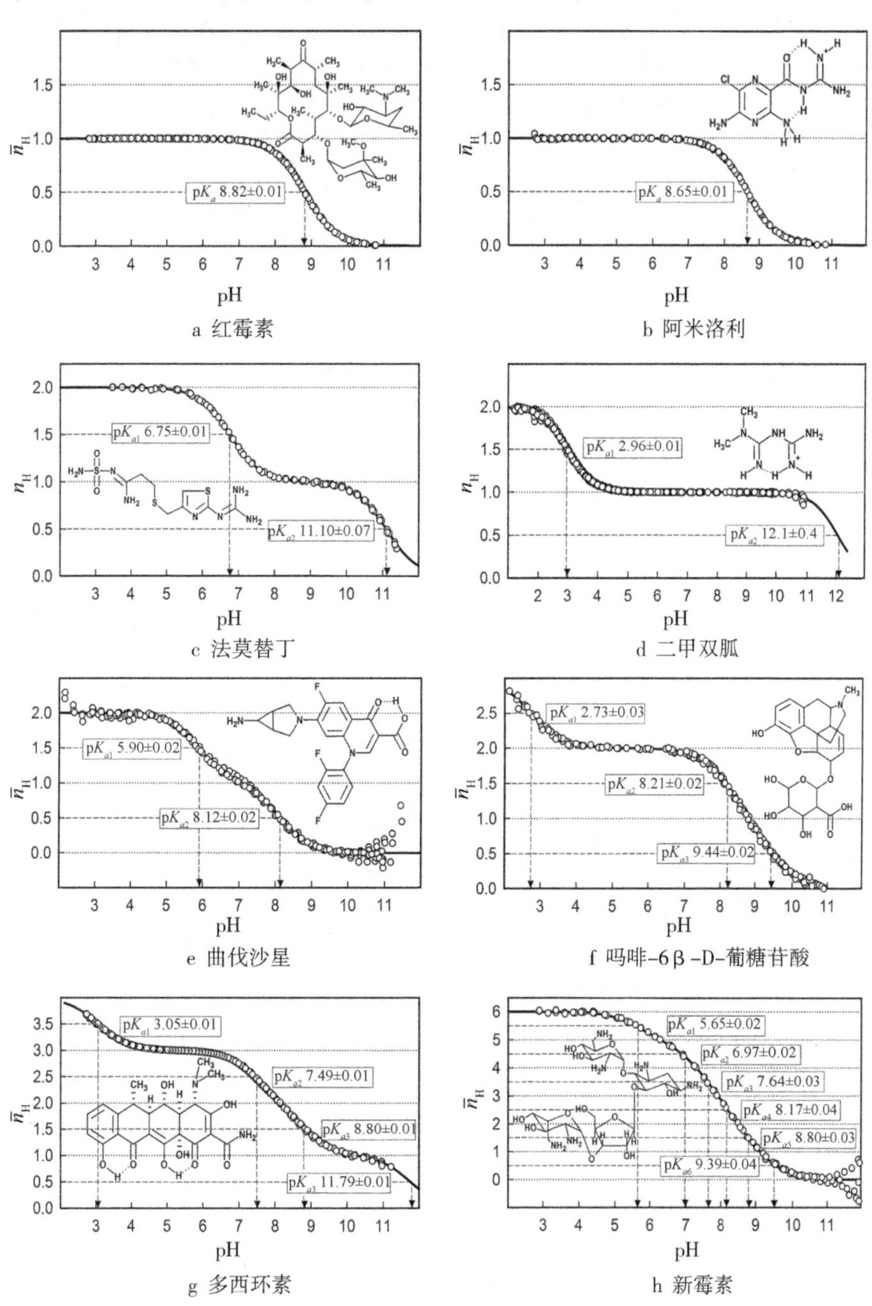

a 红霉素　b 阿米洛利

c 法莫替丁　d 二甲双胍

e 曲伐沙星　f 吗啡-6β-D-葡糖苷酸

g 多西环素　h 新霉素

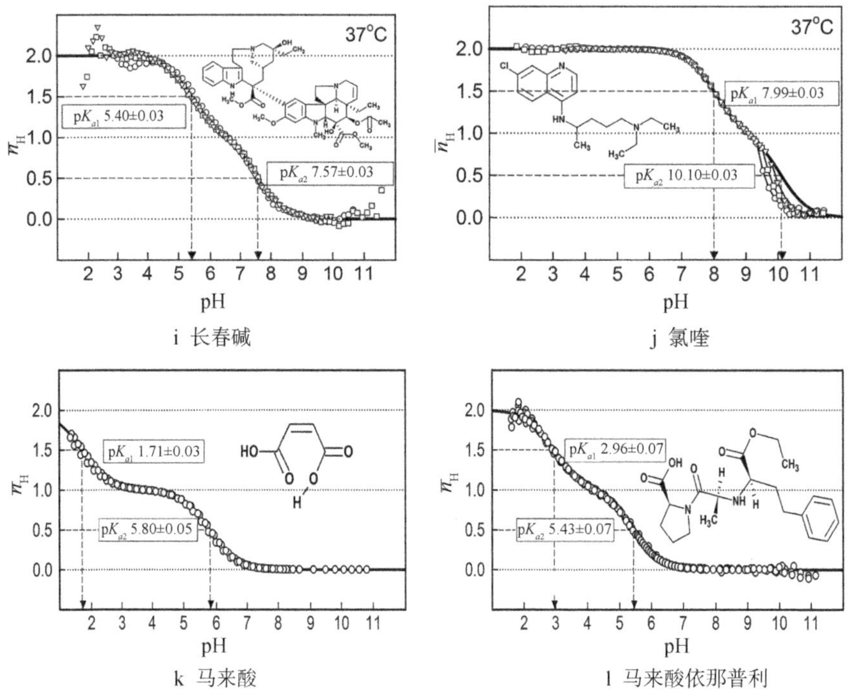

图 3.11　各种知名药物分子的 Bjerrnm 图案例研究

［图 3.11e 为双质子曲伐沙星（7 组，0.11～0.53 mM）；pH > 10 时 Bjerrnm 函数的离散是由于检测的浓度低。图 3.11h 新霉素 B（4 组，0.09～0.15 mM）是具有重叠 pK_a 值的六质子分子。图 3.11i 为双质子长春碱在 37 ℃下的 Bjerrnm 图（3 次滴定，0.25～0.28 mM），图 3.11j 为双质子氯喹的 Bjerrnm 图（3 次滴定，1.06～1.27 mM）；氯喹在 pH 9.5 以上时沉淀。图 3.11i 和图 3.11j 转载自 SUN N，AVDEEF A. Biorelevantpl（37 ℃）predicted from the 2D structure of the molecule and its pK_a at 25 ℃. J. Pharm. Bio：Med. Anal.，2011，56：173－182。Copyright © 2011Elsevier. 经 Elsevier 许可复制］

图 3.11l、图 3.11j 分别是二碱式分子长春碱和氯喹的 Bjerrum 图。长春碱的点离散被认为是由于样品中存在少量的缓冲“杂质”。氯喹的例子显示了在高 pH 下沉淀的影响。氯喹的实例中，pH 9.5 以上的实线对应没有沉淀时的预期曲线，而实际曲线向左偏移，与预期碱的情况相同。通过修正确定正确的 pK_{a2}值（参见 A3.5 节），因为 Gemini Profiler［*p*ION］软件中的分析程序能够在相同计算中同时测定溶解度常数和 pK_a。

图 3.11l 显示了马来酸依那普利的 Bjerrum 图，其正是 3.10.3 节所述的“双重物质”：两性离子依那普利和马来酸（图 3.11k）都有两个可电离的基团。由于两个 pK_a 值几乎重叠，因此必须提供马来酸反离子的 pK_a 值作为依那普利修正时的未修正贡献。必须单独完成马来酸 pK_a 值的测定。在同一个滴定分析中几乎不可能测定 4 种不同的解离常数。

3.10.5　Bjerrum 的持续贡献

Jannik Bjerrum 教授是 20 世纪早期的化学家 Niels Bjerrum 的儿子，以溶液化学方面尤其是离子对理论的贡献而闻名[111]。1941 年 Jannik 在他的博士论文中首次描述了

Bjerrum 图的应用[52]。图 3.12 显示了 1956 年无机化学家（大部分）在下午茶时聚集一桌的照片[112]。Jannik 坐在从左边数第 3 位。目前，他的儿子，丹麦技术大学的 Ole J. Bjerrum 教授继承了家族在化学上的卓越传统。这张照片[112]是由已故的 Fred Basolo 教授拍摄的，他的学生之一是加利福尼亚大学伯克利分校的 Ken Raymond 教授，作者正是于 1975 年在他的实验室开始了溶液化学的研究。

图 3.12　1956 年化学家在下午茶时欢聚一起的照片[112]（Jannik Bjerrum 为左三）

［转载自 BJERRUM M B，BJERRUM O J. Acelebration of inorganic lives—a survey of Jannik Bjerrum's life and scientific work based upon his private notes and adapted to the present form by the authors. Coord. Chem. Rev.，1996，139：1－16。Copyright © 1996 Elsevier。经 Elsevier 许可复制。所示的插图为 20 世纪 80 年代的 Jannik Bjerrum（由他的儿子，丹麦技术大学的 Ole J. Bjerrum 教授友情提供）］

3.11　共溶剂法测定几乎不溶性物质的 pK_a 值

如果某种化合物几乎不溶于水（许多药物皆是如此），则可能无法通过水溶液中的滴定来测定 pK_a。克服这一困难的一个常规方法是采用混合溶剂滴定技术[113]。例如，尽管药物胺碘酮的固有水溶液度仅为 0.003～0.012 μM（2～6 ng · mL^{-1}），但利用甲醇－水混合溶剂估算抗心律失常药物胺碘酮的溶解度为 10.24±0.15。为了确定 pK_a，需要在分析过程中同时测定溶解度常数，因为即使在甲醇－水溶液中也不可避免产生一些沉淀。如果分析中忽略沉淀，则修正 pK_a 可以低至 8.7[90]。

通常，如果在数据分析时不考虑滴定过程中化合物的沉淀和溶解度，那么与真实的 pK_a 相比，酸的表观值将增加，碱的则降低（参考第 6 章）。

研究最多的溶剂体系是基于乙醇－水混合物[18,53,106,113－141]。DMSO－水[142－146]、二氧六环－水[147－151]和其他体系[88,152－153]也有研究。如果可能，甲醇是首选溶剂，因为已经广泛研究了其对 pK_a 值的一般影响。它被认为是常见溶剂中"误差最小"的。然而，并非所有药物都能溶于甲醇－水溶液中。最近 Völgyi 等提出了一种非常有趣的"通用溶剂"（简称 MDM）[154]，由等重量的甲醇、1，4－二氧六环和乙腈组成（挥发性的甲醇和乙腈会影响在 37 ℃下使用 MDM 溶剂测定常数）。

在共溶剂过程中，滴定各种共溶剂－水组成的混合溶剂溶液，并测定每种混合物的 p_sK_a（表观 pK_a）。通过将 p_sK_a 值外推至零共溶剂来推导水性 pK_a。外推值通常不如由水溶液直接测定（当可能时）的那么精确。修正后的 p_sK_a 值中的最大误差通常与最小水溶性的化合物相关，因为滴定的溶液非常稀并且外推较远。

有两种不同的常用外推方法：①传统方法：p_sK_a vs. 共溶剂的 wt%；② Yasuda－Shedlovsky 法，采用逆介电常数。

3.11.1 传统的共溶剂外推法：p_sK_a vs. 共溶剂 wt%

1925 年 Mizutani 首先使用了传统方法[114－116]。可以引用在甲醇[18,89－90,124－125,128,132]、乙醇[117,121－123,126]、1－丙醇[216]、DMSO[143,146]、二甲基甲酰胺[153]、丙酮[152]和 1，4－二氧六环[147]中通过外推法进行估算的许多 pK_a 值的实例。以 p_sK_a 对有机溶剂的重量百分比作图（R_w =0～60 wt%），有时显示出"曲棍球棒形"或"弓形"[18]。图 3.13 是一个"弓形"（R_w >50 wt% 时最显著）的例子，基于 Shedlovsky 和 Kay 的高精度电导率数据，显示了乙酸的 p_sK_a 相对于甲醇 wt% 的曲线（虚线曲线，空心圆圈）[125]。

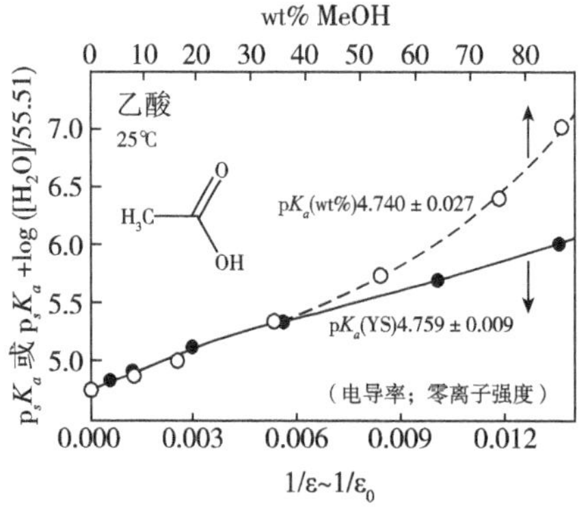

图 3.13 基于 Shedlovsky 和 Kay 的高精度电导率数据，乙酸在不同比例的甲醇－水溶液中的表观电离常数 p_sK_a[125]

（底部标度对应于原点偏移的 Yasuda－Shedlovsky 函数[73]，用带有实心圆圈的实线表示。顶部标度对应于甲醇 wt% 的外推曲线，由虚线曲线和空心圆圈表示）

对于延伸至 R_w >60wt% 的值，有时会观察到 S 形曲线。一般来说，在高有机溶剂中滴定得到的 p_sK_a 值不适合外推至零共溶剂，因为本底电解质（如 0.15 M KCl）和药物盐在减少的电介质中形成离子对缔合，从而导致曲线呈非线性[155]。

图 3.14、图 3.15 和图 3.16 分别显示了弱酸、碱和两性电解质的 p_sK_a 相对于共溶剂 wt% 的图（虚线、空心圆圈）。酸的特征是具有正斜率，而碱的特征是具有负斜率。

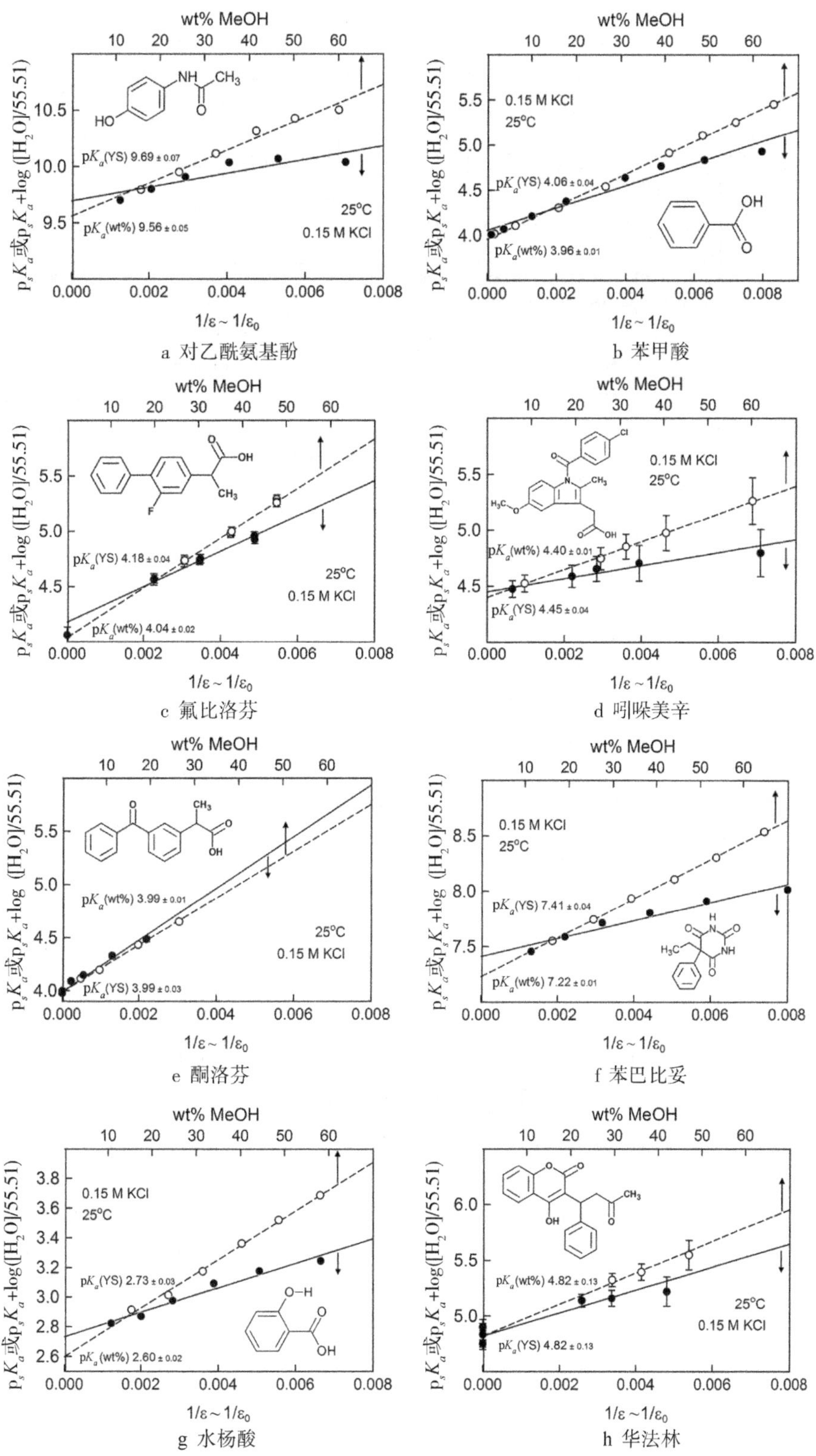

a 对乙酰氨基酚　　b 苯甲酸

c 氟比洛芬　　d 吲哚美辛

e 酮洛芬　　f 苯巴比妥

g 水杨酸　　h 华法林

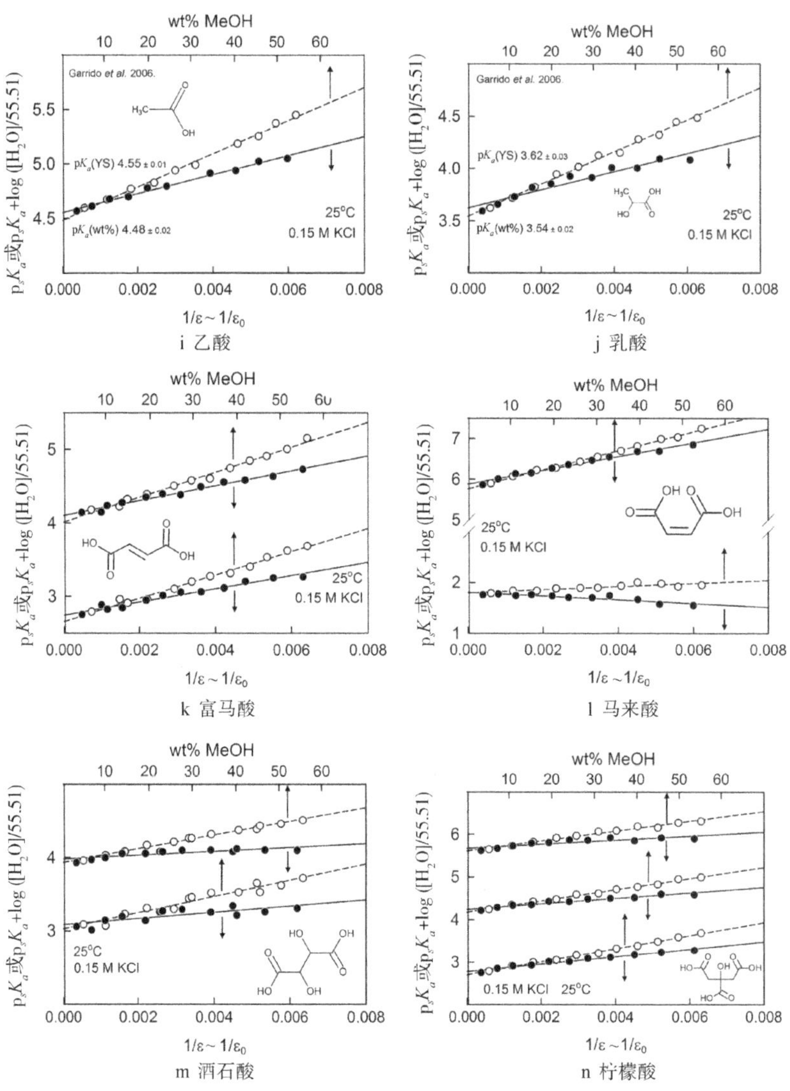

图 3.14　14 种弱酸的共溶剂图，表明了通过两种不同的流行方法外推零共溶剂中的水性 pK_a

［空心符号对应于 p$_s K_a$ 相对于共溶剂 wt%（上水平标度）的简单外推。实心符号对应于原点偏移的 Yasuda－Shedlovsky（YS）图[73]，p$_s K_a$ + log（［H_2O］/55.51）vs.（1/ε～1/ε_0），其中［H_2O］是混合溶剂中水的摩尔浓度（零共溶剂时为 55.51 M），ε 是混合溶剂的介电常数（零共溶剂时为 ε_0）。使用 YS 方法，通常酸会外推出更高的水性 pK_a 值［图 3.14d 转载自 SUN N，AVDEEF A. Biorelevant pK_a（37 ℃）predicted from the 2D structure of the molecule and its pK_a at 25 ℃. J. Pharm. Biomed. Anal.，2011，56：173－182. 经 Elsevier 许可复制］

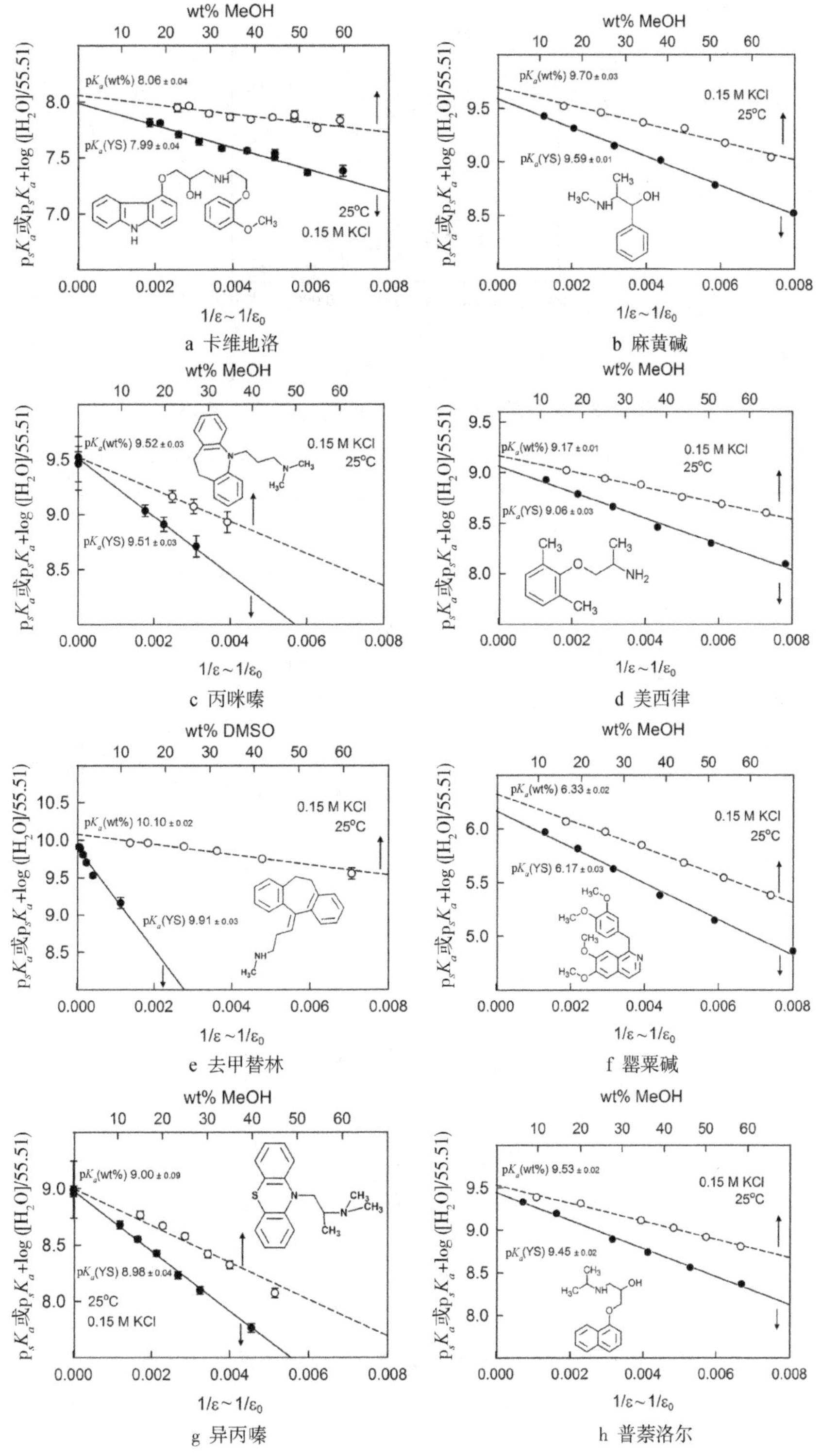

a 卡维地洛　b 麻黄碱　c 丙咪嗪　d 美西律　e 去甲替林　f 罂粟碱　g 异丙嗪　h 普萘洛尔

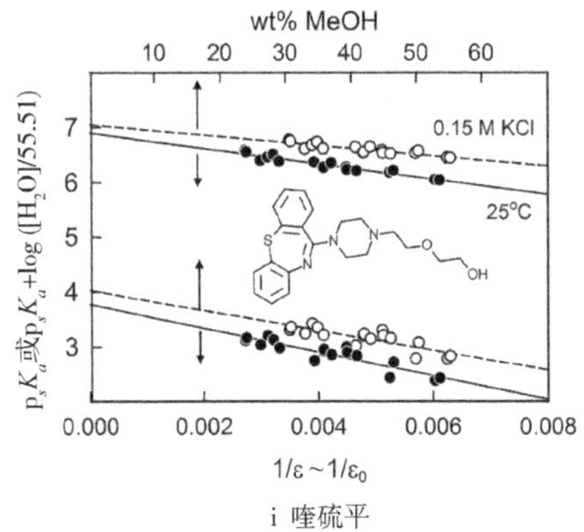

i 喹硫平

图 3.15　9 个弱碱的共溶剂外推图（参见图 3.14）

［使用 YS 方法，通常碱会外推出更低的水性值。图3.15c 转载自 SUN N，AVDEEF A. Biorelevant pK_a（37 ℃）predicted from the 2D structure of the molecule and its pK_a at 25 ℃. J. Pham. Biomed. Anal.，2011，56：173 - 182。Copyright © 2011 Elsevier. 经 Elsevier 许可复制］

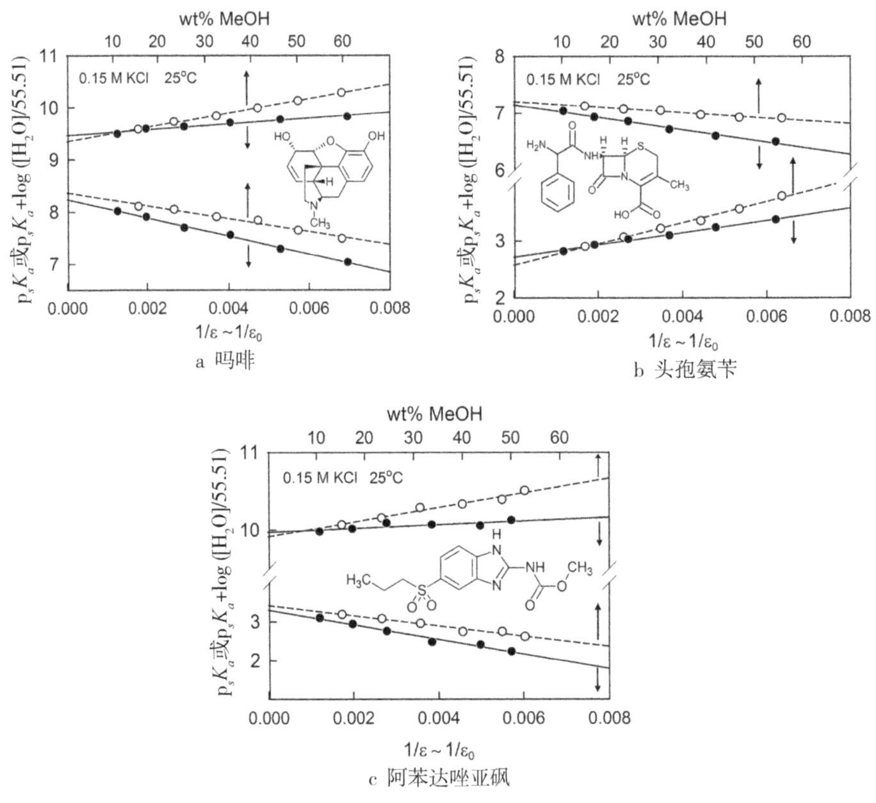

图 3.16　三种两性电解质的共溶剂外推图（参见图 3.14）

（使用 YS 方法，通常酸性残基会外推出较高的水性 pK_a 值，而碱性残基通常外推出较低的水性 pK_a 值）

3.11.2 Yasuda – Shedlovsky 共溶剂外推法：$p_sK_a + \log[H_2O]$ vs. $1/\varepsilon$

对于 $R_w < 60wt\%$ 的值，p_sK_a 图中的非线性可部分归因于静电远程离子 – 离子相互作用。Yasuda[127] 和 Shedlovsky[133] 介绍了应用 Bjerrum 离子缔合理论的 Born 静电模型的扩展[155]。

在常规的水滴定中，按照惯例，式（3.6）中水的活度与平衡常数相结合（因为二者都是常数）。在共溶剂滴定中，水和有机溶剂的比例不同，水的活度不是一个常数。为了突出这一点，式（3.1）可重新表述为：

$$HA + H_2O \rightleftharpoons A^- + H(H_2O)^+。 \tag{3.49a}$$

$$BH^+ + H_2O \rightleftharpoons B + H(H_2O)^+。 \tag{3.49b}$$

相应的平衡商（在恒定离子介质的参比状态）为：

$$K_a' = [A^-][H(H_2O)^+]/[HA][H_2O] = K_a/[H_2O]。 \tag{3.50a}$$

$$K_a' = [B][H(H_2O)^+]/[BH^+][H_2O] = K_a/[H_2O]。 \tag{3.50b}$$

所以，$pK_a' = pK_a + \log[H_2O]$。

人们认识到[127,133]不同比例混合溶剂中的平衡商明确包含水的浓度，因为水的活度随混合溶剂的比例而变化。因此提出，$p_sK_a + \log[H_2O]$ 相对于 $1/\varepsilon$ 作图对于介电常数 ε 大于 50 的溶液很可能产生一条直线，对于 25 ℃下的甲醇则意味着 $R_w < 60wt\%$[127,133]。预计这种曲线的斜率与溶剂化分子的平均离子直径成反比[133]。Yasuda – Shedlovsky（YS）方法现在被广泛用于评估极难溶药物化合物的 pK_a 值[18,88,106,156-158]。

原点偏移的[73] Yasuda – Shedlovsky[127,133]（OSYS）线性函数可以定义为：

$$p_sK_a + \log\left(\frac{[H_2O]}{55.51}\right) = a + b \cdot \left(\frac{1}{\varepsilon} - \frac{1}{\varepsilon_0}\right)。 \tag{3.51}$$

其中，a 和 b 分别是截距和斜率，ε 是混合溶剂的介电常数，ε_0（在无盐溶液中为 78.3，在 0.15 M KCl 中为 76.8）是没有添加有机溶剂时水溶液的介电常数[70]。在没有有机溶剂的情况下，水的浓度为 55.51 M。如图 3.13 中乙酸的实线 OSYS 曲线（实心圆圈符号）[125]所示，该函数并非完美的线性而是具有非常轻微的 S 形。不过，与图中的虚线相比，实线的 OSYS 函数显示出更大的曲率，尽管不是全部。图 3.13 中的实例是基于水溶性乙酸可能的最高精度数据（电导率），其使用可能必要的三次方程来描述曲线的函数形式。

然而，对于仅微溶于水的典型类药物分子，在药剂学应用中几乎总是将曲线分析为一条直线。如果图 3.13 中的数据被限制在 $R_w < 50wt\%$，线性拟合令人满意。图 3.13 中共溶剂数据的两种立方拟合产生了几乎相同的水溶液 pK_a 的外推值（4.74 和 4.76）。对于类药物分子，通常有更大的差异，取决于所使用的范围。外推越远，两种不同外推方法的结果差异就越大[73,89-90]。

图 3.14、图 3.15 和图 3.16 分别显示了主要基于甲醇 - 水溶液的弱酸、碱和两性电解质的 OSYS 图（实线、实心圆圈）。正如传统方法的图一样，酸的特征是具有正斜率，而碱具有负斜率。OSYS 图的优势［式（3.53）］是，它们可以很容易地与传统的 $p_sK_a$vs. 共溶剂 wt% 图进行比较[73]。

3.11.3 哪种方法更好用：传统方法还是 Yasuda - Shedlovsky 法?

在药剂学应用中出现了一个非常实际的问题：哪种外推法更好用? 在试图回答这个问题之前，让我们先看看图 3.14、图 3.15 和图 3.16 中的实例（参见表 3.12）。

对于碱（图 3.15）和两性电解质（图 3.16），传统方法和 OSYS 的曲线都显示同样的线性。然而，令人意外的是，酸（图 3.14）中几个分子的 OSYS 函数显示出“弓形”模式（对乙酰氨基酚、苯甲酸、苯巴比妥、水杨酸和华法林），但传统方法却并非如此。但是其他分子显示了合理的线性 OSYS 函数（如乙酸、氟比洛芬、酮洛芬和吲哚美辛）。所以，对于酸而言，线性似乎不是一个可靠的鉴别手段。两种外推方法具有可比性。

苯甲酸在 OSYS 图中显示“弓形”，似乎显示出两条直线片段，其转变发生在 ε≈63 处。在相关性的 Shedlovsky 推导中[133]，假设溶剂化分子的离子直径在一系列醇 - 水混合物中保持恒定。两条直线片段的出现可能表明包合分子的溶剂化结构发生了转变，同时伴随离子直径的变化。计算的斜率表明分子的离子直径随着含水量的增加而减小。相比之下，苯甲酸的传统方法图在 R_w >60wt% 时显示出线性关系。

图 3.15e 显示了去甲替林在 DMSO - 水溶液中的图。传统方法图似乎比 OSYS 图更能准确地预测，因为高极性的 DMSO 溶剂显示非常陡峭的 OSYS 图，有时外推会有问题[73,154]。

酸（图 3.14）的一个持久性特征是线性曲线的交叉，OSYS 系统性地产生更高的外推常数。而碱却恰恰相反（图 3.15），两条线在零共溶剂时不会精确交汇，OSYS 值比传统方法更小。两性电解质中存在酸碱交叉/非交汇趋势（图 3.16）。

Takács - Novák 等[106]利用 431 次滴定研究了甲醇 - 水溶液中的 25 种分子。许多分子是水溶性的，因此可以将 15wt% ~35wt% 甲醇和 40wt% ~65wt% 甲醇中的外推值与纯水溶液中测定的值进行比较。与水性 pK_a 值相比，高含水范围的外推值优于低含水范围的外推值。更微妙的观察结果是，使用 OSYS 时酸的偏差似乎比碱小。但是两性分子中酸基和碱基的对比情况却正好相反。在一项更大的研究中，Völgyi 等[154]研究了 50 种化合物，分别在水、甲醇 - 水和由等重量的甲醇、1，4 - 二氧六环和乙腈组成的“通用溶剂”（MDM）中进行测试。与之前一样，如果使用 OSYS 方法，酸的偏差较小；而使用传统方法时，碱的偏差较小。这种现象的一个可能理论依据是酸的静电效应大于碱，因为在式（3.49a）中弱酸生成两个电荷单位，而在式（3.49b）中弱碱电离时的总电荷不变。

根据上述研究，可以推荐将原点偏移的 Yasuda - Shedlovsky 外推法应用于酸，将传统的外推法应用于碱。表 3.14 中基于共溶剂滴定的 pK_a 结果应用了此建议。

3.11.4 混合溶剂滴定中的沉淀

当滴定难溶性化合物使用的共溶剂不足时，在化合物不带电的 pH 区域可能会发生沉淀。即使使用适量合适的共溶剂，一些几乎不溶的化合物仍然会在某一点发生沉淀。后一种情况的一个例子是胺碘酮（参见 3.11 节第一段）。在甲醇 - 水的所有比例滴定中，都发生了一些沉淀。如果忽略沉淀的影响或未注意到沉淀，那么所得到的值可能由于系统误差而偏离。溶解模板滴定法（参见 6.4.5.4 节）被设计用于同时测定饱和溶液中的溶解度和解离常数。此功能能够在发生部分沉淀时更精确地测定数值。

图 3.17 显示了通过表观常数的线性外推从 6 个 11wt% ~49wt% 甲醇 - 水滴定中测定克霉唑的共溶剂 pK_a 值。零共溶剂外推的 pK_a 为 6.02 ±0.05。三张 11wt%、28wt% 和 39wt% 中滴定的 Bjerrum 图表明了沉淀 Bjerrum 图的失真程度（Bjerrum 函数的半整数位置处的 pH 等于 pK_a 值）。插图中的虚线对应样品浓度无限低、不会发生沉淀时的预期曲线。连接测量的 pH 点的实线显示出与无沉淀的虚线的显著位移。随着 wt% 的增加，发生均匀的更小变形，并且在 39wt% 时未见发生沉淀的证据。如果忽略这些失真，外推值将更接近 pK_a =5。它将看起来几乎与图 3.17 中的曲线线性一样。

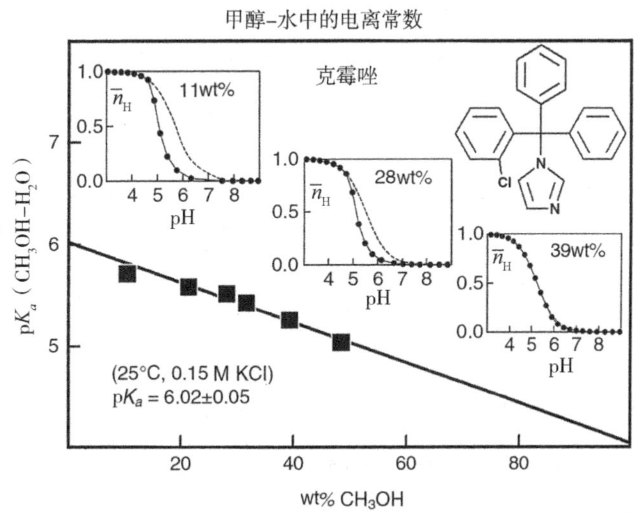

图 3.17 不同甲醇 - 水混合物中测定的表观 pK_a 值的线性外推

（根据通过 Gemini 软件［*p*ION］测定的电离常数的误差对拟合进行加权。插图是 Bjernm 图，表明在部分滴定过程中的沉淀。转载自 BENDELS S，TSINMAN O，WAGNER B，et al. PAMPA-excipient classificationgradient maps. Pharm. Res.，2006，23：2525 -2535。经 Springer Science + Business Media 许可复制）

DTT pK_a 技术最适用于测定几乎不溶化合物的电离常数。其改进如下：①更宽范围的共溶剂比例是可行的，因为较低比例时的沉淀不会影响 p_sK_a 的修正值；② 可以使用更高浓度的样品，使测定更加灵敏；③ 选择“最佳的”共溶剂比例在外推过程中不太重要，使得该方法更具“容错性”；④ 原位 pH 电极校准（参见 A3.5.9 节）使得在共溶剂滴定中，pK_a 值在更宽的 pH 范围内准确测定。

3.11.5 混合溶剂中的电极标准化

共溶剂法需要在每一种共溶剂 - 水混合物中单独进行 pH 电极的标准化。一旦针对特定的溶剂比例对电极进行适当的标准化，那么 p_sK_a 测定数据的实际处理就与 pK_a 测定数据是相同的（A3.5 节中描述的新型原位电极标准化技术在许多情况下可以免去对共溶剂电极标准化的需要）。

共溶剂溶液中的电极标准化程序是基于水溶液所用的 Avdeef - Bucher[14] 四参数 α、k_S、j_H、j_{OH}方程［参见 3.9 节中的式（3.32）］。为了区分混合溶剂组和水溶液组，将添加一个前导下标 s（如 p_sK_a 所做的那样）。根据 Van Uitert 和 Haas[147] 之前所做工作的建议，进行混合溶剂的空白滴定。然而，四参数方法以重要的方式扩展了程序的原始范围。

一系列已知浓度的含有 0.15 M KCl 和 0 ~ 60wt% 甲醇（或某种其他的水混溶性溶剂）HCl 溶液，用 0.5 M KOH 标准液进行滴定，pH 范围为 1.8 ~ 12.5（注意：建议较高的上限，因为$_sK_w$在低介电常数介质中通常较高）。操作 pH 范围的精确定义与之前一样：测量电路使用单一水性的 pH 7 NIST 磷酸盐缓冲液进行校准。之后，共溶剂操作 pH 转换为基于浓度的 p_cH。由于 p_cH 在 HCl - KCl 相对于 KOH 的标准化空白滴定中的每个点都是已知的，所以操作 pH 的读数可以通过四参数方程与 p_cH 关联起来［参见式（3.32）］：

$$pH = {}_s\alpha + {}_sk_Sp_cH + {}_sj_H \cdot [H^+] + j_{OH} \cdot {}_sK_w/[H^+]。 \tag{3.52}$$

在上述方程中，共溶剂 - 水混合物中水的解离常数（“离子积”）$_sK_w$来自文献资料。表 3.9 列出了在两个离子强度下、在 R_w 选定值时 p_sK_w 值的一些实例。图 3.18 显示了在 25 ℃和 0.15 M 离子强度下、R_w = 0 ~ 62wt% 时，α、k_S、j_H、j_{OH}四参数的图。

图 3.18 中的$_s\alpha$ 值随着甲醇量的增加而增加，并在 R_w 55wt% ~ 65wt% 区域时达到最大值，此后数值下降。$_s\alpha$ 曲线似乎与 Bates 所谓的 δ 曲线具有相同的形状[103]。δ 值是操作 pH（用水性缓冲液校准）和 p_aH^* 之间的差值，p_aH^* 是以混合溶剂作为标准状态时其中氢离子的活度。在零甲醇时，δ = 0。实验室间的测量值的一致性良好[83,113,122,135]。对于甲醇 - 水混合物，Bates 及其合作者观察到最大的 δ 值为 R_w = 52wt% 时的 0.13，而 de Ligny 和同事报道的最大 δ 值为 R_w = 64wt% 时的 0.22。从表 3.10 可以看出，在预期的实验室间重现性水平内，${}_s\alpha^{(R=60)} - {}_s\alpha^{(R=0)} = 0.25$，这与 δ 值合理一致。这可能表明，$_s\alpha$从纯水溶液值的偏移与 δ 的定义相平行。Bates[83] 提出，对于每个不同的共溶剂混合物，使用 δ 值可能成为一种不再需要参比溶液而得到 p_aH^* 的方法，尽管这需要一定的精密度。

表 3.9 25 ℃下 p_sK_w 随共溶剂 wt%的变化

共溶剂	0	5	10	15	20	25	30	35	40	45	50
I = 0.0 M											
MeOH	14.00	14.02	14.05	14.08	14.10	14.12	14.13	14.15	14.16	14.17	14.18
EtOH	14.00	14.10	14.20	14.29	14.38	14.47	14.55	14.63	14.70	14.77	14.83
DMSO	14.00	14.04	14.12	14.22	14.35	14.51	14.69	14.91	15.15	15.42	15.72
I = 0.15 M											
MeOH	13.76	13.82	13.84	13.87	13.89	13.91	13.92	13.94	13.95	13.96	13.95
EtOH	13.76	13.89	13.99	14.08	14.17	14.25	14.33	14.41	14.48	14.55	14.61
DMSO	13.76	13.83	13.91	14.01	14.14	14.29	14.48	14.69	14.92	15.19	15.48

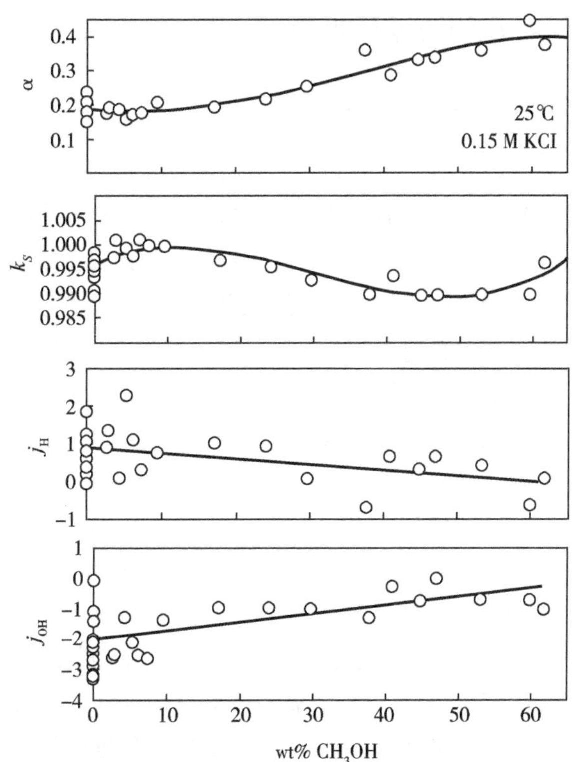

图 3.18 共溶剂空白滴定中的电极标准化参数随甲醇 wt%的变化

表 3.10 25 ℃下 0.15 M KCl 甲醇－水体系的标准化参数

R_w（wt%）	$_s\alpha$	$_sk_S$	j_H	j_{OH}
0	0.096	1.0001	0.9	−0.3
20	0.129	0.9970	1.0	0.7
40	0.251	0.9916	0.5	1.4
60	0.344	0.9922	−0.2	2.5

图 3.18 显示了斜率因子$_sk_S$依赖于 R_w 的方式，映射$_s\alpha$ 对 R_w 的依赖性。斜率因子的 R_w 依赖性并非预期的结果。这种依赖性的可能根源并不完全清楚。水的离子积$_sK_w$ 和 K_w 的偏差可能会导致这种模式。或者，$_sk_S$ 的 R_w 依赖性可能表明残留的液体接界电位随着 pH 发生了轻微改变。通常认为，离子强度高于约 0.05 M 时，在 pH 3 ~ 10 的范围内，残留接界电位不依赖 pH（参见 A3.4 节）。

$_sj_H$ 和$_sj_{OH}$ 参数解释了图 3.18 中 pH <3 和 pH >11 时实线中直线的弯曲部分。低 pH 区域的参数$_sj_H$ 在水溶液中倾向于 1 左右，并且随着甲醇含量的增加而降低。高 pH 参数$_sj_{OH}$ 在水溶液中趋向于负数，并且随着甲醇含量的增加而增加，速度比$_sj_H$ 更快。由于 pH <2.5 时氢离子浓度的增加，导致液体接界电位的预期增加，$_sj_H$ 项最有可能补偿 pH 的测量结果。

3.11.6 Yasuda – Shedlovsky 辅助数据

混合溶剂的 pK_a 测定比简单的水性 pK_a 程序更加复杂，这是因为：①不同比例的混合溶剂通常需要 3 ~6 次测定；②每种混合溶剂的 p_sK_a 测定需要单独的 pH 电极标准化。此外，由于在高 pH 下的计算需要知道水的离子积 K_w，以根据 pH 计算 [OH^-]，因此在滴定中使用共溶剂时需要每个共溶剂比例下的$_sK_w$ 值（参见 3.11.5 节）。最常见的共溶剂体系可查阅已发表文献[88]，但对于新的或不太常见的共溶剂，$_sK_w$ 值需要通过空白滴定对一系列混合溶剂组合进行实验测定[154]。商用电位型 pK_a 分析仪具有内置于分析程序软件中的 6 种溶剂的最重要的数据。

当考虑新的溶剂体系[154]时，需要预留一天进行 25 ℃ [和（或）37 ℃] 和 I = 0.15 M（KCl）下一系列混合溶剂的空白测定。对于特定的有机溶剂和特定的电极，这项工作只需要进行一次。为了使用新的共溶剂，有必要在文献中查找到目标 wt% 范围内水的半水离子积$_sK_w$（表 3.9）。表 3.11 显示了几种常见溶剂的介电常数。图 3.19 是数据图。DMSO 是极性最强的有机溶剂，即使在 R_w 高达 60wt% 时，其介电常数仍然很高。它产生了高斜率的 OSYS 图（参见图 3.15e），这可能会带来问题[73]。1，4 – 二氧六环是极性最低的溶剂，其中纯 1，4 – 二氧六环的 ε = 2.1，这与在磷脂双层烃核心中的值相当。纯甲醇 ε = 3，这大约是在磷脂双层 – 水界面附近的值。

表 3.11　介电常数 vs. 共溶剂 wt%（25 ℃，0.15 M KCl）

共溶剂	0	5	10	15	20	25	30	35	40	45	50
DMSO	76.8	76.6	76.3	76.1	75.9	75.6	75.3	74.9	74.4	73.8	73.0
MeOH	76.8	74.7	72.6	70.4	68.3	66.1	63.9	61.6	59.4	57.1	54.7
EtOH	76.8	74.0	71.2	68.3	65.4	62.4	59.4	56.4	53.4	50.4	47.5
1 – PrOH	76.8	73.6	70.3	66.8	63.2	59.5	55.9	52.2	48.6	45.0	41.5
1，4 – 二氧六环	76.8	74.4	70.1	65.7	61.2	56.5	51.9	47.3	42.7	38.1	33.7

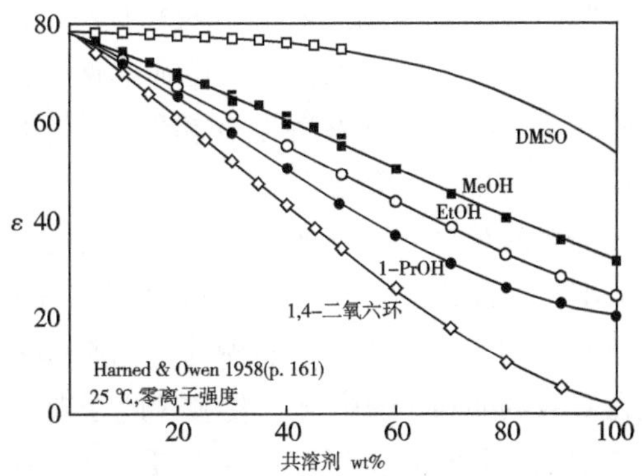

图 3.19 不同共溶剂中的介电常数随共溶剂 wt%的变化

3.11.7 推荐的 p_sK_a值滴定方案

在典型滴定中，将 0 ~ 1mL 甲醇溶液（80% v/v 甲醇，0.15 M KCl）加入称重样品中，并额外再加入 0.15 M KCl（不含甲醇）以使总溶液体积为 1 ~ 2 mL。加入 HCl 标准液以将 pH 降至 1.8，再用 KOH 滴定溶液至 pH 约为 12.5。在每次滴定剂加入后，测量 pH。

保持甲醇的总量尽可能低是有用的。如果某些化合物在低 R_w 下沉淀，有一些方法可以对此加以校正[73]。在随后的滴定中，选择 R_w 高出 5% ~ 10% 的较高值。最好进行至少 3 次、优选 6 次不同混合物的测定。

3.11.8 共溶剂用于水溶性分子

由于溶剂混合物的介电常数随着有机溶剂含量的增加而降低，因此酸的表观 pK_a 值会增加，而碱的表观 pK_a 值则降低。参见表 3.12 中的实例。在多质子分子中，这可以作为鉴定电离基团的一个有用特性。

肌酐是一种具有微妙作用的小分子，由于它是有机阳离子转运蛋白 hOCT2 的底物[159]，有时假定该分子在 pH 7.4 时是阳离子。然而，其晶体结构与不带电分子一致，具有固态的带状氢键网络[160]。因此，我们有兴趣知道在 pH 7.4 时肌酐的电荷状态。对于肌酐，图 3.20a 中 pK_a 对 R_w（1 - 丙醇 wt%）的两个虚线（空心圆圈）斜率表明，pK_{a1} 4.68 对应碱性基团（负斜率），pK_{a2} 29.24 对应酸性基团（正斜率）。这表明肌酐是一种普通的两性电解质，在 pH 7.4 时不带电，在 pH <4 时呈阳离子。这与其离子交换色谱的行为一致[161]。图 3.20a 中原点偏移的 Yasuda - Shedlovsky 图（实线，实心圆圈）表明了相同的解释。

与肌酐的例子相反，对于形成两性离子的两性分子，在共溶剂图中 pK_{a1}（酸性基团）具有正斜率，pK_{a2}（碱性基团）具有负斜率，如图 3.16b（表 3.12）的抗生素头孢氨苄所示。例如，在含有头孢氨苄的酸化溶液中，当 pH 上升至中性值时，形成了两性离子。在此过程中，在低 pH 下带正电荷胺的氨基酸的羧基会失去一个质子形成阴离子基团，胺保留其正电荷，从而产生带正电荷和负电荷的两性离子。在图 3.16 中，吗啡和阿苯达唑亚砜是普通的两性电解质（在等电点 pH 下不带电荷），但头孢氨苄是两性离子（在等电点 pH 下带有正电荷和负电荷）。

图 3.20b 显示了万古霉素的 6 个 pK_a 值如何受介电常数变化的影响[106,162]。带有正斜率的 p_sK_a对 R_w（甲醇 wt%）曲线被指定为羧基和酚残基，将剩余两条曲线中具有明显负斜率的曲线指定为碱基（图 3.20b 中分子右侧的二糖胺部分和仲胺）。图 3.20b 中最高 pK_a 的非线性外观在等效的 OSYS 图中显著改善（此处未显示）[106]。

可以想象，在万古霉素中，随着 R_w 接近 100wt%，最低的下降（胺）和最低的上升（羧酸）有可能交叉[90]。有趣的是，纯甲醇的介电常数约为 32，与磷脂双层表面（在磷酸基团区域）相关的数值相同。图 3.1 中假设了这种两性离子与普通两性分子的交叉。

表 3.12　甲醇－水中的平衡常数[a]

R_w	p_SK_a	SD	p_SK_a + log（[H_2O] 55.1）	[H_2O]	ε	1/ε ~ 1/ε$_o$
乙酸[b]						
8.1	4.883	0.002	4.837	49.96	74.9	0.000 58
16.5	5.018	0.002	4.921	44.41	71.2	0.001 27
34.5	5.345	0.002	5.123	33.30	63.3	0.003 02
54.2	5.740	0.002	5.342	22.20	54.2	0.005 68
76.0	6.402	0.002	5.703	11.10	43.4	0.010 29
87.7	7.013	0.002	6.013	5.55	37.1	0.014 20
苯甲酸[d]						
1.6	4.018	0.002	4.009	54.39	76.2	0.000 11
6.3	4.107	0.002	4.071	51.15	74.1	0.000 47
16.1	4.306	0.001	4.211	44.65	69.9	0.001 29
26.5	4.539	0.002	4.376	38.10	65.4	0.002 28
41.0	4.912	0.003	4.638	29.52	58.9	0.003 97
48.5	5.106	0.001	4.765	25.31	55.4	0.005 03
56.1	5.252	0.001	4.834	21.19	51.8	0.006 29
64.6	5.450	0.001	4.930	16.76	47.6	0.007 97
水杨酸[c]						
15.4	2.913	0.004	2.823	45.11	70.2	0.001 22
23.7	3.014	0.003	2.870	39.83	66.6	0.002 00
31.5	3.175	0.003	2.976	35.07	63.1	0.002 82
40.3	3.362	0.003	3.094	29.92	59.2	0.003 88
48.7	3.520	0.003	3.177	25.20	55.3	0.005 06

续表

R_w	p_sK_a	SD	p_SK_a + log（[H_2O] 55.1）	[H_2O]	ε	1/ε ~ 1/$ε_o$
水杨酸[c]						
58.1	3.686	0.003	3.246	20.14	50.8	0.006 65
苯巴比妥[c]						
16.3	7551	0.003	7.455	44.52	69.8	0.001 30
25.5	7.745	0.003	7.589	38.72	65.8	0.002 18
34.3	7.934	0.003	7.714	33.41	619	0.003 14
44.2	8.107	0.003	7.805	27.70	57.4	0.004 40
53.8	8.304	0.004	7.910	22.42	52.9	0.005 88
64.7	8.535	0.003	8.014	16.71	47.6	0.007 99
对乙酰氨基酚[c]						
15.7	9.794	0.003	9.702	44.91	70.1	0.001 25
24.3	9.950	0.003	9.802	39.46	66.3	0.002 06
32.5	10.114	0.002	9.907	34.48	62.7	0.002 93
41.6	10.314	0.004	10.035	29.18	58.6	0.004 05
50.3	10.427	0.005	10.069	24.32	54.6	0.005 31
60.1	10.502	0.006	10.038	19.09	49.9	0.007 03
麻黄碱[c]						
15.7	9.520	0.003	9.428	44.91	70.1	0.001 25
24.3	9.460	0.003	9.312	39.46	66.3	0.002 06
34.2	9.368	0.004	9.148	33.47	61.9	0.003 13
44.1	9.313	0.002	9.012	27.76	57.4	0.004 39
53.6	9.173	0.003	8.781	22.53	53.0	0.005 85
64.6	9.040	0.005	8.520	16.76	47.6	0.007 97
罂粟碱[c]						
16.4	6.066	0.005	5.970	44.46	69.8	0.001 31
25.5	5.971	0.002	5.815	38.72	65.8	0.002 18
34.3	5.847	0.003	5.627	33.41	61.9	0.003 14
44.2	5.683	0.003	5.381	27.70	57.4	0.004 40
53.8	5.543	0.004	5.149	22.42	52.9	0.005 88
64.7	5.381	0.005	4.860	16.71	47.6	0.007 99
普萘洛尔[d]						
9.7	9.388	0.009	9.292	44.46	69.8	0.001 31
20.0	9.315	0.006	9.159	38.72	65.8	0.002 18
34.5	9.113	0.015	8.893	33.41	61.9	0.003 14

续表

R_w	p_sK_a	SD	p_SK_a + log（[H_2O] 55.1）	[H_2O]	ε	1/ε ~ 1/$ε_o$
普萘洛尔[d]						
42.2	9.026	0.014	8.724	27.70	57.4	0.004 40
50.1	8.918	0.009	8.524	22.42	52.9	0.005 88
58.3	8.808	0.005	8.287	16.71	47.6	0.007 99
吗啡[c]						
15.6	8.110	0.003	8.019	44.98	70.1	0.001 24
23.5	8.053	0.003	7.910	39.96	66.7	0.001 98
32.4	7.908	0.003	7.702	34.54	62.7	0.002 92
41.5	7.840	0.004	7.562	29.23	58.6	0.004 04
50.2	7.649	0.004	7.292	24.38	54.6	0.005 29
59.7	7.492	0.004	7.033	19.30	50.1	0.006 96
15.6	9.587	0.004	9.496	44.98	70.1	0.001 24
23.5	9.735	0.003	9.592	39.96	66.7	0.001 98
32.4	9.842	0.004	9.636	34.54	62.7	0.002 92
41.5	9.992	0.004	9.714	29.23	58.6	0.004 04
50.2	10.130	0.005	9.773	24.38	54.6	0.005 29
59.7	10.284	0.005	9.825	19.30	50.1	0.006 96
头孢氨苄[c]						
14.8	2.901	0.004	2.815	45.50	70.5	0.001 17
22.8	3.068	0.003	2.930	40.39	67.0	0.001 91
30.5	3.221	0.002	3.029	35.67	63.6	0.002 71
38.8	3.354	0.002	3.098	30.78	59.9	0.003 68
46.8	3.561	0.002	3.236	26.25	56.2	0.004 78
55.7	3.788	0.004	3.374	21.41	52.0	0.006 21
14.8	7.125	0.003	7.039	45.50	70.5	0.001 17
22.8	7.071	0.002	6.933	40.39	67.0	0.001 91
30.5	7.048	0.002	6.856	35.67	63.6	0.002 71
38.8	6.971	0.002	6.715	30.78	59.9	0.003 68
46.8	6.925	0.002	6.600	26.25	56.2	0.004 78
55.7	6.912	0.004	6.498	21.41	52.0	0.006 21

[a] 除标注外，均为 25 ℃、0.15 M KCl 的电位数据。

[b] 零离子强度，基于高精度的电导率数据[125]。

[c] 基于参考文献［106］中的数据。

[d] 基于参考文献［18］中的数据。

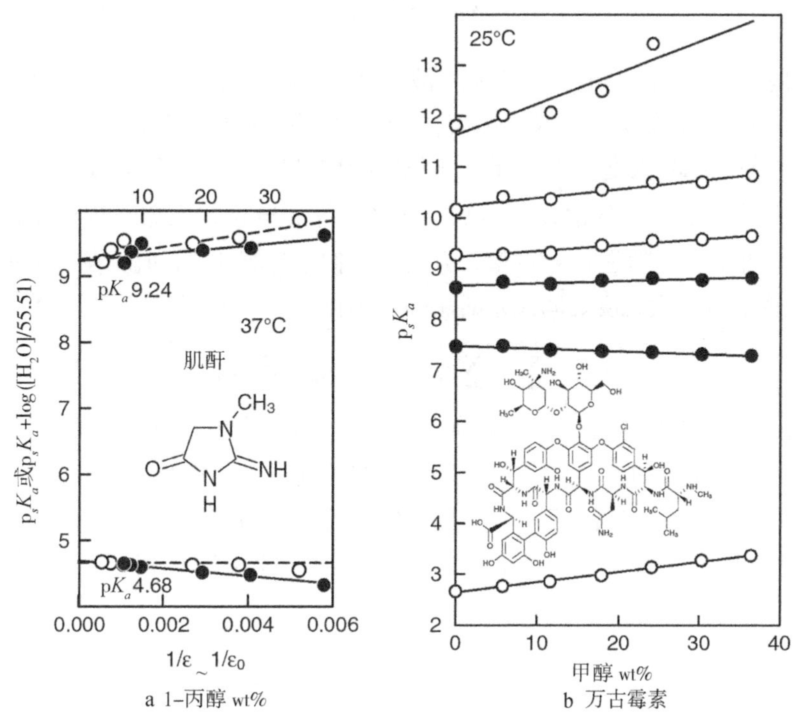

图 3.20 肌酐的两个表观解离常数随 1 - 丙醇 wt%的变化图（空心圆圈）与原点偏移的 Yasuda - Shedlovsky 函数图（实心圆圈）和万古霉素的 6 个表观解离常数随甲醇 wt%的变化

［图 3.20a 是肌酐的两个表观解离常数随 1 - 丙醇 wt% 的变化图（空心圆圈）和原点偏移的 Yasuda - Shedlovsky函数图（实心圆圈）。低 pH 下是碱依赖性，高 pH 下是酸依赖性。这表明在中性溶液中，肌酐是不带电的分子。图 3.20b 是万古霉素的 6 个表观解离常数随甲醇 wt% 的变化图。空心圆圈表示酸基，实心圆圈表示碱基。酸通常用正斜率表示，碱用负斜率表示。图 3.20b 转载自 AVDEEF A. Curr. Topics Med. Chem.，2001，1：277 - 351。经 Bentham Science Publishers，Ltd. 许可复制］

3.12 其他 pK_a 值测量方法

3.12.1 分光光度法

用于 pK_a 值测定的分光光度法是基于在较宽波长范围内测定适当 pH 条件下的吸光度数据。大多数综合方法都是基于质量平衡方程，该方程将（调至各种 pH 的溶液）吸光度数据作为因变量，将平衡常数作为参数，并采用 Gauss - Newton、Marquardt 或 Simplex 算法通过非线性最小二乘法优化进行修正[19 - 41,163]。

对于一个可电离的分子，Beer 定律修正模型可以表示为：

$$A_{ik}^{calc} = \sum_{j}^{species} c_{ij}\,\varepsilon_{jk}。 \tag{3.53}$$

其中，A_{ik}^{calc}是第 i 个光谱（pH）中第 k 个波长处计算的吸光度。i 的不同值表示在不同 pH 下收集的光谱。在第 k 个波长处的第 j 种物质的摩尔吸收率用ε_{jk}表示，在第 i 个 pH 处的第 j 种物质的摩尔浓度用 C_{ij}表示。这里的物质是指一个分子的不同电荷状态形式。c_{ij}的值是总样品浓度和解离常数的函数；这些计算和电位常数修正程序中的一样[17]。可以估计 pK_a 值，智能地猜测ε_{jk}的值，并使用它们来计算 A_{ik}^{calc}的值。在计算中，目标是使计算吸光度和观测吸光度之间残差的总和最小化，

$$S_w = \sum_{k}^{species} \sum_{i}^{spectra(pH)} (A_{ik}^{obs} - A_{ik}^{calc})^2/\sigma_{ik}^2。 \tag{3.54}$$

其中，σ_{ik}是吸光度测量值时的估计不确定度。公式中的平方使得到的吸光度差值为正值[164]。修正 pK_a 常数的"最佳"集合是使 S_w最小化的常数集合。

图 3.21 显示了吗啡在 pH 7～12 区间内的一系列光谱，吗啡是一个只有苯酚/苯酚盐的电离才具有紫外吸收的双 pK_a 分子。吸光度曲线构成了式（3.54）中 A_{ik}的观测值。

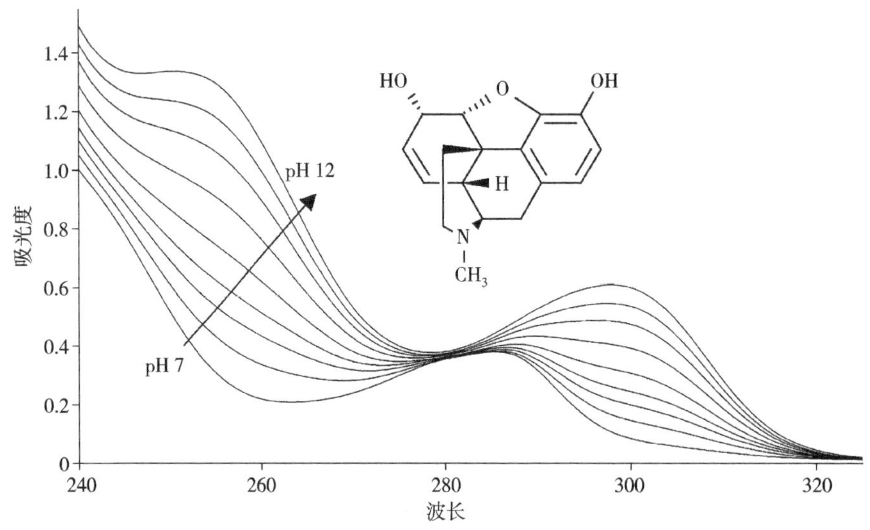

图 3.21　吸光度光谱随波长的变化

（每条曲线代表在不同 pH 缓冲液中的滴定。由 Semmelweis 大学的 Krisztina Takács－Novák 教授提供）

在复杂的平衡中，对 pK_a 值和 A_{ik}的未知信息的猜测可能扰乱修正过程。数学方法已经发展到可以帮助监督这一计算过程。由于并非多质子化合物中的所有物质都具有可检测的紫外发色团，或者有时多种物质摩尔吸收曲线几乎相同，因此必须设计方法来评估有紫外吸收的组分数量[20]。对于病态方程，需要阻尼程序[21]。Gampp 等[26]在决定吸收物质的存在和化学计量时考虑了主成分分析法（PCA）和演化因子分析法（EFA）。

Tam 及其同事[30－34,36－41,164－165]开发了一种非常有效的二极管阵列紫外分光光度法

联合自动 pH 滴定仪的通用方法，测定了各个物质的解离常数和摩尔吸收曲线。通过目标因子分析（TFA）进行物质选择，并使用 EFA 方法研究了具有重叠 pK_a 值的多质子化合物，考虑了可解离化合物的二元混合物[39]。微常数的评估已有报道[37-38]。共溶剂的使用使得三 pK_a 分子西替利嗪可以进行 12 个微常数的去卷积[40]。有文献报道了将 TFA 方法与一阶导数技术进行比较的验证性研究[31,36]。

文献中描述的被称为光谱梯度分析（SGA）的 96 孔微量滴定板高通量方法，是基于 pH 梯度洗脱和二极管阵列紫外检测技术[34-35,166]。由柠檬酸、磷酸盐、三（羟甲基）氨基甲烷和正丁胺组成的通用缓冲液，被开发成酸化和碱性形式[166]。两种形式的混合物在流动相中产生与时间成良好线性的 pH 梯度。使用 110 种结构不相关的化合物对 SGA 方法进行了成功验证[34]。难溶性分子仍然是 SGA 方法的一个挑战，尽管一些早期采用者和制造商正在大力解决这个问题[154]。

Alibrandi 及其同事开发了类似的流动通用缓冲液[27-28]，用来评估动力学参数，如阿司匹林水解的 pH 依赖性。所报道的 pH－时间曲线不如 SGA 系统中呈线性。已经发表的其他有关连续流动 pH 梯度分光光度数据的报道，将其应用于溶液种类的秩次分析，其中通过秩次分析检测出的组分数量低于系统中组分的实际数量[29]。通过向含 25 mM H_3PO_4的流动相中持续加入 100 mM Na_3PO_4，建立了线性的 pH－时间梯度。

在分析服务实验室中，因为 TFA 方法消耗的样品量非常少，常被首先用于测定分子的 pK_a 值（其结构可能仅为客户所知）。有时所使用的样品量不超过 1 mg。只有当数据分析证明存在问题时才重复测定，第二次使用电位测定法，需要更多的样品。如果有明显的沉淀迹象，则向滴定溶液中加入 DMSO、甲醇或“通用共溶剂” MDM[154]，重复滴定 3 次（使用同一样品），在 3 次重复滴定时加入更多的水，以获得混合溶剂溶液的不同 R_w 值。如果 TFA 方法失败但只要有足够的样品，那么后续的电位测定法几乎总是有效的。

3.12.2 毛细管电泳（CE）测量

与其他技术相比，CE 测定 pK_a 值相对较新[42-45]。CE 具有作为通用方法的优点，因为它可以联合不同的检测系统。它是一种分离技术，所以通常样品杂质不是问题。熔融石英毛细管，内径 50 ~ 75 μm，长度 27 ~ 70 cm，填充稀释的缓冲水溶液（离子强度 0.01 ~ 0.05 M）[42]。10 nL 浓度约为 50 μM 的样品溶液聚集在毛细管的一端，浸入两个烧杯中的毛细管的两端之间施加 20 ~ 30 kV 的电位。样品消耗量大约为每针 0.2 ng。样品种类根据其电荷和流体阻力发生迁移。测定表观电泳迁移率，其与迁移时间、毛细管长度和施加电压有关。可电离化合物的迁移率取决于化合物的带电形式部分。这又取决于 pK_a。表观迁移率对 pH 作图呈 S 形，中点 pH 等于 pK_a。CE 中缓冲液 pH 的实际范围在低端 2 ~ 3 和高端 11 ~ 12 之间。当使用紫外检测时，在 220 nm 处具有摩尔吸光度的苯甲酸分子的检测限约为 2 μM[42]。Ishihama 等[43]能够通过 CE 测定多质子分子的 pK_a 值，该分子具有 7 个电离基团。他们报道维拉帕米的检测限为 10 μM，其 pK_a 值为 8.89，与通过电位法测定的 9.06 基本相当。CE 测定的值提示某些溶解度问题的可能性较低，会对结果产生偏差（参见 3.11 节）。

Ishihama 等[45]描述了一种快速筛查方法，通过压力辅助 CE 与光电二极管阵列检测器联用来测定药物样品的 pK_a 值。每次不到 1 分钟即完成 CE 运行，因此可以在一天内完成一个 96 孔微量滴定板的测定。82 种药物 pK_a 值的测定实例说明了这种有趣的新方法。

由于大多数药物开发项目涉及极难溶性化合物，通常的 CE 样品浓度会导致沉淀。与最稳健的电位测定方法相比，“真实”候选药物分子的处理可能是对 CE 方法的一个严重挑战。这是 CE 从业者们积极发展的一个领域，一些困难可能会在不久的将来被克服。

3.12.3 pK_a 的色谱测量

Oumada 等[46]描述了一种新的色谱方法，用于测定难溶性药物化合物在水中的 pK_a 值。该方法在由缓冲液和甲醇的混合物所组成的流动相中使用严格的溶剂间 pH 标度测定难溶性药物化合物的 pK_a 值。玻璃电极预先以常规的缓冲水溶液进行标准化，然后用于在线测量 pH。表观解离常数被校正为零共溶剂时的 pH 标度。成功使用 6 种难溶性非甾体抗炎类的弱酸（双氯芬酸、氟比洛芬、萘普生、布洛芬、布替布芬、芬布芬）来说明该技术。

3.12.4 通过 PAMPA 法（平行人造膜渗透性测定法）测量 pK_a

当在 pK_a 值两侧的 pH 范围内测定 PAMPA 有效渗透速率（参见第 7 章）值（P_e）时，由于该分子并非强亲脂性而使得在剧烈搅拌的溶液中，水边界层（ABL）对测定渗透速率的影响为零，则可以测定 pK_a 值[167,189,213]。表 3.14 列出了几个由 PAMPA 法估算的值。数据分析使用 *p*CEL－X v3.1 程序（ADME 研究所）进行。对于一个单 pK_a 分子，log P_e 相对于 pH 的图呈双曲线形状，其中与曲线中间的弯曲相对应的 pH 是溶质的 pK_a 值。图 3.22 显示了一个多质子分子米诺环素的实例，其中两个 pK_a 值可以通过 log P_e 对 pH 的抛物线形状的曲线来估算。该技术的精密度受进行渗透性测定的 pH 缓冲液的准确度限制。另外，当考虑亲脂性分子时，需要通过校正来恰当处理 ABL 效应。通过 PAMPA 法测定 pK_a 值是一种取巧的方法。

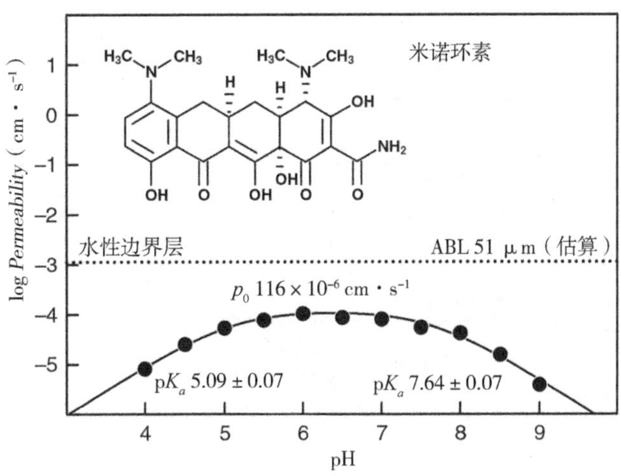

图 3.22 平行人造膜渗透性测定法（PAMPA），米诺环素的 log P_e vs. pH

（可以将曲线中弯曲处的 pH 估算为 pK_a 值）

3.12.5 通过摇瓶法得到的 log D_{OCT} vs. pH 的曲线测定 pK_a

在 log D_{OCT} vs. pH 曲线的顶部弯曲附近处（log - log 图中的斜率 = 0.5），pH 等于 pK_a 值。4.13 节讨论了这种曲线的实例：吲哚洛尔和普鲁卡因结构类似物，图 4.12 显示了 11 个分子的实例。*p*CEL - X 程序可用于修正 pK_a 值。这不是通常报道的摇瓶方法。由于 pH 通常没有严格标准化，所以 pK_a 测定的准确度并不好。它非常像 PAMPA - pK_a 方法，但很少使用。

3.12.6 方法对比

图 3.23 显示了 8 种几乎不溶性药物的比较，其 pK_a 值通过各种最先进的仪器测定[214]。比较中排除了一些外围方法，如 PAMPA - pH 法和 log D_{OCT} - pH 法，因为在这些方法中 pH 标度通常未经严格标准化。使用 DMSO 和甲醇共溶剂方法，在使用 GLpK_a（Sirius）和 D - PAS（Sirius）仪器的情况下以 Yasuda - Shedlovsky 方法外推确定水中的值，在 Gemini（*p*ION）仪器的情况下通过线性外推至共溶剂为 0 - wt% 来确定水中的值。SGA（Sirius）仪器没有共溶剂能力，因此只能使用水性通用缓冲液[214]。由于 D - PAS 和 SGA 仪器是基于紫外的，所以在 pK_a 测定中可以使用较低浓度的溶液，避免一些但不是全部的低水溶性问题。

DMSO - 外推的 pK_a 值总是低于从甲醇 - 水混合物外推的值，遵循趋势，$\mathrm{p}K_a^{\mathrm{DMSO}} = 0.61 + 0.86\mathrm{p}K_a^{\mathrm{CH_3OH}}$（$r^2 = 0.99$，$s = 0.27$，$n = 8$）。由于布他卡因和阿司咪唑是双质子碱，实际上可以在不存在共溶剂的情况下测定低 pH 的 pK_a 值。在这两种情况下，DMSO 外推值都比甲醇中的偏差更大，尤其是在布他卡因低 pH 的 pK_a 值的测定中。

排除 DMSO 结果及 SGA 的结果，共溶剂的使用不是一个可用的特征，并且与图 3.23 中的鉴别线的偏差是显著的。图 3.23 表明，电位法 GLpK_a 和 Gemini 值一致性最好，如实心圆圈所示，最接近鉴别线[214]。

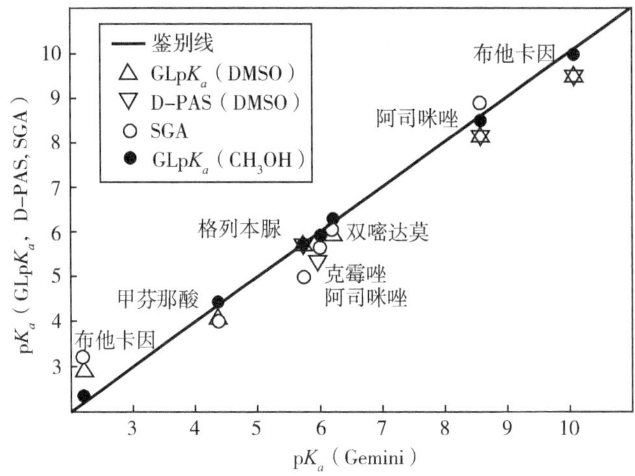

3.23　pK_a 测定的共溶剂方法的比较：电位法 GLpK_a（Sirius）、UV 法 D-PAS（Sirius）、高通量 UV 法 SGA（Sirius）和电位法 Gemini（*p*ION）

（获得 Springer Science + Business Media 的许可：BENDELS S, TSINMAN O, WAGNER B, et al. PAMPA-excipient classification gradient maps. Pharm. Res., 2006, 23: 2525-2535）

3.13　pK_a 值微观常数

在某些类型的多质子分子中，有可能形成化学计量组成相同的化学上不同的物质[40,168-182]。例如，图 3.24 的中间是两种形式的单质子化的吗啡，图的上部为两性离子（$XH^{\pm}$），图的下部为无电荷（XH^0）物质（“普通两性电解质”）。互变商 $k_Z = [XH^{\pm}] / [XH^0]$，表示中性净电荷的两种形式之间的分布。

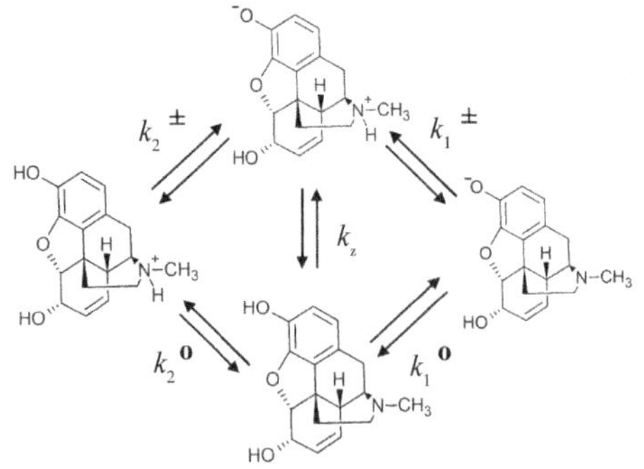

图 3.24　双 pK_a 分子吗啡的微观形态

考虑一个双质子两性分子的微观平衡，它在单质子化状态下以两性离子（$XH^{\pm}$）和无电荷（XH^0）形式共存，如图 3.24 所示。4 个微观形成常数用常数 k 表示（图 3.24）。

宏观平衡（可通过电位法进行评估）可与微观状态表达（对于多质子分子，无法仅仅通过电位法测定）相关，注意宏观物质浓度是微观物质浓度的总和，$[XH] = [XH^{\pm}] + [XH^0]$。

$$X^- + H^+ \rightleftharpoons XH^{\pm},\ k_1^{\pm} = [XH^{\pm}]/[X^-][H^+]。\tag{3.55a}$$

$$X^- + H^+ \rightleftharpoons XH^0,\ k_1^0 = [XH^0]/[X^-][H^+]。\tag{3.55b}$$

$$XH^{\pm} + H^+ \rightleftharpoons XH_2^+,\ k_2^{\pm} = [XH_2^+]/[XH^{\pm}][H^+]。\tag{3.55c}$$

$$XH^0 + H^+ \rightleftharpoons XH_2^+,\ k_2^0 = [XH_2^+]/[XH^0][H^+]。\tag{3.55d}$$

$$\begin{aligned} XH^0 \rightleftharpoons XH^{\pm},\ k_Z &= [XH^{\pm}]/[XH^0] \\ &= k_1^{\pm}/k_1^0 \\ &= k_2^0/k_2^{\pm}。\end{aligned}\tag{3.56}$$

$$\begin{aligned} X^- + H^+ \rightleftharpoons XH,\ K_1 &= [XH]/[X^-][H^+] \\ &= (XH^0 + [XH^{\pm}])/[X^-][H^+] \\ &= k_1^0 + k_1^{\pm}。\end{aligned}\tag{3.57a}$$

$$\begin{aligned} XH + H^+ \rightleftharpoons XH_2^+,\ K_2 &= [XH_2^+]/[XH][H^+] \\ &= [XH_2^+]/([XH^0]+[XH^{\pm}])[H^+] \\ &= (1/k_2^0 + k_2^{\pm})^{-1}。\end{aligned}\tag{3.57b}$$

在电位法中，测定的 pK_a 是一个复合常数，一个宏观常数。热力学实验是质子计数技术。它不能识别质子起源的分子中的位点，只能确定质子从分子中的某处出现。另外，微观常数是个体物质的特征，其中可能有不止一个具有相同的组成。

在上面的例子中，整组 4 个微观常数的测定［式（3.55）］需要其他的方法。例如，可以通过 UV/pH 或 NMR/pH 滴定实验测定微观 pK_a 常数，但前提是可以选择性地跟踪单个可电离基团的质子化。

在某些情况下，可以间接推导出微 - pK_a 值。考虑图 3.24 中吗啡的 4 种衍生物。表 3.13 列出了通过电位滴定法和分光光度法测定的 4 种分子（图 3.25）中每种分子的 pK_a。因为 4 种分子中胺基的质子化没有明显的紫外吸收位移，而酚基的电离具有特征性的紫外光谱（参见图 3.21），可以推测分光光度法测定的吗啡和去甲吗啡的 pK_a 值为微观常数。由于酚羟基被甲基化（对胺基的电子结构的影响最小），因此可待因和去甲可待因的电位法测定的 pK_a 值是微观常数。通过比较吗啡和去甲吗啡及可待因和去甲可待因的电位法测定的 pK_a 值，可以推断出吗啡和去甲吗啡的互变常数。也可以通过分光光度测定法测定这些互变常数。两个独立测定的互变常数非常一致（表 3.13）。

如果假设 $\log k_2^0 = 8.24$，那么对于吗啡，我们有：

$$\log k_1^0 = \log K_1 + \log K_2 - \log k_2^0 = 17.44 - 8.24 = 9.20。\tag{3.58a}$$

$$\log k_1^{\pm} = \log(K_1 - k_1^0) = 8.37。\tag{3.58b}$$

$$\log k_2^{\pm} = \log K_1 + \log K_2 - \log k_1^{\pm} = 17.44 - 8.37 = 9.07。\quad (3.58c)$$

$$k_Z = k_1^{\pm}/k_1^0 = 10^{+8.37}/10^{+9.20} = 0.15。\quad (3.58d)$$

表 3.13　吗啡和去甲吗啡的微观物质和宏观物质分析[a]

化合物	宏常数		微常数			
	pK_a		胺 $\log k_2^0$（pH 度量）	苯酚 $\log k_1^0$（UV－pH）	k_z（pH 度量）	k_z（UV－pH）
吗啡	9.26（pK_{a2}）	8.18（pK_{a1}）	8.24（≈可待因 pK_a）	9.20	0.15	0.15
可待因	—	8.24（胺）				
去甲吗啡	8.66（pK_{a1}）	9.80（pK_{a2}）	9.23（≈去甲可待因 pK_a）	9.25	2.7	2.5
去甲可待因	—	9.23（胺）				

[a] 25 ℃，0.15 M HCl。

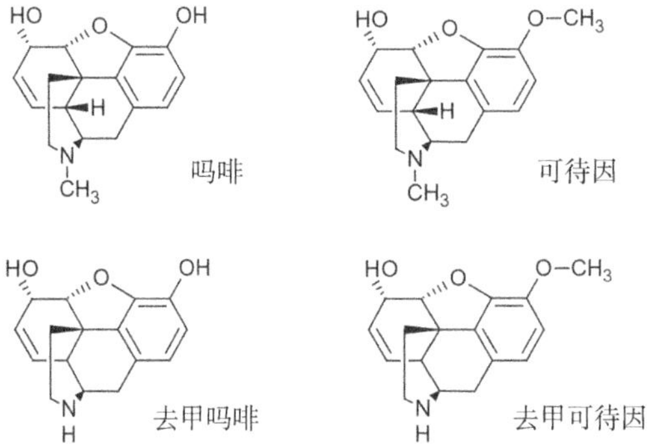

图 3.25　用于推断吗啡和去甲吗啡的微常数的模型化合物（参见表 3.13）

基于 Tam 和 Quéré[40] 的全面研究，图 3.26 显示了另一个例子——西替利嗪（常数 pK_a 值为 2.12、2.90 和 7.98 的三质子分子[40]）的微观物质和微常数。图 3.26 中用粗体表示的微观物质是存在于溶液中的主要物质。随着 pH 的增加，离苯基最近的质子化氮是第一个释放电荷的中心。相应的（二价阳离子）⇌（一价阳离子）反应的微 pK_a 为 2.32。下一个释放质子的中心主要是羧基，导致形成两性离子（微 pK_a 为 2.70）。最高 pH 的主要去质子化包括最接近羧基的质子化氮失去其质子（微 pK_a 为 7.98），形成图 3.26 右侧的阴离子物质。

在西替利嗪中，根据相邻基团的电荷状态，羧基具有 2.70～5.47 的 4 个不同的微 pK_a 值。最接近苯基的氮的微 pK_a 值在 2.02～7.33。其他氮的值在 2.77～7.98。

Marosi 等[256] 最近使用 ^{1}H－NMR－pH 滴定法（25 ℃，0.15 M 离子强度）研究了西替利嗪的复杂微观形态。必须使用几种支持的模型化合物，包括羟嗪和西替利嗪甲酯，以揭示和详细解释微观平衡。所得到的微常数与 Tam 和 Quéré 得到的相似，除了涉及带有质子化羧基和离其最远的质子化胺基的物质微观平衡。这些不是主要的微观状态，但仍有不同之处。图 3.26 包括 Marosi 等得到的微常数（方括号内）。这是一个能够说明微 pK_a 值测定难度的很好例子。

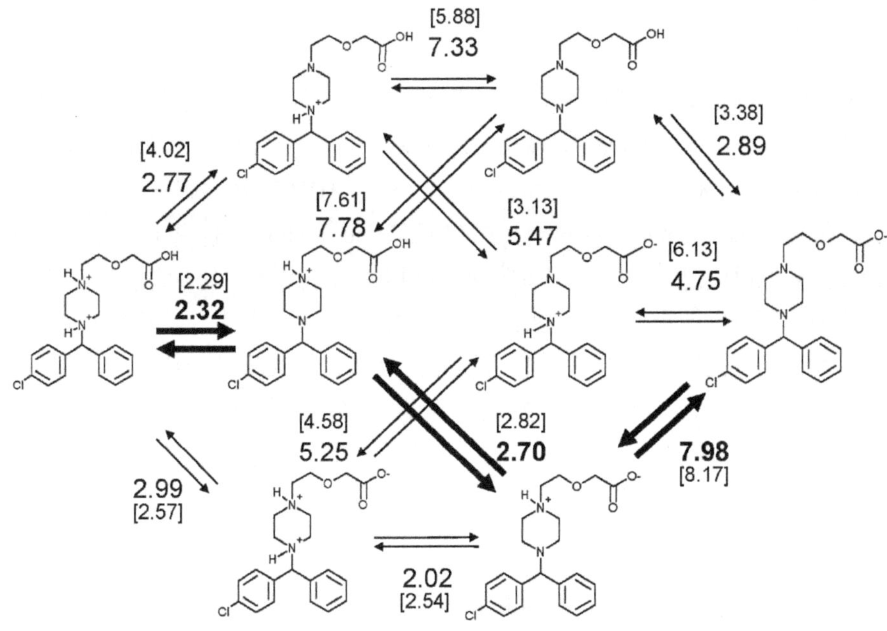

图 3.26　三 pK_a 分子西替利嗪的微观形态

（数值是指微 pK_a 值。粗体值表示在各种 pH 状态下的主要种类。微 pK_a 值来自 Tam 和 Quéré[40]；方括号内的值来自 Marosi 等[256]。摘自 AVDEEF A. Curr. Topics Med. Chem., 2001, 1: 277－351。经 BenthamSciencePublishers, Ltd. 许可复制）

3.14　pK_a 值汇编

“蓝皮书”汇编[184－188]可能是从文献中（直到 20 世纪 70 年代末）收集到的最全面的电离常数来源，故将其推荐给本领域的专家。另外，“红皮书”则包含严格筛选的数值[190]。最近，已经与 NIST 合作以电子形式提供此六卷集合，而且价格非常合理[191]。Sirius 分析仪器有限公司提供了两卷严格测定的常数集合，涵盖了制药界特别关注的分子[89－90]。在 2007 年 Prankerd 的书[5]中可以找到全面的综述和关键的最新汇编（结构、原始参考资料、实验条件、方法类型、测定 pK_a 值的质量分级），以及对约 3500 种类药物分子的评论。

3.15 pK_a 值预测程序

Fraczkiewicz[254]及 Lee 和 Crippen[255]最近回顾了大量可用于预测分子 pK_a 值的计算机程序。最流行的程序包括 Pallas（www. compudrug. com）、ACD/pK_a DB 和 ADME Boxes（www. acdlabs. com）、Marvin（www. chemaxon. com）、ADMET Predictor（www. simulations-plus. com）和 SPARC（ibmlc2. chem. uga. edu/sparc/index. cfm）。这些程序和其他程序的功能已经被充分地讨论过[254-255]。笔者曾使用过其中几个程序，发现它们都非常有用。

为什么要做预测？两个非常令人信服的原因如下：①可以用计算机模拟研究尚未合成的分子；②在 pK_a 测定之前得到一个预测值，为实际测试分子的最佳实验条件设计提供有价值的见解。对于简单的分子，预测值和测量值吻合度高。对于药物研究化合物，预测值和测量值之间的差异可能很大。它对于分子中电离状态数量的预测和电离中心的指定特别有用。

3.16 pK_a 值数据库（25 ℃和 37 ℃）

表 3. 14 列出了 900 多个实验测定的 pK_a 值，其中主要为药物，一些是农业化学品及其他的各种分子。这些都是经过精心组织的高质量结果。最近 20 年，在 Sirius 分析仪器（英国）或者 *p*ION（美国）上测定了其中许多常数。笔者本人测定了表 3. 14 中的很多结果，历时超过 35 年。

表 3.14　25 ℃和 37 ℃下的 pK_a 常数

化合物	pK_a	SD	pK_a	SD	pK_a	SD	pK_a	SD	pK_a	SD	pK_a	SD	t(℃)	I(M)	类型	N	参考文献
1－苄基咪唑	6.70	0.03											25	0.11			[18,51]
1－甲基胍	13.43	0.02											25	1.00	NMR		[110]
2,3－二羟基苯甲酸	13.1[d]	0.2	10.06	0.02	2.70	0.03							27	0.15	aqu		[220]
2,3－二巯基丙烷－1－磺酸	11.62	0.01	8.53	0.01									25	0.20	aqu	7	[217]
2,4－二氯苯氧乙酸	2.64	0.01											25	0.15	aqu	3	[89]
2－氨基苯甲酸	4.75	0.01	2.15	0.01									25	0.15	aqu	3	[89]
2－巯基乙胺	10.78	0.05	8.31	0.02									25	0.20	aqu		[218]
2－萘甲酸	4.18												25	0.15			[244]
2－萘甲酸	4.33	0.10											37	0.17	1－PrOH	6	[216,244]
3,4－二氯苯酚	8.65	0.01											25	0.00	aqu		[156]
3,4－二羟基苯乙酸	13.7	0.5	9.49	0.03	4.17	0.06							27	0.15	aqu		[220]
3,5－二氯苯酚	8.22	0.01											25	0.00	aqu		[156]
3－氨基苯甲酸	4.53	0.01	3.15	0.01									25	0.16	aqu	5	[89]
3－溴喹啉	2.74	0.03											25	0.00	aqu		[156]
3－氯酚	9.11	0.01											25	0.00	aqu		[156]
4－氨基苯甲酸	4.62	0.01	2.46	0.01									25	0.15	aqu	4	[89]
4－氨基水杨酸	3.61		1.85										25	0.15	UV/pH		[154]
4－丁氧基苯酚	10.26	0.08											25	0.00	aqu		[18,156]
4－羧基－3－羟基苯基甘氨酸	12.81	0.06	8.65	0.01	2.52	0.01	1.0	0.1					25	0.16	aqu	1	[90]
4－氯酚	9.46	0.01											25	0.00	aqu		[156]

续表

化合物	pK_a	SD	pK_a	SD	pK_a	SD	pK_a	SD	pK_a	SD	pK_a	SD	t(℃)	I(M)	类型	N	参考文献
4－二甲基氨基山环素	8.39	0.04	5.63	0.14									25	0.20	UV/pH	2	[241]
4－乙氧基苯酚	10.25	0.01											25	0.00	aqu		[18,156]
4－羟基苯甲酸	8.94	0.01	4.32	0.01									25	0.15	UV/pH		[154]
4－羟基吡啶	11.09	0.01											25	1.00	NMR		[110]
4－碘苯酚	9.45	0.05											25	0.00	aqu		[156]
4－甲氧基苯酚	10.27	0.03											25	0.00	aqu		[156]
4－甲基伞型酮－β－D－葡糖苷酸	2.82	0.01											25	0.15	aqu	3	[50,89]
4－硝基邻苯二酚	10.80	0.02	6.65	0.01									27	0.15	aqu		[220]
4－硝基苯酚	6.91	0.01											25	0.15	UV/pH		[154]
4－戊氧基苯酚	10.13	0.20											25	0.00	aqu		[156]
4－苯基丁胺	10.46	0.04											25	0.15	aqu	5	[225]
4－丙氧基苯酚	10.27	0.01											25	0.00	aqu		[156]
5－苯基戊酸	4.60	0.01											25	0.15	aqu	4	[225]
6－乙酰吗啡	9.55	0.01	8.19	0.01									25	0.15	aqu	4	[50,89]
8－去氟洛美沙星	8.39	0.05	5.98	0.05									25	0.20	aqu		[175]
8F－诺氟沙星	9.33	0.05	5.55	0.05									25	0.20	aqu		[175]
8F－培氟沙星	8.13	0.05	5.33	0.05									25	0.20	aqu		[175]
α－甲基多巴	13.8	0.2	10.06	0.06	8.89	0.02	2.31	0.02					25	0.15	UV/pH		[36]
醋丁洛尔	9.52	0.03											25	0.15	aqu	3	[245]
醋丁洛尔	9.66	0.03											25	0.15	MeOH	3	[a]
乙脒	12.61	0.02											25	1.00	NMR		110

续表

化合物	pK_a	SD	pK_a	SD	pK_a	SD	pK_a	SD	pK_a	SD	pK_a	SD	t(℃)	I(M)	类型	N	参考文献
对乙酰氨基酚（扑热息痛）	9.69	0.07											25	0.15	MeOH	6	[106]
对乙酰氨基酚（扑热息痛）	9.63	0.01											25	0.15	aqu		[106,230]
乙酸	4.53	0.01											25	0.15	MeOH	5	[243]
乙酸	4.77	0.01											25	0.00	MeOH	3	[125]
乙酸	4.52	0.01											25	0.15			[b]
乙酸	4.53	0.01											37	0.15			[b]
乙酸	4.55	0.01											25	0.15	MeOH	3	[3]
丙酮肟	12.08	0.02											25	1.00	NMR		[110]
乙酰水杨酸	3.50	0.01											25	0.16	aqu	4	[89]
阿昔洛韦	9.22	0.01	2.32	0.06									25	0.15	aqu	8	[183]
阿苯达唑	10.28		4.21										25	0.15			[234]
阿苯达唑亚砜	9.97	0.03	3.42	0.05									25	0.15	MeOH	6	[106]
阿苯达唑亚砜	9.93	0.01	3.28	0.01									25	0.15	aqu		[106]
阿华吩坦尼	6.25	0.02											25	0.15	pCEL-X		[213]
别嘌呤醇	9.00												37	0.15			[250]
阿普洛尔	9.54	0.03											24	0.15	aqu	7	[245]
氨氟沙星	7.49	0.01	6.01	0.01									25	0.15	aqu		[c]
阿米洛利	8.65	0.01											25	0.15	aqu	3	[212]
氨基比林	5.03	0.01											25	0.15	UV/pH		[154,230]
胺碘酮	10.24	0.15											25	0.15	MeOH	5	[a]

续表

化合物	pK_a	SD	pK_a	SD	pK_a	SD	pK_a	SD	pK_a	SD	pK_a	SD	t(℃)	I(M)	类型	N	参考文献
阿米替林	9.49												25	0.15			[73]
阿米替林	9.17	0.16											37	0.18	1 – PrOH	3	[221]
杀草强	10.72		4.19										25	0.00			[246]
氨氯地平	9.24	0.03											25	0.15	aqu	2	[a]
氨氯地平	9.27	0.09											25	0.16	MeOH	4	[a]
氨	9.24	0.01											25	0.15			[b]
氨	8.88	0.01											37	0.15			[b]
阿莫地喹	11.49		8.24		7.37								25	0.15	UV/pH*		[154]
阿莫沙平	8.45	0.02	3.38	0.02									25	0.15	aqu	4	[167]
阿莫西林	9.53		7.31		2.60								25	0.15			[212]
氨苄西林	7.11	0.06	2.57	0.04									25	0.15	aqu	14	[90]
戊巴比妥	8.07	0.02											25	0.00	aqu		[156]
苯胺	4.63												25	0.15	aqu		[34]
安替比林（非那宗）	1.44												25	0.15			[253]
抗坏血酸	10.95	0.02	4.03	0.01									25	0.15	UV/pH		[36]
抗坏血酸	11.62		4.05										25	0.15			[230]
天冬氨酸	9.67	0.01	3.66	0.01	1.94	0.01							25	0.17	aqu	4	[89]
阿司咪唑	8.34	0.13	5.28	0.04									37	0.18	1 – PrOH	3	[73]
阿司咪唑	8.77	0.03	5.95	0.06									25	0.16	MeOH	5	[214][c]
阿替洛尔	9.19	0.01											37	0.15	aqu	3	[7]
阿替洛尔	9.54	0.01											25	0.15	aqu	5	[90,245]
阿托莫西汀	9.66	0.05											24	0.17	MeOH	3	[167]

续表

化合物	pK_a	SD	pK_a	SD	pK_a	SD	pK_a	SD	pK_a	SD	pK_a	SD	t(℃)	I(M)	类型	N	参考文献
阿托莫西汀	9.38	0.04											37	0.18	1-PrOH	3	[221]
阿托品	9.84	0.04											25	0.15	MeOH	6	[a]
阿奇霉素	9.43	0.16	8.63	0.08									26	0.15	aqu	3	[249]
苄丝肼	$\underline{7.97}$		6.19										25	0.15			[212]
灭草松	$\underline{2.91}$												25	0.00			[246]
苯佐卡因	2.39	0.01											25	0.15	aqu	3	[90]
苯甲酸	$\underline{3.98}$	0.02											25	0.15	aqu		[31]
苯甲酸	$\underline{4.06}$	0.04											25	0.15	MeOH	8	[106]
苯甲酸	$\underline{4.06}$	0.09											25	0.16	DMSO	6	[51,90,228]
苄达明	9.27	0.02											25	0.15	aqu	3	[251]
苄达明	9.29	0.05											25	0.15	MeOH	7	[251]
苄胺	9.34												25	0.15	aqu		[34]
比索洛尔	9.57												25	0.15	aqu	3	[245]
硼酸	$\underline{8.98}$	0.01											25	0.15			[b]
硼酸	$\underline{8.89}$	0.01											37	0.15			[b]
溴麦角环肽	5.40												25	0.15			[252]
丁基环丙沙星	7.92	0.02	$\underline{5.96}$	0.11									26	0.17	MeOH	3	[215]
丁基诺氟沙星	7.85	0.01	$\underline{5.93}$	0.10									26	0.17	MeOH	3	[215]
丁丙诺啡	$\underline{9.62}$	0.16	8.87	0.20									25	0.15	EtOH	10	[50,89]
Buproa	8.35	0.01											25	0.15	aqu	3	[167]
丁螺环酮	7.57	0.02	1.64	0.01									25	0.15	UV/pH		[154,230]
布他卡因	10.07	0.10	2.37	0.14									25	0.18	MeOH	6	[214][c]

续表

化合物	pK_a	SD	pK_a	SD	pK_a	SD	pK_a	SD	pK_a	SD	pK_a	SD	t(℃)	I(M)	类型	N	参考文献
丁巴比妥	8.00	0.04											25	0.00	aqu		[156]
咖啡因	0.60	0.03											25	0.18	aqu	6	[89]
卡拉洛尔	9.52	0.01											25	0.15	aqu	3	[90,245]
羧苄青霉素	3.25	0.02	2.22	0.05									25	0.11	aqu	1	[90]
卡波霉素 A	7.61												25	0.17			[249]
卡波霉素 B	7.55												25	0.17			[249]
碳酸	9.88	0.01	6.12	0.01									25	0.15			b
碳酸	9.79	0.01	6.05	0.01									37	0.15			b
卡维地洛	8.25	0.04											37	0.15	1 - PrOH	3	[73]
卡维地洛	8.06	0.04											25	0.15	MeOH	10	[245]
邻苯二酚	13.0	0.1	9.22	0.03									27	0.15	aqu		[220]
塞来昔布	9.38	0.08											25	0.15	DMSO	3	a
塞利洛尔	9.66	0.03											25	0.00	aqu		[156]
头孢氨苄	7.20	0.02	2.71	0.02									25	0.15	MeOH	6	[106]
头孢氨苄	7.14	0.02	2.54	0.02									25	0.15	aqu		[106]
西伐他汀	4.87	0.05	1.93	0.38									25	0.15	aqu	3	[183]
西替利嗪	7.98	0.02	2.90	0.02	2.12	0.04							25	0.15	UV/pH		[40]
西替利嗪	7.45		3.10										25	0.15			[183]
苯丁酸氮芥	4.60	0.03	3.84	0.07									23	0.17	MeOH	3	[167]
磷酸氯喹	10.10	0.03	7.99	0.03									37	0.15	aqu	3	[73]
磷酸氯喹	10.76		8.37										20	0.15	UV/pH		[237]
氯丙嗪	9.67	0.13											25	0.15	Dioxane	7	[89,244]

续表

化合物	pK_a	SD	pK_a	SD	pK_a	SD	pK_a	SD	pK_a	SD	pK_a	SD	t(℃)	I(M)	类型	N	参考文献
氯丙嗪	9.50	0.01											25	0.15	MeOH	3	[89,244]
氯丙嗪	9.20	0.07											26	0.15	DMSO	5	[90,244]
氯磺隆	3.63												25	0.00			[246]
金霉素	7.44		3.30														[227]
氯噻酮	9.04	0.01											25	0.15	UV/pH		[154]
西咪替丁	7.01	0.01											24	0.15	aqu	6	[228]
桂利嗪	7.69		2.55										25	0.15			[9]
桂利嗪	7.45												37	0.15			[9]
环丙沙星	8.63	0.06	6.15	0.07									24	0.16	MeOH	8	[215]
西酞普兰	9.22	0.11											23	0.17	MeOH	3	[167]
柠檬酸	5.67	0.03	4.24	0.02	2.78	0.02							25	0.15	MeOH	11	[243]
柠檬酸	5.68	0.01	4.34	0.01	2.91	0.01							25	0.15			b
柠檬酸	5.78	0.01	4.39	0.01	2.96	0.01							37	0.15			b
克拉霉素	8.99												25	0.17			[249]
氯碘羟喹	7.86		2.61										25	0.15	UV/pH *		[36,154]
可乐定	8.08	0.02											25	0.15	aqu	3	a
二氯吡啶酸	2.32												25	0.00			[246]
克霉唑	5.96	0.05											25	0.15	MeOH	6	[214] c
氯氮平	7.90		4.40										25	0.15			[252]
CNV97100	8.38	0.02	5.95	0.02									25	0.15	aqu	3	[215]
CNV97101	7.59	0.02	6.01	0.02									25	0.15	aqu	3	[215]
CNV97102	8.26	0.02	6.18	0.02									25	0.15	aqu	6	[215]

续表

化合物	pK_a	SD	pK_a	SD	pK_a	SD	pK_a	SD	pK_a	SD	pK_a	SD	t(℃)	I(M)	类型	N	参考文献
CNV97103	8.15	0.02	6.21	0.02									25	0.15	aqu	3	[215]
CNV97104	8.22	0.02	6.26	0.02									25	0.15	aqu	3	[215]
可待因	7.99	0.01											37	0.15	aqu	5	[73]
磷酸可待因	8.24	0.01											25	0.15	aqu	3	[50,89]
肌酐	9.23	0.10	4.66	0.02									37	0.18	1 - PrOH	6	[212]
肌酐	9.20		4.84										25		aqu		[236]
胞嘧啶	11.98	0.02											25	1.00	NMR		[110]
柔红霉素	12.00		9.70										25	0.15			[183]
异喹胍	13.0	0.1											25	0.18	aqu	4	[90]
δ啡肽Ⅱ	10.10				4.27								25	0.15			[189]
地美环素	10.11	0.05	8.91	0.04	6.66	0.03	3.91	0.04					25	0.15	aqu	3	[183]
司来吉兰	7.48	0.01											25	0.15	aqu	3	[90]
德伦环烷	9.61												25	0.15			[106]
地昔帕明	10.28	0.03											26	0.15	aqu	3	[212]
地昔帕明	10.28	0.12											26	0.15	DMSO	6	[212]
地昔帕明	10.29	0.04											26	0.15	MeOH	7	[212]
脱碳霉糖卡波霉素 A	8.44												25	0.17			[249]
脱碳霉糖泰乐菌素	8.36												25	0.17			[249]
去甲文拉法辛	10.56		9.24										25	0.15	aqu		[239]
二乙酰吗啡	7.95	0.01											25	0.15	aqu	5	[50,89]
地西泮	3.41												25	0.15	UV/pH*		[154]
地西泮	3.40												25				[247]

续表

化合物	pK_a	SD	pK_a	SD	pK_a	SD	pK_a	SD	pK_a	SD	pK_a	SD	t(℃)	I(M)	类型	N	参考文献
双氯芬酸	3.99	0.01											25	0.15	MeOH	4	[90,225,244]
二氟沙星	7.63		6.06										25	0.15	aqu		[240]
地尔硫䓬	8.00	0.01											24	0.15	aqu	7	[228]
苯海拉明	8.86	0.01											37	0.15	aqu	3	[73]
苯海拉明	9.10	0.01											24	0.15	aqu	3	[189]
地芬诺酯	6.59												25	0.15	MeOH		[154]
双嘧达莫	6.17	0.21											25	0.15	MeOH	6	[214][c]
双嘧达莫	4.89	0.03											37	0.17	1-PrOH	3	[216]
丙吡胺	10.27	0.03											26	0.15	MeOH	6	[a]
多潘立酮	9.68	0.48	6.91	0.24									37	0.19	1-PrOH	3	[73]
多潘立酮	9.69	0.11	7.29	0.07									23	0.17	MeOH	3	[167]
多虑平	9.45												25	0.15			[189]
多柔比星	12.00		9.70										25	0.15			[167]
多西环素	11.79	0.01	8.80	0.01	7.49	0.01	3.05	0.01					25	0.15	aqu	5	[183]
DPDPE	10.10		3.50										25	0.15			[189]
D-青霉胺	10.72	0.01	7.96	0.01	1.81	0.01							25	0.20	aqu		[219]
马来酸依那普利	5.43	0.07	2.96	0.07									24	0.15	aqu	6	[228]
依那普利	7.84		3.17		1.25								25	0.15			[253]
依诺沙星	8.69	0.01	6.16	0.01									25	0.15	aqu		[c]
麻黄碱	9.70	0.03											25	0.15	MeOH	6	[106]
麻黄碱	9.65	0.01											25	0.15	aqu	10	[89,90,106]
马来酸麦角新碱	6.93	0.01											24	0.15	aqu	5	[a]

续表

化合物	pK_a	SD	pK_a	SD	pK_a	SD	pK_a	SD	pK_a	SD	pK_a	SD	t(℃)	I(M)	类型	N	参考文献
酒石酸麦角胺	9.76	0.03	6.47	0.03									25	0.17	1 - PrOH	3	[167]
红霉素	8.82	0.01											25	0.15	aqu	4	a
红霉胺	9.95		8.96										25	0.17			[249]
红霉素胺 - 11,12 - 碳酸酯	9.21		8.31										25	0.17			[249]
乙菌定	11.06		5.04										25	0.00			[246]
乙琥胺	9.27	0.01											23	0.17	MeOH	3	[167]
乙二胺	9.98	0.01	7.18	0.01									25	0.20	aqu		[210]
乙二胺	9.97	0.01	7.15	0.01									25	0.15			b
乙二胺	9.64	0.01	6.85	0.01									37	0.15			b
炔雌醇	10.04	0.05											25	0.15	UV/pH	4	a
依托泊苷	8.53												24	0.01	pCEL - X		[167]
法莫替丁	11.10	0.07	6.75	0.01									24	0.15	aqu	3	[226]
法莫替丁	11.28	0.15	6.78	0.03									25	0.15	MeOH	12	[226]
丁苯吗啉	7.34												25	0.00			[246]
芬太尼	8.24												24	0.01	pCEL - X		[167]
非索非那定	7.84		4.20										24	0.01	pCEL - X		[183,212,229]
麦燕灵	3.73												25	0.00			[246]
氟罗沙星	8.10		5.46										22	0.15	UV/pH		[240]
氟草灵	3.22												25	0.00			[246]
氟芬那酸	4.20	0.29											25	0.15	MeOH	6	a
氟甲喹	6.27	0.01											25	0.15	aqu	3	[89]

续表

化合物	pK_a	SD	pK_a	SD	pK_a	SD	pK_a	SD	pK_a	SD	pK_a	SD	t(℃)	I(M)	类型	N	参考文献
氟西汀	9.96	0.03											25	0.18	MeOH	3	[167]
氟西汀	9.62												37	0.15			[250]
氟奋乃静	7.84	0.06	3.98	0.01									25	0.18	MeOH	3	[167]
氟比洛芬	4.18	0.04											25	0.16	MeOH	7	[189]
氟伐他汀	4.31												25	0.15			[253]
亚叶酸	10.29	0.05	4.49	0.02	3.01	0.06							25	0.15	aqu	5	a
氟磺胺草醚	3.09												25	0.00			[246]
富马酸	4.10	0.02	2.74	0.02									25	0.15	MeOH	12	[243]
富马酸	4.03	0.01	2.74	0.01									25	0.15			b
富马酸	4.17	0.01	2.74	0.01									37	0.15			b
呋塞米	9.90	0.04	3.53	0.06									37	0.15	aqu	3	[7]
呋塞米	10.15	0.05	3.60	0.02									25	0.15	UV/pH *		[36]
加巴喷丁	10.73	0.09	3.65	0.09									25	0.15	aqu		[189,73]
加巴喷丁	10.24	0.09	3.44	0.09									37	0.15	aqu		[73]
加兰他敏	8.70	0.16											24	0.17	MeOH	3	[167]
没食子酸	8.54	0.04	4.21	0.01									25	0.15	UV/pH		[36]
加替沙星	9.13	0.01	5.97	0.01									25	0.15	aqu		c
格列本脲	5.45	0.12											25	0.15	MeOH	6	[9,214] c
格列本脲	5.18	0.08											37	0.17	1 - PrOH	3	[7,9]
甘氨酸	9.60	0.01	2.33	0.01									25	0.15			b
甘氨酸	9.30	0.01	2.29	0.01									37	0.15			b
乙醇酸	3.60	0.01											25	0.15			b

续表

化合物	pK_a	SD	pK_a	SD	pK_a	SD	pK_a	SD	pK_a	SD	pK_a	SD	t(℃)	I(M)	类型	N	参考文献
乙醇酸	3.60	0.01											37	0.15			[b]
Gly－Gly－Gly	7.94	0.01	3.23	0.01										0.16	aqu	3	[89]
Gly－Gly－Gly－Gly	7.88	0.01	3.38	0.01										0.16	aqu	3	[89]
草甘膦	10.15	0.01	5.38	0.01	2.22	0.01	0.88	0.07					25	0.17	aqu	13.00	[89,90]
醋酸胍那苄	8.08	0.03											37	0.18	1－PrOH	6	[73]
醋酸胍那苄	7.98	0.01											25	0.20	MeOH	3	[73]
氟哌啶醇	8.29	0.03											37	0.15	aqu	5	[7]
氟哌啶醇	8.60	0.05											25	0.15	MeOH	6	[189]
HEPES	7.40	0.01	3.01	0.01									25	0.15			[b]
HEPES	7.23	0.01	2.84	0.01									37	0.15			[b]
六氯酚	11.39	0.36	3.92	0.34									25	0.15	aqu	3	[89]
组胺	9.87	0.01	6.17	0.01									24	0.15	aqu	1	[a]
氢氯噻嗪	9.80	0.01	8.54	0.01									37	0.15	aqu	3	[7]
氢氯噻嗪	9.96	0.06	8.75	0.02									27	0.15	aqu	5	[226]
羟嗪	7.52	0.01	2.66	0.02									25	0.16	aqu	3	[89]
布洛芬	4.24	0.03											25	0.15	UV/pH		[36]
布洛芬	4.35	0.03											25	0.15	DMSO	4	[89]
布洛芬	4.45	0.04											25	0.15	MeOH	4	[88,154,225,226]
依可替丁	9.92	0.01	6.12	0.01	5.40	0.01	3.32	0.02					25	0.15	aqu		[32]
依可替丁	9.97	0.05	6.22	0.06	5.39	0.04	3.29	0.03					25	0.15	UV/pH		[32]
甲磺酸伊马替尼	7.88	0.01	3.98	0.01	2.89	0.02							37	0.15	aqu	3	[73]

续表

化合物	pK_a	SD	pK_a	SD	pK_a	SD	pK_a	SD	pK_a	SD	pK_a	SD	t(℃)	I(M)	类型	N	参考文献
甲磺酸伊马替尼	8.03	0.01	4.34	0.01	3.04	0.03							25	0.20	DMSO	3	[73]
灭草烟	11.34		3.64		1.81								25	0.00			[246]
咪唑喹啉酸	11.14		3.74		2.04								25	0.00			[246]
咪唑乙烟酸	3.91		2.03										25	0.00			[246]
吡虫啉	11.12		1.56										25	0.00			[246]
丙咪嗪	9.52	0.03											25	0.15	MeOH	6	[73]
丙咪嗪	9.18	0.07											37	0.20	DMSO	3	[221]
吲哚美辛	4.13	0.01											37	0.18	1 – PrOH	4	[9,216]
吲哚美辛	4.45	0.04											26	0.16	MeOH	5	[9,167]
碘苯腈	4.08												25	0.00			[246]
伊曲康唑	4.86	0.19											25	0.22	MeCN	3	[a]
氯胺酮	7.49	0.01											25	0.15	aqu		[154]
酮康唑	6.63	0.01	3.17	0.12									23	0.15	MeOH	3	[a]
酮洛芬	4.00	0.01											37	0.15	aqu	3	[7]
酮洛芬	3.99	0.03											24	0.15	MeOH	8	[212]
拉贝洛尔	9.03	0.01	7.25	0.01									37	0.15	aqu	3	[7]
拉贝洛尔	9.27	0.06	7.28	0.07									25	0.15	aqu	5	[226]
乳酸	3.52	0.01											25	0.15	MeOH	4	[243]
乳酸	3.75	0.01											25	0.15			[b]
乳酸	3.76	0.01											37	0.15			[b]
拉莫三嗪	5.36	0.01											25	0.18	MeOH	3	[167]
左旋多巴	8.77		2.21										25	0.15			[183,212]

续表

化合物	pK_a	SD	pK_a	SD	pK_a	SD	pK_a	SD	pK_a	SD	pK_a	SD	t(℃)	I(M)	类型	N	参考文献
左旋多巴	12.73		9.81		8.77		2.21						25	0.15			[253]
亮氨酸	9.61		2.38										25	0.15			[253]
左卡尼汀	3.80																[231]
左氧氟沙星	8.59		5.89										25	0.15			a
利多卡因	7.95	0.02											25	0.15	aqu	9	[89,90,225]
赖诺普利	10.55	0.01	7.04	0.04	3.99	0.05	3.02	0.28					24	0.15	MeOH	3	[212]
洛美沙星	8.93	0.01	5.83	0.01									25	0.15	aqu		c
洛哌丁胺	8.70												25	0.15			[222]
氯沙坦	4.25		2.95										25	0.15			[212]
琥珀酸洛沙平	7.65	0.09	3.08	0.09									25	0.15	aqu	3	[167]
鲁匹替丁	9.66	0.01	8.25	0.01	5.96	0.01	2.79	0.01					25	0.15	aqu		[32]
鲁匹替丁	9.64	0.01	8.27	0.05	5.93	0.01	2.83	0.01					25	0.15	UV/pH		[32]
马来酸	5.88	0.03	1.81	0.02									25	0.15	MeOH	11	[243]
马来酸	5.81	0.01	1.74	0.01									25	0.15			b
马来酸	5.99	0.01	1.83	0.01									37	0.15			b
马来酰肼	5.79												25	0.00			[246]
苹果酸	4.68	0.01	3.25	0.01									25	0.15			b
苹果酸	4.77	0.01	3.26	0.01									37	0.15			b
丙二酸	5.34	0.01	2.72	0.01									25	0.15			b
丙二酸	5.39	0.01	2.64	0.01									37	0.15			b
甘露醇	13.50												25				[247]
马普替林	10.22	0.02											25	0.20	DMSO	3	[73]

续表

化合物	pK_a	SD	pK_a	SD	pK_a	SD	pK_a	SD	pK_a	SD	pK_a	SD	t(℃)	I(M)	类型	N	参考文献
马普替林	9.95	0.02											37	0.19	DMSO	3	[221]
甲基环丙沙星	7.68	0.02	6.21	0.02									25	0.15	aqu	3	[215]
甲芬那酸	5.12	0.55											25	0.16	MeOH	8	[214][c]
氟磺酰草胺	4.79												25	0.00			[246]
苯六甲酸	6.04	0.02	5.05	0.01	4.00	0.02	2.75	0.02	1.69	0.03	1.1	0.5	26	0.20	aqu	4	[51]
美洛昔康	3.43	0.01	1.1										25	0.15	MeOH	5	[90]
马法兰	9.04	0.09	2.64		1.41								37	0.20	1 – PrOH	4	[73]
马法兰	8.93	0.03	2.32	0.08	1.62	0.09							25	0.19	DMSO	5	[183]
甲磺隆	3.64												25	0.00			[246]
甲基诺氟沙星(培氟沙星)	7.66	0.02	6.27	0.02									25	0.15	aqu	3	[215]
哌替啶	8.58												25	0.15			[189]
甲基嘧啶磷	3.71												25	0.00			[246]
MES	5.99	0.01											25	0.15			[b]
MES	5.86	0.01											37	0.15			[b]
美沙拉嗪	5.80		2.70														[232]
美索达嗪	9.86	0.10											25	0.18	MeOH	3	[167]
二甲双胍	13.85	0.03	3.14	0.02									25	1.00	NMR		[110]
二甲双胍	12.05	0.39	2.94	0.04									27	0.15	aqu	3	[a]
美他环素	9.03		7.30		3.03								25	0.15	UV/pH		[37]
美沙酮	8.99												25	0.15			[223]
乌洛托品	4.91	0.01											25	0.15	aqu	3	[a]
甲氨蝶呤	5.55		5.03										24	0.01	*p*CEL – X		[167]

续表

化合物	pK_a	SD	pK_a	SD	pK_a	SD	pK_a	SD	pK_a	SD	pK_a	SD	t(℃)	I(M)	类型	N	参考文献
甲氨蝶呤	5.40	0.06	4.42	0.04	3.17	0.07							25	0.15	aqu	6	[189]
美替洛尔	9.57	0.03											26	0.15	aqu	4	[90,245]
胃复安	9.71												25	0.15			[224]
美托拉宗	9.70												25	0.15			[252]
美托洛尔	9.56	0.01											25	0.15	aqu	3	[90,245]
甲硝唑	2.50												25	0.15	UV/pH*		[154]
美西律	9.17	0.01											25	0.15	MeOH	6	[106]
美西律	9.10	0.01											25	0.15	aqu		[154]
咪康唑	6.13	0.07											25	0.15	DMSO	5	a
美格鲁特	6.73	0.01											37	0.15	aqu	3	a
米诺环素	9.4		7.61		5.07		3.2						24	0.01	*p*CEL－X		[183]
米氮平	7.88	0.03	4.34	0.13									24	0.17	MeOH	3	[167]
甲噻嘧啶	11.91												25	0.15			[234]
吗啡	9.35	0.01	8.24	0.02									25	0.15	MeOH	6	[106]
吗啡	9.26	0.01	8.18	0.01									25	0.15	aqu	3	[50,90,106]
吗啡－3β－d－葡萄糖苷酸	8.21	0.01	2.86	0.01									25	0.16	aqu	9	[50,90]
吗啡－6β－d－葡萄糖苷酸	9.42	0.01	8.22	0.01	2.77	0.01							25	0.16	aqu	8	[50,90]
莫西沙星	9.32	0.01	6.28	0.01									25	0.15	aqu		c
莫索尼定	7.36												37	0.15			[250]
N－乙酰诺氟沙星	6.53	0.05											25	0.20	UV/pH		[175]

续表

化合物	pK_a	SD	pK_a	SD	pK_a	SD	pK_a	SD	pK_a	SD	pK_a	SD	t(℃)	I(M)	类型	N	参考文献
纳多洛尔	9.38	0.01											37	0.15	aqu	3	[7]
纳多洛尔	9.75	0.02											26	0.15	aqu	5	[228]
萘啶酸	6.01												25	0.15			a
纳洛酮	9.44		7.94										25	0.00			[248]
纳曲吲哚	10.00		8.30										25	0.15			[189]
萘普生	4.14	0.04											37	0.15	aqu	5	[7]
萘普生	4.09	0.06											24	0.15	MeOH	5	[226]
柚皮素	10.40		7.27										24	0.01	pCEL - X		[167]
新霉素 B	9.40	0.04	8.80	0.03	8.17	0.04	7.64	0.03	6.97	0.02	5.66	0.02	23	0.15	aqu	3	a
尼古丁	8.11	0.01	3.17	0.01									25	0.16	aqu	3	[89]
烟酸	4.63	0.01	2.00	0.01									25	0.15	aqu	3	[41]
尼氟酸	4.86	0.05	2.28	0.08									25	0.15	UV/pH		[38]
尼氟酸	4.44	0.03	2.26	0.08									25	0.15	MeOH	5	[89]
硝西泮	10.39	0.04	2.90	0.05									25	0.15	UV/pH		[36]
硝西泮	10.37	0.06	3.18	0.09									25	0.16	MeOH	4	[89]
呋喃妥因	7.05												25	0.15	UV/pH *		[154]
尼扎替丁	6.75		2.44										37	0.15			[250]
N - 甲基苯胺	4.86	0.01											25	0.00	aqu		[156]
N - 甲基 - D - 葡糖胺	9.62	0.01											25	0.15	aqu	3	[158]
去甲可待因	9.23	0.01											25	0.15	aqu	4	[50,90]
诺氟沙星	8.50	0.03	6.25	0.01									25	0.15	UV/pH *		[38]
诺氟沙星	8.52	0.02	6.29	0.02									25	0.15	aqu	3	[183,215]

续表

化合物	pK_a	SD	pK_a	SD	pK_a	SD	pK_a	SD	pK_a	SD	pK_a	SD	t(℃)	I(M)	类型	N	参考文献
诺氟沙星乙酯	8.48	0.05											25	0.20	UV/pH		[175]
去甲吗啡	9.80	0.01	8.66	0.01									25	0.15	aqu	5	[50,90]
去甲替林	10.13	0.06											26	0.15	MeOH	11	[244]
去甲替林	10.10	0.02											25	0.15	DMSO	5	a
氧氟沙星	8.31	0.01	6.09	0.01									25	0.15	aqu	4	[89]
氧氟沙星	8.16	0.06	6.15	0.04									25	0.15	UV/pH*		[154]
奥氮平	7.80		5.44										37	0.15			[250]
竹桃霉素	8.84												25	0.17			[249]
奥美拉唑	9.33	0.08	4.31	0.06									37	0.18	1 - PrOH	3	[73]
奥美拉唑	8.90		4.14										25		CE/MS		[235]
昂唑司特	4.20												25	0.15			a
草酸	3.83	0.01	0.09	0.01									37	0.15			b
草酸	3.87	0.01	1.16	0.01									25	0.15			b
氧烯洛尔	9.57												25	0.15	aqu	3	[245]
羟考酮	8.73	0.08											37	0.18	1 - PrOH	3	[73]
羟考酮	8.94	0.01											25	0.15	aqu	3	[167]
土霉素	8.82	0.02	7.22	0.02	3.23	0.01							25	0.15	UV/pH		[36]
罂粟碱	6.22	0.08											37	0.18	1 - PrOH	5	[7]
罂粟碱	6.39	0.01											25	0.15	aqu	3	[90]
罂粟碱	6.33	0.02											25	0.15	MeOH	6	[106]
巴龙霉素	8.90		8.23		7.57		7.05	5.99					37	0.15			[250]
培氟沙星（甲基诺氟沙星）	7.66		6.27										25	0.15			[183,215]

续表

化合物	pK_a	SD	pK_a	SD	pK_a	SD	pK_a	SD	pK_a	SD	pK_a	SD	t(℃)	I(M)	类型	N	参考文献
喷布洛尔	9.94	0.05											25	0.15	MeOH	6	[90,245]
五氯酚	4.69												25	0.00			[246]
戊巴比妥	8.18	0.03											25	0.00	aqu		[156]
培高利特	9.62	0.04											37	0.19	1 - PrOH	2	[73]
培高利特	9.41	0.06											23	0.17	MeOH	3	[167]
哌氰嗪	8.76	0.08											25	0.00	MeOH	3	[156]
奋乃静	8.05	0.05	5.39	0.05									37	0.18	1 - PrOH	3	[73]
奋乃静	8.02	0.03	3.72	0.15									25	0.19	MeOH	5	[167]
p - F - 司来吉兰	7.42	0.01											25	0.15	aqu	3	[90]
非那吡啶	4.80	0.04											37	0.18	1 - PrOH	3	[216]
非那吡啶	5.16	0.03											25	0.15	MeOH	6	a
苯乙肼	7.71	0.01											23	0.17	MeOH	3	[167]
苯乙双胍	13.27	0.03	3.26	0.02									25	1.00	NMR		[110]
苯巴比妥	7.41	0.04											25	0.15	MeOH	6	[106]
苯巴比妥	7.49	0.02											25	0.10	aqu		[106,156]
苯酚	9.81	0.01											25	0.15	aqu		[31]
苯酚	10.01	0.01											25	0.00	aqu		[156]
酚酞	9.24	0.01	8.75	0.01									25	0.15	aqu		[31]
苯丙氨酸	9.08	0.01	2.20	0.01									25	0.16	aqu	3	[89]
保泰松	4.34	0.02											25	0.15	UV/pH*		[36,154]
苯基丁胺	10.15												25	0.15	aqu		[34]
苯乙胺	9.83												25	0.15	aqu		[34]

续表

化合物	pK_a	SD	pK_a	SD	pK_a	SD	pK_a	SD	pK_a	SD	pK_a	SD	t(℃)	I(M)	类型	N	参考文献
苯丙胺	10.01												25	0.15	aqu		[34]
苯妥英	$\underline{8.28}$	0.05											25	0.15	MeOH	5	[226]
Phe - Phe	7.18	0.01	$\underline{3.20}$	0.01									25	0.15	aqu	3	[90]
Phe - Phe - Phe	7.04	0.01	$\underline{3.37}$	0.01									25	0.15	aqu	4	[90]
磷酸	$\underline{11.72}$	0.01	$\underline{6.70}$	0.01	$\underline{1.92}$	0.01							25	0.15			b
磷酸	$\underline{11.61}$	0.01	$\underline{6.69}$	0.01	$\underline{1.94}$	0.01							37	0.15			b
磷酸丝氨酸	9.75	0.01	$\underline{5.64}$	0.01	$\underline{2.13}$	0.01	$\underline{0.6}$	0.1					25	0.19	aqu	3	[90]
磷酸丝氨酸	9.74	0.05	$\underline{5.65}$	0.06	$\underline{2.11}$	0.03	$\underline{0.8}$	0.2					25	0.19	MeOH	8	[90]
邻苯二甲酸	$\underline{4.92}$	0.01	$\underline{2.72}$	0.01									25	0.15			b
邻苯二甲酸	$\underline{4.98}$	0.01	$\underline{2.73}$	0.01									37	0.15			b
毒扁豆碱	8.17	0.02											25	0.15	UV/pH		[36]
毛果芸香碱	7.06	0.02											25	0.15	UV/pH		[36]
毛果芸香碱	7.08												25	0.15			[230]
吲哚洛尔	9.54	0.01											25	0.15	aqu	3	[90,245]
抗蚜威	4.54												25	0.00			[246]
吡罗昔康	5.29	0.02	$\underline{1.88}$	0.01									25	0.15	UV/pH		[38]
吡罗昔康	5.17	0.17	$\underline{2.21}$	0.38									25	0.15	MeOH	12	[90,244]
吡罗昔康	4.96	0.02	$\underline{1.76}$	0.19									37	0.18	DMSO	3	[6,7]
哌唑嗪	7.12	0.03											25	0.15	UV/pH *		[154]
哌唑嗪	6.97	0.08											25	0.15	MeOH	5	[189]
丙基环丙沙星	7.64	0.03	$\underline{5.98}$	0.03									25	0.15	aqu	3	[215]
伯氨喹	10.45	0.04	3.67	0.04									25	0.15	aqu	2	a

续表

化合物	pK_a	SD	pK_a	SD	pK_a	SD	pK_a	SD	pK_a	SD	pK_a	SD	t(℃)	I(M)	类型	N	参考文献
伯氨喹	10.48	0.13	3.65	0.36									26	0.15	MeOH	8	[a]
伯氨喹	10.33	0.13	3.85	0.45									26	0.15	MeOH	6	[a]
丙基诺氟沙星	7.68	0.03	6.16	0.03									25	0.15	aqu	3	[215]
丙磺舒	3.39	0.10											25	0.16	MeOH	7	[244]
普鲁卡因胺	9.25	0.01	2.83	0.04									25	0.15	UV/pH		[154]
普鲁卡因	9.04	0.01	2.29	0.01									26	0.16	aqu	5	[90,225]
异丙嗪	9.00	0.09											26	0.15	MeOH	9	[a]
普罗帕酮	9.32												25	0.15	MeOH		[239]
霜霉威	9.48												25	0.00			[246]
丙氧芬	9.22	0.06											25	0.15	MeOH	8	[228]
普萘洛尔	9.16	0.01											37	0.15	aqu	4	[7]
普萘洛尔	9.53	0.02											25	0.15	MeOH	6	[89]
普萘洛尔	9.53	0.01											25	0.15	aqu	23	[225,244,245]
前列腺素 E1	4.85	0.07											25	0.15	MeOH	5	[89]
前列腺素 E2	4.77	0.09											25	0.15	MeOH	6	[89]
吡哆醇	8.87	0.01	4.84	0.01									25	0.16	aqu	3	[89]
吡哆醇	8.89	0.01	4.87	0.01									25	0.11	aqu	5	[89]
吡哆醇	8.89	0.01	4.90	0.05									25	0.11	MeOH	6	[89]
马来酸吡拉明	9.12	0.01	4.57	0.01									25	0.19	aqu	3	[73]
马来酸吡拉明	8.85	0.01	4.20	0.02									37	0.15	aqu	3	[73]
槲皮素	9.40		6.90										24	0.01	pCEL-X		[167]
喹硫平	7.05	0.06	4.03	0.16									25	0.15	MeOH	17	[243]

续表

化合物	pK_a	SD	pK_a	SD	pK_a	SD	pK_a	SD	pK_a	SD	pK_a	SD	t(℃)	I(M)	类型	N	参考文献
富马酸喹硫平	6.83		3.56										37	0.15	aqu		[239]
司可巴比妥	8.09	0.01											25	0.00	aqu		[156]
喹唑酮 -3 - 乙酸	3.30	0.01	2.25	0.04									25	0.15	aqu		[38]
奎宁	8.57	0.12	4.35	0.04									26	0.15	EtOH	5	[88,228]
奎宁	8.60	0.05	4.37	0.06									25	0.16	MeOH	7	[89]
氯甲喹啉酸	3.96												25	0.00			[246]
喹啉	4.97	0.06											25	0.00	aqu		[156]
喹诺酮羧酸	6.51	0.05											25	0.20	aqu		[175]
雷尼替丁	8.33	0.01	2.15	0.04									25	0.15	aqu	4	[212]
瑞普米星	8.83												25	0.17			[249]
维甲酸	4.52												25	0.15			[212]
利福布汀	9.37		6.90										37	0.15			[250]
利培酮	7.81		2.9										24	0.01	pCEL - X		[167]
利托那韦	2.42												24	0.01	pCEL - X		[167]
利斯的明	8.80												25	0.15			[252]
罗沙米星	8.79												25	0.17			[249]
瑞舒伐他汀	4.34	0.02											25	0.15	aqu	3	a
罗红霉素	9.29	0.01											25	0.15	MeOH	3	[90]
水杨酸			2.73	0.03									25	0.15	MeOH	6	[106]
水杨酸	13.25	0.01	2.84	0.01									25	0.15			b
水杨酸	12.88	0.01	2.82	0.01									37	0.15			b
沙奎那韦	6.91												24	0.01	pCEL - X		[167]

续表

化合物	pK_a	SD	pK_a	SD	pK_a	SD	pK_a	SD	pK_a	SD	pK_a	SD	t(℃)	I(M)	类型	N	参考文献
沙拉沙星	8.44		5.89										25	0.15	MeOH		[215]
肌氨酸	10.15	0.01											25	1.00	NMR		[110]
司来吉兰	7.44	0.01											25	0.15	aqu		[154]
血清素	10.90	0.03	9.95	0.01									25	0.15	aqu	4	[3]
舍曲林	9.07	0.01											25	0.15	MeOH		[154]
舍曲林	9.03	0.11											37	0.18	1 - PrOH	5	[221]
烯禾啶	4.58												25	0.00			[246]
SNC - 121	8.11		4.11										24	0.01	*p*CEL - X		[167]
硫酸钠	1.3	0.1											25	0.17	MeOH	4	[90]
索他洛尔	9.72	0.01	8.28	0.01									25	0.15	aqu	3	[90]
司帕沙星	8.51		5.92										25	0.15	DMSO		[215]
琥珀酸	5.21	0.01	3.99	0.01									25	0.15			b
琥珀酸	5.30	0.01	3.93	0.01									37	0.15			b
蔗糖	12.60												25				[247]
乙酰磺胺	5.22	0.01	1.76	0.01									25	0.15	UV/pH		[36]
磺胺嘧啶	6.48		1.00										25	0.20			[242]
磺胺二甲嘧啶	7.49	0.01	2.37	0.01									25	0.15	UV/pH		[154]
磺胺甲基嘧啶	6.80	0.01	2.22	0.01									25	0.15	UV/pH		[154]
磺胺二甲嘧啶	7.80	0.02	2.45	0.03									25	0.00	MeOH	3	[156]
磺胺	10.43	0.02	2.00	0.04									25	0.17	MeOH	4	[89]
硫酸	1.52	0.01											25	0.15			b
硫酸	1.66	0.01											37	0.15			b

续表

化合物	pK_a	SD	pK_a	SD	pK_a	SD	pK_a	SD	pK_a	SD	pK_a	SD	t(℃)	I(M)	类型	N	参考文献
柳氮磺胺嘧啶	10.14	0.10	7.89	0.05	2.58	0.11							25	0.15	aqu	3	[a]
柳氮磺胺嘧啶	10.04	0.25	7.94	0.27	2.39	0.58							25	0.15	MeOH	6	[a]
舒必利	10.04	0.01	9.43	0.01									24	0.15	MeOH	3	[a]
舒马曲坦	9.64		8.93										25	0.15			[167]
他莫昔芬	8.36	0.05											37	0.18	1 – PrOH	3	[9]
他莫昔芬	8.48	0.02											25	0.15	MeOH	3	[9]
酒石酸	3.98	0.02	3.09	0.04									25	0.15	MeOH	13	[243]
酒石酸	3.90	0.01	2.79	0.01									25	0.15			[b]
酒石酸	4.03	0.01	2.90	0.01									37	0.15			[b]
牛磺酸	8.84	0.01	1.27	0.01									25	0.15			[b]
牛磺酸	8.56	0.01	1.27	0.01									37	0.15			[b]
替马沙星	8.75		5.61										22	0.15	UV/pH		[240]
特比萘芬	7.05												37	0.15			[250]
特布他林	11.02	0.01	9.97	0.01	8.67	0.01							25	0.16	aqu	3	[90]
特非那定	9.91	0.13											25	0.15	MeOH	11	[244]
叔丁胺	10.99	0.01											25	1.00	NMR		[110]
丁卡因	8.49	0.01	2.39	0.02									25	0.15	aqu	4	[90,225]
四环素			7.85		3.01								24	0.01	pCEL – X		[183]
茶碱	8.56	0.01											25	0.15	aqu	5	[89]
噻苯达唑	4.64		1.87										25	0.00			[246]
硫利达嗪	9.08	0.10											37	0.18	1 – PrOH	6	[73]
硫利达嗪	9.77	0.08											25	0.18	MeOH	6	[167]

续表

化合物	pK_a	SD	pK_a	SD	pK_a	SD	pK_a	SD	pK_a	SD	pK_a	SD	t(℃)	I(M)	类型	N	参考文献
替卡西林	3. 28	0. 04	2. 89	0. 05									25	0. 11	aqu	1	[90]
噻氯匹定	7. 15												37	0. 15	MDM		[239]
替米考星	9. 56		8. 18										25	0. 17			[249]
噻吗洛尔	9. 53												25	0. 15	aqu	3	[245]
钛试剂	12. 6	0. 1	7. 70	0. 01									27	0. 15	aqu		[220]
甲苯磺丁脲	5. 19												24	0. 01	*p*CEL – X		[167]
托芬那酸	4. 97	0. 10											37	0. 17	1 – PrOH	3	[9]
托芬那酸	4. 20												25	0. 15			[222]
托拉塞米	6. 70		2. 60										25	0. 15			[183,233]
肟草酮	4. 98												25	0. 00			[246]
曲唑酮	7. 30	0. 05											25	0. 18	MeOH	2	[167]
唑蚜威酸	3. 49												25	0. 00			[246]
三氟拉嗪	8. 32	0. 05	5. 26	0. 05									23	0. 17	MeOH	3	[167]
甲氧苄啶	7. 14	0. 02											25	0. 15	MeOH	4	a
Tris	8. 13	0. 01											25	0. 15			b
Tris	7. 86	0. 01											37	0. 15			b
曲伐沙星	8. 18	0. 08	6. 03	0. 05									23	0. 17	MeOH	7	[215]
曲伐沙星	8. 10	0. 01	5. 86	0. 01									25	0. 15	aqu	8	[228]
曲伐沙星	8. 09	0. 04	5. 88	0. 03									24	0. 17	DMSO	9	a
Trp – Phe	7. 30	0. 01	3. 18	0. 01									25	0. 15	aqu	3	[90]
Trp – Trp	7. 27	0. 01	3. 38	0. 01									25	0. 15	aqu	3	[90]
色氨酸	9. 30	0. 01	2. 30	0. 01									25	0. 16	aqu	3	[90]

续表

化合物	pK_a	SD	pK_a	SD	pK_a	SD	pK_a	SD	pK_a	SD	pK_a	SD	t(℃)	I(M)	类型	N	参考文献
泰乐菌素	7.73												25	0.17			[249]
酪氨酸	10.10	0.01	9.05	0.01	2.20	0.02							25	0.16	aqu	4	[89]
U69593	9.30												25	0.15			[189]
尿嘧啶	13.3	0.2	9.21	0.01									25	0.16	aqu	19	[90]
伐昔洛韦	9.23		7.40										25	0.15			[212]
丙戊酸	4.54	0.01											25	0.15	aqu	3	[167]
缬沙坦	4.70		3.60										25	0.15			[252]
万古霉素	11.86	0.03	10.16	0.01	9.26	0.01	8.63	0.01	7.49	0.01	2.66	0.01	25	0.17	aqu	8	[90]
万古霉素	11.87	0.08	10.17	0.07	9.27	0.03	8.63	0.04	7.49	0.03	2.66	0.05	25	0.17	MeOH	9	[90]
文拉法辛	9.67	0.01											25	0.18	MeOH	3	[167]
维拉帕米	8.68	0.09											37	0.19	1 – PrOH	9	[212]
维拉帕米	9.06	0.02											25	0.15	MeOH	3	a
长春碱	7.57	0.03	5.40	0.03									37	0.15	aqu	3	[73]
长春碱	7.68	0.06	5.49	0.04									25	0.15	aqu	3	[167]
长春新碱	7.57	0.04	5.82	0.03									37	0.15	aqu	2	[73]
长春新碱	7.50	0.06	5.12	0.05									25	0.15	aqu	3	[167]
华法林	4.82	0.13											25	0.15	MeOH	6	[225]
希帕胺	10.00		4.75	0.01									25	0.15	UV/pH		[238]
希帕胺	10.47		4.58										37	0.15			[250]
齐多夫定	9.40	0.01											25	0.16	aqu	7	[167]
唑吡酮	6.76												37	0.15			[250]

[a] pION Inc.

[b] Sirius Analytical Instruments Ltd.

[c] 采用原点偏移的 Yasuda – Shedlovsky 方法另行修正。

[d] 带下划线 pK_a 值对应的酸。

附 录

A3.1 快速入门：可待因的 pK_a 值测定

本节将通过测定可待因的近似 pK_a 值，引导读者进入一个简单的“快速入门”流程。各方面的详细解释见本章的其他节。滴定实验需要以下设备：

- 组合 pH 电极（研究级）；
- 电极支架；
- pH 计（3 位）；
- 烧杯（100 mL）；
- 磁力搅拌器和带特氟龙涂层的搅拌子；
- 容量瓶（等级 A，50.0 mL）；
- 带塑料吸头的手持移液枪（可调容量：1 ~50 μL）；
- 通入溶液中的氩气（或氮气）源（可选）；
- 恒温浴（可选）。

此外，还需要以下化学品和试剂：

- 氯化钾（分析级，0.559 g）；
- 可待因（游离碱，10 mg）；
- 盐酸滴定液（1.000 M 分析标准品）；
- 氢氧化钾滴定液（1.000 M 分析标准品）；
- pH 7.00 缓冲液（符合 NIST 问题可追溯标准）。

A3.1.1 数据采集

假定室温接近 25 ℃。否则，在滴定过程中需使用（25.0 ±0.1）℃的恒温浴。将电极放在装有 pH 7 缓冲液的烧杯中平衡过夜。确保电极上的参比电解液填充盖打开后，注满电解质溶液。

准备开始时，将 pH 电极放入新制的 pH 7 缓冲液并校准 pH 计。在仪器上设置电极斜率为 100%。此步骤只需要一个单独缓冲液。该程序将通过电路测得的电动势（EMF，以毫伏为单位）转换为 pH 计上显示的操作 pH（参见 A3.2 节）。

称取 0.559 g KCl（74.55 g · mol^{-1}）和 10 mg 可待因（游离碱，299.36 g · mol^{-1}），置于一个干净的 100 mL 烧杯中，并加入 50.0 mL 蒸馏水。加一个干净的搅拌子，并将烧杯安全地放在磁力搅拌器的顶部（确认得到 0.15 M 的 KCl 溶液，可待因的浓度为 0.668 mM）。打开搅拌器，启动氩气流，使滴定溶液的表面被惰性气体覆盖（可选）。

将手持移液枪的体积设置为 49 μL，并使用干净的塑料吸头，向滴定烧杯中加入 49 μL 1.000 M HCl。这应该使 pH 降低到约 3.6。

以蒸馏水冲洗电极，用纸巾轻轻地蘸取多余的水分（不要擦拭电极，因为慢慢消散的静电电荷会积聚起来），并将电极放入滴定杯中，牢固地放置在电极支架上。

关闭磁力搅拌器使溶液沉降（约 10 秒），待 pH 读数稳定，在笔记本上记录滴定溶液的 pH（如果您实际上没有进行滴定，则将表 A3.1 中的 pH 读数记录到电子表格中）。打开搅拌器，向滴定溶液中加入 9 μL 1.000 M KOH。重复上述读取过程。记录体积和 pH 读数。按照表 A3.1 中建议的加入体积继续滴定至 pH 约为 10。

表 A3.1　可待因滴定实例

C_{HCl}	1.000 M	
C_{KOH}	1.000 M	
水	50.0 mL	
KCl	0.559 g	
可待因	0.010 g	
加入的 HCl	0.049 mL	
V_{KOH}（mL）	pH	加入的 KOH（μL）
0.000	3.614	—
0.009	4.015	9
0.013	4.416	4
0.015	5.700	2
0.017	6.984	2
0.019	7.388	2
0.023	7.798	4
0.030	8.216	7
0.038	8.616	8
0.044	9.031	6
0.048	9.422	4
0.052	9.820	4

A3.1.2　数据处理

打开一个 Excel 文件并在 A 列中输入 HCl 体积，每个单元格均为 0.049（恒定值）。将 KOH 滴定剂的体积和相应的操作 pH 分别输入 B 列和 C 列。

假定操作 pH 基于浓度标度，计算近似［H^+］，而［OH^-］$=10^{-13.764}$/［H^+］。

将［H^+］和［OH^-］的近似值分别输入 D 列和 E 列。下一步是电极“标准化”，计算近似的 p_cH（参见 3.9 节）。操作 pH 和浓度 p_cH 之间的关系由式 3.32 给出。假定 $\alpha = 0.090$，$k_S = 1.0019$，$j_H = 0.5$，$j_{OH} = -0.5$（表 3.5 中的电极 C），计算 p_cH。将数值输入 F 列。由于［H^+］和［OH^-］是根据操作 pH 计算得出，因此 p_cH 是近似值。使用 F 列中的近似 p_cH，计算［H^+］和［OH^-］的估算值；将数值分别输入到 G 列和 H 列中。在 I 列中，使用 G 列和 H 列中的［H^+］和［OH^-］值重新计算 p_cH。根据 p_cH 计算最终的［H^+］和［OH^-］值，并分别输入 J 列和 K 列中。在这个例子中，只需要进行少量迭代就足以将 p_cH 标度定义至合理的精确值（如果数据扩展到非常低或非常高的 pH，可能需要更多的迭代）。

使用 HCl 体积和总体积（50 mL 加上无机酸和无机碱的体积）计算 L 列中的总无机酸浓度（A）。使用滴定剂和总体积，计算 M 列中的总无机碱浓度（B）。计算可待因的浓度（X），进行稀释校正后输入 N 列中。详见 3.10 节中的上下文讨论。

计算 O 列的总氢余量［$H_{总} = A - B + n_H X$，其中 $n_H = 0$，因为使用了游离碱（参见 3.10 节）］。计算 P 列中未结合的氢余量（$H_{未结合}$ = ［H^+］ $-10^{-13.764}/$［H^+］）。该总量和未结合氢余量之间的差值为结合氢余量的浓度，$H_{结合} = A - B + n_H X -$［H^+］$+ 10^{-13.764}/$［H^+］。将这些值输入 Q 列中。

Bjerrum 函数定义为$\bar{n}_H = H_{结合}/X$［式（3.38）］。该值定义了特定 pH 下结合质子的平均数量。将这些值输入到 R 列中。修改$\bar{n}_H = 0.5$ 两侧的$\bar{n}_H$值以确定对应于$\bar{n}_H$的半整数值处的 pH。该 pH 为近似的 pK_a。

绘制$\bar{n}_H$值随 pH 变化的图（图 A3.1）。该图被称为 Bjerrum 图（参见 3.10 节）。您现在已完成了测定可待因 pK_a 近似值的过程。快速入门程序到此结束。

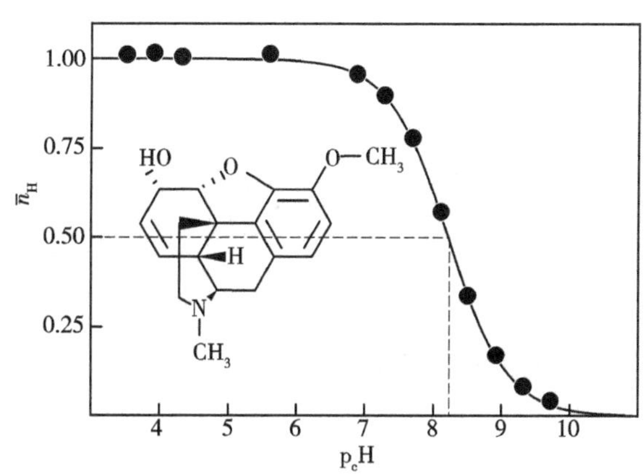

图 A3.1 可待因的 Bjerrum 图

额外的“微调”步骤（在本章各节中讨论）包括：

- 通过执行“KHP”（高纯度标准品邻苯二甲酸氢钾）滴定，确认标定 1 M KOH 滴定剂的浓度；
- 通过执行空白滴定，确认标定 1 M HCl 滴定剂的浓度（3.3、3.9.3.1 节；图

3.2)；

• 通过执行空白滴定，确定 pH 电极标准化参数 α、k_S、j_H和j_{OH}（参见 3.9 节）；

• 估算可待因浓度、“残留”酸度和 4 个电极参数的系统误差，如 3.10.2 节中所述（参见图 3.10)；

• 对滴定数据进行加权非线性回归分析，以进一步修正 pK_a 值，并根据所有滴定数据确定标准偏差。该程序包会在商用电位型 pK_a 分析仪中，并总结在附录 A3.5 节中。

A3.2 使用玻璃膜 pH 电极进行测定的教程

pH 的概念在化学和生物科学中非常重要。它是本章所述的用于测定 pK_a 的电位测定法的基础。药物的分配系数（第 4 章和第 5 章）、溶解度（第 6 章）和渗透性（第 7 至第 9 章）的值通常取决于溶液的 pH。溶液的 pH 是其酸度或碱度的量度。pK_a 电位滴定法测定中 pH 测量的范围从 1.5 延伸至 12.5。中性溶液的 pH 接近 7。碱性溶液的 pH 大于 7，酸性溶液的 pH 小于 7。表 A3.2 列出了常见溶液的近似 pH。

表 A3.2　常见溶液的 pH

溶液	pH	溶液	pH
电池酸	0.0	唾液	6.7
胃酸	1.2	纯化水	7.0
可乐软饮料	2.0	血液	7.4
柠檬汁	2.3	海水	8.3
醋	3.1	肥皂泡沫	8.4
啤酒	4.3	小苏打溶液	8.5
环境 CO_2 饱和的水	5.8	家用漂白剂（如 Chlorox® 牌）	12.5
鲜牛奶	6.5	排水管清洁剂（如 Drano® 牌）	14.0

A3.2.1 pH 电极是一种电化学传感器

pH 电极为一种电化学传感器，用于测量溶液中的氢离子活度。电化学活度是指未结合氢离子的表观浓度，通常小于离子的实际浓度（在低至中等盐浓度下）。在电化学理论中，溶液中其他离子的存在“屏蔽”了氢离子的一些电荷，使得电化学装置感测到的完全 H^+离子浓度较低。pH 表示：

$$pH = -\log a_H = -\log\{H^+\} = p_aH。\tag{A3.1}$$

对数标度的使用有两个原因：① 电化学自由能是 log a_H的线性函数，而不是直接

的 a_H。作为电化学测量的精密结果，测量的精密度取决于 a_H的大小，但对于不同 pH 的均匀缓冲溶液，其作为 log a_H 的函数实际上是恒定的。②更实际地，由于可以典型测量的 a_H 范围非常宽（10^{-14} ~1 M），因此以对数标度表示活度值很方便。

氢离子的活性与浓度的关系是：

$$a_H = f_H c_H = f_H [H^+]。\quad (A3.2)$$

其中，f_H表示体积摩尔浓度（M，即 mol · L^{-1}）标度的活度系数。在对 pH 高精度处理中，建议使用与温度无关的质量摩尔浓度（m，即 mol · kg^{-1}）标度，并且摩尔标度上的活度系数通常以 γ_H表示［参见式（A3.9）。A3.6 节描述了体积摩尔浓度与质量摩尔浓度之间的转换］。

A3.2.2 玻璃膜 pH 电极的校准需要标准缓冲液

溶液中氢离子的活度不是一个可以通过 pH 电极精确测量的性质。为了制定出标准的 pH 标度，国际科学界已通过公约（IUPAC 2002[77]；IUPAC 代表国际纯粹和应用化学联合会。参见 A3.3 节）达成一致，给某些参比溶液分配确切的 pH［式（A3.1）］。定义 pH 标度的一系列缓冲溶液已通过 NIST 认证，并且大多数可用的商用缓冲液都可“追溯”到 NIST 标准[78]。

pH 测量的简便程序（虽然不如使用氢气电极那么精确）是使用玻璃 - 膜组合 pH 电极（“组合”参比电池和 pH 感测半电池），将参比导线插入低阻抗负极连接器，将玻璃电极导线插入“pH 计”的高阻抗正极连接器中。后者是一个电压表（电位计），可以测量与极低电流关联的电压（因此，研究级仪表的阻抗值可以高达 $10^{+15}\Omega$）。

不使用时，电极通常储存在 pH 7（“等电位”）的缓冲溶液中。为了校准常规 pH 读数的测量系统，使用洗瓶以新鲜的 NIST pH 7 缓冲液冲洗电极，然后将其插入含有新制 pH 7 缓冲液的烧杯中。仪表会在读数稳定时显示，但谨慎的做法是让电极在校准缓冲液中放置约 1 分钟（如果电极未储存在 pH 7 缓冲液中，则更长）。假如电极灵敏度是理想的（在特定温度下，能斯特理论值的电极斜率 =100%），该步骤将电压与 pH 相关联。为了确定这个灵敏度因子［式（A3.5a）］中的 k，可以通过第二种校准缓冲液评估电极的斜率。通常，将电极从校准的 pH 7 缓冲液中移出，用新制的 NIST pH 4 缓冲液淋洗（以防止将任何黏附溶液带入第二种校准缓冲液中），并放入 NIST pH 4 缓冲液。对于高精度性能要求的 pH 测定，建议使用制造商的预编程稳定性标准，将电极放置在 pH 4 缓冲液中 5 ~ 10 分钟。第二种 NIST 缓冲液用来测定表观电极斜率，通常用测量温度下理论能斯特值的百分比表示（如 99.38%）。一旦校准完成后，应在将电极插入样品溶液中进行所需的 pH 读数之前，先用一份样品溶液分次对电极进行淋洗。通过对电极进行连续的溶液淋洗确保了前一种溶液的最小残留，并且起到一些搅拌的目的。这也导致 pH 读数更快平衡。用于测定 pK_a 值的滴定使用稍微不同的校准策略，特别是在搅拌程序方面，如第 3.9.1 节中所述。

A3.2.3 pH 测定中的误差来源

pH 计量专家使用高度专业化的设备（参见 A3.3 节），如采用活化铂表面的氢气电极（称为 Harned 电池）和不需要盐桥的参比电极（这可能由于液体接界电位而成为误差的来源，如 A3.4 节所述）。使用氢电极的最佳条件、严格的环境控制和精细的实验室技术可获得 pH 测量的最高精度。即使使用最好的设备，精度也不会超过一定水平。例如，在电池的标准电位（下文讨论）、标准缓冲材料的组成和溶液的制备中仍然存在误差。

一般地，高精度的氢气电极在常规应用中使用不便。通常，玻璃膜 pH 电极与包含液体接点的组合参比电极（如饱和或 23.5 M KCl 半电池中的 Ag/AgCl）一起使用。一般而言，玻璃膜 pH 电极不如 Harned 电池那样精确（参见 A3.3 节），但使用非常方便。

如果测量电池包含液体接点，则可能会因液体接界电位的变化而累积额外的误差，这是测量电池测量总电位的一部分。如果 NIST 缓冲液的离子强度不同于样品溶液的离子强度，可能会发生残留液体接界电位（RLJP）误差［式（A3.8）；参见 A3.4 节］。当样品溶液的离子强度接近零时，该误差线性依赖于 pH［参见式（A3.31a）］。如果样品的 pH 低于约 2.5 或高于约 11.5，则会遇到与［H^+］或［OH^-］成比例的误差［参见式（A3.32）］。

其他误差来源包括电极干扰、pH 传感器或参比电极接界开口的污染、电极储存不当、样品基体干扰、参比电极不稳定（如测量温度变化）及整个 pH 测量系统的不正确校准。表 A3.3 列出了实际 pH 测量中可能遇到的一些误差来源。实际 pH 测量的准确度最好约为 ±0.01 pH 单位。

表 A3.3 玻璃膜 pH 电极测量中的误差来源

误差来源
• 由于校准缓冲液和样品溶液的离子强度不匹配，或由于滴定过程中离子强度的变化，导致参比电极相关的液体接界电位（LJP）的变化
• 测量温度的变化（与传统电极相比，一些电极更耐受温度变化的影响，如基于碘/三碘化物半电池的 Ross 品牌电极）
• 电极干扰（如高 pH 下的 Na^+ 干扰，或低 pH 下的不对称电位）
• 玻璃传感器和参比电极接界开口的污染（如由于难溶的沉淀化合物，或由于使用含离子型表面活性剂的样品溶液）
• 电极储存不当（如让参比填充溶液用完，或使电极在储存期间变干，或存在过量的“KCl 蠕变”）
• 测量系统的校准不正确（如污染的缓冲液或校准次数不足）
• 搅拌产生的伪结果，特别是在低离子强度的样品溶液中（如酸雨、河水）
• 样品读数平衡不充分或其他 pH 计相关的问题（如未正确设置 pH 计的软件设置）

续表

误差来源
• 在样品测定之间对电极的清洁和调节不正确（例如，对电极冲洗不充分，未能消除先前溶液的残留，导致“记忆”效应）
• 电极的维护不当（如未能定期补充参比电解液或使电极干燥）
• 对低离子强度样品如酸雨、河水等的专业化程序不足（使用高离子强度的校准缓冲液、搅拌、CO_2吸收、达到平衡的时间、样品处理/储存）
• 人员因素：培训不当/粗心的操作人员的操作技术欠佳

A3.2.4 使用玻璃膜 pH 电极进行 pH 测量的实验室间比对

ASTM（美国测试和材料协会）对一系列标准缓冲液进行了实验室间测量的研究[79]。14 个实验室参与了这项研究。该报告证实实验室内精密度高于实验室间精密度。对于同一位分析人员在同一天完成的多次 pH 测量，95% 的置信限为 ±0.02（标准偏差，SD =0.01）。如果测量是由同一位分析人员在不同的日期完成，则数值增加到 ±0.06。如果比较不同实验室的测量结果，95% 的置信区间为 pH ±0.12（SD =0.06）。进行循环测量的操作员都是有经验的，pH 测量的精密度至多为 ±0.01，但现实的情况是要高出 6 倍。

A3.2.5 三种使用的 pH 标度

在实践中，通常使用至少有 3 种 pH 标度（参见 A3.3 节）：①活度标度 p_aH，其中氢离子活度 a_H是根据 NIST 标准在专用设备上进行测量的，该设备通过实验测定消除了电极系统的液体接界电位——在 IUPAC 2002[77] 报告中被称为理论标度；②操作标度 pH，基于 NIST 缓冲液[78] 和具有液体接点的电池测得的 pH（如组合玻璃膜 pH 电极），尽管在 IUPAC 2002[77] 报告中未提及该术语；③浓度标度 p_cH，在恒定离子介质（如 0.15 M KCl；参见 3.7 节）中使用强酸和（或）强碱进行校准，并且将 pH 计读数定义为氢离子浓度的负对数（参见 3.9 节）：

$$p_cH = -\log\,[H^+]。\qquad (A3.3)$$

后一个标度被应用于现代商用电位型 pK_a 滴定仪的 pK_a 框架（参见 3.4 节）。

在非常稀的本底无盐溶液中，活度标度和浓度标度几乎相同。然而，在较高的本底盐和样品浓度下，溶液中所有离子的离子间相互作用倾向于降低离子的表观（可以测量的）浓度，因而在电极玻璃膜附近的“可见”离子比实际存在于溶液中的离子要少。因此，电极不直接测量氢离子浓度，而是测量氢离子活度（由 NIST 缓冲液定义）。以下为单接界 pH 测量的电池示意图（参见 A3.3 和 A3.4 节）：

−Ag；AgCl（s），$^{(+)}\|^{(-)}$样品溶液（X）	玻璃膜	Ag；AgCl（s），KCl（饱和） +	
KCl（饱和）	或标准缓冲液（S）	P_aH 内部（pH 约 7）	（A3.4）
（参比）	E_j（样品）	（指示）	（内部参比）

按照 IUPAC 2002 公约[77]，参比电极半电池位于左侧，指示（感测）电极半电池位于示意图的右侧。参比插头连接到 pH 计的负极插孔，指示插头连接到正极插孔。通过从右侧半电池的电位减去左侧半电池的电位而获得 EMF 的读数。当 KCl 为饱和参比室电解质时，接界极化使得正电荷位于双电极棒的左侧，负电荷位于右侧，因为负氯离子比正钾离子更易移动。传感器半电池相对于单接界参比电极的 EMF 读数（mV）、E（X）或 E（S），减去液体接界电位 E_j 的对应值，与离子活度 a_H 相关联。

如果玻璃膜两侧的 H^+ 活度不相等，则会形成 Donnan 电位[192]，$E = -k\ \log\ [a_H\ (\text{int.})\ /a_H]$。玻璃膜半电池加内部 Ag/AgCl 参比电极的能斯特方程可以表示为：

$$E_{\text{玻璃}} = k[p_aH(\text{int.}) - p_aH] + E^0_{Ag/AgCl} - k \cdot \log a_{Cl}(\text{int.})\ 。\tag{A3.5a}$$

能斯特方程斜率，$k = \ln 10 \cdot RT/F = 2.303\ RT/F = 59.16\ (273.15 + t)\ /298.15$ mV，其中 t 是温度（℃）。也就是说，氢离子的活度每增加 10，电池 EMF 下降 59.16 mV，如图 A3.2 所示。外部 Ag/AgCl 参比电极的能斯特方程可以表示为：

$$E_{Ag/AgCl} = E^0_{Ag/AgCl} - k \cdot \log a_{Cl}\ 。\tag{A3.5b}$$

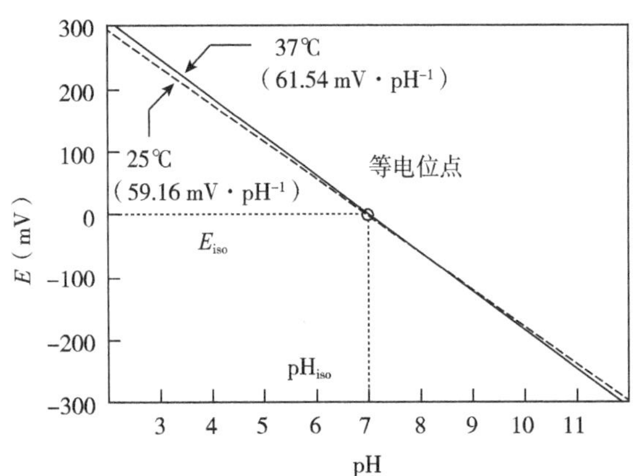

图 A3.2　两个温度下的电极电压 − pH

（在等电位点处相交）

因此，总电池电位的形式如下（假设外部参比隔室中的 a_{Cl} 和玻璃电极内部溶液中的 a_{Cl} 是相同的）：

$$\begin{aligned} E &= E_{\text{玻璃}} - E_{Ag/AgCl} - E_j \\ &= k[p_aH\ (\text{int.})\ - p_aH] - E_j \\ &= \text{常数} - E_j - k \cdot p_aH\ 。\end{aligned}\tag{A3.5c}$$

请注意，E_j 分量的符号是负的，因为 Cl^- 比 K^+ 更易移动，所以接界极化方向与电池方向相反。样品溶液（X）和 NIST 主要标准缓冲液（S）中测量的电池电位之间的差异变为：

$$E(X) - E(S) = -k[p_aH(X) - p_aH(S)] - E_j(X) + E_j(S)。 \quad (A3.6)$$

因此，含有样品 X 的电池的 p_aH 可以通过与 NIST 标准缓冲液 S 进行比较来测定，如果液体接界项已知或 RLJP 为零，那么在 Harned 电池的情况下，则为：

$$p_aH(X) = p_aH(S) - [E(X) - E(S) + E_j(X) - E_j(S)]/k。 \quad (A3.7)$$

在液体接界的电池（如玻璃膜 pH 电极）中测量的操作 pH 标度，确定了相对于标准缓冲液（其 pH 已根据氢离子活度 p_aH 进行估算）的 pH。操作标度没有考虑 RLJP，$\Delta E_j = E_j(X) - E_j(S)$。当这样的残留可能存在时，那么操作 pH 可能不同于无接界的 Harned 电池测定的 p_aH。

$$pH(X) = pH(S) - [E(X) - E(S)]/k = p_aH - \Delta E_j/k。 \quad (A3.8)$$

注意，RLJP 误差中的正号意味着测量的 pH 高于 NIST 的 p_aH。

A3.3 IUPAC 采用的和 NIST 支持的 pH 公约

仅推荐希望深入了解 pH 概念及其定义历史发展的读者阅读此章节内容。

在纯水活度参比状态下，pH 可以根据 H^+ 活度来定义：

$$p_aH = -\log a_H = -\log(m_H \cdot \gamma_H)。 \quad (A3.9)$$

由 IUPAC 批准并基于 NIST（原国家标准局，NBS）工作的 pH 操作（理论）定义（Hamer 和 Acree[193]、Bates 等[194]、Harned 和 Owen[70]；Durst 等[195]；IUPAC 2002[77]），通过在带有液体接界的电池中测量的结果，确定相对于标准缓冲液（其 pH 已经根据 p_aH 进行估算）的 pH（IUPAC 2002 建议不再使用术语“操作”）。NIST pH 标度与 p_aH 不完全相同，因为残留液体接界电位 RLJP，$\Delta E_j = E_j(X) - E_j(S)$，未被考虑在内，还因为只有在假定超热力学假设（如 Debye - Hückel 理论）的情况下才可能测量单个离子的活度。如果标准 pH 缓冲液（S）和样品（X）测量值具有相同的 LJP，则 RLJP 将为零。在实践中，pH 测量中不确定的残留 LJP 会导致 ±0.01 至 ±0.06 的误差（某些情况下高达 ±0.1）。通常，在离子强度调节为 $I \approx 0.15$ M 的稀释样品溶液中，在 pH 3 至 11 的范围内，通过 EMF 方法测量的 pH 在 p_aH 的 ±0.02 内。因此，对于电池，则有：

−Ag；AgCl（s），KCl（3.5 M）	‖	溶液 X 或标准缓冲液（S）	|	H_2（1 atm）；Pt +
（参比）	E_j	（样品）		（指示）

(A3.10)

电池的 EMF（校正氢气分压到 1 个大气压）：

$$E = E^0_H - k \cdot p_aH - E^0_{Ag/AgCl} + k\log a_{Cl} - E_j。 \quad (A3.11)$$

在 25 ℃下，$k = (\ln 10 \cdot RT/F) = 59.16$ mV。虽然式（A3.11）和式（A3.12）中的常数项不同，但操作 pH 变成了式（A3.8）中的定义。

$$pH(X) = pH(S) - [E(X) - E(S)]/k$$
$$= p_aH - [E_j(X) - E_j(S)]/k$$
$$\approx p_aH \pm 0.02 。 \quad (A3.12)$$

其中，E（S）是标准缓冲液（S）的测量 EMF（mV），E（X）是未知溶液（X）的相应电极读数。

但是测定的 NIST pH（S）如何用于式（A3.12）？对于弱酸 HA，按照 Guggenheim[196]及 Harned 和 Ehlers[197-198]建立的公约，可以从实验量 $p(a_H\gamma_H)$ 中提取出氢离子的活度，称为酸度函数，利用可高度重现的无液接的 Harned 电池的 EMF，E 进行测定。

-Pt|H_2（1 atm）|缓冲液（m_A，m_{HA}），Cl^-（m_{Cl}）|Ag；AgCl（s）+
（参比）（样品）（指示）

（A3.13）

其中，m_A、m_{HA}、m_{Cl}分别是 A^-、HA 和 Cl^-的质量摩尔浓度（m，即 $mol \cdot kg^{-1}$）。对于与上述电池有关的反应：

$$AgCl(s) + 1/2\,H_2(1\ atm) = Ag(s) + H^+ + Cl^- 。 \quad (A3.14)$$

能斯特公式（mV 单位，25 ℃）可以表示为：

$$E = E^0 + 59.16[p(a_H) + p(a_{Cl})]$$
$$= E^0 + 59.16[p(a_H) + p(m_{Cl} \cdot \gamma_{Cl})$$
$$= E^0 + 59.16[p(a_H\gamma_{Cl}) + pm_{Cl}] 。 \quad (A3.15)$$

其中，γ_{Cl}是 Cl^-（m 标度）的单离子活度系数。重新排列式（A3.15）的最后一行，得出酸度函数为：

$$p(a_H\,\gamma_{Cl}) = -(E - E^0)/59.16 + \log m_{HCl} 。 \quad (A3.16)$$

常数 $E^0 = E^0_{Ag/AgCl}$（因为 $E^0_H \equiv 0$）可以在稀 HCl（<0.01 m）溶液中准确测定。以下为只有 HCl 以固定质量摩尔浓度（如 0.01 $mol \cdot kg^{-1}$）存在的 Harned 电池。

-Pt|H_2（1atm）| HCl（m）| Ag；AgCl（s）+
（参比）（样品）（指示）

（A3.17）

该电池的能斯特方程为（在 1 atm 的氢气分压下）：

$$E = E^0_{Ag/AgCl} - 2k \cdot \log(m_{HCl} \cdot \gamma_{HCl}) 。 \quad (A3.18)$$

HCl 的活度系数值是实验可得的（Harned 和 Owen[70]），通过对不同 m_{HCl}值的多个 E 读数的线性回归分析进行精确测定。

有了这样测定的 $E^0_{Ag/AgCl}$值，那么就可以测定不同的 m_{HCl}值下式（A3.16）中的酸度函数。数据的线性回归产生截距 $p(a_H\gamma_{Cl})^0$。推导 pH（S）的最后一步要求计算氯离子的活度（在存在缓冲液，但氯化物浓度为零的情况下），并且将其从外推的酸度函数 $p(a_H\gamma_{Cl})^0$中减去。因此，将式（A3.12）中的 NIST 标准 pH（S）指定为根据下式计算的特定缓冲液（A^-、HA）的离子强度 I：

$$pH(S) = p(a_H\,\gamma_{Cl})^0 - p\gamma_{Cl}$$
$$= p(a_H\,\gamma_{Cl})^0 - AI^{1/2}/(1 + 1.5I^{1/2}) 。 \quad (A3.19)$$

其中，A 是根据 Bates - Guggenheim 公约，在 Debye - Hückel 方程中的常用 Debye - Hückel 因子。离子强度完全由缓冲离子决定。NIST 磷酸盐缓冲液的离子强度非常接近 0.10 M。

A3.4 液体接界电位（LJP）

仅推荐希望深入了解液体接界电位（LJP）概念及 LJP 如何影响 pH 和 pK_a 测量的读者阅读此章节内容。

在低离子强度介质中测量 pK_a 值会带来一些特殊的挑战。这是由于一种被称为液体接界电位（LJP）的效应。具体而言，pH 的测量受到参比和样品隔室中的电解质浓度差异所产生的 LJP 的影响。当样品离子强度接近于零时，LJP 值是相当大的。当使用 NIST 磷酸盐 pH 7 缓冲液校准玻璃膜 pH 电极时，离子强度为 0.10 M。即使电极校准考虑了参比电极隔室中的电解质浓度（通常为≥3.5 M KCl）的差异和缓冲电解质盐水平接近 0.1 M 的影响，当电极放入可能没有添加本底盐（离子强度接近零）的样品溶液中，测量系统会出现一定的残留液体接界电位（RLJP），导致 pH 误差高达 0.1 个 pH 单位。这种影响会限制 pH 测量的准确性。LJP 是一种额外的电压下降，其变化并未由能斯特公式（通常将玻璃传感器电压与氢离子活度相关联）预测。在一定程度上，可以根据 Henderson 方程从理论上预测液体接界电位效应并将其从整体电压读数中去除，以提高 pH 测量的准确度。在实践中，Henderson 方程很少被明确地用于进行这种修正。相反，临界的电极标准化程序（Avdeef 和 Bucher[14]）有时可根据经验用于将 LJP 效应引起的误差最小化。本节将讨论一些与 LJP 效应有关的问题。

考虑由参比电极（RE）隔室和样品（或缓冲）溶液室形成的双隔室电池，玻璃电极浸入其中。每个隔室都含有电解液。微孔过滤器，有时被称为“连接器”，将两个隔室隔开，防止流体的对流交换，但允许离子从参比隔室（含有高浓度的盐，如3.5 M KCl）移动到样品（或缓冲液）隔室（具有较少的盐）。由于两种电解质溶液的浓度不同，因此离子通过从高浓度到低浓度方向的扩散而迁移，直到浓度梯度消失。由于电解质的正负电荷离子通常以不同的速度迁移，所以电荷分离发生，产生 LJP。

这里对 LJP 的讨论将证实：①将离子强度调节剂加入样品溶液中，可使 pH 测量更精确；② pH 低于 3 和高于 11 时的精确 pH 测量，需要对因 pH 范围的极端区域中 H^+ 或 OH^- 离子浓度的增加而导致的液体接界电位的变化进行校准。这两种离子的迁移速度时是不同的（表 A3.4）。

表 A3.4　25 ℃下的极限等效电导

离子	λ°（$\Omega^{-1}\cdot cm^2\cdot equiv^{-1}$）
Na^+	50.10
K^+	73.50
Cs^+	77.3
Cl^-	76.35
NO_3^-	71.42
OH^-	198.6
H^+	349.81

以下为含有不同电解质并通过两个液体接点（通过盐桥）连接的多隔室电池：

−Ag；AgCl（s）|KCl‖盐桥‖样品|玻璃膜|KCl(饱和）|Ag；AgCl（s）+
（饱和）（饱和 KCl）　pH 电极　内部缓冲液 pH 约 7
（参比）　E'_j 约为 0　E_j　（指示）　（内部参比）

（A3.20）

由于参比电极和盐桥溶液实际上是相同的，因此可以假设 E_j' 为零。次级内部接界的主要目的是减少迁移到负电荷卤化银配位物（如 $AgCl_2^-$、$AgCl_3^{2-}$、$AgCl_4^{3-}$ 等）的样品溶液中，这些配位物某种程度上在 3.5 M KCl 溶液中由镀有氯化银参比电极的银线形成。此外，盐桥保护参比电极免受样品污染。

以 E_j 表示的液体接界电位，形成于不同离子浓度的两个隔室间（参比在左隔室，样品在右隔室），可以通过 Henderson[199-200] 公式（Rossotti[109]；Harned 和 Owen[70]；Hefter[201]；Borge 等[94]）进行粗略的近似计算：

$$E_j=-\frac{RT}{F}\left(\frac{\sum_i\left(\frac{z_i}{|z_i|}\right)\cdot\lambda_i\cdot(C''_i-C'_i)}{\sum_i|z_i|\cdot\lambda_i\cdot(C''_i-C'_i)}\right)\cdot\ln\left(\frac{\sum_i|z_i|\cdot\lambda_i\cdot C''_i}{\sum_i|z_i|\cdot\lambda_i\cdot C'_i}\right)。\qquad(A3.21)$$

其中，C′和 C″分别是接界分隔的左隔室和右隔室中带电物质的浓度（M，即 $mol\cdot L^{-1}$）。等效离子电导以 λ 表示（由表 A3.4 中的极限等效离子电导近似计算），并且 z 是离子的正电荷或负电荷（如 $z_H=+1$，$z_{OH}=-1$）。在式（A3.21）中，假设两个隔室之间的浓度在以 E_j 表示的交界处线性变化。此外，还假设这两个溶液之间的活度系数是恒定的。这种假设并不总是成立的，但对我们的目的来说，这种方法仍然是有用的。关于式（A3.21）的增强版本的讨论已由 Borge 等人报道[94]。

A3.4.1　进行 LJP 最小化的等离子电池设计（最佳情况，但不便于实施）

我们来考虑一个具有等离子强度介质接界的简化电池（Biedermann 和 Sillén[64]）：

$-\text{KCl}(C'_{\text{KCl}}=3.5)\,\|\,\text{KCl}(C''_{\text{KCl}}=3.5-C''_{\text{HCl}}-C''_{\text{KOH}})$，$\text{HCl}(C''_{\text{HCl}})$，$\text{KOH}(C''_{\text{KOH}})+$
（参比）　　E_j　　　　　　　　（样品）

（A3.22）

上述浓度选择（摩尔）大大简化了式（A3.21）的形式，如下所示。

式（A3.22）中对数表达式左边的分子和分母项都简化为相同的值，取消了表达式；对数表达式的总和也大大简化。

$$E_j^{(+)} = -\frac{2.303RT}{F}\log\left(1+[\text{H}^+]\cdot\frac{(\lambda_{\text{H}}-\lambda_{\text{K}})}{(\lambda_{\text{K}}+\lambda_{\text{Cl}})\cdot C'_{\text{KCl}}}\right)。\quad (\text{A3.23a})$$

$$E_j^{(-)} = +\frac{2.303RT}{F}\log\left(1+[\text{OH}^-]\cdot\frac{(\lambda_{\text{OH}}-\lambda_{\text{Cl}})}{(\lambda_{\text{K}}+\lambda_{\text{Cl}})\cdot C'_{\text{KCl}}}\right)。\quad (\text{A3.23b})$$

在 25 ℃时，$C'_{\text{KCl}}=3.5$ M，式（A3.23）简化为（mV 单位）：

$$E_j^{(+)} = -59.16\log(1+0.527[\text{H}^+])。\quad (\text{A3.24a})$$

$$E_j^{(-)} = +59.16\log(1+0.233[\text{OH}^-])。\quad (\text{A3.24b})$$

对于近中性溶液（5 < pH < 9），根据式（A3.24），$E_j=0$。在极端 pH（< 3 或 > 11）下，式（A3.24）中的对数项可以扩展为 log（1 + x）≈（$x-1/2x^2$）/2.303。因此，在 25 ℃下，式（A3.22）的 LJP 变成（以 pH 单位）：

$$\frac{E_j^{(+)}}{59.16} = -0.23[\text{H}^+]+0.06[\text{H}^+]^2。\quad (\text{A3.25a})$$

$$\frac{E_j^{(-)}}{59.16} = +0.10[\text{OH}^-]-0.01[\text{OH}^-]^2。\quad (\text{A3.25b})$$

如果使用配有 3.5 M KCl 参比电解质的组合玻璃电极（用 pH 7 和 pH 4 NIST 缓冲液校准）测量 pH，并且样品与式（A3.22）中一样，则在极端 pH 情况下预期 LJP 的误差较小。在该等离子电池设计中，测量的（操作）pH 和基于活度的真实 pH（p_aH）将建立如下关联：

$$pH \approx p_aH + 0.2[\text{H}^+] - 0.1[\text{OH}^-]。\quad (\text{A3.26})$$

A3.4.2 恒定离子介质电池的 LJP 恒定但较小（实际情况）

之前的电池设计在滴定实验中不便于实施。让我们考虑一个更接近滴定中使用的典型样品基质的电池设计。假设参比电极电解质为 3.5 M KCl，但我们的样品含有 0.15 M KCl，并加入一定量的 HCl 或 KOH 作为滴定剂。由于跨接界点的浓度梯度大于等离子电池的设计，因此式（A3.26）中的［H^+］和［OH^-］在这种情况下预计会更大。将 Henderson 方程应用于这种电池：

$-\text{KCl}(C'_{\text{KCl}}=3.5)\,\|\,\text{KCl}(C''_{\text{KCl}}=0.15)$，$\text{HCl}(C''_{\text{HCl}})$，$\text{KOH}(C''_{\text{KOH}})+$
（参比）　　E_j　　　　　　　　（样品）

（A3.27）

得到比式（A3.24）要复杂得多的表达式：

$$E_j = -59.16\left(\frac{9.5 + 274[\mathrm{H}^+] - 125[\mathrm{OH}^-]}{-502 + 426[\mathrm{H}^+] + 272[\mathrm{OH}^-]}\right)\cdot \log(0.043 + 0.81[\mathrm{H}^+] + 0.52[\mathrm{OH}^-])。 \tag{A3.28}$$

图 A3.3 绘制了式（A3.28）随 pH 的变化。可以看出，从 pH 4 ~ 10 有一个恒定的 LJP（ -1.5 mV）。在极端 pH 区域（ <3 和 >11），高度移动的 H^+ 和 OH^- 离子导致了 LJP 随 pH 的显著非线性变化。

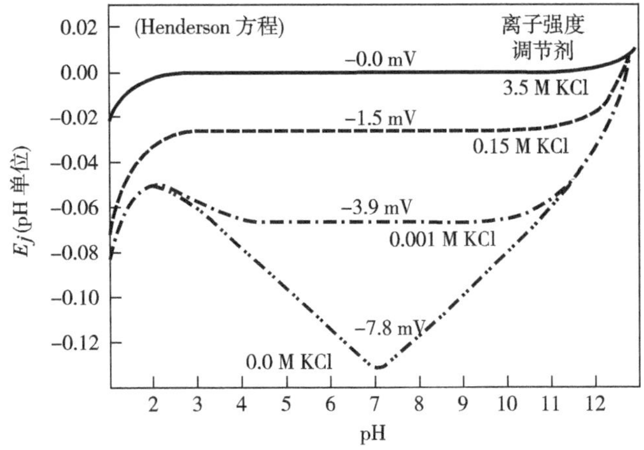

图 A3.3　几个本底盐水平下，液体接界电位随 pH 的变化

A3.4.3　零离子强度介质中的最大 LJP 误差（最差情况）

当样品溶液的离子强度接近零时，会出现最大的 LJP。此外，这种情况下，电极的斜率可能会偏离作为 pH 的线性函数的理想能斯特预测值，这仅仅是由于 LJP 的影响。我们假定，样品只含有一定量的 HCl 或 KOH，不含添加的 KCl。将 Henderson 方程应用于以下电池：

$$\boxed{\begin{array}{lll} -\mathrm{KCl}\ (C'_{\mathrm{KCl}}=3.5) & \|\mathrm{KCl}\ (C''_{\mathrm{HCl}}),\ \mathrm{KOH}\ (C''_{\mathrm{KOH}}) & + \\ \quad(\text{参比}) & E_j \qquad\qquad (\text{样品}) & \end{array}} \tag{A3.29}$$

得到表达式：

$$E_j = -59.16\left(\frac{9.9 + 274[\mathrm{H}^+] - 125[\mathrm{OH}^-]}{-525 + 426[\mathrm{H}^+] + 272[\mathrm{OH}^-]}\right)\cdot \log(0.81[\mathrm{H}^+] + 0.52[\mathrm{OH}^-])。 \tag{A3.30}$$

对于酸性或碱性溶液，该方程可以进一步简化。当 $3 < pH < 6$：

$$\frac{E_j^{(3<pH<6)}}{59.16} = -0.002 - 0.019\, p_cH。 \tag{A3.31a}$$

图 A3.3 显示，pH 3 ~6 区域的 LJP 线性地依赖于 pH，斜率为负值。对于 $8 < pH < 11$ 的碱性溶液，可得：

$$\frac{E_j^{(8<pH<11)}}{59.16} = -0.27 + 0.019\,p_cH_{\circ} \qquad (A3.31b)$$

图 A3. 3 显示，pH 8 ~ 11 区域的 LJP 线性地依赖于 pH，具有与在酸性区域中相同大小的正斜率。

A3. 4. 4 总结

图 A3. 3 显示了在样品室 C''_{KCl} 分别为 0. 000 M、0. 001 M、0. 15 M 和 3. 5 M 的情况下，计算得到的液体接界电位随 p_cH 变化的图。等离子强度为 3. 5 M 的电解质的电池具有最低的 LJP 值（在 pH 3 ~ 11 区间为 0. 0 mV）。对于加入离子强度调节剂的 3 种情况，LJP 在 pH 3 ~ 11 区间基本恒定（3. 5 M、0. 15 M 和 0. 001 M KCl 的离子强度调节剂的 LJP，分别为 0. 0 mV、 - 1. 5 mV 和 - 3. 9 mV）。在图 A3. 3 所考虑的全部 4 个离子强度水平下，氢离子和氢氧根离子在 pH 2. 5 以下和 pH 11. 5 以上开始发挥其作用。

考虑调节剂 0. 15 M KCl 为式（A3. 27）中 LJP 的优选离子强度。与式（A3. 26）类似的方程只能近似推导出来，因为式（A3. 28）并不完全简化为式（A3. 25）。在 pH 1. 5（通常为滴定时的最低 pH）时，$E_j = -2.5$ mV［式（3. 47)］。这代表从 pH 7 到 pH 1. 5 时，LJP 变化为 - 0. 98 mV。类似地，在 pH 12. 5（我们在滴定中的最大可用 pH）时，$E_j = -0.27$ mV，这代表从 pH 7 到 pH 12. 5 时，LJP 的变化为 1. 26 mV。pH 依赖性 LJP 可以结合到我们实际感兴趣的表达式中，即：

$$pH = p_aH + 0.6\,[H^+] - 0.4\,[OH^-] + \text{常数}。 \qquad (A3.32)$$

在 0. 15 M KCl 离子强度调节剂的情况下，式（A3. 32）中［H^+］和［OH^-］项的系数略高于 3. 5 M KCl 的离子强度调节剂的情况下式（A3. 26）的系数。

早期的研究人员已经针对这种液体接界电位效应使用了校准电极（Sillén 和 Ekedahl[202]、Biedermann 和 Sillén[64]、Dyrssen[203]、Rossotti[109]），但该程序没有被广泛采用。Avdeef 和 Bucher[14] 稍微扩展了该程序，针对线性和非线性效应，将通用缓冲液混合物用于标准化 pH 电极。最近[73]，该程序有条件地与 pK_a 测定的滴定相结合，不需要单独的“空白”滴定。

A3. 5 通过加权非线性回归进行 pK_a 值修正

这个章节内容较深，除了专业的读者外，其他读者可以跳过阅读。

该附录中介绍了使用电位数据对 pK_a 常数进行修正的一般处理。最小二乘法可以处理多种物质，包括具有 pK_a 的杂质分子。该程序将 pH 作为因变量（Meites 等[204]），反应物的总浓度作为自变量，pK_a 常数（及任何浓度比例因子）作为参数。比例因子可以应用于物质浓度（如果化合物未准确称重，或者在滴定过程中一部分物质没有完全溶解)、滴定剂浓度（如果滴定剂未进行最新的标准化）和“残留酸度”（类似于 Clarke 和 Cahoon[205] 及 Briggs 和 Steuer[206] 使用的初始滴定剂体积参数，并且这些因素可以被视为可调节参数)。

本节的介绍在数学上是严格的，需要读者对线性和微分代数有一定的理解。如果对本附录中的符号和术语有疑问，可参见本书开头术语部分的汇总。

A3.5.1 在加权非线性回归分析中最小化的函数

根据 Bjerrum 图（参见 3.10 节）估算的 pK_a 常数近似集构成了非线性（迭代）最小二乘法的“种子”值。“最佳”（精炼）值是那些产生最小的残差加权平方和的值：

$$S_w = \sum_i^{N_0} \left(\frac{pH_i^{obs} - pH_i^{calc}}{\sigma_i(pH_i^{obs})} \right)^2 \text{。} \quad (A3.33)$$

N_0 是 pH 测量的次数；σ_i^2 是测得的 pH_i^{obs}（操作 pH，A3.3 节）的估计方差。模型方程 pH_i^{calc} 是参数 pK_a 的函数，也是自变量（反应物的总浓度)。

A3.5.2 修正程序概述

平衡表达式按两种类型处理：反应物和产物。在这种形式中，反应物是基本的和“不可分割的”，而产物是由两种或更多种反应物组成的。从数学的角度来看，反应物构成了构建模块的“基础”集合，可用于构建任意数量的产物。质子 H^+ 是反应物的最简单的例子。完全去质子化的弱酸共轭碱也是一个反应物（如酮洛芬阴离子或氢氯噻嗪二价阴离子）的实例，作为一个完全不带电的弱碱（“游离碱”，如氨或不带电的普萘洛尔)。

另外，苯甲酸、氢氯噻嗪、铵和普萘洛尔阳离子是产物，因为每种阳离子都由一种以上的反应物构成。产物的实例还包括聚合物，如二聚体、低聚物和混合物质。

整个程序由两个不同的修正阶段构成：①在“局部”修正阶段，反应物浓度为非线性多项式的“质量平衡”方程，在滴定中每个取样点同时解决这些浓度（包括 pH_i^{calc})。如果有 3 种反应物，那么将有 3 个质量平衡方程，并且局部步骤将涉及每个滴定点的 3×3 矩阵（Jacobian）的反演。②在修正的“整体”阶段，使用 Gauss-Newton 方法对通过 Taylor 延展得到的“标准公式”（每个取样滴定点 i 一个）进行线性处理获得近似的 pH_i^{calc}（使用质量平衡方程)。要反演的最小二乘对称矩阵（维数等于修正参数的数量）的元素根据与可调参数（与反演的 Jacobian 矩阵有关）有关的 pH_i^{calc} 的一阶导数计算。偏导数将在局部修正步骤计算，且整体设计矩阵的元素将进行累加。当所有滴定点数据经过计算后，累积的矩阵将被反演，并且计算改进的平衡常数。迭代过程一直持续到改进非常小时为止。

A3.5.3 加权方案和拟合度（GOF）

假定测量的因变量（pH）和自变量（滴定剂的分配体积）都有误差（Avdeef[16-17]）。式（A3.33）中使用的加权方案由方差构成：

$$\sigma^2(pH) = \sigma_c^2 + (\sigma_v \mathrm{d}pH/\mathrm{d}V)^2。\tag{A3.34}$$

σ_c 和 σ_v 的值是实验不确定度的估计值（Avdeef[16]）。测量 pH 的方差的固定贡献估计为 $\sigma_c = 0.005$（pH 单位）。如果使用 5 mL 注射器，则滴定剂组分分配体积的方差的固定贡献估计为 $\sigma_v = 2 \times 10^{-4}$ mL，或者对于 0.5 mL 注射器，$\sigma_v = 3 \times 10^{-5}$ mL。加权方案使我们正确地认识到接近滴定终点处（其中 dpH/dV 较大）的 pH 的测量不如缓冲部分的测定那么可靠。

在每次整体迭代循环之后，修正进度的测试由“拟合度”（GOF）表示，其定义如下［参见式（A3.33）］：

$$GOF = \sqrt{\frac{S_w}{N_0 - N_\gamma}}。\tag{A3.35}$$

其中，N_r 是修正参数的数量（pK_a 值的数量和其他修正参数）。GOF 值为 1 是理想的。这意味着平均的计算滴定曲线和观察曲线在 pH 上相差大约一个标准偏差（缓冲区中约 0.005 个 pH 单位）。对于评估良好的化合物，通常得到的 GOF 为 0.5～1.5。GOF > 2 表示该物质可能不纯，或者 KOH 滴定剂可能吸收了一些环境中的 CO_2，或者 pH 测量结果质量不佳，或者假定的平衡模型不完整或不正确。

A3.5.4 质量平衡方程和“局部”修正

质量守恒定律（“质量平衡”）用于建立计算的 pH 与修正 pK_a 之间的关系。这种关系可以方便地表示为一系列质量平衡方程，每个反应物一个方程。这些方程式涉及所有的反应物，因为它们分摊在各种产品中。

对于一个简单的两性分子来说，它主要以单质子化形式的两性离子 $XH^{\pm}$ 存在，两个质量平衡方程为：

$$[X]_{总} = [X^-] + [XH^{\pm}] + [XH_2^+]。\tag{A3.36a}$$

$$[H]_{总} = [H^+] - [OH^-] + [XH^{\pm}] + 2[XH_2^+]。\tag{A3.36b}$$

质量作用定律确定了可逆化学反应中反应物和产物的浓度关系。在上述模型中，两个反应物是 X^- 和 H^+，两个产物是 $XH^{\pm}$ 和 XH_2^+。概括计算方法的有用形式是将反应物置于双箭头（平衡）符号的左侧、产物置于其右侧来表示所有的平衡反应。

$$H^+ + X^- \rightleftharpoons XH^{\pm}。\tag{A3.37a}$$

$$2H^+ + X^- \rightleftharpoons XH_2^+。\tag{A3.37b}$$

相应的形成平衡商和解离常数 K_{a1} 和 K_{a2} 为：

$$[XH^{\pm}] = [X^-][H^+]/K_{a2}。 \quad (A3.38a)$$

$$[XH_2^+] = [X^-][H^+]^2/(K_{a1}K_{a2})。 \quad (A3.38b)$$

如果将式（A3.38a）和式（A3.38b）的两个平衡常数分别以累积形成常数 $\beta_1 = K_{a2}^{-1}$ 和 $\beta_2 = K_{a2}^{-1} \times K_{a1}^{-1}$ 表示，那么在计算上是有利的。

$$[XH^{\pm}] = [X^-][H^+]\beta_1。 \quad (A3.38c)$$

$$[XH_2^+] = [X^-][H^+]^2\beta_2。 \quad (A3.38d)$$

β 的下标是指产物的 H^+ 化学计量系数。两个产物隐含的 X^- 化学计量系数均为 1。式（A3.38）的一般形式可以表示为：

$$C_j = xh^j\beta_j。 \quad (A3.38e)$$

其中，反应物浓度定义为 $x = [X^-]$ 和 $h = [H^+]$，并且 $C_1 = [XH^{\pm}]$ 和 $C_2 = [XH_2^+]$。将式（A3.38）代入质量平衡表达式（A3.36），并定义 $X = [X]_{总}$，$H = [H]_{总}$，得到：

$$X^{calc} = x + xh\beta_1 + xh^2\beta_2。 \quad (A3.39a)$$

$$H^{calc} = h - K_w/h + xh\beta_1 + 2xh^2\beta_2。 \quad (A3.39b)$$

该多项式是 x 的一阶和 h 的三阶函数。水的解离产物，$K_w = [H^+][OH^-]$。考虑甘氨酸两性离子溶液的酸滴定法。如果已知 β_1 和 β_2，并且 X 和 H 分别等于特定的总样品浓度和基于 HCl 滴定剂体积的总氢余量浓度（进行稀释校正），总体积定义为 $V_{总} = V_0 + V_{HCl}$，其中 V_0 和 V_{HCl} 分别为起始溶液体积和加入的 HCl 滴定剂的体积，我们得到：

$$X^{obs} = (V_0/V_{总}) \cdot X_0。 \quad (A3.40a)$$

$$H^{obs} = A - B + X = (V_{HCl}/V_{总}) \cdot C_{HCl} + (V_0/V_{总}) \cdot (X_0 - B_0)。 \quad (A3.40b)$$

其中，A 和 B 是溶液中总无机酸（如 HCl）和总无机碱（如 KOH）的浓度（M）（下标 0 表示滴定开始时的初始浓度）。稀释因子是 $V_0/V_{总}$，C_{HCl} 是标准化的无机酸滴定剂（如 HCl）浓度（M）。如果溶液中没有残余酸度/碱度，则 $B = 0$。

通过将 X^{calc} 和 H^{calc}［式（A3.39）］等同于 X^{obs} 和 H^{obs}［式（A3.40）］表达式，可以求解 x 和 h 的多项式方程，即解 $[X^-]$ 和 $[H^+]$。其他物质（复合物）的浓度可以根据式（A3.38）计算。

A3.5.4.1　滴定剂加入前的初始点的样品计算

假设将精确称量的纯甘氨酸两性离子加入 V_0 mL 无碳酸盐纯水（18 MΩ 级）中，得到浓度为 X_0 的溶液。在这个例子中，$I_{ref} = 0.15$ M（KCl）。设定式（A3.39）等于式（A3.40）时，在初始滴定点（在加入任何滴定剂之前）得到以下表达式：

$$x + xh\beta_1 + xh^2\beta_2 = X_0。 \quad (A3.41a)$$

$$h - K_w/h + xh\beta_1 + 2xh^2\beta_2 = X_0。 \quad (A3.41b)$$

将式（A3.41）的两部分等同起来，可以得到多项式表达式：

$$x\,h^3\beta_2 + h^2 - xh - K_w = 0。 \quad (A3.42)$$

这是 $[H^+]$ 的三阶和 $[X^-]$ 的一阶函数。有许多数学方法可以提取多项式表达

式的 h 根和 x 根。一般情况下，不可能用封闭形式解这些公式，其根表示为 X、H、pK_{a1}和 pK_{a2}的函数。通常用迭代法（参见 A3. 5. 4. 2 节）求解非线性方程的 h 值和 x 值。h 和 x 的初始估计需要作为“种子”值来启动迭代过程，该过程一直持续到每个连续迭代的 x 和 h 的值不产生显著变化。由于有两个已知值和两个未知值，所以存在唯一解，除非 x 和 h 是线性相关的。

A3. 5. 4. 2 滴定剂加入后滴定曲线的样品计算

假定将标准浓度为 C_{HCl}的 HCl 滴定液 V_{HCl}mL 加入初始浓度为 X_0的纯甘氨酸两性离子溶液中。当设定式（A3. 39）等于式（A3. 40）时，可以得到以下表达式：

$$x + xh\beta'_1 + xh^2\beta'_2 = (V_0/V_{总}) \cdot X_0。 \tag{A3. 43a}$$

$$h - K_w/h + xh\beta'_1 + 2xh^2\beta'_2 = (V_{\mathrm{HCl}}/V_{总}) \cdot C_{\mathrm{HCl}} + (V_0/V_{总}) \cdot X_0。 \tag{A3. 43b}$$

根据式（A3. 46），主要常数的值可能因离子强度的变化而不同。从式（A3. 43b）中减去式（A3. 43a），得到多项式表达式：

$$x h^3 \beta'_2 + h^2 - h[x + (V_{\mathrm{HCl}}/V_{总}) C_{\mathrm{HCl}}] - K_w = 0。 \tag{A3. 44}$$

离子强度为：

$$I = [\mathrm{K}^+] + [\mathrm{H}^+] + [\mathrm{XH}_2^+]。 \tag{A3. 45}$$

由于式（A3. 45）中的两项在计算开始时是未知的，式（A3. 44）根的解的第一次迭代假设 $\beta' \approx \beta$。假设 $I_{\mathrm{ref}} = 0.15$ M，每个随后的迭代根据与式（A3. 46）相似的方程来调整 β 值：

$$\log \beta' = \log \beta - 0.5\{[I^{1/2}/(1 + I^{1/2}) - 0.3I] - 0.234\}。 \tag{A3. 46}$$

根据式（A3. 38d）和式（A3. 45），使用当时可用的 x 和 h 的近似值来测定离子强度 I。这样，适当补偿的 β'被用于求解式（A3. 44）。

考虑 X 和 Y 两种物质更一般的情况。例如，X 可能是一种多质子药物分子，Y 可能是药物化合物中引入的酒石酸反离子，或者 Y 可能代表从空气中吸收的或由碱滴定剂引入的二氧化碳。具体来说，我们假设 X 是仲烷基胺，能够自缔合形成二聚物（X_2），Y 是 CO_2。需要以下 3 个质量平衡方程来定义这样一个总体系统。

$$[\mathrm{X}]_{总} = [\mathrm{X}] + [\mathrm{XH}^+] + 2[\mathrm{X}_2]。 \tag{A3. 47a}$$

$$[\mathrm{Y}]_{总} = [\mathrm{Y}^{2-}] + [\mathrm{YH}^-] + [\mathrm{YH}_2]。 \tag{A3. 47b}$$

$$[\mathrm{H}]_{总} = [\mathrm{H}^+] - [\mathrm{OH}^-] + [\mathrm{XH}^+] + [\mathrm{YH}^-] + 2[\mathrm{YH}_2]。 \tag{A3. 47c}$$

对于第 j 种产品的一般平衡表达式，其浓度为 C_j，其化学计量系数为 $a = e_{xj}$、$b = e_{yj}$、$c = e_{hj}$。

$$aX + bY + cH \rightleftharpoons X_aY_bH_c。 \tag{A3. 48}$$

形成常数和分配系数可以用三重指数下标来定义为：

$$\begin{aligned}\beta_{\mathrm{abc}} &= [X_aY_bH_c] / [\mathrm{X}]^a [\mathrm{Y}]^b [\mathrm{H}]^c \\ &= C_j / (x^a y^b h^c)。\end{aligned} \tag{A3. 49}$$

在这个简化符号中，式（A3. 47）可能重新表示为：

$$X = x + xh\beta_{101} + 2x^2\beta_{200}。 \quad (A3.50a)$$

$$Y = y + yh\beta_{011} + yh^2\beta_{012}。 \quad (A3.50b)$$

$$H = h - K_w/h + xh\beta_{101} + yh\beta_{011} + 2yh^2\beta_{012}。 \quad (A3.50c)$$

对于所有第 i 个滴定点，通过求解这些方程的根，x 根、y 根和 h 根，而得到 pH_i^{calc}，然后转换为操作 pH。一般来说，其根表示为 X、Y、H、r、β_{abc}的函数时，以封闭形式解决这些方程是不可能的。因此，采用了牛顿的方法。三维方法要求使用解析表达式（Nagypál 等[207]、Avdeef 和 Raymond[208]）评估偏导数（$\partial X/\partial pX$）、（$\partial X/\partial pY$）、（$\partial X/\partial pH$）、（$\partial Y/\partial pX$）……（$\partial H/\partial pY$）、（$\partial H/\partial pH$）。这些导数的 3×3 矩阵（被称为 Jacobian 矩阵）被反演；pX、pY 和 p_cH 重复迭代求解，如下一节所述。

A3.5.4.3 “局部”修正中的 Jacobian 方法

对于 3 种反应物，在修正的“局部”阶段中最小化的函数被定义为：

$$R_L = (X^{obs} - X^{calc})^2 + (Y^{obs} - Y^{calc})^2 + (H^{obs} - H^{calc})^2。 \quad (A3.51)$$

需要有初始的 pX、pY 和 pH 变量的估计值来启动迭代修正过程。由于有 3 个已知值和 3 个未知值，只要 pX^{calc}、pY^{calc}和 pH^{calc}是线性独立的，这个问题通常以 $R_L=0$ 求解。

使用 Taylor 级数近似计算：

$$\begin{pmatrix}\Delta X\\ \Delta Y\\ \Delta H\end{pmatrix}^{(a+1)} = \begin{pmatrix}\Delta X\\ \Delta Y\\ \Delta H\end{pmatrix}^{(a)} + J^{(a)}\cdot\begin{pmatrix}\Delta pX\\ \Delta pY\\ \Delta pH\end{pmatrix}^{(a)} \xrightarrow{\text{迭代}} \begin{pmatrix}0\\0\\0\end{pmatrix}。 \quad (A3.52)$$

其中，$J^{(\alpha)}$是在迭代周期 α 中计算的 3×3 Jacobian 矩阵，我们可以得到：

$$J^{(a)} = \begin{pmatrix}\left(\frac{\partial X}{\partial pX}\right)_{pY,pH} & \left(\frac{\partial X}{\partial pY}\right)_{pX,pH} & \left(\frac{\partial X}{\partial pH}\right)_{pX,pY}\\ \left(\frac{\partial Y}{\partial pX}\right)_{pY,pH} & \left(\frac{\partial Y}{\partial pY}\right)_{pX,pH} & \left(\frac{\partial Y}{\partial pH}\right)_{pX,pY}\\ \left(\frac{\partial H}{\partial pX}\right)_{pY,pH} & \left(\frac{\partial H}{\partial pY}\right)_{pX,pH} & \left(\frac{\partial H}{\partial pH}\right)_{pX,pY}\end{pmatrix}^{(a)}。 \quad (A3.53)$$

$$\begin{pmatrix}\Delta X\\ \Delta Y\\ \Delta H\end{pmatrix}^{(a)} = \begin{pmatrix}X^{obs}\\ Y^{obs}\\ A^{obs} - B^{obs} + n_X\cdot X^{obs} + n_Y\cdot Y^{obs}\end{pmatrix} - \begin{pmatrix}x + \sum_{j=0}^{Np-1} e_{xj}C_j\\ y + \sum_{j=0}^{Np-1} e_{yj}C_j\\ h - K_w/h = \sum_{j=0}^{Np-1} e_{hj}C_j\end{pmatrix}^{(a)}。 \quad (A3.54)$$

其中，C_j是第 j 种产物的计算浓度［式（A3.38a）］，e_{iy}是产物 j 中反应物 i 的化学计量系数。引入溶液中的 X 和 Y 化合物对于总氢余量的质子贡献 H^{obs}，以系数 n_X和 n_Y表示。例如，如果甘氨酸（X）以盐酸盐引入至溶液中，则 $n_X=2$；如果作为两性离子引入，则 $n_X = 1$；否则，如果作为钠盐引入，则 $n_X = 0$。

例如，Jacobian 矩阵的微分元素被定义为：

$$\begin{aligned}(\partial \Delta X/\partial pH) &= -2.3h \cdot (\partial \Delta X/\partial h) \\ &= -2.3h \cdot (0 - \partial x/\partial h - \sum e_{hj}\, e_{xj}\, C_j/h) \\ &= -2.3 \sum e_{hj}\, e_{xj}\, C_j 。\end{aligned} \tag{A3.55}$$

因此，对称 Jacobian 矩阵使用从修正迭代周期 α 中获得的估计的 x 值、y 值和 h 值来计算：

$$J^{(a)} = 2.303 \cdot \begin{pmatrix} (x + \sum_{j=0}^{Np-1} e_{xj}^2 C_j)(\sum_{j=0}^{Np-1} e_{xj}\, e_{yj}\, C_j)(\sum_{j=0}^{Np-1} e_{xj}\, e_{hj}\, C_j) \\ \cdots(y + \sum_{j=0}^{Np-1} e_{yj}^2 C_j)(\sum_{j=0}^{Np-1} e_{yj}\, e_{hj}\, C_j) \\ \cdots\left(h + \frac{K_w}{h} + \sum_{j=0}^{Np-1} e_{hj}^2 C_j\right) \end{pmatrix}^{(a)} 。 \tag{A3.56}$$

将 α－周期 Jacobian 矩阵反演，使得（α＋1）周期的 pX、pY 和 pH 的移位可以计算为：

$$\begin{pmatrix} \Delta pX \\ \Delta pY \\ \Delta pH \end{pmatrix}^{(a+1)} = -J^{-1(a)} \cdot \begin{pmatrix} \Delta X \\ \Delta Y \\ \Delta H \end{pmatrix}^{(a)} 。 \tag{A3.57}$$

如果该过程重复了几个周期，则上述方程中的移位矩阵收敛到零矢量，表示完成了“局部”修正步骤。

A3.5.5 标准方程和“整体”修正

“标准方程”是质量平衡方程的线性化版本。考虑方程 $pH_i^{calc} = pH(p, u_i)$，适用于所有第 i 个滴定点。矢量 p 表示所有可修正参数的集合：$\log \beta$（以对数形式修正），以及可能的物质纯度和“酸度误差”。矢量 u_i 是与第 i 个测量相关的所有独立变量的集合。

通过 Taylor 近似，第 α 个估计集 P_α 附近的函数 $pH(p, u_i)$ 为：

$$pH(p, u_i) \cong pH(p_{a+1}, u_i) = pH(p_a, u_i) + \sum_{k=0}^{N-1} \left(\frac{\partial pH}{\partial p_k}\right) \cdot dp_k 。 \tag{A3.58}$$

目标是求解式（A3.58）的 dp_k，该移位将改善估计的参数。$pH(p, u_i)$ 在“局部”过程中计算。所有仍有待测定的部分是偏导数（$\partial pH/\partial p_k$）。

最小化函数式（A3.33）可以通过用式（A3.58）替代 pH_i^{calc} 进行扩展。通过将与移位矢量（dp）的元素有关的误差函数 S_W 的一阶导数设置为零，可以使用矩阵代数求解移位矢量。计算出的移位矢量，当加到 P_α 时，产生改进的（如 GOF 下降所示）矢量

$P_{\alpha+1}$。当 GOF 收敛到可接受的最小值时，修正结束。回归分析的机制是标准方法学[209]。

偏导数表达式（$\partial pH/\partial \log \beta$）已经以分析形式推导出来（Nagypal 等[207]；Avdeef 和 Raymond[208]；Avdeef 等[210]）。使用分析表达式（而不是数字）可将修正过程加快5～10 倍，并且通常使其更加稳健。

需要计算与总反应物浓度有关的 pH 的偏函数：$\partial pH/\partial X$、$\partial pH/\partial Y$ 和 $\partial pH/\partial H$。后者证明是逆 Jacobian 矩阵中的一行元素，如别处所述（Avdeef 和 Raymond[208]），并作为“局部”修正的一部分进行计算。

Avdeef 和 Raymond[208]描述了与 log β 常数相关的 pH 的偏函数：

$$\left(\frac{\partial pH}{\partial \log \beta_{abc}}\right) = 2.303[X_a\ Y_b\ H_c] \cdot \left\{a \cdot \left(\frac{\partial pH}{\partial X}\right) + b \cdot \left(\frac{\partial pH}{\partial Y}\right) + c \cdot \left(\frac{\partial pH}{\partial H}\right)\right\}。\quad (A3.59)$$

在文献中 Avdeef 等[210]还描述了一种修正浓度比例因子的方法，因此能够通过最小二乘法修正药物纯度。当物质的纯度存在问题时，这非常有用。与纯度的浓度系数 k（值接近 1.00）有关的 pH 的偏函数可以表示为：

$$\left(\frac{\partial pH}{\partial k_X}\right) = X \cdot \left\{\left(\frac{\partial pH}{\partial X}\right) + n_X \cdot \left(\frac{\partial pH}{\partial H}\right)\right\}。\quad (A3.60a)$$

$$\left(\frac{\partial pH}{\partial k_Y}\right) = Y \cdot \left\{\left(\frac{\partial pH}{\partial Y}\right) + n_Y \cdot \left(\frac{\partial pH}{\partial H}\right)\right\}。\quad (A3.60b)$$

$$\left(\frac{\partial pH}{\partial k_A}\right) = A \cdot \left(\frac{\partial pH}{\partial H}\right)。\quad (A3.60c)$$

$$\left(\frac{\partial pH}{\partial k_B}\right) = B \cdot \left(\frac{\partial pH}{\partial H}\right)。\quad (A3.60d)$$

其中，n_X和 n_Y分别是样品物质 X 和 Y 以其引入形式对溶液贡献的可解离质子的数量；A 和 B 分别是溶液中强酸和强碱的浓度。纯度因子 k_X、k_Y、k_A、k_B分别用于乘以输入的 X、Y、A、B 值以获得新的修正量。

A3.5.6 自动离子强度补偿

在滴定过程中，针对离子强度相比参比值（如0 M 或0.15 M）的任何变化，商用电位型 pK_a 分析仪可对 pK_a 值进行自动补偿。通常，离子强度 I 在酸滴定过程中发生变化，这是由于滴定剂的加入和随后所有浓度的稀释造成的。如果起始离子强度是参比值 I_{ref}，则在每个点处根据通式［Avdeef[51]］计算 I 的新值：

$$I = [KCl] + [KOH] + [H^+] + 1/2\left\{Q_x(1 + Q_x)x + Q_y(1 + Q_x)y + \sum Q_j(1 + Q_j)\ C_j\right\} + 1/2(|Q_x + n_X| - Q_x - n_X)X + 1/2(|Q_y + n_Y| - Q_y - n_Y)Y。\quad (A3.61)$$

其中，离子强度$1/2\sum Q_i^2 C_i$是电荷 Q_i 和浓度 C_i 的所有离子的和。式(A3.61) 中的最后一项考虑了作为盐的药物引入溶液中的任何反离子。

在离子强度 I 与参比值 I_{ref}不同的条件下，式（A3.38）和式（A3.39）中的 β 形成常数用于计算 pH。首先根据式（A3. 62）（Avdeef[51]）对这些离子强度与参比值的偏差进行调整：

$$\log \beta_j' = \log \beta_j + (e_{xj}Q_x^2 + e_{yj}Q_y^2 + e_{hj} - Q_j^2)\{D(I) - D(I_{ref})\}。\quad (A3.62)$$

其中，e_{xj}是产物中的 X 反应物的化学计量系数，j、e_{yj}和 e_{hj}是类似的定义，β'是指 I 下的常数，β 是指 I_{ref}下的常数，D（I）是除以 $-z^2$的 Davies[63]活度系数表达式：

$$D(I) = -0.5\left(\frac{\sqrt{I}}{1+\sqrt{I}} - 0.3I\right)。\quad (A3.63)$$

平均离子强度在“整体”修正的第一个周期结束时计算，并且在此之前进行估算。整体过程只修正 log β（I_{ref}）。

A3. 5. 7　反应物和滴定剂浓度因子修正

在修正时，物质浓度因子 k 通常变得非常接近一致。对于轻度吸湿性化合物，可能 $k<1$。有时偏离值是由于重量输入错误造成的。该因子可作为诊断工具，并且不用于不纯物质的修正。

“残留酸度误差”（Avdeef 等[54,206]）是指溶液中未知的过量酸（>0）或碱（<0）的量。清洁样品的修正值通常小于 $\pm 10^{-4}$M。误差来源很可能是在滴定开始后吸附在分配器尖端外部的微量滴定剂。较大值表明滴定剂需要重新标准化或者样品含有未知的酸或碱。在任意 pH 下分离的氨基酸和肽通常具有“残留酸度误差”。

A3. 5. 8　多物质修正

如果两种物质之一的浓度显著低于另一种物质，那么在修正过程中在所有其他参数都稳定之前不改变其浓度因子是一种很好的策略。此外，次要组分的 pK_a 值在修正的早期阶段应保持固定在 Bjerrnm 图所建议的数值。如果在第一次计算中放松一切，那么收敛的可能性不大。如果种子参数远离最佳拟合值，那么计算将会锁定。一些修正策略中的经验将改善有难度样品的结果。

A3. 5. 9　pH 电极的原位标准化

Gemini Profiler（*p*ION）可以通过一种新颖的原位程序测定 Avdeef – Bucher[14]参数。最近，*p*ION 为其 Gemini Profiler pK_a 分析仪引入了独特的软件改进，因此，在含有实际样品的滴定的采集过程中可以在原位进行电极的标准化。这一新颖的步骤不需要单独的空白滴定。

A3.6 质量摩尔浓度向体积摩尔浓度的转换

上面定义的平衡常数的数值取决于所使用的浓度单位。最常用的浓度标度是体积摩尔浓度（M，每升溶液中溶质的摩尔数）。然而，在最精确的 pK_a 值测定中，经常使用与温度无关的质量摩尔浓度标度（m，每千克溶剂的溶质的摩尔数）。对于稀溶液（<0.1 M），两个标度之间的差异可以忽略不计（例如，对于 KNO_3，在 25 ℃时，1 m = 0.958 M，0.1 m = 0.0993 M）。如果 C 为体积摩尔浓度单位的浓度，m 为质量摩尔浓度单位的浓度，则两者关系的表达式为：

$$\begin{aligned} C &= m W_0/V \\ &= m\rho/(1 + mMw10^{-3}) \\ &= m(\rho - \mathrm{c}mw10^{-3}) \\ &\approx m/(1.003 + 0.0277I + 0.002I^2)。 \end{aligned} \tag{A3.64}$$

其中，W、W_0（$=W-w$）和 w（$=CMwW10^{-3}/\rho$）分别是溶液、溶剂和溶质的重量（g），V（$=W/\rho$）是溶液的体积（mL），ρ 是溶液密度（g/mL），Mw 是溶质的分子量，I 是离子强度。式（A3.1）适用于 $I<0.3$ M，并估算 KCl 和 KNO_3[211] 的平均转换系数。

以水的离子积 K_w 为例。文献中报道的高度精确的数值是以质量摩尔浓度为单位（^mK_w）表示。这些需要在分析中转换为体积摩尔浓度单位。

$$K_w = C_H C_{OH} = (C/m)^2 m_H m_{OH} = (C/m)^{2m} K_w。 \tag{A3.65a}$$

$$pK_w = p^m K_w + 2\log(1.003 + 0.0277I + 0.002I^2)。 \tag{A3.65b}$$

参考文献

[1] Albert, A.; Serjeant, E. P. *The Determination of Ionization Constants*, 3rd ed., Chapman and Hall, London, 1984.

[2] Perrin, D. D.; Dempsey, B.; Serjeant, E. P. *pK_a Prediction for Organic Acids and Bases*, Chapman and Hall, London, 1981.

[3] Avdeef, A. *Applications and Theory Guide to pH-Metric pK_a and log P Measurement.* Sirius Analytical Instruments Ltd., Forest Row, UK, 1993.

[4] Avdeef, A. Drug ionization and physicochemical profiling. In: Mannhold, R. (ed.). *Drug Properties: Measurement and Computation*, Wiley-VCH, Weinheim, 2007, pp. 55–83.

[5] Prankerd, R. J. Critical Compilation of pK_a Values for Pharmaceutical Substances. In: Brittain, H. (ed.), *Profiles of Drug Substances, Excipients, and Related Methodology*, Vol. 33, Elsevier, New York, 2007, pp. 1–33, 35–626.

[6] Avdeef, A.; Voloboy, D.; Foreman, A. Dissolution and solubility. In: Testa, B.; van de Waterbeemd, H. (eds.). *Comprehensive Medicinal Chemistry II*, Elsevier, Oxford, UK, 2007, pp. 399-423.

[7] Avdeef, A.; Tsinman, O. Miniaturized rotating disk intrinsic dissolution rate measurement: Effects of buffer capacity in comparisons to traditional Wood's apparatus. *Pharm. Res.* **25**, 2613-2627 (2008).

[8] Tsinman, K.; Avdeef, A.; Tsinman, O.; Voloboy, D. Powder dissolution method for estimating rotating disk intrinsic dissolution rates of low solubility drugs. *Pharm. Res.* **26**, 2093-2100 (2009).

[9] Fagerberg, J. H.; Tsinman, O.; Tsinman, K.; Sun, N.; Avdeef, A.; Bergström, C. A. S. Dissolution rate and apparent solubility of poorly soluble compounds in biorelevant dissolution media. *Mol. Pharm.* **7**, 1419-1430 (2010).

[10] Fersht, A. *Enzyme Structure and Mechanisms*, W. H. Freeman and Co., San Francisco, 1977, pp. 134-155.

[11] Ritschel, W. A. pK_a values and some clinical applications. In: Fraske, D. E.; Whitney, H. A. K., Jr. (eds.). *Perspectives in Clinical Pharmacy*, 1st ed., Drug Intelligence Publications, Hamilton, IL, 1972, pp. 325-367.

[12] Levy, R. H.; Rowland, M. Dissociation constants of sparingly soluble substances: Nonlogarithmic linear titration curves. *J. Pharm. Sci.* **60**, 1155-1159 (1971).

[13] Purdie, N.; Thomson, M. B.; Riemann, N. The thermodynamics of ionization of polycarboxylic acids. *J. Solut. Chem.* **1**, 465-476 (1972).

[14] Avdeef, A.; Bucher, J. J. Accurate measurements of the concentration of hydrogen ions with a glass electrode: Calibrations using the Prideaux and other universal buffer solutions and a computer-controlled automatic titrator. *Anal. Chem.* **50**, 2137-2142 (1978).

[15] Streng, W. H.; Steward, D. L. Jr. Ionization constants of an amino acid as a function of temperature. *Int. J. Pharm.* **61**, 265-266 (1990).

[16] Avdeef, A. Weighting scheme for regression analysis using pH data from acid-base titrations. *Anal. Chim. Acta* **148**, 237-244 (1983).

[17] Avdeef, A. STBLTY: Methods for construction and refinement of equilibrium models. In: Leggett, D. J. (ed.). *Computational Methods for the Determination of Formation Constants*, Plenum, New York, 1985, pp. 355-473.

[18] Avdeef, A.; Comer, J. E. A.; Thomson, S. J. pH-metric log *P*. 3. Glass electrode calibration in methanol-water, applied to pK_a determination of water-insoluble substances. *Anal. Chem.* **65**, 42-49 (1993).

[19] Lingane, P. J.; Hugus, Z. Z. Jr. Normal equations for the Gaussian least-squares refinement of formation constants with simultaneous adjustment of the spectra of the absorb-

ing species. *Inorg. Chem.* **9**, 757 –762 (1970).

[20] Hugus, Z. Z., Jr.; El-Awady, A. A. The determination of the number of species present in a system: A new matrix rank treatment of spectrophotometric data. *J. Phys. Chem.* **75**, 2954 –2957 (1971).

[21] Alcock, R. M.; Hartley, F. R.; Rogers, D. E. A damped non-linear least-squares computer program (DALSFEK) for the evaluation of equilibrium constants from spectrophotometric and potentiometric data. *J. Chem. Soc. Dalton Trans.* 115 –123 (1978).

[22] Maeder, M.; Gampp, H. Spectrophotometric data reduction by eigenvector analysis for equilibrium and kinetic studies and a new method of fitting exponentials. *Anal. Chim. Acta* **122**, 303 –313 (1980).

[23] Gampp, H.; Maeder, M.; Zuberbühler, A. D. General non-linear least-squares program for the numerical treatment of spectrophotometric data on a single-precision game computer. *Talanta* **27**, 1037 –1045 (1980).

[24] Kralj, Z. I.; Simeon, V. Estimation of spectra of individual species in a multisolute solution. *Anal. Chim. Acta* **129**, 191 –198 (1982).

[25] Gampp, H.; Maeder, M.; Meyer, C. J.; Zuberbühler, A. D. Calculation of equilibrium constants from multiwavelength spectroscopic data. I. Mathematical considerations. *Talanta* **32**, 95 –101 (1985).

[26] Gampp, H.; Maeder, M.; Meyer, C. J.; Zuberbühler, A. D. Calculation of equilibrium constants from multiwavelength spectroscopic data. III. Model-free analysis of spectrophotometric and ESR titrations. *Talanta* **32**, 1133 –1139 (1985).

[27] Alibrandi, G. Variable-concentration kinetics. *J. Chem. Soc., Chem. Commun.* 2709 –2710 (1994).

[28] Alibrandi, G.; Coppolino, S.; Micali, N.; Villari, A. Variable pH kinetics: An easy determination of pH-rate profile. *J. Pharm. Sci.* **90**, 270 –274 (2001).

[29] Saurina, J.; Hernández-Cassou, S.; Izquierdo-Ridorsa, A.; Tauler, R. pH-gradient spectrophotometric data files from flow-injection and continuous flow systems for two- and three-way data analysis. *Chemo. Intell. Lab. Syst.* **50**, 263 –271 (2000).

[30] Allen, R. I.; Box, K. J.; Comer, J. E. A.; Peake, C.; Tam, K. Y. Multiwavelength spectrophotometric determination of acid dissociation constants of ionizable drugs. *J. Pharm. Biomed. Anal.* **17**, 699 –712 (1998).

[31] Tam, K. Y.; Takács-Novák, K. Multiwavelength spectrophotometric determination of acid dissociation constants part II. First derivative vs. target factor analysis. *Pharm. Res.* **16**, 374 –381 (1999).

[32] Mitchell, R. C.; Salter, C. J.; Tam, K. Y. Multiwavelength spectrophotometric determination of acid dissociation constants part III. Resolution of multi-protic ionization sys-

tems. *J. Pharm. Biomed. Anal.* **20**, 289 -295 (1999).

[33] Tam, K. Y.; Hadley, M.; Patterson, W. Multiwavelength spectrophotometric determination of acid dissociation constants part IV. Water-insoluble pyridine derivatives. *Talanta* **49**, 539 -546 (1999).

[34] Box, K. J.; Comer, J. E. A.; Hosking, P.; Tam, K. Y.; Trowbridge, L.; Hill, A. Rapid physicochemical profiling as an aid to drug candidate selection. In: Dixon, G. K.; Major, J. S.; Rice, M. J. (eds.). *High Throughput Screening: The Next Generation.* Bios Scientific Publishers Ltd., Oxford, 2000, pp. 67 -74.

[35] Comer, J. E. A. High-throughput pK_a and log P determination. In: van de Waterbeemd, H.; Lennernäs, H.; Artursson, P. (eds.). *Drug Bioavailability. Estimation of Solubility, Permeability, Absorption and Bioavailability.* Wiley-VCH, Weinheim, 2002, pp. 21 -45.

[36] Tam, K. Y.; Takács-Novák, K. Multi-wavelength spectroscopic determination of acid dissociation constants: A validation study. *Anal. Chim. Acta* **434**, 157 -167 (2001).

[37] Tam, K. Y. Multiwavelength spectrophotometric resolution of the micro-equilibria of a triprotic amphoteric drug: Methacycline. *Mikrochim. Acta* **136**, 91 -97 (2001).

[38] Takács-Novák, K.; Tam, K. Y. Multiwavelength spectrophotometric determination of acid dissociation constants part V. Microconstants and tautomeric ratios of diprotic amphoteric drugs. *J. Pharm. Biomed. Anal.* **17**, 1171 -1182 (2000).

[39] Tam, K. Y. Multiwavelength spectrophotometric determination of acid dissociation constants, Part VI. Deconvolution of binary mixtures of ionizable compounds. *Anal. Lett.* **33**, 145 -161 (2000).

[40] Tam, K. Y.; Quéré, L. Multiwavelength spectrophotometric resolution of the micro-equilibria of cetirizine. *Anal. Sci.* **17**, 1203 -1208 (2001).

[41] Hendriksen, B. A.; Sanchez-Felix, M. V.; Tam, K. Y. A new multiwavelength spectrophotometric method for the determination of the molar absorption coefficients of ionizable drugs. *Spectrosc. Lett.* **35**, 9 -19 (2002).

[42] Cleveland, J. A. Jr.; Benko, M. H.; Gluck, S. J.; Walbroehl, Y. M. Automated pK_a determination at low solute concentrations by capillary electrophoresis. *J. Chromatogr. A* **652**, 301 -308 (1993).

[43] Ishihama, Y.; Oda, Y.; Asakawa, N. Microscale determination of dissociation constants of multivalent pharmaceuticals by capillary electrophoresis. *J. Pharm. Sci.* **83**, 1500 -1507 (1994).

[44] Jia, Z.; Ramstad, T.; Zhong, M. Medium-throughput pK_a screening of pharmaceuticals by pressure-assisted capillary electrophoresis. *Electrophoresis* **22**, 1112 -1118 (2001).

[45] Ishihama, Y.; Nakamura, M.; Miwa, T.; Kajima, T.; Asakawa, N. A rapid method

for pK_a determination of drugs using pressure-assisted capillary electrophoresis with photodiode array detection in drug discovery. *J. Pharm. Sci.* **91**, 933 – 942 (2002).

[46] Oumada, F. Z.; Ràfols, C.; Rosés, M.; Bosch, E. Chromatographic determination of aqueous dissociation constants of some water-insoluble nonsteroidal antiinflammatory drugs. *J. Pharm. Sci.* **91**, 991 – 999 (2002).

[47] Rabenstein, D. L.; Sayer, T. L. Determination of microscopic acid dissociation constants by nuclear magnetic resonance spectroscopy. *Anal. Chem.* **48**, 1141 – 1146 (1976).

[48] Noszàl, B.; Rabenstein, D. L. Nitrogen-protonation microequilibria and C (2)-deprotonation microkinetics of histidine, histamine and related compounds. *J. Phys. Chem.* **95**, 4761 – 4765 (1991).

[49] Noszàl, B.; Guo, W.; Rabenstein, D. L. Characterization of the macroscopic and microscopic acid-base chemistry of the native disulfide and reduced dithiol forms of oxytocin, arginine-vasopressin and related peptides. *J. Org. Chem.* **57**, 2327 – 2334 (1992).

[50] Avdeef, A.; Barrett, D. A.; Shaw, P. N.; Knaggs, R. D.; Davis, S. S. Octanol-, chloroform-, and PGDP-water partitioning of morphine-6-glucuronide and other related opiates. *J. Med. Chem.* **39**, 4377 – 4381 (1996).

[51] Avdeef, A. pH-Metric log *P*. 2. Refinement of partition coefficients and ionization constants of multiprotic substances. *J. Pharm. Sci.* **82**, 183 – 190 (1993).

[52] Bjerrum, J. *Metal-Ammine Formation in Aqueous Solution*, Haase, Copenhagen, 1941.

[53] Irving, H. M.; Rossotti, H. S. The calculation of formation curves of metal complexes from pH titration curves in mixed solvents. *J. Chem. Soc.* 2904 – 2910 (1954).

[54] Avdeef, A.; Kearney, D. L.; Brown, J. A.; Chemotti, A. R., Jr. Bjerrum plots for the determination of systematic concentration errors in titration data. *Anal. Chem.* **54**, 2322 – 2326 (1982).

[55] Brønsted, J. N. *Receuil Trav. Chim. Pays-Bas* **42**, 718 (1923).

[56] Brønsted, J. N.; Pedersen, K. *Z. Phys. Chem.* **103**, 307 (1922).

[57] Bell, R. A.; Christoph, G. G.; Fronczek, F. R.; Marsh, R. E. The cation $H_{13}O_6^+$: A short, symmetric hydrogen bond. *Science* **190**, 151 – 152 (1975).

[58] Lewis, G. N.; Randall, M. The activity coefficient of strong electrolytes. *J. Am. Chem. Soc.* **43**, 1112 – 1154 (1921).

[59] Debye, P.; Hückel, E. *Phys. Z.* **24**, 185 (1923).

[60] Debye, P.; Hückel, E. *Phys. Z.* **24**, 305 (1923).

[61] Robinson, R. A.; Stokes, R. H. *Electrolytic Solutions*. 2nd revised ed. Dover Publications, Inc., Mineola, NY, 2002, pp. 18 – 19.

[62] Kielland, J. Individual activity coefficients of ions in aqueous solutions. *J. Am. Chem. Soc.* **59**, 1675 - 1678 (1937).

[63] Davies, C. W. *Ion Association*, Butterworths, London, 1962, p. 41.

[64] Biedermann, G.; Sillén, L. G. Studies on the hydrolysis of metal ions. IV. Ligand junction potentials and constancy of activity factors in $NaClO_4$-$HClO_4$ ionic medium. *Arkiv. Kemi.* **5**, 425 - 440 (1952).

[65] Good, N. E.; Wingert, G. D.; Winter, W.; Connolly, T. N.; Izawa, S.; Singh, R. M. M. Hydrogen ion buffers for biological research. *Biochemistry* **5**, 467 - 477 (1966).

[66] Perrin, D. D.; Dempsey, B. *Buffers for pH and Metal Ion Control*, Chapman and Hall, London, 1974.

[67] Grant, D.; Mehdizadeh, M.; Chow, A. -L.; Fairbrother, J. Non-linear van't Hoff solubility temperature plots and their pharmaceutical interpretation. *Int. J. Pharm.* **18**, 25 - 38 (1984).

[68] Prankerd, R.; McKeown, R. Physico-chemical properties of barbituric acid derivatives. Part I. Solubility-temperature dependence for 5,5-disubstituted barbituric acids in aqueous solutions, *Int. J. Pharm.*, **62**, 37 - 52 (1990).

[69] Prankerd, R.. Solid state properties of drugs. Part I. and thermodynamic functions for solution from aqueous measurements. *Int. J. Pharm.*, **84**, 233 - 244 (1992).

[70] Harned, H. S.; Owen, B. B. *The Physical Chemistry of Electrolytic Solutions*, 3rd ed., Reinhold Publishing Corp., New York, 1958, pp. 643 - 696.

[71] Perrin, D. D. The effect of temperature on pK values of organic bases. *Austral. J. Chem.* **17**, 484 - 488 (1964).

[72] Sober, H. A. (ed.). *Handbook of Biochemistry—Selected Data for Molecular Biology.* 2nd ed., CRC Press, Cleveland, 1970, pp. J-58-J-173.

[73] Sun, N.; Avdeef, A. Biorelevant pK_a (37 ℃) predicted from the 2D structure of the molecule and its pK_a at 25 ℃. *J. Pharm. Biomed. Anal.* **56**, 173 - 182 (2011).

[74] Abraham, M. H. Scales of hydrogen bonding—Their construction and application to physicochemical and biochemical processes. *Chem. Soc. Rev.* **22**, 73 - 83 (1993).

[75] Lanevskij, K.; Japertas, P.; Didziapetris, R.; Petrauskas, A. Ionization-specific prediction of blood-brain barrier permeability. *J. Pharm. Sci.* **98**, 122 - 134 (2008).

[76] Galster, H. *pH Measurement—Fundamentals, Methods, Applications, Instrumentation*, VCH, Weinheim, 1991.

[77] Buck, R. P.; Rondinini, S.; Covington, A. K.; Baucke, F. G. K.; Brett, C. M. A.; Camões, M. F.; Milton, M. J. T.; Mussini, T.; Naumann, R.; Pratt, K. W.; Spitzer, P.; Wilson, G. S. Measurement of pH. Definition, standards, and procedures (IUPAC Recommendations 2002). *Pure Appl. Chem.* **74**, 2169 - 2200 (2002).

[78] Bates, R. G. *Determination of pH—Theory and Practice*, 2nd ed. Wiley-Interscience, New York, 1973.

[79] ASTM Committee E15. Interlaboratory data for E70, test for pH of aqueous solutions with the glass electrode. American Society for Testing and Materials, Philadelphia, PA, August 1973.

[80] OECD (Organization for Economic Cooperation and Development). 1981. OECD Guidelines for Testing of Chemicals. Paris, France. (Available from Publications and Information Center, 1750 Pennsylvania Ave., NW, Washington, DC 20006.)

[81] Davison, W.; Woof, C. Performance tests for the measurement of pH with glass electrodes in low ionic strength solutions including natural waters. *Anal. Chem.* **57**, 2567 - 2570 (1985).

[82] Dunsmore, H. S.; Midgley, D. The calibration of glass electrodes in cells with liquid junction. *Anal. Chim. Acta* **61**, 115 - 122 (1972).

[83] Bates, R. G. The modern meaning of pH. *CRC Crit. Rev. Anal. Chem.* **10**, 247 - 278 (1981).

[84] Eisenman, G.; Bates, R.; Mattock, G.; Friedman, S. M. *The Glass Electrode*, Wiley-Interscience, New York, 1966.

[85] Westcott, C. C. pH *Measurements*, Academic Press, New York, 1978.

[86] Sprokholt, R.; Maas, A. H. J.; Rebelo, M. J.; Covington, A. K. Determination of the performance of glass electrodes in aqueous solutions in the physiological pH range and at the physiological sodium ion concentration. *Anal. Chim. Acta* **129**, 53 - 59 (1982).

[87] Comer, J. E. A.; Hibbert, C. pH electrode performance under automatic management conditions. *J. Auto. Chem.* **19**, 213 - 224 (1997).

[88] Avdeef, A.; Box, K. J.; Comer, J. E. A.; Gilges, M.; Hadley, M.; Hibbert, C.; Patterson, W.; Tam, K. Y. pH-metric log *P*. 11. pK_a determination of water-insoluble drugs in organic solvent-water mixtures. *J. Pharm. Biomed. Anal.* **20**, 631 - 641 (1999).

[89] Avdeef, A. *Sirius Technical Application Notes (STAN)*, Vol. 1, Sirius Analytical Instruments Ltd., Forest Row, UK, 1994.

[90] Avdeef, A.; Box, K. J. *Sirius Technical Application Notes (STAN)*. Vol. 2. Sirius Analytical Instruments Ltd., Forest Row, UK, 1995.

[91] May, P. M.; Williams, D. R.; Linder, P. W.; Torrington, R. G. The use of glass electrodes for the determination of formation constants—I. A definitive method for calibration. *Talanta* **29**, 249 - 256 (1982).

[92] Powell, H. K. J.; Taylor, M. C. A comment on the simultaneous determination of glass electrode parameters and protonation constants. *Talanta* **30**, 885 - 886 (1983).

[93] May, P. M. Simultaneous determination of glass electrode parameters and protonation constants. *Talanta* **30**, 899 - 900 (1983).

[94] Borge, G.; Fernāndez, L. A.; Madariaga, J. M. On the liquid junction potential for the determination of equilibrium constants by means of the potentiometric technique without constant ionic strength. *J. Electroanal. Chem.* **440**, 183 - 192 (1997).

[95] Sweeton, F. H.; Mesmer, R. E.; Baes, C. F. Jr. Acidity measurements at elevated temperatures. 7. Dissociation of water. *J. Solut. Chem.* **3**, 191 - 214 (1974).

[96] Vega, C. A.; Bates, R. G. Buffers for the physiological pH range: thermodynamic constants of four substituted aminoethanesulfonic acids from 5 to 50 ℃. *Anal. Chem.* **48**, 1293 - 1296 (1976).

[97] Bates, R. G.; Vega, C. A.; White, D. R. Jr. Standards for pH measurements in isotonic saline media of ionic strength I = 0.16. *Anal. Chem.* **50**, 1295 - 1300 (1978).

[98] Sankar, M.; Bates, R. G. Buffers for the physiological pH range: Thermodynamic constants of 3-(*N*-morpholino)propanesulfonic acid from 5 to 50 ℃. *Anal. Chem.* **50**, 1922 - 1924 (1978).

[99] Roy, R. N.; Gibbons, J. J.; Padron, J. L.; Moeller, J. Second-stage dissociation constants of piperazine-*N*,*N'*-bis (2-ethanesulfonic acid) monosodium monohydrate and related thermodynamic functions in water from 5 to 55 ℃. *Anal. Chem.* **52**, 2409 - 2412 (1980).

[100] Feng, D.; Koch, W. F.; Wu, Y. C. Second dissociation constant and pH of *N*-(2-hydroxyethyl)-piperazine-*N'*-2-ethanesulfonic acid from 0 to 50 ℃. *Anal. Chem.* **61**, 1400 - 1405 (1989).

[101] Feng, D.; Koch, W. F.; Wu, Y. C. Investigation of the interaction of HCl and three amino acids, HEPES, MOPSO and glycine, by EMF measurements. *J. Solut. Chem.* **21**, 311 - 321 (1992).

[102] Bates, R. G. In: Kolthoff, I. M.; Elving, P. J., eds. *Treatise on Analytical Chemistry*, Part I, Vol. 1, Interscience, New York, 1959, p. 361.

[103] Bates, R. G.; Paabo, M.; Robinson, R. A. Interpretation of pH measurements in alcohol-water solvents. *J. Phys. Chem.* **67**, 1833 - 1838 (1963).

[104] Paabo, M.; Bates, R. G., Robinson, R. A. Standardization of analytical data obtained with Ag-AgCl electrodes in CH_3OH-H_2O solvents. *Anal. Chem.* **37**, 462 - 464 (1965).

[105] Koch, W. F.; Biggs, D. L.; Diehl, H. Tris (hydroxymethyl) aminomethane—A primary standard? *Talanta* **22**, 637 - 640 (1975).

[106] Takács-Novák, K.; Box, K. J.; Avdeef, A. Potentiometric pK_a determination of water-insoluble compounds. Validation study in methanol/water mixtures. *Int. J.*

Pharm. **151**, 235 - 248 (1997).

[107] Avdeef, A.; Zelazowski, A. J.; Garvey, J. S. Cadmium binding by biological ligands. 3. Five- and seven-cadmium binding in metallothionein: A detailed thermodynamic study. *Inorg. Chem.* **24**, 1928 - 1933 (1985).

[108] Rossotti, R. J. C.; Rossotti, H. *The Determination of Stability Constants*, McGraw-Hill, New York, 1961.

[109] Rossotti, H. *Chemical Applications of Potentiometry*, D. Van Nostrand, London, 1969, pp. 41 - 47, 110 - 111.

[110] Orgován, G.; Noszál, B. Electrodeless, accurate pH determination in highly basic media using a new set of ^{1}H NMR pH indicators. *J. Pharm. Biomed. Anal.* **54**, 958 - 964 (2011).

[111] Bjerrum, N.; Unmack, A. *Kgl. Danske Videnskab. Selskab. Mat. -Fys. Medd.* **9**, 1, 126, 132, 141 (1929).

[112] Bjerrum, M. B.; Bjerrum, O. J. A celebration of inorganic lives—A survey of Jannik Bjerrum's life and Scientific work based upon his private notes and adapted to the present form by the authors. *Coord. Chem. Rev.* **139**, 1 - 16 (1995).

[113] de Ligny, C. L.; Rehbach, M. The liquid-liquid-junction potentials between some buffer solutions in methanol and methanol-water mixtures and a saturated KCl solution in water at 25 ℃. *Recl. Trav. Chim. Pays-Bas* **79**, 727 - 730 (1960).

[114] Mizutani, M. *Z. Physik. Chem.* **116**, 350 - 358 (1925).

[115] Mizutani, M. *Z. Physik. Chem.* **118**, 318 - 326 (1925).

[116] Mizutani, M. *Z. Physik. Chem.* **118**, 327 - 341 (1925).

[117] Hall, N. F.; Sprinkle, M. R. Relations between the structure and strength of certain organic bases in aqueous solution. *J. Am. Chem. Soc.* **54**, 3469 - 3485 (1932).

[118] Kolthoff, I. M.; Lingane, J. J.; Larson, W. D. The relation between equilibrium constants in water and other solvents. *J. Am. Chem. Soc.* **60**, 2512 - 2515 (1938).

[119] Kolthoff, I. M.; Guss, L. S. Ionization constants of acid-base indicators in methanol. *J. Am. Chem. Soc.* **60**, 2516 - 2522 (1938).

[120] Albright, P. S.; Gosting, L. J. *J. Am. Chem. Soc.* **68**, 1061 - 1063 (1946).

[121] Grunwald, E.; Berkowitz, B. J. The measurement and correlation of acid dissociation constants for carboxylic acids in the system ethanol-water. Activity coefficients and empirical activity functions. *J. Am. Chem. Soc.* **73**, 4939 - 4944 (1951).

[122] Gutbezahl, B.; Grunwald, E. The acidity and basicity scale in the system ethanol-water. The evaluation of degenerate activity coefficients for single ions. *J. Am. Chem. Soc.* **75**, 565 - 574 (1953).

[123] Marshall, P. B. Some chemical and physical properties associated with histamine antag-

onism. *Br. J. Pharmacol.* **10**, 270 – 278 (1955).

[124] Bacarella, A. L.; Grunwald, E.; Marshall, H. P.; Purlee, E. L. The potentiometric measurement of acid dissociation constants and pH in the system methanol-water. pK_a values for carboxylic acids and anilinium ions. *J. Org. Chem.* **20**, 747 – 762 (1955).

[125] Shedlovsky, T.; Kay, R. L. The ionization constant of acetic acid in water-methanol mixtures at 25 ℃ from conductance measurements. *J. Am. Chem. Soc.* **60**, 151 – 155 (1956).

[126] Edmonson, T. D.; Goyan, J. E. The effect of hydrogen ion and alcohol concentration on the solubility of phenobarbital. *J. Am. Pharm. Assoc.*, *Sci. Ed.* **47**, 810 – 812 (1958).

[127] Yasuda, M. Dissociation constants of some carboxylic acids in mixed aqueous solvents. *Bull. Chem. Soc. Jpn.* **32**, 429 – 432 (1959).

[128] de Ligny, C. L. The dissociation constants of some aliphatic amines in water and methanol-water mixtures at 25 ℃. *Recl. Trav. Chim. Pays-Bas* **79**, 731 – 736 (1960).

[129] de Ligny, C. L.; Luykx, P. F. M.; Rehbach, M.; Wienecke, A. A. The pH of some standard solutions in methanol and methanol-water mixtures at 25 ℃. 1. Theoretical part. *Recl. Trav. Chim. Pays-Bas* **79**, 699 – 712 (1960).

[130] de Ligny, C. L.; Luykx, P. F. M.; Rehbach, M.; Wienecke, A. A. The pH of some standard solutions in methanol and methanol-water mixtures at 25 ℃. 2. Experimental part. *Recl. Trav. Chim. Pays-Bas* **79**, 713 – 726 (1960).

[131] Yasuda, M.; Yamsaki, K.; Ohtaki, H. *Bull. Chem. Soc. Jpn* **23**, 1067 (1960).

[132] de Ligny, C. L.; Loriaux, H.; Ruiter, A. The application of Hammett is acidity function H_0 to solutions in methanol-water mixtures. *Recl. Trav. Chim. Pays-Bas* **80**, 725 – 739 (1961).

[133] Shedlovsky, T. The behaviour of carboxylic acids in mixed solvents. In: Pesce, B. (ed.). *Electrolytes*, Pergamon Press, New York, 1962, pp. 146 – 151.

[134] Long, F. A.; Ballinger, P. Acid ionization constants of alcohols in the solvents water and deuterium oxide. In: Pesce, B. (ed.). *Electrolytes*, Pergamon Press, New York, 1962, pp. 152 – 164.

[135] Gelsema, W. J.; de Ligny, C. L.; Remijnse, A. G.; Blijleven, H. A. pH-measurements in alcohol-water mixtures, using aqueous standard buffer solutions for calibration. *Recl. Trav. Chim. Pays-Bas* **85**, 647 – 660 (1966).

[136] Woolley, E. M.; Hurkot, D. G.; Hepler, L. G. Ionization constants for water in aqueous organic mixtures *J. Phys. Chem.* **74**, 3908 – 3913 (1970).

[137] Wooley, E. M.; Tomkins, J.; Hepler, L. G. Ionization constants for very weak organic acids in aqueous solution and apparent ionization constants for water in aqueous organ-

ic mixtures. *J. Solut. Chem.* **1**, 341 – 351 (1972).

[138] Fisicaro, E.; Braibanti, A. Potentiometric titrations in methanol/water medium: Inter-titration variability. *Talanta* **35**, 769 – 774 (1988).

[139] Esteso, M. A.; Gonzalez-Diaz, O. M.; Hernandez-Luis, F. F.; Fernandez-Merida, L. Activity coefficients for NaCl in ethanol-water mixtures at 25 ℃. *J. Solut. Chem.* **18**, 277 – 288 (1989).

[140] Papadopoulos, N.; Avranas, A. Dissociation of salicylic acid, 2, 4-, 2, 5- and 2, 6-dihydroxybenzoic acids in 1-propanol-water mixtures at 25 ℃. *J. Solut. Chem.* **20**, 293 – 300 (1991).

[141] Li, A.; Yalkowsky, S. Solubility of organic solutes in ethanol/water mixtures. *J. Pharm. Sci.* **83**, 1735 – 1740 (1994).

[142] Halle, J. -C.; Garboriaud, R.; Schaal, R. Etude electrochimique des melanges d'eau et de dimethylsulfoxyde. Produit ionique apparent et niveau d'acidite. *Bull. Soc. Chim.* 1851 – 1857 (1969).

[143] Halle, J. -C.; Garboriaud, R.; Schaal, R. Sur la realization de melanges tampons dans les milieux eau-DMSO. Application a l'etude de nitrodephenylamines. *Bull. Soc. Chim.* 2047 – 2053 (1970).

[144] Woolley, E. M.; Hepler, L. G. Apparent ionization constants of water in aqueous organic mixtures and acid dissociation constants of protonated co-solvents in aqueous solution *Anal. Chem.* **44**, 1520 – 1523 (1972).

[145] Yakolev, Y. B.; Kul'ba, F. Y.; Zenchenko, D. A. Potentiometric measurement of the ionic products of water in water-dimethylsulphoxide, water-acetonitrile and water-dioxane mixtures. *Russ. J. Inorg. Chem.* **20**, 975 – 976 (1975).

[146] Siow, K. -S.; Ang, K. -P. Thermodynamic of ionization of 2, 4-dinitrophenol in water-dimethylsulfoxide solvents. *J. Solut. Chem.* **18**, 937 – 947 (1989).

[147] Van Uitert, L. G.; Haas, C. G. Studies on coordination compounds. 1. A method for determining thermodynamic equilibrium constants in mixed solvents. *J. Am. Chem. Soc.* **75**, 451 – 455 (1953).

[148] Grunwald, E. Solvation of electrolytes in dioxane-water mixtures. In: Pesce, B. (ed.). *Electrolytes*, Pergamon Press, New York, 1962, pp. 62 – 76.

[149] Marshall, W. L. Complete equilibrium constants, electrolyte equilibria, and reaction rates. *J. Phys. Chem.* **74**, 346 – 355 (1970).

[150] Sigvartsen, T.; Songstadt, J.; Gestblom, B.; Noreland, E. Dielectric properties of solutions of tetra-iso-pentylammonium nitrate in dioxane-water mixtures. *J. Solut. Chem.* **20**, 565 – 582 (1991).

[151] Casassas, E.; Fonrodona, G.; de Juan, A. Solvatochromic parameters for binary mix-

tures and a correlation with equilibrium constants. 1. Dioxane-water mixtures. *J. Solut. Chem.* **21**, 147 - 162 (1992).

[152] Cavill, G. W. K.; Gibson, N. A.; Nyholm, R. S. *J. Chem. Soc.* 2466 - 2470 (1949).

[153] Garrett, E. R. Variation of pK_a'-values of tetracyclines in dimethylformamide-water solvents. *J. Pharm. Sci.* **52**, 797 - 799 (1963).

[154] Völgyi, G.; Ruiz, R.; Box, K.; Comer, J.; Bosch, E.; Takács-Novák, K. Potentiometric pK_a determination of water-insoluble compounds: Validation study in a new cosolvent system. *Anal. Chim. Acta* **583**, 418 - 428 (2007).

[155] Hawes, J. L.; Kay, R. L. Ionic association of potassium and cesium chloride in ethanol-water mixtures from conductance measurements at 25 °. *J. Phys. Chem.* **69**, 2420 - 2431 (1965).

[156] Slater, B.; McCormack, A.; Avdeef, A.; Comer, J. E. A. pH-metric log *P*. 4. Comparison of partition coefficients determined by shake-flask, HPLC and potentiometric methods. *J. Pharm. Sci.* **83**, 1280 - 1283 (1994).

[157] Takács-Novák, K.; Avdeef, A.; Podányi, B.; Szász, G. Determination of protonation macro- and microconstants and octanol/water partition coefficient of anti-inflammatory niflumic acid. *J. Pharm. Biomed. Anal.* **12**, 1369 - 1377 (1994).

[158] Avdeef, A.; Takács-Novák, K.; Box, K. J. pH-metric log *P*. 6. Effects of sodium, potassium, and *N*-CH_3-D-glucamine on the octanol-water partitioning with prostaglandins E1 and E2. *J. Pharm. Sci.* **84**, 523 - 529 (1995).

[159] Urakami, Y.; Kimura, N.; Okuda, M.; Inui, K. Creatinine transport by basolateral organic cation transporter hOCT2 in the human kidney. *Pharm. Res.* **21**, 976 - 981 (2004).

[160] Du Pré, S.; Mendel, H. The crystal structure of creatinine. *Acta Cryst.* **8**, 311 - 313 (1955).

[161] Mitchell, R. J. Improved method for specific determination of creatinine in serum and urine. *Clin. Chem.* **19**, 408 - 410 (1973).

[162] Wilson, J. P. Surface area of the small intestine in man. *Gut* **8**, 618 - 621 (1967).

[163] Leggett, D. J. SQUAD: stability quotients from absorbance data. In: Leggett, D. J. (ed.). *Computational Methods for the Determination of Formation Constants*, Plenum, New York, 1985, pp. 158 - 217.

[164] Lawson, C. L.; Hanson, R. J. *Solving Least Squares Problems*. Prentice-Hall, Englewood Cliffs, NJ, 1974.

[165] Tam, K. Y. BUFMAKE: A computer program to calculate the compositions of buffers of defined buffer capacity and ionic strength for ultraviolet spectrophotometry. *Comp.*

Chem. **23**, 415 - 419 (1999).

[166] Bevan, C. D.; Hill, A. P.; Reynolds, D. P. Patent Cooperation Treaty, WO 99/13328, 18 March 1999.

[167] Tsinman O, Tsinman K, Sun N, Avdeef A. Physicochemical selectivity of the BBB microenvironment governing passive diffusion—matching with a porcine brain lipid extract artificial membrane permeability model. *Pharm. Res.* **28**, 337 - 363 (2011).

[168] Niebergall, P. J.; Schnaare, R. L.; Sugita, E. T. Spectral determination of microdissociation constants. *J. Pharm. Sci.* **61**, 232 - 234 (1972).

[169] Streng, W. H. Microionization constants of commercial cephalosporins. *J. Pharm. Sci.* **67**, 666 - 669 (1978).

[170] Noszál, B. Microspeciation of polypeptides. *J. Phys. Chem.* **90**, 6345 - 6349 (1986).

[171] Noszál, B. Group constant: A measure of submolecular basicity. *J. Phys. Chem.* **90**, 4104 - 4110 (1986).

[172] Noszál, B.; Osztás, E. Acid-base properties for each protonation site of six corticotropin fragments. *Int. J. Peptide Protein Res.* **33**, 162 - 166 (1988).

[173] Noszál, B.; Sándor, P. Rota-microspeciation of aspartic acid and asparagine. *Anal. Chem.* **61**, 2631 - 2637 (1989).

[174] Nyéki, O.; Osztás, E.; Noszál, B.; Burger, K. Acid-base properties and microspeciation of six angiotensin-type octapeptides. *Int. J. Peptide Protein Res.* **35**, 424 - 427 (1990).

[175] Takács-Novák, K.; Noszál, B.; Hermecz, I.; Keresztúri, G.; Podányi, B.; Szász, G. Protonation equilibria of quinolone antibacterials. *J. Pharm. Sci.* **79**, 1023 - 1028 (1990).

[176] Noszàl, B.; Guo, W.; Rabenstein, D. L. Rota-microspeciation of serine, cysteine and selenocysteine. *J. Phys. Chem.* **95**, 9609 - 9614 (1991).

[177] Noszàl, B.; Rabenstein, D. L. Nitrogen-protonation microequilibria and C (2)-deprotonation microkinetics of histidine, histamine and related compounds. *J. Phys. Chem.* **95**, 4761 - 4765 (1991).

[178] Noszàl, B.; Kassai-Tanczos, R. Microscopic acid-base equilibria of arginine. *Talanta* **38**, 1439 - 1444 (1991).

[179] Takács-Novák, K.; Józan, M.; Hermecz, I.; Szász, G. Lipophilicity of antibacterial fluoroquinolones. *Int. J. Pharm.* **79**, 89 - 96 (1992).

[180] Noszàl, B.; Guo, W.; Rabenstein, D. L. Characterization of the macroscopic and microscopic acid-base chemistry of the native disulfide and reduced dithiol forms of oxytocin, arginine-vasopressin and related peptides. *J. Org. Chem.* **57**, 2327 - 2334 (1992).

[181] Takács-Novák, K.; Józan, M.; Szász, G. Lipophilicity of amphoteric molecules expressed by the true partition coefficient. *Int. J. Pharm.* **113**, 47 (1995).

[182] Cannon, J. B.; Krill, S. L.; Porter, W. R. Physicochemical properties of A-75998, an antagonist of luteinizing hormone releasing hormone. *J. Pharm. Sci.* **84**, 953–958 (1995).

[183] Tam, K. Y.; Avdeef, A.; Tsinman, O.; Sun, N. The permeation of amphoteric drugs through artificial membranes—An in combo absorption model based on paracellular and transmembrane permeability. *J. Med. Chem.* **53**, 392–401 (2010).

[184] Kortnum, G.; Vogel, W.; Andrussow, K. *Dissociation Constants of Organic Acids in Aqueous Solution*, Butterworths, London, 1961.

[185] Sillén, L. G.; Martell, A. E. *Stability Constants of Metal-Ion Complexes*, Special Publication No. 17, Chemical Society, London, 1964.

[186] Perrin, D. D. *Dissociation Constants of Organic Bases in Aqueous Solution*, Butterworths, London, 1965.

[187] Sillén, L. G.; Martell, A. E. *Stability Constants of Metal-Ion Complexes*, Special Publication No. 25, Chemical Society, London, 1971.

[188] Serjeant, E. P.; Dempsey, B. *Ionization Constants of Organic Acids in Aqueous Solution*, Pergamon, Oxford, 1979.

[189] Dagenais, C.; Avdeef, A.; Tsinman, O.; Dudley, A.; Beliveau, R. P-glycoprotein deficient mouse *in situ* blood-brain barrier permeability and its prediction using an in combo PAMPA model. *Eur. J. Pharm. Sci.* **38**, 121–137 (2009).

[190] Smith, R. M.; Martell, A. E. *Critical Stability Constants*, Vols. 1–6, Plenum Press, New York, 1974.

[191] Smith, R. M.; Martell, A. E.; Motekaitis, R. J. *NIST Critically Selected Stability Constants of Metal Complexes Database*, Version 5, NIST Standards Reference Database 46, US Department of Commerce, Gaithersburg, 1998.

[192] Bull, H. B. *An Introduction to Physical Biochemistry*, F. A. Davis Co., Philadelphia, 1964, pp. 155–161.

[193] Hamer, W. J.; Acree, S. F. *J. Res. Natl. Bur. Stand.* **23**, 647 (1939).

[194] Bates, R. G.; Hamer, W. J.; Manov, G. G.; Acree, S. F. *J. Res. Natl. Bur. Stand.* **29**, 183 (1942).

[195] Durst, R. A.; Koch, W. F.; Wu, Y. C. pH theory and measurement. *Ion-Select. Electrode Rev.* **9**, 173–196 (1987).

[196] Guggenheim, E. A. Studies of cells with liquid-liquid junctions. II. Thermodynamic significance and relationship to activity coefficients. *J. Phys. Chem.* **34**, 1758–1766 (1930).

[197] Harned, H. S.; Ehlers, R. W. The dissociation constant of acetic acid from 0 to 35°. *J. Am. Chem. Soc.* **54**, 1350 - 1357 (1932).

[198] Harned, H. S.; Ehlers, R. W. The dissociation constant of acetic acid from 0 to 60°. *J. Am. Chem. Soc.* **55**, 652 - 656 (1933).

[199] Henderson, P. *Z. Physik. Chem.* **59**, 118 (1907).

[200] Henderson, P. *Z. Physik, Chem.* **63**, 325 (1908).

[201] Hefter, G. T. Calculation of liquid junction potentials for equilibrium studies. *Anal. Chem.* **54**, 2518 - 2524 (1982).

[202] Sillén, L. G.; Ekedahl, E. On filtration through a sorbent layer. II. Experiments with an ion exchanger; theory, apparatus, and preliminary results. *Arkiv. Kemi.* **22A**, 1 - 12 (1946).

[203] Dyrssen, D. Studies on the extraction of metal complexes. IV. The dissociation constants and partition coefficients of 8-quinolinol (oxine) and *N*-nitroso-*N*-phenylhydroxylamine (cupferron). *Sv. Kem. Tidskr.* **64**, 213 - 224 (1952).

[204] Meites, L.; Steuhr, J. E.; Briggs, T. N. Simultaneous determination of precise equivalence point and p*K* values from potentiometric data: Single p*K* systems. *Anal. Chem.* **47**, 1485 - 1486 (1975).

[205] Clarke, F. H.; Cahoon, N. M. Ionization constants by curve fitting: determination of partition and distribution coefficients of acids and bases and their ions. *J. Pharm. Sci.* **76**, 611 - 620 (1987).

[206] Briggs, T. N.; Stuehr, J. E. Simultaneous determination of precise equivalence points and p*K* values from potentiometric data. Simple p*K* systems. *Anal. Chem.* **46**, 1517 - 1521 (1974).

[207] Nagypál, I.; Páka, I.; Zékány, L. Analytical evaluation of the derivatives used in equilibrium calculations. *Talanta* **25**, 549 - 550 (1978).

[208] Avdeef, A.; Raymond, K. N. Free metal and free ligand concentrations determined from titrations using only a pH electrode. Partial derivatives in equilibrium studies. *Inorg. Chem.* **18**, 1605 - 1611 (1979).

[209] Bevington, P. R. *Data Reduction and Error Analysis for the Physical Sciences*, McGraw-Hill, New York, 1969, pp. 164 - 246.

[210] Avdeef, A.; Zabronsky, J.; Stuting, H. H. Calibration of copper ion selective electrode response to *p*Cu 19. *Anal. Chem.* **55**, 298 - 304 (1983).

[211] Baes, C. F., Jr.; Mesmer, R. E. *The Hydrolysis of Cations*, Wiley-Interscience, New York, 1976, p. 439.

[212] Avdeef, A.; Tam, K. Y. How well can the Caco-2/MDCK models predict effective human jejunal permeability? *J. Med. Chem.* **53**, 3566 - 3584 (2010).

[213] Avdeef, A. ; Artursson, P. ; Neuhoff, S. ; Lazarova, L. ; Gräsjö, J. ; Tavelin, S. Caco-2 permeability of weakly basic drugs predicted with the Double-Sink PAMPA pK_a^{flux} method. *Eur. J. Pharm. Sci.* **24**, 333 – 349 (2005).

[214] Bendels, S. ; Tsinman, O. ; Wagner, B. ; Lipp, D. ; Parrilla, I. ; Kansy, M. ; Avdeef, A. PAMPA-excipient classification gradient maps. *Pharm. Res.* **23**, 2525 – 2535 (2006).

[215] Bermejo, M. ; Avdeef, A. ; Ruiz, A. ; Nalda, R. ; Ruell, J. A. ; Tsinman, O. ; González, I. ; Fernández, C. ; Sánchez, G. ; Garrigues, T. M. ; Merino, V. PAMPA—A drug absorption *in vitro* model. 7. Comparing rat *in situ*, Caco-2, and PAMPA permeability of fluoroquinolones. *Eur. J. Pharm. Sci.* **21**, 429 – 441 (2004).

[216] Avdeef, A. ; Tsinman, K. ; Tsinman, O. ; Sun, N. ; Voloboy, D. Miniaturization of powder dissolution measurement and estimation of particle size. *Chem. Biodiv.* **11**, 1796 – 1811 (2009).

[217] Avdeef, A. ; Chemotti, A. R., Jr. Cadmium binding by biological ligands. 4. Polynuclear complexes of cadmium with 2, 3-dimercaptopropane-1-sulphonic acid. *J. Chem. Soc. Dalton Trans.* 1189 – 1194 (1991).

[218] Avdeef, A. ; Brown, J. Cadmium binding by biological ligands. 2. formation of protonated and polynuclear complexes between cadmium and 2-mercaptoethylamine. *Inorg. Chim. Acta* **17**, 67 – 73 (1984).

[219] Avdeef, A. ; Kearney, D. L. Cadmium binding by biological ligands. 1. Formation of protonated polynuclear complexes between cadmium and D-penicillamine in aqueous solution. *J. Am. Chem. Soc.* **104**, 7212 – 7218 (1982).

[220] Avdeef, A. ; Sofen, S. R. ; Bregante, T. L. ; Raymond, K. N. Coordination isomers of microbial iron transport compounds. 9. Stability constants for catechol models of enterobactin. *J. Am. Chem. Soc.* **100**, 5362 – 5370 (1978).

[221] Avdeef A, Sun N. A new in situ brain perfusion flow correction method for lipophilic drugs based on the pH-dependent Crone-Renkin equation. *Pharm. Res.* **28**, 517 – 530 (2011).

[222] Österberg, T. ; Svensson, M. ; Lundahl, P. Chromatographic retention of drug molecules on immobilized liposomes prepared from egg phospholipids and fro chemically pure phospholipids. *Eur. J. Pharm. Sci.* **12**, 427 – 439 (2001).

[223] Beckett, A. H. Analgesics and their antagonists: Some steric and chemical considerations. I. The dissociation constants of some tertiary amines and synthetic analgesics, the conformations of methadone-type compounds. *J. Pharm. Pharmacol.* **8**, 848 – 859 (1956).

[224] Hansen, B. Kinetics of the hydrolytic cleavage of organic protolytes. *Acta Chem.*

Scand. **12**, 324 – 331 (1958).

[225] Avdeef, A.; Box, K. J.; Comer, J. E. A.; Hibbert, C.; Tam, K. Y. pH-metric log *P*. 10. Determination of vesicle membrane-water partition coefficients of ionizable drugs. *Pharm. Res.* **15**, 208 – 214 (1997).

[226] Avdeef, A.; Berger, C. M.; Brownell, C. pH-metric solubility. 2. Correlation between the acid-base titration and the saturation shake-flask solubility-pH methods. *Pharm. Res.* **17**, 85 – 89 (2000).

[227] Leeson, L. J.; Krueger, J. E.; Nash, R. A. Concerning the structural assignment of the second and third acidity constants of the tetracycline antibiotics. *Tetrahedron Lett.* **18**, 1155 – 1160 (1963).

[228] Avdeef, A.; Berger, C. M. pH-metric solubility. 3. Dissolution titration template method for solubility determination. *Eur. J. Pharm. Sci.* **14**, 271 – 280 (2001).

[229] Omari, M. M. A.; Zughui, M. B.; Davies, J. E. D.; Badwan, A. A. Thermodynamic enthalpy-entropy compensation effects observed in the complexation of basic drug substrates with b-cyclodextrin. *J. Incl. Phenom. Macrocyc. Chem.* **57**, 379 – 384 (2007).

[230] Takács-Novák, K.; Avdeef, A. Interlaboratory study of log *P* determination by shake-flask and potentiometric methods. *J. Pharm. Biomed. Anal.* **14**, 1405 – 1413 (1996).

[231] Yalkowsky, S. H.; Zografi, G. Potentiometric titration of monomeric and micellar acylcarnitines. *J. Pharm. Sci.* **59**, 798 – 802 (1970).

[232] Fallab, S.; Vögtli, W.; Blumer, M.; Erlenmeyer. Zur Kenntnis. der *p*-aminosalicylsäure. *Helv. Chim. Acta* **34**, 26 – 27 (1951).

[233] Wouters, J.; Michaux, C.; Durant, F.; Dogné, J. M.; Delarge, J.; Masereel, B. Isoterism among analogues of torsemide: Conformational, electronic and lipophilic properties. *Eur. J. Med. Chem.* **35**, 923 – 930 (2000).

[234] Escher, B. I.; Berger, C.; Bramaz, N.; Kwon, J.-H.; Richter, M.; Tsinman, O.; Avdeef, A. Membrane-water partitioning, membrane permeability and non-target modes of action in aquatic organisms of the parasiticides ivermectin, ablendazole and morantel. *Envir. Tox. Chem.* **27**, 909 – 918 (2008).

[235] Wan, H.; Holmen, A. G.; Wang, Y.; Lindberg, W.; Englund, M.; Nagard, M. B.; Thompson, R. A. High-throughput screening of pK_a values of pharmaceuticals by pressure-assisted capillary electrophoresis and mass spectrometry. *Rapid Commun. Mass Spetrom.* **17**, 2639 – 2648 (2003).

[236] Dawson, R. M. C.; et al. *Data for Biochemical Research.* Oxford, Clarendon Press, 1959.

[237] Schill, G. Photometric determination of amines and quaternary ammonium compounds

with bromothymol blue. Part 5. Determination of dissociation constants of amines. *Acta Pharm. Suec.* **2**, 99 – 108 (1965).

[238] Hemelmann, F. W. Untersuchungen met Xipamid (4-Chlor-5-sulfamoyl-2′,6′-salicyloxylidid). Teil I. Physicalisch-chemische und chemische Eigenschaften. *Arzneim. -Forsch.* **27**, 2140 – 2143 (1977).

[239] Völgyi, G.; Baka, E.; Box, K.; Comer, J.; Takács-Novák, K. Study of pH-dependent solubility of organic bases. Revisit of Henderson-Hasselbalch relationship. *Anal. Chim. Acta* **673**, 40 – 46 (2010).

[240] Ross, D. L.; Riley, C. M. Aqueous solubilities of some variously substituted quinolone antimicrobials. *Int. J. Pharm.* **63**, 237 – 250 (1990).

[241] Pinsuwan, S.; Alvarez-Núñez, F. A.; Tabibi, S. E.; Yalkowsky, S. H. Spectrophotometric determination of acidity constants of 4-dedimethylamino sancycline (Col-3), a new anti-tumor drug. *Int. J. Pharm.* **181**, 31 – 40 (1999).

[242] Bell, P. H.; Roblin, R. O. Jr. Studies in chemotherapy. VII. A theory of the relation of structure to activity of sulfanilamide type compounds. *J. Am. Chem. Soc.* **64**, 2905 – 2917 (1942).

[243] Garrido, G.; Rafols, C.; Bosch, E. Acidity constants in methanol/water mixtures of polycarboxylic acids used in drug salt preparations. Potentiometric determination of aqueous pK_a values of quetiapin formulated as a hemifumerate. *Eur. J. Pharm. Sci.* **28**, 118 – 127 (2006).

[244] Avdeef, A. High-throughput measurements of solubility profiles. In: Testa, B.; van de Waterbeemd, H.; Folkers, G.; Guy, R. (eds.). *Pharmacokinetic Optimization in Drug Research*, Verlag Helvetica Chimica Acta, Zürich; and Wiley-VCH, Weinheim, 2001, pp. 305 – 326.

[245] Caron, G.; Steyaert, G.; Pagliara, A.; Reymond, F.; Crivori, P.; Gaillard, P.; Carrupt, P. -A.; Avdeef, A.; Comer, J.; Box, K. J.; Girault, H. H.; Testa, B. Structure-lipophilicity relationships of neutral and protonated β-blockers, part I: Intra and intermolecular effects in isotropic solvent systems. *Helv. Chim. Acta*, **82**, 1211 – 1222 (1999).

[246] Chamberlain, K.; Evans, A. A.; Bromilow, R. H. 1-Octanol/water partition coefficients (K_{ow}) and pK_a for ionizable pesticides measured by a pH-metric method. *Pest. Sci.* **47**, 265 – 271 (1996).

[247] Genty, M.; González, G.; Clere, C.; Desangle-Gouty, V.; Legendre, J. -Y. Determination of the passive absorption through the rat intestine using chromatographic indices and molar volume. *Eur. J. Pharm. Sci.* **12**, 223 – 229 (2001).

[248] Kaufman, J. J.; Semo, N. M.; Koski, W. S. Microelectrometric titration measure-

ment of the pK_a's and partition and drug distribution coefficients of narcotics and narcotic antagonists and their pH and temperature dependence. *J. Med. Chem.* **18**, 647 - 655 (1975).

[249] McFarland, J. W.; Berger, C. M.; Froshauer, S. A.; Hayashi, S. F.; Hecker, S. J.; Jaynes, B. H.; Jefson, M. R.; Kamicker, B. J.; Lipinski, C. A.; Lundy, K. M.; Reese, C. P.; Vu, C. B. Quantitative structure-activity relationships among macrolide antibacterial agents: *in vitro* and *in vivo* potency against *Pasteurella multocida*. *J. Med. Chem.* **40**, 1340 - 1346 (1997).

[250] Balon, K.; Mueller, B. W.; Riebesehl, B. U. Determination of liposome partitioning of ionizable drugs by titration. *Pharm. Res.* **16**, 802 - 806 (1999).

[251] Avdeef, A. pH-metric solubility. 1. Solubility-pH profiles from Bjerrum plots. Gibbs buffer and pK_a in the solid state. *Pharm. Pharmacol. Commun.* **4**, 165 - 178 (1998).

[252] Faller, B.; Wohnsland, F. Physicochemical parameters as tools in drug discovery and lead optimization. In: Testa, B.; van de Waterbeemd, H.; Folkers, G.; Guy, R. (eds.). *Pharmacokinetic Optimization in Drug Research*, Verlag Helvetica Chimica Acta, Zürich; and Wiley-VCH, Weinheim, 2001, pp. 257 - 274.

[253] Winiwarter, S.; Bonham, N. M.; Ax, F.; Hallberg, A.; Lennernäs, H.; Karlen, A. Correlation of human jejunal permeability (*in vivo*) of drugs with experimentally and theoretically derived parameters. A multivariate data analysis approach. *J. Med. Chem.* **41**, 4939 - 4949 (1998).

[254] Fraczkiewicz, R. *In silico* prediction of ionization. In: Testa, B.; van de Waterbeemd, H. (eds.). *Comprehensive Medicinal Chemistry II*, Elsevier: Oxford, UK, 2007, pp. 603 - 626.

[255] Lee, A. C.; Crippen, G. M. Predicting pK_a. *J. Chem. Inf. Model.* **49**, 2013 - 2033 (2009).

[256] Marosi, A.; Kovacs, Z.; Beni, S.; Kokosi, J.; Noszal, B. Triprotic acid-base microequilibria and pharmacokinetic sequelae of cetirizine. *Eur. J. Pharm. Sci.* **37**, 321 - 328 (2009).

4 辛醇 - 水分配

本章讨论亲脂性。“脂质吸引”的分子特性传统上是由辛醇 - 水分配系数 $\log P_{OCT}$（或简称为 $\log P$）来确定的。$\log P_{OCT}$作为特性或生物活性预测模型的组成部分，广泛应用于医药、农业化学、环境等领域。对于可电离分子，该系数取决于 pH，并称为分布（或表观分配）系数，也称为 $\log D_{OCT}$（或简称为 $\log D$）。在很宽的 pH 范围内，当 $\log D_{OCT}$显示为 pH 的函数时，单质子分子呈现一条 S 形曲线。在此曲线的顶部，$\log D_{OCT}$等于 $\log P^N$（$\log P_{OCT}$），该常数描述中性物质的分配。在 S 形曲线的底部，$\log D_{OCT}$等于 $\log P^I$，这与电离物质的分配有关（带电药物与来自电解溶液的反离子配对）。S 形曲线的顶部弯曲出现在 pH 等于分子的 pK_a处。底部弯曲出现的 pH 被定义为“辛醇 - pK_a”，即 pK_a^{OCT}。本书简要回顾了几种测定分配系数的实验方法，其中详细介绍了 Dyrssen 双相电位法，并指出了研究化合物 $\log P_{OCT}$预测方法的局限性。关于 10 个普鲁卡因类似物的案例研究讨论了影响分配系数的基本溶剂化特性。本章末尾列出了包含大约 350 个分子的 $\log P^N$、$\log P^I$和 $\log D$（pH 7.4）值的数据库。

4.1 OVERTON - HANSCH 模型

Overton - Hansch 分析[1-3]的核心是使用 $\log P$ 或 $\log D$ 来预测生物活性。关于这些参数的测量和应用已讨论了很多[1-32]。Bernard Testa 教授组织的四次国际会议（$\log P$ 1995 年、2000 年、2004 年、2009 年）（洛桑）专门讨论了这一主题[33-36]。

Dearden 和 Bresnen[12]、Hersey 等[13]和 Krämer 等[37]描述了如何测量 $\log P/\log D$：要使用哪些技术，要注意哪些陷阱，要考虑脂质：水的体积相关研究使辛醇的结构变得更容易理解[7-8]，对“水阻力”问题进行了研究[14-15]，还探索了除辛醇之外的分配溶剂（$CHCl_3$、各种烷烃、PGDP 和 1，2 - 二氯乙烷）对其氢键供体/受体性质的影响[3,16,28-29,38]。Seiler[17]提出的 $\Delta\log P$ 概念得到了进一步的验证[18-19,24]。从二维结构预测氢键影响因素的方法得到了扩展[21-27]。氢键被认为是“药物设计中的最后一个谜”[20]。Testa 和同事提出的“分子变色龙”概念被应用于吗啡葡糖苷酸构象敏感性分配的分子内效应研究[28-30,38]。还有文献报道，将橄榄油作为预测脂肪组织分配的模型溶剂[31]。

今天，几乎每一位从业药剂学家都知道 log P 和 log D 的区别[39-46]，并对两性电解质和带电物质的分配行为有了更好的理解[47-61]。micro - log P 的概念被正式化了[9,11,43,45]。对快速高效液相色谱法进行微调来测定 log P [62-68]。毛细管电泳法[69-71]测定 log P 引起了相当大的兴趣，文献报道了一种准确且快速（2 h）的使用透析管从正辛醇相分离水相的方法，该法准确（与摇瓶法相比）且快速（2 h）[72]。电位法测定 log P 的方法已成熟并获得认可[9-10,17,37-38,73-122]。通过对药物进入脂质体中的分配研究，使我们对带电两亲物质的膜相互作用有了一些非凡的新见解（参见第 5 章）。对高通量测量的需求促使几种技术缩放到 96 孔微量滴定板上开展实验[64]。

4.2 平衡四分体

药物在水和脂质之间的分配与化学平衡有关。对于一元弱酸（和碱），分配平衡可以表示为：

$$HA \rightleftharpoons HA_{ORG} \quad (B \rightleftharpoons B_{ORG})。 \tag{4.1}$$

质量作用定律（第 3 章）规定了反应物和产物的浓度关系。所以，分配系数的平衡常数被称为商：

$$P_{HA} = P^N = [HA]_{ORG}/[HA] \quad (P_B = P^N = [B]_{ORG}/[B])。 \tag{4.2}$$

式中，[HA]（[B]）为游离酸（游离碱）水溶液浓度，单位为摩尔/升，ORG 下标项为油相中有机溶剂的浓度，摩尔/升[106]。当直接测定分配系数时，通常通过紫外光谱法或高效液相色谱法分析测定水溶液浓度，并通过质量平衡推断油相对应物浓度[12]。

不仅中性物质，带电物质也可以分配到有机相，尽管通常是小得多的程度：

$$A \rightleftharpoons A^-_{ORG} \quad (BH^+ \rightleftharpoons BH^+_{ORG})。 \tag{4.3}$$

$$P_A = P^I_{(-)} = [A^-]_{ORG}/[A^-] \quad (P_{BH} = P^I_{(+)} = [BH^+]_{ORG}/[BH^+])。 \tag{4.4}$$

符号 P 在其他地方同时用于分配系数和渗透率，为了避免可能的混淆，这里使用的符号 P 仅指分配系数（或表观分配系数）：P、P_{OCT}、P^N、P^I、$P^I_{(+)}$、$P^I_{(-)}$、D、D_{OCT}、$D_{7.4}$。为了区分中性物质和电离物质的分配系数，可以使用符号 P^N 和 P^I [式（4.2）和式（4.4）]。在 P（而不是 D）的情况下，对于特定物质（如 P_{HA}、P_{H2A}、P_B、P_{BH} 等），可以添加一个明确的下标，并在上下文隐含相应的电荷。

在方框图（图 4.1 [3,45,50]）中可以很方便地总结出各种反应，并用弱碱普萘洛尔的平衡来说明。图 4.1 中是一个标记 pK_a^{OCT} 的方程。这个常数指的是“辛醇” pK_a，这是 Scherrer 首次使用的术语[50]。当正辛醇中未带电物质和带电物质的浓度相等时，该点时的水溶液 pH 限定 pK_a^{OCT}，对于弱酸，则表示为：

$$HA_{ORG} \rightleftharpoons A^-_{ORG} + H^+; K_a^{OCT} = [H^+][A^-]_{ORG}/[HA]_{ORG}。 \tag{4.5}$$

方框图的一个特点是，分配系数之间的差等于两个 pK_a 值之间的差[39,45,50,121]。

$$diff \log P = \log P^N - \log P^I = \pm \ (\mathrm{p}K_a^{\mathrm{OCT}} - \mathrm{p}K_a)。 \tag{4.6}$$

其中，“±”对于酸为“+”，对于碱为“－”。在方框图中，如果已知平衡常数中的任何3个，则第4个平衡常数可以很容易地根据式（4.6）计算出来。

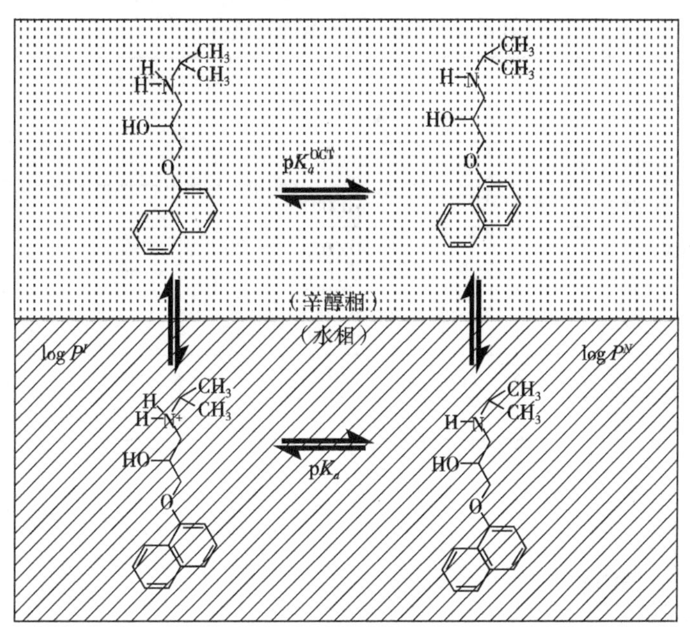

图 4.1　辛醇－水四元平衡

（转载自 AVDEEF A. Curr. Topics Med. Chem.，2001，1：277－351。经 Bentham Science Bentham，Ltd. 许可复制）

在油水比高的混合物中，当 pH < 2.5 时，HCl 会明显地分配到溶液中；当 pH > 11.5 时，KOH 也会明显地分配到溶液中[54,79]。已经讨论了反映这些注意事项的扩展方框图[45]。

4.3　条件常数

式（4.4）和式（4.5）中的常数是条件常数。其值取决于恒定离子介质参比状态下使用的本底盐（参见3.7节）。在所考虑的分配反应中，电离物质迁移到油相时同步生成一个反离子，从而形成一个净电荷——中性离子对。反离子（及带电药物）的亲脂性和浓度影响离子对常数的值。这在0.125 M本底盐浓度下，于 pH 3.9（pK_a 9.50）时氯丙嗪的带电形式在正辛醇中的分配研究中得到了很好的证实[47]：$P^I_{(+)}$ = 56（KBr），55（$NaPrSO_3$），50（KNO_3），32（KCl，NaCl），31（NH_4Cl），26（Me_4NCl），25（$NaEtSO_3$），19（Et_4NCl），16（Pr_4NCl），15（Na_2SO_4，$NaMeSO_3$），13（KCl + 2 M 尿素）和5（未使用额外盐），从而表明反离子亲脂性等级：$Br^- > PrSO_3^- > NO_3^- > Cl^- > EtSO_3^- > SO_4^+$、$MeSO_3^-$。沿着这个思路，van der Geisen 和 Janssen 描述了另一个例子[49]。

他们观察到 pH 11 时，华法林的 $\log P^{I}_{(-)} = 1.00 \log [Na^+] + 0.63$，与钠浓度成函数关系（参见图 7.9）。在以下所有关于离子对的讨论中，除非另有说明，均假设 0.15 M KCl 或 NaCl 为本底盐浓度。弱酸 log *P* 温度依赖关系见表 4.1。

表 4.1　弱酸 log *P* 温度依赖关系[a]

化合物	$\partial \log P / \partial T$ (K^{-1})	
	$\log P_{OCT/W}$	$\log P_{环己烷/W}$
4-HO-苯甲酸	-0.013	
4-Me-苯甲酸	-0.007	0.004
苯酚	-0.005	0.013
4-Me-苯酚	-0.005	0.009
2，4-Me_2-苯酚	-0.006	0.009
4-Cl-苯酚	-0.006	0.008
4-MeO-苯酚	0.009	

[a] 25 ℃。

4.4　log *P* 数据源

Leo 等在 1971 年综述中汇总了log *P*的值大列表[2]，目前网络上也有可用的商业数据库[2,123,124]，其中最著名的是 Pomona College MedChem 数据库[125]，包含 53 000 个 log *P* 值，11 000 个被确认为高质量的，即"log *P* - star"列表。（目前还没有关于 log *D* 值的相对广泛的列表的报道）在本章末尾，表 4.3 列出了大多数类药物分子的一组可靠的辛醇-水 $\log P^N$、$\log P^I$和 $\log D_{7.4}$值，这些值主要是通过 pH 测定法测定的。

4.5　log *D* 亲脂性曲线

分布系数 *D* 仅用于可电离分子的情况[39-46]。对于不可电离分子，*D* 和 *P* 表达含义是相同的。式（4.2）中定义的分配系数 *P* 指单个物质的浓度比。相反，分布系数 *D* 指的是一组物质，且依赖于可电离药物的 pH。一般来说，*D* 被定义为溶解于脂质相中物质的所有电荷状态形式的浓度总和除以溶解于水中的这些形式的浓度总和。

图 4.2a、图 4.3a 和图 4.4a 显示了酸（布洛芬）、碱（氯丙嗪）和两性电解质（吗啡）的亲脂性曲线（log *D* 相对于 pH）的实例。图 4.2a 和图 4.3a 中的平坦区域显示，log *D* 值已达到渐近线（零斜率）极限，此时它们等于 log *P*：一端为 $\log P^N$；另一端为 $\log P^I$（图 4.4a 中的吗啡实例并没有显示可测量的离子对分配）。曲线中的其他区域的斜率为 -1（图 4.2a）或 1（图 4.3a）或 ±1（图 4.4a）。布洛芬在 0.15 M KCl 中

的辛醇－水 log P_{HA}为 3.97（由平坦区域所示，pH <4，图 4.2a）且离子对 log P_A为－0.05（平坦区域，pH >7）[78]。同样在 0.15 M KCl 中，氯丙嗪的 log P_B为 5.40 且离子对 log P_{BH}为 1.67（图 4.3a）[78]。当 pH <6 时，离子与碱基的配对变得显著。适用于整个 pH 范围内的单质子酸和碱（通用符号 X）的描述 S 状曲线的方程为：

$$\log D = \log\left(P_X + P_{XH}10^{-(\mathrm{p}K_a - pH)}\right) - \log\left(1 + 10^{+(\mathrm{p}K_a - pH)}\right)。\quad (4.7)$$

根据上述方程：对于弱酸，$P_{XH} > P_X$，log D 曲线随 pH 的增大而下降；对于弱碱，$P_X > P_{XH}$，log D 曲线随 pH 的增大而上升。

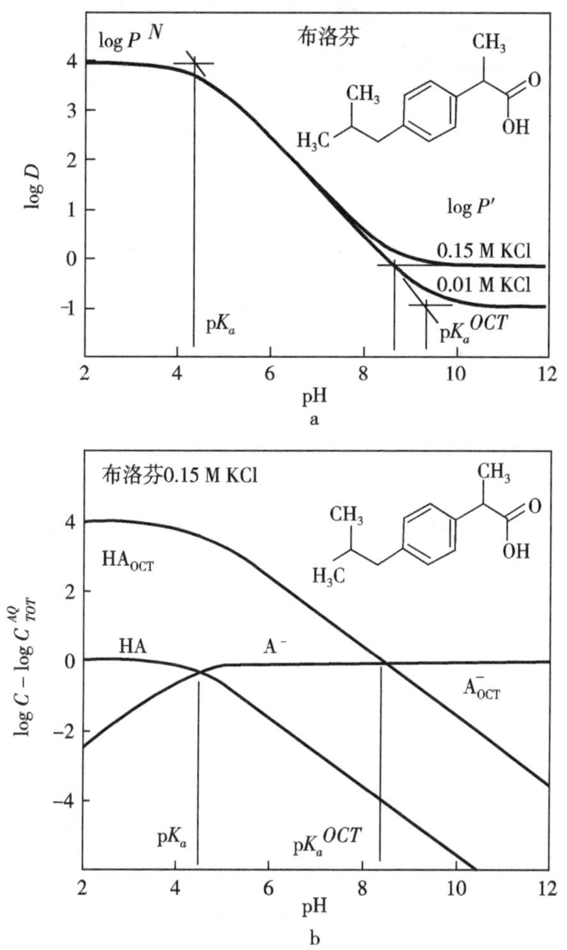

图 4.2　弱酸（布洛芬）在两个本底盐值下的亲脂性曲线及 0.15 M KCl 下的 log－log 形成图

（转载自 AVDEEF A. Curr. Topics Med. Chem.，2001，1：277－351。经 Bentham Science Bentham，Ltd. 许可复制）

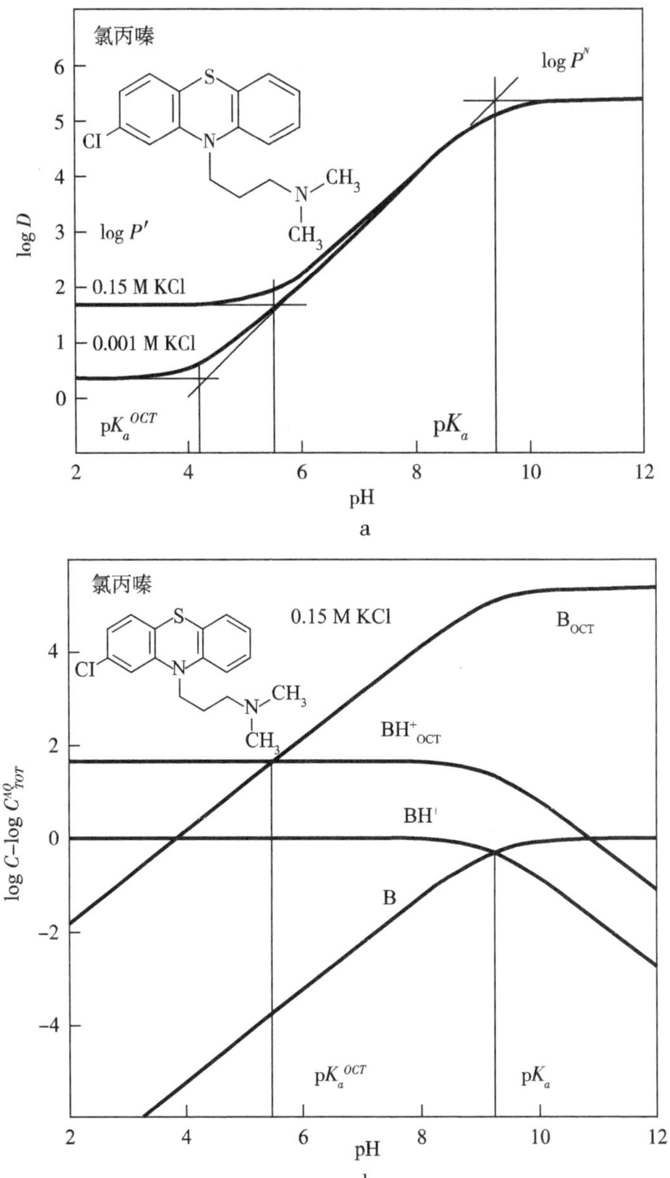

图 4.3 弱碱（氯丙嗪）在两个本底盐值下的亲脂性曲线
及 0.15 M KCl 下的 log－log 形成图

（转载自 AVDEEF A. Curr. Topics Med. Chem.，2001，1：277－351。经 Bentham Science Bentham，Ltd. 许可复制）

对于多质子分子 X，分配比通常被定义为

$$D=\frac{[X_{tot}]_{ORG}}{[X_{tot}]}=\left(\frac{[X_{tot}]'_{ORG}}{[X_{tot}]}\right)\cdot\frac{1}{r}=\left(\frac{[X]'_{ORG}+[XH]'_{ORG}+[XH_2]'_{ORG}+\cdots\cdots}{[X]+[XH]+[XH_2]+\cdots\cdots}\right)\cdot\frac{1}{r}。\tag{4.8}$$

其中，r 是脂质－水体积比 v_{ORG}/v_{H_2O}。以溶解于有机相中的物质的量与水相体积的商来定义始发量（primed quantity）（单位为 mol/L）。

例如，A^- 和 HA，即弱酸的脱质子和单质子形式，都被分配到有机相中，就可以得到

$$P_A = \frac{[A^-]_{ORG}}{[A^-]} = \left(\frac{[X_{tot}]'_{ORG}}{[X_{tot}]}\right) \cdot \frac{1}{r}。\tag{4.9a}$$

$$P_{HA} = \frac{[HA]_{ORG}}{[HA]} = \left(\frac{[HA]'_{ORG}}{[HA]}\right) \cdot \frac{1}{r}。\tag{4.9b}$$

重新排列上面的两个方程，得到：

$$[A^-]'_{ORG} = r P_A [A^-]。\tag{4.10a}$$

$$[HA]'_{ORG} = r P_A [A^-][H^+]/K_a = rP_A [A^-] 10^{+(pK_a - pH)}。\tag{4.10b}$$

将式（4.10）代入式（4.8），产生：

$$\begin{aligned} D &= \left(\frac{[A^-]'_{ORG} + [HA]'_{ORG}}{[A^-] + [HA]}\right) \cdot \frac{1}{r} \\ &= \left(\frac{r P_A [A^-] + r P_{HA} [A^-] 10^{+(pK_a - pH)}}{[A^-] + [A^-] 10^{+(pK_a - pH)}}\right) \cdot \frac{1}{r} \\ &= \left(\frac{P_A + P_{HA} 10^{+(pK_a - pH)}}{1 + 10^{+(P_p - pH)}}\right)。\end{aligned}\tag{4.11}$$

注意，D 表达式中的辛醇－水比和浓度项 $[A^-]$ 和 [HA] 因子：D 仅取决于 pK_a、pH 和溶液中给定反离子水平的分配系数。

作为另一个例子，假设双质子弱酸，上述步骤产生

$$D = \left(\frac{P_A + P_{HA} 10^{+(pK_{a2} - pH)} + P_{H_2A} 10^{+(pK_{a2} + pK_{a1} - 2pH)}}{1 + 10^{+(pK_{a2} - pH)} + 10^{+(pK_{a2} + pK_{a1} - 2pH)}}\right)。\tag{4.12}$$

这里，P_A 是指二阶阴离子的离子对分配系数，P_{HA} 是指该阴离子的分配系数，P_{H_2A} 是指中性物质的分配系数。如果没有发生离子对分配，则式（4.12）进一步简化为

$$\log D = \log P^N - \log(1 + 10^{-(pK_{a1} - pH)} + 10^{-(pK_{a2} + pK_{a1} - 2pH)})。\tag{4.13}$$

式（4.8）可应用于许多亲脂性计算。特定化学计量比的方程式已在其他地方列表，而不是如式（4.11）和式（4.12）所示[45]。

亲脂性曲线的另一个有用性质是，在水平渐近线与对角线相交的点（其中斜率 $d \log D/d\ pH = \pm 0.5$[45]）处指示 pK_a。在图 4.2a 中，pK_a 和 pK_a^{OCT}（$I = 0.15$ M）值分别为 4.45 和 8.47；在图 4.3a 中，这两个值分别为 9.24 和 5.51。由于 pK_a^{OCT} 与离子配对有关，其值取决于溶液中反离子的浓度，如上所述。这在图 4.2a 和图 4.3a 中是明显的。

令人惊讶的是，对于一些具有重叠的 pK_a 值的两性分子，最大 $\log D$（图 4.4a 中的 0.76）的区域不等于 $\log P^N$（吗啡的值为 0.89[78-79]）。当 $pK_{a2} - pK_{a1}$ 减小（更多重叠）时，$\log P^N - \log D^{max}$ 增大（更大间隙）。

图 4.2b、图 4.3b 和图 4.4b 是 log－log 形成图，显示以总水样浓度为单位的物质浓度。（Scherrer[50] 描述了类似的曲线）。图 4.2b 中最上面的曲线显示了辛醇中未带电物质的浓度随 pH 的变化。如果只有未带电物质渗透跨过脂膜（pH 分配假说），则该曲线

应比 log D 曲线更能预测生物活性。log $[B]_{OCT}$相对于 pH 曲线类似于 log D，但没有离子对的贡献。

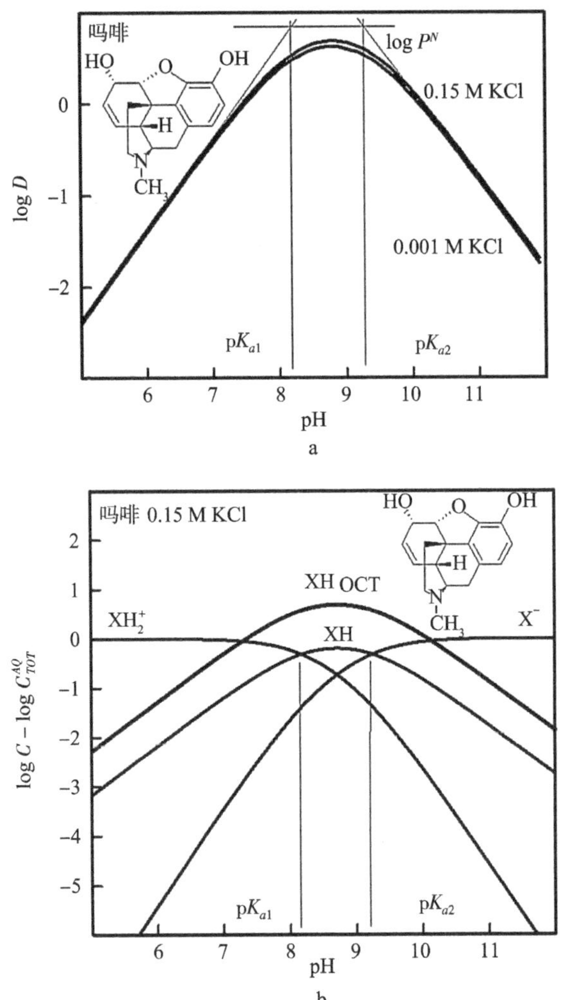

图 4.4　两性电解质（吗啡）在两个本底盐值下的亲脂性曲线
及 0.15 M KCl 下的 log－log 形成图

（转载自 AVDEEF A. Curr. Topics Med. Chem.，2001，1：277－351。经 Bentham Science Bentham，Ltd. 许可复制）

4.6　离子对分配

4.6.1　季铵盐药物的分配

Takács－Novák 和 Szász [61]研究了口服季铵盐药物（在生理 pH 范围内始终带电）的辛醇－水分配行为，如丙胺太林（propanetheline）、trantheline、乙菲啶和新斯的明

（其他永久带电分子见图 7.57）。丙胺太林的口服吸收率为 10%，而新斯的明在 GIT 的吸收非常差[126]。与此一致的是，溴盐的辛醇 - 水 log *P* 范围为 -3 ~ -1.1[61]。然而，在胆汁脱氧胆酸盐 50 倍过量的情况下，乙菲啶的表观分配系数 log *P* 升至 2.18。类似地，当季铵盐药物与前列腺素阴离子结合时，log *P* 数值增加了，表明内源亲脂性反离子可能在季铵盐药物的胃肠道吸收中发挥作用。

4.6.2 多质子药物的同离子效应和 log *D*

在上面例子的情况下，简单盐的离子对分配效应不足为奇。然而，多质子分子的分配需要额外考虑。带电分子（包括两性离子如氨基酸和肽及普通的两性电解质）的分配行为可能是一个复杂的过程[39,46,48,52-53,55-59,127]。这些分子有时在整个生理 pH 范围内带电。Scherrer 提出了基于 $pK_a - pK_a^{OCT}$ 关系的两性电解质的分类体系[46]。这是一个需要理解的重要话题，因为这些分子的口服吸收可能很差，而且克服某些局限性的方法是众多努力的焦点。

当通过摇瓶或分配色谱法（使用亲水性缓冲液控制 pH）进行肽的 log *D* 与 pH 测量时，通常曲线的形状是抛物线[127]（参考文献［52］中的图 1），最大 log *D* 值对应于等电点处的 pH（接近 pH 5 ~6）。

出乎意料的是，当使用电位法表征同一肽[45]时，所产生的曲线是个阶跃函数，如图 4.5 中针对二肽 Trp - Phe 的实线所示。尽管曲线有很大差异，但这两个的结果（抛物线 vs. 阶跃）都是正确的。这种差异的原因在于带电物质的分配：反离子（来自本底盐或缓冲液）起着重要作用。在电位法中，通过向具有 0.15 M 生理水平的盐（KCl 或 NaCl）的溶液中添加 HCl 或 KOH 来控制 pH。因此，分配介质始终至少含有 0.15 M K^+ 和 Cl^-，这有助于形成离子对。在讨论结果时，并不总是考虑缓冲液在摇瓶或 HPLC

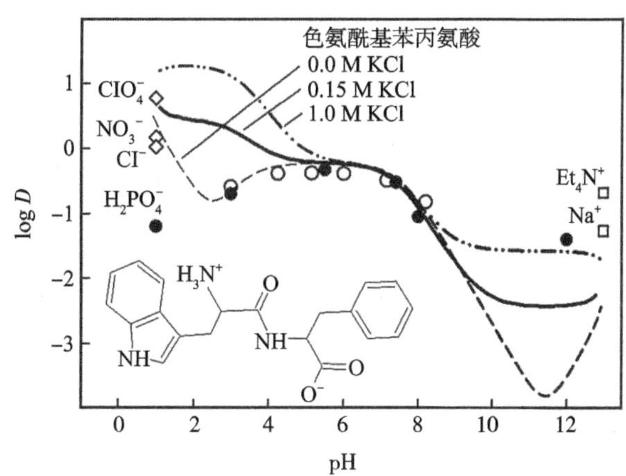

图 4.5 两性离子物质的亲脂性曲线

（用电位计测定的[79]二肽亲脂性曲线，显示本底盐浓度的影响。空心符号[52]和实心符号[127]基于摇瓶测量。转载自 AVDEEF A. Curr. Topics Med. Chem.，2001，1：277 -351。经 Bentham Science Bentham，Ltd. 许可复制）

分析中的作用。如图 4.2a 和图 4.3a 所示，当本底盐从 0.15 降到 0.001 ~ 0.01 M 时，log D 曲线呈现不同的值。图 4.5 表明，当使用三种不同水平的盐时，log D 曲线会发生什么变化。发现由打开和关闭符号指示的“异常”值非常匹配[52,127]。图 4.5 中 pH > 11.5 和 pH < 2.5 时，虚线曲线的向上转折是由于滴定剂引入的盐的同离子效应：K^+（来自 KOH）和 Cl^-（来自 HCl）。

在肽的盐依赖性研究中，根据 Tomlinson 和 Davis 的工作所建议，试图寻找离子 - 三重态形成的证据[79]。Phe - Phe - Phe 用作测试三肽，合理的是：通过在含有不同浓度盐（0.02 ~ 0.50 M KCl）的水溶液中进行辛醇 - 水分配，可能看到两性离子 log P 显示出盐依赖性，这是离子三重态形成的预期结果，但实验结果都并不明显/理想（正如简单的离子提取反应所预期的那样，在低 pH 下只观察到阳离子的同离子效应，而在高 pH 下只观察到阴离子的同离子效应）[79]。根据对三肽水中结构的构象分析，Milos Tichý 博士（1995，个人交流）提出了一种解释，即 Phe - Phe - Phe 可以形成环状结构，其中分子内（“内部补偿”）静电键，）—$CO_2^- \cdots {}^+NH_3$—（，形成于在分子两个末端之间。这种高度稳定的环结构可能比 $K^+ \cdots {}^-O_2C$）—（$NH^3 \cdots Cl^-$ 离子三重态更稳定。

另一个例子如图 4.6a 所示，持续增加本底盐浓度（忽略假说示例中的溶解度限制）对醋丁洛尔的 log D 对 pH 曲线形状具有令人奇怪的结果（其正常的 0.15 M 盐曲线[121]在图 4.6a 中用粗线表示）。在低浓度盐时，类碱（图 4.3a）亲脂性曲线形状在高浓度盐水平下会变成类酸形状（图 4.2a）。特性逆转的实际例子是离子载体莫能菌素，其 log $P^I_{(-)}$（在 Na^+ 本底下）比 log P^N 大 0.5[46,51]。

下面的盐效应示例（也使用醋丁洛尔）会使许多读者感到惊讶。单质子分子的 log D 对 pH 曲线可能有一个峰值。图 4.6b 显示了盐浓度保持恒定等于样品浓度的模拟，并说明了提取常数 K_e[10,45,47,79]的对数从 0.32 [121]增加到更高值时会发生什么情况。

$$BH^+ + Cl^- \rightleftharpoons BH + Cl^-_{ORG};\ K_e = [BH^+Cl^-]_{ORG} / [BH^+][Cl^-]。\quad (4.14)$$

log D 曲线最终在 pH = pK_a 处出现一个峰，图 4.6b 中的一系列曲线都具有相同的 pK_a^{OCT}，其值等于 pK_a - log P^N，即 7.5 [式（4.10）不足以解释这种现象]。Kramer 等[128]报道了相似形状的曲线，他们考虑了普萘洛尔在脂质体（含有游离脂肪酸）中的分配，该脂质体具有 pH 依赖性的表面电荷。在当前的盐诱导提取的情况下，由于带电样品组分的浓度减小（与 pK_a 一致），图 4.6b 中的最大点随着 pH 的增加超过 pK_a 时，并非可持续的。

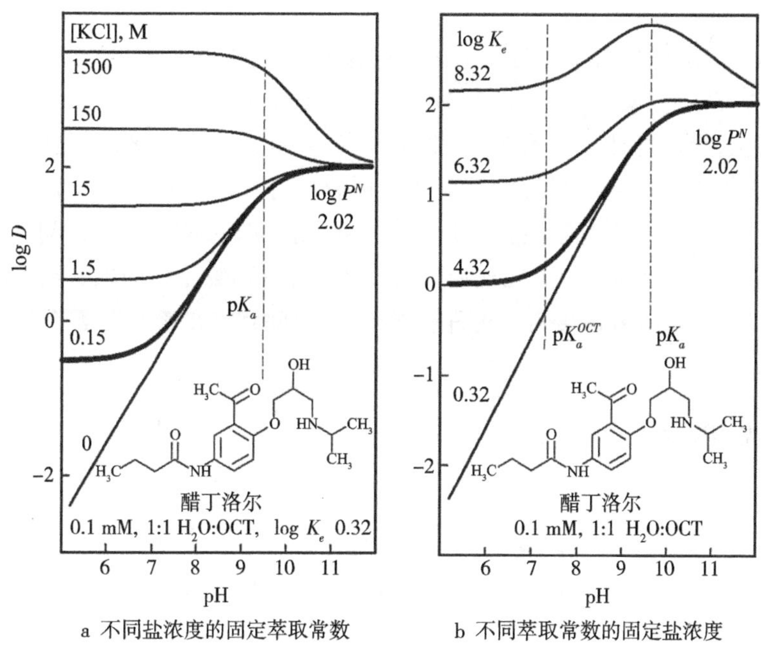

a 不同盐浓度的固定萃取常数　　b 不同萃取常数的固定盐浓度

图 4.6　假说的亲脂性曲线

（转载自 AVDEEF A. Curr. Topics Med. Chem.，2001，1：277－351。经 Bentham Science Bentham，Ltd. 许可复制）

4.6.3　带电物质在辛醇－水中的分配总结

除去本书探讨范围以外的影响，如由电位驱动的带电物质的界面转运，带电药物分配研究的主要内容是：带电分子需要伴随有反离子，从而使离子对进入脂质相，如辛醇。此后，显而易见的是，不能想当然地认为带电物质进入其他脂质相就像进入辛醇一样。水－辛醇的复杂结构（图 2.8）可能以磷脂双层中不可能的方式促进离子对的进入（参见第 5 章）。

Scherrer[50-51]和其他研究者[45,78,79]一样观察到，在 0.15 M KCl 或 NaCl 的水溶液中大量普通带电物质分配到辛醇中时，弱酸盐具有 *diff* log $P \approx 4$ 的值且弱碱盐的 *diff* log $P \approx 3$［式（4.6）］。这称为“*diff* 3～4”近似值。

Scherrer 确定了上述“*diff* 3～4”近似值可能不成立的条件。①如果药物具有多个极性基团或较大的极性表面（电荷可在该表面上离域），则可观察到较小的 *diff* 值。②与胺或羧基相邻的羟基使离子对稳定，导致较低的 *diff* 值。③与伯胺相比，溶剂化的空间位阻导致 *diff* 值较高（如用叔胺所观察到的）[50-51]。

在本章末尾处，10 个普鲁卡因结构类似物的案例研究[129]中，使用 5 个 Abraham[24,27,59,130]溶剂化描述符时考虑了线性自由能关系（LFER）相关性研究中明显的其他趋势。

4.6.4 离子化药物的离子对吸收：事实还是虚构？

具有上述标题的综述文章发表于 1983 年[131]。这是一个古老的问题，一个尚未完全解决的问题：在辛醇 - 水系统中看到的带电物质分配与生物系统有什么关系？如果到达受体位点涉及穿过多重脂质膜，并且如果要保持 pH 分配假说，该问题的答案将是响亮的“无关”。如果活性位点在顶端膜的外叶，并且药物是口服的，或者考虑到眼睛或皮肤吸收[127,132]，那么答案是“也许有些”。这个问题将在渗透性章节中提出。

4.7 微观 log *P*

3.13 节考虑了微观 pK_a主题。平行概念适用于（多质子分子的）分配系数：如果一个特定化学计量组分的可电离物质可以以不同的结构形式存在，那么每种形式都可能具有不同的微观 log *P* [9,11,43,45,74]。当通过电位法确定 log *P*（参见 4.9 节）时，测定的常数为宏观 log *P*。其他 log *P* 方法也可能只是确定宏观常数。

通过 pH 测量和光谱学，采用摇瓶法对含有两个 pK_a值的尼氟酸进行了研究[9]。单质子化的物质可以以两种形式存在：两性离子 $XH^{\pm}$ 和普通（不带电）两性电解质 XH^{o}。用光谱法测量两种形式之间的比率（互变异构体比率）为 17.4。假设两性离子 $XH^{\pm}$ 进入辛醇分配的量是可忽略的，则计算的 XH^{o} 宏观 - log *P* 是 5.1，比在 0.15 M NaCl 中通过 pH 测量法测定的宏观 log *P* 3.9 高很多。

值得注意的是，无论用微观常量还是宏观常量来描述物质，分布系数 *D* 都是相同的[45]。

4.8 log *P* 的测定方法

4.8.1 HPLC 法

Mirrlees 等[133]和 Unger 等[134]首先描述了 HPLC log *P* 技术，该技术可能是用于在药剂学研究实验室中测定 log *P* 的最常用方法。直接测量的保留参数是疏水性指标，需要通过使用标准品将其转换为 log *P* 标度。最近的文献[62-67]对最新的变形、范围宽度和局限性进行了详细描述。一本关于这个专题的书已出版[68]。

4.8.2 高通量法

为了提高传统 log P 法的通量，努力将其缩放到 96 孔微量滴定板格式[64]。通用的快速－梯度 HPLC 法看起来很有前景（参见 4.8.1 节）。商用 HPLC 系统显示出全行业标准化的前景。固定化－脂质体和 IAM 色谱法也可以进行快速测定（参见 4.8.2 和 4.8.3 节）。

但是，大多数色谱法本质上都是基于串行的分析，即使使用微量滴定板也是如此。本质上，使用扫描 96/384 孔板紫外分光光度计的并行方法很快速[62]。随着二极管阵列读数器的引入，它们的速度将提高 50 倍。

4.8.3 其他 log P 方法

毛细管电泳法（CE；参见 3.12.2 节）已用于确定分配系数[69－71]。将脂质囊泡或胶束添加缓冲液中，并调节该缓冲液的 pH 至不同值。由于药物分子在不同程度上的分配是 pH 的函数，通过迁移率相对于 pH 数据的分析可以得出 log P 值。

离心分配色谱法（CPC）已被用于表征亲水性分子的分配行为，其中获得低至 －3 的 log D 值[127,135－137]。但是很显然，由于仪器的问题，它已不像以前那样流行。

循环伏安法（CV）已成为获取极低 log D 值的新方法，据报道分配系数可低至 －9.8[28,82,121]。

4.9 Dyrssen 双相滴定法测定 log *P*

4.9.1 双相滴定法简史

1952 年，Dyrssen（使用辐射滴定仪）进行了第一次双相滴定以测定油水分配系数[83]。在一系列有关金属络合物溶剂萃取的论文中，他和同事们[83－90]测量了化合物的中性和离子对 log P，研究了磷酸二烷基酯在水溶液和氯仿溶液中的二聚反应，使用了 log D 对 pH 的关系图，并根据 log P 的认知获得一种推算水不溶性分子 pK_a的方法，之后称为 PDP 法[74]。图 4.7 显示了 Dyrssen 教授参加了笔者于 1995 年在 Göteborg 组织的亲脂性研讨会。他在 20 世纪 40 年代末和 50 年代末在瑞典的 Astra 发表了（局部麻醉剂的）药物研究。

1963 年，Brändström[91]使用 pH 静态滴定仪将 log P 方法应用于制药领域。在 20 世纪 70 年代中期，该技术“重生”。Seiler 描述了一种通过单次滴定[17]同时测定 pK_a和 log P 的方法。几乎同时，Koreman 和 Gur’ev[92]、Kaufman 等[93]，以及 Johansson 和 Gustavii[94－95]也在此领域发表各自独立的研究成果。Gur’ev 和同事们继续采用这种方法，但是他们的工作在苏联学术界[96-102]之外并不为人所知。Clarke 及其同事们[103-104,109,110]介绍了该技术的综合处理方法，并将其应用于单质子、双质子和三质子物质。使用数值微分和矩阵代数求解了许多联立方程，并设计了用于处理离子对形成的图形程序和精修程序。最近描述了一种双相微滴定系统[120]。Avdeef 及其同事们[9,10,45,73-79,105-108,111,116,121]在商业环境中继续对 pH 测定法进行严格的开发。

图 4.7　哥德堡大学的 David Dyrssen 教授（前排，稍微向左）参加了笔者在 1995 年组织的亲脂性研讨会

（照片由 A. Avdeef 提供）

4.9.2　双相法

pH 测量技术包括两次关联的滴定。考虑弱酸的例子，通常用标定的 0.5 mM KOH 滴定 0.1～0.5 mM 预酸化的药物溶液至适当高的 pH；然后加入辛醇（或与水不混溶的任何其他有用的有机分配溶剂）（对于亲脂性样品的相对含量较低，而对于亲水性样品的相对含量较高），用 0.5 M HCl 标准液滴定双溶剂混合物至起始的 pH。添加每种滴定剂后，测量 pH。如果弱酸分配到辛醇相中，这两种测定法将显示不重叠的滴定曲线。两条曲线之间的最大差异出现在缓冲区。由于 pK_a 约等于缓冲液中点拐点处的 pH，因此两部分测定法得出两个常数：pK_a 和 pK_a^{OCT}，其中 pK_a^{OCT} 是从含辛醇的数据段推导出的表观常数。pK_a 和 pK_a^{OCT} 之间的差异较大表示 $\log P$ 的值较大。

4.9.3　双相 Bjerrum 图

4.9.3.1　单质子分子

Bjerrum 分析（参见 3.10 节）用于滴定数据的初始处理。图 4.8a 显示了弱酸苯巴比妥[76]两段滴定的 Bjerrum 图。实线对应于不含辛醇段，虚线对应于从含辛醇数据中获得的曲线，其中在此示例中，辛醇与水的体积比 r 为 1。如前所述（参见 3.10 节），可以从曲线的 $\bar{n}_H$ 半整数值处读取 pK_a 和 pK_a^{OCT}。根据 pK_a 和 pK_a^{OCT} 之间的差异，可以将式（4.9b）转换为：

$$P_{HA}=\left(\frac{10^{+(pK_a^{OCT}-1)}}{r}\right)。\tag{4.15a}$$

图4.8b显示了弱碱二乙酰吗啡的一个例子[38]。弱碱的分配系数得自：

$$P_B=\left(\frac{10^{-(pK_a^{OCT}-1)}}{r}\right)。\tag{4.15b}$$

如果两相的体积相等（1∶1），并且该物质是亲脂的，则可以应用非常简单的关系来测定 $\log P$：

$$\log P_{HA}\approx\ (pK_a^{OCT,1:1}-pK_a)。\tag{4.16a}$$

$$\log P_B\approx-\ (pK_a^{OCT,1:1}-pK_a)。\tag{4.16b}$$

请注意，对于弱酸，辛醇会导致 Bjerrum 曲线向更高的 pH 方向移动，而对于弱碱，辛醇会导致向较低的 pH 移动。式（4.16）可用于图4.8中的分子，进而从曲线中的移动推导出 $\log P$。

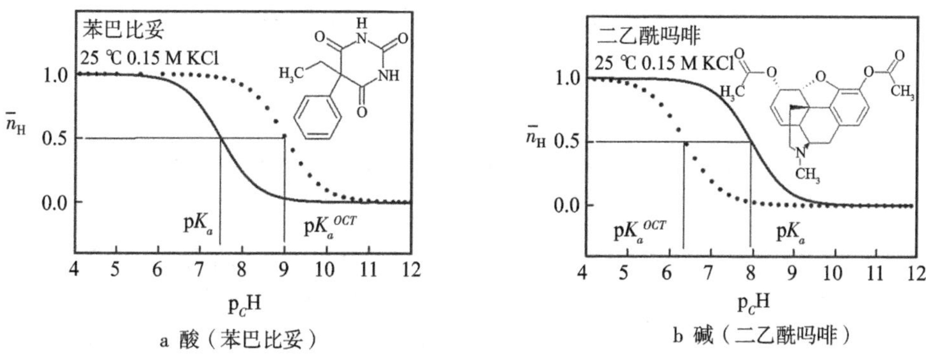

图4.8 单质子酸（苯巴比妥）和碱（二乙酰吗啡）的辛醇－水 Bjerrum 图

［辛醇和水的体积相等，因此表观 pK_a（pK_a^{OCT}）与真实 pK_a 之间的差大约等于分配系数。转载自 AVDEEF A. Curr. Topics Med. Chem.，2001，1：277－351。经 Bentham Science Bentham，Ltd. 许可复制］

4.9.3.2 多质子分子

考虑双质子物质的电离常数（参见3.4节）：

$$K_{a1}=[XH][H]/[XH_2]。\tag{4.17a}$$

$$K_{a2}=[X][H]/[XH]。\tag{4.17b}$$

在 Bjerrum 图中（参见3.10节），在 $\bar{n}_H=1\frac{1}{2}$ 时 $pK_{a1}=p_cH$（其中 $[XH_2]=[XH]$），在 $\bar{n}_H=\frac{1}{2}$ 时 $pK_{a2}=p_cH$（其中 $[XH]=[X]$）。例如，在图4.9b中，拉贝洛尔的 $pK_{a1}=7.3$（酸）和 $pK_{a2}=9.3$（碱）。

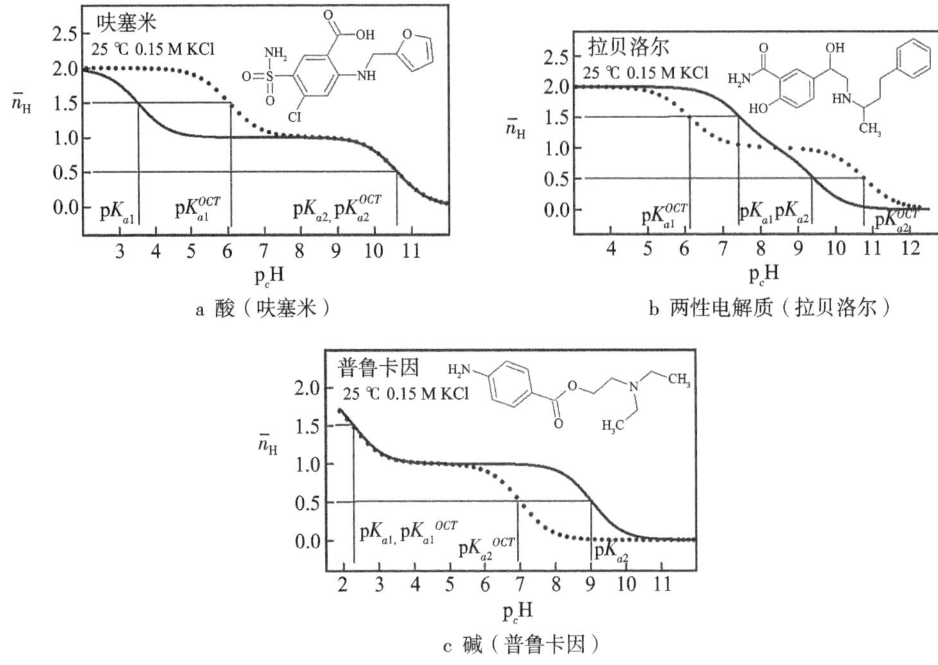

a 酸（呋塞米）

b 两性电解质（拉贝洛尔）

c 碱（普鲁卡因）

图 4.9　辛醇－水的双质子酸（呋塞米）、两性电解质（拉贝洛尔）和碱（普鲁卡因）的 Bjerrum 图

［辛醇和水的体积相等，因此表观 $\mathrm{p}K_a$（$\mathrm{p}K_a^{\mathrm{OCT}}$）与真实 $\mathrm{p}K_a$之间的差异大约等于分配系数。转载自 AVDEEF A. Curr. Topics Med. Chem.，2001，1：277－351。经 Bentham Science Bentham，Ltd. 许可复制］

将辛醇（或某些其他水不混溶性脂质）添加到水溶液中并进行第二次滴定后，该物质分配到有机相中会产生水平位移的 Bjerrum 曲线。图 4.9b 中的虚线是拉贝洛尔滴定的例子，其中使用等体积的辛醇和水（1∶1）（$r=1$）。虚线表示表观 $\mathrm{p}K_a$，$\mathrm{p}K_{a1}^{\mathrm{OCT}\,1:1}=6.1$（低于真实的 $\mathrm{p}K_{a1}$）且 $\mathrm{p}K_{a2}^{\mathrm{OCT}\,1:1}=10.8$（高于真实的 $\mathrm{p}K_{a2}$）。这些位移——在量级上相同，但符号相反——是双质子分子的独特特征，其仅作为 XH 物质[106]分配到辛醇中。因此，在 $\bar{n}_H=1\frac{1}{2}$和$\frac{1}{2}$的两个缓冲液中间拐点，浓度当量分别为：

$$[\mathrm{XH_2}]=[\mathrm{XH}]+[\mathrm{XH}]'_{\mathrm{ORG}}。\tag{4.18a}$$

$$[\mathrm{X}]=[\mathrm{XH}]+[\mathrm{XH}]'_{\mathrm{ORG}}。\tag{4.18b}$$

我们可以把两个伪常数（存在辛醇时的表观常数）写为商：

$$\mathrm{K}_{a1}^{\mathrm{OCT}}=[\mathrm{H}]([\mathrm{XH}]+[\mathrm{XH}]'_{\mathrm{ORG}})/[\mathrm{XH_2}]。\tag{4.19a}$$

$$\mathrm{K}_{a2}^{\mathrm{OCT}}=[\mathrm{H}][\mathrm{X}]([\mathrm{XH}]+[\mathrm{XH}'_{\mathrm{ORG}})。\tag{4.19b}$$

定义的 P_{XH}［类似于式（4.4）］代入式（4.19）后得到：

$$\mathrm{K}_{a1}^{\mathrm{OCT}}=[\mathrm{H}][\mathrm{XH}](1+rP_{\mathrm{XH}})/[\mathrm{XH_2}]$$
$$=K_{a1}(1+rP_{\mathrm{XH}})。\tag{4.20a}$$

$$\mathrm{K}_{a2}^{\mathrm{OCT}}=[\mathrm{H}][\mathrm{X}]([\mathrm{XH}]+[\mathrm{XH}]'_{\mathrm{ORG}})$$
$$=K_{a1}(1+rP_{\mathrm{XH}})。\tag{4.20b}$$

上述两个表观商可以用分配系数来求解：

$$P_{XH}=\left(\frac{10^{-(pK_{a1}^{OCT}-pK_{a1})}-1}{r}\right)$$

$$=\left(\frac{10^{+(pK_{a2}^{OCT}-pK_{a2})}-1}{r}\right)。\tag{4.21}$$

如果 XH 和 XH_2 两者都分配到辛醇中且 $\log P_{XH}>\log P_{XH_2}$，则分配系数为：

$$P_{XH}=\left(\frac{10^{+(pK_{a2}^{OCT}-pK_{a2})}-1}{r}\right)。\tag{4.22a}$$

$$P_{XH_2}=\left(\frac{10^{+(pK_{a1}^{OCT}-pK_{a1})+(pK_{a2}^{OCT}-pK_{a2})}-1}{r}\right)。\tag{4.22b}$$

在其他地方详细讨论了在各种条件下一般多质子分子分配的这些表达式和相关表达式[106]。这里描述了一个有用的“12 例”图表，用于识别双质子分子分配的化学计量。12 例中有 3 例如图 4.9 所示，选熟悉的药物为例。一旦从 Bjerrum 分析得到了近似常数，就可以通过加权非线性最小二乘法对其进行优化[77,138]。

4.9.4 验证

双相电位滴定程序已借助于标准摇瓶法进行了验证[76,116]，并且已经报道了许多应用研究[9-10,13,17,37,39,45,50-51,77-79,83-122,126,139]，也记录了低至 -2 及高至 8 的 log P 值的测定[78-79,111]。出版的文献清晰地表明，Dyrssen 技术是一种可靠的、通用的、动态的、准确的用于测量 log P 的方法。它可能缺乏 HPLC 方法的速度，并且不能获得像 CV 法一样低的 log P，但是总而言之，它可以代替摇瓶法作为可电离分子的首选验证方法。它之所以不能成为“金标准”（其致命弱点），是因为样品分子必须是可电离的，并且 pK_a 值在可测量的 pH 范围内。

4.10 log *P* 的离子强度依赖性

在生理条件下，离子强度对 log P^N 检测的影响通常可忽略不计。但是，在 0 ~ 3 M 的离子强度范围内，苯酚的 log P 在辛醇-水和环己烷-水中分别显示出几乎线性的依赖性：$\partial \log P^N/\partial I \approx 0.14\ M^{-1}$ 和 $0.65\ M^{-1}$[149]。需要考虑“盐析”效应。

另外，离子强度对 log P^I 值的影响很大，并且可以通过萃取常数来描述（参见 4.6.2 节）。

4.11 log *P* 的温度依赖性

Davis 等[12,140-142]报道了取代苯酚和苯甲酸的 log *P* 的温度依赖性。通常，在环己烷-水体系中，log *P* 随着温度的升高而增加。更复杂的溶剂系统（如辛醇-水）通常具有相反的温度依赖性，然而仍有例外（如 4-MeO-苯酚）。分配系数对温度的敏感度和 pK_a一样。表 4.1 是一个数值样本。

相分配的热力学研究具有实际意义。如果 $\Delta H > 0$，则 log *P* 随温度增加而增大。因此，可以通过控制温度来提高提取步骤的效率。

4.12 研究化合物 log *P* 的计算值与测量值

在 pH 7.4 下对 log D_{OCT}的预测是个多步骤过程，由 3 个计算组成：①log P_{OCT}；②log P^I（4.6.3 节中的"*diff* 3～4"近似计算）；③pK_a。如果该分子是新化学实体（NCE），则上述每个步骤中可能会积累大量误差，并传递至计算的 log D_{OCT}。NCE 比上市药物更难预测[143]。

大多数商用辛醇-水分配系数预测程序都是用已公布的数据进行计算的[144-147]。对于已上市药品，预测程序的效果很好。这些相同的分子可能已用于计算机方法的计算中。许多药剂学研究人员的经验[143]是：当将计算机预测应用于药物发现的 NCE 化合物时，这种结果的质量通常不如通过与已知药物进行比较所表明的那样好，如图 4.10 所示，（大多数）研究化合物取自 Novartis、Wyeth、Roche 和 Pfizer[143]。

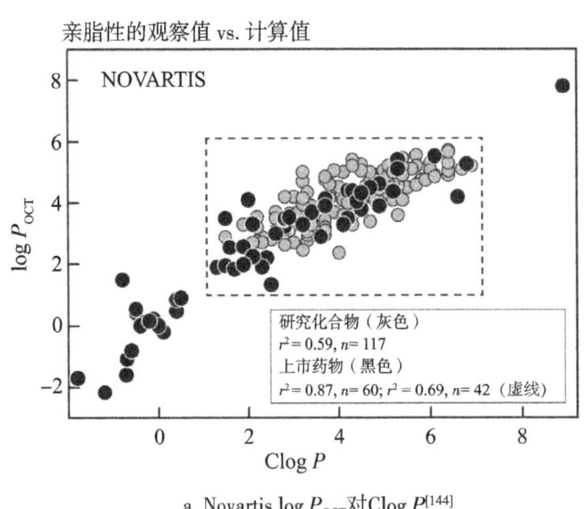

a Novartis log P_{OCT}对Clog *P*[144]

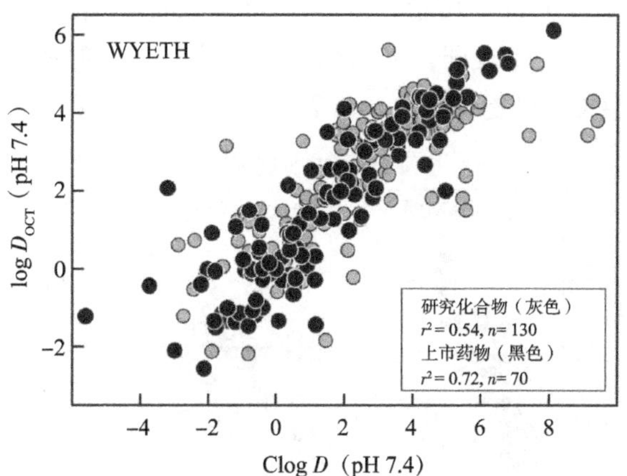

b Wyeth上市药物和研究化合物的Clog D[147]和log D_{OCT}之间的相关性

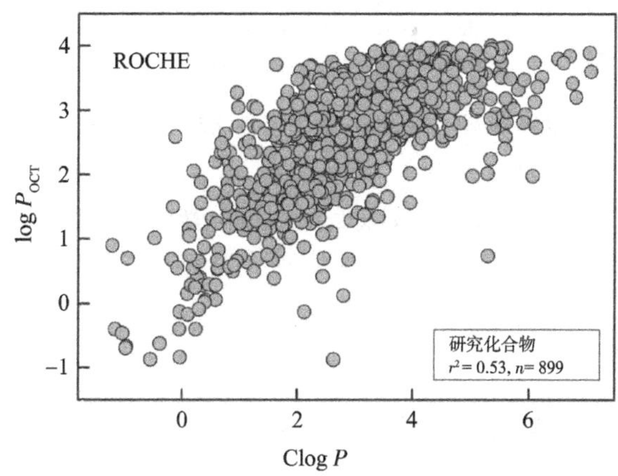

c Roche研究化合物：log P_{OCT}对Clog P[145]

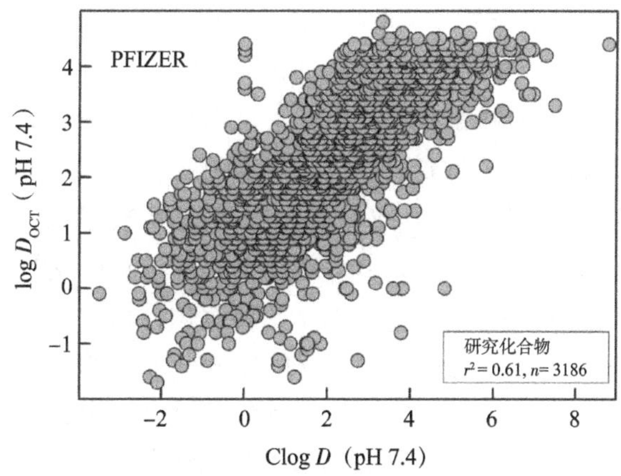

d Pfizer研究化合物：log D_{ocp}对Clog D[146]

图 4.10 辛醇-水分配系数的测量值和计算值的比较[143]

（实心圆圈代表上市药品；灰色圆圈代表研究化合物。转载自 AVDEEF A，BENDELS S，DI L，et al. PAMPA—药物发现中的有用工具. J. Pharm. Sci.，2007，96：2893-2909。Copyright © 2007 John Wiley & Sons. 经许可转载）

此外，如图4.11（r^2 =0.21）所示，当将计算出的log D 系数与 Caco-2 渗透速率（图4.11）进行比较时，相关性较弱。一系列二肽基肽酶-4 抑制剂的 PAMPA-HDM（参见7.3.3 节）值的相关性则更好（r^2 = 0.75）[143]。

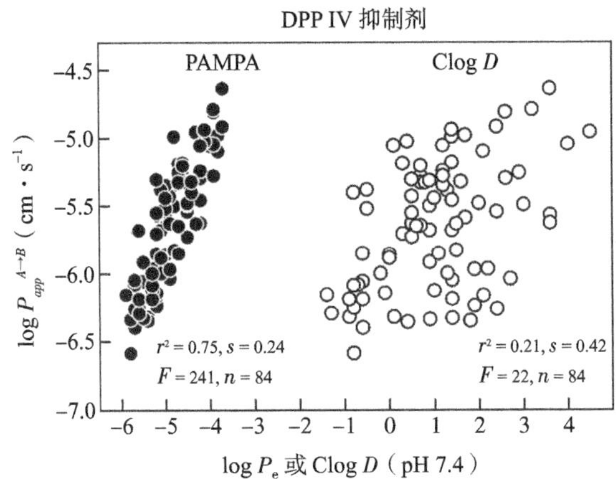

图4.11　二肽基肽酶-4 抑制剂的渗透性比较[143]（Novartis 数据）

（实心圆圈表示 Caco-2 $\log P_{app}^{A\to B}$ vs. PAMPA-HDM log P_e。对于 Caco-2，仅包括回收率大于30%的化合物。空心圆圈表示在 pH 7.4 下 Caco-2 $\log P_{app}^{A\to B}$ vs. log D_{OCT} 计算值。转载自 AVDEEF A，BENDELS S，DI L，et al. PAMPA—药物发现中的有用工具．J. Pharm. Sci.，2007，96：2893-2909。Copyright © 2007 John Wiley & Sons. 经许可转载）

4.13　log D 与 pH 案例研究：普鲁卡因结构类似物

多 pH log D 曲线很少被发布。Malvezzi 和 Amaral [129] 研究了10 种普鲁卡因结构类似物的性质，并报道了每个分子的 log D_{OCT}与 pH 曲线（23 ℃，I =0.1 M NaCl），如图4.12 所示。图中还包括了吲哚洛尔的情况[148]，以作比较。每次在不同的缓冲溶液（pH 在2~12）中进行测量，并通过传统的摇瓶法测定 log D_{OCT}系数。

类似物的结构变化发生在末端氮取代基和中间连接链上（图4.12）。log P^N 和 log P^I之间的差——*diff* log P（参见4.6.3 节）被认为是离子对形成的稳定性的量度。

如在低 pH 下趋于平缓的亲脂性曲线所示，所有化合物均显示出作为离子对分配的趋势。研究人员[129]探索了在带电形式下这些化合物中的任何一种是否都具有生物活性（参见4.6 节）。稳定的离子对形成可以促进药物以带电形式渗透穿过生物膜。

研究发现氢键基团的存在和末端胺附近的低空间位阻增加了带电物质的亲脂性，从而导致更低的 *diff* log P，这与早期研究的结论一致[50-51]。

使用 pCEL-Xv3.1 程序（ADME 研究所）对参考文献［129］中报告的原始数据进行回归分析，以确定 P^N、P^I和 pK_a常数。表4.2 总结了分析结果。图4.12 中的实线是 log D 与 pH 数据的最佳拟合曲线。

平均 *diff* log *P* 为 2.92 ±0.32，略低于吲哚洛尔（3.25）。化合物 9（图 4.12）的 *diff log P* 最低，为 2.41。酰胺 NH 基团靠近电荷中心可能有助于稳定带电物质。其他的显著低值为化合物 7 和 6。化合物 7 是所考虑的普鲁卡因类似物中唯一的仲胺，与叔胺 6 相比，其空间位阻的降低可能导致 *diff* log *P* 的降低。

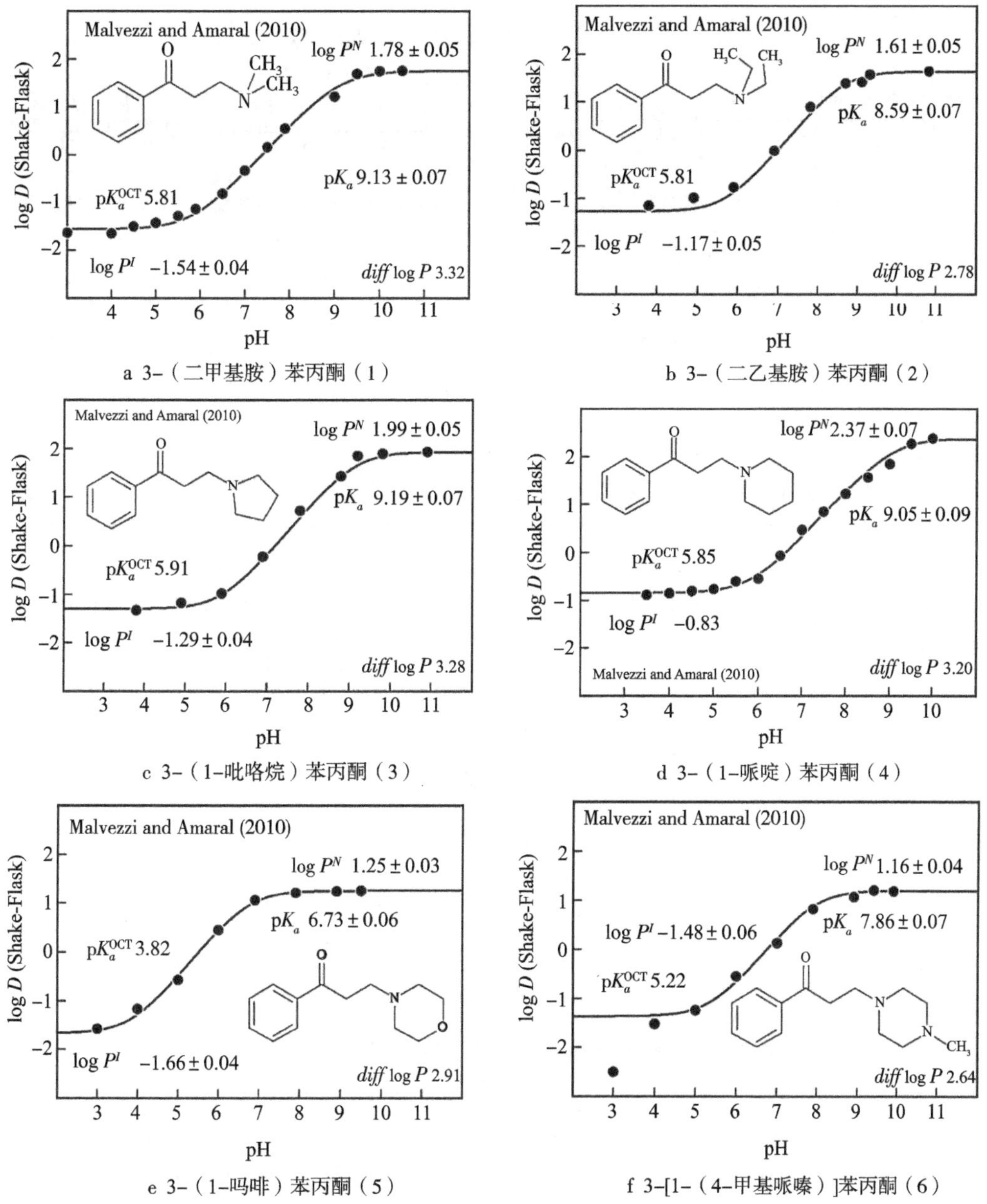

a 3-（二甲基胺）苯丙酮（1）

b 3-（二乙基胺）苯丙酮（2）

c 3-（1-吡咯烷）苯丙酮（3）

d 3-（1-哌啶）苯丙酮（4）

e 3-（1-吗啡）苯丙酮（5）

f 3-[1-（4-甲基哌嗪）]苯丙酮（6）

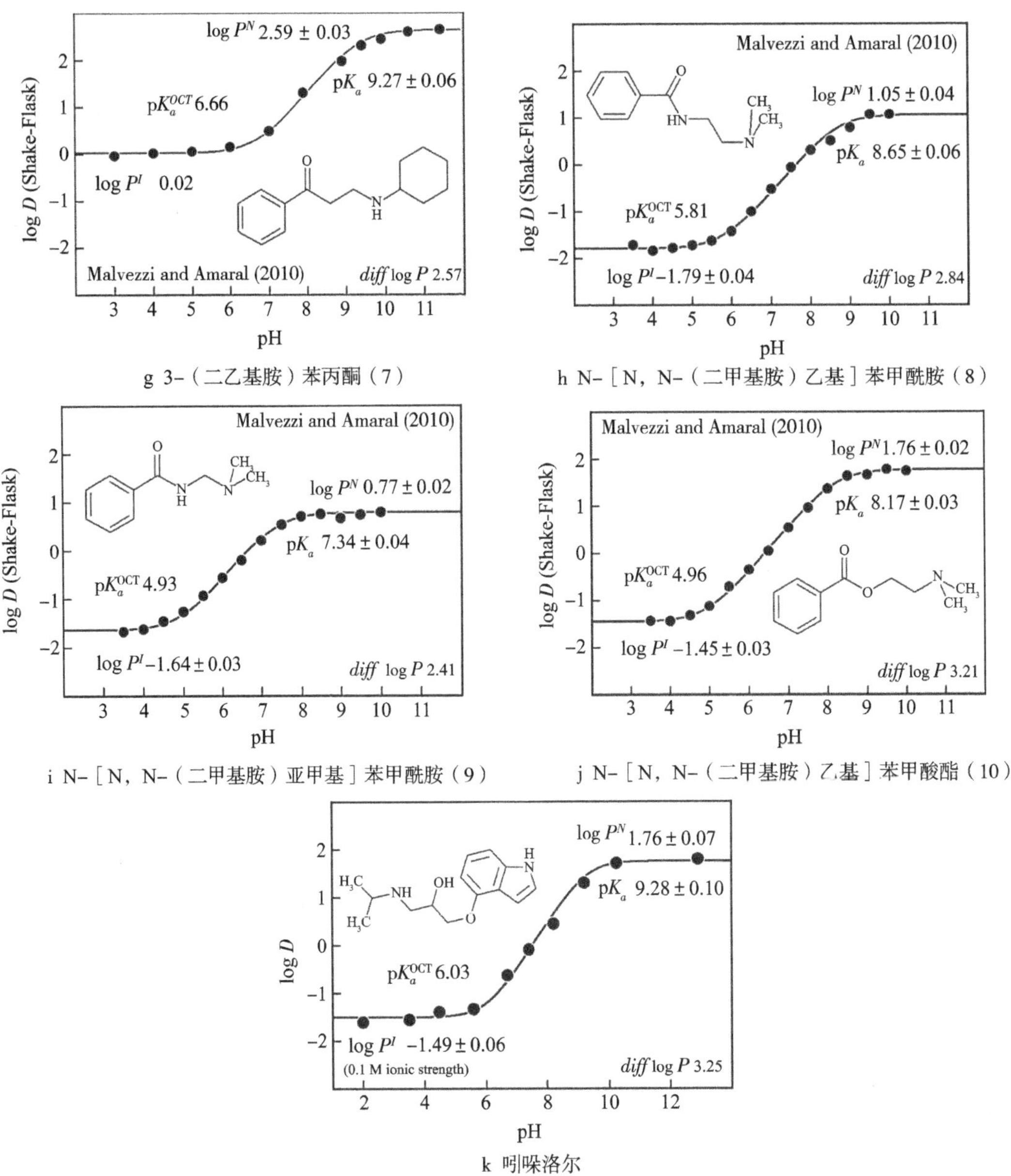

g 3-（二乙基胺）苯丙酮（7）　h N-［N，N-（二甲基胺）乙基］苯甲酰胺（8）

i N-［N，N-（二甲基胺）亚甲基］苯甲酰胺（9）　j N-［N，N-（二甲基胺）乙基］苯甲酸酯（10）

k 吲哚洛尔

图 4.12　10 种普鲁卡因结构类似物[129]和吲哚洛尔[148]的亲脂性曲线、摇瓶（室温，*I* = 0.1 M）log *D* 对 pH 的关系

［图 4.12k 转载自 AVDEEF A. Drug ionization and physicochemical profiling. In：Mannhold，R.（ed.）. Drug properties：Measurement and Computation，Wiley－V CH，2007：55－83。Copyright © 2007 John Wiley & Sons. 经许可复制］

Abraham LFER 分析[24,27,59,130]（在 8.9 和 9.10 节中进一步介绍）应用于 *diff* log *P*、log P^N 和 log P^I，结果如下：

$$diff\ \log P = 5.0 - 2.3\alpha - 1.1\beta + 0.5\pi + 0.3R - 1.1V_x;$$

$$r^2 = 0.72,\ s = 0.27,\ F = 2.0,\ n = 10。\qquad (4.23a)$$

$$\log P^N = 4.7 + 2.7\alpha - 1.7\beta - 3.6\pi + 2.8R + 0.5V_x;$$
$$r^2 = 0.95, s = 0.21, F = 13.8, n = 10。 \quad (4.23b)$$
$$\log P^I = -0.3 + 5.0\alpha - 0.7\beta - 4.1\pi + 2.5R + 1.6V_x;$$
$$r^2 = 0.96, s = 0.17, F = 17.5, n = 10。 \quad (4.23c)$$

对于613种不同化合物，Abraham 报道了[130]

$$\log P^N = 0.1 - 0.0\alpha - 3.5\beta - 1.1\pi + 0.6R + 3.8V_x;$$
$$r^2 = 1.00, s = 0.12, F = 23,162, n = 613。 \quad (4.24)$$

表4.2 普鲁卡因结构类似物 $\log P^N$、$\log P^I$ 和 pK_a 测定[a]

化合物	$\log P^N \pm SD$	$\log P^I \pm SD$	*diff* $\log P$	$pK_a \pm SD$	P_{eff}^{HJP} (10^{-4} cm·s^{-1})	α	β	π	R	V_x
1	1.78 ±0.05	-1.54 ±0.04	3.32	9.13 ±0.07	1.8	0.00	0.92	1.32	0.95	1.54
2	1.61 ±0.05	-1.17 ±0.05	2.78	8.59 ±0.07	3.0	0.00	0.93	1.33	0.95	1.82
3	1.99 ±0.05	1.29 ±0.04	3.28	9.19 ±0.07	3.0	0.00	0.91	1.42	1.16	1.71
4	2.37 ±0.07	-0.83[b]	3.20	9.05 ±0.09	3.7	0.00	0.9	1.42	1.16	1.85
5	1.25 ±0.03	-1.66 ±0.04	2.91	6.73 ±0.06	2.2	0.00	1.12	1.57	1.20	1.77
6	116 ±0.04	-1.48 ±0.06[c]	2.64	7.86 ±0.07	0.7	0.00	1.40	1.60	1.33	1.95
7	2.59 ±0.03	+0.02[b]	2.57	9.27 ±0.06	3.3	0.13	0.89	1.40	1.15	1.99
8	1.05 ±0.04	-1.79 ±0.04	2.84	8.65 ±0.06	1.0	0.27	1.17	1.71	1.03	1.64
9	0.77 ±0.02	-1.64 ±0.03	2.41	7.34 ±0.04	0.8	0.26	1.17	1.69	1.05	1.50
10	1.76 ±0.02	-1.45 ±0.03	3.21	8.14 ±0.03	2.0	0.00	0.95	1.23	0.81	1.60
吲哚洛尔	1.76 ±0.07	-1.49 ±0.06	3.25	9.28 ±0.10	0.8	0.60	1.51	1.53	1.70	2.01

[a] 普鲁卡因类似物的结构参见图4.12，加入吲哚洛尔进行比较。*p*CEL-X（ADME研究所）用于优化 $\log D_{OCT}$ vs. pH 数据[129,148]，来测定 $\log P^N$、$\log P^I$ 和 pK_a 常数。Abraham 溶剂化描述符为 α、β、π、R、V_x。人空肠渗透性 P_{eff} 使用 *p*CEL-X 如8.8节所述进行预测。

[b] 只是估算。

[c] 可能是第二离子对分配。

通过比较式（4.24）和式（4.23b），发现与各种各样的化合物相比，普鲁卡因类似物具有不同的氢键模式（α，β）和其他参数。选择具有强氢键供体特征（α）的化合物，且在较小程度上具有强氢键受体特性及大分子体积（V_x），有助于形成强离子对（如降低的 *diff* $\log P$ 所示）。这些结果与 Malvezzi 和 Amaral[129]及 Scherrer[50]的结论是一致的。

4.14 辛醇－水 log P^N、log P^I和 log $D_{7.4}$的数据库

表4.3中列出了药物和一些农用化学品的350个辛醇－水 log P^N、log P^I和 log $D_{7.4}$的数值。这些都是经过严格挑选来表示高质量的结果。在过去的20年中，许多这些常数是在 Sirius 或 pION 测定的，其中许多是由笔者亲自测定的。

表4.3 辛醇－水分配系数[a]

化合物	类型	log P^N	log $P^I_{(+)}$	log $P^I_{(-)}$	log $D_{7.4}$	参考文献
1－苯并咪唑	B	1.60			1.52	[74]
2，4－二氯苯氧基乙酸	A	2.78		−0.87	−0.82	[78]
2－氨基苯甲酸	X	1.26			−1.31	[78]
3，4－二氯苯酚	A	3.39			3.37	[76]
3，5－二氯苯酚	A	3.63			3.56	[76]
3－氨基苯甲酸	X	0.34	−0.93		−2.38	[78]
3－溴喹啉	B	2.91			2.91	[76]
3－氯酚	A	2.57			2.56	[76]
4－氨基苯甲酸	X	0.86	−0.40		−1.77	[78]
4－丁氧基苯酚	A	2.87			2.87	[76]
4－氯酚	A	2.45			2.45	[76]
4－乙氧基苯酚	A	1.81			1.81	[76]
4－碘苯酚	A	2.90			2.90	[76]
4－甲氧基苯酚	A	1.41			1.41	[76]
4－甲基伞形烯丙基－β－D－葡糖苷酸	A	−0.39			−4.39	[78]
4－戊氧基苯酚	A	3.26			3.26	[76]
4－苯基丁胺	B	2.39	−0.45		−0.62	[75]
4－丙氧基苯酚	A	2.31			2.31	[76]
5－苯基戊酸	A	2.92		−0.95	1.69	[75]
6－乙酰吗啡	X	1.55	−0.42		0.61	[78]
醋丁洛尔	B	2.02	−0.50		−0.09	[121]
对乙酰氨基酚	A	0.34			0.34	[116]
醋酸	A	−0.30			−2.88	c
苯乙酮	N	1.58			1.58	[66]
乙酰水杨酸	A	0.90			−2.25	[78]
阿昔洛韦	X	−1.80			−1.81	[149，150]

续表

化合物	类型	log P^N	log $P^I_{(+)}$	log $P^I_{(-)}$	log $D_{7.4}$	参考文献
阿芬太尼	B	2.16			2.13	[151]
别嘌呤醇	A	-0.55			-0.56	[66]
阿普唑仑	B	2.09			2.08	[150]
阿普洛尔	B	2.99	0.21		0.86	[121]
阿米洛利	B	-0.26			-1.53	b
氨基比林	B	0.85			0.63	[116]
胺碘酮	B	7.80	4.02		6.10	[79]
阿米替林	B	4.61	0.16		2.80	b
杀草强	X	-0.97			-0.97	[32]
氨氯地平	B	3.74	1.09		2.25	c
阿莫西林	X	-1.71	-1.22	-1.56	-2.56	[139]
两性霉素 B	X	-3.65			-3.67	[152]
氨苄西林	X	-2.17	-1.15	-1.31	-1.85	[79]
戊巴比妥	A	2.01			1.93	[76]
安替比林	B	0.56			0.26	[139, 150]
抗坏血酸	AA	-1.85			-4.82	[116]
阿司咪唑	BB	4.35			2.96	b
阿替洛尔	B	0.22			-2.01	[79]
阿托品	B	1.89	-1.99		-0.66	b
阿奇霉素	BB	3.87	0.23		0.33	b
灭草松	A	2.83			-1.17	[32]
苯佐卡因	B	1.89			1.89	[79]
苯甲酸	A	1.96			-1.25	[76]
倍他米松	N	2.10			2.10	[150]
联苯苄唑	N	4.77			4.77	[66]
比索洛尔	B	2.15	-1.22		-0.02	[121]
溴西泮	B	1.65			1.65	[66]
溴麦角环肽	B	4.20			4.20	[153]
布美他尼	AA	4.06			-0.11	[152]
布比卡因	B	3.45			2.67	[154]
丁丙诺啡	X	4.82	0.09		3.75	[78]
安非他酮	B	3.21			2.61	[152]
丁螺环酮	B	2.78			2.39	[116]
丁巴比妥	A	1.58			1.48	[76]
咖啡因	B	-0.01[d]			-0.01[d]	[66, 150]

续表

化合物	类型	$\log P^N$	$\log P^I_{(+)}$	$\log P^I_{(-)}$	$\log D_{7.4}$	参考文献
卡托普利	AA	0.36		-1.67	-1.63	b
卡拉洛尔	B	3.73	0.77		1.58	[79]
卡马西平	N	2.45			2.45	[139]
卡波霉素 A	B	3.04			2.62	[117]
卡波霉素 B	B	3.52			3.14	[117]
卡维地洛	B	4.14	1.95		3.53	[79]
头孢羟氨苄	X	-0.09			-1.77	[152]
头孢克肟	X	-0.68			-0.79	[150]
头孢西丁	A	3.38			-0.60	[150]
头孢曲松钠	X	2.87			-0.63	[150]
头孢洛尔	B	1.92			-0.16	[76]
头孢氨苄	X	0.65			-1.00	[152]
苯丁酸氮芥	X	3.41			0.61	[150]
氯霉素	A	1.14			1.14	[66]
氯喹	BB	3.11			0.89	[150]
氯噻嗪	AA	-0.24			-1.0	[152]
氯苯那敏	BB	3.39			1.41	[66]
氯丙嗪	B	5.40	1.67		3.45	[78]
氯普噻吨	B	5.47			3.71	[150]
氯磺隆	A	1.79			-1.98	[32]
氯噻酮	A	0.79			0.78	[150]
西咪替丁	B	0.48			0.34	b
环丙沙星	X	-1.08	-1.69		-1.12	b
柠檬酸	AA	-1.64			-5.64	[78]
克拉霉素	B	3.16			1.56	[117]
安妥明	N	3.65			3.39	[152]
氯硝西泮	X	2.45			2.45	[150]
可乐定	B	1.57			0.62	[66]
二氯吡啶酸	A	1.07			-2.95	[32]
克霉唑	B	5.20			5.20	[66]
氯氮平	BB	4.10			3.13	[66, 153]
可卡因	B	2.30			1.07	[150]
可待因	B	1.19			0.22	[78]
皮质甾酮	N	1.90[d]			1.90[d]	[150, 156]
香豆素	N	1.44			1.44	[150]

续表

化合物	类型	$\log P^N$	$\log P^I_{(+)}$	$\log P^I_{(-)}$	$\log D_{7.4}$	参考文献
色甘酸	AA	1.95			-1.15	[152]
氨苯砜	N	0.68			0.68	[150]
异喹胍	B	0.85	-0.87		-0.87	[78]
司来吉兰	B	2.90	-0.95		2.49	[79]
地昔帕明	B	3.79	0.34		1.38	[66]
去甲基地西泮	X	2.93			2.93	[154]
去碳霉糖卡波霉素 A	B	0.30			-0.78	[117]
地霉素	B	1.00			-0.01	[117]
地塞米松	N	1.74			1.74	[156]
二乙酰吗啡	B	1.59			0.93	[78]
地西泮	B	2.84[d]			2.84[d]	[154, 150]
双氯芬酸	A	4.51		0.68	1.30	[79]
己烯雌酚	AA	5.07			5.07	[66]
二氟尼柳	A	4.37			0.37	[154, 150]
地尔硫䓬	B	2.89			2.16	[66]
苯海拉明	B	3.18	-0.52		1.39	[66]
丙吡胺	B	2.37			-0.66	[66]
阿霉素	B	1.97			-0.33	[150]
强力霉素	X	0.42	0.09	-0.34	0.23	b
依那普利	X	0.16	-0.10		-1.75	b
依那普利拉	X	-0.13	-0.99	-1.07	-2.74	[139]
麻黄碱	B	1.13	-0.96		-0.77	[79]
麦角新碱	B	1.67	-0.51		1.54	b
赤藓糖醇	N	-3.00			-3.00	[155]
红霉素	B	2.54	-0.43		1.14	b
红霉胺	BB	3.00			-1.00	[117]
红霉素胺-11, 12-碳酸酯	BB	2.92			1.11	[117]
雌二醇	A	4.01			4.01	[66]
17-α炔雌醇	A	3.42		1.29	3.42	b
乙菌定	X	2.22			2.22	[32]
依替福林	X	1.48			-0.23	[150]
乙羟茶碱	N	-0.27			-0.27	[150]
依托泊苷	A	1.97			1.82	[152]
法莫替丁	X	-0.81	-0.54		0.90	b
非洛地平	N	5.58			5.58	[156]

续表

化合物	类型	$\log P^N$	$\log P^I_{(+)}$	$\log P^I_{(-)}$	$\log D_{7.4}$	参考文献
苯布芬	A	3.39			0.50	[154]
丁苯吗啉	B	4.93			4.66	[32]
麦燕灵	A	3.09			-0.58	[32]
氟卡尼	B	4.64			2.34	[66]
氟草灵	A	3.18			-0.82	[32]
氟康唑	N	0.50			0.50	[66]
氟芬那酸	A	5.56		1.77	2.45	b
氟马西尼	N	1.64			1.64	[152]
氟甲喹	A	1.72			0.65	[78]
氟可龙	N	2.10			2.10	[150]
氟西汀	B	4.50			2.28	[149]
氟比洛芬	A	3.99			0.91	b
氟伐他汀	A	4.17		1.12	1.14	[139]
亚叶酸	AA	-2.00			-6.00	b
氟磺胺草醚	A	3.00			-1.00	[32]
磷甲酸	AA	-1.80			-5.80	[155]
呋塞米	AA	2.56			-0.24	b
加巴喷丁	X	-1.25			-1.25	[152]
二甲苯氧庚酸	A	3.90			1.20	[154]
灰黄霉素	N	2.20[d]			2.20[d]	[66, 150]
胍那苄	B	3.02			1.40	[152]
氟哌啶醇	B	3.67	1.32		3.18	[66]
七斯的明	B	0.18			0.17	[150]
胡米溴铵	N	-1.10			-1.10	[61]
氢氯噻嗪	AA	-0.03			-018	b
氢化可的松	N	1.53			1.46	[150, 156]
氢化可的松-21-醋酸盐	N	2.19			2.19	[66]
氢氟噻嗪	AA	0.43		-1.59	0.31	[150]
羟嗪	BB	3.55	0.99		3.13	[78]
布洛芬	A	4.13		-0.15	1.44	[75]
灭草烟	X	0.22			-3.28	[32]
咪唑喹啉酸	X	1.86			-1.64	[32]
吡虫啉	X	0.33			0.33	[32]
丙咪嗪	B	4.39	0.47		2.17	[66]
吲哚美辛	A	3.51		-2.00	0.68	b

续表

化合物	类型	$\log P^N$	$\log P^I_{(+)}$	$\log P^I_{(-)}$	$\log D_{7.4}$	参考文献
吲哚布洛芬	A	2.77			1.16	[154]
伊诺加群	X	0.30			0.09	[154]
碘苯腈	A	3.43			0.11	[32]
酮康唑	BB	4.34			3.83	[152]
酮洛芬	A	3.16		−0.95	−0.11	b
酮咯酸	A	1.88			−0.27	[152]
拉贝洛尔	X	1.33			1.08	b
拉西那韦	N	3.30			3.30	[153]
亮氨酸	X	−1.55	−1.58	−2.07	−1.77	[139]
利多卡因	B	2.44	−0.52		1.72	[79]
洛派丁胺	B	3.90			2.58	[154]
劳拉西泮	N	2.39			2.39	[150]
氯甲西泮	N	2.72			2.72	[66]
马来酰肼	A	−0.56			−2.18	[32]
甲苯咪唑	X	3.28			3.28	[150]
丙酸	A	3.21			−0.79	[32]
甲灭酸	A	5.12			2.11	[154]
氟磺酰草胺	A	2.02			−0.59	[32]
美洛昔康	A	3.43	−0.03		0.12	[79]
美法仑	X	−0.52			−2.00	[152]
甲麦角林	X	4.54			3.50	[150]
二甲双胍	BB	−0.96			−4.96	b
甲氨蝶呤	X	0.54		−0.92	−2.93	b
甲泼尼龙	N	2.16[d]			2.16[d]	[150, 152]
甲基硫代肌苷	N	0.09			0.09	[66]
二甲麦角新碱	B	2.25			2.13	[150]
美替洛尔	B	2.81	−0.26		0.55	[79]
胃复安	B	2.72			0.41	[150]
美托拉宗	A	4.10			1.84	[150, 153]
美托洛尔	B	1.95	−1.10		−0.24	[79]
灭滴灵	B	−0.02			−0.02	[66]
甲磺隆	A	1.58			−2.18	[32]
咪康唑	B	4.89			4.87	b
咪达唑仑	BB	3.12			3.10	[150]
吗多明	B	0.19			0.19	[150]

续表

化合物	类型	$\log P^N$	$\log P^I_{(+)}$	$\log P^I_{(-)}$	$\log D_{7.4}$	参考文献
吗啡	X	0.89	-2.05		-0.06	[79]
吗啡-3β-葡糖苷酸	X	-1.10			-1.12	[79]
吗啡-6β-葡糖苷酸	X	-0.76			-0.79	[79]
莫索尼定	B	0.09	-0.20		0.62	[149]
纳多洛尔	B	0.85			-1.43	[121]
萘啶酸	A	1.41			0.00	[67]
纳洛酮	X	1.74			1.09	[150]
萘	N	3.37			3.37	[66]
萘普生	A	3.24		-0.22	0.09	b
尼古丁	BB	1.32			0.45	[78]
硝苯地平	N	3.17			3.17	[66]
尼氟酸	X	3.88	2.48	0.44	1.43	[78]
硝呋醛肟	A	1.28			1.28	[66]
硝基安定	X	2.38	1.21	0.64	2.23	[139, 150]
尼群地平	N	3.50			3.50	[150]
呋喃妥因	A	0.25			-0.26	[150]
硝基糖腙	A	0.23			0.23	[66]
尼扎替丁	BB	-0.15			-0.24	[149]
N-Me-碘化德兰	N	-1.12			-1.12	[61]
N-Me-碘化奎尼丁	N	-1.31			-1.31	[61]
N-甲基苯胺	B	1.65			1.65	[76]
N-甲基-D-氨基葡萄糖	B	-1.31			-3.62	[78]
去甲可待因	B	0.69			-1.26	[79]
去甲西泮	X	3.01			3.01	[150]
诺氟沙星	X	-0.40			-0.46	[150]
去甲吗啡	B	-0.17			-1.56	[79]
去甲替林	B	4.39	1.17		1.79	b
氧氟沙星	X	-0.41		-0.84	-0.41	[78]
奥氮平	BB	3.10			2.55	[149]
竹桃霉素	B	1.69			0.23	[117]
奥沙拉秦	AA	3.94			-0.06	[154, 156]
奥美拉唑	AA	5.42			2.15	[154, 150]
昂丹司琼	B	1.94			1.52	b
奥沙西泮	X	2.37[d]			2.37[d]	[154, 150]
氧烯洛尔	B	2.51	-0.13		0.18	[121]

续表

化合物	类型	$\log P^N$	$\log P^I_{(+)}$	$\log P^I_{(-)}$	$\log D_{7.4}$	参考文献
罂粟碱	B	2.95	-0.22		2.89	[79]
喷布洛尔	B	4.62	1.32		2.06	[79]
青霉素 V	A	2.09			-0.62	[152]
五氯苯酚	A	5.12			2.41	[32]
戊烷脒	BB	3.81			-0.19	[150]
戊巴比妥	A	2.08			2.01	[76]
己酮可可碱	N	0.33			0.33	[150]
哌氰嗪	B	3.65			2.27	[76]
p-*F*-司来吉兰	B	3.06	-0.58		2.70	[79]
非那吡啶	B	3.31	1.41		3.31	b
苯巴比妥	A	1.53			1.51	[76]
苯酚	A	1.48			1.48	[76]
苯丙氨酸	X	-1.38	-1.41		-1.38	[78]
苯基丁氮酮	A	3.53			0.47	[150]
苯妥英	A	2.24			2.17	b
Phe-Phe	X	-0.63	-0.05		-0.98	[79]
Phe-Phe-Phe	X	0.02	0.82	-0.55	-0.29	[79]
毛果芸香碱	B	0.20			0.03	[116]
吲哚洛尔	B	1.83	-1.32		-0.36	[79]
哌仑西平	BB	0.64			-0.14	[157]
抗蚜威	B	1.71			1.71	[32]
甲基虫螨磷	B	3.27			3.27	[32]
吡罗昔康	X	1.98	0.96	-0.38	0.00	[79]
普拉洛尔	BB	0.76			-0.69	[150, 156]
哌唑嗪	B	2.16			1.88	[152]
泼尼松龙	N	1.83			1.83	[150]
强的松	N	1.44			1.44	[150]
丙胺卡因	B	2.08			1.46	[154]
伯氨喹	BB	3.00	1.14	1.17	2.56	b
丙磺舒	A	3.70		-0.52	-0.23	b
普鲁卡因胺	BB	1.49			-0.36	[150]
普鲁卡因	BB	2.14	-0.81		0.43	[79]
黄体酮	N	3.48			3.48	[152]
异丙嗪	B	4.05			2.44	b
霜霉威	B	1.12			-0.96	[32]

续表

化合物	类型	$\log P^N$	$\log P^I_{(+)}$	$\log P^I_{(-)}$	$\log D_{7.4}$	参考文献
溴丙胺太林	N	-1.07			-1.07	[61]
丙氧芬	B	4.37			2.60	b
普萘洛尔	B	3.48	0.78		1.41	[79]
丙基硫氧嘧啶	A	0.98			0.73	[150]
普罗喹宗	B	3.21		-0.33	0.78	[78]
前列腺素 E1	A	3.20			0.61	[78]
前列腺素 E2	A	2.90		-0.54	0.41	[78]
羟丙茶碱	N	-0.07			-0.77	[150]
溴吡斯的明	N	-3.00			-3.00	[61]
吡哆醇	X	-0.50	-1.33		-0.51	[78]
乙嘧啶	B	2.69			2.44	[150]
司可巴比妥	A	2.39			2.31	[76]
奎尼丁	BB	3.64			2.41	[150]
奎宁	BB	3.50	0.88		2.19	[79]
氯甲喹啉酸	B	0.78			0.78	[32]
喹啉	B	2.15			2.15	[76]
雷尼替丁	BB	0.45			-0.53	[150]
瑞普米星	B	2.49			1.04	[117]
利福布汀	X	4.55	2.80		4.43	[149]
利福平	X	1.10			0.98	[150]
卡巴拉汀	B	2.10			0.68	[153]
罗沙米星	B	2.19			0.78	[117]
罗红霉素	B	3.79	1.02		1.92	[79]
卢非酰胺	N	0.90			0.90	[153]
糖精	A	3.00			-1.00	[150]
水杨酸	A	2.19			-1.68	c
沙美特罗	B	3.20			1.29	[154]
血清素	X	0.53	-1.66		-2.17	c
稀禾定	A	4.38			1.56	[32]
甲磺胺心定	X	-0.47	-1.43		-1.19	[79]
磺胺嘧啶	A	0.37			-0.60	[150]
磺胺甲嘧啶	X	0.89			0.74	[76]
柳氮磺吡啶	AA	3.61		0.14	0.08	b
磺吡酮	A	3.93			-0.07	[150]
磺胺异噁唑	A	1.44			-0.56	[150]

续表

化合物	类型	log P^N	log $P^I_{(+)}$	log $P^I_{(-)}$	log $D_{7.4}$	参考文献
苏灵大	A	3.02			0.12	[154, 150]
舒必利	X	1.31			-0.28	[154, 150]
舒马曲坦	X	1.50			-0.04	b
舒洛芬	A	3.10			-0.30	[150]
他克林	B	2.84			0.34	[150]
它莫西芬	B	5.26	-2.96		4.15	b
替米沙坦	X	7.46			5.95	[157]
特拉唑嗪	B	2.29			1.14	[152]
特比萘芬	B	6.20			6.04	[149]
特布他林	X	-0.08	-1.97	-2.05	-1.35	[79]
特非那定	B	5.52	1.77		3.61	b
睾酮	N	3.31			3.19	[150, 156]
丁卡因	BB	3.51	0.22		2.29	[79]
四环素	X	-0.87			-1.00	[150]
茶碱	A	0.00			0.00	[79]
噻苯哒唑	BB	1.94			1.94	[32]
甲砜霉素	A	-0.27			-0.27	[66]
替米考星	BB	3.80			1.64	[117]
噻吗洛尔	B	2.12	-0.94		0.03	[121]
托芬那酸	A	2.79			-1.11	[154]
甲苯酰吡啶乙酸	A	2.45			2.45	[76]
托萘酯	N	5.40			5.40	[66]
肟草酮	A	4.46			2.04	[32]
曲马多	B	2.31			1.36	[154]
氨甲环酸	X	-1.87			-3.00	[152]
曲唑酮	B	2.79			2.54	[66]
唑蚜威酸	A	1.62			-2.29	[32]
甲氧苄啶	B	0.83	-0.88		0.63	b
曲伐沙星	X	0.15	-0.65		0.07	b
Trp-Phe	X	-0.28	0.33	-2.44	-0.50	[79]
Trp-Trp	X	-0.10	0.49	-0.99	-0.40	[79]
色氨酸	X	-0.77	-0.55	-1.57	-0.77	[79]
泰乐菌素	B	1.63			1.13	[117]
缬沙坦	AA	3.90			-0.10	[153]
维拉帕米	B	4.33	0.71		2.51	b

续表

化合物	类型	$\log P^N$	$\log P^I_{(+)}$	$\log P^I_{(-)}$	$\log D_{7.4}$	参考文献
华法林	A	3.54		0.04	1.12	b
希帕胺	AA	2.85			0.20	[149]
齐多夫定	A	0.13			0.13	b
唑吡坦	B	2.51			2.50	[150]
唑吡酮	B	1.45			1.36	[149]

[a] 类型：A，酸；AA，双质子酸；B，碱；BB，双质子碱；X，两性化合物；N，中性。

[b] *p*ION INC.

[c] Sirius Analytical Instruments Ltd.

[d] 报告值的平均值。

参考文献

[1] Hansch, C.; Leo, A. *Substituent Constants for Correlation Analysis in Chemistry and Biology*, Wiley-Interscience, New York, 1979.

[2] Leo, A.; Hansch, C.; Elkins, D. Partition coeffi cients and their uses. *Chem. Rev.* **71**, 525 – 616 (1971).

[3] Taylor, P. J. Hydrophobic properties of drugs. In: Hansch, C.; Sammes, P. G.; Taylor, J. B. (eds.) *Comprehensive Medicinal Chemistry*, Vol. 4, Pergamon, Oxford, 1990, pp. 241 – 294.

[4] Kubinyi, H. Lipophilicity and biological activity. *Arzneim. -Forsch. /Drug Res.* **29**, 1067 – 1080 (1979).

[5] Kubinyi, H. Strategies and recent technologies in drug discovery. *Pharmazie* **50**, 647 – 662 (1995).

[6] Kristl, A.; Tukker, J. J. Negative Correlation of n-octanol/water partition coefficient and transport of some guanine derivatives through rat jejunum in vitro. *Pharm. Res.* **15**, 499 – 501 (1998).

[7] Iwahashi, M.; Hayashi, Y.; Hachiya, N.; Matsuzawa, H.; Kobayashi, H. Self-association of octan-1-ol in the pure liquid state and in decane solutions as observed by viscosity, self-diffusion, nuclear magnetic resonance and near-infrared spectroscopy measurements. *J. Chem. Soc. Faraday Trans.* **89**, 707 – 712 (1993).

[8] Franks, N. P.; Abraham, M. H.; Lieb, W. R. Molecular organization of liquid *n*-octanol: An X-ray diffraction analysis. *J. Pharm. Sci.* **82**, 466 – 470 (1993).

[9] Takács-Novák, K.; Avdeef, A.; Pod á nyi, B.; Sz á sz, G. Determination of protonation macro- and microconstants and octanol/water partition coeffi cient of anti-inflammatory

niflumic acid. *J. Pharm. Biomed. Anal.* **12**, 1369 - 1377 (1994).

[10] Avdeef, A.; Takács-Novák, K.; Box, K. J. pH-metric log *P*. 6. Effects of sodium, potassium, and *N*-CH_3-D-glucamine on the octanol-water partitioning with prostaglandins E1 and E2. *J. Pharm. Sci.* **84**, 523 - 529 (1995).

[11] Takács-Novák, K.; Józan, M.; Szász, G. Lipophilicity of amphoteric molecules expressed by the true partition coefficient. *Int. J. Pharm.* **113**, 47 (1995).

[12] Dearden, J. C.; Bresnen, G. M. The measurement of partition coefficients. *Quant. Struct. -Act. Relat.* **7**, 133 - 144 (1988).

[13] Hersey, A.; Hill, A. P.; Hyde, R. M.; Livingstone, D. J. Principles of method selection in partition studies. *Quant. Struct. -Act. Relat.* **8**, 288 - 296 (1989).

[14] Tsai, R. -S.; Fan, W.; El Tayar, N.; Carrupt, P. -A.; Testa, B.; Kier, L. B. Solute-water interactions in the oraganic phase of a biphasic system. 1. Structural influence of organic solutes on the " water-dragging " effect. *J. Am. Chem. Soc.* **115**, 9632 - 9639 (1993).

[15] Fan, W.; Tsai, R. S.; El Tayar, N.; Carrupt, P. -A.; Testa, B. Solute-water interactions in the organic phase of a biphasic system. 2. Effects of organic phase and temperature on the " water-dragging " effect. *J. Phys. Chem.* **98**, 329 - 333 (1994).

[16] Leahy, D. E.; Taylor, P. J.; Wait, A. R. Model solvent systems for QSAR. 1. Propylene glycol dipelargonate (PGDP). A new standard for use in partition coefficient determination. *Quant. Struct. - Act. Relat.* **8**, 17 - 31 (1989).

[17] Seiler, P. The simultaneous determination of partition coefficients and acidity constant of a substance. *Eur. J. Med. Chem. -Chim. Therapeut.* **9**, 665 - 666 (1975).

[18] van de Waterbeemd, H.; Kansy, M. Hydrogen-bonding capacity and brain penetration. *Chimia* **46**, 299 - 303 (1992).

[19] von Geldern, T. W.; Hoffman, D. J.; Kester, J. A.; Nellans, H. N.; Dayton, B. D.; Calzadilla, S. V.; Marsh, K. C.; Hernandez, L.; Chiou, W.; Dixon, D. B.; Wu-wong, J. R.; Opgenorth, T. J. Azole endothelin antagonists. 3. Using Δ log *P* as a tool to improve absorption. *J. Med. Chem.* **39**, 982 - 991 (1996).

[20] Kubinyi, H. Hydrogen bonding: The last mystery in drug design? In: Testa, B.; van de Waterbeemd, H.; Folkers, G.; Guy, R. (eds.). *Pharmacokinetic Optimization in Drug Research*, Verlag Helvetica Chimica Acta, Zürich; and Wiley-VCH, Weinheim, 2001, pp. 513 - 524.

[21] Raevsky, O.; Grigor'ev, V. Y.; Kireev; D.; Zefirov, N. Complete thermodynamic description of H-bonding in the framework of multiplicative approach. *Quant. Struct. -Act. Relat.* **11**, 49 - 63 (1992).

[22] El Tayar, N.; Testa, B.; Carrupt, P. -A. Polar intermolecular interactions encoded in

partition coefficients: An indirect estimation of hydrogen-bond parameters of polyfunctional solutes. *J. Phys. Chem.* **96**, 1455 – 1459 (1992).

[23] Chikhale, E. G.; Ng, K. Y.; Burton, P. S.; Borchardt, R. T. Hydrogen bonding potential as a determinant of the*in vitro* and in situ blood-brain barrier permeability of peptides. *Pharm. Res.* **11**, 412 – 419 (1994).

[24] Abraham, M.; Chadha, H.; Whiting, G.; Mitchell, R. Hydrogen bonding. 32. An analysis of water-octanol and water-alkane partitioning and the $\Delta \log P$ parameter of Seiler. *J. Pharm. Sci.* **83**, 1085 – 1100 (1994).

[25] ter Laak, A. M.; Tsai, R.-S.; den Kelder, G. M. D.-O.; Carrupt, P.-A.; Testa, B. Lipophilicity and hydrogen-bonding capacity of H_1-antihistaminic agents in relation to their central sedative side effects. *Eur. J. Pharm. Sci.* **2**, 373 – 384 (1994).

[26] Potts, R. O.; Guy, R. H. A predictive algorithm for skin permeability: the effects of molecular size and hydrogen bonding. *Pharm. Res.* **12**, 1628 – 1633 (1995).

[27] Abraham, M. H.; Martins, F.; Mitchell, R. C. Algorithms for skin permeability using hydrogen bond descriptors: the problems of steroids. *J. Pharm. Pharmacol.* **49**, 858 – 865 (1997).

[28] Reymond, F.; Steyaert, G.; Carrupt, P.-A.; Morin, D.; Tillement, J. P.; Girault, H.; Testa, B. The pH-partition profile of the anti-ischemic drug trimetazidine may explain its reduction of intracellular acidosis. *Pharm. Res.* **16**, 616 – 624 (1999).

[29] Carrupt, P.-A.; Testa, B.; Bechalany, A.; El Tayar, N.; Descas, P.; Perrissoud, D. Morphine 6-glucuronide and morphine 3-glucuronide as molecular chameleons with unexpectedly high lipophilicity. *J. Med. Chem.* **34**, 1272 – 1275 (1991).

[30] Gaillard, P.; Carrupt, P.-A.; Testa, B. The conformation-dependent lipophilicity of morphine glucuronides as calculated from the molecular lipophilicity potential. *Bioorg. Med. Chem. Lett.* **4**, 737 – 742 (1994).

[31] Poulin, P.; Schoenlein, K.; Theil, F.-P. Prediction of adipose tissue: Plasma partition coefficients for structurally unrelated drugs. *J. Pharm. Sci.* **90**, 436 – 447 (2001).

[32] Chamberlain, K.; Evans, A. A.; Bromilow, R. H. 1-Octanol/water partition coefficients (K_{ow}) and pK_a for ionizable pesticides measured by a pH-metric method. *Pest. Sci.* **47**, 265 – 271 (1996).

[33] Lipophilicity in drug action and toxicology. In: Pliska, V.; Testa, B.; van de Waterbeemd, H. (eds.). *Methods and Principles in Medicinal Chemistry*, Vol. 4, VCH Publishers, Weinheim, Germany, 1996.

[34] Testa, B.; van de Waterbeemd, H.; Folkers, G.; Guy, R. (eds.). *Pharmacokinetic Optimization in Drug Research: Biological, Physicochemical, and Computational Strategies*, Verlag Helvetica Chimica Acta, Zürich; and Wiley-VCH, Weinheim, 2001.

[35] Testa, B.; Krämer, S. D.; Wunderli-Allenspach, H.; Folkers, G. (eds.). *Pharmacokinetic Profiling in Drug Research: Biological, Physicochemical, and Computational Strategies*, Wiley-VCH, Weinheim, 2006.

[36] LogP 2009 Conference, ETH Zürich, 8 - 11 Feb. 2009. *Topical issue of Chem. Biodiv.* **6**, 1759 - 2151 (2009).

[37] Krämer, S. D.; Gautier, J. -C.; Saudemon, P. Considerations on the potentiometric log *P* determination. *Pharm. Res.* **15**, 1310 - 1313 (1998).

[38] Avdeef, A.; Barrett, D. A.; Shaw, P. N.; Knaggs, R. D.; Davis, S. S. Octanol-, chloroform-, and PGDP-water partitioning of morphine-6-glucuronide and other related opiates. *J. Med. Chem.* **39**, 4377 - 4381 (1996).

[39] Comer, J.; Tam, K. Lipophilicity profiles: Theory and measurement. In: Testa, B.; van de Waterbeemd, H.; Folkers, G.; Guy, R. (eds.). *Pharmacokinetic Optimization in Drug Research*, Verlag Helvetica Chimica Acta, Zürich; and Wiley-VCH, Weinheim, 2001, pp. 275 - 304.

[40] Scherrer, R. A.; Howard, S. M. Use of distribution coefficients in quantitative structure-activity relationships. *J. Med. Chem.* **20**, 53 - 58 (1977).

[41] Schaper, K. -J. Simultaneous determination of electronic and lipophilic properties [pK_a, *P* (ion), *P* (neutral)] for acids and bases by nonlinear regression analysis of pH-dependent partittion measurements. *J. Chem. Res.* (*S*) **357** (1979).

[42] Taylor, P. J.; Cruickshank, J. M. Distribution coefficients of atenolol and sotalol. *J. Pharm. Pharmacol.* **36**, 118 - 119 (1984).

[43] Taylor, P. J.; Cruickshank, J. M. Distribution coefficients of atenolol and sotalol. *J. Pharm. Pharmacol.* **37**, 143 - 144 (1985).

[44] Manners, C. N.; Payling, D. W.; Smith, D. A. Distribution coefficient, a convenient term for the relation of predictable physico-chemical properties to metabolic processes. *Xenobiotica* **18**, 331 - 350 (1988).

[45] Avdeef, A. Assessment of distribution-pH profiles. In: Pliska, V.; Testa, B.; van de Waterbeemd, H. (eds.). *Methods and Principles in Medicinal Chemistry*, Vol. 4, VCH Publishers, Weinheim, 1996, pp. 109 - 139.

[46] Scherrer, R. A. Biolipid pK_a values in the lipophilicity of ampholytes and ion pairs. In: Testa, B.; van de Waterbeemd, H.; Folkers, G.; Guy, R. (eds.). *Pharmacokinetic Optimization in Drug Research*, Verlag Helvetica Chimica Acta, Zürich; and Wiley-VCH, Weinheim, 2001, pp. 351 - 381.

[47] Murthy. K. S.; Zografi, G. Oil-water partitioning of chlorpromazine and other phenothiazine derivatives using dodecane and *n*-octanol. *J. Pharm. Sci.* **59**, 1281 - 1285 (1970).

[48] Tomlinson, E.; Davis, S. S. Interactions between large organic ions of opposite and unequal charge. II. Ion pair and ion triplet formation. *J. Colloid Interface Sci.* **74**, 349-357 (1980).

[49] van der Giesen, W. F.; Janssen, L. H. M. *Int. J. Pharm*. **12**, 231-249 (1982).

[50] Scherrer, R. A. The treatment of ionizable compounds in quantitative structure-activity studies with special consideration of ion partitioning. In: Magee, P. S.; Kohn, G. K.; Menn, J. J. (eds.), *Pesticide Syntheses through Rational Approaches*, ACS Symposium Series 225, American Chemical Society, Washington, DC, 1984, pp. 225-246.

[51] Scherrer, R. A.; Crooks, S. L. Titrations in water-saturated octanol: a guide to partition coefficients of ion pairs and receptor-site interactions. *Quant. Struct. -Act. Relat.* **8**, 59-62 (1989).

[52] Akamatsu, M.; Yoshida, Y.; Nakamura, H.; Asao, M.; Iwamura, H.; Fujita, T. Hydrophobicity of di- and tripeptides having unionizable side chains and correlation with substituent and structural parameters. *Quant. Struct. -Act. Relat.* **8**, 195-203 (1989).

[53] Manners, C. N.; Payling, D. W.; Smith, D. A. Lipophilicity of zwitterionic sulphate conjugates of tiaramide, propanolol and 4′-hydroxypropranolol *Xenobiotica*, **19**, 1387-1397 (1989).

[54] Westall, J. C.; Johnson, C. A.; Zhang, W. Distribution of LiCl, NaCl, KCl, HCl, $MgCl_2$, and $CaCl_2$ between octanol and water. *Environ. Sci. Technol.* **24**, 1803-1810 (1990).

[55] Chmelík, J.; Hudeček, J.; Putyera, K.; Makovička, J.; Kalous, V.; Chmelíková, J. Characterization of the hydrophobic properties of amino acids on the basis of their partition and distribution coefficients in the 1-octanol-water system. *Collect. Czech. Chem. Commum.* **56**, 2030-2040 (1991).

[56] Tsai, R. -S.; Testa, B.; El Tayar, N.; Carrupt, P. -A. Structure-lipophilicity relationships of zwitterionic amino acids. *J. Chem. Soc. Perkin Trans.* **2**, 1797-1802 (1991).

[57] Akamatsu, M.; Fujita, T. Quantitative analysis of hydorphobicity of di- to pentapeptides having un- ionizable side chains with substituent and structural parameters. *J. Pharm. Sci.* **81**, 164-174 (1992).

[58] Akamatsu, M.; Katayama, T.; Kishimoto, D.; Kurokawa, Y.; Shibata, H. Quantitative analysis of the structure-hydophibicity relationships for *n*-acetyl di- and tripeptide amides. *J. Pharm. Sci.* **83**, 1026-1033 (1994).

[59] Abraham, M. H.; Takács-Novák, K.; Mitchell, R. C. On the partition of ampholytes: Application to blood-brain distribution. *J. Pharm. Sci.* **86**, 310-315 (1997).

[60] Bierer, D. E.; Fort, D. M.; Mendez, C. D.; Luo, J.; Imbach, P. A.; Dubenko, L. G.; Jolad, S. D.; Gerber, R. E.; Litvak, J.; Lu, Q.; Zhang, P.; Reed, M. J.; Waldeck,

N. ; Bruening, R. C. ; Noamesi, B. K. ; Hector, R. F. ; Carlson, T. J. ; King, S. R. Ethnobotanical-directed discovery of the antihyperglycemic properties of cryptolepine: its isolation from *Cryptolepis sanguinolenta*, synthesis, and *in vitro* and *in vivo* activities. *J. Med. Chem.* **41**, 894 - 901 (1998).

[61] Takács-Novák, K. ; Szász, G. Ion-pair partition of quaternary ammonium drugs: The influence of counter ions of different lipophilicity, size, and flexibility. *Pharm. Res.* **16**, 1633 - 1638 (1999).

[62] Valkó, K. ; Slégel, P. New chromotographic hydrophobicity index (ν0) based on the slope and the intercept of the log k' versus organic phase concentration plot. *J. Chromotogr.* **631**, 49 - 61 (1993).

[63] Valkó, K. ; Bevan, C. ; Reynolds, D. Chromatographic hydrophobicity index by fast-gradient RP-HPLC: A high-thorughput alternative to log P/log D. *Anal. Chem.* **69**, 2022 - 2029 (1997).

[64] Hitzel, L. ; Watt, A. P. ; Locker, K. L. An increased throughput method for the determination of partition coefficients. *Pharm. Res.* **17**, 1389 - 1395 (2000).

[65] Schräder, W. ; Andersson, J. T. Fast and direct method for measuring 1-octanol-water partition coefficients exemplified for six local anaesthetics. *J. Pharm. Sci.* **90**, 1948 - 1954 (2001).

[66] Lombardo, F. ; Shalaeva, M. Y. ; Tupper, K. A. ; Gao, F. ; Abraham, M. H. E log P_{oct}: A tool for lipophilicity determination in drug discovery. *J. Med. Chem.* **43**, 2922 - 2928 (2000).

[67] Asafu-Adjaye, E. B. ; Shiu, G. K. ; Hussain, A. Use of immobilized artificial memebrane (IAM) columns for the prediction of intestinal permeability of drugs (poster). National Meeting of the American Association of Pharmaceutical Science, Boston, 1997.

[68] Valkó, K. Measurements of physical properties for drug design in industry. In: Valkó, K. (ed.). *Separation Methods in Drug Synthesis and Purification*, Elsevier, Amsterdam, 2001, Chapter 12.

[69] Ishihama, Y. ; Oda, Y. ; Uchikawa, K. ; Asakawa, N. Evaluation of solute hydrophobicity by microemulsion electrokinetic chromatography. *Anal. Chem.* **67**, 1588 - 1595 (1995).

[70] Razak, J. L. ; Cutak, B. J. ; Larive, C. K. ; Lunte, C. E. Correlation of the capacity factor in vesicular electrokinetic chromatography with the octanol: water partition coefficient for charged and neutral analytes. *Pharm. Res.* **18**, 104 - 111 (2001).

[71] Burns, S. T. ; Khaledi, M. G. Rapid determination of liposome-water partition coefficient (K_{lw}) using liposome electrokinetic chromatography (LEKC). *J. Pharm. Sci.* **91**, 1601 - 1612 (2002).

[72] Schräder, W. ; Andersson, J. T. Fast and direct method for measuring 1-octanol-water partition coefficients exemplified for six local anaesthetics. *J. Pharm. Sci.* **90**, 1948 - 1954 (2001).

[73] Avdeef, A. Physicochemical profiling (solubility, permeability, and charge state). *Curr. Topics Med. Chem.* **1**, 277 - 351 (2001).

[74] Avdeef, A. *Applications and Theory Guide to pH-Metric pK_a and log P Measurement*. Sirius Analytical Instruments Ltd., Forest Row, UK, 1993.

[75] Avdeef, A. ; Box, K. J. ; Comer, J. E. A. ; Hibbert, C. ; Tam, K. Y. pH-metric log*P*. 10. Determination of vesicle membrane-water partition coefficients of ionizable drugs. *Pharm. Res.* **15**, 208 - 214 (1997).

[76] Slater, B. ; McCormack, A. ; Avdeef, A. ; Comer, J. E. A. pH-metric log *P*. 4. Comparison of partition coefficients determined by shake-flask, hplc and potentiometric methods. *J. Pharm. Sci.* **83**, 1280 - 1283 (1994).

[77] Avdeef, A. pH-Metric log *P*. 2. Refinement of partition coefficients and ionization constants of multiprotic substances. *J. Pharm. Sci.* **82**, 183 - 190 (1993).

[78] Avdeef, A. *Sirius Technical Application Notes (STAN)*. Vol. 1, Sirius Analytical Instruments Ltd., Forest Row, UK, 1994.

[79] Avdeef, A. ; Box, K. J. *Sirius Technical Application Notes (STAN)*. Vol. 2, Sirius Analytical Instruments Ltd., Forest Row, UK, 1995.

[80] Takács-Novák, K. ; Box, K. J. ; Avdeef, A. Potentiometric pK_a determination of water-insoluble compounds. Validation study in methanol/water mixtures. *Int. J. Pharm.* **151**, 235 - 248 (1997).

[81] Avdeef, A. ; Box, K. J. ; Comer, J. E. A. ; Gilges, M. ; Hadley, M. ; Hibbert, C. ; Patterson, W. ; Tam, K. Y. pH-metric log *P*. 11. pK_a determination of water-insoluble drugs in organic solvent-water mixtures. *J. Pharm. Biomed. Anal.*, **20**, 631 - 641 (1999).

[82] Bouchard, G. ; Pagliara, A. ; van Balen, G. P. ; Carrupt, P.-A. ; Testa, B. ; Gobry, V. ; Girault, H. H. ; Caron, G. ; Ermondi, G. ; Fruttero, R. Ionic partition diagram of the zwitterionic antihistamine cetirizine. *Helv. Chim. Acta* **84**, 375 - 387 (2001).

[83] Dyrssen, D. Studies on the extraction of metal complexes. IV. The dissociation constants and partition coefficients of 8-quinolinol (oxine) and *N*-nitroso-*N*-phenylhydroxylamine (cupferron). *Sv. Kem. Tidsks.* **64**, 213 - 224 (1952).

[84] Rydberg, J. Studies on the extraction of metal complexes. IX. The distribution of acetylacetone between chloroform or hexone and water. *Sv. Kem. Tidskr.* **65**, 37 - 43 (1953).

[85] Hök, B. Studies on the extraction of metal complexes. XV. The dissociation constants of

salicylic acid, 3, 5-dinitrobenzoic acid, and cinnamic acid and the distribution between chloroform-water and methyl isobutyl ketone (hexone)-water. *Sv. Kem. Tidskr.* **65**, 182 - 194 (1953).

[86] Dyrssen, D. Studies on the extraction of metal complexes. XVIII. The dissociation constant and partition coefficient of tropolone. *Acta Chem. Scand.* **8**, 1394 - 1397 (1954).

[87] Dyrssen, D.; Dyrssen, M.; Johansson, E. Studies on the extraction of metal com plexes. XXXI. Investigation with some 5, 7-dihalogen derivatives of 8-quinolinol. *Acta Chem. Scand.* **10**, 341 - 352 (1956).

[88] Hök - Bernström, B. Studies on the extraction of metal complexes. XXIII. On the complex formation of thorium with salicylic acid, methoxybenzoic acid and cinnamic acid. *Acta Chem. Scand.* **10**, 174 - 186 (1956).

[89] Dyrssen, D. Studies on the extraction of metal complexes. XXXII. *N*-Phenylbenzohydroxamic acid. *Acta Chem. Scand.* **10**, 353 - 359 (1957).

[90] Dyrssen, D. Studies on the extraction of metal complexes. XXX. The dissociation, distribution, and dimerization of di-*n*-buty phosphate (DBP). *Acta Chem. Scand.* **11**, 1771 - 1786 (1957).

[91] Brändström, A. A rapid method for the determination of distribution coefficinet of bases for biological purposes. *Acta Chem. Scand.* **17**, 1218 - 1224 (1963).

[92] Korenman, I. M.; Gur'ev, I. A. Acid-base titration in the presence of extractants. *J. Anal. Chem. USSR* (*Eng.*) **30**, 1601 - 1604 (1975).

[93] Kaufman, J. J.; Semo, N. M.; Koski, W. S. Microelectrometric titration measurement of the pK_a' s and partition and drug distribution coefficients of narcotics and narcotic antagonists and their pH and temperature dependence. *J. Med. Chem.* **18**, 647 - 655 (1975).

[94] Johansson, P. -A.; Gustavii, K. Potentiometric titration of ionizable compounds in two phase systems. 2. Determination of partition coefficients of organic acids and bases. *Acta Pharm. Suecica* **13**, 407 - 420 (1976).

[95] Johansson, P. -A.; Gustavii, K. Potentiometric titration of ionizable compounds in two phase systems. 3. Determination of extraction constants. *Acta Pharm. Suecica* **14**, 1 - 20 (1977).

[96] Gur'ev, I. A.; Korenman, I. M.; Aleksandrova, T. G.; Kutsovskaya, V. V. Dual-phase titration of strong acids. *J. Anal. Chem. USSR* (*Eng.*) **32**, 192 - 195 (1977).

[97] Gur'ev, I. A.; Gur'eva, Z. M. Dual-phase titration of aromatic acids. *J. Anal. Chem. USSR* (*Eng.*) **32**, 1933 - 1935 (1977).

[98] Gur'ev, I. A.; Kiseleva, L. V. Dual-phase titration of aliphatic acids in the presence of neutral salts. *J. Anal. Chem. USSR* (*Eng.*) **33**, 427 - 430 (1978).

[99] Gur'ev, I. A.; Zinina, O. B. Improving conditions for titrating acids by using dual-phase systems. *J. Anal. Chem. USSR (Eng.)* **33**, 1100-1102 (1978).

[100] Gur'ev, I. A.; Gushchina, E. A.; Mitina, E. N. Dual-phase titration of phenols with an ion selectrive electrode. *J. Anal. Chem. USSR (Eng.)* **34**, 913-916 (1979).

[101] Gur'ev, I. A.; Gushchina, E. A.; Gadashevich, M. Z. Dual-phase potentiometric titration of aromatic carboxylic acids with liquid ion selective electrodes. *J. Anal. Chem. USSR (Eng.)* **36**, 803-810 (1981).

[102] Gur'ev, I. A.; Gushchina, E. A. Use of extraction parameters to predict the results of the dual-phase titration of phenolate ions with a liquid ion-slective electrode. *J. Anal. Chem. USSR (Eng.)* **37**, 1297-1301 (1982).

[103] Clarke, F. H. Ionization constants by curve fitting. Application to the determination of partition coefficients. *J. Pharm. Sci.* **73**, 226-230 (1984).

[104] Clarke, F. H.; Cahoon, N. M. Ionization constants by curve fitting: Determination of partition and distribution coefficients of acids and bases and their ions. *J. Pharm. Sci.* **76**, 611-620 (1987).

[105] Avdeef, A. Fast simultaneous determination of log P and pK_a by potentiometry: Para-alkoxyphenol series (methoxy to pentoxy). In: Silipo, C.; Vittoria, A. (eds.). *QSAR: Rational Approaches to the Design of Bioactive Compounds*, Elsevier, Amsterdam, 1991, pp. 119-122.

[106] Avdeef, A. pH-metric log P. 1. Difference plots for determining ion-pair octanol-water partition coefficients of multiprotic substances. *Quant Struct.-Act. Relat.* **11**, 510-517 (1992).

[107] Avdeef, A.; Comer, J. E. A. Measurement of pK_a and log P of water-insoluble substances by potentiometric titration. In: Wermuth, C. G. (ed.). *QSAR and Molecular Modelling*, Escom, Leiden, 1993, pp. 386-387.

[108] Comer, J. E. A. The acid test; ionization and lipophilicity of drugs; influence on biological activity. *Chem. Britain* **30**, 983-986 (1994).

[109] Clarke, F. H.; Cahoon, N. M. Ionization constants by curve fitting: Determination of partition and distribution coefficients of acids and bases and their ions. *J. Pharm. Sci.* **83**, 1524 (1994).

[110] Clarke, F. H.; Cahoon, N. M. Potentiometric determination of the partition and distribution coefficients of dianionic compounds. *J. Pharm. Sci.* **84**, 53-54 (1995).

[111] Comer, J. E. A.; Avdeef, A.; Box, K. J. Limits for successful measurement of pK_a and log P by pH-metric titration. *Am. Lab.* **4**, 36c-36i (1995).

[112] Herbette, L. G.; Vecchiarelli, M.; Trumlitz, G. NSAID mechanism of action: Membrane interactions in the role of intracellular pharmacokinetics. In: Vane, J.; Botting,

J. ; and Botting, R. (eds.). *Improved Non-steroid Anti-inflammatory Drugs. COX-2 Enzyme Inhibitors*, Kluwer Academic Publishers, Dordrecht, 1996, pp. 85 – 102.

[113] Karajiannis, H. ; van de Waterbeemd, H. The prediction of the lipophilicity of peptidomimetics. A comparison between experimental and theoretical lipophilicity values of renin inhibitors and the building blocks. *Pharm. Acta Helv.* **70**, 67 – 77 (1995).

[114] Danielsson, L. -G. ; Zhang, Y. -H. Methods for determining *n*-octanol-water partition constants. *Trends Analyt. Chem.* **15**, 188 – 196 (1996).

[115] Caron, G. ; Pagliara, A. ; Gaillard, P. ; Carrupt, P-A. ; Testa, B. Ionization and partitioning profiles of zwitterions: The case of the anti-inflammatory drug azapropazone. *Helv. Chim. Acta.* **79**, 1683 – 1695 (1996).

[116] Takács-Novák, K. ; Avdeef, A. Interlaboratory study of log *P* determination by shake-flask and potentiometric methods. *J. Pharm. Biomed. Anal.* **14**, 1405 – 1413 (1996).

[117] McFarland, J. W. ; Berger, C. M. ; Froshauer, S. A. ; Hayashi, S. F. ; Hecker, S. J. ; Jaynes, B. H. ; Jefson, M. R. ; Kamicker, B. J. ; Lipinski, C. A. ; Lundy, K. M. ; Reese, C. P. ; Vu, C. B. Quantitative structure-activity relationships among macrolide antibacterial agents: *In vitro* and *in vivo* potency against *Pasteurella multocida. J. Med. Chem.* **40**, 1340 – 1346 (1997).

[118] Caron, G. ; P. Gaillard, P. ; Carrupt, P. -A. ; Testa, B. Lipophilicity behavior of model and medicinal compounds containing a sulfide, sulfoxide, or sulfone moiety. *Helv. Chim, Acta* **80**, 449 – 462 (1997).

[119] Herbette, L. G. ; Vecchiarelli, M. ; Leonardi, A. Lercanidipine: short plasma half-life, long duration of action. *J. Cardiovasc. Pharmacol.* **29** (Suppl. 1), S19 – S24 (1997).

[120] Morgan, M. E. ; Liu, K. ; Anderson, B. D. Microscale titrimetric and spectrophotometric methods for determination of ionization constants and partition coefficients of new drug candidates. *J. Pharm. Sci.* **87**, 238 – 245 (1998).

[121] Caron, G. ; Steyaert, G. ; Pagliara, A. ; Reymond, F. ; Crivori, P. ; Gaillard, P. ; Carrupt, P. -A. ; Avdeef, A. ; Comer, J. ; Box, K. J. ; Girault, H. H. ; Testa, B. Structure-lipophilicity relationships of neutral and protonated β-blockers, part I: Intra- and intermolecular effects in isotropic solvent systems. *Helv. Chim. Acta* **82**, 1211 – 1222 (1999).

[122] Franke, U. ; Munk, A. ; Wiese, M. Ionization constants and distribution coefficients of phenothiazines and calcium channel antagonists determined by a pH-metric method and correlation with calculated partition coefficients. *J. Pharm. Sci.* **88**, 89 – 95 (1999).

[123] Sangster, J. Log KOW Databank. Montreal, Quebec, Canada, Sangster Research Laboratories, 1994.

[124] Howard, P. H.; Meylan, W. PHYSPROP Database, Syracuse Research Corp., Syracuse, 2000.

[125] Physicochemical Parameter Database, Medicinal Chemisry Project, Pomona College, Claremont, CA, USA. (www.biobyte.com/bb/prod/cqsar.html)

[126] Dollery, C. (ed.). *Therapeutic Drugs*, 2nd ed., Vol. 1 & 2, Churchill Livingstone, Edinburgh, 1999.

[127] El Tayar, N.; Tsai, R.-S.; Carrupt, P.-A.; Testa, B. Octan-1-ol-water partition coefficinets of zwitterionic α-amino acids. Determination by centrifugal partition chromatography and factorization into steric/hydrophobic and polar components. *J. Chem. Soc. Perkin Trans.* **2**, 79 - 84 (1992).

[128] Krämer, S. D.; Jakits-Deiser, C.; Wunderli-Allenspach, H. Free-fatty acids cause pH-dependent changes in the drug-lipid membrane interactions around the physiological pH. *Pharm. Sci.* **14**, 827 - 832 (1997).

[129] Malvezzi, A.; Amaral, A. T.-do. Ion pair stabilization effects on a series of procaine structural analogs. *Eur. J. Pharm. Sci.* **41**, 631 - 635 (2010).

[130] Abraham, M. H.; Ibrahim, A.; Zissimos, A. M.; Zhao, Y. H.; Comer, J.; Reynolds, D. P. Application of hydrogen bonding calculations in property based drug design. *Drug Disc. Today* **7**, 1056 - 1063 (2002).

[131] Jonkman, J. H. G.; Hunt, C. A. Ion pair absorption of ionized drugs—Fact or fiction? *Pharm. Weekblad Sci. Ed.* **5**, 41 - 47 (1983).

[132] Wilson, C. G.; Tomlinson, E.; Davis, S. S.; Olejnik, O. Altered ocular absorption and disposition of sodium cromoglycate upon ion-pair and complex coacervate formation with dodecylbenzyldimethyl-ammonium chloride. *J. Pharm. Pharmacol.* **31**, 749 - 753 (1981).

[133] Mirrlees, M. S.; Moulton, S. J.; Murphy, C. T.; Taylor, P. J. Direct measurement of octanol-water partiton coefficients by high-pressure liquid chromatography. *J. Med. Chem.* **19**, 615 - 619 (1976).

[134] Unger, S. H.; Cook, J. R.; Hollenberg, J. S. Simple procedure for determining octanol-aqueous partition, distribution, and ionization coefficients by reverse-phase high-pressure liquid chromatography. *J. Pharm. Sci.* **67**, 1364 - 1366 (1978).

[135] Terada, H.; Murayama, W.; Nakaya, N.; Nunogaki, Y.; Nunogaki, K.-I. Correlation of hydrophobic parameters of organic compounds determined by centrifugal partition chromatography with partition coefficients between octanol and water. *J. Chromatog.* **400**, 343 - 351 (1987).

[136] El Tayar, N.; Tsai, R.-S.; Vallat, P.; Altomare, C.; Testa, B. Measurement of partition coefficients by various centrifugal partition chromatographic techniques. A com-

parative evaluation. *J. Chromatogr.* **556**, 181 - 194 (1991).

[137] Tsai, R. -S. ; El Tayar; N. ; Carrupt, P. -A. ; Testa, B. Physicochemical properties and transport behavior of piribedil: Considerations on its membrane-crossing potential *Int. J. Pharm.* **80**, 39 - 49 (1992).

[138] Avdeef, A. Weighting scheme for regression analysis using pH data from acid-base titrations. *Anal. Chim. Acta* **148**, 237 - 244 (1983).

[139] Winiwarter, S. ; Bonham, N. M. ; Ax, F. ; Hallberg, A. ; Lennernäs, H. ; Karlen, A. Correlation of human jejunal permeability (*in vivo*) of drugs with experimentally and theoretically derived parameters. A multivariate data analysis approach. *J. Med. Chem.* **41**, 4939 - 4949 (1998).

[140] Davis, S. S. ; Elson, G. ; Tomlinson, E. ; Harrison, G. ; Dearden, J. C. The rapid determination of partition coefficient data using a continuous solvent extraction system (AKUFVE). *Chem. Ind.* (*London*) 677 - 683 (1976).

[141] Rogers, J. A. ; Davis, S. S. Functional group contributions to the partitioning of phenols between liposomes and water. *Biochem. Biophys. Acta* **598**, 392 - 404 (1980).

[142] Anderson, N. H. ; James, M. ; Davis, S. S. Uses of partition coefficients in the pharmaceutical industry. *Chem. Ind.* (*London*) 677 - 680 (1981).

[143] Avdeef, A. ; Bendels, S. ; Di, L. ; Faller, B. ; Kansy, M. ; Sugano, K. ; Yamauchi, Y. PAMPA—A useful tool in drug discovery. *J. Pharm. Sci.* **96**, 2893 - 2909 (2007).

[144] BioByte Corp. , Claremont, CA (www. biobyte. com).

[145] Daylight Chemical Information Systems, Inc. , Aliso Viejo, CA 92656, USA. (www. daylight. com).

[146] ADME Boxes v4. 9, and ACD/pK_a Database in ACD/ChemSketch v3. 0, Advanced Chemistry Development Inc. , Toronto, Canada (www. ACD/Labs. com).

[147] CompuDrug International, Inc. , Sedona, AZ, USA. (www. compudrug. com).

[148] Barbato, F. ; La Rotonda, M. I. ; Quaglia, F. Interactions of nonsteroidal antiinflammatory drugs with phospholipids: Comparison between octanol/buffer partition coefficients and chromatographic indexes on immobilized artificial membranes. *J. Pharm. Sci.* **86**, 225 - 229 (1997).

[149] Balon, K. ; Mueller, B. W. ; Riebesehl, B. U. Drug liposome partitioning as a tool for the prediction of human passive intestinal absorption. *Pharm. Res.* **16**, 882 - 888 (1999).

[150] Kansy, M. ; Fischer, H. ; Kratzat, K. ; Senner, F. ; Wagner, B. ; Parrilla, I. High-throughput aritificial membrane permeability studies in early lead discovery and development. In: Testa, B. ; van de Waterbeemd, H. ; Folkers, G. ; Guy, R. (eds.). *Pharmacokinetic Optimization in Drug Research*, Verlag Helvetica Chimica Acta, Zürich;

and Wiley-VCH, Weinheim, 2001, pp. 447 -464.

[151] Palm, K. ; Luthman, K. ; Ros, J. ; Gråsjö, J. ; Artursson, P. Effect of molecular charge on intestinal epithelial drug transport: pH-dependent transport of cationic drugs. *J. Pharmacol. Exp. Ther.* **291**, 435 -443 (1999).

[152] Zhu, C. ; Jiang, L. ; Chen, T. -M. ; Hwang, K. -K. A comparative study of artificial membrane permeability assay for high-throughput profiling of drug absorption potential. *Eur. J. Med. Chem.* **37**, 399 -407 (2002).

[153] Faller, B. ; Wohnsland, F. Physicochemical parameters as tools in drug discovery and lead optimization. In: Testa, B. ; van de Waterbeemd, H. ; Folkers, G. ; Guy, R. (eds.). *Pharmacokinetic Optimization in Drug Research*, Verlag Helvetica Chimica Acta, Zürich; and Wiley-VCH, Weinheim, 2001, pp. 257 -274.

[154] Österberg, T. ; Svensson, M. ; Lundahl, P. Chromatographic retention of drug molecules on immobilized liposomes prepared from egg phospholipids and from chemically pure phospholipids. *Eur. J. Pharm. Sci.* **12**, 427 -439 (2001).

[155] Karlsson, J. ; Ungell, A. -L. ; Grasjo, J. ; Artursson, P. Paracellular drug transport across intestinal epithelia: influence of charge and induced water flux. *Eur. J. Pharm. Sci.* **9**, 47 -56 (1999).

[156] Camenisch, G. ; Folkers, G. ; van de Waterbeemd, H. Comparison of passive drug transport through Caco-2 cells and artificial membranes. *Int. J. Pharm.* **147**, 61 -70 (1997).

[157] Yazdanian, M. ; Glynn, S. L. ; Wright, J. L. ; Hawi, A. Correlating partitioning and Caco-2 cell permeability of stucturally diverse small molecular weight compounds. *Pharm. Res.* **15**, 1490 -1494 (1998).

5 脂质体－水分配

本章讨论“仿生”亲脂性，即药物在脂质体－水体系中分配系数的测定。与辛醇不同，由磷脂酰胆碱形成的单层囊泡具有亲脂性标度，以 $\log P_{MEM}$ 表示。$\log P_{MEM}$ 可用作特性或生物活性预测模型的组成部分。对于可电离分子，该系数取决于 pH，可称为分布（或表观分配）系数 $\log D_{MEM}$。当 $\log D_{MEM}$ 表示为 pH 的函数时，在给定较宽的 pH 范围内，单质子分子呈现 S 形曲线。在该曲线的顶部，$\log D_{MEM}$ 等于 $\log P_{MEM}$，该常数描述中性物质的脂质体－水分配。在 S 形曲线的底部，$\log D_{MEM}$ 等于 $\log P_{MEM}^{SIP}$，该常数描述带电药物的表面离子对（带电药物与双层中的表面带电组分配对）。在脂质体系统中，带电物质分配（与表面缔合）能力约为辛醇中离子对分配的 100 倍。因此，在辛醇系统中的“*diff* 3 ~4”近似值在脂质体系统中变为“*diff* 1 ~2”的近似值。这里讨论的磷脂－药物相互作用是第 7 章中 PAMPA 模型的基础。本章末尾列出了包含 114 个分子的 $\log P_{MEM}$ 和 $\log P_{MEM}^{SIP}$ 数据库。

5.1 仿生亲脂性

传统的辛醇－水分配模型存在一些不足之处。很显然，它不具备“生物”方面的特性。而脂质体（通过磷脂双层与外部溶液隔开的具有内部水性隔室的囊泡）的组成与生物膜中发现的主要成分相似，因此已经做出大量的尝试来表征药物在更具仿生性的脂质体－水系统中的分配[1-68]。

5.2 平衡四元体和表面离子对（SIP）

图 5.1 显示了与药物在水性环境和磷脂双层之间分配相关的平衡四元体反应（图 5.1 中仅显示了双层的一半）。下标“MEM”表示分配介质是由磷脂双层形成的膜囊泡。式（4.1）至式（4.4）适用。

图 5.1 中的 pK_a^{MEM} 是指“膜” pK_a。其含义与 pK_a^{OCT} 相似：当膜相中未带电物质与带电物质的浓度相等时，该点的水溶液 pH 定义为 pK_a^{MEM}，对于弱碱而言，其描述为：

$$BH^{+}_{MEM} \rightleftharpoons B_{MEM} + H^{+};\ K_a^{MEM} = [B]_{MEM}[H^{+}]/[BH^{+}]_{MEM}。 \tag{5.1}$$

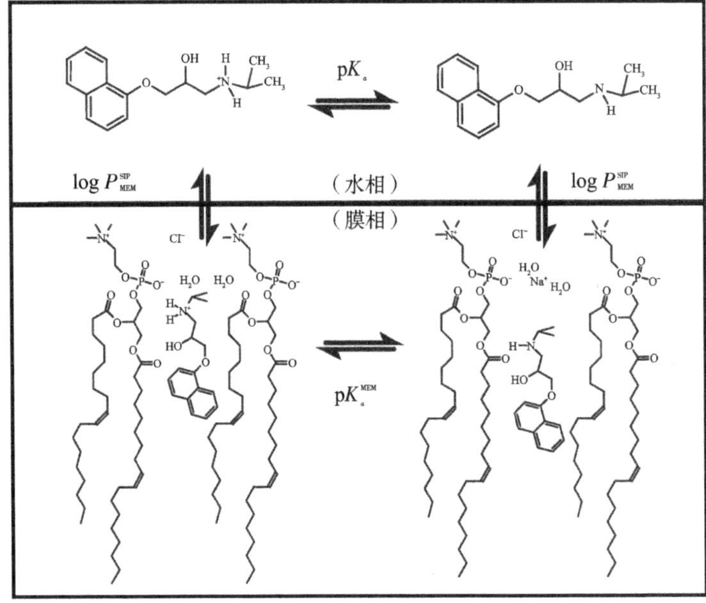

图 5.1 磷脂膜 - 水四元平衡

（仅显示了双层的一半。转载自 AVDEEF A. Curr. Topics Med. Chem.，2001，1：277 - 351。经 Bentham Science Publishers，Ltd. 许可复制）

4.2 节和 4.3 节中讨论的盐常数依赖关系也适用于图 5.1 中 pK_a^{MEM} 和 $\log P_{MEM}^{SIP}$ 常数。尽管表面离子对和膜 - pK_a 是条件常数，但对溶液反离子浓度的依赖关系不同于辛醇[57,66]。普遍认为，当带电药物迁移到脂质体的脂质环境中，如图 5.1 所示，首先伴随的反离子可能会与两性离子磷脂酰胆碱头部基团交换，同时仍保持局部电荷中性。由于离子对的性质可能与脂质体分配不同，因此使用术语“表面离子对”（SIP）来表述它。术语 *diff* $\log P_{MEM}^{SIP}$ 用于表述中性物质分配与表面离子对分配之间的差［参考式（4.6）］。

5.3 数据来源

脂质体 log *P* 值没有便捷实用的数据库。大多数测得的数需要从原始出版物[1-2,5-11,67,69]中查找。Cevc[4]编辑的数据集是一本全面收集磷脂特性的手册，包括来自 X 射线晶体学研究的大量结构数据。此外，不同生物膜中脂质组分的分布情况已有报道[4,12,57]。

5.4 药物分配到双层的位置

基于蛋黄卵磷脂（eggPC）双层的$^{31}P\{^{1}H\}$ NMR 研究中的核 Overhauser 效应，Yeagle 等[23]得出结论：N－甲基氢原子与相邻磷脂中的磷酸氧原子非常接近，这表明双层表面是通过（分子间）静电缔合紧密连接的“壳”。添加的胆固醇结合在极性头部基团下方，虽不与它们直接相互作用，却间接破坏了某些表面结构，使表面更具有极性并具有亲水性。

Boulanger 等[44－45]使用氘 NMR 作为结构探针，研究了局部麻醉剂普鲁卡因和丁卡因与 eggPC 多囊泡（MLV，52～650 mM）间随 pH 变化的相互作用。他们提出了一个与图 5.1 中的相似的三位点模型，即除了膜结合的物质（带电和不带电物质）具有两个不同的位置，一个是弱结合的表面位点（主要在 pH 5.5 处）；另一个是强结合的较深位点（主要在 pH 9.5 处），并估算了两个位点的膜分配系数（D_{MEM}）。Westman 等[46]通过应用 Gouy－Chapman 理论对该模型进行了进一步的阐述。当带正电荷的药物分配到双层中时，则 Cl^- 很可能会结合到表面，以保持局部电荷中性。他们发现丁卡因和普鲁卡因的 $diff\ \log P_{MEM}^{SIP}$ 值出乎意料的低，丁卡因为 0.77，普鲁卡因为 1.64（参见 4.6 节），远小于辛醇－水分配的预期值。Kelusky 和 Smith[47]也使用氘 NMR 提出，在 pH 5.5 时质子化药物与磷酸根基团之间形成一个静电键，$)\equiv P-O\cdots{}^{+}H_3N-($，以及氨基苯质子与酰基羰基氧烷酯基之间形成一个氢键。在 pH 9.5 时，随着仲胺向双层内部的深入迁移，静电键断裂；然而，氨基苯的 H－键，$)=CO\cdots{}^{+}H_2N-($，仍然是固定点。

Bäuerle 和 Seelig[19]使用 NMR、微量热法和 zeta 电位测量研究了氨氯地平（弱碱，伯胺 pK_a 9.24[2]）和尼莫地平（不带电物质）与磷脂双层结合的结构特征。他们证实了氨氯地平与酰基链中顺式双键的相互作用，但没有明显的证据证明$)\equiv P-O^-\cdots{}^{+}H_3N-($静电相互作用。

Herbette 及其同事[49－52,70]使用低角度 X 射线衍射技术研究了药物与脂质体结合的构型。虽然构型细节很粗糙，但在双层不同位置中的不同药物定位是很明显的。例如，氨氯地平在生理 pH 下分配到双层时会带电：芳族二氢吡啶环埋在酰基链的羰基附近，而$-NH_3^+$末端朝向水相，带正电荷并位于带负电荷的磷酸盐氧原子附近[50－52]。亲脂性更高的分子胺碘酮（弱碱，pK_a为 10.24；表 3.14）的位置更靠近烃内部的中心[49]。

5.5 分配热力学：熵驱动还是焓驱动?

Davis 等[18]研究了在 22 ℃［低于二肉豆蔻酰磷脂酰胆碱（DMPC）的凝胶－液体转变温度］下，取代苯酚和茴香醚在辛醇、环己烷和 DMPC 中分配过程的热力学。表

5.1 显示了 4－甲基苯酚的结果。

表 5.1 4－甲基苯酚转移到脂质相的能量 单位：kJ·mol^{-1}

组分	DMPC	辛醇	环己烷
ΔH_{tr}	+92.0	−7.3	+18.6
$T\Delta S_{tr}$	+114.1	+9.2	+22.2
ΔG_{tr}	−22.1	−16.5	−3.6

如 ΔG_{tr}所示，苯酚分配到脂质相中的顺序为：DMPC > 辛醇 > 环己烷。也就是说，转移到 DMPC 中的自由能大于转移到辛醇或环己烷中的自由能。分配通常是由熵驱动的，但是在 3 个脂质系统中，转移自由能的焓和熵部分差异很大（表 5.1）。辛醇是唯一具有放热转移（负焓）的脂质，这是因为所转移的溶质在辛醇中具有 H 键稳定作用，而在环己烷中则没有。尽管 DMPC 系统中的 ΔH_{tr}为高正数（吸热），不利于分配进入脂质相，但熵增加（114.1 J·mol^{-1}）却更大，足以抵消焓的不稳定，从而结束熵驱动的过程。DMPC 系统中较大的 ΔH_{tr}和 $T\Delta S_{tr}$项是由于在低于转变温度时，有序胶体结构的破坏。

亲脂性药物进入脂相的分配通常被认为是熵驱动的，是一种“疏水”效应。Bäuerle 和 Seelig[19]用高灵敏度微量热法开展了氨氯地平和尼莫地平与磷脂双层结合（高于转变温度）的热力学研究。药物在脂质双层中的分配是由焓驱动的，其中氨氯地平的 ΔH_{tr}为 −38.5 kJ·mol^{-1}。转移的熵为负，与通常对“疏水”效应的解释相反。Thomas 和 Seelig[21]发现钙拮抗剂氟尿嘧啶（弱碱）的分配也主要是由焓驱动的，其 ΔH_{tr}为 −22.1 kJ·mol^{-1}，再次与已确立的熵驱动的药物分配观念相悖。对于紫杉醇的分配也同样令人惊讶[22]。这些观察结果似乎表明，这些药物分配到膜相是由于其亲脂性，而不是疏水性。

5.6 低电介质中的静电键和氢键

3.11 节讨论了共溶剂如何改变水性电离常数：随着混合物介电常数的降低，酸似乎具有较高的 pK_a值，而碱（相对于酸而言程度较小）似乎具有较低的 pK_a值。根据 Coulomb 定律，较低的介电常数意味着带电物质之间的作用力增加。式（3.1）中的平衡反应在降低的介电介质中向左移动，即 pK_a增加。大量研究表明，磷脂的极性头部基团区域的介电常数约为 32，与纯甲醇的值相同[5,71－78]。表 5.2 总结了很多这样的结果。这些和其他值[5,30]一并定义了双层的介电“光谱”，如图 5.2 所示。鉴于这种观点，人们可以将磷脂双层视为一种介电的微层状结构：由于溶质分子将自身定位在更靠近烃区域中心的位置，它的介电场较低（图 5.2）。在最核心处，该值接近真空值。与破坏单个碳－碳键所需的能量相比，真空中的 Na^+Cl^-双原子分子需要更多的能量才能分离成两个不同的离子。

表 5.2 水－脂质界面的介电常数（从参考文献 78 扩展）[a]

类型	位点	方法	ε	参考文献
单层囊泡（PC，αT）	极性头部/酰基核	化学反应 αT－DPPH	26	[71]
单层囊泡 PC	极性头部/酰基核	荧光偏振（DSHA）	33	[5]
单层囊泡 PC＋10%胆固醇	极性头部/酰基核	荧光偏振（DSHA）	40	[5]
单层囊泡 PC＋20%硬脂胺	极性头部/酰基核	荧光偏振（DSHA）	43	[5]
单层囊泡 PC＋20%心磷脂	极性头部/酰基核	荧光偏振（DSHA）	52	[5]
单层囊泡，PC	烃核	荧光偏振（AS）	2	[5]
多层囊泡，PC	极性头部/本体水	荧光偏振（ANS）	32	[72]
多层囊泡，PC	极性头部/酰基核	荧光偏振（NnN′－DOC）	25	[72]
单层囊泡（PC，DPPC）	极性头部/酰基核	荧光去极化（DSHA）	32	[75]
单层囊泡（PC，αT）	极性头部/酰基核	化学反应 αT－DPPH	29～36	[78]
GMO 双层	极性头部/酰基核	介电时间常数	30～37	[76]
胶束（CTAB，SDS，Triton－X100）	水性表面	荧光（HC，AC）	32	[73]
胶束（各种类型）	水性表面	荧光（*p*－CHO）	35～45	[74]
胶束（SDES，SDS，STS）	水性表面	最大吸收波长	29～33	[77]

[a] 缩写：αT，α－生育酚；AC，氨基香豆素；ANS，1－苯胺基－8－萘磺酸；CTAB，十六烷基三甲基溴化铵；DPPC，二棕榈酰磷脂酰胆碱；DPPH，1，1－二苯基－2－苄基肼基；DSHA，*N*－丹磺酰基十六烷基胺；GMO，甘油单油酸酯；HC，氢香豆素；*N*,*N*′－DOC，*N*,*N*′－二（十八烷基）氧羰基菁；PC，磷脂酰胆碱；*p*－CHO，芘甲醛；SDES，癸基硫酸钠；SDS，十二烷基硫酸钠；STS，十四烷基硫酸钠。

这意味着，如果不首先形成接触离子对，离子将不会轻易进入双层内部。可以合理地想象，简单的药物－反离子对，如）－$BH^+\cdots Cl^-$，在进入头部基团区域时将经历电荷对的交换（BH^+最初是交换在≡PO^-基团附近的 Na^+），在 Na^+ 和 Cl^- 的释放下形成，如）≡$PO^-\cdots{}^+HB$－（，如图 5.1 所描述。如此提出的配对被称为表面离子对（SIP）[1]。

有一种假说认为溶质表现出的界面 pK_a^{MEM}（图 5.1）取决于其在双层中位置的介电环境，并且可以使用简单的各向同性水混溶性溶剂来估算 pK_a^{MEM}。纯甲醇（ε 32）可能对含有磷酸基团的双层区域效果很好；纯 1，4－二氧六环（ε 2）可以模拟烃区域的某些介电特性。当推导到 100% 共溶剂时，几个弱碱的 p_sK_a 值确实接近 pK_a^{MEM} 值[2,79－80]。Fernández 和 Fromherz 使用二氧六环所做比较也证实了该假说[73]。这一观点具有相当大的实践用途，但在文献中很大程度上被忽略了。

如图 5.1 所示，药物分子与磷脂双层相互作用的分子视图具有：①与头部基团结合的静电组分，其取决于介电常数；②氢键组分，因为磷脂中充满强 H 键受体，这些受体倾向于同具有强 H 键供体基团的溶质相互作用；③疏水性/亲脂性组分。药物和双层之间的相互作用类似于溶质和“模糊的、离域的”受体与微叠层状区域（图 5.2）

的静电-氢键-疏水作用。探索这个观点是有用的。

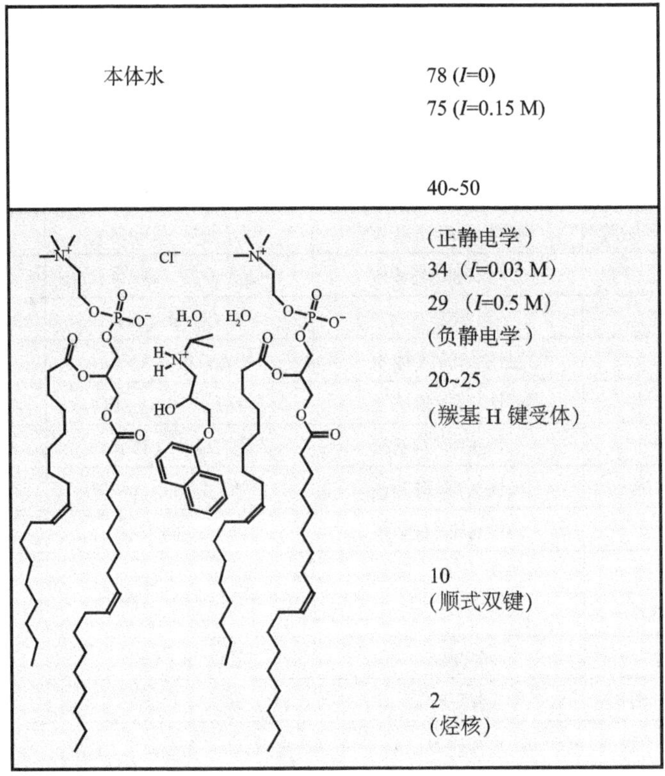

图 5.2　从多个来源汇编的磷脂双层的近似介电性质

（汇总在表 5.2 中。转载自 AVDEEF A. Curr. Topics Med. Chem.，2001，1：277-351。经 Bentham Science Publishers，Ltd. 许可复制）

5.7　水线、H^+/OH^-电流及氨基酸和肽的渗透性

囊泡 pH 梯度（内部和外部水溶液之间）的稳定性取决于可允许质子渗透穿过磷脂屏障的过程。对带电物质，磷脂双层被认为是不可渗透的（参见 pH 分配假说）。但是，最近的研究表明，H^+/OH^-的渗透速率特别高，高达 10^{-4} cm · s^{-1}，大大超过了 Na^+的约 10^{-12}cm · s^{-1}[33-43]。Biegel 和 Gould[33]快速地将 SUV（小的单层囊泡，大豆 PC）悬浮液的 pH（"酸脉冲测量"）从平衡的 pH 8.2 改变为外部 pH 6.7，并监测 H^+流入囊泡的速率（囊泡内部的 pH 可以通过荧光探针进行测量[33,43]）。内部 pH 从 8.2 降至 7.4 花费了几分钟。这段时间很长，因为电荷转移会导致跨膜电位差（Donnan 电位）的形成，而这种电位差消除较慢。在 K^+离子载体缬氨霉素（一种反转运体类型的效应）的作用下，时间下降到约 300 毫秒。质子离子载体，双（六氟丙酮基）丙酮，使再平衡时间降至 <1 毫秒。

随后文献中讨论了可能的 H^+ 转运机制，指出水在正烷烃中的溶解度很高，足以表明膜溶解的水在转运机制中的分配。Biegel 和 Gould[33] 预测，他们研究中使用的 SUV 可能有 30 ~ 40 个 H_2O 分子溶解在双层烃（HC）核中。Meier 等[35] 测得双层 HC 内部中的水浓度约为 100 mM。两篇微型综述讨论了质子电导：Nagle[36] 捍卫了 HC 核内部的“水线”可以解释 H^+ 电导率的观点；Gutknecht[37] 质疑这种观点，认为中和弱酸中脂肪酸杂质的翻转运动也可以解释这种现象。质子载体如 CO_2 或 H_2CO_3 也可能参与其中[39]。关于这个话题还没有定论。

Chakrabarti 和 Deamer[41] 使用由磷脂制成的脂质体作为膜屏障模型，表征了几种氨基酸和简单离子的渗透速率。磷酸根、钠和钾离子显示出有效的渗透速率 $(0.1 \sim 1.0) \times 10^{-12}$ cm · s^{-1}。亲水性氨基酸渗透膜的系数为 $(5.1 \sim 5.7) \times 10^{-12}$ cm · s^{-1}。更多的亲脂氨基酸显示其值为 $(250 \sim 410) \times 10^{-12}$ cm · s^{-1}。研究人员提出，对于极性分子观察到的极低的渗透速率必须是通过双层波动和瞬时缺陷来控制，而不是通过正常的分配行为和天然的能量屏障来控制。最近，在一系列脑啡肽类中测到了类似量级值的渗透速率[42]。

5.8 制备方法：MLV、SUV、FAT、LUV、ET

与辛醇相比，使用脂质体需要相当小心。理想情况下，脂质体的处理是在惰性气体和低温条件下进行的，配制好的悬浮液不使用时应冷冻保存。顺式双键在空气中很容易氧化，通常还需警惕酯水解形成游离脂肪酸（FFA）。最佳商业来源的磷脂通常包含 $<0.1\%$ 的 FFA。程序上，将磷脂的干燥氯仿溶液置于圆底玻璃瓶中。对烧瓶进行涡旋时，用氩气吹散氯仿：在玻璃表面上形成多层薄膜。当残留的氯仿抽空后，向烧瓶中加入缓冲液，并在涡旋搅拌下使脂质水合，并用氩气保护脂质免于空气氧化，以这种方式[2] 制成多层囊泡（MLV，直径 >1000 nm）的悬浮液。小的单层囊泡（SUV，直径 50 nm）可以通过强力超声 MLV 来制造[9-10]。Hope 及其同事[13-15] 从 MLV 悬浮液开始，通过挤压技术（ET）开发了用于制备大单层囊泡（LUV，直径 100 ~ 200 nm）的程序。冻融（FAT）步骤需要在外部水溶液和截留在囊泡内的水溶液之间均匀地分配缓冲盐[14]。已有文献报道了截留在囊泡内的液体体积的测定方法[16]。当聚乙二醇聚合物（PEG）通过共价连接来修饰脂质体表面时，所谓的“隐形”脂质体可以逃避人体的免疫系统，然后长时间循环，就像携带有药品的特洛伊木马一样[17]。这样的系统已经用于药物输送[15,17]。携带药物的普通（非 PEG）脂质体会很快被免疫系统破坏。

对于分配研究，应仅使用 SUV[9-10] 或 LUV[1]；MLV 有许多截留溶液层，这通常会引起迟滞效应[2]。

5.9 实验方法

将脂质体用作脂相来测定分配系数，这要求样品与脂质体悬浮液平衡，然后进行分离，对不含脂质成分的液体进行样品测量。

在研究胆固醇和磷脂酸对戊巴比妥的 $\log P_{MEM}$ 和 $\log P_{MEM}^{SIP}$ 值的影响（作为 pH 的函数）的研究中，Miller 和 Yu[68] 使用超滤方法从水溶液中分离了已达平衡的脂质体。Herbette 及其同事[49-52]、Austin 等[65-66] 和其他人[57] 使用超滤/离心法已从水溶液分离出达到平衡的脂质体。Wunderli - Allenspach 团队[59-62] 和其他团队[5,7-8] 使用平衡透析进行分离，这通常是首选的方法[81]，也是最温和（但最慢）的方法。最近报道的高通量方法可能会加快速度[82]。一种有趣的新方法是基于使用磷脂浸渍的多孔树脂[69,83-84]，在再水化树脂中形成截留的 MLV，使药物样品与悬浮颗粒平衡，然后简单地过滤溶液，对滤液中未结合的样品进行测定。

当使用 NMR 方法时，不需要相分离[63-64]。利用随 pH 的谱线增宽函数来测定分配进入脂质体的量/情况。

双相电位滴定法（第 4 章）也不需要相分离，已用于测定药物 - 脂质体的分配[1-2,9-11]。除了使用 FAT - LUV - ET 脂质体代替辛醇外，该方法与 4.9 节中所述的方法相同。SUV 脂质体也被使用[9-10]。为了在滴定过程中消除 pH 梯度（参见 5.6 节），在连续的 pH 读数之间至少需要 5 ~ 10 分钟的平衡时间。

5.10 由 $\log P_{OCT}$ 预测 $\log P_{MEM}$

在一项综合研究中，Miyoshi 等[5] 用 4 个 eggPC 脂质体系统测定了 34 种取代苯酚的 $\log P_{MEM}$：①卵磷脂；②卵磷脂 + 10 mol% 胆固醇；③卵磷脂 + 20 mol% 心磷脂（负电荷）；④卵磷脂 + 20 mol% 硬脂酰胺（正电荷）。他们使用 *N* - 丹酰基十六烷基胺（DSHA）和蒽酰基硬脂酸（AS）荧光探针探测了 4 个系统的界面和烃核区域的介电性能。苯酚浓度范围为 10 ~ 100 μM；在 pH 6 的 40 mM 天冬氨酸缓冲液中制备 5 mg · mL^{-1}的单层脂质体悬浮液，平衡透析（12 h）用于分配系数的测定。Fujita 的团队[5] 发现表面极性随带电脂质的增加而增加：界面介电常数 ε（表 5.2）估算为 33（未修饰）、40（胆固醇）、43（硬脂胺）和 52（心磷脂）。（在烃核中有最小的效应：ε 分别为 2.1、1.9、2.0、2.0。）随着 ε 的增加，膜表面水化程度增加，而头部间的基团相互作用减弱。胆固醇似乎导致更紧密的链堆砌，头部之间的基团相互作用更弱，产生更水合的表面（参见 5.3 节）。将膜的 $\log P_{MEM}$ 值与辛醇 - 水系统的 $\log P_{OCT}$进行比较，得出以下 QSPR（定量结构 - 性质关系）：

$$\delta = \log P_{MEM} - \log P_{OCT} = 0.82 - 0.18\log P_{OCT} + 0.08HB - 0.12。\quad (5.2)$$

其中，HB 表示 H 键的供体强度（$HB = pK_a^H - pK_a^R$，其中 pK_a^H是苯酚参比值），而 VOL 与空间效应有关。对于 $\log P_{OCT}$接近零的取代苯酚，$\log P_{MEM}$值约为 0.82。这个“膜优势”因素对离子强度效应很敏感，并且可能表示静电相互作用。随着辛醇 $\log P$ 值的增加，δ 系数从 0.82 的基底水平降低，如负系数 −0.18 所示，这可以解释为意味着该膜的亲脂性低于辛醇（更像烷烃）。H 键系数为 0.08，表明膜中的 H 键受体性能优于辛醇，而强 H 键供体苯酚与辛醇相比将显示更高的膜分配率。式（5.2）中的最后一项表明膜不像辛醇那样耐受空间位阻，大的双邻位取代基产生更高的 VOL 值。

图 5.3 说明了 Fujita 研究的关键特征。与图 5.3a 中的参比苯酚相比，图 5.3b 和图 5.3c 说明了 H 键的作用，图 5.3d 和图 5.3e 说明了空间位阻。假定图 5.3b 的 H 键供体强度大于图 5.3c 的 H 键供体强度，由于图 5.3b 中的 pK_a < 图 5.3c 中的 pK_a，因此相对图 5.3a 而言，相对的膜分配 δ 在图 5.3b 中增加，且在图 5.3c 中减少。类似地，图 5.3d 中的空间位阻产生负 δ，图 5.3e 中 δ 值减小。

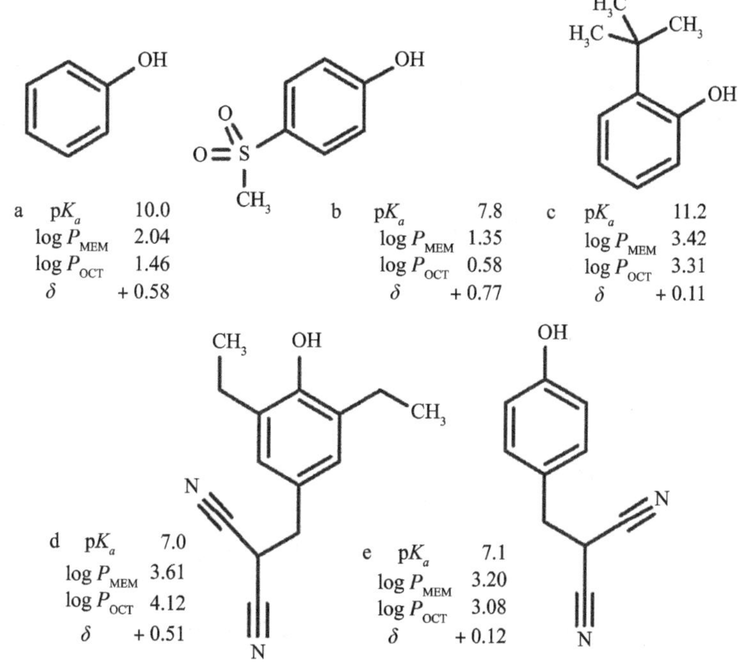

图 5.3 氢键和空间位阻对脂质体－水和辛醇－水分配系数之间差异的影响

（氢键供体强度的增加和位阻的降低有利于取代苯酚中的膜分配[5]。转载自 AVDEEF A. Curr. Topics Med. Chem.，2001，1：277－351。经 Bentham Science Publishers，Ltd. 许可复制）

结合 Fujita 小组[5]和 Escher 等的数据[6-7]，绘制了 55 种取代苯酚的 δ 相对于 $\log P_{OCT}$的图，如图 5.4 所示。图中列出的斜率－截距参数与式（5.2）中的值接近。

（对甲基苄基）烷基胺的同系物系列[11]显示了有趣的 δ 相对于 $\log P_{OCT}$的曲线，如图 5.5 所示。该系列中较小成员的斜率因子（−1.02）比苯酚系列的斜率因子负得多

（图 5.4）。接近 -1 的值表示辛醇分配常数的 $\log P_{MEM}$ 是不变的：对于系列中的 $n=0\sim3$，膜分配变化不大。对于 $n=4\sim6$ 时，正辛醇和膜分配系数以相同的速率变化。对于该系列的长链分子，两种溶剂系统中的分配均表现出疏水性（熵驱动）。然而，对于短链分子，静电和极性的相互影响存在较大作用，膜系统中分配对链长不敏感（焓驱动）。

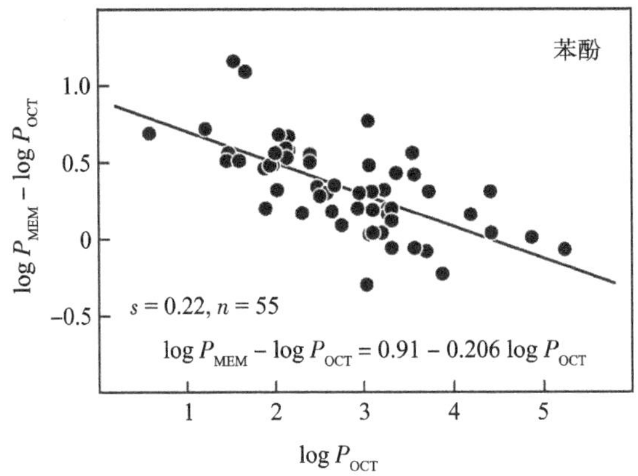

图 5.4　比较一系列苯酚的脂质体 - 水与辛醇 - 水分配系数[5-7]

（转载自 AVDEEF A. Curr. Topics Med. Chem.，2001，1：277-351。经 Bentham Science Publishers，Ltd. 许可复制）

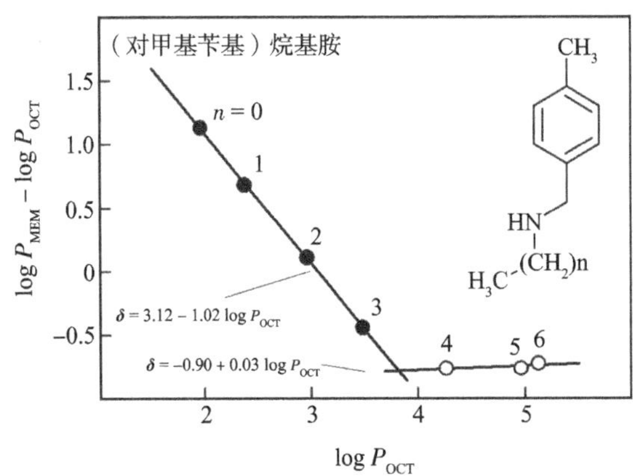

图 5.5　比较一系列经取代的苄基烷基胺的脂质体 - 水与辛醇 - 水分配系数[11]

［该系列中较小分子的膜分配（$n=0\sim3$）被认为主要受静电和 H 键作用支配（焓驱动），而较大分子的分配被认为是由疏水力控制（熵驱动）[11]。转载自 AVDEEF A. Curr. Topics Med. Chem.，2001，1：277-351。经 Bentham Science Publishers，Ltd. 许可复制］

当测定结构不相关的化合物[1-2,9-10,53]时，除了上述提到的苯酚类和胺类外，相关性的方差增加了，但总体趋势是明显的，如图 5.6 所示：辛醇 - 水分配系数越高，膜和辛醇分配之间的 δ 差越小。图 5.6 中关系斜率的量度大约是苯酚类化合物的 2 倍。对于 $\log P_{OCT}$ 介于 2 和 4 之间的分子，δ 值接近于零，表明许多药物分子在辛醇中的分配系数与在磷脂双层中的分配系数大概相同[1]。然而，在此间隔之外，差异可能很大，如以下示例所示。

对于亲水性分子，与辛醇相比，其膜分配系数高得令人惊讶。例如，阿昔洛韦在辛醇 - 水中的 $\log P^N = -1.8$，而在脂质体 - 水中的 $\log P^N = 1.7$，表明 δ 为 +3.5 log 单位。对于其他亲水性分子，例如法莫替丁或齐多夫定（图 5.6），也发现了类似的趋势。阿替洛尔和扎莫特罗也具有相当高的 $\log P_{MEM}$ 值[57]。相反的极端例子是胺碘酮。$\log P_{OCT}$为 7.8[2]，而报道的膜常数为 6.0[53]，令人惊讶的是，几乎小了两个数量级（$\delta = -1.8$）。

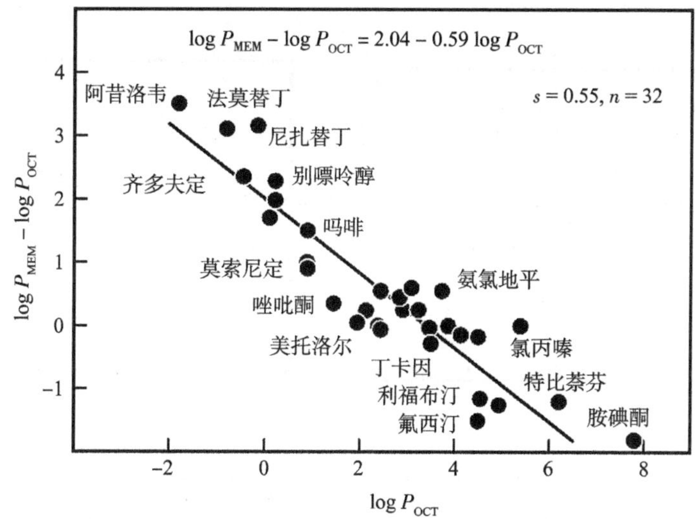

图 5.6　脂质体 - 水和辛醇 - 水分配之间的差异，作为一系列结构不相关药物的辛醇 - 水分配系数的函数[1,9-10,53]

（例如，阿昔洛韦进入脂质体中的分配比进入辛醇中的分配强 3000 倍以上，胺碘酮进入脂质体中的分配比进入辛醇中的分配弱 100 倍以上。转载自 AVDEEF A. Curr. Topics Med. Chem.，2001，1：277 - 351。经 Bentham Science Publishers，Ltd. 许可复制）

尽管图 5.6 中的相关性不是太好，但在趋势预测中仍然有用。由于 $\log P_{OCT}$预测程序广泛应用并且足够可靠，因此可以说，它们还可以使用图 5.6 中的方程式来预测膜水分配。更好的是，如果测量 $\log P_{OCT}$的值，则可以在图 5.6 中表示的方差置信范围内估算膜分配系数。

5.11　通过 $\log P^{I}_{OCT}$预测 $\log D_{MEM}$、*diff* $\log P_{MEM}$和 $\log P^{SP}_{MEM}$

在 5.10 节中，我们探讨了（中性）$\log P_{OCT}$和 $\log P_{MEM}$的相关性。图 5.7 展示了酸（华法林）、碱（丁卡因）和两性电解质（吗啡）的亲脂性曲线（log *D* 与 pH）。虚线对应的是辛醇 - 水中测定的值，实线对应的是脂质体 - 水中测定的值。很明显，脂质体和辛醇之间最大的区别出现在带电物质发生分配的 pH 区域内。在 4.6 节中，注意到简单酸的辛醇－水 *diff* log *P* 值约为4，简单碱的 *diff* log *P* 值约为3。当涉及脂质体－水分配时，"*diff* 3～4" 近似值似乎滑到了 "*diff* 1～2" 近似值，这在图5.7a 和图5.7b 中可以明显看出。已经注意到一段时间的是，膜系统中的 *diff* log P_{MEM} 值较小（与辛醇相比）。例如，报道丁卡因的 *diff* log P_{MEM} =0，普鲁卡因和利多卡因的为1[85]，还有丁卡因的 *diff* log P_{MEM} =1.45[48]。Miyazaki 等[20]在进行二肉豆蔻酰磷脂酰胆碱（DMPC）双层分散体的研究时认为酸和碱的 *diff* log P_{MEM} 分别为2.2 和0.9。其他研究也显示了类似的 *diff* 值[1,7-10,57-62,65-66]。相比于辛醇所示的分配，似乎带电物质进入膜中的分配约强100 倍。

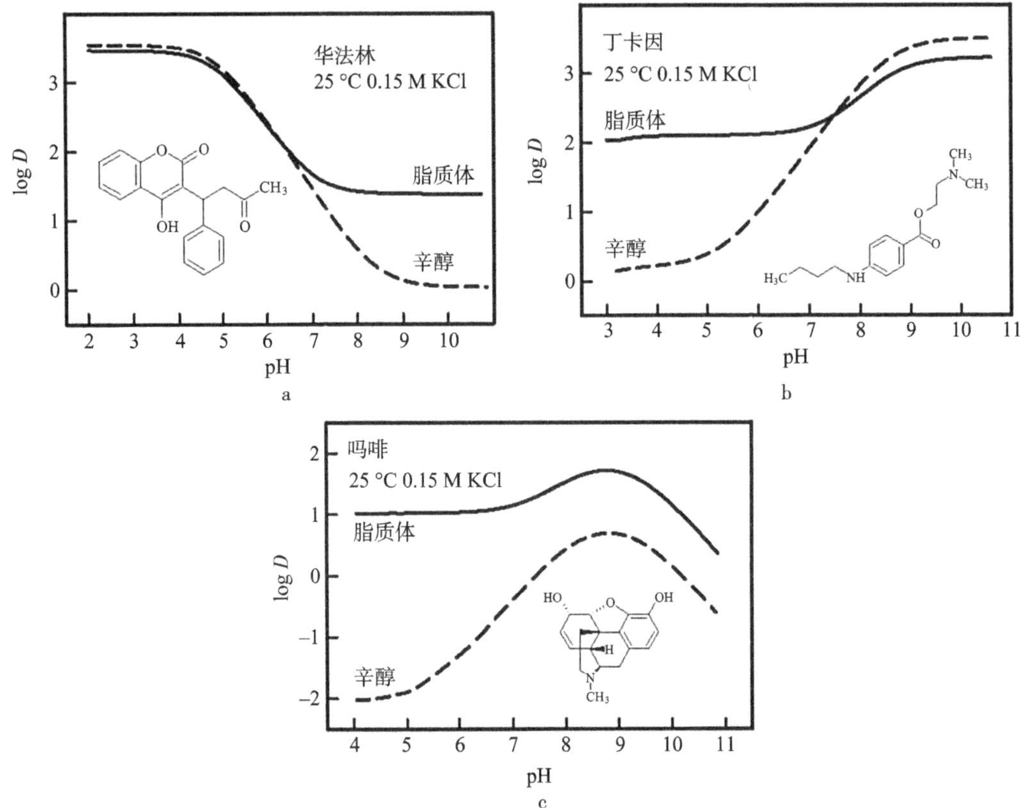

图5.7 弱酸、弱碱和两性电解质的脂质体－水（实线）与辛醇－水（虚线）亲脂性曲线的比较

（转载自 AVDEEF A. Curr. Topics Med. Chem.，2001，1：277－351。经 Bentham Science Publishers，Ltd. 许可复制）

Alcorn 等[57]研究了普昔罗米（酸：pK_a为1.93，log P_{OCT}约为5，log P^{I}_{OCT}为1.8[86]）由刷状边缘再生脂类（在 pH 7.4 下略微带负电）制备的 MLV 脂质体中的分配。通过离心（15 min，150 kg）法测定膜的分配系数。据观察，在给定 pK_a的情况下，在0.15 M 的氯化钠本底下，普昔罗米的 log D_{MEM}（3.0～3.5）在 pH 4～9 范围内几乎保持不变，这是未预料到的。然而，当盐本底降至0.015 M 时，观察到预期的曲线形状（pH

3 时 log D_{MEM}为 3.5，pH 9 时 log D_{MEM}为 1.5)，与图 5.7a 类似。有趣的是，研究人员取 pH 8 的溶液，并用氯化钠和氯化锂滴定。通过滴定（用 NaCl 滴定比 LiCl 更容易些）再次出现了在0.15 M NaCl中观察到的 log D_{MEM}的数值。离子强度的依赖性可用 Gouy - Chapman 理论来解释[30-31]。样品的浓度（1.67 mM）高到足以在表面积累负电荷。在没有高浓度 0.15 M NaCl 来屏蔽表面电荷的情况下，膜表面的样品阴离子 - 阴离子静电排斥会阻止药物的完全分配，从而使 log D_{MEM}降低。Na^+滴定降低了表面电荷，使更多的阴离子药物得以分配。Na^+滴定剂比 Li^+滴定剂更有效，这可通过如下解释：Li^+的水化能量较高，从而使其与膜表面相互作用的效率更低[24]。顺便说一下，使用图 5.6 的关系预测普昔罗米的log P_{MEM}大约为 4，这与观测值是非常一致的。

在设计良好的实验中，Pauletti 和 Wunderli - Allenspach[59]研究了普萘洛尔在 37 ℃时在 eggPC 中的分配行为，并报道了在 pH 2 ~ 12 时的 log D_{MEM}。SUV 通过受控的洗涤剂法来制备。采用平衡透析法测定分配系数，其中普萘洛尔的浓度（10^{-9} ~ 10^{-6} M）通过液体闪烁计数法测定。脂质浓度为 5.2 mM，脂质体的内部 pH 通过荧光素异硫氰酸法检查。在本体溶液中发生微小的 pH 变化后 5 分钟内，pH 梯度消失。他们获得的亲脂性曲线在形状上与丁卡因非常相似，如图 5.7b 所示。log P_{MEM} = 3.28 和 log P_{MEM}^{SIP} = 2.76 表明 *diff* log P_{MEM} = 0.52。

Austin 等[65]报道了氨氯地平、5 - 苯基戊酸、4 - 苯基丁胺和 5 - 羟基喹啉在 37 ℃时 1 ~ 100 mg · mL^{-1} DMPC SUV 中的分配行为。使用超滤（10 - kDa 截止值）及温和（1.5 kg）离心法来测定分配系数。样品浓度为（3 ~ 8）× 10^{-5} M。最显著的是，观察到氨氯地平的 *diff* log P_{MEM} = 0.0。报道的 4 - 苯基丁胺值同样较低，为 0.29。此外，本底盐浓度从 0.0 变化到 0.15 M 时，分配行为没有变化，这似乎与 Alcorn 及其同事观察到的效应相矛盾。他们提出了与磷脂的带电头部基团相关联的带电分子，他们不愿称这种效应为“离子配对”。不可否认的是，带电物质分配到磷脂双层的性质不同于在辛醇中的发现。

在此后的研究中，Austin 等[66]通过使用 Gouy - Chapman 模型有效地减少了与 Alcorn等研究[57]之间的反离子浓度差异。当以膜中的药物浓度相对于水中的药物浓度作图时，在没有本底盐下所得到的双曲线斜率（log D）随着药物浓度的增加(10^{-6} ~ 10^{-4} M)而减小。这与表面结合的带电药物排斥减弱了额外带电药物的分配的解释是一致的。Bäuerle 和 Seelig[19]及 Thomas 和 Seelig[21]观察到药物的浓度超过 1 μM 的双曲线，添加 0.15 M NaCl 可显著降低该效应，从而可以使用更高的药物浓度。

Avdeef 等[1]和 Balon 等[9-10]报道了一些药物的 log P_{MEM}和 log P_{MEM}^{SIP}值，这是通过双相电位滴定法在 0.15 M KCl 的本底下同时使用 LUV 和 SUV 进行测定的。

Escher 等[7-8]报道了大量取代苯酚的 SIP 值，这是使用 DOPC SUV 和平衡透析/离心法进行测定的。图 5.8 是 Escher 研究的一系列苯酚类化合物的 *diff* log P_{MEM}对 *diff* log P 的曲线图。结果表明，对辛醇 *diff* 值的了解可用于预测膜值，对于苯酚的关系被描述为：

$$Diff\ \log P_{\mathrm{MEM}} = 0.88\ diff\ \log P - 1.89。\tag{5.3}$$

偏离 1.89 表明膜中的表面离子配对大约是辛醇中的 100 倍（“*diff* 1 ~ 2”），Scherrer 认为 $\mathrm{p}K_a^{\mathrm{OCT}}$ 与 $\mathrm{p}K_a^{\mathrm{MEM}}$ 的比较可能会更有预测性[87]。事实上对于苯酚类确实如此，如图 5.9 所示。值得注意的是，对于 20 种药物而言，苯酚类的关系为：

$$\mathrm{p}K_a^{\mathrm{MEM}} = 0.99\mathrm{p}K_a^{\mathrm{OCT}} - 2.21。\tag{5.4}$$

其中，r^2 为 0.99。2.21 的偏离表明从“*diff* 3 ~ 4”到“*diff* 1 ~ 2”的数值下降 100 倍。

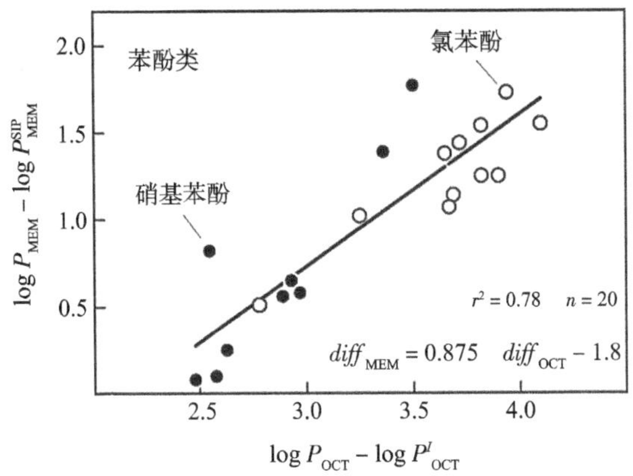

图 5.8 取代苯酚的脂质体 *diff* 与辛醇 *diff* 性能的比较[6-7]

（转载自 AVDEEF A. Curr. Topics Med. Chem.，2001，1：277 - 351。经 Bentham Science Publishers，Ltd. 许可复制）

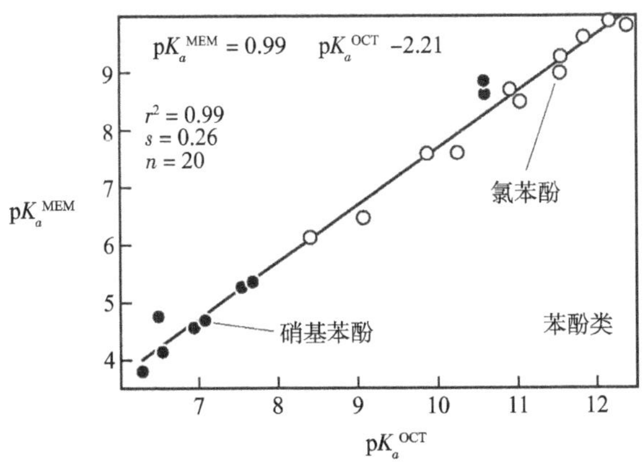

图 5.9 一系列取代苯酚在辛醇和膜的 $\mathrm{p}K_a$ 值之间的显著关系[6-7]

（转载自 AVDEEF A. Curr. Topics Med. Chem.，2001，1：277 - 351。经 Bentham Science Publishers，Ltd. 许可复制）

如图 5.10 所示，Avdeef 等[1]和 Balon 等[9-10]报道的分子转移到不相关的结构时，带电苯酚分配的良性预测就不那么确定了。

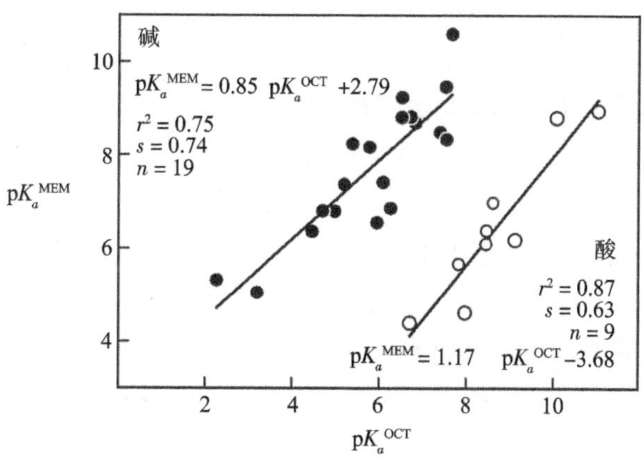

图 5.10　具有未知结构的化合物的膜与辛醇 pK_a 的比较[1,9-10]

（转载自 AVDEEF A. Curr. Topics Med. Chem.，2001，1：277－351。经 Bentham Science Publishers，Ltd. 许可复制）

5.12　亲脂性的 3 个指标：脂质体、IAM 和辛醇

Taillardat－Bertschinger 等[81]探索了分子因素对药物在 IAM 柱上保留的影响，并将其与药物在脂质体和辛醇中的分配进行了比较。使用了来自两个同源系列［β 阻断剂和（对甲基苄基）烷基胺，图 5.5］的 25 个化合物和一组结构不相关的药物。通过平衡透析法和双相电位滴定法测定脂质体－缓冲液的分配。方法间的一致性良好，r^2 为 0.87。然而，当 IAM 的 log $k_{IAM}^{7.0}$ 与脂质体的 log $D_{MEM,7.0}$ 相比较时，所有使用的化合物均没有直接的关系。很明显，在 Lipinski 研究上，多重机制在起作用[88]（参见 1.3 节）。

对于一系列大分子——如 β 阻断剂或长链（对甲基苄基）烷基胺——IAM 保留与脂质体分配相关。“疏水识别”力被认为是分配过程的原因。此外，β 阻断剂的羟基和磷脂的酯键之间形成氢键（图 5.1）可以解释为什么 β 阻断剂进入脂质体中的分配比烷基胺更强。对于亲水性更强的短链（对甲基苄基）烷基胺（在图 5.5 中 $n=0\sim3$），在 IAM 和脂质体系统中，静电和亲水相互作用之间的平衡是不同的。静电相互作用被认为对模型溶质的 IAM 保留仅起很小的作用，大概是由于相比脂质体，磷脂在 IAM 树脂表面上的密度很低。溶质形成氢键的能力对脂质体的分配很重要，但在 IAM 系统中显然只起了很小的作用。

5.13　单点测量 log D_{MEM} 是错误的

在早期文献中，通常的做法是在 pH 7.4 下对 log D 进行单次测量，并使用简化版的式（4.7）（忽略 log P^{I}_{OCT}）和已知的 pK_a来计算 log P_{OCT}。（这种做法可能一直持续到现在，而这些简化的方程在书中被有意省略了）。大多数情况下，这产生了正确的 log P^N值，通常是因为在测量 pH 时离子配对并不广泛。这对于 pK_a值约为 9.5 的 β 阻断剂是属实的：辛醇系统中的“*diff* 3 ~ 4”近似值表明离子对分配应该仅在 pH 低于 6.5 时广泛存在。

但是随着脂质体的分配，近似值下降到“*diff* 1 ~ 2”。这意味着对于 pK_a值接近 9.5 的弱碱，SIP 分配从大约 pH 8.5 开始（图 5.7b、图 5.11）。因此，所有发表过 log P_{MEM} 异常值的人现在都可以进行简单的校正[53-56]。

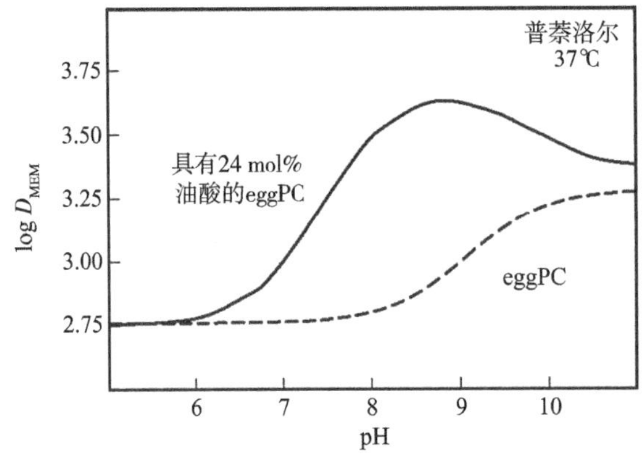

图 5.11　普萘洛尔在脂质体 - 水（虚线）和脂质体 - 水（其中脂质体相具有 24 mol% FFA）中的亲脂性曲线，在 pH 高于 6 时将负电荷施加表面[60]

（转载自 AVDEEF A. Curr. Topics Med. Chem.，2001，1：277 - 351。经 Bentham Science Publishers，Ltd. 许可复制）

5.14　进入带电脂质体的分配

Wunderli - Allenspach 的团队报道了药物与带电脂质体相互作用分配的一些研究[60-62,89]。尽管并不完全令人惊讶，但与中性脂质体 3.27 的 log P_{MEM} 值和 2.76 的 log P^{SIP}_{MEM}[59] 测定值相比，普萘洛尔以 log P_{MEM} 3.49 和 log P^{SIP}_{MEM}4.24[62] 分配进入荷负电脂质体是非常显著的。负电荷脂质体可以将带正电的普萘洛尔的表面离子对分配提高 30 倍。图 5.11 显示了不规则形状的亲脂性曲线，这是因为 eggPC 中的 24 mol% 油酸向体系施加了负电荷。

由于 FFA 是高于 pH 7 的阴离子，普萘洛尔是 pH 低于 9 的阳离子，所以在 pH 7 和 pH 9 之间存在机会窗口使普萘洛尔静电吸附到膜相中，如图 5.11 所示。值得注意的是，图 5.11 中的曲线形状与图 4.6b 中的一些曲线是相似的。

5.15 带电脂质体和胶束中的 $\mathrm{p}K_a^{\mathrm{MEM}}$变化

嵌入在脂质表面的可电离分子——如辛醇（图 2.8）、脂质体（图 5.2）或胶束——的表观 $\mathrm{p}K_a$值发生变化。在中性脂质的情况下，酸的 $\mathrm{p}K_a$升高，碱的 $\mathrm{p}K_a$降低。这是由于界面区中的介电常数降低造成的影响，这一点已在不同的章节中讨论过。

根据适用于单质子酸和碱的表达式，如果脂质囊泡或胶束具有带电表面，则会发生额外的（静电）变化，

$$\mathrm{p}K_a^{\mathrm{MEM}} = \mathrm{p}K_a \pm \mathit{diff}\log P_{\mathrm{MEM}} - \varphi F/2.3RT。\tag{5.5}$$

这些项具有它们通常的含义，其中“±”中的“+”符号代表酸，“-”符号代表碱[20,28,30-31,73,90-91]。在 25 ℃及用 mV 单位表示表面电势 N 时，式（5.5）中最右边的一项变为 $\varphi/59.16$。静电项的基本原理是这样的：如果表面带负电荷，那么它将把质子吸引到界面区，这样界面 pH 将比主体 pH 低 $|\varphi/59.16|$ 的量。质子“雾”包封着带负电荷的囊泡。因为质子浓度是在 $\mathrm{p}K_a$表达式［式（3.1）］中，所以表观 $\mathrm{p}K_a$也相应地变化。

考虑了由磷脂酰胆碱（PC）和磷脂酰丝氨酸（PS）的混合物制成的带负电荷的脂质体。与 PC 的两性离子头部基团（恒定电荷状态，pH >3）不同，PS 的头部基团对 pH >3 有两个可电离的官能团：胺和羧酸。在生理中性的溶液中，PS 基团给脂质体施加一个负电荷（来自磷酸）。含有 PS 的脂质体的滴定液显示，羧酸基团的 $\mathrm{p}K_a$值为 5.5，胺基团的 $\mathrm{p}K_a$值为 11.5[27]。当滴定头基分子本身（不含酰基 HC 链）磷酸丝氨酸（图 5.12）时，观察到这两个位点的 $\mathrm{p}K_a$值分别为 2.13 和 9.75[2]。根据“*diff* 1 ~2”近似值，应该可以预期 $\mathrm{p}K_a$值为 4.13（羧酸）和 8.75（胺），但是脂质体滴定显示了其他一些情况。相反，观察到羧基的“异常”额外变化为 +1.37，氨基的变化为 +2.75。这些额外的变化是由于脂质的表面带负电荷。当在 PS 脂质体中滴定羧基时，估算表面电荷［式（5.5）］为 -81 mV（pH 5.5），当滴定氨基时，表面电荷降至 -163 mV（pH 11.5）。相反，如果有一种方法可以估计表面电荷，比如通过 zeta 电位测量[19,21-22]，那么就可以预测 $\mathrm{p}K_a^{\mathrm{MEM}}$应该是什么。这是一个重要的考虑因素，因为膜通常带有（负）表面电荷。

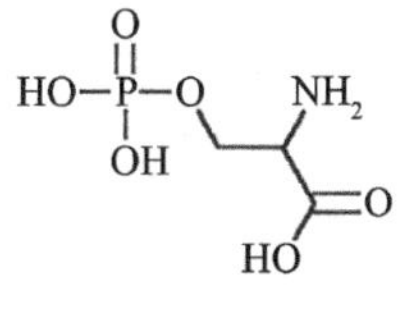

HO—P(=O)(OH)—O—CH₂—CH(NH₂)—COOH

图 5.12 磷酸丝氨酸

5.16 从脂质体分配研究吸收预测？

很明显，带电物质进入脂质体的分配量比由辛醇预测的更多（图 5.7 和图 5.11）。虽然辛醇是一个有用的模型系统，但它不能解决生物膜中明显的离子力作用。此外，很明显某些亲水性物质如阿昔洛韦、法莫替丁、阿替洛尔和吗啡作为中性物质进入脂质体的分配量比进入辛醇量多。氢键肯定是起到一部分作用。如果两性带电的或氢键结合的物质对膜有如此强的亲和力，能促进带电物质的被动吸收吗？阿昔洛韦的 log P_{MEM} 值比 log P_{OCT} 值高 3.5 个单位是什么意思？这些问题将在渗透性章节中重新讨论。

5.17 log P_{MEM} 值和 log P_{MEM}^{SIP} 值的数据库

表 5.3 列出了取自各种文献和一些未发表来源的药物分子 log P_{MEM} 和 log P_{MEM}^{SIP} 值筛选的数据集。表 5.4 包含了一系列取代苯酚和各种通常不带电化合物的值的类似集合。

表 5.3 严格筛选的实验脂质体 – 水分配系数

化合物	log P_{MEM}^{N}	log P_{MEM}^{SIP}	t（℃）	参考文献
4 – 苯基丁胺	2.39	2.48	25	a
5 – 苯基戊酸	3.17	1.66	25	a
乙酰水杨酸	2.40	1.60	37	b
阿昔洛韦	1.70	2.00	37	b
别嘌呤醇	2.50	2.70	37	b
阿米洛利	1.80	1.60	37	b
氨氯地平	4.29	4.29	25	c
阿替洛尔	2.20	1.00	37	b
卡维地洛	4.00	4.20	25	c
氯丙嗪	5.40	4.45	25	c
双氯芬酸	4.34	2.66	25	a
法莫替丁	2.30	1.70	37	b
氟西汀	3.00	2.20	37	b
呋塞米	3.00	1.90	37	b
布洛芬	3.87	1.94	25	a
利多卡因	2.39	1.22	25	a
美托洛尔	2.00	1.25	37	b
咪康唑	3.70	2.90	37	b
吗啡	1.89	1.02	25	c

续表

化合物	$\log P_{MEM}^{N}$	$\log P_{MEM}^{SIP}$	t（℃）	参考文献
莫索尼定	1.80	1.30	25	b
尼扎替丁	3.00	2.80	37	b
奥氮平	3.70	2.70	37	b
巴龙霉素	1.70	1.20	37	b
普鲁卡因	2.38	0.76	25	a
普萘洛尔	3.45	2.61	25	a
利福布汀	3.40	3.5	37	b
特比萘芬	5.00	3.00	37	b
丁卡因	3.23	2.11	25	a
华法林	3.46	1.38	25	a
希帕胺	3.30	1.70	37	b
齐多夫定	1.90	2.40	37	b
唑吡酮	1.80	1.40	37	b

[a] 参考文献［1］。

[b] 参考文献［9］。

[c] Sirius Analytical Instrument Ltd.

表 5.4　取代苯酚和其他化合物的脂质体 - 水分配系数

化合物	$\log P_{MEM}^{N}$	$\log P_{MEM}^{SIP}$	参考文献
苯酚	1.97		a
2 - 氯苯酚	2.78	1.57	a,b
3 - 氯苯酚	2.78		a
4 - 氯苯酚	2.92	2.43	a,b
2，4 - 二氯苯酚	3.54	2.41	a,b
2，6 - 二氯苯酚	2.83	1.09	a,b
3，4 - 二氯苯酚	3.82	2.82	b
2，4，5 - 三氯苯酚	4.35	2.80	b
2，4，6 - 三氯苯酚	3.82	2.59	a,b
3，4，5 - 三氯苯酚	4.72	3.18	b
2，3，4，5 - 四氯苯酚	4.88	3.63	b
2，3，4，6 - 四氯苯酚	4.46	3.39	b
五氯苯酚	5.17	3.79	b
2 - 硝基 - 苯酚	2.09	0.70	b
4 - 硝基 - 苯酚	2.72	0.95	b
2，4 - 二硝基 - 苯酚	2.73	1.94	a,b
2，6 - 二硝基 - 苯酚	1.94	1.84	b

续表

化合物	$\log P_{MEM}^{N}$	$\log P_{MEM}^{SIP}$	参考文献
2 - 甲基 -4，6 - 二硝基 - 苯酚	2. 69	2. 46	a,b
4 - 甲基 -2，6 - 二硝基 - 苯酚	2. 34	2. 26	b
2 - 仲丁基 -4，6 - 二硝基 - 苯酚	3. 74	3. 33	a,b
2 - 叔丁基 -4，6 - 二硝基 - 苯酚	4. 10	3. 54	b
4 - 叔丁基 -4，6 - 二硝基 - 苯酚	3. 79	3. 21	b
2 - 甲基苯酚	2. 45		a
3 - 甲基苯酚	2. 34		a
4 - 甲基苯酚	2. 42		a
2 - 乙基苯酚	2. 81		a
4 - 乙基苯酚	2. 88		a
2 - 丙基苯酚	3. 13		a
4 - 丙基苯酚	3. 09		a
2 - 仲丁基苯酚	3. 47		a
4 - 仲丁基苯酚	3. 43		a
2 - 叔丁基苯酚	3. 51		a
3 - 叔丁基苯酚	3. 25		a
3 - 叔丁基苯酚	3. 43		a
2 - 苯基苯酚	3. 40		a
4 - 苯基苯酚	3. 24		a
4 - 叔戊基苯酚	3. 64		a
2，6 - 二甲基苯酚	2. 47		a
2，6 - 二乙基苯酚	2. 73		a
3 - 甲基 -4 氯苯酚	3. 29		a
4 - SO_2 甲基 - 苯酚	1. 27		a
4 - 氰基苯酚	2. 11		a
4 - CF_3 - 苯酚	3. 25		a
3 - 硝基苯酚	2. 56		a
2 - 乙基 -4，6 - 二硝基苯酚	3. 02		a
2 - 异丙基 -4，6 - 二硝基苯酚	3. 14		a
苯磺酰胺	0. 82		c
苯胺	1. 04		c
硝基苯	1. 71		c
萘胺	1. 99		c
4 - 氯 -1 - 萘酚	2. 88		c
萘	2. 78		c

续表

化合物	log P_{MEM}^{N}	log P_{MEM}^{SIP}	参考文献
2－甲基蒽	3.75		c
1，2，5，6－二苯并蒽	3.09		c
苯甲酰胺	0.21		c
甲基苯砜	0.88		c
氢氯噻嗪	0.91		c
甲基苯基亚砜	0.98		c
苯基脲	1.04		c
甲基苯基亚砜	0.98		c
苯基脲	1.04		c
苯基苯甲酰胺	1.05		c
苯酚	1.32		c
二甲基苯磺酰胺	1.60		c
苯乙酮	1.76		c
苄腈	1.81		c
苯甲醛	1.90		c
甲基萘基砜	1.91		c
萘磺酰胺	2.01		c
茴香醚	2.10		c
苯甲酸甲酯	2.20		c
三苯膦氧化物	2.21		c
3－（2－萘氧基）－丙基甲基亚砜	2.60		c
萘	2.60		c
氟代蒽烯	2.61		c
甲苯	2.71		c
菲	2.75		c
阿替洛尔		1.36	c
扎莫特罗		1.46	c
普昔罗米		1.50	c,d
氨氯地平	3.75	3.75	e
5－苯基戊酸	2.95	0.50	e
4－苯基丁胺	2.41	2.12	e
5－羟基喹啉	1.85		e

[a] 25 ℃，平衡透析，小单层囊泡（卵磷脂）[5]。

[b] 20 ℃，平衡透析，小单层囊泡（DOPC），0.1 M KCl [6]。

[c] 离心法（15 分钟，150 000 g），刷状边界膜囊泡[57]。

[d] 0.015 M 离子强度（NaCl）。

[e] 37 ℃，0.02 M 离子强度，超滤法，小单层囊泡（DMPC）[65]。

参考文献

[1] Avdeef, A.; Box, K. J.; Comer, J. E. A.; Hibbert, C.; Tam, K. Y. pH-metric log *P*. 10. Determination of vesicle membrane-water partition coefficients of ionizable drugs. *Pharm. Res.* **15**, 208–214 (1997).

[2] Avdeef, A.; Box, K. J. *Sirius Technical Application Notes (STAN)*, Vol. 2, Sirius Analytical Instruments Ltd., Forest Row, UK, 1995.

[3] Avdeef, A. Assessment of distribution-pH profiles. In: Pliska, V.; Testa, B.; van de Waterbeemd, H. (eds.). *Methods and Principles in Medicinal Chemistry*, Vol. 4, VCH Publishers, Weinheim, Germany, 1996, pp. 109–139.

[4] Cevc, G. (ed.). *Phospholipid Handbook*, Marcel Dekker, New York, 1993.

[5] Miyoshi, H.; Maeda, H.; Tokutake, N.; Fujita, T. Quantitative analysis of partition behavior of substituted phenols from aqueous phase into liposomes made of lecithin and various lipids. *Bull. Chem. Soc. Jpn.* **60**, 4357–4362 (1987).

[6] Escher, B. I.; Schwarzenbach, R. P. Partitioning of substituted phenols in liposome-water, biomembrane-water, and octanol-water systems. *Environ. Sci. Tech.* **30**, 260–270 (1996).

[7] Escher, B. I.; Snozzi, M.; Schwarzenbach, R. P. Uptake, speciation, and uncoupling activity of substituted phenols in energy transducing membranes. *Environ. Sci. Technol.* **30**, 3071–3079 (1996).

[8] Escher, B. I.; Hunziker, R.; Schwarzenbach, R. P.; Westall, J. C. Kinetic model to describe the intrinsic uncoupling activity of substituted phenols in energy transducing membranes. *Environ. Sci. Technol.* **33**, 560–570 (1999).

[9] Balon, K.; Mueller, B. W.; Riebesehl, B. U. Determination of liposome partitioning of ionizable drugs by titration. *Pharm. Res.* **16**, 802–806 (1999).

[10] Balon, K.; Mueller, B. W.; Riebesehl, B. U. Drug liposome partitioning as a tool for the prediction of human passive intestinal absorption. *Pharm. Res.* **16**, 882–888 (1999).

[11] Fruttero, R.; Caron, G.; Fornatto, E.; Boschi, D.; Ermondi, G.; Gasco, A.; Carrupt, P.-A.; Testa, B. Mechanism of liposome/water partitioning of (*p*-methylbenzyl) alkylamines. *Pharm. Res.* **15**, 1407–1413 (1998).

[12] Allan, D. Mapping the lipid distribution in the membranes of BHK cells. *Molec. Membr. Biol.* **13**, 81–84 (1996).

[13] Hope, M. J.; Bally, M. B.; Webb, G.; Cullis, P. R. Production of large unilamellar vesicles by a rapid extrusion procedure. Characterization of size distribution, trapped volume and ability to maintain a membrane potential. *Biochim. Biophys. Acta* **812**, 55–65 (1985).

[14] Mayer, L. D.; Hope, M. J.; Cullis, P. R.; Janoff, A. S. Solute distributions and trapping efficiencies observed in freeze-thawed multilamellar vesicles. *Biochim. Biophys. Acta* **817**, 193–196 (1985).

[15] Mayer, L. D.; Bally, M. B.; Hope, M. J.; Cullis, P. R. Techniques for encapsulating bioactive agents into liposomes. *Chem. Phys. Lipids* **40**, 333–345 (1986).

[16] Perkins, W. R.; Minchey, S. R.; Ahl, P. H.; Janoff, A. S. The determination of liposome captured volume. *Chem. Phys. Lipids* **64**, 197–217 (1993).

[17] Lasic, D. D.; Needham, D. The "stealth" liposome. A prototypical biomaterial. *Chem. Rev.* **95**, 2601–2628 (1995).

[18] Davis, S. S.; James, M. J.; Anderson, N. H. The distribution of substituted phenols in lipid vesicles. Faraday Discuss. *Chem. Soc.* **81**, 313–327 (1986).

[19] Bäuerle, H.-D.; Seelig, J. Interaction of charged and uncharged calcium channel antagonists with phospholipid membranes. Binding equilibrium, binding enthalpy, and membrane location. *Biochemistry* **30**, 7203–7211 (1991).

[20] Miyazaki, J.; Hideg, K.; Marsh, D. Interfacial ionization and partitioning of membrane-bound local anaesthetics. *Biochim. Biophys. Acta* **1103**, 62–68 (1992).

[21] Thomas, P. G.; Seelig, J. Binding of the calcium antagonist flunarizine to phosphatidylcholine bilayers: Charge effects and thermodynamics. *Biochem. J.* **291**, 397–402 (1993).

[22] Wenk, M. R.; Fahr, A.; Reszka, R.; Seelig, J. Paclitaxel partitioning into lipid bilayers. *J. Pharm. Sci.* **85**, 228–231 (1996).

[23] Yeagle, P. L.; Hutton, W. C.; Huang, C.-H.; Martin, R. B. Head group conformation and lipid-cholesterol association in phosphatidylcholine vesicles: A $^{31}P\{^{1}H\}$ nuclear Overhauser effect study. *Proc. Natl. Acad. Sci. USA* **72**, 3477–3481 (1975).

[24] Gur, Y.; Ravina, I.; Babchin, A. J. On the electrical double layer theory. II. The Poisson-Boltzmann equation including hydration forces. *J. Colloid Interface Sci.* **64**, 333–341 (1978).

[25] Brown, M. F.; Seelig, J. Influence of cholesterol on the polar region of phosphatidylcholine and phosphatidylethanolamine bilayers. *Biochemistry* **17**, 381–384 (1978).

[26] Eisenberg, M.; Gresalfi, T.; Riccio, T.; McLaughlin, S. Adsorption of monovalent cations to bilayer membranes containing negative phospholipids. *Biochemistry* **18**, 5213–5223 (1979).

[27] Cevc, G.; Watts, A.; Marsh, D. Titration of the phase transition of phosphatidylserine bilayer membranes. Effects of pH, surface electrostatics, ion binding, and head group hydration. *Biochemistry* **20**, 4955 - 4965 (1981).

[28] Rooney, E. K.; Lee, A. G. Binding of hydrophobic drugs to lipid bilayers and to the (Ca^{2+} + Mg^{2+})-ATPase. *Biochim. Biophys. Acta* **732**, 428 - 440 (1983).

[29] Cevc, G.; Marsh, D. Properties of the electrical double layer near the interface between a charged bilayer membrane and electrolyte solution: Experiment vs. theory. *J. Phys. Chem.* **87**, 376 - 379 (1983).

[30] Cevc, G. Membrane electrostatics. *Biochim. Biophys. Acta* **1031**, 311 - 382 (1990).

[31] McLaughlin, S. Electrostatic potentials at membrane-solution interfaces. *Curr. Top. Membr. Transport* **9**, 71 - 144 (1977).

[32] Shinitzky, M. (ed.), *Biomembranes: Physical Aspects*, VCH, Weinheim, 1993.

[33] Biegel, C. M.; Gould, J. M. Kinetics of hydrogen ion diffusion across phospholipid vesicle membranes. *Biochemistry* **20**, 3474 - 3479 (1981).

[34] Perkins, W. R.; Cafiso, D. S. An electrical and structural characterization of H^+/OH^- currents in phospholipid vesicles. *Biochemistry* **25**, 2270 - 2276 (1986).

[35] Meier, E. M.; Schummer, D.; Sandhoff, K. Evidence for the presence of water within the hydrophobic core of membranes. *Chem. Phys. Lipids* **55**, 103 - 113 (1990).

[36] Nagle, J. F. Theory of passive proton conductance in lipid bilayers. *J. Bioenerg. Biomembr.* **19**, 413 - 426 (1987).

[37] Gutknecht, J. Proton conductance through phospholipid bilayers: Water wires or weak acids. *J. Bioenerg. Biomem.* **19**, 427 - 442 (1987).

[38] Redelmeier, T. E.; Mayer, L. D.; Wong, K. F.; Bally, M. B.; Cullis, P. R. Proton flux in large unilamellar vesicles in response to membrane potentials and pH gradients. *Biophys. J.* **56**, 385 - 393 (1989).

[39] Norris, F. A.; Powell, G. L. The apparent permeability coefficient for proton flux through phosphatidylcholine vesicles is dependent on the direction of flux. *Biochim. Biophys. Acta* **1030**, 165 - 171 (1990).

[40] Madden, T. D.; Harrigan, P. R.; Tai, L. C. L.; Bally, M. B.; Mayer, L. D.; Redelmeier, T. E.; Loughrey, H. C.; Tilcock, C. P. S.; Reinish, L. W.; Cullis, P. R. The accumulation of drugs within large unilamellar vesicles exhibiting a proton gradient: A survey. *Chem. Phys. Lipids* **53**, 37 - 46 (1990).

[41] Chakraborti, A. C.; Deamer, D. W. Permeability of lipid bilayers to amino acids and phosphate. *Biochim. Biophys. Acta* **1111**, 171 - 177 (1992).

[42] Romanowski, M.; Zhu, X.; Kim, K.; Hruby, V.; O'Brien, D. F. Interactions of enkephalin peptides with anionic model membranes. *Biochim. Biophys. Acta* **1558**, 45 - 53

(2002).

[43]Lee, R. J.; Wang, S.; Low, P. S. Measurement of endosome pH following folate receptor-mediated endocytosis. *Biochim. Biophys. Acta* **1312**, 237–242 (1996).

[44]Boulanger, Y.; Schreier, S.; Leitch, L. C.; Smith, I. C. P. Multiple binding sites for local anaesthetics in membranes: Characterization of the sites and their equilibria by deuterium NMR of specifically deuterated procaine and tetracaine. *Can. J. Biochem.* **58**, 986–995 (1980).

[45]Boulanger, Y.; Schreier, S.; Smith, I. C. P. Molecular details of anaesthetic-lipid interaction as seen by deuterium and phosphorus-31 nuclear magnetic resonance. *Biochemistry* **20**, 6824–6830 (1981).

[46]Westman, J.; Boulanger, Y.; Ehrenberg, A.; Smith, I. C. P. Charge and pH dependent drug binding to model membranes: A ^{2}H-NMR and light absorption study. *Biochim. Biophys. Acta* **685**, 315–328 (1982).

[47]Kelusky, E. C.; Smith, I. C. P. Anesthetic-membrane interaction: A ^{2}H nuclear magnetic resonance study of the binding of specifically deuterated tetracaine and procaine to phosphatidylcholine. *Can. J. Biochem. Cell Biol.* **62**, 178–184 (1984).

[48]Schreier, S.; Frezzatti, W. A. Jr.; Araujo, P. S.; Chaimovich, H.; Cuccovia, I. M. Effect of lipid membranes on the apparent p*K* of the local anaesthetic tetracaine: Spin label and titration studies. *Biochim. Biophys. Acta* **769**, 231–237 (1984).

[49]Trumbore, M.; Chester, D. W.; Moring, J.; Rhodes, D.; Herbette, L. G. Structure and location of amiodarone in a membrane bilayer as determined by molecular mechanics and quantitative X-ray diffraction. *Biophys. J.* **54**, 535–543 (1988).

[50]Mason, R. P.; Campbell, S. F.; Wang, S.-D.; Herbette, L. G. Comparison of location and binding for the positively charged 1,4-dihydropyridine calcium channel antagonist amlodipine with uncharged drugs of this class in cardiac membranes. *Molec. Pharmacol.* **36**, 634–640 (1989).

[51]Mason, R. P.; Rhodes, D. G.; Herbette, L. G. Reevaluating equilibrium and kinetic binding parameters for lipophilic drugs based on a structural model for drug interaction with biological membranes. *J. Med. Chem.* **34**, 869–877 (1991).

[52]Herbette, L. G.; Rhodes, D. R.; Mason, R. P. New approaches to drug design and delivery based on drug-membrane interactions. *Drug Design Deliv*. **7**, 75–118 (1991).

[53] Chatelain, P.; Laruel, R. Amiodarone partitioning with phospholipid bilayers and erythrocyte membranes. *J. Pharm. Sci.* **74**, 783–784 (1985).

[54]Betageri, G. V.; Rogers, J. A. Thermodynamics of partitioning of β-blockers in the *n*-octanol buffer and liposome systems. *Int. J. Pharm.* **36**, 165–173 (1987).

[55]Choi, Y. W.; Rogers, J. A. The liposome as a model membrane in correlations of par-

titioning with α-adrenoreceptor against activities. *Pharm. Res.* **7**, 508 –512 (1990).

[56] Rogers, J. A.; Choi, Y. W. The liposome partitioning system for correlating biological activities for imidazolidine derivatives. *Pharm. Res.* **10**, 913 –917 (1993).

[57] Alcorn, C. J.; Simpson, R. J.; Leahy, D. E.; Peters, T. J. Partition and distribution coefficients of solutes and drugs in brush border membrane vesicles. *Biochem. Pharmacol.* **45**, 1775 –1782 (1993).

[58] Smejtek, P.; Wang, S. Distribution of hydrophobic ionizable xenobiotics between water and lipid membrane: Pentachlorophenol and pentachlorophenate. A comparison with octanol-water partition. *Arch. Environ. Contamination Toxicol.* **25**, 394 –404 (1993).

[59] Pauletti, G. M.; Wunderli-Allenspach, H. Partition coefficients *in vitro*: Artificial membranes as a standardized distribution model. *Eur. J. Pharm. Sci.* **1**, 273 – 281 (1994).

[60] Krämer, S. D.; Jakits-Dieser, C.; Wunderli-Allenspach, H. Free fatty acids cause pH-dependent changes in drug-lipid membrane interactions around physiological pH. *Pharm. Res.* **14**, 827 –832 (1997).

[61] Ottiger, C.; Wunderli-Allenspach, H. Partition behavior of acids and bases in a phosphatidylcholine liposome-buffer equilibrium dialysis system. *Eur. J. Pharm. Sci.* **5**, 223 –231 (1997).

[62] Krämer, S. D.; Braun, A.; Jakits-Dieser, C.; Wunderli-Allenspach, H. Towards the predictability of drug-lipid membrane interactions: The pH-dependent affinity of propranolol to phosphatidylinositol containing liposomes. *Pharm. Rev.* **15**, 739 – 744 (1998).

[63] Xiang, T. -X.; Anderson, B. D. Phospholipid surface density determines the partitioning and permeability of acetic acid in DMPC: cholesterol bilayers. *J. Membrane Biol.* **148**, 157 –167 (1995).

[64] Xiang, T. -X.; Anderson, B. D. Development of a combined NMR paramagnetic ion-induced line-broadening dynamic light scattering method for permeability measurements across lipid bilayer membranes. *J. Pharm. Sci.* **84**, 1308 –1315 (1995).

[65] Austin, R. P.; Davis, A. M.; Manners, C. N. Partitioning of ionized molecules between aqueous buffers and phospholipid vesicles. *J. Pharm. Sci.* **54**, 1180 – 1183 (1995).

[66] Austin, R. P.; Barton, P.; Davis, A. D.; Manners, C. N.; Stansfield, M. C. The effect of ionic strength on liposome-buffer and 1-octanol-buffer distribution coefficients. *J. Pharm. Sci.* **87**, 599 –607 (1998).

[67] Tatulian, S. A. Ionization and ion binding. In: Cevc, G. (ed.). *Phospholipid Handbook*, Marcel Dekker, New York, 1993, pp. 511 –550.

[68] Miller, K. W.; Yu, S.-C. T. The dependence of the lipid bilayer membrane: Buffer partition coefficient of pentobarbitone on pH and lipid composition. *Br. J. Pharmacol.* **61**, 57-63 (1977).

[69] Loidl-Stahlhofen, A.; Eckert, A.; Hartmann, T.; Schöttner, M. Solid-supported lipid membranes as a tool for determination of membrane affinity: High-throughput screening of a physicochemical parameter. *J. Pharm. Sci.* **90**, 599-606 (2001).

[70] Herbette, L. G. "Pharmacokinetic" and "pharmacodynamic" design of lipophilic drugs based on a structural model for drug interactions with biological membranes. *Pesticide Sci.* **35**, 363-368 (1992).

[71] Bellemare, F.; Fragata, M. *J. Colloid Interface Sci.* **77**, 243 (1980).

[72] Colbow, K.; Chong, C. S. In: Colbow, K. (ed.). *Biological Membranes*, Simon Fraser University, Burnaby, 1975, p. 145.

[73] Fernάndez, M. S.; Fromherz, P. Lipoid pH indicators as probes of electrical potential and polarity in micelles. *J. Phys. Chem.* **81**, 1755-1761 (1977).

[74] Thomas, J. K. *Chem. Rev.* **80**, 283 (1980).

[75] Iwamoto, K.; Sunamoto, J. *Bull. Chem. Soc. Jpn.* **54**, 399 (1981).

[76] Laver, D. R.; Smith, J. R.; Coster, H. G. L. *Biochim. Biophys. Acta* **772**, 1 (1984).

[77] Kanashina, S.; Kamaya, H.; Ueda, I. *Biochim. Biophys. Acta* **777**, 75 (1984).

[78] Lessard, J. G.; Fragata, M. Micropolarities of lipid bilayers and micelles. 3. Effect of monovalent ions on the dielectric constant of the water-membrane interface of unilamellar phosphatidylcholine vesicles. *J. Phys. Chem.* **90**, 811-817 (1986).

[79] Avdeef, A.; Comer, J. E. A.; Thomson, S. J. pH-metric log *P*. 3. Glass electrode calibration in methanol-water, applied to pK_a determination of water-insoluble substances. *Anal. Chem.* **65**, 42-49 (1993).

[80] Avdeef, A.; Box, K. J.; Comer, J. E. A.; Gilges, M.; Hadley, M.; Hibbert, C.; Patterson, W.; Tam, K. Y. pH-metric log *P*. 11. pK_a determination of water-insoluble drugs in organic solvent-water mixtures. *J. Pharm. Biomed. Anal.* **20**, 631-641 (1999).

[81] Taillardat-Bertschinger, A.; Martinet, C. A. M.; Carrupt, P.-A.; Reist, M.; Caron, G.; Fruttero, R.; Testa, B. Molecular factors influencing retention on immobilized artificial membranes (IAM) compared to partitioning in liposomes and n-octanol. *Pharm. Res.* **19**, 729-737 (2002).

[82] Kariv, I.; Cao, H.; Oldenburg, K. R. Development of a high-throughput equilibrium dialysis method. *J. Pharm. Sci.* **90**, 580-587 (2001).

[83] Österberg, T.; Svensson, M.; Lundahl, P. Chromatographic retention of drug molecules on immobilized liposomes prepared from egg phospholipids and from chemically

pure phospholipids. *Eur. J. Pharm. Sci.* **12**, 427 -439 (2001).

[84] Danelian, E.; Karlén, A.; Karlsson, R.; Winiwarter, S.; Hansson, A.; Löfås, S.; Lennernäs, H.; Hämäläinen, M. D. SPR biosensor studies of the direct interaction between 27 drugs and a liposome surface: correlation with fraction absorbed in humans. *J. Med. Chem.* **43**, 2083 -2086 (2000).

[85] Lee, A. G. Effects of charged drugs on the phase transition temperature of phospholipid bilayers. *Biochim. Biophys. Acta* **514**, 95 -104 (1978).

[86] Davis, M. G.; Manners, C. N.; Payling, D. W.; Smith, D. A.; Wilson, C. A. GI absorption for the strongly acidic drug proxicromil. *J. Pharm. Sci.* **73**, 949 -953 (1984).

[87] Scherrer, R. A. Biolipid pK_a values in the lipophilicity of ampholytes and ion pairs. In: Testa, B.; van de Waterbeemd, H.; Folkers, G.; Guy, R. (eds.). *Pharmacokinetic Optimization in Drug Research*, Verlag Helvetica Chimica Acta, Zürich; and Wiley-VCH, Weinheim, 2001, pp. 351 -381.

[88] Lipinski, C. A. Drug-like properties and the causes of poor solubility and poor permeability. *J. Pharmacol. Toxicol. Methods* **44**, 235 -249 (2000).

[89] Krämer, S. D.; Jakits-Deiser, C.; Wunderli-Allenspach, H. Free-fatty acids cause pH-dependent changes in the drug-lipid membrane interactions around the physiological pH. *Pharm. Res.* **14**, 827 -832 (1997).

[90] Bunton, C. A.; Ohmenzetter, K.; Sepulvida, L. Binding of hydrogen ions to anionic micelles. *J. Phys. Chem.* **81**, 2000 -2004 (1977).

[91] Garcia-Soto, J.; Fernández, M. S. The effect of neutral and charged micelles on the acid-base dissociation of the local anaesthetic tetracaine. *Biochim. Biophys. Acta* **731**, 275 -281 (1983).

6 溶解度

本章讨论了 pH 依赖性测量难溶性可电离药物溶解度的实验和数学基础。认真研究了最近报道的仅用于少量化合物（但仍然准确）的方法，这些方法适用于临床前开发，也适用于分析“有问题”分子的溶解度。诸如润湿性差的问题，如何采用促进溶解法（FDM）去解决它，水溶性聚集物和胶束的形成、亚稳凝胶状态、无定形和多晶型现象等问题，使难溶性分子溶解度的测量难以开展。本章讨论了多种有用的实验方法［饱和摇瓶法（SSF）、小型摇瓶法（MSF）、溶解模板滴定法（DTT）、自校准直接 UV 微溶解度法（μSOL）、基于小型化溶出的溶解度法（μDISS）、DMSO 去除法、包含 DMSO 法和基于浊度的方法］。“Δ－位移(Δ－Shift)”法充分考虑了多种模型，计算出 DMSO 的干扰影响。本章介绍了一种筛选赋形剂和增溶剂的方法，可改善难溶性化合物的溶解性。使用几种“困难”分子的案例研究来说明重要概念，借助于新改进的计算机工具，对一些文献数据进行了重新分析并以图形方式做了描述。通过 DTT 方法建立的药物测定的数据库将在本章末尾介绍。

6.1 这不仅仅是一个数字

Grant 和 Higuchi[1]发表的溶解度方法论专著，全面涵盖了 1990 年前的文献。一些其他的书籍和综述可以当作本章的背景材料：溶解度的深入介绍[2-3]、相溶解度方法[4]、盐选择[5-7]、多晶型和无定形现象[8-10]、赋形剂效应[11-12]、复杂分析[13]及溶解度和溶出曲线[14-18]等。本章简明地描述了多机制[19]平衡溶解度模型（“不仅仅是数字”，参见 1.6 节），强调了自 1990 年以来的方法[13,17]。

文献中已经描述了许多测量溶解度－pH 曲线的方法[1-63]。经典的方法均基于饱和摇瓶（SSF）法[1-2,13]，新方法也通常用它来验证。

化合物的溶解反应是非均相的，通常很慢才能达到平衡。传统技术通常很慢，并且不大适合当前药物研发的高通量需求。在研究的早期阶段，候选化合物并非以结晶形式存在，而多是以 DMSO 溶液形式储存。因此，需要将含有 10 mM 药物的 DMSO 溶液等分加入缓冲溶液中进行样品的溶解度测量。公认的是，即使在水中加入少量的 DMSO（＜2%）也会增加分子的表观溶解度，当存在 DMSO 时，测定化合物的无 DM-

SO 热力学溶解度是一项挑战。已经开发出一种新方法，该方法尝试在多个 pH 下表征可电离化合物，从而计算出 DMSO 的影响[17,21]。

采用计算机模拟新药候选物的溶解度，在某种程度上仍然存在困难[7,19,20,64-65]。用作预测方法“训练集”的历史溶解度数据库包含很大一部分的油类物质，而没有足够的结晶类化合物。此外历史数据的准确性并不易于评估。因此，这种预测方法在预测结晶药物候选化合物的溶解度方面通常表现不佳[64-66]。

6.2 溶解度测量为什么困难?

在外行人眼里，溶解度的测定似乎很简单明了：只需使用熟悉的 HPLC 程序测量饱和溶液中化合物的浓度即可。进行溶解度测量相对容易，这可能掩盖了正确解释此类测量结果的难度和不良设计研究的后果。溶解度测量中可能出现各种复杂情况，这可能导致不可靠的结果，从而减少在预测人体对药物吸收中的应用。

6.2.1 润湿性差

难溶性化合物通常很难与水相溶。加入到缓冲溶液中的此类测试物质常常会漂浮在溶液表面，并可以黏附在液面正上方的容器表面，从而减小了颗粒与溶液接触面，导致溶解速度非常缓慢。已经开发出来的促进溶解法（FDM）[55]可以解决其中的一些问题。Venkatesh 等[56]应用此方法测定了可卡因 1 ng · mL^{-1}的溶解度。

6.2.2 形成聚集物和胶束

表面活性化合物在饱和溶液中聚集和胶束的形成[21,12,37,46-50,60-61,67-71]（对于几乎不溶性药物，通常可以观察到）会使测量结果的解释复杂化，特别是当分子可电离时。形成的自缔合聚集物[13,47-49]或胶束[13,46]可能会干扰化合物的热力学水溶性和 pK_a的测定。当化合物几乎不溶于水时，可使用增溶剂或共溶剂来提高溶解速度及表观溶解度[55-56]。可使用不同比例的增溶剂 - 水测量的一些表观溶解度值，通过外推至零增溶剂的量值来估测溶解度值。如果在简单的表面活性剂[61]、胆盐[62]、络合剂（如环糊精[50-52,54]）或形成离子对的反离子[53]存在下进行测量，在试图从数据中外推纯水性溶解度时需要进行广泛的考虑。

Attwood 和 Gibson[47]使用光散射、电导率和 pH 方法研究了三环类抗抑郁药的溶液性质。观察到具有胶束模式的聚集：丙咪嗪的临界胶束浓度（CMC）值为 50 mM，地昔帕明为 51 mM，去甲替林为 23 mM。多西环素在 25 ℃下于 1 M NaCl/HCl 溶液（pH 0 ~ 6）中的固有溶解度 S_0为 0.72 mg · mL^{-1}，pK_a为 3.05，pK_{sp}为 2.75，形成二聚

物的 $K_2 = 24\ M^{-1}$[37]。Streng 等[48]描述了 MDL201346A 十聚物的形成，$K_{10} = 1.3 \times 10^{12}\ M^{-9}$。这类聚集物的溶解度异常高，对温度非常敏感。Zhu 和 Streng[49]发现多拉司琼形成阳离子二聚物和三聚物的自缔合是焓驱动的（H 键/芳环而不是疏水/静电相互作用），其聚集常数 K_{2-3}在 25 ℃时为 4 ~ 50 M^{-1}。许多非甾体抗炎药[70]，如吲哚美辛、双氯芬酸、布洛芬、酮洛芬、萘普生和舒林酸，可通过形成混合带电胶束或类胶束的结构而自缔合。据报道，双氯芬酸的 CMC 约为 25 mM，酮洛芬的 CMC 约为 160 mM[70]。Avdeef 等[12,16]讨论了甲芬那酸、2 - 萘甲酸和吲哚美辛的二聚和三聚阴离子聚集物的形成。Roseman 和 Yalkowsky[46]描述了前列腺素 $F_{2\alpha}$的溶解度 - pH 行为，并指出阴离子聚集物的形成，可由溶解度 - pH 曲线与“Henderson - Hasselbalch”形状的偏离所证明。Jinno 等[61]考察了十二烷基硫酸钠（SLS）对吡罗昔康的溶解度 - pH 曲线的影响。Sheng 等[77]将该研究扩展到了酮洛芬。此后提出了一种基于“表观 pK_a的变化”方法的模型[12,16,21,71]，以合理解释 SLS 对吡罗昔康和酮洛芬的溶解度的影响（参见 6.6.5.1 节）。吡罗昔康的二聚物缔合常数由 37 ℃时的 1700 M^{-1}增加至 25 ℃时的 35 000 M^{-1}[16]。

6.2.3 平衡时间和亚稳凝胶态

相对于热力学上更稳定的结晶相，特别是对于几乎不溶化合物，起初形成的固相通常是亚稳态的。在固体的“活性”形式（非常细的结晶沉淀，具有无序的晶格）缓慢地“老化”成更稳定的“非活性”状态时，该形式可以在很长一段时间内从过饱和溶液中析出[28]。胺碘酮的溶解度很难精确测量，部分原因是该药物倾向于形成多种亚稳态凝胶，这种凝胶可以持续长达一个月[72]。即使在高温下也会形成胶束[73]。

6.2.4 多晶型和无定形态

根据结晶化条件的细微差异，中间固体形式可能会陷入“无定形”状态[27]，也可能转变成几种更稳定的状态之一（“多晶态现象”）[9]。沉淀固体的各种溶剂化物（晶格中的水或共溶剂）具有不同的溶解度[67]。因此，如果在难溶性化合物初次沉淀后立即进行测量，则会测得较高的溶解度，而该溶解度可能会随时间变化。

为确保存在的化合物形式与初始引入的化合物相同，在测定结束时分离固体是特别重要的[9,27,74]。Pudipeddi 和 Serajuddin[8]回顾了 55 种化合物的溶解度值，其中每种化合物都呈多晶态。非溶剂化晶型的趋向表明，最易溶和最不易溶的多晶型化合物的溶解度值仅相差大约两倍，这令人非常惊讶。最高的溶解度比率为 23（帕马沙星）。无定形与结晶形式的溶解度比率通常较高（约 10 倍）。他们提示，“……具有极高自由能的不稳定固体形式可能由于快速转换成较低能态形式而无法被检测，从而限制了可测量的溶解度差异的可观测范围”[8]。基于小型化溶出的溶解度测量的方法（参见 6.4.3 节）致力于解决这一挑战。

6.3 溶解度 - pH 曲线的数学模型

精确测量难溶性/几乎不溶性可电离药物的溶解度通常需要特殊的实验方法。为了对测得的此类化合物的表观溶解度进行正确理解，有必要对化合物的中性形式和成盐形式的溶解度 - pH 行为的离子平衡有一个数学上的解释[7,13,17]。本节总结了多种数学方法。

对于任何给定的平衡“模型”，都可得出溶解度和 pH 之间的理想关系，但是对于许多从业药剂学家来说，这可能不是一个熟悉的过程。该“模型”是指一组选定的平衡方程和相关的平衡常数。在本节中，将考虑简单的单质子和双质子分子[21,33-42,45-46,58]。

6.3.1 单质子弱酸 HA（或碱，B）

关于可电离分子的质子化反应已在 3.4 节中定义。当溶质分子——弱酸 HA（或弱碱 B）与它的沉淀形式 HA（s）［或 B（s）］处于平衡状态时，该过程用平衡表达式表示（除 pK_a平衡之外）：

$$\text{HA}(s) \rightleftharpoons \text{HA}\ (\text{或 B}(s) \rightleftharpoons \text{B})。\tag{6.1}$$

并且相应的平衡常数定义为：

$$S_0 = [\text{HA}]/[\text{HA}(s)] = [\text{HA}]\ (\text{或}S_0 = [\text{B}]/[\text{B}(s)] = [\text{B}])。\tag{6.2}$$

按常规，［HA（s）］=［B（s）］=1。式（6.1）表示不带电物质的沉淀平衡，并通过“固有”溶解度平衡常数 S_0表征。下标 0 表示无电荷形式药物的沉淀。在饱和溶液中，特定 pH 下的表观（总）溶解度 S 定义为水溶液中溶解的所有药物形式的浓度之和：

$$S = [\text{A}^-] + [\text{HA}]\ (\text{或}\ S = [\text{B}] + [\text{BH}^+])。\tag{6.3}$$

在式（6.3）中，［HA］为常数（固有溶解度，S_0），但［A^-］是变量。（仅仅常数项且）用 pH 作为唯一变量来重新表述方程会更加方便。将式（3.1a）［或式（3.1b）］代入式（6.3）即可得到所需的方程。

$$\begin{aligned} S &= [\text{HA}]K_a/[\text{H}^+] + [\text{HA}]\ (\text{或}S = [\text{B}] + [\text{B}][\text{H}^+]/K_a) \\ &= [\text{HA}](K_a/[\text{H}^+] + 1) \qquad (= [\text{B}]([\text{H}^+]/K_a + 1)) \\ &= S_0(10^{-\text{p}K_a+pH} + 1) \qquad (= S_0(10^{+\text{p}K_a-pH} + 1))。\end{aligned}\tag{6.4}$$

图 6.1a 显示了弱酸情况下 log S 对 pH 的图（吲哚美辛，pK_a4.45，log S_0 -5.20，log mol·L^{-1}），而图 6.2a 显示了弱碱的情况（咪康唑，pK_a 6.13，log S_0 -5.85）。从酸曲线可以明显看出，对于 pH≪pK_a［式（6.4）中的 $10^{-\text{p}K_a+pH}$≪1］，该函数简化为水平线 log S = log S_0。对于 pH ≫pK_a（$10^{-\text{p}K_a+pH}$≫1），log S 是一条作为 pH 函数的直线，

显示斜率为1。碱曲线的斜率为 -1。斜率为半整数处的 pH 等于 pK_a。值得注意的是，酸的曲线（图6.1a）和碱的曲线（图6.2a）之间为镜像关系。

6.3.2 双质子两性电解质 XH_2^+

在饱和溶液中，对于双质子两性电解质而言，3 个相关的平衡是式（3.4）加上

$$XH\ (s) \rightleftharpoons XH,\ S_0 = [XH] / [XH\ (s)] = [XH]。\tag{6.5}$$

需要注意的是，通常［XH（s）］定义为一个整体。在这种情况下，总溶解度为：

$$S = [X^-] + [XH] + [XH_2^+]。\tag{6.6}$$

在式（6.6）中，［HX］是常数（固有溶解度，S_0），但［X^-］和［XH_2^+］是变量。如前所述，下一步涉及将所有变量转换为仅包含常数和 pH 的表达式。

$$S = S_0\ (1 + 10^{-pK_{a2}+pH} + 10^{+pK_{a1}-pH})。\tag{6.7}$$

图6.3a 显示了两性电解质的 log S 对 pH 的图（环丙沙星，pK_a值为 8.63 和 6.15，log S_0为 -3.73）。

图6.1b、图6.2b 和图6.3b 是 log - log 形成曲线，类似于图4.2b、图4.3b 和图4.4b 所示。在后3个图中，斜率的转变是平滑的，但对于溶解度曲线却显示出不连续性。这是含有部分沉淀物的溶液与样品完全溶解的溶液之间的过渡点。这些 log - log 溶解度曲线是2.1节中描述的吸收模型的重要组成部分，且在图2.2中所示。

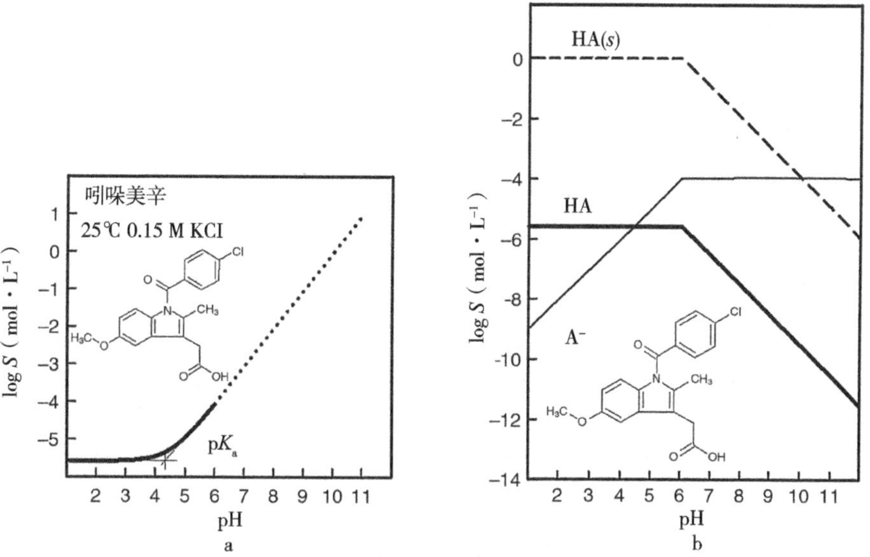

图6.1 弱酸（吲哚美辛，pK_a 4.45，log S_0 -5.20）的溶解度 - pH 曲线和 log - log 形成图

（转载自 AVDEEF A. Curr. Topics Med. Chem.，2001，1：277 - 351。经 Bentham Science Publishers，Ltd. 许可复制）

表6.1总结了简单情况下的溶解度方程，最多具有 3 个 pK_a值。

表 6.1　单质子、双质子和三质子分子的溶解度 - pH 方程

平衡离子化	平衡溶解度	溶解度方程
$HA \overset{K_a}{\rightleftharpoons} H^+ + A^-$	$HA(s) \overset{S_0}{\rightleftharpoons} HA$	$\log S = \log S_0 + \log\{10^{-pK_a+pH}+1\}$
$HA^- \overset{K_{a2}}{\rightleftharpoons} H^+ + A^{2-}$ $H_2A \overset{K_{a1}}{\rightleftharpoons} H^+ + HA^-$	$H_2A(s) \overset{S_0}{\rightleftharpoons} H_2A$	$\log S = \log S_0 + \log\{10^{-pK_{a2}-pK_{a1}+2pH} + 10^{-pK_{a1}+pH}+1\}$
$HA^{2-} \overset{K_{a3}}{\rightleftharpoons} H^+ + A^{3-}$ $H_2A^- \overset{K_{a2}}{\rightleftharpoons} H^+ + HA^{2-}$ $H_3A^- \overset{K_{a1}}{\rightleftharpoons} H^+ + H_2A^-$	$H_3A(s) \overset{S_0}{\rightleftharpoons} H_3A$	$\log S = \log S_0 + \log\{10^{-pK_{a3}-pK_{a2}-pK_{a1}+3pH} + 10^{-pK_{a2}-pK_{a1}+2pH} + 10^{-pK_{a1}+pH}+1\}$
$BH^+ \overset{K_a}{\rightleftharpoons} H^+ + B$	$B(s) \overset{S_0}{\rightleftharpoons} B$	$\log S = \log S_0 + \log\{10^{+pK_a-pH}+1\}$
$BH^+ \overset{K_{a2}}{\rightleftharpoons} H^+ + B$ $BH_2^{2+} \overset{K_{a1}}{\rightleftharpoons} H^+ + BH^+$	$B(s) \overset{S_0}{\rightleftharpoons} B$	$\log S = \log S_0 + \log\{10^{+pK_{a2}+pK_{a1}-2pH} + 10^{+pK_{a2}-pH}+1\}$
$BH^+ \overset{K_{a3}}{\rightleftharpoons} H^+ + B$ $BH_2^{2+} \overset{K_{a2}}{\rightleftharpoons} H^+ + BH^+$ $BH_3^{3+} \overset{K_{a1}}{\rightleftharpoons} H^+ + BH_2^{2+}$	$B(s) \overset{S_0}{\rightleftharpoons} B$	$\log S = \log S_0 + \log\{10^{+pK_{a3}+pK_{a2}+pK_{a1}-3pH} + 10^{+pK_{a3}+pK_{a2}-2pH} + 10^{+pK_{a3}-pH}+1\}$
$HX \overset{K_{a2}}{\rightleftharpoons} H^+ + X^-$ $H_2X^+ \overset{K_{a1}}{\rightleftharpoons} H^+ + HX$	$HX(s) \overset{S_0}{\rightleftharpoons} HX$	$\log S = \log S_0 + \log\{10^{+pK_{a1}-pH} + 10^{-pK_{a2}+pH}+1\}$
$HX \overset{K_{a3}}{\rightleftharpoons} H^+ + X^-$ $H_2X^+ \overset{K_{a2}}{\rightleftharpoons} H^+ + HX$ $H_3X^{2+} \overset{K_{a1}}{\rightleftharpoons} H^+ + H_2X^+$	$HX(s) \overset{S_0}{\rightleftharpoons} HX$	$\log S = \log S_0 + \log\{10^{+pK_{a2}+pK_{a1}-2pH} + 10^{+pK_{a2}-pH} + 10^{-pK_{a3}+pH}+1\}$
$HX^- \overset{K_{a3}}{\rightleftharpoons} H^+ + X^{2-}$ $H_2X \overset{K_{a2}}{\rightleftharpoons} H^+ + HX^-$ $H_3X^+ \overset{K_{a1}}{\rightleftharpoons} H^+ + H_2X$	$H_2X(s) \overset{S_0}{\rightleftharpoons} H_2X$	$\log S = \log S_0 + \log\{10^{-pK_{a3}-pK_{a2}+2pH} + 10^{-pK_{a2}+pH} + 10^{+pK_{a1}-pH}+1\}$

6.3.3　Gibbs pK_a（"pH^{max}"）和平衡四分体

尽管图 6.1a、图 6.2a 和图 6.3a 准确表达了无电荷物质饱和溶液中的溶解度 - pH 曲线的形状，但图中的上升虚线可能会产生误导，因为该图无法显示盐析的影响。通常不可能将饱和溶液的浓度保持在 7 个数量级以上。在溶解度远远没有达到如此高的值之前的某个时刻，将出现盐析，限制了溶解度的进一步增加。值得考虑的是认为盐

形成是有效溶解度的上限[6-7]。当 pH 变化使溶解度升高时，在某个 pH 下达到盐的溶度积，导致溶解度 - pH 曲线的形状从图 6.1a 变为图 6.4，这是一个弱酸出现盐析的例子。

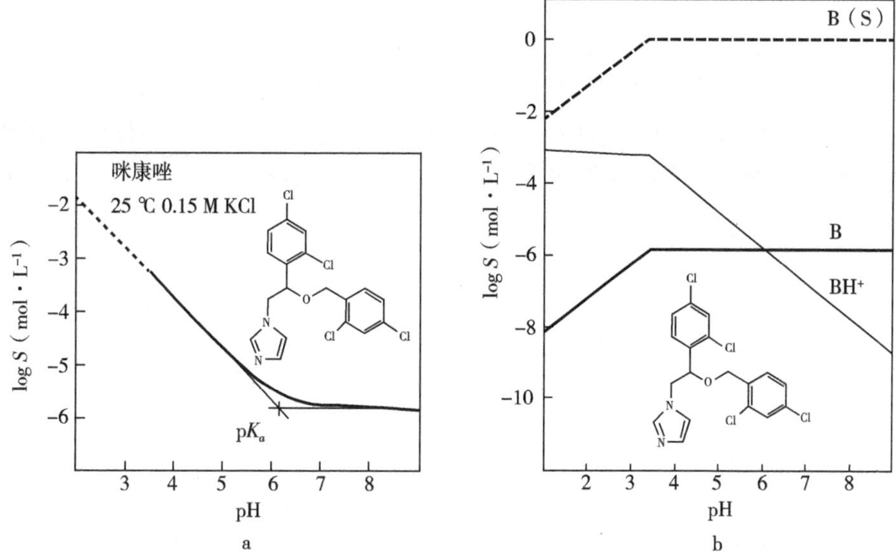

图 6.2 弱碱（咪康唑，pK_a 6.13，$\log S_0$ -5.85）的溶解度 - pH 曲线和 log - log 形成图

（转载自 AVDEEF A. Curr. Topics Med. Chem.，2001，1：277 - 351。经 Bentham Science Publishers，Ltd. 许可复制）

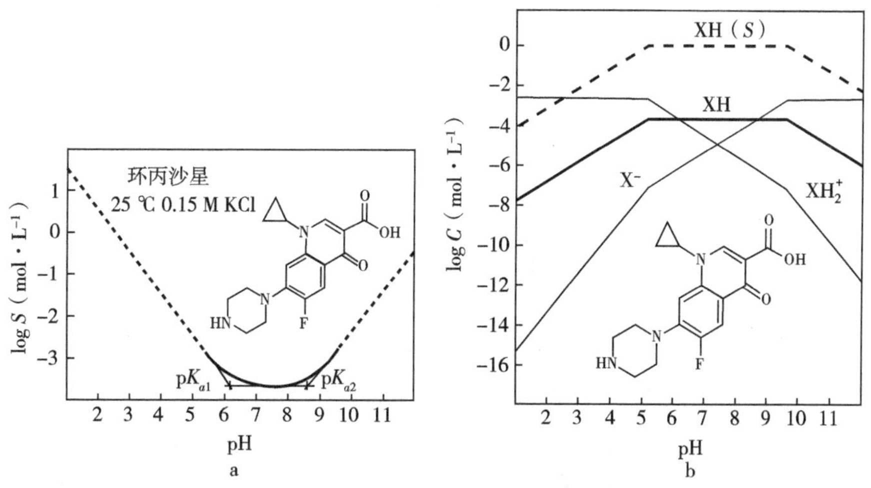

图 6.3 两性电解质（环丙沙星，pK_a 8.63、6.15，$\log S_0$ -3.73）的溶解度 - pH 曲线和 log - log 形成图

（转载自 AVDEEF A. Curr. Topics Med. Chem.，2001，1：277 - 351。经 Bentham Science Publishers，Ltd. 许可复制）

作为新的“经验法则”[34]，在用 NaOH（或 KOH）滴定的 0.15 M NaCl（或 KCl）溶液中，酸在高于 $\log(S/S_0)=4$ 及碱在高于 $\log(S/S_0)=3$ 时以盐的形式形成沉淀。这正好与辛醇 - 水的“*diff* 3 ~ 4”近似值完全相似。溶解度当量可以称为“*sdiff*

3～4”近似值[34]。考虑到单质子酸 HA 的情况，当超过溶度积 K_{sp}时，会形成钠盐（在盐溶液中）。除了式（3.1）和式（6.1），需要增加以下方程来处理这种情况。

$$Na^+A^-(s) \rightleftharpoons Na^+ + A^-,\ K_{sp} = [Na^+][A^-]/[Na^+A^-(s)] = [Na^+][A^-]。\tag{6.8}$$

总溶解度仍由式（6.3）确定。但是，目前式（6.3）系在 3 个限制条件下根据某个特定 pH 求解。①如果溶液 pH 低于导致成盐的条件，则溶解度 - pH 曲线的形状如式（6.4）所示（图 6.1a 中的实线曲线）。②如果 pH 高于开始成盐的特征值（假设样品浓度足够高），则式（6.3）以不同方式求解。在这种情况下，[A⁻] 为常数项，且 [HA] 为变量。

$$\begin{aligned} S &= [A^-] + [H^+][A^-]/K_a \\ &= [A^-](1 + [H^+]/K_a) \\ &= K_{sp}/[Na^+](1 + 10^{+pK_a - pH}) \\ &= S_i(1 + 10^{+pK_a - pH})。\end{aligned}\tag{6.9}$$

式中，S_i指酸的共轭碱溶解度，取决于 $[Na^+]$ 的量，因此是条件常数。由于 pH ≫ pK_a且 $[Na^+]$ 可假定为常数，所以当 pH > 8 时式（6.9）简化为图 6.4 中的水平线：$\log S = \log S_i$。③如果化合物的无电荷形式和盐形式共沉淀，通过把式（6.3）中的两项均看作常数，可以得到描述溶解度 - pH 的方程，从而：

$$S = S_0 + S_i \approx S_iS。\tag{6.10}$$

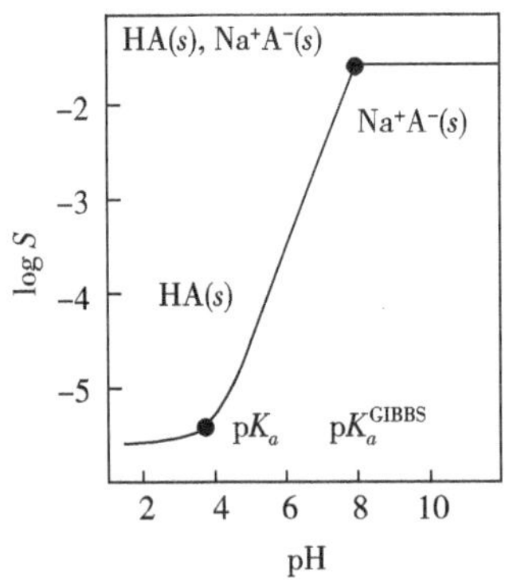

图 6.4　弱酸的溶解度 - pH 曲线（考虑到盐析）

[AVDEEF A. High-throughputmeasurements of solubility profiles//TESTA B, VAN DE WATERBEEMD H, FOLKERS G, et al (eds.). Pharmacokinetic Optimization in Drug Research, Verlag Helvetica Chimica Acta, Zürich; and Wiley-VCH, Weinheim, 2001: 305 - 326. Copyright © 2001 Wiley-VCH Verlag GmbH & Co. KGaA. 经许可复制]

关于非常浓的酸溶液案例，假设该溶液从低 pH（低于 pK_a）滴定至首次超过溶度积（高 pH）的点。开始时，饱和溶液只能沉淀出无电荷物质。当 pH 升高到超过 pK_a时，溶解度开始增加，因为更多的游离酸离子化，并且有更多的固体 HA 溶解，如图 6.1a 中 pH > 5 的实线曲线所示。当溶解度达到溶度积时，在特定高的 pH 下，盐开始沉淀，同时可能有剩余的游离酸沉淀。游离酸固体及其共轭碱（盐）固体的同时存在，会引起 Gibbs 相规则约束，只要两个相互转化的固体共沉淀，就会迫使 pH 和溶解度保持恒定。在假设的实验滴定过程中，使用额外的碱滴定剂将剩余的游离酸固体转化为共轭碱的固体盐。在此过程中，pH 绝对恒定（“完美的”缓冲液系统）。这个特殊的 pH 点称为 Gibbs pK_a，即 pK_a^{GIBBS}[33-34]。在较早的文献中，常常将其称为“pH^{max}”，但使用时首选描述性更强的新名称。与此现象相关的平衡方程为：

$$HA\ (s) \rightleftharpoons A^-\ (s)\ + H^+,\ K_a^{GIBBS} = [H^+][A^-\ (s)]/[HA\ (s)] = [H^+]。 \tag{6.11}$$

需要注意的是，pK_a^{GIBBS} 与 pK_a^{OCT} 和 pK_a^{MEM} 的概念相同［参见式（4.5）和式（5.1）］。pK_a^{GIBBS}为取决于惰性本底电解质的浓度的条件常数就不足为奇了。

从图 6.5 中的四元体图可以看出：

$$sdiff\ \log S = \log S_i - \log S_o \approx \pm\ (pK_a^{GIBBS} - pK_a)。 \tag{6.12}$$

“±”对于酸而言，为“+”，对于碱而言，为“-”。这可以通过将式（6.4）设为与式（6.9）相等而推导出。图 6.4 显示了 *sdiff* = 4 的假设溶解度 - pH 曲线，正如在 0.15 M Na^+或 K^+存在下典型的简单弱酸情况[34]。比较式（6.12）与式（4.6）。

原则上，可以预料到图 6.1a、图 6.2a 和图 6.3a 中的所有曲线都具有由成盐引起的溶解度极限。在恒定反离子浓度的条件下，这种效应将表现为一个不连续点（pH 等于 pK_a^{GIBBS}时），然后是恒定溶解度的水平线，S_i。

6.3.4 溶解度测量中的聚集反应

当某化合物在水溶液中形成二聚物或更高阶的寡聚物时，log *S* - pH 特征曲线（如图 6.1a）通常显示：表观 pK_a（图中“log *S* - pH 曲线弯曲处的 pH”）与在极稀溶液中测得的 pK_a值并不一致。除聚集作用外，其他异常因素也会导致 pK_a发生位移，包括化合物与过滤材料的黏附、DMSO 结合及赋形剂效应。之前已经讨论过这种表观 pK_a位移效应[12,14,16,21,71]。

图 6.6 阐明了聚集体的多种案例[12,16-17]。如果一个不带电分子发生一些异常（聚集、DMSO 结合、滤器截留等），弱酸会显示表观 pK_a（即 pK_a^{APP}）高于 pK_a真值的情况，如图 6.6a 所示；弱碱会出现 pK_a^{APP}低于 pK_a真值的情况，如图 6.6b 所示。如果我们观察到的变化与上述相反，则带电（而非中性）物质参与了异常作用（图 6.6c 和图 6.6d）。这些带电物质的异常现象也能通过 log *S* - pH 曲线的对角线部分的非单位斜率显示出来。尽管异常作用的确切机制可能难以解释，但如果 pK_a的真值是准确已知的，这种位移加上表观溶解度常常会揭示潜在的真实固有溶解度 S_0（参见 6.4.9 节）。

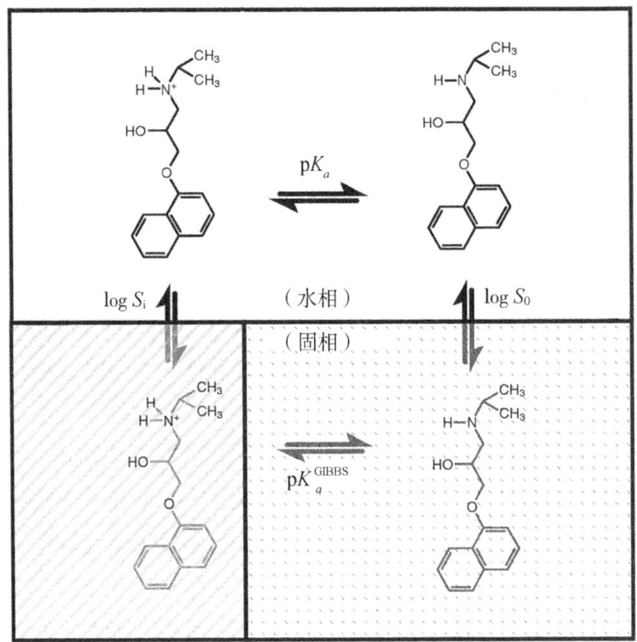

图 6.5　溶解度的四元平衡

（资料来源于 AVDEEF A. Curr. Topics Med. Chem.，2001，1：277－351。经 Bentham Science Publishers，Ltd. 许可复制）

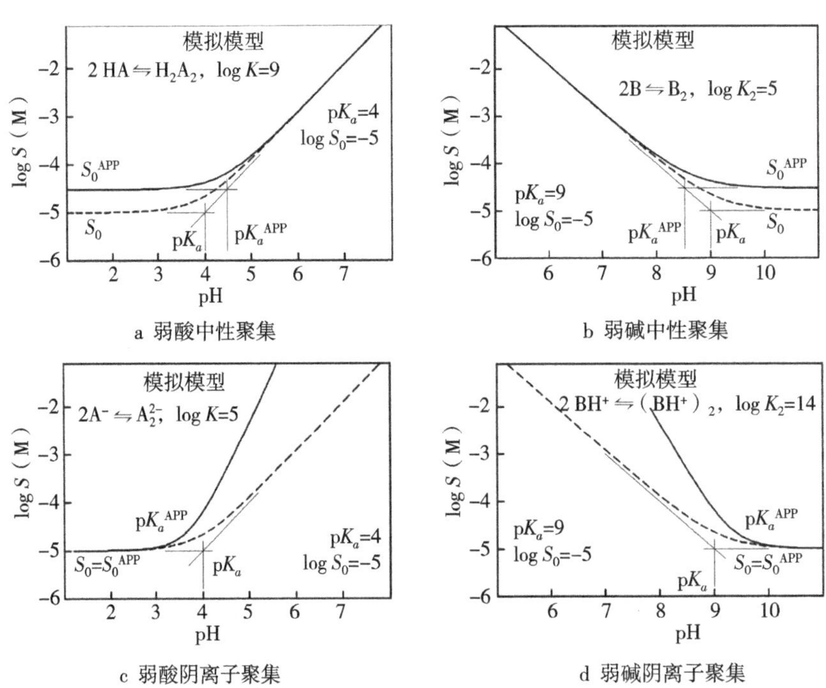

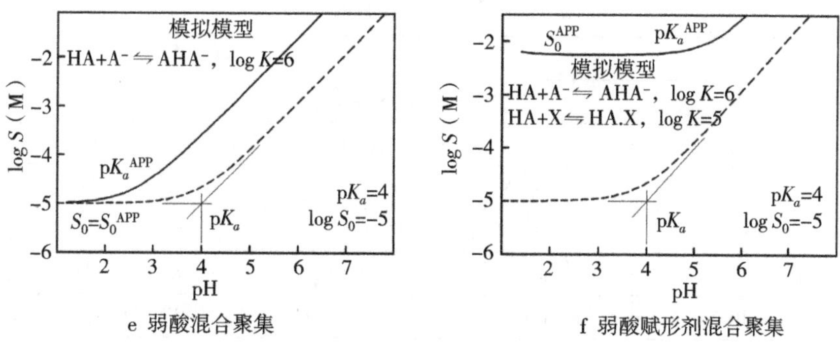

图 6.6 溶解度对数相对于 pH 的图，包括聚集平衡的 6 种案例

［实线曲线代表的方程见表 6.2，虚线曲线是用真实 pK_a 值根据 Henderson – Hasselbalch 方程计算得出。此模拟计算是基于假设酸的 $pK_a=4$ 和碱的 $pK_a=9$，以及在所有案例下 $\log S_0=-5$（S_0 为固有溶解度，以摩尔为单位）。针对各个案例筛选的聚集常数均由 log K 值表示。AVDEEF A，BENDELS S，TSINMAN O，et al. Solubility-excipient classification gradient maps. Pharm. Res.，2007，24：530 – 545. 经 Springer Science + Business Media 许可复制］

6.3.4.1 弱酸的离子聚集体的样品推导

我们假设低聚物以 A_n^{n-} 表示。除了式（3.1a）和式（6.1），还需要考虑聚集体方程：

$$nA^- \rightleftharpoons A_n^{n-}，K=[A_n^{n-}]/[A^-]^n。 \tag{6.13}$$

式（6.3）的扩展形式变为：

$$S=[A^-]+[HA]+n[A_n^{n-}]。 \tag{6.14}$$

按照式（6.4）的步骤，可以得到[16-17]：

$$\log S=\log S_0+\log\left(1+10^{+(pH-pK_a)}+n10^{+n(pH-pK_a)+\log K_n+(n-1)\log S_0}\right)。 \tag{6.15}$$

式（6.15）的两种极限形式为（参见图 6.6c）：

$$\log S\approx\log S_0 \quad (pH \ll pK_a)。 \tag{6.16a}$$

$$\log S\approx\log K_n+n(\log S_0-pK_a+pH) \quad (pH \gg pK_a)。 \tag{6.16b}$$

式（6.16a）表明，带电聚集体的形成并没有“掩盖”log S – pH 图上酸性溶液中固有溶解度的真值。对于不带电荷的药物聚集体（如吡罗昔康[16]），表观固有溶解度大于真正的固有溶解度（参见图 6.6a 和图 6.6b）。如果是在一个足够宽的 pH 范围内获取的数据，并且发生了聚集（如通过明显不同于 pK_a 真值的表观 pK_a 证实），那么式（6.16b）可用于评估聚集体的化学计算（$n_{AGG}=n$），前提是聚集体可以用 n 的单个值来描述。

6.3.4.2 涉及聚集体反应的其他案例的溶解度方程

图 6.6 中任何一个案例的溶解度方程都可以按照上述步骤导出。表 6.2 列出了与图 6.6 所示案例相对应的方程。这些方程的应用已在别处讨论[12,16-17]。6.6 节案例分析阐述了几个聚集条件。

表 6.2 聚集度和溶解度方程[a]

聚集体平衡	溶解度方程
$nHA \rightleftharpoons (HA)_n$	$\log S = \log S_0 + \log(1 + K_a/[H^+] + nK_n^{\circ} S_0^{n-1})$
$nB \rightleftharpoons (B)_n$	$\log S = \log S_0 + \log(1 + [H^+]/K_a + nK_n^{\circ} S_0^{n-1})$
$nA^- \rightleftharpoons (A^-)_n$	$\log S = \log S_0 + \log(1 + K_a/[H^+] + n K_n^{\ominus} K_a^n S_0^{n-1}/[H^+]^n)$
$nBH^+ \rightleftharpoons (BH^+)_n$	$\log S = \log S_0 + \log(1 + [H^+]/K_a + nK_n^{\oplus} [H^+]^n S_0^{n-1}/K_a^n)$
$nA^- + nHA \rightleftharpoons (AH.A^-)_n$	$\log S = \log S_0 + \log(1 + K_a/[H^+] + 2nK_n^* K_a^n S_0^{2n-1}/[H^+]^n)$
$nBH^+ + nB \rightleftharpoons (BH^+.B)_n$	$\log S = \log S_0 + \log(1 + [H^+]/K_a + 2nK_n^* [H^+]^n S_0^{2n-1}/K_a^n)$
$nA^- + nHA \rightleftharpoons (AH.A^-)_n$ & $HA + X \rightleftharpoons HA.X$	$\log S = \log S_0 + \log(1 + K_a/[H^+] + 2nK_n^* K_a^n S_0^{2n-1}/[H^+]^n + K^{\boxtimes})$
$nBH^+ + nB \rightleftharpoons (BH^+.B)_n$ & $B + X \rightleftharpoons B.X$	$\log S = \log S_0 + \log(1 + [H^+]/K_a + 2nK_n^* [H^+]^n S_0^{2n-1}/K_a^n + K^{\boxtimes})$

[a] $K^{\boxtimes}$ 被定义为赋形剂浓度［X］与［HA. X］/［HA］［X］或［B. X］/［B］［X］的乘积。其他聚集常数 K_n°、$K_n^{\ominus}$、$K_n^{\oplus}$、K_n^* 特指中性、阴离子、阳离子及混合聚集物，与左栏中的聚集平衡相对应。

6.3.5 溶解度测定中的络合反应（相溶解度法）

6.3.5.1 简单的 1∶1 络合

络合物配体，如环糊精（基于 D－吡喃糖的环状寡糖），可通过形成水溶性包合的药物－配体络合物以提高难溶药物的溶解度。除了式（3.1a）和式（6.1），还需考虑如下 1∶1 络合反应[74]：

$$HA + L \rightleftharpoons HA.L,\ K_{111} = [HA.L]/[HA][L]。 \tag{6.17}$$

其中，L 表示结合药物的配体，即本例子中的弱酸。下标 111 是指相关络合物的化学计量，依次表示药物、质子和配体的数量。式（6.3）的扩展形式变为：

$$\begin{aligned} S &= [A^-] + [HA] + [HA.L] \\ &= S_0(K_a/[H^+] + 1 + K_{111}[L])。 \end{aligned} \tag{6.18}$$

未结合的配体浓度［L］可由总配体浓度 T_L 决定：

$$\begin{aligned} T_L &= [L] + [HA.L] \\ &= [L](1 + K_{111}S_0)。 \end{aligned} \tag{6.19}$$

将式（3.1a）、式（6.1）和式（6.19）代入式（6.18）即得：

$$\begin{aligned} S &= S_0\left(\frac{K_a}{[H^+]} + 1 + \frac{K_{111}T_L}{1 + K_{111}S_0}\right) \\ &= S_0(10^{+(pH - pK_a)} + 1) + \left(\frac{T_L}{10^{-(\log K_{111} + \log S_0)} + 1}\right)。 \end{aligned} \tag{6.20}$$

正如相溶解度法所预期的[4]，S 对 T_L 的图呈线性，截距 $= S_0(10^{+(pH - pK_a)} + 1) = S_0/f_0 \geq S_0$，斜率 $= 1/(10^{-(\log K_{111} + \log S_0)} + 1) < 1$，式中 f_0 指无电荷形式的弱酸药物的分

数。在这个简单的例子中，截距取决于 pH，斜率则与之无关（在其他案例下，斜率也可能取决于 pH）。重排斜率表达式可得到熟知的方程[54,74-76]：

$$K_{111} = \left(\frac{\text{斜率}}{1-\text{斜率}}\right) \cdot \frac{1}{S_0}。\tag{6.21}$$

对于弱碱 B，与 B. L 络合物相关的 K_{101} 常数与式（6.21）具有完全相同的形式。

6.3.5.2 简单的 2∶1 配体 - 药物络合

“雪茄状”疏水性药物可以被两个环糊精包封，药物每一端各一个。需要式（3.1a）、式（6.1）和式（6.17）及双络合物 HA. L_2形成来描述此案例[75-76]：

$$HA.L + L \rightleftharpoons HA.L_2,\ K_{112} = [HA.L_2]/[HA.L][L]。\tag{6.22}$$

式（6.3）的扩展形式变为：

$$\begin{aligned} S &= [A^-] + [HA] + [HA.L] + [HA.L_2] \\ &= S_0(K_a/[H+] + 1 + K_{111}[L] + K_{112}K_{111}[L]^2)。\end{aligned}\tag{6.23}$$

未结合配体浓度［L］可从总配体浓度测得：

$$\begin{aligned} T_L &= [L] + [HA.L] + 2[HA.L_2] \\ &= [L](1 + K_{111}S_0) + 2K_{112}K_{111}S_0[L]^2。\end{aligned}\tag{6.24}$$

上述二次方程可直接用二项式方程求解［L］，然后将求得的［L］代入溶解度方程（6.23），得到 T_L二次函数的溶解度表达式（参见表 6.3 的第 3 个案例）。$S-T_L$图不再是线性的，这与 1∶1 案例是相反的[4,54,74-76]。

6.3.5.3 络合物去质子化的简单 1∶1 络合

与络合剂络合的药物分子可经受电离化[74-76]。对于弱酸而言，表观 pK_a通常大于 pK_a真值，而对于弱碱，表观 pK_a则小于 pK_a真值。考虑到 6.3.5.1 节中的例子，另增加了解离反应，如下：

$$HA.L \rightleftharpoons A^-.L + H^+,\ K_a^{111} = [A^-.L][H^+]/[HA.L]。\tag{6.25}$$

式（6.18）的扩展形式变为：

$$\begin{aligned} S &= [A^-] + [HA] + [HA.L] + [A^-.L] \\ &= [HA]K_a/[H^+] + [HA] + K_{111}[HA][L] + K_a^{111}K_{111}[HA][L]/[H^+] \\ &= S_0(1 + K_a/[H^+] + S_0K_{111}[L](1 + K_a^{111}/[H^+]))。\end{aligned}\tag{6.26}$$

未结合的配体浓度［L］可从总配体浓度测得：

$$\begin{aligned} T_L &= [L] + [HA.L] + [A^-.L] \\ &= [L]\left(1 + K_{111}S_0\left(1 + \frac{K_a^{111}}{[H^+]}\right)\right)。\end{aligned}\tag{6.27}$$

将式（6.27）代入式（6.26）即得：

$$S = S_0(10^{+(pH-pK_a)} + 1) + \frac{T_LS_0K_{111}(10^{+(pH-\log K_a^{111})} + 1)}{1 + S_0K_{111}(10^{+(pH-\log K_a^{111})} + 1)}。\tag{6.28}$$

表 6.3 络合物溶解度方程[a]

络合平衡	相-溶解度方程
$HA + L \xrightleftharpoons{K_{111}} HA.L$	$S = S_0(1 + 10^{+pH - pK_a}) + T_L/(1 + 10^{-\log K_{111} - \log S_0})$
$HA + L \xrightleftharpoons{K_{111}} HA.L$	$S = S_0(1 + 10^{+pH - pK_a}) + T_L S_0 K_{111}(1 + 10^{+pH - pK_{a111}})/\{1 + S_0 K_{111}(1 + 10^{+pH - pK_{a111}})\}$
$HA.L \xrightleftharpoons{K_a^{111}} H^+ + A^-.L$	
$HA + L \xrightleftharpoons{K_{111}} HA.L$	$S = S_0(1 + 10^{+pH - pK_a}) + [L] S_0 K_{111}(1 + K_{112}[L])$
$HA.L + L \xrightleftharpoons{K_{112}} HA.L_2$	$[L] = \{-(1 + K_{111}S_0) + [(1 + K_{111}S_0)^2 + 8T_L K_{111}K_{112}S_0]^{1/2}\}/\{4K_{111}K_{112}S_0\}$
$HA + L \xrightleftharpoons{K_{111}} HA.L$	$S = S_0(1 + 10^{+pH - pK_a}) + [L] S_0 K_{111}(1 + K_{112}[L] + [L] S_0 K_{111}(K_a^{111} + K_a^{112}[L])/[H^+]\}$
$HA.L + L \xrightleftharpoons{K_{112}} HA.L_2$	$[L] = \{-(1 + K_{111}S_0/f_0^{111}) + [(1 + K_{111}S_0/f_0^{111})^2 + 8T_L K_{111}K_{112}S_0/f_0^{112}]^{1/2}\}/\{4K_{111}K_{112}S_0/f_0^{112}\}$
$HA.L \xrightleftharpoons{K_a^{111}} H^+ + A^-.L$	$f_0^{111} = 1/\{1 + 10^{+pH - pK_{a111}}\}$
$HA.L_2 \xrightleftharpoons{K_a^{112}} H^+ + A^-.L_2$	$f_0^{112} = 1/\{1 + 10^{+pH - pK_{a112}}\}$
$B + L \xrightleftharpoons{K_{101}} B.L$	$S = S_0(1 + 10^{-pH + pK_a}) + T_L/(1 + 10^{-\log K_{101} - \log S_0})$
$B + L \xrightleftharpoons{K_{101}} B.L$	$S = S_0(1 + 10^{-pH + pK_a}) + T_L S_0 K_{101}(1 + 10^{-pH + pK_{a101}})/\{1 + S_0 K_{101}(1 + 10^{-pH + pK_{a101}})\}$
$BH^+.L \xrightleftharpoons{K_a^{101}} H^+ + B.L$	
$B + L \xrightleftharpoons{K_{101}} B.L$	$S = S_0(1 + 10^{-pH + pK_a}) + [L] S_0 K_{101}(1 + K_{102}[L])$
$B.L + L \xrightleftharpoons{K_{102}} B.L_2$	$[L] = \{-(1 + K_{101}S_0) + [(1 + K_{101}S_0)^2 + 8T_L K_{101}K_{102}S_0]^{1/2}\}/\{4K_{101}K_{102}S_0\}$
$B + L \xrightleftharpoons{K_{101}} B.L$	$S = S_0(1 + 10^{-pH + pK_a}) + [L] S_0 K_{101}(1 + K_{102}[L] + [L] S_0 K_{101}(K_a^{101} + K_a^{102}[L])/[H^+]$
$B.L + L \xrightleftharpoons{K_{102}} B.L_2$	$[L] = \{-(1 + K_{101}S_0/f_0^{101}) + [(1 + K_{101}S_0/f_0^{101})^2 + 8T_L K_{101}K_{102}S_0/f_0^{102}]^{1/2}\}/\{4K_{101}K_{102}S_0/f_0^{102}\}$
$BH^+.L \xrightleftharpoons{K_a^{101}} H^+ + B.L$	$f_0^{101} = 1/\{1 + 10^{-pH + pK_{a101}}\}$
$BH^+.L_2 \xrightleftharpoons{K_a^{102}} H^+ + B.L_2$	$f_0^{102} = 1/\{1 + 10^{-pH + pK_{a102}}\}$

[a] K_{dhl}定义为化学计量学中络合物的形成常数。d 为络合物中药物分子的数量，h 为络合物中可解离的质子数，l 为络合物中配体的数量。L 为络合配体，其总浓度以 T_L 表示。[L] 为游离（未结合）配体的浓度。S_0为药物的固有溶解度。

基于 S 对 T_L图的相溶解度法[4]依然是呈线性的，其中截距 $= S_0(1 + 10^{+(pH - pK_a)}) = S_0/f_0 \geq S_0$，斜率 $= S_0K_{111}(1 + K_a^{111}/[H^+])/(1 + S_0K_{111}(1 + K_a^{111}/[H^+]))$，此时斜率取决于 pH，与 6.3.5.1 节的案例正相反[74-76]。

6.3.5.4 络合方程总结

上述例子阐述了在增溶研究中遇到的络合反应的几个案例。更复杂的情况可能包括：存在络合配体的情况下同时存在聚集的药物种类。这种情况需要额外的方程，并且可依据上述推导方法得出。表 6.3 列出的关于单质子弱酸和弱碱的各种有用络合方程，所有方程均按上述步骤导出。在 6.6 节讨论的几个案例中，将通过重新分析已公布的数据来阐明其中几个方程的应用。

6.3.6 溶解度测量中的胶束结合反应

因为增溶剂与药物具有很强的结合力，故本节讨论药物与以胶束状态存在的增溶剂的相互作用。典型的例子是表面活性剂，如十二烷基硫酸钠（SLS）[16,61,77]、胆盐[62,78-80]、混合胶束和模拟肠液[62,79,81]。这些增溶剂与络合剂（参见 6.3.5 节）之间主要的区别是，当低于临界胶束浓度（CMC）时，它们主要改善固体的润湿性，以助于快速溶解，但并不能显著提高溶解度[78-79]。然而，当增溶剂浓度高于 CMC 时，结合会急剧增加。原则上，表 6.3 中的所有方程均适用，其中的操作差异是结合剂的总浓度为 T_L - ［CMC］；这意味着这些方程不适用于总胶束浓度为“负”值的情况。实际上这种不连续性并不明显，在不减去 CMC 值的情况下，上一节提及的方程依然适用。这方面的例子将会在 6.6 节的案例研究中介绍。

6.4 实验方法

Lipinski 等[20]和 Pan 等[26]比较了早期研发中几种常用的溶解度测量方法，其中样品通常以 10 mM DMSO 贮备液引入。基于浊度的和基于 UV 平板扫描仪的检测方法被认为是非常有用的。下面将简要概述研发和处方前研究中最常用的几种方法。参考文献［82］~［86］中提供了有用的溶解度表。

6.4.1 饱和摇瓶法（“黄金标准”SSF 法）

在平衡条件下于某一 pH[1-2,13]下进行的溶解度测量很大程度上是一个劳动密集型工序，这个工序需要平衡很长时间（12 小时到 7 天）。饱和摇瓶（SSF）法虽然需要细心操作，但过程简单。将药物加入到烧瓶内的标准缓冲液中直至饱和，即出现过量未溶解的药物。当两相之间的平衡建立时，振摇恒温的饱和溶液。微滤或离心后，采用 HPLC（通常配有 UV 检测器）测定上清液中的物质浓度。如果需要溶解度 - pH 曲线，则需要在几种不同 pH 缓冲液中平行测量。

6.4.2 浊度法（含有 DMSO 的“动力学”排序法）

Lipinski 与其他人推广的基于浊度检测的方法[20,22-26]在某种程度上满足了药物研发的高通量需求。这种方法虽然在热力学方面并不总是严谨的，但可根据预测的溶解度对分子进行排序。这种方法通常在一个 pH 下进行。一些制药公司使用定制的设备对各种基本方法进行了实践。建立了基于 96 孔微滴定板浊度计的检测系统。包含这种检测器的自动化溶解度分析仪通常需要用户制定适当方案并以定制方式集成自动化系统。重要的是，采用分析物添加策略的浊度法被设计成在分析物添加的过程中保持缓冲液中的 DMSO 浓度恒定。浊度方法学的缺点是：①对极少量的水溶性化合物重现性差；②在分析物添加步骤中使用过量（高达 5% v/v）的 DMSO；③缺少标准化的操作规范。

6.4.3 用于溶解度测量的微溶出法（不含 DMSO 的 μDISS 法）

通常，溶出仪器使用 900 mL 容器。对于使用此设备测定药物溶解度来说是不切实际的，因为需要过量的化合物来形成饱和溶液。直至引进小型体积的设备（如 *p*ION 的 μDISS Profiler 使用 1 mL 工作体积），研究人员才意识到可以用溶出设备进行溶解度测定。

在没有增溶剂的情况下，当在溶出实验中将 1 mg 测试化合物以（结晶）粉末形式悬浮 24 小时，很多候选药物分子达到平衡饱和。采用溶出设备来评估溶解度有两个重要优点：①根据溶出曲线的初始斜率，可估算多晶型物的有效溶解度（Noyes - Whitney 方程）；②在溶出时间曲线中可以明显地看出，达到固体的热力学最稳定形式（假设加入足量的固体以保持饱和状态）的真实平衡浓度所需的平衡时间。微溶出法是唯一适用于追踪多晶转变过程中随时间变化的溶解度方法。通常将温度恒温控制在 37 ℃（或其他值）。

通过引进具有 6 ~ 8 个恒温通道的小型化溶出仪器，使用约 1 mL 体积的介质，并结合快速原位光纤 UV（二极管阵列）检测，减少了使用溶出仪测定溶解度的局限性[16]。研究表明，10 ~ 100 μg 粉末的瞬时（多晶型/盐）溶解度和平衡溶解度均可被表征[16]。使用微溶出装置对伊曲康唑进行羟丙基 - β - 环糊精（HP - β - CD）溶解度研究，预估伊曲康唑的多晶型药物溶解度为 9 ng · mL^{-1}。目前至少有一家制药公司正在使用这种仪器来评估候选药物在人体肠液中的溶解度。波长超过 280 nm 处的 UV 数据似乎是可行的，但具体结果尚未公布。在案例研究章节将讨论一个例子（图 6.15c）。

6.4.4 含有 DMSO 的热力学 96 孔和 384 孔板法

为提高产量和减少样品消耗，一些制药公司已经将体积消耗大的经典 SSF 法改为体积消耗小的 96 或 384 孔微滴定板技术。最常见的是，它整合了自动化液体分配系统[12,21,26,87 - 95]。这种方法的示例如下所述。尽管数据采集速度很快，但数据处理和报告生成仍然被认为是操作过程中的限速步骤。本节所述的微量滴定板法不是“动力学”的（受平衡时间的影响），因为大多数情况下尽管悬浮液中可能仍有一些残留的 DMSO，但是平衡时间足以达到完全平衡。

6.4.4.1 HTS 法

化合物文库是由以 10 mM DMSO 贮备液储存的测试分子组成的。自动化液体处理器将少量上述溶液加入到 96 孔微量滴定板的缓冲介质中。最终稀释时，DMSO 的理想残留量是不超过 1% v/v。由于化合物以 DMSO 溶液的形式引入，因此此类方法会有溶解度上限，通常小于 150 μM。过夜平衡（15 ~ 24 h）结束后，通过过滤（亲水膜过滤器，孔径 0.2 ~ 0.45 μm）或离心将固体从混悬液分离，并由 UV 平板读数器测定测试化合物的浓度[92]。UV 法的参比溶液是通过连续稀释已知（但非常低）浓度的化合物来制备的。存在的少量 DMSO 确实会使大多数不溶性化合物的溶解度增加高达 100 倍（参见 6.6.2.1 节中格列本脲的例子），这似乎有很强的化合物依赖性。对于某些化合物（如哌唑嗪、卡马西平和特非那定），1% DMSO 的存在能延长过饱和（抑制沉淀）的持续时间，某些情况下可延长一天以上。Chen 等[92]对不同的过滤材料进行了测试：亲水性 PVDF（聚偏氟乙烯）和 PES（聚醚砜）的性能最好，尼龙性能最差（化合物过度吸附）。

Chen 等[92]阐述了一种在略微升高的温度下通过与甲醇的蒸发性共洗脱程序来除去大部分 DMSO 的方法。Sugano 等[91]通过将结果与可靠的 SSF 测定比较而严格评估了 DMSO 的影响，并提出了有益的建议。

6.4.4.2 自校准微溶解度法（≤1% v/v DMSO -μSOL 法）

μSOL 测定仪（pION）实现了一种完全自动化的利用直接 UV 96 孔微量滴定板的热力学溶解度法，该方法已被多家制药公司采用。样品通常以 10 mM DMSO 贮备液引入。自动化液体处理系统（例如，Tecan Freedom Evo®或 Beckman Coulter Biomek - FX® ADMETox 工作站）量取 10 μL 的 DMSO 溶液，将其混入水性通用缓冲溶液中，使样品的终浓度（允许的最大浓度）为 100 μM（通过以 30 mM 贮备液启动并向缓冲液加入较高等份的贮备液，可能得到较高的值，但是这也可导致终溶液中 DMSO 的量增加）。机载的自动化通用缓冲液制备仪可在 pH 3 ~ 10 范围内收集数据。在室温平衡18 ~ 24 小时（或任选的更长时间）后，将含有药物固体混液的缓冲液过滤（0.2 μm 孔亲水性 PVDF 微滤器）。通过比较由参比标准液获得的 UV 光谱（230 ~ 500 nm），使用仪器自带的峰形自相关程序，测定上清液中所存在物质的量。通过将预期浓度与观测到的浓度进行比较，自动化程序可以标记未形成固体的孔。

该方法使用“二次过滤”，首先缓慢过滤一小部分悬浮液，目的是使过滤材料用化合物预先饱和。弃掉初滤液。因过滤材料的表面已用化合物预先饱和，所以第二次过滤步骤变得更加可靠。尽管可以实施任选的离心步骤，但很少使用。

在微溶解度法的“水性稀释”变体中，将已知量的样品加入到已知体积的通用缓冲液中，该缓冲液具有充分的溶解能力及已知 pH。样品量必须充足，以使在形成的饱和溶液中形成沉淀。静置一段时间使饱和溶液达到期望的稳态后，过滤溶液以去除固体，并获得澄清溶液。通过紫外分光光度计采集该溶液的光谱，对光谱数据进行数学处理，得到过滤后样品溶液的曲线下面积 AUC_{SAM}。

通过稀释方法制备参比溶液。将已知量的样品溶解在已知体积和已知 pH 的缓冲液体系中，该样品量比“样品”案例中的量少 x 倍，以避免在形成的溶液中析出沉淀。立即通过紫外分光光度计采集光谱，以利用溶液可能“过饱和”的可能性（在任何固体析出沉淀之前）。对光谱数据进行数学处理，得到参比样品溶液的曲线下面积，即 AUC_{REF}。比值 $R = AUC_{REF}/AUC_{SAM}$ 可自动识别溶解度测定的合适条件，即，当参比溶液没有沉淀时，并且当样品溶液饱和并产生沉淀时。在这些条件下，溶解度用下列方程测定：

$$S = C_{REF}/R。 \tag{6.29}$$

上述方程中，C_{REF} 为经计算的稀释参比溶液浓度。部分数据示于表 6.4 中。对于某项研究中使用的化合物，按［式（6.29）］测定的表观固有溶解度 S_0^{APP} 在第 3 列中列出。表 6.4 中报道的所有 S_0^{APP} 是在 0.5%（V/V）DMSO 存在下测得的，但非那吡啶是例外，其在 0.26%（V/V）DMSO 存在下测得。

表 6.4　经药物 - DMSO/药物 - 聚集校正的固有溶解度 S_0

化合物	pK_a	S_0^{APP} ($\mu g \cdot mL^{-1}$)	经校正的 S_0 ($\mu g \cdot mL^{-1}$)	DDT S_0 ($\mu g \cdot mL^{-1}$)	摇瓶 S_0 ($\mu g \cdot mL^{-1}$)
阿米替林	9.49[a]	56.9	3.0	2.0[a]	2.0[a]
氯丙嗪	9.50[a]	19.4	3.4	3.5[a]	0.1[a]
双氯芬酸	3.99[b]	22.6	3.8	0.8[b]	0.6[b]
呋塞米	10.15，3.60[b]	29.8	2.9	5.9[b]	12.0[b]（2.9[c]）
灰黄霉素	不可电离	37.6	20.2		9[d]
吲哚美辛	4.45[a]	7.2	4.1	2.0[a]	2.0[a]，1[e]
咪康唑	6.13	11.1	1.6	0.7	
2 - 萘甲酸	4.18	33.3	20.2		22.4[f]
非那吡啶	5.16	12.2	12.2	14.3	
吡罗昔康	5.17，2.21[g]	10.5	1.1		9.1[h]（3.3[c]） 8 ~ 16[i] （2.2 ~ 4.4[c]）
丙磺舒	3.39	4.6	0.7	0.6	
特非那定	9.91	4.4	0.1	0.1	

[a] 参考文献［66］。
[b] 参考文献［116］。
[c] 经聚集形成校正。
[d] 参考文献［119］。
[d] 参考文献［83］。
[f] 参考文献［120］。
[g] 参考文献［121］。
[h] C. R. Brownell，C. R. FDA，private correspondence（2000）。
[i] 参考文献［68］（24 小时）。

氯丙嗪在 pH 4 ~9. 5 时的溶解度测定结果如图6. 7 所示。水平线表示可测量的溶解度上限（如125 μg · mL^{-1}），其可根据测定要求由仪器设定。当测量的浓度达到水平线时，样品完全溶解，而溶解度无法测定。这种情况基于 R 计算值、通过仪器来自动测定。当测定点在水平线下方时，浓度对应于表观溶解度 S^{APP}。

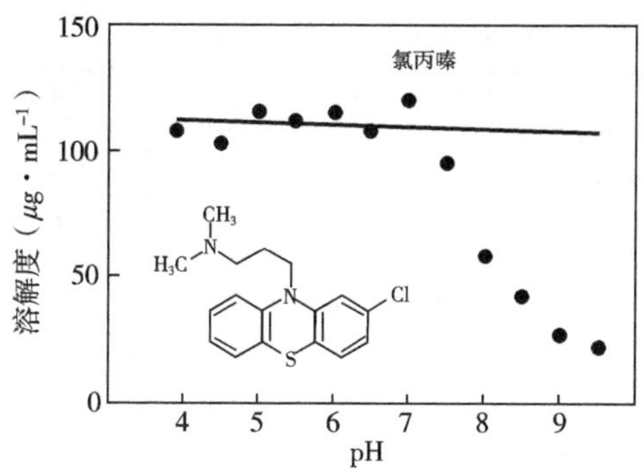

图 6. 7　氯丙嗪的高通量溶解度 - pH 测定

［水平线表示设定的溶解度上限，此处化合物完全溶解且无法测定溶解度。水平线下方的点是在沉淀存在下测量的，并指示溶解度。溶解度 - pH 曲线是在 0. 5% DMSO 存在的情况下收集的，并且受共溶剂的影响。摘自 AVDEEF A. High-throughput measurements of solubility profiles. In：Testa B，van de Waterbeemd H，Folkers G，Guy R (eds.). Pharmacokinetic Optimization in Drug Research，Verlag Helvetica Chimica Acta，Zürich；and Wiley-VCH，Weinheim，2001：305 - 326。Copyright © 2001 Wiley-VCH Verlag GmbH & Co. KGaA. 经许可转载］

在更常用的微溶解度法“共溶剂”变体中（与“水性稀释”相比），样品板按照之前的方法制备。但在获取光谱之前，将体积为 Y 的水混溶性共溶剂加入到体积为 Z 的样品溶液中，得到新溶液，则化合物在新溶液中被稀释 $Z/(Y+Z)$。合适的共溶剂应是蒸气压最低、溶解溶质的能力最强（最高溶解力），及最低的紫外吸收。然后，立即通过紫外分光光度计获取溶液的光谱。对光谱数据进行数学处理，得到经过滤的共溶剂样品溶液的曲线下面积，即 AUC_{SAM}^{COS}。

该参比板的制备不同于“水性稀释”法中的制备。将已知量的样品加入已知体积和 pH 的缓冲液中，该样品的量与样品板中发现的量相当，在此步骤中不采取任何措施来抑制在形成的溶液中析出沉淀。将体积为 Y 的共溶剂立即加入到体积为 Z 的参比溶液中，得到新溶液，则化合物在新溶液中被稀释 $Z/(Y+Z)$。然后，立即通过紫外分光光度计获取溶液的光谱。对光谱数据进行数学处理，得到共溶剂参比溶液的曲线下面积，即 AUC_{REF}^{COS}。定义 $R^{COS}=AUC_{REF}^{COS}/AUC_{SAM}^{COS}$。于是，样品化合物的溶解度为：

$$S=(1+Y/Z)\ C_{REF}^{COS}/R^{COS}。\tag{6.30}$$

其中，C_{REF}^{COS}为经计算的参比溶液中的化合物浓度。

图 6. 8 显示了测量的咪康唑吸收光谱（样品和参比）。当在不同 pH 下沉淀的程度不同，根据 Beer 定律，样品溶液的光密度也发生改变。光密度值的变化表明溶解度随 pH 的变化而变化。

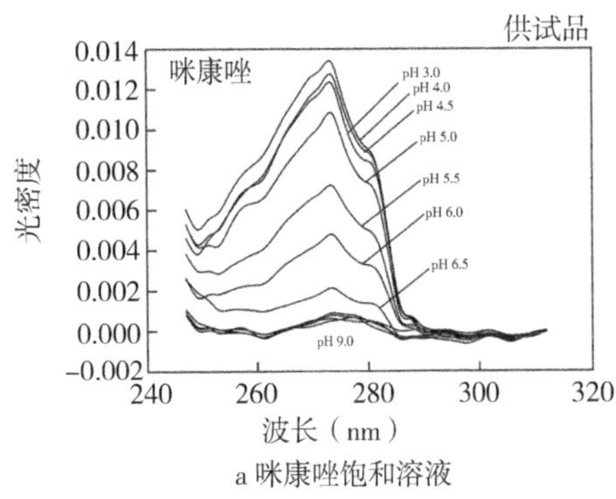

a 咪康唑饱和溶液

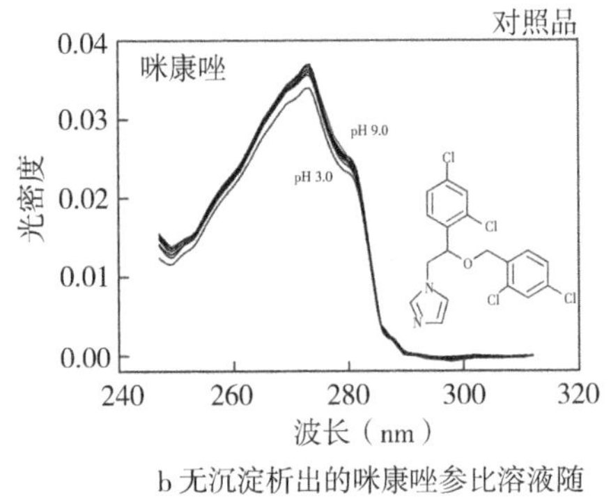

b 无沉淀析出的咪康唑参比溶液随pH变化而变化的紫外光谱

图 6.8　咪康唑吸收光谱

［转载自 AVDEEF A. Curr. Topics Med. Chem.，2001，1：277－351（2001）。经 Bentham Science Publishers，Ltd. 许可复制］

6.4.5　不含 DMSO 的热力学 96 孔和 384 孔板方法

6.4.5.1　冻干（GeneVac）

部分制药公司已经采用了如下方法：将测试化合物的 10 mM DMSO 贮备液等分加入微量滴定板中。然后，通过冻干（如使用 GeneVac 仪器）去除 DMSO，之后将 pH 6.5 或 7.4 缓冲液加入到微量滴定板中的化合物残渣中。将滴定板密封，通常在室温下振摇平衡 24 小时。去除 DMSO 后的溶解度值可与传统 SSF 法获得的值相当。遗憾的是，采用这种方法的制药公司很少在同行评论的期刊上发表文章。

6.4.5.2　部分自动化式溶解度筛选（PASS）

Alsenz 等[90]描述了一种有前景的高通量自动化溶解度程序，称为部分自动化式溶解度筛选（PASS），其中将固体化合物（不含 DMSO）以浆液的形式悬浮在挥发性庚烷中，超声处理以增加分级和分散，然后以小等份快速分散到微量滴定板孔中。根据分配的体积计算出药物重量。PASS 法的优点在于化合物以原始固态引入。蒸发庚烷，接着添加缓冲液。本质上可使用该程序，通过微量滴定板法评估相对较高的溶解度（数个 $mg \cdot mL^{-1}$）。使用该方法就难溶性化合物对各种增溶性赋形剂，包括模拟肠液（空腹和进食模型）的作用进行“溶解度指纹识别”[90]。将 PASS 溶解度值与标准 SSF 法获得的值进行比较，结果理想。

6.4.5.3　小型摇瓶（MSF）

Glomme 等[87－88]及 Bergström 等[89]讨论了早期研究采用的准确和快速的测量化合物节约型方法，这些方法基于小型摇瓶（MSF）测量，化合物以粉末形式引入到微量滴定板中。用这种方法，pH 和赋形剂（特别是生物相关的胆盐）对溶解度的影响可进一步优化最终候选物的选择[87]。对于微溶但在其他方面有前景的分子，可利用第一轮赋形剂筛选（可能在先前的临床前开发时）优先处理所选分子，也许能最大限度地减少早期动物研究的数量。称取约 1 mg，置于专门设计的过滤室中，并且加入较少体积的水相缓冲液[87]。将专用滤器盖牢牢固定，并将样品瓶在 HPLC 取样模块中振摇 24 小时，温度通常调节为 37 ℃（或 25 ℃）。然后，将含有滤器的帽隔室按下以实现与固体的分离（来自 Whatman 的 UniPrep），顶部隔室溶液通过快速通用梯度 RP - HPLC 进行分析。类似的方法已适用于快速 LC/MS 检测（3 min/孔）。据报道，每天的筛选通量为 50 ~ 200 个化合物[94-95]。

Henderson - Hasselbalch 方程无法准确预测 Bergström 等[89]报道的在 25 ℃下的 25 种弱碱溶解度 - pH 曲线的 pH 依赖性，大概是因为用 0.15 M 磷酸盐作为缓冲液能形成聚集物/沉淀。带正电荷的弱碱和磷酸根阴离子之间的溶度积非常低[58]。

6.4.5.4 双相电位滴定（DTT）

已有文献报道采用电位测量方法来测量溶解度[10,29-32]。最近开发了称为溶解模板滴定（DTT）的新方法[33-35]。该方法将测量的 pK_a 和计算的辛醇/水分配系数 $\log P_{OCT}$ 作为输入参数。后一个参数用于使用 Hansch 型方程[2] $\log S_0 = 1.17 \sim 1.38 \log P_{OCT}$ 或如下用于中等亲脂性的可电离分子的改良版本（图 6.9）来估算固有溶解度 S_0：

$$\log S_0 = -2.17 - 0.0082 \log P_{OCT} - 0.134 (\log P_{OCT})^2 。\qquad (6.31)$$

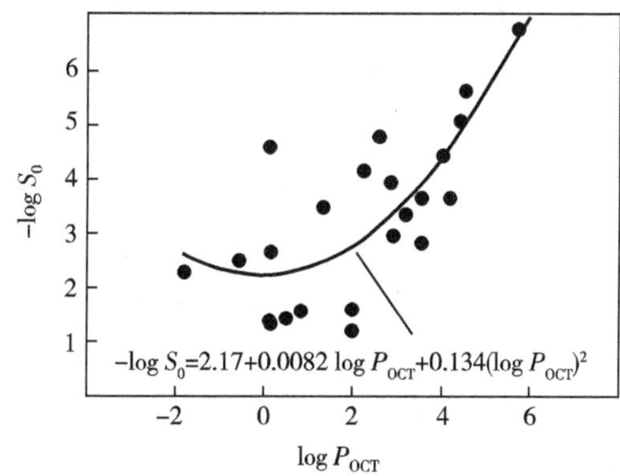

图 6.9 可电离分子固有溶解度与其辛醇 - 水 $\log P_{OCT}$ 之间的经验关系

（转载自 AVDEEF A. Curr. Topics Med. Chem.，2001，1：277 - 351。经 Bentham Science Publishers，Ltd. 许可复制）

使用 pK_a和估算的 S_0，DTT 程序在测定开始之前自动模拟整个滴定曲线。图 6.10 显示了丙氧酚的滴定曲线。模拟曲线用作仪器收集滴定过程中各个 pH 测量的模板。从模拟曲线中可以明显看出含有沉淀的 pH 范围（图 6.10 中的实心点）。样品悬浮液的滴定是沿溶解方向完成（图 6.10 中从高到低 pH），最终远远超过完全溶解的点（图 6.10 中低于 pH 7.3）。经典的 Noyes – Whitney 表达式[1]描述的固体溶解速率取决于许多因素，仪器算法将这些因素考虑在内。例如，随着完全溶解点的接近，溶解其他固体所需的时间大大增加，仪器减慢了 pH 数据采集的速度（图 6.10 中 pH 在 7.3 ~ 9 的范围内）。只有沉淀完全溶解后，仪器才能快速收集剩余的数据（图 6.10 中的空心圆点）。通常，整个溶解度平衡数据采集需要 3 ~ 10 小时。预计化合物越难溶（基于模板），检测时间越长。根据滴定分析结果绘制完整的溶解度 – pH 曲线。

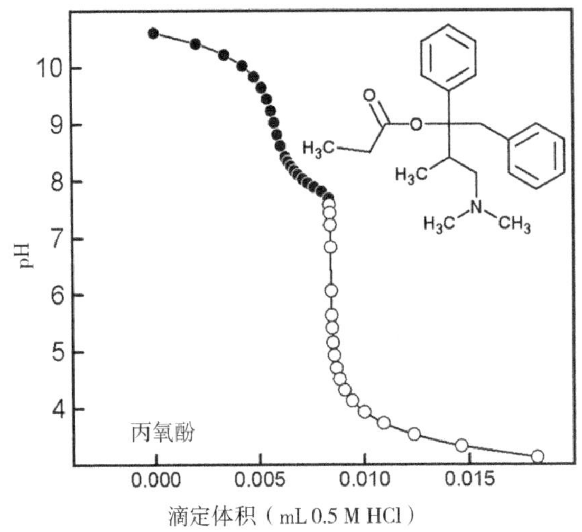

图 6.10　丙氧酚的溶解模板滴定曲线

（将 0.51 mg 的盐酸盐溶于 5.1 mL 0.15 M KCl 溶液中，用 0.0084 mL 0.5 M KOH 使 pH 升至 10.5）

根据 Bjerrum 图进行图形分析（参见 3.10 节和 4.9.3 节）。在双相电位 DTT 法的溶液平衡分析的初始阶段，Bjerrum 图可能是最有价值的图形工具。Bjerrum 曲线是 $\bar{n}_H$（结合的质子的平均数，即氢离子结合能力）对 p_cH（$-\log[H^+]$）的图。由于已知在任何点向溶液中添加了多少强酸［HCl］和强碱［KOH］，并且已知有多少可解离质子 n_H（样品物质带入溶液中的质子），无论发生什么平衡反应（与模型无关），溶液中的总氢离子浓度都是已知的。通过测量 pH 并将其转换为 p_cH[97]后，可知游离的氢离子浓度（参见 3.9 节）。总浓度和游离浓度之差等于结合的氢离子的浓度。然后除以样品物质的浓度 C，即得出每个物质分子中结合的氢离子数的平均值，即 $\bar{n}_H$（参见 3.10 节）。即：

$$\bar{n}_H = ([HCl] - [KOH] + n_H C - [H^+] + K_w/[H^+])/C。\quad (6.32)$$

其中，K_w是水的电离常数（在 25 ℃时为 1.78×10^{-14}，离子强度为 0.15 M）。

图 6.11 显示了弱酸（苯甲酸，pK_a 3.98，log S_0 –1.59，log mol · L^{-1}[35]），弱碱

（苄达明，pK_a 9.27，log S_0 −3.83，log mol·L^{-1}[33]）和两性电解质（阿昔洛韦，pK_a值为2.32和9.22，log S_0 −2.24，log mol·L^{-1}）。这些图显示pK_a和表观pK_a^{DTT}值在半整数$\overline{n}_H$位置处为p_cH。通过简单地查看图6.11中的虚线曲线，可以得出苯甲酸、苄达明和阿昔洛韦的pK_a值分别为4.0、9.3和（2.3，9.2）。如图6.11明显所示，pK_a^{DTT}值取决于所用样品的量。通过简单地查看滴定曲线（图6.10），是不可能推导出常数的。pK_a和pK_a^{DTT}之间的区别可以用于确定固有溶解度log S_0或盐的溶度积log K_{sp}，如下所示。

除推导常数之外，Bjerrum曲线也是有价值的诊断工具，它可以指示化学杂质的存在和电极性能问题[98]（参见3.10.2节）。Bjerrum曲线分析通常会提供所需的“种子”值，该“种子”值用于通过基于质量平衡的非线性最小二乘法来修正平衡常数[99]。

如图6.11所示，沉淀物的存在会导致pK_a^{DTT}偏离真实的pK_a，对于酸来说，偏移到较高的值，对于碱来说，偏移到较低的值，而两性电解质的方向相反且相等，就像辛醇（第4章）和脂质体（第5章）一样。通过检查曲线并应用关系式，可以推导出固有溶解度[33]。

$$\log S_0 = \log\ (C/2)\ \ - |\mathrm{p}K_a^{DTT} - \mathrm{p}K_a|。\tag{6.33}$$

其中，C是每升悬浮液中样品的重量。为了简化式（6.33），图6.12显示了在2 M浓度的酸（酮洛芬，log S_0 −3.33[34]）、碱（普萘洛尔，log S_0 −3.62[34]）和两性电解质（马来酸依那普利，log S_0 −1.36[35]）下绘制的特征性Bjerrum图。在图（C = 2 M）中，pK_a与pK_a^{DTT}之差根据式（6.33）直接作为log S_0得到：log S_0 = −|pK_a^{DTT} − pK_a|。

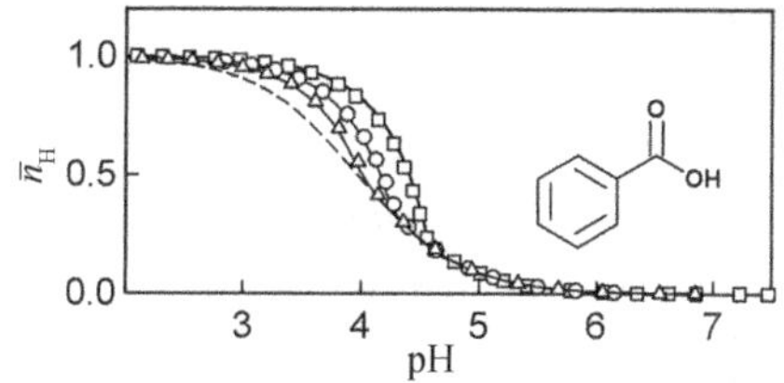

a 苯甲酸（三角形：87 mM；圆形：130 mM；正方形：502 mM）

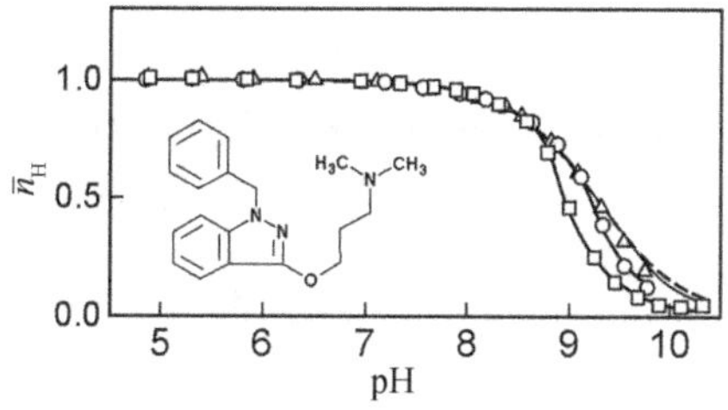

b 苄达明（三角形：0.27 mM；圆形：0.41 mM；正方形：0.70 mM）

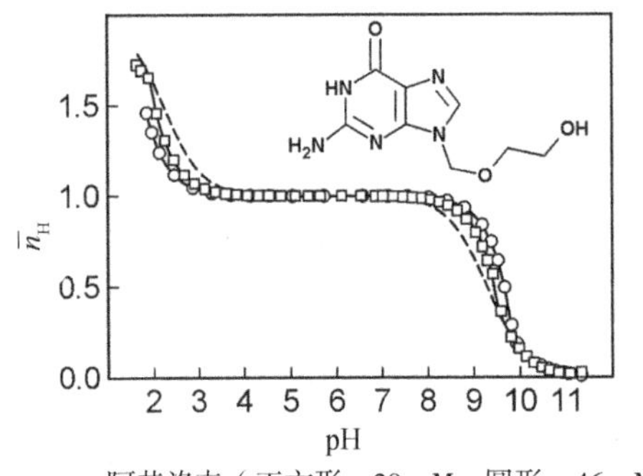

c 阿昔洛韦（正方形：29 mM；圆形：46 mM）

图 6.11　Bjerrum 图

（虚线曲线对应于没有沉淀发生的条件）

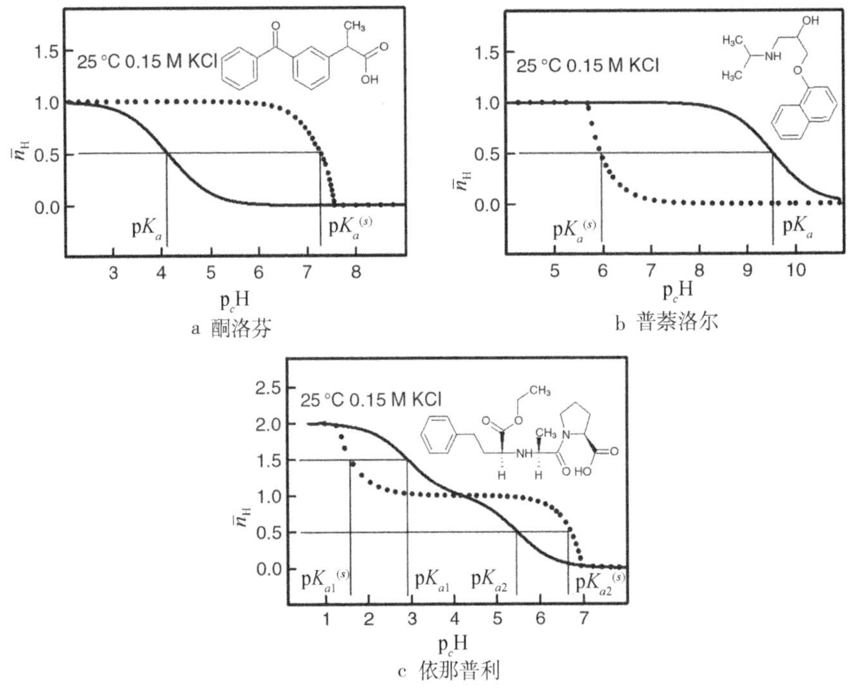

a 酮洛芬

b 普萘洛尔

c 依那普利

图 6.12　酸、碱和两性电解质的饱和溶液的 Bjerrum 模拟图

（样品浓度被选为 2 M，这是一个特殊条件，此时 pK_a 真值和表观 pK_a 之间的差等于 $-\log S_0$。AVDEEF A. Curr. Topics Med. Chem.，2001，1：277 – 351。经 Bentham Science Publishers Ltd. 许可复制）

在理想设计的实验中，只需一次滴定即可确定溶解度常数和水性 pK_a。这种情况是可能存在的，即当添加到溶液中的样品（如弱碱）量从碱量滴定开始（pH≪pK_a）到中间缓冲区（pH = pK_a），化合物保持完全溶解（即使在饱和溶液中）；但是从那一点到滴定结束（pH ≫pK_a），沉淀生成（该观点与 Seiler [100] 描述的通过双相滴定法进行 $\log P_{OCT}$ 测定的观点相似）。每次添加滴定剂后，都要测量 pH。图 6.11b 中用圆圈表示的曲线就是一个如此滴定弱碱的例子，该弱碱的 pK_a 为 9.3，沉淀在 pH 9.3 以上发生，起始点通过该 pH 时曲线中的"扭结（kink）"表示。在实践中，很难预测要使用多少化合物才能达到这样特殊的条件（因为可能无法准确地估算溶解度）。因此，可能需要两个或更多个滴定，以涵盖可能的浓度范围，并使用尽可能少的样品以在中点附近生成沉淀。对于几乎不溶于水的化合物，可以使用难挥发的共溶剂，如 1－丙醇或 DMSO，通过外推至零共溶剂确定溶解度常数[67]。

通常，盐的溶解度是根据单独的，更浓的溶液确定的。为了节约样品，可用浓度过量的反离子（来自惰性本底电解质）进行盐的滴定[40]。另外，在盐常常不易溶解的共溶剂中滴定时，可能需要较少的样品。

图形推导的常数随后通过加权非线性最小二乘法进行修正[33]。虽然电位测量方法在药物发现阶段中可用于验证高通量溶解度方法和计算过程，但对于 HTS 应用而言太慢了。DTT 方法似乎更适合于处方前实验室应用。

6.4.6 促进溶解法（FDM）

促进溶解法最早由 Higuchi[55]等提出，可用于在几乎不溶性、但常常具有表面活性的化合物溶解度测量过程中克服极低的平衡速率。除非使用明显过量的固体，否则有效表面积在溶出过程中将显著减少，使达到平衡所需的时间延长（Noyes－Whitney 方程）。缺点是，过量的固体可能增加可溶性杂质的影响，而且还可能带来其他问题。因此，在使用 FDM 法时，推荐使用比形成饱和溶液所需的固体多两倍以上的固体。为了克服预期的溶出缓慢的问题，也将少量不混溶性有机溶剂（约 2%，v/v），例如异辛烷或十六烷，添加到难溶性化合物的水溶液中。

只要饱和体系包含 3 个不同的相（固相、油相、水相），油相的存在就不会改变热力学溶解度值（如下所述，这种观点对于可电离化合物来说是充分的，但并非完全正确）。为证明这一点，考虑一个挑战性的弱碱示例（如盐酸胺碘酮），对于该示例，FDM 平衡反应为：

$$\mathrm{B}\ (s) \rightleftharpoons \mathrm{B}\ (\mathrm{org}),\ S_{\mathrm{ORG}} = [\mathrm{B}\ (\mathrm{org})]。\tag{6.34a}$$

$$B \rightleftharpoons \mathrm{B}\ (\mathrm{org}),\ P_{\mathrm{O/W}} = [\mathrm{B}\ (\mathrm{org})] / [\mathrm{B}]。\tag{6.34b}$$

其中，式（6.34a）表示化合物在油中的溶解度 S_{ORG}，式（6.34b）则表示化合物的油水分配系数 $P_{\mathrm{O/W}}$。通过扣除油相中溶解度反应的分配过程，可以得到预期的水中溶解度方程：

$$\mathrm{B}\ (s) \rightleftharpoons \mathrm{B},\ S_w = S_{\mathrm{ORG}}/P_{\mathrm{O/W}}。\tag{6.35}$$

因此，少量油的存在（可使水难溶性化合物可明显地溶解）不影响水性溶解度值。根据漏槽条件下的 Noyes－Whitney 溶出方程（$\mu g \cdot cm^{-3} \cdot s^{-1}$）可以得到：

$$d\ [B]\ /dt = \ (A/V)\ P_{\mathrm{ABL}} S。\tag{6.36}$$

其中，A 为粉末表面积（cm^2），V 为水溶液体积（cm^3），P_{ABL} 是固体颗粒表面邻近水边界层的渗透率（$cm \cdot s^{-1}$），S 为溶解度（$\mu g \cdot cm^{-3}$）。

参考胺碘酮 FDM 法示例。在 25 ℃下，胺碘酮弱碱在水中的固有溶解度为 7.9 ×

10^{-9} M。估算的溶度积为 $1.2\times10^{-6}\,M^2$（使用“*sdiff* 3～4”近似值）。测得的 pK_a 为 10.24。考虑在 1 mL 已加入 10 μL 十六烷的 50 mM 缓冲溶液中，加入 10 μg 盐酸胺碘酮。假设开始时悬浮液中存在 50 μm 的固体颗粒。胺碘酮的十六烷 - 水的分配系数估计为 $\log P_{HXD/W}=4.7$。采用计算机模拟程序，μDISS - X（ADME 研究所），计算三相中每相的精确浓度和数量。以 pH 7 为例，在不添加十六烷的情况下，预测有 0.787 μg 的药物溶解于缓冲液中，而仍有 9.21 μg 的药物为固态。计算得到固体的面积为 0.009 cm^2。式（6.36）中的（*A/V*）因子为 0.006 cm^{-1}。加入 10 μL 的十六烷后，水中药物的计算量仍为 0.787 μg，但固体的药物量变为 6.44 μg，2.78 μg 的药物分配到 10 μL 的十六烷中。固体表面和油表面之间的（*A/V*）因子为 0.64 cm^{-1}。这表明油相中的药物溶出速率比水相中的溶出速率大 100 倍左右。完成式（6.35）中的转移周期，从油相到水相的转移速率大约是多少呢？在充分搅拌的溶液中，此速率预计会很高，因为它取决于与水接触的分散油滴的表面积。因此，油滴实质上增加了与式（6.35）相关联的总溶出速率，但并未影响胺碘酮的热力学溶解度。

值得关注的是，FDM 法对弱缓冲溶液中的可电离化合物是不适用的，并且通常也不能用于 DTT 方法或任何其他简单的碱量滴定溶解度法。使用μDISS - X 程序，在不含缓冲液的溶液中模拟显示，添加 10 μL 十六烷可通过各种 pH 依赖性平衡的微妙作用来影响胺碘酮的水溶性。如果添加极过量的盐酸胺碘酮，则效果会降低。但是，Higuchi 等并不建议这样操作[55]。

FDM 法被 Venkatesh 等[56]成功应用于 cosalane 的测定，该物质是一种固有溶解度约为 1 ng · mL^{-1}的类固醇衍生物。这项特殊精心设计的研究证实了由五种不同的方法测得的低溶解度。

6.4.7 溶解度是否可依赖于过量固体的量?

已发表的涉及溶解度的文献或书籍很少提到所使用的过量固体的量。Wang 等[101]认为双质子弱碱的溶解度取决于所加盐酸盐的量。虽然对于部分研究者来说这可能是意外的发现，但在盐溶解度测定中，有许多研究已经注意到了这种现象[7]。案例研究（参见 6.6.6 节）中将讨论一些这样的例子。

通过一种知之甚少的不同机制表明，固体的量会影响观察到的溶解度[102]。将 40 μg吲哚美辛加入到 1 mL pH 5 或 pH 6 的柠檬酸盐缓冲液中，恒温 120 小时结束后，比相同条件下加入 5 mg 吲哚美辛，可获得更高的溶解度。在 pH 6.5 和 pH 7.0 磷酸盐缓冲液中显示出相反的趋势。研究者[102]在接近平衡的条件下，根据正向（溶解） - 反向（结晶）速率讨论了这种异常行为。即使研究者不考虑吲哚美辛形成二聚物的结果[16]，也不考虑带电形态的吲哚美辛可能分配（吸附）到存在于悬浮液中的过量固体上（这可以解释 pH 6.5/7.0 的行为），它们的例子表明，测量几乎不溶性化合物（可能具有表面活性）的溶解度将面临更大的挑战。

6.4.8 赋形剂和增溶剂筛选

Chen 等[93]使用全因子自动分析，在大量组合中筛选了 12 种赋形剂（包括 PEG 400、聚山梨酯 80 和乙醇）的约 10 000 个组合，以发现一种不含 Cremophor EL 的改良型紫杉醇（一种上市已久的药物）制剂。在药物开发中，表征物理性质的传统方法已使用了相对缓慢且劳动密集型的方法。这些研究人员进行的研究表明，研发科学家对利用自动高通量方法的兴趣日益增加，而这种方法最初是在药物发现研究中开发的。

采用μSOL 方法（参见 6.4.4.2 节），Avdeef 等[12]评估了赋形剂和增溶剂（牛磺胆酸钠、2-羟丙基-β-环糊精、KCl、丙二醇、1-甲基-2-吡咯烷酮和 PEG400）对阿司咪唑、布他卡因、克霉唑、双嘧达莫、灰黄霉素、黄体酮、格列本脲和甲芬那酸等 8 种难溶性药物的表观固有溶解度的影响。在短时间内，用高通量仪器进行了 1200 多次基于 UV 的溶解度测量（pH 3～10）。如图 6.13 所示，开发了一种“自发组织的”固有溶解度-赋形剂分类梯度图（CGM）可视化工具，对化合物、赋形剂和增溶剂进行排序。在不含赋形剂的溶液中，所有可电离化合物在室温下均形成不带电荷或混合电荷聚集物。甲芬那酸形成阴离子二聚物和三聚物。格列本脲显示出一种形成单阴离子混合电荷二聚物的趋势。双嘧达莫和布他卡因趋于形成无电荷的聚集物。在强赋形剂或增溶剂下，除格列本脲的案例之外，其他药物形成聚集物的趋势减弱。有研究者建议[12]，可通过添加和不添加赋形剂下测定的溶解度比率（“赋形剂梯度”），在一定程度上减少溶液中 1% v/v DMSO 的影响，但在空白实验中，含有少量 DMSO 的相同介质除外。6.6.4 节提供了具体的案例研究。

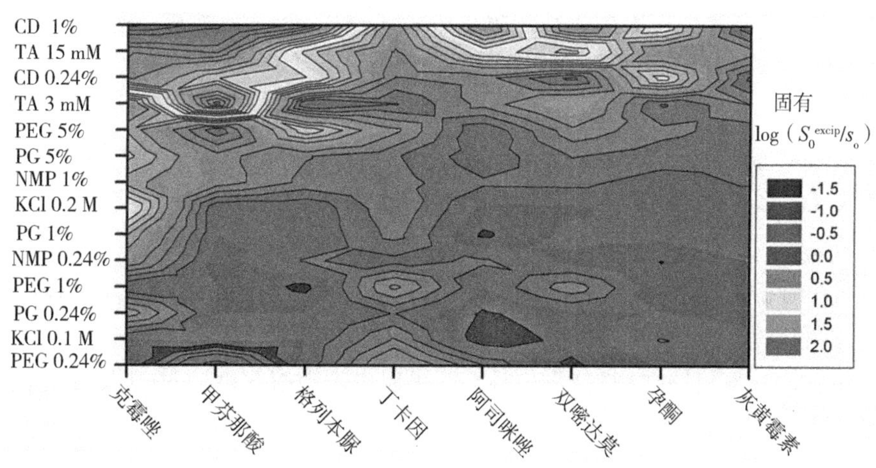

图 6.13 固有溶解度-辅料种类梯度图

［八种难溶性药物的固有溶解度-赋形剂分类梯度图的排序。轮廓图中的值是表观固有溶解度与不含赋形剂的表观值（基线值）之比的对数。浅色阴影表示赋形剂提高的溶解度，深色阴影表示赋形剂降低的溶解度。赋形剂行按照溶解度提高的程度降序排列，化合物列按照提高后的溶解度降序排列。转载自 AVDEEF A，BENDELS S，TSINMAN O，et al. Solubility-excipient classification gradient maps. Pharm. Res. 2007，24：530-545。经 Springer Science + Business Media 许可复制］

6.4.9 精确 pK_a值测定的需求

特定 pH 下，可电离化合物的 pK_a可用于计算分子的带电状态。这是一个非常重要的特性，因为带电状态会显著影响表观溶解度和其他物理性质。如果不能准确可靠地测定 pK_a值，则无法进行下一节中的数据分析（使用表观"pK_a位移"方法指示带电和中性聚集物的存在）。像下一节中的示例所强烈表明的那样，不建议根据难溶性化合物的溶解度 - pH 曲线来测定 pK_a值。同样，因为它不够准确，pK_a的计算值也不能用于下一节将要讨论的聚集/络合分析。应采用为此目的特殊设计的方法（第 3 章）来测定精确的 pK_a值[97,103-105]，该方法应满足溶解度研究中所需的实验条件。

6.5 用"Δ - 位移"法校正 DMSO 效应

6.5.1 DMSO 与不带电形式的化合物结合

对于许多化合物而言，发现在低至 0.5% v/v 的 DMSO 存在下，其 log S 对 pH 曲线会发生改变，因为在某些情况下，从 log S 对 pH 图得到的表观 pK_a 值（pK_a^{APP}）[42] 与 pK_a真值相差约一个对数单位。对于弱酸，pK_a^{APP}值通常高于 pK_a真值（正位移），而对于弱碱，pK_a^{APP}值通常低于 pK_a真值（负位移），这种现象已称为"Δ - 位移"（pK_a^{APP} - pK_a）[14]。在某些情况下，这是由于 DMSO 与药物结合从而改变了表观 pK_a值所致。正如 6.3.3 节中的平衡模型扩展用于盐溶解度平衡——式（6.8）那样，基于 DMSO（例如，以 0.5% v/v）的结合方程也可以扩展为：

$$\mathrm{HA} + n\mathrm{DMSO} \rightleftharpoons \mathrm{HA}\ (\mathrm{DMSO})_n 。\tag{6.37}$$

此反应可引起表观电离常数的位移。已发现，当表观（DMSO 扭转）溶解度 S_0^{APP}的对数减去 Δ - 位移值时，可得到真实的水性溶解度常数：

$$\log S_0^{APP} = \log S_0 \pm \Delta 。\tag{6.38}$$

其中，"±"对于酸为"+"，对于碱为"-"。而对于含有两个 pK_a值的两性分子（同时具有酸和碱官能团），"+""-"任一符号均可使用，取决于选定的是两个 pK_a值中的哪一个。DMSO 使化合物似乎更易溶，可以由表观溶解度通过扣除 pK_a差值来确定真实的水性溶解度。

6.5.2 不可电离辅料结合的可电离化合物

可假设，许多现象——类似于式（6.37）中的反应以上述讨论的方式使表观 pK_a发生位移[14]。例如，药物配方中的添加剂，像表面活性剂、胆盐类、磷脂类、形成离子对的反离子、环糊精或聚集物等，都可能使药物分子更易溶解。只要此类辅料在目标 pH 范围内不发生电荷状态变化，且药物分子在该范围内可电离，则表观 pK_a（pK_a^{APP}）和 pK_a真值之间的差值将揭示真实的水性溶解度，好像该辅料不存在似的。表 6.5 总结了溶解度、pK_a及 pK_a^{APP}之间发展的关系。

表 6.5 单质子化合物 $pK_a\Delta$ – 位移的热力学溶解度

反应类型	$\Delta = pK_a^{APP} - pK_a$	真实的水性 $\log S_0$	对角线段斜率	示例
$nHA \rightleftharpoons (HA)_n$	$\Delta > 0$	$\log S_0^{APP} - \Delta$	+1	双氯芬酸、呋塞米、吲哚美辛、丙磺舒、萘甲酸
$nA^- \rightleftharpoons (A^-)_n$	$\Delta \leqslant 0$	$\log S_0^{APP}$	$+n$	前列腺素 $F_{2\alpha}$[46]
$nBH^+ \rightleftharpoons (BH^+)_n$	$\Delta \geqslant 0$	$\log S_0^{APP}$	$-n$	非那吡啶
$nB \rightleftharpoons (B)_n$	$\Delta < 0$	$\log S_0^{APP} + \Delta$	−1	阿米替林、氯丙嗪、咪康唑、特非那定

6.5.3 根据 Δ – 位移测定的水溶解度结果

所研究化合物的 pK_a值是已知并确定的，因此可以计算 Δ – 位移。这些位移用于计算校正后的水固有溶解度 S_0，也如表 6.4 所示。

6.6 案例研究（溶解度 – pH 曲线）

下面的案例研究表明，在难溶性和几乎不溶性可电离化合物的溶解度测量中可能会遇到的各种复杂情况。通过 μDISS – X 程序（ADME 研究所）将几种最近报道的计算机方法[12,16–17]应用于解释溶解度数据。一个案例中描述了溶解度数据的首次定量解释，其最初发表于 1973 年。很多案例表明，当按照 6.3.4 ~ 6.3.6 节及 6.5 节中所述的数学方法进行处理时，在含有约 1% v/v DMSO 的缓冲溶液中测定的溶解度（参见 6.4.4.2）与传统 SSF 方法（参见 6.4.1 节，“黄金标准”）获得的结果质量相当。

6.6.1 羧酸弱酸

图 6.14 示出了 7 种弱酸的溶解度曲线（log *S* 对 pH），这些数据已公布。实心符号表示通过 SSF 方法（不含 DMSO 的缓冲溶液）采集的数据。空心符号表示通过微量滴定板法（μSOL，参见 6.4.4.2）在含有 0.5% ~ 1.0% v/v DMSO 的缓冲溶液中采集的数据。除酮洛芬（图 6.14d）和前列腺素 $F_{2\alpha}$（图 6.14g）之外，所有化合物在碱性溶液中均显示出成盐的迹象。图中的虚线曲线是利用 Henderson – Hasselbalch 方程，基于独立测量的 pK_a值进行计算的。通过下面的比较显示，0.5% ~ 1.0% v/v 的 DMSO 似乎对这些羧酸的溶解度没有太大影响。

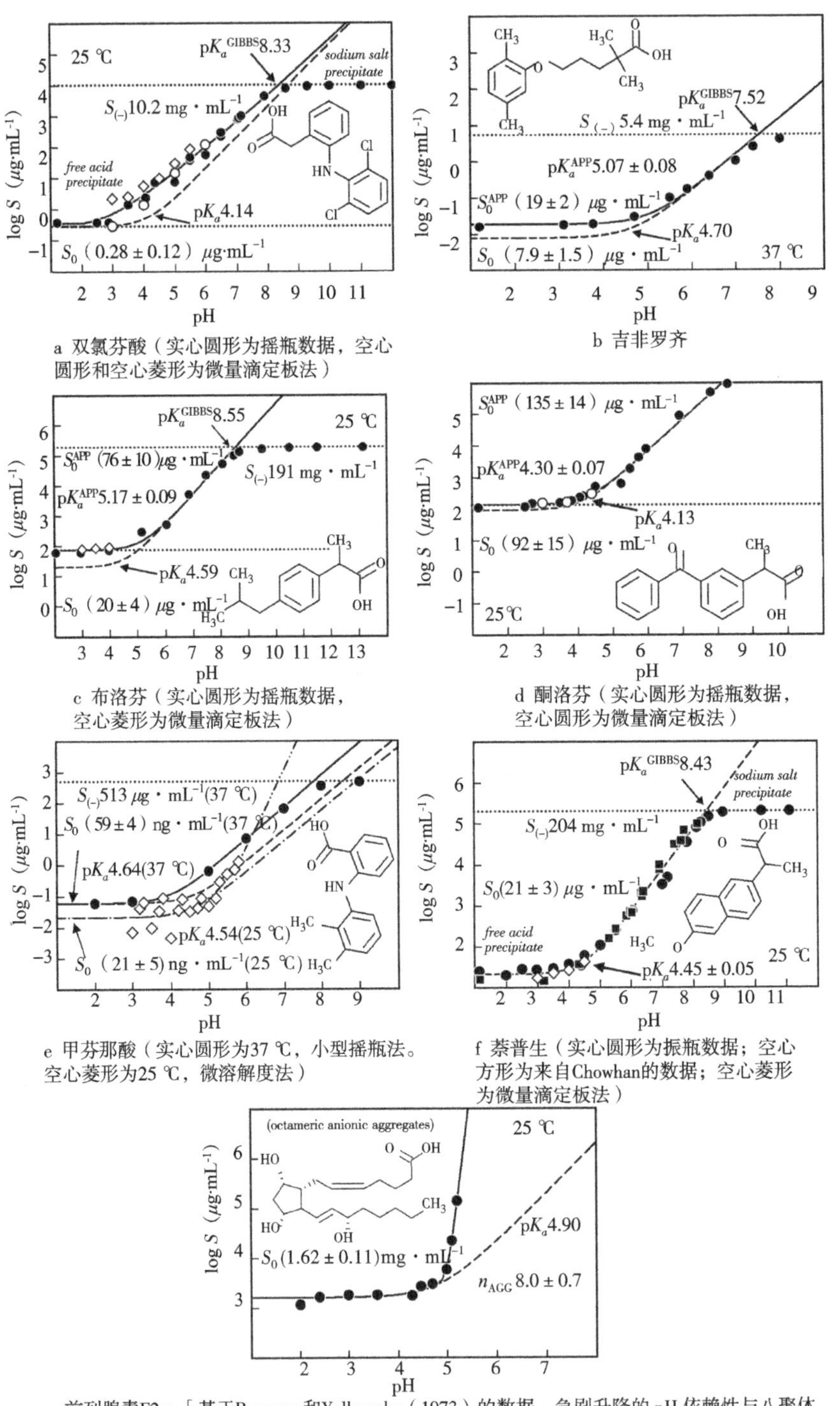

a 双氯芬酸（实心圆形为摇瓶数据，空心圆形和空心菱形为微量滴定板法）

b 吉非罗齐

c 布洛芬（实心圆形为摇瓶数据，空心菱形为微量滴定板法）

d 酮洛芬（实心圆形为摇瓶数据，空心圆形为微量滴定板法）

e 甲芬那酸（实心圆形为37 ℃，小型摇瓶法。空心菱形为25 ℃，微溶解度法）

f 萘普生（实心圆形为振瓶数据；空心方形为来自Chowhan的数据；空心菱形为微量滴定板法）

g 前列腺素F2α［基于Roseman和Yalkowsky（1973）的数据。急剧升降的pH依赖性与八聚体阴离子聚集物的形成是一致的］

图 6.14　溶解度曲线：log S − pH

（转载自 AVDEEF A. Solubility of sparingly soluble drugs. Adv. Drug Deliv. Rev.，2007，59：568 − 590。）

6.6.1.1 双氯芬酸

图6.14a 示出了基于3 项独立研究的双氯芬酸的复杂 log S – pH 曲线。空心圆形表示通过 GeneVac 方法采集的数据（不含 DMSO，25 ℃，平衡 24 小时，过滤，直接 UV）。实心圆形是基于SSF 的数据（25 ℃，平衡24 小时，过滤，HPLC/UV）[34]。空心菱形表示通过μSOL 方法采集的数据（0.5% v/v DMSO，25 ℃，平衡 23 小时，离心，UV）。双氯芬酸显示出阴离子混合电荷聚集物（表 6.2 中的第 3 个案例），修正结果（GOF =2.3；31 个点；pH <8）：S_0 = （0.28 ±0.12）μg・mL^{-1}。采用 DTT 方法测定的值与报道值（0.82 ± 0.15）μg・mL^{-1}[34]，基本吻合。其他文献值为 2.4 μg・mL^{-1}[39,70]和11 μg・mL^{-1}[60]。

6.6.1.2 吉非罗齐

图6.14b 给出了吉非罗齐37 ℃时的 log S – pH 数据[80]。pK_a 4.70 表明一些中性聚集的迹象（表6.2 中的第一类），如表观 pK_a 5.07 ±0.08 所示。表观固有溶解度被修正为 S_0^{APP} = （19 ±3）μg・mL^{-1}，并且“校正后”的固有溶解度被修正为（7.9 ±1.7）μg・mL^{-1}，GOF =1.1（pH <7.4）。

6.6.1.3 布洛芬

图 6.14c 中，空心菱形表示通过 μSOL 法采集的布洛芬数据（参见 6.4.4.2：0.5% v/v DMSO，25 ℃，23 小时平衡，离心，直接 UV）。实心圆形是基于 SSF 数据（25 ℃，平衡 24 小时，过滤，HPLC/UV）[34]。两组数据都整合在一个相同的修正计算机方法中 GOF =1.4（pH <9）。使用 pK_a 4.59，检测到明显的中性聚集迹象（表 6.2 中的第一种情况），如表观 pK_a（5.17 ±0.09）所示。表观固有溶解度被修正为 S_0^{APP} = （76 ±10）μg・mL^{-1}，并且“校正后”的固有溶解度被修正为（20 ±4）μg・mL^{-1}。采用 DTT 法（参见 6.4.5.4）测定的值被报道为（49 ±2）μg・mL^{-1}[34]，基本吻合。其他文献测定值包括 11 μg・mL^{-1}[39]、21 μg・mL^{-1}[106]和 78 μg・mL^{-1}[70]。

6.6.1.4 酮洛芬

图6.14d 中，空心圆形表示通过 GeneVac 方法采集的酮洛芬数据（参见 6.4.4.3：不含 DMSO，25 ℃，平衡 24 小时，过滤，直接 UV）。图中的实心圆形是基于 SSF 数据（25 ℃；平衡 24 小时，过滤；HPLC/UV）[34]。两组数据都整合在相同的修正计算机方法中：GOF =1.2（使用 19 个点）。使用 pK_a 4.13，检测到很轻微的中性聚集迹象（表 6.2 中的第 1 个案例），如表观 pK_a（4.30 ±0.07）所示。表观固有溶解度被修正为 S_0^{APP} = （135 ±14）μg・mL^{-1}，并且“校正后”的固有溶解度为（92 ±15）μg・mL^{-1}。与采用 DTT 法（参见 6.4.5.4）测量的值被报道为（118 ±14）μg・mL^{-1}[34]基本吻合。其他文献值还有 51 μg・mL^{-1}[106]和 178 μg・mL^{-1}[70]。

6.6.1.5　甲芬那酸

图6.14e 显示了甲芬那酸复杂的溶解度曲线。在本节中，甲芬那酸是溶解度最低的化合物。在37 ℃时采集的数据（不含DMSO的MSF法，参见6.4.4.5）[87]由实心圆形（实线）所示，并且在25 ℃时由空心菱形（虚线－点－点曲线）所示（μSOL 法：1.0% v/v DMSO）[12]。固有溶解度随温度升高而增加：S_0^{25} = （21 ±5）ng · mL^{-1}，S_0^{37} = （59 ±4）ng · mL^{-1}。室温下，可能形成阴离子二聚物或三聚物[12]；但随着温度升高，聚集现象消失，log$S$－pH 图中的斜率几乎一致。37 ℃时，随着混合电荷二聚物 AHA^-的形成，表观和真实 pK_a 值基本一致[12]。虚线（37 ℃）和虚线－点曲线（25 ℃）都是由 Henderson－Hasselbalch 方程计算得到。

6.6.1.6　萘普生

图6.14f 给出了萘普生相对简单的溶解度曲线。图中圆形是基于SSF数据（25 ℃；平衡24小时；过滤；HPLC/UV）[34]。方形来自于Chowhan等[36]的数据（25 ℃）。菱形表示由μSOL法采集的数据（0.5% v/v DMSO，25 ℃，平衡18小时，过滤，直接UV）。将这3组数据集整合在一个相同的修正计算机方法中：GOF =1.3，37个点（pH <8.4）。数据未显示聚集现象。固有溶解度被修正为（21 ±3）μg · mL^{-1}，几乎与萘普生的"校正后"值相同。由DTT法测定的值被报道为（14 ±1）μg · mL^{-1}，基本吻合。其他文献值包括13 μg · mL^{-1} [106]和16 μg · mL^{-1} [70]。

6.6.1.7　前列腺素 $F_{2\alpha}$

图6.14g 显示了前列腺素 $F_{2\alpha}$的分析结果，使用1973年Roseman和Yalkowsky的SSF数据[46]。最初的研究者发现胶束正在形成，正如pH高于5时溶解度曲线急剧上升所示。对原始数据应用本书考虑的计算机工具，得到几乎完美的八聚体阴离子聚集物拟合，n_{AGG} =8.0 ±0.7，这是本节报道的最高聚集度。

6.6.2　非羧酸弱酸

6.6.2.1　格列本脲

图6.15b 显示了格列本脲的溶解度曲线，在37 ℃下采集的数据（不含DMSO的MSF方法）来自两个来源：分别以实心圆形[87]和实心方形[81]表示，在25 ℃下采集的数据（μSOL 方法：1.0% v/v DMSO）[12]由空心菱形所示。与甲芬那酸相反，格列本脲的溶解度随着温度的升高而降低，S_0^{25} = （0.35 ±0.10）μg · mL^{-1}，S_0^{37} = （0.06 ±0.01）μg · mL^{-1}。25 ℃时可能形成混合电荷二聚物 AHA^- [12]，但随温度升高，聚集消失，如 log S－pH 图的斜率趋于一致所示。单个的空心三角形基于25℃时的SSF测量[109]，单个的空心圆形基于μDISS法（25 ℃，pH 6.5，参见6.4.3节）。在pH 6.5

时，格列本脲的表观溶解度为 53 μg · mL^{-1}（25 ℃，1% DMSO），以及非常低的 0.44 μg · mL^{-1}（25 ℃，不含 DMSO）、1.9 μg · mL^{-1}（37 ℃，不含 DMSO[87]）和 2.4 μg · mL^{-1}（37 ℃[81]）的值。考虑到在 pH 6.5 时含 DMSO 的数据（菱形）比不含 DMSO 的 μDISS 数据（空心圆形）的溶解度大 120 倍，格列本脲看似显示出案例研究的所有化合物中最强的 DMSO 效应。

图 6.15c 显示，在 pH 6.5 磷酸盐缓冲液（50 mM）中，格列本脲粉末溶解的浓度（μg · mL^{-1}）对时间（h）曲线，其中 25 ℃下的数据（三角形）是通过 μDISS 原位紫外光纤法（参见 6.4.3 节）采集的。约 10 小时后，溶解曲线达到浓度平台期，该浓度对应于该化合物在 pH6.5 下的溶解度。

6.6.2.2 苯妥英

基于 3 个独立的研究，苯妥英的溶解度曲线仅有轻微的变形（图 6.15a）。实心方形是基于 Schwartz 等的 SSF 数据[107]（25 ℃，0.16 M 离子强度，平衡 24 小时，过滤）。实心圆形是基于 Avdeef 等的 SSF 数据[34]（25 ℃，平衡 24 小时，过滤，HPLC/UV 法）。空心圆形代表通过 μSOL 法采集的数据（1.0% v/v DMSO，25 ℃，平衡 23 小时，离心，直接 UV）。使用 pK_a 8.28，基于所有 3 组数据的模型修正得到固有溶解度，S_0 =（19 ±2）μg · mL^{-1}[34]。如果单独修正 Avdeef 等的 SSF 数据[34]，则部分带电的阴离子聚集物是明显的，n_{AGG} =0.55 ±0.06，且 S_0 =（20 ±1）μg · mL^{-1}。小于单位值的聚集顺序可被解释为 AHA$^-$类型种类的部分群体[12]。Schwartz 等的数据显示没有聚集现象。μSOL 数据显示有轻微的中性物质的聚集，其表观 pK_a发生特征位移；然而，“校正后”的固有溶解度与其他系列的值接近，S_0 =（16 ±2）μg · mL^{-1}。DTT 法测定的值被报道为（19 ±5）μg · mL^{-1}，非常一致[34]。其他文献值还包括 pH 7.4 时的 18.1 μg · mL^{-1}[54]，以及 22 ℃和 pH 1.1 时的 32 μg · mL^{-1}[108]。

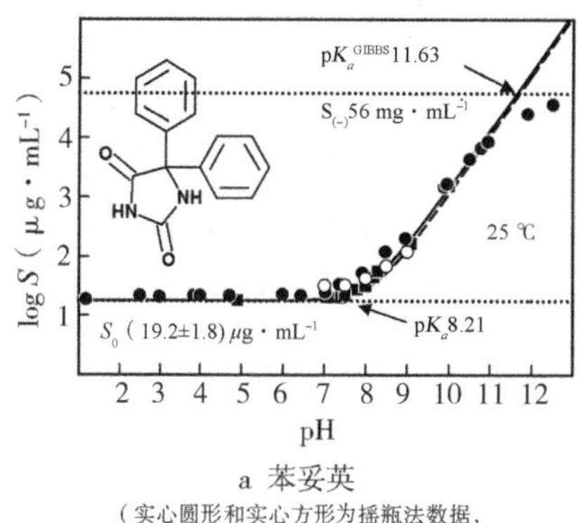

a 苯妥英

（实心圆形和实心方形为摇瓶法数据，空心圆形为微量滴定板法）

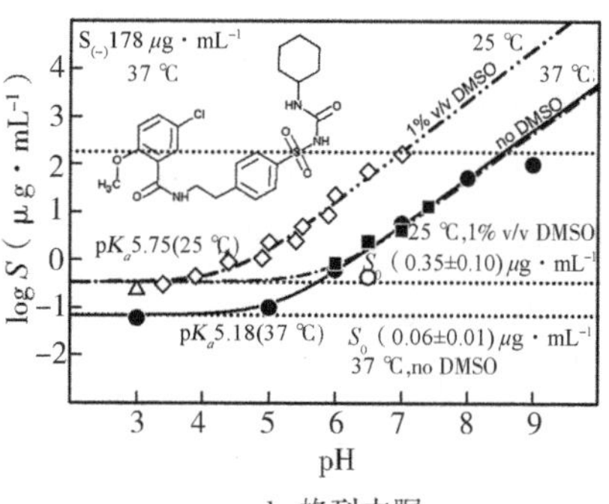

b 格列本脲

（37 ℃ 数据，实心圆形和实心方形为小型摇瓶法，空心菱形为25 ℃ 微溶解度法）

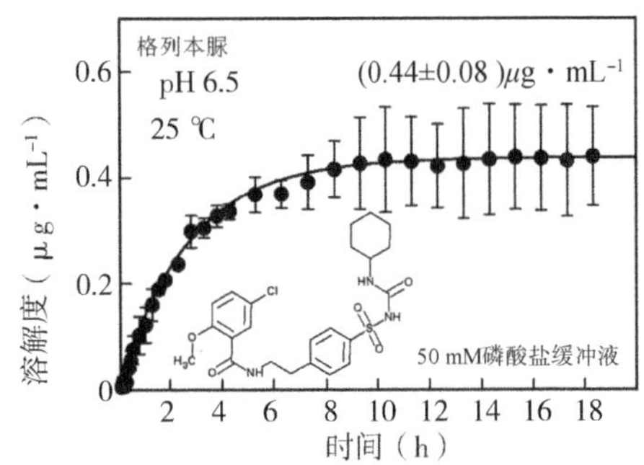

c 格列本脲溶出度曲线

[由原位光纤 μ DISS 法（400RPM，25 ℃，pH 6.5 磷酸盐缓冲液，50 mM）获得]

图 6.15 溶解度曲线：log *S* – pH

[时间 > 10 小时的浓度（μg · mL^{-1}）视为平衡溶解度。数据的 Noyes – Whitney 方程分析（单指数拟合）由实线表示，对应于 S =（0.44 ± 0.08）μg · mL^{-1}。由 Levich 方程计算的水边界层的厚度（17 μm）和格列本脲扩散率（4.39 × 10^{-6} cm^2/s）计算出表观粉末表面积为 0.901 cm^2。转载自 AVDEEF A. Solubility of sparingly – soluble drugs. Adv. Drug Deliv. Rev.，2007，59：568 – 590。Copyright © 2007 Elsevier. 经 Elsevier 许可复制]

6.6.3 弱碱

弱碱曲线为弱酸曲线的 pH 镜像：成盐沉淀发生在酸性溶液中，而不是碱性溶液中（图 6.1 至图 6.3）。发生聚集时，如 log S 对 pH 图，即 log S – pH 曲线斜率大于 1 时，带电物质为阳离子。

6.6.3.1 双嘧达莫

图 6.16c 显示了双嘧达莫的 log S – pH 数据的 3 个独立报告，基于如下数据：实心圆形为 Bergström 等在 23 ℃时的数据[89]，方形基于 Glomme 等在 37℃时的数据[89]（二者都采用了不含 DMSO 的 MSF 方法），以及菱形基于采用 μSOL 方法（1.0% v/v DMSO，平衡 21 小时，过滤，直接 UV）在 25℃时采集的测定[12]。与甲芬那酸、格列本脲等相反，双嘧达莫并未呈现一种较强的温度依赖性，并且 1% DMSO 的存在看似对双嘧达莫溶解度影响不太大。单独分析时，3 个研究显示非常类似的固有值，S_0^{37} =（2.6 ± 0.4）μg · mL^{-1}，S_0^{25} =（2.3 ± 0.7）μg · mL^{-1}，S_0^{23} =（6.0 ± 1.4）μg · mL^{-1}。当合并两个室温组进行计算时，没有任何聚集的证据，S_0^{RT} =（5.0 ± 0.8）μg · mL^{-1}（GOF = 1.8，pH > 3 时 24 个点）。

6.6.3.2 罂粟碱

图 6.16a 显示了 37 ℃时罂粟碱复杂的溶解度曲线，数据来自 Serajuddin 和 Rosoff[110]。用于修正的数据包括实心圆形：用 1 M NaOH 增加的盐酸罂粟碱 pH；空心三角形：用 1 M HCl 降低的罂粟碱（游离碱）pH；空心方形：用枸橼酸/磷酸盐缓冲液调节的 B（s）pH。可以修正以下参数：S_0 =（19 ± 1）μg · mL^{-1}（基于盐酸盐分子

量），$n_{AGG}=2.85$，$K_n^{(-)}=(0.036\pm0.014)\ M^{-2}$，$pK_a=6.33\pm0.07$，GOF = 1.7，27 个点。以下数据未在回归计算中采用并且以空心圆形表示：盐酸罂粟碱数据是通过用1 M NaOH从 pH 3 开始增加 pH 及用 1 M HCl 从 pH 开始降低 pH 而得到的。pH < 2 时溶解度降低为共离子效应的例子，其中 HCl（用于降低 pH）中的氯离子降低了盐酸罂粟碱沉淀的溶解度。图 6.16a 中，pH > 4 时，延伸到实线曲线以外的空心圆形表示为过饱和溶液。

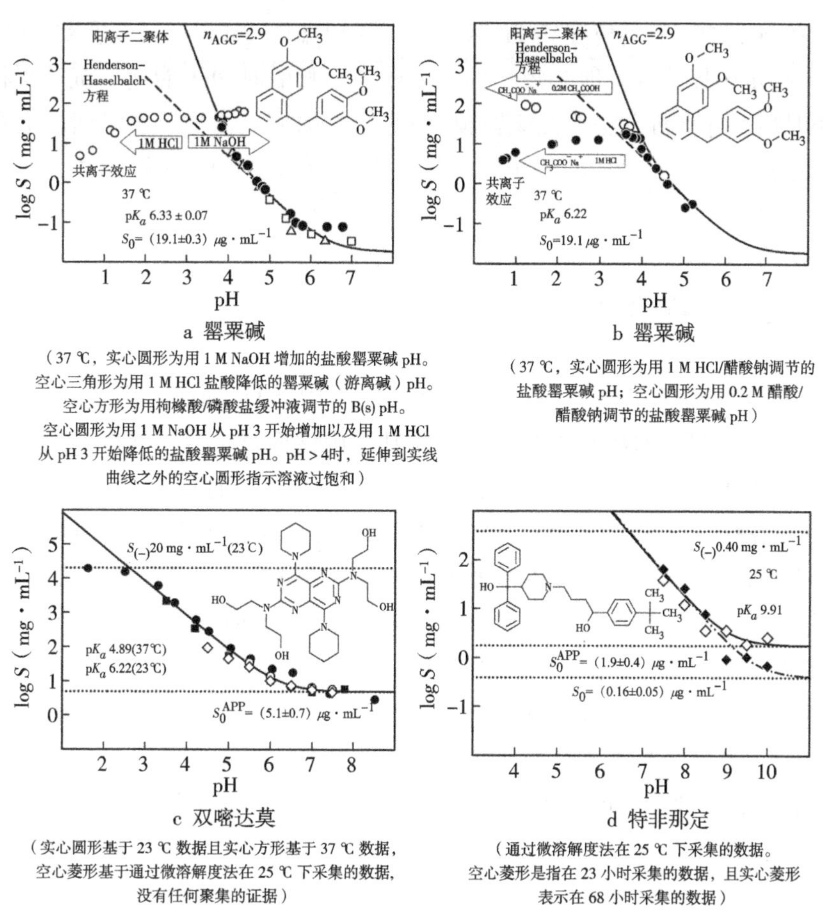
阳离子二聚体
n_{AGG}=2.9
Henderson-Hasselbalch方程
1M HCl
1M NaOH
共离子效应
37 ℃
pK_a 6.33 ± 0.07
S_0= (19.1±0.3) μg · mL^{-1}
log S（mg · mL^{-1}）
pH
a 罂粟碱
（37 ℃，实心圆形为用 1 M NaOH 增加的盐酸罂粟碱 pH。空心三角形为用 1 M HCl 盐酸降低的罂粟碱（游离碱）pH。空心方形为用枸橼酸/磷酸盐缓冲液调节的 B(s) pH。空心圆形为用 1 M NaOH 从 pH 3 开始增加以及用 1 M HCl 从 pH 3 开始降低的盐酸罂粟碱 pH。pH > 4时，延伸到实线曲线之外的空心圆形指示溶液过饱和）
阳离子二聚体
n_{AGG}=2.9
Henderson-Hasselbalch方程
共离子效应
37 ℃
pK_a 6.22
S_0=19.1 μg · mL^{-1}
b 罂粟碱
（37 ℃，实心圆形为用 1 M HCl/醋酸钠调节的盐酸罂粟碱 pH；空心圆形为用 0.2 M 醋酸/醋酸钠调节的盐酸罂粟碱 pH）
$S_{(-)}$20 mg · mL^{-1}(23 ℃)
pK_a 4.89(37 ℃)
pK_a 6.22(23 ℃)
S_0^{APP}= (5.1±0.7) μg · mL^{-1}
c 双嘧达莫
（实心圆形基于 23 ℃ 数据且实心方形基于 37 ℃ 数据，空心菱形基于通过微溶解度法在 25 ℃ 下采集的数据，没有任何聚集的证据）
$S_{(-)}$0.40 mg · mL^{-1}
25 ℃
pK_a 9.91
S_0^{APP}= (1.9±0.4) μg · mL^{-1}
S_0= (0.16±0.05) μg · mL^{-1}
d 特非那定
（通过微溶解度法在 25 ℃ 下采集的数据。空心菱形是指在 23 小时采集的数据，且实心菱形表示在 68 小时采集的数据）

图 6.16　溶解度曲线：log S－pH

（转载自 AVDEEF A. Solubility of sparingly e soluble drugs. Adv. Drug Deliv. Rev.，2007，59：568－590。Copyright © 2007 Elsevier. 经 Elsevier 许可复制）

图 6.16b 显示了 Miyazaki 等的罂粟碱 log S－pH 数据（37 ℃）[111]。实心圆形：用 1 M HCl/醋酸钠调节的盐酸罂粟碱 pH；空心圆形：用 0.2 M 醋酸/醋酸钠调节的盐酸罂粟碱 pH。使用根据 Serajuddin－Rosoff 数据修正的参数，计算出图 6.16b 中的曲线。酸化溶液显示出在用氯离子调节的数据（实心圆形）中的、而不在用醋酸盐调节的数据（空心圆形）的共离子效应。作为比较，Okimoto 等报道在 25 ℃和 0.3 M 离子强度条件下$S_0=7.1\ \mu g\cdot mL^{-1}$。

6.6.3.3 特非那定

图6.16d显示了极难溶性特非那定的溶解度曲线，其中所有数据在25 ℃下采集（μSOL方法：1.0% v/v DMSO，过滤，直接UV）。空心菱形是指在23小时采集的数据，且实心菱形表示在68小时采集的数据。较短的平衡时间表明中性聚集，表观固有溶解度 S_0^{APP} = （1.9 ±0.4）μg · mL^{-1}。然而，23小时的数据被修正（表6.2中的第2种类型），推导出的固有溶解度 S_0为（0.16 ±0.05）μg · mL^{-1}，其为在68小时观察到的表观值。提示聚集效应可能是短暂的，需要相当长的时间才能达到沉淀平衡。在仅平衡23小时后，计算机方法看似能够预测68小时的值。这种节省时间的潜在性能是Δ-位移法的一项有价值的应用（参见6.5节）。DTT法测定的固有溶解度为0.10 μg · mL^{-1}[35]。

6.6.4 高通量辅料/增溶剂筛选

在6.4.4节（含有DMSO）和6.4.5节（不含DMSO）描述了几种处于微量滴定板规模的高通量溶解度（HTS）测量技术。就其准确性而言，基于浊度的快速动力学溶解度测量（参见6.4.2节）与计算机预测方法类似[89,96]，而6.4.4节和6.4.5节所述的HTS法更加准确。仅仅因为在缓冲溶液中存在0.5% ~1.0% v/v DMSO，把这些HTS法称为“动力学”不太合适。HTS法是快速的。尽管建议的平衡时间为24小时或者更长，但是机械板操作的平行特性使该测定在化合物通量方面同浊度法一样高效。

在下面的案例研究中，8种难溶性药物（阿司咪唑、布他卡因、克霉唑、双嘧达莫、灰黄霉素、黄体酮、格列本脲和甲芬那酸）具有在如下6种辅料/增溶剂的15个组合下测量的“HTS”热动力学溶解度：牛磺胆酸钠（NaTC）、2-羟丙基-β-环糊精（HP-β-CD）、KCl、丙二醇（PG）、1-甲基-2-吡咯烷酮（NMP）和聚乙二醇400（PEG 400）[12]。

6.6.4.1 辅料/增溶剂浓度

如前所述，选择6种辅料/增溶剂的量以与在临床相关条件下胃肠道液中预期的浓度重叠[105]。简而言之，选择0.1 M和0.2 M的KCl；制备3 mM和15 mM的NaTC溶液，对应于空腹和进食胃肠道状态[15]。对于液体辅料，最大胶囊容积假设为0.6 mL：对于250 mL胃肠道容积[15]，计算出的辅料浓度为0.24 % v/v。因此，对于NMP、PG和PEG 400，测试的辅料浓度分别为0.24%、1%和5%[12]。利用包封的固体辅料如2-HP-β-CD（分子量为1396，溶解度450 mg · mL^{-1}），应该可以将270 mg装进0.6 mL的胶囊中，这相当于250 mL体积中的0.1% w/v溶液。也有使用稍微较高的值（0.24和1% w/v）[12]。

6.6.4.2 辅料/增溶剂溶解度曲线

图6.17和图6.18分别显示了所研究的可电离化合物分别在不含辅料和存在1% w/v 2-HP-β-CD条件下的部分log S-pH曲线[12]。虚线显示根据Henderson-Hasselbalch方程预测的pH依赖性。实线显示溶解度数据的最佳拟合结果。在2-HP-β-CD图中，虚线-点-点曲线显示在不含2-HP-β-CD的条件下的表观溶解度曲线，以供比较。

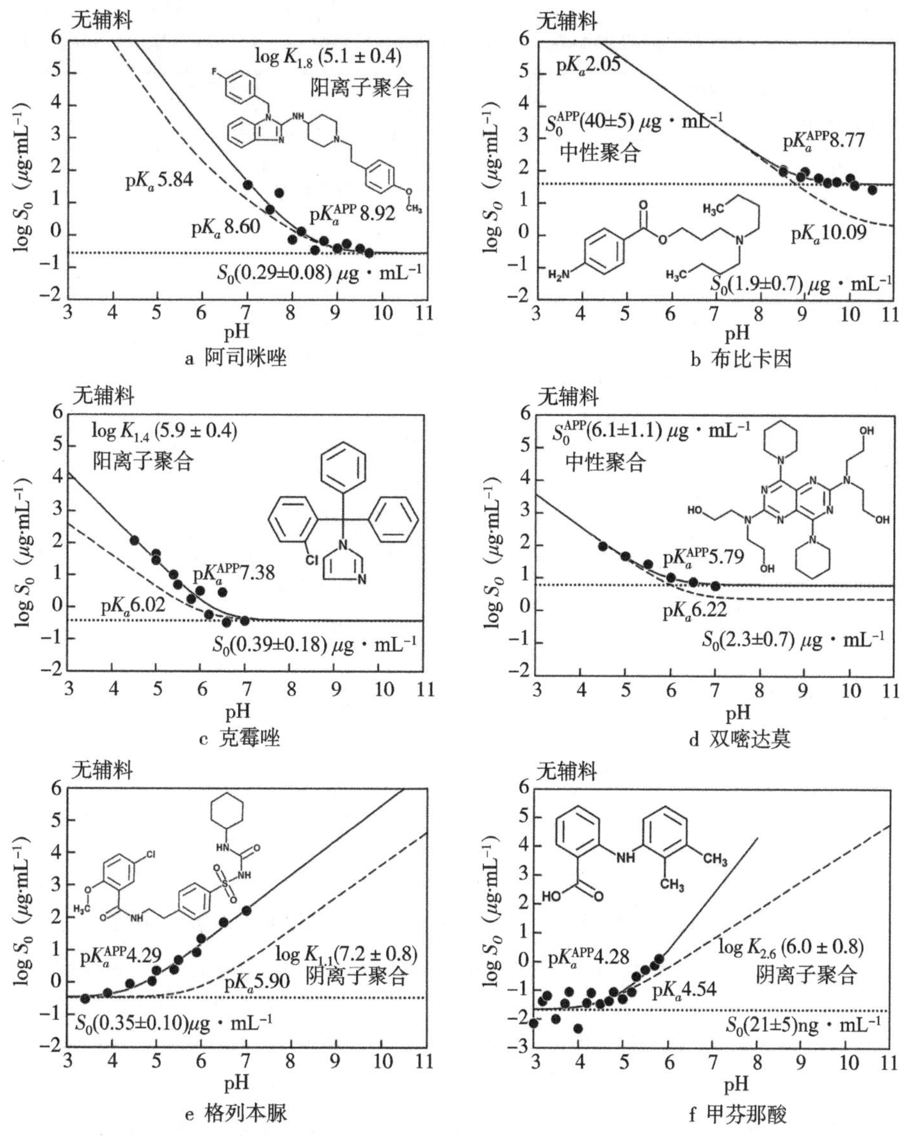

a 阿司咪唑　b 布比卡因　c 克霉唑　d 双嘧达莫　e 格列本脲　f 甲芬那酸

图6.17 模型可电离药物在无辅料水溶液中的对数溶解度-pH图

[溶液包含1% DMSO。S指溶解度，单位为μg · mL^{-1}。使用pK_a真实值，用Henderson-Hasselbalch方程计算虚线曲线。根据聚集模型方程，实线曲线是溶解度数据的最佳拟合（实心圆形）。点状水平线代表表观固有溶解度值。转载自AVDEEF A, BENDELS S, TSINMAN O, et al. Solubility-excipient classification gradient maps. Pharm. Res., 2007, 24: 530-545。经Science+Business Media许可复制]

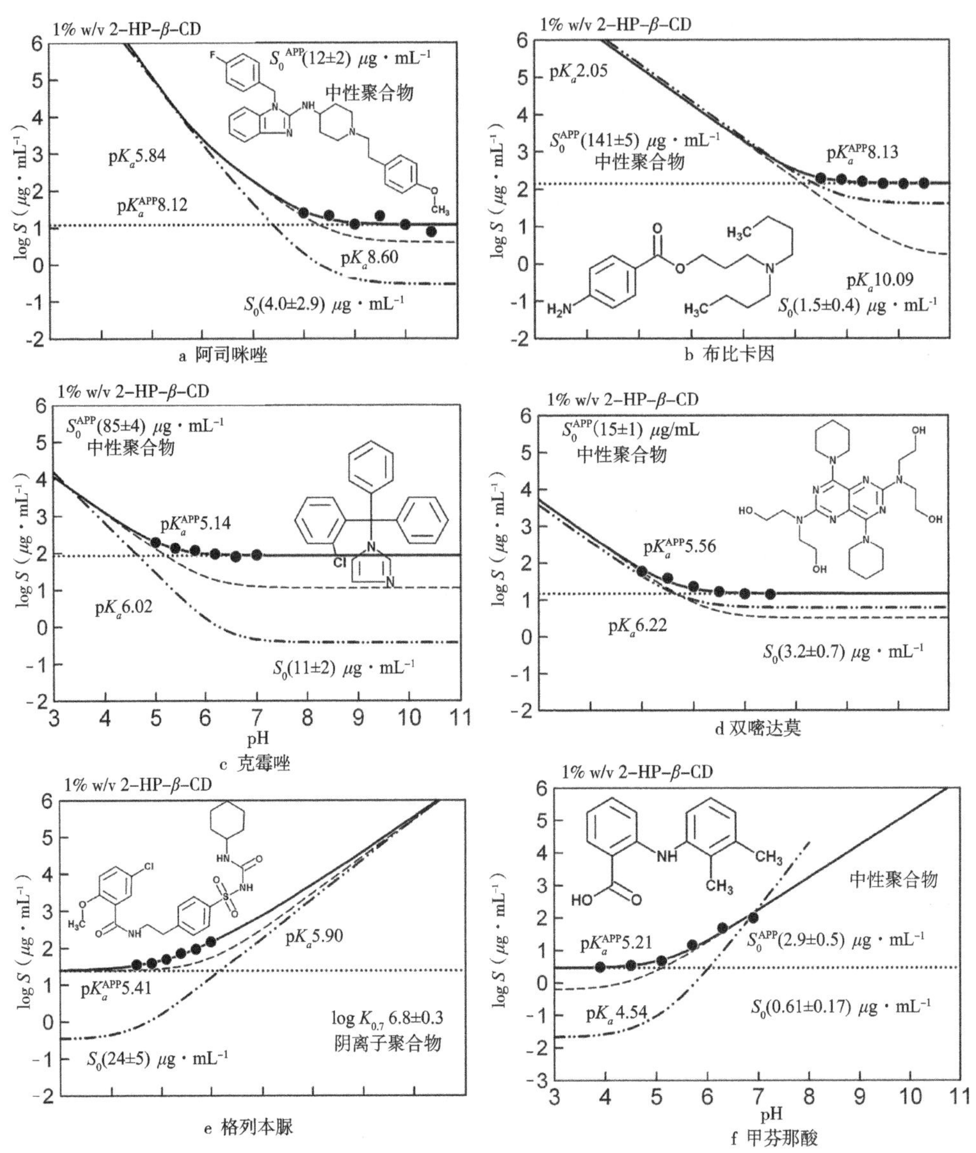

图 6.18 可电离模型药物在 1% HP-β-CD 下的溶解度对数-pH 图

［溶液也包含 1% DMSO。虚线使用 $\mathrm{p}K_a$ 真值、用 Henderson - Hasselbalch 方程进行计算。根据聚集模型方程，实线为数据的最佳拟合（实心圆点）。点状水平线标记表观固有溶解度值。虚线-点-点状曲线是指图 6.17 中所示的无辅料（实线）曲线。转载自 AVDEEF A，BENDELS S，TSINMAN O，et al. Solubility - excipient classification gradient maps. Pharm. Res.，2007，24：530 - 545。经 Science + Business Media 许可复制］

0.2 M KCl 对双嘧达莫、格列本脲和甲芬那酸的表观固有溶解度影响很小。只有布他卡因和克霉唑的表观固有溶解度在 0.2 M KCl 的作用下显著增加。而“盐析”引起的预期变化是溶解度降低，这与观察到的结果相反。KCl 提高了溶液的离子强度，这可能会影响酸以及（在较少程度上）碱的 $\mathrm{p}K_a$ 值。阿司咪唑在中性 pH 溶液中表现出更强的 pH 依赖性，可能是由高阶聚集物的形成所导致。克霉唑则表现出相反的结果：浓盐的存在似乎破坏了辅料溶液中观察到的聚集物。Henderson - Hasselbalch 方程则很好地预测了克霉唑在 0.2 M KCl 下的行为。并且，其固有溶解度从 0.39 $\mu g \cdot mL^{-1}$ 上升至3.3 $\mu g \cdot mL^{-1}$。

在1% ~5% PG 存在的情况下，溶解度 - pH 曲线与无辅料案例的曲线相似（图 6.17）。这种作用与由0.1 ~0.2 M KCl 产生的作用相似。阿司咪唑似乎显示更高阶的聚集物（$n_{AGG}=3.6$），同时固有溶解度略有下降。克霉唑的固有溶解度从0.39 $\mu g \cdot mL^{-1}$ 增加到2.0 $\mu g \cdot mL^{-1}$。

在1% ~5% NMP 的情况下，与 KCl 和 PG 辅料相比，阿司咪唑和格列本脲聚集度减弱。而克霉唑在 NMP 的作用下溶解度增加，其效果与 KCl 和辅料 PG 相同。甲芬那酸在 NMP 的作用下溶解度略有增加。

上述辅料产生的作用相对较弱，而 PEG 400 则表现出中等的影响。阿司咪唑和克霉唑中聚集的结合常数（而不是聚集度）显著增加，如固体曲线向较高的 pH 的急剧位移所示。甲芬那酸中的聚集似乎消失了，曲线显示了典型的 Henderson - Hasselbalch 行为[12]。

通过全面评价溶解度，特别在甲芬那酸的案例中，15 mM NaTC 胆盐的作用（高于 CMC）显著。阿司咪唑表现为典型的遵从 Henderson - Hasselbalch 的分子，其他所有的分子也一样（格列本脲除外）。格列本脲显示了 0.5 的 pH 斜率依赖性，这可以通过表 6.2 中的第三案例方程来恰如其分地描述。大多数容易聚集的分子，明显地作为不带电单体，与 NaTC 胶束紧密结合，其 pH 依赖性可以用 Henderson - Hasselbalch 方程来解释。表观结合强度的分析可以用表 6.2 中的前两种案例进行描述。

如图 6.18 所示，1% HP - β - CD 与牛磺胆酸钠盐一样具有破坏聚集物的作用趋势。基于相 - 溶解度图表分析的一般络合模型（参见 6.3.5 节和表 6.3）可描述 pH 依赖性。牛磺胆酸钠盐和环糊精对提高所研究药物的溶解度均有显著作用。两种辅料似乎都能够减少聚集物的形成。格列本脲在溶解度 - pH 图中仍有独特的半整数斜率值。

6.6.4.3 药物效应

在阿司咪唑的案例中，1% HP - β - CD（使溶解度从0.29 $\mu g \cdot mL^{-1}$的无辅料值提高到 12 $\mu g \cdot mL^{-1}$）和 15 mM 牛磺胆酸钠盐均能够显著提高其溶解度。0.24% 和 5% PEG 400 能够最显著提高聚集强度。注意到 1% PEG 400 和 1% NMP 这方面的作用则稍弱。

布他卡因不能形成带电聚集物。这些实例研究中提到的这个最易溶分子的溶解度，不仅可以通过两种浓度的 HP - β - CD，而且可以通过 0.1 M KCl、所有浓度的 PEG 400（从 40 $\mu g \cdot mL^{-1}$的无辅料值提高到 152 $\mu g \cdot mL^{-1}$）及 15 mM NaTC 来最容易提高[12]。

与阿司咪唑一样，克霉唑的聚集物也受到各种辅料的广泛影响。0.24% 和 5% PEG 400 能够显著提高其聚集强度（$\log K_n/n$，表 6.3）。加入 15 mM NaTC 和 1% HP - β - CD 可以最大限度地提高其溶解度（从 0.39 $\mu g \cdot mL^{-1}$的无辅料值提高到85 $\mu g \cdot mL^{-1}$）。

观察到，在低辅料浓度下双嘧达莫的 PEG 400 聚集增强效果。15 mM NaTC 可以使双嘧达莫的溶解度从 6.2 $\mu g \cdot mL^{-1}$的无辅料值提高到 110 $\mu g \cdot mL^{-1}$。其他辅料对双嘧达莫的溶解度也有显著影响[12]。

由于灰黄霉素和黄体酮都是非离子化的，聚集现象不能通过 Δ－位移法来识别。“强”辅料可以提高灰黄霉素的溶解度：15 mM NaTC 使 14 μg · mL^{-1} 的无辅料值升高至 54 μg · mL^{-1}。辅料对灰黄霉素溶解度的影响相对于所研究的其他难溶性药物并没有那么显著。

与灰黄霉素相比，环糊精对黄体酮的影响是非常显著的。与灰黄霉素一样，“强”辅料同样能够提高黄体酮的溶解度；1% HP－β－CD 使黄体酮 17 μg · mL^{-1} 的无辅料值升高至 187 μg · mL^{-1}。

只有辅料，特别是 15 mM NaTC 能够提高格列本脲的聚集强度。这是一个意外的发现，可能是“盐析”现象，始终伴随着 PEG 400 出现[12]。

甲芬那酸是研究组中最难溶解的药物，NaTC 和 HP－β－CD 使其溶解度得以最大提高，但获得的最高固有溶解度仍相对较低，小于 3 μg · mL^{-1}。NMP 和 PEG 似乎可以提高其聚集强度（$\log K_n/n$，表 6.3）。

6.6.4.4 总结

辅料/增溶剂能够提高难溶性分子的溶解度。我们可以通过使用的自动化仪器非常迅速和可靠地来评估这种作用的程度和性质。尽管所有溶液中 1% DMSO 的存在能提高药物的溶解度，但与 SSF 方法所得的结果进行对比发现，HTS 值显得较准确，更易被接受。考虑到特殊辅料/增溶剂的影响，新的研究发现 PEG 400（NMP 在较小程度上也可以）似乎可以提高一些药物的聚集强度（$\log K_n/n$）[12]。虽然不能完全理解这种相互作用的原理，但可以从以下几点进行考虑。与 HP－β－CD 和 NaTC 相比，中等强度的 PEG 400 不能提供一个具有充分竞争力的疏水环境来吸引药物。一些水分子可与 PEG 400分子结合，使缓冲液在药物聚集物中进一步浓缩聚集，进而形成牢固的自交联形态。这一作用类似于“盐析”效应[12]。

6.6.5 辅料/增溶剂对难溶性药物溶解度影响的附加案例研究

6.6.5.1 酮洛芬和十二烷基硫酸钠

对一项关于哌罗昔康溶解度随着 pH 和不同浓度的十二烷基硫酸钠（SLS）变化而变化的早期研究进行了跟踪，Sheng 等[77]在 37 ℃下和 0%、0.5%、1.0% 与 2.0% w/v SLS 存在下，研究了酮洛芬在 pH 4.0、pH 4.6、pH 6.0、pH 6.8 缓冲介质中的溶解度行为。酮洛芬数据具有高质量，并可以用表 6.3 中的第二类络合模型对数据进行解释。在回归分析中，使用总胶束 SLS 浓度（$[SLS]_{TOT,mic} = [SLS]_{TOT} - [CMC]$），取酮洛芬的 CMC 为 0.008 M[77]。图 6.19a 显示酮洛芬－SLS 系统的溶解度数据曲线。在无 SLS 的溶液中，酮洛芬没有明显的聚集现象。使用全部数据，有可能同时修正（GOF = 0.82，16 个点）：S_0 =（245 ± 47）μg · mL^{-1}，$pK_a = 4.69 \pm 0.11$，$pK_a^{SLS} = 6.69 \pm 030$

（酮洛芬与 SLS 结合的电离常数），K_{SLS} = （809 ± 179）M^{-1}（与已报道的值相近[77]）。37 ℃时的固有值几乎是 25 ℃时报道的 SSF 值的 3 倍。

6.6.5.2 甲芬那酸和羟丙基 -β - 环糊精（HP -β - CD）

采用μSOL 法（1.0% v/v DMSO，25 ℃，平衡 24 小时，0.2 μm 过滤），在 0%、0.24%和 1.0% w/v HP - β - CD 下，研究了甲芬那酸在 pH 3 ~ 7 缓冲介质（5 ~ 10 mM）中的溶解度曲线。基于溶液中同时存在的 HA、A^-、A_2^{2-}、HA · CD 和 A^- · CD，开发了一个复杂的模型。图 6.19b 表示溶解度曲线。系统的回归分析（GOF = 1.5，pH <4.5，30 个点）得出以下常数：S_0 = （21 ± 3）ng · mL^{-1}，K_{CD} = （14791 ± 4116）M^{-1}，pK_a^{CD} = 5.11 ± 0.16。

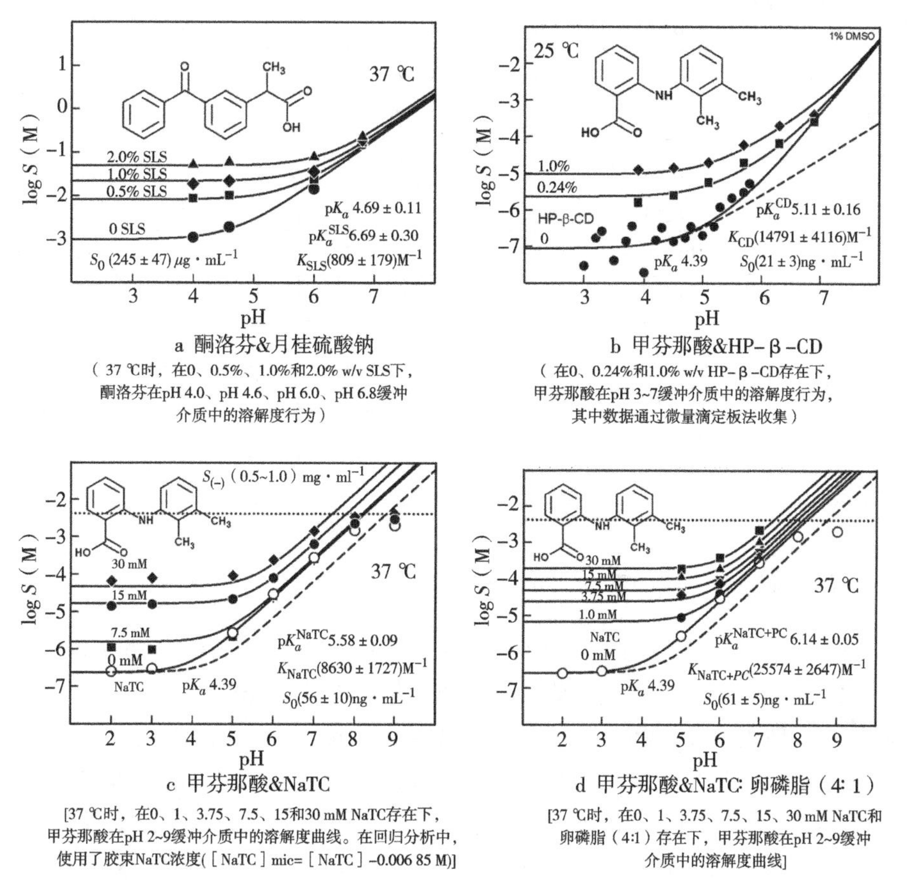

a 酮洛芬&月桂硫酸钠

（37 ℃时，在0、0.5%、1.0%和2.0% w/v SLS下，酮洛芬在pH 4.0、pH 4.6、pH 6.0、pH 6.8缓冲介质中的溶解度行为）

b 甲芬那酸&HP-β-CD

（在0、0.24%和1.0% w/v HP-β-CD存在下，甲芬那酸在pH 3~7缓冲介质中的溶解度行为，其中数据通过微量滴定板法收集）

c 甲芬那酸&NaTC

[37 ℃时，在0、1、3.75、7.5、15和30 mM NaTC存在下，甲芬那酸在pH 2~9缓冲介质中的溶解度曲线。在回归分析中，使用了胶束NaTC浓度([NaTC] mic= [NaTC] -0.006 85 M)]

d 甲芬那酸&NaTC: 卵磷脂（4∶1）

[37 ℃时，在0、1、3.75、7.5、15、30 mM NaTC和卵磷脂（4∶1）存在下，甲芬那酸在pH 2~9缓冲介质中的溶解度曲线]

图 6.19 溶解度曲线

（转载自 AVDEEF A. Solubility of sparingly - soluble drugs. Adv. Drug Deliv. Rev.，2007，59：568 - 590。Copyright © 2007 Elsevier. 经 Elsevier 许可复制）

图 6.20a 给出了甲芬那酸 - HP -β - CD 体系的形成曲线。阴离子二聚物是 pH 大于 7.4 时的主要形态，此时预测样品完全溶解（在本方法中以 100 μM 为最大浓度）。pH 小于 5 时，主要形态是环糊精结合的游离酸。pH 为 5.1 ~ 6.3 时，结合的甲芬那酸

解离一个氢离子。pH 大于 6.3 时，阴离子二聚物的浓度显著增加。

表 6.6 列出了在各种研究中报道的许多药物 - 环糊精（CD）1∶1 的络合常数。大多数难溶性化合物常常具有最高的药物 - CD 络合常数，前提条件是药物分子大小与环糊精腔体的大小相匹配。桂利嗪形成一种最稳定的环糊精络合物，其中 $K_{HP-\beta-CD}=22\ 500\ M^{-1}$[76]。

表 6.6 药物 - 环糊精 1∶1 络合常数

化合物	环糊精	络合常数（M^{-1}）	温度（℃）	参考文献
大麻二酚	HP - β - CD	13 800	37	[53]
桂利嗪	HP - β - CD	22 500	25	[76]
黄酮吡醇	HP - β - CD	445	25	[112]
伊马替尼	β - CD	1514	25	[118]
吲哚美辛	HP - β - CD	1590	25	[76]
咪康唑	HP - β - CD	10 400	25	[76]
萘普生	HP - β - CD	1670	25	[76]
纳他霉素	β - CD	1010	25	[113]
奥美拉唑	HP - β - CD	69	21	[117]
罂粟碱	HP - β - CD	337	25	[76]
苯妥英	$(SBE)_{7m}$ - β - CD	1073	25	[54]
噻唑并苯并咪唑	HP - β - CD	1033	37	[74]
华法林	HP - β - CD	2540	25	[76]
华法林	β - CD	633	37	[114]

6.6.5.3 甲芬那酸和牛磺胆酸钠（NaTC）

Glomme 等研究了甲芬那酸在 37 ℃时，在 0、1 mM、3.75 mM、7.5 mM、15 mM 和 30 mM NaTC 存在下，在添加或不添加卵磷脂的情况下，于 pH 2 ~ 9 缓冲介质中的溶解度行为[87-88]。使用未经 CMC 校正的总 $[NaTC]_{TOT}$浓度，在 $[NaTC]_{TOT}$（7.5 ~ 30 mM）下对 3 个最高浓缩组中的每一个进行分析，得到了甲芬那酸和不同浓度的 NaTC 之间的不同表观结合常数。采用 CMC = 6.85 mM 拟合 $[NaTC]_{TOT} \geqslant 7.5$ mM 数据。使用与 6.6.5.1 中对于酮洛芬所述的方法相同的方法。采用表 6.3 中的第 2 类复合模型和混合电荷二聚物模型（表 6.2 中的第 5 类模型；表 6.6 中的案例）对数据进行回归分析。使用胶束 NaTC 浓度（$[NaTC]_{TOT,mic}$ = $[NaTC]_{TOT}$ - 0.006 85 M）。图 6.19c 表示药物 - CD 体系的溶解度曲线。这是一系列比酮洛芬（参见 6.6.5.1）更复杂的反应。使用整个 $[NaTC]_{TOT} \geqslant 7.5$ mM 数据，可以同时修正（GOF 1.0，26 个点）：S_0 = （56 ± 10）ng · mL^{-1}，pK_a^{NaTC} = 5.58 ± 0.09（甲芬那酸与 NaTC 胶束结合的电离常数），K_{NaTC} = （8630 ± 3677）M^{-1}，$\log K_{AHA}$ = 6.75 ± 0.19。图 6.19c 中的实线是用修正的参数计算的。图 6.20b 表示 30

mM［NaTC］案例的平衡的形成细节。只有当［NaTC］$_{TOT}$ > CMC 时，上述模型才有效。

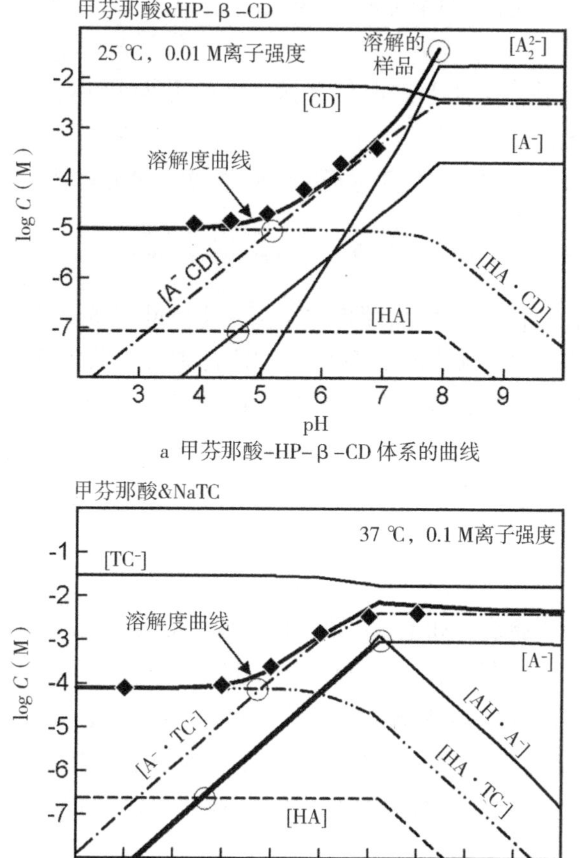

a 甲芬那酸-HP-β-CD 体系的曲线

b 30 mM [NATC]案例的平衡的形成细节

图 6.20　甲芬那酸形成曲线与细节

（转载自 AVDEEF A. Solubility of sparingly - soluble drugs. Adv. Drug Deliv. Rev.，2007，59：568 - 590。Copyright © 2007 Elsevier. 经 Elsevier 许可复制）

通过不仅仅以胶束浓度处理这种结合，还可能开发一个更加通用、适用于所有考虑到的［NaTC］值的模型[87-88]。即，使用未经校正的总 NaTC 浓度，通过以下平衡反应，同样使数据合理化（GOF = 1.0）：

$$HA + 3TC^- = HA.\ TC_3^{3-}。 \qquad (6.39)$$

在上述案例中，当向胆盐溶液中加入卵磷脂时，CMC 浓度下降到 1 mM 以下，因此，我们必须建立不同的涉及混合胶束形成的平衡反应来分析数据。图 6.19d 显示，结合常数以 3 倍因子的程度增加。

6.6.6 盐溶解度：过量固体的量可测定溶解度

当化合物以盐的形式引入时，向悬浮液加入的过量固体会影响所观察到的溶解度[5-7,40,43,59,63]。共离子效应可视作这样一个例子，但这点并不总是得到认可的[7]。下面通过使用μDISS-X 软件模拟平衡（基于已知常数）来分析几个有趣的案例。

6.6.6.1 氯氮䓬

马来酸氯氮䓬是一个特别有趣的例子[67]。当向 1 mL 中加入 90 mg 该物质时，会产生吉布斯相规则（Gibbs Phase Rule）现象，两种物质发生共沉淀反应，但当加入的量为 80～85 mg 时，即使添加了马来酸盐，也只有盐酸盐会产生沉淀。如表 6.7 所示，溶解度也取决于精确的固体加入量。此外，表中还考虑了这一弱碱的其他盐的情况。马来酸氯氮䓬的形成曲线阐明了平行相互作用的复杂性[17]。

6.6.6.2 氟比洛芬

Anderson 和 Flora[7] 指出，如果氟比洛芬以三盐的形式引入，当在 1 mL 蒸馏水中加入少于 23 mg 的盐时，那么平衡时的剩余沉淀实际上是游离酸。同时，随着氟比洛芬 tris 盐的重量从 3 mg 增至 23 mg，所观测到的对应溶解度则相应地从 2.97 mg · mL^{-1} 增加到 20.94 mg · mL^{-1}。当加入的盐超过 24 mg，两种固体沉淀（游离酸和三盐）、溶解度和 pH（$= pK_a^{GIBBS}$）通过吉布斯相规则约束（参见 6.3.3 节）而变得恒定。表 6.7 中也考虑了氟比洛芬钠盐的案例。该案例强调了在达到平衡后验证 pH 和固体形式的重要性。

6.6.6.3 特非那定

当特非那定（游离碱）加入水中后，环境所溶解的二氧化碳的量会影响观察到的游离碱溶解度。这是因为特非那定具有极弱的缓冲能力，前提条件是其固有溶解度为 $S_0 = 97$ ng · mL^{-1}（DTT 法）[35]。表 6.7 是观察到的溶解度值在（2.5～23）μg · mL^{-1} 范围内的几个例子[57]（远高于固有值），其溶解度取决于本底二氧化碳的水平。当特非那定以盐酸盐固体形式引入，并且向 1 mL 不含二氧化碳的蒸馏水中加入超过 195 mg 时，则游离碱和盐酸盐固体形成共沉淀。其他类似的例子如表 6.7 所示。

6.7 检测限——精密度 vs. 准确度

6.4.3 节和 6.4.4.2 中所描述的高通量方法可显示，检测限（LOD）低至 0.1 μg · mL^{-1}。灵敏度较低的浊度测定法（参见 6.4.2 节）的检测限高达 1～10 μg · mL^{-1}。双相电位滴定法（DTT 法，参见 6.4.2 节）的检测限可低至 5 ng · mL^{-1}。文献中可见如此低检测限的报道[56]。这些 LOD 值更多的是精密度的指标，而不是准确度。

表 6.7 盐溶解度效应的模拟[a]

添加的化合物	wt（mg）	pH	S（$mg \cdot mL^{-1}$）	沉淀物
特非那定[b]	>0.010	8.56	0.0025	游离碱（无碳酸盐）
	>0.015	7.85	0.012	游离碱（25 μM 碳酸盐）
	>0.030	7.57	0.023	游离碱（50 μM 碳酸盐）
盐酸特非那定	>0.060	6.84	0.054	盐酸盐（无碳酸盐）
	>195	7.24	0.054	盐酸盐和游离碱（无碳酸盐）
	>0.060	5.49	0.054	盐酸盐（25 μM 碳酸盐）
	>0.060	5.33	0.054	盐酸盐（50 μM 碳酸盐）
氟比洛芬[c]	>0.030	4.29	0.026	游离酸
氟比洛芬钠	>6	8.18	6.6	钠盐
氟比洛芬	3	6.36	3	游离酸
氨丁三醇	10	6.86	9.6	游离酸
	23	7.2	21	游离酸
	>24	7.2	21	游离酸和氨丁三醇盐
氯氮䓬[d]	>3	8.28	2	游离碱
盐酸氯氮䓬	>6	3.37	5.9	盐酸盐
马来酸氯氮䓬	80	3.47	34	盐酸盐
	85	3.46	37	盐酸盐
	>90	3.45	39	盐酸盐和马来酸盐

[a] 在25 ℃下模拟计算使用μDISS－X（ADME 研究所）程序。在所有案例下离子强度用0.15 M NaCl 调节。取溶液总体积为1.00 mL。溶解度常数是基于摩尔的标度。

[b] pK_a9.86，$pS_0$6.69，pK_{sp}4.8[34,58]。

[c] pK_a4.03（药物）、8.11（tris），pS_0 4.36，pK_{sp} 2.54.[7,34]。

[d] pK_a4.80（药物）、5.76 和1.65（马来酸盐），pS_0 2.18，pK_{sp} 1.75（马来酸盐）、2.55（推测为盐酸盐）[67]。

在难溶化合物溶解度研究中，系统效应给测得的溶解度带来了难以评估的不准确性。案例研究提供了系统效应的实例。例如，特非那定在水中的溶解度主要取决于环境中溶解的二氧化碳量[35]；加入到水中的氟比洛芬三盐的量不同，其溶解度也会不同[7]；向水中加入马来酸氯氮䓬会产生盐酸盐沉淀，其溶解度取决于加入的固体量的多少[67]。本章试图通过各种案例研究，引起人们对导致上述反常结果的注意。为此收集很多有用的数学工具，来正确解释与可电离药物相关的离子平衡问题。在肠道吸收位点附近，复杂的生物环境可以进一步增加离子平衡作用的不确定性。溶解度测定的设计在一定的 pH 范围内模拟生物环境[62,78－79]，关注对该设计对得出溶解度在吸收过程中的作用的正确结论，显得十分必要。在药物发现阶段[87－93]中开发的快速自动化（不含 DMSO）方法可以很好地适用于处方研究。在药品开发阶段初期，当许多的组合需要测试并且大量的原料药不适用于可选择的传统研究时，最好使用自动化方法来进行良好的溶解度－辅料－增溶剂组合的系统研究[12,90,93]。总之，对于未经训练的人来说，溶解度是看似简单，但对于那些对测量结果的清晰解释感兴趣的人来说仍相当困难。

6.8 数据来源与“可电离药物问题”

目前已有两个关于溶解度的商业数据库[82－83]。药物分析概况（Analytical Profiles of Drug Substances）提供了溶解度数据[57]。Yalkowsky 的书是一个很好的资料来源[84]。Abraham 和 Le [85]发表了一份关于665 种化合物的固有水溶解度表格，表中的化合物里包含了许多可电离分子。Rytting 等[86]汇编了大量药物在不同 PEG 400 水性组合物中的溶解度测定数据。从已发表的列表中很难判断出可电离分子的数据质量如何。有时，我们并不清楚所列数字代表的含义。例如，S_w，“水溶性”，可以指代几种不同的含义：可能是固有值，或者是在特定 pH 下（使用缓冲液）测定的值，也可能是过量化合物用饱和蒸馏水测量的值。在使用可电离分子的最关键应用中，为了确认报告值的含义和质量，可能有必要查阅原始的出版物。

6.9 log S_0值数据库

表6.8 列出了一组准确测定的 log S_0值溶解度常数，这是通过 pH 测量 DTT 溶解度法对一系列可离子化药物进行测定的。

表6.8　通过溶解模板滴定（DDT）法测得的药物溶解度常数[a]

化合物	$-\log S_0$（mol·L^{-1}）	参考文献
阿昔洛韦	2.24	[66]
阿米洛利	3.36	[66]
胺碘酮	8.10	b
阿米替林	5.19	[66]
阿莫西林	2.17	[66]
氨苄西林	1.69	b
阿替洛尔	1.30	[104]
阿托品	1.61	[66]
苯甲酸	1.59	[35]
苄达明	3.83	[33]

续表

化合物	$-\log S_0$（mol・L^{-1}）	参考文献
溴麦角环肽	4.70	[96]
头孢氨苄	1.58	b
氯丙嗪	5.27	[66]
西咪替丁	1.43	[35]
环丙沙星	3.73	[66]
氯氮平	3.70	[96]
地昔帕明	3.81	[66]
双氯芬酸	5.59	[104]
地尔硫䓬	2.95	[35]
多西环素	2.35	[66]
依那普利	1.36	[35]
红霉素	3.14	[66]
炔雌醇	3.95	[66]
法莫替丁	2.48	[104]
氟比洛芬	4.36	[104]
呋塞米	4.75	[104]
氢氯噻嗪	2.63	[104]
布洛芬	3.62	[104]
吲哚美辛	5.20	[66]
酮洛芬	3.33	[104]
拉贝洛尔	3.45	[104]
拉西那韦	4.00	[96]
甲氨蝶呤	4.29	[66]
美托洛尔	1.20	[35]
咪康唑	5.85	[14]
美托拉宗	4.10	[96]
纳多洛尔	1.57	[35]
萘啶酸	4.26	b
2-萘甲酸	3.93	[14]
萘普生	4.21	[104]
诺氟沙星	2.78	b
去甲替林	4.18	b
非那吡啶	4.24	[66]
苯妥英	4.13	[104]
吲哚洛尔	3.70	b

续表

化合物	$-\log S_0$（mol·L⁻¹）	参考文献
吡罗昔康	5.48	b
伯氨喹	2.77	[66]
丙磺舒	5.68	[14]
异丙嗪	4.39	[66]
丙氧芬	5.01	[35]
普萘洛尔	3.62	[104]
奎宁	2.82	[35]
卢非酰胺	3.50	[96]
他莫昔芬	7.55	[66]
特非那定	6.69	[35]
茶碱	1.38	[66]
曲伐沙星	4.53	[35]
缬沙坦	4.20	[96]
维拉帕米	4.67	[66]
华法林	4.74	[66]
齐多夫定	1.16	[66]

a 25 ℃，0.15 M 离子强度（KCl）。

b *p*ION。

参考文献

[1] Grant, D. J. W.; Higuchi, T. *Solubility Behavior of Organic Compounds*, John Wiley & Sons, New York, 1990.

[2] Yalkowsky, S. H.; Banerjee, S. *Aqueous Solubility: Methods of Estimation for Organic Compounds*, Marcel Dekker, New York, 1992.

[3] Pudipeddi, M.; Serajuddin, A. T. M.; Grant, D. J. W.; Stahl, P. H. Solubility and dissolution of weak acids, bases, and salts. In: Stahl, P. H.; Wermuth, C. G. (eds.). *Handbook of Pharmaceutical Salts: Properties, Selection, and Use*, Wiley-VCH, Weinheim, 2002, pp. 19-39.

[4] Higuchi, T.; Connors, A. K. Phase-solubility techniques. *Adv. Anal. Chem. Instrum.* **4**, 117-212 (1965).

[5] Serajuddin, A. T. M.; Pudipeddi, M. Salt selection strategies. In: Stahl, P. H.; Wermuth, C. G. (eds.). *Handbook of Pharmaceutical Salts: Properties, Selection,*

and Use , Wiley-VCH, Weinheim, 2002, pp. 135 – 160.

[6] Stahl, P. H. Salt selection. In: R. Hilfiker (ed.). *Polymorphism in Pharmaceutical Industry*, Wiley-VCH, Weinheim, 2006, pp. 309 – 322.

[7] Anderson, B. D. ; Flora, K. P. Preparation of water-soluble compounds through salt formation. In: Wermuth, C. G. (ed.). *The Practice of Medicinal Chemistry* , Academic Press, London, 1996, pp. 739 – 754.

[8] Pudipeddi, M. ; Serajuddin, A. T. M. Trends in solubility of polymorphs. *J. Pharm. Sci.* **94**, 929 – 939 (2005).

[9] Brittain, H. G. Spectral methods for the characterization of polymorphs and solvates. *J. Pharm. Sci.* **86**, 405 – 411 (1997).

[10] Levy, R. H. ; Rowland, M. Dissociation constants of sparingly soluble substances: Nonlogarithmic linear titration curves. *J. Pharm. Sci.* **60**, 1155 – 1159 (1971).

[11] Strickley, R. G. Solubilizing excipients in oral and injectable formulations. *Pharm. Res.* **21**, 201 – 230 (2004).

[12] Avdeef, A. ; Bendels, S. ; Tsinman, O. ; Kansy, M. Solubility-excipient classification gradient maps. *Pharm. Res.* **24**, 530 – 545 (2007).

[13] Streng, W. H. *Characterization of Compounds in Solution — Theory and Practice* , Kluwer Academic/PlenumPublishers, New York, 2001, 273 pp.

[14] Avdeef, A. Physicochemical profiling (solubility, permeability, and charge state). *Curr. Topics Med. Chem.* **1**, 277 – 351 (2001).

[15] Dressman, J. B. Dissolution testing of immediate-release products and its application to forecasting *in vivo* performance. In: Dressman, J. B. ; Lennernäs, H. (eds.). *Oral Drug Absorption — Prediction and Assessment* ; Marcel Dekker, New York, 2000, pp. 155 – 182.

[16] Avdeef, A. ; Voloboy, D. ; Foreman, A. Dissolution — Solubility: pH, buffer, Salt, dual-solid, and aggregation effects. In: Testa, B. ; van de Waterbeemd, H. (eds.). *Comprehensive Medicinal ChemistryII* , Vol. 5 : *ADME-TOX Approaches* , Elsevier, Oxford, UK, 2007.

[17] Avdeef, A. Solubility of sparingly-soluble drugs. [Dressman, J. ; Reppas, C. (eds.). Special issue: The Importance of Drug Solubility] . *Adv. Drug Deliv. Rev.* **59**, 568 – 590 (2007).

[18] Okazaki, A. ; Mano, T. ; Sugano, K. The theoretical model of poly-disperse drug particles in biorelevant media. *J. Pharm. Sci.* **97**, 1843 – 1852 (2008).

[19] Lipinski, C. A. Drug-like properties and the causes of poor solubility and poor permeability. *J. Pharmacol. Toxicol. Methods* **44**, 235 – 249 (2000).

[20] Lipinski, C. A. ; Lombardo, F. ; Dominy, B. W. ; Feeney, P. J. Experimental and

computational approaches to estimate solubility and permeability in drug discovery and development settings. *Adv. Drug Delivery Rev.* **23**, 3－25 (1997).

[21] Avdeef, A. High-throughput measurements of solubility profiles. In: Testa, B.; van de Waterbeemd, H.; Folkers, G.; Guy, R. (eds.). *Pharmacokinetic Optimization in Drug Research*, Verlag Helvetica Chimica Acta, Zürich; and Wiley-VCH, Weinheim, 2001, pp. 305－326.

[22] Saad, H. Y.; Higuchi, T. Water solubility of cholesterol. *J. Pharm. Sci.* **54**, 1205－1206 (1965).

[23] Mosharraf, M.; Nyström, C. Solubility characterization of practically insoluble drugs using the Coulter counter principle. *Int. J. Pharm.* **122**, 57－67 (1995).

[24] Quartermain, C. P.; Bonham, N. M.; Irwin, A. K. Improving the odds — High-throughput techniques in new drug selection. *Eur. Pharm. Rev.* **18**, 27－32 (1998).

[25] Bevan, C. D.; Lloyd, R. S. A high-throughput screening method for the determination of aqueous drug solubility using laser nephelometry inmicrotitre plates. *Anal. Chem.* **72**, 1781－1787 (2000).

[26] Pan, L.; Ho, Q.; Tsutsui, K.; Takahashi, L. Comparison of chromatographic and spectroscopic methods used to rank compounds for aqueoussolubility. *J. Pharm. Sci.* **90**, 521－529 (2001).

[27] Hancock, B. C.; Zografi, G. Characterization and significance of the amorphous state in pharmaceutical systems. *J. Pharm. Sci.* **86**, 1－12 (1997).

[28] Feitknecht, W.; Schindler, P. *Solubility Constant of Metal Oxides, Metal Hydroxides and Metal Hydroxide Salts in Aqueous Solution*, Butterworths, London, 1963.

[29] Charykov, A. K.; Tal'nikova, T. V. pH-metric method of determining the solubility and distribution ratios of some organic compounds in extraction systems. *J. Anal. Chem. USSR (Eng.)* **29**, 818－822 (1974).

[30] Kaufman, J. J.; Semo, N. M.; Koski, W. S. Microelectrometric titration measurement of the pK_as and partition and drug distribution coefficients of narcotics and narcotic antagonists and their pH and temperature dependence. *J. Med. Chem.* **18**, 647－655 (1975).

[31] Streng, W. H.; Zoglio, M. A. Determination of the ionization constants of compounds which precipitate during potentiometric titration using extrapolation techniques. *J. Pharm. Sci.* **73**, 1410－1414 (1984).

[32] Todd, D.; Winnike, R. A. A rapid method for generating pH－solubility profiles for new chemical entities. In: Abstracts, 9th Annual Meeting, *American Association of Pharmaceutical Science*, San Diego, 1994.

[33] Avdeef, A. pH-metric solubility. 1. Solubility－pH profiles from Bjerrum plots. Gibbs

buffer and pK_a in the solid state. *Pharm. Pharmacol. Commun.* **4**, 165 – 178 (1998).

[34] Avdeef, A.; Berger, C. M.; Brownell, C. pH-metric solubility. 2. Correlation between the acid-base titration and the saturation shake-flask solubility-pH methods. *Pharm. Res.* **17**, 85 – 89 (2000).

[35] Avdeef, A.; Berger, C. M. pH-metric solubility. 3. Dissolution titration template method for solubility determination. *Eur. J. Pharm. Sci.* **14**, 281 – 291 (2001).

[36] Chowhan, Z. T. pH-solubility profiles of organic carboxylic acids and their salts. *J. Pharm. Sci.* **67**, 1257 – 1260 (1978).

[37] Bogardus, J. B.; Blackwood, R. K., Jr. Solubility of doxycycline in aqueous solution. *J. Pharm. Sci.* **68**, 188 – 194 (1979).

[38] Ahmed, B. M.; Jee, R. D. The acidity and solubility constants of tetracyclines in aqueous solution. *Anal. Chim. Acta* **166**, 329 – 333 (1984).

[39] Chiarini, A.; Tartarini, A.; Fini, A. pH-solubility relationship and partition coefficients for some anti-inflammatory arylaliphatic acids. *Arch. Pharm.* **317**, 268 – 273 (1984).

[40] Anderson, B. D.; Conradi, R. A. Predictive relationships in the water solubility of salts of a nonsteroidal anti-inflammatory drug. *J. Pharm. Sci.* **74**, 815 – 820 (1985).

[41] Streng, W. H.; Tan, H. G. H. General treatment of pH solubility profiles of weak acids and bases. II. Evaluation of thermodynamic parameters from the temperature dependence of solubility profiles applied to a zwitterionic compound. *Int. J. Pharm.* **25**, 135 – 145 (1985).

[42] Zimmermann, I. Determination of overlapping pK_a values from solubility data. *Int. J. Pharm.* **31**, 69 – 74 (1986).

[43] Garren, K. W.; Pyter, R. A. Aqueous solubility properties of a dibasic peptide-like compound. *Int. J. Pharm.* **63**, 167 – 172 (1990).

[44] Islam, M. H.; Narurkar, M. M. Solubility, stability and ionization behavior of famotidine. *J. Pharm. Pharmacol.* **45**, 682 – 686 (1993).

[45] Streng, W. H.; Yu, D. H.-S. Precision tests of a pH – solubility profile computer program. *Int. J. Pharm.* **164**, 139 – 145 (1998).

[46] Roseman, T. J.; Yalkowsky, S. H. Physical properties of prostaglandin $F_{2\alpha}$ (tromethamine salt): Solubility behavior, surface properties, and ionization constants. *J. Pharm. Sci.* **62**, 1680 – 1685 (1973).

[47] Attwood, D.; Gibson, J. Aggregation of antidepressant drugs in aqueous solution. *J. Pharm. Pharmacol.* **30**, 176 – 180 (1978).

[48] Streng, W. H.; Yu, D. H.-S.; Zhu, C. Determination of solution aggregation using solubility, conductivity, calorimetry, and pHmeasurements. *Int. J. Pharm.* **135**,

43 – 52 (1996).

[49] Zhu, C.; Streng, W. H. Investigation of drug self-association in aqueous solution using calorimetry, conductivity, and osmometry. *Int. J. Pharm.* **130**, 159 – 168 (1996).

[50] Ritschel, W. A.; Alcorn, G. C.; Streng, W. H.; Zoglio, M. A. Cimetidine – theophylline complex formation. *Meth. Find. Exp. Clin. Pharmacol.* **5**, 55 – 58 (1983).

[51] Li, P.; Tabibi, S. E.; Yalkowsky, S. H. Combined effect of complexation and pH on solubilization. *J. Pharm. Sci.* **87**, 1535 – 1537 (1998).

[52] Nuñez, F. A. A.; Yalkowsky, S. H. Solubilization of diazepam. *J. Pharm. Sci. Tech.* 33 – 36 (1997).

[53] Meyer, J. D.; Manning, M. C. Hydrophobic ion pairing: altering the solubility properties of biomolecules. *Pharm. Res.* **15**, 188 – 193 (1998).

[54] Narisawa, S.; Stella, V. J. Increased shelf-life of fosphenytoin: solubilization of a degradant, phenytoin, through complexation with $(SBE)_{7m}$-β-CD. *J. Pharm. Sci.* **87**, 926 – 930 (1998).

[55] Higuchi, T.; Shih, F.-M. L.; Kimura, T. M.; Rytting, J. H. Solubility determination of barely aqueous soluble organic solids. *J. Pharm. Sci.* **68**, 1267 – 1272 (1979).

[56] Venkatesh, S.; Li, J.; Xu, Y.; Vishnuvajjala, R.; Anderson, B. D. Intrinsic solubility estimation and pH-solubility behavior of cosalane (NSC 658586), and extremely hydrophobic diprotic acid. *Pharm. Res.* **13**, 1453 – 1459 (1996).

[57] Badwan, A. A.; Alkaysi, H. N.; Owais, L. B.; Salem, M. S.; Arafat, T. A. Terfenadine. *Anal. Profiles Drug Subst.* **19**, 627 – 662 (1990).

[58] Streng, W. H.; Hsi, S. K.; Helms, P. E.; Tan, H. G. H. General treatment of pH-solubility profiles of weak acids and bases and the effect of different acids on the solubility of a weak base. *J. Pharm. Sci.* **73**, 1679 – 1684 (1984).

[59] Miyazaki, S.; Oshiba, M.; Nadai, T. Precaution on use of hydrochloride salts in pharmaceutical formulation. *J. Pharm. Sci.* **70**, 594 – 596 (1981).

[60] Ledwidge, M. T.; Corrigan, O. I. Effects of surface active characteristics and solid state forms on the pH solubility profiles of drug-salt systems. *Int. J. Pharm.* **174**, 187 – 200 (1998).

[61] Jinno, J.; Oh, D.-M.; Crison, J. R.; Amidon, G. L. Dissolution of ionizable water-insoluble drugs: The combined effect of pH and surfactant. *J. Pharm. Sci.* **89**, 268 – 274 (2000).

[62] Mithani, S. D.; Bakatselou, V.; TenHoor, C. N.; Dressman, J. B. Estimation of the increase in solubility of drugs as a function of bile salt concentration. *Pharm. Res.*

13, 163 – 167 (1996).

[63]Engel, G. L.; Farid, N. A.; Faul, M. M.; Richardson, L. A.; Winneroski, L. L. Salt selection and characterization of LY333531 mesylate monohydrate. *Int. J. Pharm.* **198**, 239 – 247 (2000).

[64]McFarland, J. W.; Avdeef, A.; Berger, C. M.; Raevsky, O. A. Estimating the water solubilities of crystalline compounds from their chemical structure alone. *J. Chem. Inf. Comput. Sci.* **41**, 1355 – 1359 (2001).

[65]McFarland, J. W.; Du, C. M.; Avdeef, A. Factors influencing the water solubility of crystalline drugs. In: van de Waterbeemd, H.; Lennernäs, H.; Artursson, P. (eds.). *Drug Bioavailability. Estimation of Solubility, Permeability, Absorption and Bioavailability*, Wiley-VCH, Weinheim, 2002, pp. 232 – 242.

[66]Bergström, C. A. S.; Strafford, M.; Lazarova, L.; Avdeef, A.; Luthman, K.; Artursson, P. Absorption classification of oral drugs based on molecular surface properties. *J. Med. Chem.* **46**, 558 – 570 (2003).

[67]Wells, J. I. *Pharmaceutical Preformulation: The Physicochemical Properties of Drug Substances*, Ellis Horwood Ltd., Chichester, 1988.

[68]Maurin, M. B.; Vickery, R. D.; Gerard, C. A.; Hussain, M. Solubility of ionization behavior of the antifungal α-(2, 4-difluorophenyl)-α-[(1-(2-(2-pyridyl) phenylethenyl)] -1H-1, 2, 4-triazole-1-ethanol bismesylate (XD405). *Int. J. Pharm.* **94**, 11 – 14 (1993).

[69]Smith, S. W.; Anderson, B. D. Salt and mesophase formation in aqueous suspensions of lauric acid. *Pharm. Res.* **10**, 1533 – 1543 (1993).

[70]Fini, A.; Fazio, G.; Feroci, G. Solubility and solubilization properties of non-steroidal antiinflammatory drugs. *Int. J. Pharm.* **126**, 95 – 102 (1995).

[71]Avdeef, A.; Testa, B. Physicochemical profiling in drug research: A brief state-of-the-art of experimental techniques. *Cell. Molec. Life Sci.* **59**, 1681 – 1689 (2003).

[72]Bouligand, Y.; Boury, F.; Devoisselle, J.-M.; Fortune, R.; Gautier, J.-C.; Girard, D.; Maillol, H.; Proust, J.-E. Ligand crystals and colloids in water-amiodarone systems. *Langmuir* **14**, 542 – 546 (1998).

[73]Ravin, L. J.; Shami, E. G.; Rattie, E. S. Micelle formation and its relationship to solubility behavior of 2-butyl-3-benzofuranyl-4-(2-(diethylamino) ethoxy)-3, 5-diiodophenylketone hydrochloride. *J. Pharm. Sci.* **64**, 1830 – 1833 (1975).

[74]Tinwalla, A. Y.; Hoesterey, B. L.; Xiang, T.-X.; Lim, K.; Anderson, B. D. Solubilization of thiazolobenzimidazole using a combination of pH adjustment and complexation with 2-hydroxy-β-cyclodextrin. *Pharm. Res.* **10**, 1136 – 1143 (1993).

[75]Johnson, M. D.; Hoesterey, B. L.; Anderson, B. D. Solubilization of a tripeptide

HIV protease inhibitor using a combination of ionization and complexation with chemically modified cyclodextrin. *J. Pharm. Sci.* **83**, 1142 - 1146 (1994).

[76] Okimoto, K.; Rajewski, R. A.; Uekama, K.; Jona, J. A.; Stella, V. J. The interaction of charged and uncharged drugs with neutral (HP-β-CD) and anionically charged (SBE7-β-CD) β-cyclodextrins. *Pharm. Res.* **13**, 256 - 264 (1996).

[77] Sheng, J. J.; Kasim, N. A.; Chandrasekharan, R.; Amidon, G. L. Solubilization and dissolution of insoluble weak acid, ketoprofen: Effect of pH combined with surfactant. *Eur. J. Pharm. Sci.* **29**, 306 - 314 (2006).

[78] Miyazaki, S.; Inouie, H.; Yamahira, T.; Nadai, T. Interaction of drugs with bile components. I. Effects of bile salts on the dissolution of indomethacin and phenylbutazone. *Chem. Pharm. Bull.* **27**, 2468 - 2472 (1979).

[79] Bakatselou, V.; Oppenheim, R. C.; Dressman, J. B. Solubilization and wetting effects of bile salts in the dissolution of steroids. *Pharm. Res.* **8**, 1461 - 1469 (1991).

[80] Luner, P. E.; Babu, S. R.; Radebaugh, G. W. The effects of bile salts and lipids on the physicochemical behavior of gemfibrozil. *Pharm. Res.* **11**, 1755 - 1760 (1994).

[81] Wei, H.; Löbenberg, R. Biorelevant dissolution media as a predictive tool for glyburide a class II drug. *Eur. J. Pharm. Sci.* **29**, 45 - 52 (2006).

[82] Howard, P. H.; Meylan, W. *PHYSPROP Database*, Syracuse Research Corp., Syracuse, 2000.

[83] Yalkowsky, S. H.; Dannenfelser, R.-M. (eds.). *AQUASOL DATABASE of Aqueous Solubility*, 5th ed., College of Pharmacy, University of Arizona, Tucson, AZ 85721, 1998.

[84] Yalkowsky, S. H. *Solubility and Solubilization in Aqueous Media*, Oxford University Press, New York, 1999.

[85] Abraham, M. H.; Le, J. The correlation and prediction of the solubility of compounds in water using an amended solvation energy relationship. *J. Pharm. Sci.* **88**, 868 - 880 (1999).

[86] Rytting, E.; Lentz, K. A.; Chen, X.-Q.; Qian, F.; Venkatesh, S. Aqueous and cosolvent solubility data for drug-like organic compounds. *The AAPS J.* **7**, E78 - E105 (2005).

[87] Glomme, A.; März, J.; Dressman, J. B. Comparison of a miniaturized shake-flask solubility method with automated potentiometric acid/base titrations and calculated solubilities. *J. Pharm. Sci.* **94**, 1 - 16 (2005).

[88] Glomme, A.; März, J.; Dressman, J. B. Predicting the intestinal solubility of poorly soluble molecules. In: Testa, B.; Krämer, S. D.; Wunderli-Allenspach, H.; Folkers, G. (eds.) *Pharmacokinetic Profiling in Drug Research: Biological, Physicochemi-*

cal, and Computational Strategies , Wiley-VCH, Weinheim, 2006, pp. 259 – 280.

[89] Bergström, C. A. S.; Luthman, K.; Artursson, P. Accuracy of calculated pH-dependent aqueous drug solubility. *Eur. J. Pharm. Sci.* **22**, 387 – 398 (2004).

[90] Alsenz, J.; Meister, E.; Haenel, E. Development of a partially automated solubility screening (PASS) assay for early drug development. *J. Pharm. Sci.* **96**, 1748 – 1762 (2007).

[91] Sugano, K.; Kato, T.; Suzuki, K.; Keiko, K.; Sujaku, T.; Mano, T. High throughput solubility measurement with automated polarized light microscopy analysis. *J. Pharm. Sci.* **95**, 2115 – 2122 (2006).

[92] Chen, T.-M.; Shen, H.; Zhu, C. Evaluation of a method for high throughput solubility determination using a multi-wavelength UV plate reader. *Combi. Chem. HTS* **5**, 575 – 581 (2002).

[93] Chen, H.; Zhang, Z.; McNulty, C.; Cameron, O.; Yoon, H. J.; Lee, J. W.; Kim, S. C.; Seo, M. H.; Oh, H. S.; Lemmo, A. V.; Ellis, S. J.; Heimlich, K. A high-throughput combinatorial approach for the discovery of a Cremophor EL-free paclitaxel formulation. *Pharm. Res.* **20**, 1302 – 1308 (2003).

[94] Hayward, M. J.; Hargiss, L. O.; Munson, J. L.; Mandiyan, S. P.; Wennogle, L. P. Validation of solubility measurements using ultra-filtration liquid chromatography mass spectrometry (UF-LC/MS). In: American Society of Mass Spectrometry, 48 th Annual Conference, 2000.

[95] Kerns, E. H. High throughput physicochemical profiling for drug discovery. *J. Pharm. Sci.* **90**, 1838 – 1858 (2001).

[96] Faller, B.; Wohnsland, F. Physicochemical parameters as tools in drug discovery and lead optimization. In: Testa, B.; van de Waterbeemd, H.; Folkers, G.; Guy, R. (eds.). *Pharmacokinetic Optimization in Drug Research* , Verlag Helvetica Chimica Acta, Zürich; and Wiley-VCH, Weinheim, 2001, pp. 257 – 274.

[97] Avdeef, A.; Bucher, J. J. Accurate measurements of the concentration of hydrogen ions with a glass electrode: Calibrations using the Prideaux and other universal buffer solutions and a computer-controlled automatic titrator. *Anal. Chem.* **50**, 2137 – 2142 (1978).

[98] Avdeef, A.; Kearney, D. L.; Brown, J. A.; Chemotti, A. R., Jr. Bjerrum plots for the determination of systematic concentration errors in titration data. *Anal. Chem.* **54**, 2322 – 2326 (1982).

[99] Avdeef, A. STBLTY: Methods for construction and refinement of equilibrium models. In: Leggett, D. J. (ed.). *Computational Methods for the Determination of Formation Constants* , Plenum, New York, 1985, pp. 355 – 473.

[100] Seiler, P. The simultaneous determination of partition coefficients and acidity constant of a substance. *Eur. J. Med. Chem.-Chim. Therapeut.* **9**, 665 – 666 (1974).

[101] Wang, Z.; Burrell, L. S.; Lambert, W. J. Solubility of E2050 at various pH: A case in which the apparent solubility is affected by the amount of excesssolid. *J. Pharm. Sci.* **91**, 1445 – 1455 (2002).

[102] Kawakami, K.; Miyoshi, K.; Ida, Y. Impact of the amount of excess solids on apparent solubility. *Pharm. Res.* **22**, 1537 – 1543 (2005).

[103] Albert, A.; Serjeant E. P. *The Determination of Ionization Constants*, 3rd ed., Chapman andHall, London, 1984.

[104] Avdeef, A. pH-metric log *P*. 2. Refinement of partition coefficients and ionization constants of multiprotic substances. *J. Pharm. Sci.* **82**, 183 – 190 (1993).

[105] Bendels, S.; Tsinman, O.; Wagner, B.; Lipp, D.; Parrilla, I.; Kansy, M.; Avdeef, A. PAMPA-excipient classification gradient maps. *Pharm. Res.* **23**, 2525 – 2535 (2006).

[106] Herzfeldt, C. D.; Kummel, R. Dissociation constants, solubilities and dissociation rates of some selected nonsteroidal anti-inflammatories. *Drug Dev. Ind. Pharm.* **9**, 767 – 793 (1983).

[107] Schwartz, P. A.; Rhodes, C. T.; Cooper, J. W., Jr. Solubility and ionization characteristics of phenytoin. *J. Pharm. Sci.* **66**, 994 – 997 (1977).

[108] Bundgaard, H.; Johansen, M. Pro-drugs as drug delivery systems, VIII Bioreversible derivatization of hydantoin by *N*-hydroxymethylation. *Int. J. Pharm.* **5**, 67 – 77 (1980).

[109] Savolainen, J.; Järvinen, K.; Taipale, H.; Jarho, P.; Loftsson, T.; J ärvinen, T. Co-administration of a water-soluble polymer increases the usefulness of cyclodextrins in solid oral dosage forms. *Pharm. Res.* **15**, 1696 – 1701 (1998).

[110] Serajuddin, A. T. M.; Rosoff, M. pH-solubility profile of papaverine hydrochloride and its relationship to the dissolution rate of sustained-release pellets. *J. Pharm. Sci.* **73**, 1203 – 1208 (1984).

[111] Miyazaki, S.; Inouie, H.; Nadai, T.; Arita, T.; Nakano, M. Solubility characteristics of weak bases and their hydrochloride salts in hydrochloric acid solutions. *Chem. Pharm. Bull.* **27**, 1441 – 1447 (1979).

[112] Li, P.; Esmail, S.; Yalkowsky, S. H. Combined effect of complexation and pH on solubilization. *J. Pharm. Sci.* **87**, 1535 – 1537 (1998).

[113] Koontz, J. L.; Marcy, J. E. Formation of natamycin-cyclodextrin inclusion complexes and their characterization. *J. Agric. Food Chem.* **51**, 7106 – 7110 (2003).

[114] Zingone, G.; Rubessa, F. Preformulation study of the inclusion complex warfarin

β-cyclodextrin. *Int. J. Pharm.* **291**, 3 – 10 (2005).

[115] Wen, X.; Liu, Z.; Zhu, T.; Zhu, M.; Jiang, K.; Huang, Q. Evidence for the 2 : 1 molecular recognition and inclusion behavior between β-and γ-cyclodextrins and cinchonine. *Bioorg. Chem.* **32**, 223 – 233 (2004).

[116] Mannila, J.; Järvinen, T.; Järvinen, K.; Tarvainen, M.; Jarho, P. Effect of RM-β-CD on sublingual bioavailability of Δ^9-tetrahydrocannabinol in rabbits. *Eur. J. Pharm. Sci.* **26**, 71 – 77 (2005).

[117] Figueiras, A.; Sarraguaça, J. M. G.; Carhalho, R. A.; Pais, A. A. C. C.; Veiga, F. J. B. Interaction of omeprazole with a methylated derivative of β-cyclodextrin: phase solubility, NMR spectroscopy and molecular simulation. *Pharm. Sci.* **24**, 377 – 389 (2006).

[118] Béni, S.; Szakács, Z.; Csernák, O.; Barcza, L.; Noszál, B. Cyclodextrin/imatinib complexation: Binding mode and charge dependent stabilities. *Eur. J. Pharm. Sci.* **30**, 167 – 174 (2007).

[119] Huskonen, J.; Salo, M.; Taskinen, J. *J. Chem. Int. Comp. Soc.* **38**, 450 – 456 (1998).

[120] Mooney, K. G.; Mintun, M. A.; Himmelstein, K. J.; Stella, V. J. Dissolution kinetics of carboxylic acids I: Effect of pH under unbuffered conditions. *J. Pharm. Sci.* **70**, 13 – 22 (1981).

[121] Avdeef, A.; Box, K. J. *Sirius Technical Application Notes (STAN)*, Vol. 2, Sirius Analytical Instruments Ltd., Forest Row, UK, 1995.

7　渗透性：PAMPA

本章主要阐述了渗透性测量的理论和实践基础，以及它在预测人体空肠渗透性（HJP）和人体肠道吸收（HIA）方面的应用。用 PAMPA（平行人工膜透性测定）模型来说明一些有趣的基本概念，包括：

- 梯度 - pH、等度 - pH、pK_a 和水边界层（ABL）；
- 单侧和双侧搅拌对 ABL 厚度的控制；
- 有效渗透速率（P_e）对数与 pH 所做曲线函数的应用特征；
- pK_a^{FLUX} 渗透性测定的优化设计；
- 加入助溶剂测定几乎不溶药物 P_e 值的方法；
- 永久带电荷药物和两性药物的渗透性；
- 用于提高人体肠道吸收（HIA）的处方高通量筛选。

本章附录描述了来源于几种不同模型推导出的渗透性测量公式。

7.1　胃肠道渗透性

渗透性（特别是与溶解度和 pK_a结合在一起考虑时）可以用来预测口服药物的胃肠道（GIT）吸收。本章的一个目标是通过对图 2.2（药物的固有渗透速率，P_0）中各图顶部水平直线测定方法的分析，全面介绍和探讨第 2 章中吸收模型的所有参数。

“渗透性”可视为膜屏障的一个特性。它可以反映出分隔在膜两侧水溶液中的溶质从一侧转移到另一侧的程度，通常是通过“渗透”物质（如类药性化合物）跨膜浓度梯度的被动扩散来实现的。化合物的“渗透系数”P_e可定义为化合物在单位摩尔浓度（mol · cm^{-3}）下，单位时间（s）内扩散通过单位膜横截面（cm^2）的数量（mol）。因而，P_e的单位为 cm · s^{-1}。本章中“渗透性”是指特定化合物对给定膜屏障的渗透速率。

图 7.1 展示了渗透模型的复杂性。根据 Fick 扩散定律（参见第 2 章），图 7.1a 中所示的溶质在水相和磷脂相间的分配（参见第 4 章和第 5 章）应与脂膜的渗透性成正比。图 7.1b 是人造磷脂膜屏障的一个示例，如形成“黑色脂膜”（BLM，参见 7.2.2 节）或脂质体（参见第 5 章）的人造磷脂膜屏障，其中溶质的被动扩散是浓度梯度驱

动的。Kansy 等[1]介绍的 PAMPA（平行人工膜渗透性测定）模型可看作图 7.1b 理想过程的一个例子。PAMPA 膜屏障通常由蛋黄卵磷脂的十二烷烯溶液制成。图 7.1c 和图 7.1d 表示基于细胞的屏障，此时渗透可以是被动的（跨细胞和/或细胞旁，图 7.1c）或载体介导的（图 7.1d）。当后者逆浓度梯度的渗透发生时，称为主动转运（需要能量的输入来驱动这一过程）。

本章为渗透性的测量奠定了基础，阐述了多个 PAMPA 模型相关的基本概念。目前这一模型通常用于早期药物研发中渗透性的测定。该方法说明了通过含磷脂双层的膜屏障的被动扩散。在更复杂的（生物）口服吸收预测模型中，常见的评估渗透速率的体外测定是基于 Caco-2 或 MDCK（Madin-Darby 犬肾）培养细胞融合单层[2-14]。这个专题将在第 8 章进一步讨论。第 9 章将在比较体外和人工膜模型对体内转运测量的基础上讨论血脑屏障（BBB）的渗透性。

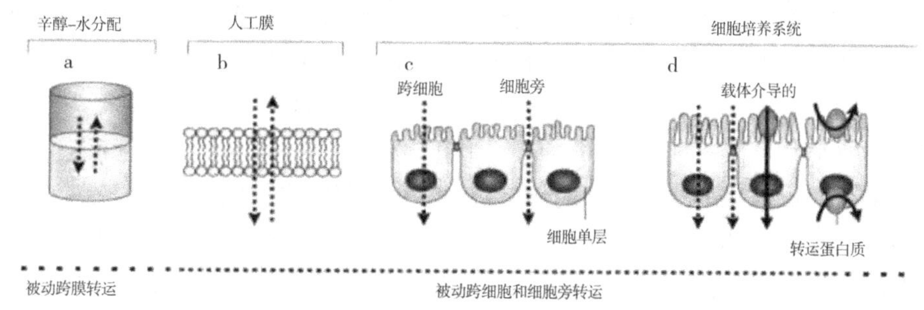

图 7.1　不同的渗透模型

［a. 用于构建药物进入细胞膜分布模型的有机溶剂/水体系（如辛醇、十六烷）；b. 人工膜（如 BLM 或 PAMPA），人工膜允许经被动跨膜途径通过脂质双层的转运研究；c. 形成单层的细胞系，具有被动跨细胞和细胞旁途径转运以及可忽略的主动转运功能，细胞旁途径对亲水性小化合物药物在小肠上段的渗透性是重要的，但对如结肠和血脑屏障这样的紧密屏障其作用就不大了；d. 形成单层的细胞系，同时具有被动的和载体介导的（CM）药物转运途径。转载自 SUGANO K，KANSY M，ARTURSSON P，et al. Coexistence of passive and active carrier-mediated uptake processes in drug transport：a more balanced view. *Nature Rev. Drug Discov.*，2010，9：597-614。经 Nature Publishing Group. 许可复制］

为了根据药物理化性质对膜渗透和口服吸收进行合理解释，良好的实验数据和完整的理论模型是必不可少的。亲脂性是 ADME（吸收、分布、代谢、排泄）预测中的核心概念（参见第 2 章），为说明渗透性-亲脂性关系的模型提供重要的见解。在最简单的基于 Fick 扩散定律的模型中，渗透性与膜-水分配系数线性相关［式（2.3）］。但是，实际上在宽的亲脂性范围内通常是观察不到线性的。在文献中已描述了不同的被动膜扩散理论来解释这一现象。

基于人工膜（图 7.1b）的测定中，造成非线性的可能原因有：

- 水边界层，ABL（也称为未搅拌水层，UWL）；
- 某些脂膜上的水性孔；
- 膜对亲脂性渗透物的吸收/滞留；
- 过剩的亲脂性（接收室渗透物脱附时间长，达不到稳态）；

- 跨膜 pH 梯度；
- 缓冲液的影响（ABL 中）；
- 恒定的供给室浓度（由于渗透物的析出）；
- 渗透物在供给室聚集（形成大的扩散慢的化合物）；
- 与膜组分之间特殊的氢键、静电、疏水性/亲脂性相互作用；
- 渗透物电荷状态（pK_a效应）；
- 使用不合适的渗透性公式（如忽略膜滞留等）。

细胞培养模型（参见第 8 章）同样会受到上述所有非线性效应的影响，还要加上细胞生理学的影响。顶部与基底外侧膜含有不同的脂质成分、不同的表面带电区域和不同的膜结合蛋白。主动转运蛋白能够影响渗透，有些转运蛋白能够促进药物的渗透，有些则减弱药物的渗透，P－糖蛋白（P－gp，P 代表渗透）是一个重要的外排体系，它阻止了许多潜在的有效药物透过细胞屏障进入细胞。P－糖蛋白在 BBB 和癌细胞中大量表达。屏障细胞之间的连接可让小分子化合物通过含水通道渗入。在胃肠道的不同部位连接的紧密程度不同。BBB 的内皮细胞连接的特别紧密。胃肠道中上皮细胞屏障的顶部和基底侧之间天然地存在 pH 梯度。代谢在限制药物生物利用度上起着至关重要的作用。药物可同时采取多种不同的转运机制，这使得对它们的研究变得富有挑战性。

建立与口服吸收相关的完整生物学过程的模型是一项令人生畏的工作，因为许多“主动转运”的过程尚未完全了解清楚。在本章和其他章（参见第 8 章和第 9 章）中绝大多数实际工作是期望得到足够通用的被动膜渗透性（跨细胞和流体动力学）核心模型，来阐明上述所列的许多在人工膜研究中观察到的效应。由更复杂的体外细胞培养模型得出的主动转运过程的模型可置于核心被动模型之上（转运蛋白效应的详细处理已超出了本书的范畴）。

本章以图表形式列出数百个 PAMPA 测量结果。70 多个人造脂膜模型测试[78,80,93]揭示了一个非常有潜力的体外 GIT 模型，这个模型称为双漏槽（Double－Sink），它采用了比最初报道[1]的更高水平卵磷脂膜成分和带负电的磷脂膜成分、pH 梯度和人造漏槽条件。基于下面的讨论，采用不同滤器和磷脂膜材料设计的不同 PAMPA“三明治”板得到了不同的渗透速率。

尽管对测定结果的分析是本章的基本内容，但这里提供的很多数据还可以进一步挖掘来说明定量结构－性质关系（QSPR），我们鼓励读者这样做。

分别用 P_{OCT}和 D_{OCT}表示辛醇－水分配速率和表观分配（分布）系数。对其他脂类（X），相应的符号为 $P_{\mathrm{X/W}}$和 $D_{\mathrm{X/W}}$（如 X ＝ LIPO、HXD、ALK、MEM 代表脂质体、十六烷、烷烃、磷脂膜等）。有效、表观、膜、固有和水边界层的渗透速率分别记为 P_e、P_a、P_m、P_0和 P_{ABL}，D_{aq}表示化合物在水溶液中的扩散系数。第 1 章之前的术语表定义了本书中用到的各种符号。

7.2 渗透性模型的历史发展

7.2.1 脂质双层概念

双层膜模型的发展历史非常有趣，它至少跨越了 3 个世纪，最早始于肥皂泡和水面油层的研究[15-17]。

1672 年 Robert Hooke 在显微镜下观察到肥皂泡上“黑”点的长大[18]。3 年后，Isaac Newton 在研究“……太阳的成像［在肥皂泡表面的黑斑］有极微弱的反射……”时，计算出黑色斑点的厚度约为 9.5 nm（95 Å）［单位 Å 是以“光谱学之父”Anders Jonas Ångström 的名字命名的。他于 Robert Hooke 实验的 150 年后才出生，曾在乌普萨拉大学（University of Uppsala）任教］。

Ben Franklin 是一位自学成才的科学家，对电感兴趣，同时，他也是美国历史上著名的政治家。18 世纪 70 年代早期，他访问了英国。1774 年他在 *Philosophical Transactions of the Royal Society* 上发表以下文字[20]：

我在 Clapham 时，在一片公共陆地里有一个大池塘。一天我看到风很大，就带了一瓶油出去，在水面撒了一点……不超过 1 汤匙……令人惊奇的是，油散开来，最后一直扩散到池塘背风的一边，铺满了整整 1/4 的池塘，大约有半英亩，平整得像一面镜子……薄得都发出了七彩色……再薄就看不见了。

Franklin 提到了 Pliny 关于古时候渔民在波涛汹涌的水面上撒油的说法，这一方法沿用至今。

［注：Franklin 当年做实验的池塘在 Clapham 公共陆地内，这里是伦敦南边的一个公园。笔者在同一个池塘用一汤匙的橄榄油小心地重现了 Franklin 的实验。橄榄油迅速在水面一圈一圈地扩散开来，泛着耀眼的七彩色，大小如海滩浴巾，但之后就再也看不见了。实际上，这个池塘在这之间的 240 年里也明显地缩小了。经审慎地判断可以排除在公共池塘用其他（非食用）油做实验的可能。］

1890 年，也就是 Franklin 实验的 100 多年之后，伦敦皇家学院（Royal Institution of London）的自然哲学（物理学）教授 Lord Raleigh 用水和油开展了定量实验。他仔细地测量了一定量的油能扩散的面积。这使得他可以计算油膜的厚度[15-16]。在他发表这一研究内容的一年后，一位叫 Agnes Pockels 的德国妇女与他联系。她在自家厨房水槽中做了大量油膜实验，并开发了一款精密测量油膜准确面积的工具。Lord Raleigh 帮助 Agnes Pockels 在科学刊物中发表了一些她的实验结果（1891—1894）[15-16]。

Franklin 的一汤匙油（假设密度为 0.9 $g \cdot mL^{-1}$，平均化合物量为 280 $g \cdot mol^{-1}$）中含有 10^{22}个脂肪酸链。油覆盖半英亩池塘，面积约为 2000 m^2，因此约为 2×10^{23} $Å^2$。假设在池塘表面形成一层单层（厚度的计算值为 25 Å），所以每条链所占面积应为 20 $Å^2$。

1877 年，Pfeffer[21] 将植物细胞悬浮在不同浓度的盐水中，他观察到在高渗条件下细胞缩小，在低渗条件下细胞涨大。他推断，存在一个半透膜将细胞内液与外部溶液分隔开，这是一个（在光学显微镜下）看不见的质膜。

19 世纪 90 年代，Overton 在苏黎世大学（University of Zurich）用 500 多种不同的化合物开展约 10 000 个实验。他测量了这些化合物被吸收进入细胞的速率。同时，他还测量了这些化合物的橄榄油 - 水分配系数，并发现亲脂性化合物易进入细胞，而亲水性化合物却很难。因此，他推断细胞膜一定是类油的。化合物脂溶性越高，质膜渗透速率就越大，这个关系后来被称为 Overton 法则。Collander 证实了这些观察，但指出一些亲水性小化合物，如尿素和甘油，也可以进入细胞。如假设质膜中含有水充填的孔，就可以解释这一现象。Collander 和 Bärlund 推断化合物的大小和亲脂性是膜吸收的两大重要特性[23]。

Fricke 利用惠斯通电桥（Wheatstone bridge）[16] 测量了红细胞（RBC）悬浮液的电阻。在低频时，红细胞悬浮液的阻抗很高。但在高频时，阻抗却下降到一个低值。例如，细胞周围有一层低绝缘材料的薄膜，薄膜的有效电阻和电容与电阻器相匹配，则在低频时电流会绕着细胞流动，在高频时电流会“穿过”细胞（分流通过电容器）。1910 年，Hober 评估了等效电路模型，计算出有效介电常数为 3 时红细胞膜的厚度为 33 Å；有效介电常数为 10 时红细胞膜的厚度为 110 Å[16]。

1917 年，在通用电器（General Electric）实验室工作的 I. Langmuir 设计了一套装置（现在称为兰米尔槽），这是 Agnes Pockels 装置的改进版。他用这套装置研究两性化合物在空气 - 水边界处形成的单化合物层的性质。这项技术使得他推导出单层中脂肪酸的尺寸。他设想脂肪酸化合物垂直排列，疏水烃链朝上远离水，极性羧基与水接触，从而在水的表面形成一单化合物层。

1925 年，Gorter 和 Grendel[25] 借鉴了 Langmuir 的研究成果，从红细胞血影中提取出脂质，并参考 Langmuir 的工作用这些脂质制备了单化合物层。他们发现单层的面积是完整红细胞膜表面积计算值的两倍，说明存在“双层”。这就引出了脂质双层作为细胞膜基本结构的概念（图 7.2）。

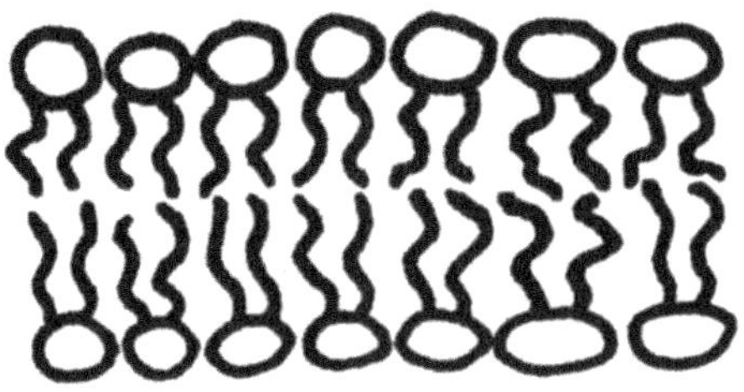

图 7.2　脂质双层示意

根据从鲭鱼卵中得到的蛋白质被油滴吸入的观察结果，以及其他研究结果，1935 年，两位伦敦大学学院的科学家 Danielli 和 Davson 提出了双层两边都覆盖着一层蛋白质的“三明治”脂质模型（图 7.3）。这是第一个被广泛接受的膜模型[26]。随着人们用电镜和 X - 射线衍射法对膜结构的了解越来越多，模型一直在修正。最终在 20 世纪

70 年代被 Singer 和 Nicolson 提出的流动镶嵌模型所取代[27-28]。在新的模型中（图 7.4），脂质双层是不动的，但认为蛋白质是球形的，可在脂质双层中自由浮动，有些穿越整个脂质双化合物层。

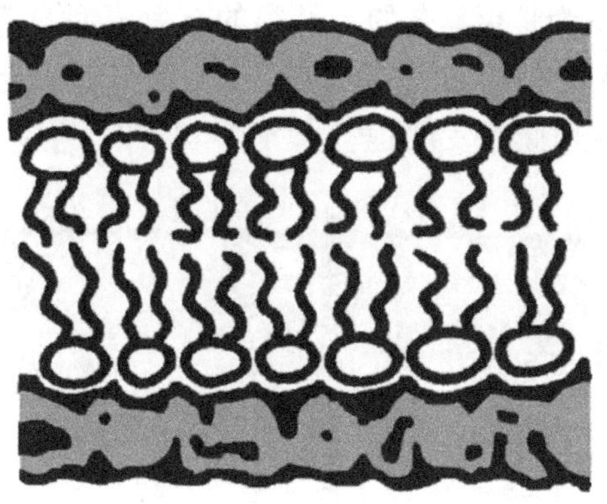

图 7.3 Danielli－Davson 膜模型

（认为蛋白质层将脂质双层夹在中间）

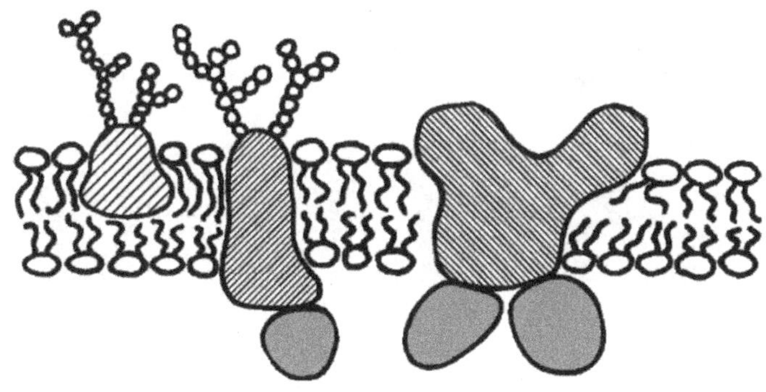

图 7.4 双层的流动镶嵌现代模型

1961 年，Mueller、Rudin、Tien 和 Westcott 在细胞质膜研讨会上首次介绍了如何在体外构建脂质双层[29]。这被认为是平面脂质双层自组装的开创性工作[16-17,29-31]。研究结果让他们得出一个结论，肥皂膜在不断薄化的最后阶段具有一个双层的结构，即①洗涤剂化合物的油性链朝向空气侧；②极性的头部插入水层。从 Hooke 的工作算起，他们的实验模型研究持续了 3 个世纪。采用 Rudin 小组的方法制备的膜后来被称为“黑色脂膜”（BLM）。之后不久 Bangham 介绍了一种囊壁由脂质双层构成的小囊，称为脂质体[32]。

7.2.2 黑色脂膜（BLM）

1961 年，Mueller 等报道称[29-31]，在聚四氟乙烯或聚乙烯薄片上打一小孔（直径为 0.5 mm），再小心地在小孔上加少量磷脂（1% ~2% 正烷烃或角鲨烯溶液）。如图 7.5a 所示的顺序，慢慢地在小孔中心形成一薄膜，多余的脂质流向小孔的周边（形成

“Plateau－Gibbs 边界”）。最终中心膜变为看上去是黑色的，在小孔上形成单一（5 nm 厚）的双层脂膜（BLM）。适合形成 BLM 的脂质绝大多数提取自天然产物，如磷脂酰胆碱（PC）、磷脂酰乙醇胺（PE）、磷脂酰丝氨酸（PS）、磷脂酰肌醇（PI）、鞘磷脂（Sph）等。这样的膜被认为是更复杂的天然膜的有效模型[30－43]。图 7.5b 列出了最常见膜组分。鞘磷脂是一大类鞘磷脂类的代表，包括脑苷脂（与头部基团结合的糖）和神经节苷脂（在神经细胞质膜中发现）。

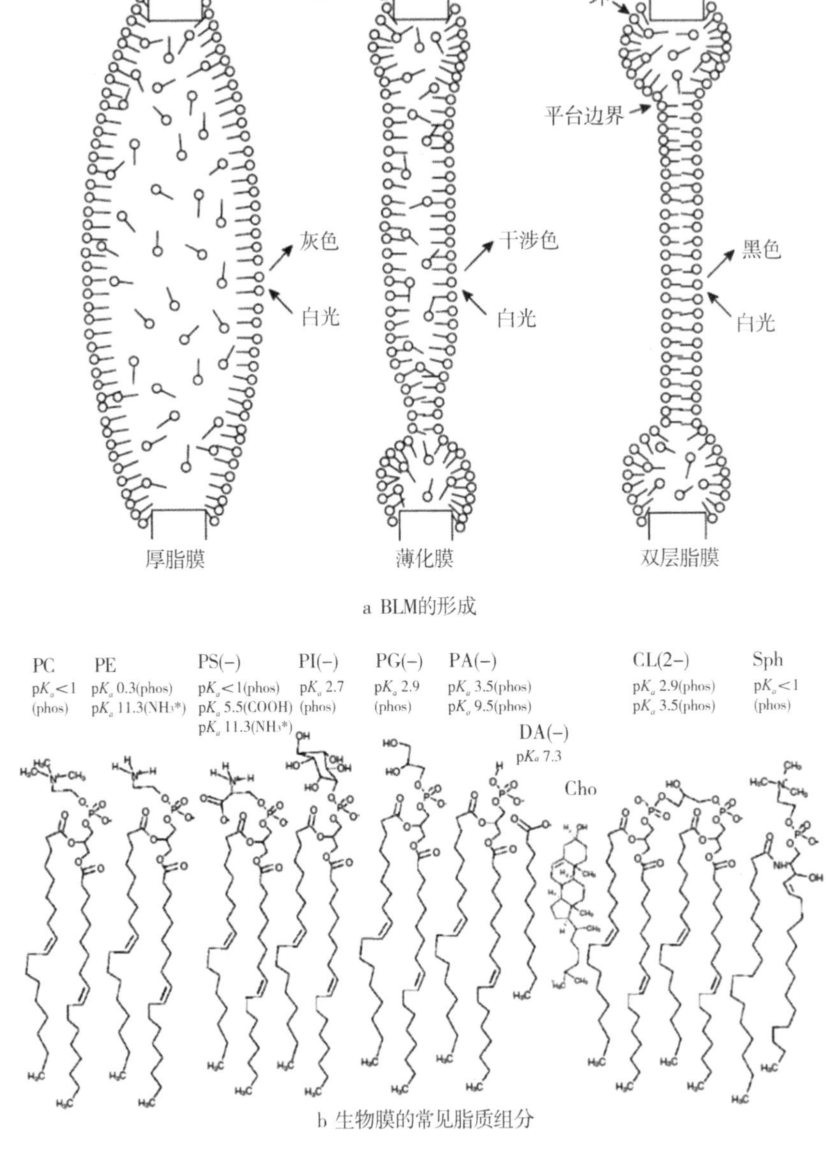

图 7.5　黑色脂膜

（为了简便，所有酰基链都用油醇基来表示。图 7.5a 转载自 FENDLER J H. Membrane Mimetic Chemistry，New York，John Wiley & Sons，1982 John Wiley & Sons。Copyright © 1982. 经 John Wiley & Sons，Inc. 许可复制）

在用 BLM 作为模型开展工作时存在一个严重的不足，它们非常脆弱（在测量电学性质时需要一个减震平台和一个法拉第笼），且制备膜很费时[35-41]。尽管如此，Walter 和 Gutknecht 研究了一系列简单羧酸通过蛋黄磷脂酰胆碱/癸烷 BLM 的渗透情况。根据示踪物的通量计算固有渗透速率 P_0。$\log P_0$ 与十六烷－水分配系数 $\log P_{HXD/W}$ 之间存在线性关系。除了最小的羧酸（甲酸）外，其他的羧酸都有 $\log P_0 = 0.90 \log P_{HXD/W} + 0.87$。采用相同的 BLM 系统，Xiang 和 Anderson [37] 研究了一系列对甲基苯甲酸的 α－亚甲基取代类似物渗透的 pH 依赖关系。他们比较了蛋黄磷脂酰胆碱癸烷的渗透性和在辛醇－水、十六烷－水、十六烯－水和 1，9－癸二烯－水系统中的分配系数。发现最低相关性来自于与辛醇－水的比较。十六烷－水系统：$\log P_0 = 0.85 \log P_{HXD/W} - 0.64$（$r^2$ 0.998）；癸二烯－水（DD/W）系统：$\log P_0 = 0.99 \log P_{DD/W} - 0.17$（$r^2$ 0.996）。对这些分析而言，必须对水边界层进行校正。图 7.6 表明上述提及的 5 个脂质系统中渗透系数的对数与分配系数的对数呈线性关系。

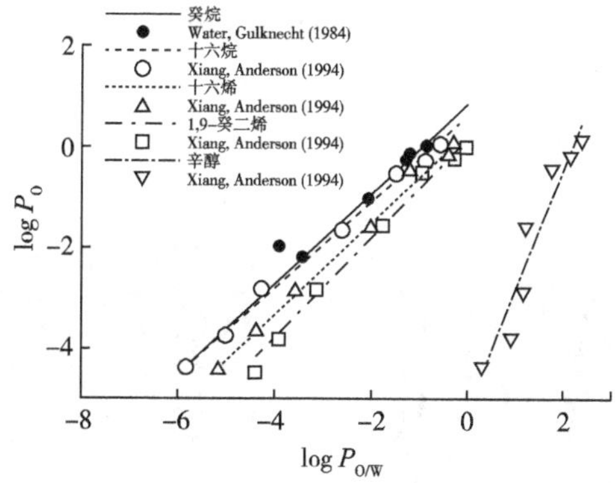

图 7.6　可电离酸的固有渗透速率 vs. 油－水分配系数

7.2.3　微滤器支架

为了克服膜脆弱（像肥皂泡一样易碎）的不足，提出了采用膜支撑的办法，如聚碳酸酯滤器（直通孔，图 7.7a）[42] 或其他多孔微滤器（海绵状的孔结构，图 7.7b）[1,44-47]。

Thompson 等[42]探索了采用聚碳酸酯滤器进行实验，使得在每一个直通的小孔中形成单个双层膜。考虑了多种可能的孔充填方式：脂质－溶剂塞、脂质－溶剂塞＋BLM、多层－BLM 和单层－BLM。支持形成单一双层的关键实验用到了两性霉素 B（图 7.8），两性霉素 B 是含聚乙烯的两性离子化合物，不易渗透双层，但当它们最初被引入到双层两侧时，如图 7.8（顶部）所示，公认地会形成管状跨膜低聚物。一旦形成跨膜的低聚物，像 Na^+ 或 K^+ 这样的小离子就能够穿过所形成的孔渗透。采用聚碳酸酯滤器作为支架支撑时，测量的电压－电流曲线证明了这样的单一双层膜结构。

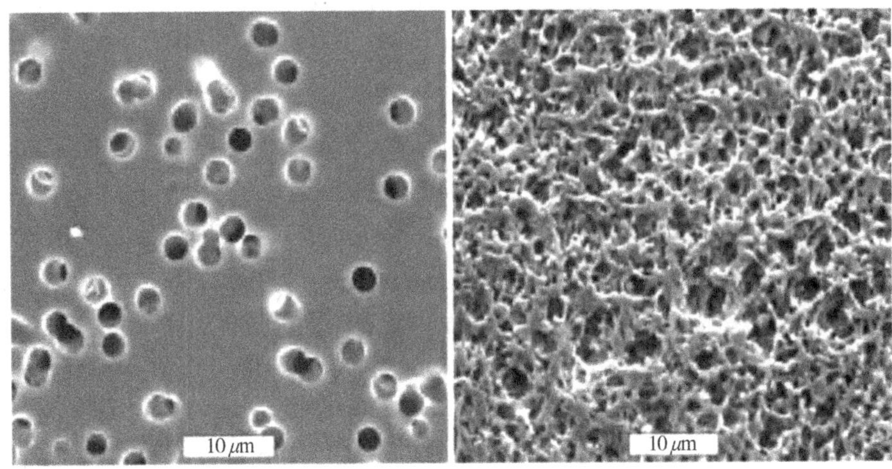

a 带有直通式圆柱小孔的聚碳酸滤器（通常用于基于细胞的分析）

b 高孔隙率亲水性PVDF滤器（通常用于PAMPA测量）

图 7.7　微滤器支架

（转载自 RUELL J A，AVDEEF A. Absorption using the PAMPA approach. In：YAN Z，CALDWELL G W（eds.）. Optimization in Drug Discovery：In Vitro Methods，Humana Press，Totowa，N J，2004，37－64。经 Springer Science + Business Media 许可复制）

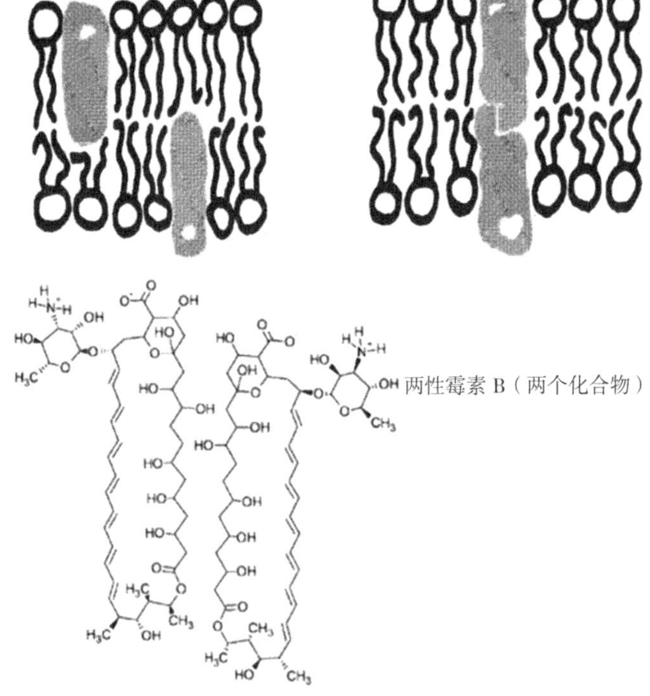

图 7.8　形成双层通道的两性霉素 B

Cools 和 Janssen 研究了本底盐浓度对华法林通过辛醇浸透膜（Millipore 超滤器，VSWP，孔径 0.025 μm）渗透性的影响。在华法林呈电离形式的 pH 条件下，发现提高本底盐浓度可以增加渗透性（图 7.9）。原认为这一观察结果支持带电药物通过实际生物膜的离子对机制，但目前对含水辛醇结构的理解表明，各向同性溶剂系统可能不适合模拟带电药物通过磷脂双层的被动扩散，因为辛醇周围形成的水簇可起到离子对渗透的“穿梭机（shuttle）”作用。这是在体内条件下不会发生的（参见 7.15 节）。

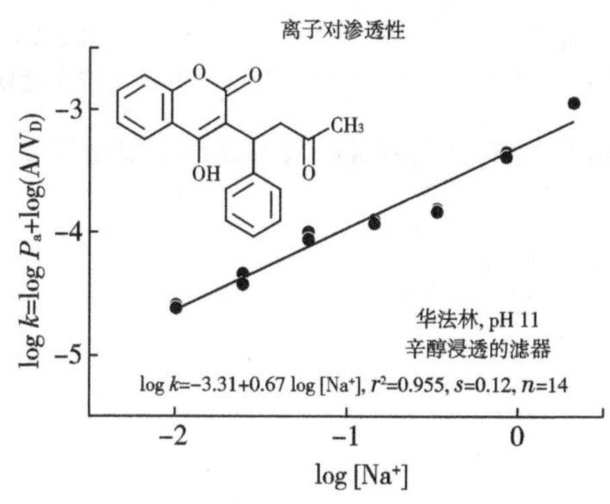

7.9 华法林阴离子（pH 11）通过辛醇浸泡的微滤器的渗透性与钠离子浓度的关系

Camenisch 等[45]测量了在 pH 7.4 时不同类型药物通过辛醇浸透的和肉豆蔻酸异丙酯浸透的人工膜（Millipore GVHP 混合纤维素酯滤器，孔径 0.22 μm）渗透性，并与 Caco−2 系统的渗透性和辛醇−水表观分配系数 log $D_{OTC(7.4)}$ 进行了比较。依据 pH−分配假说，不带电的药物是被动扩散。（GVHP 膜不用脂质浸透时，所有测试的药物都是高渗透性的，大都无法区分，表明只有图 7.10a 中的普通水边界层扩散。）在整个亲脂性范围内，与有效渗透性相关的 log P_e 对 log $D_{OTC(7.4)}$ 的曲线呈 S 形，仅在中间部分，即在 log $D_{OTC(7.4)}$ 为 −2 和 0 之间时，log P_e 与表观分配系数呈线性相关（图 7.10）。但是，在这个区域之外，渗透性与辛醇−水分配系数之间不存在相关性。高的一端，亲脂性极高化合物的渗透性受到水边界层的限制；另一端，由于 Caco−2 平行机制或各向同性溶剂存在时可能产生水通道渗漏，亲水性极高的化合物的渗透性要比 log D_{OTC} 预测的高。

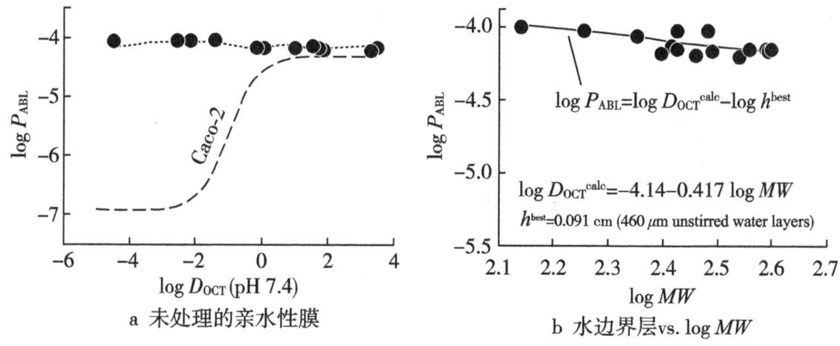

a 未处理的亲水性膜

b 水边界层vs. log MW

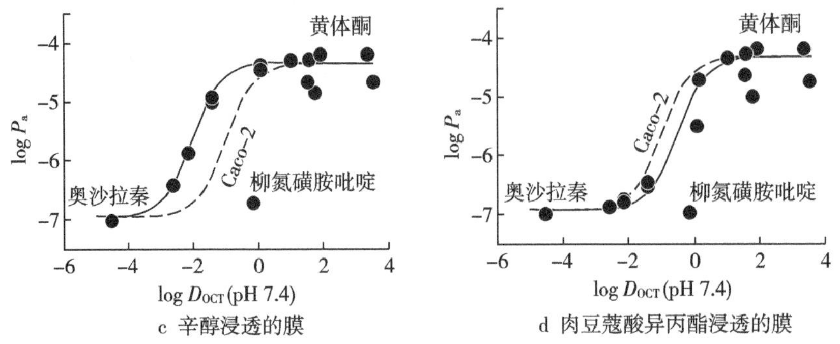

c 辛醇浸透的膜　　d 肉豆蔻酸异丙酯浸透的膜

图 7.10　药物通过油浸泡的微滤器的渗透与 Caco-2 渗透速率（虚线）的比较[45]

7.2.4　辛醇浸透的具有受控水孔的滤器

Ghosh[46]将硝酸纤维素微孔滤器（500 μm 厚）作为支架材料，将辛醇放入小孔中，然后在受控压力条件下，用水置换掉孔中的一些辛醇，从而制成有油和水通路的膜。这被认为是用作皮肤最外层（角质层）的一些特性的模型。这两种类型通道的相对量是可以控制的，研究了 5% ~10% 水孔内溶物的性质。布洛芬（亲脂性）和安替比林（轻度亲水性）可作为模型药物。当膜全部注入水时，安替比林渗透速率的测量值为 69×10^{-6} cm · s^{-1}；当 90% 的膜注入辛醇时，渗透速率降为 33×10^{-6} cm · s^{-1}；当 95% 的膜注入辛醇时，渗透速率降为 23×10^{-6} cm · s^{-1}；当膜全部充满辛醇时，渗透速率为 0.9×10^{-6} cm · s^{-1}。

7.2.5　渗透性与分配系数的关系

亲脂性（用分配系数表示）与渗透性的关系是许多讨论的主题[48-49]。图 7.11 表明渗透性与亲脂性的关系呈线性[50]、双曲线[51-53]、S 形[54-56]和双线性[57-59]。

早期对非线性的解释是基于多隔室系统中药物的分配（平衡）或扩散（动力学）[60-61]。在这一方面，强烈建议阅读 Kubinyi 1979 年发表的综述[57]，他同时采用动力学和平衡模型来分析转运问题。

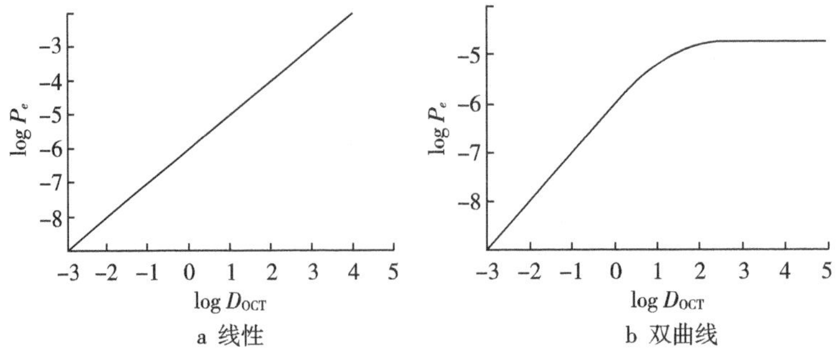

a 线性　　b 双曲线

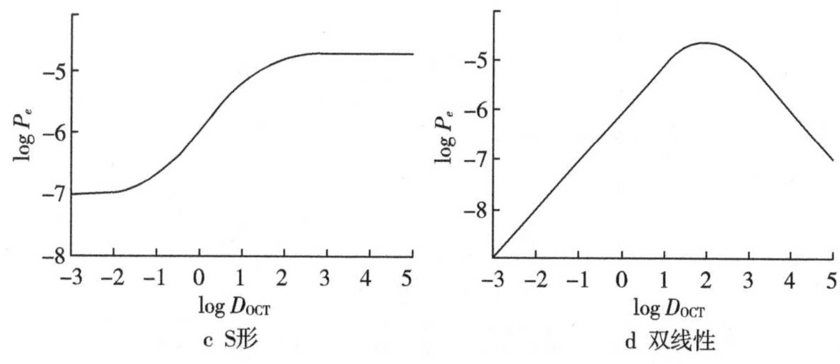

图 7.11 渗透性与亲脂性的关系

先考虑简单的三隔室模型。假设有机体中的反应环境减少到只有 3 相：水相（“W”隔室）、膜相（“M”脂质隔室）和接受相（“R”脂质隔室）。相应的体积分别为 V_W、V_M 和 V_R，且 $V_W \gg V_M \gg V_R$。如在时间 $t = 0$ 时将药物加到水相室中，此时浓度为 $C_W(0)$，平衡时（$t = \infty$）质量守衡（参见 7.5 节）应有 $V_W C_W(0) = V_W C_W(\infty) + V_M C_M(\infty) + V_R C_R(\infty)$。两个分配系数定义为：$P_{M/W} = C_M(\infty)/C_W(\infty)$ 和 $P_{R/W} = C_R(\infty)/C_W(\infty)$。因而，质量守衡可重新写成 $V_W C_W(0) = V_W C_W(\infty) + V_M P_{M/W} C_W(\infty) + V_R P_{R/W} C_W(\infty) = C_W(\infty)(V_W + V_M P_{M/W} + V_R P_{R/W})$。如脂质对水的体积比为 $r_M = V_M/V_W$ 和 $r_R = V_R/V_W$，那么三相中的平衡浓度可表示为：

$$C_W(\infty) = C_W(0)/(1 + r_M P_{M/W} + r_R P_{R/W}); \tag{7.1a}$$

$$C_M(\infty) = C_W(0) P_{M/W}/(1 + r_M P_{M/W} + r_R P_{R/W}); \tag{7.1b}$$

$$C_R(\infty) = C_W(0) P_{R/W}/(1 + r_M P_{M/W} + r_R P_{R/W})。 \tag{7.1c}$$

公式还可以进一步简化。采用 Collander 方程[62-63]，$\log P_{R/W} = a \log P_{M/W} + c$ 或 $P_{R/W} = 10^c P_{R/W}^a$ 能够获得良好的近似值，这里 a 和 c 是常数。式（7.1）可采用对数的形式表示为只有一个分配系数（$PC = P_{M,W}$）的函数：

水：$\log C_W(\infty)/C_W(0) = -\log(1 + r_M PC + r_R 10^c PC^a)$； (7.2a)

脂质：$\log C_M(\infty)/C_W(0) = \log PC - \log(1 + r_M PC + r_R 10^c PC^a)$； (7.2b)

接受：$\log C_R(\infty)/C_W(0) = a \log PC - \log(1 + r_M PC + r_R 10^c PC^a) + c$。 (7.2c)

图 7.12 是式（7.2）相对平衡浓度的例图。在这个例子中，选择的三相为水、辛醇和磷脂酰胆碱制成的脂质体（囊泡由磷脂双层制成），体积 $V_W = 1$ mL（水）、$V_W = 50\ \mu L$（辛醇）和 $V_R = 10\ \mu L$（脂质体）。由图 5.6 推导出 Collander 公式：$\log P_{LIPO/W} = 0.41 \log P_{OCT} + 2.04$。图 7.12 表明在三相混合物中加入亲水性强的化合物（$\log P_{OCT} < -6$），绝大多数分布进入水相（实线曲线），只有少部分在脂质体相中（点画线曲线），但实际上并没有进入辛醇相中（虚线曲线）。例子中，示意性模拟了假设接受部位的亲脂性质，$\log P_{OCT}$ 在 −4 ~ 3 的化合物绝大部分在脂质体部分，$\log P_{OCT}$ 约为 1.5 的化合物（在脂质体部分分配率）达到最大值。$\log P_{OCT} > 5$ 的亲脂性强的化合物更易蓄积在（亲脂性强的）辛醇隔室，在“接受”区域几乎没有。

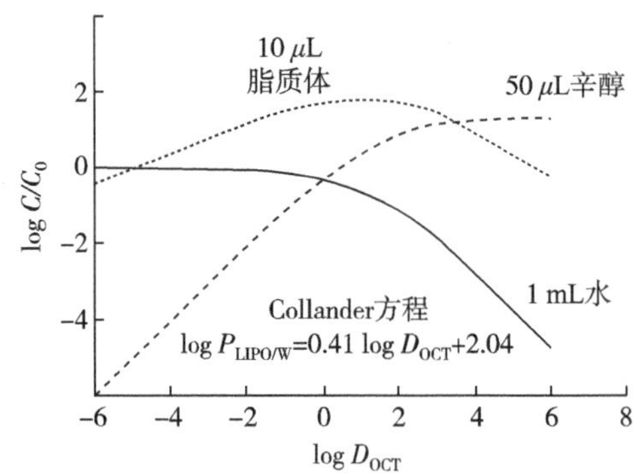

图 7.12　三隔室平衡分布模型[57]（kubinyi，1979）

Kubinyi[57]提出双线性方程［式（7.2c）］可用如下通式近似表示：

$$\log C = a\log P_{OCT} + c - b\log(rP_{OCT} + 1)。 \tag{7.3}$$

其中，a、b、c 和 r 为经验系数，由回归分析求得，C 为中间（接受）相中的浓度。使用式（7.3）计算图 7.11 d 中的曲线。

上述是浓度对亲脂性模型（热力学）的例子。渗透性与亲脂性（动力学）之间的关系是怎样的呢？Kubinyi 用大量文献例子说明，当热力学分配系数表示为两个反应（正反应和逆反应）速率之比时，动力学模型与平衡模型是相当的[57]。如图 7.11d 所示。图 7.12 中脂质体曲线（点画线）的形状也是渗透性与亲脂性关系的形状。

这得到了 van de Waterbeemd 用“两步分布”模型进一步证实[64-66]。之后，van de Waterbeemd 和同事又扩展了这一模型，用 log D_{OCT}取代 log P_{OCT}，以包括化合物离子化的效应和水孔的效应[48-49]。

7.3　PAMPA 的兴起——药物研发早期的有用工具

常用的 PAMPA 模型如表 7.1 所示。本节将对每一个模型作概括性介绍。

表 7.1　最常见 PAMPA 模型汇总[a]

分析类型	脂质类型[b]（w/v% 溶于溶剂中）	滤器类型[c]	溶液添加剂	参考文献
PAMPA－EGG	10% 蛋黄卵磷脂，胆固醇	PVDF	<2% DMSO；供体隔室中加 0.5% 胆酸盐	[1]
	1% 蛋黄卵磷脂	亲水 PVDF		[104]
PAMPA－DOPC	2% 二油酰基磷脂酰胆碱	PVDF	供体隔室中加 0.5% DMSO	[85]
PAMPA－HDM	100% 正十六烷	聚碳酸酯 3 μm 孔		[83]

续表

分析类型	脂质类型[b]（w/v% 溶于溶剂中）	滤器类型[c]	溶液添加剂	参考文献
PAMPA - BM	0.8% PC、0.8% PE、0.2% PS、0.2% PI、1% 胆固醇	PVDF	供体隔室与受体隔室中均加 5% DMSO	[103]
PAMPA - BBB_1	2% 猪脑脂质提取物（PC、PE、PS、PI、PA、脑苷酯）	PVDF	供体隔室中加 0.5% DMSO	[219]
PAMPA - BBB_2	10% 猪脑脂质提取物（PC、PE、PS、PI、PA、脑苷酯）	PVDF	供体隔室中加 0.5% DMSO 受体隔室中加表面活性剂	[153]
PAMPA - DS	20% 磷脂混合物（PC、PE、PI、PA、甘油三酯）	PVDF	供体隔室中加 0.5% DMSO 受体隔室中加表面活性剂	[80]

[a]除 PAMP - BM 使用 1，7 - 辛二烯作为溶剂，PAMPA - HDM 仅使用正十六烷外，均采用正十二烷作为溶解卵磷脂的溶剂。除双漏槽方法在梯度 pH 条件下完成外，所有测定均在等度 pH 缓冲条件下完成。

[b]PC 为磷脂酰胆碱，PE 为磷脂酰乙醇胺，PS 为磷脂酰丝氨酸，PI 为磷脂酰肌醇，PA 为磷脂酸。

[c]PVDF 滤器为疏水性，仅参考文献［104］为亲水性。PVDF 滤器的孔隙率为 70%，而聚碳酸酯滤器的孔隙率为 14%。

7.3.1 最初的蛋黄卵磷脂模型：PAMPA - EGG

Hoffmann - La Roche 的 Kansy 等[1]（图 7.13）发表了一项被广泛引用的关于药物跨过磷脂涂布滤器渗透的研究，使用的技术被称为“PAMPA”技术，也就是平行人工膜渗透性测定。他们的报告发出的正是时候——当时正值采用生物药剂学特性进行快速筛选的时期。与生物学筛选相比，商业化生产的 PAMPA 是采用 96 孔微量滴板和 96 孔微滤板（有多种商业来源）构成的“三明治”结构（图 7.14），这样每个复合孔就分成了两个隔室：在底部的供给室和在顶部的接收室，它们由一个 125 μm 厚的微滤器圆片（孔径 0.45 μm，孔隙率为 70%，横截面面积为 0.3 cm^2）隔开。微滤器用 10% w/v 蛋黄卵磷脂十二烷溶液（混合脂质，主要含有 PC、PE，以及少量的 PI 和胆固醇）涂布，当系统与缓冲水溶液接触时，会在滤器通道内形成多胶束双分子层[42]。

图 7.13　Klaus Gubernator 博士（左）和 Manfred Kansy 博士（右），两位关于最初 PAMPA 的论文作者[1]

［照片由 A. Avdeef 提供。摄于第一届 PAMPA 国际大会（2002）期间的北加州品酒之旅］

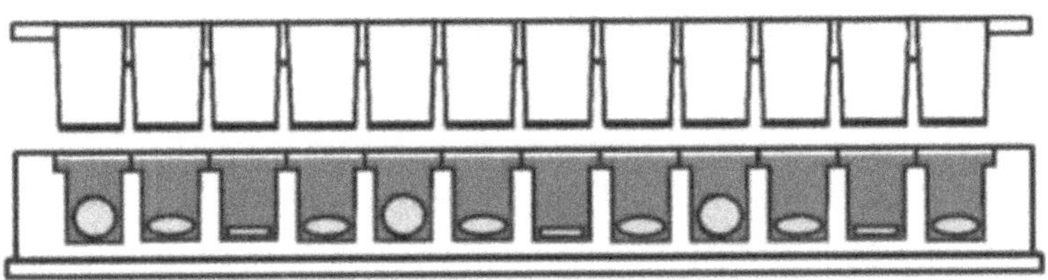

a 底部（供给）隔室中的单孔鳍状定轨摇床

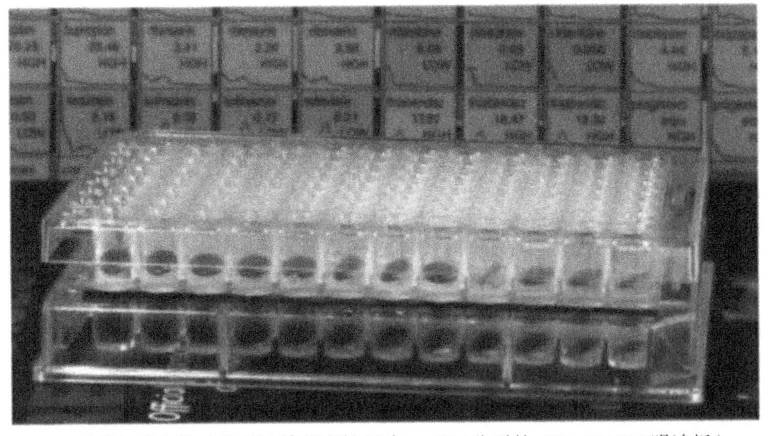

b 顶部和底部孔中的单孔鳍状定轨摇床（*p*ION公司的STIRWELL三明治板）

图 7.14　*p*ION 96 孔微量滴定板 PAMPA 三明治装置的横截面

Roche 研究人员[1,67-69]能够通过双曲线将他们测量的通量与人体吸收值关联起来，与 Caco-2 筛选中所述的非常类似[1-7,54,70-77]。在他们的测定中，图 7.15 插图的异常值是已知的主动转运化合物。因为人工膜没有主动转运体系，也没有代谢酶，因此该测定并不适合模拟主动转运化合物。我们采用 PAMPA 观察的都是纯粹的被动扩散，特别是对于不带电物质。

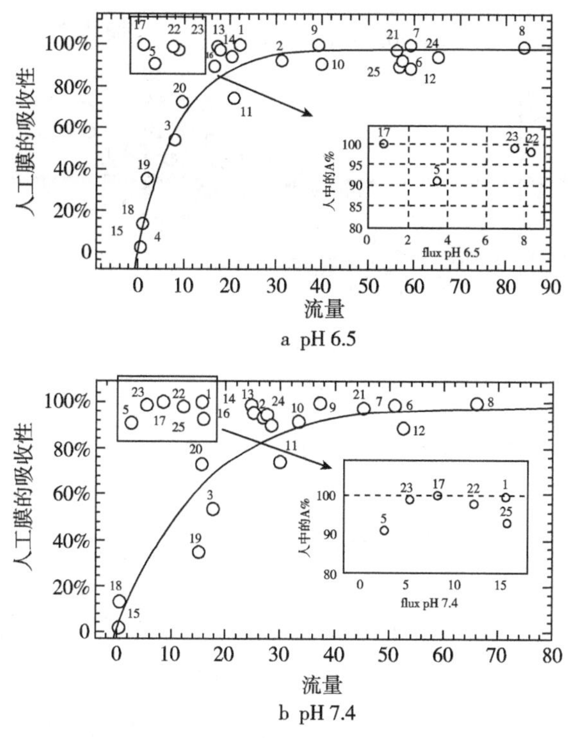

图 7.15 吸收% vs. PAMPA 通量[1]

（转载自 KANSY M，SENNER F，GUBERNATOR K J. Med. Chem.，41，1070－1010。American Chemical Society. 经许可复制）

最近，几家实验室发表了几篇介绍类似 PAMPA 体系的论文[10,11,14,68－69,78－121]。PAMPA 方法受到了广泛认可，并推动了商品化仪器的研制和 2002 年第一次 PAMPA 国际研讨会的举办[106]。

7.3.2 二油酰基磷脂酰胆碱模型：PAMPA－DOPC

第一个商业化制备的脂质配方是基于 2% w/v 的高纯度合成磷脂——二油酰基磷脂酰胆碱（DOPC）的正十二烷溶液[85－87,114]。之后，这一模型被其他更好的配方、模型所取代，如下所述的“双漏槽（Double－Sink）”模型[10,11,78－81,85－101]。

用 2% DOPC/十二烷渗透性数据针对 pH 和 ABL 效应（参见 7.6 节和 A7.2 节）进行校正后，最终得到的固有渗透速率 P_0应该与辛醇－水分配系数 P_{OCT}呈线性关系，前提是辛醇－水体系适合作为磷脂体系的模型（满足 Collander 关系）。在理想情况下，log P_0对 log P_{OCT}的图将表示图 7.11 中的案例 a。渗透性数据未对 APL 影响进行校正时，将出现图 7.11b 所示的关系。如 PAMPA 中存在水孔渗透，将出现图 7.11c 所示的关系。图 7.16 中 log P_0对 log P_{OCT}的关系显示渗透速率在 8 个数量级范围内近似呈线性（$r^2=0.79$），表明不存在水孔。

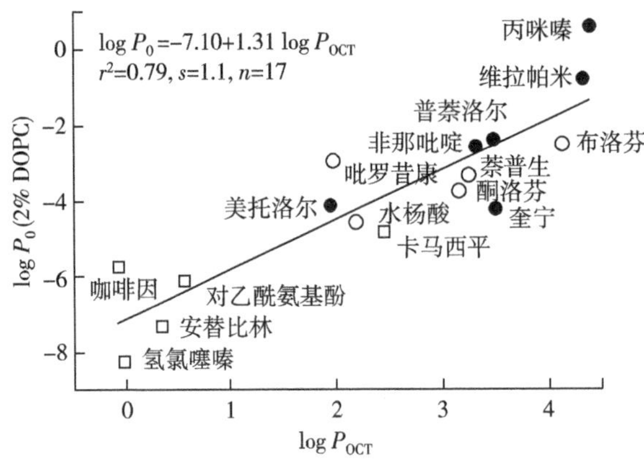

图 7.16　固有渗透速率（等度 - pH 数据分析）vs. 辛醇 - 水分配系数

7.3.3　十六烷模型：PAMPA - HDM

Faller 和他的同事使用负载在 10 μm 厚的聚碳酸酯滤器（孔隙率 5% ~20%，横截面积 0.3 cm^2）上的不含磷脂的十六烷进行了 PAMPA 测定，并且能说明一些有趣的预测。由于药物化合物在烷烃中溶解性不好，通常很难直接测定烷烃 - 水分配系数。他们的 PAMPA 方法似乎是一种很好的用于获得烷烃 - 水分配系数的替代方法。他们采用 Walter 和 Gutknecht 基于 pH 的方法[36]直接求出所研究的可电离化合物的固有渗透率 P_0。由图 7.17 可以看出，log P_0 与十六烷 - 水 log $P_{HXD/W}$ 的图为直线，斜率为 0.86（$r^2=0.96$）。很显然，最初的方法没有测量膜的滞留。后续的测定［pION］考虑了膜的滞留，如图 7.17 中用空心圆点表示，尽管线性拟合稍差些（$r^2=0.92$），但斜率为 1.00。

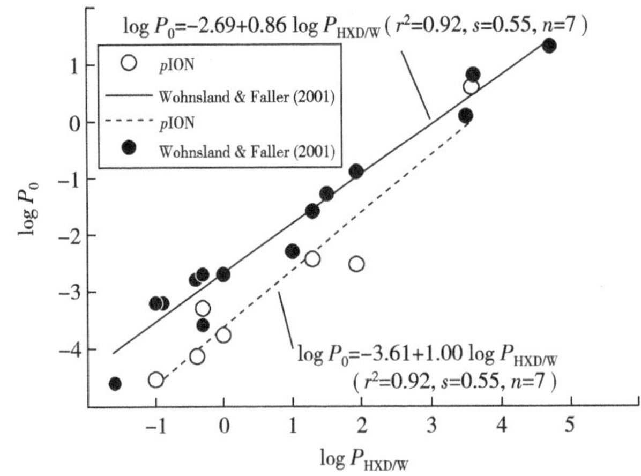

图 7.17　药物的固有渗透速率 vs. 烷烃 - 水分配速率：PAMPA 滤器用烷烃浸泡[82]

7.3.4 仿生模型：PAMPA－BM

Sugano 及其同事[102,103,108－112]研究了含有多种磷脂的脂质模型，所用磷脂与再生刷状缘脂质中发现的混合物非常相似[122,123]，表明了特性预测得到极大改善。性能最佳的脂质组合物包含 3% w/v 脂质的 1，7－辛二烯溶液（脂质由 33% 胆固醇、27% PC、27% PE、7% PS、7% PI 组成）。调节供给室和接收室的 pH 范围在 5.0～7.4[103]。在测定亲脂性药物时，需要考虑膜滞留。需注意，在测定中使用 1，7－辛二烯时，要采取一定的安全防护措施。

7.3.5 亲水性滤膜模型：PAMPA－HFM

Zhu 和他的同事[47,104,113]发现采用亲水性滤器（低蛋白结合的 PVDF）的一个好处是将渗透时间缩短至 2 小时。用 1% w/v 蛋黄卵磷脂的十二烷溶液作为膜介质，在 pH 5.5 和 pH 7.4 条件下对 90 多个化合物进行了表征。对每一个化合物，取两个 pH 条件下测得的较大的 P_e与文献报道的 Caco－2 渗透性进行了比较。值得注意的是，许多可电离的化合物并不符合依据 pH－分配假说推导的渗透性－pH 依赖关系。可能是因为水通道造成了这个意料之外的渗透性－pH 趋势。测定没有考虑膜对溶质的滞留。研究人员试图采用 PAMPA－BM 5 组分模型（参见 7.3.4 节），但发现脂质混合物难以在亲水性滤器上沉积。比较了人小肠吸收（HIA）值和 PAMPA 测量值、Caco－2 渗透性、分配系数（$\log P_{OCT}$/$\log D_{OCT}$）、极性表面面积（PSA）和 Winiwarter 等提出的定量构效关系（QSPR）[124]，结果表明，PAMPA 和 Caco－2 测量值对 HIA 值的预测最佳。

7.3.6 双漏槽 PAMPA 模型：PAMPA－DS

Avdeef[80]介绍了一种称为“双漏槽”的胃肠道（GIT）脂质模型（PAMPA－DS），这是一种基于卵磷脂的脂质组合。已证明[10－11,78,80,89－96,99－100]基于这一模型的 PAMPA 渗透性与几个吸收相关参数间存在高度相关。

PAMPA－DS 模型中，用两个梯度体系（因此，称为“双漏槽”）代替了 Kansy 建立的传统条件。传统的 PAMPA 实验要保持供给室和接收室中的缓冲液 pH 相同（等度－pH 条件；参见 7.5 节）。然而，在 PAMPA－DS 模型中，供给室和接收室间存在 pH 梯度（参见 7.5 节）。

药物在通过胃肠道时会遇到不同的 pH 环境，但血液的 pH 却保持在 7.4 左右。为了模仿这一环境，PAMPA－DS 模型在水性隔室之间采用了 pH 梯度。根据化合物特性，供给室的 pH 可以设为 3～10（通常为 5.0～7.4），接收室的 pH 保持在 7.4。这一差异能够促使低 pK_a的弱酸性化合物在供给室中处于低 pH 时透过滤器，在接收室中以带电形式被捕获，创造了一个真实的漏槽条件。这一梯度 pH 状态是双漏槽技术的第 1 个漏槽条件。

第 2 个漏槽条件利用接收室内的化学清除剂（胶束形式的表面活性剂）使得亲脂性化合物透过膜的行为变为单向的[80]。在体内，由于血流和血清蛋白一直在改变浓度梯度以利于吸收（在没有外排转运蛋白效应时），因而无法维持静态平衡。接收室中的清除剂模拟了 PAMPA – DS 中的这一过程。

亲脂性清除剂有助于增加接收室的分布体积（参见 7.5.3 节）。它们可以像蛋白质那样与化合物结合。理论上，它们能够极大地改变平衡浓度，使得测试化合物最终全部转移到接收室。除了下面提到的搅拌效应外，它们也能够极大地缩短实验的渗透时间。绝大多数双漏槽测定的运行时间不超过 4 h。可通过搅拌进一步显著缩短测定时间（参见 7.6 节）。对亲脂性化合物的渗透时间可短至 15 ~ 30 min。清除剂可将化合物从膜上释放出来进入接收溶液，因而使得迅速达到稳态动力学。基于以下理由，它们比蛋白质和其他伴侣蛋白化合物更具优势：①它们化学性质非常稳定；②相对而言，它们对结合对象没有专属性；③它们并不促进缓冲液中的细菌生长，这有利于制备与储藏；④它们在紫外光谱 230 ~ 500 nm 吸收很小。

双漏槽方法的另一个好处是化合物的膜滞留大大减少（参见 7.5.3 节）。这一发现并非微不足道，因为研究化合物大多是高亲脂性的（辛醇 – 水 $\log P_{OCT} > 4$）。高亲脂性使绝大多数化合物在塑料表面和膜中堆积，而不是渗透入接收室。似乎药物的膜载荷在其进入接收室之前需要达到一个临界水平。在某些情况下，几乎所有最初在供给室中的化合物都被膜吸附了。

7.4 PAMPA – HDM、PAMPA – DOPC、PAMPA – DS 模型的比较

不同初始类型的 PAMPA 模型表现有所不同。例如，PAMPA – HDM 和 PAMPA – DOPC 模型提示一些众所周知且吸收良好的药物化合物，如美托洛尔和吲哚洛尔有相对低的 P_e（pH 7.4）。同样，PAMPA – HDM 模型无法评估许多低 P_e 的极性化合物的渗透性。与 HDM 模型相比，PAMPA – DS 模型似最具生物模仿性。Avdeef 和 Tsinman[94] 采用一组常见的 40 种测试药物（表 7.2）对上述 3 个常用模型进行了严苛的比较。他们的研究目的是采用 Abraham 线性自由能溶剂化描述符以通过计算机模拟“助推器”参数加大 PAMPA 测量，从而找出基于 3 个模型推导出的固有渗透速率 P_0 之间的组合[125]关系，同时提出将基于 HDM 和 DOPC 模型获得的 P_0 转换为基于 DS 模型的 P_0 的定量方法。

固有渗透速率 P_0 是与可电离化合物的不带电形式的渗透性相对应的。Abraham 化合物描述符是针对不带电物质开发的，因而要采用固有渗透速率。所以所有测量的 P_e 值要转换为固有值：P_0^{HDM}、P_0^{DOPC} 和 P_0^{DS}。7.6 节和 A7.2 中详细地介绍了如何从 P_e 转换到 P_0。转换主要是一个计算策略，目的是为了充分利用 Abraham 描述符的优势。实际上，通过这些转换，Abraham 化合物描述符也可以用于带电化合物。

7.4.1 采用 Abraham 描述符建立 PAMPA 模型相关性的组合方法

表7.2列出了训练集化合物的 $\log P_{OCT}$计算值、pK_a实验值和 Abraham 溶剂化描述符：α、β、π、R 和 V_x。采用 Advanced Chemistry Development（加拿大多伦多；www.ACD/Labs.com）的 Algorithm Builder v1.8 软件程序[129]生成描述符计算值，以及进行多线性回归（MLR）分析。用于任何一个 PAMPA 模型的 Abraham 线性自由能关系（LFER）通常可表述为：

$$\log P_0^Y = y_0 + y_1\alpha + y_2\beta + y_3\pi + y_4R + y_5V_x。 \tag{7.4}$$

其中，Y=HDM、DOPC 或 DS，y_0，…，y_5是 MLR 系数，α 是溶质氢键的酸度（氢键供体强度），β 是溶质氢键的碱度（氢键受体强度），π 是溶质极性/由于溶质－溶剂的键偶极和诱导偶极之间相互作用产生的极化率，R（$dm^3 \cdot mol^{-1}/10$）是模拟溶质 π－电子和 n－电子引起的色散力相互作用的过量摩尔折光率，V_x是溶质的 McGowan 摩尔体积。透膜渗透中的“拯救”效应可用极性描述符 α、β 和 π 的总和来估算；和越大，渗透性越小。体积项 V_x与在水中形成“空腔”和在膜相中形成“空腔”所需能量差有关。一般而言，大化合物的渗透性要高于小化合物。

可建立式（7.4）的约束形式，通过将 HDM、DOPC 和 DS 模型中的一个作为独立描述符来探讨这些模型间的差异：

$$\log P_0^Z = z_0 + z_1 \log P_0^{DS} + z_2 D_1 + z_3 D_2。 \tag{7.5}$$

其中，Z=HDM 或 DOPC，z_0，…，z_3是 MLR 系数，D_1和D_2是5个 Abraham 描述符中的任意2个。与式（7.4）相比，式（7.5）所需 MLR 系数更少，这是因为 $\log P_0^{DS}$已包含了3个渗透模型共有的一些渗透特性。

式（7.5）体现了组合方法[91,125]，其中测量的描述符（*PAMPA－DS*）与计算机模拟描述符（D_1，D_2）相“结合”来预测其他的渗透模型（HDM 或 DOPC）。“助推器”D_1和D_2描述符的本质揭示了 *DS*、*HDM* 和 *DOPC* 模型之间最根本的差异。采用 *MLR* 方法，在下列设定的特殊情况测试了不同的模型：①$z_2 = z_3 = 0$，已知 z_0和 z_1的测定值；②$z_3 = 0$，已知 z_0，…，z_2的测定值；③已知 z_0，…，z_3的测定值。为了确定最大的回归相关系数 r^2，对5个 Abraham 描述符中的每一个都在3种情况下进行测试（单个和成对）。

表7.2 PAMPA－DS 测量值与 Abraham 描述符

化合物	MW	$\log P_0^{DS}$	SD	参考文献	pK_a^a	$\log P_{OCT}^b$	α	β	π	R	V_x
2－萘甲酸	172.2	−2.72	0.01	[91]	4.31	3.29	0.65	0.44	1.19	1.61	1.30
对乙酰氨基酚	151.2	−5.81	0.04	[94]	9.78	0.23	0.95	0.80	1.62	1.06	1.17
乙酰水杨酸	180.2	−4.45	0.15	[94]	3.50	1.22	0.49	0.89	1.59	0.94	1.29
阿米替林	277.4	1.31	0.04	[94]	9.49	5.40	0.00	1.05	1.33	1.92	2.40
安替比林	188.2	−5.69	0.03	[90]		0.54	0.00	1.26	1.53	1.43	1.48
苯甲酸	122.1	−3.94	0.08	[94]	4.20	2.04	0.66	0.38	0.83	0.86	0.93

续表

化合物	MW	$\log P_0^{DS}$	SD	参考文献	pK_a^a	$\log P_{OCT}^b$	α	β	π	R	V_x
咖啡因	194.2	-5.55	0.04	[88]		-0.45	0.00	1.77	2.09	1.37	1.36
卡马西平	236.3	-3.73	0.16	[94]		2.58	0.33	1.07	2.04	2.08	1.81
氯丙嗪	318.9	1.62	0.08	[90, 91]	9.24	5.32	0.00	1.11	1.91	2.33	2.41
地昔帕明	266.4	1.74	0.19	[88, 90]	10.16	4.19	0.14	0.98	1.58	1.81	2.26
双氯芬酸	296.1	-1.37	0.12	[88]	4.14	4.29	0.71	0.88	2.05	1.99	2.03
地尔硫䓬	414.5	-1.33	0.01	[11]	8.02	2.83	0.00	1.96	2.87	2.53	3.14
苯海拉明	255.4	-0.71	0.08	[94]	9.10	3.23	0.00	0.94	1.44	1.50	2.19
氟甲喹	261.2	-3.85	0.01	[10, 91]	6.59	1.31	0.44	1.23	1.82	1.78	1.79
氟比洛芬	244.3	-1.78	0.01	[91]	4.18	3.54	0.59	0.63	1.42	1.44	1.84
呋塞米	330.7	-4.03	0.13	[94]	3.67, 10.93	2.27	1.03	1.65	3.08	2.22	2.10
灰黄霉素	352.8	-3.54	0.01	[94]		2.00	0.00	1.41	2.35	1.82	2.39
氟哌啶醇	375.9	0.05	0.05	[94]	8.65	3.31	0.37	1.77	1.98	1.97	2.80
氢氯噻嗪	297.7	-8.30	0.06	[94]	9.95, 8.76	-0.38	1.00	1.54	2.38	2.31	1.73
布洛芬	206.3	-2.11	0.09	[91]	4.59	3.44	0.58	0.62	0.90	0.87	1.78
丙咪嗪	280.4	0.98	0.22	[90]	9.51	4.58	0.00	1.03	1.58	1.83	2.40
吲哚美辛	357.8	-1.65	0.25	[90, 91]	4.57	3.49	0.46	1.18	2.60	2.46	2.53
酮洛芬	254.3	-2.67	0.21	[90, 91]	4.12	2.54	0.50	0.90	1.88	1.58	1.98
利多卡因	234.3	-1.42	0.15	[94]	7.95	3.06	0.29	1.07	1.46	1.11	2.06
美托洛尔	267.4	-1.17	0.46	[11, 91]	9.56	1.72	0.23	1.61	1.39	1.00	2.26
萘普生	230.3	-2.30	0.21	[90, 91]	4.32	3.01	0.56	0.80	1.50	1.63	1.78
喷布洛尔	291.4	1.70	0.07	[91]	9.92	4.12	0.53	1.35	1.32	1.29	2.52
非那吡啶	213.2	-2.66	0.31	[91]	5.15	1.96	0.47	1.17	1.81	2.03	1.64
吡罗昔康	331.3	-3.32	0.24	[88, 90, 91]	5.22, 2.33	2.39	0.68	1.85	2.35	2.67	2.25
普萘洛尔	259.3	0.43	0.38	[88, 90, 91]	9.53	3.04	0.25	1.30	1.53	1.73	2.15
奎宁	324.4	-1.05	0.19	[94]	8.55	2.29	0.27	1.74	1.74	2.36	2.49
罗丹明 B	443.6	-3.07	0.02	[94]	3.10	7.65	0.13	1.64	3.17	2.89	3.54
水杨酸	138.1	-2.64	0.13	[94]	3.02	2.04	0.98	0.55	1.05	1.04	0.99
茶碱	180.2	-5.99	0.02	[94]	8.70	0.12	0.31	1.76	2.05	1.30	1.22
α-氯甲基苯甲酸	170.6	-3.03	0.05	[94]	3.99	2.54	0.47	0.55	1.26	1.00	1.20
甲基苯甲酸	136.1	-3.51	0.03	[94]	4.38	2.45	0.63	0.41	0.84	0.88	1.07
α-羟基甲基苯甲酸	152.1	-5.02	0.07	[94]	4.19	1.00	0.93	0.86	1.14	1.03	1.13

续表

化合物	MW	$\log P_0^{DS}$	SD	参考文献	pK_a^a	$\log P_{OCT}{}^b$	α	β	π	R	V_x
维拉帕米	454.6	0.26	0.12	[11,90,91]	9.07	4.86	0.00	1.89	2.23	1.75	3.79
华法林	308.3	-2.59	0.06	[91]	4.97	2.33	0.36	1.11	2.05	2.09	2.31
唑吡坦	307.4	-3.06	0.02	[94]	6.50	2.17	0.00	1.25	2.01	2.09	2.47

a 根据表3.14转换为0.01 mol/L离子强度；

b 正辛醇-水分配系数计算值，采用Alogrithm Builder v18程序[129]。

来源：由参考文献［94］改编，经许可。

7.4.2 采用pK_a^{FLUX}法测定化合物的固有渗透速率

从40个所表征的化合物中选出6个化合物（3个酸和3个碱），它们的DS模型（实心圆点）和HDM模型（空心圆点）测量的$\log P_e$-pH数据如图7.18所示。P_e数据的最佳拟合用实线表示，计算的膜$\log P_e$-pH曲线用短画线曲线表示。P_e经ABL效应校正后（参见7.6节）可以得到P_m。虚线表示$\log P_{ABL}$的值。$\log P_m$曲线的最大点对应（中性化合物）固有渗透系数$\log P_0$。图7.18中水平线与斜切线的交点处的pH对应短画线曲线上的pK_a和实线曲线上的pK_a^{FLUX}（参见7.6节）。两个pK_a的差异对应$\log P_{ABL}$和$\log P_0$的差异[90]。表7.2至表7.4列出了由3种PAMPA模型pK_a^{FLUX}方法推导出的P_0值。

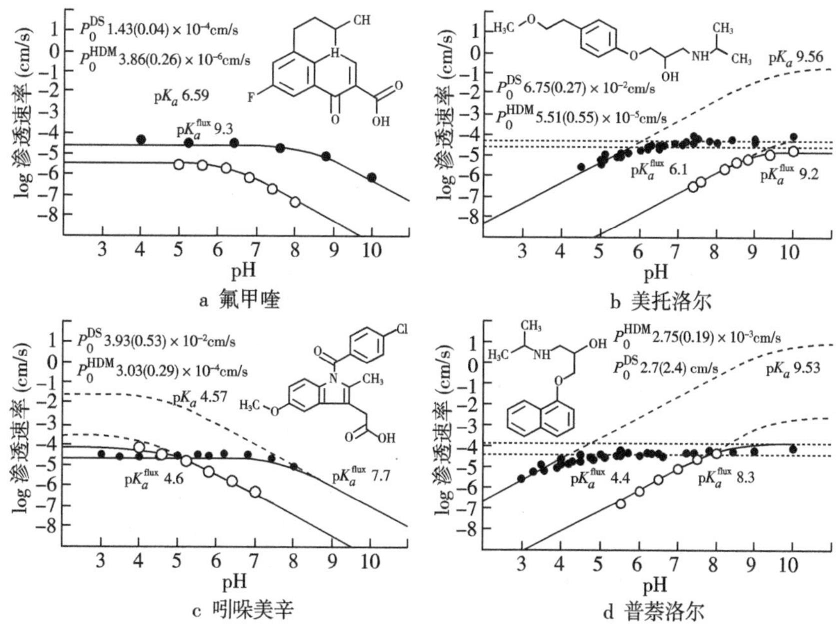

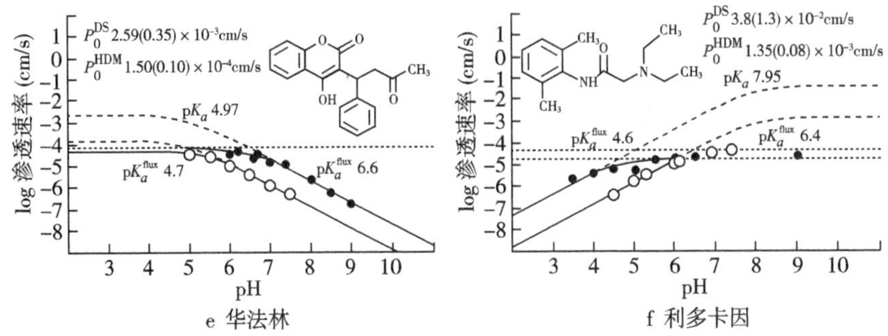

图 7.18　PAMPA - HDM 和 PAMPA - DS 模型测量的 3 种酸和 3 种碱的渗透性对数与 pH 的关系

[式（7.21）对 PAMPA - DS 模型（实心圆点）和 PAMPA - HDM 模型（空心圆点）的最佳拟合用实线曲线表示，根据式（7.16）推导出的 log P_m - pH 曲线用短画线曲线表示。虚线对应根据式（7.21）的修正确定的log P_m。log P_m曲线的最大值点对应固有渗透速率 log P_0，log P_0用于表征可电离化合物的中性形式的转运。水平切线与斜切线的交点在对应于短画线曲线中的 pK_a和实线曲线中的 pK_a^{FLUX}的 pH 出现。两个 pK_a之间的差异对应 log P_{ABL}与 log P_0间的差异[90]。转载自 AVDEEF A，TSINMAN O. PAMPA - A drug absorption in vitro model. 13. Chemical selectivity due to membrane hydrogen bonding：in combo comparisons of HDM - ，DOPC - ，and DS - PAMPA. Eur. J. Pharm. Sci.，2006，28：43 - 50。Copyright © 2006. 经 Elsevier 许可复制]

表 7.3　正十六烷 PAMPA - HDM 测量值[a]

化合物	log P_0^{HDM}	SD	化合物	log P_0^{HDM}	SD
2 - 萘甲酸	-3.67	0.10	酮洛芬	-4.32	0.06
阿米替林	0.47	0.05	利多卡因	-2.87	0.03
苯甲酸	-4.52	0.02	美托洛尔	-4.26	0.04
卡马西平	-5.33	0.01	萘普生	-3.41	0.03
氯丙嗪	0.93	0.02	非那吡啶	-3.24	0.03
地昔帕明	-1.01	0.04	普萘洛尔	-2.56	0.03
双氯芬酸	-3.00	0.03	奎宁	-4.48	0.05
地尔硫䓬	-3.07	0.04	罗丹明 B	-4.23	0.01
苯海拉明	-0.61	0.06	水杨酸	-4.52	0.07
氟甲喹	-5.41	0.03	α - 氯甲基苯甲酸	-4.21	0.02
氟比洛芬	-3.08	0.08	甲基苯甲酸	-4.03	0.01
灰黄霉素	-3.54	0.01	α - 羟基甲基苯甲酸	-6.60	0.13
氟哌啶醇	-2.54	0.05	维拉帕米	-1.62	0.07
布洛芬	-3.04	0.10	华法林	-3.26	0.02
丙咪嗪	0.31	0.18	唑吡坦	-4.08	0.07
吲哚美辛	-3.52	0.04			

[a]参考文献［94］。SD 表示基于非线性回归分析的标准偏差。

表 7.4 二油酰基磷脂酰胆碱 PAMPA－DOPC 测量值

化合物	$\log P_0^{DOPC}$	SD	参考文献	化合物	$\log P_0^{DOPC}$	SD	参考文献
2－萘甲酸	－3.44	0.12	[114]	酮洛芬	－3.75	0.04	[87]
对乙酰氨基酚	－7.21	0.14	[94]	利多卡因	－2.44	0.04	[114]
乙酰水杨酸	－5.76	0.10	[114]	美托洛尔	－4.16	0.05	[114]
安替比林	－5.95	0.07	[94]	美托洛尔	－4.16	0.07	[87]
苯甲酸	－4.52	0.03	[87]	萘普生	－3.25	0.03	[87]
咖啡因	－5.61	0.07	[94]	喷布洛尔	0.65	0.03	[114]
卡马西平	－5.03	0.11	[94]	非那吡啶	－1.62	0.01	[114]
氯丙嗪	1.18	0.01	[114]	非那吡啶	－2.70	0.06	[87]
地昔帕明	－0.73	0.03	[114]	吡罗昔康	－2.99	0.04	[87]
双氯芬酸	－2.60	0.07	[114]	普萘洛尔	－2.00	0.06	[114]
地尔硫䓬	－2.71	0.04	[114]	普萘洛尔	－2.14	0.06	[87]
苯海拉明	－0.65	0.01	[114]	奎宁	－3.60	0.01	[114]
氟甲喹	－5.21	0.02	[114]	奎宁	－4.12	0.05	[87]
氟比洛芬	－2.63	0.13	[114]	水杨酸	－4.37	0.03	[87]
呋塞米	－4.90	0.04	[114]	茶碱	－6.70	0.08	[114]
氟哌啶醇	－1.61	0.01	[114]	甲基苯甲酸	－4.21	0.02	[94]
氢氯噻嗪	－8.20	0.48	[94]	α－氯甲基苯甲酸	－4.41	0.02	[94]
布洛芬	－2.63	0.07	[114]	α－羟基甲苯酸	－6.22	0.03	[94]
布洛芬	－2.36	0.10	[87]	维拉帕米	－0.86	0.01	[114]
丙咪嗪	0.68	0.05	[87]	维拉帕米	－0.87	0.06	[87]
吲哚美辛	－3.60	0.16	[114]	华法林	－2.76	0.04	[114]

7.4.3 渗透速率排序 DS > DOPC > HDM

图 7.18 给出的 6 种方法中，如虚线曲线所示，固有渗透速率 PAMPA－DS 值比 PAMPA－HDM 值大得多。这是因为透过 DS 膜明显比透过 HDM 膜要快 10～1000 倍。如图 7.19 所示。这一趋势通常对于所有研究的分子都是正确的：DS > DOPC > HDM。组合方法的应用［式（7.5）］揭示了这种排序的本质。

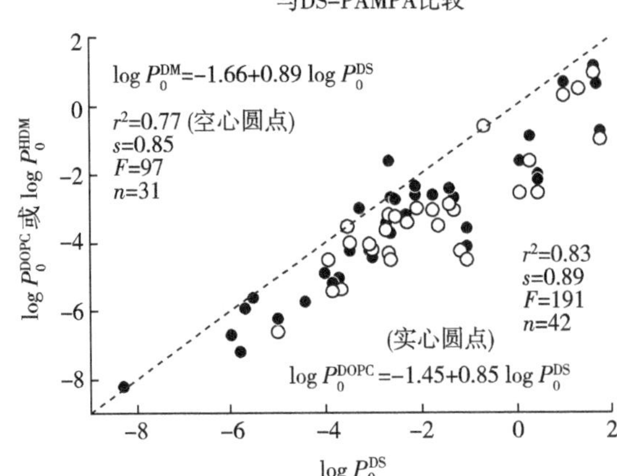

图 7.19　由 PAMPA - HDM（空心圆点）和 DOPC - PAMPA（实心圆点）测量的固有渗透系数与 PAMPA - DS 测量值的比较

（虚线是单位斜率线。转载自 AVDEEF A，TSINMAN O. PAMPA - a drug absorption in vitro model. 13. Chemical selectivity due to membrane hydrogen bonding：in combo comparisons of HDM - ，DOPC - ，and DS - PAMPA. Eur. J. Pharm. Sci.，2006，28：43 - 50。Copyright © 2006. 经 Elsevier 许可复制）

7.4.4　PAMPA - HDM、PAMPA - DOPC 和 PAMPA - DS 模型的 Abraham 分析

表 7.5 列出了从不同的 Abraham 描述符组合得出的 MLR 系数的最佳集合。在最简单的分析中，每一个 PAMPA 模型都与 log P_{OCT}拟合得很好。其中与 HDM 拟合最差，r^2 为 0.38（表 7.5）。采用 5 个参数 Abraham 模型可显著改善 HDM，使 r^2提高到 0.71（表 7.5）。然而，令人惊讶的是传统 Abraham 处理 DOPC 和 DS 数据的方法并不比对 log P_{OCT}计算值简单拟合的结果好。

3 种 PAMPA 模型的 5 个参数 Abraham 分析结果表明，从 HDM（0% 磷脂）到 DOPC（2%磷脂）再到 DS（20%磷脂），分散力相互作用系数 R 从 1.6 降到 1.3，再降到 1.2，说明随着磷脂含量的增加范德华力对渗透的贡献下降，但仍远远小于水（R = 0）。在 HDM 体系中偶极相互作用系数是最为负的，与它作为非极性介质相一致。体积系数随磷脂含量的增加而增大，分别从 2.5 增大到 2.7 再到 3.2。这提示与其他两个模型相比，与溶质化合物大小相关的“空腔的形成”最易在 DS 模型中实现，尤其是与水相比。与其他两个模型相比，大化合物在 DS 模型中更易渗透。

表 7.5　基于 Abraham 描述符的测试 PAMPA 模型的 MLR 系数[a]

类别	模型类型	常数	log P_0^{DS}	log P_{OCT}	R	π	α	β	V_x	r^2	s	F	n
HDM	log P_{OCT}	−5.6		0.78						0.38	1.4	18	31
	Abraham	−2.2			1.6	−2.8	−3.1	−2.8	2.5	0.71	1.0	12	31
	log P_0^{DS}	−1.7	0.86							0.77	0.9	97	31
	log P_0^{DS}，β	−0.7	0.92					−0.8		0.80	0.8	57	31

续表

类别	模型类型	常数	$\log P_0^{DS}$	$\log P_{OCT}$	R	π	α	β	V_x	r^2	s	F	n
	$\log P_0^{DS}$，α，β	0.9	0.74				−2.7	−1.7		0.89	0.6	75	31
	$\log P_0^{DS}$，α，β，V_x	0.1	0.71				−2.3	−2.3	0.6	0.90	0.6	61	31
DOPC	$\log P_{OCT}$	−6.8		1.36						0.78	1.0	142	42
	Abraham	−4.5			1.3	−1.7	−1.7	−2.3	2.7	0.70	1.2	17	42
	$\log P_0^{DS}$	−1.5	0.85							0.83	0.9	191	42
	$\log P_0^{DS}$，β	−1.1	0.85					−0.3		0.83	0.9	96	42
	$\log P_0^{DS}$，α，β	−0.7	0.82				−0.6	−0.5		0.84	0.9	64	42
	$\log P_0^{DS}$，α，β，V_x	−1.6	0.71				−0.6	−1.0	0.6	0.84	0.9	50	42
DS	$\log P_{OCT}$	−5.9		1.42						0.74	1.2	115	42
	Abraham	−3.8			1.2	−2.5	−1.3	−1.5	3.2	0.75	1.2	21	42

[a] 文中定义的 Abraham 描述符；简言之，R = 扩散，π = 偶极，α = H－键供体，β = H－键受体，V_x = 摩尔体积；r^2 = 线性相关系数，s = 标准偏差，F = 统计值，n = 考察的化合物数。

最有趣的影响是氢键。总体而言，随着磷脂含量的增加，α 和 β 系数的负值在变小（表 7.5）。这样，与 DS 屏障相比，负载有氢键电位的分子在 HDM 屏障中的渗透性很差。这是对图 7.18 和图 7.19 观察结果最合理的解释，即与 DS 屏障中的渗透相比，与水形成的自由氢键将减弱透过 HDM 膜的能力。由于磷脂含量最高的膜（DS）含有的氢键数量可能最多（HDM 没有氢键），对 DS 体系来说，溶质在水中氢键的溶剂化能量和 PAMPA 膜中氢键的溶剂化能量之间的差异是最小的，对 HDM 体系而言，差异最大。因此，与 DS 体系相比，在 HDM 体系中的渗透性要减弱至 1/1000～1/10。

7.4.5 3 种 PAMPA 模型之间差异的组合分析

如表 7.5 所示，如选择 $\log P_0^{DS}$ 作为单一描述符，实质上比采用 5 个 Abraham 描述符能更好地预测 P_0^{HDM} 和 P_0^{DOPC}。如只增加 1 个 Abraham 描述符，P_0^{DS} 稍有改善。在所有 Abraham 描述符中，β 是最佳单独增加的描述符。采用不同的两个 Abraham 描述符和 $\log P_0^{DS}$ 进行计算，α 和 β 配对得到最大的 r^2：

$$\log P_0^{HDM} = 0.90 + 0.74\log P_0^{DS} - 2.70\alpha - 1.67\beta$$

$$r^2 = 0.89,\ s = 0.60,\ F = 75,\ n = 31; \qquad (7.6a)$$

$$\log P_0^{DOPC} = -0.73 + 0.82\log P_0^{DS} - 0.59\alpha - 0.46\beta$$

$$r^2 = 0.84,\ s = 0.89,\ F = 64,\ n = 42。 \qquad (7.6b)$$

7.4.6 采用 PAMPA－HDM 和 PAMPA－DS 模型的实际考虑

如式（7.6a）所示，膜中氢键的缺失似乎会减弱 HDM 渗透，与 PAMPA－DS 比较，在 PAMPA－HDM 中 P_e 要小。用 237 个化合物的 PAMPA－DS 渗透速率测定值（表 7.13），根据式（7.6）求出的 PAMPA－HDM 和 PAMPA－DOPC 预测值，如图 7.20 所示。只有少数值在一致线之上。一些化合物的值低于一致线以下几个数量级。采用 PAMPA - HDM 方法许多化合物无法观察渗透，这是因为预测渗透速率低于检测限 $(0.01\times10^{-6}\sim0.01\text{cm}\cdot\text{s}^{-1})$。似乎采用 PAMPA - HDM 方法很难测量诸如环孢素 A、紫杉醇、甲氨蝶呤、沙奎那韦、利托那韦、长春碱和茚地那韦等化合物的渗透性。即使是阿替洛尔和西咪替丁，采用 PAMPA - DOPC，要得到它们可靠的测量值也是一种挑战。这些具有挑战性的分子可以采用 PAMPA - DS 模型得到准确的测量值。

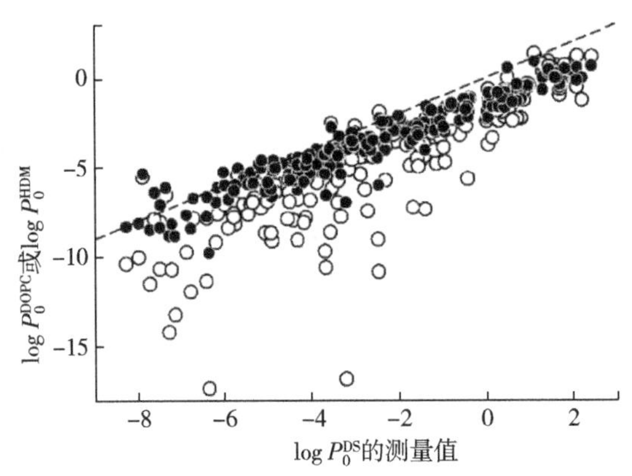

图 7.20　3 种 PAMPA 模型的比较

[237 种药物分子固有 DS - PAMPA 渗透系数测量值相对于用式（7.6 a）计算出的 PAMPA - HDM 值（空心圆点）和式（7.6 b）计算出的 PAMPA - DOPC 值（实心圆点）作图。虚线为单位斜率线。转载自 AVDEEF A, TSINMAN O. PAMPA-a drug absorption in vitro model. 13. Chemical selectivity due to membrane hydrogen bonding: in combo comparisons of HDM - , DOPC - , and DS - PAMPA. Eur. J. Pharm. Sci. , 2006, 28: 43 - 50。Copyright © 2006 Elsevier. 经 Elsevier 许可复制]

PAMPA - DS 和 PAMPA - HDM 之间的差异总结如下：①在 PAMPA - DS 中，经过一个很短的平衡时间就可检测亲脂性化合物的渗透性，而 PAMPA - HDM 可能需要 10 ~ 1000倍的平衡时间；② PAMPA - DS 允许测量低渗透化合物（如舒马曲坦、环丙沙星和诺氟沙星）的渗透性，然而在 PAMPA - HDM 中则无法通过 UV 测量许多低渗透化合物的渗透性；要求平衡时间在 20 小时以上（如舒马曲坦、环丙沙星和诺氟沙星）；③亲脂性化合物在 PAMPA - DS 中因较高的膜滞留率，要求接收室具备胶束漏槽条件，但在 PAMPA - HDM 中，因为膜滞留率低，所以可以在等度 - pH 条件下测定亲脂性碱基而无须接收室具备化学漏槽条件；④ PAMPA - DS 脂质（磷酸酯基团）在 pH 3 附近发生电离，但 PAMPA - HDM 脂质则是惰性且非电离的；⑤对亲脂性极高的化合物，在 PAMPA - DS 中的膜滞留可能会推高水相中低于 UV 检测水平的渗透物浓度，同时可以利用 PAMPA - HDM 中无氢键的优势用于测定亲脂性极高的化合物。

7.5　模拟生物膜

PAMPA 膜结构尚不完全明晰。Thompson 等[42]主要基于两性霉素 B 在孔形成低聚反应中的行为（图 7.8），假设聚碳酸酯膜（图 7.7a）每一孔只有单一双层。Hennesthal 和 Steinem[130]采用扫描力显微镜，估测单个双层跨越了多孔氧化铝的外部孔。这些观察结果也可能不全面，因为 BLM 形成的自发过程存在极大的复杂性（参见 7.2.2 节）。当 2% 磷脂酰胆碱（PC）-十二烷溶液在水中混悬时，此时水含量超过 40%（w/v），脂质溶液呈倒六角形（H_{II}）结构，PC 极性头部基团对着圆柱体结构中的水通道[130]。与正常相的结构比较，这样的结构能够改变渗透性质[132]。在 pH 10 到 pH 3 范围内对 2% PC-十二烷混悬液进行了电位滴定。一直滴到 pH 4 左右，pH 电极停止工作，明显可见电极上覆盖了一层透明的胶状物，提示已发生了某种相变。

7.5.1 生物膜中的脂质组成

不同组织有不同的脂质组成。膜中最普遍的成分是 PC 和 PE（图 7.5b）。脑和肺的脂质提取物还富含 PS，心脏组织富含 PG，肝脏则富含 PI[133]。人的血细胞，作为"幽灵"红细胞（去除了细胞质），常常用来作为膜的模型。脂质双层膜的内外叶状部分之间有不同的组成。外叶状膜组成中磷脂占了 46%，PC 和 Sph 在数量上大致相等。内叶状部分富含磷脂（55%），其他成分为：PE 19%、PS 12%、PC 7% 和 Sph 5%[133]。

Proulx[134]综述了已发表的从猪、兔子、小鼠和大鼠小肠上皮细胞中分离的刷状缘膜（BBM）的脂质组成。表 7.6 列出了 5 篇研究报道的大鼠脂质组成的均值[134]。为了比较，在表 7.6 中列出了 Krämer 等[135-136]报道的 MDCK（Madin-Darby 犬肾）和 BBB 脂质组成曲线。同时还给出了豆卵磷脂和蛋黄卵磷脂提取物的典型组成。Sugano 提出的组成是试图模拟 BBM[102-103]。表 7.6 列出了阴离子到两性离子脂质的重量比。在 BBM 中，以摩尔计，胆固醇约占了总脂质含量的 50%（以重量计为 37%）。BBM 中的胆固醇含量比肾上皮细胞（MDCK）和培养的脑内皮细胞高（表 7.6）。Alcorn 等报道的 BBM 脂质组成略有不同[122]。BBM 的外部（腔体）叶状部分富含鞘磷脂，而内部（胞液）叶状部分富含 PE 和 PC。上皮细胞（刷状缘）顶端和底外侧的脂质是不同的。底外侧膜中 PC 含量高（Proulx 没有报道），而 BBM 中 PC 和 PE 的含量几乎相等。表 7.6 中列出的 3 个体系中，似乎 BBB 的负脂质含量最高，BBM 的负脂质含量最低，胆固醇的含量正好相反。

表 7.6 生物膜的脂质组分（%w/v）[a]

脂质[b]	BBM[c]	MDCK[d]	BBB[e]	Sugano BBM 模型[f]	大豆"20% 提取物"卵磷脂[g]	蛋黄"60% 提取物"卵磷脂[h]
PC（±）	20	22	18	27	24	73
PE（±）	18	29	23	27	18	11
PS（-）	6	15	14	7		
PI（-）	7	10	6	7	12	1
Sph（±）	7	10	8			
FA（-）		1	3			

续表

脂质[b]	BBM[c]	MDCK[d]	BBB[e]	Sugano BBM 模型[f]	大豆“20%提取物”卵磷脂[g]	蛋黄“60%提取物”卵磷脂[h]
PA（－）					4	
LPI（－）						2
CL（2－）			2			
LPC（±）					5	
CHO＋CE	37	10	26	33		
TG		1	1		37 h	13 h
带负电与两性脂质之比（不包括 CHO 和 TG）	1∶3.5	1∶2.3	1∶1.8	1∶3.9	1∶2.9	1∶28

[a]表中 BBB 和 MDCK 的 %w/w 值由原报道值（%mol/mol）经单位转换后得到。

[b]PC＝磷脂酰胆碱，PE＝磷脂酰乙醇胺，PS＝磷脂酰丝氨酸，PI＝磷脂酰肌醇，Sph＝鞘磷脂，FA＝脂肪酸，PA＝磷脂酸，LPI＝溶血磷脂酰肌醇，CL＝心磷脂，LPC＝溶血磷脂酰胆碱，CHO＝胆固醇，CE＝胆固醇酯，TG＝甘油三酯。

[c]BBM＝大鼠重组刷状缘膜（五项研究均值）[134]。

[d]MDCK＝Mardin－Darby 犬肾上皮培养细胞[135]。

[e]BBB＝血脑屏障脂质模型，RBE4 大鼠内皮永生化细胞系[136]。

[f]Sugano 等[102,103]。

[g]来自 Avanti Polar Lipids，Alabaster A L.。

[h]非特定中性脂质，可能为不对称甘油三酯。

7.5.2 渗透性－pH 考虑

可电离化合物的有效渗透速率与 pH 相关，如已知化合物的 pK_a，pH－分配系数假说是成立的，ABL 的阻抗（参见 7.6.6 节）是可以忽略的[35,87,90]，则可以从理论上预测渗透性－pH 曲线的形状。对于一系列弱酸和弱碱，可电离化合物的 pH 效应如图 7.21 所示[103]。很显然，如果在“错误”pH 条件下筛选化合物的渗透速率，极有前途的化合物，如呋塞米或酮洛芬（图 7.21），可能被表征为假阴性。用于体外筛选的理想 pH 应能反映体内的 pH 情况。

Said 等[137]直接测量了大鼠胃肠道上皮细胞（完整地附着在黏液层上）表面的“酸性微环境”。细胞顶端（供给）侧的 pH 在 6.0～8.0 变化，而基底外（接受）侧的 pH 为 7.4。此外，如表 7.7 所示，供给侧（D）和接受侧（R）之间的 pH 梯度随着胃肠道的位置变化而变化。其他人测量的微环境的 pH 低至 5.2[138]。

Yamashita 等[70]通过在 pH $6.0^D－9.4^R$和 pH $7.4^D－7.4^R$的两个 pH 条件下进行 Caco－2 测定，确定了药物的渗透速率。这些选择足以覆盖了胃肠道的微环境。与等度－pH 条件相比，在梯度 pH 条件下，弱酸的渗透性更大，弱碱的表现正好相反。不带电的化合物在两种条件下有着相同的渗透速率。渗透性测量的梯度 pH 组比等度 - pH 组能更好地预测人体吸收情况（r^2分别为 0.85 和 0.50）。对于在“梯度 - pH”条件下进行的测量，采用“等度 - pH”公式是不合适的（参见 7.6 节和 A7.2）。

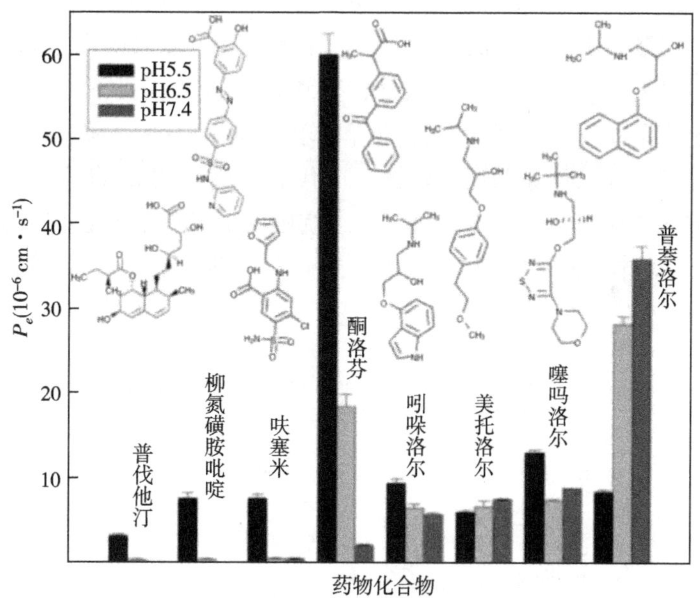

图 7.21　一些药物化合物的作为 pH 函数的 PAMPA - BM 渗透速率[102]

表 7.7　大鼠 GIT 上皮细胞顶侧微环境的 pH[a]

胃肠道的位置	微环境的 pH
胃	8.0
十二指肠近端	6.4
十二指肠远端	6.3
近端空肠	6.0
中部空肠	6.2
远端空肠	6.4
近端回肠	6.6
中部回肠	6.7
远端回肠	6.9
近端结肠	6.9
远端结肠	6.9

[a]参考文献［137］。

在设计理想的筛选策略时，应重点考虑梯度 pH 条件。若要模拟体内条件，应按上述研究者的建议，至少要测定两个有效的渗透性：pH $6.0^{D}-9.4^{R}$（“梯度 pH”）和 pH $7.4^{D}-7.4^{R}$（“等度 - pH”），以覆盖胃肠道微环境的 pH 范围。

7.5.3 膜滞留（等度 - pH 且无化学漏槽）

膜滞留（R_M）常常表示为样品在膜上损失的摩尔百分比（参见 A7.2）。有时它的值可能很高，如用溶于十二烷中的 2% DOPC 制备的膜，氯丙嗪高达 0.85，非那吡啶为 0.70。log R_M对 log $D_{OCT(7.4)}$进行回归分析得到 r^2为 0.59。对不含 DOPC 的十二烷，回归分析得到更高的 r^2，为 0.67。橄榄油和辛醇能够进一步改善，r^2分别为 0.80 和 0.90[78,80]。如辛醇 - 水分配系数所表示的，就代表亲脂性的 R_M而言，“辛醇相似度”的顺序为：辛醇 > 橄榄油 > 十二烷 > 溶于十二烷中的 DOPC（参见 A7.2）。图 7.22 显示了在 pH 7.4 时，辛醇浸透的膜的 log R_M对 log D_{OCT}图。很显然，滞留受化合物亲脂性的控制。

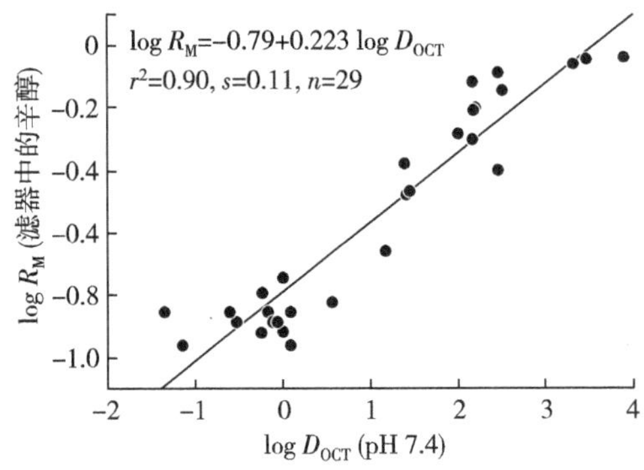

图 7.22 辛醇浸透的滤器中膜滞留 vs. 辛醇 - 水表观分配系数

（转载自 AVDEEF A. Curr. Topics Med. Chem., 2001, 1: 277 - 351。经 Bentham Science Publishers, Ltd. 许可复制）

细胞培养测定也受到单层对样品滞留的影响。Sawada 等[139]研究了氯丙嗪在不同血清蛋白水平存在下通过 MDCK 细胞单层的转运，他们观测到 MDCK 细胞对药物化合物的滞留值为 0.65 ~ 0.85。Wils 等[140]报道 Caco - 2 细胞的滞留值可高至 0.44。在后续的出版物中，Sawada 等[141]引用的同源系列亲脂性化合物的滞留值可达 0.89。最近 Krishna 等报道了包括黄体酮和普萘洛尔在内的亲脂性化合物的 Caco - 2 渗透性。他们发现滞留比率可高达 0.54。毫无疑问，研究的这些化合物具有一个共性，就是多为高亲脂性。然而，在报道的测定中，却常常没有讨论这个影响。通常，如果“回收率”小于 0.9 或更低，则认为测量结果是离群值。Ho 等[7]推导了一个描述培养的细胞中这一现象的公式［与 A7.2 中的式（A7.19）相似］，但是在现有的文献中很少有在培养细胞中测定的应用。滞留可以作为药动学分布体积、蛋白结合[142-143]或者甚至适合药物的 Pgp 结合和外流条件的一种预测指标。

图 7.23 为 2% DOPC/十二烷浸泡的滤器 vs. 十二烷浸泡的滤器的膜滞留，由图可见，与 PAMPA - HDM（0% DOPC）中观察到的滞留相比，即使是十二烷中的 2% DOPC 也能在很大程度上影响膜滞留。在十二烷中的滞留都小于 0.1 的情况下，许多化

合物在 DOPC 中的滞留都超过 0.7。但是，无法保证在十二烷中的滞留永远是很小的，因为在图 7.23 中有几个点的值可高达 0.9（氯丙嗪）。

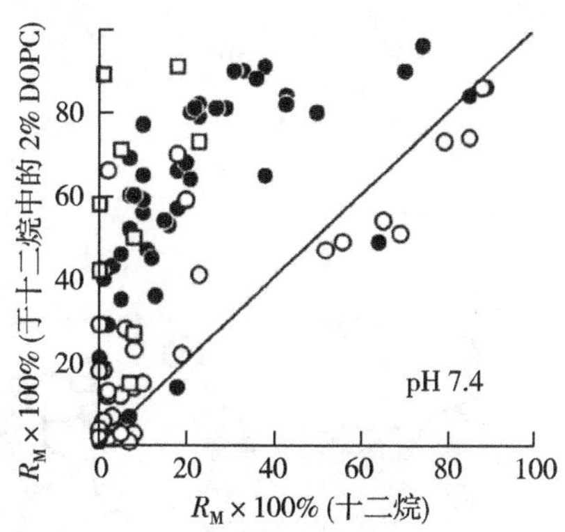

7.23　2% DOPC/十二烷浸泡的滤器 vs. 十二烷浸泡的滤器的膜滞留

7.5.4　血清蛋白的作用

Sawada 等[139,141,144]表征了包括氯丙嗪（CPZ）[139]在内的强亲脂性化合物在等度 - pH 7.4 条件下的 MDCK 渗透速率。他们在顶端（供给）侧加了 3%（w/v）牛血清白蛋白，在基底（接受）侧加了 0.1% ~3%（w/v）BSA，发现血浆蛋白结合极大地影响化合物渗透细胞屏障的能力。他们发现，随着接收室中 BSA 量的变化，氯丙嗪在细胞组织的滞留在 0.65 ~ 0.85 变化。他们认为，亲脂性化合物从供给室的快速消失速率受 ABL 控制（参见 7.6 节），该速率与绝大多数亲脂性化合物的速率基本相同；然而，化合物极缓慢在接收室出现取决于其在基底外侧膜的脱附速率，其受接收室中血清蛋白存在的影响较强。他们建议在将培养细胞用作体外测定时，为了模拟体内条件，应在接收室中加入血清蛋白。

Yamashita 等[70]还研究了 Caco - 2 测定中 BSA 对转运特性的影响。他们发现，由于高的膜滞留和极低的水溶性，从细胞表面脱附的过程成为强亲脂性化合物渗透的限速步骤。他们建议在测定亲脂性化合物时在接收室加血清蛋白（这是发现阶段设置中常见的情形）。

7.5.5　共溶剂、胆酸和其他表面活性剂的影响

图 7.24 是一些常见胆酸盐的结构。在低离子强度溶液中，牛磺胆酸钠形成四聚聚集物，它的临界胶束浓度（CMC）为 10 ~ 15 $mmol \cdot L^{-1}$。脱氧胆酸钠在更低的 CMC（4 ~6 $mmol \cdot L^{-1}$）能够形成更高水平的聚集[145]。平面双层片段的小部分的外缘被一层胆酸盐包围，在胃肠道中形成混合胶束（图 7.24）。

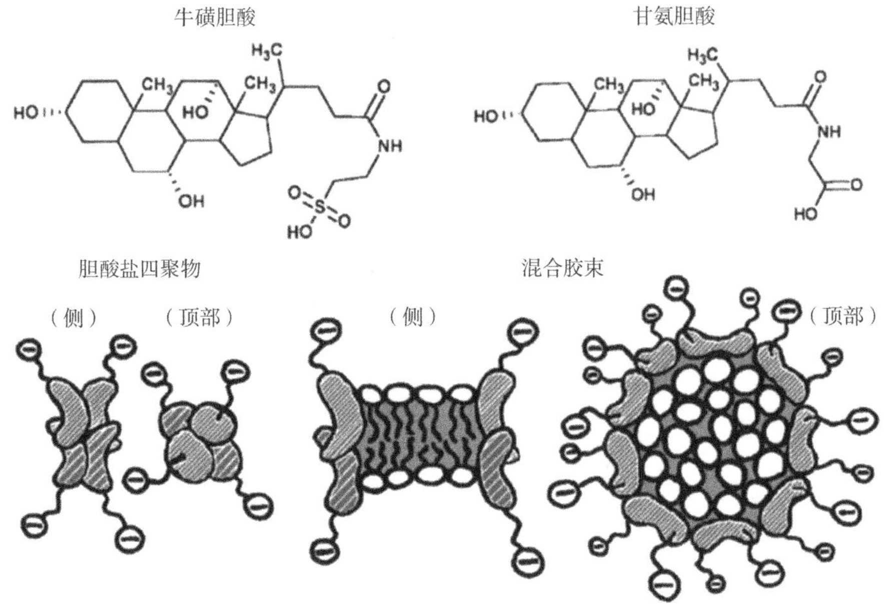

图 7.24　胆酸盐及其在水溶液中形成的聚集物结构

Yamashita 等[70]在进行 Caco－2 测定时，在供给溶液中添加了浓度高至 10 mmol·L^{-1}的牛磺胆酸、胆酸（CMC 2.5 mmol·L^{-1}）或十二烷基硫酸钠（SLS，低离子强度 CMC 8.2 mmol·L^{-1}）。这两种胆酸并不影响地塞米松的转运。但是，即使是在低于 CMC 1 mmol·L^{-1}水平时，SLS 使 Caco－2 细胞连接更具渗透性。此外，在 10 mmol·L^{-1} SLS 时地塞米松的渗透性下降。

这些观察结果都已在采用 2% DOPC－十二烷脂质的 PAMPA 测量中被证实。对于强亲脂性化合物，在供给溶液中添加甘氨胆酸可略使渗透速率降低，而牛磺胆酸却增加渗透性，但是 SLS 在几种案例下都阻止膜渗透（特别是阳离子、表面活性药物，如 CPZ）。

Yamashita 等[70]测试了 PEG 400、DMSO 和乙醇的影响，在 Caco－2 测定中向溶液加入多至 10% 的上述共溶剂。在共溶剂浓度为 10% 时，PEG 400 可显著降低（75%）地塞米松的渗透性；DMSO 引起 50% 降低，但乙醇仅引起微弱的降低。

Sugano 等[103]还研究了 PEG 400、DMSO 和乙醇溶剂，高达 30% 量值时，在 PAMPA 测定中的影响。一般而言，预期水混溶性共溶剂会降低膜－水分配速率。此外，共溶剂－水溶液的介电常数降低会引起可电离化合物不带电形式的比例增加[78]。这两种作用正好相反。绝大多数情况下，观察到增加共溶剂的浓度会引起渗透速率的下降。然而，乙醇使得弱酸酮洛芬（pK_a 3.99）随着共溶剂水平的增加而更具渗透性，这种影响与降低共溶剂混合物介电常数 pK_a增加一致（导致在给定 pH 条件下不带电物质的比例增加）。但相同理由不能用于解释为什么弱碱普萘洛尔（pK_a 9.53）的渗透性随着乙醇量的增加而降低。这也许是因为随着乙醇的加入增加了膜相的溶解性，从而增加了普萘洛尔在水中的溶解性。这引起了膜/混合溶剂分配速率的降低，从而膜中样品浓度梯度的减小使通量降低（Fick 定律）[78]。DMSO 和 PEG 400 显著降低了一些研究化合物的渗透速率。共溶剂的使用将在 7.8 节做进一步讨论。

7.5.6 理想模型

本节的文献研究表明，理想的体外渗透性测定供给室的 pH 应选 6.0 和 7.4，接收室的 pH 应为 7.4。（这样的两 pH 组合使得通过两个 P_e之差能够区分酸和碱，以及非电离型化合物。）此外，接收室将具有 3%（W/V）BSA 以维持漏槽条件（或其他形成漏槽的等效方式）。供给可借助加入适度结合的胆酸（如甘氨胆酸，5～15 mmol·L^{-1}）来增溶绝大多数亲脂性样品化合物。理想的脂质屏障应含有与表 7.6 中相似的组成，使膜具有足够多的负电荷（主要来自 PI 和 PS）。因为 DMSO 或其他共溶剂自身的多机制效应，应尽量避免使用。亲脂性化合物体外渗透速率的测定，受到 ABL 扩散限制[139,141,144]，需要考虑 ABL 的作用（参见 7.6 节）。

7.6 渗透性 - pH 关系和水边界层的缓解作用

如“表观”细胞（P_{app}）及“有效”PAMPA（P_e）渗透速率测定中那样，渗透性测量值是细胞/脂膜影响和邻近屏障两侧的水边界层（ABL）综合影响的结果。在简单的流体动力学模型中[33-37]，假设 ABL 与其余的本体水之间存在一个清晰边界。搅动越剧烈可以使 ABL 变得更薄，但不能使它完全消失[5,7,54,87,90]。在文献中已讨论过普通 ABL 模型的扩展应用[38-39]，但这类模型在实践中并不常用。对于亲脂性化合物而言，在接收室加入溶质结合剂，如牛血清白蛋白（BSA）或表面活性剂，可以清除一半的 ABL 影响。对可电离化合物而言，存在跨膜 pH 梯度。渗透性测量值与 pH 有关，但两者之间关系很复杂（参见 A7.2 节）。

相似的渗透池[146]，药物化合物大小相近的药物，ABL 渗透速率几乎相等，可以用药物的水扩散性（D_{aq}）除以 2 倍的单层厚度（h_{ABL}），$P_{ABL} = D_{aq}/(2h_{ABL})$ 来表示。P_{ABL}可根据实验采用如下不同方式确定：基于有效渗透速率的 pH 依赖关系[34-37,78,82]、搅拌速度依赖关系[3-6,54,147]和通过无脂质微滤器的渗透[45,78]。

采用下面介绍的 pK_a^{FLUX}方法[11,87,90]，通过测定一定 pH 范围内的 PAMPA（搅拌或不搅拌）数据，与体内 ABL 效应相匹配，可优化预测药物在体内吸收情况。

7.6.1 渗透性 - pH（等度 - pH DOPC 模型）

有效渗透速率 P_e对 pH 的依赖关系可用于分别评价 P_e的膜和 ABL 组成。常用两个 pH 的方法：等度 - pH 和梯度 - pH。在前者方法中，供给室和接收室的 pH 调成相同值；在后者方法中，将所有接收室保持在 pH 7.4，而供给室的 pH 是变化的。早期的 PAMPA - DOPC 模型采用等度 - pH 法进行研究。后来发展了梯度 - pH 模型，作为双漏槽 PAMPA 的一部分。图 7.25 显示了采用 DOPC 模型和等度 - pH 条件在不搅拌下 6 种弱酸的渗透性 - pH 实例。图 7.26 给出了 6 种碱的类似实例。附图中，例子按渗透性的降序排列。实线曲线表示有效渗透速率（对测量点的最佳拟合），短画线曲线表示计算的膜渗透性，虚线表示 ABL 的渗透性（参见 A7.2 节）。膜曲线能达到的最大可能值称为固有渗透速率 P_0，它表示了中性形式的可电离化合物的膜渗透性。

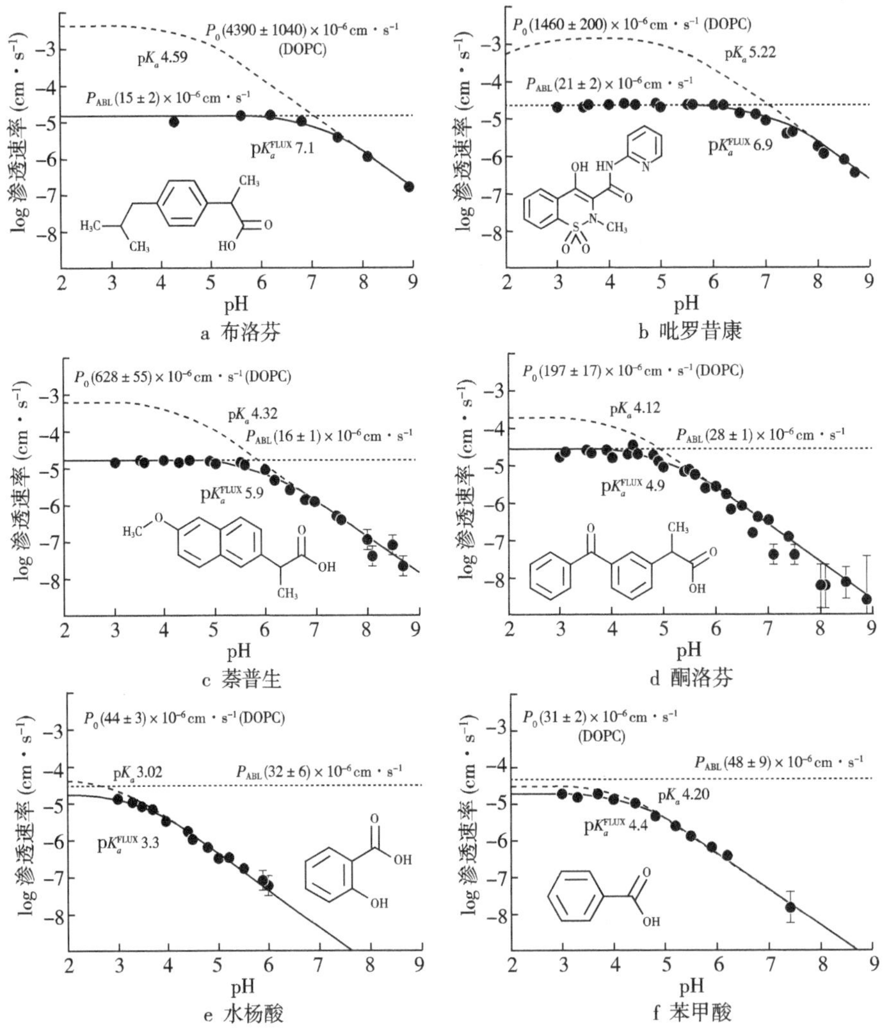

图 7.25　6 种弱酸渗透速率对数与 pH 的关系（按固有渗透率降序排列）

［实线曲线表示表观渗透速率，短画线曲线表示膜渗透速率（经 ABL 校正后的有效值），虚线表示 ABL 渗透速率。转载自 RUELL J A，TSINMAN K L，AVDEEF，A. PAMPA - a drug absorption in vitro model. 5. unstirred water layer in iso - pH mapping assays and pK_a^{FLUX} - optimized design (*p*OD - PAMPA). Eur. J. Pharm. Sci.，2006，20：393 - 402。Copyright © 2006 Elsevier. 经 Elsevier 许可复制］

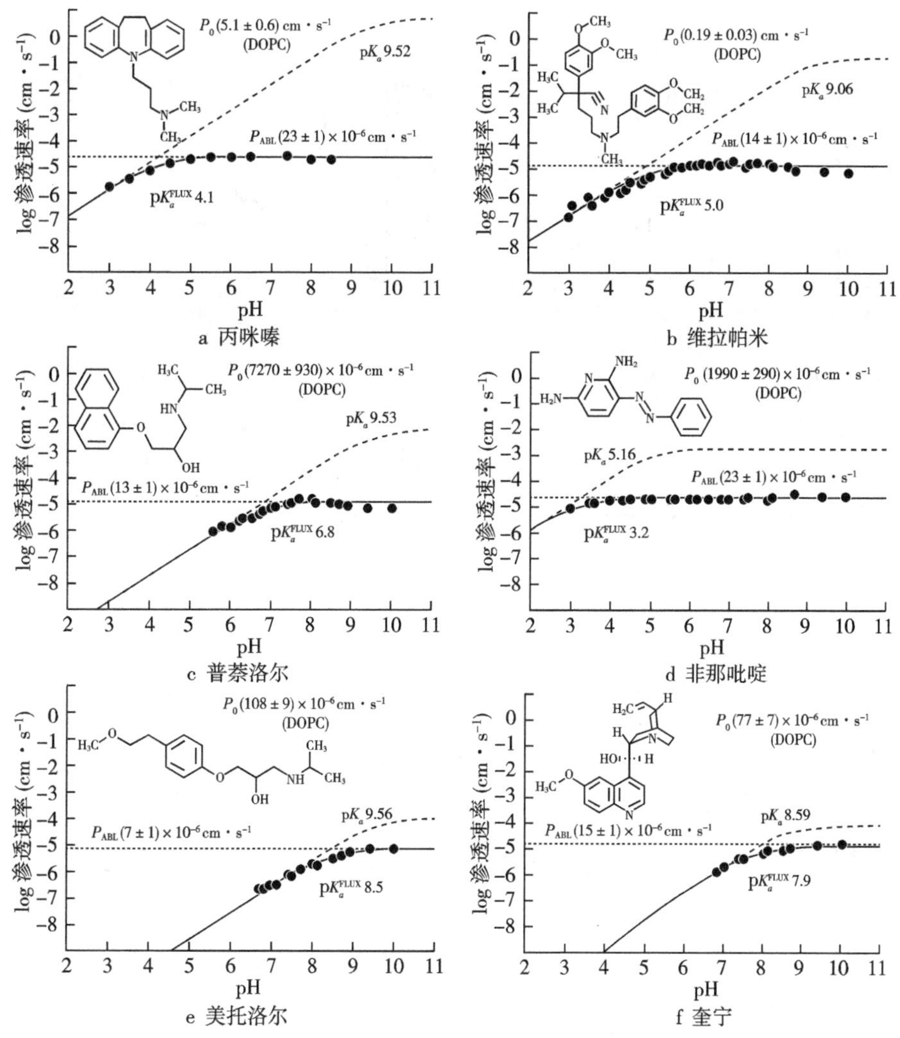

图 7.26　6 个弱碱的 log P_e 与 pH 的关系，按固有渗透率降序排列

［实线曲线表示 P_e 系数，短画线曲线表示 P_m（经 ABL 校正后的 P_e），虚线表示 P_{ABL}。转载自 RUELL J A, TSINMAN K L, AVDEEF A. PAMPA A drug absorption in vitro model. 5. Unstirred water layer in iso - pH mapping assays and pK_a^{FLUX} - optimized design（pOD - PAMPA）. Eur. J. Pharm. Sci., 2006, 20：393 - 402。Copyright © 2006 Elsevier. 经 Elsevier 许可复制］

7.6.2　渗透性 - pH（梯度 - pH 双漏槽模型）

基于 PAMPA - DS 方法示于图 7.27 中，其在梯度 - pH 条件下且不搅拌下进行。如 7.4.4 节讨论的那样，PAMPAM - DOPC 和 PAMPA - HMD 模型的灵敏度和动态范围没有 PAMPA - DS 那么高。图 7.25 和图 7.26 中的例子为具有高渗透性或高 UV 吸收的化合物。与此相反，图 7.27 中的例子为具有低渗透或具有极弱 UV 发色团的化合物。DOPC 和 HMD 的等度 - pH 方法都不能用于测定图 7.27 中的化合物的渗透性 - pH 特性。

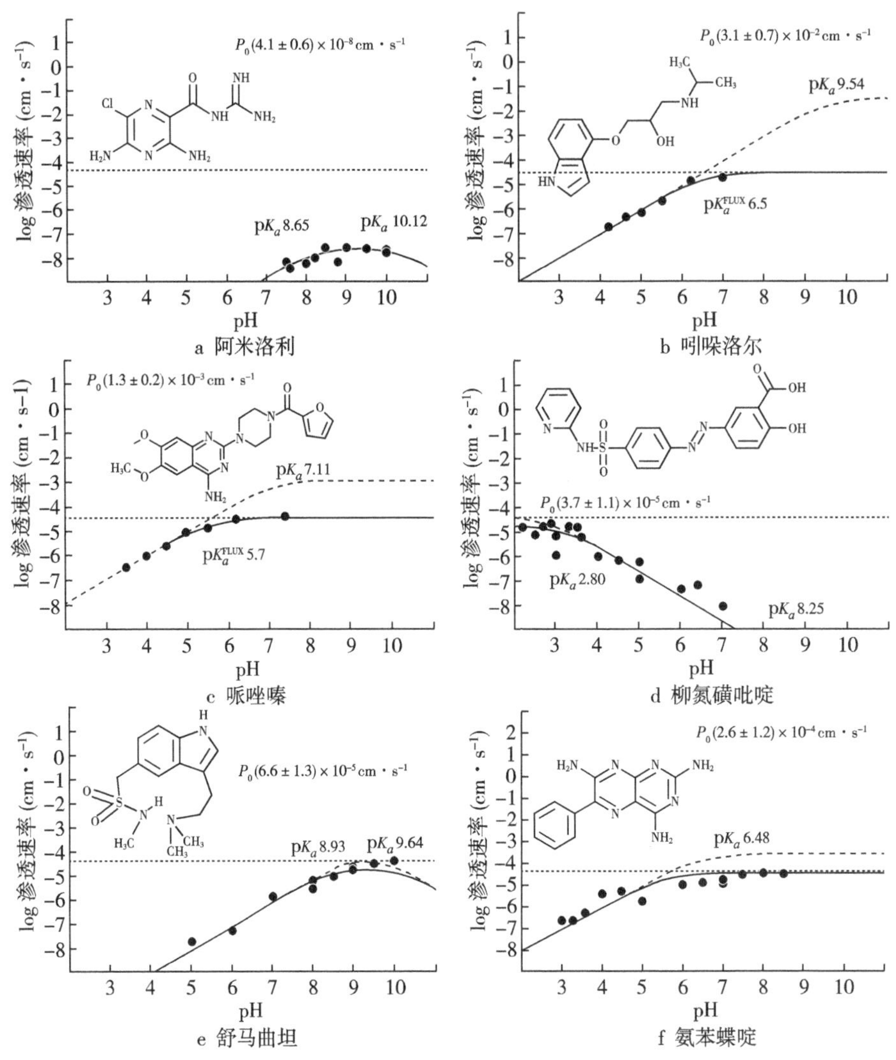

图 7.27　用 PAMPA－DS 表征的具有挑战性化合物的 log P_e与 pH 的关系

［实线双曲线表示有效渗透速率数据 P_e的最佳拟合。虚线双曲线表示针对 ABL 效应校正后的膜渗透速率值 log P_m。虚线曲线的最大点对应于不带电物质的固有渗透速率 log P_0。转载自 AVDEEF A. Expert Opinion Drug Metab. Tox.，2005，1：325－342。Copyright © 2005 Informa Healthcare. 经 Informa Healthcare 许可复制］

7.6.3　轨道摇床搅动

在开展细胞试验时，为减少 ABL 效应对膜渗透的影响，常用的方法是将渗透板系统放在一种称为“定轨摇床”的摇动平台装置上。Adson 等[54]提出，在细胞研究中常用的 Transwell© 三明治板会引起不对称流体动力学：在顶部的供给室溶液可以有效搅拌，但在底部的接收室溶液因受到已装入溶液后的空间限制而明显减弱。定轨摇床不太适合 96 孔板，但对 6～24 孔板的应用较好。在 PAMPA 96 孔配置中（图 7.14），底部隔室完全充满了溶液，且被顶部滤器板封闭，所以与 Transwell®板相比，定轨摇床效率较低。

早期试图通过摇动三明治板来减小 PAMPA 中 ABL 厚度的方法遇到了一定的困难[85]。图 7.28 表明搅动的效率取决于在 PAMPA 夹中的位置，边缘孔比中心小孔的 ABL 阻抗要低 3 倍多。Wohnsland 和 Faller[83] 推测，当平板以 50 ~ 100 RPM 频率轻微摇动时，PAMPA 中 ABL 总厚度为 300 μm。对于后续的研究者如何处理各向异性带来的影响，不是很明确。常规用于细胞系统的流体动力学模型（Karlsson 和 Artursson[5]，Adson 等[54]）预测，在 50 RPM 和 100 RPM 频率下，ABL 总厚度分别为 1200 μm 和 500 μm，比 PAMPA 报道的值要高。由于 ABL 的掩盖效应，ABL 的厚度越大，药物的膜渗透性测定难度越大。

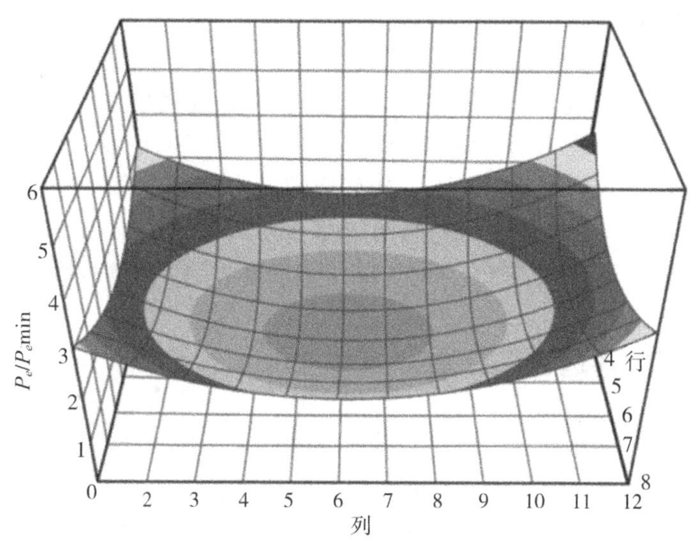

图 7.28 用定轨摇床搅动的各向异性效应[85]

很多研究者开展 PAMPA 测定时不进行搅动。这种行为掩盖了膜真实的渗透性，并使亲脂性化合物表现出一致的渗透数值 P_e = （15 ~ 30）× 10^{-6} cm · s^{-1}。不进行搅动，通常 PAMPA 试验显示的 ABL 厚度为 2000 ~ 4000 μm[87,90]。Karlsson 和 Artursson[5] 开展不搅动的 Caco－2 睾酮转运试验，对 ABL 厚度进行考察，估算出 ABL 的厚度约为 1500 μm。

人体小肠的 ABL 厚度很难测定，而且数值也存在一定争议，30 ~ 4700 μm[12]，常被认为在 170 ~ 710 μm[13,148－149] 范围内。早期的研究者认为，人体内 的 ABL 厚度在 700 ~ 1000 μm[149]。空腹时小肠呈扁平形状[150]（“像水流干的灭火水龙带”[13]）。一般认为，ABL 的厚度不会比黏液层（700 ~ 1000 μm）更厚。然而，在 Lennernäs 及其同事[124] 介绍的 “LOC－I－GUT” 人原位灌注实验中，扩张的空肠增大呈圆柱状，灌注液充满了非黏液腔。2 mL · min^{-1}（33 μL · s^{-1}）灌注流速在扩张的空肠中无法保证与整个肠液部分进行有效的混合交换。根据 Johnson 和 Amidon[151] 提出的柱状流公式，假设肠是光滑的圆柱体，对典型的药物化合物而言，ABL 的预测厚度约为 2800 μm。因此，在人体原位灌注试验中，某些小肠段是无法与药物充分混合交换的。当然，药物在人体混合交换的过程是十分复杂的，受到饱腹/空腹状态的影响，受到上皮细胞表面的环状褶和绒毛结构运动的影响[13]。

Avdeef 等[90]开发了在 PAMPA 三明治板中采用单孔磁力搅拌的方法。研究者选择椭圆形搅拌片（“鳍”）沿水平轴转动，代替了扁长的搅拌子沿垂直轴转动。这已被证明是极有效的搅拌方式，特别是在 96 孔微量滴板渗透测定中独有的。这使得可直接测定有效渗透速率达 3500 $\times 10^{-6}$ cm · s^{-1}。这样有效的搅拌能使 ABL 的体外厚度降至 15 μm[90]。随着水阻力的显著降低，在某些情况下，亲脂性化合物的 PAMPA 测定时间已缩短至约 20 min，而最初推荐的传统方法需要 15 小时[1]。

7.6.4 单孔搅拌

图 7.14a 显示了 96 孔供给微量滴板（底部）和 96 孔接收滤器板（顶部），每一个底部供给孔都装了一个磁力鳍。STIRWELL™（pION）三明治设计可提供高效双侧搅拌，如图 7.14b 所示。在两种情况下，外部旋转磁力使得磁力搅拌片沿水平轴翻转。商品化装置的转速设定刻度盘表示的是期望的 ABL 厚度，而不是 RPM。采用在 49 ~ 622 RPM 范围内的转速对 14 个化合物的 36 个 P_{ABL}系数的分析来校准刻度盘读数[90]。

7.6.5 膜和 ABL 渗透速率的关系

在三层模型（不流动水层 - 膜 - 不流动水层）中（图 7.29），渗透性屏障包括人造脂膜（用多孔微滤器固定）和脂质屏障每一侧的 ABL，不流动层将膜表面与本体水溶液分隔开。对于亲脂性化合物，如 $P_m \gg P_{ABL}$，则测定的通量受制于溶质扩散通过两不流动水层的速度——限速步骤。另外，对于亲水性化合物，如 $P_m \ll P_{ABL}$，则脂膜是整个扩散的限速步骤。

对于在此体系中渗透的溶质，通过这三层每一层的局部通量可以表述为：

$$\dot{j}^{D}_{ABL} = P^{D}_{ABL}\ (C^{D}_{bulk} - C^{D}_{surf})\text{；} \tag{7.7a}$$

$$\dot{j}^{R}_{ABL} = P^{R}_{ABL}\ (C^{R}_{bulk} - C^{R}_{surf})\text{；} \tag{7.7b}$$

$$j_m = P_m\ (C^{D}_{surf} - C^{R}_{surf})\text{。} \tag{7.7c}$$

总通量为：

$$J = P_e\ (C^{D}_{bulk} - C^{R}_{bulk})\text{。} \tag{7.7d}$$

其中，P_m是人工膜的渗透速率（可电离化合物与 pH 相关），P^{D}_{ABL}和P^{R}_{ABL}分别是供给室（D）和接收室（R）ABL 渗透速率（与 pH 无关）。“bulk” 和 “surf” 下标分别代表外部溶液和与膜表面接触的水溶液。连续的阻力具有加和性，渗透性与阻力成反比，与 3 个组成项相关的有效渗透速率 P_e可表示为：

$$\frac{1}{P_e} = \frac{1}{P^{D}_{ABL}} + \frac{1}{P_m} + \frac{1}{P^{R}_{ABL}}\text{。} \tag{7.7e}$$

在稳态，三层屏障各处的单向通量是一个常数[152]，所以式（7.7a）至式（7.7c）每一个都可以设为与整体的值，即与式（7.7d）相等。因此，可以推出膜表面的浓度为：

$$C_{\text{surf}}^{\text{D}}=\frac{\left(\frac{1}{P_m}+\frac{1}{P_{\text{ABL}}^{\text{R}}}\right)\cdot C_{\text{bulk}}^{\text{D}}+\left(\frac{1}{P_{\text{ABL}}^{\text{D}}}\right)\cdot C_{\text{bulk}}^{\text{R}}}{\left(\frac{1}{P_{\text{ABL}}^{\text{D}}}+\frac{1}{P_m}+\frac{1}{P_{\text{ABL}}^{\text{R}}}\right)},\tag{7.8a}$$

$$C_{\text{surf}}^{\text{R}}=\frac{\left(\frac{1}{P_m}+\frac{1}{P_{\text{ABL}}^{\text{D}}}\right)\cdot C_{\text{bulk}}^{\text{R}}+\left(\frac{1}{P_{\text{ABL}}^{\text{R}}}\right)\cdot C_{\text{bulk}}^{\text{D}}}{\left(\frac{1}{P_{\text{ABL}}^{\text{D}}}+\frac{1}{P_m}+\frac{1}{P_{\text{ABL}}^{\text{R}}}\right)}。\tag{7.8b}$$

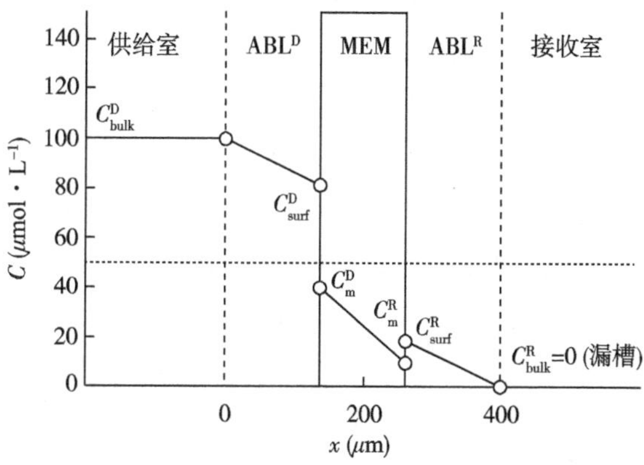

a 膜限速通量（低渗透化合物）

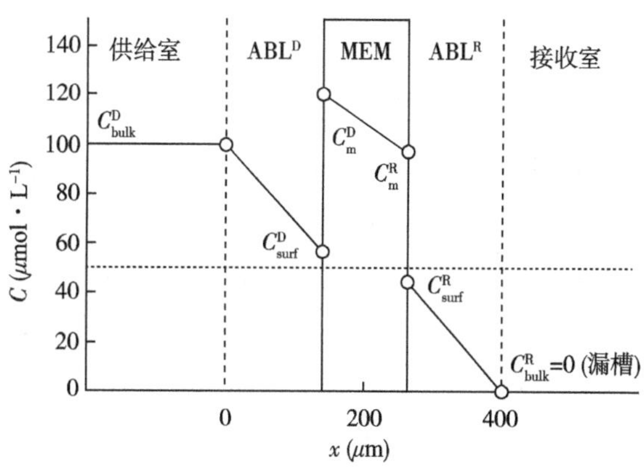

b ABL限速通量（高渗透化合物）

图 7.29　三层模型中空间浓度梯度驱动的通量

同理，如提供膜－水分配系数，$P_{\text{MEM/W}}=C_{\text{mem,surf}}^{\text{D}}/C_{\text{surf}}^{\text{D}}=C_{\text{mem,surf}}^{\text{R}}/C_{\text{surf}}^{\text{R}}$，则可推出水－脂质界面的膜侧浓度。图 7.29a 是膜限速通量的例子，而图 7.29b 则是 ABL 限速通量的例子。在 pH 7.4 时，根据式（7.8）的两个方程，采用吲哚洛尔（$P_m=128\times10^{-6}$ cm · s^{-1}）和氧烯洛尔（$P_m=1687\times10^{-6}$cm · s^{-1}）的 PAMPA－DS 渗透性来模拟图 7.29 中 ABL 的浓度梯度。假设图 7.29 中使用的 $P_{\text{MEM/W}}$值在 pH 7.4 时等于 D_{OCT}（对氧烯洛

尔和吲哚洛尔，分别为 2.2 和 0.50）。单孔的鳍以 50 RPM 转速搅拌时，$P^{D}_{ABL}=P^{R}_{ABL}=427\times10^{-6}\text{cm}\cdot\text{s}^{-1}$，相应的$h_{ABL}=137\ \mu\text{m}$，比孔隙率为 70% 的 PVDF 滤器的厚度（假定为 125 μm）没大多少。

7.6.6 渗透性的 pH 依赖关系：通过 pK_a^{FLUX}法针对 ABL 和带电效应校正 PAMPA 渗透性

以单质子酸 HA 为例。总的物质浓度为：

$$C_{TOT}=[HA]+[A^-]。\tag{7.9}$$

使用依据浓度的可电离表达式［式（3.2a）］，［A⁻］可用［HA］来表示：

$$\begin{aligned}C_{TOT}&=[HA]+[HA]K_a/[H^+]\\&=[HA](1+K_a/[H^+])\\&=[HA](1+10^{+(pH-pK_a)})。\end{aligned}\tag{7.10}$$

在不流动水层，HA 和 A^-并行扩散（通常速度相同）：总的 ABL 通量 J_{ABL}是两个单独通量组分之和。如果渗透处于稳态，ABL 通量变为：

$$\begin{aligned}J_{ABL}&=J^{(HA)}_{ABL}+J^{(A)}_{ABL}\\&=P^{(HA)}_{ABL}\Delta[HA]+P^{(A)}_{ABL}\Delta[A^-]\\&=P_{ABL}\Delta C_{TOT}。\end{aligned}\tag{7.11}$$

其中，$\Delta C_{TOT}=C^{D}_{TOT,bulk}-C^{R}_{TOT,bulk}$，$\Delta[HA]=[HA]^{D}_{bulk}-[HA]^{R}_{bulk}$，$\Delta[A^-]=[A^-]^{D}_{bulk}-[A^-]^{R}_{bulk}$，本体水溶液浓度通过渗透屏障后下降。$P_{ABL}$包括了两水边界层：

$$\frac{1}{P_{ABL}}=\frac{1}{P^{D}_{ABL}}+\frac{1}{P^{R}_{ABL}}。\tag{7.12}$$

如果 pH－分配假说成立，则膜通量与不带电溶质的浓度梯度相关：

$$J_m=P_0\Delta[HA]。\tag{7.13}$$

由于膜和 ABL 是串联的，所以总通量 J 可以表示为[36]：

$$\begin{aligned}\frac{1}{J}&=\frac{1}{J_{ABL}}+\frac{1}{J_m}\\&=\frac{1}{P_e\Delta C_{TOT}}。\end{aligned}\tag{7.14}$$

假定在等度－pH 条件下（或漏槽状态），将上述表达式乘以总的样品浓度，我们得到：

$$\begin{aligned}\frac{1}{P_e}&=\frac{1}{P_{ABL}}+\frac{\Delta C_{TOT}}{\Delta[HA]\cdot P_0}\\&=\frac{1}{P_{ABL}}+\frac{\left(\frac{K_a}{[H^+]}+1\right)}{P_0}\end{aligned}$$

$$= \frac{1}{P_{\text{ABL}}} + \frac{1}{P_m}。 \tag{7.15}$$

如 Gutknecht 及其同事那样，对于可电离化合物，固有 P_0和 ABL 可以从 P_e的 pH 依赖关系［式（7.15）］推导出。从式（7.15）的第二行可以看出，预期 $1/P_e$对 $1/[H^+]$的图呈线性（对于弱酸），截距为 $1/P_{\text{ABL}}+1/P_0$，斜率为 K_a/P_0。当已知化合物的 pK_a时，则可以测定 P_0和 P_{ABL}。如果 P_{ABL}可单独测定，则理论上可根据有效渗透速率的 pH 依赖关系确定电离常数（参见 3.12.4 节）。

如上述例子［式（7.15）］所指出的，对于可电离化合物，式（7.7e）中的膜渗透速率 P_m，与本体水溶液的 pH 相关。P_m可能的最大值定义为 P_0，即中性物质的固有渗透速率。对于单质子弱酸和单质子弱碱，P_m和 P_0之间的关系可以用中性物质分数 f_0表示为 $P_m = P_0 f_0$，即：

$$P_m = \frac{P_0}{10^{\pm(\text{pH}-\text{p}K_a)}+1}。 \tag{7.16}$$

“+”表示酸，“-”表示碱。对于双质子两性电解质，含 pH 的因子为（$10^{\text{p}K_{a1}-\text{pH}}+10^{-\text{p}K_{a2}+\text{pH}}+1$）。基于更复杂的多电离模型，可推导出其他 f_0作为 pH 和 pK_a的函数的分析表达式（与表 6.1 中的类似[87]）。

式（7.16）的对数形式描述一条双曲线（图 7.25 至图 7.27、图 7.30 中的虚线），表征为水平线区域（表示固有渗透）和对角线区域（斜率为 ±1）。在这些线的弯曲处（斜率为 1/2）的 pH 即是化合物的 pK_a。对单质子可电离化合物，式（7.15）可整理为[34-36]：

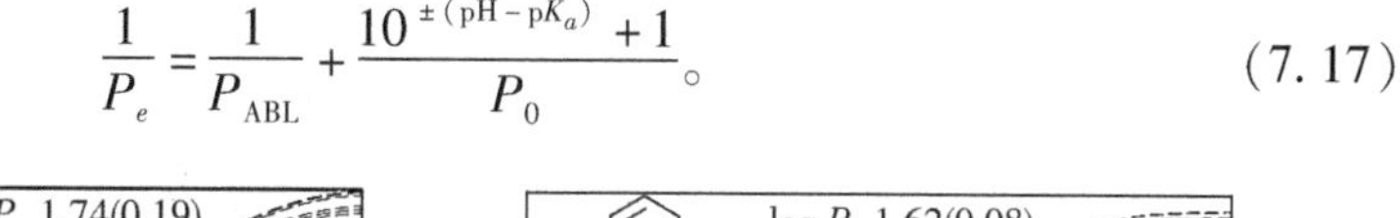

$$\frac{1}{P_e} = \frac{1}{P_{\text{ABL}}} + \frac{10^{\pm(\text{pH}-\text{p}K_a)}+1}{P_0}。 \tag{7.17}$$

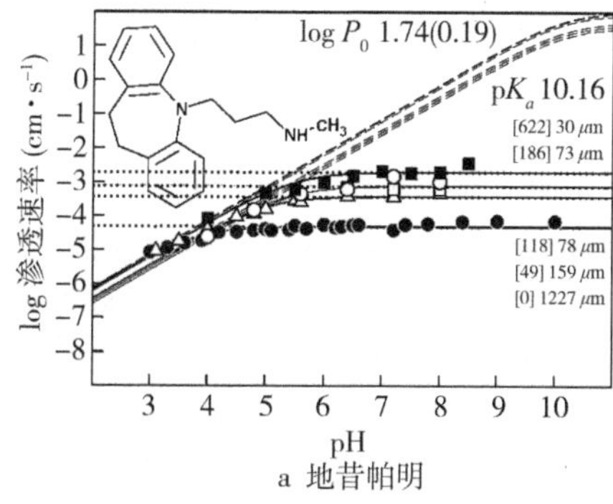

a 地昔帕明

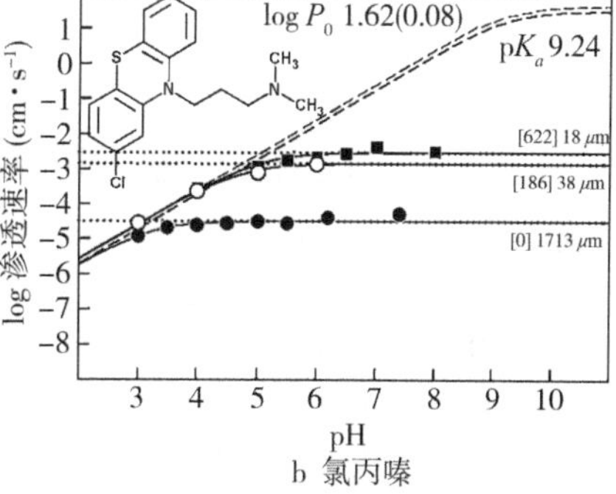

b 氯丙嗪

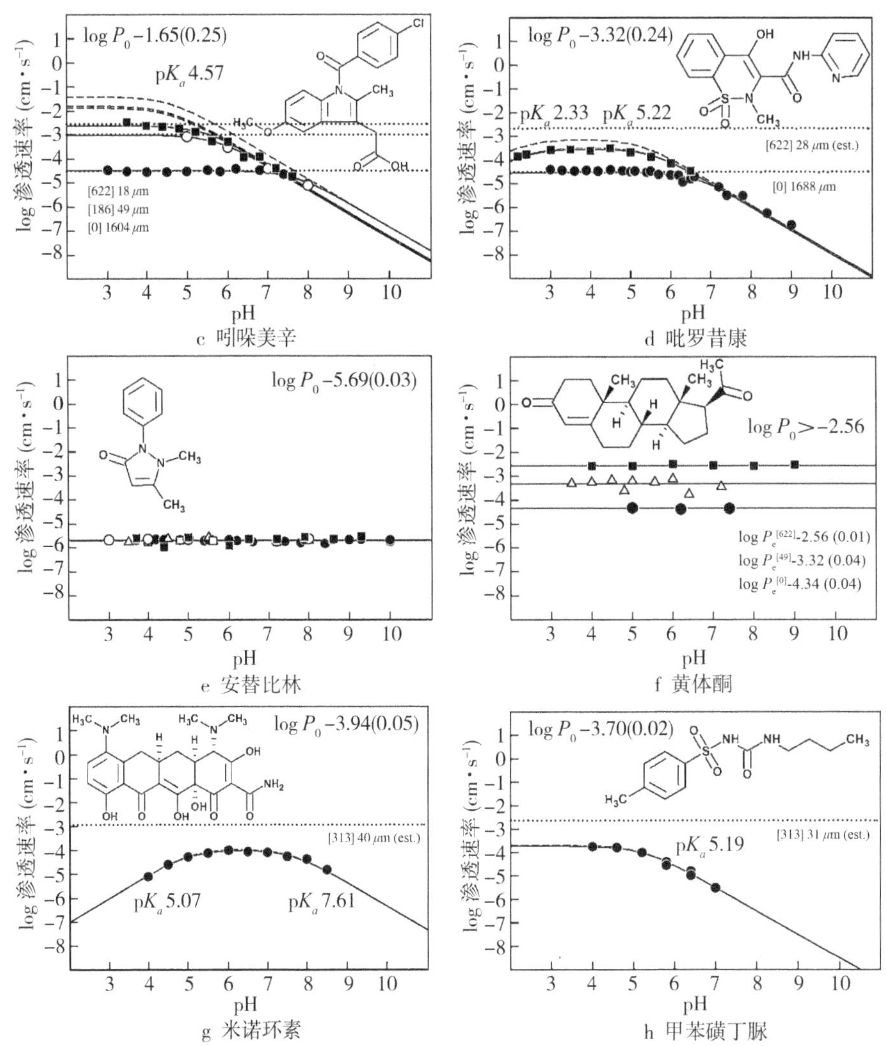

图 7.30　单孔鳍搅拌下碱、酸和不可电离化合物的 log P_e 与 pH 的关系

［实线曲线代表根据式（7.21）的 log P_e 测量值对 pH 的最佳拟合。实线曲线的水平顶部近似（并不准确）等于 log P_{ABL}。实心圆点对应不搅拌的溶液；空心三角形对应 49 RPM 的数据；空心方块对应 118 RPM 的数据；空心圆点对应 186 RPM 的数据；实心方块对应 622 RPM 的数据。*ABL* 厚度估值的单位为 μm，相应的搅拌速度列在方括号内。虚线表示的曲线是根据式（7.18）计算的膜渗透速率曲线。虚线顶部的水平部分对应 log P_0。在方框中列出加权平均 log P_0，以及估算的标准偏差（列在括号内）。图 7.30a 至图 7.30f 转载自 AVDEEF A, NIELSEN P E, TSINMAN O. PAMPA: a drug absorption in vitro model. 11. Matching the in vivo unstirred water layer thickness by individual - well stirring in microtitre plates. Eur. J. Pharm. Sci., 2004, 22: 365 - 374。Copyright © 2004 Elsevier. 经 Elsevier 许可复制］

7.6.6.1　膜限速渗透（亲水性化合物）

如 ABL 薄到观察不到（一种似乎不合常理的情况），或更有可能发生的，如 $P_0 \ll P_{ABL}$（亲水性化合物的通常情况），那么式（7.17）的对数形式就变为与 P_{ABL} 无关，即简化为式（7.18）：

$$\log P_e \approx \log P_m = \log P_0 - \log\left[10^{\pm(\mathrm{pH}-\mathrm{p}K_a)}+1\right]。\tag{7.18}$$

这样的“膜限速”渗透的例子如图 7.27a（阿米洛利）、图 7.30g（米诺环素）和图 7.30h（甲苯磺丁脲）所示。在这些例子中，虚线曲线和实线曲线是相当的。由于膜（不是 ABL）是渗透中慢的步骤，渗透被认为是膜限速的。根据 P_e - pH 数据可以测定分子的 P_0和 pK_a。表 3.14 中的几个 pK_a就是用这种方法测定的（参见 3.12.4 节）。

7.6.6.2 ABL 限速渗透性（亲脂性化合物）：pK_a^{FLUX}法

对于高渗透的化合物，不能利用式（7.18）来测定 pK_a或 P_0，如式（7.17）指出的，这是由于 ABL 的衰减效应。当 $P_0 \gg P_{\mathrm{ABL}}$时，可以观察到这类“ABL - 限速”的渗透。这种情形很容易被识别，此时双曲线弯曲处的 pH 与化合物的真正 pK_a相差很大。亲脂性药物显示的 P_e最大值几乎是相同的［不搅拌，为（15 ~ 30）×10^{-6} cm · s^{-1}］，与化合物无关，表明测量的特性是水的阻抗而不是膜的。式（7.17）的对数形式是双曲线（图 7.25 至图 7.27、图 7.30 中的实线曲线），表观 pK_a与半整数斜率处的 pH 相关。对于高渗透的化合物应考虑“通量”解离常数 pK_a^{FLUX}，它是渗透屏障转运阻力 50% 由 ABL 引起和 50% 由膜引起时的 pH[9-11,78,80,87,90]。近似的 log - log 双曲线方程描述了有效渗透速率和表观解离常数之间的关系：

$$\log P_e \approx \log P_e^{\max} - \log\left(10^{\pm(\mathrm{pH}-\mathrm{p}K_a^{\mathrm{FLUX,app}})}+1\right)。\tag{7.19}$$

可能的有效（测定的）渗透的最大值 $P_e^{\max}$定义为：

$$\log P_e^{\max} = \log P_{\mathrm{ABL}} - \log\left(\frac{P_{\mathrm{ABL}}}{P_0}+1\right)。\tag{7.20}$$

当$P_0 \gg P_{\mathrm{ABL}}$时（高渗透化合物），$P_e^{\max} \approx P_{\mathrm{ABL}}$，表明水（不是膜）限制了扩散。

当$P_0 > 10\ P_{\mathrm{ABL}}$时，式（7.19）的近似形式是准确的；但对于轻度亲脂性化合物，需要采用精确的形式来计算 pK_a^{FLUX}。图 7.25e、图 7.25f 和图 7.26f 中的实线曲线仅近似地表示在半整数斜率处对应 pH 的 pK_a^{FLUX}。式（7.19）精确（更繁杂）的形式见式（7.21）[96]，该式可描述中等亲脂性化合物的情况：

$$\log P_e = \log P_e^{\max} - \log\left(10^{\pm(\mathrm{pH}-\mathrm{p}K_a)}+1\right)。\tag{7.21}$$

其中观察到的是表观值，并不精确地等同于真实的 pK_a^{FLUX}。固有渗透速率与 ABL 渗透速率之间的差距越小，两个值之间的差异就越大。虽然推导直接采用对数形式的式（7.19）很烦琐，但却很明了易懂。在公式的准确解[96]中，

$$p\mathrm{K}_{\mathrm{a}}^{\mathrm{FLUX,app}} = p K_{\mathrm{a}}^{\mathrm{FLUX}} \pm \log\left(\frac{P_0 + P_{\mathrm{ABL}}}{P_0 - P_{\mathrm{ABL}}}\right)。\tag{7.22}$$

对于亲脂性强的化合物必须进一步强调只有在 $\mathrm{P}_0 > \mathrm{P}_{ABL}$时［见式（7.22）中的分母］，式（7.19）和式（7.21）才成立。实际上，已证实近似形式［式（7.19）］可形象化地表示膜和水扩散因子之间的平衡，其中水扩散因子控制通过生物相关膜屏障的渗透。

图 7.30a 至图 7.30d、图 7.30f 中的实线曲线是 ABL 限速渗透的例子。对于碱（图

7.26)，若 $pH \gg pK_a^{FLUX}$，则式（7.19）的图像为水平线；若 $pH \ll pK_a^{FLUX}$，则其图像为对角线，斜率为 1。对于酸（图 7.25），$pH \ll pK_a^{FLUX}$，则其图像为水平线；若 $pH \gg pK_a^{FLUX}$，则式（7.19）图像为对角线，斜率为 -1。

只要水边界层对渗透产生阻抗，此时 pK_a^{FLUX} 可以定义为（$P_0 > P_{ABL}$）：

$$\log P_0 - \log P_{ABL} = \pm (pK_a^{FLUX} - pK_a) > 0。 \tag{7.23}$$

如已知化合物的真实 pK_a，则根据式（7.23）只要简单地查一下 $\log P_e$ 对 pH 的图，常常可以得出 $\log P_0$ 和 $\log P_{ABL}$。

另外，可以采用加权非线性回归法[78]解出式（7.21）中的参数 P_0、P_{ABL} 和（在有利的案例中）pK_a 的精确解。专门开发用于解此方程的计算机程序 *p*CEL - X（v3.1；ADME 研究所）已用于 PAMPA[10,87,90]、Caco - 2/MDCK[11-14]和 BBB [153]测量中。

7.6.6.3 pK_a^{FLUX} 法分析搅拌效果

图 7.30 显示了不同搅拌速度对 P_e - pH 的影响情况，影响值标注在方括号内。Avdeef 等[90]研究了 53 个化合物，这些化合物有足够的亲脂性（$P_0 > P_{ABL}$）使得可以采用 pK_a^{FLUX} 方法。绝大多数数据来源于采用不搅拌的 PAMPA 测定，个别数据来源于以 186 RPM 搅拌的分析。此外，地昔帕明、丙咪嗪、普萘洛尔和维拉帕米的 ABL 渗透速率在 0、49 RPM、118 RPM、186 RPM 和 622 RPM 的不同转速下测定。美托洛尔和萘普生在 4 个转速下表征。氯丙嗪、吲哚美辛、伊曲康唑、酮洛芬、咪康唑、丙磺舒、他莫昔芬和硝苯地平也在搅拌条件下开展研究。研究所用的最大转速为 622 RPM。为了解决溶解的问题，53 个化合物中有几个是在 20%（v/v）乙腈/水缓冲液中进行表征的（参见 7.8 节）。

图 7.30 的前四张图是在不同搅拌速度下测定的可电离酸和碱的 $\log P_e$ 与 pH 的关系。实线曲线是根据式（7.21）对测量点的拟合。在实线曲线的顶部的水平虚线表示 ABL 渗透速率的实际值，这些值与搅拌速度相关。短画线曲线是根据式（7.16）从水中 pK_a 和修正的 P_0 计算得来的。短画线曲线的顶部列出的是 $\log P_0$。搅拌速度并不影响膜曲线。在水平实线区域的点表示转运几乎完全是 ABL 限速的。

7.6.7 常用于细胞研究的 ABL 流体动力学模型

在细胞转运研究中，如采用 Caco - 2/MDCK 系列细胞研究的那样，ABL 渗透速率常常根据流体动力学模型[5,7,54]进行估算：

$$P_{ABL} = K_{ABL} v^{a}。 \tag{7.24}$$

其中，v 是搅拌速度（RPM），α 是经验常数，在 Caco - 2 测定中这个值在 0.8[7,54] ~ 1.0[5]。这一关系是根据 Levich [152,154]解转盘流体动力学方程的结果提出的。理论上，对于供给池和接受池几何形状大小相同的情况而言，α 的值应为 0.5[54]。将溶质的水扩散性（指数为 2/3）、动力黏度（指数为 -1/6）和渗透细胞的几何因子一并考虑，

K_{ABL}是一个常数。上述细胞研究报道的 K_{ABL}值在（0.57～4.10）×10^{-6}cm·s^{-1}。对于高 K_{ABL}的情况，通过每5分钟将顶部的供给滤盘移动到新鲜的底部接收盘之上，以保持一个强的“物理”漏槽条件。在这种“隔断三明治”的条件下，ABL 的厚度与刚接触（顶部）供给室边的厚度相等，因为溶质化合物仅对测量的来自供给侧的通量有贡献（“单向通量”）。对于 K_{ABL}低的情况，夹层完好无损，有少量的接收溶液在一定的时间间隔内被“吸取－采样”（之后是用“冷”的缓冲液替换）。

式（7.17）和式（7.24）可以合并，重新整理为简洁的线性形式：$v^{\alpha}/P_e = 1/K_{ABL} + v^{\alpha}/P_m$。通常，要选择一个 α 的“种子（seed）”值（0.8～1.0），将 v^{α}/P_e对 v^{α}作图。对于最佳 α 选择，应得到一条直线，其中 P_m等于斜率的倒数，K_{ABL}等于截距的倒数。

为将这一流体动力学搅拌与 pK_a^{FLUX}法比较（参见 7.6.6 节），在不同搅拌速度用 pK_a^{FLUX}法测定的 PAMPA－DS P_{ABL}［式（7.21）］用于流体动力学分析［式（7.24），对数形式］。图 7.31 显示了 log P_{ABL}与 log v 的图，包括 14 个化合物在不同搅拌速度下的 36 个测定结果。这一直线的截距为 log K_{ABL}，斜率为流体动力学因子 α。此回归分析说明了搅拌的 PAMPA 三明治结构的平均流体动力学特征。经测定，搅拌效率因子 K_{ABL}为 23.1×10^{-6}cm·s^{-1}，流体动力学因子 α 为 0.709。拟合的标准偏差是0.16 个 log 单位，与 ABL 平均厚度分析时计算的标准偏差相似，如图 7.32 所示。α 值与 Adson 等报道的值 0.8[54]接近，但 PAMPA K_{ABL}因子是前期研究报道最大值的 5.6 倍。这表明对于给定的搅拌速度，在鳍搅拌的 PAMPA 中 ABL 的厚度（图 7.14）明显要小于 Caco－2 测定中摇床摇动的厚度。这说明在 PAMPA 中采用单孔鳍片提高搅拌效率。

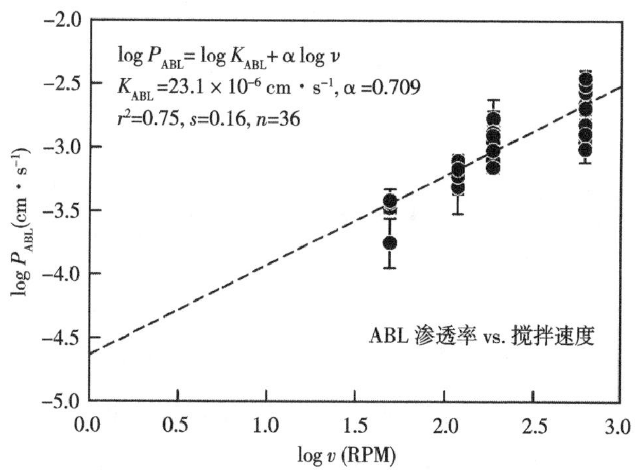

图 7.31　4 个搅拌速率下 14 个化合物的 log P_{ABL}值对 log v（RPM）（不包括不搅拌的值）

［根据式（7.24）的对数形式求出回归曲线。转载自 AVDEEF A，NIELSEN P E，TSINMAN O. PAMPA：a drug absorption in vitro model. 11. matching the in vivo unstirred water layer thickness by individual－well stirring in microtitre plates. Eur. J. Pharm. Sci.，2004，22：365－374。Copyright © 2004 Elsevier. 经 Elsevier 许可复制］

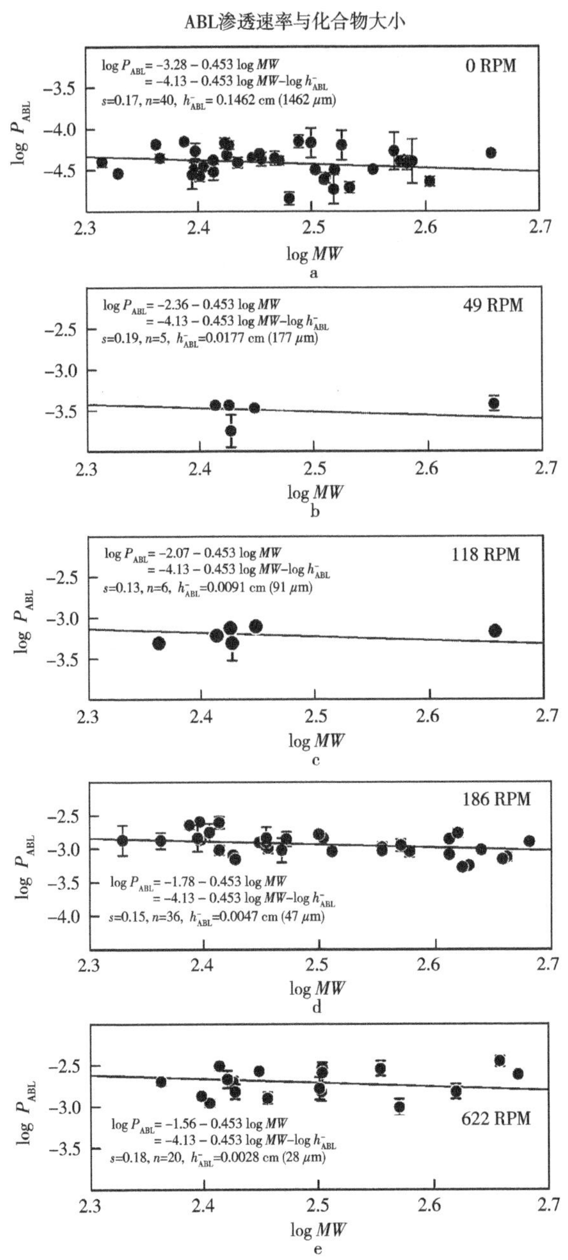

图 7.32　在不同搅拌速度下 log P_{ABL} 值与 log *MW* 的关系

［根据式（7.27）拟合线性回归直线。每一个搅拌速度下 ABL 平均厚度估算值列在括号中。图 7.32a、图 7.32d、图 7.32e 转载自 AVDEEF A，NIELSEN P E，TSINMAN O. PAMPA：a drug absorption in vitro model. 11. Matching the in vivo unstirred water layer thickness by individual－well stirring in microtitre plates. Eur. J. Pharm. Sci.，2004，22：365－374。Copyright © 2004 Elsevier. 经 Elsevier 许可复制］

图7.33是3～4种不同转速下（在搅拌的测定中）所研究的6个化合物中每一个化合物的行为。由于每个化合物的测定点的数量较少，且 log v 的范围较窄，故拟合将 α 设定为0.709（图7.31）。单个 KABL 值的范围在 14.7×10^{-6} cm · s^{-1}（美托洛尔）到26.5×10^{-6} cm · s^{-1}（丙咪嗪）。

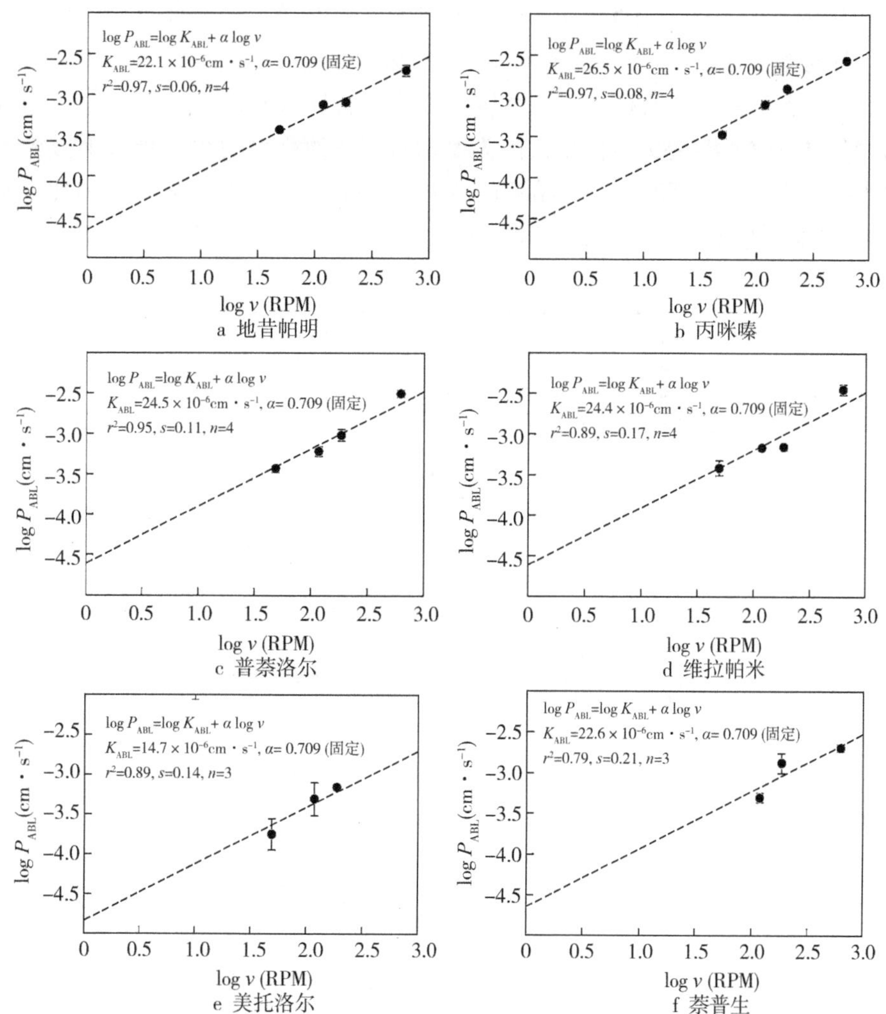

图7.33 4个搅拌速度下单个化合物的 log P_{ABL} 值与 log v（RPM）的关系（不含不搅拌的值）

［根据式（7.24）拟合回归直线，α 因子设定为0.709，这是基于14个化合物分析的最佳拟合值。转载自 AVDEEF A, Nielsen P E, TSINMAN O. PAMPA: a drug absorption in vitro model. 11. Matching the in vivo unstirred water layer thickness by individual－well stirring in microtitre plates. Eur. J. Pharm. Sci., 2004, 22: 365－374。Copyright © 2004 Elsevier. 经 Elsevier 许可复制］

图 7.34 显示了水边界层厚度与搅拌速度之间的关系，比较了文献报道的 Caco－2 结果[5,54]和 Avdeef 等[90]采用 PAMPA－DS 方法测定的数据。实心圆点是 Adson 等[54]在 22 ℃时测定的睾酮的数据。短画线是在 $D_{aq}=5.0\times10^{-6}\text{cm}\cdot\text{s}^{-1}$，$K_{ABL}=4.1\times10^{-6}\ \text{cm}\cdot\text{s}^{-1}$和 $\alpha=0.8$ 条件下根据式（7.24）计算的结果。空心圆点是 Karlsson 和 Artursson[5]在 37 ℃时测定的睾酮数据。虚线是 $D_{aq}=7.84\times10^{-6}\text{cm}\cdot\text{s}^{-1}$，$K_{ABL}=0.57\times10^{-6}\ \text{cm}\cdot\text{s}^{-1}$和$\alpha=1$条件时绘制的曲线。与 Karlsson 和 Artursson 设定的K_{ABL}值相比，Adson 等设定了更高的值，每 5 分钟（“打破三明治结构”方法）将供给 Caco－2 转移至新的接收板，可得到一个更有效的渗透交换模型：因为漏槽状态一直保持有效，极大地减少了溶质的反渗作用。绝大多数情况下，供给室的 ABL 对转运动力学都有影响。因此，实心圆点的 ABL 厚度在给定的搅拌速度下都要低于空心圆点数值的一半。

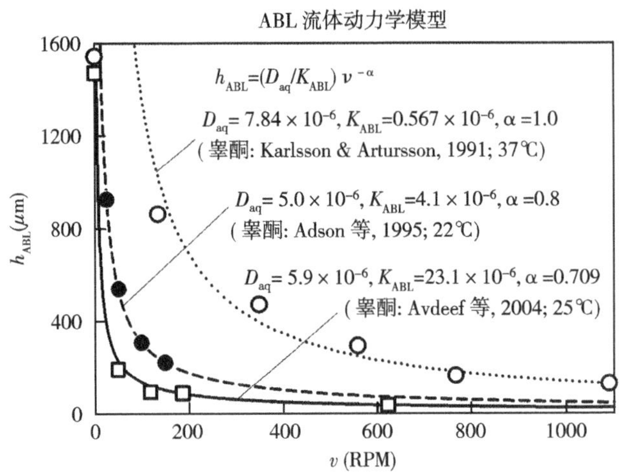

图 7.34　比较了在 Caco－2 和 PAMPA 中测定的流体动力学参数

［将不搅拌水层厚度对搅拌速度作图，并用式（7.26）拟合。转载自 AVDEEF A，NIELSEN P E，TSINMAN O. PAMPA：a drug absorption in vitro model. 11. Matching the in vivo unstirred water layer thickness by individual－well stirring in microtitre plates. Eur. J. Pharm. Sci.，2004，22：365－374。Copyright © 2004 Elsevier. 经 Elsevier 许可复制］

采用搅拌方式测定地昔帕明 PAMPA－DS 的数据用正方形点表示，以 $D_{aq}=5.9\times10^{-6}\ \text{cm}\cdot\text{s}^{-1}$，$K_{ABL}=23.1\times10^{-6}\ \text{cm}\cdot\text{s}^{-1}$和 $\alpha=0.709$ 拟合成实线。很明显，单孔鳍搅拌效率要明显好于报道的细胞研究所用的方法。

7.6.8　ABL 厚度

根据 Fick 第一扩散定律，ABL 渗透速率可能与水扩散性 D_{aq}有关，见式（7.25）。

$$P_{ABL}=D_{aq}/h_{ABL}。\tag{7.25}$$

其中，h_{ABL}为 ABL 总厚度，视为膜屏障两侧的 ABL 厚度之和。

正如刚讨论过的，有两种方法能够估测 h_{ABL}：经典的流体动力学模型，传统上用于基于细胞的研究（需要知道转速）和可电离化合物的 PAMPA 研究中发展出的pK_a^{FLUX}方法（需要在多 pH 下测量，但不需要知道转速）。

在经典的流体动力学模型中，利用式（7.24）能够将 ABL 总厚度与转速关联起来，并不需要直接知道 P_{ABL}的数值。

$$h_{ABL} = (D_{aq}/K_{ABL})\ v^{-a}。 \tag{7.26}$$

式（7.25）和式（7.26）中的扩散系数可以通过下面的经验公式计算得到：

$$\log D_{aq} = -4.131 - 0.4531 \log MW。 \tag{7.27}$$

这个经验公式是通过实验得出的 147 个 log 扩散系数值对 log 化合物量的最小二乘法拟合而推导出的，数据来自多个文献[38,77,146,152,155]。图 7.35 示出了 $\log D_{aq}$对 $\log MW$ 的图，以及回归分析参数和统计数据。

在 pK_a^{FLUX}模型中，可以在不知道转速的情况下测定 P_{ABL}［式（7.17）］，也可以根据式（7.25）和式（7.27）求出。

$$\log h_{ABL} = \log D_{aq} - \log P_{ABL} = -4.131 - 0.4531 \log MW - \log P_{ABL}。 \tag{7.28}$$

式（7.28）假设对于给定的转速，所有化合物都受相同 h_{ABL}的影响。

图 7.32 是在 0、186 RPM 和 622 RPM 转速下 $\log P_{ABL}$对 $\log MW$ 作图。对于每一个转速，数据都与经验公式，即式（7.28）拟合。通过加权回归分析，得到每一个转速下的平均 ABL 厚度 h_{ABL}，分别为 1462 μm（0 RPM）、177 μm（49 RPM）、91 μm（118 RPM）、47 μm（186 RPM）和 28 μm（622 RPM）。式（7.25）拟合方法的标准偏差在 0.13～0.19 个对数单位。

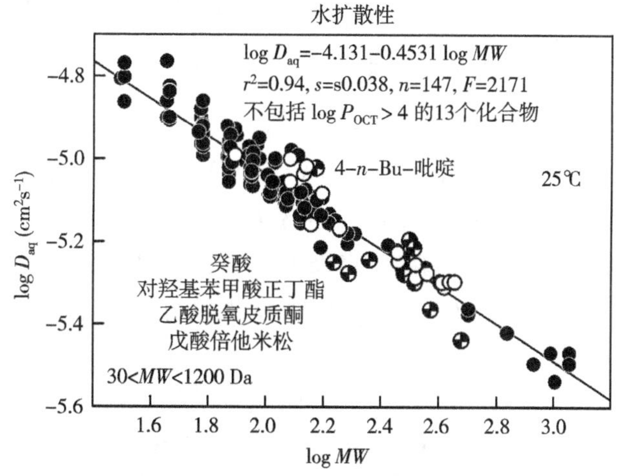

图 7.35　160 个类药物和其他小化合物（绝大多数是中性的）的水扩散性（校准至 25℃）对化合物量，即 $\log D_{aq}$对 log MW 的相关

（实心圆点：$\log P_{OCT} < 3$ 的化合物；空心圆点：$3 < \log P_{OCT} < 4$ 的化合物；带方格符号：$\log P_{OCT} > 4$ 的化合物。经 Springer Science + Business Media 许可复制。AVDEEF A. Leakiness and size exclusion of paracellular channels in cultured epithelial cell monolayers: interlaboratory comparison. Pharm. Res.，2010，27：480－489.）

7.6.9 为什么经验流体动力学模型 α 因子不等于 0.5？

Adson 等[54]深入探究了式（7.24）中 α 因子大于理论预值（0.5）的原因，他们认为 Transwell© 板的不对称流体动力学状况可导致 α 偏大。在一项 PAMPA 研究中，Avdeef 等[90]测得 $\alpha = 0.709$。Karlsson 和 Artursson[5]报道的值高达 1.0。分析中隐含着一个假设，就是对于给定的转速，对所有化合物都只有唯一（一个）ABL 厚度。

基于转动盘的几何形状，Levich[154]提出的对流扩散模型的偏微分方程的解，$\alpha = 0.5$。在 Levich 理论模型中，可以用式（7.29）计算 ABL 厚度：

$$h_{\mathrm{ABL}}^{\mathrm{Levich}} = 4.98\ \eta^{1/6} D_{\mathrm{aq}}^{1/3} v^{-1/2}。 \tag{7.29}$$

其中，η 是动力黏度（$\mathrm{cm}^2 \cdot \mathrm{s}^{-1}$）。如果 Levich 方程可用于微量滴板渗透性测定几何学，则在式（7.24）中 $\alpha = 0.5$ 的条件下，式（7.29）给出 $K_{\mathrm{ABL}} = 0.201\ \eta^{-1/6} D_{\mathrm{aq}}^{2/3}$。因此，依据化合物的扩散性，可以认为在渗透性测定中每一个化合物都有自己的 h_{ABL} 值。Pohl 及其同事[38,39]认为，这一“理论预测基本都（被）忽略了”。此外，利用离子选择性电极，Pohl 及其同事明确表示，在给定的转速下不同的离子化合物有不同的 h_{ABL}。

如果假设在之前的 Caco-2 和 PAMPA 微量滴板渗透性研究中没有观察到 $\alpha = 0.5$ 的理论值，要么是因为评价 K_{ABL} 时没有直接考虑 Levich 方程中的 D_{aq} 项（对所有的化合物在每一个搅拌速度都有唯一的 h_{ABL}），要么是通过数据没有足够的灵敏度来得出理论值。将 Levich 方程重新整理成参数形式后，可以用 PAMPA 数据来检验假设。将 $P_{\mathrm{ABL}} = D_{\mathrm{aq}}/h_{\mathrm{ABL}}$ 与 Levich 方程式（7.29）联立，并转换成对数形式，可得到：

$$\log P_{\mathrm{ABL}} - \frac{2}{3}\log D_{\mathrm{aq}} = a + b\log v。 \tag{7.30}$$

理论常数 $a = \log(0.201\ \eta^{-1/6}) = -0.356$（25℃），$b = 0.5$。将 Avdeef 等[90]得到（$P_{\mathrm{ABL}}$ 对 v）的数据，再补充另外的在 21 RPM 和 313 RPM 下的测量值（表 7.8）代入式（7.30），可以得到 $a = -0.731$ 和 $b = 0.505$（$r^2 = 0.93$，SD = 0.09，$n = 6$）。用于再分析的数据作图如图 7.36 所示。斜率为 0.505，与 α 的理论值非常接近，建议此后可以直接采用理论值。将新的参数代入式（7.30），并将得到的公式转化为式（7.29）的形式，可以得到：

$$h_{\mathrm{ABL}}^{\mathrm{PAMPA}} = 11.8\ \eta^{1/6} D_{\mathrm{aq}}^{1/3} v^{-1/2}。 \tag{7.31}$$

表 7.8 水边界层渗透速率数据

v (RPM)	$\log P_{\mathrm{ABL}} - 2/3 \log D_{\mathrm{aq}}^{a}$	SD	n^{b}	v (RPM)	$\log P_{\mathrm{ABL}} - 2/3 \log D_{\mathrm{aq}}^{a}$	SD	n^{b}
21	0.037	0.12	15	186	0.44[c]	0.34	51
49	0.004[c]	0.15	5	313	0.50	0.27	49
118	0.29[c]	0.10	6	622	0.74[c]	0.22	22

[a] P_{ABL} 为采用 $\mathrm{p}K_a^{\mathrm{FLUX}}$ 方法测定的水边界层渗透速率；

[b] 测量次数的平均值；

[c] 参考文献[90]。

根据式（7.29）和式（7.31），得到 $h_{ABL}^{PAMPA}/h_{ABL}^{Levich}=2.4$。与鳍搅拌的 PAMPA 孔的几何形状相比，转盘装置的几何形状允许在更靠近搅拌的表面形成对流（这样就可减小扩散层的厚度）。利用定轨摇床的 Caco－2 板的搅拌可以产生更大的$h_{ABL}^{PAMPA}/h_{ABL}^{Levich}$值，表明搅拌效率较低[90]。

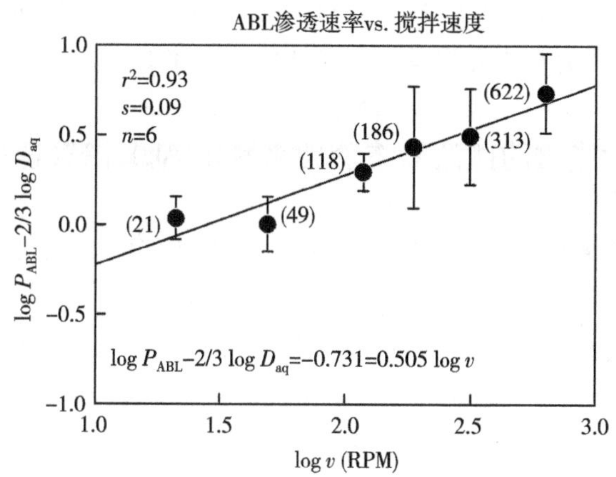

7.36　可电离化合物的平均 $\log P_{ABL}-\frac{2}{3}\log D_{aq}$ 与 $\log v$（RPM）的关系

（PAMPA 测量在 6 个不同搅拌速度下进行。数据来自表 7.8。括号内的数值表示 RPM 值）

Pohl 及其同事[38－39]提出如用单个标准化合物来校正几何因子，则后续的 h_{ABL} 计算应考虑 Levich 方程中的扩散性依赖关系。

$$h_{ABL}=h_{ABL}^{ref}\left(\frac{D_{aq}}{D_{aq}^{ref}}\right)^{1/3}\text{。} \tag{7.32}$$

Pohl 及其同事利用离子和缓冲液的多种组合，以 pH 和离子电极直接测量邻近黑色脂膜的 ABL 浓度变化，对式（7.32）进行了实验验证。

这样，在使用有效的单孔磁力搅拌时，Levich 理论表达式中的搅拌频率指数－1/2应适用于 PAMPA 分析。这一结论也可能适用于 Caco－2 的测定。尽管还必须增加不同搅拌速度的测量结果才能更加确定。

7.6.10　测定不可电离化合物或膜限速渗透 P_0

安替比林是非解离化合物，所以不能直接使用 pK_a^{FLUX}法。图 7.30e 显示搅拌速度在 0～622 RPM 时 $\log P_e$对 pH 的曲线：图形显示渗透速率并不依赖于搅拌速度，这是因为这个化合物分子的渗透是膜限速的。对于这种情形，可以通过高渗透化合物的校正来测定 P_{ABL}，高渗透化合物的渗透是 ABL 限速的。对于不可电离化合物，如 $P_{ABL}>P_0$的差比 $\log P_e$测定中的估计误差要大很多，则必须采用校正方法。也可以取图 7.32 中 ABL 的平均厚度，并与不可电离化合物的扩散性结合，依据式（7.22）来估算 P_{ABL}。采用测定的 P_e和估算的 P_{ABL}，可用式（7.7e）和式（7.16）计算 P_0。

黄体酮也是不可电离化合物，但它的有效渗透速率随搅拌速度而变化，如图 7.30f 所示。与安替比林不同，黄体酮是高亲脂性和高渗透的化合物。上述校正方法并不适用于黄体酮：在 3 个不同搅拌速度下，黄体酮均 $P_e \approx P_{ABL}$。P_0的值依赖于大的数量，$1/P_e$和 $1/P_{ABL}$之间小的差值，因而无法准确测定。对于这种情形，估计黄体酮 P_0要比在最大搅拌速度时测定的 P_{ABL}大：$P_0 > 2754 \times 10^{-6}$ cm · s^{-1}。很可能，黄体酮 P_0的真实值从未准确测定过，因为水边界层是占主导地位的限速屏障。

7.6.11 根据不含脂质的微滤器渗透性来测定 ABL 渗透速率

一个（药剂学研究中）不常用的测定 ABL 渗透速率的方法：测量分子通过未被脂质涂布的高孔隙率亲水性微滤器的转运。化合物能够通过微滤器的水通道自由扩散。滤器屏障阻碍供给侧和接受侧之间的对流混合，微滤器两边均形成 ABL。Camenisch 等[45]采用96 孔微量滴定板－滤器板（Millipore GVHP 复合纤维素酯，孔径为0.22 μm）组成的“三明治”结构测定了一系列药物化合物的有效渗透性，这里的滤器没有涂布脂质。所有化合物的渗透速率几乎完全相同，如图 7.8a 所示。分析图 7.8b 中的数据，表明 h_{ABL} =460 μm（三明治结构的搅拌速度为 150 rpm）。

7.6.12 根据靠近膜表面的 pH 测量结果估算 h_{ABL}

Antonenko 和 Bulychev[156]用测微计定位的 10 μm 锑尖微电极测定了靠近 BLM 表面的局部 pH 改变。加入 $(NH_4)_2SO_4$可引起靠近膜表面的 pH 改变。当 NH_3渗透时，在 BLM 供给侧的表面上积聚了过量的 H^+，由于渗透过去的 NH_3与水反应消耗了膜接受膜上的表面的 H^+。这些作用发生在 ABL 中。根据 pH 作为膜表面距离的函数的曲线的测量结果，可以估算在搅拌溶液中 h_{ABL}为 290 μm。

7.6.13 pK_a^{FLUX}法测定 P_0的误差

图 7.30 中前四幅图中每一个化合物多条虚线曲线的方差表明，期望的测定 P_0的板间重现性的水平。许多因素都对随机误差有贡献，其中用于调节每一孔中的 pH 的机械操作的准确性最为重要，估计误差为 ±0.1 log 单位。目前尚不清楚批间滤器厚度和孔隙率差异对误差的贡献有多大，因为生产商通常都不提供这些参数。图 7.30 列出了化合物在不同搅拌速度下研究的 log P_0值的加权平均值，估算的标准偏差列在括号内。对于可电离化合物，误差在 ±0.08 ~ ±0.38，平均为 ±0.2 log 单位。这与图 7.31 至图 7.33 和图 7.35 引用的其他文献报道的方差相当。

7.7 pK_a^{FLUX}优化设计（pOD）

通常，仅在 pH 7.4 条件下不搅拌进行 PAMPA 测试。但这不一定是预测药物在人肠道吸收的好方法。正如前章节所讨论的，脂溶性化合物的 PAMPA 结果仅仅表明了 ABL 的阻力，而实验研究者对此结果可能不感兴趣。如果只进行单个 pH 测量，那么可能有比 pH 7.4 更好的 pH 选择。

pK_a^{FLUX}优化设计（pOD）方法尝试确定单 pH 条件下 PAMPA 实验的最佳 pH（pH_{OD}）。假设 pK_a已知或能被准确估测，则 PAMPA 的 pK_a^{FLUX}优化设计方法的实践结果是通过单个 P_e测量来确定 P_0。

pOD 方法背后的理念较为简单：①沿对角线选择膜限速区域的 pH_{OD}，以避免 log P_e - pH 曲线上 ABL 限速区域；②为增加测量的灵敏度，pH_{OD}应尽可能选择对角线上较高处，并且尚未靠近 pK_a^{FLUX}区域对角线弯曲的部分。在 pH_{OD}处进行 PAMPA 测量能反映出脂质膜屏障的性质而不受 ABL 的干扰。

要计算 pH_{OD}，首先需要估算 3 个参数：ABL 渗透性 P_{ABL}、固有渗透速率 P_0及溶质 pK_a。上述参数的估算不必非常准确。

pK_a和正辛醇 - 水分配系数值可以用商业软件计算得到，如 Algorithm Builder v1.8 软件，Advanced Chemistry Development 的 ADME Boxes v4.9 软件[129]（www.acdlab.com），或者 ChemAxon 的 MarvinSketch v5.3.7 软件（www.chemaxon.com）。如有实测值则采用实测数据。

如图 7.37 所示的 237 种化合物[93]的 P_0可采用 log P_{OCT}（计算值或实测值）进行近似计算；P_0也可通过 pCEL - X 程序预测计算。所以，一个新化合物的 log P_0 "种子"值可根据图 7.37 预测，计算式如式（7.33）所示：

$$\log P_0^{种子} = -5.24 + 1.038 \log P_{OCT}。 \quad (7.33)$$

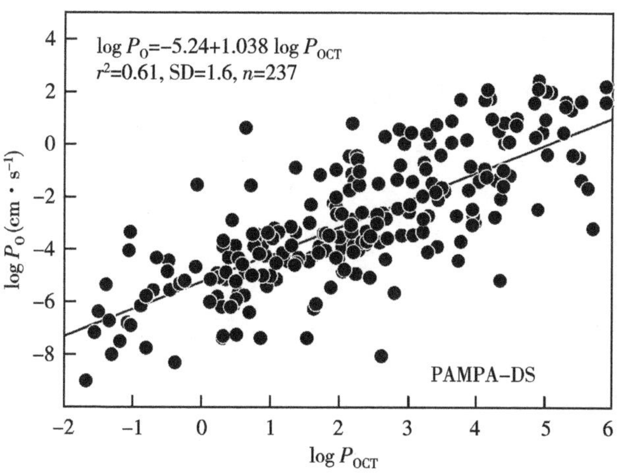

图 7.37 正辛醇 - 水分配系数与 PAMPA - DS 模型固有渗透速率的经验性关系

（转载自 AVDEEF A. Expert Opinion Drug Metab. Tox.，2005，1：325 - 342。Copyright © 2005 Informa Healthcare. 经 Informa Healthcare 许可复制）

最后，根据 Fick 定律，$P_{ABL}=D_{aq}/h_{ABL}$，其中 D_{aq}是溶质分子的水扩散性。P_{ABL}可根据式（7.28）估算，或使用 *p*CEL－X 程序在特定的搅拌条件下计算得到。数种不同转速条件下 P_{ABL}测量值与 log *MW* 的关系曲线图实例如图 7.32 所示。

使用上述 P_{ABL}、P_0、pK_a估值，并假定 $P_0>P_{ABL}$（否则 pK_a^{FLUX}无法定义），则有：

$$pH_{OD}=pK_a^{calc}-\left(\log P_0^{种子}-\log P_{ABL}\right)\pm 1.7。 \tag{7.34a}$$

其中“±”符号表示对于碱为“－”符号，对于酸为“＋”符号[87]。当 pK_a^{FLUX}无法定义时（亲水性化合物），也就是“种子”$P_0<P_{ABL}$时，可得：

$$pH_{OD}=pK_a^{calc}-(\pm 1.7)。 \tag{7.34b}$$

式（7.34b）中，对于酸，选择 pH_{OD}比 pK_a小 1.7 个 pH 单位（图 7.38c），而对于碱，选择 pH_{OD}比 pK_a大 1.7 个 pH 单位（图 7.38f）。

图 7.38 中的 log P_e－pH 双曲线图展示了 log P_{OCT}从 0～3.5 的不同脂溶性化合物，用来说明上述计算方法，这些化合物包括各种典型的药物分子、弱酸和弱碱。图 7.38 中，模型药物的 P_{ABL}、P_0、pK_a常数分别用短划线、实线、虚线表示。

对于脂溶性化合物（图 7.38 中的 a、b、d、e），最佳 pH 需要从 P_e－pH 曲线（实线）的对角线部分选择，因为该区域内的数据不受 ABL 的影响。根据 log D_{OCT}－pH 双曲线图的分析[157]，对角线部分与水平部分被宽为 3.4 个 pH 单位、高为 1.7 个 log 单位的曲线部分分隔。因此，对于弱酸，最佳设计的 pH，即 pH_{OD}，应比 pK_a^{FLUX}大 1.7 个单位，在该 pH 条件下 log P_e预期值比 log P_{ABL}小 1.7 个 log 单位。pH_{OD}值在实线上，就在曲线区域末端的下方（图 7.38 中实心圆点所示）。

对于 $P_0<P_{ABL}$的亲水性弱酸/弱碱，渗透性数据受 ABL 的影响不显著。针对这样的案例，即使缺少 pK_a的准确值也能确定 P_0，因为 P_0的计算不需要直接使用 pK_a。

一旦在 pH_{OD}下测量 P_e，根据估算的 pK_a（若有测得的 pK_a更好），就能计算其他任一 pH（如 pH 7.4）和任一搅拌速度（如产生预期的体内 h_{ABL}的搅拌速度）下的 P_e。*p*CEL－X 计算机程序正是设计用于帮助这种转换计算，使得 PAMPA 测量更具仿生性，因此，能更好地预测化合物在人肠道的吸收。

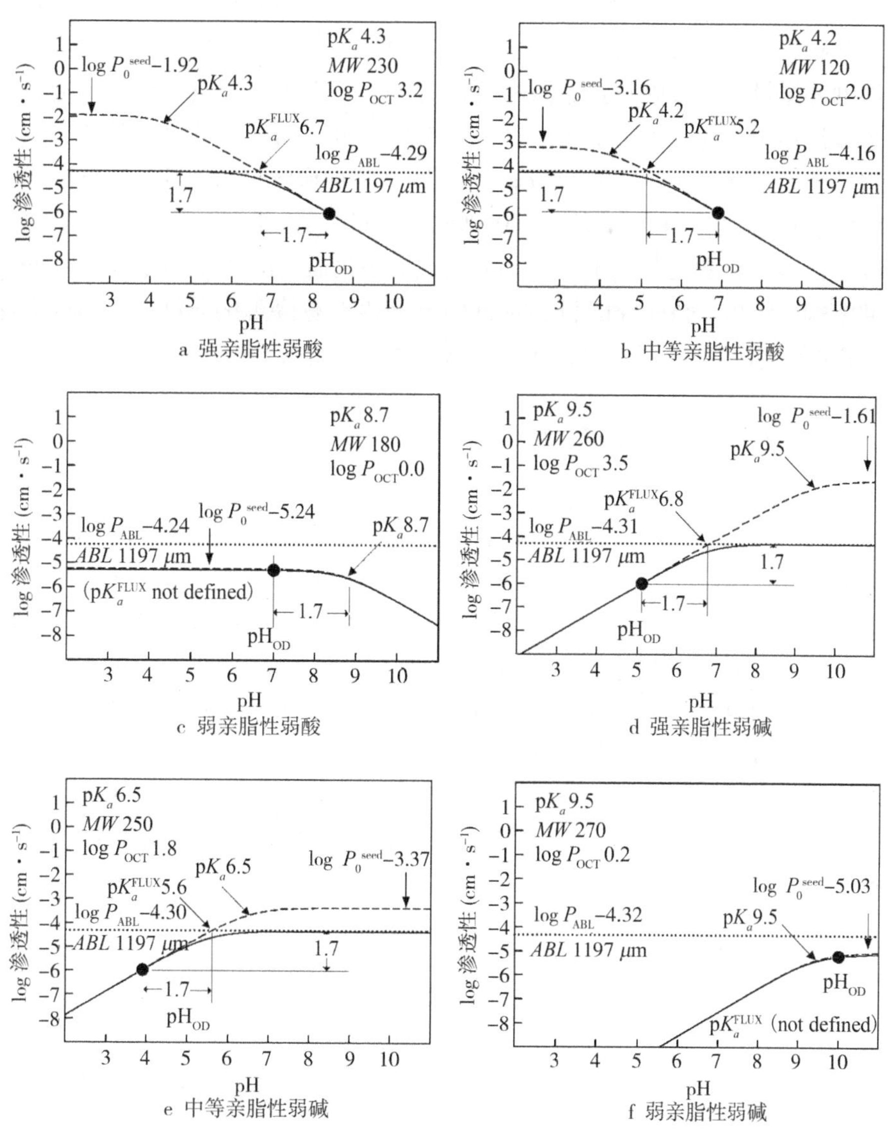

图 7.38 避免 ABL 效应的理论 pH 预测值

[考察了 6 个假想的化合物。在 pH_{OD} 点，转运是膜限速的，ABL 阻力对整个转运过程没有贡献。测量了实线双曲线（有效渗透速率）。图中短画线双曲线（膜渗透性）通过 pK_a^{FLUX} 方法计算得到。虚线表示 ABL 的渗透性。$\log P_0^{种子}$ 是预测得到的固有渗透速率，即"种子"值，pH_{OD} 即为最优设计的 pH。转载自 AVDEEF A. Expert Opinion Drug Metab. Tox.，2005，1：325 – 342。Copyright © 2005 Informa Healthcare. 经 Informa Healthcare 许可复制]

7.8 共溶剂 PAMPA

水溶解性差（$<20\ \mu g \cdot mL^{-1}$）的化合物很难用紫外分光光度法进行测定。其他检

测方法，如 LC/MS[85-86]，会降低效率并增加检测成本。在渗透性试验中，为增加溶解性差的化合物检测灵敏度，可使用共溶剂[103]、胆盐[67]和其他增溶剂[86]。Ruell 等[91]基于共溶剂和微量滴定板中直接紫外检测的方式，建立了一个成本低、高通量的通用方法。该方法用于某些几乎不溶于水（固有溶解度 $<0.1\ \mu g \cdot mL^{-1}$）的化合物估算其水中的渗透性，包括胺碘酮（$0.006\ \mu g \cdot mL^{-1}$）、伊曲康唑（$<0.1\ \mu g \cdot mL^{-1}$）、他莫昔芬（$0.02\ \mu g \cdot mL^{-1}$）和特非那定（$0.095\ \mu g \cdot mL^{-1}$）。上述试验通过使用 20%（v/v）乙腈/水溶液进行测定，基于 Abraham 氢键溶剂化描述符[126]的预测方案，推导出相应的无共溶剂的结果。该研究的目标是推导出上述不易检测化合物的水中固有渗透性［测定中应确保塑料器皿适合容纳 20%（v/v）乙腈水溶液］。

7.8.1　共溶剂介质中的 pK_a^{FLUX}法

图 7.39 选取了于共溶剂介质中表征的 37 个化合物中的 12 个化合物的 $\log P_0^{COS}$ - pH 测量数据[91]。已经在 7.6.6 节描述了对曲线的分析和对特征的解析，7.7 节中表 7.9 列出了“训练集”中 32 个可电离化合物在共溶剂和无共溶剂水溶液中的 pK_a^{FLUX}分析结果。表 7.9 的最后列出的另外 5 个化合物（属于“应用集”）只能在共溶剂介质中表征，因其在无共溶剂的缓冲液中的溶解度太低。表 7.9 中列出的化合物均具有一定的脂溶性，因此 $P_0 > P_{ABL}$，符合 pK_a^{FLUX}方法的要求。

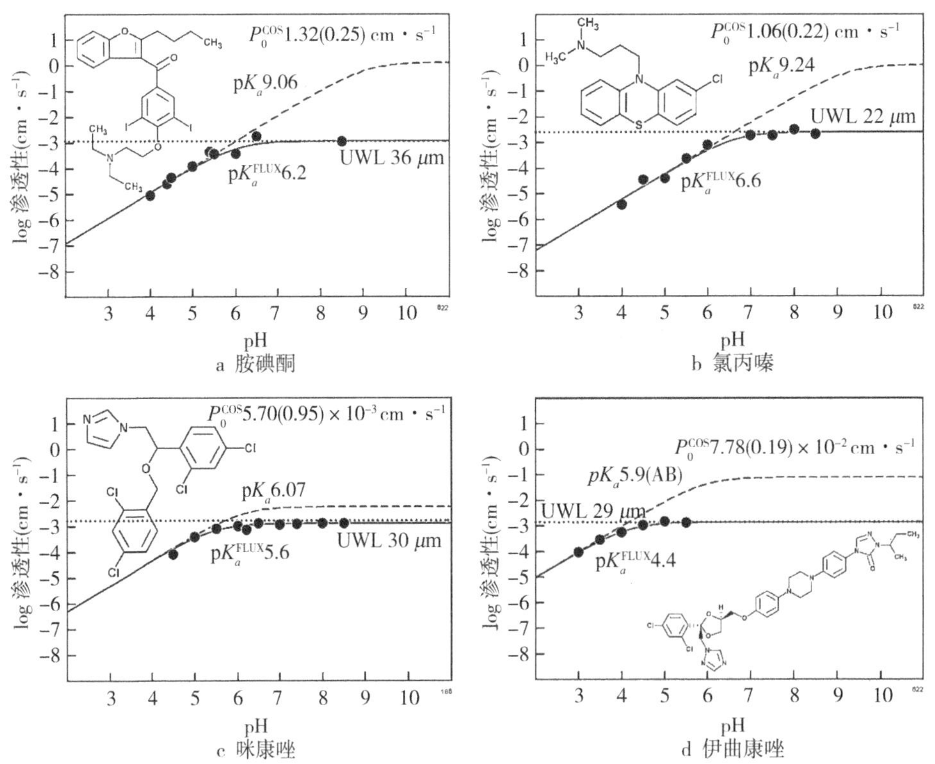

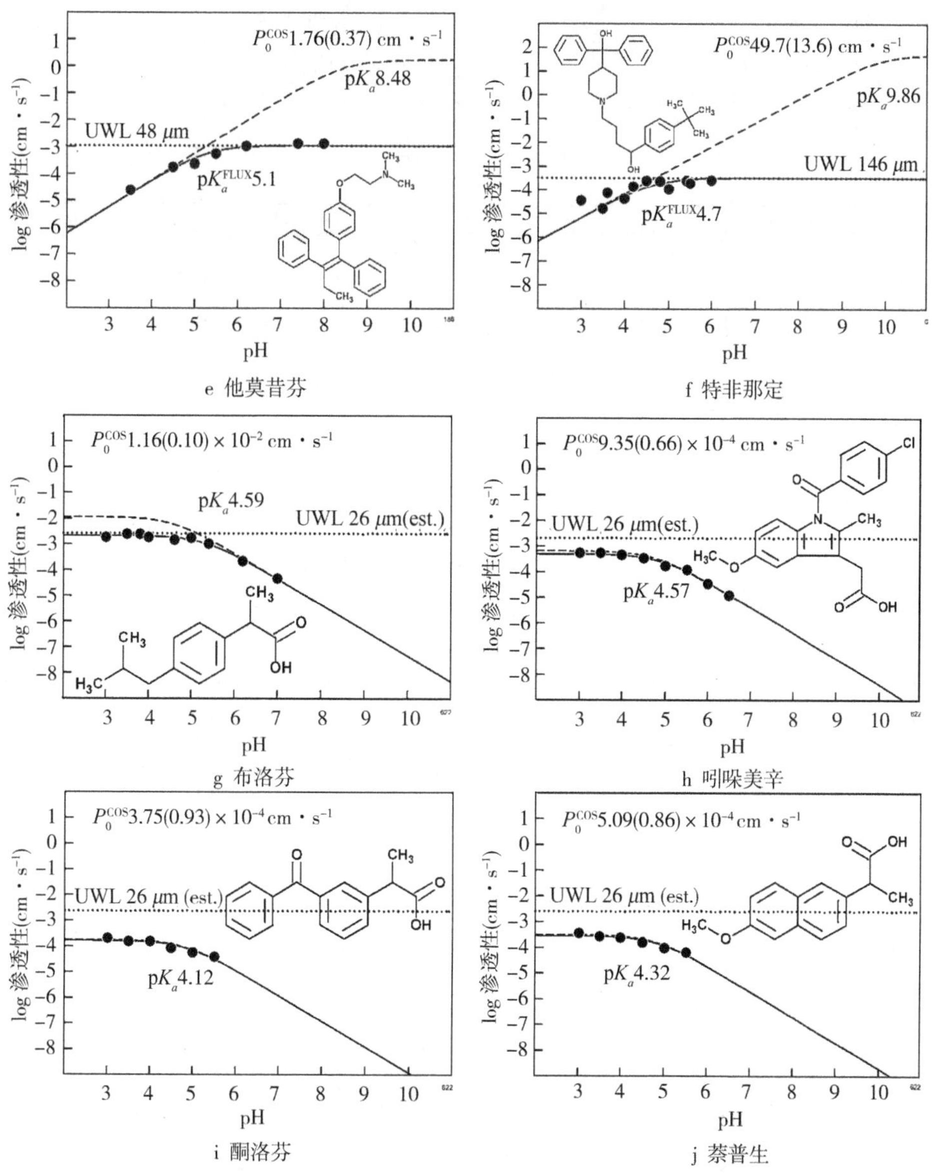

e 他莫昔芬　　f 特非那定

g 布洛芬　　h 吲哚美辛

i 酮洛芬　　j 萘普生

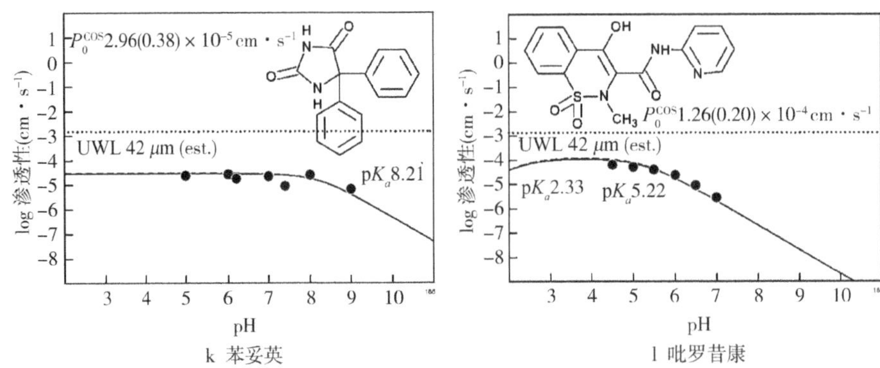

图 7.39　共溶剂效应概况：6 种碱性化合物与 6 种酸性化合物的 log 渗透速率（$cm \cdot s^{-1}$）与 pH 的关系

［实线表示按照式（7.17），实测 log P_0^{COS} 与 pH 的最佳拟合曲线。实线上的水平顶部约（非准确）等于 log P_{ABL}。ABL 的估算厚度用 μm 单位表示。虚线表示按式（7.16）计算得到的膜渗透速率曲线。虚线上的水平顶部对应于 log P_0^{COS}。修正后的 P_0^{COS} 和括号内的估算标准偏差在方框图中列出。转载自 RUELL J A, TSINMAN O, AVDEEF A. Acid - base cosolvent method for determining aqueous permeability of amiodarone, itraconazole, tamoxifen, terfenadine and other very insoluble molecules. Chem. Pharmaceut. Bull. , 2004, 52, 5: 561 - 565。Copyright © 2004 Pharmaceutical Society of Japan. 经许可复制］

表 7.9　根据共溶剂 P_0 计算的水中 P_0^a

化合物	类型	MW	pK_a		log P_{OCT}	α	β	log P_0^{COS}	obs log P_0	calc log P_0	obs - calc
2 - 萘甲酸	A	172.2	4.18		3.29[b]	0.58	0.51	-3.18	-2.72	-2.58	-0.14
阿普洛尔	B	249.4	9.54		2.99	0.61	1.11	-1.05	0.02	-0.47	0.49
氯丙嗪	B	318.9	9.50		5.40	0.00	0.87	0.03	1.62	1.15	0.48
多塞平	B	279.4	9.45[b]		4.97[b]	0.00	1.12	-0.38	0.44	0.89	-0.45
麦角新碱	B	325.4	6.93		1.67	1.26	1.71	-5.17	-4.14	-4.67	0.54
氯芬那酸	A	281.2	4.20		5.56	0.58	0.90	-1.86	-1.21	-1.25	0.03
氟甲喹	A	261.5	6.27		0.97	0.82	0.61	-4.38	-3.85	-3.91	0.06
氟比洛芬	A	244.3	4.18		3.99	0.61	0.65	-2.46	-1.78	-1.93	0.16
吉非罗齐	A	250.0	4.70		3.90	0.60	0.81	-1.41	-1.59	-0.92	-0.67
布洛芬	A	206.3	4.45		4.13	0.63	0.62	-1.94	-2.11	-1.50	-0.62
吲哚美辛	A	357.8	4.45		3.51	0.57	1.20	-2.88	-1.65	-2.01	0.36
酮洛芬	A	254.3	3.99		3.16	0.61	1.03	-3.17	-2.67	-2.39	-0.28
马普替林	B	277.4	10.22		5.10[b]	0.10	0.83	1.54	2.12	2.37	-0.25
美托洛尔	B	267.4	9.56		1.95	0.61	1.50	-2.15	-1.17	-1.27	0.10
吗啡	X	285.3	9.26	8.18	0.90	0.73	1.16	-4.06	-3.59	-3.27	-0.32
萘普生	A	230.3	4.09		3.24	0.61	0.88	-3.12	-2.30	-2.41	0.10
昂丹司琼	B	293.4	7.62		1.94	0.00	0.76	-4.26	-2.38	-2.70	-0.32
喷布洛尔	B	291.4	9.94		4.62	0.59	1.13	1.38	1.70	1.72	-0.02

续表

化合物	类型	MW	pK_a		$\log P_{OCT}$	α	β	$\log P_0^{COS}$	obs log P_0	calc log P_0	obs - calc
苯并吡啶	B	213.2	5.16		3.31	0.47	0.59	-3.58	-2.66	-2.77	0.11
苯妥英	A	252.3	8.28		2.24	0.61	1.49	-4.79	-4.19	-3.62	-0.58
吡罗昔康	X	331.4	5.17	2.21	1.98	1.06	2.04	-3.90	-3.32	-3.17	-0.15
哌唑嗪	B	383.4	6.97		2.16	0.24	1.71	-4.71	-2.89	-2.98	0.10
伯氨喹	B	259.4	10.45	3.67	3.00	0.17	1.32	-1.22	0.56	0.02	0.54
丙磺舒	A	285.4	3.39		3.70	0.70	1.04	-2.55	-1.83	-1.94	0.12
异丙嗪	B	284.4	9.00		4.05	0.00	1.07	-0.81	0.96	0.49	0.47
普萘洛尔	B	259.3	9.53		3.48	0.62	1.14	-0.33	0.43	0.16	0.27
普鲁替林	B	263.4	10.37[b]		4.91[b]	0.09	0.79	1.36	2.43	2.17	0.26
奎尼丁	B	324.4	8.55	4.09	3.44[c]	0.37	1.58	-1.99	-1.56	-0.80	-0.75
柳氮磺吡啶	A	398.4	7.89	2.58	3.61	1.62	1.41	-4.41	-4.44	-4.60	0.16
三甲丙咪嗪	B	294.4	9.40[b]		4.84[b]	0.00	1.16	0.74	1.58	1.90	-0.32
维拉帕米	B	454.6	9.06		4.33	0.00	1.98	-1.51	0.26	0.26	0.00
华法林	A	308.3	4.82		3.54	0.52	1.28	-3.52	-2.59	-2.48	-0.11
胺碘酮	B	643.3	10.24		7.80	0.00	0.63	0.12	nd[d]	1.12	
伊曲康唑	B	705.6	4.86		3.27	0.00	1.61	-1.06	nd	0.50	
咪康唑	B	416.1	6.13		4.89	0.03	1.07	-1.88	nd	-0.50	
他莫昔芬	B	371.5	8.48		5.26	0.00	1.08	0.27	nd	1.45	
特非那定	B	471.7	9.91		5.52	0.65	1.83	1.70	nd	2.21	

[a]类型：A = 酸，B = 碱，X = 两性化合物。α，β 分别为根据 ADME Boxes 计算机程序计算的 Abraham 氢键的酸性和碱性（ACD/Labs）。测量的和计算的水中固有渗透速率的差值，即 $\log P_0$，用 obs - calc 来表示。20%（v/v）乙腈 - 水中固有渗透速率用 $\log P_0^{COS}$ 表示。所有 pK_a 和 $\log P_{ocr}$ 值均显示在表 3.14 和表 4.1，或者可以用 ADME Boxes 计算。

[b]由 ADME Boxes 计算。

[c]参考文献[67]。

[d]由于化合物在水中溶解度极低而未检出。

图 7.40 显示了 279 RPM（显示 h_{ABL} 为 82 μm）的条件下维拉帕米在水中和共溶剂中的渗透性曲线。两个 P_e 曲线在 ABL 限速区域重叠，但是在膜限速（对角线）区域曲线发生了移位，表明两种固有渗透速率是不同的（$P_0 > P_0^{COS}$）。

图 7.41 给出了水中 $\log P_0$ 和共溶剂 $\log P_0^{COS}$（均为测量值）的关系，这表明当对 pH 效应（如比较固有 pH）校正后，酸和碱会显现出不同结果。考虑到乙腈是氢键受体，酸性溶质是氢键供体而碱性溶质是氢键受体，因此上述结果是合理的。

Sugano 等[102]研究了含量高达 30% 的二甲基亚砜、聚乙二醇 400、乙醇在 PAMPA 中的作用，但是他们并没有将实验结果转换为水中（无共溶剂）的固有渗透速率。在他们的常规测定中，供给室和接收室中存在 5%（v/v）二甲基亚砜。Ruell 等[91]的研究中，供给室的溶液含有 0.5% DMSO 和 20% 乙腈，而接收室中含有无共溶剂的 pH 7.4 缓冲液（含表明活性剂）。一般，水混溶性共溶剂会降低膜 - 水分配系数 $P_{MEM/W}$。此外，共溶剂 - 水溶液的介电常数的降低会使可电离化合物中不带电形态的比例升高[102]。这两种效应作用结果是相反的。大部分情况下，Sugano 的研究表明，增加共溶剂的水平会导致渗透性的降低。然而，乙醇作为共溶剂，其含量增加使得共溶剂混合物 pK_a 增大同时介电常数降低，并导致在一定的 pH 条件下（参见第 3 章）不带电物质的比例增加，造成弱酸性的酮替芬渗透性更强。但是，乙醇比例的增加使得弱碱性的普萘洛尔渗透性降低。这可能是由于相对于膜相中的溶解度，普萘洛尔在加入乙醇的水中溶解性提高。结果是降低了膜/混合溶剂的分配系数，从而因为膜中样品浓度梯度的减小导致降低了膜通量性（参见第 2 章）。

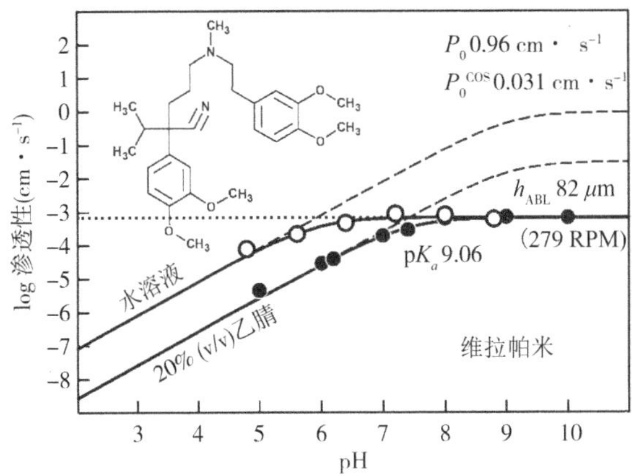

图 7.40　共溶剂与维拉帕米水中渗透速率曲线比较

（其中，两个系统中的 P_{ABL} 几乎相同）

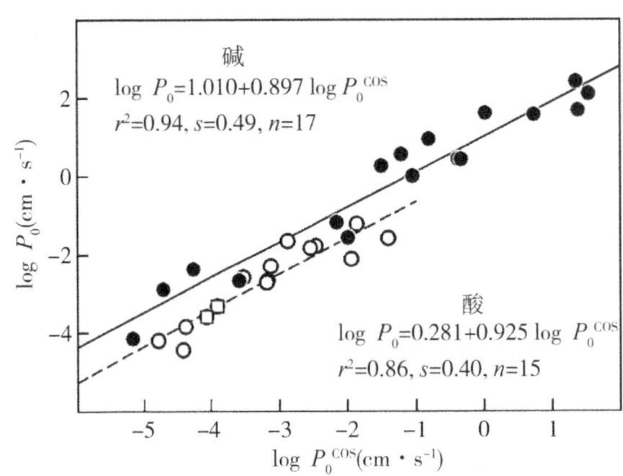

图 7.41　水性缓冲液和 20%（v/v）乙腈缓冲液中测得的固有渗透速率比较

（实心圈表示碱，空心圈表示酸，空心方形表示两性化合物。转载自 Chem. Pharmaceut. Bull.，2004，52，5：561 - 565。Copyright © 2004 Pharmaceutical Society of Japan. 经许可复制）

除了吉非罗齐、布洛芬和柳氮磺吡啶（表7.9），Ruell 等还观察到水中的渗透速率要大于基于共溶剂测量的渗透速率。注意，使用的是固有渗透速率，已针对 pH 效应进行了校正，而水性 pK_a值则在推导 log P_0^{COS}时使用。当使用在 20%（V/V）乙腈溶液中测得的 pK_a值时，所得的 log P_0^{COS}降低约 1 个单位[91]，但曲线的平行位移仍保持不变。在 Ruell 等的研究中，酸的 log P_0 - log P_0^{COS}的平均差为 0.52（-0.18 ~ 1.23），碱的平均差为 1.08（0.31 ~ 1.88）。

7.8.2 酸-碱组合渗透性模型

酸和碱的固有渗透速率与两种溶剂体系的相关性可以通过不同的 Collander-型[62]线性关系来描述，如图 7.41 所示。为了说明类别特定性差异，除 log P_0^{COS}之外，会使用算法生成器 v1.8 计算机程序（ACD/Labs）找出最合适的描述符，这将产生一个由单一公式表示的统一酸-碱模型。对几种溶剂化描述符的组合进行了尝试：Abraham[126]氢键酸度（α）和碱度（β）、分子体积、极性表面积和 log P_{OCT}。最佳模型通过以式（7.35）来描述：

$$\log P_0 = 0.738 + 0.885\log P_0^{\mathrm{COS}} - 1.262\alpha + 0.436\beta。 \quad (7.35)$$

其中，统计学 $r^2 = 0.97$，$s = 0.38$，$n = 32$，$F = 279$。使用 log P_{OCT}和极性表面积均不能改善固有渗透速率模型。

——平均而言，作为氢键供体，酸要强于碱；而作为氢键受体，碱要强于酸（表7.9）。

——在混合溶剂系统中，与水系统相比，可电离化合物的膜渗透性随介电常数降低（不带电物质的分数更高）而增加，由膜缓冲液分配系数降低（溶解度增加）而降低。这两个效果彼此相反。共溶剂对酸的影响小于碱（如酸的 log P_0 - log P_0^{COS}小于碱）这一事实表明，介电效应占主导地位。水混溶性有机溶剂使酸的 pK_a 比碱的变化大得多，从而导致酸的中性物质分数更高（参见第 3 章）。由于乙腈的溶剂化作用增强，酸和碱之间几乎没有区别。

表 7.9 总结了统一后的酸-碱模型式（7.35），应用于那些不能在水性缓冲液中直接研究的化合物（应用集），这些化合物包括胺碘酮、伊曲康唑、咪康唑、他莫昔芬和特非那定。

7.8.3 共溶剂外推法

图 7.42 说明了另一种测定几乎不溶性化合物渗透性方法。选择合适的共溶剂（如 PEG400），可以在几种不同的共溶剂与水的比例下测定渗透速率。然后将不同的值通过线性外推到零共溶剂。图 7.42 中的示例表明该方法在伊维菌素中的应用效果很好[100]。共溶剂外推法不常用，因为比上述的 20%（v/v）乙腈法需要更多的工作量。

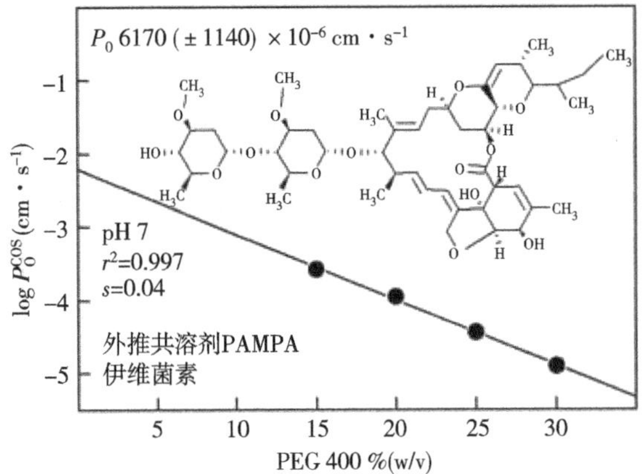

图 7.42 伊维菌素在 pH 7 时的 PAMPA 固有渗透速率，外推至零共溶剂（PEG 400）[100]

［转载自 ESCHER B I，BERGER C，BRAMAZ N，et al. Membrane: water partitioning，membrane permeability and non－target modes of action in aquatic organisms of the parasiticides ivermectin，ablendazole and morantel. Environ. Toxicol. Chem.，2008，27：909－918。Copyright © 2008 John Wiley & Sons. 经许可复制］

7.9 UV 检测 vs. LC/MS 检测

在药剂学研究中使用紫外分光光度法直接测量样品浓度相对较少，紫外分光光度法与 HPLC 法和 LC/MS 法相比，专属性较差。可能有些药剂学科学家对优化后的紫外线检测的法灵敏度缺乏了解。实际上，微量滴定板紫外分光光度法的测量是非常快速的，比 HPLC 或 LC/MS 方法要快得多，而且成本低廉，在应用正确的情况下效果很好。PAMPA 仪器使用新型软件技术（如基线算法，240～500 nm 的曲线下面积的积分及用自相关来解析杂质/降解物），进一步提高了信号灵敏度。当样品中没有信号时，仪器的基线噪声 OD 大约为 ±0.0002。通常，如果由于样品引起的最大 OD 为 0.001 或更高，则不难检测到由该化合物。有时 OD 值可高达 2.0～2.5，但高于此值时基于 Beer 定律的线性则不再成立。因此，紫外线响应值有将近 4 个数量级，可用于筛选一些特性无法提前得知的化合物。

但是，如果样品明显不纯或紫外吸收很低，则不宜使用紫外法。在这种情况下，LC/MS 被证明是一种合适的检测方法[85－86]。使用得当，LC/MS 可以获得出色的结果。但是，当 LC/MS 数据采集速度非常快时，在合作研究中也出现了一些不理想的结果。

7.9.1 UV 数据

图 7.43a 至图 7.43c 记录了使用 20%（v/v）卵磷脂的十二烷模型进行 15 小时 PAMPA 测定，48 μmol · L^{-1}普萘洛尔在接收室、供给室和参比溶液中的紫外光谱。供给室（3 μmol · L^{-1}）和接收室（＜1 μmol · L^{-1}）浓度的总和表明，在膜中损失了 45 μmol · L^{-1}，在此称为“膜滞留”。在接收室中不存在沉降的表面活性剂情况下，只

有少量的普萘洛尔在 15 h 结束时到达接收室，其中 94% 的化合物被截留在膜中，而 PAMPA - DOPC 情况则为 19%。含 20% 卵磷脂膜滞留未校正的 P_e 测量值为 1.8×10^{-6} cm · s^{-1}，相比之下，2% DOPC 的值为 10.2×10^{-6} cm · s^{-1}。

在接收室加入表面活性剂，人为制造一个漏槽条件，接收室中普萘洛尔的量显著增加（图 7.43d），同时膜滞留分数 R_M 从 0.94 下降至 0.41。此外，膜滞留未校正的 P_e 系数上升至 25.1×10^{-6} cm · s^{-1}，增加了 10 倍以上，可能是由于表面活性剂的脱附作用[139-140]。在这种情况下，渗透仅 3 小时（图 7.43d 至图 7.43f）。当使用这样的漏槽时，可以将渗透时间降低到不到 2 小时，并且仍然可以测得非常有用的紫外光谱，这是高通量应用中的一个吸引人的地方。

图 7.43a 显示，在光程为 0.45 cm 时，可以用低至 0.0008 的 OD 测定出可重现的吸光度。基线噪声（图 7.43a 中 350 ~ 500 nm 的 OD）估值约为 ±0.0002 OD。

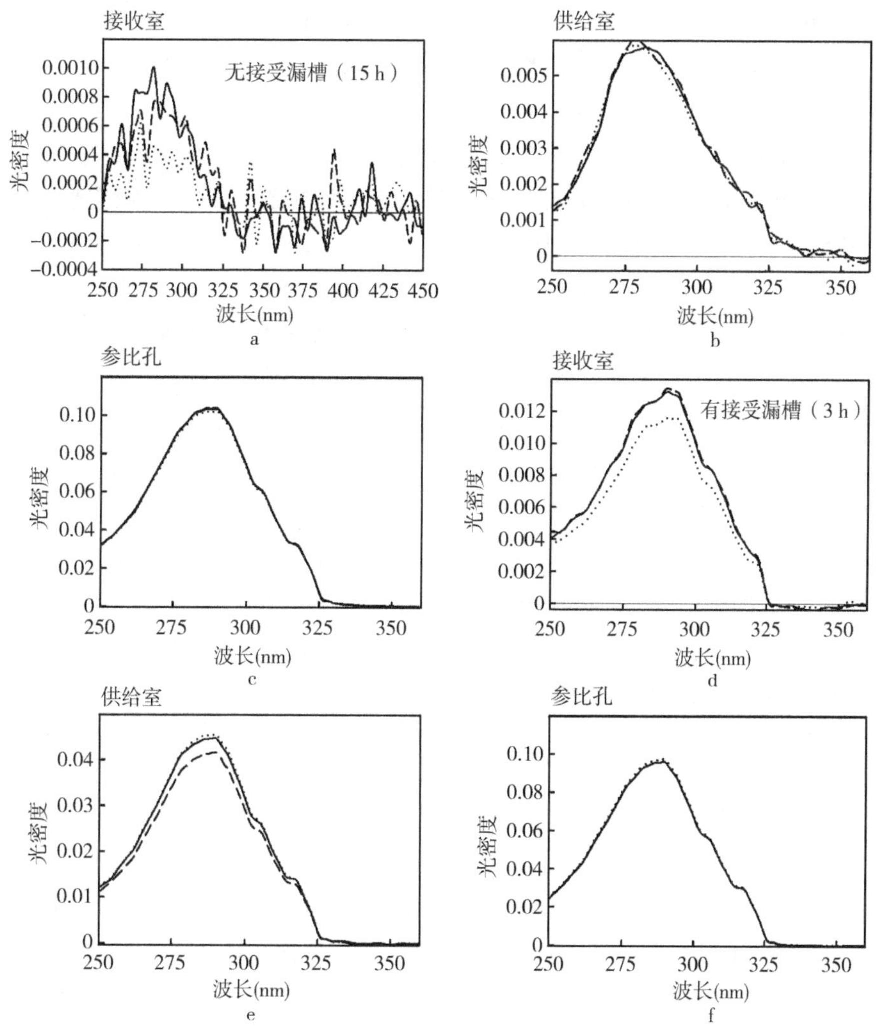

图 7.43 普萘洛尔光谱图［卵磷脂在十二烷中时浓度为 20%（v/v）］

7.9.2 LC/MS 数据

Liu 等[86]在一项 PAMPA 研究中比较了 21 种化合物的 LC/MS 和 UV 数据结果。LC/MS 分析采用 Hewlett - Packard 1100 MSD（Wilmington，DE，USA）设备，该设备配备电喷雾接口，并在正离子模式下运行。质谱仪二极管阵列紫外检测器的 HP 1100 HPLC 系统联用。流动相由 0.02% 甲酸的水溶液（A）和 0.02% 甲酸的乙腈溶液（B）组成。采用流速为 1.0 mL · min^{-1}的双梯度程序对测试化合物进行 LC/MS 分析。通过用 50% DMSO 水溶液稀释 10 mmol · L^{-1}储备液来制备浓度为 0.1 μmol · L^{-1}、1 μmol · L^{-1}、10 μmol · L^{-1}和 50 μmol · L^{-1}的外标溶液。

分别采用 UV 法和 LC/MS 法测定 21 种化合物的 P_e，两种检测方法的相关系数（r^2）为 0.96，表明方法具有良好的一致性。尽管以上两种方法获得了相似的 P_e结果，但与 LC/MS 法相比，UV 法可以更快速地进行样品分析。通常，UV 法测定仅耗时约 2 小时，而 LC/MS 法则需要近 22 小时。然而，其中 6 种化合物采用 UV - VIS 仪无法测定 P_e，包括胺碘酮、阿奇霉素、红霉素、赖诺普利、咪康唑和特非那定[86]。原因在于，阿奇霉素和红霉素在 250 nm 以上的波长均无明显的紫外吸收，赖诺普利也仅有较低的紫外吸收。而 LC/MS 检测法则能测定这 3 种化合物的 P_e。这些化合物几乎全部滞留于供给室内，实际上仅有痕量的阿奇霉素能够穿过磷脂膜。

在 Liu 等[86]的研究基础上，Ruell 等[91]开发了共溶剂 PAMPA 法，该法克服了由于低溶解度化合物引起的诸多灵敏度限度等问题（参见 7.8 节）。

Avdeef 等[85]采用 UV 法和 LC/MS 检测法研究了一系列卡瓦内酯的渗透性。实验采用 Alliance - HT HPLC 仪器（Waters，Milford，MA，USA）进行分离，以零死体积 T 型接头分离柱流，约 90% 的流量流至紫外二极管阵列检测器，剩余流量进入 ZMD - 单四极杆质谱仪（Waters）。在测试的 23 种化合物中，只有 1 种无法通过正电和/或负电喷雾电离提供强分子离子，表明该方法适用于组合文库的分析。两种不同分析方法具有良好的一致性（r^2 = 0.93）。注意到 LC/MS 测量结果存在较大差异，这可能与采样、色谱分析和质谱响应导致的可变性有关。

7.10 测定时间点

单孔搅拌（参见 7.6.4 节）可通过降低 ABL 阻力，将测定时间缩短至 30 min，但该法最适于高渗透性化合物（通常溶解度极低）。而对于低渗透性化合物，如阿米洛利、阿替洛尔、西咪替丁或雷尼替丁，搅拌对渗透速率的影响不大。此时，关闭搅拌设备，并将 PAMPA 的“三明治”结构在环境室内放置 4 ~ 16 小时，随着测定时间的延长，更多的低渗透性化合物（如阿替洛尔）将转移至接收室，可通过 UV 法测定其浓度。

雷尼替丁或阿米洛利可作为质量控制体系的一部分，用来检测膜是否渗漏。例如，当 PAMPA - HDM 采用 3 μm 孔径的聚碳酸酯滤器时，渗漏现象似乎很普遍[82,158]；如在 A 7.3 给出的另一个例子是当采用市售的预涂 PAMPA 板[220]时，渗漏可能会十分显著[153]。因此，当测得的雷尼替丁或阿米洛利渗透性过高时可能意味着膜渗漏，这需要研究人员制定更好的油脂沉积方案。

图 7.44a 显示，在双漏槽 PAMPA 实验中，多个时间点得到的供给室和接收室地昔帕明浓度（摩尔分数）随时间的变化。如图 7.44a 所示，约于 60 min 时达到平衡。因此，如果在这种案例中渗透时间大于 60 min，则计算值将随渗透时间 t 的增加而减小。

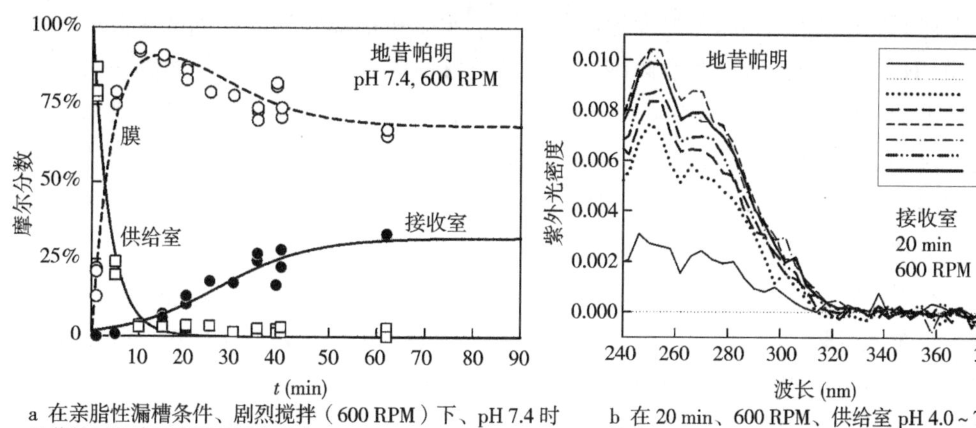

a 在亲脂性漏槽条件、剧烈搅拌（600 RPM）下、pH 7.4 时地昔帕明的渗透率随时间的变化

b 在 20 min、600 RPM、供给室 pH 4.0 ~ 7.5，接收室 pH 7.4时测得的接受隔室光谱

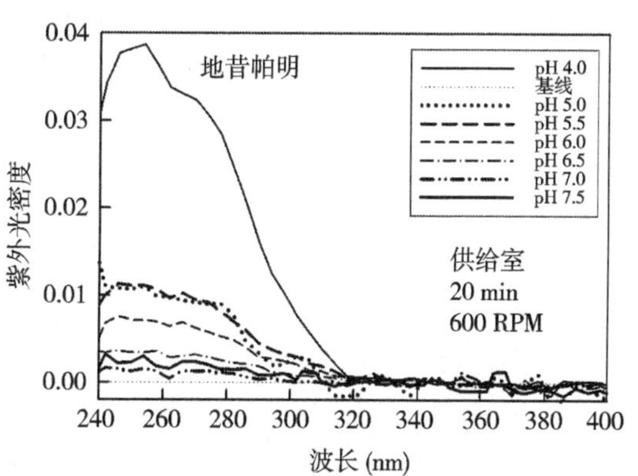

c 在 20 min、600 RPM、供给室 pH 4.0 ~ 7.5，接收室pH 7.4时测得的供给隔室光谱

图 7.44 双漏槽 PAMPA 实验

（转载自 AVDEEF A，BEMDELS S，DI L，et al. A useful tool in drug discovery. J. Pharm. Sci.，2007，96：2893 - 2909。Copyright © 2007 John Wiley & Sons. 经许可复制）

在这种案例下（图 7.44a），理想的渗透时间为 15 ~ 40 min。图 7.44b（接收室）和图 7.44c（供给室）表明的是，600 RPM 单孔搅拌 20 min、梯度 - pH 4.0 ~ 7.5，地西帕明的一系列紫外光谱图。从光谱图中可见，该方法对表征化合物的有效渗透率具有足够灵敏度。

为了满足高通量的需要，采用单时间点计算渗透速率将是一种必要的折中手段。但同时，选择错误的时间点将会在计算中造成系统性误差[98]。

7.11 缓冲效应

Gutknecht 和 Tosteson[34]认为缓冲体系对水杨酸通过单层膜屏障（BLM）的渗透性存在影响。由于可电离化合物的扩散作用，缓冲溶液将影响 ABL 中形成的 pH 梯度的幅度。就是在供给室一侧溶液中添加缓冲剂形成溶液 pH 梯度（图 7.29）。而膜－水界面处的 pH 会影响非解离化合物（膜－渗透物）的浓度，从而影响膜相中渗透物浓度梯度。上述研究中提到的 pH－梯度渗透池（图 7.45a 中的非缓冲液，图 7.45b 中的缓冲液）由 pH 3.9 的供给液、膜和磷酸盐缓冲液（接收液）组成。在非缓冲液和 pH 3.9 的缓冲液中测得的渗透速率为 0.09（10^{-8} mol · cm^{-2} · s^{-1}）。缓冲液能降低供给室一侧水边界层的 pH 梯度，使供给室一侧膜表面的 pH 降至 4.81（图 7.45a），而非缓冲的供给室溶液中的 pH 为 7.44（图 7.45b）。pH 越低，在膜－水界面非解离水杨酸的比例越高，渗透速率会比非缓体系的条件下增加（43 倍）。

Antonenko 等[39]认为在供给室溶液等度－pH 条件下，ABL 中会形成 pH 梯度。他们考察了多个缓冲体系模型，并考察多组分缓冲混合物以使其更具通用性。并采用金属微电极直接测定了膜－水界面附近的 pH。

由良好的两性离子缓冲剂[159]和其他组分（但不含磷酸盐）组成的 10 mmol · L^{-1} 离子强度缓冲混合物（来自 pION 的 Prisma™）已应用于商用 PAMPA 仪器[85,160]。如图 7.46 所示，$pK_a=5$ 的混合物在 pH 3 ~ 10 范围内对添加碱滴定剂产生线性响应。自动化系统将缓冲液用于各种情形，通过 NaOH 溶液来自动调节 pH。这样的程序使缓冲容量标准化，从而提高了多 pH PAMPA 测定的可靠性。

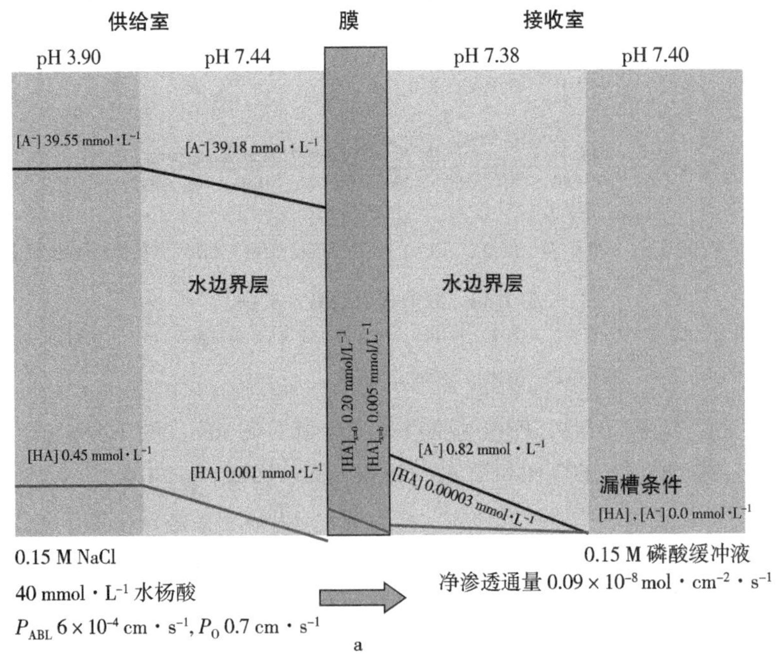

a

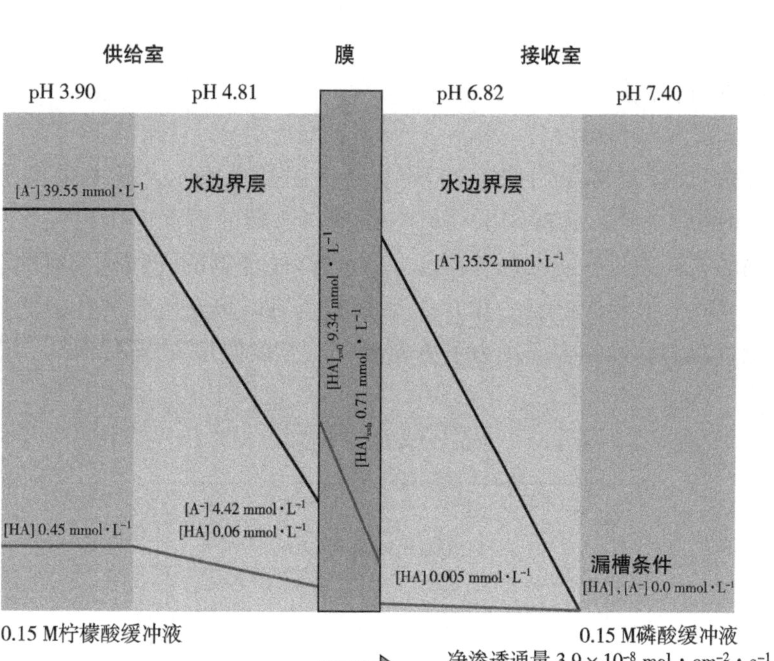

图 7.45　缓冲液对渗透通量的影响

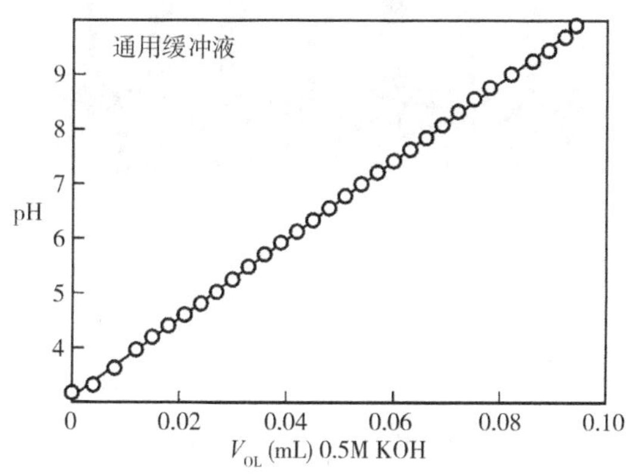

图 7.46　用于自动 pH 调节的 Prisma™（*p*ION）通用缓冲液

7.12　表观滤器孔隙率

如前所述，Wohnsland 和 Faller[83] 报道，以 50～100 rpm 轻微振摇三明治模型时，PAMPA 中 ABL 的厚度约为 300 μm。对于基于细胞的流体动力学模型，则预期有更大的 ABL 厚度[5,54]。Nielsen 和 Avdeef[88] 通过"表观"滤器孔隙率 ε_a 这一概念，对这两种模型差异进行了合理解释。

7.12.1 表观孔隙率

图7.47为多层膜屏障复合物。PAMPA 脂质用黑色表示，其由供给层（厚度为 h_m^D）、滤器孔中的层（h_m^F）和接收层（h_m^R）组成。滤器的横截面以白色表示，有直通孔，正如预期的聚碳酸酯滤器结构（图 7.7a）。IPVH 滤器的孔隙结构更加混乱，类似于海绵（图 7.7b）。假定向滤器中添加了足够的脂质以填充所有的孔，并且一些剩余的脂质在两侧均覆盖滤器的表面。为了方便起见，可以假定 $h_m^D = h_m^R = h_m$，则膜屏障的表观总厚度为：

$$h_m^{TOT} = 2h_m + h_m^F。\tag{7.36}$$

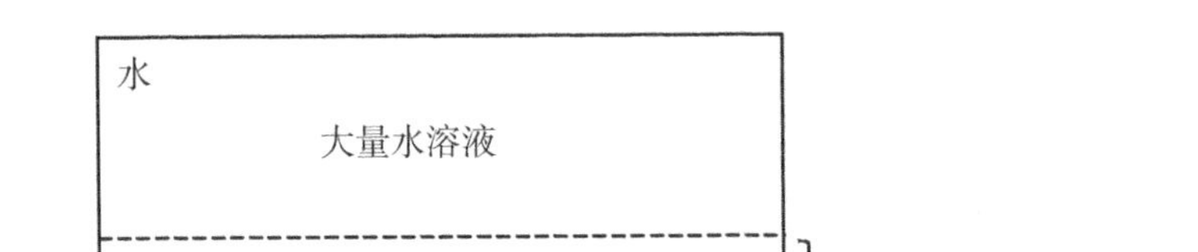
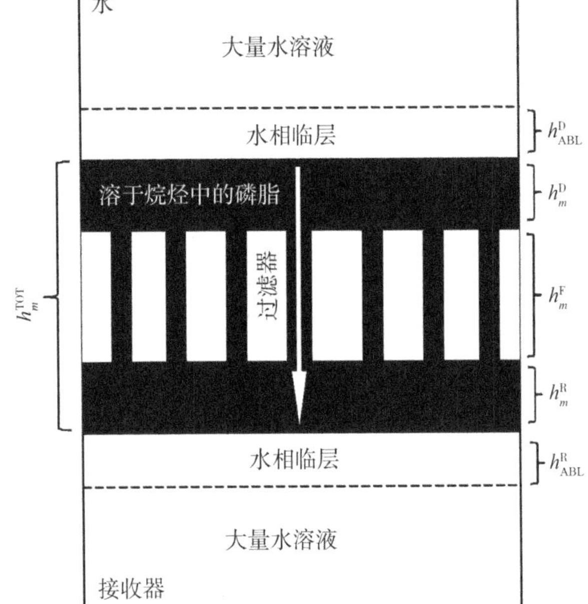

图7.47 PAMPA 渗透细胞层状结构示意

（转载自 NIELSEN P，AVDEEF A. PAMPA－A drug absorption in vitro model. 8. Apparent filter porosity and the unstirred water layer. Eur. J. Pharm. Sci.，2004，22：33－41。Copyright © 2004 Elsevier. 经许可复制）

假设 P_m 表征化合物在整个膜屏障中沿直线路径扩散的渗透速率，如图7.47中的白色箭头所示。通过脂质的供给层位置的渗透可由渗透速率表示：

$$P_m^D = (h_m^{TOT}/h_m)\ P_m。\tag{7.37}$$

由于渗透距离较短，因此该值大于 P_m。对于 P_m^R，亦可用类似公式表达。由于微滤器的整个表面仅用于孔隙率 ε 的程度，因此通过微滤器孔网络的渗透需要附加的阻抗系数，由此可得：

$$P_m^F = \left(\frac{h_m^{TOT}}{h_m^F}\right) \cdot \varepsilon \cdot F\left(\frac{r}{R}\right) \cdot P_m。\tag{7.38}$$

考虑到孔尺寸比分子尺寸大，则 Renkin 函数 $F(r/R)\approx 1.0$[7]。由于连续的阻力是可叠加的，因此表观膜渗透性为：

$$\frac{1}{P_m^{\mathrm{app}}}=\frac{1}{P_m^{\mathrm{D}}}+\frac{1}{P_m^{\mathrm{F}}}+\frac{1}{P_m^{\mathrm{R}}}。\tag{7.39}$$

将式（7.37）和式（7.38）代入式（7.37）得到：

$$P_m^{\mathrm{app}}=\left(\frac{h_m^{\mathrm{TOT}}}{\frac{h_m^{\mathrm{F}}}{\varepsilon}+2\,h_m}\right)\cdot P_m。\tag{7.40}$$

式（7.40）中，括号项的比率称为表观滤器孔隙率：

$$\varepsilon_a=\left(\frac{h_m^{\mathrm{F}}+2\,h_m}{\frac{h_m^{\mathrm{F}}}{\varepsilon}+2\,h_m}\right)。\tag{7.41}$$

如果已知脂质体积 V_m（cm^3）、滤器厚度h_m^{F}（cm）、滤器几何面积 A（cm^2）和标称滤器孔隙率 ε，那么$h_m=(V_m/A-h_m^{\mathrm{F}}\varepsilon)/2$。从式（7.41）中因式分解出$h_m$，得到：

$$\varepsilon_a=\left(\frac{\frac{V_m}{A}+h_m^{\mathrm{F}}(1-\varepsilon)}{\frac{V_m}{A}+h_m^{\mathrm{F}}(\frac{1}{\varepsilon}-\varepsilon)}\right)。\tag{7.42}$$

如果在P_e的计算中包括ε_a，则 P_m和P_{ABL}都会相应地成比例缩放。式（7.42）可以预测，增加脂质体积（V_m）将使 $\varepsilon_a\to 1$。同样，使用更薄的滤器（h_m^{F}）也会使得$\varepsilon_a\to 1$。

7.12.2 PAMPA－DS 和 PAMPA－HDM 中的表观孔隙率

在 PAMPA－DS[78]中，$V_m=4\ \mu L=0.004\ cm^3$，$A=0.3\ cm^2$，$h_m^{\mathrm{F}}=125\ \mu m=0.0125\ cm$，$\varepsilon=0.7$（来源于制造商）。计算得到多余的脂质层（$2\,h_m$）的厚度为 46 μm，总表观膜厚度为 171 μm（h_m^{TOT}）。将这些数据代入式（7.42），得到$\varepsilon_a^{\mathrm{DS}}=0.76$，比标称值高了 9%。

在 PAMPA－HDM[83]中，$V_m=0.75\ \mu L=0.00075\ cm^3$，$A=0.24\ cm^2$，$h_m^{\mathrm{F}}=10\ \mu m=0.001\ cm$，$\varepsilon=0.2$（来源于制造商，但根据 *p*CEL－X 分析，特定批次的聚碳酸酯滤器的直接测量得到 $\varepsilon=0.135$）。计算得到多余的脂质层厚度为 29 μm，总表观膜厚度为 39 μm。将这些数据代入式（7.42），得到$\varepsilon_a^{HDM}=0.50$，比标示的孔隙率高了 148%。部分生产商声明过滤器孔隙率在 0.05～0.20。假设孔隙率为低值，计算得到$\varepsilon_a^{HDM}=0.18$，比标示值增加了 254%。除非每个批次的孔板都经过独立的验证，否则如此大差距的孔隙率可能会导致使用聚碳酸酯过滤器产生较大的变异性。

7.12.3 使用表观孔隙率重新计算

根据ε_a、P_0和P_{ABL}值对 Wohnsland 和 Faller P_e数据进行重新计算，得到的结果与已

公布的结果相比，减少了近 3 倍。h_{ABL}值从 250 μm 增加到 630 μm。这种增加符合细胞测定中使用的流体动力学模型的预期[5,54]。当使用表观孔隙率时，计算得出的厚度与 Adson 等报道的 75 rpm 下的厚度相当。

7.13 PAMPA 误差：板内和板间重现性

图 7.48 显示了超过 2000 个 PAMPA－DOPC P_e测量值（单位：10^{-6}cm · s^{-1}）拟合的曲线，每一个点标准偏差 σ（P_e）基于至少 3 个板内平行样品的计算得到。测量了 200 多种不同类药物化合物。当 $P_e = 10 \times 10^{-6}$ cm · s^{-1}时，% CV（变异系数，100σ（P_e）/P_e）约为 10%；对于较高的渗透速率，% CV 会小幅增加；当 $P_e < 0.1 \times 10^{-6}$cm · s^{-1}，% CV 则迅速增加。这些统计学数据准确反映了通常应该预期的误差（参见 7.6.13 节有关 P_0误差的讨论）。对于某些化合物，如咖啡因和美托洛尔，% CV 通常为 3% ~6% 。

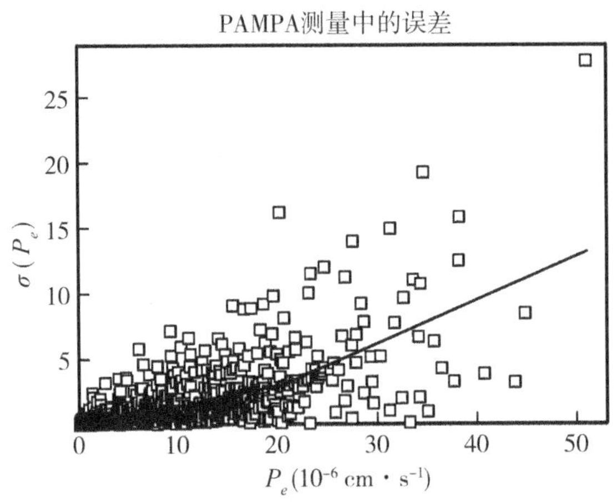

图 7.48　2%DOPC 模型中的板内误差

上述误差（图 7.48）代表在同一微量滴定板上几个不同的孔中分析样品化合物时的重现性。当在一段较长的时间内，对不同时间测定的P_e进行可重现性评估时，会显示出更多的系统误差，并且可重复性要差 2 ~3 倍。图 7.49 显示了标准化合物在约 12 个月中的重现性。卡马西平显示出约 15% 的长期可重现性。其他化合物则显示出更高的误差。

考虑到 PAMPA 是一种高通量的筛选方法，其误差很低，足以用于进行机制研究。

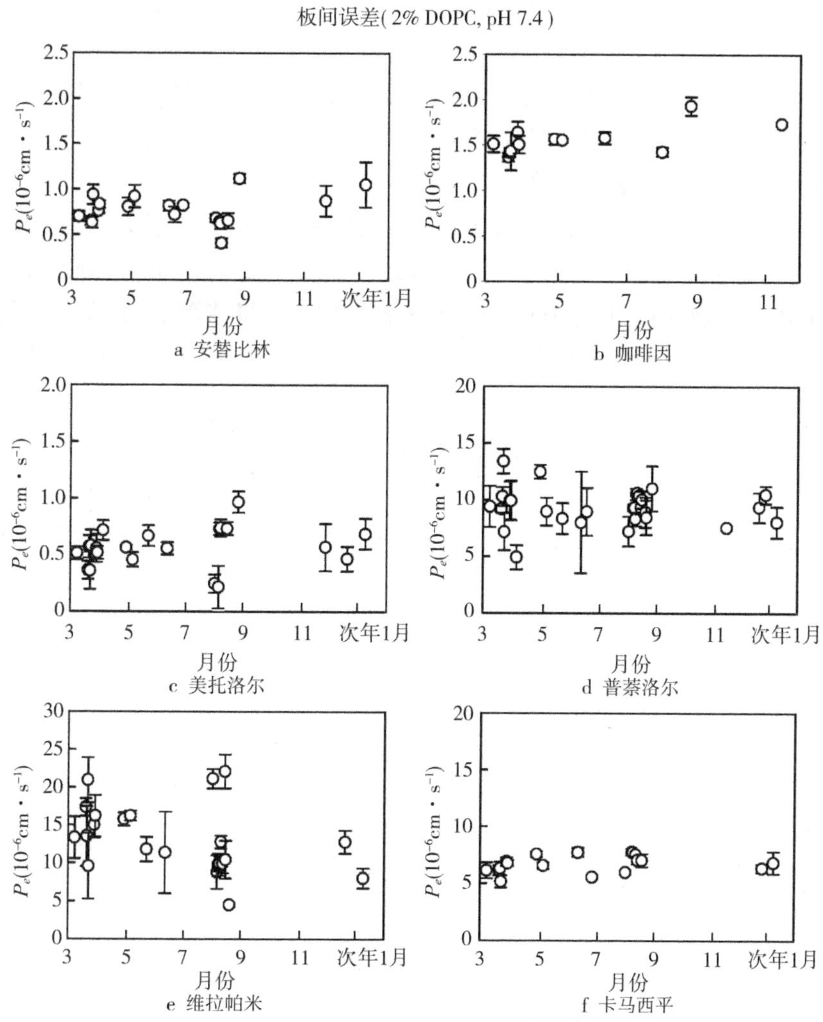

图 7.49　2% DOPC 模型在约 12 个月内的板间误差

7.14　人体肠道吸收（HIA）与 PAMPA

如第 2 章所述，本节讨论了可电离化合物在人体肠道吸收（HIA）主要取决于 3 个特性，即渗透速率、溶解度和 pK_a。以下研究举例说明了这 3 种特性之间的关系，吸收势（AP）[161]、生物药剂学分类（BCS）[162]和最大吸收剂量（MAD）[163－164]。菲克扩散定律和 pH 分配假说理论则是以上这些模型的基础。

7.14.1　MAX－PAMPA 分箱法

许多 PAMPA 从业人员通过分箱法来预测化合物具有高/低的人类肠道吸收（HIA）。

通常将$P_e > 1 \times 10^{-6} cm \cdot s^{-1}$的化合物归类为“高”。低于临界值的化合物归为“低”。在此类研究中，通常在单一 pH 下测定P_e（参见 7.4 节）。

然而，在筛选应用中，如发现化合物的酸 - 碱性质无法明确，则最好在至少两个 pH 下进行测试，以反映小肠的 pH 条件[70,82,104]。然后，可以使用两个渗透速率测量值中的较高者来预测 HIA。例如，如果 PAMPA 测定中的两个 pH 分别是 pH 5.0 和 pH 7.4，则弱羧酸在 pH 5.0 时可能显示高 P_e，而在 pH 7.4 时显示低 P_e。仅在 pH 7.4 条件下测定可能将弱酸化合物归类为“低”渗透，而在空肠中（在较低的 pH 下）其吸收可能非常出色，但这在单一 pH 分析中并未被发现。如果使用双 pH 条件进行 PAMPA 测定，则选择两个测量值中的最大 P_e，这样可以避免由于 pH“不匹配”而导致假阴性的情况。

最初的 Kansy 工作[1]正是基于这样的方案，选择在 pH 6.5 和 pH 7.4 下测定 PAMPA（图 7.15）。Zhu 等[104]提出了一种改进的分箱方案，在两个 pH 条件下进行P_e测量，在分箱中使用两个条件中最大的 P_e。Wohnsland 和 Faller[82]也提出了 MAX - P_e方法（图 7.50）。图 7.50a 显示了仅基于单 pH 6.8 的相关性。当从 pH 5 ~8 选择 MAX - P_e并用于预测时，可以得到更好的相关性（图 7.50b）。50% ~70% 的 HIA 在 MAX - P_e模型中得到改善。

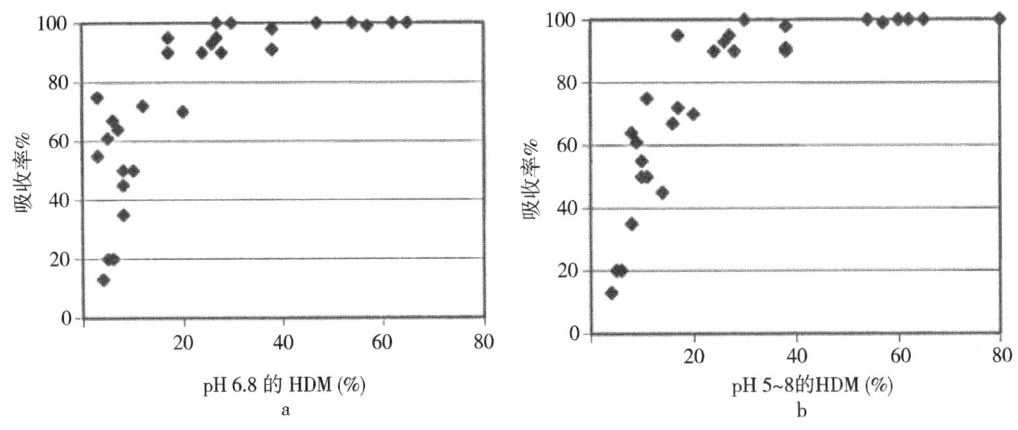

图 7.50　Max - P_e PAMPA - HDM 模型[82]

［转载自 FALLER B，WOHNSLAND F. Physicochemical parameters as tools in drug discovery and lead optimization. In：Testa，B.；van de WATERBEEMD H，FOLKERS G，Guy R（eds.）. Pharmacokinetic optimizationin drug research，verlag helvetica chimica acta，Zürich；and Wiley - VCH，Weinheim，2001：257 - 274。Copyright © 2001 Wiley - VCH Verlag GmbH & Co. KGaA. 经许可复制］

7.14.2　SUM - PAMPA 分箱法

Avdeef[93]对上述方法做了一些延伸，以便更好地解释非离子化合物的吸收情况。他在选择最大 P_e用于 HIA 预测的过程中发现，似乎只有部分小肠段可以达到对某些酸（pK_a 值接近 4）和碱（pK_a 值接近 9）的最大吸收。但是，当将这种方法应用于非离子化合物时，其吸收程度可能会被低估，因为整个肠道的吸收程度被假设为某个均一的定值。修正的方法是将两个（或多个）P_e相加。这大致相当于将肠道中不同部位的吸收情况整合成一个统一的系统。P_e是在梯度 pH（5.0、6.2 和 7.4）条件下，且剧烈搅拌的（h_{ABL} ~40 μm）溶液中测定的，以 HIA 值相对这 3 个 P_e值之和的对数值作图，如图 7.51 所示。

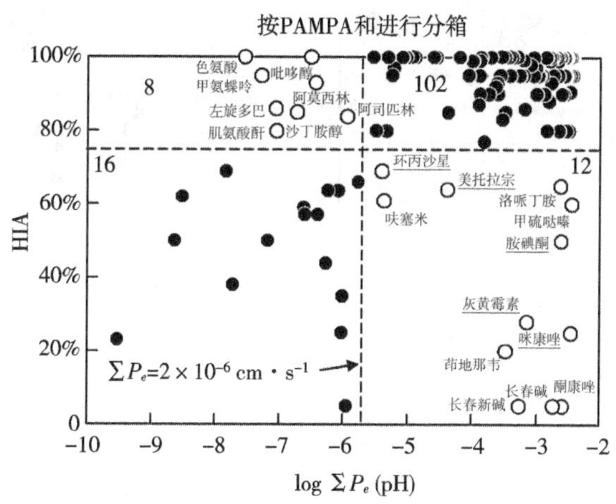

图 7.51　在梯度 – pH 条件（5.0、6.2 和 7.4）和 40 μm ABL 厚度下，对有效渗透速率和对数进行分箱

（采用 2×10^{-6} cm · s^{-1}的值作为低 – 高吸收的分界线。空心圆点是“错误”的预测，实心圆点是“正确”的预测。在 138 个药物化合物中，有 102 个点被正确归类为高吸收。12 个为假阳性：归类为高吸收，但实际上化合物的吸收并不良好。在归类为低吸收的 24 个化合物中，有 8 个代表假阴性的：归类为低吸收，但实际上吸收良好。已知所有假阴性化合物都是主动转运型。假阳性要么是低溶解度化合物，要么是外排的底物。在 138 个化合物中，有 16 个被正确分箱为低吸收。转载自 AVDEEF A. Expert Opinion Drug Metab. Toxicol. 2005，1：325 – 342。Copyright © 2005 Informa Healthcare. 经 Informa Healthcare 许可复制）

吸收程度高低的分界线为 2×10^{-6}cm · s^{-1}。空心圆代表预测错误，实心圆代表预测正确。图 7.51 中 138 个药物中，有 102 个被正确归类为“高吸收”，16 个正确归类为“低吸收”。24 个判为“低吸收”的化合物中，有 8 个为假阴性：分类为“低吸收”，但实际吸收非常好。假阴性化合物都是主动转运型（甲氨蝶呤、色氨酸、左旋多巴、吡哆醇、阿莫西林、肌酐、沙丁胺醇和乙酰水杨酸）。此外还有 12 个假阳性：分类为“高吸收”，但实际吸收并不好。其中 5 种化合物吸收差的原因是溶解度低（胺碘酮、甲硝唑、环丙沙星、灰黄霉素和咪康唑），另外 7 个是因为主动外排机制（洛培胺、呋塞米、硫代达嗪、茚地那韦、酮康唑、长春新碱和长春碱）。

7.14.3　根据人空肠渗透性预测人肠道吸收

通过人空肠渗透性（HJP）值预测人肠道吸收是否可行？据推测两者相关性很高。图 7.52a 为 PAMPA – DS SUM – P_m（针对 ABL 校正后的 P_e数据）与 HIA 的关系图。图

7.52b 为 $\log P_{eff}^{HJP}$ 与 HIA - 有效人体渗透性数据（尝试预测人吸收）的关系图。可以看出，PAMPA 数据和 HJP 数据的表现相当，但测定成本差很多：一个比另一个便宜约 10 万倍。特别需要注意的是，PAMPA 测定范围跨度将近 8 个数量级，而 HJP 约为两个半数量级。PAMPA 测定范围的延伸有助于从吸收不好的化合物中筛选出吸收相对较好的。

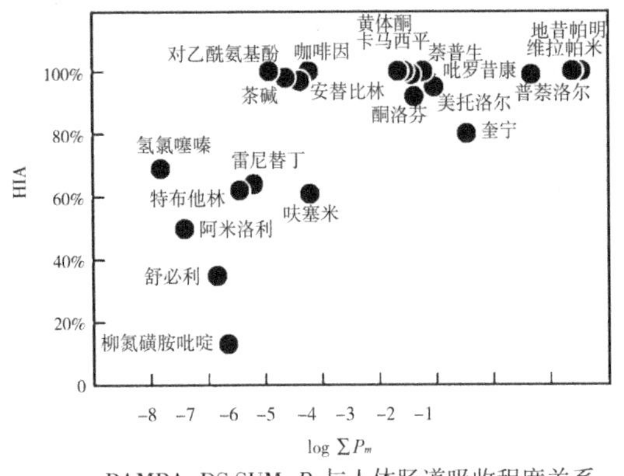

a PAMPA-DS SUM-P_m与人体肠道吸收程度关系

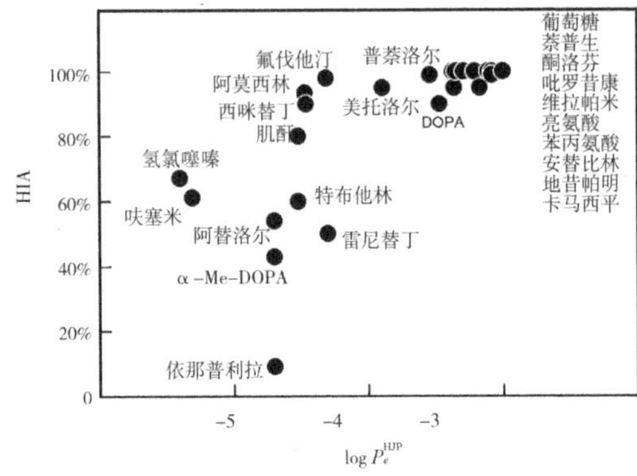

b 人空肠通透性系数与人体肠道吸收程度关系

图 7.52 与 Sum - P_e PAMPA - DS GIT 模型和人空肠渗透速率比较的人肠道吸收[124]

7.14.4 综合溶解度和渗透速率的 MAD - PAMPA 方法

药物化学家在制备化合物时可能想知道："我应该制备什么样溶解度的化合物才能使其可以充分吸收？" Johnson、Swindell[163]和 Curatolol[164]提出了一个相对简单的方法来解决这个问题。他们提出了 MAD（最大吸收剂量）公式：

$$\mathrm{MAD} = S_{6.5} V_L k_a t。 \tag{7.43}$$

MAD 的单位为 mg，是指运输时间 t（270 min）内预期吸收的药物量。$S_{6.5}$表示 pH 6.5 时的溶解度（mg · mL^{-1}），通常在早期药物筛选过程中就已测定。管腔体积为 V_L（250 mL）。跨肠吸收速率常数用 k_a（min^{-1}）表示。

如果 MAD 值超过预期剂量，则 HIA = 100%：

$$\mathrm{HIA}^{calc} = (\mathrm{MAD}/剂量) \times 100\%。 \tag{7.44}$$

MAD 的概念并不抽象。想象一下，在烧杯中加入 250 mL pH 6.5 缓冲液，再放入过量的药物配成溶解饱和的混悬液，此时溶解的毫克数等于 $S_{6.5} V_L$。然后将药物混悬液倒入一个内部容积为 250 mL 的带微孔的管子（代表小肠）中，并启动计时器。吸收率常数 k_a 代表的就是每分钟有多少溶解状态的药物从管中漏出。如果该过程持续 270 min，那么漏出的总量就应该大致等同于通过肠吸收（MAD）的药物量。如果该估计数量超出候选药物的可能使用剂量，则人体肠道吸收应为 100%。这是一个简化模型，但对于药物化学家来说非常有用，可用于估算其候选化合物溶解度的目标值[163]。

如果做过大鼠肠灌注实验（但在药物研究项目中通常不会做），式（7.43）中的 k_a 就可以直接测得。但可以用基于 PAMPA 计算得到的渗透速率替代 k_a，这样可以在一个较早的阶段进行 MAD 的计算，远早于相当昂贵的体内实验阶段。

吸收速率常数和有效渗透速率由式（7.45）表示：

$$k_a = P_{\rm eff}^{\rm RAT} A/V_L。\quad (7.45)$$

其中，$P_{\rm eff}^{\rm RAT}$是大鼠有效肠道渗透速率，A 是吸收表面积。在典型的大鼠灌注实验中，用于做实验的肠道的长度估计为 100 cm，半径为 0.178 cm[10]。为了进行早期 MAD 预测，需要建立$P_{\rm eff}^{\rm RAT}$和 PAMPA P_e的对应关系。

Bermejo 等[10]对 17 个氟喹诺酮类化合物［其中包括在哌嗪残基远端氮（4′－N）位置处的烷基链长不同的三类同系物］进行了研究，结果发现 PAMPA、大鼠原位肠道灌注和 Caco－2 渗透性数据有良好相关性。研究人员提出了以下相关公式：

$$\log P_{\rm eff}^{\rm RAT} = -2.33 + 0.438 \log P_e^{\rm PAMPA-DS}。\quad (7.46)$$

其中，$r^2 = 0.87$，$s = 0.14$，$n = 17$，$F = 103$。根据式（7.45），基于大鼠肠道尺寸，$P_{\rm eff}^{\rm RAT} = 0.00148\ k_a$。结合式（7.43）、式（7.45）和式（7.46），MAD 可进行如下近似计算：

$$\begin{aligned}\text{MAD (mg)} &\approx 4.56 \times 10^{+4} \cdot S_{6.5}\ (\mu\text{g} \cdot \text{mL}^{-1}) \cdot 10^{-2.33+0.438 \log P_e} \\ &= S_{6.5}\ (\mu\text{g} \cdot \text{mL}^{-1}) \cdot 10^{+2.33+0.438 \log P_e}。\end{aligned}\quad (7.47)$$

表 7.10 列出了药物化学家对溶解度的查询结果。该表列出了 7 种氟喹诺酮类化合物的 MAD 分析，数据来自 Bermejo 等[10]的研究。最后三列是药物在 3 个不同剂量水平，即 0.1 mg · kg^{-1}、1 mg · kg^{-1}和 10 mg · kg^{-1}3 个预期剂量水平下计算得出的 pH 6.5 条件下目标溶解度值，单位为 μg · mL^{-1}。如果测得溶解度超过表 7.10 中的目标值，就可预期肠道完全吸收（100%）。辉瑞公司的 Lipinski 和他的同事经常提及3 类渗透速率，都是大致根据大鼠吸收数据得到的[163－165]：

低：$P_{\rm eff}^{\rm RAT} < 10$（$P_e^{\rm PAMPA-DS} < 1$）；

中：$P_{\rm eff}^{\rm RAT}$ 10－40（$P_e^{\rm PAMPA-DS}$ 1～20）；

高：$P_{\rm eff}^{\rm RAT} > 40$（$P_e^{\rm PAMPA-DS} > 20$）。

以 10^{-6} cm · s^{-1}为单位。如果一个化合物的预期剂量为平均剂量 70 mg，并且其渗透速率通过 PAMPA 测定显示为平均水平，则根据式（7.47），要达到 100% 肠道吸收的话，其目标溶解度应大于约 54 μg · mL^{-1}（表 7.10 倒数第二列中前 4 个化合物的平均值）。如果效力和渗透率都很高，那么所需的溶解度可低至约 2 μg · mL^{-1}（表 7.10 中最后 3 个化合物的平均值），即可观察到 100% 的肠道吸收。如果需要非常高的剂量，且渗透性差，则需要溶解度达到 1000 μg · mL^{-1}以上，才能达到完全吸收。

图 7.53 是表 7.10 内容的"Lipinski"图。图中有三组柱状图，每组代表预期的高效能（0.1 mg · mL^{-1}）、中效能（1 mg · mL^{-1}）和低效能（10 mg · mL^{-1}）。在每组中，柱高度代表了达到 100% HIA 所需的溶解度，这根据大鼠原位有效渗透速率计算出。因此，让我们回答药物化学家的一个具体问题："假设我的所有化合物均具有中等剂量，那么司帕沙星所需的溶解度应该为多少才能使人肠道完全吸收?"答案："≥19 μg · mL^{-1}"（如图 7.53 的中间）。

表 7.10　氟喹诺酮类化合物的 MAD－PAMPA 计算

化合物	测得$P_{eff}^{RAT\ b}$	PAMPA P_e^c	计算$P_{eff}^{RAT\ d}$	MAD/S [e]	pH 6.5 时的目标溶解度（$\mu g \cdot mL^{-1}$）[a]		
					剂量＝7 mg	剂量＝70 mg	剂量＝700 mg
环丙沙星	16	3	17	0.77	9	90	904
沙拉沙星	19	14	35	1.59	4	44	439
氧氟沙星	20	6	25	1.12	6	62	624
司帕沙星	44	92	80	3.63	2	19	193
4′N－Me－环丙沙星	63	37	53	2.44	3	29	287
4′N－n－Pr－环丙沙星	119	137	95	4.33	2	16	162
4′N－n－Bu－环丙沙星	141	302	134	6.12	1	11	114

[a] 目标溶解度是将实现 MAD 值等于预期剂量的最小溶解度值；
[b] 测量的大鼠原位肠道灌注渗透速率，单位为 10^{-6} cm · s^{-1}[10]；
[c] 测量的双漏槽 PAMPA 渗透速率，单位为 10^{-6} cm · s^{-1}[10]；
[d] 使用式（7.46）计算大鼠渗透速率，单位为 10^{-6} cm · s^{-1}；
[e] 渗透速率对 MAD 的贡献；参见式（7.47）。

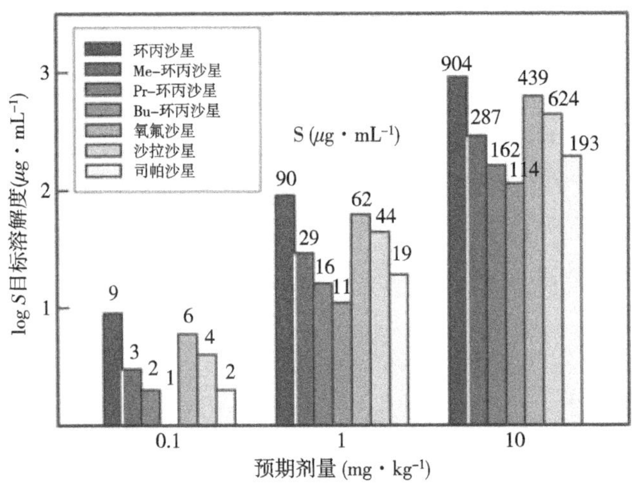

图 7.53　氟喹诺酮类化合物的 MAD－PAMPA 溶解度分析的“Lipinski”图

7.15　永久带电化合物的渗透

季铵盐的口服生物利用度非常低。文献中报道了许多例子，如异丙托铵和氧托溴铵的绝对生物利用度为 0.9%～6.1%[166]；曲司氯铵的生物利用度为 2.9%～11%[167－168]。稳定的正电荷限制了这些化合物的肠道吸收。多种理论对完全带电化合物的低肠道膜渗透性潜在机制进行论述。Tanford[169]认为磷脂头部基团在疏水性环境中的转移需要超过 200 kJ · mol^{-1}的自由能，这使这些化合物的跨细胞渗透在能量上是不利的。尽管被动跨细胞扩散是不利的，但是对于某些化合物，如四甲基铵[170]，可能涉及主动转运系统，并且较小的季铵离子可能通过邻接细胞的细胞旁水通道[171-172]渗透，如第 8 章所述。同时还考虑了具有适当反离子的带电药物的离子对分配[173-176]。许多研究小组开展了带电季铵盐化合物与生物膜结合的研究[177-178]。

在 4.8 节中，首先考虑到带电物质的吸收（“事实或虚构”）。辛醇－水系统中某些亲脂性带电分子的分配特性可能表明，在一个亲脂性反离子的本底溶液情况下，会发生离子对跨膜渗透（参见 4.5 节）。类似假设可以直接在 PAMPA 测定中进行测试。如果在接收室中出现带电物质，特别是季铵盐药物，带电物质转运的案例可能会进一步发展。由于同时存在多种可能的转运机制，因此很难通过体外培养的细胞模型来进行带电物质跨膜转运研究[179]。

7.15.1 细胞模型和脂质体模型下的带电物质转运

三甲基氨基－二苯基己三烯氯化物（TMA－DPH，图 7.54）是一种荧光季铵盐化合物，可以渗透进入细胞膜中[180]。TMA－DPH 在细胞膜双分子层中发荧光，在水中不发荧光。因此，可以通过成像荧光显微镜轻易地追踪其在细胞中的位置。将 TMA－DPH 添加到 HeLa 细胞外液中 1 s 后，带电化合物在外部缓冲液和细胞外（外部）双层之间达到完全平衡。洗涤细胞 1 min 后，>95% 的 TMA－DPH 从外部转移。如果细胞中加入 TMA－DPH，在 37 ℃下平衡 10 min，然后用 1 min 洗涤去除外部的 TMA－DPH，可见荧光分子集中在细胞质中的细胞核周边和线粒体膜中。这表明带电分子以某种方式穿过细胞壁。细胞的吞噬作用不太可能是流入的机制，因为带电化合物无法与细胞核周边物质和线粒体膜相互作用。Pgp 转染的 HeLa 细胞显示出细胞内荧光减少，但外部荧光分子的浓度不受 Pgp 存在的影响。加入已知的 Pgp 抑制剂环孢菌素 A 后，细胞内 TMA－DPH 重新被积累。假定 Pgp 与其底物相互作用，该底物在双层的内部位置处被带到活性位点[179]，TMA－DPH 必须以某种方式越过双层进入内部。TMA－DP 的主动转运并不明显，所以这些发现使 Chen 等[180]提出了一种 flip－flop 机制。但是，不能排除表面蛋白辅助运输的可能性。由于可能有多种转运机制，无法确定明确的转运路线。理想的后续实验应利用由无蛋白的重组 HeLa 细胞脂质制成的鬼形囊泡。但目前还没有这样的实验报道。

Regev 和 Eytan[182]使用阴离子磷脂酰丝氨酸和鬼形红细胞（溶血后的红细胞囊膜泡）组成的模型脂质体，来研究多柔比星跨细胞膜双分子层的渗透特性（图 7.54）。与 TMA－DPH 不同，多柔比星电荷状态可以发生改变。在中性 pH 条件下，六碳氨糖上的胺带正电荷（$\mathrm{p}K_a$ 9.7，表 3.14）。由于六元环分子内氢键的作用，多柔比星的酚基 $\mathrm{p}K_a > 11$。多柔比星是弱亲脂性的化合物，辛醇－水 $\log P_{\mathrm{OCT}}$ 为 0.65（略低于吗啡），$\log D_{\mathrm{OCT}}$ 为 −0.33。它在 2% DOPC/十二烷 PAMPA 膜（$P_e \approx 0.004 \times 10^{-6}$ cm · s^{-1}）上的渗透性差。约 90% 多柔比星可与 PS 脂质体表面结合[182]。多柔比星在水中显荧光。

当多柔比星与 DNA 相互作用，其荧光会迅速消失：通过加入 DNA 后，多柔比星水溶液中的荧光会迅速减少，如图 7.55a 所示。图 7.55a 至图 7.55c 中左水平箭头表示 5 min。囊泡不影响荧光的变化（图 7.55b）。当多柔比星溶液和单层脂质体充分结合，加入 DNA 后，50% 的荧光立刻消失，5 min 后被荧光全部消失（23 ℃，半衰期 1.1 ~ 1.3 min），如图 7.55c 所示[182]。这表明外部的多柔比星（占总量的 50%）立即与 DNA 发生反应荧光消失，而囊泡内的多柔比星在中性 pH 条件下可能以带电物质形式存在，约需要 1 min 跨过双层膜才能渗透出来。图 7.55d 表示多层脂质体与多柔比星结合后的形式，右箭头表示约 30 min。约 20% 的荧光立刻消失，其余药物需要约 2 小时才能渗透出来，因为细胞膜的双分子层需要带正电的化合物才能穿过。然而，上述观察结果仍不能证明实际的渗透化合物是带电的。化合物（在水相中带电）可能以中性物质的形式（在膜相中）渗透。可能在某种程度上发生了带电物质渗透的唯一线索来自以下观察结果：在 pH 9.7 条件下，跨细胞渗透仅增加了两倍。如果 pH - 分配假设是正确的且 pK_a为 9.7，那么将 pH 从 7.4 到 9.7 渗透速率应该增加 68 倍，远远大于两倍。使用 TMA - DPH 进行 Regev 和 Eytan 的实验将很有趣，它与 pH 分配假说表现的结果不同。

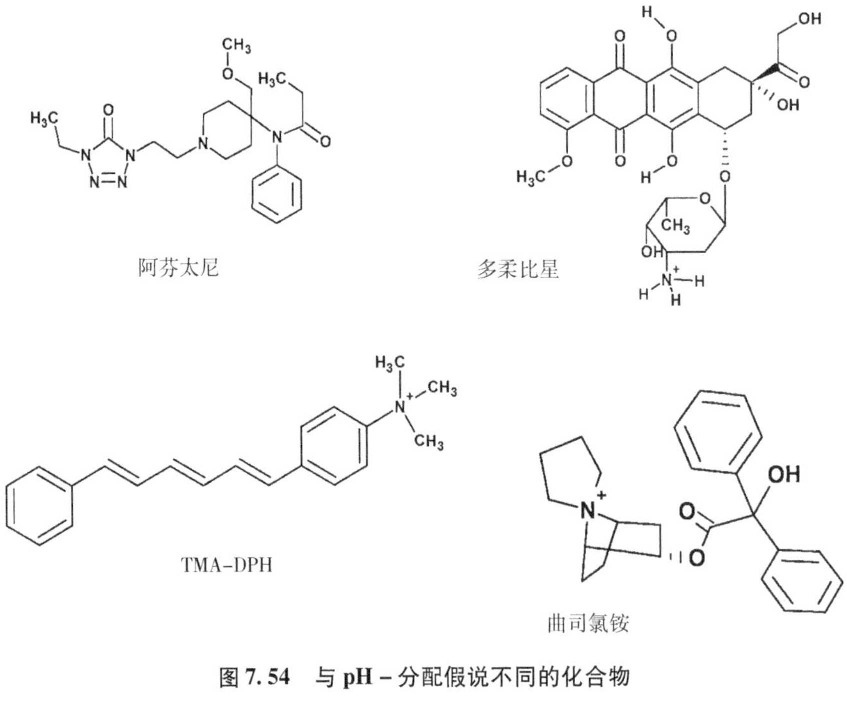

图 7.54　与 pH - 分配假说不同的化合物

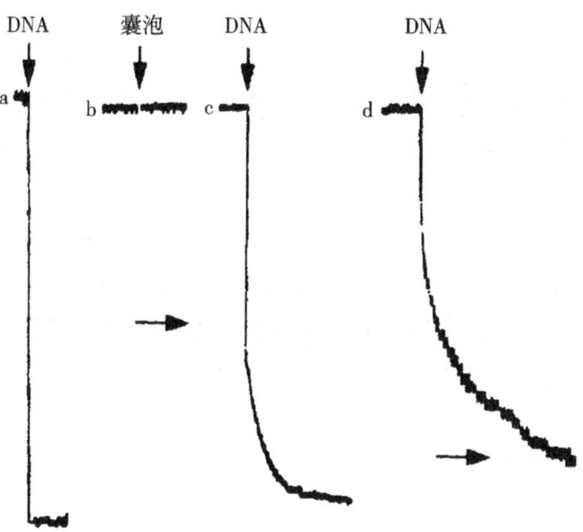

图 7.55 加入 DNA 多柔比星水溶液荧光消失

（a 多柔比星水溶液，加入 DNA 后立即荧光消失；b 多柔比星的荧光不受囊泡的影响；c 多柔比星用囊泡预先平衡后再进行 DNA 处理，结合到外膜上的荧光立即消失；d 除使用多层囊泡之外，其余与 c 相同。左边箭头代表 5 min 间隔，适用于前三种情况；右边箭头表示 30 min 的间隔，仅适用于 d。转载自 REGEV R，EYTAN G D. Flip – flop of doxorubicin across erythrocyte and lipid membranes. Biochem. Pharmacol.，1997，54：1151 – 1158。Copyright © 1997 Elsevier. 经 Elsevier 许可复制）

曲司氯铵是一种季铵药物（图 7.54），它是 Pgp 的底物，可以被细胞迅速吸收[182]。跨膜扩散的有力证据。该化合物易溶于水（> 50 mg · mL^{-1}），难溶于脂质（在矿物油中 9.2 μg · mL^{-1}）；辛醇 – 水 log P_{OCT}为 – 1.22 [183]。人体肠道吸收（HIA）为 11%，该化合物不参与代谢。在肠道细胞摄取研究中，曲司氯铵以 7 μg/小时的速率从 7.5 mmol · L^{-1}溶液中被吸收，经过 60 min 缓慢积累至近似稳态渗透通量。供给室浓度为 0.5 mmol · L – 1时，Caco – 2 P_e为 0.8 × 10^{-6} cm · s^{-1}。在 45 mmol · L^{-1}的较高浓度下，渗透性增加到 2.2 × 10^{-6}cm · s^{-1}。这表明外排转运蛋白是可饱和的。在 5 mmol · L^{-1}曲司氯铵浓度下，从顶端到基底外侧渗透性比基底外侧到顶端的渗透性低 7 倍。维拉帕米（Pgp 抑制剂）的使用，使上述两个渗透速率相等。由于 Pgp 外流的机制使双层内叶的底物相互作用[181]，因此，曲司氯铵以某种方式穿越脂质双层。但是，由于使用了细胞，因此很难排除载体介导的转运。使用更简单的模型可能更容易得到一些结果，如使用鬼形红细胞或 PAMPA 模型。

Nicolay 等[177]使用 ^{31}P 核磁共振（^{31}P – NMR）研究了乙啡啶（ethidium）和 2 – *N* – 甲基依利醋铵对膜模型的影响。他们发现 2 – *N* – 甲基依利醋铵深嵌入在双层的酰基链区域中，而乙啡啶优先位于膜 – 水界面。与估计渗透速率相比表明，乙啡啶属于低渗透性，而 2 – *N* – 甲基依利醋铵被认为中等渗透性。即使直接比较了 Nicolay 等的^{31}P – NMR 实验，也无法通过 PAMPA 实验评估渗透速率，但至少可以假定，与优先位于膜 – 水界面的化合物，如乙啡啶相比，2 – *N* – 甲基依利醋铵比乙啡啶具有更高的膜渗透性。

Palm 等[147]研究了阿芬太尼（图 7.54）和西咪替丁的 Caco－2 渗透性，它们的 pK_a值接近中性（分别为6.25 和7.01），但是其辛醇－水分配系数 log P_{OCT}数量级相差超过一个数量级（分别为2.2 和0.4）。该小组研究了 pH 4～8 的渗透速率，这在 Caco－2 测定中很少进行。在 pH 4.8～8.0 下细胞的活力需要被论证。pH 依赖性渗透性数据的分析表明，阿芬太尼的正电荷形式的渗透速率（1.5×10^{-6} cm·s^{-1}）远大于西咪替丁（0.05×10^{-6}cm·s^{-1}）。由于阿芬太尼的相对分子质量为 416（西咪替丁的相对分子质量为 252），因此预计不会通过细胞旁途径大量渗透。笔者认为，带电形式的药物可以被动扩散的方式进行跨膜渗透。

7.15.2 带电药物渗透的 PAMPA 证据

图7.56 显示了作为 pH 函数的 PAMPA－DS 渗透速率曲线。这些化合物在 pH 3～8 带正电，在此范围内没有 pH 依赖性。P_e 的4 个数量级如图 7.56 所示，罗丹明 B 的高端为 $P_e=80\times10^{-6}$ cm·s^{-1}，而棕榈碱的低端为 $P_e=0.01\times10^{-6}$ cm·s^{-1}。

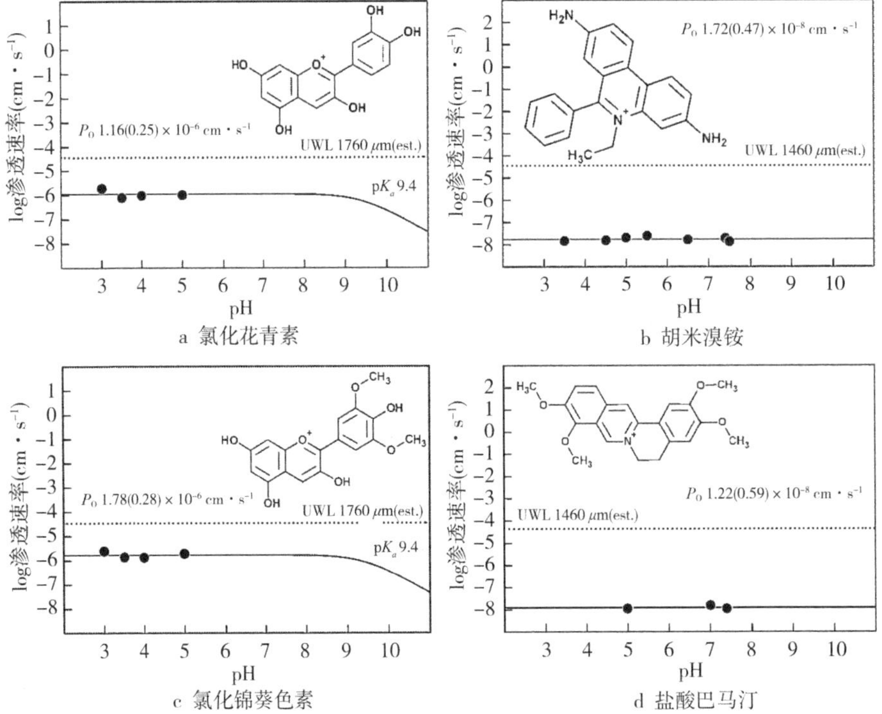

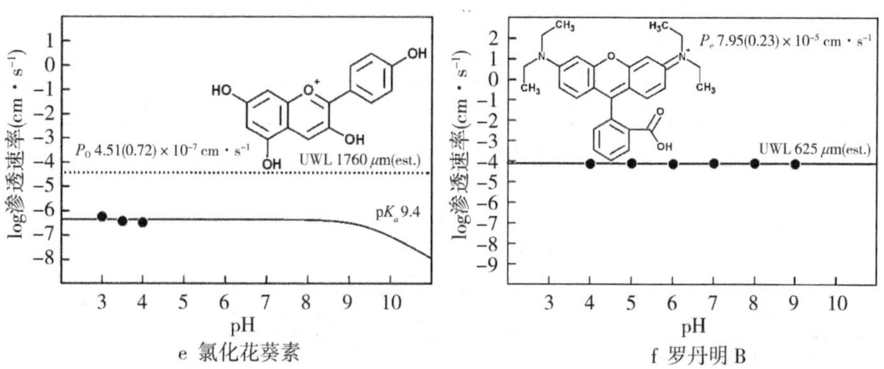

图 7.56　永久带电阳离子的渗透性 - pH 曲线

Fischer 等[97]使用 PAMPA - EGG 研究了季铵盐化合物的渗透特性（表 7.11）。表 7.11 总结了研究的 20 种化合物在 pH 6.5 条件下渗透性结果（图 7.57）。

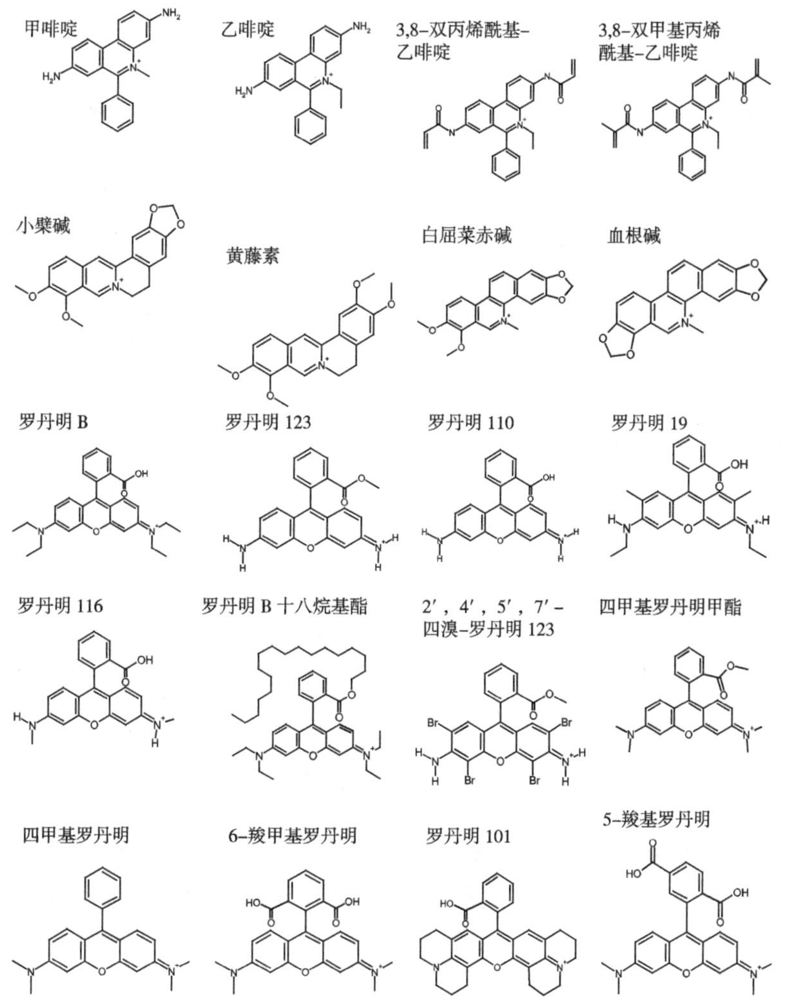

图 7.57　永久带电化合物的结构

表 7.11　永久带电化合物：PAMPA - EGG（Roche）[a]

化合物	P_e（10^{-6} cm · s^{-1}）	% Don	% Mem	% Rec
血根碱	4.20	43	47	10
罗丹明 116	3.40	78	6	16
白屈菜赤碱	3.30	60	29	11
罗丹明 110	3.20	79	7	15
罗丹明 19	2.40	85	4	12
罗丹明 B	2.10	73	17	10
四甲基罗丹明甲酯	0.50	83	14	3
罗丹明 101	0.50	66	32	2
2′,4′,5′,7′ - 四溴罗丹明 123	0.20	70	30	1
罗丹明 123	0.20	95	4	1
罗丹明 B 十八烷基酯	0.08	61	39	0
5 - 羧基罗丹明	0.03	93	7	0
小檗碱	0.02	97	3	0
3,8 - 双丙烯酰基 - 乙啡啶	0.01	52	48	0
四甲基罗丹明	0.01	82	18	0
甲啡啶	<0.01	96	4	0
乙啡啶	<0.01	89	11	0
3,8 - 双甲基丙烯酰基乙啡啶	<0.01	84	16	0
巴马汀	<0.01	96	4	0
6 - 羧基四甲基罗丹明	<0.01	94	6	0

[a] Fischer 等[97] % Don = 供给室中残留的渗透物的摩尔百分比，% Mem = 埋在 PAMPA 膜中的渗透物摩尔百分比，% Rec = 接收室中出现的渗透物摩尔百分比。供给室溶液，pH 为 6.5（0.05 M MOPSO 缓冲液），含 0.5%（w/v）甘氨胆酸；样品浓度为 150 μmol · L^{-1}，DMSO 为 1.5%（v/v）；接收室，pH 6.5，不含甘氨胆酸。温育 18 小时。质量平衡被计算在内。重复测量 3 次，重现性为 ±4%。

渗透速率值最终分布在 3 ~ 4 log 单位范围内。发现 6 个化合物具有高渗透速率（$P_e \geq 1 \times 10^{-6}$ cm · s^{-1}），4 个化合物具有中渗透速率（0.1×10^{-6} cm · $s^{-1} \leq P_e < 1 \times 10^{-6}$ cm · s^{-1}），10 个化合物为 $P_e < 0.1 \times 10^{-6}$ cm · s^{-1}。其中 $P_e \leq 0.01 \times 10^{-6}$ cm · s^{-1} 的 7 个化合物中有 5 个的渗透速率值低于 UV 检测限。

Fischer 等选择了 2 个系列的季铵带电化合物（罗丹明类似结构和异喹啉）来研究关于被动膜渗透性的电荷离域效应。结果观察到结构相似的化合物之间渗透速率有很大差异。例如，小檗碱和白屈菜赤碱仅相差一个碳原子；白屈菜赤碱的高渗透速率值为 3.3×10^{-6} cm · s^{-1}，而对于小檗碱而言，接收室中的化合物含量却仅接近 UV 分析的检测限。

Fischer 等通过计算一系列数值来反映疏水性、氢键、电子性质和分子形状对渗透速率的影响。电子性质及形状参数与观察到的渗透速率相关。渗透速率随着季铵盐化合物氮上的原子电荷的减少而增加，如果具有正电化合物的表面静电势（MEP）变化减小，渗透速率也随之增加。MEP 可以解释为在分子表面电势的分布或范围的度量。其值越低，分子表面的正电荷越自由不受限制。另外还发现存在一个酸性基团可使渗透性显著增加，而没有酸性基团或存在两个酸性基团会导致较低的渗透性。如含有一个羧酸的罗丹明 110 的 P_e 比相应的乙酯，即罗丹明 123 高 15 倍（表 7.11），但第二个酸性官能团的存在（参见 5 - 羧基 - X - 罗丹明和 6 - 羧基四甲基罗丹明）却使这些分子的膜渗透性显著降低。

化合物的渗透速率会随着分子结构的扁平化而降低。这一发现与文献[184-185]报道相矛盾。在后续的发表中，作者们发现化合物与膜的结合程度随着分子定向垂直于膜表面的横截面积增加而降低。我们观察到更多的扁圆形状化合物具有较低的渗透速率，可以通过由于所研究的化合物的相对扁平的形状来解释，在这种情况下代表了局部的而不是普遍的效应。一个可能的原因是，拥有完全平坦结构的化合物具有更高的趋势黏附在膜上，而不是渗透过膜。

正如 PAMPA - EGG 研究可能不支持各向同性有机溶剂（如辛醇[173]）分配中所描述的那样，离子对的分配可能是季铵类化合物膜渗透的一种机制。Fischer 等[97]针对所研究的化合物得出结论，与具有相似的 Pgp 相互作用潜能的高膜渗透性化合物相比，与具有 Pgp 相互作用潜能的低膜渗透性化合物更容易被 Pgp 转运。此外这些研究人员还得出结论，带永久电荷的化合物可以覆盖广泛的被动膜渗透速率。同时良好的统计模型被开发出用于解释在 PAMPA 分析中观察到的 20 种季铵盐化合物的渗透性。这可能为今后优化药物开发过程：改善季铵盐化合物低膜渗透性能力提供重要信息。

7.16 两性离子/两性化合物的渗透——组合 PAMPA

同时含有可电离的酸性基团（$\mathrm{p}K_a^{酸}$）和碱性基团（$\mathrm{p}K_a^{碱}$）的化合物被称为两性离子或“两性化合物”。当 $\mathrm{p}K_a^{酸} \ll \mathrm{p}K_a^{碱}$ 时，两性化合物是 pH 介于两个边界 $\mathrm{p}K_a$ 值之间的“两性离子”，这些化合物虽然是中性的，但同时带有正电荷和负电荷。但是当 $\mathrm{p}K_a^{碱} \ll \mathrm{p}K_a^{酸}$ 时，两性化合物是无电荷的（有时称之为“普通两性化合物”），pH 介于两个 $\mathrm{p}K_a$ 之间。如果两个 $\mathrm{p}K_a$ 之间的差异很小，则两种形式都可以共存。两性化合物的性质通常很难预测，介于永久带电和完全不带电荷的化合物之间。各种治疗领域的药物（如抗生素、抗过敏药和利尿药）都是两性化合物，并已在许多临床应用中被证明是有效的[128,186-190]。

对于双质子两性化合物，该分子可以以 4 种不同的 pH 依赖性质子化形式存在（参见 3.13 节）：阳离子（H_2X^+）、两性离子（$HX^{\pm}$）、中性物质（HX^0）和阴离子（X^-），如图 3.24 所示。与其他仅具有一个酸性或碱性基团的可电离药物相比，两性药物具有独特的理化性质和药代动力学特性。例如，其分布体积通常小于基本药物的分布体积，这表明两性药物趋向于留在血液中。与在相同 pH 下明显不带电荷的正常可电离化合物不同，许多两性化合物可以在几种不同的电荷状态之间相互转变，不会变成无电荷；因此，它们的亲脂性趋向于低亲脂性至中等亲脂性[187]。这些性质将更适合位于血浆中的药物靶标，因为两性化合物不利于在组织/器官中的分布。

根据 pH 分配假说，药物分子的无电荷形式有利于吸收[99,191]。对于两性化合物主要是两性离子，可以预见到 GIT 模型的吸收会很低。Jamieson 等[192]提出两性离子的构成是减弱 hERG（人 ether - a - go - go 相关基因）功能的有效方法之一，但这可能导致渗透性变差，并降低口服生物利用度。在肠道表面表达的转运蛋白，如 Pgp 和 OAT（有机阴离子转运蛋白），可能会影响化合物的外排/主动摄取[193-194]。人们认为，开发两性化合物药物可能比开发其他电荷类型的化合物更具挑战性，部分原因可能是由于缺乏对控制其膜渗透性因素的了解[189]。鉴于两性化合物，特别是两性离子，预计很难以被动扩散的形式跨膜吸收，因此经由细胞旁路转运的形式吸收就变得很重要了。在后一种途径中，小的溶剂化两性离子可以通过细胞间充满水的通道扩散进入。化合物在旁路转运通道受到化合物空间构型、尺寸大小和阳离子选择性的影响，会减弱在水相中的自由扩散性[7,12]。

简单的被动扩散 PAMPA 模型无法准确地预测较小的亲水性两性离子的肠道吸收，因为无法预测细胞旁路吸收。为了解决这个问题，Sugano 及其同事[108,111,195]建议通过向 PAMPA 测量值加入贡献计算值以期解决细胞旁路转运的问题。他们的策略被认为对于建立两性离子药物肠道吸收模型具有重要作用。Tam 等[189]在计算机模拟 - 体外方法中采用了相似的“组合”，他们选择了由 Adson 等通过对培养的 Caco - 2 细胞详细研究而开发的计算机细胞旁模型[54]，Avdeef[12]对该模型进行了少量的修改。

Tam 等[189]测量了 33 种两性化合物的 PAMPA - DS（图 7.58），大致分为几个不同的系列，即抗生素（β - 内酰胺类、氟喹诺酮类、四环素类）、抗组胺类（西替利嗪、非索非那定）、抗炎剂（吡罗昔康、美洛昔康）、抗病毒药（阿昔洛韦、更昔洛韦）和利尿剂（法莫替丁、托拉塞米），以及一些关键化合物，如特布他林（支气管扩张药）、美法仑（抗肿瘤药）、西立伐他汀（抗高脂蛋白药），以上化合物代表了一些常用的两性药物。他们开发了一个“组合” PAMPA 模型来使这些化合物的渗透性更加合理。

7.16.1 含细胞旁路贡献的 PAMPA 组合模型

通过电脑模拟旁路转运 PAMPA - DS 模型[189]，可更好地表达人体小肠上皮细胞的链接作用，Sugano 及其同事[108,111,195]与 Reynolds 等[196]描述的相似。

7.16.1.1 细胞旁路转运渗透性的分析（孔半径、孔隙率 - 通路长度、电位梯度）

Adson 及其同事[7,54]提出了细胞旁路转运渗透性的表达公式。

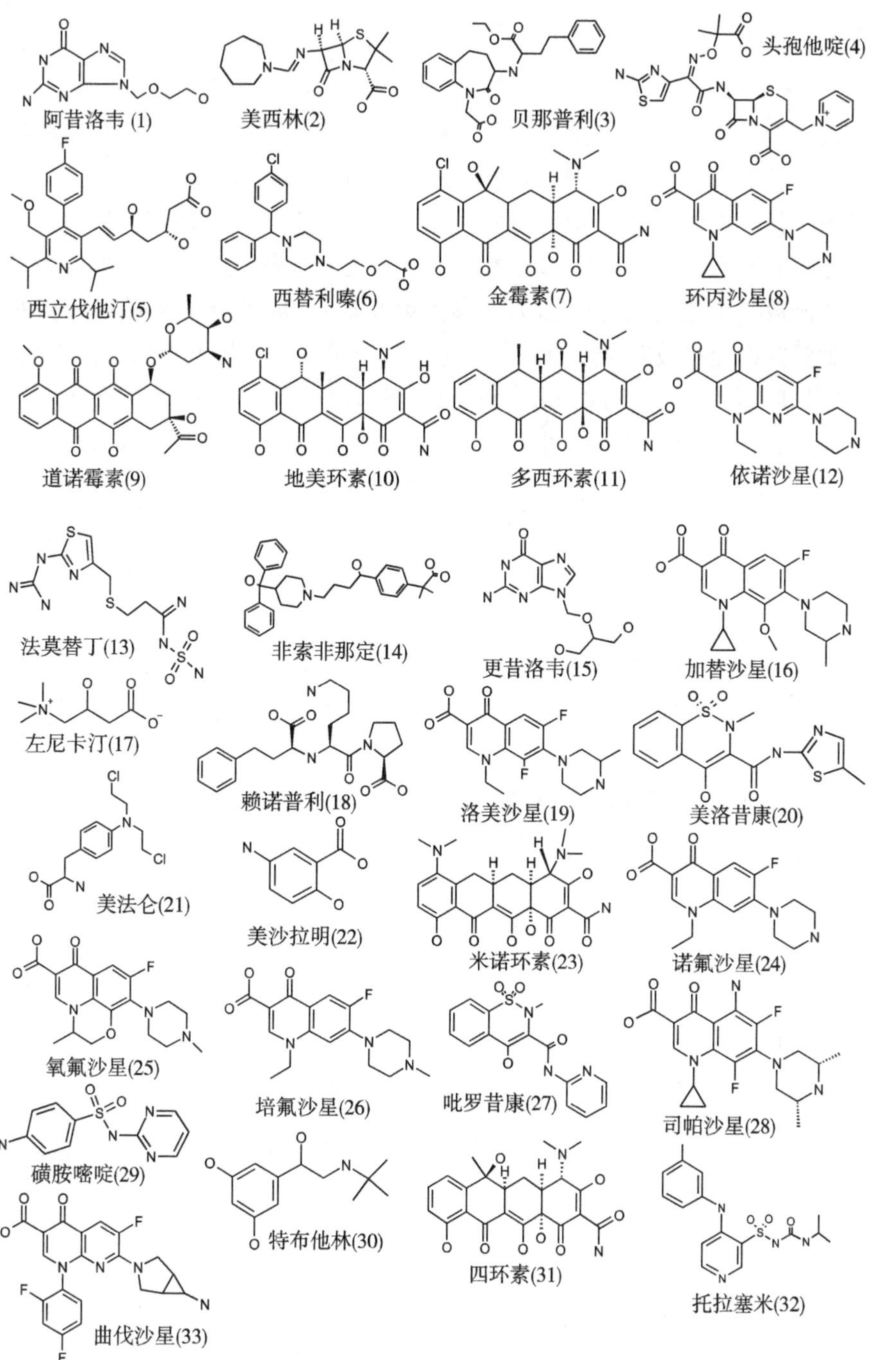

图 7.58　33 种两性药物的结构

（转载自 TAM K Y，AVDEEF A，TSINMAN，O，et al. The permeation of amphoteric drugs through artificial membranes：an in combo absorption model based on paracellular and transmembrane permeability. J. Med. Chem.，2010，53：392 –401。Copyright © 2010 American Chemical Society. 经许可复制）

$$P_{\text{para}} = \left(\frac{\varepsilon}{\delta}\right) \cdot D_{\text{aq}} \cdot F\left(\frac{r}{R}\right) \cdot \left[f_{(\pm/0)} + f_{(+)} \cdot \frac{\kappa \cdot |\Delta\varphi|}{1 - e^{-\kappa|\Delta\varphi|}} + f_{(-)} \cdot \frac{\kappa \cdot |\Delta\varphi|}{e^{+\kappa|\Delta\varphi|} - 1}\right]。 \tag{7.48}$$

其中，（ε/δ）是孔隙率与通路长度之比，而孔隙率 ε 是连接开口的相对表面积除以总表面积；通路长度 δ 表示受限连接域的厚度乘以细胞旁路径的曲折度。D_{aq}（$\text{cm}^2 \cdot \text{s}^{-1}$）是水扩散率，其可以作为分子量的函数可根据公式（7.27）进行估算。F（r/R）是Renkin 分子筛选函数，其是溶质的流体动力学半径 r 与表观细胞旁孔半径 R 之比取 7 次幂多项式函数（取值范围为 0 ~ 1）（参见第 8 章）。如果分子半径超过孔的分子半径，则细胞旁路途径将被完全阻断，即 F（r/R）$=0$。分子相对于孔半径越小，F（r/R）越接近于 1。有了 D_{aq}，可以由 Sutherland – Stokes – Einstein 球形分子公式 r（Å）$= 10^{+8}k_BT/$（gπηDaq）估算出分子半径 r。其中 η 是动态黏度（25℃时为 0.00893 泊），k_B是 Blotzmann 常数，T 是绝对温度，g 是在 4（小分子极限）和 6（大分子极限）之间的常数值[12]。式（7.48）中的方括号项 E（$\Delta\varphi$）是电位降 $\Delta\varphi$（mV）函数，其通过由连接孔内衬带负电残基（羧酸根和磷酸根）产生的接界形成，而$f_{(\pm/0)}$、$f_{(+)}$和$f_{(-)}$分别是不带电的两性化合物（中性/两性离子）、阳离子和阴离子形式下的浓度分数（$f_{(\pm/0)} + f_{(+)} + f_{(-)} = 1$；其中 $\kappa = F/k_BTN_A$），N_A是 Avogadro 常数，F 是法拉第常数。对于中性化合物，E（$\Delta\varphi$）为 1.0；对于阳离子，E（$\Delta\varphi$）约为 1.4；对于阴离子，E（$\Delta\varphi$）为 0.7。

Adson 及其同事[7,54]根据 9 种细胞旁路转运标记物（中性和带电）的 Caco – 2 渗透数据，估算（ε/δ）$=1.22\ \text{cm}^{-1}$，$R = 12$ Å，$\Delta\varphi = -17.7$ mV。Tam 等[189]通过使用包括 pCEL – X 程序在内的细胞旁路转运模型修正方法，得出的参数略微不同。（ε/δ）、R 和 $\Delta\varphi$（以及定义水边界层贡献的和跨细胞渗透性相关的参数）是通过广义非线性加权回归分析确定的。

7.16.1.2　两性离子/中性化合物的固有渗透速率

如 7.6.5 节［式（7.7e）］中所描述那样，通过回归分析，在 pCEL – X 程序中采用渗透速率修正函数，在等电点 pH（pH_{IEP}）处的 P_e和两性化合物的电离常数（$\text{p}K_a$）被用于确定固有渗透速率 $P_{(\pm/0)}$。

$$\frac{1}{P_m} = \frac{10^{-\text{pH}+\text{p}K_{a1}} + 10^{+\text{pH}-\text{p}K_{a2}} + 1}{P_{(\pm/0)}}。 \tag{7.49}$$

式（7.49）的对数形式形成了一个稍微平坦的抛物线（图 7.59，虚线），其特征在于水平区域（显示表观的固有两性离子/中性渗透性）和两个对角区域（斜率 ±1），分别位于 $\text{p}K_{a1}$以下和 $\text{p}K_{a2}$以上。在膜曲线的弯曲处（斜率一半），pH 表示化合物的 $\text{p}K_a$。

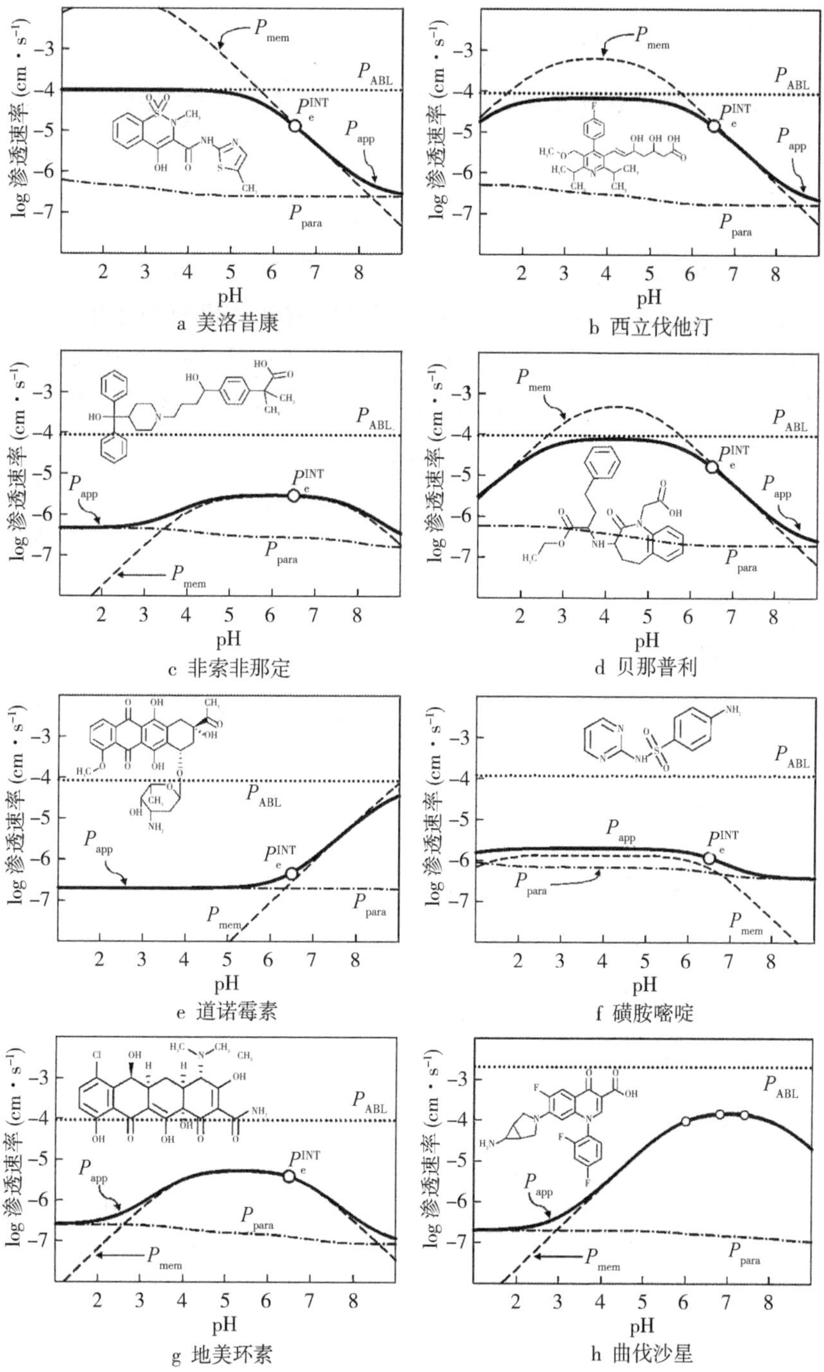
log 渗透速率 (cm・s⁻¹)
pH
P_{mem}
P_{ABL}
P_{app}
P_{para}
P_e^{INT}
a 美洛昔康
b 西立伐他汀
c 非索非那定
d 贝那普利
e 道诺霉素
f 磺胺嘧啶
g 地美环素
h 曲伐沙星

图 7.59　6 种两性化合物的对数渗透速率与 pH 曲线

｛实状曲线对应于有效（观察到的）渗透性［参见式（7.50）］。短画线曲线是归因于膜渗透速率 P_m［参见式（7.49）］，以及具有预期的抛物线形状。细胞旁渗透率 P_{para}，显示为点画线［由式（7.48）计算］。点状虚线代表 P_{ABL}。实状曲线被限制在由 P_{para} 的分流效应和 P_{ABL} 的极限电阻效应形成的 2～3 个数量级的渗透速率窗口内。转载自 TAM K Y，AVDEEF A，TSINMAN O，et al. The permeation of amphoteric drugs through artificial membranes：an in combo absorption model based on paracellular and transmembrane permeability. J. Med. Chem.，2010，53：392－401。Copyright © 2010 American Chemical Society. 经许可复制｝

7.16.1.3 组合 PAMPA 预测吸收

使用电脑模拟旁路转运对有效渗透速率进行了修正。小肠细胞膜的有效被动渗透速率（P_e^{INT}）可定义为：

$$\frac{1}{P_e^{\mathrm{INT}}}=\frac{1}{P_{\mathrm{ABL}}}+\frac{1}{P_m+P_{\mathrm{para}}}。\tag{7.50}$$

式（7.50）由渗透速率测量值（P_m）和计算值（P_{ABL}和 P_{para}）两部分组成。式（7.50）具有与小肠旁路转运渗透速率 P_{para}相对应的计算机模拟术语［式（7.47）］（但用 PAMPA 测量不到）。它表达的是化合物通过小肠表层细胞间相邻处水孔的扩散方式。根据式（7.47）估算得到的 P_{para}，其中 pCEL－X 结合修正后的（ε/δ）、R 和 $\Delta\varphi$ 等参数即可很好地描述细胞旁路转运的特性[12]。假设 ABL 厚度为 0.05 cm（500 μm），式（7.50）中的 P_{ABL}可认为与 $D_{\mathrm{aq}}/\mathrm{h}_{\mathrm{ABL}}$相等。而在禁食状态下，空肠的 pH 一般为 6.5，式（7.50）可能与运用 PAMPA 测得的两性离子/中性电解质的固有渗透速率 $P_{(\pm/0)}$有关：

$$\frac{1}{P_e^{\mathrm{INT}}}=\frac{0.05}{10^{-4.131-0.453\log MW}}+\frac{1}{P_{\mathrm{para}}+P_{(\pm/0)}/\left(10^{-6.5+\mathrm{p}K_{a1}}+10^{+6.5-\mathrm{p}K_{a2}}+1\right)}。\tag{7.51}$$

P_e^{INT}根据式（7.51）计算得到，选择该值表示人体小肠吸收。

7.16.2 P_e^{INT}函数的吸收曲线

应用推流吸收模型对人吸收数据（%F）进行拟合[197]：

$$\%F=A\cdot\left[1-\exp\left(-B\cdot P_e^{\mathrm{INT}}\right)\right]。\tag{7.52}$$

其中，A 和 B 是拟合常数。图 7.60 描述了 33 种两性化合物的绝对生物利用度与 pH 6.5 时推导出的 P_e^{INT}值间的函数关系，其中实线代表了与式（7.52）的最佳拟合情况，最佳拟合参数 $A=100$ 和 $B=0.27\times10^6$。短画线曲线代表了基于 log P_e^{INT}值的估计误差（±0.35）。当参数 A 为 100 时对应于上方点画线虚线，而当参数 A 为 85 时则对应于下方短画线。研究表明，对于大多数两性化合物而言，%F 数据中的估计误差可高达 ±16%。实心圆点代表了主要转运方式为被动扩散渗透的化合物，花格圆则代表了正如模型中所预测的主要通过旁路转运渗透（但渗透性差）的化合物。基于该模型，预测当人体生物利用度达到50%时，P_e^{INT}值为 2.6×10^{-6} cm·s^{-1}。

表 7.12 列出了在梯度 pH 6.5 时推导出的组合 P_e^{INT}。有效渗透速率范围从 2.6×10^{-6} cm·s^{-1}（头孢他啶，4）到 84×10^{-6} cm·s^{-1}（美法仑，21），平均值为 14×10^{-6} cm·s^{-1}。这是许多口服药物的 Caco－2 研究中报道的渗透速率数值范围[7]。

受上皮细胞表层附近 pH 微环境的影响（绒毛尖端附近 pH 6.5 [198]），美洛昔康、辛伐他汀和贝那普利（以及其他具有较高的 <6 pK_a值的中等亲脂性两性化合物）预期的渗透率可能对局部 pH 变化非常敏感，特别是在 pH 6～8 区域（图 7.60）。例如 Daniel 等[198]报道，绒毛间隙的微环境 pH 可高达 8.0 ~ 8.5，在小肠绒毛尖端下 200 ~ 400 μm。表 7.12 还列出了本研究中使用到的 pK_a和人体绝对生物利用度（%F）。在研究的 33 种药物中，预计有 1/3 的药物主要通过细胞旁路转运的方式透过肠道屏障，其中包括阿昔洛韦、头孢他啶、道诺霉素、法莫替丁、更昔洛韦、左卡尼汀和特布他林，几乎全部由细胞旁路途径进行的转运，但平均吸收率 < 14%（表 7.12）。在 Lennernäs 及其同事提出的关于人体空肠渗透性测量的讨论中，其较高的细胞旁路转运有些令人惊讶[124,148,149,199-201]，他们曾提出，至今对于人体肠道内测试过的 42 种药物而言，细胞旁路转运在肠道吸收中的重要性可能不如被动扩散转运[199]。尽管一些化合物在这两项研究中都研究过，但是大多数已进行过空肠渗透性研究的化合物并不是两性化合物。

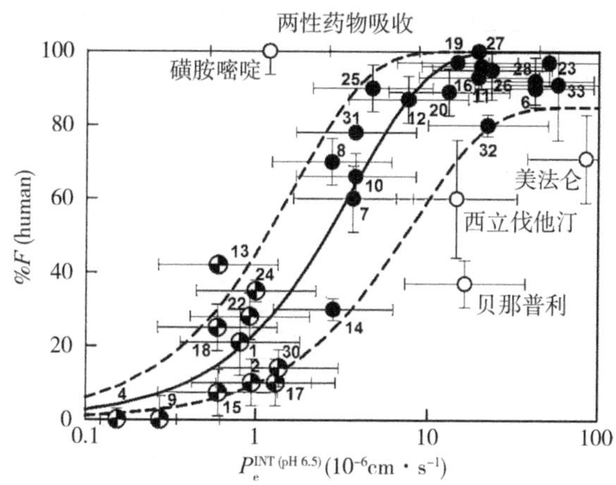

7.60　33 种两性化合物的人体绝对口服生物利用度相对于梯度 pH 6.5 时组合 PAMPA 渗透速率 P_e^{INT} 作图

[实线是由式（7.52）表示的函数的最佳拟合情况。短画线曲线基于 log P_e^{INT}的估计误差（±0.35）。实心圆点代表了主要转运方式为被动跨细胞扩散的化合物，花格圆则代表了主要通过细胞旁路径渗透（但渗透性差）的分子，空心圆点表示异常值。转载自 TAM K Y, AVDEEF A, TSINMAN O, et al. The permeation of amphoteric drugs through artificial membranes: an in combo absorption model based on paracellular and transmembrane permeability. J. Med. Chem., 2010, 53: 392-401。Copyright © 2010 American Chemical Society. 经许可复制]

表 7.12　实验的组合渗透速率、pK_a及绝对生物利用度[a]

序号	化合物	P_e^{INT}（pH 6.5）（10^{-6}cm · s^{-1}）	%P_{Para}	pK_a	pH 6.5 时的电荷状态	人体绝对生物利用度（%F）
1	阿昔洛韦	0.8	99	2.32，9.22	0	21%（15% ~ 50%）
2	美西林	0.9	46	2.2，9.1	±	10%
3	贝那普利	17	1	3.4，5.0	-	37%
4	头孢他啶	0.2	96	2.55	±	0%（< 10%）
5	西立伐他汀	15	1	1.93，4.87[a]	-	60%（39% ~ 101%）
6	西替利嗪	42	0	3.10，7.45	±	> 80%
7	金霉素	3.7	5	3.30，7.44	±，-	60%（25% ~ 60%）

续表

序号	化合物	P_e^{INT}（pH 6.5）（10^{-6}cm·s^{-1}）	%P_{Para}	pK_a	pH 6.5 时的电荷状态	人体绝对生物利用度（%F）
8	环丙沙星	2.8	18	6.16，8.63	±，+	70%
9	道诺霉素	0.3	99	9.7，>11[b]	+	0%
10	地美环素	3.8	4	3.91，6.66[a]	±，−	66%
11	多西环素	20	1	3.05，7.49[c]	±	93%
12	依诺沙星	7.7	6	6.16，8.69	±，+	89%
13	法莫替丁	0.6	98	6.75，11.10	+，0	42%（40%～45%）
14	非索非那定	2.8	6	4.20，7.84[c]	±	30%（30%～40%）
15	更昔洛韦	0.7	99	2.34，9.23[d]	0	7.3%
16	加替沙星	20	1	5.97，9.13	±，+	96%
17	左卡尼汀	1.3	98	3.8	±	10%
18	赖诺普利	0.6	45	3.99，7.04[a]	±，−	25%
19	洛美沙星	15	2	5.83，8.93	±	97%（95%～98%）
20	美洛昔康	13	1	1.1，3.43	−	89%
21	美法仑	84	0	2.32，8.93	±	71%（±23%）
22	美沙拉明	0.9	90	2.70，5.80	−，0	28%
23	米诺环素	50	0	5.07，7.61[c]	±	100%
24	诺氟沙星	1.0	56	6.29，8.52	±，+	35%（30%～40%）
25	氧氟沙星	4.7	8	6.09，8.31	±，+	90%
26	培氟沙星	23	1	6.27，7.66	±，+	95%（80%～110%）
27	吡罗昔康	20	1	2.21，5.17	−	100%
28	司帕沙星	42	0	5.92，8.51	±，+	92%
29	磺胺嘧啶	1.2	45	1.0，6.48	−，0	100%
30	特布他林	1.4	99	8.67，9.97	+	14%（22%±9%）
31	四环素	3.8	6	3.01，7.85[c]	±	78%（77%～80%）
32	托拉塞米	22	1	2.6，6.70	0，−	80%（91%）
33	曲伐沙星	57	0	5.86，8.10	±，+	88%（65%～122%）

[a]Tam 等[189]；

[b]根据多柔比星的 pK_a进行估算（表 3.14）；

[c]采用 pCEL－X 程序由 log P_e和 pH 数据修正；

[d]假设与阿昔洛韦相同。

表 7.12 还显示了这些化合物在 pH 6.5 时的主要电荷。其中约 64% 的化合物主要以两性离子形式存在，约 18% 的化合物主要为阴离子。其余化合物则主要以中性离子（阿昔洛韦、更昔洛韦和托拉塞米）或阳离子（道诺霉素、法莫替丁和特布他林）形式存在。

除非索非那定和贝那普利之外，几乎所有生物利用度小于 50% 的两性化合物都主要通过细胞旁路转运形式渗透（图 7.60 中的花格符号）。在这组细胞旁路转运的两性化合物中，近一半是两性离子（表 7.12）。由于在研究中贝那普利是一个异常值，故其几乎不可能是花格组的一部分。非索非那定因为其升高的 PAMPA 渗透速率，故不属于“花格”细胞旁路转运组的特征。根据 PAMPA 的数据，该化合物应具有更高的人体生物利用度。非索非那定是已知的 Pgp 和 OAT 的底物[200-201]。非索非那定的 Caco-2 试验表现出的低渗透性（即使存在有效的 Pgp 蛋白抑制剂），其不高的生物利用度[202]，是肠道渗透性低造成的。对于非索非那定这类具有消除和转运方面问题的化合物，其自身被动扩散渗透速率可能不足以完全解释口服生物利用度数据。

7.17 制剂的 PAMPA：增溶辅料作用

Liu 等报道了制剂处方对 PAMPA 测量的影响[86]。此后开展了基于相同的低溶解化合物试验和辅料（聚乙二醇、丙二醇、胆盐、环糊精、*N*-甲基吡咯烷酮等）的三项相关后续研究[96,99,203]，这些研究都考虑了制剂处方如何通过渗透性（PAMPA）和溶解度（参见第 2 章）对吸收造成潜在影响。

在连续研究中的第一部分，Bendels 等[96]使用 PAMPA-DS 模型考察了制剂辅料对 8 种难溶性/几乎不溶性化合物渗透速率的影响。图 7.61 表示了研究的 8 种化合物的渗透性曲线。在后续的研究中，Avdeef 等[203]考察了相同辅料对相同化合物溶解度的影响（参见 6.6.4 节，图 6.17）。根据辅料对药物固有 PAMPA（P_0）和溶解度（S_0）的影响，两部分研究中每一项都进行了新的二维分类梯度图（CGM）对化合物进行排序。以无辅料的缓冲液作为“基线”参比，特定辅料可以增加（梯度 >0）或降低（梯度 <0）P_0或 S_0。在本研究的第三部分，Avdeef 等[99]结合了 2 个 CGM 的效果，考虑生物模拟液 pH 和其他因素（如 ABL），如何对化合物特性吸收造成潜在影响。虽然这些因素会影响体内吸收，但其作用不易评估。例如，在大鼠肠道灌注缓冲液 pH 变化苯甲酸吸收的实验中，pH 分配假说不能正确预测吸收的 pH 依赖关系[204]。

上述 3 项研究，通过 a 重新评估已发表的苯甲酸体内数据，用一种新的计算方法解释“违反”pH-分配假说的本质，以及 b 根据辅料对吸收的潜在影响，利用低溶解性模型化合物和增溶辅料，快速优化处方，从而阐明各种因素的影响作用。在 pH 3~10 的范围内，进行了近 2500 次渗透速率和溶解度的测定。在很多案例下，测定了几乎不溶性药物在水溶液中的低聚化常数。这些结果提出了在 pH 5.0、6.2 和 7.4 条件下对药物吸收趋势的影响。该研究设计出一种新的二维排序吸收趋势可视化工具，可将 PAMPA-辅料和溶解度-辅料梯度图集成到同一 pH 依赖的量子函数中，其被称为吸收-辅料-pH CGM（参见 7.17.4）。对于特定的辅料-药物组合，吸收趋势随正斜率而增加，随负斜率而降低。排序的 CGM 允许快速进行开发前关于测试化合物的升级/降级决策。

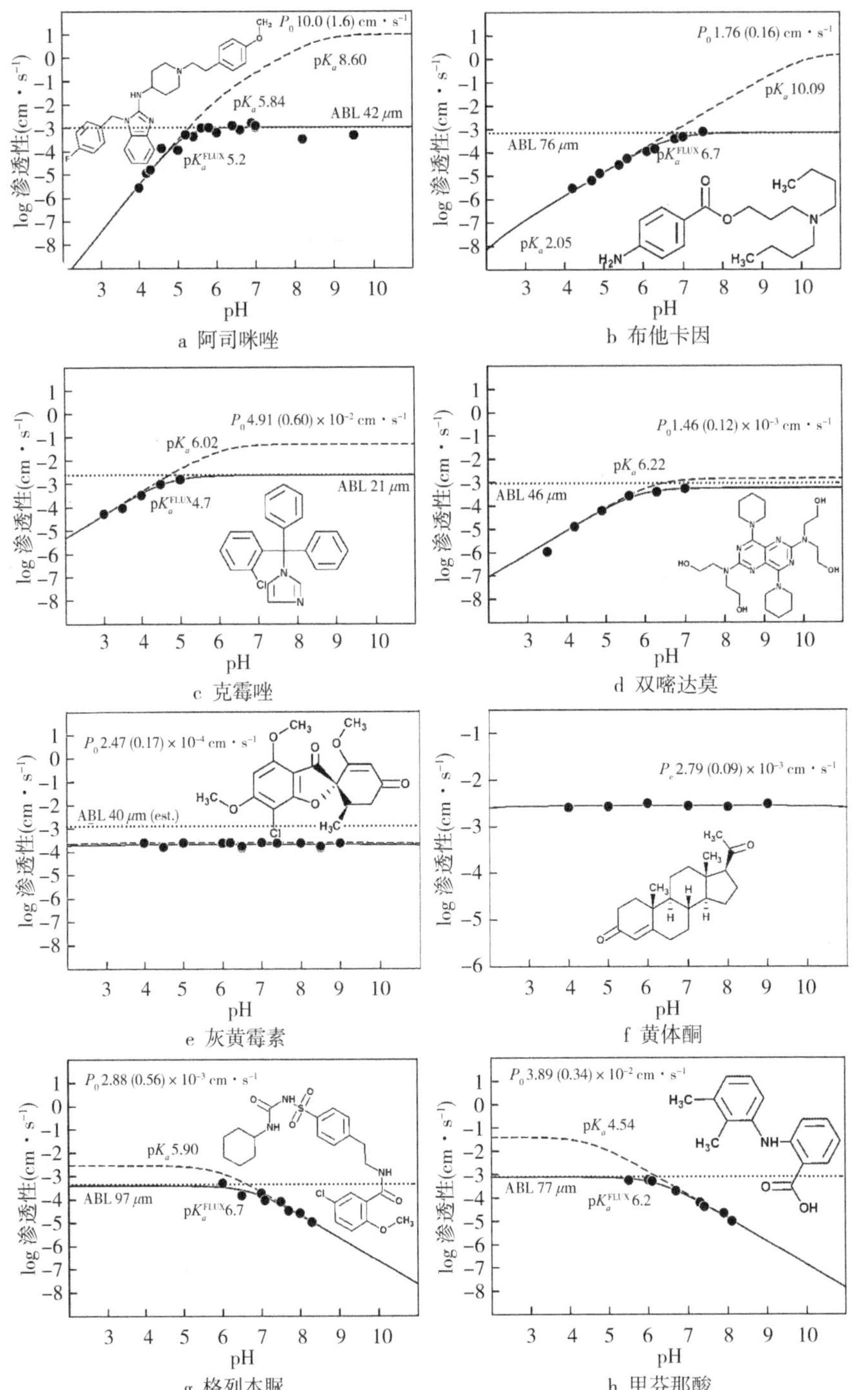

图 7.61　PAMPA－DS 法测得的 8 个化合物的对数渗透速率与 pH 的关系曲线

［式（7.17）的对数形式与实测有效渗透速率的最佳拟合由实线表示，根据式（7.16）推导出的 $\log P_m - \mathrm{pH}$ 曲线由短划线表示。虚线对应于 $\log P_{\mathrm{ABL}}$，该值由基于式（7.21）的修正模型推导出。$\log P_m$ 曲线中的最大值点是固有渗透速率 $\log P_0$，它表征中性形式的可电离化合物的转运。水平和对角线切线的交点处的 pH 对应于短画线曲线中的 $\mathrm{p}K_a$ 和实线中的 $\mathrm{p}K^{\mathrm{flux}}$。经 Springer Science + Business Media 许可：BENDELS S，TSINMAN O，WAGNER B，et al. Pharm. Res. PAMPA－excipient classification gradient maps，2006，23：2525－2535.］

此外，研究人员还探讨了可能“颠覆”pH－分配假说（pH依赖性曲线斜率的符号变化）的因素，如ABL抗性，各种药物聚集体/胶束的形成和可能的盐效应，以及辅料如何在缓解这种反转中发挥作用。

7.17.1 pH函数的体内吸收

pH－分配假说[191]认为，肠道吸收弱电解质时，通常在pH呈中性时吸收碱，呈弱酸性时吸收酸。通过将不同pH的药液灌注到大鼠肠道中确定其血－腔分布比来证明此观点：

$$D = \frac{[\text{药物}]_{\text{血液}}}{[\text{药物}]_{\text{管腔}}}。 \tag{7.53}$$

如药物仅以中性形式渗透，则式（7.53）可通过药物的pK_a和肠屏障两侧的pH梯度来预测[191,205]：

$$D = \frac{(1+10^{-pK_a+pH_{\text{血液}}})}{(1+10^{-pK_a+pH_{\text{管腔}}})}。 \tag{7.54}$$

pH－分配假说模型提出后不久便表现出了局限性。Hogben等[206]报道了吸收曲线中的“pH位移”。在灌注实验中，结构简单的羧酸在pH呈中性时有最大的吸收速率，即使$pK_a \approx 4$的酸阴离子被认为在pH 7时吸收较差。为解释这一现象，提出一种假设，肠壁的管腔表面存在酸化（pH 5.3）的微环境，一定程度上与灌注液pH无关，是弱酸的吸收－pH曲线明显位移到较高pH处（弱碱则转移到较低pH）的原因。这被称为“酸性微环境假说”。

在肠外翻体外实验[207]和大鼠原位空肠道灌注研究[204,208]中，采用微电极直接测定pH，证实了酸性微环境的存在。对于pH为4.0、6.0、8.0和10.8的灌注液缓冲液，肠上皮细胞表面微环境的pH为6.0、6.5、6.6和8.0[204]。进一步研究表明，肠上皮细胞表面富集有H^+，主要是由Na^+/H^+逆向转运蛋白代谢产生的，通过细胞黏液层以某种方式累积的质子[209-212]。

20世纪90年代初期，人们已经认识到pH分配假说虽然较为直观，但作为定量模型并不可靠[212]。除酸性微环境之外，还存在其他影响因素包括：药物呈离子态时（其渗透性比中性态低3~4个数量级[211]）的吸收，可能是被动吸收，或通过细胞旁路转运吸收，或通过载体介质转运的过程[213]，也可能是由电位梯度驱动的；以及水边界层（ABL）对亲脂性化合物吸收的阻力。所有这些影响都会使吸收－pH曲线的斜率减小，并使曲线沿pH轴方向位移。尽管发生了位移，吸收－pH曲线无一例外的与预期一致：随着pH增大，酸的含量降低，而碱的含量增加。

7.17.2 大鼠吸收 - pH 曲线的非线性加权回归再分析

Högerle 和 Winne[204]认为，在肠道原位灌注条件下，充分搅拌后（采用空气分段流动技术，0.5 $cm^3 \cdot min^{-1}$），大鼠肠道静脉血液中苯甲酸含量与管腔（灌注液）在 pH 4.0 ~ 10.8 范围内呈函数关系。在空气分段流动中，空气中的气泡与缓冲溶液共同灌注，从而改善了混合效果。很难评估 pH 微环境、离子迁移和 ABL 阻力在多大程度上影响吸收速率。

在图 7.62a 中，Avdeef 等[99]分两步转换了两条体内吸收 - pH 曲线。首先，使用 Högerle 和 Winne 报道的公式，将基于灌注液的 pH 换算为邻近细胞表面的微环境区域的 pH。其次，将吸收值转换为渗透速率值：Högerle 和 Winne 提供的度量乘以湿组织重量，除以剂量，再除以肠道表面积。将转换后的数据拟合为渗透速率去卷积模型公式的对数形式[11,93,99]：

$$\frac{1}{P_{\text{eff}}} = \frac{1}{P_{\text{ABL}}} + \frac{1}{P_{\text{细胞}}^{\text{中性}} + P_{\text{细胞}}^{\text{离子}} + P_{\text{para}}}。 \tag{7.55}$$

其中，P_{eff}是体内有效渗透速率，$P_{\text{细胞}}^{\text{中性}} = f_0 \cdot P_0$为不带电形式的苯甲酸在肠道细胞内的渗透率（具有 pH 依赖性）。$P_{\text{细胞}}^{\text{离子}} = (1 - f_0) \cdot P_{(-)}$是苯甲酸阴离子的渗透速率（具有 pH 依赖性），$P_{\text{para}}$是肠道细胞旁路的渗透性（由于跨细胞接界的电位梯度，略有 pH 依赖性）。中性物质的 pH 依赖分数f_0等于式（7.17）中最右边项中化合物的倒数（表 6.1）。$P_{(-)}$是苯甲酸的完全电离形式的渗透速率。使用 pCEL - X 程序，基于模型公式［式（7.55）对 $pH_{\text{微环境}}$的对数形式］的加权非线性回归方法，对 P_{ABL}、P_0和 $P_{(-)}$参数进行了修正[99]。P_{para}由 *p*CEL - X 计算，如其他地方所述[12,54,109]，但在修正程序中保留为固定值。

转换后的曲线在图 7.62a 中显示为对数 P_{eff} - $pH_{\text{微环境}}$曲线。此示例阐明了围绕 pH 分配假说展开的经典讨论。正如 Hogben 等[206]所正确预期的那样，使曲线形状合理化的最重要因素是酸性微环境。图 7.62a 还显示了上部横坐标的灌注缓冲液的 pH（内腔）标度，以说明它与细胞表面缓冲液 pH 之间的复杂关系。可以对主要转运机制进行去卷积，并通过图 7.62a 中的对数 - 对数图以图形方式说明其作用。图 7.62b 中的饼图基于转化的大鼠吸收 - pH 数据的修正结果确定了控制转运的因素。pH 为 6 时，在正常流动条件下，44% 的转运遵循 pH 分配假说的最初预测。在空气分段流动条件下，由于 ABL 阻力降低（54% 至 18%），该数字增加到 78%。修正的 $P_{(-)}$和经计算得到的 P_{para}渗透速率在其贡献程度上大致相等，表现出显著的 pH 依赖性（在 pH 6.0 时为 2%，在 pH 6.8 时为 18%，在 pH 7.4 时为 48%）。ABL 的厚度在正常流量条件下为 531 μm。在空气分段流动（相当于剧烈搅拌）下，该值估计为 103 μm[10]，但并不精确（因为剧烈搅动下体内数据的获取受到细胞膜的限制）。

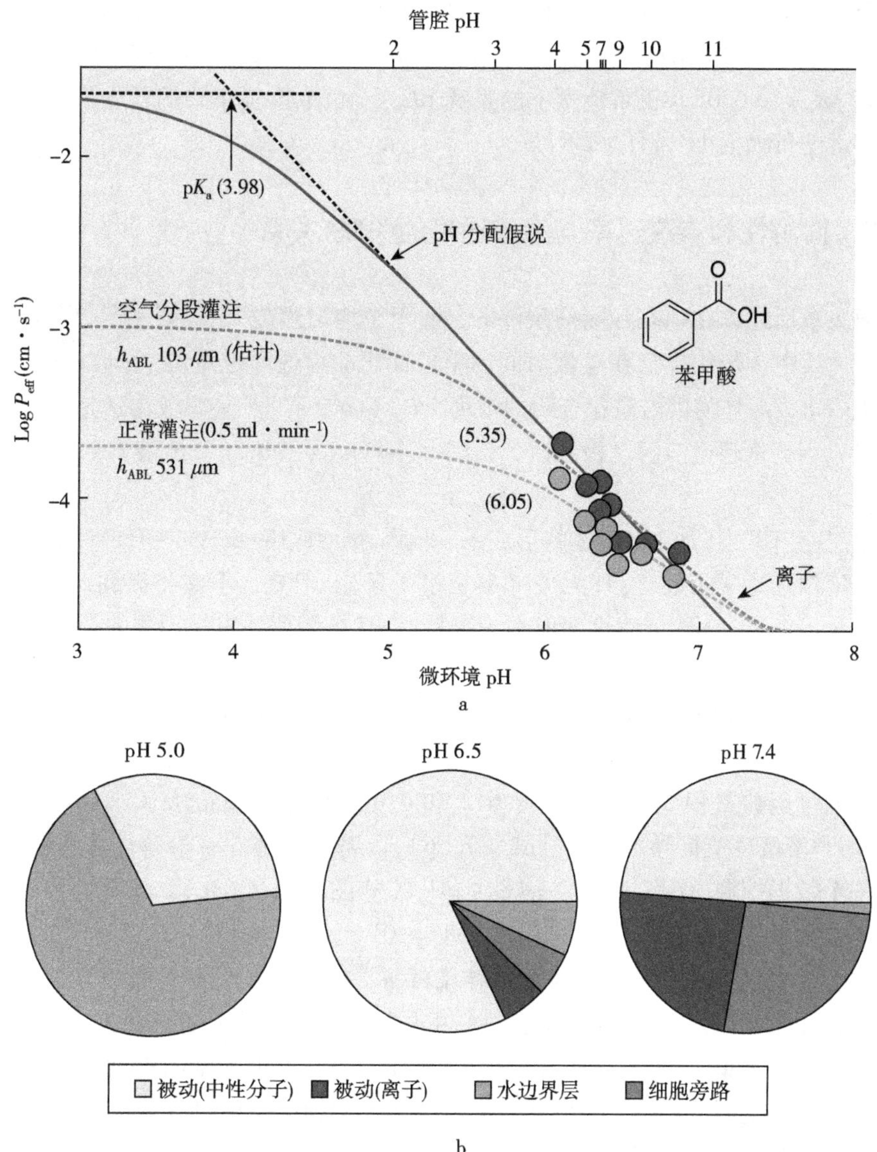

图 7.62　大鼠原位空肠道灌注苯甲酸与小肠表面微环境 pH 的关系；基于 Högerle 和 Winne[205] 的吸收 - pH 速率数据，将 pH 转换为渗透速率

［理想的 pH 分配假说曲线由实线表示。与 y 轴在 -3 处交叉的短画线曲线对应空气分段流动条件（“有效搅拌”），其下方的短画线虚线对应正常流动条件。浅灰色圆点代表正常的流动灌注条件，深灰色圆点代表空气分段流动条件。括号中的数字是在空气分段（5.35）和正常流动（6.05）条件下的表观 pK_a，它们表示由 ABL 引起的吸收曲线与 pK_a（3.98）相比较的“位移”程度。pH > 6.5 时，离子形式的苯甲酸对转运作用存在少量贡献，图中表现为短画线曲线远离实线曲线。转载自 SUGANO K，KANSY M，ARTURSSON P，et al. Coexistence of passive and active carrier - mediated uptake processes in drug transport: a more balanced view. Nature Rev. Drug Discov.，2010，9：597 - 614。经 Nature Pulishing Group. 许可复制］

在分析了酸性微环境对吸收曲线位移的作用后，图 7.62a 中的对数 P_{eff} - pH$_{\text{微环境}}$曲线表明了由于 ABL 作用所致的另外“位移”：pH 3.98（pK_a）→5.35（空气分段流动下的表观 pK_a）→6.05（正常流量下的表观 pK_a）。负单位斜率线的较少偏离可以证明离子对转运的贡献很小（pH >6.5）。

7.17.3 溶解性和渗透速率与渗透通量的关联/关系

如第 2 章所述，在稳态和漏槽条件下，适用于均匀膜的 Fick 第一定律可以表示为 $J = P_e C_D$，其中 J 是化合物在单位时间内单位面积的渗透通过量值（mol $\text{cm}^{-2} \cdot \text{s}^{-1}$），$C_{\text{D}}$（mol · cm^{-3}）是膜供给室化合物的浓度，P_e（$\text{cm} \cdot \text{s}^{-1}$）是有效渗透速率。$C_D$等于药物剂量，当剂量超过溶解度极限时，$C_D$等于溶解度（“饱和”溶液）：

$$J_{\text{饱和}} = P_e S。 \tag{7.56}$$

如果忽略 ABL 阻力、聚集体的形成及其他因素，则 Henderson - Hasselbalch 方程预测饱和溶液渗透速率函数与 pH 无关（参见第 2 章）。但是，下文将提到，饱和溶液中的渗透通量可能具有 pH 依赖性，但不一定是由 pH 分配假说直接预测的。

7.17.4 吸收 - 辅料 - pH 分类梯度图——渗透通量函数

渗透通量函数是根据在 pH 5.0、6.2 和 7.4 条件下，模拟人体小肠蠕动测定的 PAMPA 值和溶解度值推导出来的［式（7.56）］。基于渗透性 - 溶解性渗透通量函数，可构建一个数据挖掘模型 - 吸收 - 辅料 - pH CGM 图（图 7.63c）。该图由渗透通量比的有序对数组成，$P_{e,\text{pH}}^{X} \cdot S_{\text{pH}}^{X}$与无辅料（“X = 0”）pH 6.2 条件下$P_{e,6.2}^{X=0} \cdot S_{6.2}^{X=0}$比值的对数值，$P_{e,\text{pH}}^{X} \cdot S_{\text{pH}}^{X}$为在某个 pH 和高效搅拌条件下、辅料“X”存在时得到的渗透通量值。搅拌程度较低时，数据较易测得。该图非常形象地表示了辅料和其他因素（ABL 阻力、膜滞留、聚集、络合、pH 及许多其他 Henderson - Hasselbalch 缓解效应）对渗透通量函数的影响，从而实现系统化定量。这样的“梯度”图以 pH 6.2 无辅料时的基准值为参比，将渗透通量值规范化。

CGM 吸收图（图 7.63）的纵坐标为辅料成分，以 3 个 pH 条件下所有药物的平均渗透通量值增量的降低程度来排序。横坐标为药物，以 3 个 pH 条件下辅料影响其吸收效果的平均值排序。左上角代表辅料和化合物的“最佳”组合，对角线的右下角代表“最差”组合。

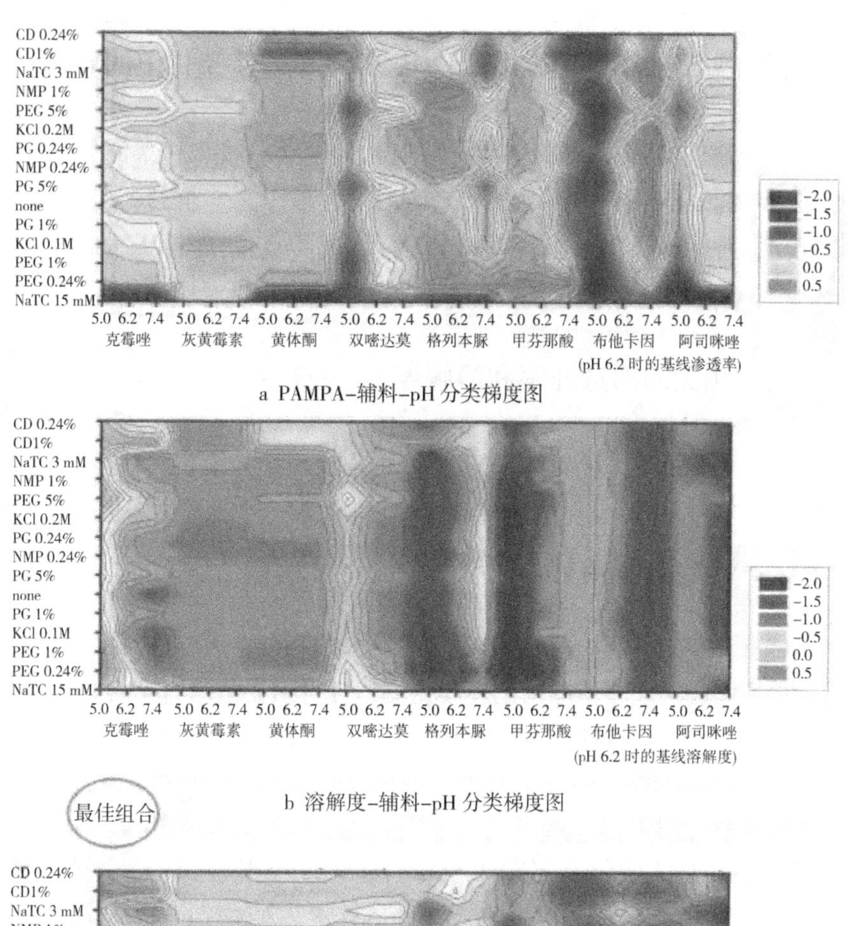

a PAMPA-辅料-pH 分类梯度图

b 溶解度-辅料-pH 分类梯度图

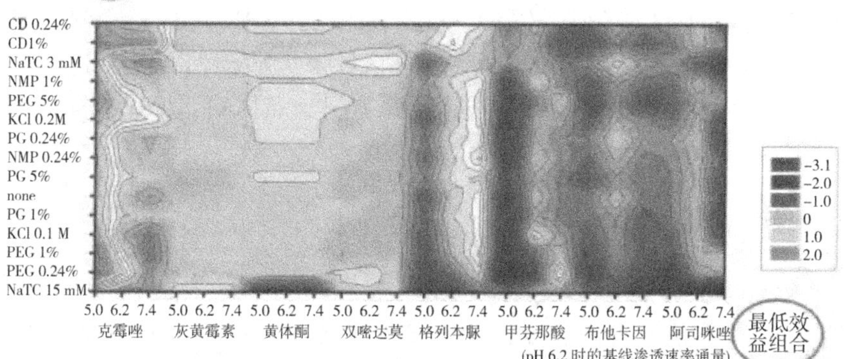

c 吸收-辅料-pH 分类梯度图

图 7.63 CGM 吸收图

［a PAMPA－辅料－pH 分类梯度（CGM），以 pH 6.2、40 μm，无辅料（X = 0）为参比值，加入辅料 X 渗透速率变化的等高线图：log（$P_{e,\text{pH}}^{X}/P_{e,6.2}^{X=0}$）。b 溶解度－辅料－pH CGM，以 pH 6.2，无辅料（X = 0）为参比值，加入辅料 X 溶解度变化的等高线图：log（$S_{\text{pH}}^{X}/S_{6.2}^{X=0}$）。c 药物和辅料配比影响吸收情况的吸收－辅料－pH CGM。渗透通量梯度等高线图综合了上述 PAMPA 和溶解度图：log（$P_{e,\text{pH}}^{X}/P_{e,6.2}^{X=0}$）＋log（$S_{\text{pH}}^{X}/S_{6.2}^{X=0}$）。辅料行按渗透通量增强的降序排列，而分子列按增强的渗透通量的降序排列。“暖色”阴影是指辅料增加的渗透通量，“冷色”阴影是指辅料减少的渗透通量。转载自 AVDEEF A，KANSY M，BENDELS S，et al. Absorpti on－excipient－pH classification gradient maps：sparingly－soluble drugs and the pH partition hypothesis. Eur. J. Pharm. Sci.，2008，33：29－41。Copyright © 2008 Elsevier. 经 Elsevier 许可复制］

7.17.5 固有数据转换为肠道在 pH 5.0、6.2 和 7.4 条件下的数据

根据表 6.2 中总结的公式，由 S_0计算得到 pH 5.0、6.2 和 7.4 条件下的溶解度值，并考虑了聚集引起的 log$S$ - pH 曲线失真[203]。根据式（7.17），由 P_0计算得到 pH 依赖的有效渗透速率。对于 ABL 厚度 h_{ABL}，公式 $P_{ABL}=D_{aq}/h_{ABL}$，其中 D_{aq}是溶液中药物的扩散系数。

7.17.6 吸收及相关的渗透速率和溶解度

本小节讨论了相关的 PAMPA 和溶解度 CGM 构成图，为吸收 - 辅料 - pH CGM 渗透通量特性提供了背景信息［式（7.56）］。

7.17.6.1 PAMPA - 辅料 - pH CGM

基准参比渗透速率：$P_{e,6.2}^{X=0}$，是在 pH 为 6.2、无辅料（$X=0$）、剧烈搅拌条件下的定值。将其他的所有渗透速率值除以基准参比值，可得到比值$P_{e,\mathrm{pH}}^{X}/P_{e,6.2}^{X=0}$。这些比值的对数构成了 PAMPA - 辅料 - pH CGM（图 7.63a）。梯度 >0（对数刻度）表示渗透速率增强，并用“暖色”阴影表示。小于 0 的梯度表示渗透速率降低，并以“冷色”阴影表示。下文将提到该图根据渗透通量梯度进行排序。对于大多数辅料而言，深色阴影区域主要与 15 mmol · L^{-1} NaTC（高于临界胶束浓度，CMC）有关，图中表现为 pH 5 条件下的布他卡因和双嘧达莫。出现暖色阴影区域为两种酸性化合物：格列本脲和甲芬那酸的低 pH 溶液，以及 pH 7.4 的布他卡因。此外，黄体酮、灰黄霉素和 pH 7.4 的阿司咪唑对很多辅料而言为“暖色”。

7.17.6.2 溶解度 - 辅料 - pH CGM

同 PAMPA 数据一样，基准参比溶解度值：$S_{6.2}^{X=0}$，是在 pH 为 6.2、无辅料（$X=0$）条件下的定值。将其他所有溶解度值除以基准参比值，可得到对数比值 log（$S_{\mathrm{pH}}^{X}/S_{6.2}^{X=0}$）。这些对数比值构成了 PAMPA - 辅料 - pH CGM（图 7.63a）。暖色和冷色阴影的意义同上述一致。深色带主要与低 pH 的格列本脲和甲芬那酸，以及与 pH 7.4 的布他卡因和阿司咪唑相关联。暖色阴影区域与低 pH 的克霉唑和双嘧达莫，以及与 pH 7.4 的格列本脲溶液相关联。灰黄霉素、黄体酮、pH 7.4 的甲芬那酸、pH 5 的布他卡因和阿司咪唑的溶解度值未受到辅料的影响。

7.17.6.3 溶度积“盐上限（salt ceiling）”

沉淀平衡常数（溶度积）“盐上限”。本研究中所用药物具有极低的固有溶解度，甲芬那酸的固有溶解度为 21 ng · mL^{-1}[203]。但是，如果某分子的 pK_a 值不在生理 pH

范围（pH 5.0～7.4）内，则如表 6.1 和表 6.2[203]中的公式所述，pH 依赖型药物在中性 pH 范围时溶解度会增加（如胺碘酮和萘普生）。带电聚集体（低聚物）的形成使 pH 依赖更加陡峭。随着带电物质的出现，溶解度上升到盐析极限。在某些高的表观溶解度值下，由于溶液中带电药物和对应反离子的存在，盐的沉淀平衡偏大，从而导致药物－反离子的析出。除 pH > 7 的甲芬那酸外，文献报道中采用的最高浓度（100～200 μmol · L^{-1}）[203]通常低于可能的盐沉淀浓度。这超出了测定沉淀平衡常数的研究范围[203]。但是，这一重要领域在未来的研究中值得进一步关注。进行了实际的近似值计算，即药物－反离子沉淀比无辅料情况下的药物固有溶解度值高了 3 个数量级。（参见“sdiff 3－4”近似值，第 6 章）。有证据表明辅料对带电的药物－反离子的溶解度的影响比不带电药物溶解度的影响小。例如，在测定甲芬那酸（含胆盐）[214]溶解度时，发现甲芬酸那酸在 pH 9 时的溶解扩散比在 pH 2 时小。

离子化药物的沉淀平衡常数“盐上限”[203]估算值如下：阿司咪唑为 0.29 mg · mL^{-1}，布他卡因为 40 mg · mL^{-1}，克霉唑为 0.39 mg · mL^{-1}，格列苯脲为 0.35 mg · mL^{-1}，甲芬那酸为 0.021 mg · mL^{-1}。根据这些估算值，预计阿司咪唑将在 pH 5 和 6.2 的各个辅料中及在 pH 7.4 的 PEG 400 中发生盐析。布他卡因在 pH 5 时会析出。克霉唑在 pH 5 的含 0.24% PEG 400 和 1.0% PEG 400 的溶液中会析出。格列本脲和甲芬那酸在 pH 7.4 的多种辅料中会盐析。甲芬那酸在 pH 6.2 的 0.1 mol · L^{-1} KCl 和 1% HP－β－CD中将析出盐沉淀。这些近似“盐上限”与图 7.63b 所示的溶解度－辅料－pH CGM 不一致。

7.17.7 吸收－辅料－pH CGM

由图 7.63a 和图 7.63b 可以看出，渗透性与溶解性分类图在很大程度上正好相反。渗透性图中的暖色阴影区对应于溶解性图中的冷色阴影区。一般来讲，这个结果是可预期的，根据理想的 Henderson－Hasselbalch 方程，渗透性和溶解性对 pH 依赖的相关性是相反的。但是，当添加辅料时，微溶性（亲脂性）化合物通常表现并不理想，当一种特性增强并不意味着另一种特性减弱。实际上，仅通过使用一种或两种药物的特性来优化药物的吸收是不够的，因为药物的吸收是一个与渗透通量相关的复杂过程。虽然尚未被大多数制药公司所了解，但将渗透性和溶解性相结合，更有利于先导化合物的优化。

本研究中增溶剂效果明显的 3 种辅料，分别是 0.24% 和 1% 的 HP－β－CD 及 3 mmol · L^{-1} NaTC。图中 15 mmol · L^{-1} NaTC（胶束）处于最底部，由于其通常表现出降低渗透性（图 7.63a）的较强能力，溶解性的增加也不能完全抵消渗透性的降低（图 7.63b）。其他效果较差的辅料为 0.24% 和 1% 的 PEG 400、0.1 mol · L^{-1} KCl、1% PG。在图 7.63c 中，这些辅料的位置低于未使用辅料的基准水平。从 GCM（图 7.63c）可以明显看出，克霉唑在弱酸性溶液下的轨迹显相对暖色，因而在整体上排名最高。

由图 7.63c 可以明显看出，在 CGM 中，弱酸性溶液中相对暖色阴影的垂直轨迹的克霉唑在整体上排名最高。不仅增溶性好的辅料（如 1% HP－β－CD）可以提高该药物的溶解性，中等和较弱增溶效果的辅料（如 0.2 mol・L^{-1} KCl）也可以提高其溶解性。同样，有些辅料还会升高药物的渗透性（图 7.63a）。正如分类图视觉上所示，在不同 pH 条件下，格列本脲、甲芬那酸、布他卡因和阿司咪唑的渗透通量增强作用均较弱，表明部分（并非全部）低溶解性（图 7.63b 中的深色阴影）因渗透性的提高而得以抵消。但是，图中仍然有许多暖色阴影区域存在，如 pH 7.4 的各种辅料下的格列本脲，pH 7.4 的 0.24% PEG 400 溶液下的甲芬那酸，pH 6.2 的含 0.1mol・L^{-1} KCl 的甲芬那酸，等等。

在啮齿类动物研究之前，CGM 可用于制药公司的早期研发中，以系统地确定化合物－辅料组合的优先级，从而进一步考虑给药方式和制剂形式。在啮齿动物研究中或许可以避免最没有希望的组合，从而节省成本。只需少量材料的高通量法表明以非常系统的方式测试许多化合物－处方组合是合理的。

7.17.8 HP－β－CD 效应

在增溶剂的研究中，环糊精给低溶解性药物带来了很大的帮助。图 7.64 显示了 11 个化合物在含 1% HP－β－CD 时的净渗透通量。通常，辅料会降低药物的渗透性，并增加其溶解度。但是，这两种效应之间有着微妙的平衡，并可能朝任一边倾斜。图 7.64 展示了各种示例的净增加和净减少。在 3 种 pH 条件下，辅料增加了阿苯达唑（图 7.64a）的溶解性并降低了其渗透性，但渗透性的降低并未完全抵消溶解性增加产生的渗透效应，使得阿苯达唑的渗透通量在 3 个 pH 条件下都有所增加。与之相反，如图 7.64d 所示，布他卡因在 3 个 pH 条件下的渗透通量均降低了，由于 1% HP－β－CD 在人体生理 pH 范围内提高的布他卡因溶解性，不能抵消其渗透性降低对渗透通量的影响。萘普生也是类似的状况（图 7.64j）。甲芬那酸则是在不同 pH 条件下渗透通量变化呈交叉效应。在酸性溶液中，1% HP－β－CD 增加了甲芬那酸的渗透通量，在中性溶液中，则反之。由于溶解性的增加与渗透性的减弱正好互相抵消，预计双嘧达莫（图 7.64f）的渗透通量不受辅料影响。如果仅基于溶解性进行口服吸收预测，则会出现假阳性的结果。反之，如果仅基于渗透性进行预测，则会出现假阴性结果。

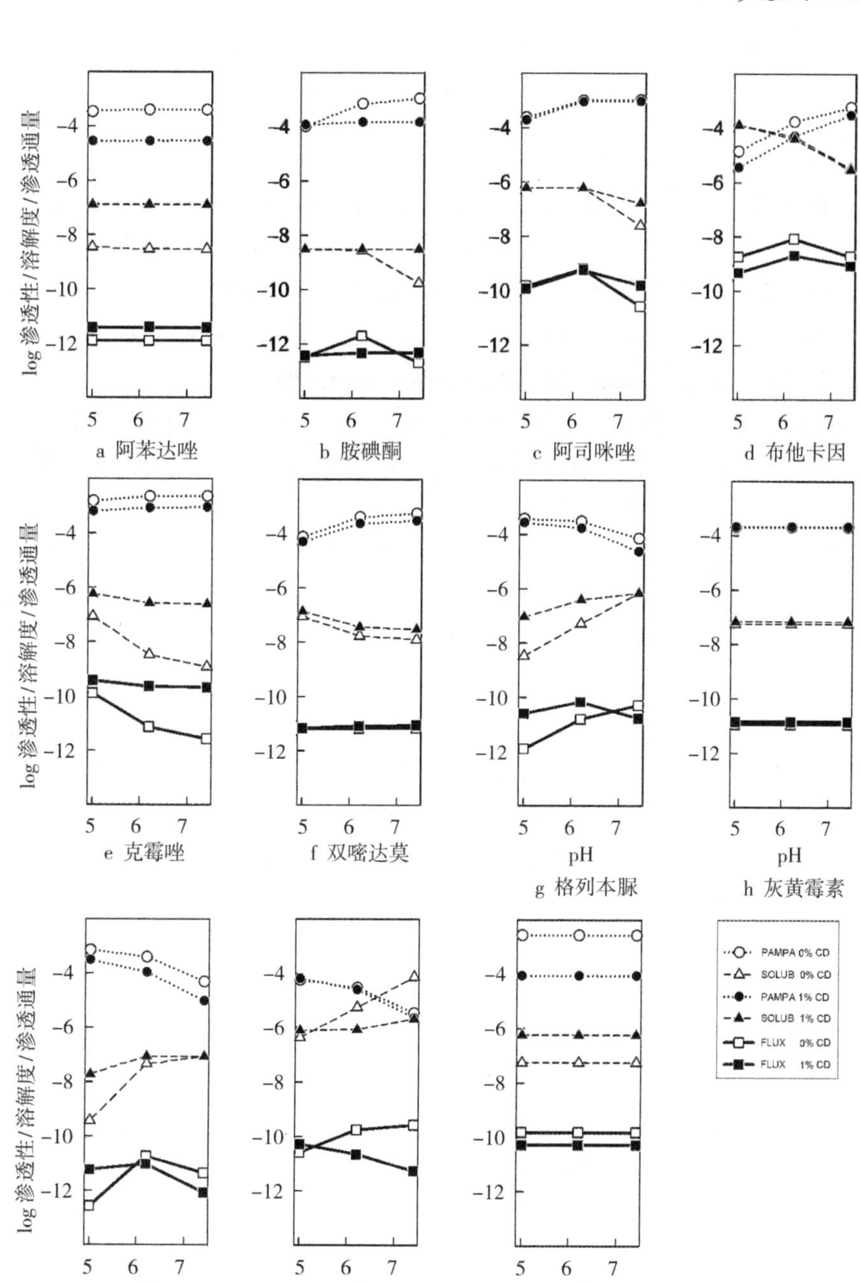

图 7.64　在 pH 5.0、6.2 和 7.4 条件下，药物在无辅料（空心）和含 1%（w/v）HP-β-CD（实心符号）时的渗透性（圆点）、溶解度（三角形）、渗透通量（正方形）

（在大多数情况下，辅料会降低渗透性并增加其溶解度，但是通常来说不是这边增多少，那边减多少。平均辅料渗透通量增强系数如下：a 阿苯达唑 3.1，b 胺碘酮 0.9，c 阿司咪唑 1.6，d 布他卡因 0.3，e 克霉唑 19.2，f 双嘧达莫 1.2，g 格列本脲 3.1，h 灰黄霉素 1.3，i 甲芬那酸 1.3，j 萘普生 0.2，k 黄体酮 0.3。转载自 AVDEEF A，KANSY M，BENDELS S，et al. Absorption-excipient-pH classification gradient maps：sparingly-soluble drugs and the pH partition hypothesis. Eur. J. Pharm. Sci.，2008，33：29-41。Copyright © 2008 Elsevier. 经 Elsevier 许可复制）

7.17.9 pH 分配假说的“颠覆”

pH 分配假说认为，甲芬那酸和格列本脲在酸性 pH 条件下，会有最好的吸收。相反，克霉唑、双嘧达莫、布他卡因和阿司咪唑在弱碱性溶液中有最好的吸收。但是，对图 7.63c 快速检查显示，这些化合物的吸收趋势却与假说相反。这其中最明显的是克霉唑，它在辅料分类图中效益最高。以相同或低于甲芬那酸的临床剂量得到的一系列图（图 7.65），为这令人惊讶的研究结果提供了新思路[99]。

图 7.65a 代表了理想状态（基准参比水平），假定诸如 ABL 防渗透阻力、化合物在膜上的滞留、聚集物或复合物的形成、胶束样结构的形成、盐的沉淀等诸多“异常值”均不存在，并且假设 Henderson – Hasselbalch 方程完全有效。图 7.65a 是采用甲芬那酸临床剂量（250 mg）的结果。渗透性的 pH 依赖曲线与溶出度呈镜像关系，以使渗透通量中的每个点均相互抵消［参见式（7.56）和第 2 章］。因此，最简单的观点是甲芬那酸在 pH <9 时的吸收与 pH 不相关。

图 7.65b 为使用了低于临床剂量的 1 mg，进行了理想计算的结果。与 250 mg 剂量不同的是，用量为 1mg 甲芬那酸在 pH 6.5 以上时，完全溶解，并且溶液中的药物浓度恒定，为 1 mg / 250 mL（17 μmol/L）。药物没有析出，渗透通量函数呈现双线性 pH 依赖性（图 7.65b），经典的 pH 分配假说有望成立。

图 7.65c 和图 7.65d 与前两种情况平行，只是在渗透性模型中增加了一个“异常”因素，即水边界层阻力。如图 7.65c 和图 7.65d 所示，因为 ABL 施加的阻力作用，使得渗透曲线的最大值有所降低，模拟了胃肠道中的阻力。增加的 ABL 效应使渗透通量函数在图 7.65c 中变成纯粹的 S 形曲线。值得注意的是，pH 依赖曲线“颠覆”了预计的 pH 分配假说。在低于临床使用剂量下（图 7.65d），当 pH 大于 6.5 时，pH 分配假设与预期的一致，但当 pH 小于 6.5 时，该假设被“颠覆”。在碱性 pH 范围内，ABL 的影响很小。忽略微环境效应，这几乎就是水溶性苯甲酸吸收曲线的情况，如图 7.62 所示。在低效搅拌下，ABL 效果会变得更加明显。

图 7.65e 和图 7.65f 加入了另一个“异常”因素，即观察到的甲芬那酸的聚集（低聚）现象（参见 6.6.4），在小节中提出了阴离子二聚体和三聚体来解释溶解性 – pH 曲线[203]。带电聚集物的作用进一步“颠覆”了经典的 pH 分配假说。甲芬那酸带电（由于形成了阴离子聚集体）时溶解性增加，即使用量低于临床剂量（250 mg），其在 pH > 7 条件下的结果与 pH 分区假说吻合。但当酸碱度降低至 pH 6 时，低于临床剂量用量的结果则与假说恰恰相反。

图 7.65g 和图 7.65h 为在图 7.65e 和图 7.65f 的基础上增加了辅料（1% HP – β – CD）的影响。显然，由于环糊精会分解聚集体，部分反作用失效了（图 7.65e 和图 7.65g）。

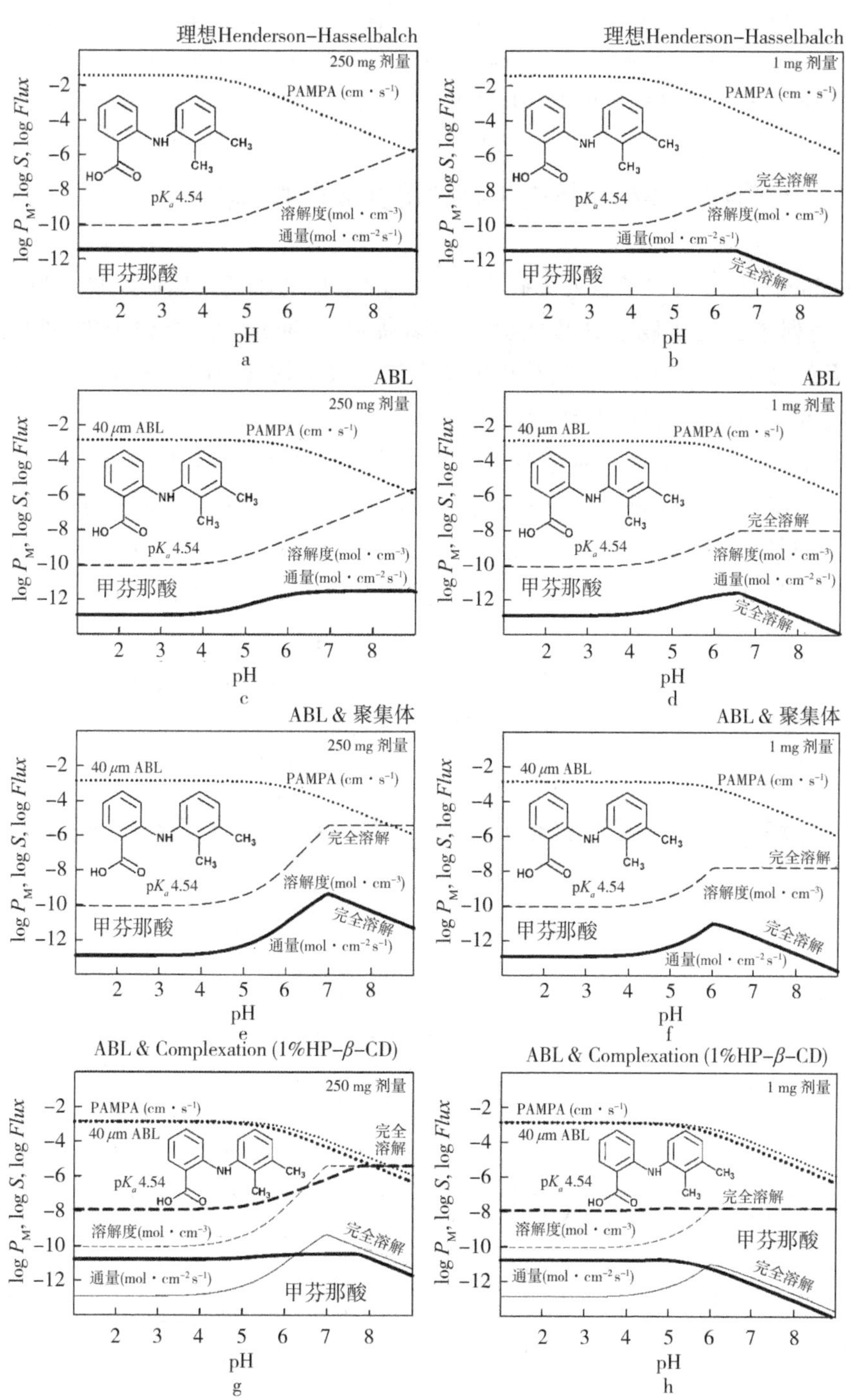

图 7.65　模拟的甲芬那酸有效渗透速率（点虚线）、溶解度（短画线曲线）和渗透通量（实线）与 pH 的关系曲线

［a 250 mg 剂量；b 1 mg 剂量的理想（Henderson－Hasselbalch）条件：无 ABL 渗透阻力、化合物在膜上的滞留、聚集体或复合物的形成、胶束的形成、盐的析出；c，d 与前两者平行，但在渗透性模型加入 ABL 阻力（h_{ABL} = 40 μm）；e，f 除了上述影响之外，还考虑了阴离子聚集的结果；g，h 在 e 和 f 条件下，增加了辅料（1%

HP－β－CD）的影响，以细曲线表示。转载自 AVDEEF A，KANSY M，BENDELS S，et al. Absorption－excipient－pH classification gradient maps：sparingly－soluble drugs and the pH partition hypothesis. Eur. J. Pharm. Sci.，2008，33：29－41。]

7.17.10　与药物－环糊精体内生物利用度数据的比较

Savolainen 等[215]研究了格列苯脲在狗体内的生物利用度，他们发现：当与环糊精络合时，格列本脲的生物利用度得到了显著提高。Garcia 等[216]研究对比了含/不含 HP－β－CD 两种条件下阿苯达唑在小鼠体内的口服生物利用度，发现含环糊精的 C_{max} 和 $AUC_{0\to\infty}$ 明显高于不含环糊精的混悬液。

图 7.64a 和图 7.64g 为阿苯达唑和格列本脲在 pH 5.0～7.4 的渗透通量函数。数据表明 1% 的 HP－β－CD 确实增加了渗透通量的对数值，但 pH 对渗透通量的影响则有所不同，表明格列苯脲是一个更加复杂的模式。阿苯达唑在 pH 5.0、6.2 和 7.4 下的渗透通量分别增加了 3.0、3.1 和 3.1 倍。格列本脲的渗透通量在 pH 5.0 和 6.2 时分别增加 20.1 和 4.3 倍，但在 pH 7.4 时降低了 3 倍。体内研究表明，阿苯达唑和格列本脲的 C_{max} 分别增加了 4.3 和 7.3 倍，与我们 pH 6.2 的研究中点对应的值 3.1 和 4.3 有一定的可比性。合理的结论需要更多的例子来说明。

7.18　双漏槽 PAMPA log P_0、log $P_M^{6.5}$ 和 log $P_M^{7.4}$ 的数据库

表 7.13 列出了近 300 种药物的双漏槽 PAMPA－DS 固有渗透速率和经 ABL 校正的膜（pH 6.5 和 7.4）渗透速率测定。

表 7.13　双漏槽 PAMPA 固有的和膜的渗透性[a]

化合物	类型	log P_0	$P_M^{6.5}$ (10^{-6} cm·s^{-1})	$P_M^{7.4}$ (10^{-6} cm·s^{-1})	pK_a (I=0.01M)	pK_a (I=0.01M)
11β－羟孕酮	N	－3.46	346	346		
11－脱氢皮质酮	N	－4.36	44	44		
11－去氧皮质醇	N	－3.80	157	157		
17α－乙炔基雌二醇	N	－2.99	1 023	1 023		
17α－羟孕酮	N	－3.45	350	350		
2，4－二溴化雌甾醇	N	－3.21	616	616		
20－α－二氢皮质醇	N	－5.15	7.0	7.0		
20－α－二氢孕酮	N	－2.71	1 944	1 944		
20－β－二氢孕酮	N	－2.74	1 837	1 837		

续表

化合物	类型	log P_0	$P_M^{6.5}$ (10^{-6}cm·s^{-1})	$P_M^{7.4}$ (10^{-6} cm·s^{-1})	pK_a (I=0.01M)	pK_a (I=0.01M)
2－萘甲酸	A	−2.72	12	1.5	4.31	
3－（3－羟基苯基）丙酸	A	−4.38	0.4	0.1	4.52	
3－（4－羟基苯基）丙酸	A	−5.14	0.1	0.01	4.52	
3，4－二羟基苯乙酸	A	−6.15	0.003	0.000	4.17	
3－羟基苯乙酸	A	−4.25	0.3	0.04	4.23	
3－苯丙酸	A	−3.89	1.8	0.2	4.66	
4′－*N*－丁基环丙沙星	X	−3.52	208	231	8.00	6.12
4′－*N*－丁基诺氟沙星	X	−3.44	247	257	7.84	6.13
4′－*N*－甲基环丙沙星	X	−4.44	23	25	7.83	6.21
4′－*N*－甲基诺氟沙星（培氟沙星）	X	−4.32	29	33	7.81	6.27
4′－*N*－丙基环丙沙星	X	−3.86	101	94	7.79	5.98
4′－*N*－丙基诺氟沙星	X	−3.88	87	92	7.83	6.16
4－苯基丁胺	B	−0.59	26	205	10.50	
醋丁洛尔	B	−3.39	0.4	3.1	9.52	
对乙酰氨基酚	A	−5.81	1.6	1.5	9.78	
乙酰水杨酸	A	−4.45	0.035	0.004	3.50	
阿昔洛韦	X	−10.00	0.000	0.000	9.38	2.34
阿苯达唑	X	−3.12	758	761	10.43	4.21
沙丁胺醇	X	−4.92	0.02	0.18	9.83	9.22
阿芬太尼	B	−3.53	190	277	6.25	
阿普唑仑	B	−3.73	187	187	3.52	
阿普洛尔	B	0.02	1017	8010	9.51	
阿米洛利	B	−7.38	0.000	0.002	8.65	10.19
氨鲁米特	X	−3.76	174	175	11.77	4.30
胺碘酮 *	B	2.58	1 051 176	8 176 910	9.06	
阿米替林	B	1.30	20 383	160 448	9.49	
氨氯地平	B	0.62	7211	56 486	9.26	
阿莫西林	X	−6.80	0.14	0.07	7.31	2.60
苯胺	B	−3.71	192	194	4.59	
安替比林	N	5.69	2.0	2.0		
阿司咪唑	BB	1.00	65 051	580 098	8.60	5.84
阿替洛尔	B	−5.06	0.01	0.06	9.54	
阿奇霉素	B	−10.00	0.000	0.000	9.69	8.65

续表

化合物	类型	$\log P_0$	$P_M^{6.5}$ (10^{-6} cm·s^{-1})	$P_M^{7.4}$ (10^{-6} cm·s^{-1})	pK_a (I=0.01M)	pK_a (I=0.01M)
倍氯米松	N	-3.70	198	198		
贝那普利	X	-3.28	16	2.1	5.00	3.40
苄氟噻嗪	AA	-5.27	5.3	5.1	10.47	8.81
苯甲酸	A	-3.94	0.6	0.1	4.20	
苄噻嗪	AA	-6.43	0.3	0.1	9.53	6.92
苄普地尔	B	1.63	136 694	1 060 376	9.00	
生原禅宁 A	A	-2.58	2093	884	7.11	
布马佐辛	X	-1.49	325	2410	10.30	8.50
布地奈德	N	-2.62	2404	2404		
布比卡因	B	-2.07	326	2039	7.90	
丁螺环酮	B	-2.48	244	1279	7.60	
布他卡因	B	0.25	456	3607	10.09	2.05
咖啡因	N	-5.55	2.8	2.8		
卡马西平	N	-3.73	188	188		
卡维地洛	B	0.05	36 491	235 613	7.97	
西立伐他汀	X	-3.01	24	3.1	4.90	2.48
西替利嗪	X	4.13	72	59	8.00	2.93
氯喹	BB	-0.82	48	378	10.00	6.33
氯丙嗪	B	1.62	76 760	600 919	9.24	
氯普噻吨	B	1.44	69 082	538 261	9.10	
金霉素	X	-5.39	3.6	2.1	7.44	3.30
氯噻酮	A	-6.64	0.2	0.2	9.40	
西咪替丁	B	-6.20	0.2	0.5	6.93	
桂利嗪	BB	0.64	263 917	1 472 096	7.69	2.40
环丙沙星	X	-5.47	2.3	3.0	8.62	6.16
氯法齐明*	B	2.79	127 026	1 005 597	10.19	
可乐定	B	-3.00	20	138	8.20	
克霉唑	B	-1.31	36 853	47 102	6.02	
氯氮平	BB	-0.39	15 817	99 040	7.90	4.40
CNV97100	X	-5.32	3.7	4.3	8.53	5.95
CNV97101	X	-4.68	15	14	7.74	6.01
CNV97102	X	-4.32	32	42	8.41	6.18
CNV97103	X	-3.81	100	128	8.30	6.21

续表

化合物	类型	$\log P_0$	$P_M^{6.5}$ (10^{-6}cm·s^{-1})	$P_M^{7.4}$ (10^{-6} cm·s^{-1})	pK_a (I=0.01M)	pK_a (I=0.01M)
CNV97104	X	-3.34	286	385	8.37	6.26
秋水仙碱	N	-5.40	4.0	4.0		
皮质酮	N	-3.86	137	137		
可的松	N	-4.46	35	35		
肌酸酐	X	-7.52	0.03	0.03	13.40	4.83
白叶藤碱盐酸盐	N	-2.83	1.0	8.1	9.66	
氯化矢车菊素	A	-5.94	1.2	1.1	9.40	
环孢素 A	N	-3.21	614	614		
环噻嗪	AA	-5.46	3.4	3.3	9.95	8.85
赛庚啶	B	0.44	21 695	163 043	8.60	
D-醛固酮	N	-4.88	13	13		
达那唑*	N	-1.79	16 206	16 206		
新皮啡肽Ⅱ	X	-6.37	0.4	0.4	10.10	4.27
地美环素	X	-5.61	1.6	0.5	6.76	3.97
去氧皮质酮	N	-2.85	1407	1407		
去氧皮质酮-21 醛半缩醛	N	-3.34	458	458		
地昔帕明	B	1.74	12 232	96 821	10.16	
地塞米松	N	-4.05	90	90		
地西泮	B	-2.44	3623	3623	3.40	
双氯芬酸	A	-1.37	185	23	4.14	
地高辛	N	-5.78	1.7	1.7		
地尔硫䓬	B	-1.33	1374	9048	8.02	
苯海拉明	B	-0.71	496	3867	9.10	
双嘧达莫	B	-2.84	1420	1453	4.93	
丙吡胺	B	-1.14	11	88	10.32	3.72
多潘立酮	X	-2.78	158	754	9.38	7.48
多塞平	B	0.44	3091	24 316	9.45	
多柔比星	B	-3.67	0.1	1.1	9.70	
强力霉素	X	-4.58	25	17	7.69	3.13
脑啡肽	X	-7.31	0.05	0.05	10.10	3.50
依那普利	X	-5.76	0.2	0.03	5.57	2.92
依诺沙星	X	-4.90	7.7	11	8.70	6.30
麦角新碱	B	-4.14	20	55	6.91	

续表

化合物	类型	$\log P_0$	$P_M^{6.5}$ (10^{-6} cm·s^{-1})	$P_M^{7.4}$ (10^{-6} cm·s^{-1})	pK_a (I=0.01M)	pK_a (I=0.01M)
红霉素	B	-2.40	20	153	8.80	
雌二醇	N	-3.08	831	831	10.40	
依托泊苷	A	-5.22	5.9	5.9	9.95	
法莫替丁	X	-7.75	0.01	0.01	11.19	6.74
非洛地平	N	-3.48	334	334	4.40	
芬地林	B	1.62	82 978	648 824	9.20	
芬太尼	B	-0.95	2 777	18 811	8.10	
非索非那定	X	-5.17	6.4	4.9	7.84	4.20
氟芬那酸	A	-1.19	351	44	4.24	
氟甲喹	A	-3.85	79	19	6.95	
氟比洛芬	A	-1.78	79	10	4.18	
氟伏沙明	B	0.88	9817	77 136	9.39	
呋塞米	AA	-4.03	0.1	0.02	10.93	3.67
加巴喷丁	X	-3.36	438	439	10.50	3.90
加兰他敏	B	-3.15	5.4	41	8.62	
加替沙星	X	-4.50	25	30	9.30	5.90
吉非罗齐	A	-1.59	404	52	4.70	
格列本脲（优降糖）	A	-2.54	577	88	5.90	
灰黄霉素	N	-3.61	247	247		
氟哌啶醇	B	0.05	7839	59 248	8.65	
橙皮素	A	-3.33	463	461	9.60	5.96
胡米溴铵	N	-7.65	0.02	0.02		
肼苯哒嗪	B	-4.53	8.4	22	6.90	
氢氯噻嗪	AA	-8.30	0.005	0.005	9.95	8.76
氢化可的松	N	-4.32	48	48		
伊维菌素	N	-2.21	6109	6109		
羟嗪	B	-1.50	2741	13 537	7.52	2.66
布洛芬	A	-2.11	93	12	4.59	
伊马替尼	N	-1.40	2948	15 468	7.60	4.70
丙咪嗪	N	0.98	9426	74 224	9.51	
茚地那韦	N	-3.57	165	249	6.30	3.70
吲哚美辛	A	-1.65	257	33	4.57	
异维甲酸*	A	0.37	33 864	4361	4.67	

续表

化合物	类型	log P_0	$P_M^{6.5}$ (10^{-6}cm·s^{-1})	$P_M^{7.4}$ (10^{-6} cm·s^{-1})	pK_a (I=0.01M)	pK_a (I=0.01M)
伊索昔康	A	−3.20	3.4	0.4	4.24	
伊曲康唑*	B	−0.29	512 800	512 800	4.07	
山奈酚	A	−5.66	0.5	0.1	6.02	
酮康唑	B	−1.41	19 386	34 432	6.50	2.90
酮洛芬	A	−2.67	8.8	1.1	4.12	
拉贝洛尔	X	−4.94	1.1	5.2	9.57	7.48
兰索拉唑	X	−3.89	128	128	9.59	4.39
L-精氨酸	X	−5.82	1.5	1.5	9.00	1.80
L-多巴	X	−7.52	0.03	0.03	8.77	2.21
利多卡因	B	−1.42	1295	8291	7.95	
赖诺普利	X	−6.43	0.3	0.2	7.32	3.16
洛美沙星	X	−4.73	17	18	8.80	5.50
美洛昔康	X	−2.86	1.2	0.1	3.43	1.10
洛哌丁胺	B	0.15	8883	67 478	8.70	
锦葵色素氯化物	A	−5.75	1.8	1.8	9.40	
马普替林	B	1.99	13 926	110 292	10.35	
甲芬那酸	A	−1.41	421	53	4.54	
美法仑	X	−3.54	354	351	9.4	2.0
哌替啶	B	0.79	51 224	384 035	8.58	
美沙拉嗪	X	−6.29	0.1	0.01	5.80	2.70
美沙酮	B	0.08	3892	30 173	8.99	
甲氨蝶呤	X	−7.18	0.005	0.001	5.39	4.00
左美丙嗪	B	0.94	21 187	165 211	9.12	
α-甲基多巴	X	−5.28	5.2	5.1	9.00	2.30
美替洛尔	B	0.30	1861	14 308	9.54	
美托拉宗	A	−4.85	14	14	9.70	
美托洛尔	B	−1.17	59	466	9.56	
美西律	B	−0.45	818	6385	9.14	
咪康唑	B	−0.45	257 964	338 064	6.07	
咪康唑*	B	−0.57	199 468	256 977	6.07	
米非司酮	B	−1.37	39 527	42 251	5.40	
莫仑太尔	B	−2.05	0.04	0.3	11.91	
米诺环素	X	−3.91	110	76	7.61	5.07

续表

化合物	类型	$\log P_0$	$P_M^{6.5}$ (10^{-6} cm · s^{-1})	$P_M^{7.4}$ (10^{-6} cm · s^{-1})	pK_a (I=0.01M)	pK_a (I=0.01M)
孟鲁斯特	X	-6.47	0.01	0.001	4.92	2.81
吗啡	X	-3.59	6	40	9.46	8.13
纳多洛尔	B	-4.34	0.03	0.2	9.69	
纳布啡	X	-2.31	52	384	9.36	8.47
萘啶酸	A	-3.88	42	7.2	6.16	
纳曲吲哚	X	-0.94	1800	12 872	10.00	8.30
萘普生	A	-2.30	33	4.1	4.32	
柚皮素	A	-3.71	193	193	10.40	8.90
尼卡地平	B	-0.79	28 724	102 492	7.17	
尼古丁	BB	-3.42	9.1	62	8.11	3.17
硝苯地平	N	-3.35	445	445	2.52	
尼群地平*	N	-1.80	15 837	15 837	2.71	
N-甲基氯化喹啶嗡	N	-5.70	2.0	2.0	4.92	
诺氟沙星	X	-6.16	0.4	0.6	8.63	6.26
去甲替林	B	2.02	25 013	197 975	10.13	
那可丁	B	-2.25	2837	5039	6.50	
氧氟沙星	X	-5.21	4.5	5.4	8.35	6.05
昂丹司琼	B	-2.38	297	1583	7.62	
奥芬那君	B	0.06	5713	43 774	8.80	
恶喹酸	A	-4.66	12	3.1	6.62	
氧烯洛尔	B	-0.60	216	1706	9.57	
紫杉醇*	N	-1.09	81 246	81 246		
氯化巴马汀	N	-7.91	0.01	0.01		
泮托拉唑	X	-3.40	30	155	7.60	3.45
罂粟碱	B	-2.44	2035	3294	6.39	
氯化花葵素	A	-6.35	0.4	0.4	9.40	
喷布洛尔	B	1.70	19 004	150 260	9.92	
奋乃静	B	0.81	311 153	1 852 432	7.80	4.16
4-氟-苯丙氨酸	X	-6.73	0.2	0.2	9.23	2.20
非那吡啶	B	-2.66	2075	2155	5.15	
苯丙氨酸	X	-5.36	4.4	4.3	9.23	2.20
保泰松	A	-1.96	136	17	4.60	
苯妥英	A	-4.37	42	39	8.36	

续表

化合物	类型	$\log P_0$	$P_M^{6.5}$ (10^{-6} cm · s^{-1})	$P_M^{7.4}$ (10^{-6} cm · s^{-1})	pK_a (I=0.01M)	pK_a (I=0.01M)
毛果芸香碱	B	-4.88	2.7	8.8	7.08	
吲哚洛尔	B	-1.75	16	130	9.54	
吡罗昔康	X	-3.32	24	3.2	5.22	1.88
普莫卡因	B	-0.99	11 420	50 973	7.40	
哌唑嗪	B	-2.58	496	1714	7.14	
泼尼松龙	N	-4.46	35	35		
泼尼松	N	-4.33	46	46		
伯氨喹	BB	0.56	1087	8611	10.03	3.55
丙磺舒	A	-1.83	6.7	0.8	3.16	
普罗布考*	B	-3.18	660	660		
普鲁卡因	B	-2.46	10	77	9.04	2.29
普环啶	B	1.70	6352	50 311	10.40	
黄体酮	N	-2.55	2787	2787		
异丙嗪	B	0.96	28 630	222 092	9.00	
普罗帕酮	B	0.72	4180	32 958	9.60	
溴丙胺太林	N	-6.50	0.3	0.3		
丙氧芬	B	0.72	14 366	111 752	9.06	
普萘洛尔	B	0.43	2519	19 838	9.53	
普罗替林	B	2.43	36 897	292 239	10.37	
吡哆醇	X	-6.62	0.2	0.2	8.87	4.84
槲皮素	A	-4.77	17	17	9.40	6.90
喹硫平	BB	-1.85	1944	7906	7.30	2.27
奎尼丁	BB	-1.56	246	1840	8.55	4.09
奎宁	BB	-1.05	795	5959	8.55	4.09
五氯硝基苯*	B	-2.20	6304	6304		
雷尼替丁	B	-5.14	0.1	0.8	8.31	
白藜芦醇	A	-4.38	41	40	8.80	7.99
罗丹明 123	N	-6.03	0.000	0.000	11.50	
罗丹明 B	N	-3.07	852	852	3.10	
利培酮	B	-2.01	369	2318	7.91	
利托那韦	B	-1.68	20 902	20 975	4.10	
迷迭香酸	A	-7.39	0.000	0.000	3.14	
水杨酸	A	-2.64	0.8	0.1	3.02	

续表

化合物	类型	$\log P_0$	$P_M^{6.5}$ (10^{-6} cm · s^{-1})	$P_M^{7.4}$ (10^{-6} cm · s^{-1})	pK_a (I=0.01M)	pK_a (I=0.01M)
沙奎那韦	B	-3.69	67	161	6.80	
沙氟沙星	X	-4.84	11	13	8.59	5.89
舍曲林	B	2.10	127 813	1 006 253	9.50	
水飞蓟素 I	AA	-5.07	5.4	1.6	9.42	6.76
SNC 121	BB	-1.24	3376	19 020	7.70	4.11
SNC 80	BB	-0.83	8709	49 059	7.70	4.11
司帕沙星	X	-4.04	72	84	8.66	5.92
苏丹Ⅳ*	A	-3.12	723	602	8.00	
硫氮磺胺吡啶	AA	-4.44	0.007	0.001	8.25	2.80
舒必利	B	-4.57	0.1	0.5	9.12	
舒马曲坦	X	-4.18	0.05	0.4	9.64	8.93
三苯氧胺	B	1.98	810 234	6 066 843	8.57	
特布他林	X	-7.25	0	0.003	10.12	8.67
特非那定*	B	2.63	190 489	1 513 674	9.86	
睾酮	N	-2.83	1 474	1 474		
四环素	X	-5.41	3.7	2.9	7.85	3.01
茶碱	A	-5.99	1.0	1.0	8.70	
硫利达嗪	B	1.81	310 937	2 385 850	8.82	
噻米地平	B	-0.91	319	2488	9.09	
噻吗洛尔	B	-0.97	100	784	9.53	
甲苯磺丁脲	A	-3.70	10	1.2	5.20	
α-Cl-苯甲酸	A	-3.03	2.9	0.4	3.99	
α-CN-苯甲酸	A	-4.33	0.2	0.02	4.09	
苯甲酸	A	-3.51	2.3	0.3	4.38	
α-H_2NCO-苯甲酸	A	-5.91	0.004	0.001	4.06	
α-HOOC-苯甲酸	AA	-4.51	0.001	0	4.78	3.79
α-MeO-苯甲酸	A	-4.13	0.3	0.04	4.18	
α-NH_2-苯甲酸	X	-6.42	0.4	0.4	9.42	3.48
α-OH-苯甲酸	A	-5.02	0.05	0.01	4.19	
托拉塞米	X	-4.34	28	7.6	6.70	2.6
曲安西龙	N	-5.22	6.0	6.0		
曲安奈德	N	-3.48	332	332		
氨苯蝶啶	B	-3.58	133	233	6.48	

续表

化合物	类型	$\log P_0$	$P_M^{6.5}$ (10^{-6}cm·s^{-1})	$P_M^{7.4}$ (10^{-6} cm·s^{-1})	pK_a (I=0.01M)	pK_a (I=0.01M)
三氟吡啦嗪	B	-1.63	77 343	605 487	9.24	
苯海索	B	2.09	19 670	155 763	10.30	
甲氧苄啶	B	-3.38	80	270	7.12	
曲米帕明	B	1.58	47 985	377 107	9.40	
三甲沙林	N	-2.89	1278	1278		
曲伐沙星	X	-3.75	139	145	8.11	5.90
色氨酸	X	-8.00	0.01	0.01	9.45	2.30
U69593	B	0.37	3 742	29 340	9.30	
尿素	N	-9.00	0.001	0.001		
伐地昔布	A	-4.10	78	78	9.77	
维拉帕米	B	0.26	4949	38 514	9.07	
长春碱	B	-0.42	34 045	187 525	7.40	5.96
长春新碱	B	-2.72	199	949	7.40	5.42
华法林	A	-2.59	74	10	4.97	
齐多夫定	A	-5.79	1.6	1.6	9.53	
齐美利定	BB	-0.43	9824	66 088	8.07	4.07
唑吡坦	B	-3.06	280	684	6.82	

[a] P_0 = 固有渗透性，P_M = 膜渗透性，在 pH 6.5 和 7.4 时使用列出的 pK_a（25 ℃、0.01 mol·L^{-1}离子强度）从 P_0 计算而来。标有星号（*）的化合物是用共溶剂 PAMPA 法（参见 7.8 节）测定得来。类型：A = 弱酸，AA = 二元酸，B = 弱碱，BB = 二元碱，X = 酸碱两性化合物。

大部分的结果来自于文献报道[10-11,68,78,80,89-91,93-100]。如 7.6 节中所述，固有的系数 P_0 由表 7.13 中的 pK_a（25 ℃，0.01M 离子强度）导出。

附　录

A7.1　快速入门：美托洛尔的双漏槽 PAMPA

本节将通过一个简单的“快速入门”流程，测定美托洛尔固有渗透速率 P_0 的近似值来引导读者[92]。各方面的详细说明可见本章其他章节。

进行 PAMPA 测定至少需要以下设备：

- 紫外酶标仪（Molecular Devices，Tecan，Bio－Tek，或 *p*ION 公司，200～500 nm）；
- PAMPA 接收室板（上层）（96 孔，多孔疏水聚偏氟乙烯滤膜）；
- PAMPA 供给室板（下层）（96 孔，与受体板连接）；
- UV 透明 96 孔板；
- 混合板，96 孔，2 mL；
- 拧盖玻璃进样瓶，2 mL；
- 带塑料头的手持移液枪（可调体积：1～5 μL）；
- 带塑料头的手持移液枪（可调体积：100～1000 μL）。

此外，还需要以下试剂：

PAMPA 磷脂：20% 卵磷脂（双漏槽）正十二烷溶液放置于密封玻璃瓶，冷冻；

- pH 缓冲液，供给室，pH 4.5、5.5、7.4（无指示剂）；
- pH 缓冲液，加入表面活性剂的接收室，pH 7.4 缓冲器（*p*ION 公司）；
- DMSO，光谱级；
- 0.33 mg 盐酸美托洛尔（“或其他盐”）。

许多消耗品可以从 *p*ION 公司获得（试剂盒或单独的）。用 Prisma 通用缓冲浓缩液（*p*ION 公司）来制备具有几乎相同缓冲容量的各种 pH 溶液特别方便，如图 7.46 所示。或者，单个缓冲液也可以从多个渠道购买，但不得添加颜色指示剂，以免干扰紫外测定。推荐的分析方法是基于在 3 种不同 pH 缓冲液中的 3 倍读数。为了简化“快速入门”步骤，不使用搅拌（如果不是为了减少分析时间，通常强烈建议使用搅拌）。

A7.1.1 优化测定方案

图 A7.1 是一个决策树图，给出了分析方案建议。由于美托洛尔的紫外吸收足够灵敏，浓度可使用 50 $\mu mol \cdot L^{-1}$。因为搅拌（参见 7.6.4）不用于“快速入门”测定演示，建议分析时间设定为 4 小时，假设接收室缓冲液中有表面活性剂（*p*ION 公司），形成双漏槽（梯度 pH）条件。因为美托洛尔的 Clog *P* 不大于 5，无须使用助溶剂法（参见 7.8 节）。考虑到将选择 3 个供给室 pH 缓冲液，根据图 A7.1，建议 pH 为 5.0、6.5 和 7.4。

根据已知美托洛尔的几个基本特性：MW 267.4Da（自由基），$pK_a = 9.56$（表 3.14）和 $\log P_{OCT} = 1.95$（表 4.3），可优化 pH 的选择。*p*OD 技术（参见 7.7 节）可被用于优化 pH 的选择。将 $\log P_{OCT}$ 代入式（7.33）（图 7.37）得出 $\log P_0^{seed} = -3.22$。可以假设 $h_{ABL} \approx 1500$ μm（0.15 cm）。P_{ABL} 的值可由式（7.28）估算得 $\log P_{ABL} = -4.41$。利用式（7.34a）得出 $pH_{OD} = 6.67$。如果可使用计算机程序 *p*CEL－X，一个更佳的计算可得 $\log P_0^{seed}$ 是 -1.80，由此得到一个更佳的 $pH_{OD} = 5.25$。让我们考虑用后一个值来设计分析测定。从图 7.38d 可以看出，pH_{OD} 点位于 $\log P_e$ 对 pH 作图中（曲线弯曲前）对角线（膜限制）区域的最高部分。这是估算 $\log P_0$ 的 ABL－无偏值的最好位置。假设

需要 pH 3 个点，建议选择 pH_{OD}、$pH_{OD}+1$ 和 $pH_{OD}-1$，为方便起见四舍五入到最接近的0.5 个 pH 单位，最好是有一个点设置为 pH 7.4（血液 pH）。通过3 个点才能较好地表征美托洛尔的 P_{ABL} 和 P_0，这使得固有渗透速率的测定更加准确。因此，pH_{OD} 方法推荐 pH 为4.5、5.5 和7.4。

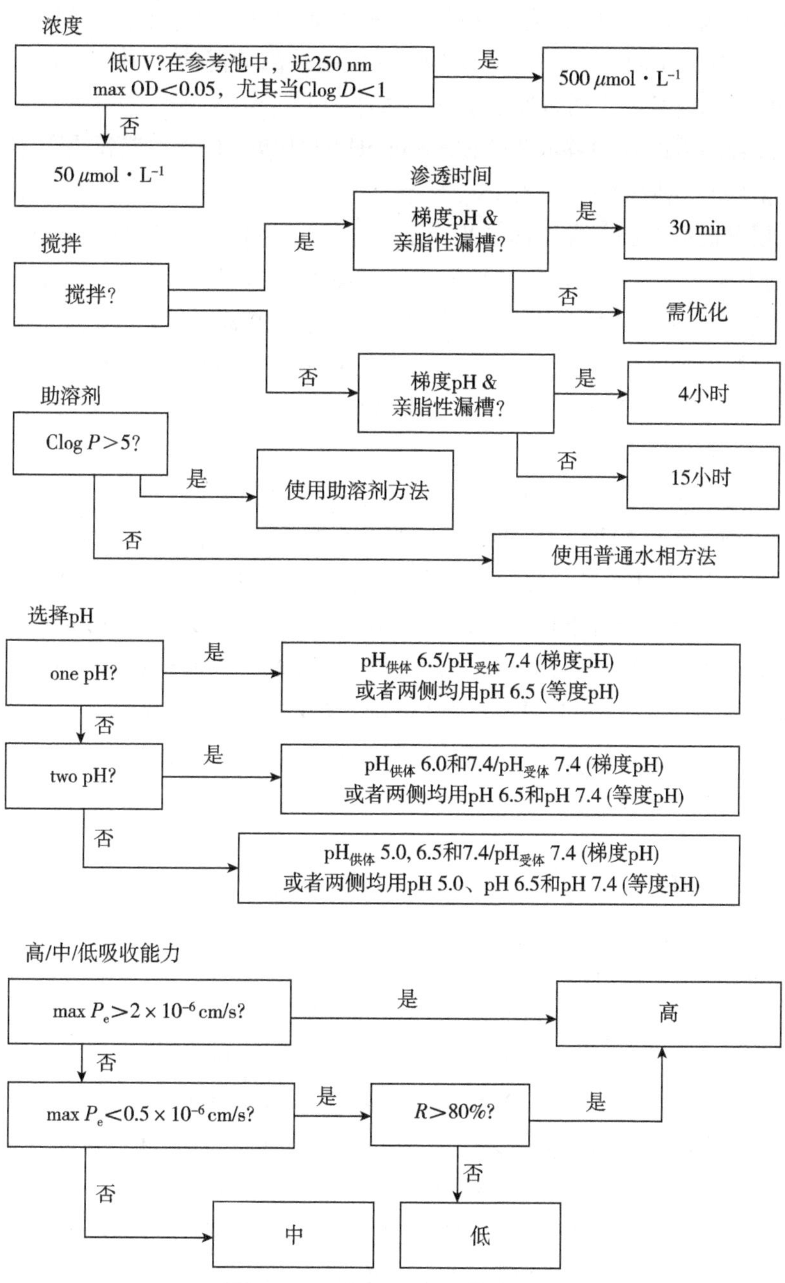

图 A7.1 PAMPA－DS 指南流程

（转载自 AVDEEF A，BENDELS S，Di L，et al. PAMPA：a useful tool in drug discovery. J. Pharm. Sci.，2007，96：2893－2909。Copyright. 2007 John Wiley & Sons. 经许可复制）

A7.1.2 PAMPA－DS（梯度－pH）测定

配制 10 mmol·L^{-1}美托洛尔储备溶液：称取 0.33 mg 盐酸美托洛尔（303.9 Da）加到 100 μL 纯二甲基亚砜中。使用深孔板，移取 5 μL 储备溶液至孔 A1～A9 中混合。向 A1～A3 孔中加入 1000 μL pH 4.5 缓冲液，使用移液器混匀。同样，将 pH 5.5 的缓冲液加入 A4～A6，pH 7.4 的缓冲液加入至 A7～A9。

从每个混合溶液的孔中移取 200 μL 不同 pH 的 50 μmol·L^{-1}美托洛尔溶液至 96 孔供给室板（下层）相应的 9 个孔中。

取下接收室板将其倒置在干净的表面上。小心地将 4 μL PAMPA 磷脂沉积在过滤板 A1～A9 孔的下面。如果脂质沉积令人满意，过滤器看起来应该是半透明的。小心将接收室板（上层）放置在供给室板（下层）的顶部。如果做得好，在较低的隔室就不会有气泡，也没有多余的溶液溢出。（这个较低的隔室容积可能需要略小于 200 μL）。当准备开始分析时，移取 200 μL 含表面活性剂的 pH 7.4 缓冲液至上层接收板的每个孔中，并进行 4 小时的培养。

在培养期间，从混合溶液的板中移取 180 μL 50 μmol·L^{-1}美托洛尔溶液至透明塑料 UV 板中相应的位置 A1～A9。将 UV 板放入酶标仪并记录 200～500 nm 的读数。这些将作为“参考”（“REC”）读数。保存 UV 板以便在 B 行和 C 行中进一步使用。

经 4 小时培养后，转移上层接收板（“REC”）（A1～A9）中 180 μL 溶液至 UV 板中相应的孔中（B1～B9）。然后，小心地取下上 PAMPA 三明治板（避免滴入），并转移下层供体板（“DON”）（A1～A9）中 180 μL 溶液至 UV 板中相应的孔中（C1～C9）。记录 UV 板上 B 和 C 行孔的读数。B 行对应接收室板读数，而 C 行则对应于供给室板读数。

A7.1.3 数据处理

设置 Excel 电子表格以进行各种计算。背景－校正（$OD^{\lambda BKG}$）相对浓度可估算为：

$$C^{REF} = OD^{\lambda MAX} - OD^{\lambda BKG} \text{（孔 A1－A9）}; \quad (A7.1a)$$

$$C^{REC} = OD^{\lambda MAX} - OD^{\lambda BKG} \text{（孔 B1－B9）}; \quad (A7.1b)$$

$$C^{DON} = OD^{\lambda MAX} - OD^{\lambda BKG} \text{（孔 C1－C9）}。 \quad (A7.1c)$$

其中 OD 是指在峰值最大值（λ_{MAX}）或基线背景（λ_{BKG}）处的 UV 光密度读数。对于美托洛尔，$\lambda_{MAX} \approx 275$ nm 和 $\lambda_{BKG} \approx 350$ nm。（更多详细的背景校正步骤可在商用仪器软件中找到。）有效渗透率计算的详细描述见第 A7.2.3。梯度 pH 公式比等度－pH 公式应用要复杂得多，需要迭代过程。为了简单起见，假设在表面活性剂漏槽条件下可以使用 iso pH 公式。这显然是一个近似值（参见 A7.2.3）。

$$P_e^{D \to R} \approx -\frac{2.303\ V_D}{A \cdot (t - \tau_{SS}) \cdot \varepsilon_a} \cdot \log_{10}\left[\left(\frac{1}{1 - R_M}\right) \cdot \frac{C_D(t)}{C_D(0)}\right]。 \quad (A7.2)$$

其中表观滤层孔隙度，$\varepsilon_a = 0.76$[88]，$t = 4 \times 3600 = 1.44 \times 10^4$ s，$V_D = 0.2$ cm^3，$A = 0.3$ cm^2，$C_D(t) = C^{DON}$，$C_D(0) = C^{REF}$，R_M 为摩尔分数“丢失”到膜（也称为“膜保留”），定义（对于 $V_D = V_R$）为：

$$R_M = 1 - C^{DON}/C^{REF} - C^{REC}/C^{REF}。\tag{A7.3}$$

假设在 pH 7.4 时，在 3.9 小时（14 040 s）结束时进行光谱分析表明接收室中美托洛尔摩尔分数为 0.431（$= C^{REC}/C^{REF}$）；供体室中的相应值为 0.345（$= C^{DON}/C^{REF}$）。由于总和小于 1，可以推断膜保留率，R_M 为 $1 - 0.431 - 0.345 = 0.22$。稳态滞后时间，τ_{ss}，可据经验估算为 $(54\ R_M + 1) \times 60$ s。对于 $R_M = 0.22$，我们有 $\tau_{ss} \approx 770$ s。将这些指标代入式（A7.2）得出：

$$P_e^{D\to R} \approx -\frac{2.303 \times 0.2}{0.3 \times (14\,040 - 770) \times 0.76} \log_{10}\left[\left(\frac{1}{1-0.22}\right) \times 0.345\right]$$

$$\approx 54 \times \times 10^{-6} \text{cm} \cdot \text{s}^{-1}。\tag{A7.4}$$

表 A7.1 显示了美托洛尔的一些 PAMPA – DS 遗留数据，pH 4.5、5.5 和 7.4 时测定的 P_e。图 A7.2 是基于表中数据作的渗透率的对数图。pH 7.4 的 $\log P_e$ 数据确定了近似值 $\log P_{ABL} = -4.2$。$pK_a^{通量}$ 值是由虚线和虚线的交点，在图 A7.2 中约为 6.0。真实的 pK_a 和 $pK_a^{通量}$ 之间的差别是 3.6 个对数单位。当该值与 $\log P_{ABL}$ 的值相加时，得到 $\log P_0 = -0.6$ [参见式（7.23）]，基于 pH 3 ~ 10 测定的大量数据，表 3.13 中的平均值 $\log P_0 = -1.17$（参见 $\log P_0 = -1.8$，由 pCEL – X 预测）。使用 pCEL – X 对 9 个离散点优化得 $\log P_0 = -0.66 \pm 0.07$ 和 $\log P_{ABL} = -4.18 \pm 0.08$。图 A7.2 中的最佳拟合曲线由优化后的参数所得。

表 A7.1　PAMPA – DS 美托洛尔样品数据

pH	P_e (10^{-6} cm · s^{-1})	SD (10^{-6} cm · s^{-1})
4.5	1.2	0.2
4.5	2.1	0.2
4.5	2.5	0.3
5.5	7.2	1
5.5	10	1
5.5	15	2
7.4	45	5
7.4	31	8
7.4	75	6

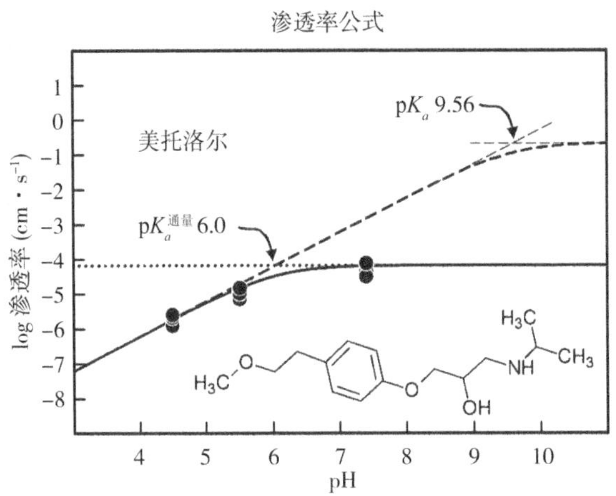

图 A7.2　美托洛尔 PAMPA－DS 渗透率－pH

A7.2　渗透率公式

用于计算渗透系数的公式取决于体外渗透试验的设计。重要的是要考虑到 pH 条件（如梯度－pH、iso－pH）、缓冲容量、接收室漏槽条件（物理或化学）、供体中溶质的任何沉淀、供体室助溶剂的存在、供体室的几何结构、搅拌速度、过滤器厚度、孔隙率、孔径、弯曲度等。

在 PAMPA 测定中，每个孔通常是一个时间点的样品。相比之下，在传统的多时间点 Caco－2 分析中，接受室溶液被新制的缓冲溶液周期性地替换，因此在与膜接触的接收室溶液中，样品浓度在任何时候都不超过百分之几。这种情况可以称为“物理维护”漏槽（或者说从接收孔吸出小份用来分析，而“冷”缓冲液用于补充孔中减少的体积）。

在拟稳态下（当在膜相中建立几乎呈线性的溶质浓度空间梯度时，参见第 2 章），根据表面膜－缓冲分配系数，亲脂分子将分布到 PAMPA 膜或细胞单层，$D_{MEM/W}$，即使接收室溶液几乎不包含样品浓度（由于物理/化学漏槽）。如果物理漏槽能无限维持，最终供给室和膜室中所有的样品将被耗尽，当流量接近零时（参见第 2 章）。在传统的 Caco－2 数据分析中，一个非常简单的公式［式（A7.10）］被用来计算表观渗透系数。但当亲脂性化合物被筛选时，这个公式经常不能使用，因为在多个时间点测定中有相当一部分分子分配到膜/细胞相中。

额外的时间点测定使得传统的 Caco－2 分析对于高通量应用来说有点慢。因为 PAMPA 分析最初是为高通量应用而开发的，接收室溶液没有进行连续采样/补充。因此，为了使单点分析可靠，必须格外小心。如果长期进行亲脂性化合物的 PAMPA 分析

（如大于20小时，或大于4小时（漏槽），或大于1小时（漏槽加剧烈搅拌），系统达到平衡，即样品浓度在供体和受体室一样（在没有梯度－pH或化学漏槽情况下），则无法测定渗透系数。根据表面膜－缓冲分配系数，$D_{MEM/W}$在这种情况下，膜也会吸收一些（但是有时几乎全部）样品。在常用的PAMPA分析中，最好在系统平衡之前在3～12小时内取一个时间点进行测定。在没有漏槽条件的情况下，相比传统的Caco－2分析，渗透速率公式更为复杂［式（A7.18）］。

对于可电离的样品分子，在PAMPA分析时通过选择供给室和接收室中采用不同pH的缓冲液有可能产生一个有效的漏槽。例如，考虑水杨酸（pK_a 2.84，表3.14）。根据pH分配假设，只有游离酸是预期可通过亲脂性膜。如果供给室pH＜3，接收室pH是7.4，那么一旦游离酸到达接收室，分子电离，游离酸的浓度变为零，尽管受体室中物质的总浓度可能相对比较高。这种情况可称为“离子阱”漏槽。

在PAMPA分析中，可产生另一种类型的非物理漏槽，当血清蛋白被放置在接收室，样本分子通过膜然后与血清蛋白紧密结合。例如，在pH 7.4的PAMPA分析非那吡啶（pK_a 5.15，表3.14）中，接收室溶液含有3%（w/v）BSA（牛血清白蛋白）。

A7.2.1 薄膜模型（无保留）

最简单的非克定律渗透模型由两个水溶性部分组成，两个水溶性部分由一层无孔的［膜旁路转运（“paramembrane” diffusion）可以忽略］脂溶性的薄膜（薄到膜的保留效应可以忽略）分隔，溶液均匀分散，水边界层（ABL）可忽略不计。在起始条件中（$t=0$），供给室中含有V_D（cm^3）体积的缓冲溶液和浓度为C_D（0）（mol/L）的待测物，接收室中含有V_R（cm^3）体积的缓冲溶液，供给室和接收室间有面积为A（cm^2）渗透膜。t（s）渗透后，分别测定供给室中待测物的浓度C_D（t）和接收室中待测物的浓度C_R（t）。

上述稳态渗透模型可以表达为下述两个通量表达式：

$$J(t) = P[C_D(t) - C_R(t)]; \tag{A7.5a}$$

$$J(t) = -V_D/A\mathrm{d}C_D(t)/\mathrm{d}t。 \tag{A7.5b}$$

其中，P表示有效或表观渗透率，上述表达式可得到微分式（A7.6），P_e和P_a分别表示有效渗透率和表观渗透率，单位为$cm \cdot s^{-1}$：

$$\mathrm{d}C_D(t)/\mathrm{d}t = -(A/V_D)P[C_D(t) - C_R(t)]。 \tag{A7.6}$$

根据质量守恒定律，可以只根据$C_D(t)$求解微分公式并算出$C_R(t)$。质量守恒定律是假设渗透前后供给室和接收室的待测物总量保持不变，待测物在渗透膜上的分布忽略不计。在$t=0$时，总量为$V_D C_D$（0）（mol）的待测物全分布在扩散池中，经过t时间后，待测物分布在供给室和接收室：

$$V_D C_D(0) = V_D C_D(t) + V_R C_R(t)。 \tag{A7.7}$$

用式（A7.7）代替式（A7.6）得到简化的微分公式：

$$\mathrm{d}\, C_{\mathrm{D}}(t)/\mathrm{d}t + \mathrm{a}\, C_{\mathrm{D}}(t) + \mathrm{b} = 0。 \tag{A7.8}$$

其中，$a = AP(V)_{\mathrm{D}}^{-1} + (V)_{\mathrm{R}}^{-1} = \tau_{\mathrm{e}}^{-1}$，$\tau_{\mathrm{e}}^{-1}$ 为时间常数；$b = -AP\, C_{\mathrm{D}}(t)/V_{\mathrm{R}}$，$\tau_{\mathrm{e}}^{-1}$ 又称作一级速率常数，$k(\mathrm{s}^{-1})$。常微分公式可以利用从 $0 \sim t$ 的积分限的方法求解，并得到一个指数解，用来描述供给室中待测物的量随时间下降的函数：

$$C_{\mathrm{D}}(t)/C_{\mathrm{D}}(0) = m_{\mathrm{D}}(t)/m_{\mathrm{D}}(0) = V_{\mathrm{R}}/(V_{\mathrm{R}} + V_{\mathrm{D}})[V_{\mathrm{D}}/V_{\mathrm{R}} + \exp(-t/\tau_{\mathrm{e}})]。 \tag{A7.9a}$$

其中，$m_{\mathrm{D}}(t)$ 是 t 时间后接收室中待测物的摩尔量。

当 $V_{\mathrm{R}} \gg V_{\mathrm{D}}$ 时，式（A7.9a）近似等于 $\exp(-t/\tau_{\mathrm{e}})$，当 t 无限接近 0 时，$\exp(-t/\tau_{\mathrm{e}}) \approx 1 - t/\tau_{\mathrm{e}}$。将式（A7.7）的关系式代入微分公式（A7.6），式（A7.9a）可以用来表达接收室中溶质的表观量。

$$C_{\mathrm{R}}(t)/C_{\mathrm{D}}(0) = V_{\mathrm{D}}/(V_{\mathrm{R}} + V_{\mathrm{D}})[1 - \exp(-t/\tau_{\mathrm{e}})]。 \tag{A7.9b}$$

使用摩尔分数，公式为：

$$m_{\mathrm{R}}(t)/m_{\mathrm{D}}(0) = V_{\mathrm{R}}/(V_{\mathrm{R}} + V_{\mathrm{D}})[1 - \exp(-t/\tau_{\mathrm{e}})]。 \tag{A7.9c}$$

当 $V_{\mathrm{R}} \gg V_{\mathrm{D}}$ 时，式（A7.9c）近似等于 $1 - \exp(-t/\tau_{\mathrm{e}})$，当 $t \approx 0$ 时，$1 - \exp(-t/\tau_{\mathrm{e}}) \approx t/\tau_{\mathrm{e}}$。图 A7.3 是式（A7.9a）和式（A7.9c）的摩尔比形式。当待测物的渗透量少于10%时，反渗透为零。相当于初始的漏槽状态，即假设 $V_{\mathrm{R}} \gg V_{\mathrm{D}}$ 时一致。满足上述条件时，式（A7.9a）可简化为：

$$m_{\mathrm{R}}(t)/m_{\mathrm{D}}(0) \approx t/\tau_{\mathrm{e}} \approx PAt/V_{\mathrm{D}}。 \tag{A7.9d}$$

根据上述“单向流”公式表观渗透系数可以推导为：

$$P_a = V_{\mathrm{D}}/(At)[m_{\mathrm{R}}(t)/m_{\mathrm{D}}(0)]。 \tag{A7.10a}$$

表观渗透率推导过程中有很多重要的限定条件，这一公式广泛应用于体外细胞模型，如 Caco-2 细胞。漏槽条件通过连续移动可分离的供给室到新的接收室中，经过渗透时间 t 后，测定每个接收室中待测物的量加和，即得总量 $m_{\mathrm{R}}(t)$，即式（A7.10a）中的 $m_{\mathrm{R}}(t)$。另一种 P_{a} 值的测定方法是通过接收室中待测物浓度随时间变化曲线的早期的斜率获得（如图 A7.3 的实线）。

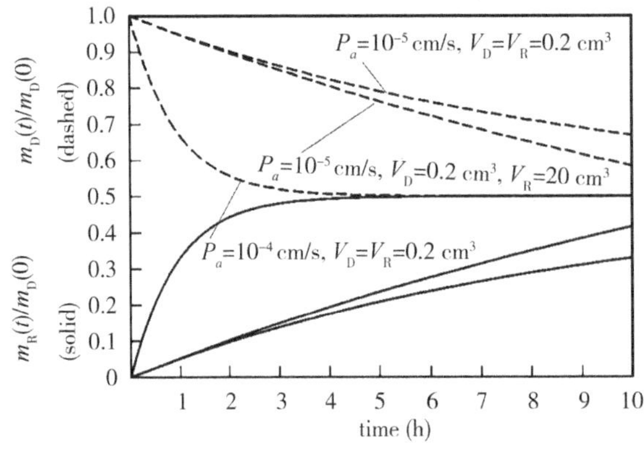

图 A7.3 供给室和接收室中溶质浓度随时间变化的薄膜模型

$$P_a = V_D/(A)[\Delta m_R(t)/\Delta t]/m_D(0)。\quad (A7.10b)$$

式（A7.10）成立的假设为①满足漏槽条件；②数据是在扩散过程初期测得的（这样能够保证满足漏槽条件）；③膜保留可忽略。已报道的使用 Caco－2 细胞进行的测定，假设③的有效性未经证实。

“双向流”（two－way flux）式（A7.11a）（供给室待测物浓度下降动力学）和式（A7.11a）（接收室待测物浓度上升动力学）适用范围更广。

$$P_a = \frac{2.303V_D}{A \cdot t \cdot \varepsilon_a} \cdot \left(\frac{1}{1+r_V}\right) \cdot \log_{10}\left[-r_V + (1+r_V) \cdot \frac{C_D(t)}{C_D(0)}\right]; \quad (A7.11a)$$

$$P_a = \frac{2.303V_D}{A \cdot t \cdot \varepsilon_a} \cdot \left(\frac{1}{1+r_V}\right) \cdot \log_{10}\left[1 - \left(1+\frac{1}{r_V}\right) \cdot \frac{C_R(t)}{C_D(0)}\right]。\quad (A7.11b)$$

其中，供给室和接收室的体积比，$r_V = V_D/V_R$。在典型的 PAMPA（平行人工膜渗透模型）中，$r_V=1$。从分析角度考虑，当只有少量待测物渗透进入接收室中，只用式（A7.11b）计算 P_a的误差比使用式（A7.11a）更小。

Palm 等[147]推导出与式（A7.11b）等价的双向流，并应用于芬太尼和甲硝唑渗透率的评价，这两个药物可以以解离形式进行被动扩散（参见 7.15 节），不需要满足 pH－分配假说的假设（参见 7.17.9）。

A7.2.2 膜滞留的等度－PH 方程

常见的基于细胞的渗透率式（A7.10）的推导过程是建立在假定溶质在膜上无分布实现的。这种假定不适用于药物发现研究，因为许多药物是脂溶性的，并且在膜上聚集［如细胞膜和 PAMPA（平行人工膜渗透模型），参见 7.5.3］。忽略这些问题则无法正确评价待测化合物的渗透系数。本章将考虑膜保留效应并对其进行扩展。

A7.2.2.1 供给室样品为易溶样品、接收室满足漏槽条件的模型（without precipitate in Donor Wells and Sink Condition in Receiver Wells）

按照上一部分式（A7.5）和式（A7.6）的推导过程，将考虑溶质在膜上的保留重新推导适合的渗透率。修正过的质量守恒定律应包括供给室、接收室和膜。在 t 时刻，溶质分布在这三部分：

$$V_D\,C_D(0) = V_D\,C_D(t) + V_R\,C_R(t) + V_M C_M(t)。\quad (A7.12)$$

测定膜上损失的摩尔质量［$V_M C_M(t)$］需要知道分配系数。对于可电离的化合物，必须搞清分配系数的类型，是使用 $-P_{MEM/W}$（与 pH 无关的分配系数）还是 $D_{MEM/W}$（pH 依赖的分配系数）。如果通过测定供给室和接收室的总浓度，即各种带电形式的离子浓度总和，来测定渗透率，只有不带电的分子态能够大量跨膜扩散（pH 依赖的分布假说），那么表观分配系数 $D_{MEM/W}$是 pH 依赖的渗透率。

当 pH 梯度和漏槽条件不能满足、t 无穷大时，表观膜－缓冲液分配系数 $D_{MEM/W}$满足下列等式：

$$D_{\mathrm{MEM/W}} = C_{\mathrm{M}}(\infty)/C_{\mathrm{D}}(\infty) = C_{\mathrm{M}}(\infty)/C_{\mathrm{R}}(\infty)。 \quad (\mathrm{A7.13})$$

假设条件下，在平衡点，$C_{\mathrm{D}}(\infty) = C_{\mathrm{R}}(\infty)$。

在平衡状态（$t=\infty$），摩尔质量平衡式（A7.12）可以用式（A7.13）中的分配系数进行推导：

$$\begin{aligned} V_{\mathrm{D}} C_{\mathrm{D}}(0) &= V_{\mathrm{D}} C_{\mathrm{D}}(\infty) + V_{\mathrm{R}} C_{\mathrm{R}}(\infty) + V_{\mathrm{M}} D_{\mathrm{MEM/W}} C_{D}(\infty) \\ &= V_{\mathrm{D}} C_{\mathrm{D}}(\infty) + V_{\mathrm{R}} C_{\mathrm{D}}(\infty) + V_{\mathrm{M}} D_{\mathrm{MEM/W}} C_{\mathrm{D}}(\infty) \\ &= C_{\mathrm{D}}(\infty)[V_{\mathrm{D}} + V_{\mathrm{R}} + V_{\mathrm{M}} D_{\mathrm{MEM/W}}]。 \end{aligned} \quad (\mathrm{A7.14})$$

如果渗透膜在渗透早期就被样品饱和，那么粗略的认为 $C_{\mathrm{M}}(\infty) \approx C_{\mathrm{M}}(t)$ 是可行的。达到饱和稳态（延迟）时间可粗略的通过菲克第二定律 $\tau_{\mathrm{SS}} = \mathrm{h}_f^2/(\pi 2 D_{\mathrm{m}})$ 得到，其中，h_f是过滤膜的厚度，D_m 表示样品在膜中的扩散性（$\mathrm{cm}^2 \cdot \mathrm{s}^{-1}$）。当 τ_{SS}已知时，菲克第二定律就可以简化为菲克第一定律。延迟时间在 PAMPA 估算中指接收室中首次检测到溶质分子的时间。当 $h_f = 125\ \mu\mathrm{m}$，$D_{\mathrm{M}} \approx 0.01 \times 10^{-6}\ \mathrm{cm}^2 \cdot \mathrm{s}^{-1}$，脂溶性薄膜被样品饱和大约需要 30 min。整个实验时间 10 ~ 45 min（图 7.44a）。Cools 和 Janssen[44] 发现使用辛醇浸渍的滤膜 10 ~ 30 min 的延迟达到稳态。在漏槽条件下使用更薄的 BLM 渗透膜，达到稳态需要 3 ~ 6 min[36]。使用 BLM 渗透膜稳态延迟时间可短至 50 s 也见报道[156]。

由式（A7.14）可以推导出 $C_{\mathrm{D}}(\infty)$。如果平衡状态在延迟稳态时间 τ_{SS}之前出现，膜上分布的溶质的摩尔质量可以由式（A7.15）获得：

$$V_{\mathrm{M}} C_{\mathrm{M}}(t) \approx V_{\mathrm{M}} C_{\mathrm{M}}(\infty) = V_{\mathrm{M}} D_{\mathrm{MEM/W}} C_{\mathrm{D}}(\infty) = V_{\mathrm{D}} C_{\mathrm{D}}(0) V_{\mathrm{M}} D_{\mathrm{MEM/W}}(V_{\mathrm{D}} + V_{\mathrm{R}} + V_{\mathrm{M}} D_{\mathrm{MEM/W}})。 \quad (\mathrm{A7.15})$$

根据式（A7.14），溶质在膜上损失的摩尔分数为 R_{M}：

$$R_{\mathrm{M}} = 1 - m_{\mathrm{D}}(t)/m_{\mathrm{D}}(0) - m_{\mathrm{R}}(t)/m_{\mathrm{D}}(0)$$

$$= 1 - [C_D(\infty)/C_D(0)] - (V_R/V_D)[C_R(\infty)/C_R(0)] = V_M D_{MEM/W}/(V_D + V_R + V_M D_{MEM/W}); \quad (\mathrm{A7.16a})$$

或 $D_{\mathrm{MEM/W}} = [(V_{\mathrm{D}} + V_{\mathrm{R}})/V_{\mathrm{M}}] \cdot [R_{\mathrm{M}}/(1 - R_{\mathrm{M}})]$。 (A7.16b)

将常规的 PAMPA 数据（metrics）应用于式（A7.16b），如果 $R_{\mathrm{M}} = 0.5$，$\log D_{\mathrm{MEM/W}} = 2$，$R_{\mathrm{M}} = 0.95$，$\log D_{\mathrm{MEM/W}} = 3.3$，$R_{\mathrm{M}} = 0.05$，$\log D_{\mathrm{MEM/W}} = 0.7$。因此，可以通过 PAMPA 数据来测定溶质的膜 - 缓冲溶液的分配系数，PAMPA 测量的数据（metrics）中，$\log D_{\mathrm{MEM/W}}$的数值大概差 3 个数量级，从 0.5 ~ 3.5。

当 $t > \tau_{\mathrm{SS}}$时，根据式（A7.15）和式（A7.16b），$R_{\mathrm{M}} \approx V_{\mathrm{M}} \cdot R_{\mathrm{M}}(\mathrm{t}) / V_{\mathrm{D}} \cdot C_{\mathrm{D}}(0)$。用膜保留的表观分配系数将 t 时间（$t > \tau_{\mathrm{SS}}$）的摩尔质量平衡简化为：

$$V_{\mathrm{R}} C_{\mathrm{R}}(t) + V_{\mathrm{D}} C_{\mathrm{D}}(t) = V_{\mathrm{D}} C_{\mathrm{D}}(0)(1 - R_{\mathrm{M}})。 \quad (\mathrm{A7.17})$$

根据 $C_{\mathrm{R}}(t)$ 和 $C_{\mathrm{D}}(t)$ 的关系，忽略膜的保留（where retention is factored in），可以将式（A7.6）变换成式（A7.8），其中 a 同前，b 需要乘以分配相关的因子 $1 - R_{\mathrm{M}}$，修正的常微分式（A7.8）通过从 τ_{SS}到 t 的积分限方法求解，有效渗透率可由下式推导：

$$P_e = \frac{2.303 V_{\mathrm{D}}}{A \cdot (t - \tau_{\mathrm{SS}}) \cdot \varepsilon_a} \cdot \left(\frac{1}{1 + r_V}\right) \cdot \log\left[-r_V + \left(\frac{1 + r_V}{1 - \mathrm{R}_{\mathrm{M}}}\right) \cdot \frac{\mathrm{C}_{\mathrm{D}}(t)}{\mathrm{C}_{\mathrm{D}}(0)}\right]; \quad (\mathrm{A7.18a})$$

$$P_e = -\frac{2.303V_D}{A\cdot(t-\tau_{SS})\cdot\varepsilon_a}\left(\frac{1}{1+r_V}\right)\cdot\log_{10}\left[1-\left(\frac{1+r_V^{-1}}{1-R_M}\right)\cdot\frac{C_R(t)}{C_D(0)}\right]。\qquad (A7.18b)$$

式（A7.18）与式（A7.11）基本相等，除了参数 $1-R_M$（反映渗透膜的对溶质保留）及延迟时间 τ_{SS}（速溶质饱和渗透膜后达到稳态的时间）。这些差异使得式（A7.18）用下标 e 表示，即用 P_e 代替式（A7.11）中的 P_a。

使用 96 孔微孔板时，$V_R=V_D=200\ \mu L$，$V_M=4\ \mu L$，$A=0.3\ cm^2$，$h_f=125\ \mu m$（过滤膜的厚度），70% 孔隙率（ε），t（渗透时间）$=0.5\sim15$ h，$\tau_{SS}=0\sim45$ min，$\tau_e=(V_R V_D)/(V_R+V_D)$ 是动力学时间常数。如果渗透膜在十二烷中用 2% 的 DOPC 处理，pH 为 7.4 时美托洛尔的 $\tau_e=4.8\times10^5$ 或待测物的浓度降为平衡浓度（final equilibrium value）的 $1/e$（37%）需要 134 小时。地尔硫䓬的动力学时间常数为 5.3 小时。当膜在十二烷中用卵磷脂处理，接收室采用阴离子表面活性剂实现漏槽条件时，美托洛尔和地尔硫䓬的动力学时间常数分别下降到 3.2 小时和 2.6 小时，因为在漏槽条件下，美托洛尔和地尔硫䓬在大豆基渗透膜中的渗透系数会增加。

地昔帕明和二氢麻醉椒苦素在接收室中的浓度随时间的曲线如图 A7.4 所示，由于膜对待测物的吸附，接收室中溶质的浓度分数曲线趋于水平的值低于图 7.3 中薄膜模型预估的 0.5。图 A7.4a 中的实线是式（A7.18b）中数据点的最小二乘拟合，其中 $P_e^{DOPC}=24\times10^{-6}cm\cdot s^{-1}$，$R_M=0.13$，$\tau_{SS}=11$ min。图 A7.4b 中二氢麻醉椒苦素的实线的参数 $P_e^{DOPC}=32\times10^{-6}cm\cdot s^{-1}$，$R_M=0.42$，$\tau_{SS}=35$ min。

酮洛芬为弱酸性药物，pK_a 为 4.12（25 ℃，0.01 mol·L^{-1}离子强度），图 A7.5 是用酮洛芬对式（A7.18）进行模拟计算获得的图（in a series of simulation calculations）。渗透膜和缓冲溶液的表观分配系数，$D_{MEM/W}$，是不同 pH 溶液中的推算值，利用脂－水分配研究中测得的表面离子对常数（SIP）：$\log P_{LIPO/W}^{N}$ 0.7 进行推算，与高 pH 条件下阴离子药物在双分子层中的分配，在低 pH 条件下中性物质的分配系数为 $\log P_{LIPO/W}^{N}$ 2.1 相应。当 pH = 7.4 时，$D_{LIPO/W}=5$，当 pH = 4.3 时，$D_{LIPO/W}=58$。模拟计算使用固有的渗透系数 $P_0^{DOPC}=170\times10^{-6}cm\cdot s^{-1}$，与酮洛芬的不带电形式的渗透率和水边界层（aqueous boundary layer）的渗透系数，$P_{ABL}=22\times10^{-6}cm\cdot s^{-1}$ 相关。

pH = 3 时，酮洛芬在溶液中大部分以分子形式存在。图 A7.5 的虚线显示 pH 3.0 中供给室在半小时内快速下降至 56%，这与药物在膜上的上样速率一致。实线表示接收室中样品的出现浓度。当 $t<\tau_{SS}$ 时，实线的纵坐标为 0。延迟时间后，接收曲线开始缓慢升高，扩散曲线缓慢下降，接收曲线与扩散曲线呈镜像。两条曲线在接近 16 h 时重合，浓度比约为 0.22，低于估算值 0.50，这个估算值是不考虑膜对待测物的吸附获得的。

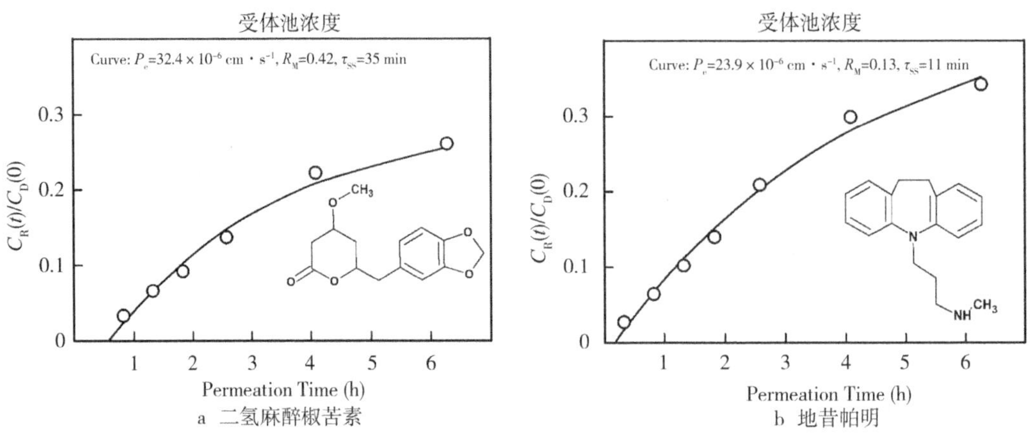

a 二氢麻醉椒苦素　　b 地昔帕明

图 A7.4　跨 PAMPA – DOPC 薄膜扩散的动力学

（图 A7.4b 来源于 AVDEEF，A. Curr. Topics Med. Chem.，2001，1：277 – 351。Reproduced with permission from Bentham Science Publishers，Ltd.）

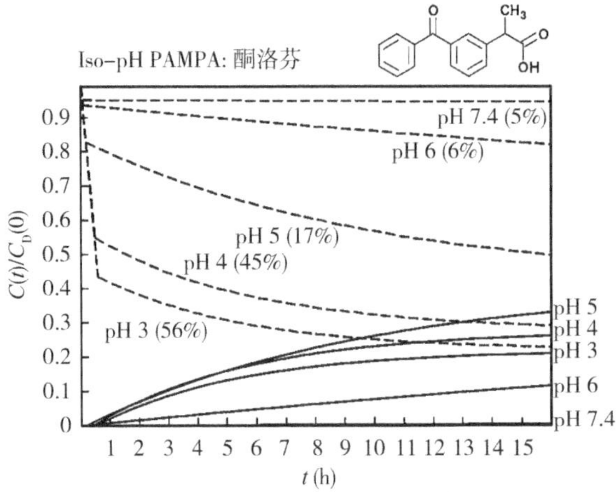

图 A7.5　不同 pH 条件下供给室和接收室中溶质浓度比随时间变化

A7.2.2.2　接收室的漏槽条件

添加剂通过与脂溶性分子紧密结合使脂溶性分子跨膜扩散（“结合陷阱”）。渗透到接收室中的待测物通过不断地与添加剂结合，使游离态分子不断减少，用 C_R（t）表示。在前章中描述非漏槽条件的渗透率公式不适用于上述条件。在这个条件中式（A7.5a）的 C_R（t）应用 C_R（t）≈0 代替，因为在此条件中反向渗透实际为 0。因此渗透率公式可以简化为：

$$p_a = \frac{2.303 V_D}{A \cdot (t - \tau_{SS}) \cdot \varepsilon_a} \cdot \log_{10}\left[\left(\frac{1}{1 - R_M}\right) \cdot \frac{C_D(t)}{C_D(0)}\right]。 \tag{A7.19}$$

注意公式中的 P_a 为表观渗透率，因为假设接收池中非结合态的化合物浓度为 0。

A7. 2. 2. 3 供给室中析出的样品

当供给室中的样品为难溶性样品，甚至以沉淀形式存在时，在扩散时间内（incubation time）溶液呈饱和状态。式（A7. 18）不能描述这个动力学过程。需要使用下述修正过的流量公式（flux equation）：

$$J(t) = P_e[S - C_R(t)];\quad\text{(A7. 20a)}$$

$$J(t) = V_R/A\mathrm{d}\,C_R(t)/\mathrm{d}t。\quad\text{(A7. 20b)}$$

供给室中的浓度是一个常数，可用溶解度来代替，$S = C_D(0) = C_D(t)$，反向渗透依然存在，但样品一进入供给室就形成沉淀，因此接受室中待测物的浓度不会超过溶解度浓度：$C_R(t) \leqslant S$。将 2 个反渗透公式等式画等号并解微分公式，饱和的渗透率公式变为：

$$P_a = \frac{2.303V_D}{A\cdot(t-\tau_{SS})\cdot\varepsilon_a}\cdot\log_{10}\left[1-\frac{C_R(t)}{S}\right]。\quad\text{(A7. 21)}$$

由于无法测定饱和溶液中待测物在膜上的分布值，所以式（A7. 21）中没有参数 R_M。R_M并不重要，因为跨膜的浓度梯度只与 S 和 $C_R(t)$ 有关。这里的渗透系数是有效渗透系数。

A7. 2. 3 膜滞留的梯度 pH 方程

当膜两侧的 pH 不同时，离子化合物的渗透行为会发生显著的改变。实际上，pH 梯度会产生化学漏槽现象。在渗透细胞受体和供体的隔间之间会达到分析的改善。考虑到梯度 pH 情况和药物引发的膜保留行为，可以得到一个 3 隔间的扩散微分公式。同前，一个公式从两个通量公式开始。

$$J(t) = P_e^{(D\to R)}C_D(t) - P_e^{(R\to D)}C_R(t);\quad\text{(A7. 22a)}$$

$$J(t) = -\left(\frac{V_D}{A}\right)\mathrm{d}\,C_D(t)/\mathrm{d}t。\quad\text{(A7. 22b)}$$

需要注意的是要考虑到两个不同的渗透系数，一个表示为上标（D→R），与受体（例如 pH_D 5. 0、6. 5 或 7. 4） - 供体（pH_R 7. 4）相关，另一个表示为上标（R→D），表示相反方向的渗透。两个通量公式可以推导出一个不同的公式 C_D（t），同 A. 7. 2. 1。

梯度 - pH（两个 P_e）模型提示相反方向的（R→D）也是可能存在的。很明显，目前的研究普遍认为梯度 pH 情况下由受体方向向供体方向的膜渗透流出几乎为 0。因此，式（A7. 10）的任一公式均可用于阐明梯度 pH 情况下的膜渗透行为。如果假设式（A7. 22a）中的 $C_R(t)$ 表示一种溶质全部带电荷的情况，那么它对反向流动的贡献是可以忽略的，可以呈现一种有效的漏槽条件。以不带电荷形式存在的溶质的浓度 $C_R(t)$ 代替了 $C_R(t)$，在此种情况下 $C_R(t) \approx 0$。在这种情况下，普通的漏槽式（A7. 19）或许可以用于测定一个表观渗透系数，P_a - “表观”是为了提醒大家注意隐藏的假设（如没有反向流动），正如在 A7. 1 中所提。然而，式（A7. 19）的有效应用被限制在严格的持续漏槽条件，并且排除了溶质引起的膜保留。在高通量应用下，同时分析拥有多种渗透特性的分子们时，式（A7.19）的这种约束条件会变得相当不切实际。

一种更通用的分析需要用到两个有效的渗透系数，每个 pH 各一个，每一个在单独的等度 - pH 条件都是有效的。因此需要的限定假设条件更少，这种通用的方法或许更适用于高通量的应用。

供体 - 受体 - 膜摩尔质量平衡：

$$m_{TOT} = V_D C_D(0) = V_R C_R(\infty) + V_D C_D(\infty) + V_M C_M(\infty)。 \quad (A7.23)$$

屏障的每一侧有不同的膜 - 缓冲液表观分配系数，$D_{MEM/W}^{(R)}$，定义为当 $t = \infty$ 时，

$$D_{MEM/W}^{(R)} = C_M(\infty) / C_R(\infty)； \quad (A7.24a)$$

$$D_{MEM/W}^{(R)} = C_M(\infty) / C_D(\infty)。 \quad (A7.24b)$$

膜的摩尔丢失从式（A7.23）和式（A7.24）推导而来：

$$m_M = C_M(\infty) \cdot V_M = \frac{V_M \cdot V_D \cdot C_D(0)}{\left(V_M + \frac{V_R}{D_{MEM/W}^{(R)}} + \frac{V_D}{D_{MEM/W}^{(D)}}\right)}。 \quad (A7.25)$$

膜的保留摩尔分数，R_M 可以被定义为样品和膜结合的摩尔数除以系统中样品的总摩尔数：

$$R_M = \frac{m_M}{m_{TOT}} = \frac{V_M}{(V_M + \frac{V_R}{D_{MEM/W}^{(R)}} + \frac{V_D}{D_{MEM/W}^{(D)}})}。 \quad (A7.26)$$

可以假设膜在渗透的初期很早就被溶质浸透饱和。当 $t \geqslant 20$ min，足以认为 $C_M(\infty) \approx C_M(t)$。在此基础上，受体浓度可以用供体浓度来表示：

$$C_R(t) = V_D / V_R [C_D(0)(1 - R_M) - C_D(t)。 \quad (A7.27)$$

可以推导出一个仅含 $C_D(t)$ 函数的微分公式，与式（A7.8）相似，其中特定常数 $a = A(P_e^{R \to D} / V_R + P_e^{D \to R} / V_D)$ 和 $b = C_D(0)(1 - R_M) A P_e^{R \to D} / V_R$。常微分公式是：

$$P_e = -\frac{2.303 V_D}{A \times (t - \tau_{ss}) \times \varepsilon_a} \times \left(\frac{1}{1 + r_a}\right) \times \log_{10}\left[-r_a + \left(\frac{1 + r_a}{1 - R_M}\right) \times \frac{C_D(t)}{C_D(0)}\right]。 \quad (A7.28a)$$

式中

$$r_a = \left(\frac{V_D}{V_R}\right) \times \left(\frac{P_e^{R \to D}}{P_e^{D \to R}}\right)。 \quad (A7.28b)$$

r_a 为不对称率（梯度 pH 导致的）。当渗透细胞的两个室含水溶液条件完全相同时（除样品外），$r_a = r_V$，式（A7.28a）等同于式（A7.18a）。前提是系统不受血清蛋白的影响或接收池中没有表面活性剂。

A7.2.3.1　单侧漏槽：式（A7.28），没有化学漏槽（接收室中的血清蛋白或表面活性剂）

通常情况下，式（A7.28a）存在两个未知量：$P_e^{R \to D}$ 和 $P_e^{D \to R}$。在不受血清蛋白影响情况下的分析时，可采用如下方法来求解式（A7.28a）。至少两个分析已经完成：一个是梯度 pH（如 pH 5.0 供体 - 7.4 受体），一个是等度 pH（如 pH 7.4 供体 - 7.4 受

体)，两次分析采用同样对的 pH。对于等度 pH，$P_e^{R\to D}$ = $P_e^{D\to R}$ 。可以直接采用式（A7.18a）直接进行求解。式（A7.28a）可迭代求解 $P_e^{D\to R}$ 。最初 r_a 假定成 r_V，但随着每一次迭代，代入从等 pH 情况计算得到的 $P_e^{R\to D}$ 和$P_e^{D\to R}$,r_a 的估值会升高。这个过程一直持续至得到所需的精度。

在等度 pH 不受血清蛋白和表面活性剂影响的溶液中，接收室中样品的浓度不会超过供给室中样品浓度。在梯度 pH 情况下，出现局限性。经过很长时间，供给室和接收室的浓度会达到平衡，平衡值取决于 pH 梯度：

$$C_D(\infty)/C_R(\infty) = P_e^{(R\to D)}/P_e^{(D\to R)}。\quad (A7.29a)$$

或者用摩尔比表示：

$$r_a = m_D(\infty)/m_R(\infty)。\quad (A7.29b)$$

给定分子 pK_a 值，ABL（7.6.5）渗透性，PABL 和内在渗透性 P_0，任何梯度 pH 组合都可以预测出这一限定比值[78]。在梯度 pH 分析时，有时会观察到由于漏槽条件，几乎所有样品都转移至接收侧，有时会限定浓度的测定。短的渗透时间有助于克服这一局限。不搅拌的情况下 3 ~4 h 足够了，较于原来的 15 h 的渗透时间大幅缩短[14,67]。时间太短会导致在计算渗透性时更大的不确定性，因为粗略估计亲脂分子的稳态滞后时间 τ_{ss} 要长于 30 min。

A7.2.3.2 双侧漏槽：式(A7.28)，存在化学漏槽(接收室中的血清蛋白或表面活性剂)

如果接受池上存在血清蛋白或表面活性剂，通常 $P_e^{R\to D}$ 和 $P_e^{D\to R}$ 不一样，即使在等度 - pH 条件下。要求得受体 - 供体渗透性，需进行一个独立的等 pH 分析，血清蛋白或表面活性剂加入到供体侧而非受体侧。P_e 的值用式（A7.18a）求得，用于在前述梯度 pH 情况下代替 $P_e^{R\to D}$ 。梯度 pH 计算过程是迭代的。计算步骤烦琐，过程并不吸引人。

图 A7.6 展示了一系列化合物（酸、碱、中性物质）在漏槽条件（不是由 pH 引起，由接收室添加阴离子表面活性剂产生）的影响下在等 pH 7.4 条件测定的不对称率。膜屏障由十二烷中加入 20% 大豆卵磷脂构建。油水表观分配系数 log D_{oct}（7.4）表明所有分子均呈现亲脂性上升的趋势。碱性化合物在 pH 7.4 时大部分以阳离子状态存在，呈亲脂性，对于漏槽条件响应最高。在疏水作用和静电作用下它们和表面活性剂发生反应。阴离子酸大部分不受受体上的阴离子表面活性剂的影响，出现一些轻微的排斥反应（图 A7.6）。

对于离子化的亲脂分子，合适的 pH 梯度可以使接收室的溶质变成带电荷（不渗透的）的状态；不带电的部分接下来会与血清蛋白或表面活性剂结合，从而浓度进一步降低，正如在双侧 - 漏槽分析时。

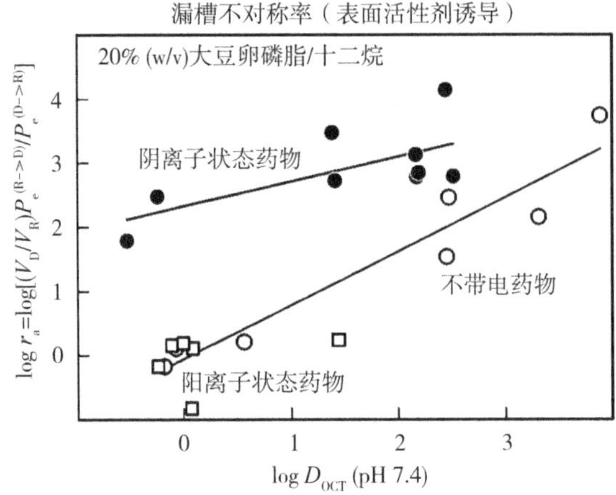

图 A7.6 pH 7.4 时表面活性剂诱导下的漏槽不对称率与油水表观分配系数关系

A7.2.3.3 模拟示例

我们选择酮洛芬来阐明梯度 pH 渗透平衡［式（A7.28a）］的特征，图 A7.7 展示了一系列模拟计算示例。采用 A7.2.2.1 提到的方法计算得到不同 pH 条件下的膜-缓冲液表观分配系数，$D_{MEM/W}$。在所有情况下接收室的 pH 均是 pH_R 7.4，供给室的 pH 为 pH_D 3.0～7.4。

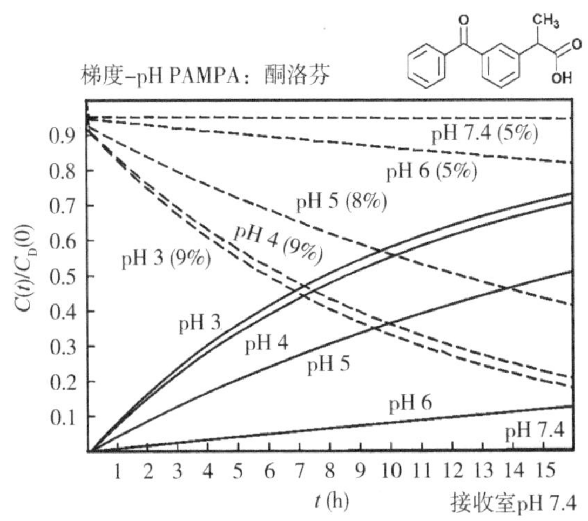

图 A7.7 接收室和供体室相对浓度与时间函数（梯度 pH 酮洛芬模型）

对比酮洛芬在等度-pH（图 A7.5）和梯度-pH（图 A7.7）的渗透性质会发现一个很有趣的现象。在等度-pH 条件下，在 pH_D 3 时，酮洛芬在溶液中几乎全部以不带电的状态存在。同图 A7.5 比较图 A7.7 中虚线曲线表明了供给室中的样品在最开始的时间内呈现快速但不广泛的减少，这同药物在膜上达到饱和的量相关，梯度-pH 条件下仅 9%，而等度-pH 条件下有 56%（图 A7.5）。相对应 pH_D 3.0～7.4 样品在接收室的表现用实线表示。短暂的滞后期后，接收曲线开始显著升高，同供体曲线（随时间降低）呈镜像。两条曲线在 7 h 交叉，然而在等度 - pH 情况下，经 16 h 两条曲线仅仅接近而并未交叉。并且，梯度 - pH 曲线交叉点在略低于浓度比 0.5 处，因为膜保留仅有 9%。

A7.2.3.4 梯度 - pH 小结

采用梯度 - pH 情况分析的优点：①更少的保留，因此具有更高的分析灵敏度；②更短的渗透时间，因此更高的通量成为可能；③为更切合实际的体内模型，体内肠壁呈现 pH 梯度，因此是一个更好的模型。对于高通量应用分析来说，灵敏度提高带来的节约时间很重要的加分项。通过结合梯度 pH 和在接收室的血清蛋白（或合适的表面活性剂）创造的双 - 漏槽条件是 GIT 仿生渗透模型的重要组成部分。

A7.3 平行人工膜渗透模型膜旁路水通道

目前，我们还没有讨论平行人工膜渗透模型中通过膜上水通道的扩散问题。在 PAMPA - DOPC 模型和 PAMPA - DS 模型中并不强制要求提供这种“膜旁路”渗透的证据。图 7.25d 展示了酮洛芬的渗透性作为 pH 的函数出现 4 个数量级的改变，没有带电荷状态的渗透。图 7.25 中其他弱酸例子，如萘普生、水杨酸和苯甲酸。在图 7.26b 中，维拉帕米的渗透性出现 4 个数量级的改变，没有带电荷状态的渗透。在图 7.27a 中阿米洛利的 $\log P_e$ 对 pH 的所有值均低于 0.1×10^{-6} cm · s^{-1}，一些值低于 0.01×10^{-6} cm · s^{-1}。如果有水通道泄露，P_e 会更高，并且无 pH 依赖性。在一些公开的论著中有提出在一些 PAMPA 模型中可以存在水通道。例如，PAMPA - HDM 模型中用到的 3μm 孔径的聚碳酸酯过滤器[158]。在改进 PAMPA - BBB 模型的过程中（参见第 9 章），Tsinman 等[158]探索使用比普通更薄的 PAMPA 膜，可以明显看到形成了水通道。作为实验的一部分，使用了 BD 生物科技公司（Bedford，MA，USA；PN353015 - LOT02059）预涂层的 PAMPA 板，这种板涂层非常薄［4%（w/v）二油酰基卵磷脂溶于 1 μL 十六烷中每一池］。初步研究表明这种预涂层的过滤膜一接触含表面活性剂的缓冲液就会泄露。进一步的实验在接受池中不再含表面活性剂。这种预涂层的板易碎，并且不能搅拌。研究中也制备了 3 μL 磷脂沉积的板。也出现了一些泄漏，与市售预涂层板相比泄漏程度低。因此，提出一个公式，作为式（7.17）的延伸，用于定量评估由于“膜旁路”泄露引起的渗透性 P_{para} 对于 P_e 的影响。

A7.3.1 引入“膜旁路”贡献的 PAMPA 渗透公式

计算模型假设 PAMPA 有效渗透参数 P_e 可用 3 个变量来描述：P_{ABL}、P_0 和 P_{para}。参数 P_{para} 定义为通过水通道（假设在非常薄的 PAMPA - BBB 膜屏障和市售预涂层过滤器中形成）的扩散。这个术语用于表示带电物质在穿过薄膜屏障时的与亲脂性不相关的渗透性。

采用一个加权的非线性回归方法[12,13,189]通过测量一系列不同供体 pH（受体侧 pH 7.4）的 P_e 来测定 P_{ABL}、P_0 和 P_{para}，依据式（A7.30）[153]，

$$\frac{1}{P_e}=\left(\frac{1}{P_{\text{ABL}}}+\frac{1}{\dfrac{P_0}{(10^{\pm(\text{pH}-\text{p}K_a)}+1)}+P_{\text{para}}}\right)。\tag{A7.30}$$

通过 3 个定义的渗透系数，h_{ABL} 和多孔性 - 长度比[153]，（ε/δ）2，参数计算如下 $h_{\text{ABL}}=D_{\text{aq}}/P_{\text{ABL}}$ 和（ε/δ）$2=P_{\text{para}}/D_{\text{aq}}$［参见 7.6.6 式（7.27）］。

A7.3.2 PAMPA 测定

我们比较了 22 种化合物在近乎相同的条件下在市售预涂层板（图 A7.8d 至图 A7.8f）和涂布 3 μL 磷脂层的板（图 A7.8a 至图 A7.8c）上的渗透值[153]。图 A7.8 展示了阿莫沙平、安非他酮和氯氮平的 log P_e - pH 的关系。预涂层板的渗透性几乎不呈 pH 依赖性，该数据解释了水通道“泄漏”渗透性。

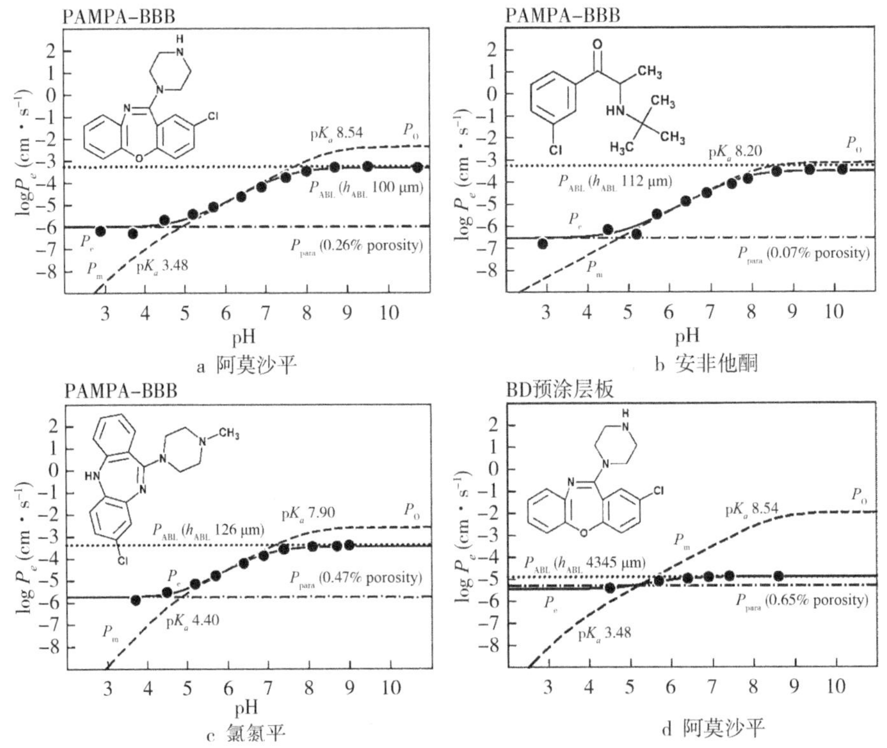

a 阿莫沙平　b 安非他酮　c 氯氮平　d 阿莫沙平

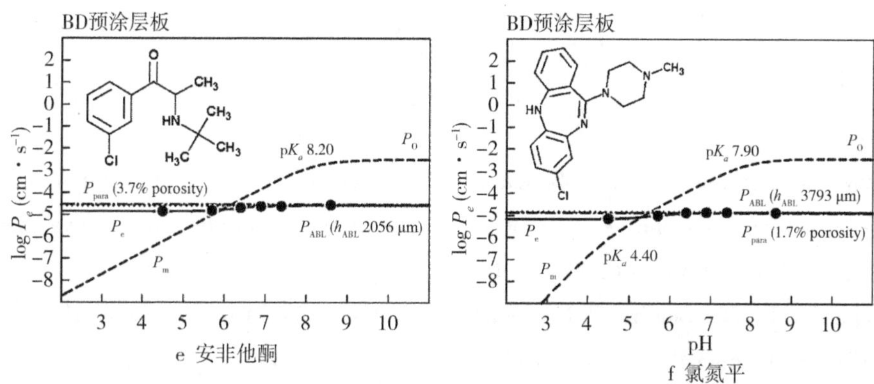

图 A7.8　采用 PAMPA－BBB 方法测定 3 种化合物（共测定 108 种化合物）的 log P_e－pH 的关系[153]

［图 7.8a、图 7.8b、图 7.8c 是基于 3 μL BBB 脂质涂层过滤器的试验，图 7.8d、图 7.8e、图 7.8f 是采用 BD 生物科技公司的 4%（w/v）二油酰基卵磷脂溶于 1 μL 十六烷中的预涂层过滤器进行试验。试验选取了不同的 pH 来评估水边界层的贡献和膜旁路水相孔隙的分流作用。式（A7.30）中的有效渗透常数 P_e 的 log 形式与 pH 的最佳拟合曲线用实线曲线表示；ABL 修正 log P_m 与 pH 曲线以虚线曲线表示。圆点曲线表示。log P_{ABL}，圆点虚线曲线表示膜旁路渗透性 log P_{para}。曲线中 log P_m 的最大值与固有渗透系数 log P_0 相对应。TSINMAN O，TSINMAN K，SUN N，et al. Physicochemical selectivity of the BBB microenvironment governing passivediffusion：matching with a porcine brain lipid extract artifi cial membrane permeability model. Pharm. Res.，2011，28：337－363。来源于 Springer Science 和商用媒体］

不经搅拌情况下的测定，3 μL 涂层的板水边界层的厚度 h_{ABL} =（2000 ±791）μm，大约只有 1 μL 涂层的板［h_{ABL} =（3909 ±1405）μm］的一半，供给室的胶束沉积缓冲盐作用是造成 3 μL 系统下 h_{ABL} 偏低的原因。两种模型下 P_{para} 的平均值显示水相孔隙渗透率似乎取决于 PAMPA 膜屏障的脂质层厚度。经测定，未经搅拌的预涂层板的孔隙度均值为 0.84%，3 μL 涂层的板孔隙度均值为 0.04%。

A7.3.3　PAMPA 膜屏障上的水通道（water pores）

Chen 等[220] 提出假设商用预涂层过滤屏障含有一个脂/油/脂的三层结构。PVDF 过滤器的空体积经计算为 2.6 μL/个（参见 7.12 节），预涂层过滤器的 1 μL 脂质涂层不足以填满过滤器的内在体积。因此认为采用的这种膜结构会最小化十六烷－水接触的表面积。有可能导致加入的两性磷脂层 4%（w/v）会将其酰基植入过滤器内表面涂层暴露出来的十六烷中，同时保持亲水基团与水相接触，减少表面张力，有可能为一些水通道的形成创造条件。化合物的膜旁路水相扩散是一种市售预涂层过滤器（1 μL 脂质/池）上广泛存在的分流作用（可能限制低渗透化合物的测定和模糊离子化合物的渗透值的 pH 依赖性）。3 μL 涂层的 PAMPA－BBB 过滤器[153] 更耐用，动力学范围更宽（图 A7.8）。

参考文献

[1] Kansy, M.; Senner, F.; Gubernator, K. Physicochemical high throughput screening: parallel artificial membrane permeability assay in the description of passive absorption processes. *J. Med. Chem.* **41**, 1007 – 1010 (1998).

[2] Borchardt, R. T.; Smith, P. L.; Wilson, G. *Models for Assessing Drug Absorption and Metabolism.* Plenum Press, New York, 1996.

[3] Hidalgo, I. J.; Kato, A.; Borchardt, R. T. Binding of epidermal growth factor by human colon carcinoma cell (Caco-2) monolayers. *Biochem. Biophys. Res. Commun.* **160**, 317 – 324 (1989).

[4] Artursson, P. Epithelial transport of drugs in cell culture. I: A model for studying the passive diffusion of drugs over intestinal absorptive (Caco-2) cells. *J. Pharm. Sci.* **79**, 476 – 482 (1990).

[5] Karlsson, J. P.; Artursson, P. A method for the determination of cellular permeability coefficients and aqueous boundary layer thickness in monolayers of intestinal epithelial (Caco-2) cells grown in permeable filter chambers. *Int. J. Pharm.* **7**, 55 – 64 (1991).

[6] Hilgers, A. R.; Conradi, R. A.; Burton, P. S. Caco-2 cell monolayers as a model for drug transport across the intestinal mucosa. *Pharm. Res.* **7**, 902 – 910 (1990).

[7] Ho, N. F. H.; Raub, T. J.; Burton, P. S.; Barsuhn, C. L.; Adson, A.; Audus, K. L.; Borchardt, R. T. Quantitative approaches to delineate passive transport mechanisms in cell culture monolayers. In: Amidon, G. L.; Lee, P. I.; Topp, E. M. (eds.). *Transport Processes in Pharmaceutical Systems.* Marcel Dekker, New York, 2000, pp. 219 – 317.

[8] Hidalgo, I. J.; Hillgren, K. M.; Grass, G. M.; Borchardt, R. T. A new side-by-side diffusion cell for studying transport across epithelial cell monolayers. *In Vitro Cell Dev. Biol.* **28**A, 578 – 580 (1992).

[9] Youdim, K. A.; Avdeef, A.; Abbott, N. J. *In vitro* trans-monolayer permeability calculations: Often forgotten assumptions. *Drug Disc. Today*, **8**, 997 – 1003 (2003).

[10] Bermejo, M.; Avdeef, A.; Ruiz, A.; Nalda, R.; Ruell, J. A.; Tsinman, O.; González, I.; Fernández, C.; Sánchez, G.; Garrigues, T. M.; Merino, V. PAMPA—a drug absorption *in vitro* model. 7. Comparing rat *in situ*, Caco-2, and PAMPA permeability of fluoroquinolones. *Eur. J. Pharm. Sci.* **21**, 429 – 441 (2004).

[11] Avdeef, A.; Artursson, P.; Neuhoff, S.; Lazarova, L.; Gräsjä, J.; Tavelin, S. Caco-2 permeability of weakly basic drugs predicted with the Double-Sink PAMPA

pK_a^{FLUX} method. *Eur. J. Pharm. Sci.* , **24**, 333 - 349 (2005).

[12] Avdeef, A. Leakiness and size exclusion of paracellular channels in cultured epithelial cell monolayers— interlaboratory comparison. *Pharm. Res.* **27**, 480 - 489 (2010).

[13] Avdeef, A.; Tam, K. Y. How well can the Caco-2/MDCK models predict effective human jejunal permeability? *J. Med. Chem.* **53**, 3566 - 3584 (2010).

[14] Sugano, K.; Kansy, M.; Artursson, P.; Avdeef, A.; Bendels, S.; Di, L.; Ecker, G. F.; Faller, B.; Fischer, H.; Gerebtzoff, G.; Lennernäs, H.; Senner, F. Coexistence of passive and active carrier-mediated uptake processes in drug transport: a more balanced view. *Nature Rev. Drug Discov.* **9**, 597 - 614 (2010).

[15] Tanford, C. *Ben Franklin Stilled the Waves: An Informal History of Pouring Oil on Water with Reflections on the Ups and Downs of Scientific Life in General*, Duke University Press, Durham, NC, 1989.

[16] Tien, T. H.; Ottova, A. L. The lipid bilayer concept and its experimental realization: From soap bubbles, kitchen sink, to bilayer lipid membranes. *J. Membr Sci.* **189**, 83 - 117 (2001).

[17] Ottova, A.; Tien, T. H. The 40th anniversary of bilayer lipid membrane research. *Bioelectrochemistry* **56**, 171 - 173 (2002).

[18] Hooke, R. Royal Society Meeting. In: Birch, T. (ed.). *The History of the Royal Society of London*, Vol. 3, No. 29, A. Miller, London, 1672, p. 1757.

[19] Newton, I. *Optics*, Dover, New York, 1952 (1704), pp. 215 - 232 (reprinted).

[20] Franklin, B. Of the stilling of waves by means of oil. *Philos. Trans.* (*Roy. Soc.*) **64**, 445 - 460 (1774).

[21] Tien, H. T.; Ottova, A. L. *Membrane Biophysics: As Viewed from Experimental Bilayer Lipid Membranes* (*Planar Lipid Bilayers and Spherical Liposomes*), Elsevier, Amsterdam, 2000, 648 pp.

[22] Overton, E. *Vjschr. Naturforsch. Ges. Zurich* **44**, 88 (1899).

[23] Collander, R.; Bärlund, H. Permeabilititätsstudien an Chara eratophylla. *Acta Bot. Fenn.* **11**, 72 - 114 (1932).

[24] Langmuir, I. The constitution and fundamental properties of solids and liquids. II. Liquids. *J. Amer. Chem. Soc.* **39**, 1848 - 1906 (1917).

[25] Gorter, E.; Grendel, F. On biomolecular layers of lipids on the chromocytes of the blood. *J. Exp. Med.* **41**, 439 - 443 (1925).

[26] Danielli, J. F.; Davson, H. A contribution to the theory of permeability of thin films. *J. Cell Comp. Physiol.* **5**, 495 - 508 (1935).

[27] Singer, S. J.; Nicolson, G. L. The fluid mosaic model of the structure of cell membranes. *Science* **175**, 720 - 731 (1972).

[28] Singer, S. J. The molecular organization of membranes. *Annu. Rev. Biochem.* **43**, 805 - 834 (1974).

[29] Fishman, P. (ed.). In: *Proceedings of the Symposium on the Plasma Membrane*, American. Heart Association and NY Heart Association, New York City, 8 - 9 December 1961, *Circulation* **26** (5) (1962) (supplement).

[30] Mueller, P.; Rudin, D. O.; Tien, H. T.; Westcott, W. C. Reconstitution of cell membrane structure *in vitro* and its transformation into an excitable system. *Nature* **194**, 979 - 980 (1962).

[31] Mueller, P.; Rudin, D. O.; Tien, H. T.; Wescott, W. C. Reconstitution of cell membrane structure *in vitro* and its transformation into an excitable system. *J. Phys. Chem.* **67**, 534 (1963).

[32] Bangham, A. D. Surrogate cells or Trojan horses. *BioEssays* 1081 - 1088 (1995).

[33] Barry, P. H.; Diamond, J. M. Effects of the unstirred layers on membrane phenomena. *Physiol. Rev.* **64**, 763 - 872 (1984).

[34] Gutknecht, J.; Tosteson, D. C. Diffusion of weak acids across lipid membranes: Effects of chemical reactions in the unstirred layers. *Science* **182**, 1258 - 1261 (1973).

[35] Gutknecht, J.; Bisson, M. A.; Tosteson, F. C. Diffusion of carbon dioxide through lipid bilayer membranes. Effects of carbonic anhydrase, bicarbonate, and unstirred layers. *J. Gen. Physiol.* **69**, 779 - 794 (1977).

[36] Walter, A.; Gutknecht, J. Monocarboxylic acid permeation through lipid bilayer membranes. *J. Mem. Biol.* **77**, 255 - 264 (1984).

[37] Xiang, T. -X.; Anderson, B. D. Substituent contributions to the transport of substituted *P*-toluic acids across lipid bilayer membranes. *J. Pharm. Sci.* **83**, 1511 - 1518 (1994).

[38] Pohl, P.; Saparov, S. M.; Antonenko, Y. N. The size of the unstirred water layer as a function of the solute diffusion coefficient. *Biophys. J.* **75**, 1403 - 1409 (1998).

[39] Antonenko, Y. N.; Denisov, G. A.; Pohl, P. Weak acid transport across bilayer lipid membrane in the presence of buffers. *Biophys. J.* **64**, 1701 - 1710 (1993).

[40] Cotton, C. U.; Reuss, L. Measurement of the effective thickness of the mucosal unstirred layer in Necturus gallbladder epithelium. *J. Gen. Physiol.* **93**, 631 - 647 (1989).

[41] Mountz, J. M.; Tien, H. T. Photoeffects of pigmented lipid membranes in a microporous filter. *Photochem. Photobiol.* **28**, 395 - 400 (1978).

[42] Thompson, M.; Lennox, R. B.; McClelland, R. A. Structure and electrochemical properties of microfiltration filter-lipid membrane systems. *Anal. Chem.* **54**, 76 - 81 (1982).

[43] O'Connell, A. M.; Koeppe, R. E. II; Andersen, O. S. Kinetics of gramicidin channel formation in lipid bilayers: Transmembrane monomer association. *Science* **250**, 1256 -

1259 (1990).

[44]Cools, A. A.; Janssen, L. H. M. Influence of sodium ion-pair formation on transport kinetics of warfarin through octanol-impregnated membranes. *J. Pharm. Pharmacol.* **35**, 689-691 (1983).

[45]Camenisch, G.; Folkers, G.; van de Waterbeemd, H. Comparison of passive drug transport through Caco-2 cells and artificial membranes. *Int. J. Pharm.* **147**, 61-70 (1997).

[46]Ghosh, R. Novel membranes for simulating biological barrier transport. *J. Membr. Sci.* **192**, 145-154 (2001).

[47]Zhu, C.; Chen, T. -M.; Hwang, K. A comparative study of parallel artificial membrane permeability assay for passive absorption screening. In: *CPSA2000: The Symposium on Chemical and Pharmaceutical Structure Analysis*, Milestone Development Services, Princeton, NJ, 26-28 September 2000.

[48]Camenisch, G.; Folkers, G.; van de Waterbeemd, H. Review of theoretical passive drug absorption models: Historical background, recent developments and limitations. *Pharm. Acta Helv.* **71**, 309-327 (1996).

[49]Camenisch, G.; Folkers, G.; van de Waterbeemd, H. Shapes of membrane permeability-lipophilicity curves: Extension of theoretical models with an aqueous pore pathway. *Eur. J. Pharm. Sci.* **6**, 321-329 (1998).

[50]Kakemi, K.; Arita, T.; Hori, R.; Konishi, R. Absorption and excretion of drugs. XXX. Absorption of barbituric acid derivatives from rat stomach. *Chem. Pharm. Bull.* **17**, 1534-1539 (1967).

[51]Wagner, J. G.; Sedman, A. J. Quantitation of rate of gastrointestinal and buccal absorption of acidic and basic drugs based on extraction theory. *J. Pharmacokinet. Biopharm.* **1**, 23-50 (1973).

[52]Garrigues, T. M.; Pé rez-Varona, A. T.; Climent, E.; Bermejo, M. V.; Martin-Villodre, A.; Plá-Delfi na, J. M. Gastric absorption of acidic xenobiotics in the rat: Biophysical interpretation of an apparently atypical behavior. *Int. J. Pharm.* **64**, 127-138 (1990).

[53]Lee, A. J.; King, J. R.; Barrett, D. A. Percutaneous absorption: a multiple pathway model. *J. Control. Release* **45**, 141-151 (1997).

[54]Adson, A.; Burton, P. S.; Raub, T. J.; Barsuhn, C. L.; Audus, K. L.; Ho, N. F. H. Passive diffusion of weak organic electrolytes across Caco-2 cell monolayers: uncoupling the contributions of hydrodynamic, transcellular, and paracellular barriers. *J. Pharm. Sci.* **84**, 1197-1204 (1995).

[55]Ho, N. F. H.; Park, J. Y.; Morozowich, W.; Higuchi, W. I. Physical model ap-

proach to the design of drugs with improved intestinal absorption. In: Roche, E. B. (ed.). *Design of Biopharmaceutical Properties through Prodrugs and Analogs*, APhA/APS, Washington, D. C., pp. 136 – 227 (1977).

[56] Ho, N. F. H.; Park, J. Y.; Ni, P. F.; Higuchi, W. I. Advancing quantitative and mechanistic approaches in interfacing gastrointestinal drug absorption studies in animals and man. In: Crouthamel, W. G.; Sarapu, A. (eds.), *Animal Models for Oral Drug Delivery in Man: In Situ and In Vivo Approaches*, APhA/APS, Washington, D. C., pp. 27 – 106 (1983).

[57] Kubinyi, H. Lipophilicity and biological activity. *Arzneim. -Forsch. /Drug Res.* **29**, 1067 – 1080 (1979).

[58] Hansch, C. A quantitative approach to biochemical structure – activity relationships. *Accounts Chem. Res.* **2**, 232 – 239 (1969).

[59] Kubinyi, H. Quantitative structure – activity relationships. IV. Nonlinear dependence of biological activity on hydrophobic character: A new model. *Arzneim. Forsch. (Drug Res.)* **26**, 1991 – 1997 (1976).

[60] McFarland, J. W. On the parabolic relationship between drug potency and hydrophobicity. *J. Med. Chem.* **13**, 1192 – 1196 (1970).

[61] Dearden, J. C.; Townsend, M. S. Digital computer simulation of the drug transport process. In: *Proceedings of the Second Symposium on Chemical Structure-Biological Activity Relationships: Quantitative Approaches*, *Suhl*, Akademie-Verlag, Berlin, 1978, pp. 387 – 393.

[62] Collander, R. The partition of organic compounds between higher alcohols and water. *Acta Chem. Scand.* **5**, 774 – 780 (1951).

[63] Leo, A.; Hansch, C.; Elkins, D. Partition coefficients and their uses. *Chem. Rev.* **71**, 525 – 616 (1971).

[64] van de Waterbeemd, H.; van Boeckel, S.; Jansen, A. C. A.; Gerritsma, K. Transport in QSAR. II: Rate-equilibrium relationships and the interfacial transfer of drugs. *Eur. J. Med. Chem.* **3**, 279 – 282 (1980).

[65] van de Waterbeemd, H.; van Boeckel, S.; de Sevaux, R.; Jansen, A.; Gerritsma, K. Transport in QSAR. IV: The interfacial transfer model. Relationships between partition coefficients and rate constants of drug partitioning. *Pharm. Weekbl. Sci. Ed.* **3**, 224 – 237 (1981).

[66] van de Waterbeemd, H.; Jansen, A. Transport in QSAR. V: Application of the interfacial drug transfer model. *Pharm. Weekbl. Sci. Ed.* **3**, 587 – 594 (1981).

[67] Kansy, M.; Fischer, H.; Kratzat, K.; Senner, F.; Wagner, B.; Parrilla, I. High-throughput artificial membrane permeability studies in early lead discovery and develop-

ment. In: Testa, B.; van de Waterbeemd, H.; Folkers, G.; Guy, R. (eds.). *Pharmacokinetic Optimization in Drug Research*, Verlag Helvetica Chimica Acta, Zürich; and Wiley-VCH, Weinheim, 2001, pp. 447 - 464.

[68] Kansy, M.; Avdeef, A.; Fischer, H. Advances in screening for membrane permeability: High-resolution PAMPA for medicinal chemists. *Drug Discovery Today: Technologies* **1**, 349 - 355 (2005).

[69] Kansy, M.; Fischer, H.; Bendels S.; Wagner, B.; Senner, F.; Parrilla, I.; Micallef, V. Physicochemical Methods for Estimating Permeability and Related Properties. In: Borchardt, R. T.; Kerns, E. H.; Lipinski, C. A.; Thakker, D. R.; Wang, B. (eds.). *Pharmaceutical Profiling in Drug Discovery for Lead Selection*, AAPS Press, Arlington, VA, 2004, pp. 197 - 216.

[70] Yamashita, S.; Furubayashi, T.; Kataoka, M.; Sakane, T.; Sezaki, H.; Tokuda, H. Optimized conditions for prediction of intestinal drug permeability using Caco-2 cells. *Eur. J. Pharm. Sci.* **10**, 109 - 204 (2000).

[71] Tanaka, Y.; Taki, Y.; Sakane, T.; Nadai, T.; Sezaki, H.; Yamashita, S. Characterization of drug transport through tight-junctional pathway in Caco-2 monolayer: Comparison with isolated rat jejunum and colon. *Pharm. Res.* **12**, 523 - 528 (1995).

[72] Gan, L. - S. L.; Yanni, S.; Thakker, D. R. Modulation of the tight junctions of the Caco-2 cell monolayers by H2 - antagonists. *Pharm. Res.* **15**, 53 - 57 (1998).

[73] Lentz, K. A.; Hayashi, J.; Lucisano, L. J.; Polli, J. E. Development of a more rapid, reduced serum culture system for Caco-2 monolayers and application to the biopharmaceutics classification system. *Int. J. Pharm.* **200**, 41 - 51 (2000).

[74] Chen, M. -L.; Shah, V.; Patnaik, R.; Adams, W.; Hussain, A.; Conner, D.; Mehta, M.; Malinowski, H.; Lazor, J.; Huang, S. -M.; Hare, D.; Lesko, L.; Sporn, D.; Williams, R. Bioavailability and bioequivalence: An FDA regulatory overview. *Pharm. Res.* **18**, 1645 - 1650 (2001).

[75] Rege, B. D.; Yu, L. X.; Hussain, A. S.; Polli, J. E. Effect of common excipients on Caco-2 transport of low-permeability drugs. *J. Pharm. Sci.* **90**, 1776 - 1786 (2001).

[76] Krishna, G.; Chen, K. -J.; Lin, C. -C.; Nomeir, A. A. Permeability of lipophilic compounds in drug discovery using *in-vitro* human absorption model, Caco-2. *Int. J. Pharm.* **222**, 77 - 89 (2001).

[77] Pontier, C.; Pachot, J.; Botham, R.; Lefant, B.; Arnaud, P. HT29-MTX and Caco-2/ TC7 monolayers as predictive models for human intestinal absorption: Role of mucus layer. *J. Pharm. Sci.* **90**, 1608 - 1619 (2001).

[78] Avdeef, A. Physicochemical profiling (solubility, permeability, and charge state). *Curr. Topics Med. Chem.* **1**, 277 - 351 (2001).

[79] Avdeef, A. High-throughput measurements of solubility profiles. In: Testa, B.; van de Waterbeemd, H.; Folkers, G.; Guy, R. (eds.). *P harmacokinetic Optimization in Drug Research*, Verlag Helvetica Chimica Acta, Zürich; and Wiley-VCH, Weinheim, 2001, pp. 305 – 326.

[80] Avdeef, A. High-throughput measurements of permeability profiles. In: van de Waterbeemd, H.; Lennernäs, H.; Artursson, P. (eds.). *Drug Bioavailability. Estimation of Solubility, Permeability, Absorption and Bioavailability*, Wiley-VCH, Weinheim, 2002, pp. 46 – 71.

[81] Avdeef, A.; Testa, B. Physicochemical profiling in drug research: A brief state-of-the-art of experimental techniques. *Cell. Molec. Life Sci.* **59**, 1681 – 1689 (2003).

[82] Faller, B.; Wohnsland, F. Physicochemical parameters as tools in drug discovery and lead optimization. In: Testa, B.; van de Waterbeemd, H.; Folkers, G.; Guy, R. (eds.). *Pharmacokinetic Optimization in Drug Research*, Verlag Helvetica Chimica Acta, Zürich; and Wiley-VCH, Weinheim, 2001, pp. 257 – 274.

[83] Wohnsland, F.; Faller, B. High-throughput permeability pH profile and high-through put alkane/water log P with artificial membranes. *J. Med. Chem.* **44**, 923 – 930 (2001).

[84] Hwang, K. Predictive artificial membrane technology for high throughput screening. In: *New Technologies to Increase Drug Candidate Survivability Conference*, SR Institute. 17-18 May 2001, Somerset, NJ.

[85] Avdeef, A.; Strafford, M.; Block, E.; Balogh, M. P.; Chambliss, W.; Khan, I. Drug absorption *in vitro* model: Filter-immobilized artificial membranes. 2. Studies of the permeability properties of lactones in piper methysticum forst. *Eur. J. Pharm. Sci.* **14**, 271 – 280 (2001).

[86] Liu, H.; Sabus, C.; Carter, G. T.; Du, C.; Avdeef, A.; Tischler, M. Solubilizer selection in the parallel artificial membrane permeability assay (PAMPA) for *in vitro* permeability measurement of low solubility compounds. *Pharm. Res.* **20**, 1820 – 1826 (2003).

[87] Ruell, J. A.; Tsinman, K. L.; Avdeef, A. PAMPA—A drug absorption *in vitro* model. 5. Unstirred water layer in iso-pH mapping assays and pK_a^{FLUX}-optimized design (*p*OD-PAMPA). *Eur. J. Pharm. Sci.* **20**, 393 – 402 (2003).

[88] Nielsen, P.; Avdeef, A. PAMPA—A drug absorption *in vitro* model. 8. Apparent filter porosity and the unstirred water layer. *Eur. J. Pharm. Sci.*, **22**, 33 – 41 (2004).

[89] Caron, G.; Ermondi, G.; Damiano, A.; Novaroli, L.; Tsinman, O.; Ruell, J. A.; Avdeef, A. Ionization, lipophilicity, and molecular modeling to investigate permeability and other biological properties of amlodipine. *Bioorg. Med. Chem.* **23**, 6107 – 6118 (2004).

[90]Avdeef, A.; Nielsen, P. E.; Tsinman, O. PAMPA—A drug absorption *in vitro* model. 11. Matching the *in vivo* unstirred water layer thickness by individual-well stirring in microtitre plates. *Eur. J. Pharm. Sci.* **22**, 365 –374 (2004).

[91]Ruell, J. A.; Tsinman, O.; Avdeef, A. Acid-base cosolvent method for determining aqueous permeability of amiodarone, itraconazole, tamoxifen, terfenadine and other very insoluble molecules. *Chem. Pharm. Bull.* **52**, 561 –565 (2004).

[92]Ruell, J. A.; Avdeef, A. Absorption using the PAMPA approach. In: Yan Z, Caldwell GW (eds.). *Optimization in Drug Discovery: In Vitro Methods*, The Humana Press, Totowa, NJ, 2004, pp. 37 –64.

[93]Avdeef, A. The rise of PAMPA. *Expert Opinion Drug Metab. Toxicol.* **1**, 325 – 342 (2005).

[94]Avdeef, A.; Tsinman, O. PAMPA—A drug absorption in vitro model. 13. Chemical selectivity due to membrane hydrogen bonding: *in combo* comparisons of HDM-, DOPC-, and DS-PAMPA. *Eur. J. Pharm. Sci.*, **28**, 43 –50 (2006).

[95]Avdeef, A. HT solubility and permeability: MAD-PAMPA analysis. In: Testa, B.; Krämer, S. D.; Wunderli-Allenspach, H.; Folkers, G. (eds.). *Pharmacokinetic Profiling in Drug Research: Biological, Physicochemical, and Computational Strategies*, Wiley –VCH, Weinheim, 2006, pp. 221 –241.

[96]Bendels, S.; Tsinman, O.; Wagner, B.; Lipp, D.; Parrilla, I.; Kansy, M.; Avdeef, A. PAMPA-excipient classification gradient maps. *Pharm. Res.* **23**, 2525 –2535 (2006).

[97]Fischer, H.; Kansy, M.; Avdeef, A.; Senner, F. Permeation of permanently charged molecules through artificial membranes—Influence of physicochemical properties. *Eur. J. Pharm. Sci.* **31**, 32 –42 (2007).

[98]Avdeef, A.; Bendels, S.; Di, L.; Faller, B.; Kansy, M.; Sugano, K.; Yamauchi, Y. PAMPA—A useful tool in drug discovery. *J. Pharm. Sci.* **96**, 2893 – 2909 (2007).

[99]Avdeef, A.; Kansy, M.; Bendels, S.; Tsinman, K. Absorption-excipient-pH classifi cation gradient maps: Sparingly-soluble drugs and the pH-partition hypothesis. *Eur. J. Pharm. Sci.* **33**, 29 –41 (2008).

[100]Escher, B. I.; Berger, C.; Bramaz, N.; Kwon, J. -H.; Richter, M.; Tsinman, O.; Avdeef, A. Membrane-water partitioning, membrane permeability and non-target modes of action in aquatic organisms of the parasiticides ivermectin, ablendazole and morantel. *Environ Toxicol. Chem.* **27**, 909 –918 (2008).

[101]Sinkó, B.; Käkäsi, J.; Avdeef, A.; Takács-Novák, K. A PAMPA study of the permeability-enhancing effect of new ceramide analogues. *Chem. Biodivers.* **11**, 1867 – 1874

(2009).

[102] Sugano, K.; Hamada, H.; Machida, M.; Ushio, H. High throughput prediction of oral absorption: improvement of the composition of the lipid solution used in parallel artificial membrane permeability assay. *J. Biomolec. Screen.* **6**, 189 - 196 (2001).

[103] Sugano, K.; Hamada, H.; Machida, M.; Ushio, H.; Saitoh, K.; Terada, K. Optimized conditions of bio-mimetic artificial membrane permeability assay. *Int. J. Pharm.* **228**, 181 - 188 (2001).

[104] Zhu, C.; Jiang, L.; Chen, T.-M.; Hwang, K.-K. A comparative study of artificial membrane permeability assay for high-throughput profiling of drug absorption potential. *Eur. J. Med. Chem.* **37**, 399 - 407 (2002).

[105] Veber, D. F.; Johnson, S. R.; Cheng, H.-Y; Smith, B. R.; Ward, K. W.; Kopple, K. D. Molecular properties that influence the oral bioavailability of drug candidates. *J. Med. Chem.* **45**, 2615 - 2623 (2002).

[106] www. pampa2002. com (accessed 11 March 2011).

[107] Faller, B. High-throughput physicochemical profiling: potential and limitations. In: *Analysis and Purification Methods in Combinatorial Chemistry*, John Wiley & Sons, Hoboken, NJ, 2004. Chapter 22.

[108] Sugano, K.; Takata, N.; Machida, M.; Saitoh, K.; Terada, K. Prediction of passive intestinal absorption using biomimetic artificial membrane permeation assay and the paracellular pathway model. *Int. J. Pharm.* **241**, 241 - 251 (2002).

[109] Sugano, K.; Nabuchi, Y.; Machida, M.; Aso, Y. Prediction of human intestinal permeability using artificial membrane permeability. *Int. J. Pharm.* **257**, 245 - 251 (2003).

[110] Obata, K.; Sugano, K.; Machida, M.; Aso, Y. Biopharmaceutics classification by high throughput solubility assay and PAMPA. *Drug Dev. Ind. Pharm.* **30**, 181 - 185 (2004).

[111] Saitoh, R.; Sugano, K.; Takata, N.; Tachibana, T.; Higashida, A.; Nabuchi, Y.; Aso, Y. Correction of permeability with pore radius of tight junctions in Caco-2 monolayers improves the prediction of the dose fraction of hydrophilic drugs absorbed in humans. *Pharm. Res.* **21**, 749 - 755 (2004).

[112] Sugano, K.; Saitoh, R.; Higashida, A.; Hamada, H. Processing of biopharmaceutic profiling data in drug discovery. In: Testa, B.; Krämer, S. D.; Wunderli - Allenspach H.; Folkers G., (eds.). *Pharmacokinetic Profiling in Drug Research: Biological, Physicochemical, and Computational Strategies.* Wiley-VCH : Weinheim, 2006, pp. 441 - 458.

[113] Hwang, K. K.; Martin, N. E.; Jiang, L.; Zhu, C. Permeation prediction of M100240 using the parallel artificial membrane permeability assay. *J. Pharm. Pharmaceut. Sci.* **6**, 315 – 320 (2203).

[114] Huque, F. T. T.; Box, K.; Platts, J. A.; Comer, J. Permeability through DOPC/dodecane membranes: Measurement and LFER modelling. *Eur. J. Pharm. Sci.* **23**, 223 – 232 (2004).

[115] Ano, R.; Kimura, Y.; Shima, M.; Matsuno, R.; Ueno, T.; Akamatsu, M. Relationships between structure and high-throughput screening permeability of peptide derivatives and related compounds with artificial membranes: Application to prediction of Caco-2 cell permeability. *Bioorg. Med. Chem.* **12**, 257 – 264 (2004).

[116] Kerns, E. H.; Di, L.; Petusky, S.; Farris, M.; Ley, R.; Jupp, P. Combined application of parallel membrane permeability assay and Caco-2 permeability assays in drug discovery. *J. Pharm. Sci.* **93**, 1440 – 1453 (2004).

[117] Kerns, E. H. High throughput physicochemical profiling for drug discovery. *J. Pharm. Sci.* **90**, 1838 – 1858 (2001).

[118] Kerns, E. H.; Di, L. Multivariate pharmaceutical profiling for drug discovery. *Curr. Top. Med. Chem.* **2**, 87 – 98 (2002).

[119] Kerns, E. H.; Di, L. Pharmaceutical Profiling in drug discovery. *Drug Disc. Today* **8**, 316 – 323 (2003).

[120] Di, L.; Kerns, E. H. Profiling drug-like properties in discovery research. *Curr. Opin. Chem. Biol.* **7**, 402 – 408 (2003).

[121] Kariv, I.; Rourick, R. A.; Kassel, D. B.; Chung, T. D. Improvement of "hit-to-lead" optimization by integration of *in vitro* HTS experimental models for early determination of pharmacokinetic properties. *Comb. Chem. High Throughput Screen.* **5**, 459 – 472 (2002).

[122] Alcorn, C. J.; Simpson, R. J.; Leahy, D. E.; Peters, T. J. Partition and distribution coefficients of solutes and drugs in brush border membrane vesicles. *Biochem. Pharmacol.* **45**, 1775 – 1782 (1993).

[123] Haase, R.; et al. The phospholipid analogue hexadecylphosphatidylcholine inhibits phosphatidyl biosynthesis in Madin-Darby canine kidney cells. *FEBS Lett.* **288**, 129 – 132 (1991).

[124] Winiwarter, S.; Bonham, N. M.; Ax, F.; Hallberg, A.; Lennernäs, H.; Karlen, A. Correlation of human jejunal permeability (*in vivo*) of drugs with experimentally and theoretically derived parameters. A multivariate data analysis approach. *J. Med. Chem.* **41**, 4939 – 4949 (1998).

[125] van de Waterbeemd, H. Property-based optimization. In: Krämer, S. D.; Folkers,

G.; Testa, B. (eds.). *Physicochemical and Biological Profiling in Drug Research*, Wiley-VCH, Weinheim, 2005.

[126] Abraham, M. H. Scales of hydrogen bonding—Their construction and application to physicochemical and biochemical processes. *Chem. Soc. Revs.* **22**, 73 – 83 (1993).

[127] Abraham, M. H. The factors that influence permeation across the blood-brain barrier. *Eur. J. Med. Chem.* **39**, 235 – 240 (2004).

[128] Abraham, M. H.; Takács-Novák, K.; Mitchell, R. C. On the partition of ampholytes: Application to blood-brain distribution. *J. Pharm. Sci.* **86**, 310 – 315 (1997).

[129] Japertas, P.; Didziapetris, R.; Petrauskas, A. Fragmental methods in the design of new compounds. Applications of the advanced Algorithm Builder. *Quant. Struct. - Activ. Relat.* **21**, 23 – 37 (2002).

[130] Hennesthal, C.; Steinem, C. Pore-spanning lipid bilayers visualized by scanning force microscopy. *J. Am. Chem. Soc.* **122**, 8085 – 8086 (2000).

[131] Lichtenberg, D. Micelles and liposomes. In: Shinitzky, M. (ed.), *Biomembranes, Physical Aspects*, VCH, Weinheim, 1993, pp. 63 – 96.

[132] Lamson, M. J.; Herbette, L. G.; Peters, K. R.; Carson, J. H.; Morgan, F.; Chester, D. C.; Kramer, P. A. Effects of hexagonal phase induction by dolichol on phospholipid membrane permeability and morphology. *Int. J. Pharm.* **105**, 259 – 272 (1994).

[133] Rawn, J. D. *Biochemistry*, Niel Patterson Publishers: Burlington, NC, 1989, pp. 223 – 224.

[134] Proulx, P. Structure – function relationships in intestinal brush border membranes. *Biochim. Biophys. Acta* **1071**, 255 – 271 (1991).

[135] Krämer, S. D.; Begley, D. J.; Abbott, N. J. Relevance of cell membrane lipid composition to blood-brain barrier function: Lipids and fatty acids of different BBB models. Pressented at American Association of Pharmaceutical Scientists Annual Meeting, 1999.

[136] Krämer, S. D.; Hurley, J. A.; Abbott, N. J.; Begley, D. J. Lipids in blood – brain barrier models *in vitro* I: TLC and HPLC for the analysis of lipid classes and long polyunsaturated fatty acids. *J. Lipid Res.* **38**, 557 – 565 (2002).

[137] Said, H. M.; Blair, J. A.; Lucas, M. L.; Hilburn, M. E. Intestinal surface acid microclimate *in vitro* and in vivo in the rat. *J. Lab Clin. Med.* **107**, 420 – 424 (1986).

[138] Shiau, Y. -F.; Fernandez, P.; Jackson, M. J.; McMonagle, S. Mechanisms maintaining a low-pH microclimate in the intestine. *Am. J. Physiol.* **248**, G608 – G617 (1985).

[139] Sawada, G. A.; Ho, N. F. H.; Williams, L. R.; Barsuhn, C. L.; Raub, T. J. Transcellular permeability of chlorpromazine demonstrating the roles of protein

binding and membrane partitioning. *Pharm. Res.* **11**, 665 – 673 (1994).

[140] Wils, P. ; Warnery, A. ; Phung-Ba, V. ; Legrain, S. ; Scherman, D. High lipophilicity decreases drug transport across intestinal epithelial cells. *J. Pharmacol. Exp. Ther.* **269**, 654 – 658 (1994).

[141] Sawada, G. A. ; Barsuhn, C. L. ; Lutzke, B. S. ; Houghton, M. E. ; Padbury, G. E. ; Ho, N. F. H. ; Raub, T. J. Increased lipophilicity and subsequent cell partitioning decrease passive transcellular diffusion of novel, highly lipophilic antioxidants. *J. Pharmacol. Exp. Ther.* **288**, 1317 – 1326 (1999).

[142] Poulin, P. ; Schoenlein, K. ; Theil, F. -P. Prediction of adipose tissue: Plasma partition coefficients for structurally unrelated drugs. *J. Pharm. Sci.* **90**, 436 – 447 (2001).

[143] Poulin, P. ; Thiel, F. -P. Prediction of pharmacokinetics prior to *in vivo* studies. 1. Mechanism-based prediction of volume of distribution. *J. Pharm. Sci.* **91**, 129 – 156 (2002).

[144] Sawada, G. A. ; Williams, L. R. ; Lutzke, B. S. , Raub, T. J. Novel, highly lipophilic antioxidants readily diffuse across the blood-brain barrier and access intracellular sites. *J. Pharmacol. Exp. Ther.* **288**, 1327 – 1333 (1999).

[145] Helenius, A. ; Simons, K. Solubilization of membranes by detergents. *Biochim. Biophys. Acta* **413**, 29 – 79 (1975).

[146] Flynn, G. L. ; Yalkowsky, S. H. ; Roseman, T. J. Mass transport phenomena and models: Theoretical concepts. *J. Pharm. Sci.* , **63**, 479 – 510 (1974).

[147] Palm, K. ; Luthman, K. ; Ros, J. ; Gråsjä, J. ; Artursson, P. Effect of molecular charge on intestinal epithelial drug transport: pH-dependent transport of cationic drugs. *J. Pharmacol. Exp. Ther.* **291**, 435 – 443 (1999).

[148] Lennernäs, H. Human intestinal permeability. *J. Pharmacol. Sci.* **87**, 403 – 410 (1998).

[149] Fagerholm, U. ; Lennernäs, H. Experimental estimation of the effective unstirred water layer thickness in the human jejunum, and its importance in oral drug absorption. *Eur. J. Pharm. Sci.* **3**, 247 – 253 (1995).

[150] Madara, J. L. Functional morphology of epithelium of the small intestine. In: Schultz SG (ed.). *Handbook of Physiology*, *Section* 6: *The Gastrointestinal System*, American Physiological Society, Bethesda, 1991, pp. 83 – 119.

[151] Johnson, D. A. ; Amidon, G. L. Determination of intrinsic membrane transport parameters from perfused intestine experiments: A boundary layer approach to estimating the aqueous and unbiased membrane permeabilities. *J. Theor. Biol.* **131**, 93 – 106 (1988).

[152] Cussler, E. L. *Diffusion*, 2nd ed. , Cambridge University Press : Cambridge, 1997.

[153] Tsinman, O. ; Tsinman, K. ; Sun, N. ; Avdeef, A. Physicochemical selectivity of the BBB microenvironment governing passive diffusion— Matching with a porcine brain lipid

extract artificial membrane permeability model. *Pharm. Res.* **28**, 337 – 363 (2011).

[154] Levich, V. G. *Physiochemical Hydrodynamics*, Prentice-Hall, Englewood Cliffs, NJ, 1962, pp. 39 – 72.

[155] Smith, M. H. Molecular weights of proteins and some other materials including sedimentation, diffusion and frictional coefficients and partial specific volumes. In: Sober, H. A. (ed.). *Handbook of Biochemistry*, CRC Press, Cleveland, OH, 1970, pp. C3 – C30.

[156] Antonenko, Y. N.; Bulychev, A. A. Measurements of local pH changes near bilayer lipid membrane by means of a pH microelectrode and a protonophore-dependent membrane potential. Comparison of the methods. *Biochim. Biophys. Acta* **1070**, 279 – 282 (1991).

[157] Avdeef, A. Assessment of distribution – pH profiles. In: Pliska, V.; Testa, B.; van de Waterbeemd, H. (eds.). *Methods and Principles in Medicinal Chemistry*, Vol. 4, VCH Publishers, Weinheim, Germany, 1996, pp. 109 – 139.

[158] Nagahara, N.; Tavelin, S.; Artursson, P. The contribution of the paracellular route to pH dependent permeability of ionizable drugs. *J. Pharm Sci.* **93**, 2972 – 2984 (2004).

[159] Good, N. E.; Wingert, G. D.; Winter, W.; Connolly, T. N.; Izawa, S.; Singh, R. M. M. Hydrogen ion buffers for biological research. *Biochemistry* **5**, 467 – 477 (1966).

[160] Avdeef, A.; Bucher, J. J. Accurate measurements of the concentration of hydrogen ions with a glass electrode: Calibrations using the Prideaux and other universal buffer solutions and a computer-controlled automatic titrator. *Anal. Chem.* **50**, 2137 – 2142 (1978).

[161] Dressman, J. B.; Amidon, G. L.; Fleisher, D. Absorption potential: estimating the fraction absorbed for orally administered compounds. *J. Pharm. Sci.* **74**, 588 – 589 (1985).

[162] Amidon, G. L.; Lennernäs, H.; Shah, V. P.; Crison, J. R. A theoretical basis for a biopharmaceutic drug classification: the correlation of *in vitro* drug product dissolution and *in vivo* bioavailability. *Pharm. Res.* **12**, 413 – 420 (1995).

[163] Johnson, K.; Swindell, A. Guidance in the setting of drug particle size specifications to minimize variability in absorption. *Pharm. Res.* **13**, 1795 – 1798 (1996).

[164] Curatolo, W. Physical chemical properties of oral drug candidates in the discovery and exploratory development settings. *Pharm. Sci. Tech. Today* **1**, 387 – 393 (1998).

[165] Lipinski, C. A. Observation on current ADMET technology: No uniformity exists. Presented at Society of Biomolecular Screening, Annual Meeting, 24 September 2002, The Hague, The Netherlands, 2002.

[166] Ensing, K.; de Zeeuw, R. A.; Nossent, G. D.; Koeter, G. H.; Cornelissen, P. J. Pharmacokinetics of ipratropium bromide after single dose inhalation and oral and intravenous administration. *Eur. J. Clin. Pharmacol.* **36**, 189 – 194 (1989).

[167] Langguth, P.; Kubis, A.; Krumbiegel, G.; Lang, W.; Merkle, H. P. Intestinal absorption of the quaternary trospium chloride: Permeability-lowering factors and bio-availabilities for oral dosage forms. *Eur. J. Pharm. Biopharm.* **43**, 265 – 272 (1997).

[168] Schladitz-Keil, G.; Spahn, H.; Mutschler, E. Determination of the bioavailability of the quaternary compound trospium chloride in man from urinary excretion data. *Arzneimittel-Forschung.* **36**, 984 – 987 (1986).

[169] Tanford, C. Amphiphile orientation: Physical chemistry and biological function. *Biochem. Soc. Trans.* **15** (Suppl.), 1S – 7S (1987).

[170] Tsubaki, H.; Komai, T. Intestinal absorption of tetramethylammonium and its derivatives in rats. *J. Pharmacobiodyn.* **9**, 747 – 754 (1986).

[171] Crone, H. D.; Keen, T. E. An *in vitro* study of the intestinal absorption of pyridinium aldoximes. *Br. J. Pharmacol.* **35**, 304 – 312 (1969).

[172] Ward, P. D.; Tippin, T. K.; Thakker, D. R. Enhancing paracellular permeability by modulating epithelial tight junctions. *Pharm. Sci. Technol. Today* **3**, 346 – 358 (2000).

[173] Takács-Novák, K.; Szász, G. Ion-pair partition of quaternary ammonium drugs: The influence of counter ions of different lipophilicity, size, and flexibility. *Pharm. Res.* **16**, 1633 – 1638 (1999).

[174] Murthy, K. S.; Zografi, G. Oil-water partitioning of chlorpromazine and other phenothiazine derivatives using dodecane and *n*-octanol. *J. Pharm. Sci.* **59**, 1281 – 1285 (1970).

[175] Wilson, C. G.; Tomlinson, E.; Davis, S. S.; Olejnik, O. Altered ocular absorption and disposition of sodium cromoglycate upon ion-pair and complex coacervate formation with dodecylbenzyldimethyl-ammonium chloride. *J. Pharm. Pharmacol.* **31**, 749 – 753 (1981).

[176] Green, P. G.; Hadgraft, J.; Ridout, G. Enhanced *in vitro* skin permeation of cationic drugs. *Pharm. Res.* **6**, 628 – 632 (1989).

[177] Nicolay, K.; Sautereau, A. -M.; Tocanne, J. -F.; Brasseur, R.; Huart, P.; Ruysschaert, J. -M.; de Kruijff, B. A comparative model membrane study on structural effects of membrane-active positively charged anti-tumor drugs. *Biochim. Biophys. Acta. Biomembranes.* **940**, 197 – 208 (1988).

[178] Seelig, J.; Macdonald, P. M.; Scherer, P. G. Phospholipid head groups as sensors of electric charge in membranes. *Biochemistry*. **26**, 7535 – 7541 (1987).

[179] Lipinski, C. A. Drug-like properties and the causes of poor solubility and poor permea-

bility. *J. Pharmacol. Tox. Meth.* **44**, 235 –249 (2000).

[180] Chen, Y.; Pant, A. C.; Simon, S. M. P-glycoprotein does not reduce substrate concentration from the extracellular leaflet of the plasma membrane in living cells. *Cancer Res.* **61**, 7763 –7768 (2001).

[181] Higgins, C. F.; Callaghan, R.; Linton, K. J.; Rosenberg, M. F.; Ford, R. C. Structure of the multidrug resistance P-glycoprotein. *Cancer Biol.* **8**, 135 – 142 (1997).

[182] Regev, R.; Eytan, G. D. Flip-flop of doxorubicin across erythrocyte and lipid membranes. *Biochem. Pharmacol.* **54**, 1151 –1158 (1997).

[183] Langguth, P.; Kubis, A.; Krumbiegel, G.; Lang, W.; Merkle, H. P.; Wächter, W.; Spahn-Langguth, H.; Weyhenmeyer, R. Intestinal absorption of the quaternary trospium chloride: Permeability-lowering factors and bioavailabilities for oraldosage forms. *Eur. J. Pharm. Biopharm.* **43**, 265 –272 (1997).

[184] Fischer, H.; Gottschlich, R.; Seelig, A. Blood – brain barrier permeation: Molecular parameters governing passive diffusion. *J. Membr. Biol.* **165**, 201 –211 (1998).

[185] Gobas, F. A.; Lahittete, J. M.; Garofalo, G.; Shiu, W. Y.; Mackay, D. A novel method for measuring membrane-water partition coefficients of hydrophobic organic chemicals: Comparison with 1-octanol – water partitioning. *J. Pharm. Sci.* **77**, 265 –272 (1988).

[186] Takács-Novák, K.; Józan, M.; Szász, G. Lipophilicity of amphoteric molecules expressed by the true partition coefficient. *Int. J. Pharm.* **113**, 47 (1995).

[187] Pagliara, A.; Carrupt, P. A.; Caron, G.; Gaillard, P.; Testa, B. Lipophilicity profiles of ampholytes. *Chem. Rev.* **97**, 3385 –3400 (1997).

[188] Tam, K. Y. Multiwavelength spectrophotometric resolution of the micro-equilibria of a triprotic amphoteric drug: Methacycline. *Mikrochim. Acta* **136**, 91 –97 (2001).

[189] Tam, K. Y.; Avdeef, A.; Tsinman, O.; Sun, N. The permeation of amphoteric drugs through artificial membranes—An *in combo* absorption model based on paracellular and transmembrane permeability. *J. Med. Chem.* **53**, 392 –401 (2010).

[190] WHO Expert Committee. *The Use of Essential Drugs*; WHO: Geneva, 1995.

[191] Shore, P. A.; Brodie, B. B.; Hogben, C. A. M. The gastric secretion of drugs: A pH-partition hypothesis. *J. Pharmacol. Exp. Ther.* **119**, 361 –369 (1957).

[192] Jamieson, C.; Moir, E. M.; Rankovic, Z.; Wishart, G. Medicinal chemistry of hERG optimizations: highlights and hang-ups. *J. Med. Chem.* **49**, 5029 – 5046 (2006).

[193] Breedveld, P.; Beijnen, J. H.; Schellens, H. M. Use of P-glycoprotein and BCRP inhibitors to improve oral bioavailability and CNS penetration of anticancer drugs. *Trends*

Pharm. *Sci.* **27**, 17 – 24 (2006).

[194] Petzinger, E.; Geyer, J. Drug transporters in pharmacokinetics. *Naunyn. Schmeideberg's Arch. Pharmacol.* **372**, 465 – 475 (2006).

[195] Sugano, K. Theoretical investigation of passive intestinal membrane permeability using Monte Carlo method to generate drug-like molecule population. *Int. J. Pharm.* **373**, 55 – 61 (2009).

[196] Reynolds, D. P.; Lanevskij, K.; Japertas, P.; Didziapetris, R.; Petrauskas, A. Ionization-specific analysis of human intestinal absorption. *J. Pharm. Sci.* **98**, 4039 – 4054 (2009).

[197] Yu, L. X.; Amidon, G. L. A compartmental absorption and transit model for estimating oral drug absorption. *Int. J. Pharm.* **186**, 119 – 125 (1999).

[198] Daniel, H.; Neugerbauer, B.; Kratz, A.; Rehner, G. Localization of acid microclimate along intestinal villi of rat jejunum. *Am. J. Physiol.* **248**, G293 – G298 (1985).

[199] Lennern äs, H. Intestinal permeability and its relevance for absorption and elimination. *Xenobiotica* **37**, 1015 – 1051 (2007).

[200] Petri, N.; Tannergren, C.; Rungstad, D.; Lennernäs, H. Transport characteristics of fexofenadine in the caco-2 cell model. *Pharm. Res.* **21**, 1398 – 1404 (2004).

[201] Tannergren, C.; Petri, N.; Knutson, L.; Hedeland, M.; Bondesson, U.; Lennernäs, H. Multiple transport mechanisms involved in the intestinal absorption and first-pass extraction of fexofenadine. *Clin. Pharmacol. Ther.* **74**, 423 – 436 (2003).

[202] Whomsley, R.; Benedetti, M. S. Development of new H1 antihistamines: The importance of pharmacokinetics in the evaluation of safe and therapeutically effective agents. *Curr. Med. Chem. —Anti-Infl ammatory & Anti-Allergy Agents* **4**, 451 – 464 (2005).

[203] Avdeef, A.; Bendels, S.; Tsinman, O.; Kansy M. Solubility—Excipient classification gradient maps. *Pharm. Res.* **24**, 530 – 545 (2007).

[204] Hägerle, M. L.; Winne, D. Drug absorption by the rat jejunum perfused *in situ.* Dissociation from the pH-partition theory and the role of microclimate-pH and unstirred layer. *Naunyn-Schmiedeberg' s Arch. Pharmacol.* **322**, 249 – 255 (1983).

[205] Schanker, L. S.; Tocco, D. J.; Brodie, B. B.; Hogben, C. A. M. Absorption of drugs from the rat small intestine. *J. Pharmacol. Exp. Ther.* **123**, 81 – 88 (1958).

[206] Hogben, C. A. M.; Tocco, D. J.; Brodie, B. B.; Schanker, L. S. On the mechanism of intestinal absorption of drugs. *J. Pharmacol. Exp. Ther.* **125**, 275 – 282 (1959).

[207] Lucas, M. L.; Schneider, W.; Haberich, F. J.; Blair, J. A. Direct measurement by pH – microelectrode of the pH microclimate in rat proximal jejunum. *Proc. R. Soc. London. B. Biol. Sci.* **192**, 39 – 48 (1975).

[208] Lucas, M. Determination of acid surface pH *in vivo* in rat proximal jejunum. *Gut* **24**, 734 – 739 (1983).

[209] McEwan, G. T. A.; Daniel, H.; Fett, C.; Bergess, M. N.; Lucas, M. L. The effect of *Escherichia coli* STa enterotoxin and other secretagogues on mucosal surface pH of rat small intestine *in vivo*. *Proc. R. Soc. London B. Biol. Sci.* **234**, 219 – 237 (1988).

[210] Shimada, T.; Hoshi, T. Na^+-dependent elevation of the acidic cell surface pH (microclimate pH) of rat jejunal villus cells induced by cyclic nucleotides and phorbol ester: Possible mediations of the regulation of the Na^+/H^+ antiporter. *Biochim. Biophys. Acta* **937**, 328 – 334 (1988).

[211] Jackson, M. J. Drug transport across gastrointestinal epithelia. In: Johnson, L. R. (ed.). *Physiology of the Gastrointestinal Tract*, 2nd ed., Raven Press, New York, 1987, pp. 1597 – 1621.

[212] Rechkemmer, G. Transport of weak electrolytes. In: Schultz, S. G. (ed.). *Handbook of Physiology*, Section 6: *The Gastrointestinal System*, American Physiological Society, Bethesda, MD, 1991, pp. 371 – 388.

[213] Tsuji, A.; Takanaga, H.; Tamai, I.; Terasaki, T. Transcellular transport of benzoic acid across Caco-2 cells by a pH-dependent and carrier-mediated transport mechanism. *Pharm. Res.* **11**, 30 – 37 (1994).

[214] Glomme, A.; März, J.; Dressman, J. B. Comparison of a miniaturized shake-flask solubility method with automated potentiometric acid/base titrations and calculated solubilities. *J. Pharm. Sci.* **94**, 1 – 16 (2005).

[215] Savolainen, J.; Järvinen, K.; Taipale, H.; Jarho, P.; Loftsson, T.; Järvinen, T. Co-administration of a water-soluble polymer increases the usefulness of cyclodextrins in solid oral dosage forms. *Pharm. Res.* **15**, 1696 – 1701 (1998).

[216] Garcia, J. J.; Bolás, F.; Torrado, J. J. Bioavailability and efficacy characteristics of two different oral liquid formulations of albendazole. *Int. J. Pharm.* **250**, 351 – 358 (2003).

[217] Weiss, T. F. *Cellular Biophysics*. Vol. I: *Transport*, MIT Press, Cambridge, MA, 1996.

[218] Avdeef, A.; Box, K. J.; Comer, J. E. A.; Hibbert, C.; Tam, K. Y. pH-metric log*P*. 10. Determination of vesicle membrane-water partition coefficients of ionizable drugs. *Pharm. Res.* **15**, 208 – 214 (1997).

[219] Di, L.; Kerns, E. H.; Fan, K.; McConnell, O. J.; Carter, G. T. High throughput artificial membrane permeability assay for blood – brain barrier. *Eur. J. Med. Chem.* **38**, 223 – 232 (2003).

[220] Chen, X.; Murawski, A.; Patel, K.; Crespi, C. L.; Balimane, P. V. A novel design of artificial membrane for improving the PAMPA model. *Pharm. Res.* **25**, 1511 – 1520 (2008).

8 渗透性：Caco－2/MDCK

本章继续讨论渗透性的另一部分内容，即采用 Caco－2 和 MDCK（Madin－Darby 犬肾）上皮细胞系开展的渗透性分析。本章可作为第 7 章内容的理论基础，通过对本章的了解可以进一步优化细胞试验的具体方案。体内和体外试验测定的细胞表面积、细胞旁路和水边界层的数据会有所不同，在不同的试验分析中要进行适当调整以保证数据的准确性和规范性，从而可以用较为准确的细胞分析结果去预测人空肠渗透性（HJP）及人体肠道吸收情况。这里涵盖的基本概念包括：

- 被动跨细胞、细胞旁路、水相边界层（ABL）渗透性。
- 梯度－pH、pK_a 和不完全的渗透回收率（质量平衡）。
- 单侧和双侧搅拌对 ABL 厚度的控制。
- log P_{app}与 pH 相关性的 S 形曲线的解析应用。
- pK_a^{FLUX} 渗透性分析的试验设计。

本章涉及的转运方式不包括主动转运。为了更全面地分析试验结果，本章采用 PAMPA－DS 固有渗透速率装置结合 Abraham 溶解模块装置联用对 Caco－2/MDCK 细胞系分析药物的渗透性，我们建立了 200 种药物的 Caco－2/MDCK 渗透率数据库，同时校正了 ABL 和细胞旁路的影响（基于近 700 项公布的数据），数据表格列在本章结尾。

8.1 胃肠道的渗透性

以体外培养单层细胞为基础的药物转运/分配模型对解释许多转运和分配机制有着重要贡献[1－22]。药物在 GIT 溶出后有治疗作用的分子通过跨细胞途径（被动/载体介导）和/或细胞旁路途径从腔内穿过肠道屏障进入血液，通常会被黏膜水边界层（ABL）减弱[21－25]。

在穿透生物屏障的过程中，药物分子一般可以同时通过几种不同的路线转运。为口服吸收过程建立一个广泛而适用的模型并不容易，因为其中一些过程还没有被完全了解。一种行之有效的方法是推导出可通用的被动细胞渗透性核心模型（跨细胞、细胞旁路和 ABL），然后被动或主动转运中的载体介导成分从复杂的体外培养细胞模型中推导出来，在核心被动模型上形成一个附加条件。图 7.1c 和图 7.1d 及图 2.5 和图 2.7

介绍了上述情况。

8.1.1 人空肠渗透性

利用清醒受试者近端空肠的单次灌注（主要采用原位 LOC - I - GUT 技术[23-25]），对 50 多种化合物（主要是药物）在体内小肠屏障有效渗透性 P_{eff}进行测定，上述化合物的 P_{eff}值已公布了 100 余个[25-53]。由于此类实验的复杂性和高成本，人们一直在努力建立体外渗透性模型模拟体内系统——例如，使用 Caco - 2 或培养的 Madin - Darby 犬肾（MDCK）细胞系——来预测人体的药物吸收过程（参见 7.14 节）。然而，体外表观渗透率 P_{app}值不能直接等同于相应的人体内的 P_{eff}值，需要对体内外检测条件的差异进行规范化处理。

这些影响体内 - 体外相关性（IVIVC）的差异包括：

- 可接触肠道表面积[54-61]。
- 细胞旁渗透性（孔隙度、孔隙半径、溶质半径）[7,11,20,22,62-66]。
- 水边界层阻力[61,67-73]。
- 细胞外渗透性（被动或载体/受体介导）及其对 pH 的依赖性[11,19]。

8.1.2 GIT 吸收部位的环境因素

第 2 章介绍了 GIT 的性质，这里进一步说明小肠（尤其是空肠和回肠）的解剖结构，如图 8.1 所示，其能够吸收大量营养物质[55-56]。空肠[23-25,56-61]由“圆形皱褶”组成，将细胞表面延伸到管腔，与“平滑管”模型相比，空肠的有效吸收面积扩大了约 3 倍[74-76]。第 2 个特征是这个圆形突出面由一个个绒毛“手指”组成，其使表面积进一步增加了约 10 倍（图 2.4）[54,74-76]。因此，人空肠的黏膜表面面积大约是光滑管道表面面积的 30 倍。

8.1.2.1 肠道表面可及性和“平滑管”近似值

通常，原位 P_{eff}值根据平滑管表面积来计算，尽管通常已知的可用于吸收的真实表面积可能大于平滑管所模拟的近似值（图 8.1）。这可以人为地使 P_{eff}标度膨胀。相反，体外细胞单分子层种植在过滤器上时会形成平坦的表面（除了体外和体内细胞共同的微绒毛结构外，都是平滑的）。因此，通常给定渗透率的 P_{eff}值可以比相应的 Caco - 2 P_{app}值高出 30 倍。在比较两个渗透程度时，会引起一些混淆[8]。

目前尚不清楚如何将适当的表面积比例换算为 P_{eff}值，因为基于麻醉大鼠的实验，并非所有渗透性化合物都能同等地接触表面[59]。Yamashita 等[57]发现 $P_{app}^{Caco\text{-}2}/P_{eff}$的比值主要取决于 P_{eff}值，对于低渗透性化合物，大鼠中的比值低至 0.15，对于高渗透性化合物，比值高达 0.4。有理由认为，亲脂性分子可以在突出的绒毛尖端处迅速吸收（图

8.1)，其部分表面积接近于平滑管值，而亲水性分子（吸收缓慢且不完全）很可能暴露于整个上皮表面，接触表面积可能比平滑管的值大 30 倍（不包括两者共同的微绒毛作用)。Oliver 等发表了描述大鼠肠“可及性因子”的综合计算模型[59]。变量可及性的观点已被广泛接受[8,58－60,66－67,77]。然而，变量可及性的理论在多大程度上适用于未经麻醉的原位肠灌注患者仍有待证明[22]。

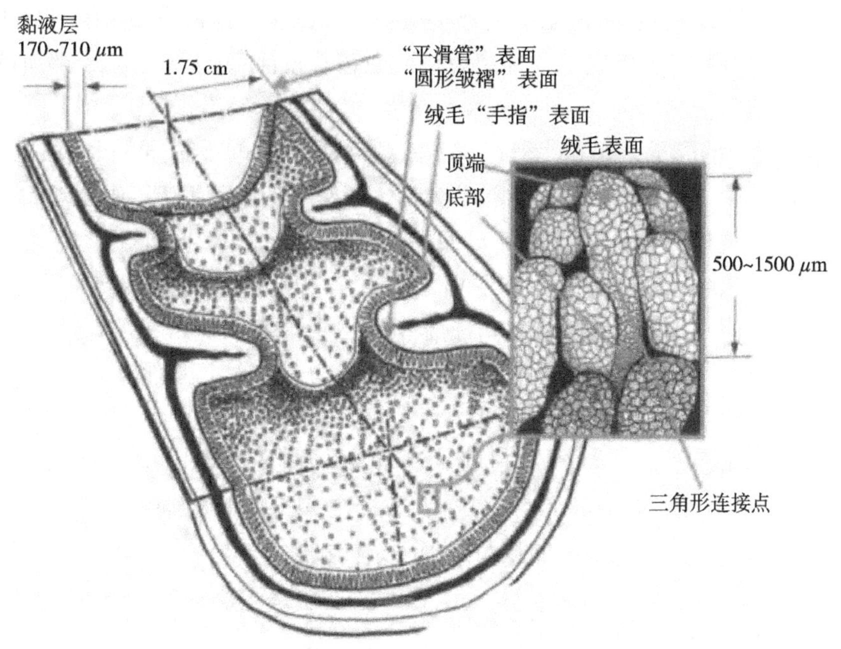

图 8.1　人空肠的横截面

（显示了圆形褶皱和绒毛表面扩张特征及部分结构的尺寸。转载自 AVDEEF A，TAM K Y. How well can the Caco－2/MDCK models predict effective human jejunal permeability? J. Med. Chem.，2010，53：3566－3584。经 American Chemical Society 许可转载）

8.1.2.2　水边界层（ABL）

邻近上皮细胞的水边界层（ABL）包含 170～710 μm 的连续分泌黏液层（图 8.1)[61,67－73]。当溶解的药物进入这一滞水层时，其进一步运动主要由水的扩散所驱动，对流带来的影响最小（在等渗条件下[85]）。剧烈的搅拌可使 ABL 层变薄，从而降低了对溶质输送的阻力。在自然的体内条件下，小肠的蠕动使腔内液体混合并缓慢地向下流动。绒毛的运动（图 8.1）被认为是造成绒毛间隙内液体混合的原因[11,41,61,71]。在体内禁食的状态下，小肠呈扁平状[57]（“像一根排干水的软管”[22]）。预期的 ABL 厚度不会比在禁食状态下的黏液层大多少。然而，在原位灌注实验中，扩张的空肠会膨胀成圆柱形[53]，灌注液占据了黏液层以外的管腔容积。可能以 2 mL · min^{-1}（33 μL · s^{-1}，大约每秒一滴）的灌注流速在膨胀的管腔中还不足以充分混合肠道中的液体，但是由于人体受试者在灌注过程中处于清醒状态，肠蠕动会引起额外的混合，特别是在绒毛间隙和黏液层，根据适用于光滑圆柱体的 Johnson - Amidon [78]圆柱—流动方程，对于分子量为 300 Da 的药物化合物[22]，ABL 厚度预计约为 2800 μm。因此，在人体原位灌注实验中，某些区域可能混合良好，但并非所有区域都会如此。

8.1.2.3 细胞旁路水通道

GIT 中一个重要的保护屏障由紧密连接组织构成，这个紧密连接组织对分子尺寸进行限制，并作为阳离子选择性水“细胞旁路”通道对极性/离子型小分子溶质的扩散进行控制。

易于溶解的小的离子，如 Na^+ 和 Cl^-，在这些通道移动的难易程度可以通过经皮电阻（TEER）来估算[92]。人的胃表面通常被认为是“紧密”的，其 TEER 值为 2000 $\Omega \cdot cm^2$。小肠被认为是“疏松”的，为 50 ~ 100 $\Omega \cdot cm^2$；结肠 TEER 值处于紧密程度的“中间”状态，值为 300 ~ 400 $\Omega \cdot cm^2$[61]。由于肠道 TEER 测量中假定的表面积基于“光滑圆柱体”模型[59,77]，因此需要提高小肠阻力值的估值（参见 8.1.2 节）。如果考虑到“真实”的表面积，肠道的 TEER 值可能更接近于胃而不是小肠的值，因为其表面更光滑[54-55,59,76-77,93-94]。

Adson 等[65]用 3 个参数：ε/δ（孔隙度 - 路径长度比容量因子）、R（孔道半径）和 $\Delta\varphi$（孔道中的电位下降值）定量表征了 Caco - 2 单分子膜中细胞间连接的渗漏和尺寸排斥性。孔隙度 ε 是水通道表面积与总细胞表面积之比。ε[23,25,63]的估计范围从 10^{-5} 到 10^{-3}。容量因子可以由 ε/δ 比值定义，其中 δ 是速率限制的细胞旁路连接（曲折）路径长度[11,20,65]。在细胞基础体系中，分别测定 ε 和 δ 较难。体外细胞模型中容量因子的值为 0.2 ~ 69 cm^{-1}，大多数值小于 1.5 cm^{-1}[20]。Avdeef 和 Tam 估计了人体肠道的 ε/δ 值[22]。R 值的估计大部分基于 Caco - 2 模型，范围为 3.7[96] ~ 15 Å[65,95]，其值接近 6Å 时可认为其是紧密连接的[65,86,96-100]。关于人小肠中最能代表细胞旁路通道的孔半径存在一些争议[22]。根据来自多个实验室的数据，在 Caco - 2 模型中平均细胞旁路电位下降估算为 $\Delta\varphi$ = （ -43 ± 20） mV[20]，这是一个可以描述人体细胞旁路连接特征的值。

8.1.2.4 梯度 pH

在肠道腔内腔的局部 pH（参见 2.2 节、7.5.2 节和 7.6 节）通常低于血液的 pH。跨肠屏障的 pH 梯度变化会影响药物的转运特性（图 7.62）。在基于细胞的测定中，模拟这种体内 pH 梯度条件可改善体内外相关性[12]。

8.1.2.5 体内外条件的标准化

为了解决上述一些复杂性情况，Avdeef 和 Tam[22]在早期体外模型的基础上进一步描述了对人空肠渗透性数据的分析[20]：①吸收 - 可接近表面积；②Adson - 旁细胞模型的双孔型变体；③ABL - ，过滤和校正细胞旁路的 Caco - 2/ MDCK 值等同于体内跨细胞渗透性。这项研究揭示了一些令人惊讶的现象：在人体原位灌注实验中，ABL 的平均厚度比人们通常认为的要大得多，与麻醉大鼠的研究相比，人体可吸收的黏膜表面积并不取决于药物的亲脂性，并且人空肠的“渗漏”与一些 Caco - 2 研究中观察到的情况没有太大区别[22]。

8.1.3 载体介导的转运蛋白和 PAMPA

载体介导的被动/主动转运蛋白可促进某些低渗透分子的转运，尤其是营养物质的转运。某些载体可增强药物的渗透性，另外一些则减弱药物的渗透性。一个非常重要的外排系统，P - 糖蛋白（Pgp），能够阻止许多潜在有用的药物通过细胞屏障进入细胞，特别是在血脑屏障和肿瘤细胞中。此外，代谢酶/蛋白在限制药物的生物利用度方面起着关键作用。代谢和转运体的重要性不在本书的讨论范围内。

然而，细胞转运仍然可能受到未知载体介导过程的控制。也就是说，如果转运蛋白的表达水平在体内外环境中都是匹配的，那么这种转运蛋白的作用可能在体内外相关性中并不能体现出来。由于 PAMPA 是一个完全被动的模型，因此引入 PAMPA（参见第 7 章）可以更好地了解机械效应的分配机理。本章后面将详细阐述 PAMPA 与 Caco - 2/MDCK 的定量匹配性。细胞检测中摄取转运蛋白会对 PAMPA 的值产生正偏差，流出转运蛋白会对 PAMPA 的值产生负偏差。

8.2 细胞体外渗透性模型

一个细胞单层的表观渗透率 P_{app} 可以分为 4 个部分[11]：水边界层（P_{ABL}）、滤过因子（P_f）、跨细胞（P_C）和细胞旁路（P_{para}），根据

$$\frac{1}{P_{\mathrm{app}}} = \frac{1}{P_{\mathrm{ABL}}} + \frac{1}{P_f} + \frac{1}{P_C + P_{\mathrm{para}}}, \tag{8.1}$$

对于一个单质子可电离的分子，可以是两项的和，

$$P_C = \frac{P_0}{10^{\pm pH - \mathrm{p}K_a} + 1} + \frac{P_i}{10^{\pm \mathrm{p}K_a - pH} + 1}。 \tag{8.2}$$

其中，“ ± ”中的“ + ”表示酸，“ - ”表示碱。P_C代表细胞顶端和基底外侧双层膜的细胞间渗透性（胞质内的细胞器膜的间接贡献）。对于单质子可电离的分子，log P_{C} - pH 曲线为 S 形，其可能的最大值为中性物质的渗透速率 P_0，其最小值为离子化合物中的渗透性 P_i（与 PAMPA 不同，基于细胞的 P_0和 P_i的值可能是由载体介导的）。

P_{ABL}表示与细胞液相毗邻的两个不流动水层的总渗透率［式（7.12）］（在充分搅拌的细胞试验中可能成为一个“隐藏的”影响因素）：$P_{\mathrm{ABL}} = D_{\mathrm{aq}}^{37} / h_{\mathrm{ABL}}$［式（7.25）］，其中根据经验确定了 37 ℃时的扩散系数（$\mathrm{cm}^2 \cdot \mathrm{s}^{-1}$），$D_{\mathrm{aq}}^{37} = 1.339\, D_{\mathrm{aq}}^{25}$，式（7.27）定义了 25 ℃的值（图 7.35）。7.6.8 节中讨论的有关 ABL 的总厚度，是与细胞模型完全

相关的。

P_f为过滤器的渗透率。支持细胞单层的过滤器中含有水孔，其中包含作为屏障的停滞的水溶液。

$$P_f = \varepsilon_f D_{aq}/h_f。 \tag{8.3}$$

其中，ε_f是滤过的孔隙度，对于聚碳酸酯过滤器而言，数值为0.05（“透明过滤器”）~0.20（“半透明过滤器”）；h_f是过滤器的厚度（聚碳酸酯为10 μm）。根据式（8.1），一些实验室报告了对P_f进行预校正的P_{app}值［从P_{app}^{-1}中减去P_f^{-1}］[19,87-90]，这在本书中就不详细说明了。

与式（7.15）相比，式（8.1）是基本渗透关系的扩展，加入了P_{para}、P_i和P_f。PAMPA模型是设计了很薄的膜（<2 μL脂质/孔），具有渗水功能的水通道。在这种情况下，渗透是通过两条平行的途径进行的：跨膜和非特异性的“平行膜”，如附录A7.3所述式（A7.30）。然而，在细胞系统中，与PAMPA相比，水通道的结构更复杂。在一个单层细胞中，单个细胞被一种复杂的蛋白质连接在一起，这种蛋白质在顶部表面附近包围细胞。细胞之间的空间是紧密连接的屏障复合体，其控制着细胞旁路的扩散。

8.2.1 单pH测量的局限性及其解决方法

通常在pH_D6.5/pH_R7.4的梯度pH条件或pH_D7.4/pH_R7.4的等度pH条件下（D=供体，R=受体）测定表观渗透率。在单一pH测定中，从4种可能的影响因素中消除溶质迁移一般是不可能的［式（8.1）］。在这类研究中，ABL、过滤器和细胞旁路渗透性的影响常常被忽略。但是，如果在IVIVC中使用这种原始的体外配对系数P_{app}时，其对某些类型的分子的测定结果可能会令人失望。

8.2.1.1 ABL限制转运可能与体内渗透性无关

亲脂分子在细胞渗透中的主要阻力往往来自ABL（图8.2至图8.4），即式（8.1）中的P_{ABL}占主导地位，表明扩散主要是通过水而不是通过细胞膜。如果实验中不用力搅拌，这可能会导致很大问题，随后的IVIVC研究也无法得出合理结论。

图8.2显示了4项Caco－2研究[79-82]，其中要么没有搅拌，要么搅拌无效。该图还显示了log P_{app}与计算的log D_{OCT}（pH 7.4）的对比。虽然这些研究是在单一pH下进行的，但包含了大部分亲脂分子复合作用，并揭示了P_{ABL}在研究过程中限制P_{app}的重要性。图8.2（a）表明$P_{app}^{max}=37\times10^{-6}cm\cdot s^{-1}$，从7.6.8节中的方程可知，即使溶液搅拌速度为100 RPM，ABL的厚度也不过大约是3000 μm。图8.2（b）和图8.2（c）也有类似的解释。图8.2（d）显示了4个例子，当ABL的厚度为600 μm时，最高的$P_{app}^{max}=200\times10^{-6}cm\cdot s^{-1}$（搅拌速度30 RPM）。

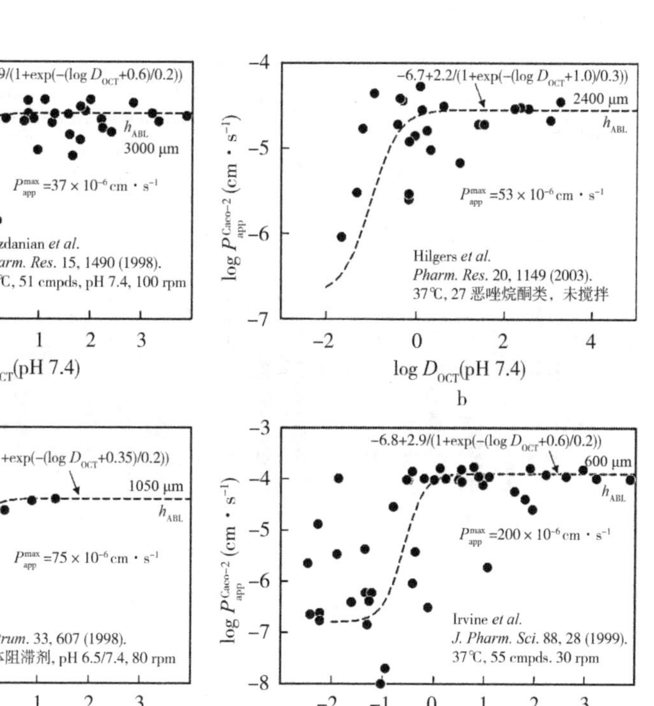

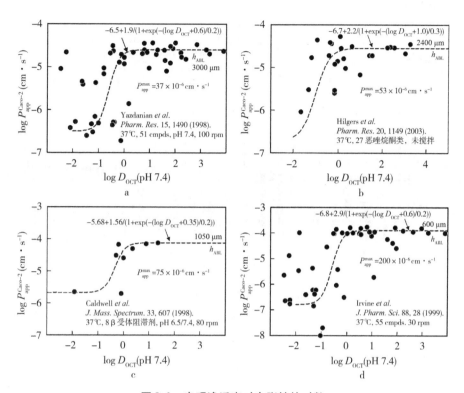

图 8.2 表观渗透率对亲脂性的对数

［基于 4 个文献研究的数据（Caldwell 等[81]；Yazdanian 等[79]；Irvine 等[82]；Hilgers 等[80]）。根据所使用的搅拌速率，观察到的最高渗透速率似乎是 ABL－限制性的，但趋势并不明显。转载自 AVDEEF A，et al. Caco－2 permeability of weakly basic drugs predicted with the Double－Sink PAMPA pK_a^{flux} method. Eur. J. Pharm. Sci.，2005，24：333－349。经 Elsevier 许可转载］

图 8.3 显示了 22 种类固醇的 Caco－2 数据，这些数据是用常规实验方法测定的[83]。然而，所有分子的 P_{app} 值（图中黑色条）几乎相同，平均值为（20 ± 10）× 10^{-6}cm · s^{-1}。使用 pCEL－X v3.1 程序（in－ADME 研究）在 in combo PAMPA 模型（参见 8.9 节）中预测 P_{app} 值，对类固醇类的 ABL－限制性转运进行了研究[21]。图 8.3 中 PAMPA 模型预测的灰色条显示了不同类固醇之间的较大差异，孕激素显示 $P_c > 700 \times 10^{-6}$cm · s^{-1}，而 $P_{app} = 20 \times 10^{-6}$cm · s^{-1}。细胞渗透性数值越大，不流动水层扩散数值越小。这种重新分析揭示了哪些取代官能团有助于提高渗透率，以及哪些官能团会导致渗透率降低。

图 8.4 显示了基于 MDCK 细胞系的 93 种药物的 P_{app} 与计算得到的 log D_{OCT}（pH 7.4）的关系图[84]。大约有一半是中枢神经系统活性药物，其余的为非活性药物。由于图 8.4 的试验是在强 Pgp 抑制剂 GF120918（elacridar）存在的情况下进行的，因此 P_{app} 系数显示了被动的细胞外排作用（至少相对于流出）。一系列的 log P_{app} 系数值接近 －4 的临界值，表明其与亲脂性无关，约 70% 的药物在转运过程中是受到了 ABL 的限制。将测量到的 P_{app} 与 pCEL－X 预测的 P_{app} 进行比较，可以支持这一观点（参见 8.9 节）。

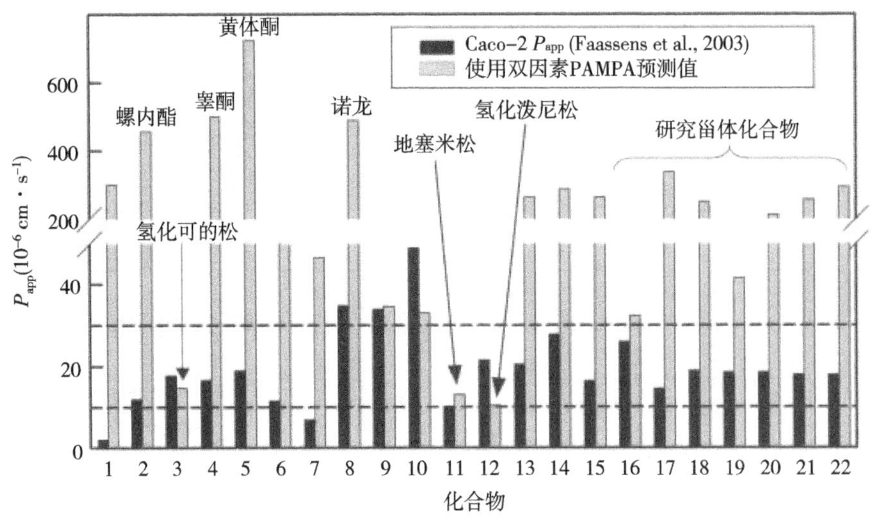

图 8.3 类固醇类渗透性比较

（黑色条表示文献[83]中报道的 Caco－2 数据；灰色条表示预测的 Caco－2 数据，使用 in combo PAMPA 模型。转载自 AVDEEF A，et al. PAMPA：a useful tool in drug discovery. J. Pharm. Sci.，2007，96：2893－2909。经 John Wiley & Sons 许可转载）

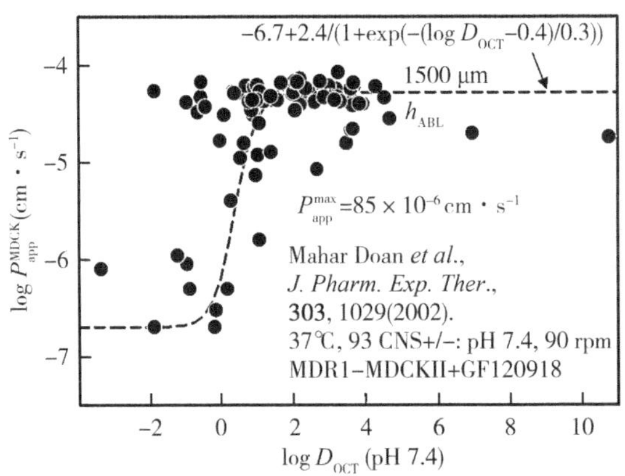

图 8.4 一系列 CNS（+）和（−）化合物的表观渗透率（MDCK）与亲脂性的对数图[84]

（基于 Mahar Doan 等的数据，观察到的最高渗透速率可能具有水边界层限制性，且占研究分子的近 70%）

上述研究[84]考虑了两种方法对 Pgp 特异性的定义：①外排率，ER = $P_{app}^{B\to A}$ / $P_{app}^{A\to B}$（A = 顶部，B = 基底外侧）；②钙调素－AM 法。对于一些药物，这两种方法给出了相互矛盾的结果。如果 ER > 1.5，则该化合物可能是 Pgp 特异性的。然而，由于许多药物接近 ABL 的限度，ER 方法很可能低估了许多亲脂分子的特异性，因为 B→A 和 A→B 两个方向都可能由水扩散主导，细胞外的作用极小。通过比较直接测量的 P_{app} 和通过 PAMPA 法预估的 P_{app}（参见 8.9 节），一些药物的 Pgp 特异性可能是模糊的，因为两个方向的转运都受 ABL 限制（如阿普洛尔、阿米替林、地昔帕明、地尔硫䓬、苯海拉明、利多卡因、马普替林、诺卡平、异丙嗪、普萘洛尔、特米帕明、维拉帕米和齐美定）。

出于相似的原因，一些药物可能具有与所提出的 Pgp 相反的特异性（如阿替洛尔、氯丙嗪、氟伏沙明、咪丙嗪、美托洛尔、奥昔洛尔和去甲三嗪）[84]。最初的分配可以通过在更有效的搅拌条件下重复一些关键点来进行测试，也可以在顶部和底部分别进行充分搅拌。

8.2.1.2 对于低渗透性分子，细胞旁路转运可能是重要的

许多 Caco-2/MDCK 细胞培养结果具有紧密的相关性，因此对于亲脂性药物，式（8.1）中的 P_{para}项对 P_{app}没有可量化的影响（$P_C \gg P_{para}$）。但是对于低渗透性药物，忽略 P_{para}对 P_{app}的影响可能会导致 IVIVC 降低。

另外，单层细胞具有渗漏性连接，使得很难确定低渗透和中等渗透药物的细胞渗透性。许多培养的内皮细胞都存在这样的渗漏性连接问题（我们将在第 9 章讨论）。

8.2.1.3 如何从 P_{app}中提取 P_C进行单 pH 渗透测定

如果在单独的验证研究中校准了细胞系的水扩散参数，那么在式（8.1）中，可以在单一 pH 渗透率测量中预测出 P_{ABL}、P_f和 P_{para}对 P_{app}的影响程度。可以计算 P_{ABL}（参见 7.6 节）、P_{para}和 P_f（见下）的近似值，并将其影响从 P_{app}中减去，得到剩余 P_C值。在特定的实验室中，经过验证的细胞培养方案越好，水扩散的预测结果越好。为了获得合理的 IVIVC，尝试这样的校正可能比简单地忽略其要好。此外，预测的 P_{ABL}、P_f和 P_{para}参数提供了分析时 pH 的最佳值，以便获得最可靠的 P_C系数。

8.2.1.4 如何从多种 pH 的渗透率测量的 P_{app}中得到 P_C

如果 P_{app}是在两个或两个以上的 pH 条件下测定的，就不需全部预测 P_{ABL}、P_f和 P_{para}。在两种不同的 pH 条件下进行的 Caco-2 测定（Adson 等[7]；Pade 等[86]；Yamashita 等[12]）的 4 个案例中，共选取 7~9 个不同的 pH 条件，pH 范围从 4.8 到 8.5；研究 pH-依赖的转运药物有：亲脂性药物维拉帕米（Avdeef 等[19]）、吲哚美辛（Neuhoff 等[90]）、维甲酸（Avdeef 等[22]）；中度亲脂性药物阿尔芬太尼（Palm 等[87]；Nagahara 等[88]）、美托洛尔（Neuhoff 等[89]）；亲水性药物西咪替丁（Palm 等[87]；Nagahara 等[88]）、阿替洛尔（Neuhoff 等[89]）。示例在 8.7.2 节中给出。

通过 pOD（pK_a^{FLUX} 优化设计）方法筛选出最优的 pH 条件，从而在 P_{app}中对 P_C和 P_{ABL}去卷积，详细描述见 7.7 节。可以设计类似的 pH 选择程序来考察 P_{para}。原则上，使用厂商提供的指标在 3 个主要成分中分别选择 3 个 pH 进行 P_{app}的分离（厂家提供的孔隙度一般不准确，可以在试验中进一步确定孔隙度）。在没有确定 pH 优化条件下，pH 可能在 4.8~8.5 选择，正如 Artursso 等所证明的那样，这是一个细胞兼容的 pH 范围[19,87-90]。8.6 节将详细介绍 P_{app}的一般回归方程[19-20,22]的计算过程。

8.2.2 标准细胞体系中典型细胞旁路参数

在描述水动力学生物物理模型[7,11,19-20,22,65,91]中，过滤、细胞旁路和ABL特征参数可以通过在渗透率测量中使用某些"标记"分子来评估。然后这些参数可以应用于后续的实验（使用相同的细胞培养条件），当 P_{ABL}、P_f和 P_{para}不能直接测量时，可以通过计算获得 P_{ABL}、P_f和 P_{para}的值。从 P_{app}中去除 P_{ABL}、P_f和 P_{para}的影响可得到细胞间的 P_C值。

8.2.2.1 用模型方程测定以细胞为基础的体外细胞旁路参数

本节重点讨论包含 P_{para}的式（8.1）中的最后一项特征。

到目前为止，在PAMPA和基于细胞的检测中，关于 P_{ABL}有很多讨论。其影响很容易识别（图8.2至图8.4），通过一些已经讨论过的方法进行校正也非常简单（参见7.6节和7.7节）。

在已建成的实验室中，通常对塑料器皿制造商提供的过滤器孔隙度进行试验再次确认（参见8.5.5节），因此 P_f的值可以很容易地测定获得。

细胞旁路校正则更为复杂。如果选择合适的弱亲水性标记，其 $P_C \ll P_{para}$，则可以从 P_{app}的测量中推断出细胞旁路渗透性（在搅拌良好的条件下，计算出贡献较小的 P_{ABL}和 P_f）。表8.1列出了各种报道过的使用的标记化合物。由于分子的 $\log D_{OCT}$值是已知的，可以用来计算 P_C[20]，并将其在式（8.1）第三项的倒数和中去除。因此，在体外细胞旁路分析中，

$$\log P_C^{marker} = a + b\log D_{OCT}。\tag{8.4}$$

其中，a和b为 P_{app}回归分析确定的经验参数，$\log D_{OCT}$在pH 7.4时用测得的 pK_a和 $\log P_{OCT}$来计算（表8.1）。当使用适当的标记化合物时，式（8.1）可近似为：

$$P_{para} = P_{app}^{marker} - P_C^{marker}。\tag{8.5}$$

在混槽条件下，含有带电基团的圆柱通道中，细胞旁路渗透率 P_{para}可以通过微分通量方程得到[7,11,20,22,65,91]。作为一个Adson细胞旁路模型的小扩展[7,65]，Avdeef和Tam[22]假设细胞旁路存在两种连结孔：①大小限制性和阳离子选择性通路，ε/δ；②大小和未知电荷次要通路，$(ε/δ)_2$。提出的双孔细胞旁路方程被命名为[22]：

$$P_{para} = \frac{\varepsilon}{\delta} \cdot D_{aq} \cdot F(r_{HYD}/R) \cdot E(\Delta\varphi) + \left(\frac{\varepsilon}{\delta}\right)_2 \cdot D_{aq}。\tag{8.6}$$

式（8.6）中的最后一项描述了大小不确定的次要通路的影响。$F(r_{HYD}/R)$ 是圆柱形水通路的Renkin水动力筛分函数[11,91]，其定义为分子水动力半径（r_{HYD}）和结孔半径（R）的函数，通常以单位Å表示：

$$F(r_{HYD}/R) = (1 - r_{HYD}/R)^2 \cdot [1 - 2.104(r_{HYD}/R) + 2.09(r_{HYD}/R)^3 - 0.95(r_{HYD}/R)^5]。\tag{8.7}$$

表 8.1　用于体外细胞旁路分析的标记化合物[a]

细胞旁路标记物	MW	r_{HYD}（Å）	$\log D_{OTC}^{7.4}$	$\log P_C^{7.4}$	% para
尿素	60. 1	2. 71	－1. 66	－7. 3	90～98
甘油	92. 1	2. 96	－1. 76	－7. 4	95～98
肌酐	113. 1	3. 13	－1. 77	－7. 4	90～96
赤藓糖醇	122. 1	3. 20	－2. 29	－7. 6	97
丙氨酸	89. 1	2. 94	－2. 96	－8. 0	99
甘露醇	182. 2	3. 63	－3. 10	－8. 1	91～99
左旋多巴	197. 2	3. 72	－2. 76	－7. 9	99
α－甲基多巴	211. 2	3. 81	－2. 27	－7. 6	94
阿昔洛韦	225. 2	3. 90	－1. 81	－7. 4	88～92
D－苯丙氨酸－甘氨酸	222. 2	3. 88	－2. 16	－7. 6	96
西咪替丁	252. 3	4. 07	0. 35	－6. 2	29～69
氢氯噻嗪	297. 7	4. 33	－0. 05	－6. 4	19～67
乳果糖	342. 3	4. 56	－3. 59	－8. 3	93
蔗糖	342. 3	4. 56	－3. 65	－8. 4	96～99
棉籽糖	504. 4	5. 33	－8. 09	－10. 8	95～100
甲胺（＋）	31. 1	2. 54	－3. 86	－8. 5	74～96
特布他林（＋）	225. 3	3. 90	－1. 37	－7. 1	87
阿替洛尔（＋）	266. 3	4. 15	－1. 92	－7. 4	92～97
雷尼替丁（＋）	314. 4	4. 42	0. 32	－6. 2	18～71
舒必利（＋）	341. 4	4. 56	－0. 42	－6. 6	59～91
甲酸盐（＋）	46. 0	2. 61	－4. 18	－8. 7	97
醋酸（－）	60. 1	2. 71	－3. 18	－8. 1	98
乳酸（－）	90. 1	2. 94	－4. 36	－8. 8	98～100
膦甲酸（－）	126. 0	3. 22	－6. 13	－9. 7	96～100
马尿酸（－）	179. 2	3. 60	－3. 44	－8. 3	98
氯膦酸盐（－）	244. 9	4. 02	－4. 14	－8. 6	85～97
氯噻嗪（－）	295. 7	4. 32	－0. 51	－6. 7	23～70
呋塞米（－）	330. 8	4. 50	－1. 17	－7. 0	57
D－Phe－Phe－Gly（－）	369. 4	4. 70	－1. 46	－7. 2	85
D－Phe－Phe－Phe－Gly（－）	516. 6	5. 38	－0. 66	－6. 8	56
聚乙二醇 149	194. 2	3. 71	－3. 00	－8. 0	86
聚乙二醇 238	238. 3	3. 98	－4. 48	－8. 8	96
聚乙二醇 282	282. 3	4. 24	－4. 47	－8. 8	97
聚乙二醇 326	326. 4	4. 48	－4. 46	－8. 8	99
聚乙二醇 370	370. 4	4. 71	－4. 45	－8. 8	99
聚乙二醇 414	414. 5	4. 92	－4. 44	－8. 8	100
聚乙二醇 458	458. 5	5. 13	－4. 43	－8. 8	100
聚乙二醇 502	502. 6	5. 32	－4. 80	－9. 0	100

[a]水动力分子半径 r_{HYD} 由式（8. 8）计算。使用式（8. 4）计算细胞旁路标记的细胞外“校正”渗透速率 $P_C^{7.4}$，$a = -6.4$，$b = 0.54$（参见 8. 5. 2 节）。% para 表示包括细胞旁路连接通路的转运部分。占主导地位的电荷用括号表示。

r_{HYD}的值根据 Sutherland-Stokes-Einstein spherical-particle 方程[20]求得，

$$r_{\mathrm{HYD}} = \left(0.92 + \frac{21.8}{MW}\right) \cdot r_{\mathrm{SE}}。 \tag{8.8}$$

r_{SE}的值用 Stokes-Einstein 方程计算，

$$r_{\mathrm{SE}} = \frac{k_B T}{6\pi\eta D_{\mathrm{aq}}} \cdot 10^8。 \tag{8.9}$$

其中，k_B是玻耳兹曼常数，T 是绝对温度，η 是溶剂运动黏度（0.006 96 $\mathrm{cm}^2 \cdot \mathrm{s}^{-1}$，37 ℃）。$E$（Δφ）在式（8.6）中是一个电位下降的函数，Δφ 可以定义为穿过电场由带负电荷连接孔内有带负电的残基[7,11,65]：

$$E(\Delta\varphi) = f_{(0)} + f_{(+)} \cdot \frac{\kappa \cdot |\Delta\varphi|}{1 - \mathrm{e}^{-\kappa|\Delta\varphi|}} + f_{(-)} \cdot \frac{\kappa \cdot |\Delta\varphi|}{\mathrm{e}^{+\kappa|\Delta\varphi|} - 1}。 \tag{8.10}$$

其中，$f_{(0)}$、$f_{(+)}$和$f_{(-)}$分别为不带电、带阳离子和带阴离子形式的分子的浓度分数。在 37 ℃时常数 $\kappa = (\Gamma - / N_A k_B T) = 0.037\,414\ \mathrm{mV}^{-1}$，其中 Γ - 是法拉第常数，其他各个符号都具有其专属意义。Caco-2 细胞系 Δφ 的平均值为 -43 mV [20]，表明通过自由电荷带负电和带正电分子的 P_{para}分别可减少到 41% 或增加到 201%。

8.2.2.2 细化体外细胞旁路渗透性参数

采用 pCEL-X 程序，根据式（8.1）的对数形式，采用加权非线性回归方程分析确定参数 h_{ABL}，ε/δ，（ε/δ）$_2$，R，Δφ，a，b。扩展式（8.4），（8.6），（8.7）和（8.10）：

$$G\left(h_{\mathrm{ABL}}, \frac{\varepsilon}{\delta}, \left(\frac{\varepsilon}{\delta}\right)_2, R, \Delta\varphi, a, b\right)$$

$$= -\log\left[\frac{h_{\mathrm{ABL}}}{D_{\mathrm{aq}}} + \frac{1}{a \cdot D_{\mathrm{OCT}}^b + \frac{\varepsilon}{\delta} \cdot D_{\mathrm{aq}} \cdot F(r_{\mathrm{HYD}}/R) \cdot E(\Delta\varphi) + \left(\frac{\varepsilon}{\delta}\right)_2 \cdot D_{\mathrm{aq}}}\right]。 \tag{8.11}$$

使用标准的数学技术，在 pCEL-X 程序中确定 G 对 ε/δ（ε/δ）$_2$、R、Δφ、h_{ABL}、a 和 b 的偏导数。加权残差函数最小化，

$$R_w = \sum_i^n \left(\frac{\log P_{\mathrm{app},i} - G_i^{\mathrm{cale}}}{\sigma_i(\log P_{\mathrm{app}})}\right)^2。 \tag{8.12}$$

其中，n 是模型试验中使用的特定研究（基于细胞的相同方案）中 P_{app}值的数量，σ_i（log P_{app}）是第 i 次体外测量表观渗透率对数的报告标准偏差。重新细化的有效性的特点是“拟合优良”，即 GOF = $[R_w/(n - n_V)]^{1/2}$，其中 n_V 指的是各种参数的数目（最大值为 7）。如果模型适用于数据，且测量的标准差准确地反映了数据的精度，则 GOF 的期望值为 1。

8.3 原位人空肠渗透性（HJP）模型

8.3.1 确定 HJP 细胞旁路参数的模型方程

根据公式，人空肠（HJ）屏障的表观渗透率 P_{eff} 可分解为 3 个渗透率：水边界层（$P_{\text{ABL}}^{\text{HJ}}$）、细胞外（$P_C^{\text{HJ}}$）和细胞旁路（$P_{\text{para}}^{\text{HJ}}$）。

$$\frac{1}{P_{\text{eff}}} = \frac{1}{P_{\text{ABL}}^{\text{HJ}}} + \frac{1}{P_C^{\text{HJ}} + P_{\text{para}}^{\text{HJ}}}$$

$$= \frac{1}{k_{\text{VF}}} \cdot \left(\frac{h_{\text{ABL}}}{D_{\text{aq}}} + \frac{1}{P_C^{6.5} + P_{\text{para}}}\right)。 \quad (8.13)$$

式（8.13）的第一行有上标的“HJ”，表示用于定义“平滑管”的 P_{eff} 值。该方程的形式与式（8.1）相同，只是去掉了过滤项，增加了一个新的参数，即绒毛褶皱表面积扩展比例因子 k_{VF}，根据组织学研究，其值约为 30。细胞外渗透性 P_C^{HJ}，代表上表皮细胞屏障在肠腔和血液之间的限速渗透。$P_{\text{para}}^{\text{HJ}}$ 是人空肠屏障最狭窄部分的细胞旁路渗透性。$P_{\text{ABL}}^{\text{HJ}}$ 为有效 ABL 渗透率。其在 LOC－I－GUT 方法中的（表现）值可能与未受干扰的体内条件下（空腹或餐后）不同[23－25]。由于在 HJ 渗透性（HJP）数据中（与 Caco－2/MDCK 相比）旁路细胞标记物的选择是有限的，所以对旁路细胞标记物的选择是一个挑战。在 HJ 渗透率模型中，由 Avdeef 和 Tam[22] 提出假设，

$$P_C^{\text{marker}} = P_C^{6.5}。 \quad (8.14)$$

假设 $P_C^{6.5}$ 为 Caco－2/MDCK 在 pH 为 6.5 时的细胞渗透性，所有基于细胞的 ABL、过滤和细胞旁路的影响都从 P_{app} 中去除。用于体外分析细胞旁路的方程［（8.6）－（8.10）］，可应用于原位灌注数据分析。

8.3.2 HJP 参数的细化

HJ 数据的改进方程与体外分析的式（8.11）相似。

$$G\left(k_{\text{VF}}, h_{\text{ABL}}, \frac{\varepsilon}{\delta}, \frac{\varepsilon}{\delta_2}, R, \Delta\varphi\right)$$

$$= \log k_{VF} - \log\left[\frac{h_{\text{ABL}}}{D_{\text{aq}}} + \frac{1}{P_C^{6.5} + \frac{\varepsilon}{\delta} \cdot D_{\text{aq}} \cdot F\left(\frac{r_{\text{HYD}}}{R}\right) \cdot E(\Delta\varphi) + \frac{\varepsilon}{\delta_2} \cdot D_{\text{aq}}}\right]。 \quad (8.15)$$

虽然这些参数与式（8.11）中不完全相同，但其中 GOF 影响回归的分析过程是相同的。

8.4 Caco-2 和 MDCK 的被动固有渗透率系数比较

在公开的文献中，许多化合物在 Caco-2 和 MDCK 模型上都进行了相关试验。前者是人结肠细胞，后者是犬肾脏细胞，两个模型在制药研究中都很受欢迎。这两种上表皮细胞系有一些重要的区别。例如，与 Caco-2 相比，MDCK 细胞中某些转运蛋白的表达较弱[82,102-108]。Avdeef 和 Tam[22]比较了被动跨细胞分子来自这两个模型的渗透率值。图 8.5 显示了 79 种化合物（主要是被动类型）的两种细胞模型的渗透率值，即 $\log P_0$（非带电形式）。从统计上来看，这两个模型具有可比性，如图 8.5 所示。

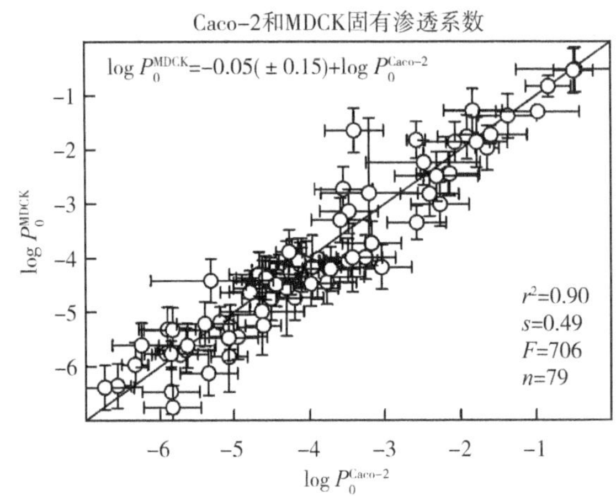

图 8.5 MDCK 和 Caco-2 细胞系测定的固有渗透率之间的相关性

（转载自 AVDEEF A.，TAM K Y. How well can the Caco-2/MDCK models predict effective human jejunal permeability? J. Med. Chem.，2010，53：3566-3584。经 American Chemical Society 许可转载）

8.5 理论（第 1 阶段）：Caco-2、MDCK 和 2/4/A1 细胞系的细胞旁路渗漏和通道大小差异

细胞旁路对亲水性小的溶质分子渗透的限制性取决于每单位表面积上细胞旁路通道的数量、通道中空隙的大小及通道中的带电残基（pK_a约为 4.5 的带负电荷的集团和一些有羧酸残基）[92]。电荷会增强阳离子选择性。例如，Na^+的结电导随着 pH 从 3 升高到 6 而增加，Cl^-的结电导则会减少[92]。Linnankoski 等人[95]使用渗出的理论方法，测定出 ε 在 2.4×10^{-7}（MDCK，相对紧密连接）和 1.5×10^{-6}（2/4/A1，相对疏松连接[96]）之间。排列在肠道屏障结构隐窝里的小细胞相比位于肠绒毛末端的大细胞，有更多的细胞旁路通道[93]。

Adson 等[65]定量评估了 Caco-2 单分子层中细胞旁路连接的渗漏性和孔隙尺寸。

他们选择9种不同大小尺寸的标记分子：带正电和负电的溶质。通过选择标记分子对从表观渗透速率中计算得到 R。R 的平均值 $R = 12$ Å，他们计算了容量因子，$\varepsilon/\delta = 1.22\ cm^{-1}$。Pade 和 Stavchansky[86]发布的 ε/δ 值较小，仅为 $0.267\ cm^{-1}$。通过增强或减弱阳离子、阴离子标记物或中心标记物的渗透性，平均电位差 $\Delta\varphi$ 约为 -17.7 mV[65]。

Avdeef[20]开发了一种更通用的数学模型（基于非线性回归分析）确定 ε/δ、R、$\Delta\varphi$ 和其他相关细胞旁路参数，并应用于体外上表皮细胞的14个不同的分析研究。渗透率数据来自8个不同的实验室[19,65,86,96－102]，首次在实验室评估3种不同上表皮细胞模型：Caco－2、MDCK 和2/4/A1 的渗透性和孔隙尺寸。MDCK 细胞系简称为 MDCK，来源于美国标准菌株库[65,102]；MDCK mdr－1（转染 mdr－1 基因）[102]和 MDCK wt（天然型、未转染的）[102]均来源于荷兰癌症研究所。

8.5.1 细胞旁路标记物的选择

已有文献报道描述表征细胞旁路机制的标记物的临界选择标准[65,97,101]。实验室间分析[20]的标记物选择范围包括小分子的尿素（14项研究中的9项采用）和其他项中的甘露醇（14项研究中的8项采用）（不包括 PEG 系列）。在一些特定的研究中，小分子带电溶质也被当作标记物，包括甲胺[65,97]和乙酸盐[65]。Garberg 等[102]认为几种上皮细胞系含有相同的化合物和载体介导的测量方法，如乳酸、丙氨酸、左旋多巴和 α－Me－DOPA。如前文所述[102]，Caco－2 细胞表达的酶如蔗糖酶等，可以水解蔗糖和其他双糖。本研究中 MDCK 细胞的蔗糖 P_{app} 平均值约为 $0.3 \times 10^{-6} cm \cdot s^{-1}$，而 Caco－2 的 P_{app}[102]平均值比其大约高出3倍，标准差也很高。在选择蔗糖时应谨慎，因为仅在一个实例中使用了 Caco－2 的蔗糖值[20]。另一个例子是在 Caco－2（非 MDCK）细胞上甘油的吸收 $P_{app}^{A\to B}$（顶部到底部）约为分泌的 $P_{app}^{B\to A}$ 的6倍，提示其可能存在促进吸收机制。因此，根据文献，实验中通常只选择基于文献的不作为转运蛋白底物的化合物[20]。表8.1列出了 Avdeef[20]在 meta 分析中讨论的14个入选研究中的标记分子。

8.5.2 细胞旁路模型非线性回归分析

图8.6显示了 Avdeef[20]的14项研究中的3项细胞旁路分析的结果。在 $\log P_{app} - \log D_{aq}$ 的图中，较低的 R 值由较高的斜率表示（D_{aq}将分子量变化的图标准化）。固体最佳拟合曲线与未带电标记相关（比较表8.1）。这些曲线用来计算参数的乘积：$\varepsilon/\delta \cdot F(r_{HYD}/R)$［式（8.7）和（8.8），$E(\Delta\varphi) = 1$］。在包含阳离子和阴离子的研究中，带电溶质的最佳拟合曲线分别用正负符号表示。如果分子只有一部分通过细胞旁路途径转运，即使数据拟合得很好，实际结果也不一定位于曲线上。表8.1总结了由细胞旁路模型引起的转运百分比范围，标记为“% para”。很明显，一些化合物明显显示出细胞间转运的影响（如部分研究中的雷尼替丁、氢氯噻嗪和西咪替丁）。

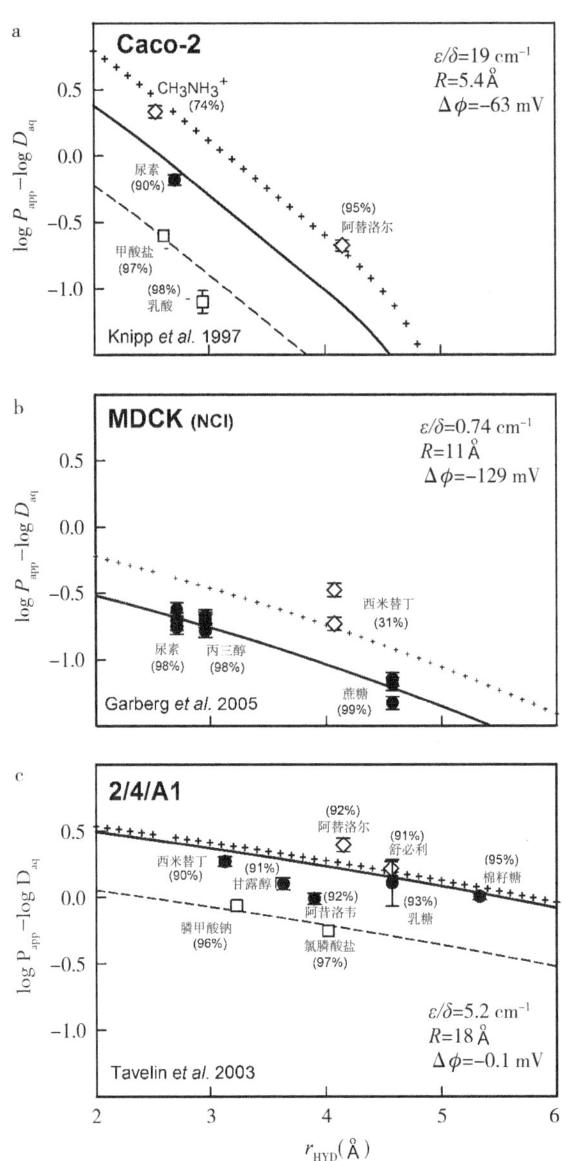

图 8.6　细胞旁路标记分子的 Caco-2、MDCK 和 2/4/A1 数据图

（横轴和纵轴分别为流体动力学半径和 $\log P_{app} - \log D_{aq}$。实线对应中性化合物；“流体动力线”表示带正电荷的分子，虚线表示带负电荷的分子。转载自 AVDEEF A. Leakiness and size exclusion of paracellular channels in cultured epithelial cell monolayers: I nterlaboratory comparison. Pharm. Res.，2010，27：480-489。经许可转载）

表 8.2 总结了利用实验室间数据和式（8.11）进行细胞旁路模型细化的结果。孔隙半径范围从 4.0（±0.1）到 18（±3）Å：Artursson 实验用 2/4/A1 细胞系[96]测定出最高孔隙半径，用 Caco-2 细胞测定出最低孔隙半径。ε/δ 容量因子的值从 0.2（±0.1）cm^{-1}［GARBERG 等的 MDCK（ATCC）数据[102]］到 69（±5）cm^{-1}（Adson 等的 MDCK 数据[65]），数值跨度最大，接近 345 倍。

Caco-2 细胞连接电位下降范围为 -15 ~ -82 mV，但测定的不确定度大于另外两个参数[20]。Caco－2 加权平均值为 $\Delta\varphi^{Caco-2}$ = （－43 ±20） mV。基于 MDCK 细胞只获得两个结果［$\Delta\varphi^{MDCK}$ = （－104 ±56） mV］。但这些评估具有高度不确定性，因为 MDCK 样品数量太小，并且相对误差过高。2/4/A1 细胞系只显示了很小的电位效应。

基于 P_{trans}和 log D_{OCT}［式（8.4）］的建模方法有着悠久的历史，如 Levin 等[109]的早期努力，他们研究出式（8.4）的系数 $b=0.56$。Avdeef[20]在 $b=0.54$ 时比较 Caco－2 的 P_{app}和 log D_{OCT}，基于细胞旁路标记数据，在式（8.4）中不可能同时推算出 a 和 b，在 14 个培养物只有两个可以提炼出 a 的值，因为大多数特征标记在性质上主要是支配细胞旁路。式（8.4）的参数多设置为 $a=-6.40$，$b=0.54$。然而，在两种情况下，Adson 的数据表示可以将 a 参数设为 -6.40 ± 0.31[65]，而 Alsenz 和 Haenel 则将 a 设为 -6.36 ± 0.33[100]。

8.5.3 等细胞旁路概述

由于每次实验使用不同细胞旁路标记物和不同的细胞系培养方案，因此很难比较不同组之间的 ε/δ 和 R。如表 8.2 所示，最低的 4 个孔隙半径（4.0～5.4 Å）几乎相同，表明其“渗透”是类似的。但是，由于容量因子（10～69 cm^{-1}）的近 7 倍的变化，使得表观渗透量变化很大，似乎不依赖于 R。此外，紧密连接情况下的容量因子远远大于更大孔半径相关的情况（$R>6$ Å），其特征是 $\varepsilon/\delta<6$ cm^{-1}。容量因子与孔隙半径呈反比关系。

表 8.2 各个细胞系的加权非线性回归分析结果[a]

细胞	参考文献	(ε/δ) (cm^{-1})	R (Å)	$-\Delta\varphi$ (mV)	GOF	n	P_{para} (尿素)	P_{para} (甘露醇)	P_{para} (蔗糖)	P_{para} (棉籽糖)	分子阻排 (尿素/蔗糖)
Caco－2	Artursson et al.[101]	31 ±6	4.0 ±0.1	30[b]	4.5	5	4.7	0.19	0[c]	0[c]	>1000
MDCK[d]	Adson et al.[65]	69 ±5	4.9 ±0.1	30[b]	1.2	9	30	3.5	0.15	0[c]	200
Caco－2	Liang et al.[98]	10 ±5	5.0 ±0.3	49 ±107	2.6	6	4.7	0.55	0.03	0[c]	157
Caco－2	Knipp et al.[97]	19 ±29	5.4 ±1.2	63 ±5	1.6	6	13	1.7	0.22	0[c]	59
Caco－2[e]	Alsenz, Haenel[100]	4 ±14	6.3 ±3.5	15 ±25	1.2	9	4.9	0.83	0.17	0.04	29
Caco－2	Tavelin et al.[96]	1.4 ±4	7.0 ±3.1	82 ±8	4.7	9	2.4	0.49	0.11	0.04	22
Caco－2[f]	Liang et al.[98]	1.5 ±4	9.8 ±4.1	59 ±39	2.9	6	5.5	1.8	0.63	0.27	9
MDCK[g]	Garberg et al.[102]	0.74 ±0.2	10.7 ±0.7	129 ±41	1.5	14	3.2	1.1	0.43	0.2	7

续表

细胞	参考文献	(ε/δ) (cm^{-1})	R (Å)	-Δφ (mV)	GOF	n	P_{para} (尿素)	P_{para} (甘露醇)	P_{para} (蔗糖)	P_{para} (棉籽糖)	分子阻排 (尿素/蔗糖)
Caco-2	Garberg et al.[102]	1.11±0.9	11.1±1.9	55±11	3	11	5.1	1.8	0.73	0.35	7
MDCK[h]	Garberg et al.[102]	0.20±0.1	12.7±1.5	40±67	1.6	8	1.1	0.43	0.19	0.1	6
Caco-2[d]	Adson et al.[65]	0.78±0.4	12.9±1.6	30±3	1.4	10	4.4	1.7	0.79	0.43	5
2/4/A1	Tavelin et al.[96]	5.2±3	17.8±2.9	0.1[b]	2.8	9	39	18	9.9	6.3	4

[a] P_{para}根据精确的旁路细胞预测尿素，甘露醇，蔗糖和棉籽糖的值。分子阻排指数 = P_{para}（尿素）/P_{para}（甘露醇）．GOF = 拟合度（见文字）；n = 在原本的研究中精确计算的 P_{para}值。

[b] 未精制。

[c] 由于 r_{HYD} > R，细胞旁途径不可渗透。

[d] 25 ℃。

[e] 7 天。

[f] 3 ~ 7 天。

[g] 源于 NCl。

[h] 源于 ATCC。

与上述描述相一致，同时反映了 ε/δ 和 R 相关的参数，负相关系数高达 90%，但在任何已发表的文献讨论中并未体现。尽管如此，所发表的体外数据的质量较高时，可以确定个别参数在一些情况下具有相对较好的精确度（表 8.2）。

在一种比较不同细胞系相对“渗透”的方法中，选择甘露醇作为渗漏量表格中标准细胞旁路标记物。图 8.7 说明假设有一个广泛适用的 ε/δ 和 R（相关）参数使得甘露醇的细胞旁路渗透性在每一种细胞系中都是相同的。纵轴是 log（ε/δ），横轴是孔隙半径，分析 ε/δ 和 R 参数表示为：方块表示 MDCK、圆表示 Caco-2 和菱形表示 2/4/A1 细胞系。每个符号都与一个连续的容量曲线相关联，曲线上的任何位置都具有相同的预测甘露醇的 P_{app}值。根据细胞旁路参数计算甘露醇的 P_{para}（表 8.2），然后根据公式计算出容量曲线，并用 $P_{para}^{mannitol}$ 除以 D_{aq} · F（r_{HYD}/R），由［式（8.5）］（E（Δφ）= 1）推导。常数 P_{para}的容量曲线与 R 的关系称为等细胞旁路曲线。

例如，Knipp 等[97]、Liang 等（3 ~ 7 天模型）[98]、Garberg 等[102]和 Adson 等[102]得出的 Caco-2 细胞系中的（ε/δ，R）值虽有很大的不同，但 4 组的结果基本上都在同一等细胞旁路曲线上（图 8.7）。尽管孔隙半径在 5.4 ~ 12.9 Å，但以甘露醇为标准得出的渗透率几乎相同。4 组显示不同的平衡限制因素：Knipp 的数据显示渗透率受孔隙半径大小的限制，而 Adson 数据显示渗透率受容量大小限制（细胞旁路通路短缺 ε，或细胞旁路通路过长 δ）。

图 8.7 中等细胞旁路曲线的集合可以比较直观地显示细胞系的相对渗透性和限制渗透性参数的因素（孔隙与容量因子）。由此可见，渗漏最严重的细胞系为 2/4/A1，

最紧密的细胞系为 Caco－2，这两种细胞系均由 Artursson 及其同事开发[96,101]。MDCK 的特性与 Caco－2 的特性大致相同（图 8.7）。

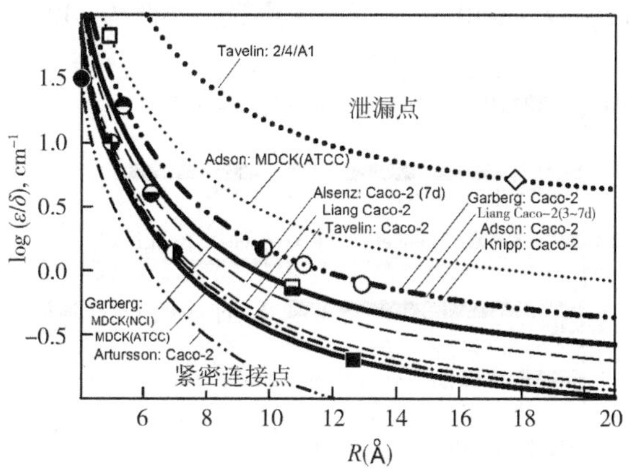

图 8.7　等细胞旁路剖面图

［对数（ε/δ）与孔径的关系，R，恒定 P_{app} 下测定的（log（ε/δ）、R）值分别为：方块表示 MDCK、圆形表示 Caco－2、菱形表示 2/4/A1 细胞系。每个符号都与一个连续的容量曲线相关联，曲线上的任何位置都对应于预测的甘露醇的 P_{app} 值。容量曲线 $P_{para} D_{aq}^{-1} \cdot F\ (r_{HYD}/R)^{-1}$ 使用甘露醇作为标记物。转载自 AVDEEF A. Leakiness and size exclusion of paracellular channels in cultured epithelial cell monolayers olayers：interlaboratorison. Pharm. Res.，2010（27）：480－489。经许可转载］

8.5.4　大小排除排序

图 8.7 显示了基于甘露醇的相对渗透系列。然而，如果选择了不同的标准，那么渗透的等级就会有所不同。“大小排除”比率 $P_{para}^{urea} / P_{para}^{sucrose}$，表示特定细胞对溶质大小变化的敏感程度。表 8.2 的最后一列列出了 12 个细胞研究的大小排除率。这个比率与孔隙半径的排名平行。图 8.8 显示了 12 项研究的柱状图，每一项研究都预测了 4 个越来越大的标记物的细胞旁路渗透性：尿素、甘露醇、蔗糖和棉籽糖。从图中可以看出，尽管在所有的比较中，2/4/A1 是最易渗透的，但是渗透的等级顺序取决于所使用的具体标记物。

8.5.5　实验验证过滤孔隙度

8.5.5.1　在 Caco－2 中测定过滤渗透速率，P_f

在 Caco－2 实验中，聚碳酸酯纤维支撑上表皮单层细胞。除了上面讨论的 ABL 外，孔隙中的水溶液是分子转运的阻力来源。当溶液被剧烈搅拌时，亲脂分子渗透的限速屏障是过滤孔（“过滤器－限制性转运”）的大小。根据制造商常用的 Transwell® 聚碳酸酯过滤板孔径为 0.45 μm，孔密度为 1×10^8 孔/cm²。对于每片 1.13 cm² 的过滤器总表面积，孔隙面积占总表面积的15.9%。因此，Caco-2实验中理论上的过滤器孔隙度为$\varepsilon_f=0.159$。过滤器渗透速率P_f可由式（8.3）得出。在更换制造商指标时，$P_f=159\ D_{aq}$。37 ℃时，维拉帕米的$P_f=977\times10^{-6}\mathrm{cm\cdot s^{-1}}$；普萘洛尔的$P_f=1256\times10^{-6}\mathrm{cm\cdot s^{-1}}$。

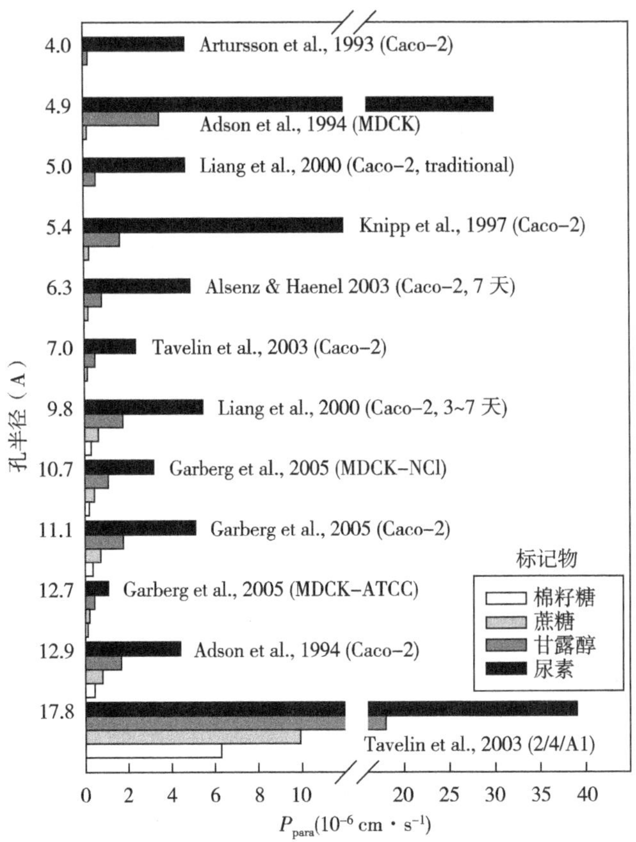

图8.8　旁路细胞渗透性排名

［根据连接孔半径的增大，对4个标记物——尿素、甘露醇、蔗糖、棉籽糖的细胞旁路渗透性排序。转载自AVDEEF A. Leakiness and size exclusion of paracellular channels in cultured epithelial cell monolayers olayerlaboratory comparison. Pharm. Res.，2010（27）：480-489。经许可可转载］

8.5.5.2　过滤器孔隙度的测定

对特定批次的“透明”聚碳酸酯过滤器进行了测试，以确定其孔隙率。制造商的期望值是$\varepsilon_f\approx0.05$。选择亲脂分子和亲水分子作为实验化合物，包括维拉帕米和安替比林。使用涂有1 μL十六烷（足以填满所有孔隙）的聚碳酸酯滤纸和不加涂层的进行两组“PAMPA”分析。根据制造商的规格，维拉帕米和安替比林的$\log P_f$应分别为-3.64（$231\times10^{-6}\mathrm{cm\cdot s^{-1}}$）和-3.71（$195\times10^{-6}\mathrm{cm\cdot s^{-1}}$）。

使用烷烃涂层过滤器的维拉帕米，在pH为6~8的范围内，显示了预期的pH依赖型双曲线，$\log P_{ABL}$的预估值为-3.93±0.04（$119\times10^{-6}\mathrm{cm\cdot s^{-1}}$）。如果没有烷烃涂层，可以认为与 pH 无关，其 $P_{app}^{-1} = P_{ABL}^{-1} + P_f^{-1}$［式（8.1）］。根据理论孔隙度（0.05），则 P_{app}应为 79×10^{-6} cm·s^{-1}。但事实上，测量值要高得多，为 372×10^{-6} cm·s^{-1}。这表明在没有脂膜屏障的情况下，ABL“消失”（因为不再有水－脂界面），并且 $P_{app} \approx P_f$。根据 P_{app} 的测量值，计算维拉帕米的孔隙度为 $\varepsilon_f = 0.080$。安替比林 $\varepsilon_f = 0.062$。使用六种试验化合物，平均 $\varepsilon_f = 0.062 \pm 0.010$，略高于标示值 0.05。在其他情况下，$\varepsilon_f \approx 0.2$ 的聚碳酸酯过滤器（半透明），其测量值 $\varepsilon_f = 0.135$。对新批次过滤板的检查是一个简单而可靠的程序。

8.6 理论（第 2 阶段）：体外回归方法测定细胞渗透性

8.6.1 分析和动态范围窗口的两个阶段（DRW）

将基于多个 P_{app}与 pH 数据的细胞渗透性完整分析分为两个独立的阶段。第 8.5 节（参见表 8.2）根据第 8.2 节（体外）和第 8.3 节（原位灌注）中描述的模型总结了第 1 阶段的结果。对于给定的细胞培养或灌注方案，第 1 阶段分析只需进行一次。这是“校正“阶段，在该阶段中，使用适当的一组标记分子，为体外系统测定 ABL［参见 7.6.8 节中的 h_{ABL}，或 7.6.7 节中的 K_{ABL}、α（图 7.34）和 ε_f式（8.3）］及细胞内（ε/δ，$(\varepsilon/\delta)_2$、R，Δφ）等参数。类似的程序可用于校正人空肠原位灌注系统[22]，其结果将在第 8.8 节中描述。

第 2 阶段是将第 1 阶段的结果应用于新药分子进行校正，这样 P_{ABL}和 P_{para}与 pH 的关系曲线就可以用式（7.25）及（8.6）计算出来。亲脂分子在搅拌良好的条件下，P_f也可以被计算出来（参见 8.5.5 节）。P_{ABL}曲线设定了可测量的 P_{app}（图中虚线曲线）的上边界（图 8.9 至 8.11），而 P_{para}曲线设置了 P_{app}（图中点－点曲线）的下边界图 8.9 至 8.11）。这两条曲线之间的间隙称为动态范围窗口（DRW）（参见第 9 章）。所有可测量的 P_{app}值都在 DRW 之内。

P_{app}与 pH 数据的回归分析从模型表达式（式 8.1）开始。根据估算的 P_{ABL}、P_f和 P_{para}的情况下（第 1 阶段分析），未知渗透率分量为 P_C［式（8.1）和（8.2）］。在 pH 6.5 时，这种细胞渗透性被用于在式（8.13）中模拟人空肠渗透性。

8.6.2 体外细胞渗透性参数的细化

用预先设定的 h_{ABL}、h_f、ε_f、ε/δ、$(\varepsilon/\delta)_2$、R 和 Δφ（参见表 8.2 和 8.5.5 节），作为固定参数来设计方程。根据式（7.27）计算出来的 D_{aq}和在 37 ℃时（表 3.14）的 pK_a，基于对数形式的体外细胞模型，提供一个非线性加权回归分析（单质子电离药物），即式（8.1），可以设计方程求解，

$$G\left(h_{\mathrm{ALB}}, h_f, \varepsilon_f, \frac{\varepsilon}{\delta}, \left(\frac{\varepsilon}{\delta}\right)_2, R, \Delta\varphi, D_{\mathrm{aq}}, \mathrm{p}K_a\right)$$

$$= -\log\left[\frac{h_{\mathrm{ABL}}}{D_{\mathrm{aq}}} + \frac{h_f}{\varepsilon_f \cdot D_{\mathrm{aq}}} + \frac{1}{\frac{P_0}{10^{\pm(pH-\mathrm{p}K_a)}+1} + \frac{P_i}{10^{\pm(\mathrm{p}K_a-pH)}+1} + \frac{\varepsilon}{\delta}\cdot D_{\mathrm{aq}}\cdot F(r_{\mathrm{HYD}}/R)\cdot E(\Delta\varphi) + \left(\frac{\varepsilon}{\delta}\right)_2\cdot D_{\mathrm{aq}}}\right]。 \quad (8.16)$$

在上述分析中，两个未知的参数是细胞渗透速率 P_0 和 P_i。利用标准的数学方法，在 *p*CEL－X 程序中明确了相对于所有参数的偏导数 G。对于一系列测量的 $\log P_{\mathrm{app}}$ 和 pH，加权函数最小化由式（8.12）给出。细化的有效性以统计学上的“拟合优度”、GOF 为衡量指标。

8.7 细胞渗透性与 pH 关系的实例研究

8.7.1 体外渗透性测量不够标准化

正如第 8.5 节中所讨论，实验室之间尚未建立标准化的细胞试验方法。实验室之间培养的上皮细胞模型也存在许多差异。包括连接处渗透率（表 8.2）、pH 和梯度/等度－pH 条件的选择（参见 8.2.1 节）、搅拌的使用和有效性（参见 7.6 节），过滤器孔隙度的选择，考虑不完全/校正（参见 A7.2 节）及一些其他细微的方案差异。

细胞测量通常只在一个（等度/梯度）pH 下进行，然而腔内（体内）pH 可以从 2 到 8，并且与肠道细胞相邻的表面保持微酸性环境，从近端空肠的 pH 5.2～6 到回肠末端的 pH 6.9（110～112）（参见 2.3 和 2.4 节）。在某些情况下，选择一个“错误的”体外测定 pH 可能会导致口服吸收预测的重大错误。

图 8.2 至图 8.4 说明 ABL－有限性渗透率测定在研究过程中常见，但在实际应用中往往被忽视。人们通常认为 P_{app} 大于 $10\times10^{-6}\,\mathrm{cm}\cdot\mathrm{s}^{-1}$ 的话可不考虑这个影响因素，但如图 8.3 和图 8.4 所示，如未考虑 ABL 的影响，类固醇渗透性 P_{gp} 的特异性分配将会得到不准确的结果。

一些研究人员（及一些期刊审稿人）认为即使是中等规模的 IVIVC，要整合不同实验室的渗透率数据也是一个挑战，单个实验室数据用于 IVIVC 研究也是不可行的。但这不是必然的结果，本章讨论的新方法可以消除或改进当前实验中的许多缺点。

8.7.2 改善IVIVC体外渗透性方法的预处理

8.7.2.1 处理两个pH条件下Caco－2数据以确定细胞渗透性的“真实值”

Adson[7]、Yamashita[12]及Pade和Stavchansky[86]在接近中性的pH（7.2，7.4）和另一个较低的pH（5.4，6.5）下测量Caco－2的数据，并对这些研究的数据进行了非线性回归分析，如第8.6节所述。

图8.9a（阿普洛尔[7,12]）和图8.9b（普萘洛尔[7,86]）显示了两种pH下的Caco－2测定值，数据分别来自两个不同的实验室在不搅拌的条件下测定的结果。从图8.9a和8.9b的结果可以看出，两个实验室的数据几乎一致。

图8.9中的实心S形曲线代表了这两种亲脂分子的P_{app}与pH的最佳拟合关系。虚线代表药物无电荷形式的浓度，是pH分配假说的基础。阿普洛尔和普萘洛尔的内在渗透率系数分别为P_0＝（3311±763）$\times10^{-6}$cm·s^{-1}和（7674±2651）$\times10^{-6}$cm·s^{-1}。此固有值的不确定度很高，部分原因是由于微孔板没有搅拌，从而使P_C曲线具有较窄的DRW（参见8.6.1节）。同样，简单但有用的pK_a^{FLUX}计算方法［参见7.6.6.2节，式(7.23)］可以用来（代替回归分析）计算近似的P_0值，因为对于亲脂分子，$P_0 \gg P_{ABL}$。

图8.9a和8.9b中的短线－点－点曲线表示使用Adson等的参数计算的细胞旁路渗透率[65]（表8.2）。对于阿普洛尔和普萘洛尔，细胞旁路参数没有重新确定，因为低pH数据表明阳离子形式药物的渗透性高于预期的P_{para}值。采用细胞旁路模型的数据表明，阿普洛尔和普萘洛尔的R值分别为20.1和23.0。Adson模型建议R＝12.9 Å（表8.2）。所以，图8.9a和8.9b中的Caco－2细胞要么异常渗漏（不明显），要么正常连接，但两种药物的阳离子形式均存在迁移：阿普洛尔的P_i＝2.0$\times10^{-6}$ cm·s^{-1}；普萘洛尔的P_i＝2.5$\times10^{-6}$cm·s^{-1}（图8.9a和图8.9 b）。这两个P_i值比相应的P_0值低约3个数量级。

除了确定P_0和P_i外，回归分析还直接测定了P_{ABL}，如图中虚线曲线所示。通常在没有搅拌的情况下，阿普洛尔和普萘洛尔的P_{ABL}值分别为（46±8）$\times10^{-6}$cm·s^{-1}和（38±7）$\times10^{-6}$cm·s^{-1}，表明ABL的厚度为1800～2100 μm。

在pH为6.5时，阿普洛尔的P_C＝9$\times10^{-6}$cm·s^{-1}，普萘洛尔的P_C＝14$\times10^{-6}$cm·s^{-1}。为了预测人空肠渗透性，将这些值与人空肠特征ABL和细胞旁路渗透性（可能不同于Caco－2分析中测定的值）一起代入式（8.13）。

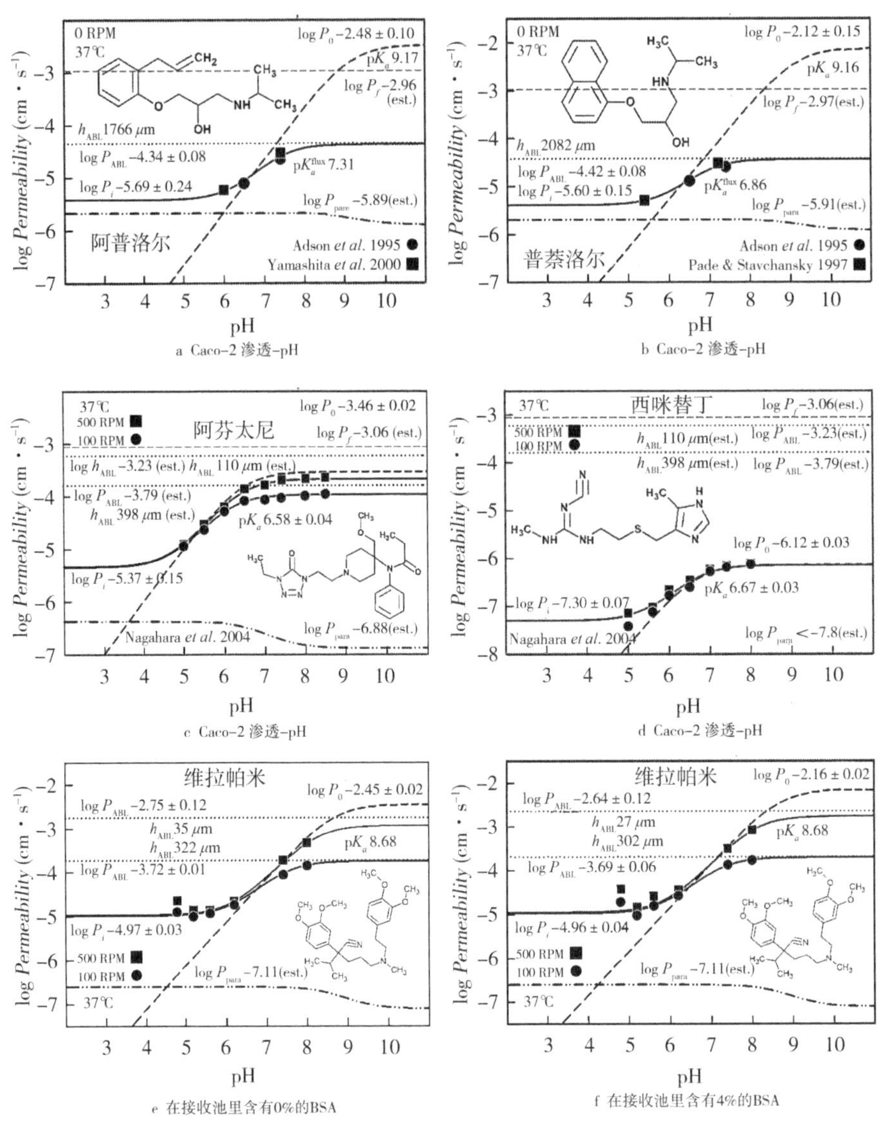

图 8.9　碱性中 Caco－2 渗透率随 pH 的变化

［细胞旁路渗透率（短线－点－点曲线）和水边界层渗透率（虚线）之间的间隙界定了动态范围窗口（DRW）。所有观察到的 P_{app} 都局限于那个区域。虚线代表不带电化合物的细胞外渗透性；最大值表示固有渗透率 P_0，实线曲线表示 P_{app} 在最佳 pH 条件下的拟合系数］

8.7.2.2　处理多 pH Caco－2 数据以确定细胞渗透性的“真实值”

8.7.2.2.1　阿芬太尼

Nagahara 等[88]研究了在 8 种不同的梯度 pH 溶液中的阿芬太尼，转速分别为 100 和 500 转/分。P_{app} 数据如图 8.9c 所示。由于该分子只有中等亲脂性，如果没有扩展式（7.21），简单的 pK_a^{FLUX} 方法不能用于测定 P_0。两个搅拌系列中的每一个都使用估计的

P_{ABL}系数作为固定参数（在100和500转/分时分别为162×10^{-6}和589×10^{-6} cm·s^{-1}）。利用pCEL－X同时处理的两组搅拌数据，可以将P_0、P_i和pK_a（参见3.12.4节）参数分别重新定义为（344±16）$\times10^{-6}$cm·s^{-1}、（4.2±1.5）$\times10^{-6}$cm·s^{-1}和（6.58±0.04）$\times10^{-6}$cm·s^{-1}（使用Tavelin等[96]表8.2中的Caco－2参数）预测，则细胞旁渗透性为0.13$\times10^{-6}$cm·s^{-1}，明显小于P_i值（图8.9c）。

8.7.2.2.2 **西咪替丁**

Nagahara等[88]研究了转速在100和500转/分时亲水性的西咪替丁。由于$P_C \ll P_{ABL}$，两组搅拌的测量值没有显著性差异，每个测量都是在7个梯度pH条件下进行的，如图8.9d所示。计算出的P_{ABL}和P_f对P_{app}无明显影响。然而，在低pH时，对P_{app}值的解释需要一些额外的考虑。一个明显的假设是，图8.9d中点与虚线的偏差可能是由于细胞外渗透性造成的。然而，考虑到西咪替丁的流体动力学半径估计为4.06 Å，而精确的孔隙半径小于此值，初步的机制解释指向离子（P_i）而不是细胞旁路渗透性。与Artursson等的[101]报道结果相似，这些连接似乎非常紧密（表8.2）。在单次pCEL－X回归分析中，使用所有14个pH的点，分别得到P_0＝（0.72±0.03）$\times10^{-6}$cm·s^{-1}、P_i＝（0.05±0.01）$\times10^{-6}$cm·s^{-1}和pK_a＝（6.67±0.03）$\times10^{-6}$cm·s^{-1}（参见3.12.4节）。

8.7.2.2.3 **维拉帕米**

如图8.9 e和图8.9 f所示，在100和700转/分的6个梯度pH条件下，在有和没有4% BSA（牛血清白蛋白），极限搅拌的不同情况下，测定Caco－2细胞中的维拉帕米（Avdeef等[19]）。极限搅拌条件为每分钟1000转。维拉帕米在Caco－2实验中显示出最高的表观P_{app}值，但同时细胞存在渗漏性［L. Lazorova］。700转/分时的数据良好，如图8.9e（不含BSA）和图8.9f（中含4% BSA）所示。使用37 ℃时的pK_a值用来计算出P_{para}没有影响。

在没有BSA的情况下，P_0和P_i分别为（3550±164）$\times10^{-6}$cm·s^{-1}和（11±0.8）$\times10^{-6}$cm·s^{-1}（基于两种搅拌速度下的12个pH）。在4%牛血清白蛋白的情况下，测定常数分别为P_0和P_i，分别为（6883±634）$\times10^{-6}$cm·s^{-1}和（11±0.8）$\times10^{-6}$cm·s^{-1}（12个pH点）。现在还不完全清楚在接收池中使用BSA的P_0会更高的原因。

高亲脂性化合物由于部分样品回收率计算不完全导致计算数值不准确[11,15,84,113－115]。随着溶剂在细胞中扩散，亲脂化合物可以迅速地在水和细胞之间达到平衡分布。在一项研究中，近90%的化合物从水相中消失[114]。以维拉帕米为例，在高pH下计算P_{app}值过程中的滞留率高达30%。忽略回收率而计算出来的表观渗透率（参见A7.2节）可能被严重低估。

如Sawada[113－114]、Wils[115]、Ho[11]、Krishna等[15]所述，对于亲脂性很强的化合物，Caco－2从底部到受体溶液的解吸动力学是一个相对缓慢的过程。此外，Caco－2细胞中的胞浆细胞器可以起到离子陷阱的作用。如果一个碱基被溶酶体捕获，其pH约为4.5（Asokan和Cho[116]；表2.1），其会被充分电离，以便在细胞器内停留较长时间。在维拉帕米的试验中，接收池中加入BSA增加了近两倍的固有渗透率，但对P_i值没有影响。这可能是无BSA时，在30分钟内药物没有完全达到稳态动力学，导致渗透率较低。

在较低的 pH 下，阳离子维拉帕米对单层膜的渗透比旁路细胞指标（图 8.9e 和图 8.9f）预期的要快得多。甘露醇和 TEER 细胞膜完整性测量在整个研究[19]中显示为正常值。一个可能的解释是 P_i 和预测的 P_{para} 之间的差异来自于同一个载体介导的转运机制。此前已有研究表明，维拉帕米可干扰 Na^+ 依赖的活性肉毒碱/有机阳离子转运蛋白（OCTN2），并使表达 OCTN2 的 HEK293 细胞中肉毒碱转运减少 99.88%（Ohashi 等[117-118]）。维拉帕米还抑制 hOCTN1 转染的 HEK293 细胞中四乙基铵的质子依赖性转运（Yabuuchi 等[119]）。在已分化的 Caco-2 细胞的顶端发现功能性 OCTN2 和 OCTN1（Elimrani 等[120]；渡边等[121]）。可能是这些载体在低 pH[19] 下介导了维拉帕米的转运。

8.7.2.2.4 阿替洛尔、美托洛尔、普萘洛尔

图 8.10 显示了 β 受体阻滞剂阿替洛尔、美托洛尔和普萘洛尔的 Caco-2 细胞结果（Neuhoff 等[89]）。这三种药物的搅拌条件均为 450 转/分。根据 Tavelin 等的分析，图 8.10 中初始 P_{para} 与 pH 的关系是根据 Tavelin 等[96]的 Caco-2 数据分析而预测的。随后，可以使用阿替洛尔的数据对预测进行微调，如图 8.10a 所示。Neuhoff 在对阿替洛尔研究中的连接值（R = 6.0 Å）与 Tavelin 得到的值没有太大区别［R =（7.0 ± 3.1）Å，表 8.2］。然后，使用阿替洛尔 P_{para} 的分析结果，计算美托洛尔和普萘洛尔案例中细胞旁路的影响（图 8.10b 和 8.10c）。

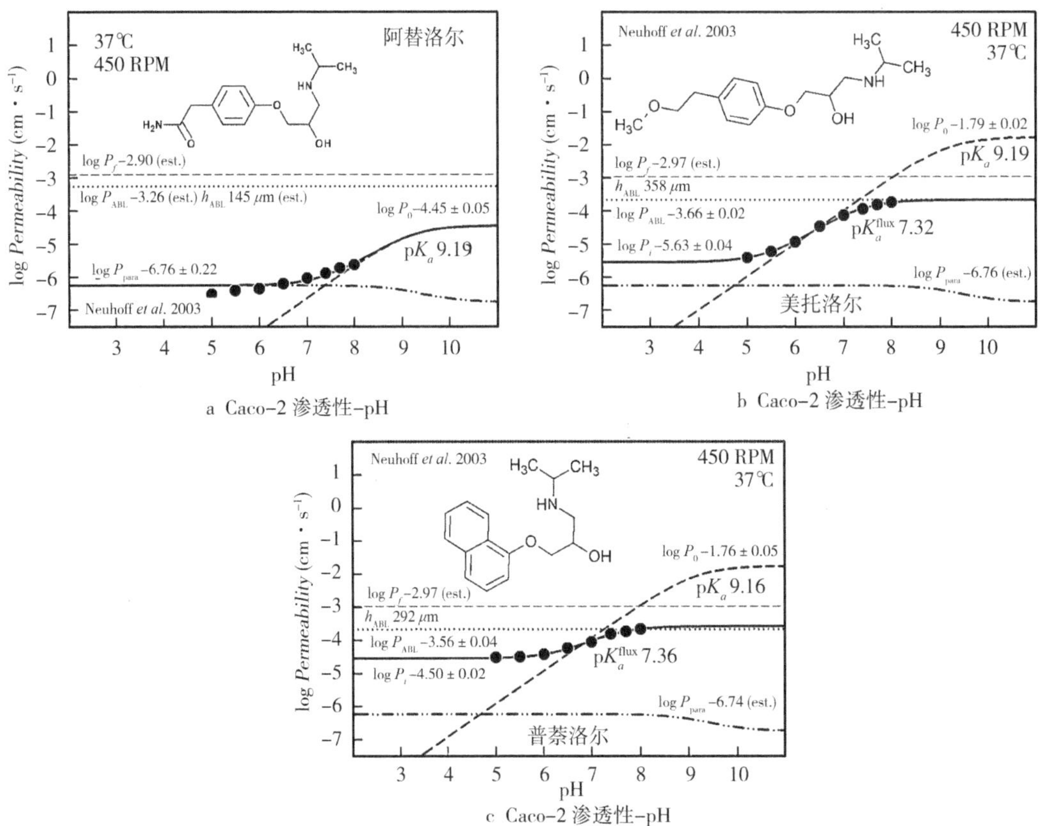

图 8.10 Caco-2 细胞试验中 β 受体阻滞剂的渗透性与 pH 的关系

对于美托洛尔和普萘洛尔，在弱酸性溶液中，P_{app}值偏离虚线曲线，对于普萘洛尔尤其明显（图 8. 10c）。两种亲脂性 β 受体阻滞剂美托洛尔和普萘洛尔的数据分别为$(2.3 \pm 0.2) \times 10^{-6} cm \cdot s^{-1}$和$(32 \pm 1.5) \times 10^{-6} cm \cdot s^{-1}$。后一个值比 8. 7. 2. 1 节未搅拌数据的结果高一个数量级以上[7,86]。根据跨膜电阻的测量，没有迹象表明是搅拌过度打开了连接。对于亲脂性 β－阻滞剂的阳离子形式，可能是在低 pH 的主动摄取过程下起作用，这可能与维拉帕米的情况类似。

研究人员在 37 ℃时使用的 pK_a值几乎比 25 ℃时的 pK_a值小 0. 4 个对数单位。三种 β－受体阻滞剂：阿替洛尔、美托洛尔和普萘洛尔的 pK_a值分别为$(36 \pm 4) \times 10^{-6}$、$(16\ 331 \pm 751) \times 10^{-6}$和$(17\ 458 \pm 2008) \times 10^{-6} cm \cdot s^{-1}$。美托洛尔和普萘洛尔的分配系数存在较大的差异（分别为 $\log P_{OCT}$ 1. 95 和 3. 48；参见表 4. 3）但 P_0之间的差异相对较小。为了测试缓慢解吸进入接收池可能产生的影响，有效的方法是在接收池中含 4% BSA 的情况下重复测定普萘洛尔。

由于美托洛尔和普萘洛尔都是亲脂的，因此可以直接从中性溶液中的 P_{app}和 pH 数据来计算 P_{ABL}值（pK_a^{FLUX}法）。

8. 7. 2. 2. 5　吲哚美辛和维甲酸

用两个弱酸的例子来阐述 Caco－2 多重 pH 数据分析：吲哚美辛（Neuhoff 等[90]）和维甲酸（Avdeef 和 Tam[22]），如图 8. 11 所示。

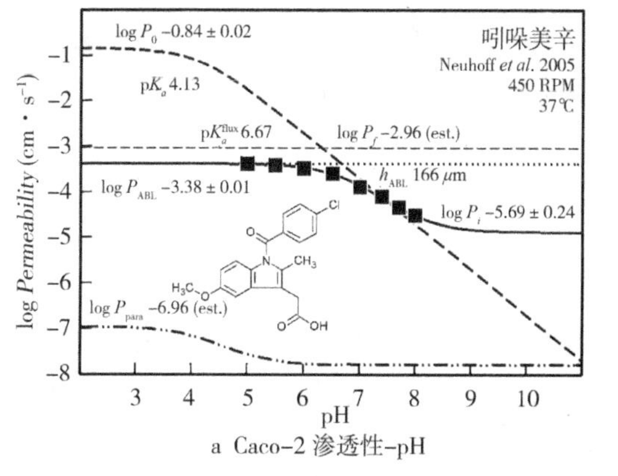

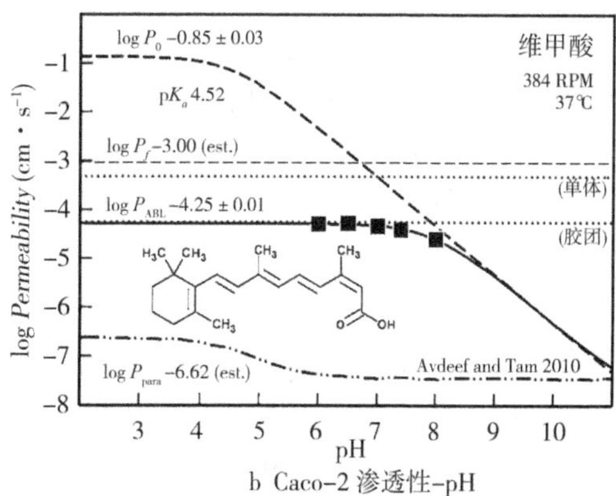

图 8. 11　Caco－2 试验中两种酸的渗透率随 pH 的变化曲线

［维甲酸的渗透性（b）与水溶液中聚集物的存在形式相一致。上面的虚线曲线表示从 D_{aq}/h_{ABL} 计算出的 ABL 的预期渗透率。然而，较低的 ABL 渗透率虚线与实际数据吻合，表明维甲酸属于高分子量扩散类］

吲哚美辛在一定浓度范围内，5～8 的 pH 条件下（梯度 pH 和等度 pH），以 450 转/分进行了全面研究。其可能是迄今为止设计最全面的已发表的 Caco－2 实验之一，提供极具价值的信息。图 8. 11a 只显示了梯度 pH 的数据。计算出的 P_{para}相当低，表明细胞旁路转运对 P_{app}无影响。有效的搅拌，可以完善 P_{ABL}的数据，结果为$(417 \pm 10) \times 10^{-6} cm \cdot s^{-1}$，相应的 $h_{ABL} = 166\ \mu m$[90]。该分子作为一种不带电物质具有极高的渗透性，$P_0 = (144\ 544 \pm 6658) \times 10^{-6} cm \cdot s^{-1}$。在 pH 7 以上，吲哚美辛以阴离子形式渗透，$P_i$ = （13 ±1.8）×10^{-6}cm · s^{-1}。这可能是一个阴离子的主动摄取转运体，因为预期的细胞旁路渗透性比测量的离子渗透性低两个数量级。

维甲酸也是一种渗透性很强的分子，但图 8.11b 中的 $\log P_{app}$（384 rpm）不符合简单的预期。改进的 ABL 渗透率（图 8.11b 中的下虚线）比计算值（上虚线）低一个数量级。有人认为，在水溶液中，维甲酸可能在酸性溶液中形成高分子量的胶束/聚集体，在水中扩散大大减弱[22]。大量维甲酸被细胞单层捕获（回收率 46%）。重新计算后的固有渗透性与吲哚美辛几乎相同。

8.8 Caco－2/MDCK 直接预测人空肠渗透性

这部分描述了第 8.3 节所述的生物物理模型对空肠渗透性（P_{eff}）进行分析的结果。该项研究的目的是测定人体空肠 ABL 值和细胞旁路流体动力学常数，以及表面积膨胀系数 k_{VF}[22]。对于一组 P_{eff}系数已知的分子，从可靠的文献来源收集了相应的体外 P_{app}（Caco－2/MDCK）值。进一步处理这些 P_{app}以去除体外 ABL、过滤及细胞旁路的影响，从而产生 $P_C^{6.5}$，即当 pH 为 6.5 时的细胞渗透性值，用作式（8.15）中的固定值，以便确定流体动力系数[22]。

其目的是通过式（8.13），利用“校准过的”k_{VF}和人体流体动力学常数 ε/δ、$(\varepsilon/\delta)_2$、R、$\Delta\varphi$、h_{ABL}（基于对现有人体 P_{eff}值的分析）及测量得到的 $P_C^{6.5}$（或如第 8.9 节所述，根据 Caco－2/MDCK P_{app}值预测），建立一个新化合物的人体 P_{eff}值预测模型。

8.8.1 有效的人空肠渗透性数据源

Avdeef 和 Tam[22]整理了 53 种药物和化合物的人体渗透性数据，共 119 个来自公开文献的 P_{eff}值[25－53]。表 8.3 所示为 53 个被研究的化合物（图 8.12）及其物理性质，包括 $P_C^{6.5}$在内，从多次 pH Caco－2/MDCK 测量中提取，并对数据进行预处理，如第 8.7 节中的研究案例所示。几乎所有的人体数据都来自乌普萨拉大学（Hans Lennernäs）和密歇根大学（Gordon Amidon）[29,30,34－53]。包括[22]早期基于开放式单通道空肠灌注法的研究，从吸收量表转换为 P_{eff}量表[27,31－33]。Artursson 等将 Chadwick 等[26]的聚乙二醇人体肠道吸收数据转换为 P_{eff}量表[101]，其中也包括他们自己的数据。Sutcliffe 等[28]的数据报告为损耗百分比形式，也被转换为 $P_{eff} = -Q\cdot(2\pi\cdot R\cdot L\cdot 60)^{-1}\cdot\ln(1-\%\,lost/100)$，其中 R =1.75 cm，L =30 cm，Q 为灌注流速（$cm^3\cdot min^{-1}$），并添加到他们的研究中。表 8.4 列出了用于生物物理模型分析的 119 个 P_{eff}值[22]。

8.8.2 人体生物物理学模型回归分析空肠渗透性

表 8.5 所示为精确的人体参数。1.3 节 GOF 建议生物物理模型（参见 8.3 节）与

人体 P_{eff}数据应具有适当匹配的精密度，而由于人体空肠 P_{eff}数据具有相对较高的个体间变异性，模型的进一步改进所获得的效果并不显著[25]。

在处理人体 P_{eff}数据的过程中，某些化合物被鉴定为异常值（例如，左旋多巴，头孢氨苄，槲皮素-3,4′-葡糖苷）。值得注意的是，整个 PEG 系列的渗透性要明显高于使用回归模型所预测的 119 个 P_{eff}值的渗透性。在回归分析的最后阶段，忽略了这些异常值分子（包括 PEG 系列）的 P_{eff}数据，改进后的模型重点关注 119 个 P_{eff}值中剩余的 99 个值的“药物集合”。

8.8.3 精确有效的表面积膨胀系数

基于药物集合（$n=99$）P_{eff}数据回归结果，得到了准确的表面积膨胀系数 $k_{VF}=33.5\pm9.8$[22]。这比通过显微研究粗略估计的 k_{VF}为 30 更为准确[56,74-76]。麻醉啮齿动物研究表明，如果空肠的整个表面均不能被渗透，那么这个值预计会更小[57]。但 Avdeef-Tam 的研究得到了意料之外的结果，在未麻醉的人体中，空肠的整个黏膜表面积可能均有吸收，根据药物的亲脂性，并没有发现预期的数据偏差[22]。

表 8.3　药物吸收特性、物理化学性质和细胞渗透性

化合物	%F	MW	log P_{OCT}	pK_a	主要电荷	r_{HYD} (Å)	log $P_c^{6.5}$ Caco-2/MDCK	参考文献
对乙酰氨基酚	85 ± 4	151.2	0.34	9.63	0	3.4	−4.04 ± 0.51	[82, 12]
阿美多巴	26 ± 14	211.2	−3.00	8.94, 2.21	±	3.8	−6.40	[123]
阿米洛利	50 ± 10	229.6	−0.26	10.19, 8.65	+	3.9	−6.72 ± 0.28	[100, 103]
阿莫西林	45 ~ 75	365.4	−1.71	7.0, 2.6	±, −	4.7	−5.79 ± 0.04	[100, 104]
安替比林	99 ± 1	188.2	0.56	1.3	0	3.7	−3.91 ± 0.24	[100, 102, 103, 12, 124, 125]
阿替洛尔	50 ~ 60	266.3	0.22	9.19	+	4.2	−7.04 ± 0.34	[7, 82, 89, 100, 104, 105, 12, 14]
苄丝肼	70	257.2	−1.78	7.97, 6.19	0, +	4.1	−4.90 ± 0.34	[100]
卡马西平	90 ~ 100	236.3	2.45		0	4.0	−3.14 ± 0.57	[100, 104]
头孢氨苄	90 ~ 100	347.4	−0.47	7.05, 2.55	±, −	4.6	−6.14 ± 0.05	[82, 12, 127]
西咪替丁	60 ± 7	252.3	0.48	6.76	+, 0	4.1	−6.27 ± 0.30	[86, 87, 102-104, 106, 128]
肌酸酐	80	113.1	−3.00	4.66	0	3.1	−6.01 ± 0.14	[85, 100]
环孢霉素 A	44 ± 14	1203	3.54		0	7.7	−5.16 ± 0.16	[102, 103]
地西帕明	70 ± 8	266.4	3.79	9.80	+	4.2	−5.05 ± 0.22	[100, 103]
D-葡萄糖	100	180.2	−0.67		0	3.6	−4.68 ± 0.11	[41, 129]
依那普利	51 ± 6	376.5	−1.39	5.57, 2.92	−, ±	4.7	−5.66 ± 0.11	[41, 129]
依那普利拉	8	348.4	−0.13	7.6, 3.2	−	4.6	−8.81 ± 0.34	[100]
非索非那定	30 ± 3	501.7	2.08	7.84, 4.20	±	5.3	−6.32 ± 0.66	[107, 130]
氟伐他汀	95	411.5	4.17	4.31	−	4.9	−3.57 ± 0.01	[103]
呋塞米	40 ~ 60	330.8	2.56	9.87, 3.51	−	4.5	−6.54 ± 0.78	[86, 100, 108, 12, 14, 131]
灰黄霉素	95 ± 5	352.8	2.18		0	4.6	−4.44 ± 0.33	[79]
氢氯噻嗪	55 ± 9	297.7	−0.03	9.78, 8.53	0	4.3	−6.28 ± 0.22	[82, 98, 100, 104, 12, 14]

续表

化合物	%F	MW	log P_{OCT}	pK_a	主要电荷	r_{HYD} (Å)	log $P_c^{6.5}$ Caco-2/MDCK	参考文献
一诺加群	5 ~ 10	438.6	-0.60	7.6, 1.6	±	5.0	-7.2[c]	
酪洛芬	100	254.3	3.16	4.02	-	4.1	-3.75 ±0.09	[82, 100, 104, 124, 125]
L-左旋多巴	100	197.2	-3.00	8.54, 2.21	±	3.7	-5.94 ±0.45	[102]
赖诺普利	27 ±3	405.5	-2.86	7.01, 3.16	±, -	4.9	-5.85 ±0.56	[100, 104]
L-亮氨酸	100	131.2	-1.55	9.61, 2.38	±	3.3	-4.90 ±0.47	[100, 102]
氯沙坦	50 ±13	422.9	3.74	4.25, 2.95	-	5.0	-5.62 ±0.34	[132]
L-苯丙氨酸	100	165.2	-1.38	8.92, 2.20	±	3.5	-4.63 ±0.34	[100]
美托洛尔	95	267.4	1.95	9.18	+	4.2	-4.70 ±0.43	[4, 89, 100, 103, 104, 125, 133]
普奈生	100	230.3	3.24	4.00	-	3.9	-3.33 ±0.25	[86, 100, 103, 104, 125]
PEG238			238.3	-2.21	0	3.5[e]	-7.76[b]	[101]
PEG282	79	282.3	-2.54		0	3.8[e]	-7.94[b]	[101]
PEG326	71	326.4	-2.76		0	4.0[e]	-8.06[b]	[101]
PEG370	48	370.4	-3.08		0	4.3[e]	-8.23[b]	[101]
PEG414	29	414.5	-3.12		0	4.5[e]	-8.25[b]	[101]
PEG458	18	458.5	-3.27		0	4.7[e]	-8.34[b]	[101]
PEG502	11	502.6	-3.40		0	4.9[e]	-8.41[b]	[101]
PEG546	3 ~ 7	546.6	-3.53		0	5.1[e]	-8.50[b]	
PEG590	2.4	590.7	-3.65		0	5.3[e]	-8.56[b]	
PEG810	1.1	810.9	-4.13		0	6.1[e]	-8.83[b]	
PEG942	1.0	943.1	-4.35		0	6.5[e]	-8.95[b]	
吡罗昔康	100	331.4	1.98	5.34, 1.88	-	4.5	-3.60 ±0.34	[100]
普萘洛尔	100	259.3	3.48	9.17	+	4.1	-4.46 ±0.39	[4, 7, 86, 89, 100, 103, 104, 124, 125, 133]
槲皮素-3,4′-葡糖苷	60 ± 31	464.4	3.24	9.4, 6.9	0, -	5.2	-6.7[c]	
雷尼替丁	50 ~ 60	314.4	1.28	8.00, 2.11	+	4.4	-8.90 ±0.34	[10]
维A酸	90	300.4	6.30	4.52	-	4.3	-2.84 ±0.03	[22]
水杨酸	100	138.1	2.19	2.88	-	3.3	-4.12 ±0.24	[4, 82, 86, 90, 12, 2]
萝卜硫素	74	± 29	177.3	1.68	0	3.6	-3.85 ±0.04	[22]
特布他林	14 ±5	225.3	-0.08	9.97, 8.67	+	3.9	-7.26 ±0.80	[100, 103, 12]
尿素		60.1	-1.64		0	2.7	-6.05 ±0.26[d]	[109]
伐昔洛韦	80 ~ 100	324.3	-1.04	9.23, 7.40	+, 0	4.5	-5.83 ±0.34	[136]
维拉帕米	84 ± 4	454.6	4.33	8.76	+	5.1	-4.57 ±0.50	[19, 100-104, 124, 131, 133]
水		18.0			0	2.6	-6.0[d]	[137]

[a]数据由 Avdeef 和 Tam 整理[20]。药物分子的绝对生物利用度，%F，数据来自参考文献［25，52，138-141，150-151］，并已根据第一次肝清除率进行了适当校正；PEGs 的%F 数据来自参考文献［39，142］。pK_a 和 log P_{OCT}（辛醇-水分配系数）来自表 3.1 和表 4.1。log $P_C^{6.5}$ 是电荷、ABL 和旁路细胞校正 Caco-2/MDCK log P_{app} 值的平均值。

[b]log P_C = -6.57 + 0.54 log D_{OCT}。

[c]由于没有找到可靠的文献值，由 pCEL-X 计算得到。

[d]基于大鼠原位脑灌流数据的近似值。

[e]式（8.17）。

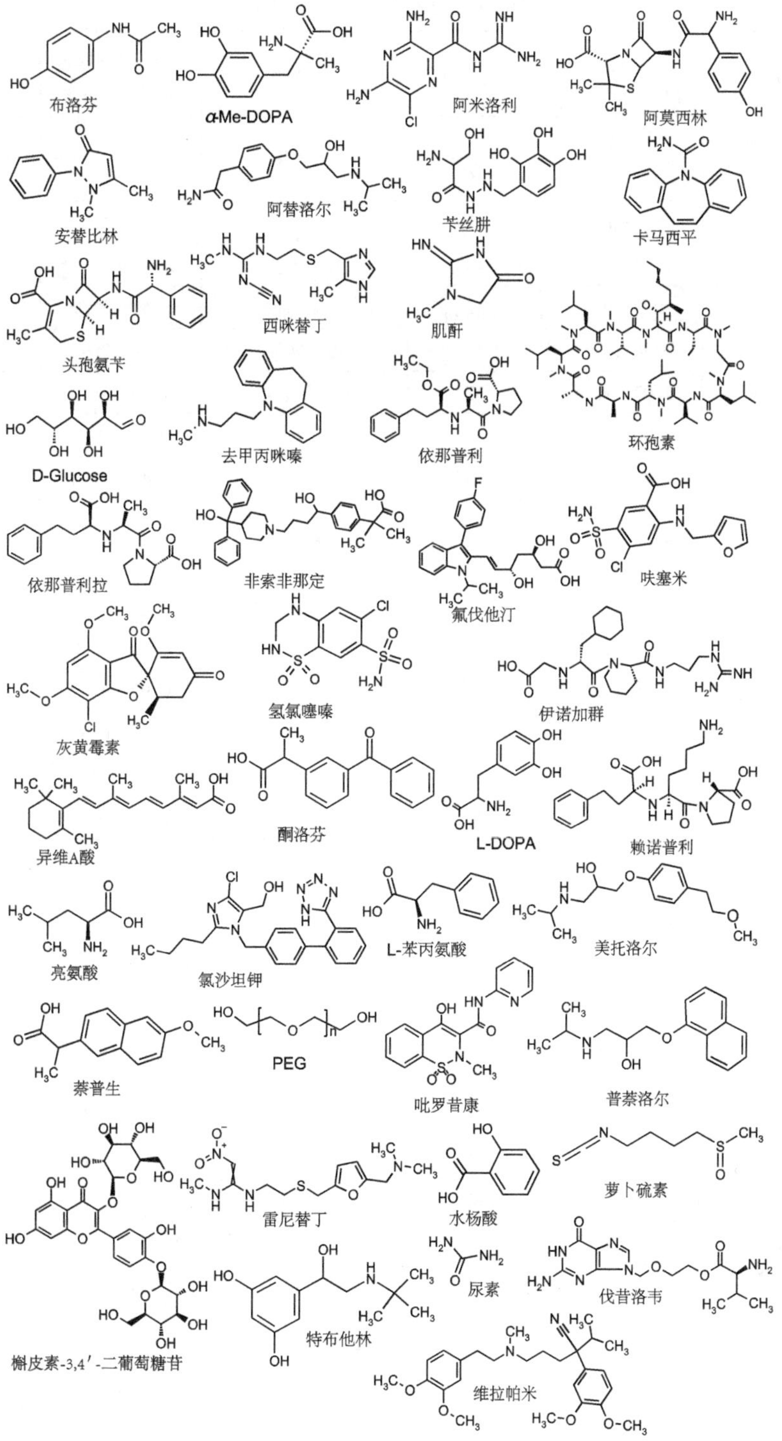

布洛芬 α-Me-DOPA 阿米洛利 阿莫西林
安替比林 阿替洛尔 苄丝肼 卡马西平
头孢氨苄 西咪替丁 肌酐 环孢素
D-Glucose 去甲丙咪嗪 依那普利
依那普利拉 非索非那定 氟伐他汀 呋塞米
灰黄霉素 氢氯噻嗪 伊诺加群
异维A酸 酮洛芬 L-DOPA 赖诺普利
亮氨酸 氯沙坦钾 L-苯丙氨酸 美托洛尔
萘普生 PEG 吡罗昔康 普萘洛尔
雷尼替丁 水杨酸 萝卜硫素
槲皮素-3,4′-二葡萄糖苷 特布他林 尿素 伐昔洛韦 维拉帕米

图 8.12　利用区域性单通道灌注技术测定其空肠渗透性值的化合物结构

（转载自 AVDEEF A，TAM K Y. How well can the Caco－2/MDCK models predict effective human jejunal permeability? J. Med. Chem.，2010，53：3566－3584。经美国化学学会许可复制）

表 8.4　有效空肠渗透性 P_{eff}

化合物	P_{eff}（10^{-4} cm·s^{-1}）	参考文献	化合物	P_{eff}（人体），（10^{-4} cm·s^{-1}）	参考文献
对乙酰氨基酚	1.76±0.43	[32]	酮洛芬	8.4±3.3	[42]
阿美多巴	0.1±0.1	[30]		8.5±3.9	[36]
	0.2±0.06	[42]	L-多巴	3.4±1.0	[30]
阿米洛利	1.63±0.51	[46]		3.4±1.7	[41]
	0.3±0.4	[42]		3.41±2.59	[30]
阿莫西林	0.34±0.11	[46]	赖诺普利	0.33±2.93	[25]
	2.07±1.41	[37]	L-亮氨酸	6.20	[30]
安替比林	3.96±1.33	[53]	氯沙坦	1.14±1.1	[49]
	4.05±1.08	[46]	L-苯丙氨酸	3.36±2.74	[45]
	4.5±2.5	[42]		4.08±2.11	[25]
	4.6±2.8	[43]		4.31	[40]
	5.02±1.61	[44]		4.54±2.39	[51]
	5.3±2.5	[29]	美托洛尔	0.90±0.08	[27]
	5.6±1.6	[41]		0.92±0.39	[37]
	5.7±3.0	[34]		1.2±0.9	[41]
	6.0±2.0	[35]		1.3±1.0	[42]
	7.3±3.8	[52]		1.5±0.9	[38]
	8.36±4.81	[30]	萘普生	8.0±4.2	[36]
阿替洛尔	0.12±0.2	[41]		8.3±4.8	[42]
	0.14±0.18	[34]		8.5±4.7	[25]
	0.15±0.2	[38]		10.0	[41]
	0.2±0.2	[42]		10.0±3.7	[38]
	0.27±0.2	[37]	PEG238	5.18±0.02	[26，78]
	0.38±0.10	[28]	PEG282	4.34±0.03	[26，78]
苄丝肼	2.9±1.3	[30]	PEG326	3.01±0.04	[26，78]
卡马西平	4.3±2.7	[42]	PEG370	2.63±0.05	[26，78]
头孢氨苄	1.56	[25]	PEG400	0.555±0.381	[40]
西咪替丁	0.26±0.157	[25]		0.559±0.446	[45]
	0.299	[45]		0.83±0.51	[51]
	0.77±0.34	[28]	PEG414	1.79±0.07	[36]

续表

化合物	P_{eff} ($10^{-4}cm \cdot s^{-1}$)	参考文献	化合物	P_{eff}（人体），(10^{-4} $cm \cdot s^{-1}$)	参考文献
肌酸酐	0.29 ±0.16	[43]	PEG458	1.18 ±0.11	[26，78]
	0.3 ±0.2	[42]	PEG502	0.93 ±0.14	[26，78]
环孢霉素 A	1.61 ±0.53	[25]	PEG546	0.76 ±0.17	[26，78]
	1.65	[51]		1.62 ±0.75	[39]
地昔帕明	4.4 ±1.8	[42]	PEG590	0.53 ±0.24	[26，78]
	4.5 ±11	[25]	PEG810	0.95 ±0.59	[39]
D－葡萄糖	5.6	[43]	PEG942	0.97 ±0.54	[39]
	6.59 ±2.94	[44]	吡罗昔康	6.65 ±3.933	[25]
	7.2 ±5.7	[35]		6.738	[40]
	8.8 ±4.4	[29]		7.8 ±7.5	[42]
	10.0 ±8.2	[42]	普萘洛尔	2.698 ±1.192	[40]
	18.4 ±15.2	[30]		2.8 ±1.3	[38]
依那普利	1.57 ±0.3	[25]		2.90 ±1.28	[51]
依那普利拉	0.1	[38]		2.9 ±2.2	[42]
	0.2 ±0.3	[42]	槲皮素－3,4′－葡萄糖苷	3.878 ±3.940	[45]
	0.3 ±0.3	[34]		8.9 ±7.1	[52]
非索非那定	0.06 ±0.07	[50]	雷尼替丁	0.273 ±0.247	[45]
	0.07	[25]		0.47	[31]
	0.11 ±0.11	[48]	水杨酸	2.67 ±0.14	[28]
氟伐他汀	2.38 ±1.85	[37]	萝卜硫素	18.7 ±12.6	[52]
呋塞米	0.05 ±0.04	[42]	特布他林	0.3 ±0.3	[35]
	0.17 ±0.07	[53]	尿素	1.4 ±0.49	[43]
	0.30 ±0.30	[36]		1.4 ±0.4	[42]
	0.48 ±0.13	[28]	伐昔洛韦	1.66	[25]
灰黄霉素	1.14 ±0.45	[33]	维拉帕米	6.7 ±2.9	[42]
氢氯噻嗪	0.04 ±0.05	[42]	维拉帕米－R	5.56 ±1.97	[44]
	0.19 ±0.11	[28]		6.8	[25]
一诺加群	0.03 ±0.03	[41]	维拉帕米－S	5.62 ±2.05	[44]
视黄酸	0.99	[25]		6.8	[25]
			水	1.4 ±0.49	[43]

[a]基于 Avdeef 和 Tam 119 个 P_{eff} 值[22]。并非所有引用的文献中都包括 P_{eff} 值的标准偏差（SD）。所有文献中化合物值的标准平均偏差在改进过程中可以应用于这些化合物。

表 8.5 精确的人体空肠流体动力学参数[a]

参数	药物 HJ 组	典型 Caco－2 组[65]	PEG HJ 组
k_{VF}	33.5 ±9.8	1.0[b]	33.5[b]
R（Å）	11.2 ±1.7	12.9 ±1.6	8.2 ±1.1
ε/δ（cm^{-1}）	0.53 ±0.51	0.78 ±0.4	15 ±7
ε/δ_2（cm^{-1}）	0.027 ±0.047	0.007－0.013[c]	0.52 ±0.72
$\Delta\varphi$（mV）	－30.6 ±15.8	－30 ±3	－30.6[b]
h_{ABL}（μm）	4675 ± 1812	30－3000[d]	4675[b]
GOF	1.3	1.4	0.8
n	99	10	15
P_{para}（尿素）	3.3	4.4	47
P_{para}（甘露醇）	1.3	1.7	15
P_{para}（蔗糖）	0.63	0.79	6.5
P_{para}（棉籽糖）	0.38	0.43	4.1
P_{para}（尿素）/P_{app}（棉籽糖）	9	10	11

[a]基于 Avdeef and Tam[22]，R 为结孔半径；k_{VF}为绒毛皱褶表面积膨胀系数；ε/δ 为孔隙度/路径长度结点大小限制性容量系数；ε/δ2 为大小非限制性二次孔容量系数；Δφ 为跨胞间结节电压降；h_{ABL}为 ABL 的物理厚度；GOF 为拟合度；n 是改进过程中考虑的因变量数量；P_{para}是根据改进的流体动力参数（单位为 10^{-6} cm · s^{-1}）计算的标记物细胞旁路渗透性。

[b]在改进过程中保持不变。

[c]如图 8.15 所示。

[d]取决于搅拌速度（图 8.9 f 和图 8.2 a）。

8.8.4 药物在人空肠内的转运分析

图 8.13 所示为 119 种化合物的 logP_{eff}随分子流体动力半径的变化曲线。主要靠细胞旁路转运的化合物用方格符号表示。这些通常是低渗透性化合物，属于“细胞旁路区”，以点－线曲线为界。主要为受 ABL 限制的分子用圆圈表示。这些分子大部分都在图的顶端，并且大多是以“ABL 限制区”的点曲线为界的。主要以跨细胞转运的分子分布在图的中间，在虚线和点－线虚线之间，用钻石型符号表示。异常值用正方形（PEG）和三角形（槲皮素－3,4′－葡糖苷、左旋多巴、头孢氨苄）表示。

图 8.14 中的化合物图表示了 53 种化合物分别被分成三类（ABL 限制性跨细胞、跨细胞和细胞旁路），每个分子均用饼状图表示，对应了三种基本机制的相对比例。每个图中的数值指平均 P_{eff}值（10^{-4}cm · s^{-1}）和人体绝对生物利用度%F（表 8.4）。

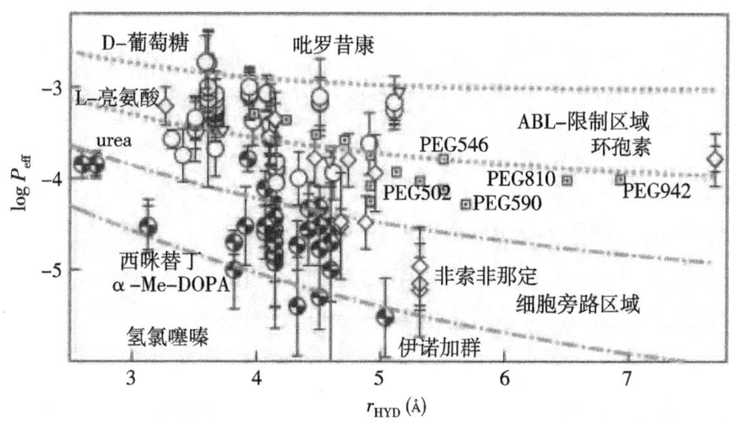

图 8.13　人体 log P_{eff}随分子大小变化的曲线图

[被分析化合物中主要为以细胞旁路途径转运的用方格符号表示。主要为受 ABL 限制的分子用圆圈符号表示。跨细胞类分子分布在图的中心部分，主要介于点和点-线曲线之间，并用菱形符号表示。异常值用正方形（PEG）和三角形（槲皮素-3,4′-葡糖苷、左旋多巴、头孢氨苄）表示。转载自 AVDEEF A，TAM K Y. How well can the Caco-2/MDCK models predict effective human jejunal permeability? J. Med. Chem.，2010，53：3566-3584。经美国化学学会许可复制]

8.8.4.1　细胞旁路途径

据报道，约 50% 的化合物分子主要通过空肠中的细胞旁路途径渗透（图 8.14）。这在最初的人体研究中似乎并没有预料到，这些研究中，通常只有尿素和肌酐被认为是细胞旁路化合物，并且受到“溶剂阻力”[23-25,101]。在细胞旁路类的 25 种化合物中，13 种是不带电的分子，5 种是阳离子。由于分子大小限制的原因，细胞旁路组中的化合物都具有低到中等的渗透性，其口服绝对生物利用度并不高，但并非所有都是小分子。亲水性 PEG942 只能通过细胞旁路途径渗透空肠，即使其分子量接近 1000 Da。由此怀疑可能存在“次级”连接孔（$\varepsilon/\delta_2=0.027\ cm^{-1}$），通过肠壁上这些大小不受限制的孔为大的亲水分子（如聚乙二醇、菊粉等）提供低密度的吸收途径。值得注意的是，依那普利、特布他林和阿替洛尔被 Avdeef 和 Tam 认定为细胞旁路类化合物[20]，但先前一直被归为跨细胞类[25]。为了支持跨细胞机制，Lennernäs[25]指出阿替洛尔可与 P-糖蛋白底物发生竞争，而由于黏膜的活性位点位于膜内部，这一过程被认为需要通过黏膜的渗透。生物物理学模型与这一观点并不矛盾，只是与细胞旁路途径相比，跨细胞途径并不占优势。类似地，由于特布他林在肠壁中代谢，被归为跨细胞类，因此必须首先穿过黏膜[23-25]。如图 8.14 所示，上述观察结果与 P_{eff}分析并不矛盾[22]，阿替洛尔和特布他林的跨细胞渗透都很小，但与细胞旁路部分相比，这只是次要的。

转运过程较为复杂，对大多数分子来说可以同时存在多种机制，但每种机制的比例不同，如图 8.14 中饼图所示。上述阿替洛尔和特布他林的跨细胞过程可能对 pH 较为敏感，结合化合物的 pK_a值，在 pH 高于 6.5 时更为有利（图 8.10 a）。由于某些同向转运体在一定程度上是由 pH 梯度驱动的，因此可能涉及 P_{eff}数据中与 pH 有关的各种未解决的问题，而这些问题在载体介导的或低渗透离子型药物中可能发挥作用。值得注意的是，腺窝的 pH 可能高于绒毛尖附近的 pH[143]。Avdeef 和 Tam 所建立的生物物理模型可以很容易地进行修饰，以测试被测化合物对局部 pH 变化的敏感性，这方面值得进一步研究。

目前的观点是，对于分子量大于 300 Da 的药物分子来说，细胞旁路扩散是次要的肠道转运途径。生物物理模型的研究印证了该主流观点，认为除非分子量小于 300Da，否则人体吸收率大于 50% 的化合物不可能通过细胞旁路途径运输（表 8.3 和图 8.14；图 8.16 中的分子 3）[138]。

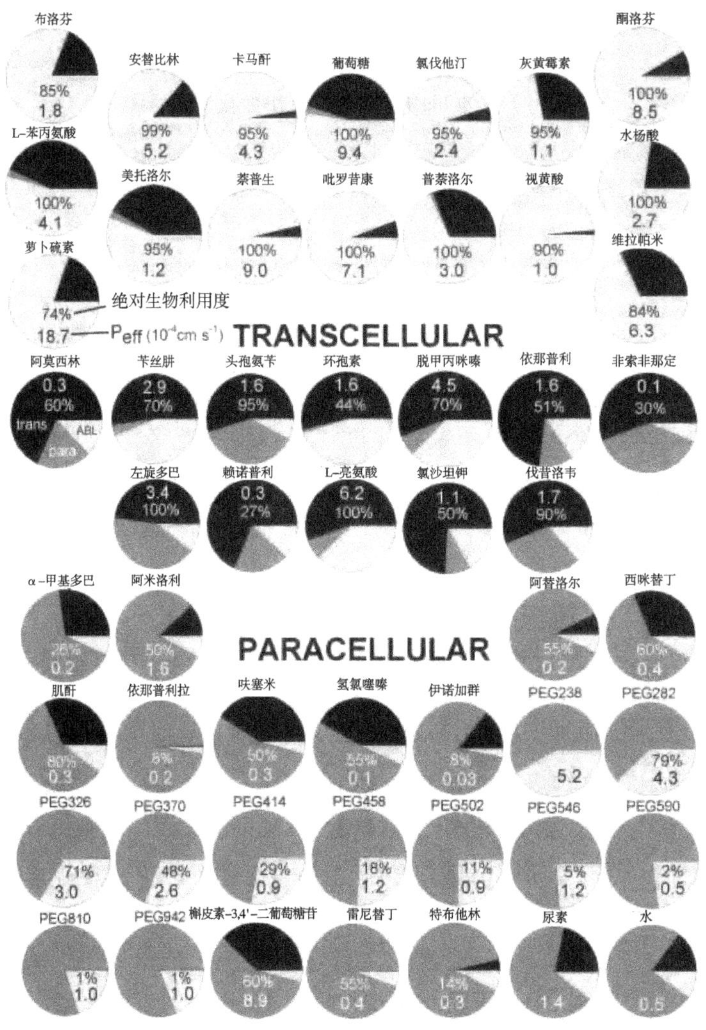

图 8.14　ABL 限制跨细胞

［这 53 种化合物分为三类：ABL 限制的跨细胞途径类、跨细胞途径类和细胞旁路途径类。每个分子由饼状图表示，显示了这三类所占的比例（图例注解如阿莫西林所示）。每个图中的数值是指平均 P_{eff} 值（10^{-4} cm · s^{-1}）和人体绝对生物利用度的百分比。转载自 AVDEEF A，TAM K Y. How well can the Caco－2/MDCK models predict effective human jejunal permeability? J. Med. Chem，2010，53：3566－3584。经美国化学学会许可复制］

8.8.4.2　ABL 限制性跨细胞途径

P_{eff}组中不到三分之一的化合物以 ABL 限制性跨细胞为主要途径进行转运[22]，这一比例之高出乎意料。普遍的观点认为，人体空肠 ABL 的厚度为 40～150 μm，比先前假设的 700～1000 μm 要小[25]。不过，至少有一些支持性的证据是基于 P_{eff}的“平滑段”计算的，其中表观 ABL 厚度经计算较小[73]。在生物物理学模型中[22]，基于原位灌流所估量的 ABL 最佳物理厚度（表 8.5）为（4675±1812）μm。考虑到实验测量期间空肠扩张段的大小（图 8.1），该值可能不会太过偏离，并且与 Johnson-Amidon[78]平滑道流体动力学模型预测的 2800 μm ABL 厚度相比，该值更接近实际值。体内禁食状态下肠道较为平整，ABL 厚度可能确实与旧模型一致，h_{ABL}=700～1000 μm。这与黏液层的预期厚度一致（图 8.1）。在 ABL 限制级的 16 种化合物中（图 8.14），6 种是不带电分子，6 种是阴离子。正同预期的一样，大多数化合物接近 P_{eff}刻度的顶部。

维甲酸的 Caco－2 渗透性－pH 曲线（图 8.11 b）揭示了假定胶束缓慢通过不动水层后出人意料的效果（如异常低的 P_{ABL}所示），而在膜相中维甲酸的渗透性非常高（P_C值高）。对于不易溶解的分子（有形成聚集体倾向的），这种运输速度的提高可能比我们预想的更为普遍[144]。测量渗透性随 pH 变化的情况（参见 8.7 节）有助于识别此类异常现象，甚至在某些情况下，也有助于从 pH 依赖型模式中识别载体介导的转运方式，如维拉帕米和普萘洛尔的情况[19]。

然而，值得考虑的是，由于体外和体内分析都是在简单的缓冲液和水灌流液中进行的，维甲酸的胶束效应实际上可能是一种表象。在生物相关介质成分（如胆盐、卵磷脂）的存在下，简单的缓冲溶液中的聚集体可分解并形成具有可变水动力特性的药物－混合胶束复合物[144]。

8.8.4.3　跨细胞途径

目前文献中的主流观点认为，人体测量中的大多数化合物主要通过跨细胞途径穿过肠道屏障。生物物理学模型分析也印证了这一观点，然而分析结果表明整个过程较为复杂（图 8.14）。被分析的化合物中，有 53% 主要通过 ABL 限制性跨细胞途径或直接跨细胞途径穿过黏膜。其中，约有一半属于后者（不受 ABL 限制）。这些化合物低于 ABL 而高于细胞旁路限制，极有可能具有“中等”渗透性。令人惊讶的是，在 12 种被预测为正常跨细胞途径类的化合物中，有一半是两性离子化合物。最新研究表明，两性离子在这类途径中的优势是通常具有较低的口服吸收率（<50%），其中一些化合物可能属于载体介导的运输方式[138]。但是，这是否会发生在体内还尚未公开发表。

8.8.5　聚乙二醇渗透性

尽管聚乙二醇（PEGs）可作为监测导致肠屏障破裂的病理状态（如克罗恩病）有价值

的标记物，但在生物物理模型研究中，很明显 PEG 的渗透特性不能用具有类似分子量的类药物分子的相关参数来描述（表8.5 和图8.15），其转运机制似乎属于同一类型。

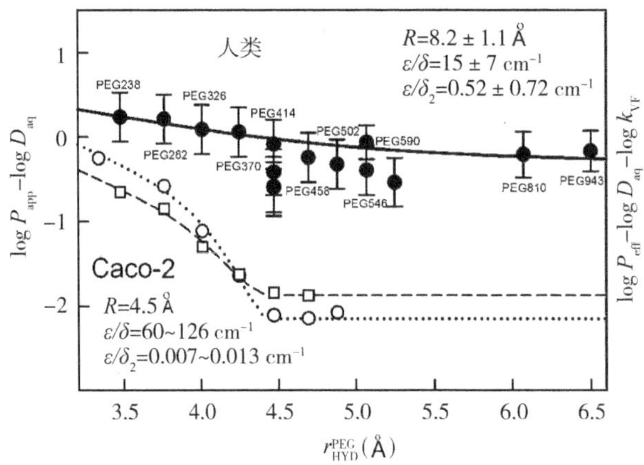

图 8.15　聚乙二醇的渗透性

［所研究的一系列 PEG 中，人体空肠数据（$k_{VF}=33.5$）的对数值 log（$P_{eff}k_{VF}^{-1}D_{aq}^{-1}$）和人体 Caco－2 数据 $P_{app}D_{aq}^{-1}$ 分别与 r_{HYD}^{PEG} 的关系曲线图。空心圆形[101]和空心正方形[99]代表人体 Caco－2 P_{app} 数据。实心符号对应人体 P_{eff} 数据。转载自 AVDEEF A，TAM K Y. How well can the Caco－2/MDCK models predict effective human jejunal permeability? J. Med. Chem，2010，53：3566－3584。经美国化学学会许可复制］

聚乙二醇是亲水性分子，其 log P_{OCT} 的范围从 PEG194 的 －2.0 到 PEG942 的 －4.3（表8.3）[58]。由于这类化合物预计通过细胞旁路机制渗透到细胞单分子层中，因此将很难从体外 P_{app} 测定中确定其跨细胞渗透性 P_C[6,5]。Artursson 等[101]表征了单分散系列 PEG194－502 的 Caco－2 渗透性，并根据 Chadwick 等[26]的数据将结果与相应的人体肠道渗透性值进行了比较。（根据消失率重新计算[101]）。PEG 是小型柔性低聚物，在有序螺旋和无序线圈构象之间变化[145]，布朗运动可能与类药分子不同。横截面直径（或回转半径）可能比 Stokes－Einstein 方程预测的直径[95,101]更适合流体动力学模型。根据 Ruddy 和 Hadzija[146]的文献结果，测得的 PEG 流体动力学半径可以近似于分子量，根据式（8.17）计算的半径比使用 Sutherland－Stokes－Einstein 表达式（式 8.8）计算的结果小约 0.5 Å（表 8.3）。

$$r_{HYD}^{PEG}\ (\text{Å}) = 0.29\text{MW}^{+0.454}\text{。} \tag{8.17}$$

Pramauro 和 Pelezetti[147]指出，由于这种根－柱扩散过程中预期的流体切变作用，与较小的椭球形或球形分子相比，棒状分子通常具有更强的渗透水柱型通道的倾向。Artursson 等[101]和 Watson 等[99]均观察到，PEGs 的表观通透性明显高于分子量相当的类药分子。后一研究者将此归因于 PEG 较小的流体动力学半径（例如，对于类似分子量的物质，甘露醇的 $r=4.1$ Å，而 PEG194 的 $r=3.3$ Å）。有人提出，在连接处（可能在三细胞连接区的三角形间隙[148]中，图 8.1）可能存在一小部分大小不受限制的孔径，与大部分大小受限的孔径共存。这种双峰孔扩散模型与 PEGs 的对数 logP_{app} 和 r_{HYD} 关系图的解释一致[99,101,148]。许多研究者已经考虑肠连接处双孔径分布的可能性[22,62,66,95,99,148－149]。

在对不同实验室聚乙二醇 Caco－2 数据的分析[20]中发现，聚乙二醇（PEG）比相同大小的类药物分子具有更强的渗透性。这里的 PEG 人体数据被重新单独进行分析（15 个 P_{eff} 值），得出了与药物分子集（99 个 P_{eff} 值）所描述的明显不同的计算参数（表 8.5）。与药物集合中的值（11.2 Å）相比，人体 PEG 参数显示了一个较小的连接孔半径（8.2 Å）。显然，PEGs 在人体小肠中可获得比药物分子（表 8.5）更高密度的连接孔（包括大小受限 ε/δ，和与大小无关 ε/δ2），这可能是由于 PEGs 的 R 值较小所致的。

对于一系列 PEG，图 8.15 显示了人体空肠数据的对数值 log（$P_{eff}k_{VF}^{-1}D_{aq}^{-1}$）和 Caco－2 数据的对数值 log（$P_{app}D_{aq}^{-1}$）分别与 r_{HYD}^{PEG} 的关系曲线图［式（8.17）］。对于 PEG－Caco－2 关系图中，$k_{VF}=1$。对于 PEG－人体关系图中，k_{VF} 系数取为 33.5（表 8.5）。空心圆形和正方形分别代表的是来自 Artursson 等[101]和 Watson 等[99]的人体 Caco－2 P_{app} 数据。实心符号对应于人体 P_{eff} 数据。表 8.3 列出了 Caco－2 细胞渗透性 $\log P_c^{6.5}$，通过式（8.15）（$k_{VF}=1$）对 Caco－2 数据的分析可以确定为 log P_{OCT}[20] 的线性函数。

如图 8.15 所示，人体空肠对 PEGs 的渗透性远高于 Caco－2 模型，特别是对于高分子量低聚物，即使是已表面积膨胀正常化。表 8.5 总结了 PEG 系列精确的转运参数。人体空肠中非尺寸限制孔道的容量 ε/δ2 大约是 Caco－2 细胞单分子层的 40－74 倍（图 8.14）。Caco－2 系统中的 PEG 指示孔为 4.5 Å，比空肠中的孔（8.2 Å）小。人体空肠中 PEG 指示尺寸限制的“正常”连接处比 Caco－2 模型的容量 ε/δ 小 4～8 倍（图 8.15）。从 Caco－2 PEG 数据的分析来看，细胞旁路途径占总转运量的 90%～98%。在 PEG 人体数据的情况下，细胞旁路途径占总转运的 58%（PEG194）到 81%（PEG 942），而 ABL 限制的细胞旁路渗透方式占据了剩余转运量。

8.8.6 人体空肠的“通透”与体外模型

如果用聚乙二醇（PEG）系列来表征细胞膜屏障旁路属性，人体空肠被认为比 Caco－2 单分子层更加通透，尤其适用于大分子 PEG 系列（图 8.15）。然而，PEG 系列可能并不能完全代表此类药物分子的渗透特性[20,22,99,101,148]。多个实验室研究出[20]统一的方法（参见 8.5.3 节中描述的“类细胞旁路途径”），该方法以甘露醇为参照，比较类药分子的渗透性。药物集中人体空肠参数（表 8.5）预测甘露醇的 $P_{eff}=0.38\times10^{-4}\,cm\cdot s^{-1}$ 或 $P_{app}=1.1\times10^{-6}\,cm\cdot s^{-1}$（对于 Caco－2，$k_{VF}=1$）。这约为中等渗透性[20]。几个药物组具有类似的参考值[20]：$P_{app}=1.1\times10^{-6}\,cm\cdot s^{-1}$［MDCK－NCl：Garberg 等[102]），$P_{app}=1.7\times10^{-6}\,cm\cdot s^{-1}$（Caco－2：Adson 等[65]，Knipp 等[97]）］，$P_{app}=1.8\times10^{-6}\,cm\cdot s^{-1}$（Caco－2：Garberg 等[102]，Liang 等[98]）。这些细胞系是在前 Upjohn 公司[65,102]和堪萨斯大学[97]培育出来的，当把表面积膨胀系数 k_{VF} 考虑在内时，似乎最符合人体细胞旁路特征。由此看来，人体空肠的通透性并不比典型的 Caco－2/MDCK 细胞系强。

8.8.7 生物物理学模型的应用

图8.16显示了人体生物利用度（%F）对应41种药物的人体P_{eff}（黑色实心/方格圆圈，三角形）的曲线图。由方格圆圈表示的分子也是在图8.14中被识别为细胞旁路类的分子。可以看出%F和P_{eff}数据通常呈S形，与文献[23-25]一致。数据点在两条虚线之间的分布范围是比较广的，其反映了所测量的P_{eff}值高度的个体变异性[25]。尽管如此，仍然有两个异常值，即萝卜硫素（1）和槲皮素-3,4′-二葡萄糖苷（2）。公开文献中尚没有这两种分子在人体内的绝对生物利用度数据。表8.3和图8.16中引用的%F数据是根据肠灌流实验所估计的[52]。然而，槲皮素-3,4′-二葡萄糖苷的吸收比较复杂，因为该分子在通过肠上皮层转运之前可能会被乳糖酶和根皮苷水解酶所代谢[52]。该水解产物槲皮素主要通过上皮细胞层渗透，这可能使其在体内的吸收更加复杂。（预计槲皮素比其二葡萄糖苷衍生物渗透性更强）。然而，还不能排除摄取转运蛋白的可能性：槲皮素4′-β-葡萄糖苷被证实是钠离子依赖性葡萄糖转运蛋白SGLT1的底物，存在于Caco-2细胞和SGLT1感染的国内仓鼠卵巢G6D3细胞系中[154]。至于萝卜硫素，提示上皮细胞可能发生谷胱甘肽结合反应[52]。这可能会增加所测量的人体P_{eff}数据的不确定性。

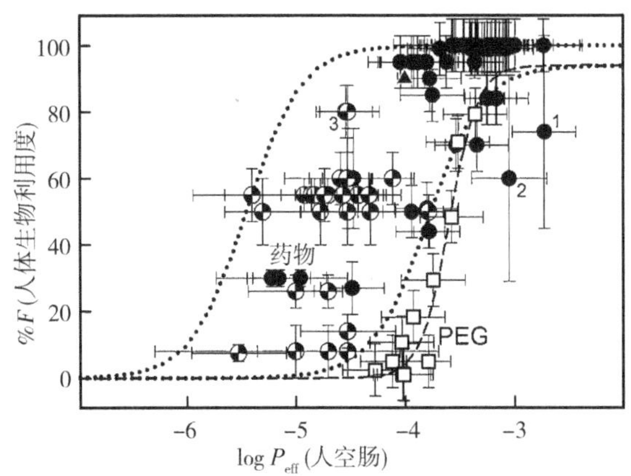

图8.16 人体绝对生物利用度与logP_{eff}的关系图

［测得的药物P_{eff}值用实心圆、方格圆（细胞旁路组）、三角形（维甲酸）表示；测得的PEGs用正方形符号表示。其中：①萝卜硫素；②槲皮素-3,4′-二葡萄糖苷；③肌酐。曲线由% $F = A / [1 + \exp(-(\log P_{eff} - B) / C)]$ 表示；左虚线：$A = 100$，$B = -5.45$，$C = 0.25$；右虚线：$A = 94$，$B = -3.8$，$C = 0.25$；短划线：$A = 94$，$B = -3.6$，$C = 0.13$。转载自AVDEEF A，TAM K Y. How well can the Caco-2/MDCK models predict effective human jejunal permeability? J. Med. Chem，2010，53：3566-3584。经美国化学学会许可复制］

PEGs数据如图8.16中的正方形所示。如上所述，PEGs的转运特性似乎不同于具有相似大小的药物分子。PEGs的P_{eff}值一般较高，但其生物利用度低于大小相近的药物分子（尤其是较大的低聚物）。

选择28种药物（未用于模型开发）作测试组，以验证生物物理学模型预测生物利用度的准确性（表 8.5）[22]。在图 8.16 中的所有情况下，预测值都在两条虚线范围内[22]。

8.8.8 生物物理学模型概述

人空肠渗透性数据（119 个 P_{eff}值，53 个化合物）主要来自 Lennernäs－Amidon 团队发表的成果，已通过基于生物物理模型的加权非线性回归进行了分析（参见 8.3 节）。文献[22]表明，生物物理学预测模型中使用的跨细胞膜渗透性可以从体外细胞渗透性数据（如 Caco－2/MDCK）中获得。表面积膨胀系数确定为 34，与基于解剖证据的预期相符。生物物理模型的预测结果与在实验不确定度范围内的人空肠渗透性数据一致。

研究[22]表明：

• 人体灌注实验中的 ABL 厚度比通常认为的要大得多，腔道灌注液的混合在原位人体实验中可能存在空间多样性。

• 与麻醉的啮齿动物相比，清醒的人的黏膜表面积显然完全可以被药物的吸收所利用。

• 将表面积膨胀系数考虑在内时，人体空肠的相对“通透”与在许多 Caco－2 研究中观察到的情况并没有太大区别。

• 大约一半的人体测试分子主要（但不完全）通过细胞旁路途径被吸收。由于水界层的阻力，约四分之一的渗透性较强的分子存在吸收减弱的情况。

PEGs 的转运机制以细胞旁路为主，通过对其 P_{eff}数据分析可知，PEGs 的渗透特性与大小相似的类药物分子有一定的差异。这表明 PEG 可以接触到两种类型的连接孔（大小/电荷限制型和大小非限制型）。未经肠灌流试验的化合物的预测 P_{eff}值与人体绝对生物利用度之间呈 S 形相关性，并且该一致性与 Lennernäs－Amidon 组中的药物分子相似，其测量得到的 P_{eff}数据可用[22]。以测得的 Caco－2/MDCK 渗透速率为输入参数，完全可以使用生物物理学模型对人体 P_{eff}值进行预测。

8.9 Caco－2/MDCK 数据库及其组合 PAMPA 预测

本小节描述如何通过 PAMPA－DS 值预测被动转运 Caco－2/MDCK P_{app}值。当首次引入 PAMPA 时，一个经常被问到的问题是，新方法与已建立的细胞模型相比如何，如 Caco－2 或 MDCK。但这并不能直接进行比较，主要是由于不同实验室在细胞渗透性测定中的试验 pH、ABL 限制、细胞旁路扩散、滤过阻力及部分回收的处理方式均不一致[19,152]。

首次尝试在 Caco－2 和 PAMPA 之间建立一个可信的数值比较，是基于对 17 种氟喹诺酮类药物（包括3组同类系列）的比较研究进行的，令人鼓舞的是，PAMPA和Caco-2（适当予以辅助）对大鼠在体肠灌流数据的预测均较为准确[152]。对其他高渗透性弱碱的比较研究也随之进行[19]。

我们收集了药物可靠的Caco-2/MDCK文献P_{app}值（参见8.7节），其中重点关注以两个或多个pH点进行的研究。对于这些分子，PAMPA-DS渗透速率是作为pH的函数来测量的。同时计算了这两组数据的固有渗透值P_0（参见7.6.6节和8.7节）。这样的程序可以将不同细胞测量和PAMPA之间ABL限制的差异计算在内。在细胞测量的情况下，体外P_{app}值中并不包括细胞旁路和滤过物渗透性项。这为在同一水平上比较这两种渗透性方法提供了便利（P_0）。使用组合方法（参见7.4节）对两个固有渗透性标度之间的定量结构-性质关系（QSPR）进行研究，其中测量的PAMPA值可以与一个或多个生物信息学亚伯拉罕溶解性参数“组合”，如氢键、极性、极化率及空间大小[170-171]。其他可靠的数据是从文献中单一pH测量中所获得的（参见8.2.1节）。

8.9.1 Caco-2/MDCK数据库

开发基于PAMPA测量的Caco-2/MDCK被动转运渗透性预测模型的关键是使用高质量的Caco-2和MDCK P_{app}测量值的“学习集”，其中可以除去所有非跨细胞效应，以便比较Caco-2/MDCK和PAMPA测量的某组多样化分子的固有渗透值P_0。我们从55篇发表的文献中共收集到了687个测定的Caco-2/MDCK P_{app}值（表8.6）。同时，使用pCEL-X计算机程序，按照第8.6节中描述的程序将每个P_{app}进行处理。

表8.6 Caco-2/ MDCK数据库[a]

药物	$\log P_0^{Caco-2/MDCK}$	SD	n	$P_c^{6.5}$	pK_a	pK_a	$\log P_0^{PAMPA-DS}$	$\log P_{OCT}$	参考文献
5-氨基乙酰丙酸	-4.96	0.35	1	**10**	7.72	3.99	-9.88	-4.92	[126]
醋丁洛尔	-4.19	0.53	3	**0.1**	9.18		-3.39	2.02	[82, 98]
对乙酰氨基酚	-4.34	0.02	2	**46**	9.47		-5.81	0.34	[12, 82]
阿司匹林	-1.53	0.39	2	**27**	3.47		-4.45	0.90	[82]
阿伐斯汀	-5.74	0.04	3	**1.8**	8.55	3.78	-4.07	1.48	[82, 84]
阿昔洛韦	-5.87	0.13	6	**1.4**	8.96	2.32	-10.0	-1.80	[14, 103, 104, 128, 136]
阿昔洛韦-ALA	-5.43	0.35	1	**0.7**	8.97	7.16	-7.67	-1.77	[136]
阿昔洛韦-ILE	-5.35	0.35	1	**0.6**	9.00	7.32	-6.81	-0.78	[136]
阿昔洛韦-ω-GLU	-5.75	0.35	1	**1.8**	9.19	2.08	-9.46	-3.40	[136]
阿昔洛韦-SER[b]	-5.08	0.35	1	**3.4**	8.96	6.65	-8.71	-2.51	[136]
阿昔洛韦-VAL	-4.92	0.35	1	**1.6**	8.99	7.32	-7.04	-1.04	[136]
丙氨酸	-5.74	0.47	2	**1.8**	9.54	2.49	-8.07	-2.87	[102]
阿芬他尼	-3.54	0.04	2	**146**	6.50		-3.53	2.16	[87]

续表

药物	$\log P_0^{Caco-2/MDCK}$	SD	n	$P_c^{6.5}$	pK_a	pK_a	$\log P_0^{PAMPA-DS}$	$\log P_{OCT}$	参考文献
阿呋唑嗪	-4.27	0.35	1	**11**	7.11		-4.34	-0.23	[106]
阿普洛尔	-2.23	0.39	5	**13**	9.17		0.02	2.99	[7, 12, 103, 125]
金刚烷胺	-2.17	0.35	1	**1.0**	10.33		-1.21	2.20	[162]
阿米洛利	-4.75	0.39	3	**0.2**	8.37		-7.38	-0.26	[100, 103]
阿莫地喹	-2.88	0.35	1	**3.5**	8.18	7.34	-0.21	4.46	[161]
阿莫沙平	-3.84	0.35	1	**3.2**	8.15	3.21	-1.66	2.40	[162]
阿莫西林	-5.70	0.01	2	**1.7**	7.19	2.66	-6.80	-1.71	[100, 104]
氨苄青霉素	-7.08	0.35	1	**0.06**	6.99	2.64	-7.43	-0.70	[12]
安普那韦	-4.38	0.04	2	**42**	2.35		-3.64	2.68	[132, 158]
安替比林	-4.05	0.17	7	**89**			-5.69	0.56	[12, 100, 102, 103, 125]
阿替洛尔	-4.34	0.39	8	**0.09**	9.19		-5.06	0.22	[7, 12, 14, 82, 89, 100, 104]
叠氮钠[b]	-5.58	0.35	1	**1.9**	7.78	6.06	-10.7	-3.24	[100]
布雷马佐辛	-2.86	0.35	1	**1.4**	10.27	9.50	-1.49	3.22	[98]
溴隐亭	-4.67	0.35	1	**20**	5.29		-4.04	2.46	[84]
溴苯那敏	-2.70	0.35	1	**4.4**	9.16	3.40	-0.35	3.24	[107]
4′-n-Bu-环丙沙星[c]	-2.18	0.35	1	**4949**	7.85	5.96	-3.52	1.55	[152]
咖啡因	-4.14	0.12	4	**72**			-5.55	-0.07	[102, 125]
卡马西平	-3.69	0.21	2	**204**			-3.73	2.45	[100, 104]
头孢克洛	-6.02	0.35	1	**0.8**	7.42	3.11	-7.61	-0.90	[127]
头孢羟氨苄	-6.07	0.35	1	**0.8**	7.42	3.50	-8.87	-1.56	[127]
头孢曲嗪[b]	-5.57	0.39	2	**2.4**	7.37	3.13	-9.81	-1.60	[82]
头孢磺啶	-6.78	0.21	2	**0.2**	12	3.09	-12.3	-7.17	[127]
头孢替丁	-5.32	0.35	1	**0.3**	5.35	3.76	-7.64	-0.74	[12]
头孢氨苄	-6.03	0.16	3	**0.7**	7.05	2.63	-7.53	-0.81	[12, 82, 127]
头孢甘氨酸	-6.33	0.35	1	**0.4**	7.45	3.41	-7.80	-1.12	[127]
头孢菌素[b]	-6.53	0.35	1	**0.3**	12	3.44	-7.33	-2.76	[127]
头孢拉定	-6.11	0.35	1	**0.7**	7.39	3.50	-7.98	-1.33	[127]
西替利嗪	-5.31	0.23	3	**4.7**	7.91	3.03	-4.13	1.70	[84, 107, 158]
氯霉素	-4.47	0.38	2	**34**			-5.30	1.14	[103]
氯喹宁	-1.18	0.56	3	**0.5**	10.10	7.99	1.09	4.69	[103, 161]

续表

药物	$\log P_0^{Caco-2/MDCK}$	SD	n	$P_c^{6.5}$	pK_a	pK_a	$\log P_0^{PAMPA-DS}$	$\log P_{OCT}$	参考文献
氯噻嗪	-6.62	0.22	4	**0.2**	8.77	7.36	-6.58	-0.24	[82, 85, 98, 108]
氯苯那敏	-2.72	0.35	1	**4.3**	9.15	3.41	-0.60	2.96	[107]
西咪替丁	-6.06	0.11	6	**0.3**	6.76		-6.20	0.48	[14, 85, 87, 100, 104]
环丙沙星	-5.22	0.20	8	**4.2**	8.50	6.11	-5.47	-1.13	[152, 163-165, 167, 168]
西酞普兰	-2.99	0.35	1	**3.9**	8.92		-0.95	2.50	[162]
氯马斯汀	-2.50	0.35	1	**5.8**	9.24		1.96	5.76	[107]
可乐定	-3.91	0.35	1	**6.1**	7.78		-3.00	1.57	[125]
Cnv97100	-5.05	0.35	1	**6.9**	8.26	5.93	-5.32	-0.66	[152]
Cnv97101	-3.95	0.35	1	**80**	7.51	5.99	-4.68	-0.05	[152]
Cnv97102	-4.38	0.35	1	**28**	8.16	6.16	-4.32	0.55	[152]
Cnv97103	-4.45	0.35	1	**23**	8.07	6.21	-3.81	1.18	[152]
Cnv97104	-4.53	0.35	1	**18**	8.14	6.26	-3.34	1.69	[152]
皮质酮	-3.87	0.35	1	**135**			-3.86	2.22	[4]
肌酸酐	-5.90	0.35	1	**1.2**	9.25	4.66	-7.52	-3.00	[100]
环孢霉素 A	-5.24	0.17	5	**5.7**			-3.21	3.54	[102, 103]
达氟沙星	-4.87	0.05	8	**8.9**	7.85	6.17	-4.46	0.60	[166]
地昔帕明	-1.67	0.16	3	**8.0**	9.93		1.74	3.79	[100, 103]
地塞米松	-4.65	0.03	2	**22**			-4.05	1.74	[12, 82]
右啡烷	-2.53	0.35	1	**24**	9.29	8.58	-1.34	3.11	[122]
右美沙芬	-2.60	0.35	1	**20**	8.59		-0.18	3.63	[122]
地西泮	-4.20	0.12	3	**63**	3.23		-4.22	2.80	[102]
双氯芬酸	-1.07	0.35	1	**213**	3.90		-1.37	4.51	[125]
地高辛	-5.43	0.57	9	**3.7**			-5.78	1.29	[102, 103, 105, 108, 122]
地尔硫䓬	-3.12	0.35	1	**39**	7.77		-1.30	2.89	[85]
苯海拉明	-3.12	0.35	1	**3.3**	8.86		-0.71	3.18	[107]
双嘧达莫	-3.86	0.13	2	**135**	4.89		-2.84	4.90	[106, 108]
Dmp-450	-3.80	0.35	1	**157**	4.34	3.72	-3.61	3.0	[132]
多潘立酮	-4.46	0.35	1	**9.7**	9.68	6.91	-2.78	4.05	[84]
阿霉素	-4.12	0.59	4	**0.07**	9.56		-3.67	0.65	[103, 128, 135]
依那普利	-5.55	0.35	1	**2.7**	7.77	3.28	-7.43	-1.25	[100]
麻黄碱	-2.91	0.35	1	**1.9**	9.31		-2.90	0.93	[85]

续表

药物	$\log P_0^{Caco-2/MDCK}$	SD	n	$P_c^{6.5}$	pK_a	pK_a	$\log P_0^{PAMPA-DS}$	$\log P_{OCT}$	参考文献
赤藓糖醇	－6.56	0.35	1	**0.3**			－8.56	－2.26	[85]
红霉素	－4.24	0.35	1	**0.4**	8.68		－2.40	2.51	[103]
乙氧琥珀酸	－4.91	0.35	1	**12**	9.16		－5.20	0.40	[162]
依托泊苷	－6.11	0.42	2	**0.8**	8.20		－5.22	0.44	[108，125]
泛昔洛韦	－4.79	0.35	1	**15**	5.29	2.96	－4.59	0.92	[84]
法莫替丁	－6.41	0.89	2	**0.2**	10.93	6.60	－7.75	－0.81	[10，159]
非索非那定	－6.46	0.87	2	**0.3**	7.85	4.35	－5.17	4.58	[107，130]
总黄酮	－4.48	0.35	1	**33**			－2.10	3.41	[161]
氟美唑	－2.47	0.35	1	**1165**	6.22		－3.85	0.97	[152]
荧光素[b]	－2.29	0.57	2	**13**	6.35	4.29	－3.01	3.63	[135，153]
氟伐他汀	－1.33	0.01	2	**267**	4.26		－2.73	4.17	[103]
呋喃噻米	－3.50	0.87	5	**0.3**	9.90	3.53	－4.03	2.56	[12，14，85，90，100]
加巴喷丁	－6.57	0.35	1	**0.3**	10.20	3.53	－3.36	1.20	[162]
更昔洛韦	－6.99	0.59	2	**0.1**	8.96	2.32	－8.26	－1.91	[134]
加替沙星	－4.81	0.05	1	**12**	8.99	5.95	－4.50	0.01	[167]
染料木素	－2.59	0.35	1	**1132**	8.63	6.40	－4.69	2.49	[161]
格列吡嗪	－2.47	0.35	1	**31**	4.46		－4.41	1.91	[125]
甘氨酸－脯氨酸	－5.18	0.35	1	**6.3**	7.93	3.59	－10.4	－5.42	[100]
甘氨酸－色氨酸	－5.54	0.01	2	**2.8**	7.92	3.62	－10.5	－5.55	[125，156]
格雷沙星	－4.23	0.13	5	**46**	8.60	5.93	－4.49	0.01	[163，164，168]
胍那苄	－2.86	0.22	2	**35**	8.08		－1.34	3.02	[103]
胍法辛	－4.73	0.35	1	**9.8**	6.45		－2.56	2.03	[84]
氢氯噻嗪	－6.32	0.15	6	**0.5**	9.80	8.54	－8.30	－0.03	[12，14，82，98，100，104]
氢化可的松	－4.63	0.20	4	**23**			－4.32	1.61	[4，82，98，125]
羟嗪	－4.13	0.01	2	**11**	7.28	2.55	－1.50	3.55	[107，158]
布洛芬	－0.53	0.37	6	**1647**	4.25		－2.11	4.13	[125，133]
咪唑胺	－1.82	0.10	2	**32**	9.18		0.98	4.39	[103]
印第安纳维尔	－4.72	0.35	1	**2.9**	7.24	3.18	－3.57	3.49	[84]
吲哚甲嗪	－0.81	0.66	3	**656**	4.13		－1.65	3.51	[90，125]
异卡波肼	－4.54	0.35	1	**29**	2.99		－4.75	1.00	[162]
伊索昔康	－1.68	0.35	1	**161**	4.39		－3.20	2.83	[125]

续表

药物	$\log P_0^{Caco-2/MDCK}$	SD	n	$P_c^{6.5}$	pK_a	pK_a	$\log P_0^{PAMPA-DS}$	$\log P_{OCT}$	参考文献
酮洛芬	-1.23	0.10	5	**185**	4.00		-2.67	3.16	[82, 100, 104, 124, 125]
拉贝洛尔	-4.27	0.60	6	**8.1**	9.03	7.25	-4.94	1.33	[82, 84, 98, 104, 108, 125]
乳酸	-1.92	0.38	2	**22**	3.76		-6.20	-0.72	[102]
拉米夫定	-5.79	0.35	7	**1.6**			-5.80	0.07	[169]
拉莫三嗪	-4.45	0.35	1	**34**	5.13		-5.87	-0.20	[162]
兰索拉唑	-3.76	0.41	2	**172**	9.23	4.24	-3.89	2.82	[103]
L-多巴	-6.11	0.46	2	**0.8**	8.57	2.26	-7.52	-2.47	[102]
赖氨酸	-5.45	0.41	3	**3.5**	9.34	2.39	-7.19	-1.77	[100, 102]
左氧氟沙星	-3.58	0.35	1	**191**	8.19	6.05	-5.21	-0.58	[165]
林可霉素	-6.51	0.35	1	**0.02**	7.77		-5.10	0.20	[108]
赖诺普利	-5.68	0.48	2	**1.6**	7.01	4.07	-6.43	-2.42	[100, 104]
洛美沙星	-4.54	0.76	2	**24**	8.79	5.81	-4.73	-0.67	[165, 167]
洛哌丁胺	-3.43	0.35	1	**4.0**	8.46		0.15	3.86	[108]
氯雷他定	-4.75	0.35	1	**18**	4.16		-0.66	5.06	[107]
洛沙坦	-3.96	0.35	1	**0.87**	4.40	3.15	-3.77	3.09	[132]
洛沙平	-4.23	0.35	1	**7.0**	7.37	2.92	-1.09	2.80	[162]
Ly2228820	-3.99	0.35	1	**55**	6.42	4.79	-0.99	5.61	[106]
4′-n-Me-环丙沙星	-3.70	0.35	1	**129**	7.59	6.17	-4.44	0.15	[152]
4′-n-Me-诺氟沙星（培氟沙星）	-5.50	0.35	1	**2.0**	7.56	6.22	-4.32	0.27	[152]
甲氧基苯甲酸酯	-4.94	0.35	1	**11**			-5.71	0.70	[162]
甲基泼尼松龙	-4.63	0.17	2	**23**			-4.38	1.97	[82]
甲氧氯普胺	-2.54	0.35	1	**3.4**	9.43		-1.94	2.20	[162]
甲氧醇	-1.85	0.50	11	**30**	9.18		-1.17	1.95	[89, 100, 103, 104, 125, 133]
咪达唑仑	-3.44	0.80	2	**64**	7.13	5.43	-2.47	2.98	[103]
米诺地尔	-5.68	0.35	1	**2.1**	4.15		-4.62	1.24	[104]
弥陀黄嘌呤[b]	-2.86	0.35	1	**0.06**	8.95	8.43	-3.82	1.49	[103]
吗啡	-4.55	0.27	4	**0.8**	9.07	8.03	-3.59	0.89	[102, 155]
莫西沙星	-3.25	0.35	1	**353**	9.19	6.27	-4.5	-0.02	[167]
纳多洛尔	-4.47	0.42	3	**0.04**	9.38		-4.34	0.85	[12, 82, 104]
纳布啡	-3.30	0.35	1	**3.2**	9.40	8.70	-2.56	2.14	[84]

续表

药物	$\log P_0^{Caco-2/MDCK}$	SD	n	$P_e^{6.5}$	pK_a	pK_a	$\log P_0^{PAMPA-DS}$	$\log P_{OCT}$	参考文献
萘普生	-0.95	0.25	6	**487**	4.14		-2.30	3.24	[85, 100, 103, 104, 124]
奈非那韦	-3.67	0.34	2	**4.1**	9.31	8.21	-3.27	4.10	[84, 132]
奈替夫定	-6.20	0.34	2	**0.63**	9.26		-7.26	-1.09	[82]
尼古丁	-3.62	0.18	3	**11**	7.81	3.00	-3.42	1.32	[102]
诺氟沙星	-5.54	0.21	2	**1.9**	8.37	6.20	-6.16	-1.55	[152, 165]
氧氟沙星	-4.49	0.22	3	**23**	8.19	6.05	-5.21	-0.58	[152]
奥美拉唑	-3.86	0.40	2	**0.9**	9.33	4.31	-3.49	2.66	[103]
紫杉醇	-5.26	0.35	1	**5.5**			-1.09	3.28	[155]
泮托拉唑	-3.87	0.52	2	**134**	9.41	3.65	-3.40	1.29	[103]
培莫林	-5.30	0.35	1	**5.0**			-4.93	0.50	[162]
酚红[b]	-6.64	0.35	1	**0.2**	9.48	8.89	-3.89	2.95	[132]
苯丙氨酸	-4.63	0.35	1	**23**	8.92	2.20	-5.36	-1.38	[100]
苯妥英钠	-4.16	0.23	5	**67**	8.08		-4.37	2.24	[85, 102, 132]
平多洛	-2.22	0.55	5	**13**	9.17		-1.75	1.83	[7, 82, 98, 104]
哌仑西平	-5.11	0.35	2	**0.9**	8.59	7.36	-3.46	0.64	[84, 98]
吡罗昔康	-2.01	0.35	1	**275**	4.96	1.76	-3.32	1.98	[100]
普拉克托洛尔	-3.43	0.35	1	**0.78**	9.18		-3.40	0.76	[82]
吡喹酮	-3.44	0.35	1	**363**			-2.78	2.63	[161]
哌唑嗪	-4.54	0.15	2	**7.9**	6.92		-2.58	2.16	[103]
4′-n-Pr-环丙沙星[c]	-2.64	0.35	1	**1657**	7.57	5.97	-3.86	1.07	[152]
4′-n-Pr-诺氟沙星	-3.29	0.35	1	**338**	7.60	6.14	-3.88	1.05	[152]
普里米酮	-5.59	0.35	1	**2.6**			-5.44	0.40	[162]
普萘洛尔	-1.54	0.62	15	**63**	9.16		0.43	3.48	[4, 7, 85, 89, 100, 103, 104, 124, 125, 133]
丙基硫氧嘧啶	-3.76	0.52	2	**167**	7.91		-5.36	0.22	[82]
普马芬	-3.36	0.29	2	**11**	8.10	4.16	0.59	4.41	[103]
吡拉明	-2.84	0.35	1	**6.4**	8.85	4.20	-0.42	3.27	[107]
槲皮素	-3.20	0.35	1	**419**	9.25	6.80	-4.77	1.85	[161]
奎尼丁	-3.31	0.50	3	**7.5**	8.31	4.19	-1.05	3.44	[103, 108]
奎宁	-2.83	0.35	1	**23**	8.31	4.19	-1.05	3.44	[161]

续表

药物	$\log P_0^{Caco-2/MDCK}$	SD	n	$P_c^{6.5}$	pK_a	pK_a	$\log P_0^{PAMPA-DS}$	$\log P_{OCT}$	参考文献
雷尼替丁	-5.27	0.50	4	**0.14**	8.07	2.05	-5.14	1.28	[14, 10, 100, 103, 104]
白藜芦醇	-4.82	0.35	1	**15**	9.52	8.90	-4.38	2.97	[160]
利托那韦	-4.10	0.48	2	**79**	2.45		-1.68	4.81	[45]
利扎曲坦	-4.18	0.35	1	**0.1**	9.24	2.11	-2.76	1.00	[162]
水杨酸	-0.43	0.20	9	**77**	2.82		-2.64	2.19	[4, 12, 82, 85, 90, 135]
沙奎那韦	-5.35	0.35	1	**1.4**	6.84		-3.69	3.77	[100]
沙拉沙星	-5.24	0.35	1	**4.5**	8.36	5.91	-4.84	-0.48	[152]
东莨菪碱	-4.57	0.07	2	**10**	6.72		-3.00	1.08	[84, 98]
索托洛尔	-4.60	0.04	2	**0.6**	9.50	8.11	-4.83	-0.47	[82]
司帕沙星	-4.16	0.08	2	**54**	8.40	5.91	-4.04	0.06	[152]
柳氮磺吡啶	-2.66	0.35	1	**0.4**	7.86	2.75	-4.44	3.61	[131]
舒马曲坦	-4.29	0.20	2	**0.3**	9.46	8.77	-4.18	0.43	[82, 128]
特布他	-5.23	0.69	5	**0.05**	9.71	8.54	-7.25	-0.08	[12, 82, 100, 103]
特非那定[b]	-3.74	0.35	1	**0.1**	9.62		2.63	5.52	[107]
睾酮	-3.58	0.40	2	**263**			-2.83	3.22	[4, 100]
茶碱	-4.17	0.24	4	**67**	8.34		-5.99	0.00	[12, 104, 125, 132]
噻苯咪唑	-3.51	0.35	1	**306**	4.42	1.73	-3.45	2.42	[161]
替莫洛尔	-2.42	0.63	4	**8.0**	9.18		-0.97	2.12	[82, 98, 125]
托拉芬定	-4.59	0.34	2	**24**	7.82	4.12	-0.17	4.32	[103]
拓扑替康	-4.77	0.37	2	**0.6**	9.69	7.93	-5.12	0.96	[103]
甲氧苄啶	-3.95	0.56	4	**30**	6.93		-3.38	0.96	[82, 84, 104]
文拉法辛	-2.84	0.35	1	**2.0**	9.36		-1.63	2.30	[162]
维拉帕米	-2.18	0.66	15	**44**	8.68		0.26	4.33	[19, 100, 102-104, 124, 131, 133]
长春碱	-4.50	0.59	7	**2.3**	7.57	5.40	-0.42	5.32	[102, 108, 125, 168]
长春新碱	-5.54	0.49	3	**0.2**	7.57	5.82	-2.72	3.49	[102]
华法林	-1.54	0.42	8	**410**	4.66		-2.59	3.54	[4, 12, 82, 102, 132]
齐多夫定	-4.97	0.58	7	**11**	9.24		-5.79	0.13	[82, 102, 169]

续表

药物	$\log P_0^{Caco-2/MDCK}$	SD	n	$P_c^{6.5}$	pK_a	pK_a	$\log P_0^{PAMPA-DS}$	$\log P_{OCT}$	参考文献
齐拉西酮[b]	-4.75	0.35	1	**5.5**	6.85	1.92	-0.61	4.11	[128]
佐米曲坦	-4.26	0.35	1	**0.1**	9.24		-1.71	2.59	[157]
佐美酸	-1.51	0.35	1	**57**	3.77		-2.61	3.19	[125]

[a]粗体值为所计算的［式（7.16）］pH 6.5 时的细胞 P_c系数，单位为 10^{-6}cm·s^{-1}。固有 Caco-2/MDCK 渗透速率（如果来自多个文献，则取平均值）列为 $\log P_0^{Caco-2/MDCK}$；$\log P_0^{PAMPA-DS}$是指测量的固有双槽 PAMPA 值，但斜体 PAMPA 值是使用 *p*CEL-X 估计的。pK_a值为在 37 ℃时测量[176]。

[b]异常值，不用于最终引用。

[c]异常值，ABL 限制 P_{app}。

数据库中的一些化合物可能是分泌或吸收载体介导（CM）过程的底物，假设已发表的研究成果中包含从顶端到底端（AB）和从底端到顶端（BA）两种测量值。这两个值的平均值抵消了极化 CM 过程的部分贡献。图 8.17 是达诺沙星[166] Caco-2 渗透性的综合研究示例，其中研究者从 AB 值（左边一对白色条）和 BA 值（右边一对白色条）两个方向分别验证了几种抑制剂的效果。图 8.17 中 AB-BA 值后面的黑色条显示了平均值（“被动”）值。AB-BA P_{app}的这些平均值显示出相对恒定性（如上下虚线所示，在 ±3SD 范围内），而 AB 值和 BA 值变化则较大。

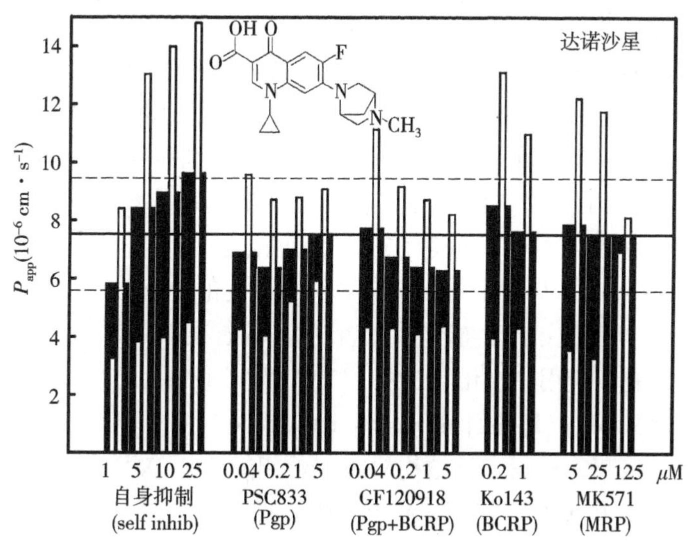

图 8.17 达诺沙星作为抑制剂时的 P_{app}

［这对白色条指的是从顶部到底部（左）和从底部到顶部（右）两种渗透方向。对于每一对 AB-BA，黑条代表两个方向渗透作用的平均值。由于载体介导的转运是有极性的，所以平均值应为被动表观渗透性的估计值］

在 55 篇文献中，如果研究中一开始就包含 ABL 标记分子，那么可以直接测定 P_{ABL}的值。否则，便根据每一篇文章中给出的搅拌参数，利用式（7.25）和（7.26）计算 P_{ABL}的值，其中流体动力搅拌参数取自 Adson 的研究[7]（如图 7.34 中的虚线所示）。

对于每篇文献，表 8.2 中均指定了细胞旁路模型，具体的选择则基于每项研究中的详细信息。如果某个特定研究中包括甘露醇 P_{app}（或任何合适的细胞旁路标记物的渗透性，表 8.1），则通过确定"最佳"孔径来进一步"调整"细胞旁路模型（参见表 8.2 和 8.5 节）。而后将所得的细胞旁路模型应用于该研究中的所有分子，以预测非标记物分子的 P_{para} 值。

然后，根据 P_{ABL} 上限和 P_{para} 下限值（参见 8.6.1 节），对 55 项已发表研究中的每一项均进行动态范围窗（DRW）的确定。如果特定的 P_{app} 值在 DRW 范围内，则采用第 8.6 节中的方法测定跨细胞固有渗透性 $P_0^{Caco-2/MDCK}$。将 P_{app} 接近 DRW 上下限的分子分别作为 ABL 或细胞旁路标记物处理，无法确定其固有跨细胞渗透性。在 687 个 P_{app} 测量值中，441 个适合于 P_0 的测定。而在 441 组 P_{app} 中，对 195 种不同物质进行了多组 P_0 测定所得出的平均值，即为表 8.6 中的被动渗透速率。多次处理的平均标准偏差为 0.35 个对数单位。该值为表 8.6 中的单次测量值。

8.9.2 组合建模方法

使用组合模型对表 8.6 中的 Caco－2/MDCK 和 PAMPA－DS P_0 系数之间的关系进行了系统研究，其中测量的 PAMPA－DS 系数与 2 个/3 个计算得出的亚伯拉罕[170] LFER 溶剂化参数"组合"，如

$$\log P_0^{Caco-2/MDCK} = c_0 + c_1 \log P_0^{PAMPA-DS} + A(c_2, c_3, c_3)\text{。} \tag{8.18}$$

其中，A（c_2，c_3，c_3）是 2 个/3 个亚伯拉罕[170]参数的线性函数（参见 7.4 节）。5 个可能的亚伯拉罕参数包括 α（溶质氢键酸度）、β（溶质氢键碱度）、π（溶质极性/极化率，由溶质氢键偶极矩和诱导偶极矩之间的溶质－溶剂相互作用所致）、R（过剩摩尔折光率，其模拟了溶质的 π 电子和 n 电子产生的色散力相互作用；单位为 $dm^3 \cdot mol^{-1}/10$）和 V_x（溶质的 McGowan 摩尔体积；单位为 $dm^3 \cdot mol^{-1}/100$）。亚伯拉罕参数是使用 ADME Boxes v 4.9 程序（加拿大多伦多高级化学开发）由化合物给定的二维结构中推断出来的。其他文献已经证实了这种方法的有效性[19,138,171,172]。

相关搜索过程基于应用高级化学开发[173－175]中的 Algorithm Builder（AB）v 1.83 程序。表 8.6 中的部分 pK_a 值是使用 Marvin Sketch v 5.3.7（匈牙利布达佩斯 ChemAxon 有限公司）预测的。随后，根据二维结构输入，使用 *p*CEL－X 将数值从 25 ℃ 条件转换为 37 ℃[176]。在化合物不便直接用 PAMPA 测量的情况下，一些 PAMPA－DS 值也由 *p*CEL－X 计算。

8.9.3 Caco－2/MDCK 被动渗透性预测模型

将 441 个 P_{app} 值分为 4 个主要电荷组（pH 7.4）：负电荷组（酸）、正电荷组（碱）、两性离子组和中性电荷组，每组预测 $P_0^{Caco-2/MDCK}$ 最佳值的线性回归方程为

负电荷组：

$$\log P_0^{\text{Caco-2/MDCK}} = 2.82 + 0.97\log P_0^{\text{PAMPA-DS}} + 0.89\alpha - 0.70R - 0.55V_x,$$
$$r^2 = 0.85, s = 0.86, F = 103, n = 76。 \quad (8.19a)$$

正电荷组：

$$\log P_0^{\text{Caco-2/MDCK}} = -0.88 + 0.47\log P_0^{\text{PAMPA-DS}} - 0.40R - 0.24V_x,$$
$$r^2 = 0.75, s = 0.68, F = 142, n = 148。 \quad (8.19b)$$

中性电荷组：

$$\log P_0^{\text{Caco-2/MDCK}} = -2.96 + 0.27\log P_0^{\text{PAMPA-DS}} - 0.65\beta + 0.33\pi,$$
$$r^2 = 0.54, s = 0.65, F = 54, n = 143。 \quad (8.19c)$$

两性离子组：

$$\log P_0^{\text{Caco-2/MDCK}} = -3.89 + 0.13\log P_0^{\text{PAMPA-DS}} - 1.13\alpha + 0.31\beta,$$
$$r^2 = 0.43, s = 0.57, F = 14, n = 59。 \quad (8.19d)$$

将这4组数据合并在一个图中，如图8.18所示。综合统计 $r^2=0.83$，$s=0.68$，$n=426$（15个 Caco－2/MDCK P_0值为异常值，从分析中除去）。

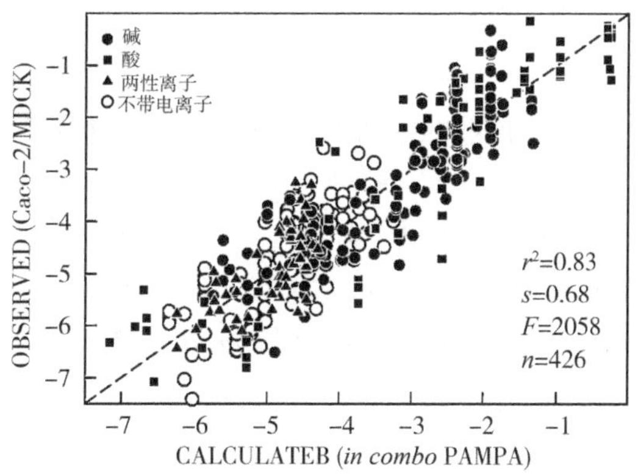

图8.18 使用固有的PAMPA－DS渗透性和亚伯拉罕的线性自由能参数预测被动固有Caco－2/MDCK渗透性［参见式（8.19）］

参考文献

[1] Hidalgo, I. J.; Kato, A.; Borchardt, R. T. Binding of epidermal growth factor by human colon carcinoma cell (Caco-2) monolayers. *Biochem. Biophys. Res. Commun.* **160**, 317 – 324 (1989).

[2] Hilgers, A. R.; Conradi, R. A.; Burton, P. S. Caco-2 cell monolayers as a model for drug transport across the intestinal mucosa. *Pharm. Res.* **7**, 902 – 910 (1990).

[3] Artursson, P. Epithelial transport of drugs in cell culture. I: A model for studying the passive diffusion of drugs over intestinal absorptive (Caco-2) cells. *J. Pharm. Sci.* **79**, 476 – 482 (1990).

[4] Karlsson, J. P.; Artursson, P. A method for the determination of cellular permeability coefficients and aqueous boundary layer thickness in monolayers of intestinal epithelial (Caco-2) cells grown in permeable filter chambers. *Int. J. Pharm.* **7**, 55–64 (1991).

[5] Hidalgo, I. J.; Hillgren, K. M.; Grass, G. M.; Borchardt, R. T. A new side-by-side diffusion cell for studying transport across epithelial cell monolayers. *In Vitro Cell Dev. Biol.* **28**A, 578–580 (1992).

[6] Tsuji, A.; Takanaga, H.; Tamai, I.; Terasaki, T. Transcellular transport of benzoic acid across Caco-2 cells by a pH-dependent and carrier-mediated transport mechanism. *Pharm. Res.* **11**, 30–37 (1994).

[7] Adson, A.; Burton, P. S.; Raub, T. J.; Barsuhn, C. L.; Audus, K. L.; Ho, N. F. H. Passive diffusion of weak organic electrolytes across Caco-2 cell monolayers: Uncoupling the contributions of hydrodynamic, transcellular, and paracellular barriers. *J. Pharm. Sci.* **84**, 1197–1204 (1995).

[8] Tanaka, Y.; Taki, Y.; Sakane, T.; Nadai, T.; Sezaki, H.; Yamashita, S. Characterization of drug transport through tight-junctional pathway in Caco-2 monolayer: Comparison with isolated rat jejunum and colon. *Pharm. Res.* **12**, 523–528 (1995).

[9] Borchardt, R. T.; Smith, P. L.; Wilson, *G. Models for Assessing Drug Absorption and Metabolism.* Plenum Press, New York, 1996.

[10] Gan, L.-S. L.; Yanni, S.; Thakker, D. R. Modulation of the tight junctions of the Caco-2 cell monolayers by H2-antagonists. *Pharm. Res.* **15**, 53–57 (1998).

[11] Ho, N. F. H.; Raub, T. J.; Burton, P. S.; Barsuhn, C. L.; Adson, A.; Audus, K. L.; Borchardt, R. T. Quantitative approaches to delineate passive transport mechanisms in cell culture monolayers. In: Amidon, G. L.; Lee, P. I.; Topp, E. M. (eds.). *Transport Processes in Pharmaceutical Systems.* Marcel Dekker: New York, 2000, pp. 219–317.

[12] Yamashita, S.; Furubayashi, T.; Kataoka, M.; Sakane, T.; Sezaki, H.; Tokuda, H. Optimized conditions for prediction of intestinal drug permeability using Caco-2 cells. *Eur. J. Pharm. Sci.* **10**, 109–204 (2000).

[13] Lentz, K. A.; Hayashi, J.; Lucisano, L. J.; Polli, J. E. Development of a more rapid, reduced serum culture system for Caco-2 monolayers and application to the biopharmaceutics classification system. *Int. J. Pharm.* **200**, 41–51 (2000).

[14] Rege, B. D.; Yu, L. X.; Hussain, A. S.; Polli, J. E. Effect of common excipients on Caco-2 transport of low-permeability drugs. *J. Pharm. Sci.* **90**, 1776–1786 (2001).

[15] Krishna, G.; Chen, K.-J.; Lin, C.-C.; Nomeir, A. A. Permeability of lipophilic compounds in drug discovery using *in-vitro* human absorption model, Caco-2. *Int. J. Pharm.* **222**, 77–89 (2001).

[16]Pontier, C.; Pachot, J.; Botham, R.; Lefant, B.; Arnaud, P. HT29-MTX and Caco-2/ TC7 monolayers as predictive models for human intestinal absorption: Role of mucus layer. *J. Pharm. Sci.* **90**, 1608－1619 (2001).

[17]Chen, M.-L.; Shah, V.; Patnaik, R.; Adams, W.; Hussain, A.; Conner, D.; Mehta, M.; Malinowski, H.; Lazor, J.; Huang, S.-M.; Hare, D.; Lesko, L.; Sporn, D.; Williams, R. Bioavailability and bioequivalence: An FDA regulatory overview. *Pharm. Res.* **18**, 1645－1650 (2001).

[18]Youdim, K. A.; Avdeef, A.; Abbott, N. J. *In vitro* trans-monolayer permeability calculations: Often forgotten assumptions. *Drug Disc. Today.* **8**, 997－1003 (2003).

[19]Avdeef, A.; Artursson, P.; Neuhoff, S.; Lazarova, L.; Gräsjö, J.; Tavelin, S. Caco-2 permeability of weakly basic drugs predicted with the double-sink PAMPA pK_a^{FLUX} method. *Eur. J. Pharm. Sci.*, **24**, 333－349 (2005).

[20]Avdeef, A. Leakiness and size exclusion of paracellular channels in cultured epithelial cell monolayers—Interlaboratory comparison. *Pharm. Res.* **27**, 480－489 (2010).

[21] Sugano, K.; Kansy, M.; Artursson, P.; Avdeef, A.; Bendels, S.; Di, L.; Ecker, G. F.; Faller, B.; Fischer, H.; Gerebtzoff, G.; Lennernäs, H.; Senner, F. Coexistence of passive and active carrier-mediated uptake processes in drug transport: A more balanced view. *Nature Rev. Drug Discov.* **9**, 597－614 (2010).

[22]Avdeef, A.; Tam, K. Y. How well can the Caco-2/MDCK models predict effective human jejunal permeability? *J. Med. Chem.* **53**, 3566－3584 (2010).

[23]Lennernäs, H. Animal data: The contributions of the Ussing chamber and perfusion systems to predicting human oral drug delivery *in vivo*. *Adv. Drug Deliv. Rev.* **59**, 1103－1120 (2007).

[24]Lennernäs, H. Modeling gastrointestinal drug absorption requires more *in vivo* biopharmaceutical data: Experience from *in vivo* dissolution and permeability studies in humans. *Curr. Drug Metab.* **8**, 645－657 (2007).

[25]Lennernäs, H. Intestinal permeability and its relevance for absorption and elimination. *Xenobiotica.* **37**, 1015－1051 (2007).

[26]Chadwick, V. S.; Phillips, S. F.; Hofmann, A. F. Measurements of intestinal permeability using low molecular weight polyethylene glycols (PEG 400). II. Application to normal and abnormal permeability states in man and animals. *Gastroenterology.* **73**, 247－251 (1977).

[27]Vidon, S.; Evard, D.; Godbillo, J.; Rongier, M.; Duval, M.; Schoeller, J. P.; Bernier, J. J.; Hirtz, J. Investigation of drug absorption from the gastrointestinal tract of man. II. Metoprolol in the jejunum and ileum. *Br. J. Clin. Pharmacol.* **19**, 107S－112S (1985).

[28] Sutcliffe, F. A.; Riley, S. A.; Kaser-Liard, B.; Trunberg, L. A.; Rowland, M. Absorption of drugs from human jejunum and ileum. *Br. J. Clin. Pharmacol.* **26**, 206P - 207P (1988).

[29] Lennernäs, H.; Ahrenstedt, O.; Hallgren, R.; Knutson, L.; Ryde, M.; Paalzow, L. K. Regional jejunal perfusion, a new *in vivo* approach to study oral drug absorption in man. *Pharm. Res.* **9**, 1243 - 1451 (1992).

[30] Lennernäs, H.; Nilsson, D.; Aquilonius, S. M.; Ahrenstedt, O.; Knutson, L.; Paalzow, L. K. The effect of L-leucine on the absorption of levodopa, studied by regional jejunal perfusion in man. *Br. J. Clin. Pharmacol.* **35**, 243 - 250 (1993).

[31] Gramatté, T.; el Desoky, E.; Klotz, U. Site dependent small intestinal absorption of ranitidine. *Eur. J. Clin. Pharmacol.* **46**, 253 - 259 (1994).

[32] Gramatté, T.; Richter, K. Paracetamol absorption from different sites in the human small intestine. *Br. J. Clin. Pharmacol.* **37**, 608 - 611 (1994).

[33] Gramatté, T. Griseofulvin absorption from different sites in the human small intestine. *Biopharmacol. Drug Disp.* **15**, 747 - 759 (1994).

[34] Lennernäs, H.; Ahrenstedt, O.; Ungell, A. -L. Intestinal drug absorption during induced net water absorption in man; a mechanistic study using antipyrine, atenolol, and enalaprilat. *Br. J. Clin Pharmacol.* **37**, 589 - 596 (1994).

[35] Fagerholm, U.; Borgstrom, L.; Ahrenstedt, O.; Lennernäs, H. The lack of effect on induced net fluid absorption on the *in vivo* permeability of terbutaline in the human jejunum. *J. Drug Target.* **3**, 191 - 200 (1995).

[36] Lennernäs, H.; Knutson, L.; Knutson, T.; Lesko, L.; Salmonson, T.; Amidon, G. L. Human effective permeability data for furosemide, hydrochlorothiazide, ketoprofen and naproxen to be used in the proposed biopharmaceutical classification for IR-products. *Pharm. Res.* **12**, 396 (1995).

[37] Lindahl, A.; Sandstrom, R.; Ungell, A. -L.; Abrahamsson, B.; Knutson, T. W.; Knutson, L.; Lennernäs, H. Jejunal permeability and hepatic extraction of fluvastatin in humans. *Clin. Pharmacol. Ther.* **60**, 493 - 503 (1996).

[38] Lennernäs, H.; Nylander, S.; Ungell, A. -L. Jejunal permeability: A comparison between the Ussing chamber technique and the single-pass perfusion in humans. *Pharm. Res.* **14**, 667 - 671 (1997).

[39] Söderholm, J. D.; Olaison, G.; Kald, A.; Tagesson, C.; Sjodahl, R. Absorption profiles for polyethylene glycols after regional perfusion and oral load in healthy humans. *Digest. Dis. Sci.* **42**, 853 - 857 (1997).

[40] Takamatsu, N.; Welage, L. S.; Idkaidek, N. M.; Liu, D. -Y.; Lee, P. I. -D.; Hayashi, Y.; Rhie, J. K.; Lennernäs, H.; Barnett, J.; Shah, V. P.; Lesko,

L.；Amidon，G. L. Human intestinal permeability of piroxicam，propranolol，phenylalanine，and PEG400 determined by jejunal perfusion. *Pharm. Res.* **14**，1127－1132（1997）.

[41] Lennernäs，H. Human intestinal permeability. *J. Pharmacol. Sci.* **87**，403－410（1998）.

[42] Winiwarter，S.；Bonham，N. M.；Ax，F.；Hallberg，A.；Lennernäs，H.；Karlen，A. Correlation of human jejunal permeability（*in vivo*）of drugs with experimentally and theoretically derived parameters. A multivariate data analysis approach. *J. Med. Chem.* **41**，4939－4949（1998）.

[43] Fagerholm，U.；Nilsson，D.；Knutson，L.；Lennernäs，H. Jejunal permeability in humans *in vivo and rats in situ*：Investigation of molecular size selectivity and solvent drag. *Acta Physiol. Scand.* **165**，315－324（1999）.

[44] Sandström，R.；Knutson，T. W.；Knutson，L.；Jansson，B.；Lennernäs，H. The effect of ketoconazole on the jejunal permeability and CYP3A metabolism of（R/s）verapamil in humans. *Br. J. Clin. Pharmacol.* **48**，180－189（1999）.

[45] Takamatsu，N.；Kim，O.-N.；Welage，L. S.；Idkaidek，N. M.；Hayashi，Y.；Barnett，J.；Yamamoto，R.；Lipka，E.；Lennernäs，H.；Hussain，A.；Lesko，L.；Amidon，G. L. Human jejunal permeability of two polar drugs：Cimetidine and ranitidine. *Pharm. Res.* **18**，742－744（2001）.

[46] Lennernäs，H.；Knutson，L.；Knutson，T.；Hussain，A.；Lesko，L.；Salmonson，T.；Amidon，G. L. The effect of amiloride on the *in vivo* effective permeability of amoxicillin in human jejunum：Experience from a regional perfusion technique. *Eur. J. Pharm. Sci.* **15**，271－277（2002）.

[47] Sun，D.；Lennernäs，H.；Welage，L. S.；Barnett，J. L.；Landowski，C. P.；Foster，D.；Fleisher，D.；Lee，K. D.；Amidon，G. L. Comparison of human duodenum and Caco-2 gene expression profiles for 12，000 gene sequence tags and correlation with permeability of 26 drugs. *Pharm. Res.* **19**，1400－1416（2002）.

[48] Tannergren，C.；Knutson，T.；Knutson，L.；Lennernäs，H. The effect of ketoconazole on the *in vivo* intestinal permeability of fexofenadine using a regional perfusion technique. *Br. J. Clin. Pharmacol.* **55**，182－190（2003）.

[49] Winiwarter，S.；Ax，F.；Lennernäs，H.；Hallberg，A.；Pettersson，C.；Karlen，A. Hydrogen bonding descriptors in the prediction of human *in vivo* intestinal permeability. *J. Molec. Graph Model.* **21**，273－287（2003）.

[50] Tannergren，C.；Petri，N.；Knutson，L.；Hedeland，M.；Bondesson，U.；Lennernäs，H. Multiple transport mechanisms involved in the intestinal absorption and first-pass extraction of fexofenadine. *Clin. Pharmacol. Ther.* **74**，423－436（2003）.

[51] Chiu，Y.-Y.；Higaki，K.；Neudeck，B. L.；Barnett，J. L.；Welage，L. S.；

Amidon, G. L. Human jejunal permeability of cyclosporin A: Influence of surfactants on P-glycoprotein efflux in Caco-2 cells. *Pharm. Res.* **20**, 749 - 756 (2003).

[52] Petri, N.; Tannergren, C.; Holst, B.; Mellon, F. A.; Bao, Y.; Plumb, G. W.; Bacon, J.; O'Leary, K. A.; Kroon, P. A.; Knutson, L.; Forsell, P.; Eriksson, T.; Lennernäs, H.; Williamson, G. Absorption/metabolism of sulforaphane and quercetin, and regulation of phase II enzymes, in human jejunum *in vivo*. *Drug Metab. Disp.* **31**, 805 - 813 (2003).

[53] Knutson, T.; Fridblom, P.; Ahlstroem, H.; Magnusson, A.; Tannergren, C.; Lenne-rnäs, H. Increased understanding of intestinal drug permeability determined by the LOC-I-GUT approach using multislice computed tomography. *Molec. Pharm.* **6**, 2 - 10 (2009).

[54] Wilson, J. P. Surface area of the small intestine in man. *Gut* **8**, 618 - 621 (1967).

[55] Moog, F. The lining of the small intestine. *Sci. Am.* **245**, 154 - 176 (1981).

[56] Madara, J. L. Functional morphology of epithelium of the small intestine. In: Schultz, S. G. (ed.). *Handbook of Physiology*, Section 6: *The Gastrointestinal System*, American Physiological Society, Bethesda, 1991, pp. 83 - 119.

[57] Yamashita, S.; Tanaka, Y.; Endoh, Y.; Taki, Y.; Sakane, T.; Nadai, T.; Sezaki, H. Analysis of drug permeation across Caco-2 monolayer: Implications for predicting *in vivo* drug absorption. *Pharm. Res.* **14**, 486 - 491 (1997).

[58] Collett, A.; Walker, D.; Sims, E.; He, Y.-L.; Speers, P.; Ayrton, J.; Rowland, M.; Warhurst, G. Influence of morphmetric factors on quantitation of paracellular permeability of intestinal epithelia *in vitro*. *Pharm. Res.* **14**, 767 - 773 (1997).

[59] Oliver, R. E.; Jones, A. F.; Rowland, M. What surface of the intestinal epithelium is effectively available to permeating drugs? *J. Pharm. Sci.* **87**, 634 - 639 (1998).

[60] Ungell, A.-L.; Nylander, S.; Bergstrand, S.; Sjöberg, Å.; Lennernäs, H. Membrane transport of drugs in different regions of the intestinal tract of the rat. *J. Pharm. Sci.* **87**, 360 - 366 (1998).

[61] Fleisher, D. Biological transport phenomena in the gastrointestinal tract: Cellular mechanisms. In: Amidon, G. L.; Lee, P. I.; Topp, E. M. (eds.). *Transport Processes in Pharmaceutical Systems*, Marcel Dekker, New York, 2000; pp. 147 - 184.

[62] Marcial, M. A.; Carlson, S. L.; Madara, J. L. Partitioning of paracellular conductance along the ileal and crypt-villus axis: A hypothesis based on structural analysis with detailed consideration of tight junction structure-function relationships. *J. Membr. Biol.* **80**, 59 - 70 (1994).

[63] Madara, J. L.; Pappenheimer, J. R. Structural basis for physiological regulation of paracellular pathways in intestinal epithelia. *J. Membr. Biol.* **100**, 149 - 164 (1987).

[64] Hollander, D. The intestinal permeability barrier. A hypothesis as to its regulation and involvement in Crohn's disease. *Scand. J. Gastroenterol.* **27**, 721－726 (1992).

[65] Adson, A.; Raub, T. J.; Burton, P. S.; Barsuhn, C. L.; Hilgers, A. R.; Audus, K. L.; Ho, N. F. H. Quantitative approaches to delineate paracellular diffusion in cultured epithelial cell monolayers. *J. Pharm. Sci.* **83**, 1529－1536 (1994).

[66] Fine, K. D.; Santa Ana, C. A.; Porter, J. L.; Fordtran, J. S. Effect of changing intestinal flow rate on a measurement of intestinal permeability. *Gastroenterology.* **108**, 983－989 (1995).

[67] Thomson, A. B. R.; Dietschy, J. M. Derivation of the equations that describe the effects of unstirred water layers on the kinetic parameters of active transport processes in the intestine. *J. Theor. Biol.* **64**, 277－294 (1977).

[68] Komiya, I.; Park, J. Y.; Kamani, A.; Ho, N. F. H.; Higuchi, W. I. Quantitative mechanistic studies in simultaneous fluid flow and intestinal absorption using steroids as model solutes. Int. *J. Pharm.* **4**, 249－262 (1980).

[69] Högerle, M. L.; Winne, D. Drug absorption by the rat jejunum perfused *in situ.* Dissociation from the pH-partition theory and the role of microclimate-pH and unstirred layer. *Naunyn-Schmiedeberg's Arch. Pharmacol.* **322**, 249－255 (1983).

[70] Shimada, T. Factors affecting the microclimate pH in rat jejunum. *J. Physiol. London.* **392**, 113－127 (1987).

[71] Levitt, M. D.; Furne, J. K.; Stocchi, A.; Anderson, B. W.; Levitt, D. G. Physiological measurements of luminal stirring in the dog and human small bowl. *J. Clin. Invest.* **86**, 1540－1547 (1990).

[72] Chiou, W. L. Effect of "unstirred" water layer in the intestine on the rate and extent of absorption after oral administration. *Biopharm. Drug Disp.* **15**, 709－717 (1994).

[73] Fagerholm, U.; Lennernäs, H. Experimental estimation of the effective unstirred water layer thickness in the human jejunum, and its importance in oral drug absorption. *Eur. J. Pharm. Sci.* **3**, 247－253 (1995).

[74] Desesso, J. M.; Jacobson, C. F. Anatomical and physiological parameters affecting gastrointestinal absorption in humans and rats. *Food Chem. Toxicol.* **39**, 209－228 (2001).

[75] Pappenheimer, J. R.; Michel, C. C. Role of microcirculation in intestinal absorption of glucose: Coupling of epithelial with endothelial transport. *J. Physiol.* **553**, 561－574 (2003).

[76] Desesso, J. M.; Williams, A. L. Contrasting the gastrointestinal tracts of mammals: Factors that influence absorption. *Annual Rep. Med. Chem.* **43**, 353－371 (2008).

[77] Sugano, K. Introduction to computational oral absorption simulation. *Expert Opin. Drug Metab. Toxicol.* **5**, 259－293 (2009).

[78] Johnson, D. A.; Amidon, G. L. Determination of intrinsic membrane transport parameters from perfused intestine experiments: A boundary layer approach to estimating the aqueous and unbiased membrane permeabilities. *J. Theor. Biol.* **131**, 93 – 106 (1988).

[79] Yazdanian, M.; Glynn, S. L.; Wright, J. L.; Hawi, A. Correlating partitioning and Caco-2 cell permeability of structurally diverse small molecular weight compounds. *Pharm. Res.* **15**, 1490 – 1494 (1998).

[80] Hilgers, A. R.; Smith, D. P.; Biermacher, J. J.; Day, J. S.; Jensen, J. L.; Sims, S. M.; Adams, W. J.; Friis, J. M.; Palandra, J.; Hosley, J. D.; Shobe, E. M.; Burton, P. S. Predicting oral absorption of drugs: A case study of a novel class of antimicrobial agents. *Pharm. Res.* **20**, 1149 – 1155 (2003).

[81] Caldwell, G. W.; Easlick, S. M.; Gunnet, J.; Masucci, J. A.; Demarest, K. *In vitro* permeability of eight ß-blockers through Caco-2 monolayers utilizing liquid chromatography/electrospray ionization mass spectrometry. *J. Mass Spectrom.* **33**, 607 – 614 (1998).

[82] Irvine, J. D.; Takahashi, L.; Lockhart, K.; Cheong, J.; Tolan, J. W.; Selick, H. E.; Grove, J. R. MDCK (Madin-Darby canine kidney) cells: A tool for membrane permeability screening. *J. Pharm. Sci.* **88**, 28 – 33 (1999).

[83] Faassens, F.; Kelder, J.; Lenders, J.; Onderwater, R.; Vromans, H. Physicochemical properties and transport of steroids across Caco-2 cells. *Pharm. Res.* **20**, 177 – 186 (2003).

[84] Mahar Doan, K. M.; Humphreys, J. E.; Webster, L. O.; Wring, S. A.; Shampine, L. J.; Serabjit-Singh, C. J.; Atkinson, K. K.; Polli, J. W. Passive permeability and P-glycoprotein-mediated efflux differentiate central nervous system (CNS) and non-CNS marketed drugs. *J. Pharm. Exp. Ther.* **303**, 1029 – 1037 (2002).

[85] Karlsson, J.; Ungell, A. -L.; Gråsjö, J.; Artursson, P. Paracellular drug transport across intestinal epithelia: Influence of charge and induced water flux. *Eur. J. Pharm. Sci.* **9**, 47 – 56 (1999).

[86] Pade, V.; Stavchansky, S. Estimation of the relative contributions of the transcellular and paracellular pathway to the transport of passively absorbed drugs in the Caco-2 cell culture model. *Pharm. Res.* **14**, 1210 – 1215 (1997).

[87] Palm, K.; Luthman, K.; Ros, J.; Gråsjö, J.; Artursson, P. Effect of molecular charge on intestinal epithelial drug transport: pH-dependent transport of cationic drugs. *J. Phamacol. Exp. Ther.* **291**, 435 – 443 (1999).

[88] Nagahara, N.; Tavelin, S.; Artursson, P. The contribution of the paracellular route to pH dependent permeability of ionizable drugs. *J. Pharm Sci.* **93**, 2972 – 2984 (2004).

[89]Neuhoff, S.; Ungell, A.-L.; Zamora, I.; Artursson, P. pH-dependent bidirectional transport of weakly basic drugs across Caco-2 monolayers: Implications for drug-drug interactions. *Pharm. Res.* **20**, 1141－1148 (2003).

[90]Neuhoff, S.; Ungell, A.-L.; Zamora, I.; Artursson, P. pH-dependent passive and active transport of acidic drugs across Caco-2 cell monolayers. *Eur. J. Pharm. Sci.* **25**, 211－220 (2005).

[91]Cussler, E. L. *Diffusion—Mass Transfer in Fluid Systems*, 2nd ed., Cambridge University Press, Cambridge, UK, 1997, pp. 111－121.

[92]Diamond, J. M. The epithelial junction: Bridge, gate, and fence. *Physiologist.* **20**, 10－18 (1977).

[93]Madara, J. L. Functional morphology of the small intestine. In: Schultz, S. G. (ed.). *Handbook of Physiology*, Section 6: *The Gastrointestinal System*, Am. Physiol. Soc.: Bethesda, 1991, p. 92.

[94]Pappenheimer, J. R. Scaling of dimensions of small intestines in non-ruminant eutherian mammals and its significance for absorptive mechanisms. *Compar. Biochem. Physiol.* A **121**, 45－58 (1998).

[95]Linnankoski, J.; Mäkelä, J.; Palmgren, J.; Mauriala, T.; Vedin, C.; Ungell, A.-L.; Lazorova, L.; Artursson, P.; Urtti, A.; Yliperttula, M. Paracellular porosity and pore size of the human intestinal epithelium in tissue and cell culture models. *J. Pharm. Sci.* **99**, 2166－2175 (2010).

[96]Tavelin, S.; Taipalensuu, J.; Söderber, L.; Morrison, R.; Chong, S.; Artursson, P. Prediction of oral absorption of low-permeability drugs using small intestine-like 2/4/A1 cell monolayers. *Pharm. Res.* **20**, 397－405 (2003).

[97]Knipp, G. T.; Ho, N. F. H.; Barsuhn, C. L.; Borchardt, R. T. Paracellular diffusion in Caco-2 cell monolayers: Effect of perturbation on the transport of hydrophilic compounds that vary in charge and size. *J. Pharm. Sci.* **86**, 1105－1110 (1997).

[98]Liang, E.; Chessic, K.; Yazdanian, M. Evaluation of an accelerated Caco-2 cell permeability model. *J. Pharm. Sci.* **89**, 336－345 (2000).

[99]Watson, C. J.; Rowland, M.; Warhurst, G. Functional modeling of tight junctions in intestinal cell monolayers using polyethylene glycol oligomers. *Am. J. Cell Physiol.* **281**, C388－C397 (2001).

[100]Alsenz, J.; Haenel, E. Development of a 7-day, 96-well Caco-2 permeability assay with high throughput direct UV compound analysis. *Pharm. Res.* **20**, 1961 － 1969 (2003).

[101]Artursson, P.; Ungell, A.-L.; Löfroth, J.-E. Selective paracellular permeability in two models of intestinal absorption: Cultured monolayers of human intestinal epithelial

cells and rat intestinal segments. *Pharm. Res.* **10**, 1123 – 1129 (1993).

[102] Garberg, P.; Ball, M.; Borg, N.; Cecchelli, R.; Fenart, L.; Hurst, R. D.; Lindmark, T.; Mabondzo, A.; Nilsson, J. E.; Raub, T. J.; Stanimirovic, D.; Terasaki, T.; Oberg, J. -O.; Osterberb, T. In vitro models for the blood-brain barrier. *Toxicol. In Vitro* **19**, 299 – 334 (2005).

[103] von Richter, O.; Glavinas, H.; Krajcsi, P.; Liehner, S.; Siewert, B.; Zech, K. A novel screening strategy to identify ABCB1 substrates and inhibitors. *Naunyn-Schmiedeberg's Arch. Pharmacol.* **379**, 11 – 26 (2009).

[104] Thiel-Demby, V. E.; Humphreys, J. E.; St. John Williams, L. A.; Ellens, H. M.; Shah, N.; Ayrton, A. D.; Polli, J. W. Biopharmaceutics Classification System: Validation and learnings of an *in vitro* permeability assay. *Molec. Pharm.* **6**, 11 – 18 (2009).

[105] Wang, Q.; Strab, R.; Kardos, P.; Ferguson, C.; Li, J.; Owen, A.; Hidalgo, I. J. Application and limitation of inhibitors in drug-transporter interaction studies. *Int. J. Pharm.* **356**, 12 – 18 (2008).

[106] Zhao, R.; Raub, T. J.; Sawada, G. A.; Kasper, S. C.; Bacon, J. A.; Bridges, A. S.; Pollack, G. M. Breast cancer resistance protein interacts with various compounds *in vitro*, but plays a minor role in substrate efflux at the blood-brain barrier. *Drug Metab. Disp.* **37**, 1251 – 1258 (2009).

[107] Obradovic, T.; Dobson, G. G.; Shingaki, T.; Kungu, T.; Hidalgo, I. J. Assessment of the first and second generation antihistamine brain penetration and role of P-glycoprotein. *Pharm. Res.* **24**, 318 – 327 (2007).

[108] Wang, Q.; Rager, J. D.; Weinstein, K.; Kardos, P. S.; Dobson, G. L.; Li, J.; Hidalgo, I. J. Evaluation of the MDR-MDCK cell line as a permeability screen for the blood-brain barrier. *Int. J. Pharm.* **288**, 349 – 359 (2005).

[109] Levin, V. A. Relationship of octanol/water partition coefficient and molecular weight to rat brain capillary permeability. *J. Med. Chem.* **23**, 682 – 684 (1980).

[110] Shiau, Y. -F.; Fernandez, P.; Jackson, M. J.; McMonagle, S. Mechanisms maintaining a low-pH microclimate in the intestine. *Am. J. Physiol.* **248**, G608 – G617 (1985).

[111] Said, H. M.; Blair, J. A.; Lucas, M. L.; Hilburn, M. E. ntestinal surface acid microclimate *in vitro* and *in vivo* in the rat. *J. Lab Clin. Med.* **107**, 420 – 424 (1986).

[112] Lucas, M. L.; Whitehead, R. R. A re-evaluation of the properties of the three-compartment model of intestinal weak-electrolyte absorption. *J. Theor. Biol.* **167**, 147 – 159 (1994).

[113] Sawada, G. A.; Ho, N. F. H.; Williams, L. R.; Barsuhn, C. L.; Raub,

T. J. Transcellular permeability of chlorpromazine demonstrating the roles of protein binding and membrane partitioning. *Pharm. Res.* **11**, 665－673 (1994).

[114] Sawada, G. A.; Barsuhn, C. L.; Lutzke, B. S.; Houghton, M. E.; Padbury, G. E.; Ho, N. F. H.; Raub, T. J. Increased lipophilicity and subsequent cell partitioning decrease passive transcellular diffusion of novel, highly lipophilic antioxidants. *J. Pharmacol. Exp. Ther.* **288**, 1317－1326 (1999).

[115] Wils, P.; Warnery, A.; Phung-Ba, V.; Legrain, S.; Scherman, D. High lipophilicity decreases drug transport across intestinal epithelial cells. *J. Pharmacol. Exp. Ther.* **269**, 654－658 (1994).

[116] Asokan, A.; Cho, M. J. Exploitation of intracellular pH gradients in the cellular delivery of macromolecules. *J. Pharm. Sci.* **91**, 903－913 (2002).

[117] Ohashi, R.; Tamai, I.; Yabuuchi, H.; Nezu, J.-I.; Oku, A.; Sai, Y.; Shimane, M.; Tsui, A. Na^+-dependent carnitine transport by organic cation transporter (OCTN2): Its pharmacological and toxicological relevance. *J. Pharmacol. Exp. Ther.* **291**, 778－784 (1999).

[118] Ohashi, R.; Tamai, I.; Nezu, J.-I.; Nikaido, H.; Hashimoto, N.; Oku, A.; Sai, Y.; Shimane, M.; Tsuji, A. Molecular and physiological evidence for multifunctionality of carnitine/organic cation transporter OCTN2. *Mol. Pharmacol.* **59**, 358－366 (2001).

[119] Yabuuchi, H.; Tamai, I.; Nezu, J.-I.; Sakamoto, K.; Oku, A.; Shimane, M.; Sai, Y.; Tsui, A. Novel membrane transporter OCTN1 mediates multispecific, bidirectional, and pH-dependent transport of organic cations. *J. Pharmacol. Exp. Ther.* **289**, 768－773 (1999).

[120] Elimrani, I.; Lahjouji, K.; Seidman, E.; Roy, M.-J.; Mitchel, G. A.; Qureshi, I. Expression and localization of organic cation/carnitine transporter OCTN2 in Caco-2 cells. *Am. J. Physiol. Gastrointest. Liver Physiol.* **284**, G863－G871 (2003).

[121] Watanabe, K.; Sawano, T.; Terada, K.; Endo, T.; Sakata, M.; Sato, J. Studies on intestinal absorption of sulpiride (2): Transepithelial transport of sulpiride across the human intestinal cell line Caco-2. *Biol. Pharm. Bull.* **25**, 885－890 (2002).

[122] Kanaan, M.; Daali, Y.; Dayer, P.; Desmeules, J. Lack of interaction of the NMDA receptor antagonists dextromethorphan and dextrorphan with P-glycoprotein. *Curr. Drug Metab.* **9**, 144－151 (2008).

[123] Walter, E.; Janich, S.; Roessler, B. J.; Hilfinger, J. M.; Amidon, G. L. HT29-MTX/Caco-2 cocultures as an in vitro model for the intestinal epithelium: *In vitro－in vivo* correlation with permeability data from rats and humans. *J. Pharm. Sci.* **85**, 1070－1076 (1996).

[124] Laitinen, L.; Kangas, H.; Kaukonen, A. M.; Hakala, K.; Kotiaho, T.; Kostianen, R.; Hirvonen, J. N-in-One permeability studies of heterogeneous sets of compounds across Caco-2 cell monolayers. *Pharm. Res.* **20**, 187 – 197 (2003).

[125] Lee, K.-J.; Johnson, N.; Castelo, J.; Sinko, P. J.; Grass, G.; Holme, K.; Lee, Y.-H. Effect of experimental pH on the *in vitro* permeability in intact rabbit intestines and Caco-2 monolayer. *Eur. J. Pharm. Sci.* **25**, 193 – 200 (2005).

[126] Bhardwaj, R. K.; Herrera-Ruiz, D.; Sinko, P.; Gudmundsson, O. S.; Knipp, G. Delineation of human peptide transporter 1 (hPepT1)-mediated uptake and transport of substrates with varying transporter affinities utilizing stably transfected hPepT1/Madin-Darby canine kidney clones and Caco-2 cells. *J. Pharmacol. Exp. Ther.* **314**, 1093 – 1100 (20005).

[127] Raeissi, S. D.; Li, J.; Hidalgo, I. J. The role of an α-amino group on H^+-dependent transepithelial transport of cephalosporins in Caco-2 cells. *J. Pharm. Pharmacol.* **51**, 35 – 40 (1999).

[128] Yee, S. *In vitro* permeability across Caco-2 cells (colonic) can predict *in vivo* (small intestine) absorption in man—Fact or myth. *Pharm. Res.* **14**, 763 – 766 (1997).

[129] Hilgendorf, C.; Spahn-Langguth, H.; Regardh, C. G.; Lipka, E.; Amidon, G. L.; Langguth, P. Caco-2 vs. Caco-2/HT29-MTX co-cultured cell lines: Permeabilities via diffusion, inside- and outside-directed carrier-mediated transport. *J. Pharm. Sci.* **89**, 63 – 75 (2000).

[130] Petri, N.; Tannergren, C.; Rungstad, D.; Lennernäs, H. Transport characteristics of fexofenadine in the Caco-2 cell model. *Pharm. Res.* **21**, 1398 – 1404 (2004).

[131] Phillips, J. E.; Ruell, J. Unpublished data, Apr 2003.

[132] Aungst, B. J.; Nguyen, N. H.; Bulgarelli, J. P.; Oates-Lenz, K. The influence of donor and reservoir additives on Caco-2 permeability and secretory transport of HIV protease inhibitors and other lipophilic compounds. *Pharm. Res.* **17**, 1175 – 1180 (2000).

[133] Korjamo, T.; Heikkinen, A. T.; Waltari, P.; Mönkkönen, J. The asymmetry of the unstirred water layer in permeability experiments. *Pharm. Res.* **25**, 1714 – 1722 (2008).

[134] Shah, P.; Jogani, V.; Mishra, P.; Mishra, A. K.; Bagchi, T.; Misra, A. Modulation of ganciclovir intestinal absorption I presence of absorption enhancers. *J. Pharm. Sci.* **96**, 2710 – 2722 (2007).

[135] Troutman, M. D.; Thakker, D. R. Rhodamine 123 requires carrier-mediated influx for its activity as P-glycoprotein substrate in Caco-2 cells. *Pharm. Res.* **20**, 1192 – 1199 (2003).

[136] Katragadda, S.; Jain, R.; Kwatra, D.; Hariharan, S.; Mitra, A. K. Pharmacokinetics of amino acid ester prodrugs of acyclovir after oral administration: Interaction

with the transporters on Caco-2 cells. *Int. J. Pharm.* **362**, 93－101 (2008).

[137] Abbott, N. J. Prediction of blood-brain barrier permeation in drug discovery from *in vivo*, *in vitro* and *in silico* models. *Drug Discov. Today: Technol.* **1**, 407－416 (2004).

[138] Tam, K. Y.; Avdeef, A.; Tsinman, O.; Sun, N. The permeation of amphoteric drugs through artificial membranes—An *in combo* absorption model based on paracellular and transmembrane permeability. *J. Med. Chem.* **53**, 392－401 (2010).

[139] Hou, T.; Wang, J.; Zhang, W.; Xu, X. ADME evaluation in drug discovery. 6. Can oral bioavailability in humans be effectively predicted by simple molecular property-based rules? *J. Chem. Info. Model.* **47**, 460－463 (2007).

[140] Sietsema, W. K. The absolute oral bioavailability of selected drugs. *Int. J. Clin. Pharmcol. Ther. Toxicol.* **27**, 179－211 (1989).

[141] Jones, R.; Connolly, P. C.; Klamt, A.; Diedenhofen, M. Use of surface charges from DFT calculations to predict intestinal absorption. *J. Chem. Info. Model.* **45**, 1337－1342 (2005).

[142] He, Y. L.; Murby, S.; Warhurst, G.; Gifford, L.; Walker, D.; Ayrton, J.; Eastmond, R.; Rowland, M. Species differences in size discrimination in the paracellular pathway reflected by oral bioavailability of poly (ethylene glycol) and *d*-peptides. *J. Pharm. Sci.* **87**, 626－633 (1998).

[143] Daniel, H.; Neugerbauer, B.; Kratz, A.; Rehner, G. Localization of acid microclimate along intestinal villi of rat jejunum. *Am. J. Physiol.* **248**, G293－G298 (1985).

[144] Avdeef, A.; Kansy, M.; Bendels, S.; Tsinman, K. Absorption-excipient-pH classification gradient maps: Sparingly-soluble drugs and the pH-partition hypothesis. *Eur. J. Pharm. Sci.* **33**, 29－41 (2008).

[145] Huen, G.; Breitkreutz, J. Structures and molecular attributes of polyethylene glycols. *Pharmazie.* **49**, 562－566 (1994).

[146] Ruddy, S. B.; Hadzija, B. W. Iontophoretic permeability of polyethylene glycols through hairless rat skin: Application of hydrodynamic theory for hindered transport through liquid-filled pores. *Drug Des. Discov.* **8**, 207－224 (1992).

[147] Pramauro, E.; Pelzetti, E. *Surfactants in Analytical Chemistry*, Elsevier, Amsterdam, 1996, p. 423.

[148] Van Itallie, C. M.; Holmes, J.; Bridges, A.; Gookin, J. L.; Coccaro, M. R.; Proctor, W.; Colegio, O. R.; Anderson, J. M. The density of small tight junction pores varies among cell types and is increased by expression of claudin-2. *J. Cell Sci.* **121**, 298－305 (2008).

[149] Goswami, T.; Jasti, B. R.; Li, X. Estimation of the theoretical pore sizes of the porcine oral mucosa for permeation of hydrophilic permeants. *Arch. Oral Biol.* **54**, 577－582

(2009).

[150] Obach, R. S.; Lombardo, F.; Waters, N. J. Trend analysis of a database of intravenous pharmacokinetic parameters in humans for 670 drug compounds. *Drug Metab. Dispos.* **36**, 1385 - 1405 (2008).

[151] *Physician's Desk Reference*, 63rd ed., Thomson Reuters, Montvale, NJ, 2009.

[152] Bermejo, M.; Avdeef, A.; Ruiz, A.; Nalda, R.; Ruell, J. A.; Tsinman, O.; González, I.; Fernández, C.; Sánchez, G.; Garrigues, T. M.; Merino, V. PAMPA—A drug absorption *in vitro* model. 7. Comparing rat in situ, Caco-2, and PAMPA permeability of fluoroquinolones. *Eur. J. Pharm. Sci.* **21**, 429 - 441 (2004).

[153] Berginc, K.; Zakelj, S.; Levstik, L.; Ursic, D.; Kristl, A. Fluorescein transport properties across artificial lipid membranes, Caco-2 cell monolayers and rat jejunum. *Eur. J. Pharm. Biopharm.* **66**, 281 - 285 (2007).

[154] Walgren, R. A.; Lin, J. -T.; Kinne, R. K. -H.; Walle, T. Cellular uptake of dietary flavonoid Quercetin 4′-β-glucoside by sodium-dependent glucose transporter SGLT1. *J. Pharmacol. Exp. Ther.* **294**, 837 - 843 (2000).

[155] Crowe, A. The influence of P-glycoprotein on morphine transport in Caco-2 cells. Comparison with paclitaxel. *Eur. J. Pharmacol.* **440**, 7 - 16 (2002).

[156] Agarwal, S.; Jain, R.; Pal, D.; Mitra, A. K. Functional characterization of peptide transporters in MDCKII-MDR1 cell line as a model for oral absorption studies. *Int. J. Pharm.* **332**, 147 - 152 (2007).

[157] Yu, L.; Zeng, S. Transport characteristics of zolmitriptan in a human intestinal epithelial cell line Caco-2. *J. Pharm. Pharmacol.* **59**, 655 - 660 (2007).

[158] Polli, J. W.; Baughman, T. M.; Humphreys, J. E.; Jordan, K. H.; Mote, A. L.; Salisbury, J. A.; Tippin, T. K.; Serabjit-Singh, C. J. P-glycoprotein influences the brain concentrations of cetirizine (Zyrtec®), a second-generation nonsedating antihistamine. *J. Pharm. Sci.* **92**, 2082 - 2089 (2003).

[159] Dahan, A.; Amidon, G. L. Segmental dependent transport of low permeability compounds along the small intestine due to P-glycoprotein: The role of efflux transport in the oral absorption of BCS Class Ⅲ drugs. *Mol. Pharm.* **6**, 19 - 28 (2009).

[160] Maier-Salamon, A.; Hagenauer, B.; Wirth, M.; Gabor, F.; Szekeres, T.; Jäger, W. Increased transport of resveratrol across monolayers of the human intestinal Caco-2 cells is mediated by inhibition and saturation of metabolites. *Pharm. Res.* **23**, 2107 - 2115 (2006).

[161] Hayeshi, R.; Masimirembwa, C.; Mukanganyama, S.; Ungell, A. -L. B. The potential inhibitory effect of antiparasitic drugs and natural products on P-glycoprotein mediated efflux. *Eur. J. Pharm. Sci.* **29**, 70 - 81 (2006).

[162] Summerfield, S. G.; Read, K.; Begley, D. J.; Obradovic, T.; Hidalgo, I. J.; Coggon, S.; Lewis, A. V.; Porter, R. A.; Jeffrey, P. Central nervous system disposition: The relationship between in situ brain permeability and free brain fraction. *J. Pharmacol. Exp. Ther.* **322**, 205－213 (2007).

[163] Rodriquez-Ibanez, M.; Nalda-Molina, R.; Montalar-Montero, M.; Bermejo, M. V.; Merino, V.; Garrigues, T. M. Transintestinal secretion of ciprofloxacin, grepafloxacin and sparfloxacin: *In vitro* and *in situ* inhibition studies. *Eur. J. Pharm. Sci.* **55**, 241－246 (2003).

[164] Rodriquez-Ibanez, M.; Sanchez-Castano, G.; Montalar-Montero, M.; Garrigues, T. M.; Bermejo, M. V.; Merino, V. Mathematical modelling of *in situ* and *in vitro* efflux of ciprofloxacin and grepafloxacin. *Int. J. Pharm.* **307**, 33－41 (2006).

[165] Volpe, D. A. Permeability classification of representative fluoroquinolones by a cell culture method. *AAPS Pharm Sci.* **6** (2), article 13 (2004).

[166] Schrickx, J. A.; Fink-Gremmels, J. Danofloxacin-mesylate is a substrate for ATP-dependent efflux transporters. *Br. J. Pharmacol.* **150**, 463－469 (2007).

[167] Robertson, S. M.; Curtis, M. A.; Schlech, B. A.; Ruskino, A.; Owen, G. R.; Dembinska, O.; Liao, J.; Dahlin, D. C. Ocular pharmaceutics of moxifloxacin after topical treatment of animals and humans. *Surv. Phthalmol.* **50**, S32 － S45 (2005).

[168] Lowes, S.; Simmons, N. L. Multiple pathways for fluoroquinolone secretion by human intestinal epithelial (Caco-2) cells. *Br. J. Pharmacol.* **135**, 1263－1275 (2002).

[169] De Souza, J.; Benet, L. Z.; Huang, Y.; Storpiris, S. Comparison of bidirectional lamivudine and zidovudine transport using MDCK, MDCK-MDR1, and Caco-2 cell monolayers. *J. Pharm. Sci.* **98**, 4413－4419 (2009).

[170] Abraham, M. H. Scales of hydrogen bonding—Their construction and application to physicochemical and biochemical processes. *Chem. Soc. Revs.* **22**, 73－83 (1993).

[171] Dagenais, C.; Avdeef, A.; Tsinman, O.; Dudley, A.; Beliveau, R. P-glycoprotein deficient mouse in situ blood-brain barrier permeability and its prediction using an *in combo* PAMPA model. *Eur. J. Pharm. Sci.* 2009, **38**, 121－137 (2009).

[172] Tsinman, O.; Tsinman, K.; Sun, N.; Avdeef, A. Physicochemical selectivity of the BBB microenvironment governing passive diffusion —Matching with a porcine brain lipid extract artificial membrane permeability model. *Pharm. Res.* **28**, 337 － 363 (2011).

[173] Algorithm Builder v1.83 and ADME Boxes v 4.9, and ACD/pK_a Database in ACD/ChemSketch v3.0, Advanced Chemistry Development Inc., Toronto, Canada (www.ACD/Labs.com).

[174] Japertas, P.; Didziapetris, R.; Petrauskas, A. Fragmental methods in the design of new compounds. Applications of the Advanced Algorithm Builder. *Quant. Struct.-Activ. Relat.* **21**, 1–15 (2002).

[175] Zmuidinavicius, D.; Didziapetris, R.; Japertas, P.; Avdeef, A.; Petrauskas, A. Classification structure-activity relations (C-SAR) in prediction of Human Intestinal absorption. *J. Pharm. Sci.* **92**, 621–633 (2003).

[176] Sun, N.; Avdeef, A. Biorelevant pK_a (37 ℃) Predicted from the 2D structure of the molecule and its pK_a at 25 ℃. *J. Pharm. Biomed. Anal.* **56**, 173–182 (2011).

9　渗透性：血脑屏障

本章总结了渗透性系列的 3 个部分，重点分析了基于血脑屏障内皮细胞模型细胞分析的渗透性数据，主要是原代细胞培养，也包括一些细胞系。本章将应用到第 7 章和第 8 章所述内容。其目的是为正在进行血脑屏障转运研究的现有实验室或计划进入该领域的实验室提供改进的体外/原位试验方案和先进的数据分析理念。这里涵盖的基本概念包括：

- 体外内皮细胞模型：细胞外、细胞旁路、体外水边界层（ABL）渗透速率。
- log P_e与 pH 渗透速率曲线图谱的诊断应用。
- 动态范围窗口（DRW）和流量限制窗口（FLW）。
- 啮齿动物原位脑灌注：跨膜转运、细胞旁路转运和流量限制的渗透性。
- pH 依赖的 Crone - Renkin 方程微毛细管流动分析。
- 体内外相关性（IVIVC）。

本章未涉及载体介导（CM）转运。但是一个良好的药物被动扩散预测模型可能有助于识别 CM 机制。本书讨论了内皮细胞模型（78 种药物）和猪脑脂提取物（PBLE）（108 种药物）的复合 PAMPA - BBB 模型对啮齿动物原位脑灌注渗透性的预测，并利用 Abraham 溶剂化描述词进行了讨论。表 9.7 展示了啮齿动物大脑原位灌注渗透速率测定结果的数据库（197 个“外排 - 最小化”值），并对灌注流量和细胞间渗透速率的影响进行了校正［基于已发表的体内渗透表面面积（*PS*）的 602 个值］。

9.1　血脑屏障：药物进入中枢神经系统的关键因素

血脑屏障（BBB）是血液和脑组织之间进化程度非常高的活性内皮细胞，专门控制内源性物质和外源性物质（如药物）的跨 BBB 运输（外排/内流）。这些运输过程仍有许多需要进一步表征。在制药行业，中枢神经系统（CNS）药物的开发是很困难的[1]，因为：

- 神经系统疾病的复杂性及对深层的疾病机制理解不全。
- 缺乏公认的具有人类转化价值的临床前模型。
- 始终难以通过血脑屏障（BBB）传递药物分子，使其在药理靶点达到 CNS 最佳的暴露量。

• 临床前研发的失败率非常高。

在大型制药公司新药研发数量减少之际[2]，关于如何更好地解释体外、原位和体内 BBB 转运研究结果与实际的 CNS 转运关联特性之间存在着激烈的争论[1,3-12]。脑部渗透的速度和程度都是预测药理中枢神经系统靶点药物活性的重要药代动力学参数[1]。本章重点介绍多样化领域的一小部分：描述和预测 BBB 渗透性的生理模型，即“速率”部分。第 7 章和第 8 章中描述的许多方法也适用于 BBB，前几章内容将会被多次引用。

9.2 血脑屏障

组成微血管和 BBB 的内皮细胞与外周内皮细胞及身体其他的内皮细胞［如形成肠黏膜屏障或胃肠道（GIT）的上皮细胞］在许多方面是不同的。根据一些组织学特性，形成肠黏膜屏障的上皮细胞单层褶皱较厚（顶端和基底外侧细胞表面之间的距离约 20 μm，图 2.5），而在 BBB 处的内皮细胞则平坦了近 70 倍（约 0.3 μm，图 9.1）。与上皮细胞相比，BBB 细胞在培养基中很难生长成像体内一样的紧密连接，其对搅拌的剪切力更脆弱。通常建议与星形胶质细胞共培养以增强内皮细胞间的连接；即便如此，细胞间仍可能有渗漏，这使得培养内皮细胞模型难度较高。

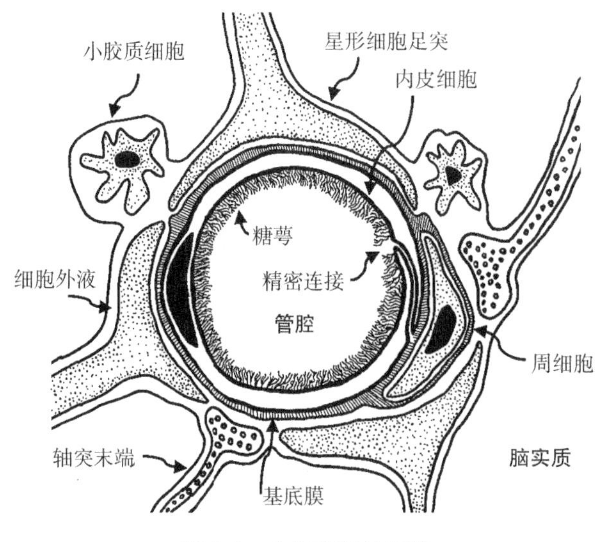

图 9.1 血脑屏障的环境

9.2.1 BBB 的环境

图 9.1 是神经血管单元（NVU）的横截面示意图，NVU 主要由血脑屏障及与之相互作用的部分组成。流经管腔（图中中央部分）的血液可能会影响渗透性和引入剪切

力。大鼠毛细血管管腔直径范围为4.1 ~ 5.3 μm（取决于具体位置[3]），略小于未变形红细胞的尺寸。其他实验室报告的直径为5 ~ 10 μm。内皮细胞的单层薄膜形成限速屏障。细胞在交界处紧密连接在一起，在血液和大脑之间形成物理屏障，即血脑屏障。BBB处溶质的细胞旁路扩散大大减少（跨内皮电阻约为2000 Ω · cm^2）。在管腔（血液）面，内皮细胞表面附有一层0.2 ~ 0.5 μm的糖蛋白、蛋白聚糖和糖胺聚糖，称为糖萼。管腔（血液）和/或管腔外（大脑实质）CNS内皮细胞表面具有单向外排转运蛋白（如Pgp、MRP和BCRP）和双向转运蛋白（如OAT、OATP、OCTN2等）[6]。管腔外侧内皮细胞周围是连续的基底膜，基底膜中嵌有周细胞。周细胞组成微毛细血管支持结构的一部分并调节着多种功能，例如，微循环、血管生成和血脑屏障的形成。星形胶质细胞的端足包裹着部分包被着微毛细血管的细胞外基质，在细胞表面之间形成约0.02 μm的间隙。人们对促进内皮细胞形成紧密连接的化学因子理解不足，认为其是由星形胶质细胞（一种特殊的神经胶质细胞）分泌的。与微毛细管接触的还有神经元轴突末端。星形胶质细胞还与突触连接处的神经元相关，这是复杂的神经保护信号网络的一部分，目前该信号网络还没有被很好地阐释（“……神经胶质细胞知道如何保护神经元，但神经科学家仍然不知道……”——Barres[2]）。附近的小胶质细胞是形成免疫系统的一部分，激活的小胶质细胞能分泌与炎症反应相关的细胞因子，它们的许多功能尚不清楚，但是炎症会影响NVU的渗透性[2]。相邻微毛细管之间的平均距离约为40 μm。如果将密集的分支系统分段端对端排列，则有400英里长，这大约是从波士顿到华盛顿的距离。血液完全通过整个信号网络的时间约为1 s。内皮细胞的总表面积约为120 000 cm^2，约100 $cm^2 \cdot g^{-1}$脑组织（在大鼠中，范围为41 ~ 436 $cm^2 \cdot g^{-1}$，取决于具体位置[3]）。

9.2.2 BBB的脂质组成

除了大脑内皮转运蛋白的表达有特异性外，血脑屏障的脂质组成可能影响溶质的被动扩散，也是模型间渗透性评估中的一个干扰因素。表7.6显示了几种生物膜的脂质组成。Krämer等[13-14]报告了内皮细胞系的BBB脂质谱。Di等[15]比较了5个物种的脑内皮细胞的脂质组成。PC（±）、PE（±）、PS（-）、PI（-）（参见图7.5b）、鞘磷脂（±）和胆固醇的平均含量分别为31% ±2%、23% ±1%、10% ±2%、6% ±2%、17% ±2%和12%（*W/W*）。与肠细胞相比，BBB膜富含负性脂质，但胆固醇含量相对较低。

9.2.3 BBB上的转运体

BBB的绝对表面积是保证药物通过被动转运或细胞旁路扩散穿过BBB的重要因素[6]。然而，在血脑屏障中存在一系列可调节分子通过血脑屏障的转运蛋白（如多种外排和内流转运蛋白）及胞吞转运过程（受体或阳离子吸附介导）都可影响被动扩散[6]。

ABC（ATP－结合盒）转运蛋白家族包括广泛研究的P－糖蛋白（Pgp、MDR1、ABCB1）、多药耐药相关蛋白（MRP1－7、ABCC1－7）和最新研究的乳腺癌耐药蛋白（BCRP、ABCG2）。ABC外排过程需要活化ATP酶（ATP水解产生能量）。这些主要的单向外排转运蛋白表达在管腔（血液侧）内皮细胞膜上。Pgp底物包括亲脂性药物，BCRP可以转运两性分子[6]。

在不同的SLC（溶质载体蛋白）家族介导下，某些极性/带电药物可渗入BBB。SLC家族包括有机阴离子转运多肽（OATP、SLC21A）、有机阴离子转运蛋白（OAT1/3、SCL22A6/8），有机阳离子转运蛋白（OCT1－3、SCL22A1－3）、新型有机阳离子转运蛋白（OCTN1/2、SLC22A4/5）和一元羧酸转运蛋白（MCT1/2、SLC16A1/7）。SLC家族还包括利用电压和/或离子梯度来运输离子（如 H^+、Na^+ 或 $HCO3^-$）和溶质（如必需营养或药物）的共转运蛋白。这些双向转运蛋白可表达在腔内和腔外侧的内皮细胞上，并可促进药物在血液—脑或脑—血液方向的渗透。

转运蛋白介导的过程是复杂的。许多药物分子有一种以上的载体转运。例如，西咪替丁是OAT3、OCTN1和OCTN2的底物，甲氨蝶呤是Pgp、MRP2和MRP4的底物，水杨酸酯是OAT2、MCT1和MCT2的底物，阿霉素是Pgp和BCRP的底物[6]。此外，这些分子还可能是已知的或其他的摄取转运蛋白的底物。

Pgp的转运位点位于腔双层的内部小叶中，药物需首先渗透到外部小叶中才能进入外排结合位点。如果血液中携带的分子不能充分渗透，那么它将不会被Pgp外排。相反地，若分子具有很强的渗透性，则会因底物分子与结合位点接触时间太短，而降低其与结合位点相互作用的可能性[6]。这种“快速”分子主要通过被动渗透绕过外排系统。

本书未对特定载体介导（CM）转运进行描述。然而，在开发被动转运预测模型过程中，当顶侧至基底侧（AB）和基底侧至顶侧（BA）的测量值被用于体外细胞渗透性测量时，可以计算出CM转运底物的被动渗透速率（参见8.9.1节、图8.17和9.8.6.1节）。这两个值的平均值部分抵消了极化CM过程带来的影响。反过来讲，良好的被动扩散预测模型可以用来确认CM机制（参见9.10.5节）。

9.3 非细胞BBB模型

在药物开发过程中，鉴于大量的新化学实体（NCE）需要测定，昂贵的脑渗透性的体内测定是不切实际的[1,3-12]。与人类肠道渗透性的测量一样，人们正在寻找其他经济有效的体外细胞膜、人工膜[15-21]及计算机模拟[22-27]模型来预测BBB渗透（渗透速率），并评估其是否能在CNS靶部位，也称为（细胞外、细胞内和脑脊髓液）生物相成功地达到有效浓度（渗透程度，参见9.6节）[1]。

可利用各向同性溶剂/水分配模型和（如辛醇、十六烷、辛醇-十六烷）各向异性模型有如卵磷脂双层脂质膜（BLM）模型[31-32]或平行人工膜渗透性试验（PAMPA）[15-21]来探讨控制药物跨BBB被动渗透的BBB屏障的分子选择性[28-30]。为了获得被动和载体介导的转运途径，在体外广泛使用了源自不同物种原代培养或永生化细胞系的脑微毛细血管内皮细胞（BMEC）模型[33-37]，原位啮齿动物的脑灌注渗透性模型（参见9.5.3节）[4,7,17-18,38-63]可作为体内基准用来比较简单的亲脂性和体外渗透性模型。其他体内参考量值包括log *BB* 测量值，其中 *BB* 指脑与血浆总浓度之比。

9.3.1 log P_{OCT}

在过去，化合物在辛醇和水溶液之间的分配，以log P_{OCT}表示，被用来预测膜的渗透性，如BBB。Levin[28]指出log P_{OCT}系数与原位脑灌注试验测得的固有（非荷电形式）渗透速率log $P_0^{in\ situ}$相关。在这些研究中，以所报道的log $P_0^{in\ situ}$和log P_{OCT}作图，斜率约为0.5，表明辛醇仅部分匹配控制BBB被动渗透的限速微环境的化学选择性。这种对数-对数图中的斜率称为选择性系数（SC）[18,31-32]。但由于2003年之前对药物进行原位脑灌注测量相对缺乏[22]，这些比较仅限于少量药物。

9.3.2 Δlog *P*

通过考察药物形成氢键的能力，可更好地预测药物跨膜转运的能力。溶解在水中的分子与溶剂形成氢键。当这种溶剂化分子从水中转移进入磷脂双层时，溶质-水氢键被破坏（去溶剂化），而新的溶质-脂质氢键在脂质相中形成。两种溶剂化状态之间的自由能差直接影响分子通过被动扩散穿过生物屏障的能力。

Seiler[64]提出了一种通过测量所谓的Δlog *P* 参数来评估水和脂质相之间的溶质分配氢键结合程度的方法。Δlog *P* 通常定义为在辛醇-水系统中测得的溶质分配系数与在惰性烷烃-水悬浮液中测得的溶质分配系数之差：

$$\Delta\log P = \log P_{OCT} - \log P_{ALK/W}。 \tag{9.1}$$

Young等[65]证明了Δlog *P* 参数在预测一系列组胺H_2受体拮抗剂的脑渗透性方面的作用。但是，并未发现log P_{OCT}、log $P_{ALK/W}$与脑渗透性，即log *BB*（也称为log K_p）有很好的相关性。相反，Δlog *P* 与log *BB* 脑渗透性的相关性更好，如图9.2所示。当两者差值大时，各溶质的氢键差异也相应变大，且脑渗透性也会降低。建议用Δlog *P* 参数来阐明氢键键合能力，并反映两个不同的过程：烷烃代表溶质分配进入大脑的非极性区域，而辛醇代表在外周血中与蛋白质的结合[65]。El Tayar等[66]认为脑部渗透的限速步骤是溶质与BBB中脂质的亲水部分形成氢键能力。Van de Waterbeemd和Kansy[67]通过溶剂化显色方程确定了影响溶解度和分配系数的理化性质，由此重新检验了Young

等的数据。他们建议将计算出的摩尔体积与测得的 log $P_{ALK/W}$ 结合起来，可替代一种溶质分配测量值，从而减少所需的测量数量。此外，他们介绍了使用极性表面积（PSA）作为 Δlog P 的替代方法。Abraham 等[68]剖析了 Δlog P 参数，拓展了人们对这一概念的理解。Von Geldern 等[69]使用 Δlog P 参数优化一系列内皮素 A 受体拮抗剂的结构，以改善肠道吸收。其一系列分子中尿素片段的 NH_3 残基被 NCH_3、O 和 CH_2 取代，并且 Δlog P 和拮抗剂选择性之间的相关性成功地指导了优化过程。

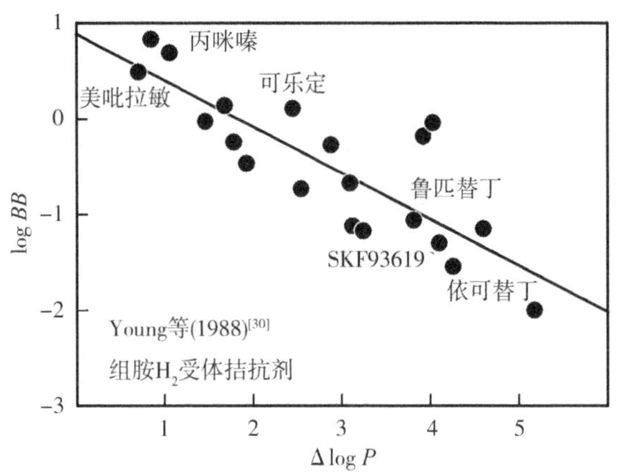

图 9.2　脑渗透性（log *BB*）与 Δlog *P*（=log P_{OCT} − log $P_{ALK/W}$）

9.3.3　空气－水分配系数和分子横截面积

Seelig[70]和 Fischer 等[71]通过测量 53 种药物的表面活性讨论了影响 BBB 被动扩散的分子参数，这些药物透过 BBB 的程度在临床上是确定的。但是，渗透性－药理学的比对可能有局限性，因为有时低渗透性药物是有活性的，而高渗透性药物可能没有药理/毒理作用。两性分子在空气－水界面的吸附会降低溶液的表面张力，其降低程度称为表面压力（π）。渗透溶液表面所做的功跟 π 与分子横截面积 A_D的乘积有关。研究者依据表面活性测量值检验了 3 个推导参数：①临界胶束浓度 *CMC*；②横截面积 A_D；③空气－水分配系数 $P_{AIR/W}$。log *CMC* 与 log $P_{AIR/W}$的关系图呈线性趋势，依据排列顺序将药物分成了 3 组。不能透过 BBB 的 I 类亲脂性化合物 $CMC < 0.03$ mM，log $P_{AIR/W} > 5.6$，且 $A_D > 80$ Å^2。易透过 BBB 的Ⅱ类化合物 *CMC* 为 0.03～2 mM，log $P_{AIR/W}$为 3.7～5.6，A_D约为 50 Å^2。亲水性Ⅲ类化合物的 $CMC > 2$ mM，log $P_{AIR/W} < 3.7$，$A_D < 50$ Å^2，这类化合物只有在高剂量下才能透过 BBB。由于空气的介电常数类似于碳氢化合物的介电常数（图 5.2），因此 $P_{AIR/W}$数值可用于预测脑部渗透性。$P_{AIR/W}$有望模拟磷脂双层中烷烃屏障结构的化学选择性。

9.3.4 黑色脂质膜（BLM）模型

Anderson 等[31-32]通过比较一系列有取代基的甲基苯甲酸和马尿酸的固有（不带电物质）渗透速率 P_0^{BLM}，发现了1，9-癸二烯/水分配系数 $P_{DIEN/W}$，精确地模拟了卵磷脂 BLM 屏障结构域的化学选择性（参见7.2.2节）。对于这一系列甲基苯甲酸，log P_0^{BLM} 为 log $P_{DIEN/W}$ 的函数，其斜率（SC）为 0.99 ± 0.04，截距为 -0.17 ± 0.12（r^2 = 0.996）。SC 值约为1，表示速率限制型单层 BLM 屏障结构域的性质与各向同性参考溶剂的性质非常匹配。卵磷脂双层单膜模型能在多大程度上与更复杂的 BBB 渗透屏障的化学选择性相匹配还有待证实[18]。

9.3.5 PAMPA-BBB

Di 等[16]基于溶解在十二烷中的猪脑脂质提取物（PBLE）（2% *W/V*）提出了 PAMPA 模型，并证明药物分子可以归类为 CNS +/- 活性类别。其活性既涉及化合物的渗透程度也涉及渗透速率，CNS +/- 不仅与渗透性相关，也与其他相关因素有关。例如，吗啡的渗透性不高，仍可以产生很强的中枢神经系统作用；当没有目标受体与之作用并产生药理反应时，高渗透性化合物也可能无效。Summerfield 等[43]报道了基于 PBLE 的 PAMPA[15]与原位大鼠脑灌注渗透性的比较，表明 PAMPA 模型具有很好的化学选择性，r^2 = 0.47（n = 37）。

Mensch 等[19]测试了4个 PAMPA 模型来预测大脑与血浆中的药物比率，log *BB*（参见9.5.1节）。Di 等采用模型确认了 CNS +/-。基于 PBLE 的 PAMPA 模型与更简单的基于二油酰磷脂酰胆碱（DOPC）的 PAMPA 模型预测 log *BB* 的能力相当（r^2 分别为0.63和0.73）。

Dagenais 等[17]报道了组合 PAMPA 模型（基于卵磷脂）对原位脑灌注渗透性的预测。在野生型（WT）和 Pgp 缺陷型［mdr1a（-/-）］CF-1 小鼠（表型相当于相应的“敲除”模型的突变体）中，对19种化合物进行了38次原位 *PS*（渗透速率-表面积乘积）测量。该研究的目的之一是通过比较小鼠基因型来量化 Pgp 对 *PS* 值的影响。第二个目的是使用来自 Pgp 数据中的 $PS_{passive}$ 值来测试组合 PAMPA，然后基于其他已发布的啮齿动物 *PS* 值进行优化和验证。目的是开发一种 PAMPA 模型用于被动 BBB 渗透性的早期筛查，其可以帮助药物化学家进行结构修饰，以改善研究过程中下游受试化合物的 CNS 暴露的关键决定因素。该模型作为完整 BBB 渗透模型的一部分，能将 $PS_{passive}$ 及部分脑中未结合的药物结合起来（$f_{u,br}$）。探讨了被动 BBB 渗透性在 Kalvass 等[72]提出的脑渗透分类（BPC）中的潜在作用。

如第9.10节所述，Tsinman 等[18]进一步优化了基于 PBLE 的 PAMPA 模型。

9.3.6 选择性系数（SC）和溶解度－扩散理论

根据被动扩散或溶解度－扩散理论[18,31－32]，BBB 的固有被动渗透速率 $P_0^{in\ situ}$ 可看作限速 BBB 边界域与水的分配系数 $P_{BBB/W}$ 和溶质的 BBB 相扩散率 D_{BBB} 的乘积，再除以屏障域的厚度 δ_{BBB}。可用对数形式表示为：

$$\log P_0^{in\ situ} = \log\ (D_{BBB}/\delta_{BBB})\ + \log P_{BBB/W}。 \quad (9.2a)$$

限速膜相的扩散率与溶质的最小横截面积 A_D 成正比[71]。$P_{BBB/W}$ 与模型的脂质－水分配系数（如 PAMPA－脂质/水分配系数 $P_{PAMPA/W}$）呈线性相关，用类似 Collander 方程[31－32]的形式，即 $\log P_{BBB/W} = a + SC \cdot \log P_{PAMPA/W}$。Collander 关系以及方程式（9.2a）应用于 PAMPA－BBB 固有渗透速率 P_0^{PAMPA}，产生如下关系。

$$\log P_0^{in\ situ} = A + SC \cdot \log P_0^{PAMPA}, \quad (9.2b)$$

其中，恒定截距项 $A = a + \log\ (D_{BBB}/\delta_{BBB})\ - SC \cdot \log\ (D_{PAMPA}/\delta_{PAMPA})$。如果模型 PAMPA－BBB 脂质精确地模拟了 BBB 中边界区域的物理化学选择性，则 SC 的值为 1，且 $A = a + \log\ (\delta_{PAMPA}/\delta_{BBB})$。

图 9.3 显示了 $\log P_0^{in\ situ}$ 是 3 种不同模型各向同性脂质系统的函数（参见 9.3.1、9.3.4 和 9.3.5 节）：碱性药物的辛醇－、BLM－和 PAMPA－BBB（基于 10% w/v PBLE）[18]。辛醇图中的高分散性和低 *SC* 可能表明，简单的脂质系统对预测 BBB 的渗透性是缺陷模型。BLM 较好，但可能比不上 PAMPA－BBB 模型。尽管 PAMPA－BBB 模型主要针对弱碱，但其性能非常出色。基于 85 个弱碱药物的试验，SC 的值为 0.97，截距接近零，$r^2 = 0.84$。对于其他电荷类别的药物（参见 9.10.3 节），即酸、中性和两性电解质类药物 *SC* 值分别为 1.08、0.55 和约为 0[18]。对于两性电解质，两个渗透速率范围之间没有明显的相关性[18]。

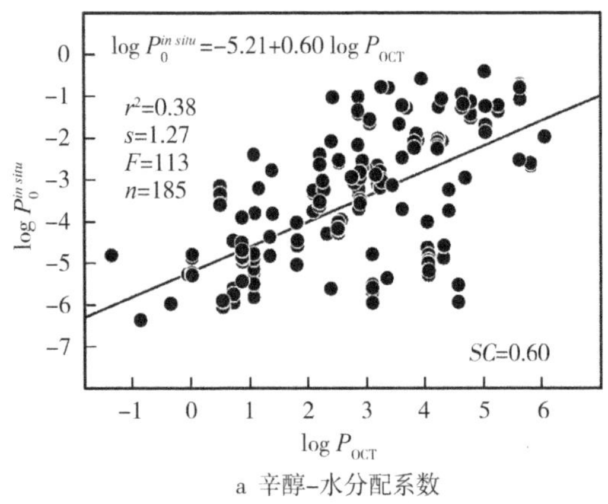

a 辛醇–水分配系数

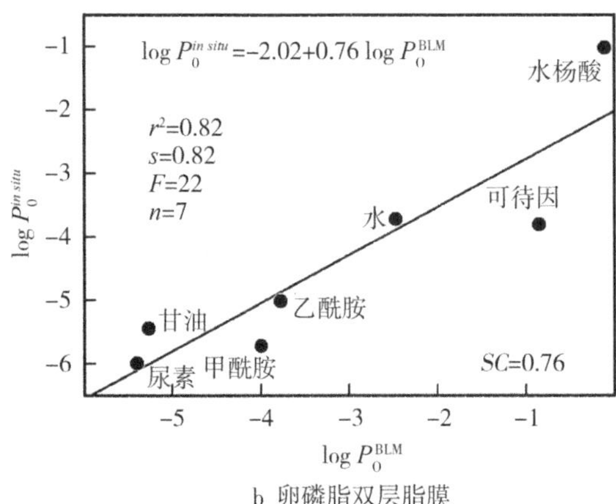

b 卵磷脂双层脂膜

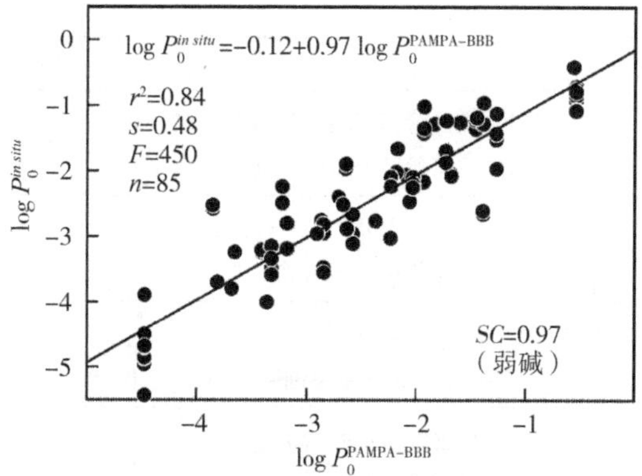

c PAMPA-BBB（猪脑脂质提取物，3 μL/孔，烷烃中10% w/v PBLE）

图 9.3　3 种模型系统的选择性系数

（转载 TSINMAN O，TSINMAN K，SUN N，et al. Physicochemical selectivity of the BBB microenvironment governing passive diffusion – Matching with a porcine brain lipid extract artificial membrane permeability model. Pharm. Res.，2011，28：337－363。经 Springer Science + Business Media 许可转载）

9.4　基于体外 BBB 细胞的模型

体外脑微血管内皮细胞（BMEC）常用于模拟体内 BBB 特性[5,8,10,33－36,73－74]。目前已经研究了源自不同物种的多种 BMEC 模型（原代/细胞系，单细胞/共培养）（表 9.1）。但与体内 BBB 相比，这些模型在转运蛋白表达上仍存在明显的不足，尤其是紧密连接组织不佳（渗漏）。许多制药公司仅使用转染了 Pgp（MDCK 或 LLC－PK1）的上皮细胞来进行 Pgp 底物的功能鉴定和在中枢神经系统药物研发中的渗透性筛选[35]。

表 9.1　脑微血管内皮细胞（BMEC）模型

研究者	物种	细胞类型	跨膜电阻（Ω·cm²）	搅拌
Lohmann 等[82]	猪	PBMEC 原代猪脑微血管内皮细胞单细胞培养	600～1000	
Franke 等[80－81]			600～1000	
Hüwyler 等[115]				
Zhang 等[79]			300～550	600 RPM
Garberg 等[35]	大鼠	SV－ARBEC/星形胶质细胞 SV40 永生化大鼠脑微血管内皮细胞与 SV40 永生化大鼠星形胶质细胞共培养	50～70	30～40 RPM
Garberg 等[35]	小鼠	MBEC4 SV40 永生化小鼠脑内皮细胞的单细胞培养	40～50	
Garberg 等[35]	牛	BBEC/星形胶质细胞	500～800	平台摆动

续表

研究者	物种	细胞类型	跨膜电阻（$\Omega \cdot cm^2$）	搅拌
Lundquist 等[116]	牛	原代牛微血管内皮细胞与新生大鼠大脑皮质原代星形胶质细胞共培养		
Johnson 和 Anderson[117]		BBEC 原代单细胞培养		
Rice 等[118]				600 RPM
Weksler 等[75]	人	hCMEC/D3 SV40 永生化细胞单细胞培养	30 ~ 40	
Poller 等[119]				
Garberg 等[35]		HPEC/星形胶质细胞 原代人脑微血管细胞与原代人星形胶质细胞共培养	260 ± 130	
Megard 等[120]				

BMEC 模型的理想特性包括：

• 在胶原涂层的过滤器上生长时，形成坚固的内皮细胞单层，可承受搅拌引起的剪切力。

• 形成紧密的细胞间连接，以最大限度地减少亲水性分子通过细胞之间水通道渗漏。

• 转运蛋白的表达和功能非常接近于体内的表达。

充分搅拌的溶液使 BMEC 模型可以更好地区分高渗透性的受试化合物。紧密连接可以更好地区分低渗透性的受试化合物。相反，细胞连接有泄漏且细胞单层太脆弱而无法搅拌的模型无法以足够的灵敏度来区分化合物，故不能可靠地预测体内 BBB 的渗透性：亲脂性分子的渗透性将被低估，而亲水性分子的渗透性将被高估。难以找到满足上述 3 个要求的方法用于提高 CNS 研究化合物的体外 - 体内相关性（IVIVC）。

对原代细胞培养物批次间重复性的担忧促使人们开发永生化内皮细胞系[10,34,75]。这些细胞系模型在功能完整性上一直面临挑战。除了 cEND 小鼠细胞系外[76]，已发表的 BMEC 细胞系模型的细胞间连接仍有渗漏，这可能会限制其在跨内皮通透性评估中的应用[77]。

跨内皮电阻（TEER）已被用于评估细胞连接的紧密度。在大脑中测量值约为 $2000\ \Omega \cdot cm^2$[78]，但许多体外模型 TEER $< 100\ \Omega \cdot cm^2$。除了 TEER 测量方法外，"标记物"分子（如尿素、蔗糖、棉籽糖、菊粉）的渗透性可以指示紧密度和屏障的尺寸选择性。使用蔗糖作为血管标记物时需谨慎，因为在血脑屏障中可能存在与弱转运有关的转运系统［S. Cisternino（2011）］。蔗糖在大脑中的表观内皮渗透速率（P_e）可以低至 $0.03 \times 10^{-6}\ cm \cdot s^{-1}$[74]。

典型的体外 BMEC 交界处显示出较高的 P_e 值，一些非常易渗漏的模型 P_e 值高达 $80 \times 10^{-6}\ cm \cdot s^{-1}$[79]。

Galla 的小组[80-82]已开发出连接非常紧密的 BMEC 模型，该模型是源自猪 BMEC 的原代单一培养物（不含星形胶质细胞），在含氢化可的松的无血清培养基中培养。据报道，TEER 值高达 1000 ~ 1500 $\Omega \cdot cm^2$，而蔗糖 P_e 值低至 0.3×10^{-6} $cm \cdot s^{-1}$。Smith 等[83]对猪原代细胞模型进行了广泛的 RT - PCR 评估，确认了紧密连接的转录及紧密连接中的 ABC 转运体、瘦素受体和选择性营养转运体。Skinner 等[84]证实了促炎性细胞因子受体的存在。

如图 9.4 所示，在猪原代培养细胞中，蔗糖渗透性与 TEER 高度相关，并呈对数关系[85-86]。由于电阻（TEER）与渗透性成反比，因此可以预见其间的线性关系。图中的斜率 1.25 表明在 TEER 测量中溶剂化离子（如 Na^+）实际上可能大于蔗糖。而传统上，Na^+的溶剂化半径为 4.0 Å（表 3.1），蔗糖的计算值为 4.6 Å［式（8.8）］。

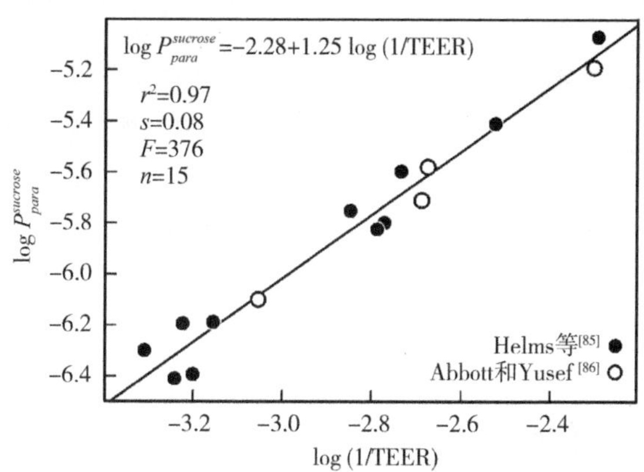

图 9.4　在猪脑微内皮细胞中测得的蔗糖渗透速率与 TEER 之间的关系[85-86]

表观内皮屏障渗透速率 P_e与啮齿动物体内 BBB 渗透速率的比较结果发现，体内外相关性（IVIVC）较弱，r^2范围从人 BMEC 的 $r^2 = 0.18$ 到牛 BMEC 的 $r^2 = 0.43$[35]。当以 3 种渗透性概念，即细胞旁路（P_{para}）、水边界层（P_{ABL}）和跨内皮细胞（P_C），重新表述 P_e时，对相关性的描述才较为合理[37]。如第 8 章所述，通常仅术语 P_C有望与体内 BBB 渗透性相关。其他术语 P_{para}和 P_{ABL}，分别反映紧密连接的有效性和渗透水层屏障的能力，两者均与体内发现的情况不同。当亲水性分子采用渗漏的细胞模型和/或亲脂性分子在搅拌条件不合理下进行时，在总体渗透性表达式中，P_{para}和/或 P_{ABL}可能常常超过实际 P_C值，导致 IVIVC 较差（参见 9.8 节）。

9.5　体内 BBB 模型

9.5.1　脑/血浆比率：K_p（也称为 B/P 和 log *BB*）——渗透程度

啮齿动物的脑血浆分配比作为脑渗透的指标，被持续、广泛地应用于药物开发中[8]，

$$K_p = AUC_{TOT,br} / AUC_{TOT,pl}。 \tag{9.3}$$

其中，*AUC* 为在给药间隔内大脑或血浆中的总药物浓度 - 时间曲线下面积。K_p 的对数

形式也称为 log *BB*。由于 K_p 的测量属于体内药代动力学（PK）分析，因此还可以获得其他有用的参数（如 t_{max}、$t_{1/2}$、C_{max}）。在研发项目中，通常利用 K_p 值对化合物进行排序。PK 分析可能需要大量的化合物，每种化合物需要 20 多只动物，且需要大量的特异性和敏感性分析[87]。由于总血药浓度被用于定义 K_p，因此该比率包括药物与大脑和血液组织及药物血浆蛋白的非特异性结合。在稳定状态下，K_p 不是 BBB 渗透性的直接指标，更接近于是大脑和血浆之间的分配系数[98]。

9.5.2 小鼠脑摄取量分析（MBUA）

小鼠脑摄取量分析（MBUA）是一种短期组织分布测定法[35,87]。将单剂量药物静脉注射到小鼠尾静脉中，5 分钟后，收集血液和脑组织。测定脑与血液的总浓度比，并由此算出表观渗透速率 P_{app}。该方法除考虑了血液/血浆总浓度，还考虑了未结合部分，但该方法仍存在一些局限性，因为它假设忽略了新陈代谢、回流和血液溶质竞争。MBUA 方法无法控制可能影响 BBB 固有渗透速率的因素，这些因素可能会低估或高估 P_{app}值（原因是难以进行血管校正）。

9.5.3 啮齿类动物原位脑灌注：运输速率

Takasato 等介绍了大鼠原位脑灌注技术[38]。这是一种经过验证的通用方法，以渗透速率 - 表面积乘积 *PS*（$mL \cdot g^{-1} \cdot s^{-1}$）对体内 BBB 渗透速率进行评估。该方法已被 Dagenais 和 Rousselle 应用于小鼠[40]，并在各种基因敲除小鼠模型或药理/化学策略中被用于研究定性和定量转运过程[17,42,56 - 60]。最常公布的 *PS* 数据来自啮齿动物的研究[4,7,17 - 18,38 - 63]。如图 9.5 所示，基于 Murakami 等的数据，许多化合物在大鼠和小鼠模型中测定的固有渗透速率很相近[41]。该技术需要复杂的实验操作及大量的劳动力和动物，而且非常耗时。除非使用放射性标记的化合物，否则理化分析工作量较大（如 LC/MS/MS）。通常，制药工业不会常规性地进行啮齿动物的脑灌注研究[87]。

通常，配制灌注溶液需含有受试化合物、血管完整性和空间标记物（如蔗糖）。萨默菲尔德等[43]（LC/MS/MS 检测）使用大鼠模型，配制的灌注溶液含有约 10 μM 的受试化合物和两个对照药，即 50 μM 阿替洛尔（血管内空间标记物）[88]和 5 μM 安替比林（脑部中渗透性标志物）[89]。为了减弱 Pgp 底物的外排效应，可在灌注液中加入 5 μM 环孢素 A（CsA）或其他合适的抑制剂（图 8.17）。用导管给麻醉的大鼠或小鼠的左（或右）颈动脉插管。绑住分支动脉，在灌注开始时切断心脏血液供应。含氧（95% O_2和 5% CO_2）灌注液常由 pH 7.4 Krebs - Ringer 碳酸氢盐（KRB）缓冲液组成，有时会加入 10 mM HEPES。输注流速可高达 20 $mL \cdot min^{-1}$，这取决于手术过程[45,47]。每个化合物通常需要 4 ~ 5 只动物。经过 30 ~ 180 s 的灌注后，在分布平衡之前，选择线性范围内的适当时间停止输液泵，迅速从颅骨中移出大脑，切除左（或右）脑半球。将同侧灌注的脑半球放入试管中，用干冰冷冻，直至 LC/MS/MS 或放射性分析。

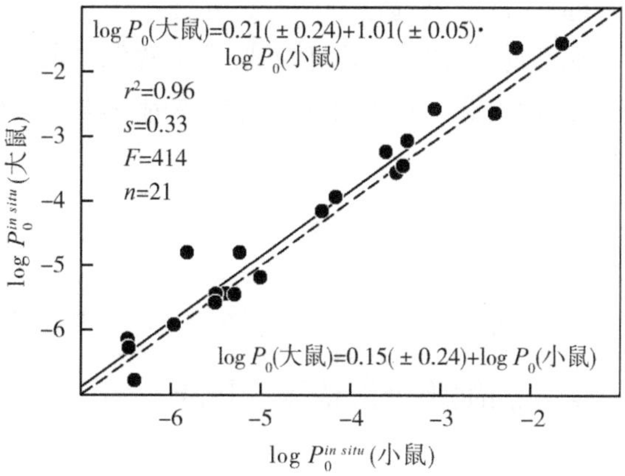

图 9.5　采用原位脑灌注技术测定的大鼠和小鼠固有渗透系数之间的相关性[17]

如果选择平衡状态之前的任意时间点，药物脑部初始转运的转移常数、清除率或 K_{in}（mL·g^{-1}·s^{-1}）仅反映腔室 BBB 膜上的转运，计算公式为[38,46]：

$$K_{in} = \left[\frac{(Q_{tot} - V_{vasc} \cdot C_{pf})/C_{pf}}{T}\right]。 \tag{9.4}$$

其中，Q_{tot}是灌注结束时脑中药物的测量总量（nmol·g^{-1}，脑组织包括血管和血管外），V_{vasc}是利用血管空间标记物估算的脑血管体积（mL·g^{-1}），C_{pf}是药物的总灌注液浓度（nmol·mL^{-1}），T（s）是净灌注时间。脑实质中的药物量通过 Q_{tot}减去毛细血管中所含药物的量来确定。由于使用单个时间点，所以式（9.4）的线性应通过系列研究来确认[17,43,47]。由于转运效应的复杂性，最好选取多个时间点。

K_{in}值可能取决于测定中使用的灌注流速。高渗透性药物不能以任何超过允许流速的速度透过血脑屏障，故被称为“血流受限”。Crone－Renkin 方程（CRE）[90－92]通常用于流量校正，

$$K_{in} = F_{pf}\left(1 - e^{\frac{PS}{F_{pf}}}\right), \tag{9.5a}$$

反过来，

$$PS = F_{pf} \cdot \ln\left(1 - \frac{K_{in}}{F_{pf}}\right)。 \tag{9.5b}$$

其中，F_{pf}是脑灌注液速度（mL·g^{-1}·s^{-1}），其值由经过验证的流量校准物确定，如地西泮[38]。当校正了微毛细血管床的动脉侧到静脉侧的流体流动的影响时［式(9.5)］，由 K_{in}可得出渗透速率－表面积乘积 PS（“流量校正”）。PS 为管腔渗透速率 P_C（cm·s^{-1}）（忽略细胞旁路和 ABL 的影响）与内皮表面积 S（cm^2·g^{-1}）（每克脑组织）的乘积。

9.5.4　微透析

可采用微透析技术对脑实质中细胞外液的内容物（ECF，参见9.6.2 节）进行直接

采样[1,87,93-95]。将装有透析膜、带同心管的小探针植入脑组织中并使其达到平衡。人工细胞外液以约 1 μL · min^{-1}的速度通过管子进行灌注。未结合（“游离”）的小分子可通过透析膜扩散并被回收进行分析。由于回收量非常低，所以需要灵敏的 LC/MS/MS 技术。这是一种需要大量资源，且具有挑战性的体内方法。很少有实验室（主要是学术机构）具备该项技术。

9.6 范式转移

9.6.1 脑部渗透程度（脑细胞外液浓度，ECF）

脑与血浆的分配比（参见 9.5.1 节）K_p仍被广泛应用于药物研发中[6-9,12,97-99,203-207]。基于K_p值来优化 CNS 候选物选择是一种常见的做法。但当单独使用K_p时，它可能是一个误导性的参数，因为通常认为K_p是发挥生理作用的未结合药物的参数[1,96]。仅基于K_p来优化 CNS，可能具有以下影响：

- “实际上，对于碱性和亲脂性药物，及非特异性分配到脑组织的程度更高的药物来说，基于K_p来进行优化可能导致无益/起反作用的药物设计”（Maurer 等[12]）。
- “增加亲脂性并不一定能使药效增强，并且可能会使药物化学家误入因溶解性差和代谢不稳定而难以成药的化学问题/难题/困境”（Summerfield 等[97]）。
- “优化大脑－血液或血浆比例可能是现代药物研发中最有误导性的活动之一”（Jeffrey 和 Summerfield[9]）。
- “这仅反映了药物进入脂质物质的惰性分配过程”（van de Waterbeemd 等[98]）。

图 9.6 是 CNS－指示药物K_p值排名柱状图。左边前 10 种药物K_p < 0.5，表明其分布在血浆中，但这些化合物都具有 CNS 疗效。

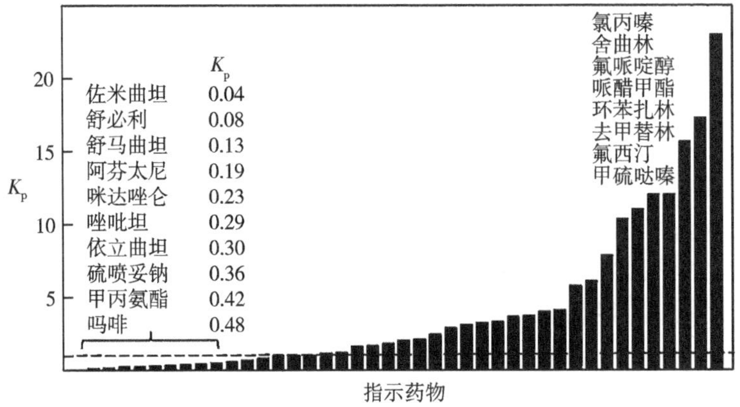

图 9.6 42 种 CNS－指示药物的血液－血浆比排序

脑部渗透的程度由许多因素决定，包括被动渗透、血浆和脑组织结合、内流/外排转运蛋白活性、脑脊液总流量和 CNS 新陈代谢。综合 BBB 渗透性、外排转运作用及血浆与脑组织非特异性结合作用，一些 CNS 药物研发小组（Liu 等[7,99]、Jeffrey 等[9]、Summerfield 等[97]）提出了详细的优化策略，最终以游离药物的脑匀浆分布来表征脑渗透：

$$C_{u,br}/C_{u,pl} = K_p/(f_{u,pl}/f_{u,br})。\tag{9.6}$$

其中，$C_{u,br}$和$C_{u,pl}$分别是脑匀浆（无血）和血浆中稳态游离药物浓度；$f_{u,br}$（$=C_{u,br}/C_{TOT,br}$）和$f_{u,pl}$（$=C_{u,pl}/C_{TOT,pl}$）分别是脑和血浆中游离的药物浓度分数。如果一种化合物通过被动扩散分布，则在稳态时 $C_{u,br}=C_{u,pl}$。因此，$K_p=C_{TOT,br}/C_{TOT,pl}=(C_{u,br}/f_{u,br})/(C_{u,pl}/f_{u,pl})=f_{u,pl}/f_{u,br}$。

制药公司的研究人员对式（9.6）中估算$f_{u,pl}$（血浆中游离药物浓度分数）和$f_{u,br}$（脑匀浆中游离药物浓度分数）的方法进行了大量的研究（Liu 等[7,99]、Jeffrey 等[9]、Maurer 等[12]、Kalvass 和 Maurer [105]、Mahar Doan 等[106]、Zhao 等[63]、Wan 等[107]、Summerfield 等[97]）。

在理想情况下，CNS 药物会在相对短的平衡时间内使 $C_{u,br}/C_{u,pl}$接近 1，使 CNS 暴露达到最大化。实际上，这将会使大脑和血浆游离药物浓度峰值之间的差异最小化，而导致外周安全界限最大化。例如，BBB 外排使 $C_{u,br}/C_{u,pl}<1$，需要较高的血浆浓度才能产生 CNS 效应。

以下示例说明了与游离药物浓度有关的问题。吗啡在 BBB 的渗透性是其代谢产物吗啡－6－β－D－葡萄糖醛酸（M6G）的 60 倍（表 9.2）。相应地，吗啡的K_p值为 0.5，高于 M6G 的K_p值（0.01，表 9.2）。按传统的药物研发选择标准，吗啡将是进一步评估的更好选择。但是，在脑细胞外液（ECF）中，M6G 游离药物浓度（表示为曲线下面积 AUC）$[M6G]_{u,ECF}=336\ \mu M\cdot min$，比吗啡 $[M]_{u,ECF}=79\ \mu M\cdot min$ 高 4 倍以上[101]。M6G 可在 ECF 中直接作用于阿片受体，如果K_p是唯一的选择标准，那么 M6G 与阿片受体结合的持久有效性将失去优势。尽管脑中吗啡的总浓度可能高于 M6G，但吗啡优先分布到（药理活性较低的）细胞内液中（ICF）[74]。ICF 的容量约为 ECF 的 4700 倍[1]。

表 9.2　脑和血浆游离部分（$n=227$）[a]

化合物	动物	$f_{u,pl}$	$f_{u,br}$	$f_{u,pl}/f_{u,br}$	K_p^{KO}	K_p	$ER=K_p^{KO}/K_p$	PS	$C_{u,pl}/C_{u,br}$	$PS\cdot f_{u,br}$	$t_{1/2}$ (min)	参考文献
对乙酰氨基酚	大鼠	0.6849	0.8327	0.8		0.1		38	12	31	3	[97]
对乙酰氨基酚	大鼠	0.547	0.833	0.7				38		32	3	[112]
对乙酰氨基酚	猪	0.889	0.816	1.1				38		31	3	[112]
对乙酰氨基酚	人	0.855	0.747	1.1				38		28	3	[112]
阿芬太尼	小鼠	0.26	0.32	0.8	0.5	0.2	3	1.2	4.3	0.4	35	[72]
阿普洛尔	大鼠	0.44	0.02	22		8.3		69	2.6	1.4	17	[26]
金刚烷胺	大鼠	0.521	0.237	2.2		6		65		15	5	[112]
金刚烷胺	人	0.492	0.234	2.1		0.9		65		15	5	[112]

续表

化合物	动物	$f_{u,pl}$	$f_{u,br}$	$f_{u,pl}/f_{u,br}$	K_p^{KO}	K_p	$ER=K_p^{KO}/K_p$	PS	$C_{u,pl}/C_{u,br}$	$PS \cdot f_{u,br}$	$t_{1/2}$ (min)	参考文献
阿米替林	大鼠	0.09	0.003	28		20		1414	1.4	4.6	9	[26]
安普那韦	小鼠	0.075	0.091	0.8	1	0.1	14	38	11	3.5	11	[72]
阿替洛尔	大鼠	1	0.371	3		0.1		0.2	38	0.1	77	[26]
巴氯芬	大鼠	1	0.667	1.5		0.03		*10*	50			[26]
安非他酮	大鼠	0.31	0.063	5		10		311	0.5	20	4	[26]
安非他酮	大鼠	0.492	0.171	3				311		53	2	[112]
安非他酮	猪	0.457	0.169	3				*311*		53	2	[112]
安非他酮	人	0.203	0.265	0.8				*311*		82	2	[112]
丁螺环酮	小鼠	0.273	0.22	1.2		2		1016	0.8	224	1	[12]
咖啡因	大鼠	0.96	1.1	0.9		0.9	1.1	165		182	1	[7]
咖啡因	小鼠	1.13	0.52	2.2		1		165	2.2	86	2	[12]
卡马西平	大鼠	0.218	0.121	1.8		0.7		401		49	3	[112]
卡马西平	小鼠	0.324	0.116	3		0.8		401	3.7	47	3	[12]
卡马西平	人	0.231	0.116	2		1.4		*401*		46	3	[112]
卡立普多	小鼠	0.389	0.202	1.9		0.7		126	2.9	25	4	[12]
塞来昔布	大鼠	0.001 16	0.003 45	0.3		0.1		207	2.4	0.7	25	[97]
西替利嗪	小鼠	0.16	0.072	2.2	0.1	0.02	4	1.5	111	0.1	69	[72]
氯丙嗪	小鼠	0.0354	0.000 76	47		23		774	2	0.6	28	[12]
环格列酮	大鼠	0.001 03	0.000 34	3		2		2419	1.4	0.8	23	[97]
西咪替丁	小鼠	0.81	0.53	1.5	0.03	0.03	0.9	3.7	46	2	15	[72]
西酞普兰	大鼠	0.258	0.049	5		3		104		5.1	9	[112]
西酞普兰	小鼠	0.231	0.0306	8		5		60	1.5	1.8	15	[12]
西酞普兰	人	0.188	0.049	4		1.3		*104*		5.1	9	[112]
氯氮平	小鼠	0.038	0.0094	4		4		319	1.0	3	12	[12]
可待因	大鼠	0.95	0.313	3		3		33	1.1	10	6	[26]
CP-141938	大鼠	0.56	0.22	3			50	2.5		0.6	29	[7]
环苯扎林	小鼠	0.054	0.0073	7		12		1905	0.6	14	5	[12]
地拉韦啶	大鼠	0.016	0.023	0.7		0.03		*5.0*	23			[26]
地氯雷他定	小鼠	0.055	0.0071	8	14	1.0	14	257	7.7	1.8	15	[72]
地塞米松	小鼠	0.272	0.098	3	0.7	0.3	2.3	31	9.3	3	12	[72]
地西泮	大鼠	0.12	0.056	2.1		2		370	0.9	21	4	[26]

续表

化合物	动物	$f_{u,pl}$	$f_{u,br}$	$f_{u,pl}/f_{u,br}$	K_p^{KO}	K_p	$ER = K_p^{KO}/K_p$	PS	$C_{u,pl}/C_{u,br}$	$PS \cdot f_{u,br}$	$t_{1/2}$ (min)	参考文献
地西泮	小鼠	0.098	0.05	2		2		370	1.0	19	4	[12]
双氯芬酸	大鼠	0.0118	0.0547	0.2		0.02		58	11	3.1	11	[97]
地高辛	小鼠	0.33	0.0156	21	2	0.1	19	0.5	264	0.008	284	[72]
苯海拉明	大鼠	0.48	0.031	15		16		574	1.0	18	4	[26]
苯海拉明	小鼠	0.33	0.058	6	0.7	9	0.1	580	0.6	34	3	[72]
二丙诺啡	大鼠	0.164	0.308	0.5				*39*				[112]
二丙诺啡	猪	0.293	0.17	1.7				*39*				[112]
二丙诺啡	人	0.171	0.152	1.1		4		*39*				[112]
多奈哌齐	大鼠	0.2853	0.1023	3		3		200	0.8	20	4	[97]
阿霉素	小鼠	0.22	0.0014	157	0.003	0.001	3	3.3	204 082	0.005	376	[72]
依来曲普坦	小鼠	0.28	0.055	5	14	0.3	47	14	17	0.8	24	[72]
乙琥胺	大鼠	0.521	0.744	0.7		1.1		*34*		25	4	[112]
乙琥胺	人	1.109	0.739	1.5		1.2		34		25	4	[112]
依托考昔	大鼠	0.2558	0.1502	1.7		0.7		194	2.6	29	3	[97]
乙基苯丙二酰胺	大鼠	0.55	1.074	0.5		0.6		*76*	0.8			[26]
N－（1－烯丙基吡咯烷－2－氨基甲基）－5－氟［18F］－2，3－二甲氧基苯甲酰胺	大鼠	0.322	0.239	1.3				*25*				[112]
N－（1－烯丙基吡咯烷－2－氨基甲基）－5－氟［18F］－2，3－二甲氧基苯甲酰胺	猪	0.527	0.275	1.9				*25*				[112]
N－（1－烯丙基吡咯烷－2－氨基甲基）－5－氟［18F］－2，3－二甲氧基苯甲酰胺	人	0.191	0.216	0.9		0.7		*25*				[112]

续表

化合物	动物	$f_{u,pl}$	$f_{u,br}$	$f_{u,pl}/f_{u,br}$	K_p^{KO}	K_p	$ER=K_p^{KO}/K_p$	PS	$C_{u,pl}/C_{u,br}$	$PS \cdot f_{u,br}$	$t_{1/2}$（min）	参考文献
芬太尼	小鼠	0. 17	0. 07	2. 4	5	2	1. 9	750	1. 0	53	2	[72]
非索非那定	小鼠	0. 35	0. 077	5	0. 3	0. 2	1. 8	0. 4	27	0. 03	136	[72]
氟马西尼	猪	0. 63	0. 553	1. 1				100				[112]
氟马西尼	人	0. 438	0. 744	0. 6		1. 0		100				[112]
氟西汀	大鼠	0. 06	0. 000 94	64			1. 5	507		0. 5	31	[7]
氟西汀	大鼠	0. 067	0. 004	17				507		2	14	[112]
氟西汀	大鼠	0. 028	0. 004	7		15		507		2	14	[112]
氟西汀	猪	0. 086	0. 005	17				507		2. 5	13	[112]
氟西汀	小鼠	0. 031	0. 0023	13		12		507	1. 1	1. 2	19	[12]
氟西汀	人	0. 026	0. 004	7		4		507		2	14	[112]
氟西汀	人	0. 03	0. 007	4				507		3. 5	11	[112]
氟比洛芬	大鼠	0. 006 27	0. 1289	0. 05		0. 01		160	4. 9	21	4	[97]
氟伏沙明	小鼠	0. 0387	0. 0084	5		6		231	0. 8	1. 9	15	[12]
加巴喷丁	大鼠	1	0. 219	5		0. 6		33	7. 1	7. 2	7	[26]
氟哌啶醇	大鼠	0. 243	0. 011	22				352		3. 9	10	[112]
氟哌啶醇	大鼠	0. 104	0. 011	10		14		352		3. 9	10	[112]
氟哌啶醇	猪	0. 235	0. 027	9				352		10	6	[112]
氟哌啶醇	小鼠	0. 087	0. 0071	12		13		352	0. 9	2. 5	13	[12]
氟哌啶醇	人	0. 115	0. 011	10		20		352		3. 9	10	[112]
氟哌啶醇	人	0. 111	0. 023	5				352		8. 1	7	[112]
氢可酮	小鼠	0. 59	0. 55	1. 1		2		18	0. 5	10	6	[12]
羟嗪	小鼠	0. 062	0. 014	4	5	4	1. 3	470	1. 2	6. 6	8	[72]
羟嗪	小鼠	0. 052	0. 0102	5		8		417	0. 7	4. 3	10	[12]
布洛芬	大鼠	0. 016	0. 2964	0. 1		0. 03		93	1. 8	28	4	[97]
茚地那韦	小鼠	0. 058	0. 1	0. 6	0. 8	0. 1	10	2. 5	6. 9	0. 3	44	[72]
吲哚美辛	大鼠	0. 005 71	0. 0592	0. 1		0. 01		64	10	3. 8	10	[97]
吲哚美辛	大鼠	0. 01	0. 110	0. 1		0. 01		64	9. 1	7	7	[26]
伊维菌素	小鼠	0. 024	0. 000 09	267	3	0. 1	27	20	2837	0. 002	624	[72]
酮咯酸	大鼠	0. 0582	0. 4853	0. 1		0. 01		1. 7	12	0. 8	23	[97]
拉莫三嗪	大鼠	0. 51	0. 222	2. 3		2		21	1. 1	4. 7	9	[26]
拉莫三嗪	大鼠	0. 441	0. 273	1. 6				21		5. 7	8	[112]
拉莫三嗪	大鼠	0. 284	0. 284	1. 0		1. 4		21		6	8	[112]
拉莫三嗪	猪	0. 56	0. 194	3				21		4. 1	10	[112]

续表

化合物	动物	$f_{u,pl}$	$f_{u,br}$	$f_{u,pl}/f_{u,br}$	K_p^{KO}	K_p	$ER=K_p^{KO}/K_p$	PS	$C_{u,pl}/C_{u,br}$	$PS\cdot f_{u,br}$	$t_{1/2}$ (min)	参考文献
拉莫三嗪	小鼠	0.38	0.22	1.7		1.1		21	1.6	4.6	9	[12]
拉莫三嗪	人	0.411	0.156	3				21		3.3	11	[112]
拉莫三嗪	人	0.27	0.27	1.0		2		21		5.7	8	[112]
左氧氟沙星	大鼠	0.82	0.579	1.4		0.2		20	8.3			[26]
洛哌丁胺	大鼠	0.06	0.003	21		0.2		220	143	0.6	27	[26]
洛哌丁胺	大鼠	0.05	0.009	6				17		0.2	57	[112]
洛哌丁胺	大鼠	0.036	0.009	4		0.1		17		0.1	58	[112]
洛哌丁胺	猪	0.179	0.013	14				17		0.2	47	[112]
洛哌丁胺	小鼠	0.023	0.0046	5	6	0.1	59	17	52	0.1	82	[72]
洛哌丁胺	人	0.065	0.009	8		极低		17		0.1	59	[112]
洛哌丁胺	人	0.074	0.01	7				17		0.2	54	[112]
氯雷替丁	小鼠	0.0045	0.0018	3	3	2	2.1	180	1.6	0.3	39	[72]
M3G	大鼠	1	1.571	0.6		0.01		0.02	91	0.04	125	[26]
M6G	大鼠	0.98	0.98	1.0		0.01		0.06	125	0.1	98	[26]
MDl100907	大鼠	0.321	0.108	3				*49*				[112]
MDl100907	猪	0.475	0.12	4				*49*				[112]
MDl100907	人	0.305	0.108	3		18		*49*				[112]
哌替啶	小鼠	0.38	0.13	3	7	7	1	535	0.4	70	2	[72]
甲丙氨酯	小鼠	0.76	0.76	1.0		0.4		8.0	2.4	6.1	8	[12]
美索达嗪	大鼠	0.163	0.016	10		0.5		155		2.5	13	[112]
美索达嗪	人	0.09	0.016	6		3		*155*		2.5	13	[112]
美沙酮	小鼠	0.147	0.029	5	20	4	5	150	1.3	4.4	10	[72]
甲氨蝶呤	大鼠	1	1.5	0.7		0.004		1	167	1.5	17	[26]
哌醋甲酯	小鼠	0.77	0.22	4		12		24	0.3	5.2	9	[12]
甲氧氯普胺	小鼠	0.71	0.31	2.3		1.2		21	1.9	6.5	8	[12]
美托洛尔	大鼠	0.9	0.183	5		3		*18*	1.6			[26]
咪达唑仑	大鼠	0.031	0.023	1.3				709		16	5	[112]
咪达唑仑	猪	0.12	0.047	3				*709*		33	3	[112]
咪达唑仑	小鼠	0.046	0.0272	1.7		0.2		671	7.4	18	4	[12]
咪达唑仑	人	0.011	0.036	0.3				*671*		24	4	[112]
米氮平	大鼠	0.142	0.079	1.8		3		418		33	3	[112]
米氮平	人	0.156	0.082	1.9		2		*418*		34	3	[112]
吗啡	大鼠	0.9	0.265	3		0.5		4.0	6.7	1.1	20	[26]

续表

化合物	动物	$f_{u,pl}$	$f_{u,br}$	$f_{u,pl}/f_{u,br}$	K_p^{KO}	K_p	$ER=K_p^{KO}/K_p$	PS	$C_{u,pl}/C_{u,br}$	$PS\cdot f_{u,br}$	$t_{1/2}$ (min)	参考文献
吗啡	小鼠	0.5	0.41	1.2	0.7	0.5	1.5	2.5	2.5	1.0	21	[72]
吗啡	小鼠	0.32	0.5	0.6		0.5		4.0	1.4	2.0	14	[12]
拉氧头孢	大鼠	0.32	2.027	0.2		0.003		*0.01*	53			[26]
纳多洛尔	大鼠	0.86	0.289	3		0.1		0.24	27			[26]
萘普生	大鼠	0.018	0.5416	0.03		0.02		68	1.7	37	3	[97]
那拉曲坦	小鼠	0.58	0.23	3	1.1	0.4	3	0.1	6.0	0.03	138	[72]
奈非那韦	大鼠	0				0.04		88	53			[26]
奈非那韦	小鼠	0.001	0.000 53	1.9	3	0.1	30	88	22	0.05	109	[72]
NFPS	大鼠	0.041	0.0017	24				13		0.02	162	[7]
呋喃妥因	大鼠	0.48	0.66	0.7		0.01		*12*	91			[26]
诺氟沙星	大鼠	0.87	0.348	3		0.1		*2.2*	36			[26]
去甲替林	小鼠	0.031	0.0046	7		11		314	0.6	1.4	17	[12]
奥氮平	大鼠	0.135	0.034	4		10		535		18	4	[112]
奥氮平	人	0.134	0.034	4		2		535		18	4	[112]
氧烯洛尔	大鼠	0.45	0.085	5		1.1		*34*	5.0			[26]
羟考酮	大鼠	0.87	0.238	4		4		27	1.0	6.4	8	[26]
羟吗啡酮	大鼠	0.73	0.252	3		2		*1.0*	1.3			[26]
紫杉醇	大鼠	0.05	0.001	40		0.3		0.2	143	0.0003	1672	[26]
紫杉醇	小鼠	0.021	0.0028	8	4	0.5	8	2.2	15	0.01	319	[72]
帕罗西汀	小鼠	0.015	0.0039	4		3		21	1.2	0.1	80	[12]
苯妥英	大鼠	0.163	0.082	2.0				64		5.2	9	[112]
苯妥英	大鼠	0.153	0.081	1.9		0.6		64		5.2	9	[112]
苯妥英	猪	0.225	0.113	2.0				64		7.2	7	[112]
苯妥英	小鼠	0.183	0.081	2.3		0.6		64	3.6	5.2	9	[12]
苯妥英	人	0.142	0.084	1.7		1.1		64		5.3	9	[112]
苯妥英	人	0.099	0.183	0.5				64		12	6	[112]
吲哚洛尔	大鼠	0.43	0.138	3		2		*7.4*	2.0			[26]
吡格列酮	大鼠	0.006 57	0.023 04	0.3		0.2		595	1.8	14	5	[97]
PK11195	大鼠	0.073	0.016	5				*307*				[112]
PK11195	猪	0.066	0.023	3				*307*				[112]
PK11195	人	0.012	0.015	0.8		0.5		*307*				[112]
扑米酮	大鼠	0.757	0.631	1.2		0.3		*28*				[112]
扑米酮	大鼠	0.735	0.622	1.2				*28*				[112]

续表

化合物	动物	$f_{u,pl}$	$f_{u,br}$	$f_{u,pl}/f_{u,br}$	K_p^{KO}	K_p	$ER=K_p^{KO}/K_p$	PS	$C_{u,pl}/C_{u,br}$	$PS\cdot f_{u,br}$	$t_{1/2}$ (min)	参考文献
扑米酮	猪	0.884	0.618	1.4				*28*				[112]
扑米酮	人	0.836	0.643	1.3		0.9		*28*				[112]
扑米酮	人	0.524	0.733	0.7				*28*				[112]
丙氧芬	小鼠	0.111	0.033	3		3		671	1.2	22	4	[12]
普萘洛尔	大鼠	0.09	0.008	11		7		770	1.6	6.4	8	[26]
普萘洛尔	大鼠	0.15	0.036	4		4		770		28	4	[7]
奎尼丁	小鼠	0.16	0.037	4	5	0.2	24	21	22	0.8	24	[72]
雷氯必利	大鼠	0.367	0.13	3				*4.6*				[112]
雷氯必利	猪	0.151	0.134	1.1				*4.6*				[112]
雷氯必利	人	0.048	0.079	0.6		0.5		*4.6*				[112]
罗非昔布	大鼠	0.2944	0.2746	1.1		0.8		98	1.3	27	4	[97]
雷尼替丁	小鼠	0.96	0.96	1	0.04	0.02	1.8	0.5	45	0.5	31	[72]
利福平	大鼠	0.12	0.14	0.9		0.03		*0.13*	29			[26]
利培酮	大鼠	0.1089	0.1438	0.8		0.3		156	2.5	22	4	[97]
利培酮	小鼠	0.204	0.067	3		0.8		156	3.9	10	6	[12]
9-羟基-利培酮	小鼠	0.33	0.086	4		0.1		19	64	1.6	16	[12]
利托那韦	小鼠	0.0027	0.0106	0.3	2	0.2	14	15	1.5	0.2	56	[72]
利扎曲坦	小鼠	0.62	0.348	1.8	0.9	0.2	4	2.0	8.9	0.7	25	[72]
罗非昔布	大鼠	0.131	0.275	0.5				*94*				[112]
罗非昔布	猪	0.318	0.23	1.4				*94*				[112]
罗非昔布	人	0.112	0.167	0.7				*94*				[112]
(R)-咯利普兰	猪	0.258	0.192	1.3				*82*				[112]
(R)-咯利普兰	人	0.106	0.261	0.4		0.4		*82*				[112]
(R)-咯利普兰	大鼠	0.2	0.323	0.6				*82*				[112]
(S)-咯利普兰	大鼠	0.201	0.271	0.7				*82*				[112]
(S)-咯利普兰	猪	0.3	0.194	1.5				*82*				[112]
(S)-咯利普兰	人	0.125	0.211	0.6		0.4		*82*				[112]
水杨酸	大鼠	0.28	1.064	0.3		0.1		4.0	5.3	4.3	10	[26]
沙奎那韦	大鼠	0.007	0.005	1.5		0.1		12	18	0.1	97	[26]
沙奎那韦	小鼠	0.000 43	0.0019	0.2	0.9	0.1	7	12	1.7	0.02	160	[72]
司来吉兰	大鼠	0.305	0.074	4				421		31	3	[112]
司来吉兰	猪	0.382	0.15	3				421		63	2	[112]

续表

化合物	动物	$f_{u,pl}$	$f_{u,br}$	$f_{u,pl}/f_{u,br}$	K_p^{KO}	K_p	$ER=K_p^{KO}/K_p$	PS	$C_{u,pl}/C_{u,br}$	$PS\cdot f_{u,br}$	$t_{1/2}$ (min)	参考文献
司来吉兰	小鼠	0.16	0.056	3		4		421	0.8	24	4	[12]
司来吉兰	人	0.191	0.142	1.3				421		60	2	[112]
舍曲林	大鼠	0.013	0.0009	14		27		7968		7.2	7	[112]
舍曲林	小鼠	0.011	0.000 66	17		24		7968	0.7	5.3	9	[12]
舍曲林	人	0.01	0.001	11		1.1		7968		7.2	7	[112]
螺哌隆	大鼠	0.073	0.037	2				*13*				[112]
螺哌隆	猪	0.235	0.037	6				*13*				[112]
螺哌隆	人	0.094	0.018	5		8		*13*				[112]
舒芬太尼	小鼠	0.054	0.034	1.6	5	2	3	631	1.0	21	4	[72]
舒必利	小鼠	0.76	0.63	1.2		0.1		0.06	15	0.04	121	[12]
舒马曲坦	小鼠	0.63	0.36	1.8	0.2	0.1	1.7	0.3	13	0.1	76	[72]
他克林	大鼠	0.55	0.045	12		10		97	1.3	4.4	10	[26]
可可碱	大鼠	0.92	0.61	1.5		0.5		10		6.1	8	[7]
茶碱	大鼠	0.29	0.39	0.7		0.5	1.3	11		4.3	10	[7]
硫喷妥钠	大鼠	0.19	0.227	0.8		1.3		109	0.7	25	4	[26]
硫喷妥钠	小鼠	0.304	0.1463	2.1		0.4		109	5.8	16	5	[12]
硫哒嗪	大鼠	0.002	0	8		4		445	2.2	0.1	70	[26]
硫哒嗪	大鼠	0.004	0.001	4		6		445		0.4	32	[112]
硫哒嗪	人	0.008	0.001	8		10		*445*		0.4	32	[112]
托吡酯	大鼠	0.79	0.31	3		0.8		*5.6*	3.0			[26]
曲马多	大鼠	0.85	0.235	4		5		*4.3*	0.7			[26]
曲唑酮	大鼠	0.124	0.054	2.3		2		343		18	4	[112]
曲唑酮	小鼠	0.051	0.047	1.1		0.6		343	1.8	16	5	[12]
曲唑酮	人	0.078	0.056	1.4		3		*343*		19	4	[112]
曲普利啶	小鼠	0.31	0.092	3	4	6	0.6	501	0.6	46	3	[72]
伐地昔布	大鼠	0.007 62	0.0339	0.2		0.1		117	4.5	4.0	10	[97]
文拉法辛	大鼠	0.588	0.218	3		3		104		23	4	[112]
文拉法辛	小鼠	0.9	0.21	4		4		104	1.0	22	4	[12]
文拉法辛	人	0.456	0.217	2.1		2		*104*		23	4	[112]
维拉帕米	大鼠	0.12	0.019	6		0.3		255	19	4.8	9	[26]
维拉帕米	小鼠	0.11	0.033	3	3	0.4	8	255	7.8	8.4	7	[72]
长春碱	小鼠	0.09	0.0046	20	19	2	11	5.0	12	0.02	159	[72]
WAY100635	大鼠	0.198	0.141	1.4				*246*				[112]

续表

化合物	动物	$f_{u,pl}$	$f_{u,br}$	$f_{u,pl}/f_{u,br}$	K_p^{KO}	K_p	$ER=K_p^{KO}/K_p$	PS	$C_{u,pl}/C_{u,br}$	$PS\cdot f_{u,br}$	$t_{1/2}$ (min)	参考文献
WAY100635	猪	0.269	0.138	1.9				*246*				[112]
WAY100635	人	0.055	0.139	0.4		0.9		*246*				[112]
齐多夫定	大鼠	0.64	0.886	0.7		0.1		1.0	$\underline{11}$	0.9	22	[26]
$\underline{\text{佐米曲普坦}}$	小鼠	0.98	0.54	1.8	0.1	0.04	2.2	2.0	48	1.1	20	[72]
$\underline{\text{唑吡坦}}$	小鼠	0.24	0.2	1.2		0.3		122	4.1	24	4	[12]

[a]带下划线的化合物是 CNS 指示药物。血浆和脑的游离部分分别是$f_{u,pl}$和$f_{u,br}$。K_p和K_p^{KO}是野生型和 Pgp 基因敲除（KO）小鼠模型的大脑至血浆总浓度比。*PS* 是腔渗透速率 - 表面积乘积（10^{-4} mL · g^{-1} · s^{-1}）。血浆和大脑（匀浆）中游离药物浓度分别为$C_{u,pl}$和$C_{u,br}$。$C_{u,pl}/C_{u,br}$的下划线值是指$K_{p,uu}^{-1}$，其中$C_{u,br}$是指通过微透析技术测定的细胞外游离药物浓度。$t_{1/2}$是指达到稳态分布一半的时间。斜体的 *PS* 值表示根据啮齿动物的值（未进行流量校正）估算的（*p*CEL - X）K_{in}值。

体内微透析技术（参见 9.5.4 节）已成为测定活体脑中游离药物浓度的标准方法（Hammarlund - Udenaes 等[1]、Fridén 等[26,103]、Benveniste 和 Huttemeier [104]）。通常，采用该技术对 ECF 进行采样，由此确定得出$C_{u,brainECF}$的值，该值为时间的函数。在当前的药物研发实践中，ECF 中游离药物浓度日益受到重视[1、74、101 - 103、208 - 248]。

Gupta 等[205]定义脑 ECF 和血浆中稳态游离药物浓度比值为：

$$K_{p,uu}=AUC_{u,brainECF}/AUC_{u,plasma}。 \tag{9.7}$$

Hammarlund - Udenaes 等[1]进一步阐述了这一概念。当$K_{p,uu}<1$时表示转运体外排激活；当$K_{p,uu}>1$时表示转运体内流激活；而当$K_{p,uu}=1$时，渗透由被动扩散驱动且/或内流过程恰好抵消了外排过程[1]。

式（9.7）与式（9.6）相似，只是式（9.7）中脑部游离药物浓度具体指的是 ECF 中的浓度，而不是脑匀浆中的浓度。匀浆过程混合了脑细胞内液和细胞外液。对于细胞膜通透性差的化合物或可能分布到细胞内的亲脂性药物，式（9.6）和式（9.7）中的比率会有所不同[74]。

尽管有时$C_{u,br}/C_{u,pl}$的比值与$K_{p,uu}$不一致，越来越多的证据表明，$C_{u,br}/C_{u,pl}$的测量值可用于大概估算具有药理学意义的游离药物的暴露量。如表 9.2 所示，沙奎那韦、紫杉醇、洛哌胺、吗啡、维拉帕米和奈非那韦匀浆中游离药物的浓度超过了 ECF 中游离药物的浓度，而硫喷妥钠则相反。

9.6.2 生理药代动力学（PBPK）中的平衡半衰期

在一种能更好地预测 CNS 暴露的综合方法中，Liu 等[7,99]在基于生理药代动力学（PBPK）的生理学模型中纳入了 BBB 渗透性测量，并且得出了大脑平衡半衰期为：

$$t_{1/2,eq}=const./(PS\cdot f_{u,br})。 \tag{9.8}$$

图 9.7 显示了 log $t_{1/2}$与 log（$PS \cdot f_{u,br}$）的函数关系图。这种 PBPK 派生的关系被应用于[17]一种新的脑渗透分类（BPC）方案中[72]（参见 9.6.5 节）。

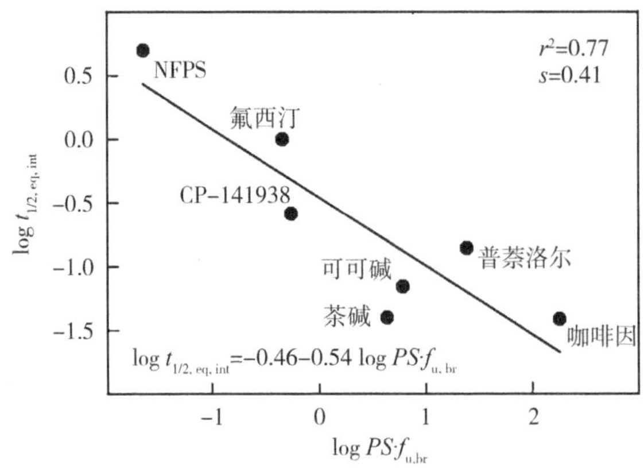

图 9.7 平衡半衰期 $t_{1/2,eq,int}$的趋势

（$t_{1/2,eq,int}$为 PS 和脑匀浆中游离药物乘积的函数）

9.6.3 脑和血浆中的游离部分

表 9.2 列出了源于 4 个物种的 $f_{u,br}$、$f_{u,pl}$、K_p、PS 及 $t_{1/2}$的集合[7,12,26,72,97,112]。图 9.8 显示了 log $f_{u,br}$与 log $f_{u,pl}$的函数关系图。非甾体抗炎药（NSAIDs）和蛋白酶抑制剂始终显示出正偏差，表明其与血清蛋白的结合比与脑组织的结合更强。这些药物不是 CNS 指示药物。负偏差最明显的两个药物是细胞毒性药物阿霉素和伊维菌素，这两个也不是 CNS 指示药物。这些化合物与脑组织的结合比与血清蛋白的结合更为紧密。这些化合物显示出最长的平衡时间 $t_{1/2}$（表 9.2）。

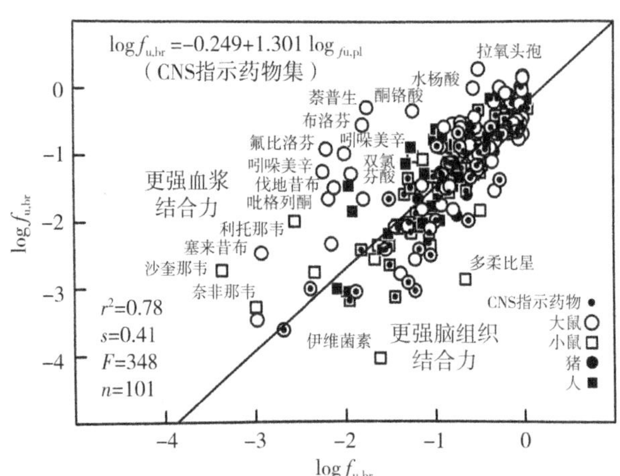

图 9.8 脑组织中药物游离部分与血浆中药物游离部分的关系

（CNS 指示药物以黑色小圆圈标识，主要位于对角线上。偏离对角线的标识符号表示非 CNS 指示药物的分子）

图 9.8 中的统计数据仅基于 101 种 CNS 指示药物（图中有 208 种）的游离部分(点号)。

9.6.4 脑渗透性分类（BPC）

Kalvass 等[72]介绍的脑渗透性分类（BPC）[17]方案评估了 Pgp 及其他载体介导过程在妨碍/补偿脑渗透性方面的作用。研究人员沿纵轴绘制了 Pgp 外排率（ER），将其定义为敲除型（KO）和野生型（WT）小鼠之间的 K_p 比值；沿水平轴绘制了血浆中游离药物浓度 $C_{u,pl}$ 与脑组织（匀浆）中游离药物浓度 $C_{u,br}$ 的比值，该值为 $K_{p,uu}^{-1}$ 的近似值。图 9.9 为根据 Kalvass 及其同事研究的 34 种分子绘制的图。水平线和垂线的低 - 高边界分别为 $ER=3$ 和 $C_{u,pl}/C_{u,br}=3$。不同的象限描述了不同 CNS 渗透特性：第 1 类渗透性被 Pgp 和/或其他活性过程削弱；第 2 类被非 Pgp 机制削弱；第 3 类未被削弱；第 4 类 Pgp 底物，但由于具有补偿机制而未被削弱。图 9.9 的 BPC 图中，左侧的第 3 类和第 4 类的特点是大脑中游离药物浓度高于血液中游离浓度。相反地，图右侧的第 1 类和第 2 类表示血浆中游离药物浓度高于大脑中游离药物浓度。

Dagenais 等[17]在图 9.9 BCP 图中加入了 Kalvass 未考虑的两个参数：PS_{Passive}（由组合 PAMPA [17]测定，表 9.2）和 $t_{1/2,\text{eq}}$（采用 Liu 等[7]的方法和试验数据，依据 PS_{Passive} 和 $f_{u,br}$ 算出；表 9.2），并将其叠加在化合物符号上：①符号的大小与 $\log PS_{\text{Passive}}$ 成正比；②$\log t_{1/2,\text{eq}}$ 值以“十字”符号成比例表示，其中最大的十字符号表示 624 min（伊维菌素），最小的十字符号表示 2 min（哌替啶）。

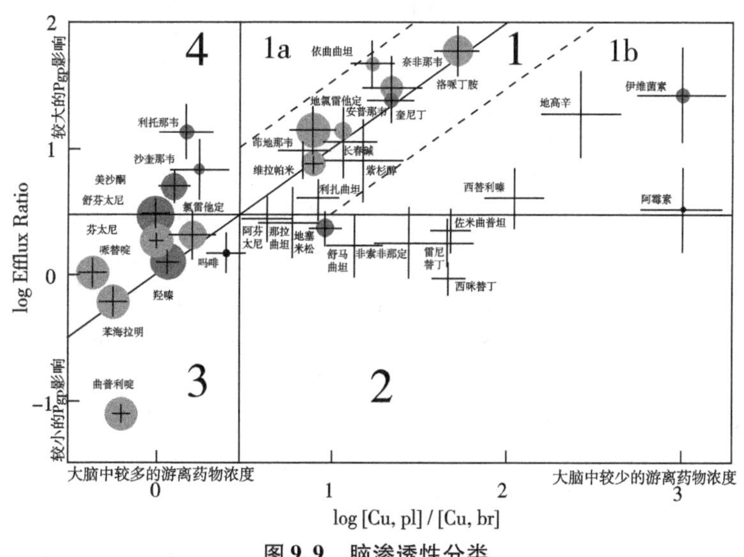

图 9.9　脑渗透性分类

［在 Kalvas 等提出的 BPC 图中[72]，有两个附加参数叠加在化合物符号上，PS_{Passive}[17] 和 $t_{1/2,\text{eq}}$（Liu 等[7]）。符号的大小与 $\log P\text{-}S_{\text{Passive}}$ 成比例；$\log t_{1/2,\text{eq}}$ 值以“十字”符号的尺寸成比例表示。转载自 DAGENAIS C，AVDEEF A，TSINMAN O，et al. P-glycoprotein deficient mouse in situ blood-brain barrier permeability and its prediction using an in combo PAMPA model. Eur. J. Pharm. Sci.，2009，38：121 - 137。版权所有© 2009 Elsevier。经 Elsevier 许可复制］

图 9.9 表明渗透性最高的化合物与 BPC 第 3 类化合物（脑渗透性无削弱）有关。此外，高 $PS_{Passive}$值与第 1 类化合物（Pgp 削弱其渗透性）相关。仅有 $PS_{Passive}$不足以区分类别。Dagenais 等[17]注意到对于能够与 Pgp 结合的化合物，在细胞膜中必须有足够的停留时间（$PS_{Passive}$的直接函数）以产生相互作用，导致有明显的外排。例如，一些高渗透性化合物可能对 Pgp 有亲和力并起抑制作用，但由于被动逃逸，它们显示出很少的或不明显的外排作用。第 1a 类、第 1b 类和第 2 类化合物的 $PS_{Passive}$通常很低，表明中枢神经系统渗透性差。

Dagenais 等[17]提出了一种预测 BCP 类别的循环分类方法。图 9.9 中 34 种化合物的 $PS_{Passive}$、$f_{u,br}$和 $t_{1/2,eq}$（前两个参数的结合）的平均值被汇集分成各种 BCP 类别，其概率范围为 68%，并被列于表 9.3 中。通过比较 $PS_{Passive}$、$f_{u,br}$和 $t_{1/2,eq}$的值，可以得出一个方法，如图 9.10 所示。该方法可以将大多数分子分为 4 种 BPC 类别中的一类。

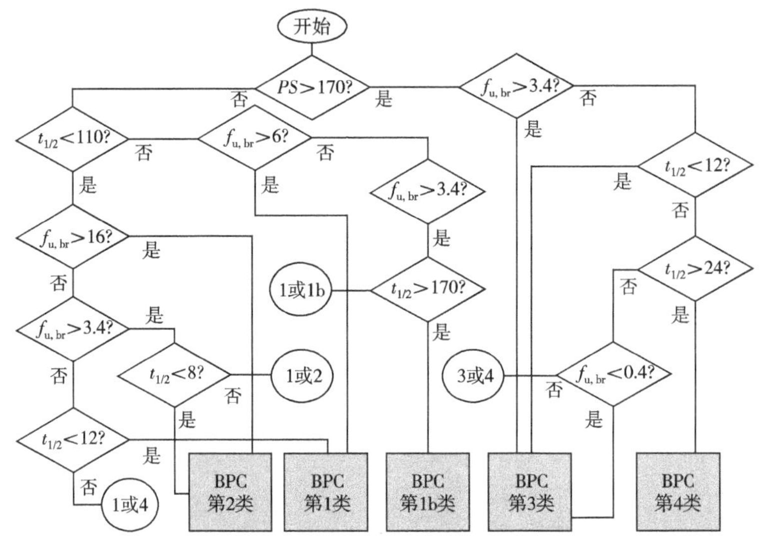

图 9.10　以 $PS_{Passive}$、$f_{u,br}$ ×100%和 $t_{1/2,eq,int}$（min）划分 4 种 BPC 类别的循环分类模型

（圆圈表示不归属于两个类中的任意一类）

表 9.3　脑渗透分类（BPC）和渗透性[a]

BPC 类别	PS（10^{-4}mL · g^{-1} · s^{-1}）	$f_{u,br}$ · 100%	$t_{1/2,eq}$（min）	BBB 渗透性
1	68（2～160）	6（0.05～16）	70（8～170）	被 Pgp 削弱
1b	6（0.5～16）	2（0.01～6）	340（110～570）	被 Pgp 和其他削弱
2	5（0.1～15）	39（10～68）	58（5～110）	被非 Pgp 过程削弱
3	430（180～690）	19（0.2～41）	10（2～24）	未被削弱
4	200（12～500）	2（0.4～3.4）	58（12～500）	未被削弱——补偿机制

[a]大脑渗透的程度分为 4 类。根据 Kalvass 等[72]研究的 34 种化合物，列出了 3 个特性中每一个特性的平均值和 68% 的概率范围[17]。

从概念上讲，当大脑的通透性和自由分数都很高时，$t_{1/2,eq}$最短。如上所述，影响后两个参数的分子特性存在部分重叠，但会被主动外排或摄取掩盖。如果化合物不能分布进入细胞膜，就不会有渗透，这在很大程度上类似于分布到脑组织中。最优的CNS 候选药物具有良好的渗透性，对脑组织有合适的亲和力且无外排作用。这似乎是第 3 类化合物的标志。有人指出，第 1 类（渗透性被削弱）和第 3 类（渗透性未被削弱）$PS_{Passive}$的平均值差别很大（68 vs. 430，10^{-4} mL · g^{-1} · s^{-1}单位）。这可能表明在管腔侧细胞膜中停留时间较长的化合物与 Pgp 产生了明显的相互作用。从 PS 参数范围看，170 似乎是区分 CNS +/ - 的边界值[16]。这两类之间的另一个重要区别是与脑组织的结合值。第 1 类化合物的结合值（平均 $f_{u,br}$ = 6%）明显大于第 3 类化合物（平均 $f_{u,br}$ = 19%），但其范围基本重叠。可采用以下方式将这两个测量值应用于药物研发中：若 $PS_{Passive}$ > 170 × 10^{-4} mL · g^{-1} · s^{-1}且 $f_{u,br}$ > 16%，则化合物的脑渗透性很可能不会被削弱（第 3 类）。第 4 类（由于补偿机制而渗透性未被削弱）和第 3 类（渗透性未被削弱）化合物都具有较高的 $PS_{Passive}$值，且渗透性值大量重叠。但这两个类化合物的$f_{u,br}$平均值相差很大。在这种比较中，如果一个受试化合物的$f_{u,br}$ > 3.4% 且 $PS_{Passive}$ > 170 × 10^{-4} mL · g^{-1} · s^{-1}，则其更可能是第 3 类而不是第 4 类化合物。第 2 类和第 1b 类化合物的特点是 $PS_{Passive}$值低，再次表明该参数至少在一定程度上导致了脑渗透性差。然而，这两个类别的$f_{u,br}$值明显不同（表 9. 3）。

尽管用于创建 BPC[72]的化合物总数可能需要增加，以便确认 Dagenais 等建议的递归分区规则[17]，但以上经验性的观察仍可能有助于药物的研发，因为 $PS_{Passive}$（PAMPA）和 $f_{u,br}$（使用微量滴定板进行的脑匀浆透析技术）可以在相对较低的成本下以高通量的速度测量。

9.7 计算机 BBB 模型

体内 BBB 转运特性计算机预测比基于模型的测试成本低得多，并可代替初步筛选中的直接测量法，甚至可预测尚未合成的化合物。用于预测 K_p 的计算机方法很多（Bendels 等[25]、Zhang 等[108]、Kortagere 等[109]），而能用于预测$f_{u,br}$和 $K_{p,uu}$的计算机方法很少（Fridén 等[26]）。对于 $PS_{Passive}$ 的预测已成为研究热点[15,18,22-24]。目前，已有在计算机上评估 Pgp 对体外物质转运影响的研究[110-111]。

9.8 体外内皮细胞模型的生物物理学分析

如上所述（9.4 节），除了个别情况，建立具有紧密连接的体外内皮细胞模型很难。此外，由于内皮细胞比上皮细胞薄得多，因此它们很脆弱且不能像单层上皮细胞（如 Caco -2/MDCK）一样剧烈搅拌。普遍认为大多数培养的内皮细胞模型都会渗漏，但直到最近才进行定量评估，并提出校正 ABL 耐药性和细胞旁路渗漏影响的策略[37]。许多研究者似乎更专注于开发功能性的培养的细胞模型，但并未以啮齿动物原位脑灌注渗透性为基准，充分探索优化试验方案，以提高体外－体内相关性（IVIVC）。表 9.1 列出了本节中涉及的 229 个渗透速率值（P_e）的来源。一些分子可作为细胞旁路标记物，并被用于测定细胞旁路参数（第 8 章）。细胞旁路参数被应用于建立 IVIVC 模型的 78 种非标记物。

9.8.1 计算方法

对内皮细胞渗透性数据的生物物理学分析与第 8 章所述的 Caco－2/MDCK 相同。然而，分析得出的参数与上皮细胞系统的参数有很大不同。Avdeef[37] 对细胞旁路和 ABL 参数进行了分析，这些参数源于多个实验室 14 项研究中多个物种的原始数据。表 9.1 中列出了涉及的脑微血管内皮细胞（BMEC）模型（猪、大鼠、小鼠、牛和人）及一些已公布的特性。

如前所述，生物物理模型渗透性分析分两个阶段进行。第一阶段（“水流体动力学”），分别采用一系列亲水性和亲脂性“标志物”分子测定细胞旁路和 ABL 特性。第二阶段（“跨细胞”），从表观 P_e值中去除上述水的作用得到 P_C值，P_C值仅表示跨内皮细胞膜的渗透性。

体外表观内皮渗透性 P_e可分解为 4 个基本成分：P_{ABL}、P_{filter}、P_C和 P_{para}（分别为水边界层、过滤器、跨内皮细胞膜和细胞旁路）[37]（参见 8.2 节）。

$$\frac{1}{P_e} = \frac{1}{P_{ABL}} + \frac{1}{P_f} + \frac{1}{P_C + P_{para}}。 \qquad (9.9)$$

水的扩散以 $P_{ABL} = D_{aq}/h_{ABL}$表征，其中 D_{aq}（$cm^2 \cdot s^{-1}$）是 37°C 时溶质的水的扩散系数（可用分子量估算[123]），h_{ABL}为体外细胞测定中的 ABL 厚度，可以通过搅拌速率[122]或 pK_a^{FLUX}方法进行预测[20]。采用微量滴定板法，在不搅拌的溶液中，h_{ABL}的典型值约为 1000～4000 μm，在以 600 RPM（$rev \cdot min^{-1}$）速度搅拌的溶液中，h_{ABL}的典型值约为 50～100 μm[20]。P_f是过滤器的“孔隙渗透速率”（参见 8.5.5 节）。一些研究者发现，与“半透明”滤板相比，“透明”塑料滤板的孔隙率要低得多（这限制了高渗透速率的测量），两种都是常用滤板。

对于细胞旁路标记分子（回归分析“阶段 1”），可假设体外跨内皮渗透性等于啮齿动物的原位脑灌注值，即 $P_C = P_C^{in\ situ}$。对于标记分子，这是一个合理的假设，因为体内 BBB 形成了非常紧密的连接，体内 ABL 实际上为零（前提是已用 Crone－Renkin 方程或等式进行了适当的流量校正[45]）。改良的 Adson 细胞旁路模型[37,121]可以用来计算体外 P_{para}。

可采用基于式（9.9）的加权非线性回归法[37,123,124]测定 meta 分析中 14 项研究中的各种细胞旁路和 ABL 参数，其中体外 P_e为因变量，$P_C^{in\ situ}$为自变量（参见 8.2、8.5

和8.6节)。可根据式(9.9)的对数形式，使用 pCEL－Xv3.1 程序（在 ADME 研究中）得到 h_{ABL}、ε/δ、$(\varepsilon/\delta)_2$、R 和 $\Delta\varphi$［参见式(8.16)］。

9.8.2 各个实验室体外 BMEC 渗透性数据的选择

对于形成紧密连接的 Caco－2 细胞，“标记”分子是亲水/带电荷的较小物质，其 $\log D_{OCT}<0$，P_C值（通常只能估算）非常低[123]。然而，当涉及极易渗漏的内皮细胞模型时（以高的和易变的 P_{para}值来表示），只要能准确地知道其 P_C值或 P_C估计值远小于 P_{para}的期望值，许多其他的低渗至中渗的分子也可用作细胞旁路标记物。由于 P_{para}是未知的先验值，所以选择标记物时仍有一些注意事项和技巧。

9.8.3 从实测渗透速率中得出水流体动力学的作用

在生物物理学模型分析的第1阶段（“水流体动力学”），假设将 P_f与 P_{ABL}结合起来，根据式(9.9)的重排形式，则 P_{para}定义为：

$$P_{para}=\frac{P_{ABL}\cdot P_e}{P_{ABL}-P_e}-P_C^{in\ situ}。\tag{9.10}$$

理想情况下，所选择的细胞旁路标记分子是亲水性的，并满足以下条件：$P_C^{in\ situ}\ll P_{para}$，$P_e\ll P_{ABL}$，使得 $P_{para}\approx P_e$。如果已知 $P_C^{in\ situ}$和 P_{ABL}，即使只是近似值，采用式(9.10)中的这些值也可得到更精确的 P_{para}。利用不同大小和电荷的标记分子，可以确定部分或全部细胞旁路参数 ε/δ、$(\varepsilon/\delta)_2$、R 和 $\Delta\varphi$。

为了确定 P_{ABL}对 P_e测量的上限，一种方法是选择可电离的、亲脂性的分子，这些分子在 pH 7.4 时属于渗透性 ABL－受限[20]。

9.8.4 体外 BMEC 跨内皮和固有渗透速率 P_C和 P_0

第2阶段（“跨细胞”）（通常适用于不是第1阶段标记物的分子）设法得到表观 P_e值中的跨细胞 P_C值。将水渗透性参数［ε/δ、$(\varepsilon/\delta)_2$、R、$\Delta\varphi$ 和 h_{ABL}］作为式(9.9)中的固定部分，应用于14个模型中（表9.1），能够算出229个 P_e值的体外 BMEC P_C值。该过程不包括作为细胞旁路标记物的亲水分子和作为 ABL 标记物的亲脂性分子：这些分子的 P_e是细胞旁路受限或 ABL－受限。229个 P_e值中约有1/3可用于分析 P_C和 P_0（使用37 ℃ pK_a值）[37]。

P_0值表示电离分子不带电形式的渗透性。固有 P_0值的应用扩大了 IVIVC 分析的动态范围。并且线性自由能关系（LFER）的描述通常基于分子的不带电荷形式，因此 P_0有很大意义[17]。

9.8.5 动态范围窗（DRW）

此处有两个限制条件。在此条件外，不能准确测定式（9.9）中的跨细胞渗透性 P_C。对于搅拌不良的细胞分析中的亲脂性分子，当 $P_e \approx P_{ABL}$ 时，仍无法测定 P_C。对于渗漏细胞培养中的亲水性分子，当 $P_e \approx P_{para}$ 时，不能准确地测定 P_C。这两个极限之间的渗透速率定义为动态范围窗（DRW）（参见 8.6.1 节）。

图 9.11 显示了弱碱（pK_a 为 9）在 4 种假设情况下，DRW 在 pH 5 和 pH 7.4 下对 P_e 的 IVIVC 的影响。S 形实线表示表观渗透速率 log P_e，为 pH 的函数。虚线表示跨细胞渗透速率 log P_C 对 pH 作图。这样的曲线是双曲线（假设 $P_i \ll P_{para}$），包含一个对角区域（对于碱，其单位斜率为当 pH≪ pK_a 时的斜率，如图 9.11b 所示）和一个水平区域，其中细胞渗透速率能达到其可能的最大值，即固有 log P_0（对于碱，pH ≫ pK_a）。水平虚线表示 log P_{ABL}。在非搅拌的试验中，log P_{ABL} 典型值约为 -4.5（图 9.11a

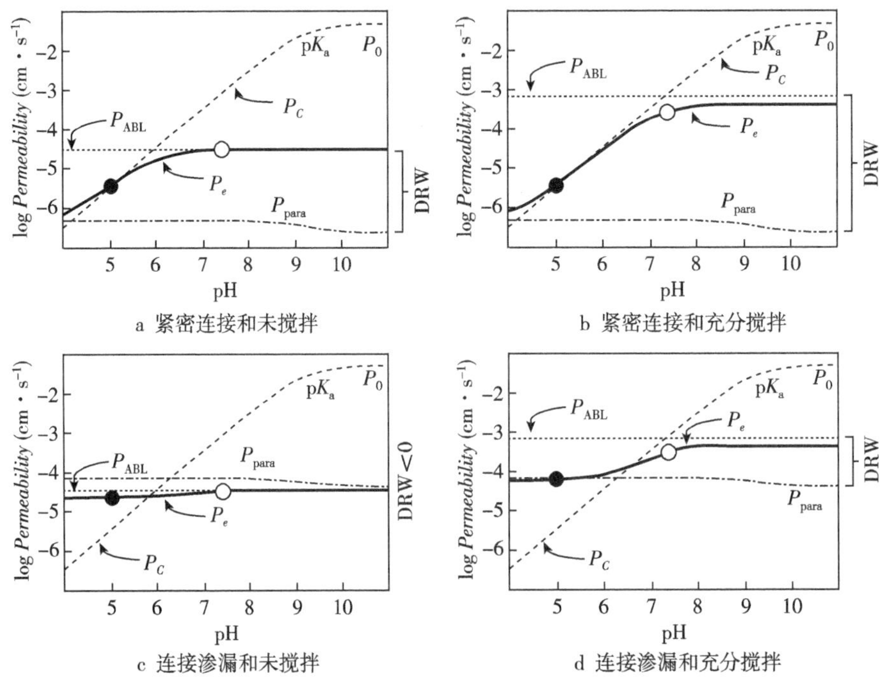

图 9.11 在搅拌和紧密连接 4 种情况下的模拟对数渗透率 - pH 曲线

［图示为可电离碱（pK_a 约为 9）。S 形曲线实线代表（可观察到的）表观渗透率 P_e。双曲虚线表示化合物的跨内皮（细胞）膜渗透性，曲线最大值表示固有渗透性 P_0。水平边界线表示水边界层渗透速率 P_{ABL}。S 形点划线表示计算得到的细胞旁路通透性 P_{para}，其弱 pH 依赖性归因于带负电荷的细胞旁路通道的阳离子选择性。虚线和点划线之间的间隙 DRW 是一个区域，此区域表观渗透性包含明显的跨内皮细胞膜作用。图 9.11c 是细胞旁路渗透性 ABL - 受限的一个例子，其中 $P_{para} > P_{ABL}$。转载自 AVDEEF A. How well can in vitro barrier microcapillary endothelial cell models predict in vivo blood - brain barrier permeability? Eur. J. Pharm. Sci., 2011, 43: 109 - 124。版权所有© 2011 Elsevier。经 Elsevier 许可转载］

和图9.11c)。在充分搅拌（如600 RPM）的试验中，log P_{ABL}升高至约 -3.2（图9.11b和图9.11d)。图9.11中的S形点划线表示计算出的［式（8.6)］细胞旁路渗透性 log P_{para}对 pH 作图。图中显示出的弱 pH 依赖性是由于主要细胞旁路通道[123-124]的阳离子选择性［式（8.10)］。当具有紧密的细胞连接时，log P_{para}曲线下降至约 -6.5（图9.11a 和图9.11b)。但当细胞连接有渗漏时，示例中 log P_{para}约为 -4.2（图9.11c 和图9.11d)。

如果连接处非常紧密，并且通过非常有效的搅拌基本去除了 ABL 层，则模拟示例中的两个点（pH 5 和 pH 7.4）将位于虚线上。该虚线以 log P_C对 pH 作图，为跨内皮细胞膜通透性曲线。这种情况很可能发生在图9.11b 中（紧密连接和充分搅拌)。图9.11c 描绘了较为常见的采用渗漏严重的单层细胞在未搅拌情况下进行的渗透性试验去评估跨内皮通透性的最差条件。在图9.11 c 中，P_C不能根据两个 P_e值中的任何一个确定。图中的其他两种情况介于两个极端之间，并且至少一个假设的 P_e值（pH 5.0 或 pH 7.4）可以转换为 P_C值，即位于 DRW 内且远离边缘极限的那个点。

沿 DRW 内的虚线，用来区分有不同 BBB 渗透性（P_C）分子的体外模型敏感性最高。当体外内皮细胞单层太脆弱而无法搅拌，且形成较易渗漏的连接时，DRW 会变小（甚至是负的，如图9.11c 所示)，从而导致无法以足够的敏感性区分被测化合物，也无法预测体内 BBB 渗透性。频繁渗漏的 BMEC 模型会限制可确定 P_C值的化合物数量，但有效搅拌能拓宽 DRW 上限，从而增加可确定 P_C值的（亲脂性）化合物的数量，然而搅拌的剪切力也会干扰单层的完整性（Zhang 等[79])。

9.8.6 细胞旁路和水边界层渗透性分析

表9.4 总结了通过实验室内皮细胞数据和式（9.9）回归设计对细胞旁路模型进行改进的结果[37]。随后，在第1阶段计算中（上）定义为细胞旁路分析标记的化合物，在第2阶段分析中（下）被赋值为零（如那些 $P_C < P_{para}$的化合物)。

表 9.4　BMEC 细胞旁路模型改进的结果[a]

研究者	物种	ε/δ	SD	R	SD	ε/δ_2	SD	h_{ABL}	SD	$-\Delta\varphi$	SD	GOF	n	$P_e(10^{-6}cm \cdot s^{-1})$				P_e蔗糖/
														尿素	甘露醇	蔗糖	棉籽糖	尿素
Lohmann 等[82]	猪	0.387	*	10.7	0			预校正		45	*	0	1	1.7	0.6	0.2	0.1	8
Franke 等[80, 81]		0.387	0.01	20.4	0.1			2019	36	45	*	0	2	3.3	1.6	0.9	0.6	4
Hüwyler 等[115]						12	1	472	*	45	*	1	2	186	113	85	71	2
Zhang 等[79]						26	5.5	107	*	45	*	13.5	16	403	244	183	154	2
Garberg 等[35]	大鼠	3.3	15.0	6.4	0.1	1.1	0.52	703	*	45	*	10.9	44	21	11	8	7	3
Garberg 等[35]	小鼠					6.37	1.89	821	273	45	*	4.5	20	99	60	45	38	2
Garberg 等[35]	牛	4.2	5.8	9.9	1.8	0.3	0.23	2616	634	45	36	5	22	21	8	4	3	5
Lundquist 等[116]		2.5	5.5	19.3	11.6	0.82	2.57	预校正		45	*	6.5	20	33	17	11	8	3
Johnson 和 Anderson[117]		4.8	6.9	14.6	*	4.2	1.9	1351	*	45	*	0.8	8	96	52	36	29	3
Rice 等[118]		5.4	12.8	14.3	*	6.6	1.2	67	*	45	*	1.1	13	136	76	53	43	3
Garberg 等[35]	人	1.7	106	5.1	0	4.3	1.6	1397	*	45	*	6.9	36	67	40	30	25	2
Weksler 等[75]		6.2	2.4	36.9	0.1	0.71	0.36	预校正		45	*	5.1	8	81	44	30	23	3
Poller 等[119]						5.4	1.4	预校正		45	*	7.8	4	83	50	38	32	2
Megard 等[120]						5.3	2.6	预校正		45	*	7.7	7	83	50	38	32	2

[a]在标准差 SD 列中的 * 表示参数未被优化。预校正是指用过滤和水边界层效应预先校正 P_e 值。

9.8.6.1 转运体效应

Garberg 等[35]研究了大鼠、小鼠和人的 BMEC 数据包括顶侧到底侧（AB）和底侧到顶侧（BA）方向的测量值。这两个方向数据都包含在生物物理模型分析中，并在某种程度上起到了平均抵消转运体的作用（AB 方向极化转运体的作用部分抵消了 BA 方向转运体的作用），如 8.9.1 节所述（图 8.17）。紫杉醇和 Tx－67 [118]有几种转运组合：AB 和 BA 方向、伴有和不伴有转运抑制剂。所有组合都包括在回归分析中。在抑制剂测试（GF120918、PSC833、维拉帕米等）或已公布的野生型和 P－糖蛋白（Pgp）基因敲除小鼠数据的案例中，相应的原位数据也同样进行了平均计算。

9.8.6.2 精确的细胞旁路参数

Garberg 等[35]根据对牛 BMEC 数据的分析，可以确定电位下降值 $\Delta\varphi$ 约为（－45±36）mV。由于在 meta 分析中缺少合适的带电的细胞旁路标记物，因此在所有其他 BMEC 中，$\Delta\varphi$ 设置为等于－45 mV，但无法精确[37]。该值非常接近在分析 Caco－2 数据时观察到的平均值为（－43±20）mV [123]（表 8.2）。

与 8.5.2 节中的 Caco－2/MDCK 试验相比，内皮细胞模型大多数易渗漏，如尿素、甘露醇、蔗糖和棉籽糖 P_e的预测值所示。对于大多数渗漏的 BMEC 系统，无法确定孔半径，只能确定（ε/δ）$_2$自由扩散项。从（5.3±2.6）（人 BMEC）到（26.0±5.5）cm^{-1}（猪 BMEC，600 RPM 搅拌速度）的高二次（ε/δ）$_2$容量因子，也表明此类系统的高渗漏性。在更紧密的连接中，可以确定 ε/δ 和（ε/δ）$_2$及 R。孔半径范围从（5.1±0.1）（人类 BMEC [35]）至（36.9±0.1）Å（人类 BMEC[75]）。

Galla 的实验室（Lohmann 等[82]、Franke 等[80－81]）利用猪原代细胞培养得到了最紧密的连接。但只有甘露醇和蔗糖这两种分子适合作为 Galla 小组涉及的化合物的细胞旁路标记物，并不能表征所有的细胞旁路参数。

最可靠的双孔隙评估来自对 Garberg 等[35]牛原代培养数据的分析。22 个细胞旁路标记足以表征 $\varepsilon/\delta=4.2$、$(\varepsilon/\delta)_2=0.3\ cm^{-1}$、R＝9.9 Å、$h_{ABL}=2616\ \mu m$ 和 $\Delta\varphi=-45$ mV（表 9.4）。牛的体外系统具有高密度（主要的）孔和低密度的自由扩散（次要的）水通道开口。

9.8.6.3 渗漏排序

由于每个实验室（其数据被应用于 meta 分析中）都有一些不同的细胞旁路标记物，并且不同实验室掌握的细胞制备方法不同，因此较难比较不同组之间的 ε/δ 和（ε/δ）$_2$及 R，就像上皮细胞 meta 分析一样（第 8 章）。图 9.12 显示了这 14 项研究的柱形图，每项研究都预测了细胞旁路渗透性较大的 4 种标记物：尿素、甘露醇、蔗糖和棉籽糖。4 项人 BMEC 研究显示出几乎相同的渗漏排序模式，这种模式不是最差的[79]，但也远说不上是最好的[80－82]。牛 BMEC 的研究显示出了显著的组间差异，Garberg

等[35]和 Lundquist 等[116]的数据表现出中等程度的紧密连接。在涉及的所有 BMEC 系统中，只有来自 Galla 组的猪实验结果[80-82]显示出真正紧密的连接，就像在典型的 Caco-2 系统中一样紧密[123]。以 600 转/分的转速搅拌会降低数据的质量[79]，也许较低的搅拌速度，如 50 转/分，更为适合。

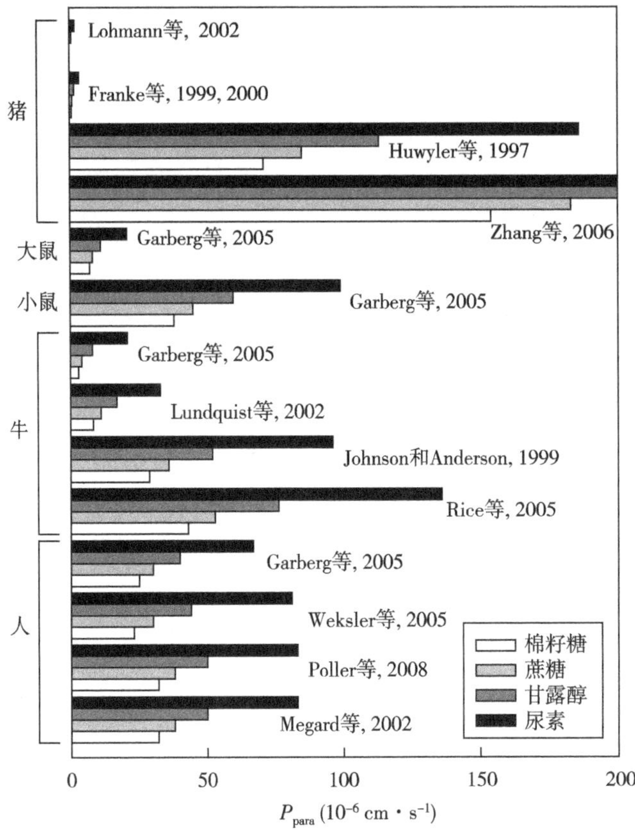

图 9.12　14 项 BMEC 研究的柱形图

（根据物种来源分组，每项研究都预测了细胞旁路渗透性较大的 4 种标记物：尿素、甘露醇、蔗糖和棉籽糖。转载自 AVDEEF A. How well can in vitro barrier microcapillary endothelial cell models predict in vivo blood - brain barrier permeability? Eur. J. Pharm. Sci.，2011，43：109-124。版权所有© 2011 Elsevier。经 Elsevier 许可转载）

9.8.6.4　尺寸排阻

紧密连接的 Caco-2 细胞试验表明尿素与蔗糖的细胞旁路渗透速率比值大于 1000（表 8.2）。Garberg 等[35]测定 Caco-2 模型的比率为 7[123]，这是人类小肠中典型的状态[124]。在内皮型 BMEC 模型（表 9.4）中，最大的比率只有 8（Lohmann 猪模型），其次是 5（Garberg 牛模型）。几乎所有其他的 BMEC 模型都显示出较低的比率，$P_{para}^{urea}/P_{para}^{sucrose}$ 为 2～3。

9.8.7 跨内皮细胞膜渗透性分析

将精确的细胞旁路参数（表9.4）输入 *p*CEL－X 程序，对 229 个经 meta 分析整理出的 P_e 值进行回归分析，试图确定其固有渗透速率 P_0。P_e越位于 DRW 中央，P_C的测定就越可靠。在涉及的 229 个 P_e值中，可表征细胞渗透性的仅有 78 例。

9.8.7.1 未校正（P_e）数据的 IVIVC 分析

图 9.13a～d 显示了（未校正的）log P_e与 log $P_C^{in\ situ}$（啮齿动物）的关系图。不同物种回归直线的斜率范围是 0.07（体外啮齿动物细胞系）至 0.39（猪原代单细胞培养）。在猪原代单细胞培养中，Zhang 等[79]以 600 转/分的速度进行搅拌，其斜率较低，数据点明显不同于未进行搅拌的 Galla 组中的点，且 Galla 组斜率更大。相关系数 r^2在 0.04（体外啮齿动物细胞系）至 0.33（猪原代单细胞培养）。因此，Avdeef[37]利用未校正的 P_e数据证实了先前的观察结果[35]，即 IVIVC 在许多 BMEC 模型中都很差，特别是在细胞旁路连接渗漏很严重的情况下。

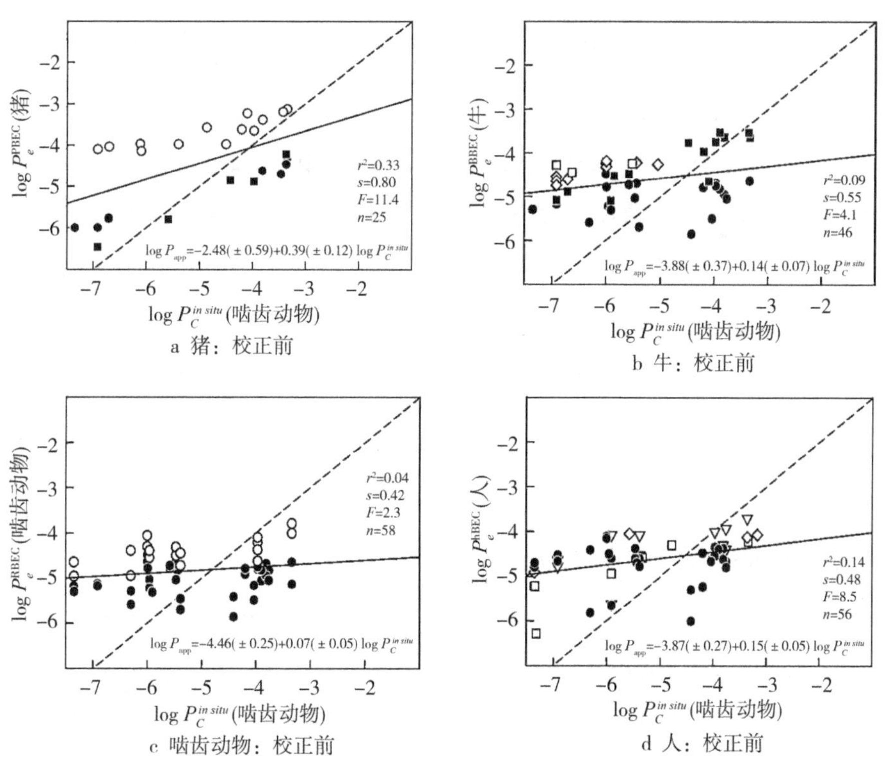

a 猪：校正前

b 牛：校正前

c 啮齿动物：校正前

d 人：校正前

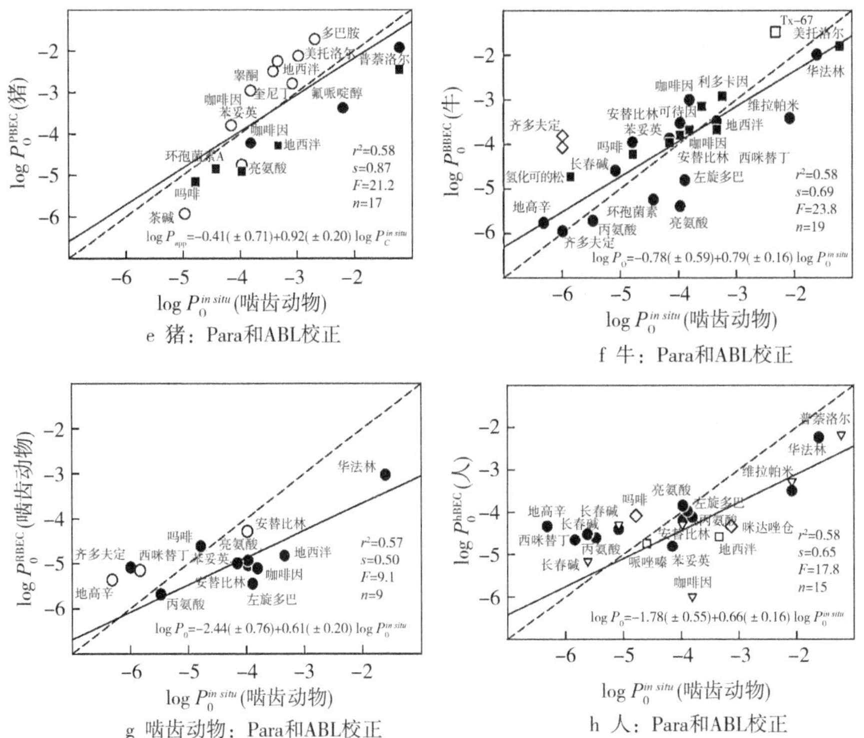

图9.13　图a～d显示了基于229个原始log P_e值的IVIVC，图e～h显示了成功测定的78个log P_0的IVIVC，并对相应的基于原位脑灌注的固有渗透速率log $P_0^{in\ situ}$值作图，图中共涉及5个物种

（图9.13a和图9.13e表示猪：黑色圆圈－Franke等[80-81]；黑色正方形－Lohmann等[82]；白色圆圈－Zhang等[79]。图9.13b和图9.13f表示牛：黑色圆圈－Garberg等[35]；黑色正方形－Lunquist等[116]；白色正方形－Rice等[118]；白色菱形－Johnson和Anderson[117]。图9.13c和图9.13g表示啮齿动物：黑色圆圈－大鼠，Garberg等[35]；白色圆圈－小鼠，Garberg等[35]。图9.13d和图9.13h表示人：黑色圆圈－Garberg等[35]；白色三角形－Megard等[120]；白色正方形－Weksler等[75]；白色菱形－Poller等[119]。转载自AVDEEF A. How well can in vitro barrier microcapillary endothelial cell models predict in vivo blood－brain barrier permeability? Eur. J. Pharm. Sci.，2011，43：109－124。版权所有© 2011 Elsevier。经Elsevier许可转载）

9.8.7.2　P_0数据改进的IVIVC分析

图9.13e～h显示了成功测定的78个log P_0的IVIVC，并对相应的基于原位脑灌注的固有渗透速率log $P_0^{in\ situ}$值作图，图中共涉及5个物种。校正后的体外原代牛共培养模型（图9.13f中的填充符号）与原位数据的相关性得到显著地改善。其他模型的相关性也较合理，特别是在图中高渗透性端。巧合的是，所有物种的r^2几乎一致（0.57～0.58）。然而，与体外啮齿动物模型的斜率0.61（图9.13g）相比，猪模型的单位斜率（图9.13e）表明其具有更高的系数。

9.9 原位脑血流灌注分析

如 9.5.3 节所述，原位脑灌注技术是一种重要的体内测量单向转移常数 K_{in} 的方法，反映了管腔 BBB 膜处的初始脑渗透速率［式（9.4）］。对于亲脂分子，K_{in} 被校正为从动脉到微毛细血管床的静脉侧的流体动力学的影响，从而得到渗透性－表面积的乘积 PS（“K_{in} 流量校正”）。管腔渗透性 $P_C^{in\ situ}$（$cm \cdot s^{-1}$）和内皮细胞表面积（每克脑组织）S（$cm^2 \cdot g^{-1}$）的乘积，通常采用如式（9.5b）所示的 Crone－Renkin 方程（CRE）来估算[90-92]。F_{pf}（$mL \cdot g^{-1} \cdot s^{-1}$）脑灌注液流速通常设置为地西泮的 K_{in} 值。地西泮是一种脂溶性药物，通常用于校准流速（“流量标记物”）[17,38,46,47]。

9.9.1 流量－限制窗口（FLW），在此范围内不能根据 K_{in} 确定 PS

在 8.2.1 节中，讨论了 Caco－2/MDCK 细胞模型案例研究，大部分受试分子显示出 ABL－限制渗透性（如图 8.2 至图 8.4）。实际上，研究者（以巨大的成本）测量的是化合物在水溶液中的非特异性扩散特性，而不是预期的细胞膜渗透性。ABL－限制渗透性可通过计算机预测，而无须进行任何测量。在 8.2.1 节中也提到了该法的许多后果，包括 IVIVC 较差。当渗透速率受到限制（而不是 ABL 受限制）时，使用原位脑灌注方法可能会出现同样问题。

正如 Avdeef 和 Sun[45] 所讨论的，当药物的 K_{in} 值接近或高于流量标记物地西泮的 K_{in} 值（$=F_{pf}$）时，Crone－Renkin 方程可能不可靠。这是因为在 CRE［式（9.5b）］中的 $1-K_{in}/F_{pf}$ 项需要大于零。否则，CRE 无解。在原位分析中，增加流速使其不受限制是不可行的。考虑到渗透性测量中的实验室间的差异（例如，安替比林、秋水仙碱和蔗糖的 $\log P_C^{in\ situ} \pm SD$ 值分别为 -4.1 ± 0.2、-5.3 ± 0.3 和 -6.9 ± 0.5，$n=13 \sim 21$ 文献值），接近或处于流量极限的亲脂性化合物不能总是满足临界条件（$1-K_{in}/F_{pf}$）> 0。因为这类分子 $\log K_{in} = \log F_{pf} \pm 0.3$（“流量限制窗”，FLW），基于地西泮的 CRE（位于 FLW 的中心附近）对近一半的流量限制型分子不起作用，并且会系统性地低估对另一半流量限制型分子的流量校正 PS 值。

Summerfield 等报道了 49 个大鼠原位脑灌注值[43]，其中 17 种物质（35%）的 K_{in} 大于地西泮。在该研究中，可能有多达 70% 的受试药物在某种程度上属于流量限制。在 Dagenais 等[17] Pgp 基因敲除小鼠的研究中，19 种药物中有 3 种的 K_{in} 超过了基于地西泮的 F_{pf}。还有其他一些不能使用地西泮的例子[62-63]。

在测定亲脂化合物（$\log K_{in} \approx \log F_{pf} \pm 0.3$，FLW）的管腔 BBB 渗透性时 $K_{in} > F_{pf}$，这个问题可能比实际情况更为普遍，因为原位脑灌注测量的正常偏差会导致 $K_{in} > F_{pf}$。如果没有正确考虑这方面，对于流量依赖性药物，通过原位灌注法测定的摄取清除值将（在计算时）被低估，并且可能无法可靠地与表征进入 BBB 的速率的分子或膜特性及随后脑细胞之间的分配速率关联起来。体内和体外流体力学特性不匹配可能会影响 IVIVC。

9.9.2 解决 Crone – Renkin 方程局限性的方法

探索了两种方法来解决上述实际局限性[45]。

首先，尽力确定明显的流量受限分子，其（流量校正的）管腔渗透性大于地西泮，这是为了找到地西泮的替代品。为了验证所选分子确实为流量受限分子，选择了可电离的药物，因为当这些药物在流量限制值之下时，BBB 渗透性对 pH 有一定的依赖[20]。然而第一种方法是无效的，因为在 FLW 范围内，大多数亲脂分子的 K_{in} 与地西泮的几乎相同[45]。

其次，探索具有高管腔 BBB 渗透性的可电离化合物渗透的 pH 依赖性，将其作为一种流量“自我校正”的方法[45]，就像在 pH 依赖性 Caco – 2 测量中已使用的以所谓的“flux – pK_a”方法来校正 ABL 电阻的影响一样，这与体外平面单层细胞渗透性模型相关的流体动力学效应有些不同[20,125]。尽管一些研究已经探索了 pH 改变对 BBB 性质的影响[126 – 129]，但在 Avdeef – Sun [45]的研究之前，Crone – Renkin 方程中固有的 pH 依赖性尚未得到利用。第二种方法是有效的[45]，且是一种克服 CRE 局限性的显而易见的方法。

在雄性 Sprague – Dawley 大鼠中，使用大鼠原位脑灌注技术评估 8 种药物（阿米替林、安替比林、阿替洛尔、阿托莫西汀、丙咪嗪、吲哚美辛、马普替林、舍曲林）pH 依赖的脑渗透速率（预计是有条件的流量限制）[45]。据报道，舍曲林和阿米替林的 Pgp 特异性最小，其“Pgp 效应”比值（$K_{in}^{knock\ out}/K_{in}^{wild\ type}$）分别为 1.2 和 1.0[17]。吲哚美辛的脑渗透速率在 pH 5.5 和 pH 6.5 条件下评估，而亲脂碱性药物的脑渗透速率在 pH 6.5 ~ 8.5 条件下评估。以安替比林和阿替洛尔为对照。用 LC/MS/MS 测定脑内药物浓度[45]。

9.9.3 BBB 中有 ABL 吗?

在平面单层体外模型中，ABL 可能是确定的表观渗透速率的重要组成部分。BBB 的腔侧表面是否具有相应的 ABL 渗透性？由于脑微毛细血管腔横截面的直径约为 4.1 ~ 5.3 μm[3]，因此循环药物离腔表面的距离不得超过 2 ~ 3 μm（见 9.2.1 节）。由于循环中的红细胞扩张成“香肠样”形状，以便挤入微小的微毛细血管腔中，因此亲脂性药物要么进入循环的红细胞中，要么被推入腔表面的糖萼中（图 9.1）。这表明在体内 BBB 处 ABL 的有效厚度约为 0.2 ~ 0.5 μm。对于分子量为 300 Da 的分子，预测 $P_{ABL}^{in\ situ}$ 约为 158 000 ~ 372 000（10^{-6}cm · s^{-1}个单位；参见 9.8.1 节）。这意味着可测量的 *PS* 上限约为 158 000 ~ 372 000（单位为 10^{-4} mL · g^{-1} · s^{-1}）。因此，ABL 渗透速率在几乎所有 BBB 渗透速率测定中都可以忽略。

但是，还需注意的是如图 9.14（用双筒解剖显微镜观察到了染料流动）所示，血液可能并不总是均匀地流经大脑中较大的毛细血管[130]。同样，流体流经大毛细血管的中央，不能与腔表面的液体充分混合（通常显示出更大的阻力）。在灌注实验中，某些微毛细管可能无法完全充满灌注液。但这与上述 ABL 效应并不完全相同，混合不均匀的现象需要进一步研究。

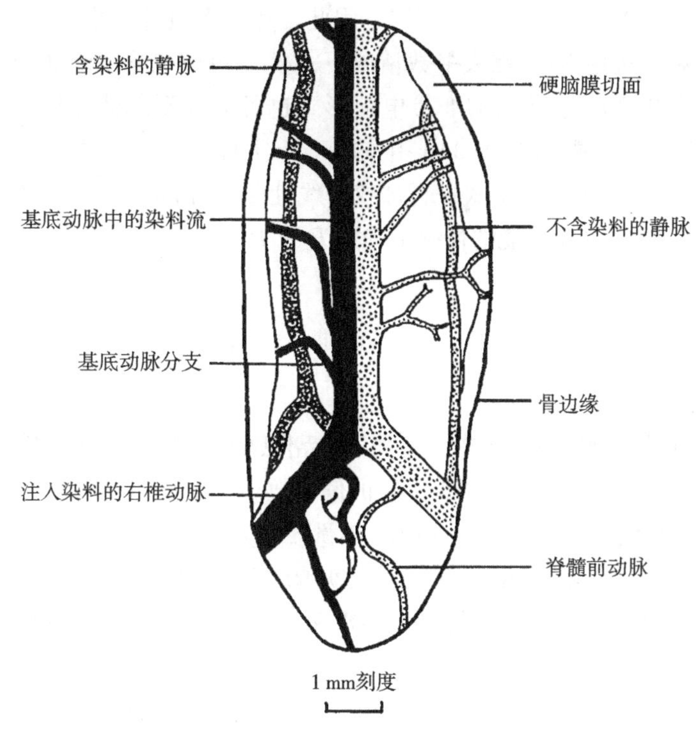

图 9.14 血液流动的显微图

（在右椎动脉中注入了染料。分叉点以后染料混合不佳，并且视图右侧的微毛细管无染料[130]。转载自 MCDONALD D A，POTTER J M. The distribution of blood to the brain. J. Physiol.，1951，114：356 - 371。版权所有© 1951 John Wiley 和 Sons。经许可转载）

9.9.4 pH - CRE（Crone - Renkin 方程）流量校正方法

对于可电离的分子，其被动扩散进入 BBB 的速率可用 pH 分配假说来解释：药物不带电形式的渗透性与其亲脂性成正比，带电形式实际上不能渗透。小部分不带电荷形式的弱酸/碱取决于灌注液的 pH 和分子的 pK_a。

如果在多个 pH 下测量一种可离子化药物的 K_{in}（酸 $pK_a < 9$ 或碱 $pK_a > 5$），则无须使用地西泮等标准流量标记物即可测定 F_{pf}[45]。对于单质子酸或碱、有效腔内渗透性 $P_e^{in\ situ}$ 和 pH 之间的关系可以表示为 3 个渗透性分量的总和：中性物质（$P_0^{in\ situ}$），在载体介导的作用下的带电物质（$P_i^{in\ situ}$），以及内皮细胞之间紧密连接处的细胞旁路水性通道孔渗漏的物质（$P_{\text{para}}^{in\ situ}$），前两个术语之和是内皮细胞膜的渗透性 $P_C^{in\ situ}$。

$$P_e^{in\ situ} = \frac{P_0^{in\ situ}}{(10^{\pm(pH-pK_a)}+1)} + \frac{P_i^{in\ situ}}{(10^{\pm(pK_a-pH)}+1)} + P_{\text{para}}^{in\ situ}。\tag{9.11}$$

其中，“-”表示碱，“+”表示酸。BBB 的非病理性细胞旁路连接是非常紧密的。由于蔗糖（342 Da）和菊粉（约 5600 Da）具有典型的体内 $P_e^{in\ situ}$值（主要是细胞旁路），分别约为 0.15 和 0.04×10^{-6}cm·s^{-1}[131]，因此，在大多数计算中可以估算式（9.11）中的 $P_{\text{para}}^{in\ situ}$（参见 9.9.5 节）。在大多数情况下，$P_i^{in\ situ}$可以忽略，除非药物的带电形式是载体介导转运的底物。（药物的非带电荷形式也可能受到载体介导的过程的影响。）在本节的其余部分，隐藏了式（9.11）中的 *in situ* 上标。

通过对式（9.5a）的对数形式进行加权非线性回归分析，可使用 *p*CEL-X 计算机程序[45]确定 F_{pf}、P_0，并在可能的情况下确定 P_i或 P_{para}（但不能同时确定两者），扩展成式（9.12）：

$$\log K_{\text{in}}^{\text{calc}}(F_{\text{pf}},P_0,P_i,P_{\text{para}}) = \log F_{\text{pf}} + \log\left[1 - e^{-\left(\frac{P_0}{(10\pm(pH-pK_a)+1)}+\frac{P_i}{(10\pm(pK_a-PH)+1)}+P_{\text{para}}\right)\cdot\frac{S}{F_{\text{pf}}}}\right]。\tag{9.12}$$

内皮表面积可取 100 cm^2·g^{-1}[132]。根据标准数学技术，采用 *p*CEL-X 程序中可计算参数 F_{pf}、P_0、P_i和 P_{para}的函数 $\log K_{\text{in}}$的偏导数。最小化加权残差函数如前面所述。

总之，可以采用以下方式将 pH-CRE 流量校正方法应用于流量限制的或接近流量限制的可电离药物（其 pK_a值在 37 ℃下是已知的[136]）：①在至少两个不同 pH 的缓冲液中测定 K_{in}值，缓冲液的 pH 范围为 5.5～8.5，以便分子处于或接近流量限制，且在一个 pH 缓冲液中的电荷最小，而分子在另一个 pH 缓冲液中充分带电，且低于流量限值；②利用式（9.12）分析 K_{in}与 pH 的函数关系，以确定固有渗透速率 P_0；③利用式（9.11）确定特定 pH 条件下的 P_C值。该方法不需要地西泮这样的外部流量校准物。此外，由于 F_{pf}的值也可通过分析确定［式（9.12）］，所以用于 pH-CRE 分析的药物也可作为传统 CRE 方法中地西泮的合适的替代品。pH-CRE 的最重要用途可能是获得相关的体内数据集以验证体外分析，对于亲脂性药物，已有文献在这一方面做得并不好。

9.9.5 BBB 的细胞旁路渗透性

对于不带电荷的分子，从式（9.11）的简化形式可得到 $P_{\text{para}} = P_e - P_C$。$P_C$项可以使用 PAMPA-BBB 模型（参见 9.10 节）来估计。对从文献中获得的 P_e值（表 9.7）进行类似 8.5.2 节和 8.8.2 节所述的回归分析，结果表明小孔［R =（4.8±0.4）Å］的密度高［ε/δ =（6.7±4.5）cm^{-1}］，而二次“自由扩散”孔的密度低［ε/δ_2 =（0.009±0.017）cm^{-1}］，如图 9.15 所示。这些参数可用于预测 P_{para}。例如，预计蔗糖的 $P_{\text{para}}^{\text{sucrose}} \approx 0.07 \times 10^{-6}$ cm·s^{-1}（*p*CEL-X）。

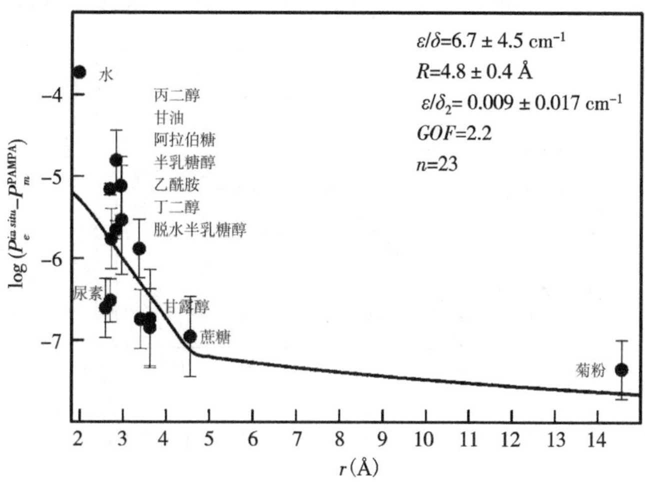

图 9.15　根据啮齿动物原位脑灌注数据，细胞旁路渗透性与分子流体力学半径的关系

9.9.6　渗透速率测定中的毛细管与平面流体动力效应

在毛细管-流量 CRE 中，pH 的函数 K_{in}［式（9.12）］具有类 S 形的形状（图 9.16 中的实线）。类似地，对基于体外平面单层细胞模型（如 Caco-2、MDCK）的表观渗透速率的对数形式 log P_{app}（pH 的函数）具有标准的 S 形（图 9.16 中的点划线）。显然，两者是相似的，但并不相同。体外平面细胞渗透性模型可用其基本组成 P_{ABL}（水边界层渗透速率）和 P_C表示如下：

$$\log P_{app} = -\log\left(\frac{1}{P_{ABL}^{in\ vitro}}+\frac{1}{P_C+P_{para}}\right)。\tag{9.13}$$

其中，$P_{ABL}^{in\ vitro}=D_{aq}/h_{ABL}^{in\ vitro}$且 P_C可能包括未带电和带电的药物［参见式（8.2）］。

图 9.16 说明了假设的中等亲脂碱性分子的毛细管和平面方程式的特征，该分子具有以下特定参数：$pK_a=9.0$，$P_0=0.01\ cm\cdot s^{-1}$，$P_i=0.000\ 01\ cm\cdot s^{-1}$，$S=100\ cm^2\cdot g^{-1}$，且 $F_{pf}=0.04\ mL\cdot g^{-1}\cdot s^{-1}$［log（$F_{pf}/S$）= -3.4］。为了比较两种流体动力学模型，图 9.16 中所示的计算假定 log P_{ABL} = -3.40［与 log（F_{pf}/S）相同］。

图 9.16 中的粗实线表示 log P_e［= log（K_{in}/S），参见式（9.12）］。虚线表示由于不带电荷的药物引起的跨细胞膜渗透速率［式（9.11），不包括 P_i和 P_{para}］，这与 pH-分配假说相符。水平虚线标出了由于流体动力作用产生的渗透速率极限（流量极限或 ABL）。点划线表示平面细胞模型的 log P_{app}［式（9.13）］。显然，毛细管模型和平面模型之间的主要区别出现在曲线的弯曲区域。曲线在折弯前的斜率为 1，在折弯后的斜率为零。折弯中间的 pH 称为 pK_a^{FLUX} 值[20]。该值为跨细胞膜的渗透速率达 50% 时的 pH，而另 50% 的渗透速率是由流体动力学效应而产生的表观/有效渗透速率。该 pH 由流体动力学渗透性水平线（点线，图 9.16）与跨细胞渗透性曲线的对角线部分（虚线，图 9.16）的交点表示。如第 7 章所述，可以根据公式 log P_0 = log（F_{pf}/S）+

| $pK_a - pK_a^{FLUX}$ | 估算可电离的流量受限分子（$P_0 \gg F_{pf}/S$）的固有渗透速率。

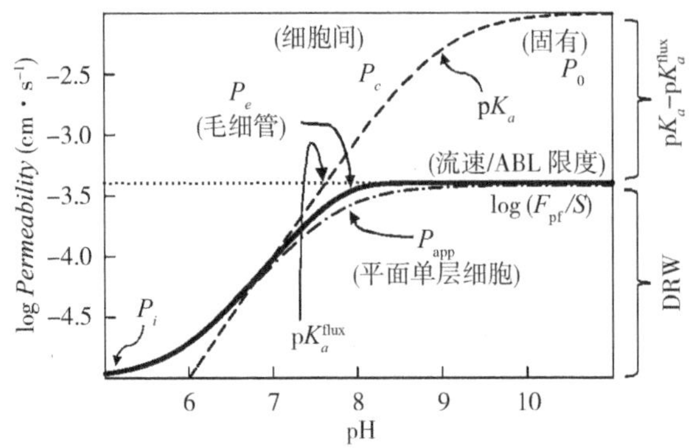

图 9.16　假想的中等亲脂碱性分子的毛细管和平面方程式的特征

｛(pK_a = 9.0，log P_0 = −2.0，log P_i = −5.0，P_{ABL} = −3.4（log 单位为 cm·s^{-1}），S = 100 cm^2·g^{-1}，F_{pf} = 0.04 mL·g^{-1}·s^{-1}（log（F_{pf}/S）= −3.4)。粗实线代表 log P_e［= log（K_{in}/S）］。虚线代表跨细胞膜渗透速率（无 P_i 和 P_{para} 的作用）。水平虚线标出了由于流体动力作用产生的渗透速率极限（流量极限或 ABL）。点划线表示平面细胞模型的 log P_{app}。pK_a^{FLUX} 值 50% 的渗透是细胞间渗透而另 50% 的渗透是表观渗透时的 pH。转载自 AVDEEF A，SUN N. A new in situ brain perfusion flow correction method for lipophilic drugs based on the pH - dependent Crone - Renkin equation. Pharm. Res.，2011，28：337 - 363。经 Springer Science + Business Media 许可转载｝

直接测量的渗透速率（实线，图 9.16）的动态范围窗（DRW）定义为实线顶部的最大可能值（$P_e^{max} = F_{pf}/S$）与完全显示的 S 形曲线底部的最小可能值（P_e^{min} = ｛P_i，P_{para}｝的最大值）之差。

9.9.7　有效血脑屏障渗透性与亲脂性

当将不同亲脂性分子 Caco - 2/MDCK 的 log P_{app} 值绘制为 log D_{OCT} 的函数时，如图 8.2 和图 8.4 所示，P_{app} 的最大值可以表示 P_{ABL}。采用完全相同的方法，可从 log K_{in} 与亲脂性（由 PAMPA - BBB 值表示）的函数关系中得到流量受限渗透性 log（F_{pf}/S）[45]。

图 9.17 为已公布的 132 个[17,43,62-63]原位脑灌注渗透性（未进行流量校正）log P_e［= log（K_{in}/S）］值与计算得到的 log $P_m^{PAMPA-BBB}$（pH 7.4）值的函数关系实验室数据图[45]，且跨膜渗透性不受流体动力影响。小鼠试验中灌注流速为 2.5 mL·min^{-1}[17,63] 时的脑血管流速与大鼠试验中灌注流速为 20 mL·min^{-1} 时产生的脑血管流速几乎相同（约 0.04 mL·g^{-1}·s^{-1}）[43,62]。地西泮 log P_e 的平均值为 −3.35[17,43]，由图 9.17 中的菱形符号表示。已报道的最高 log P_e（−3.14）值是舍曲林[43]。两个分子的 log P_e 之间的差异为 0.21，为实验室间原位测量的预期方差。舍曲林的值比 Dagenais 等[17]报道的数值大 0.32，再次表明了实验室间存在预期标准偏差（SD）。

图 9.17 中的实线和虚线定义了 FLW［log（F_{pf}/S）± SD］。在 FLW 中，132 个化合物中的 66 个（50%）被认为属于流量限制。如果选择 Summerfield 等[43]地西泮值

（ -3.48）为流量标记物，则 FLW 中 53% 的分子无法进行流量校正（因为 $1-K_{in}/F_{pf}$ <0）。如果选择 Dagenais 等[17]地西泮值（ -3.38）为流量标记物，则 27% 的分子无法进行流量校正。

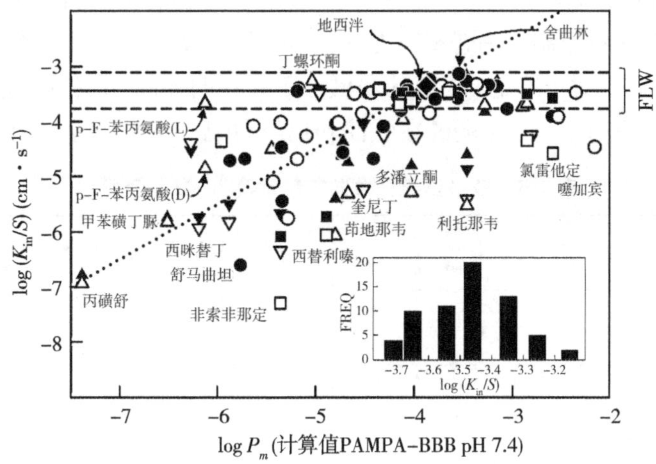

图 9.17　132 个原位脑灌注的 $\log P_e$ [$=\log(K_{in}/S)$] 值与 pH 7.4 PAMPA 膜渗透性 $\log P_m^{PAMPA-BBB}$ 的函数关系（无 ABL 效应）

[数据源于 Summerfield 等[43]（大鼠，圆圈，$n=49$）、Obradovic 等[62]（大鼠，正方形，$n=21$）、Dagenais 等[17]（小鼠，正三角形，$n=38$）和 Zhao 等[63]（小鼠，倒三角形，$n=24$）。地西泮的平均值由菱形符号表示。实线和虚线定义了流量限制窗口（FLW）。插图表示了 FLW 界定的 66 种化合物的频率分布。虚线表示通过地西泮点的单位斜率线，表明在没有流体动力学效应的情况下原位和 PAMPA 数据之间的预期关系。转载自 AVDEEF A, SUN N. A new in situ brain perfusion flow correction method for lipophilic drugs based on the pH - dependent Crone - Renkin equation. Pharm. Res.，2011，28：337 - 363。经 Springer Science + Business Media 许可转载]

图 9.17 中的插图是 FLW 界定的 66 种化合物的频率分布。显然，数量最大的流量限制分子的 K_{in} 值与基于式（9.12）的 pH 依赖性 CRE 分析所得的 K_{in} 值几乎相同[45]。该分布呈正态分布。

图 9.17 中的虚线表示通过地西泮点的单位斜率线，表明在没有流体动力学效应的情况下原位和 PAMPA 数据之间的预期关系。流量极限以下点的高度分散可部分归因于转运蛋白效应：外排（如非索非那定、西替利嗪、茚地那韦、利托那韦和奎尼丁）和载体介导的摄取（如 $p-F-$苯丙氨酸、$L-$对映体）。三角形表示小鼠的 K_{in} 值。实心三角形代表 Pgp - 敲除型 [KO；mdr1a（ -/- ）] 小鼠的结果；空心三角形代表野生型（WT）小鼠。

9.9.8　大鼠原位脑灌注测量值与 pH 的函数关系

表 9.5 总结了基于式（9.12）的加权非线性回归分析的结果。图 9.18 显示了 Avdeef 和 Sun 所研究的 6 种药物的渗透速率对数值与 pH 的关系图[45]。图中的实线为 $\log(K_{in}/S)$ 值与 pH 的最佳拟合。双曲虚线代表腔细胞膜渗透性 $\log P_C^{in\ situ}$ 与 pH 的关系。这些都遵

循 pH 分配假说的 pH 依赖性。对于流量受限的分子，理论上希望利用 Crone - Renkin 方程将实线（有效）表示的曲线转换为虚线（内腔）所表示的曲线。图 9.18 中的空心圆圈是实际的流量校正值，准确地表示了 PS 值。表 9.5 列出了精确的 F_{pf}、P_0和 P_i参数值。对于弱碱，足够的 pH 数据才能确定一个或两个参数。所有测得的亲脂碱性药物在 pH 7.4 ~ 8.5 的区间内均有流量限制。马普替林在 pH 7.4 时显示出管腔 pH 依赖性，而舍曲林在 pH 6.5 时也是如此。对于给定 pK_a值的弱碱，不存在明显的 pH 依赖性（如图 9.18 中的吲哚美辛和阿替洛尔），这是弱碱在碱性 pH 范围内属于流量受限的有力证据。

表 9.5 改进结果：单向转移常数为 pH 的函数[a]

化合物	pH	log（K_{in}/S）	参考文献	F_{pf}（mL·g^{-1}·s^{-1}）	log P_0	log P_i	*PS*（CRE）	*PS*（pH - CRE）	*GOF*	*n*
阿米替林	7.4	-3.27 ±0.06	[43]				—[c]	2997		
	8.0	-3.35 ±0.13	[45]				549	10 974		
	8.5	-3.35 ±0.13	[45]	0.051 ±0.003	-0.99[d]		—[c]	28 173	0.5	3
安替比林	5.5	-4.24 ±0.04	[45]				63	77		
	6.5	-4.30 ±0.12	[45]				54	77		
	7.4	-4.09 ±0.13	[45]				92	77		
	8.0	-4.15 ±0.06	[45]				80	77		
	8.5	-4.21 ±0.08	[45]	0.036[e]	-4.13 ±0.02		70	77	1.2	12
阿替洛尔	8.0	-6.62 ±0.00	[45]				0.24	0.24		
	8.5	-6.24 ±0.60	[45]	0.036[e]	-5.51	-7.25	0.57	0.58		2
阿托西汀	7.4	-3.49 ±0.12	[43]				—[c]	805		
	8.0	-3.59 ±0.16	[45]				549	3134		
	8.5	-3.50 ±0.20	[45]	0.031 ±0.002	-0.90[d]		—[c]	9295	0.4	3
丙咪嗪	7.4	-3.50 ±0.29	[45]				1437	1416		
	8.5	-3.50 ±0.03	[45]	0.032	-1.01		2150	15 260		2
吲哚美辛	5.5	-3.50 ±0.10	[45]				400	399		
	6.5	-4.39 ±0.08	[45]	0.081	-2.14		42	42		2
马普替林	7.4	-3.48 ±0.11	[43]				580	591		
	8.0	-3.29 ±0.09	[45]				—[c]	2335		
	8.5	-3.44 ±0.15	[45]	0.047 ±0.006	-0.62 ±0.21		691	7234	0.6	3
羟考酮[b]	7.4	-4.78 ±0.03	[129]				17	17		
	8.4	-4.04 ±0.05	[129]	0.126	-3.59	-5.47	94	95		2
舍曲林	6.5	-3.45 ±0.28	[45]				537	545		
	7.4	-3.14 ±0.12	[43]				—[c]	4202		
	8.5	-3.43 ±0.18	[45]	0.059 ±0.013	-0.91 ±0.51		590	37 881	1.0	3

[a] K_{in}是单向转移常数（mL·g^{-1}·s^{-1}）。假设内皮表面积为 $S = 100\ cm^2 \cdot g^{-1}$。固有渗透性（中性分子）用 P_0（cm·s^{-1}）表示。电离物质的渗透性用 P_i（cm·s^{-1}）表示。P_C（cm·s^{-1}）为在特定 pH 下的跨内皮渗透性。GOF 是基于式（9.11）的 *n* 点加权非线性回归分析的吻合度。F_{pf}是脑血管流速（mL·g^{-1}·s^{-1}）。*PS* 是基于传统 CRE 方法和新的 pH - CRE 方法的计算值。

[b] 30 μM 样品 +1 mM 吡咯胺抑制剂。

[c] 因为 $1 - K_{in}/F_{pf} < 0$，传统的 CRE 做不到。

[d] 估计的最小值。

[e] 加权平均值。

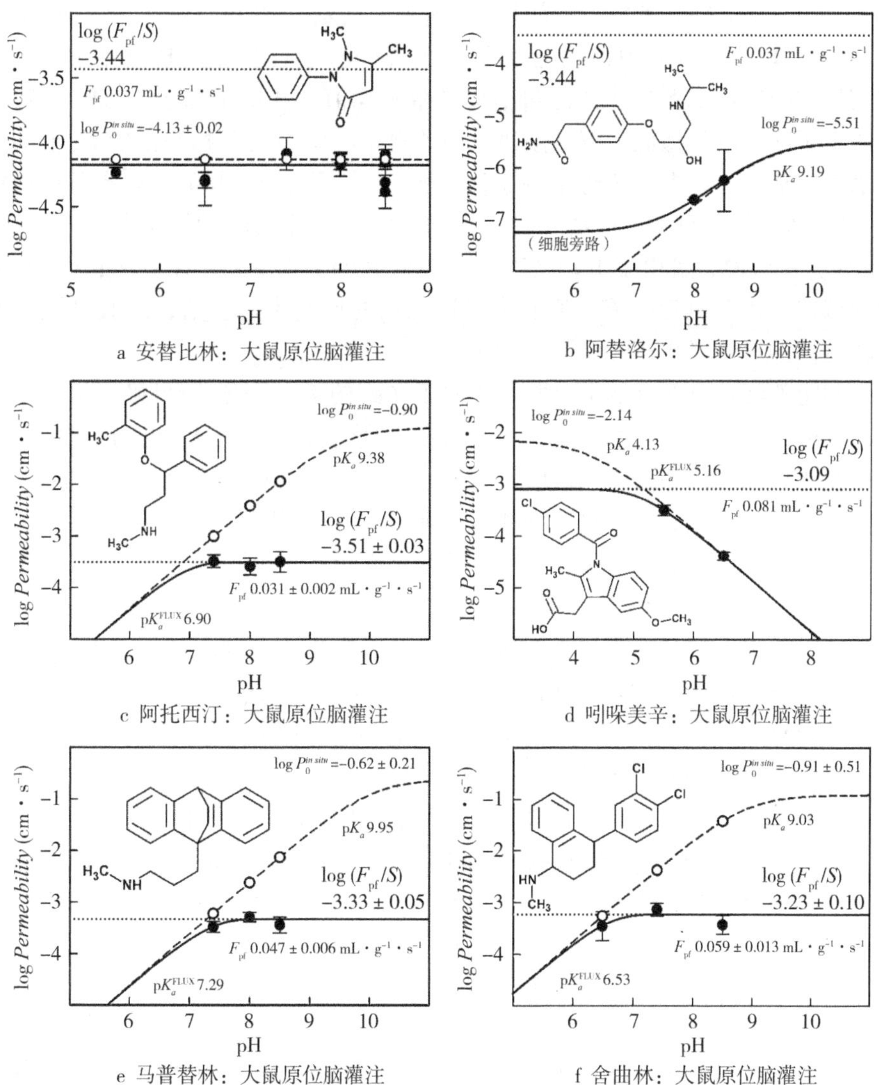

图 9.18 大鼠原位脑灌注测量了六种药物的渗透性与 pH 的函数关系

［图中的实线为 log（K_{in}/S）（ = log P_e）值与 pH 的最佳拟合。对于流量受限的分子，理论上希望利用 Crone - Renkin 方程将实线（有效）表示的曲线转换为虚线（内腔）所表示的曲线。空心圆圈表示采用 pH - CRE 方法确定的 P_C 值。转载自 AVDEEF A，SUN N. A new in situ brain perfusion flow correction method for lipophilic drugs based on the pH - dependent Crone - Renkin equation. Pharm. Res.，2011，28：337 - 363。经 Springer Science + Business Media 许可转载］

由于安替比林远低于流量限值（图 9.18a），因此回归分析中将亲脂弱碱性药物测定的 F_{pf}平均值作为固定贡献值。通过回归分析确定 P_0值为 - 4.13 ± 0.02（表 9.5）。该值与文献报道的值相当。CRE 流量校正值与基于式（9.11）（表 9.5）计算得到的 $P_C^{in\ situ}$值吻合得很好。安替比林对照化合物的 K_{in}值缺乏系统的 pH 依赖性，这表明在 30 s 灌注过程中，非生理 pH 不会破坏 BBB 的完整性。

在 Avdeef - Sun 的研究之前，尚未报道过阿替洛尔的 BBB 渗透性[45]。在 pH 5.5 和 pH 6.5 时，阿替洛尔可以用作细胞旁路渗漏对照物，但在较高 pH 下则不能。对阿替洛尔在 pH 8.0 和 pH 8.5 的多次测量值取对数平均值，并用于基于式（9.12）的回归分析中。由于阿替洛尔远低于流量限值，因此将亲脂弱碱性药物测定的 F_{pf}平均值作为固定贡献值包括在计算中（就像安替比林一样）。有了两个已知值，就有可能确定两个未知值：$\log P_0 = -5.51$ 和 $\log P_{para} = -7.25$。图 9.18b 证明了在 pH 大于 8 时 pH 依赖性遵循 pH 分配假说，且由于 BBB 细胞旁路水性孔的少量渗漏，在酸性 pH 中其显示出了预期的偏差（因为测定的 P_{para}值非常接近蔗糖的预期渗透性值，故假设该分子不是阳离子转运体的重要底物；参见图 9.15）。

两个测定的阿托莫西汀的 K_{in}值[45]和源于文献的第三个值[43]可确定 F_{pf} = （0.031 ±0.002） $mL \cdot g^{-1} \cdot s^{-1}$。由于在 pH 7.4（最低 pH）下的 K_{in}仍为流量限制（图 9.18c），基于精确 F_{pf}值的传统 CRE 在 pH 7.4 和 pH 8.5 时不起作用，并且在 pH 8.0 时将 PS 值低估了 6 倍（表 9.5），因此预计 $\log P_0 \geqslant -0.90$。

弱酸吲哚美辛的 K_{in}值随 pH 的升高而降低。在 pH 5.5 时，吲哚美辛 K_{in}的平均值为（0.032 ±0.008） $mL \cdot g^{-1} \cdot s^{-1}$，而在 pH 6.5 时，$K_{in}$的平均值降低至（0.0042 ±0.0008） $mL \cdot g^{-1} \cdot s^{-1}$（图 9.18d）。确定了吲哚美辛的两个 K_{in}值[45]可确定 F_{pf} =0.081 $mL \cdot g^{-1} \cdot s^{-1}$和 $\log P_0 = -2.14$。在 pH 5.5 时，K_{in}值略微受到流量的限制，但在 pH 6.5 时 K_{in}值不受流量的影响。图 9.18d 中的两点说明了基于 pH 分配假说的预期趋势。传统的 CRE 对这两点有适当（较小）的校正（表 9.5）。

从 Avdeef - Sun 公布的马普替林的两个 K_{in}值和文献值[43]可确定 F_{pf} = （0.047 ± 0.006） $mL \cdot g^{-1} \cdot s^{-1}$和 $\log P_0 = -0.62 \pm 0.21$。该分子在所研究药物中固有渗透性最高，也是文献中报道的最高分子之一。传统的 CRE 在 pH 7.4 时根据精确的 F_{pf}能得到合理的 PS 值，但在 pH 8.0 时不起作用，并且在 pH 8.5 时将 PS 值低估了 11 倍（表 9.5）。

舍曲林的 K_{in}值随 pH 的增加而略有增加。在 pH 6.5 时，K_{in}值为（0.035 ±0.022） $mL \cdot g^{-1} \cdot s^{-1}$，而在 pH 8.5 时，$K_{in}$值为（0.037 ±0.015） $mL \cdot g^{-1} \cdot s^{-1}$（图 9.18f）。这 3 个 K_{in}值可确定舍曲林的 F_{pf} =0.059 ±0.013 及 $\log P_0 = -0.91 \pm 0.51$。传统的 CRE 在 pH 6.5 时根据精确的 F_{pf}能得到合理的 PS 值，但在 pH 7.4 时不起作用，并在 pH 8.5 时将 PS 值低估了 64 倍（表 9.5）。

Okura 等[129]报道了羟考酮在 pH 7.4 和 pH 8.4 条件下的大鼠原位脑灌注研究（以 4.9 $mL \cdot min^{-1}$的流速在 30 s 的间隔内）。对他们的 K_{in}数据经过回归分析[45]，以说明 pH 分配假说的影响。确切地说，测试了存在 1 mM 吡拉明抑制剂的情况，其中载体介导过程在很大程度上达到饱和。依据 Okura 等报道的 F_{pf} =0.126 $mL \cdot g^{-1} \cdot s^{-1}$，在 1 mM吡拉胺抑制剂存在情况下，对 30 μM 羟考酮的 K_{in}数据进行分析，得出 $\log P_0 = -3.59$和 $\log P_i = -5.47$。

9.9.9 平均脑血管流速的确定：文献比较

图 9.18 表明了在流速受限条件下的 $\log P_e$，包括 pH 7.4、pH 8.0 和 pH 8.5 时阿米

替林、托莫西汀、丙咪嗪和舍曲林的渗透速率值，以及 pH 8.0 和 pH 8.5 下马普替林的渗透速率值。基于上述 12 个测定，确定了加权平均值 log（F_{pf}/S）为 -3.44 ± 0.11 [$F_{pf}=(0.036\pm0.009)\ mL\cdot g^{-1}\cdot s^{-1}$]，该均值与图 9.17 中最可能的 FLW 值十分吻合。据文献记载，F_{pf} 值（啮齿动物/ mL · min^{-1} 流速）有 0.043（小鼠/2.5）[17]、0.071（大鼠，小鼠/1.0）[41]、0.069（大鼠/4.5）[133]、0.040（大鼠/4.0）[134]、0.070（大鼠 10.0）[4] 和 0.050（小鼠/2.5）[54] $mL\cdot g^{-1}\cdot s^{-1}$。表 9.7 还包含了其他参数值。

9.9.10 pH－CRE 法：pH 7.4 和 pH 6.5 下的马普替林

尽管通过 pH－CRE 法测量的任一亲脂性碱在 pH 7.4 时均可作为流动标记物，但在研究亲脂性 CNS 药物时，马普替林仍被推荐为地西泮的替代药物。马普替林不仅是迄今为止渗透性最好的分子之一，而且它还是一种含有仲胺的碱，其 pK_a（9.95）明显高于其叔胺型。这就可灵活地选择用于测量 K_{in} 值时的 pH，以便更好地采用 pH－CRE 法。在以马普替林为研究对象的 pH－CRE 法中，将 KRB 缓冲液调节至 pH 7.4（使用 10 mM HEPES 缓冲液）和 pH 6.5（使用 10 mM MES 缓冲液）是最优的条件。

一般来说，对于任何的亲脂性碱（所有的 $P_0\gg F_{pf}/S$），推荐使用 pK_a^{FLUX} 法来确定最佳测定的 pH，如 7.7 节所述。与式（7.34）类似，$\log P_0=\log(F_{pf}/S)+|pK_a-pK_a^{FLUX}|$，式中使用了预测的（如 pCEL－X）BBB 内渗透速率 P_0，以及 $F_{pf}/S=0.036/100\ cm\cdot s^{-1}$。因此，对于亲脂性碱，$pK_a^{FLUX}\approx pK_a-\log P_0-3.44$。可选择两个最佳的 pH，分别位于 pK_a^{FLUX} 的估算值处和在低渗透处（参考 7.7 节和图 7.38），约位于 1.7 pH 单位外（pH 5.5～8.5）[135]。最少需要确定两个 pH，若测试分子可能是载体介导的运载过程的底物，则推荐使用更多的 pH 进行实验[125]。

9.10 用于研究 BBB 被动渗透的 PAMPA－BBB 组合模型

对于转运机制未知的 NCEs 来说，对其 BBB 被动渗透性的预测可证实载体介导转运过程的存在。

Dagenais 等[17] 构建了一种可用于预测 BBB 渗透性的组合式 PAMPA 模型，其中 PAMPA 膜由溶解在十二烷中的 20% w/v 卵磷脂组成。尽管对 BBB 渗透性的预测结果是合理的，但是 PAMPA 膜的实验结果与鼠类原位脑灌流通透性的化学选择系数（*SC*）不相符[18]。Tsinman 等[18] 致力于研发一种改良版的 PAMPA 膜配方，为此他们提出了一种新的 PAMPA－BBB 组合模型，该模型的配方基于 10% w/v 猪脑脂质提取物（PBLE），与 Di 等[15-16] 使用的方法相比，他们在一种比十二烷烃更黏稠的烷烃中加入了 5 倍浓度的脂类物质，同时采用了更薄的膜（参见 9.3.5 节）。在 pH 7.4 的接收缓冲液中加入一种新的促沉降形成表面活性剂[18]。

108 种化合物的10% PBLE PAMPA－BBB 模型内在渗透速率值（表9.6）与197 种已公布的鼠类原位脑灌流 PS 测量值（表9.7 为原位数据库扩展）有相关性。Tsinman 等[18]证明了 PAMPA－BBB 新模型的理化选择性与原位数据较为匹配，对于一系列的被动渗透弱碱基，其 $SC=0.97$。这种理化选择的特性可用 Abraham 的线性溶剂化自由能描述符来表征[23]。对 PAMPA－BBB 模型进行了额外的 85 次原位鼠脑灌注测验（在模型训练中未使用），以检测是否可能存在外排或主动转运的情况[18]。

表9.6　PAMPA－BBB 模型（含10%猪脑脂质提取物的黏性烷烃）[a]

化合物	$\log P_0^{PAMPA-BBB}$	SD	$P_m^{7.4}$ (10^{-6}cm·s^{-1})	化合物	$\log P_0^{PAMPA-BBB}$	SD	$P_m^{7.4}$ (10^{-6}cm·s^{-1})
阿芬太尼	-4.94	0.09	11	洛代他汀酸	-3.65	0.09	0.2
阿米替林	-1.27	0.04	435	洛沙平	-2.55	0.09	829
阿莫沙平	-2.37	0.09	289	马普替林	-0.56	0.11	311
安替比林	-6.14	0.01	0.7	美法仑	-7.51	0.05	0.03
阿司咪唑	-1.39	0.08	2422	哌替啶	-1.68	0.09	1290
托莫西汀	-1.83	0.04	79	美索达嗪	-4.33	0.07	14
布马佐辛	-2.87	0.07	99	美沙酮	-2.18	0.09	166
安非他酮	-3.13	0.23	101	甲氨蝶呤	-7.04	0.30	0.001
丁螺环酮	-3.85	0.07	55	甲氧氯普胺	-1.11	0.07	380
咖啡因	-5.92	0.01	1.2	米氮平	-2.61	0.02	579
卡马西平	-4.54	0.01	29	吗啡	-4.47	0.05	4.8
西替利嗪	-4.75	0.06	9.4	纳曲酮	-2.23	0.16	659
苯丁酸氮芥	-2.45	0.05	5.6	萘普生	-2.63	0.11	0.6
氯丙嗪	-1.46	0.04	496	柚皮素	-3.94	0.07	115
西咪替丁	-6.40	0.03	0.4	羟考酮	-3.32	0.11	12
西酞普兰	-2.09	0.08	99	紫杉醇	-3.40	0.09	398
氯氮平	-2.58	0.05	632	培高利特	-1.45	0.06	315
可待因	-3.68	0.08	27	奋乃静	-1.66	0.11	1612
秋水仙碱	-6.35	0.03	0.4	p－F－苯丙氨酸	-6.13	0.09	0.7
皮质酮	-4.65	0.01	22	苯乙肼	-2.20	0.16	2236
环孢素 A	-4.10	0.21	79	苯妥英	-4.34	0.06	41
柔红霉素	-2.71	0.06	10	哌唑嗪	-4.47	0.02	27
新皮啡肽Ⅱ	-6.51	0.06	0.3	丙磺舒	-2.97	0.08	0.06
地西泮	-3.83	0.01	148	黄体酮	-3.58	0.04	263
地高辛	-6.12	0.09	0.8	槲皮素	-1.93	0.14	87
地尔硫䓬	-3.18	0.07	128	吡拉明	-2.63	0.08	90
苯海拉明	-2.64	0.09	44	普萘洛尔	-4.40	0.23	39
双嘧达莫	-3.44	0.05	340	喹硫平	-2.98	0.04	583
多潘立酮	-3.36	0.03	4.5	奎尼丁	-2.85	0.08	93
多塞平	-1.60	0.04	223	奎宁	-2.99	0.07	68
阿霉素	-4.23	0.34	0.3	利培酮	-4.00	0.06	28
阿片受体激动剂	-6.22	0.68	0.6	利托那韦	-4.24	0.02	57

续表

化合物	$\log P_0^{PAMPA-BBB}$	SD	$P_m^{7.4}$ ($10^{-6}cm \cdot s^{-1}$)	化合物	$\log P_0^{PAMPA-BBB}$	SD	$P_m^{7.4}$ ($10^{-6}cm \cdot s^{-1}$)
麦角胺	-2.50	0.06	1823	S-145	-3.60	0.09	0.8
乙琥胺	-5.83	0.03	1.5	水杨酸	-3.34	0.09	0.02
依托泊苷	-6.17	0.27	0.6	沙奎那韦	-3.82	0.03	114
芬太尼	-3.22	0.08	76	舍曲林	-1.73	0.08	291
非索非那定	-5.17	0.15	4.9	SNC121	-2.91	0.21	201
氟西汀	-1.39	0.04	166	舒马普坦	-4.86	0.36	0.4
氨奋乃静	-2.36	0.16	1326	特非那定	-0.54	0.19	1002
氟比洛芬	-2.35	0.01	2.7	睾酮	-3.99	0.03	102
氟伐他汀酸	-3.56	0.09	0.2	可可碱	-8.00	0.09	0.01
加兰他敏	-3.41	0.07	22	茶碱	-6.41	0.07	0.4
格列本脲	-3.17	0.03	15	甲硫哒嗪	-1.27	0.05	1972
氟哌啶醇	-2.06	0.05	464	甲苯磺丁脲	-3.86	0.11	0.8
洛哌丁胺	-5.17	0.03	6.7	齐夫多定	-2.94	0.03	534
羟嗪	-3.72	0.04	82	三氟拉嗪	-1.96	0.07	1442
布洛芬	-2.64	0.03	3.5	U69593	-2.23	0.14	73
伊马替尼	-3.81	0.03	60	丙戊酸	-3.77	0.09	0.5
茚地那韦	-5.17	0.05	6.7	文法拉辛	-2.17	0.07	32
吲哚美辛	-2.67	0.04	3.1	维拉帕米	-2.03	0.04	196
拉莫三嗪	-3.44	0.08	359	长春碱	-4.36	0.05	32
左旋多巴	-7.81	0.09	0.015	长春新碱	-4.54	0.10	14
利多卡因	-3.65	0.04	49	华法林	-3.21	0.09	1.4
氢化可的松	-2.67	0.08	102	曲唑酮	-6.24	0.07	0.6

[a] *p*ION PAMPA-BBB 模型（Tsinman 等）[18]。

表 9.7 原位脑灌注渗透性数据库[a]

化合物	动物	$\log P_0^{BBB}$	PS ($10^{-4}mL \cdot g^{-1} \cdot s^{-1}$)	Flow ($mL \cdot min^{-1}$)	F_{pf} ($mL \cdot g^{-1} \cdot s^{-1}$)	说明	参考文献
17b-雌二醇-D-17b-葡糖苷酸	小鼠	-1.29	1.6	2.5	0.043	~mrp1（-/-）	[52]
1-氨基环己烷羧酸	大鼠	-5.99	1		0.089	K_d	[164]
3-羟基蒽醌磺酸	大鼠	2.72	1.3	5.0	0.095	Passive	[171]
3-羟基犬尿氨酸	大鼠	-6.49	0.3	5.0	0.095	K_d	[171]
5-F-尿嘧啶	大鼠	-5.67	1.7			i.v.	[28]
Ac-（N-Me-Phe）$_3$-NH_2（Ⅵ）	大鼠	-4.47	34	4.5	0.069	0.5 mM verap	[133]
Ac-（N-Me-Phe）$_3$-NH（Me）（Ⅶ）	大鼠	-4.06	88	4.5	0.069	0.5 mM verap	[133]
乙酰胺	大鼠	-5.04	9.04				[27]
乙酰胺	大鼠	-4.98	10		0.019~0.040	i.v.	[142]

续表

化合物	动物	$\log P_0^{BBB}$	PS（10^{-4}mL·g^{-1}·s^{-1}）	Flow（mL·min^{-1}）	F_{pf}（mL·g^{-1}·s^{-1}）	说明	参考文献
乙酰胺	大鼠	-5.12	7.6				[38]
Ac-Phe（N-Me-Phe)$_2$-NH_2（Ⅴ）	大鼠	-5.31	4.8	4.5	0.069	0.5 mM verap	[133]
Ac-Phe-NH_2（Ⅰ）	大鼠	-5.80	1.6	4.5	0.069	0.5 mM verap	[133]
Ac-Phe-Phe（N-Me-Phe）-NH_2（Ⅳ）	大鼠	-5.74	1.8	4.5	0.069	0.5 mM verap	[133]
Ac-Phe-Phe-NH_2（Ⅱ）	大鼠	-6.28	0.5	4.5	0.069	0.5 mM verap	[133]
Ac-Phe-Phe-Phe-NH_2（Ⅲ）	大鼠	-6.39	0.4	4.5	0.069	0.5 mM verap	[133]
腺苷	大鼠	-4.42	38			i. v.	[49]
腺苷	大鼠	-5.25	5.7			K_d	[157]
醛固酮	大鼠	-5.46	3.5		0.010	i. v.	[140]
阿芬太尼	小鼠	-2.98	969	2.5	0.043	mdr1a（-/-）	[63]
阿芬太尼	小鼠	-3.19	607	2.5	0.043	WT	[63]
阿夫唑嗪	小鼠	-4.64	15	2.5	0.043	bcrp（-/-）	[44]
阿夫唑嗪	小鼠	-4.87	9	2.5	0.043	WT	[44]
金刚烷胺	大鼠	-1.61	19	20.0	0.073	5~50 μM	[43]
金刚烷胺	大鼠	-0.86	110			saturable	[156]
氨基胍	大鼠	-5.85	1.4			NS	[165]
氨基比林	大鼠	-3.30	501				[38]
阿米替林	大鼠	-1.48	963	20.0	0.073	5~50 μM	[43]
阿米替林	小鼠	-1.13	2190	2.5	0.071	mdr1a（-/-）	[17]
阿米替林	小鼠	-1.43	1089	2.5	0.071	WT	[17]
阿莫沙平	大鼠	-2.75	688	20.0	0.073	5~50 μM	[43]
邻氨基苯甲酸	大鼠	-4.91	12	5.0	0.095	Passive	[171]
安替比林	大鼠	-4.00	100	10.0	0.070		[4]
安替比林	大鼠	-4.13	75	6.0	0.070		[55]
安替比林	大鼠	-3.82	153				[27]
安替比林	大鼠	-4.00	100	6.0	0.045		[48]
安替比林	大鼠	-3.93	118		0.070	i. v.	[184]
安替比林	大鼠	-3.84	146		0.070	i. v.	[185]
安替比林	大鼠	-3.70	199		0.019~0.040	i. v.	[142]
安替比林	大鼠	-4.34	45	20.0	0.070	Mixed	[62]
安替比林	大鼠	-3.97	107				[38]
安替比林	狗	-4.05	89		0.070	i. v.	[91]
阿拉伯糖	大鼠	-6.63	0.23		0.019~0.040	i. v.	[142]

续表

化合物	动物	$\log P_0^{BBB}$	PS（10^{-4}mL·g^{-1}·s^{-1}）	$Flow$（mL·min^{-1}）	F_{pf}（mL·g^{-1}·s^{-1}）	说明	参考文献
精氨酸加压素	豚鼠	-7.67	0.021			K_d	[147]
抗坏血酸	大鼠	-2.54	0.1				[28]
阿司咪唑	小鼠	-2.61	280	2.5	0.043	mdr1a（-/-）	[17]
阿司咪唑	小鼠	-2.66	246	2.5	0.043	WT	[17]
托莫西汀	大鼠	-1.27	423	20.0	0.073	5~50 μM	[43]
AZ 11003	大鼠	-2.75	295	6.0	0.045		[48]
AZ 12002	大鼠	-1.29	3.2	6.0	0.045		[48]
AZ 13007	大鼠	-0.87	268	6.0	0.045		[48]
AZ 22001	大鼠	-2.82	12	6.0	0.045		[48]
AZ 26006	大鼠	-3.79	5	6.0	0.045		[48]
AZ 95005	大鼠	-4.61	25	6.0	0.045		[48]
贝氏叶酸拮抗剂	大鼠	-6.74	0.2			i. v.	[28]
乙酰甲酯化2，7-双-（羧乙基）-羧基-荧光素	大鼠	-4.29	49	5.0		Passive	[193]
卡莫司汀	大鼠	-3.81	154			i. v.	[28]
脑啡肽二聚体	大鼠	-6.00	0.39			Uptake? Saturable?	[173]
博来霉素	大鼠	-6.43	0.014			i. v.	[28]
布马佐辛	小鼠	-2.76	128	2.5	0.043	mdr1a（-/-）	[59]
布马佐辛	小鼠	-2.96	81	2.5	0.043	WT	[59]
溴苯那敏	大鼠	-1.58	414	20.0	0.080	CsA	[62]
溴苯那敏	大鼠	-1.74	280	20.0	0.080	No CsA	[62]
安非他酮	大鼠	-2.09	311	20.0	0.073	5~50 μM	[43]
丁螺环酮	小鼠	-2.53	1136	2.5	0.071	mdr1a（-/-）	[17]
丁螺环酮	小鼠	-2.58	1016	2.5	0.071	WT	[17]
丁二醇	大鼠	-5.03	9				[27]
丁醇	大鼠	-2.88	1332				[27]
丁酸	大鼠	-2.15	19		0.080	i. v.，CM	[182]
咖啡因	大鼠	-4.00	100	10.0	0.070		[4]
咖啡因	大鼠	-3.98	104	10.0	0.070		[39]
咖啡因	大鼠	-3.70	199		0.019~0.040	i. v.	[142]
咖啡因	大鼠	-3.73	186				[38]
咖啡因	小鼠	-3.63	234				[57]
卡马西平	大鼠	-3.74	180	20.0	0.073	5~50 μM	[43]
卡马西平	小鼠	-3.26	543	2.5	0.043	mdr1a（-/-）	[17]
卡马西平	小鼠	-3.32	482	2.5	0.043	WT	[17]

续表

化合物	动物	$\log P_0^{BBB}$	PS（10^{-4}mL·g^{-1}·s^{-1}）	Flow（mL·min^{-1}）	F_{pf}（mL·g^{-1}·s^{-1}）	说明	参考文献
环己亚硝脲	大鼠	-4.00	100			i. v.	[28]
西替利嗪	大鼠	-5.63	2	20.0	0.080	CsA	[62]
西替利嗪	大鼠	-5.96	1	20.0	0.080	No CsA	[62]
苯丁酸氮芥	大鼠	-0.80	251	10.0	0.070		4
扑尔敏	大鼠	-1.84	223	20.0	0.080	CsA	62
扑尔敏	大鼠	-1.83	232	20.0	0.080	No CsA	62
氯丙嗪	大鼠	-1.33	660	20.0	0.073	5～50 μM	43
氯丙嗪	小鼠	-1.23	834	2.5	0.071	mdr1a（-/-）	17
氯丙嗪	小鼠	-1.22	861	2.5	0.071	WT	17
胆碱	大鼠	-6.00	1	13～16 kPa	0.060	K_d	167
西咪替丁	大鼠	-5.92	0.9	1.0	0.071		41
西咪替丁	小鼠	-5.97	0.8	1.0	0071		41
西咪替丁	小鼠	-5.95	0.8	2.5	0.043	bcrp（-/-）	44
西咪替丁	小鼠	-5.61	1.8	2.5	0.043	mdrla（-/-）	63
西咪替丁	小鼠	-5.81	1.2	2.5	0.043	WT	63
西咪替丁	小鼠	-5.75	1.3	2.5	0.043	WT	44
西酞普兰	大鼠	-2.07	104	20.0	0.073	5～50 μM	43
氯脑啡肽二聚体	大鼠	-5.83	0.56			Uptake? Saturable?	173
氯马斯汀	大鼠	-0.96	692	20.0	0.080	CsA	62
氯马斯汀	大鼠	-0.95	704	20.0	0.080	No CsA	62
氯氮平	大鼠	-2.66	529	20.0	0.073	5～50 μM	43
氯氮平	小鼠	-3.11	185	2.5	0.043	mdr1a（-/-）	17
氯氮平	小鼠	-2.96	264	2.5	0.043	WT	17
可待因	?	-3.80	33				148
秋水仙碱	大鼠	-5.30	5	10.0	0.070		4
秋水仙碱	大鼠	-5.83	1.5	6.0	0.045		55
秋水仙碱	大鼠	-4.91	12.2	6.0	0.045	GF120918	55
秋水仙碱	大鼠	-4.78	16.6	6.0	0.045	PSC833	55
秋水仙碱	大鼠	-5.24	5.7	10.0	0.045	PSC833	51
秋水仙碱	小鼠	-5.14	7.2	2.5	0.045	mdrla（-/-）	54
秋水仙碱	小鼠	-5.50	3.2	2.5	0.043	mdr1a（-/-）	63
秋水仙碱	小鼠	-5.12	7.6	2.5	0.043	mdrla（-/-）	56
秋水仙碱	小鼠	-5.06	8.8		0.043	PSC833	42
秋水仙碱	小鼠	-5.55	2.8	2.5	0.045	WT	54
秋水仙碱	小鼠	-5.82	1.5	2.5	0.043	WT	63

续表

化合物	动物	$\log P_0^{BBB}$	PS（10^{-4}mL·g^{-1}·s^{-1}）	Flow（mL·min^{-1}）	F_{pf}（mL·g^{-1}·s^{-1}）	说明	参考文献
秋水仙碱	小鼠	-5.59	2.6		0.043	WT	42
秋水仙碱	小鼠	-5.59	2.6	2.5	0.043	WT	56
皮质酮	大鼠	-4.29	52		0.010	i. v.	140
CP-141938	大鼠	-3.98	2.5	10.0	0.070	Pgp	[4]
CPA20	大鼠	-3.89	129	100~120 mmHg		5 mM	[141]
CPB21	大鼠	-3.48	331	100~120 mmHg		5 mM	[141]
CPC24	大鼠	-2.64	2288	100~120 mmHg		5 mM	[141]
CPD29	大鼠	-2.38	4165	100~120 mmHg		5 mM	[141]
CPE25	大鼠	-2.36	4361	100~120 mmHg		5 mM	[141]
CPF94	大鼠	-3.03	932	100~120 mmHg		5 mM	[141]
肌酐	大鼠	-6.69	0.20		0.080	i. v.	[28]
肌酐	大鼠	-6.55	0.28			i. v.	[28]
肌酐	家兔	-7.48	0.03		0.080	i. v.	[176]
肌酐	狗	-6.77	0.17		0.080	i. v.	[183]
CTAP	大鼠	-6.57	0.27	3.1			[131]
箭毒（筒箭毒碱氯）	大鼠	-5.52	1.8		0.019~0.040	i. v.	[142]
环孢素 A	大鼠	-5.14	7.2	4.0	0.040		[134]
环孢素 A	大鼠	-3.94	116	1.0	0.071	Efflux	[41]
环孢素 A	小鼠	-4.17	68	1.0	0.071	Efflux	[41]
环孢素 A	豚鼠	-6.23	0.6	60 min		i. v. & *in situ*	[166]
环孢素 A	豚鼠	-6.70	0.2		0.017	i. v. & *in situ*	[166]
阿片受体激动剂	大鼠	-6.68	0.12		0.025	CsA 10 μM	[199]
阿片受体激动剂	大鼠	-6.85	0.08		0.025	GF120918	[139]
阿片受体激动剂	大鼠	-6.93	0.06		0.025	no GF120918	[139]
阿片受体激动剂	大鼠	-6.85	0.08		0.025	PSC833 10 μM	[199]
阿片受体激动剂-AOA	大鼠	-5.81	1.5		0.025	CsA 10 μM	[199]
阿片受体激动剂-AOA	大鼠	-5.10	7.8		0.025	GF120918	[139]
阿片受体激动剂-AOA	大鼠	-6.81	0.16		0.025	no GF120918	[139]
阿片受体激动剂-AOA	大鼠	-5.95	1.1		0.025	PSC833 10 μM	[199]
阿片受体激动剂-CA	大鼠	-5.58	26		0.025	CsA 10 μM	[199]

续表

化合物	动物	$\log P_0^{BBB}$	PS（10^{-4}mL·g^{-1}·s^{-1}）	*Flow*（mL·min^{-1}）	F_{pf}（mL·g^{-1}·s^{-1}）	说明	参考文献
阿片受体激动剂 - CA	大鼠	-4.62	24		0.025	GF120918	[139]
阿片受体激动剂 - CA	大鼠	-7.28	0.05		0.025	no GF120918	[139]
阿片受体激动剂 - CA	大鼠	-5.54	2.8		0.025	PSC833 10 μM	[199]
阿片受体激动剂 - OMCA	大鼠	-5.39	4		0.025	CsA 10 μM	[199]
阿片受体激动剂 - OMCA	大鼠	-4.81	15		0.025	GF120918	[139]
阿片受体激动剂 - OMCA	大鼠	-7.04	0.09		0.025	No GF120918	[139]
阿片受体激动剂 - OMCA	大鼠	-5.27	5.3		0.025	PSC833 10 μM	[199]
柔红霉素	大鼠	-2.40	20	10.0	0.070	Pgp	[4]
2′,3′ - 二脱氧胞苷	豚鼠	-7.06	0.09	8.4	0.030	OAT1?	[154]
DDEP	大鼠	-3.60	110			i. v.	[28]
DDMP	大鼠	-3.47	150			i. v.	[28]
新皮啡肽Ⅱ	小鼠	-6.36	0.44	2.5	0.043	mdr1a（-/-）	[59]
新皮啡肽Ⅱ	小鼠	-6.56	0.28	2.5	0.043	WT	[59]
拉米夫定	大鼠	-6.52	0.3		0.080	i. v.	[49]
二去水卫矛醇	大鼠	-5.60	2.5			i. v.	[28]
地西泮	大鼠	-3.01	978	6.0	0.070		[55]
地西泮	大鼠	-3.36	436	20.0	0.073	5~50 μM	[43]
地西泮	大鼠	-3.67	213	3.5	0.041	i. v.	[39]
地西泮	小鼠	-3.23	588	2.5	0.080	mdr1a（-/-）	[63]
地西泮	小鼠	-3.19	645	2.5	0.071	mdr1a（-/-）	[40]
地西泮	小鼠	-3.23	588	2.5	0.080	WT	[63]
地西泮	?	-3.70	200				[150]
二溴卫矛醇	大鼠	-5.72	1.9			i. v.	[28]
地高辛	大鼠	-6.30	0.5	10.0	0.070		[4]
地高辛	大鼠	-6.14	0.7	1.0	0.071		[41]
地高辛	小鼠	-6.48	0.3	1.0	0.071		[41]
地尔硫䓬	小鼠	-2.81	303	2.5	0.043	mdr1a（-/-）	[17]
地尔硫䓬	小鼠	-3.19	125	2.5	0.043	WT	[17]
苯海拉明	大鼠	-1.90	620	20.0	0.080	CsA	[62]
苯海拉明	大鼠	-1.97	528	20.0	0.080	No CsA	[62]
双嘧达莫	小鼠	-4.59	26	2.5	0.043	bcrp（-/-），5 μM	[44]
双嘧达莫	小鼠	-4.46	35	2.5	0.043	WT，5 μM	[44]
多潘立酮	小鼠	-4.45	16	2.5	0.043	mdr1a（-/-）	[17]
多潘立酮	小鼠	-4.94	5	2.5	0.043	WT	[17]
多奈哌齐	大鼠	-1.68	326	20.0	0.073	5~50 μM	[43]

续表

化合物	动物	$\log P_0^{BBB}$	PS（10^{-4}mL·g^{-1}·s^{-1}）	*Flow*（mL·min^{-1}）	F_{pf}（mL·g^{-1}·s^{-1}）	说明	参考文献
多巴胺	大鼠	-2.68	79	10.0	0.070		[4]
多塞平	大鼠	-1.24	506	20.0	0.073	5~50 μM	[43]
阿霉素	大鼠	-5.55	0.01		0.043	i. v.	[28]
阿霉素	大鼠	-3.14	3.6	2.5	0.043	verap	[195]
阿霉素	小鼠	-3.06	4.3		0.043	mdr1a（-/-）	[42]
阿霉素	小鼠	-3.06	4.4	2.5	0.043	mdr1a（-/-）	[56]
阿霉素	小鼠	-3.35	2.2	2.5	0.043	mrpl（-/-）	[52]
阿霉素	小鼠	-3.25	2.8		0.043	WT	[42]
阿霉素	小鼠	-3.25	2.8	2.5	0.043	WT	[56]
[D-Pen2，5]-脑啡肽	大鼠	-5.60	2.5	10.0	0.070		[4]
[D-Pen2，5]-脑啡肽	小鼠	-5.97	1.1	2.5	0.043	mdrla（-/-）	[59]
[D-Pen2，5]-脑啡肽	小鼠	-7.04	0.1	2.5	0.043	WT	[59]
表鬼臼毒素	大鼠	-6.70	0.2			i. v.	[28]
麦角胺	大鼠	-3.82	87	20.0	0.073	5~50 μM	[43]
赤藓糖醇	大鼠	-6.57	0.27	6.0	0.045		[48]
赤藓糖醇	大鼠	-7.16	0.07		0.019~0.040	i. v.	[142]
赤藓红 B	大鼠	2.20	6.5				[194]
雌二醇	大鼠	-2.83	1477	6.0	0.045		[48]
雌二醇	大鼠	-3.74	183		0.010	i. v.	[140]
乙醇	大鼠	-3.28	525.3				[27]
乙醇	大鼠	-3.52	299	6.0	0.045		[48]
乙醇	?	-3.43	370		0.080	i. v.	[186]
乙琥胺	大鼠	-4.46	34	20.0	0.073	5~50 μM	[43]
乙二醇	大鼠	-5.39	4.06				[27]
乙二醇	大鼠	-4.99	10	6.0	0.045		[48]
乙二醇	大鼠	-5.24	5.7		0.019~0.040	i. v.	[142]
乙二醇	大鼠	-5.50	3.2				[38]
乙二醇	狗	-5.97	1.1		0.080	i. v.	[183]
乙二醇	猫	-5.85	1.4		0.080	i. v.	[187]
依托泊苷	小鼠	-5.91	1.2	2.5	0.043	mdrla（-/-）	[52]
依托泊苷	小鼠	-6.05	0.9	2.5	0.043	WT	[52]
芬太尼	小鼠	-2.24	953	2.5	0.043	mdr1a（-/-）	[59]
芬太尼	小鼠	-2.49	543	2.5	0.043	WT	[59]
非索非那定	大鼠	-5.94	0.8	20.0	0.080	CsA	[62]
非索非那定	大鼠	-7.17	0.05	20.0	0.080	No CsA	[62]
非索非那定	小鼠	-5.53	2.2	2.5	0.043	mdr1a（-/-）	[63]

续表

化合物	动物	$\log P_0^{BBB}$	PS（10^{-4}mL·g^{-1}·s^{-1}）	Flow（mL·min^{-1}）	F_{pf}（mL·g^{-1}·s^{-1}）	说明	参考文献
非索非那定	小鼠	-6.21	0.4	2.5	0.043	WT	[63]
氟西汀	大鼠	-1.28	316	10.0	0.070		[4]
氟西汀	大鼠	-0.93	697	20.0	0.073	5~50 μM	[43]
氟奋乃静	大鼠	-3.35	134	20.0	0.073	5~50 μM	[43]
氟比洛芬	大鼠	-0.58	160	20.0	0.098	up to 1 mM NS	[47]
氟伐他汀酸	大鼠	-2.28	4				[161]
甲酰胺	大鼠	-5.72	1.9		0.019~0.040	i. v.	[142]
果糖	大鼠	-6.80	0.16				[27]
喃氟啶	大鼠	-5.02	6			i. v.	[28]
加巴喷丁	大鼠	-4.56	28	20.0	0.073	5~50 μM	[43]
加巴喷丁	小鼠	-4.34	46	2.5	0.043	mdrla（-/-）	[17]
加巴喷丁	小鼠	-4.59	26	2.5	0.043	WT	[17]
半乳糖醇	大鼠	-7.07	0.08		0.080	i. v.	[185]
半乳糖醇	大鼠	-6.41	0.39			i. v.	[28]
加兰他敏	小鼠	-3.21	35	2.5	0.043	mdrla（-/-）	[17]
加兰他敏	小鼠	-3.24	33	2.5	0.043	WT	[17]
格列本脲	大鼠	-3.24	17	1.0	0.071		[41]
格列本脲	小鼠	-3.74	5.3	1.0	0.071		[41]
葡萄糖	大鼠	-4.58	26	6.0	0.070		[55]
葡萄糖	大鼠	4.16	70			Uptake	[41]
葡萄糖	大鼠	-4.35	45				[134]
葡萄糖	大鼠	-4.82	15				[39]
葡萄糖	小鼠	-4.32	48			Uptake	[41]
甘油	大鼠	-6.35	0.45				[27]
甘油	大鼠	-4.63	24		0.080	i. v.	[28]
甘油	大鼠	-4.98	10			i. v.	[132]
甘油	大鼠	-5.25	5.6		0.019~0.040	i. v.	[142]
甘油	大鼠	-4.92	12			i. v.	[28]
甘油	大鼠	-6.51	0.31				[38]
甘油	狗	-5.48	3.3		0.080	i. v.	[91]
甘油	狗	-5.63	2.3		0.080	i. v.	[180]
甘氨酸	大鼠	-5.50	3.2	10.0	0.070		[4]
格帕沙星	大鼠	-4.86	12	5.0		2 mM	[152]
胍	大鼠	-5.60	2.5			NS	[165]
氟哌啶醇	大鼠	-2.46	352	20.0	0.073	5~50 μM	[43]
己酸	大鼠	-1.31	140		0.080	i. v.，CM	[182]

续表

化合物	动物	$\log P_0^{BBB}$	PS（10^{-4}mL·g^{-1}·s^{-1}）	$Flow$（mL·min^{-1}）	F_{pf}（mL·g^{-1}·s^{-1}）	说明	参考文献
高车前素	大鼠	-3.11	247	6.0	0.045		[202]
HSR-903	大鼠	-5.12	7.2	5.0		20 mM	[153]
氢化可的松	大鼠	-5.85	1.4		0.010	i. v.	[140]
羟基脲	小鼠	-6.00	1	2.5	0.040	Passive	[192]
羟嗪	大鼠	-3.04	389	20.0	0.080	CsA	[62]
羟嗪	大鼠	-2.99	445	20.0	0.080	No CsA	[62]
次黄嘌呤	大鼠	-5.49	3.2	10.0	0.070		[4]
次黄嘌呤	大鼠	-5.43	4	1.0	0.071		[41]
次黄嘌呤	小鼠	-5.39	4	1.0	0.071		[41]
布洛芬	大鼠	-1.22	94	20.0	0.098	K_d	[47]
伊马替尼	小鼠	-3.70	77	2.5	0.040	mdrla（-/-）	[61]
伊马替尼	小鼠	-4.56	11	2.5	0.040	WT	[61]
茚地那韦	小鼠	-5.37	4.0	2.5	0.043	mdr1a（-/-）	[17]
茚地那韦	小鼠	-6.04	0.9	2.5	0.043	WT	[17]
吲哚美辛 pH 5.5	大鼠	-2.18	3308	20.0	1000.000		[45]
吲哚美辛 pH 6.5	大鼠	-2.09	4008	20.0	1000.000		[45]
吲哚美辛 pH 7.4	大鼠	-1.06	43 009	20.0	1000.000	up to 10 mM NS	[47]
吲哚美辛-葡萄糖	大鼠	-3.92	120		0.075	+50 mM 葡萄糖	[198]
吲哚美辛-葡萄糖	大鼠	-3.88	133		0.075	150 μM	[198]
吲哚美辛-葡萄糖	大鼠	-4.40	40		0.075	5 ℃	[198]
菊糖	大鼠	-7.35	0.04				[131]
碘乙酰胺	大鼠	-4.06	86.75				[27]
碘乙酰胺	大鼠	-4.18	66				[38]
碘代安替比林	大鼠	-3.59	256	6.0	0.070		[55]
碘代安替比林	大鼠	-2.83	1463.83				[27]
碘代安替比林	小鼠	-3.36	433	1.0	0.071	Passive	[41]
碘代安替比林	大鼠	-3.07	853	1.0	0.071	Passive	[41]
异卡波肼	大鼠	-3.22	598	20.0	0.073	5~50 μM	[43]
异丙醇	大鼠	-3.66	218	6.0	0.045		[48]
异丙醇	?	-2.95	1114		0.080	i. v.	[186]
酮洛芬-葡萄糖	大鼠	-4.47	34		0.075	+50 mM 葡萄糖	[198]
酮洛芬-葡萄糖	大鼠	-4.05	89		0.075	150 μM	[198]
酮洛芬-葡萄糖	大鼠	-4.46	34		0.075	5 ℃	[198]
尿酸	大鼠	5.42	1.1	5.0	0.095	Passive	[171]
L-丙氨酸	小鼠	-5.50	3.1			Uptake	[41]
L-丙氨酸	大鼠	-5.44	3.6			Uptake	[41]

续表

化合物	动物	$\log P_0^{BBB}$	PS (10^{-4}mL·g^{-1}·s^{-1})	Flow (mL·min^{-1})	F_{pf} (mL·g^{-1}·s^{-1})	说明	参考文献
拉莫三嗪	大鼠	-4.67	21	20.0	0.073	5~50 μM	[43]
L-精氨酸	大鼠	-4.64	23				[145]
L-天冬氨酸	大鼠	-6.66	0.22				[145]
左旋多巴	大鼠	-3.99	100			Uptake	[134]
左旋多巴	大鼠	-3.79	158	10.0	0.070	Uptake	[4]
亮氨酸脑啡肽	豚鼠	-6.48	0.1			CM	[163]
亮氨酸脑啡肽	豚鼠	-6.85	0.1			K_d	[147]
L-谷氨酸	大鼠	-6.26	0.55				[145]
L-谷氨酰胺	大鼠	-5.28	5.2				[145]
L-组氨酸	大鼠	-4.28	51				[145]
利多卡因	大鼠	-3.24	126	4.0	0.040		[134]
L-异亮氨酸	大鼠	-4.16	70				[145]
(L-KYN) L-犬尿氨酸	大鼠	-6.16	0.7	5.0	0.095	K_d	[171]
L-亮氨酸	大鼠	-3.63	235			Uptake	[133]
L-亮氨酸	大鼠	-4.32	48			Uptake	[145]
L-亮氨酸	大鼠	-6.07	0.8	0.083 mL/s	0.130	K_d	[168]
L-赖氨酸	大鼠	-4.93	12			Uptake	[145]
L-蛋氨酸	大鼠	-4.39	40			Uptake	[145]
L-鸟氨酸	大鼠	-4.68	21			Uptake	[145]
洛哌丁胺	小鼠	-2.52	220	2.5	0.043	mdr1a (-/-)	[59]
洛哌丁胺	小鼠	-3.64	17	2.5	0.043	WT	[59]
氯雷他定	大鼠	-3.48	326	20.0	0.080	CsA	[62]
氯雷他定	大鼠	-4.58	26	20.0	0.080	No CsA	[62]
洛伐他汀	大鼠	-3.42	383				[161]
洛伐他汀酸	大鼠	-2.53	2				[161]
洛沙平	大鼠	-3.36	361	20.0	0.073	5~50 μM	[43]
L-苯丙氨酸	大鼠	-5.74	1.8			K_d	[169]
L-苯丙氨酸	大鼠	-4.13	72			Uptake	[145]
L-苯丙氨酸	大鼠	-3.24	568			Uptake	[41]
L-苯丙氨酸	小鼠	-3.60	244			Uptake	[41]
L-苯丙氨酸	豚鼠	-5.09	8			K_d	[147]
L-苏氨酸	大鼠	-5.21	6			Uptake	[145]
L-色氨酸	大鼠	-4.22	59			Uptake	[145]
L-酪氨酸	大鼠	-3.90	123			Uptake	[145]
L-缬氨酸	大鼠	-4.68	21			Uptake	[145]
L-缬氨酸	大鼠	-6.40	0.39	0.083 mL/s	0.130	K_d	[168]

续表

化合物	动物	$\log P_0^{BBB}$	PS（10^{-4}mL·g^{-1}·s^{-1}）	*Flow*（mL·min^{-1}）	F_{pf}（mL·g^{-1}·s^{-1}）	说明	参考文献
LY2228820	小鼠	−2.93	1175	2.5	0.043	mdr1a（−/−）	[44]
LY2228820	小鼠	−3.65	222	2.5	0.043	WT	[44]
M3G	大鼠	−7.57	0.023			i.v.	[159]
M6G	大鼠	−7.68	0.018			i.v.	[159]
M6G	小鼠	−7.11	0.067			mdr1a（−/−）/葡萄糖	[50]
M6G	小鼠	−6.99	0.089			WT	[50]
甘露醇	大鼠	−5.51	3.1	6.0	0.070		[55]
甘露醇	大鼠	−6.72	0.19				[27]
甘露醇	大鼠	−7.01	0.10	6.0	0.045		[48]
甘露醇	大鼠	−7.78	0.02		0.080	i.v.	[190]
甘露醇	大鼠	−6.52	0.30		0.080	i.v.	[132]
甘露醇	大鼠	−6.50	0.32		0.019～0.040	i.v.	[142]
甘露醇	大鼠	−6.27	0.5	1.0	0.071	Passive	[41]
甘露醇	大鼠	−7.43	0.04				[164]
甘露醇	大鼠	−6.89	0.13				[38]
甘露醇	小鼠	−6.47	0.33	1.0	0.071	Passive	[41]
甘露醇	?	−6.68	0.21				[149]
马普替林	大鼠	−0.40	445	20.0	0.073	5～50 μM	[43]
美法仑	大鼠	−5.27	5.3			K_d	[146]
哌替啶	小鼠	−2.08	520	2.5	0.043	mdr1a（−/−）	[59]
哌替啶	小鼠	−2.05	549	2.5	0.043	WT	[59]
甲丙氨酯	大鼠	−5.09	8	20.0	0.073	5～50 μM	[43]
美索达嗪	大鼠	−1.41	155	20.0	0.073	5～50 μM	[43]
美沙酮	小鼠	−2.02	237	2.5	0.043	mdr1a（−/−）	[59]
美沙酮	小鼠	−2.52	76	2.5	0.043	WT	[59]
甲醇	大鼠	−3.66	217				[27]
甲醇	?	−2.95	1114		0.080	i.v.	[186]
甲氨蝶呤	大鼠	−4.94	2.5	10.0	0.070		[4]
甲氨蝶呤	大鼠	−5.57	0.6	1.0	0.071		[41]
甲氨蝶呤	大鼠	−5.83	0.3		0.019～0.040	i.v.	[142]
甲氨蝶呤	小鼠	−5.51	0.7	1.0	0.071		[41]
甲泼尼龙	豚鼠	−7.00	0.1			Saturable	[162]
甲基脲	大鼠	−5.70	1.98				[27]
甲氧氯普胺	大鼠	−2.86	21	20.0	0.073	5～50 μM	[43]
甲硝唑	大鼠	−4.85	14			i.v.	[28]

续表

化合物	动物	$\log P_0^{BBB}$	PS（10^{-4}mL·g^{-1}·s^{-1}）	*Flow*（mL·min^{-1}）	F_{pf}（mL·g^{-1}·s^{-1}）	说明	参考文献
咪唑安定	大鼠	-3.11	709	20.0	0.073	5~50 μM	[43]
米氮平	大鼠	-2.75	418	20.0	0.073	5~50 μM	[43]
米索硝唑	大鼠	-5.00	10			i. v.	[28]
米托蒽醌	小鼠	-3.06	48	2.5	0.043	GF120918	[53]
米托蒽醌	小鼠	-3.48	18	2.5	0.043	No GF120918	[53]
吗啡	大鼠	-3.90	20	10.0	0.070		[4]
吗啡	大鼠	-5.43	0.6			NS	[159]
吗啡	小鼠	-4.69	3.2			mdr1a（-/-）	[54]
吗啡	小鼠	-4.70	3.1		0.043	mdr1a（-/-）	[42]
吗啡	小鼠	-4.86	2.2	2.5	0.043	mdr1a（-/-）	[57]
吗啡	小鼠	-4.86	2.2	2.5	0.043	mdr1a（-/-）	[59]
吗啡	小鼠	-4.87	2.1			WT	[54]
吗啡	小鼠	-4.84	2.3		0.043	WT	[42]
吗啡	小鼠	-4.96	1.7	2.5	0.043	WT	[57]
吗啡	小鼠	-4.96	1.7	2.5	0.043	WT	[59]
吗啡	?	-4.50	5				[148]
纳曲酮	小鼠	-3.03	104	2.5	0.043	mdrla（-/-）	[59]
纳曲酮	小鼠	-3.72	21	2.5	0.043	WT	[59]
萘普生	大鼠	-0.77	68				[196]
柚皮素	大鼠	-3.96	105	6.0	0.045	PSC833，GF120918	[55]
4-[3-(6-氧代-3H-嘌呤-9-基)丙基氨基]苯甲酸钾	小鼠	-3.80	0.1	颈静脉注射液	0.040	NS	[191]
NFPS	大鼠	-4.90	13	10.0	0.070		[4]
烟酰胺	大鼠	-4.88	13.16				[27]
N-甲基烟酰胺	大鼠	-6.47	0.3		0.019~0.040	i. v.	[142]
辛酸	大鼠	-1.14	223		0.080	i. v.，CM	[182]
奥氮平	大鼠	-2.73	535	20.0	0.073	5~50 μM	[43]
羟考酮 pH 7.4	大鼠	-3.48	17.6	4.9	0.075	+1 mM 吡拉明	[129]
羟考酮 pH 7.4	大鼠	-3.15	37.3	4.9	0.075	30 μM	[129]
羟考酮 pH 8.4	大鼠	-3.59	91.5	4.9	0.075	+1 mM 吡拉明	[129]
羟考酮 pH 8.4	大鼠	-3.34	164	4.9	0.075	30 μM	[129]
紫杉醇	大鼠	-6.63	0.23				[118]
聚碳酸酯聚氨酯	大鼠	-4.86	11			i. v.	[28]
匹莫林	大鼠	-5.45	3.5	20.0	0.073	5~50 μM	[43]
喷他佐辛	大鼠	-3.69	15			K_d	[155]

续表

化合物	动物	$\log P_0^{BBB}$	PS（10^{-4}mL·g^{-1}·s^{-1}）	Flow（mL·min^{-1}）	F_{pf}（mL·g^{-1}·s^{-1}）	说明	参考文献
培高利特	大鼠	-1.14	1119	20.0	0.073	5~50 μM	[43]
奋乃静	大鼠	-2.61	562	20.0	0.073	5~50 μM	[43]
p-F-苯丙氨酸（D）	小鼠	-4.81	15	2.5	0.043	mdr1a（-/-）	[17]
p-F-苯丙氨酸（D）	小鼠	-4.84	14	2.5	0.043	WT	[17]
p-F-苯丙氨酸（L）	小鼠	-3.45	345	2.5	0.043	mdr1a（-/-）	[17]
p-F-苯丙氨酸（L）	小鼠	-3.53	292	2.5	0.043	WT	[17]
苯乙肼	大鼠	-4.32	21	20.0	0.073	5~50 μM	[43]
苯妥英	大鼠	-4.15	63	10.0	0.070		[4]
苯妥英	大鼠	-4.02	86	20.0	0.073	5~50 μM	[43]
苯妥英	小鼠	-4.16	62	2.5	0.043	mdr1a（-/-）	[63]
苯妥英	小鼠	-4.18	60	2.5	0.043	WT	[63]
苯妥英	?	-4.26	50				[148]
普拉克索	大鼠	-2.57	16.8	4.9	0.075	0.7 μM	[197]
普拉克索	大鼠	-2.86	8.7	4.9	0.075	10 mM	[197]
哌唑嗪	小鼠	-4.36	28	2.5	0.043	30 μM 哌唑嗪	[53]
哌唑嗪	小鼠	-4.83	10	2.5		WT	[53]
扑痫酮	大鼠				0.073		[43]
丙磺舒	小鼠	-2.55	0.16	2.5	0.043	mdr1a（-/-）	[17]
丙磺舒	小鼠	-2.70	0.11	2.5	0.043	WT	[17]
甲基苄肼	大鼠	-4.62	19			i.v.	[28]
黄体酮	大鼠	-3.74	183		0.010	i.v.	[140]
普萘洛尔	大鼠	-1.42	631	10.0	0.070		[4]
普萘洛尔	大鼠	-1.35	746	6.0	0.070		[55]
普萘洛尔	大鼠	-1.02	1593	6.0	0.045		[48]
普萘洛尔	?	-2.17	112				[148]
丙二醇	大鼠	-4.49	32		0.019~0.040	i.v.	[142]
丙二醇	狗	-5.01	10		0.080	i.v.	[91]
吡拉明（美吡拉明）	大鼠	-2.04	352	20.0	0.070	CsA	[62]
吡拉明（美吡拉明）	大鼠	-2.89	49		0.045	K_d	[201]
吡拉明（美吡拉明）	大鼠	-2.13	284	20.0	0.070	No CsA	[62]
乙胺嘧啶	大鼠	-3.57	120			i.v.	[28]
槲皮素	大鼠	-5.15	1.7	6.0	0.045		[55]
槲皮素	大鼠	-4.03	22	6.0	0.045	GF120918	[55]
槲皮素	大鼠	-5.04	2.1	6.0	0.045	PSC833	[55]
喹硫平	大鼠	-3.06	486	20.0	0.073	5~50 μM	[43]
奎尼丁	大鼠	-4.22	4	10.0	0.070		[4]
奎尼丁	大鼠	-3.56	18	1.0	0.071	Efflux	[41]
奎尼丁	大鼠	-3.48	22		0.025	GF120918	[139]
奎尼丁	大鼠	-4.50	2		0.025	No GF120918	[139]

续表

化合物	动物	$\log P_0^{BBB}$	PS（10^{-4}mL·g^{-1}·s^{-1}）	Flow（mL·min^{-1}）	F_{pf}（mL·g^{-1}·s^{-1}）	说明	参考文献
奎尼丁	小鼠	-3.49	22	1.0	0.071	Efflux	[41]
奎尼丁	小鼠	-2.82	101	2.5	0.043	mdr1a（-/-）	[63]
奎尼丁	小鼠	-2.95	74	2.5	0.043	mdrla（-/-）	[57]
奎尼丁	小鼠	-4.07	6	2.5	0.043	WT	[63]
奎尼丁	小鼠	-4.14	5	2.5	0.043	WT	[57]
奎宁	大鼠	-3.45	23	1.0	0.071		[41]
奎宁	小鼠	-3.41	26	1.0	0.071		[41]
喹啉酸	大鼠	-6.26	0.5	5.0	0.095	Passive	[171]
RC121	小鼠	-4.97	0.01	4.7		Passive	[144]
RC160	小鼠	-4.61	0.02	4.7		Passive	[144]
RC161	小鼠	-4.21	0.04	4.7		Passive	[144]
金刚乙胺	大鼠	0.13	850			Saturable	[156]
利培酮	大鼠	-2.94	157	20.0	0.073	5~50 μM	[43]
利托那韦	小鼠	-4.87	14	2.5	0.043	mdrla（-/-）	[63]
利托那韦	小鼠	-4.59	26	2.5	0.043	mdr1a（-/-）	[17]
利托那韦	小鼠	-5.41	4	2.5	0.043	WT	[63]
利托那韦	小鼠	-5.52	3	2.5	0.043	WT	[17]
利托那韦	豚鼠	-6.27	0.5				[175]
利扎曲普坦	大鼠	-4.43	2	20.0	0.073	5~50 μM	[43]
S-145	大鼠	-2.13	23	3.5	0.041		[39]
S-312D	大鼠	-3.89	128	3.5	0.041		[39]
S-8510	大鼠	-4.37	12	3.5	0.041	i. v.	[39]
水杨酸	大鼠	-1.02	4	10.0	0.070		[4]
沙奎那韦	小鼠	-4.63	19	2.5	0.043	mdr1a（-/-）	[17]
沙奎那韦	小鼠	-5.22	4.9	2.5	0.043	WT	[17]
SDZ 201-995（善宁）	大鼠	-6.78	0.17	4.0	0.040		[134]
SDZ 201-995（善宁）	豚鼠	-7.86	0.01				[151]
SDZ 205-502	大鼠	-3.16	233	4.0	0.040		[134]
SDZ 205-930	大鼠	-2.10	25	4.0	0.040		[134]
SDZ 206-291	大鼠	-1.99	200	4.0	0.040		[134]
SDZ 207-887	大鼠	-3.30	6.2	4.0	0.040		[134]
SDZ 208-243	大鼠	-1.84	283	4.0	0.040		[134]
SDZ 208-912	大鼠	-3.31	350	4.0	0.040		[134]
SDZ 21-132	大鼠	-4.81	0.3	4.0	0.040		[134]
SDZ 211-950	大鼠	-3.97	1.3	4.0	0.040		[134]
SDZ 212-494	大鼠	-6.77	0.17	4.0	0.040		[134]
SDZ 213-163	大鼠	-3.73	113	4.0	0.040		[134]
SDZ 36-733	大鼠	-3.51	266	4.0	0.040		[134]
司立吉林	大鼠	-3.12	421	20.0	0.073	5~50 μM	[43]

续表

化合物	动物	$\log P_0^{BBB}$	PS（10^{-4}mL·g^{-1}·s^{-1}）	Flow（mL·min^{-1}）	F_{pf}（mL·g^{-1}·s^{-1}）	说明	参考文献
舍曲林 pH 6.5	大鼠	-1.10	79 489	20.0	1000.000	10 μM + 5 μM CsA	[45]
舍曲林 pH 7.4	大鼠	-1.24	57 551	20.0	0.080	5~50 μM	[43]
舍曲林 pH 7.4	小鼠	-1.99	10 211	2.5	1000.000	mdr1a（-/-）	[17]
舍曲林 pH 7.4	小鼠	-2.00	9968	2.5	1000.000	WT	[17]
舍曲林 pH 8.0	大鼠	-2.66	2190	20.0	1000.000	10 μM	[45]
舍曲林 pH 8.5	大鼠	-3.29	514	20.0	1000.000	10 μM + 5 μM CsA	[45]
舍曲林 pH 8.5	大鼠	-2.89	1295	20.0	1000.000	2.91 μM	[45]
SNC121	小鼠	-2.96	365	2.5	0.043	mdr1a（-/-）	[59]
SNC121	小鼠	-4.06	29	2.5	0.043	WT	[59]
螺旋氮芥	大鼠	-4.47	29			i. v.	[28]
SR-141716A	大鼠	-3.60	251	10.0	0.070		[4]
蔗糖	大鼠	-7.27	0.05				[173]
蔗糖	大鼠	-5.69	2	6.0	0.070		[55]
蔗糖	大鼠	-7.27	0.05				[27]
蔗糖	大鼠	-6.78	0.17	4.0	0.040		[134]
蔗糖	大鼠	-7.30	0.05	6.0	0.045		[48]
蔗糖	大鼠	-6.17	0.67		0.025	GF120918	[139]
蔗糖	大鼠	-7.20	0.06		0.080	i. v.	[179]
蔗糖	大鼠	-7.26	0.05		0.080	i. v.	[188]
蔗糖	大鼠	-7.18	0.07		0.080	i. v.	[132]
蔗糖	大鼠	-7.24	0.06		0.019~0.040	i. v.	[142]
蔗糖	大鼠	-6.92	0.12			i. v.	[28]
蔗糖	大鼠	-6.54	0.29		0.025	No GF120918	[139]
蔗糖	大鼠	-6.78	0.17	1.0	0.071	Passive	[41]
蔗糖	大鼠	-7.39	0.04				[38]
蔗糖	家兔	-7.55	0.03		0.080	i. v.	[189]
蔗糖	小鼠	-6.40	0.39	1.0	0.071	Passive	[41]
蔗糖	豚鼠	-6.93	0.12				[175]
蔗糖		-7.30	0.05				[149]
舒芬太尼	小鼠	-3.87	52	2.5	0.043	mdr1a（-/-）	[63]
舒芬太尼	小鼠	-3.80	61	2.5	0.043	WT	[63]
舒马曲坦	大鼠	-5.06	0.25	20.0	0.073	5~50 μM	[43]
他克林	大鼠	-1.51	97	20.0	0.073	5~50 μM	[43]
牛磺胆酸	大鼠	-6.10	0.8	10.0	0.070		[4]

续表

化合物	动物	$\log P_0^{BBB}$	PS（10^{-4}mL·g^{-1}·s^{-1}）	*Flow*（mL·min^{-1}）	F_{pf}（mL·g^{-1}·s^{-1}）	说明	参考文献
茶树	大鼠	-4.67	0.1		0.019~0.040	i.v.	[142]
替马西泮	大鼠	-3.35	444	20.0	0.073	5~50 μM	[43]
特非那定	大鼠	-0.92	411	20.0	0.080	CsA	[62]
特非那定	大鼠	-1.87	46	20.0	0.080	No CsA	[62]
特非那定	小鼠	-0.71	667	2.5	0.043	mdr1a（-/-）	[63]
特非那定	小鼠	-1.06	299	2.5	0.043	mdr1a（-/-）	[17]
特非那定	小鼠	-0.75	615	2.5	0.043	mdr1a（-/-）	[200]
特非那定	小鼠	-0.85	487	2.5	0.043	WT	[63]
特非那定	小鼠	-1.08	289	2.5	0.043	WT	[17]
特非那定	小鼠	-0.79	562	2.5	0.043	WT	[200]
睾酮	大鼠	-3.10	793	10.0	0.070		[4]
睾酮	大鼠	-3.74	183		0.010	i.v.	[140]
可可碱	大鼠	-5.00	10	10.0	0.070		[4]
茶碱	大鼠	-4.88	13	10.0	0.070		[4]
茶碱	大鼠	-5.29	4.9	6.0	0.070		[55]
茶碱	小鼠	-5.24	5.5	1.0	0.071		[41]
茶碱	大鼠	-4.79	15	1.0	0.071		[41]
甲硫哒嗪	大鼠	-1.95	445	20.0	0.073	5~50 μM	[43]
硫噻蒽	大鼠	-2.35	746	20.0	0.073	5~50 μM	[43]
硫脲	大鼠	-4.71	19	6.0	0.070		[55]
硫脲	大鼠	-5.33	4.67				[27]
硫脲	大鼠	-5.36	4.4	6.0	0.045		[48]
硫脲	大鼠	-5.70	2.0		0.019~0.040	i.v.	[142]
硫脲	大鼠	-5.45	3.5	1.0	0.071	Passive	[41]
硫脲	大鼠	-5.73	1.9		0.060		[167]
硫脲	大鼠	-5.88	1.3				[38]
硫脲	小鼠	-5.29	5.1	1.0	0.071	Passive	[41]
硫脲	狗	-5.30	5		0.080	i.v.	[91]
胸苷	大鼠	-5.84	1.4			i.v.	[49]
胸腺嘧啶	大鼠	-3.93	117	6.0	0.045		[48]
噻加宾	大鼠	-4.45	35	20.0	0.073	5~50 μM	[43]
甲苯磺丁脲	大鼠	-2.64	14	1.0	0.071	Saturable	[41]
甲苯磺丁脲	小鼠	-3.53	2	2.5	0.043	mdr1a（-/-）	[17]
甲苯磺丁脲	小鼠	-2.40	25	1.0	0.071	Saturable	[41]
甲苯磺丁脲	小鼠	-3.62	2	2.5	0.043	WT	[17]
曲唑酮	大鼠	-3.13	343	20.0	0.073	5~50 μM	[43]

续表

化合物	动物	$\log P_0^{BBB}$	PS (10^{-4} mL·g^{-1}·s^{-1})	Flow (mL·min^{-1})	F_{pf} (mL·g^{-1}·s^{-1})	说明	参考文献
促甲状腺激素释放激素	豚鼠	-6.69	0.1			1 mM	[170]
三氟拉嗪	大鼠	-3.00	131	20.0	0.073	5~50 μM	[43]
丙二醇	大鼠	-5.33	4.67				[27]
丙二醇	大鼠	-5.48	3.3				[38]
TX-67	大鼠	-2.32	3				[118]
TYR-MIF-1	大鼠	-5.78	0.7	4.2		NS	[172]
U69593	小鼠	-2.10	98	2.5	0.043	mdr1a (-/-)	[59]
U69593	小鼠	-2.24	71	2.5	0.043	WT	[59]
尿素	大鼠	-6.12	0.8	2.6	0.160		[169]
尿素	大鼠	-6.20	0.63				[27]
尿素	大鼠	-6.16	0.7	4.5	0.073		[143]
尿素	大鼠	-5.79	1.6	6.0	0.045		[48]
尿素	大鼠	-5.82	1.5	4.5	0.069	0.5 mM verap	[133]
尿素	大鼠	-5.92	1.2		0.080	i.v.	[177]
尿素	大鼠	-5.99	1		0.080	i.v.	[179]
尿素	大鼠	-5.70	2		0.080	i.v.	[28]
尿素	大鼠	-6.17	0.7		0.019-0.040	i.v.	[142]
尿素	大鼠	-6.09	0.8			i.v.	[28]
尿素	大鼠	-5.70	2		0.060		[167]
尿素	大鼠	-6.30	0.5				[38]
尿素	家兔	-6.18	0.7		0.080	i.v.	[178]
尿素	小鼠	-5.70	2	2.5	0.043	mdrla (-/-)	[40]
尿素	狗	-6.47	0.3		0.080	i.v.	[181]
尿素	狗	-5.92	1.2		0.080	i.v.	[183]
尿素	猫	-6.59	0.3		0.080	i.v.	[187]
尿素	?	-6.17	0.7				[149]
丙戊酸	大鼠	-2.00	32	10.0			[4]
丙戊酸	大鼠	-1.62	76	1.0	0.071		[41]
丙戊酸	大鼠	-2.23	18			Efflux	[158]
丙戊酸	大鼠	-2.03	29	5.0		K_d	[174]
丙戊酸	小鼠	-2.17	21	1.0	0.071		[41]
丙戊酸	小鼠	-2.00	31	2.5	0.043	mdrla (-/-)	[63]
丙戊酸	小鼠	-1.87	43	2.5	0.043	WT	[63]
文拉法辛	大鼠	-1.66	104	20.0	0.073	5-50 μM	[43]
维拉帕米	小鼠	-2.26	327	2.5	0.043	mdrla (-/-)	[63]
维拉帕米	小鼠	-2.20	377	2.5	0.043	mdrla (-/-)	[56]
维拉帕米	小鼠	-2.10	467	2.5	0.043	mdrla (-/-)	[57]
维拉帕米	小鼠	-3.02	56	2.5	0.043	WT	[63]
维拉帕米	小鼠	-3.10	47	2.5	0.043	WT	[57]

续表

化合物	动物	$\log P_0^{BBB}$	PS（10^{-4}mL·g^{-1}·s^{-1}）	Flow（mL·min^{-1}）	F_{pf}（mL·g^{-1}·s^{-1}）	说明	参考文献
长春碱	大鼠	-4.96	5.3				[160]
长春碱	大鼠	-5.18	3.2	1.0	0.071	Efflux	[41]
长春碱	大鼠	-5.06	4.3	10.0	0.045	PSC833	[51]
长春碱	小鼠	-5.01	4.8	1.0	0.071	Efflux	[41]
长春碱	小鼠	-4.94	5.6	2.5		GF120918	[53]
长春碱	小鼠	-5.00	4.9			mdr1a（-/-）	[54]
长春碱	小鼠	-4.81	7.6		0.043	mdr1a（-/-）+GF120918	[42]
长春碱	小鼠	-5.29	2.5	2.5		no GF120918	[53]
长春碱	小鼠	-5.29	2.5			WT	[54]
长春碱	小鼠	-5.28	2.6		0.043	WT	[42]
长春新碱	大鼠	-5.60	1.2				[160]
长春新碱	大鼠	-4.79	8.0	1.0	0.071	Efflux	[41]
长春新碱	大鼠	-5.89	0.6			i. v.	[28]
长春新碱	小鼠	-5.82	0.7	1.0	0.071	Efflux	[41]
长春新碱	小鼠	-5.52	1.5		0.043	mdr1a（-/-）	[42]
长春新碱	小鼠	-5.95	0.6	2.5	0.043	mrp1（-/-）	[52]
长春新碱	小鼠	-5.60	1.3		0.043	WT	[42]
长春新碱		-5.70	1				[148]
华法林	大鼠	-1.56	102	1.0	0.071	Saturable	[41]
华法林	小鼠	-1.66	80	1.0	0.071	Saturable	[41]
水	大鼠	-3.74	182				[27]
水	大鼠	-3.70	200			i. v.	[28]
黄嘌呤	大鼠	-5.62	1.6	10.0	0.070		[4]
扎来普隆	大鼠	-4.25	56	20.0	0.073	5~50 μM	[43]
齐多夫定	大鼠	-5.99	1			i. v.	[49]
齐拉西酮	大鼠	-3.25	188	20.0	0.073	5~50 μM	[43]

[a] 除了那些被认定为“静脉注射”的，其他所有测定都基于原位脑灌注。CM，疑似载体介导转运；CsA，环孢素 A 抑制剂；i. v.，静脉滴注非亲脂化合物；K_d，非饱和组分的转运（Michaelis-Menton 分析）；NS，所考虑浓度范围内的非饱和转运；Passive，被动；Saturable，饱和；Uptake，摄取；verap，维拉帕米抑制剂；WT，野生。

9.10.1 计算机模型构建软件及组合策略

利用10% PBLE PAMPA-BBB模型的渗透性，结合上述提出的组合方法（参见第7.4、第7.16和第8.9节）来预测被动渗透速率与表面积乘积（$PS_{passive}$）的值。经查阅文献，一共得到了602个 *PS* 值，其中一些数据是基于大鼠、小鼠、豚鼠、家兔、犬和猫的体内静脉注射（i. v.），一些源于它们颈动脉注射的脑摄取指数（BUI），大部分数据则是根据这些动物的原位脑灌注方法得到。最终我们决定只分析大小鼠数据，其占据了约总数据值的92%。正如 Murakami 等[41] 和 Dagenais 等[17] 支持的观点（图9.5），可以将大小鼠数据合并以达到预测的目的。由于血浆蛋白的结合会降低 *PS* 值（与无蛋白灌注液实验相比），因此静脉注射的数据不用于亲脂性化合物的模型训练。此外，目前已知的具有饱和转运机制的化合物也被排除在外。由于 PAMPA - BBB 预测模型主要是用于预测被动渗透性，因此我们从采用了由某些载体介导的转运抑制（如 GF120918、PSC833、环孢素 A、高浓度的自我抑制、mdr1a（-/-）/mrp1（-/-）/brcp - 基因敲除小鼠模型）的研究中选择了这些 *PS* 值，其原位数据没有实际的外排效应。除了根据 Michaelis - Menten 分析得到的具有不饱和常数 K_d 值的氨基酸和二肽类，简单的氨基酸及二肽没有用于模型训练。在初始的 602 个 *PS* 值中，共选择了 197 个 *PS* 值作为“最小外排”训练组，另选择 85 个值作为未经训练的“外源性”组。基于以下标准，从可能来自载体介导或主动转运过程的底物中选出后一组。在目前研究中，敲除（KO）/外排抑制型和野生（WT）/未抑制型的啮齿动物实验均有报道，其中，KO/外排抑制型数据直接用于训练组（$n=197$），而其对应的 WT/未抑制型配对值则加入外源性组（$n=85$），除非 WT/未抑制型的数据值在 KO/抑制型值的 3 倍以内或者非常高（$P_0^{in\ situ}>0.01\ cm \cdot s^{-1}$），在这种情况下，这两种值都用于训练组。因此，外源组并不是严密的模型验证组，而是用来表明是否可以通过其与预测被动值的偏差来识别主动转运的分子（负/正偏差分别表示外排/摄取转运过程）。

9.10.2 线性自由能关系（LFER）描述符

Abraham 的线性溶剂化自由能关系（LFER）描述符已广泛应用于预测 log P_{OCT}[137]、BBB 渗透相关特性、log *PS*[24,48]、多种化合物的 log *BB*[113-114] 及两性电解质包括两性离子[138]。用于预测 BBB 渗透模型的 Abraham LFRR 的一般形式如式 7.4 所示，是 5 个溶质溶剂化描述符的线性组合：

- α：氢键酸度。
- β：氢键碱度。
- π：偶极子与诱导偶极子间的溶质 - 溶剂相互作用产生的极性/极化性。
- *R*（$dm^3 \cdot mol^{-1}/10$）：过量摩尔折光率，其模拟了由溶质的 pi 和 *n* 电子产生的色散相互作用力。
- V_x：溶质的 McGowan 摩尔体积（$dm^3 \cdot mol^{-1}/100$）。

在 Abraham 的分析中，采用的是固有 BBB 渗透速率（$P_0^{in\ situ}$）而不是 *PS* 值[17-18]。这是因为在 LFER 方法中针对不带电荷的物质采用了 Abraham 溶质描述符，鉴于 BBB 的环境非常接近于 pH 7.4，因此这种方法看起来不是必需的。但这种转换实际上是一种计算策略，以便充分利用 Abraham 描述符。实际上，通过这些转换，Abraham 分子描述符会更适用于带电分子[17-18]。

除了 LFER 模型外，还研究了 PAMPA - BBB 的测量值（加上一个或两个 Abraham 的分子溶剂化描述符）是如何很好地预测原位数据的被动内在渗透速率值。测量的 PAMPA - BBB 值与计算得到的 LFER 描述符定义了组合方法：

$$\log P_0^{in\ situ}(in\ combo) = c_0 + c_1 \log P_0^{\text{PAMPA-BBB}} + A(c_2, c_3)。 \tag{9.14}$$

其中，c_0，…，c_3 是多元线性回归（MLR）系数，A（c_2，c_3）1/2 个 Abraham 描述符的线性函数。目前其他地方已经证实了该法的有效性[17-18,20]。与式（7.4）相比，式（9.14）则需要较少的 MLR 系数，因为 PAMPA - BBB 模型的 P_0 具备一些与渗透相关的体内屏障的微环境特性。

表 9.6 列出了 108 种药物的 PAMPA - BBB 模型的内在渗透速率[18]，同时也列出了在 pH 7.4，$P_m^{7.4}$ 下计算的膜渗透值。图 9.19 显示了有效渗透速率（P_e）的取点，该值可构建关于 pH 的函数，进而通过回归分析确定内在渗透速率系数，见第 7 章。

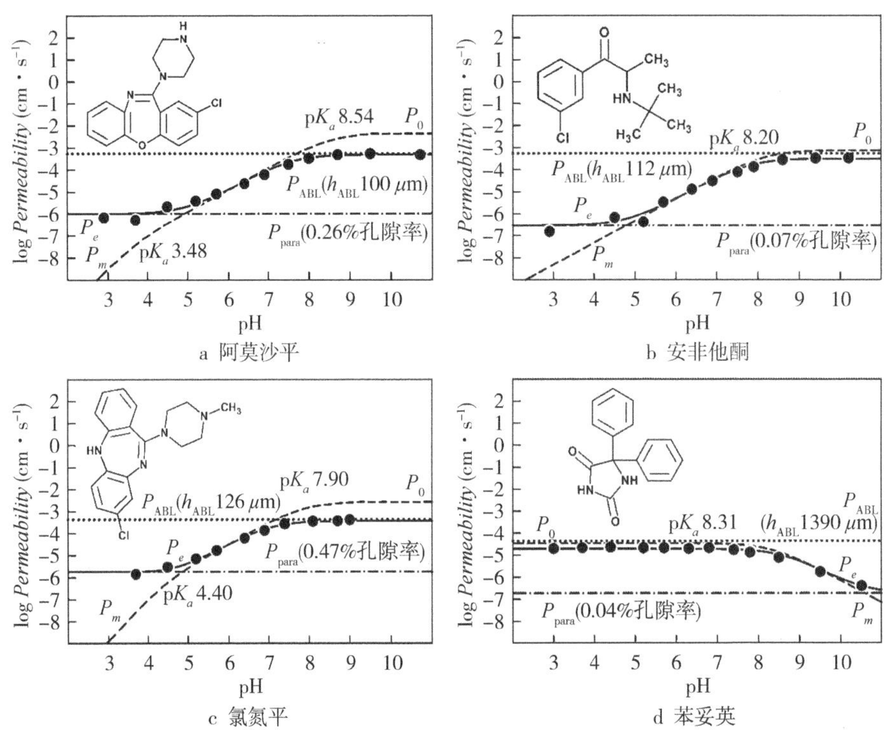

图 9.19 根据 PAMPA - BBB 模型（在黏性烷烃中加入 10%（w/v）PBLE 的 3 μL 滤膜）测得的 4 种分子的渗透速率对数值与 pH 的曲线

（通过改变 pH 来评估水分界层的作用及旁膜上水孔的分流作用。旁膜和 ABL 校正的 log P_m 与 pH 曲线用虚线表示。点曲线对应于 log P_{ABL} 值，点划线对应于跨膜渗透速率对 log P_{para}。log P_m 曲线中的最大点对应于内在渗透系数 log P_0，它表征了可电离分子中性形式的渗透速率。水平切线与斜切线的交点代表了虚曲线中 pK_a 对应的 pH。顶部的 log P_{ABL} 和底部的 log P_{para} 确定了渗透速率间隙窗口，即动态范围窗口。转载自 TSINMAN O，TSINMAN K，SUN N，et al. Physicochemical selectivity of the BBB microenvironment governing passive diffusion-Matching with a porcine brain lipid extract artificial membrane permeability model. Pharm. Res.，2011，28：337 - 363。经 Springer Science + Business Media 许可转载）

9.10.3 PAMPA – BBB 选择性系数（按电荷类别）

图 9.20 显示了 197 个样本训练组测量的啮齿动物原位渗透速率数据和 PAMPA – BBB 模型间的对数相关性。总选择系数 $SC=0.87$，同时 $r^2=0.77$，$s=0.76$，这表明这是一个预测度高的模型。但是当采用不同电荷来检验时就会出现更复杂的情况。图 9.20 中碱性物质（正电荷）用实心圆表示，其 $SC=0.97\pm0.05$（$r^2=0.84$），这表明其选择性十分匹配。酸性物质（负电荷）用空心圆表示，其 $SC=1.08\pm0.25$（$r^2=0.42$），其选择性也匹配但相关性系数则较差。中性物质（方形表示）的 $SC=0.55\pm0.07$（$r^2=0.46$），其选择性与 $\log P_{OCT}$ 相当。两性物质（三角形表示）的 SC 约为 0（r^2 约为 0），这表明它不依赖与 PAMPA 的渗透速率。显然，中性和两性药物并不能与影响被动渗透速率的 BBB 微环境很好地匹配。对于两性物质来说，其两种渗透值没有相关性。正如下述的讨论所示，通过应用 PAMPA – BBB 组合技术有可能会将每组的相关性不足提高至 $r^2=0.61-0.88$。

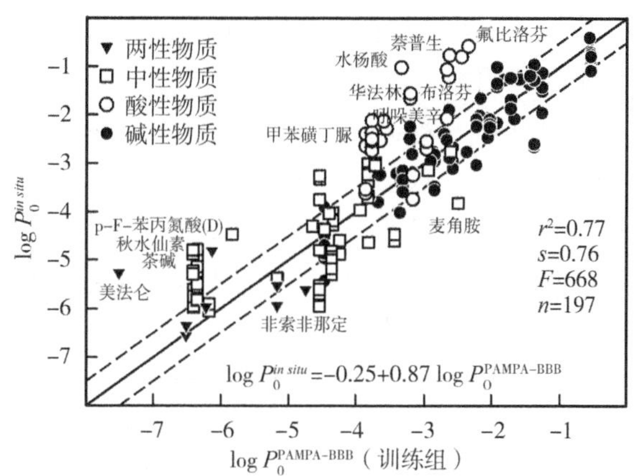

图 9.20 啮齿动物原位脑灌注内在渗透速率与 PAMPA – BBB 模型内在渗透速率的体内外相关性

（转载自 TSINMAN O，TSINMAN K，SUN N，et al. Physicochemical selectivity of the BBB microenvironment governing passive diffusion-Matching with a porcine brain lipid extract artificial membrane permeability model. Pharm. Res.，2011，28：337 – 363。经 Springer Science + Business Media 许可转载）

9.10.4 Abraham LFER 与 PAMPA – BBB 组合模型

如 8.9.3 节所示，197 个“最小外排”的原位脑灌注的渗透值（内在形式）$P_0^{in\ situ}$ 被分成 4 种电荷组（pH 7.4 条件下）。对于每组，能预测被动 $P_0^{in\ situ}$ 的最佳线性回归方程如下。

正电荷（碱性物质）：

$$\log P_0^{in\ situ} = -0.01 + 0.94\log P_0^{\text{PAMPA-BBB}} - 0.64\alpha,$$
$$r^2 = 0.86, s = 0.46, F = 253, n = 85。\tag{9.15a}$$

负电荷（酸性物质）：

$$\log P_0^{in\ situ} = 2.54 + 1.11\log P_0^{\text{PAMPA-BBB}} - 0.65(\alpha + \beta),$$
$$r^2 = 0.61, s = 0.56, F = 20, n = 25。\tag{9.15b}$$

中性物质：

$$\log P_0^{in\ situ} = -0.40 + 0.63\log P_0^{\text{PAMPA-BBB}} - 0.44(\alpha + \beta),$$
$$r^2 = 0.88, s = 0.33, F = 255, n = 76。\tag{9.15c}$$

两性物质：

$$\log P_0^{in\ situ} = -4.81 + 0.73(\alpha - \beta),$$
$$r^2 = 0.86, s = 0.22, F = 38, n = 8。\tag{9.15d}$$

两性电解质的原位渗透性与分子的氢键酸度和碱度的差异性密切相关（氢键差异性效应），而 PAMPA－BBB 则不会影响其渗透性。Caco－2/MDCK 的预测公式［式(8.19d)］中也提到了这一点，两性物质似乎自成一类，对亲脂性的依赖极小。

采用正交指标 I_A、I_B、I_N 和 I_Z，将 4 种电荷组的分析整合至一个方程，每个指标的单位值分别为酸、碱、中性和两性，否则为 0：

$$\log P_0^{in\ situ} = \{c_0 + c_1 \cdot \log P_0 + c_2 \cdot \alpha\} \cdot I_B + \{c_3 + c_4 \cdot \log P_0 + c_5 \cdot (\alpha + \beta)\} \cdot I_A + \{c_6 + c_7 \cdot \log P_0 + c_8 \cdot (\alpha + \beta)\} \cdot I_N + \{c_9 + c_{10} \cdot (\alpha - \beta)\} \cdot I_Z。\tag{9.16}$$

组合模型的训练组经过 MLR 分析得到 $r^2 = 0.93$，$s = 0.42$，$F = 1454$，$n = 197$。图 9.21 显示了基于式（9.16）的 IVIVC 图。

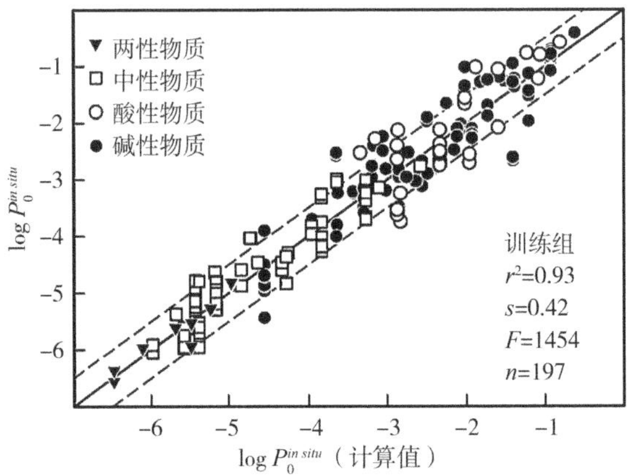

图 9.21　基于 197 个“最小外排”样本训练组原位内在渗透值的 PAMP－BBB 组合模型

（转载自 TSINMAN O，TSINMAN K，SUN N，et al. Physicochemical selectivity of the BBB microenvironment governing passive diffusion-Matching with a porcine brain lipid extract artificial membrane permeability model. Pharm. Res.，2011，28：337－363。经 Springer Science + Business Media 许可转载）

9.10.5 “外源性”组的比较

图9.22显示了组合模型中85个原位“外源性”组预测的［式（9.15）］和测量得到的渗透值的关系。外源性组的许多化合物是目前已知的外排转运蛋白的底物（如奎尼丁、紫杉醇、非索非那定、DPDPE），特别是那些显著低于图9.22中特征标识线的分子。值得注意的是，阿霉素的原位渗透速率位于特征线的上方，该值是基于外排效应被严重抑制而得到的数据［维拉帕米，基因敲除小鼠模型（mdr1a（-/-）和mrp1（-/-）］。除了外排效应，这示意了可能还存在一种由载体介导的摄取过程。然而，由于紫外吸收敏感性较低，阿霉素（和环孢素A）的PAMPA-BBB模型数据比其他分子的数据不确定性更高（见表9.6的PAMPA误差）。PAMPA-BBB模型可表明，基本上在“3倍”区间（图9.21和图9.22中特征线两侧的虚线）外的分子都可能受到载体介导转运过程的影响。对于未知转运机制的新测定化合物，对其被动BBB渗透性的可靠预测可以用来揭示载体介导转运过程的存在，这些在其他文章中有更详细的研究[17-18]。

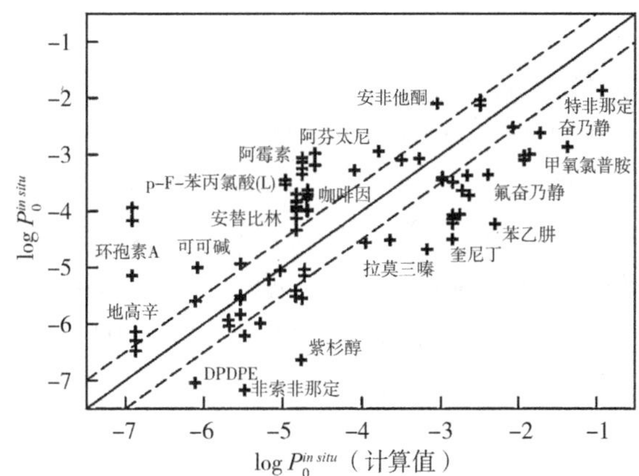

图9.22 与从PAMPA-BBB组合模型中计算得到的值相比，原位“外源”组的85种化合物测量值表示其可能存在主动转运

［特征标示线（虚线标记）以下的3倍数值可能预示着外排流出过程。特征标示线以上的3倍数值则示意可能存在主动或载体介导的摄取过程。环孢素A和阿霉素的数值可能不准确，因为难以通过UV数据来判断它们的渗透性。转载自TSINMAN O，TSINMAN K，SUN N，et al. Physicochemical selectivity of the BBB microenvironment governing passive diffusion-Matching with a porcine brain lipid extract artificial membrane permeability model. Pharm. Res.，2011，28：337-363。经Springer Science + Business Media许可转载］

参考文献

［1］Hammarlund-Udenaes，M.；Fridén，M.；Syvänen，S.；Gupta，A. On the rate and extent of drug delivery to the brain. *Pharm. Res.* **25**，1737-1750（2008）.

[2] Barres, B. A. The mystery and magic of glia: A perspective of their roles in health and disease. *Neuron* **60**, 430 – 439 (2008).

[3] Fenstermacher, J.; Nakata, H.; Tajima, A.; Yen, M. -H.; Acuff, V.; Gruber, K. Structural, ultrastructural and functional correlations among local capillary systems within the brain. In: Segal, M. D. (ed.). *Barriers and Fluids of the Eye and Brain*, CRC Press, Boca Raton, FL, 1992, pp. 59 – 71.

[4] Liu, X.; Tu, M.; Kelley, R. S.; Chen, C.; Smith, B. J. Development of a computational approach to predict blood-brain barrier permeability. *Drug Metab. Disp.* **32**, 132 – 139 (2004).

[5] Pardridge, W. M. Holy grails and *in vitro* blood-brain models. *Drug Discov. Today* **9**, 258 (2004).

[6] Abbott, N. J.; Patabendige, A. A.; Dolman, D. E.; Yusof, S. R.; Begley, D. J. Structure and function of the blood-brain barrier. *Neurobiol. Discov.* **37**, 13 – 25 (2010).

[7] Liu, X.; Smith, B. J.; Chen, C.; Callegari, E.; Becker, S. L.; Chen, X.; Cianfrogna, J.; Doran, A. C.; Doran, S. D.; Gibbs, J. P.; Hosea, N.; Liu, J.; Nelson, F. R.; Szewc, M. A.; van Deusen, J. Use of a physiologically based pharmacokinetic model to study the time to reach brain equilibrium: An experimental analysis of the role of blood-brain barrier permeability, plasma protein binding, and brain tissue binding. *J. Pharmacol. Exp. Ther.* **313**, 1254 – 1262 (2005).

[8] Hitchcock, S. A. Blood-brain barrier permeability considerations for CNS-targeted compound library design. *Curr. Opin. Chem. Biol.* **12**, 1 – 6 (2008).

[9] Jeffrey, P.; Summerfield, S. G. Challenges for blood-brain barrier (BBB) screening. *Xenobiotica* **37**, 1135 – 1151 (2007).

[10] Cecchelli, R.; Berezowski, V.; Lundquist, S.; Culot, M.; Renftel, M.; Dehouck, M. -P.; Fenart, L. Modeling of the blood-brain barrier in drug discovery and development. *Nature Rev. /Drug Discov.* **6**, 650 – 661 (2007).

[11] Neuwelt, E.; Abbott, N. J.; Abrey, L.; Banks, W. A.; Blakely, B.; Davis, T.; Engelhardt, B.; Grammas, P.; Dedergaard, M.; Nutt, J.; Pardridge, W.; Rosenberg, G. A.; Smith, Q.; Drewes, L. R. Strategies to advance translational research into brain barriers. *Lancet Neurol.* **7**, 84 – 96 (2008).

[12] Maurer, T. S.; DeBartolo, D. B.; Tess, D. A.; Scott, D. O. Relationship between exposure and nonspecific binding of thirty-three central nervous system drugs in mice. *Drug Metab. Dispos.* **33**, 175 – 181 (2005).

[13] Krämer, S. D.; Begley, D. J.; Abbott, N. J. Relevance of cell membrane lipid composition to blood-brain barrier function: Lipids and fatty acids of different BBB models. Presented at the American Association of Pharmaceutical Science Annual Meeting, 1999.

[14] Krämer, S. D.; Hurley, J. A.; Abbott, N. J.; Begley, D. J. Lipids in blood-brain barrier models *in vitro* I: TLC and HPLC for the analysis of lipid classes and long polyunsaturated fatty acids. *In Vitro Cell Dev. Biol. Anim.* **38**, 557 - 565 (2002).

[15] Di, L.; Kerns, E. H.; Bezar, I. F.; Petusky, S. L.; Huang, Y. Comparison of blood-brain barrier permeability assays: *In situ* brain perfusion, MDR1-MDCKII and PAMPA-BBB. *J. Pharm. Sci.* **98**, 1980 - 1991 (2009).

[16] Di, L.; Kerns, E. H.; Fan, K.; McConnell, O. J.; Carter, G. T. High throughput artifiial membrane permeability assay for blood-brain barrier. *Eur. J. Med. Chem.* **38**, 223 - 232 (2003).

[17] Dagenais, C.; Avdeef, A.; Tsinman, O.; Dudley, A.; Beliveau, R. P-glycoprotein deficient mouse *in situ* blood-brain barrier permeability and its prediction using an *in combo* PAMPA model. *Eur. J. Pharm. Sci.* **38**, 121 - 137 (2009).

[18] Tsinman, O.; Tsinman, K.; Sun, N.; Avdeef, A. Physicochemical selectivity of the BBB microenvironment governing passive diffusion—Matching with a porcine brain lipid extract artificial membrane permeability model. *Pharm. Res.* **28**, 337 - 363 (2011).

[19] Mensch, J.; Melis, A.; Mackie, C.; Verreck, G.; Brewster, M. E. Evaluation of various PAMPA models to identify the most discriminating method for the prediction of BBB permeability. *Eur. J. Pharm. Sci.* **74**, 495 - 502 (2010).

[20] Avdeef, A.; Artursson, P.; Neuhoff, S.; Lazorova, L.; Gråsjö, J.; Tavelin, S. Caco-2 permeability of weakly basic drugs predicted with the Double-Sink PAMPA pK_a^{flux} method. *Eur. J. Pharm. Sci.* 2005, **24**, 333 - 349.

[21] Avdeef, A.; Tsinman, O. PAMPA—a drug absorption *in vitro* model. 13. Chemical selectivity due to membrane hydrogen bonding: *In combo* comparisons of HDM-, DOPC-, and DS-PAMPA. *Eur. J. Pharm. Sci.* **28**, 43 - 50 (2006).

[22] Clark, D. E. *In silico* prediction of blood-brain barrier permeation. *Drug Discov. Today* **8**, 927 - 933 (2003).

[23] Abraham, M. H. The factors that influence permeation across the blood-brain barrier. *Eur. J. Med. Chem.* **39**, 235 - 240 (2004).

[24] Lanevskij, K.; Japertas, P.; Didziapetris, R.; Petrauskas, A. Ionization-specific prediction of blood-brain barrier permeability. *J. Pharm. Sci.* **98**, 122 - 134 (2008).

[25] Bendels, S.; Kansy, M.; Wagner, B.; Huwyler, J. *In silico* prediction of brain and CSF permeation of small molecules using PLS regression models. *Eur. J. Med. Chem.* **43**, 1581 - 1592 (2008).

[26] Fridén, M.; Winiwarter, S.; Jerndal, G.; Bengtsson, P.; Wan, H.; Bredberg, U.; Hammarlund-Udenaes, M.; Antonsson, M. Structure-brain exposure relationships

in rat and human using a novel data set of unbound drug concentrations in brain interstitial and cerebrospinal fluids. *J. Med. Chem.* **52**, 6233 – 6243 (2009).

[27] Abbott, N. J. Prediction of blood-brain barrier permeation in drug discovery from *in vivo*, *in vitro* and *in silico* models. *Drug Discov. Today: Technol.* **1**, 407 – 416 (2004).

[28] Levin, V. A. Relationship of octanol/water partition coefficient and molecular weight to rat brain capillary permeability. *J. Med. Chem.* **23**, 682 – 684 (1980).

[29] Bodor, N.; Buchwald, P. Recent advances in the brain targeting of neuropharmaceuticals by chemical delivery systems. *Adv. Drug Deliv. Rev.* **36**, 227 – 254 (1998).

[30] Young, R. C.; Mitchell, R. C.; Brown, T. H.; Ganellin, C. R.; Griffiths, R.; Jones, M.; Rana, K. K.; Saunders, D.; Smith, I. R.; Sore, N. E.; Wilks, T. J. Development of a new physicochemical model for brain penetration and its application to the design of centrally acting H_2 receptor histamine antagonists. *J. Med. Chem.* **31**, 565 – 571 (1988).

[31] Xiang, T. -X.; Anderson, B. D. Substituent contributions to the transport of substituted *p*-toluic acids across lipid bilayer membranes. *J. Pharm. Sci.* **83**, 1511 – 1518 (1994).

[32] Mayer, P. T.; Anderson, B. D. Transport across 1,9-decadiene precisely mimics the chemical selectivity of the barrier domain in egg lecithin bilayers. *J. Pharm. Sci.* **91**, 640 – 646 (2002).

[33] Gumbleton, M.; Audus, K. L. Progress and limitations in the use of *in vitro* cell cultures to serve as a permeability screen for the blood-brain barrier. *J. Pharm. Sci.* **90**, 1681 – 1698 (2001).

[34] Terasaki, T.; Ohtsuki, S.; Hori, S.; Takanaga, H.; Nakashima, E.; Hosoya, K. -I. New approaches to *in vitro* models of blood-brain barrier drug transport. *Drug Discov. Today* **8**, 944 – 954 (2003).

[35] Garberg, P.; Ball, M.; Borg, N.; Cecchelli, R.; Fenart, L.; Hurst, R. D.; Lindmark, T.; Mabondzo, A.; Nilsson, J. E.; Raub, T. J.; Stanimirovic, D.; Terasaki, T.; Osterberg, J. O.; Osterberg, T. *In vitro* models for the blood-brain barrier. *Toxicol. In Vitro* **19**, 299 – 334 (2005).

[36] Abbott, N. J. *In vitro* models for examining and predicting brain uptake of drugs. In: Testa, B.; van de Waterbeemd, H. (eds.). *Comprehensive Medicinal Chemistry II*, Vol. 5: *ADME-Tox Approaches*, Elsevier: Amsterdam, 2007, pp. 301 – 320.

[37] Avdeef, A. How well can *in vitro* barrier microcapillary endothelial cell models predict *in vivo* blood-brain barrier permeability? *Eur. J. Pharm. Sci.* **43**, 109 – 124 (2011).

[38] Takasato, Y.; Rapoport, S. I.; Smith, Q. R. An *in situ* brain perfusion technique to study cerebrovascular transport in the rat. *Am. J. Physiol.* **247**, H484 – H493 (1984).

[39] Tanaka, H.; Mizojiri, K. Drug-protein binding and blood-brain barrier permeability.

J. Pharmacol. Exp. Ther. **288**, 912 -918 (1999).

[40] Dagenais, C.; Rousselle, C.; Pollack, G. M.; Scherrmann, J. -M. Development of an *in situ* mouse brain perfusion model and its application to mdr1a P-glycoproteindefiient mice. *J. Cereb. Blood Flow Metab.* **20**, 381 -386 (2000).

[41] Murakami, H.; Takanaga, H.; Matsuo, H.; Ohtani, H.; Sawada, Y. Comparison of blood-brain barrier permeability in mice and rats using *in situ* brain perfusion technique. *Am. J. Physiol. Heart Circ. Physiol.* **279**, H1022 - H1029 (2000).

[42] Cisternino, S.; Rousselle, C.; Dagenais, C.; Scherrmann, J. -M. Screening of multidrug-resistance sensitive drugs by *in situ* brain perfusion in P-glycoprotein deficient mice. *Pharm. Res.* **18**, 183 - 190 (2001).

[43] Summerfield, S. G.; Read, K.; Begley, D. J.; Obradovic, T.; Hidalgo, I. J.; Coggon, S.; Lewis, A. V.; Porter, R. A.; Jeffrey, P. Central nervous system drug disposition: the relationship between *in situ* brain permeability and brain free fraction. *J. Pharmacol. Exp. Ther.* **322**, 205 -213 (2007).

[44] Zhao, R.; Raub, T. J.; Sawada, G. A.; Kasper, S. C.; Bacon, J. A.; Bridges, A. S.; Pollack, G. M. Breast cancer resistance protein interacts with various compounds *in vitro*, but plays a minor role in substrate efflux at the blood-brain barrier. *Drug Metab. Dispos.* **37**, 1251 -1258 (2009).

[45] Avdeef, A.; Sun, N. A new *in situ* brain perfusion flow correction method for lipophilic drugs based on the pH-dependent Crone-Renkin equation. *Pharm. Res.* **28**, 517 - 530 (2011).

[46] Smith, Q. R. A review of blood-brain barrier transport techniques. *Methods Mol. Med.* **89**, 193 -208 (2003).

[47] Parepally, J. M. R.; Mandula, H.; Smith, Q. R. Brain uptake of nonsteroidal antiinflammatory drugs: ibuprofen, flurbiprofen, and indomethacin. *Pharm. Res.* **23**, 873 -881 (2006).

[48] Gratton, J. A.; Abraham, M. H.; Bradbury, M. W.; Schadka, H. Molecular factors influencing drug transfer across the blood-brain barrier. *J. Pharm. Pharmacol.* **49**, 1211 -1216 (1997).

[49] Wu, D.; Clement, J. G.; Pardridge, W. M. Low blood-brain barrier permeability to azidothymidine (AZT), 3TC, and thymidine in the rat. *Brain Res.* **791**, 313 - 316 (1998).

[50] Bourasset, F.; Cisternino, S.; Temsamani, J.; Scherrmann, J. M. Evidence for an active transport of morphine-6-β-D-glucuronide but not P-glycoprotein-mediated at the blood-brain barrier. *J. Neurochem.* **86**, 1564 -1567 (2003).

[51] Cisternino, S.; Rousselle, C.; Debray, M.; Scherrmann, J. -M. *In vivo* saturation

of the transport of vinblastine and colchicines by P-glycoprotein at the rat blood-brain barrier. *Pharm. Res.* **20**, 1607 – 1611 (2003).

[52] Cisternino, S.; Rousselle, C.; Lorico, A.; Rappa, G.; Scherrmann, J.-M. Apparent lack of mrp1-mediated efflux at the luminal side of mouse blood-brain barrier endothelial cells. *Pharm. Res.* **20**, 904 – 909 (2003).

[53] Cisternino, S.; Mercier, C.; Bourasset, F.; Rouse, F.; Scherrmann, J.-M. Expression, up-regulation, and transport activity of the multidrug-resistance protein Abcg2 at the mouse blood-brain barrier. *Cancer Res.* **64**, 3296 – 3301 (2004).

[54] Cisternino, S.; Rousselle, C.; Debray, M.; Scherrmann, J.-M. *In situ* transport of vinblastine and selected P-glycoprotein substances: Implications for drug-drug interactions at the mouse blood-brain barrier. *Pharm. Res.* **21**, 1382 – 1389 (2004).

[55] Youdim, K. A.; Qaiser, M. Z.; Begley, D. J.; Rice-Evans, C. A.; Abbott, N. J. Flavonoid permeability across an *in situ* model of the blood-brain barrier. *Free Radic. Biol. Med.* **36**, 592 – 604 (2004).

[56] Dagenais, C. Blood-brain barrier transport of opioids and selected substrates: Variable modulation of brain uptake by P-glycoprotein and countervectorial transport systems for the model opioid peptide [D-Pen^{2,5}]-Enkephalin. PhD Dissertation. University of North Carolina (2000).

[57] Dagenais, C.; Zong, J.; Ducharme, J.; Pollack, G. M. Effect of mdr1a P-glycoprotein gene disruption, gender, and substrate concentration on brain uptake of selected compounds. *Pharm. Res.* **18**, 957 – 963 (2001).

[58] Dagenais, C.; Ducharme, J.; Pollack, G. M. Interaction of nonpeptidic δ agonists with P-glycoprotein by *in situ* mouse brain perfusion: LC-MS analysis and internal standard strategy. *J. Pharm. Sci.* **91**, 244 – 252 (2002).

[59] Dagenais, C.; Graff, C. L.; Pollack, G. M. Variable modulation of opioid brain uptake by P-glycoprotein in mice. *Biochem. Pharmacol.* **67**, 269 – 276 (2004).

[60] Dagenais, C.; Ducharme, J.; Pollack, G. M. Uptake and efflux of the peptidic delta-opioid receptor agonist [D-penicillamine^{2,5}]-enkephalin at the murine blood-brain barrier by *in situ* perfusion. *Neurosci. Lett.* **301**, 155 – 158 (2005).

[61] Bihorel, S.; Camenisch, G.; Lemaire, M.; Scherrmann, J.-M. Modulation of the brain distribution of imatinib and its metabolites in mice by valspodar, zosuquidar and elacridar. *Pharm. Res.* **24**, 1720 – 1728 (2007).

[62] Obradovic, T.; Dobson, G. G.; Shingaki, T.; Kungu, T.; Hidalgo, I. J. Assessment of the first and second generation antihistamines brain penetration and the role of P-glycoprotein. *Pharm. Res.* **24**, 318 – 327 (2007).

[63] Zhao, R.; Kalvass, J. C.; Pollack, G. M. Assessment of blood-brain barrier permeability u-

sing the *in situ* mouse brain perfusion technique. *Pharm. Res.* **26**, 1657 – 1664 (2009).

[64] Seiler, P. The simultaneous determination of partition coefficients and acidity constant of a substance. *Eur. J. Med. Chem. -Chim. Therapeut.* **9**, 665 – 666 (1974).

[65] Young, R. C.; Mitchell, R. C.; Brown, T. H.; Ganellin, C. R.; Griffiths, R.; Jones, M.; Rana, K. K.; Saunders, D.; Smith, I. R.; Sore, N. E.; Wilks, T. J. *Development* of a new physicochemical model for brain penetration and its application to the design of centrally acting H_2 receptor histamine antagonists. *J. Med. Chem.* **31**, 565 – 671 (1988).

[66] El Tayar, N.; Testa, B.; Carrupt, P. -A. Polar intermolecular interactions encoded in partition coefficients: An indirect estimation of hydrogen-bond parameters of polyfunctional solutes. *J. Phys. Chem.* **96**, 1455 – 1459 (1992).

[67] van de Waterbeemd, H.; Kansy, M. Hydrogen-bonding capacity and brain penetration. *Chimia* **46**, 299 – 303 (1992).

[68] Abraham, M.; Chadha, H.; Whiting, G.; Mitchell, R. Hydrogen bonding. 32. An analysis of water-octanol and water-alkane partitioning and the Δlog *P* parameter *of Seiler. J. Pharm. Sci.* **83**, 1085 – 1100 (1994).

[69] von Geldern, T. W.; Hoffman, D. J.; Kester, J. A.; Nellans, H. N.; Dayton, B. D.; Calzadilla, S. V.; Marsh, K. C.; Hernandez, L.; Chiou, W.; Dixon, D. B.; Wu-wong, J. R.; Opgenorth, T. J. Azole endothelin antagonists. 3. using Δ log *P* as a tool to improve absorption. *J. Med. Chem.* **39**, 982 – 991 (1996).

[70] Seelig, A. The role of size and charge for blood-brain barrier permeation of drugs and fatty acids. *J. Mol. Neurosci.* **33**, 32 – 41 (2007).

[71] Fischer, H.; Gottschlich, R.; Seelig, A. Blood-brain barrier permeation: molecular parameters governing passive diffusion. *J. Membr. Biol.* **165**, 201 – 211 (1998).

[72] Kalvass, J. C.; Maurer, T. S.; Pollack, G. M. Use of plasma and brain unbound fractions to assess the extent of brain distribution of 34 drugs: Comparison of unbound concentration ratios to P-glycoprotein efflux ratios. *Drug Metab. Dispos.* **35**, 660 – 666 (2007).

[73] Audus, K. L.; Rose, J. M.; Wang, W.; Borchardt, R. T. Brain microvessel endothelial cell culture systems. In: Pardridge, W. L. (ed.). *Introduction to the Blood-Brain Barrier: Methodology and Pathology*, Cambridge University Press, Cambridge, UK, 1998, pp. 86 – 93.

[74] Bickel, U. How to measure drug transport across the blood-brain barrier. *NeuroRx* **2**, 15 – 26 (2005).

[75] Weksler, B. B.; Subileau, E. A.; Perrière, N.; Charneau, P.; Holloway, K.; Leveque, M.; Tricóire-Leignel, H.; Nicotra, A.; Bourdoulous, S.; Turowski, P.; Male, D. K.; Roux, F.; Greenwood, J.; Romero, I. A.; Couraud, P. O. Blood-

brain barrier-specific properties of a human adult endothelial cell line. *FASEB J.* **19**, 1872 – 1874 (2005).

[76] Förster, C.; Silwedl, C.; Golenhofen, N.; Burek, M.; Kietz, S.; Mankertz, J.; Drenckhahn, D. Occludin as direct target for glucocorticoid-induced improvement of blood-brain barrier properties in a murine *in vitro* system. *J. Physiol.* **565**, 475 – 486 (2005).

[77] Omidi, Y.; Campbell, L.; Barar, J.; Connell, D.; Akhtar, S.; Gumbleton, M. Evaluation of the immortalized mouse brain capillary endothelial cell line, b. End3, as an *in vitro* blood-brain barrier model for drug uptake and transport studies. *Brain Res.* **990**, 95 – 112 (2003).

[78] Butt, A. M.; Jones, H. C.; Abbott, N. J. Electrical resistance across the blood-brain barrier in anaesthetized rats: A developmental study. *J. Physiol.* **429**, 47 – 62 (1990).

[79] Zhang, Y.; Li, C. S. W.; Ye, Y.; Johnson, K.; Poe, J.; Johnson, S.; Bobrowski, W.; Garrido, R.; Madhu, C. Porcine brain microvessel endothelial cells as an *in vitro* model to predict *in vivo* blood-brain barrier permeability. *Drug Metab. Dispos.* **34**, 1935 – 1943 (2006).

[80] Franke, H.; Galla, H. -J.; Beuckmann, C. T. An improved low-permeability *in vitro*-model of the blood-brain barrier: Transport studies on retinoids, sucrose, haloperidol, caffeine and mannitol. *Brain Res.* **818**, 65 – 71 (1999).

[81] Franke, H.; Galla, H. -J.; Beuckmann, C. T. Primary cultures of brain microvessel endothelial cells: a valid and flexible model to study drug transport through the blood-brain barrier *in vitro*. *Brain Res. Protocols* **5**, 248 – 256 (2000).

[82] Lohmann, C.; Huwel, S.; Galla, H. -J. Predicting blood-brain barrier permeability of drugs: Evaluation of different *in vitro* assays. *J. Drug Target.* **10**, 263 – 276 (2002).

[83] Smith, M.; Omidi, Y.; Gumbleton, M. Primary porcine brain microvascular endothelial cells: Biochemical and functional characterization as a model for drug transport and targeting. *J. Drug Target.* **15**, 253 – 268 (2007).

[84] Skinner, R. A.; Gibson, R. M.; Rothwell, N. J.; Pinteaux, E.; Penny, J. I. Transport of interleukin-1 across cerebromicrovascular endothelial cells. *Br. J. Pharmacol.* **156**, 1115 – 1123 (2009).

[85] Helms, H. C.; Waagepetersen, H. S.; Nielsen, C. U.; Brodin, B. Paracellular tightness and claudin-5 expression is increased in the BCEC/astrocyte blood-brain barrier model by increasing media buffer capacity during growth. *AAPS J.* **12**, 759 – 770 (2010).

[86] Abbott, N. J.; Yusef, S. R. Private correspondence, 2010.

[87] Kerns, E. H.; Di, L. *Drug-like Properties: Concepts, Structure Design and Methods from ADME to Toxicity Optimization*, Academic Press (Elsevier), New York, 2008,

pp. 311 – 328.

[88] Street, J. A.; Hemsworth, B. A.; Roach, A. G.; Day, M. D. Tissue levels of several radio labelled beta-adrenoceptor antagonists after intravenous administration in rats. *Arch. Int. Pharmacodyn. Ther.* **237**, 180 – 190 (1979).

[89] Wang, Q.; Rager, J. D.; Weinstein, K.; Kardos, P. S.; Dobson, G. L.; Li, J.; Hidalgo, I. J. Evaluation of the MDR-MDCK cell line as a permeability screen for the blood-brain barrier. *Int. J. Pharm.* **288**, 349 – 359 (2005).

[90] Renkin, E. M. Capillary permeability to lipid-soluble molecule. *Am. J. Physiol.* **168**, 538 – 545 (1952).

[91] Crone, C. The permeability of capillaries in various organs as determined by use of the "indicator diffusion" method. *Acta Physiol. Scand.* **58**, 292 – 305 (1963).

[92] Crone, C.; Levitt, D. G. Capillary permeability to small solutes. In: Renkin, E. M.; Michel, C. C. (eds.). *Handbook of Physiology*, Section 2: *The Cardiovascular System*, American Physiological Society, Bethesda, MD, 1984, pp. 411 – 466.

[93] Masucci, J. A.; Ortegon, M. E.; Jones, W. J.; Shank, R. P.; Caldwell, G. W. *In vivo* microdialysis and liquid chromatography/thermospray mass spectrometry of the novel anticonvulsant 2,3:4,5-bis-*O*- (1-methylethylidene)-β-D-fructopyranose sulfamate (topiramate) in rat brain fluid. *J. Mass Spectrom.* **33**, 85 – 88 (1998).

[94] Deguchi, Y. Application of *in vivo* brain microdialysis to the study of blood-brain barrier transport of drugs. *Drug Metab. Pharmacokin.* **17**, 395 – 407 (2002).

[95] Boström, E.; Simonsson, U. S. H.; Hammarlund-Udenaes, M. *In vivo* blood-brain barrier transport of oxycodone in the rat: Indications for active influx and implications for pharmacokinetics/pharmacodynamics. *Drug Metab. Dispos.* **34**, 1624 – 1631 (2006).

[96] Martin, I. Prediction of blood-brain barrier penetration: Are we missing the point? *Drug Disc. Today* **9**, 161 – 162 (2004).

[97] Summerfield, S. G.; Stevens, A. J.; Cutler, L.; Osuna, M. C.; Hammond, B.; Tang, S. -P.; Hersey, A.; Spalding, D. J.; Jeffrey, P. Improving the *in vitro* prediction of *in vivo* central nervous system penetration: integrating permeability, P-glycoprotein efflux, and free fractions in blood and brain. *J. Pharmacol Exp. Ther.* **316**, 1282 – 1290 (2006).

[98] van de Waterbeemd, H.; Smith, D. A.; Jones, B. C. Lipophilicity in PK design: Methyl, ethyl, futile. *J. Comp. -Aided Molec. Design* **15**, 273 – 286 (2001).

[99] Liu, X.; Chen, C.; Smith, B. J. Progress in brain penetration in drug discovery and development. *J. Pharmacol. Exp. Ther.* **325**, 349 – 356 (2008).

[100] Wu, D.; Kang, Y. -S.; Bickel, U.; Pardridge, W. M. Blood-brain barrier permeability to morphine-6-glucuronide is markedly reduced compared with morphine. *Drug*

Metab. *Dispos.* **26**, 768 – 771 (1997).

[101] Reichel, A. Addressing central nervous system (CNS) penetration in drug discovery: Basics and implications of the evolving new concept. *Chem. Biodiv.* **6**, 2030 – 2049 (2009).

[102] Stain-Texier, F.; Boschi, G.; Sandouk, P.; Scherrmann, J. -M. Elevated concentrations of morphine-6-β-D-glucuronide in brain extracellular fluid despite low blood-brain barrier permeability. *Br. J. Pharmacol.* **128**, 917 – 924 (1999).

[103] Fridén, M.; Gupta, A.; Antonsson, M.; Bredberg, U.; Hammerlund-Udenaes, M. *In vitro* methods for estimating unbound drug concentrations in the brain interstitial and intracellular fluids. *Drug Metab. Dispos.* **35**, 1711 – 1719 (2007).

[104] Benveniste, H.; Huttemeier, P. C. Microdialysis—Theory and applications. *Prog. Neurobiol.* **35**, 195 – 215 (1990).

[105] Kalvass, J. C.; Maurer, T. S. Influence of nonspecific brain and plasma binding on CNS exposure: Implications for rational drug discovery. *Biopharm. Drug Dispos.* **23**, 327 – 338 (2002).

[106] Mahar Doan, K. M.; Wring, S. A.; Shampine, L. J.; Jordan, K. H.; Bishop, J. P.; Kratz, J.; Yang, E.; Serabjit-Singh, C. J.; Adkinson, K. K.; Polli, J. W. Steady-state brain concentration of antihistamines in rats: Interplay of membrane permeability, P-glycoprotein efflux and plasma protein binding. *Pharmacol.* **72**, 92 – 98 (2004).

[107] Wan, H.; Rehngren, M.; Giordanetto, F.; Bergström, F.; Tunek, A. High-throughput screening of drug-brain tissue binding and *in silico* prediction for assessment of central nervous system drug delivery. *J. Med. Chem.* **50**, 4606 – 4615 (2007).

[108] Zhang, L.; Zhu, H.; Oprea, T. I.; Golbraikh, A.; Tropsha, A. QSAR modeling of the blood-brain barrier permeability for diverse organic compounds. *Pharm. Res.* **25**, 1902 – 1914 (2008).

[109] Kortagere, S.; Chekmarev, D.; Welsh, W. J.; Ekins, S. New predictive models for blood-brain barrier permeability of drug-like molecules. *Pharm. Res.* **25**, 1836 – 1845 (2008).

[110] Didziapetris, R.; Japartas, P.; Avdeef, A.; Petrauskas, A. Classification analysis of P-glycoprotein substrate specificity. *J. Drug Target.* **11**, 391 – 406 (2003).

[111] Garg, P.; Verma, J. *In silico* prediction of blood-brain barrier permeability: an artificial neural network model. *J. Chem. Inf. Model.* **46**, 289 – 297 (2006).

[112] Summerfield, S. G.; Lucas, A. J.; Porter, R. A.; Jeffrey, P.; Gunn, R. N.; Read, K. R.; Stevens, A. J.; Metcalf, A. C.; Osuna, M. C.; Kilford, P. J.; Passchier, J.; Rufo, A. D. Toward an improved prediction of human *in vivo* brain pen-

etration. *Xenobiotica* **38**, 1518 – 1535 (2008).

[113] Platts, J. A.; Abraham, M. H.; Zhao, Y. H.; Hersey, A.; Ijaz, L.; Butina, D. Correlation and prediction of a large blood-brain barrier distribution set — A LFER study. *Eur. J. Med. Chem.* **36**, 719 – 730 (2001).

[114] Abraham, M. H. The permeation of neutral molecules, ions, and ionic species through membranes: brain permeation as an example. *J. Pharm. Sci.* **100**, 1690 – 1701 (2011).

[115] Hüwyler, J.; Fricker, G.; Török, M.; Schneider, M.; Drewe, J. Transport of clonidine across cultured brain microvessel endothelial cells. *J. Pharmcol. Exp. Ther.* **282**, 81 – 85 (1997).

[116] Lundquist, S.; Renftel, M.; Brillault, J.; Fenart, L.; Cecchelli, R.; Dehouck, M. -P. Prediction of drug transport through the blood-brain barrier *in vivo*: a comparison between two *in vitro* cell models. *Pharm. Res.* **19**, 976 – 981 (2002).

[117] Johnson, M. D.; Anderson, B. D. *In vitro* models of the blood-brain barrier to polar permeants: comparison of transmonolayer flux measurements and cell uptake kinetics using cultured cerebral capillary endothelial cells. *J. Pharm. Sci.* **88**, 620 – 625 (1999).

[118] Rice, A.; Liu, Y.; Michaelis, M. L.; Himes, R. H.; Georg, G. I.; Audus, K. L. Chemical modification of paclitaxel increases permeation across the blood-brain barrier *in vitro* and *in situ*. *J. Med. Chem.* **48**, 832 – 838 (2005).

[119] Poller, B.; Gutmann, H.; Kraehenbuhl, S.; Weksler, B.; Romero, I.; Couraud, P. -O.; Tuffin, G.; Drewe, J.; Hüwyler, J. The human brain endothelial cell line hCMEC/D3 as a human blood-brain barrier model for drug transport studies. *J. Neurochem.* **107**, 1358 – 1368 (2008).

[120] Megard, I.; Garrigues, A.; Orlowski, S.; Jorajuria, S.; Clayette, P.; Ezan, E.; Mabondzo, A. A co-culture-based model of human blood-brain barrier: Application to active transport of indinavir and *in vivo-in vitro* correlation. *Brain Res.* **927**, 153 – 167 (2002).

[121] Adson, A.; Raub, T. J.; Burton, P. S.; Barsuhn, C. L.; Hilgers, A. R.; Audus, K. L.; Ho, N. F. H. Quantitative approaches to delineate paracellular diffusion in cultured epithelial cell monolayers. *J. Pharm. Sci.* **83**, 1529 – 1536 (1994).

[122] Ho, N. F. H.; Raub, T. J.; Burton, P. S.; Barsuhn, C. L.; Adson, A.; Audus, K. L.; Borchardt, R. Quantitative approaches to delineate passive transport mechanisms in cell culture monolayers. In: Amidon, G. L.; Lee, P. I.; Topp, E. M. (eds.). *Transport Processes in Pharmaceutical Systems*, Marcel Dekker, New York, 2000, pp. 219 – 316.

[123] Avdeef, A. Leakiness and size exclusion of paracellular channels in cultured epithelial cell monolayers—Interlaboratory comparison. *Pharm. Res.* **27**, 480 – 489 (2010).

[124] Avdeef, A.; Tam, K. Y. How well can the Caco-2/MDCK models predict effective hu-

man jejunal permeability? *J. Med. Chem.* **53**, 3566 –3584 (2010).

[125] Sugano, K.; Kansy, M.; Artursson, P.; Avdeef, A.; Bendels, S.; Di, L.; Ecker, G. F.; Faller, B.; Fischer, H.; Gerebtzoff, G.; Lennernäs, H.; Senner, F. Coexistence of passive and active carrier-mediated uptake processes in drug transport: a more balanced view. *Nature Rev. Drug Discov.* **9**, 597 –614 (2010).

[126] Evans, C. A. N.; Reynolds, J. M.; Reynolds, M. E.; Saunders, N. R. The effect of hypercapnia on a blood-brain barrier mechanism in foetal and new-born sheep. *J. Physiol.* **255**, 701 –714 (1976).

[127] Nagy, Z.; Szabo, M.; Huttner, I. Blood-brain barrier impairment by low pH buffer perfusion via the internal carotid artery in rat. *Acta Neuropathol.* **68**, 160 – 163 (1985).

[128] Greenwood, J.; Hazell, A. S.; Luthert, P. J. The effect of a low pH saline perfusate upon the integrity of the energy-depleted rat blood-brain barrier. *J. Cereb. Blood Flow Metab.* **9**, 234 –242 (1989).

[129] Okura, T.; Hattori, A.; Takano, Y.; Sato, T.; Hammarlund-Udanaes, M.; Terasaki, T.; Deguchi, Y. Involvement of the pyrilamine transporter, a putative organic cation transporter, in blood-brain barrier transport of oxycodone. *Drug Metab. Disp.* **36**, 2005 –2013 (2008).

[130] McDonald, D. A.; Potter, J. M. The distribution of blood to the brain. *J. Physiol.* **114**, 356 –371 (1951).

[131] Abbruscato, T. J.; Thomas, S. A.; Hruby, V. J.; Davis, T. P. Blood-brain barrier permeability and bioavailability of a highly potent and μ-selective opioid receptor antagonist, CTAP: Comparison with morphine. *J. Pharmacol. Exp. Ther.* **280**, 402 – 409 (1997).

[132] Ohno, K.; Pettigrew, K. D.; Rapoport, S. I. Lower limits of cerebrovascular permeability to nonelectrolytes in the conscious rat. *Am. J. Physiol.* **235**, H299 – H307 (1978).

[133] Chikhale, E. G.; Burton, P. S.; Borchardt, R. T. The effect of verapamil on the transport of peptides across the blood-brain barrier in rats: Kinetic evidence for an apically polarized efflux mechanism. *J. Pharmacol. Exp. Ther.* **273**, 298 –303 (1995).

[134] Pardridge, W. M.; Triguero, D.; Yang, J.; Cancilla, P. A. Comparison of *in vitro* and *in vivo* models of drug transcytosis through the blood-brain barrier. *J. Pharmacol. Exp. Ther.* **253**, 884 –891 (1990).

[135] Ruell, J. A.; Tsinman, K. L.; Avdeef, A. PAMPA—A drug absorption *in vitro* model. 5. Unstirred water layer in iso-pH mapping assays and pK_a^{flux}—optimized design (*p*OD-PAMPA). *Eur. J. Pharm. Sci.* **20**, 393 –402 (2003).

[136]Sun, N.; Avdeef, A. Biorelevant pK_a (37 ℃) Predicted from the 2D structure of the molecule and its pK_a at 25 ℃. *J. Pharm. Biomed. Anal.* **56**, 173 – 182 (2011).

[137]Abraham, M. H.; Ibrahim, A.; Zissimos, A. M.; Zhao, Y. H.; Comer, J.; Reynolds, D. P. Application of hydrogen bonding calculations in property based drug design. *Drug Disc. Today* **7**, 1056 – 1063 (2002).

[138]Abraham, M. H.; Takács-Novák, K.; Mitchell, R. C. On the partition of ampholytes: Application to blood-brain barrier distribution. *J. Pharm. Sci.* **86**, 310 – 315 (1997).

[139]Chen, W.; Yang, J. Z.; Anderson, R.; Nielsen, L. H.; Borchardt, R. T. Evaluation of the permeability characteristics of a model opioid peptide, H-Tyr-D-Ala-Gly-Phe-D-Leu-OH (DADLE), and its cyclic prodrugs across the blood-brain barrier using an *in situ* perfused rat brain model. *J. Pharmacol. Exp. Ther.* **303**, 849 – 857 (2002).

[140]Pardridge, W. M.; Mietus, L. J. Transport of steroid hormones through the rat blood-brain barrier. *J. Clin. Invest.* **64**, 145 – 154 (1979).

[141]Habgood, M. D.; Liu, Z. D.; Dehkordi, L. S.; Khodr, H. H.; Abbott, J.; Hider, R. C. Investigation into correlation between the structure of hydroxypyridinones and blood-brain barrier permeability. *Biochem. Pharmacol.* **57**, 1305 – 1310 (1999).

[142]Rapoport, S. I.; Ohno, K.; Pettigrew, K. D. Drug entry into brain. *Brain. Res.* **172**, 354 – 359 (1979).

[143]Chikhale, E. G.; Ng, K.-Y.; Burton, P. S.; Borchardt, R. T. Hydrogen bonding potential as a determinant of the *in vitro* and *in vivo* blood-brain barrier permeability of peptides. *Pharm. Res.* **11**, 412 – 419 (1994).

[144]Banks, W. A.; Schally, A. V.; Barrera, C. M.; Fasold, M. B.; Durham, D. A.; Csernus, V. J.; Groot, K.; Kastin, A. J. Permeability of the murine blood-brain barrier to some octapeptide analogs of somatostatin. *Proc. Natl. Acad. Sci. USA* **87**, 6762 – 6766 (1990).

[145]Smith, Q. R. Transport of glutamate and other amino acids at the blood-brain barrier. *J. Nutr.* **130**, 10165 – 10225 (2000).

[146]Greig, N. H.; Momma, S.; Sweeney, D. J.; Smith, Q. R.; Rapoport, S. I. Facilitated transport of melphalan at the rat blood-brain barrier by the large neutral amino acid carrier system. *Cancer Res.* **47**, 1571 – 1576 (1987).

[147]Begley, D. J. The blood-brain barrier: Principles for targeting peptides and drugs to the central nervous system. *J. Pharm. Pharmacol.* **48**, 136 – 146 (1996).

[148]Fenstermacher, J. D. Pharmacology of the BBB. In: Neuwelt, E. A. (ed.). *Implications of the BBB and Its Manipulation*, Vol. 1, Plenum, New York, 1989, pp. 137 – 155.

[149] Fenstermacher，J. D. Drug transfer across the blood-brain barrier. In：Breimer，D. D.；Speiser，P.（eds.）. *Topics in Pharmaceutical Sciences*，Elsevier，Amsterdam，1983，pp. 143 – 154.

[150] Cornford，E. M. The BBB，a dopamine regulatory interface. *Physiol.* **7**，219 – 259（1985）.

[151] Begley，D. J. Peptides and the blood-brain barrier. In：Bradbury，M. W. B.（ed.）. *Handbook of Experimental Pharmacology*，Vol. 103：*Physiology and Pharmacology of the Blood-Brain Barrier*，Springer，Berlin，1992，pp. 151 – 203.

[152] Tamai，I.；Yamashita，J.；Kido，Y.；Ohnari，A.；Sai，Y.；Shima，Y.；Naruhashi，K.；Koizumi，S.；Tsuji，A. Limited distribution of new quinolone antibacterial agents into brain caused by multiple efflux transporters at the blood-brain barrier. *J. Pharmacol. Exp. Ther.* **295**，146 – 152（2000）.

[153] Murata，M.；Tamai，I.；Kato，H.；Nagata，O.；Kato，H.；Tsuji，A. Efflux transport of a new quinolone antibacterial agent，HSR-903，across the blood-brain barrier. *J. Pharmacol. Exp. Ther.* **290**，51 – 57（1999）.

[154] Gibbs，J. E.；Thomas，S. A. The distribution of the anti-HIV drug，2′,3′-di-deoxycytidine（ddC），across the blood-brain barrier and blood-cerebrospinal fluid barriers and the influence of organic anion transport inhibitors. *J. Neurochem.* **80**，392 – 404（2002）.

[155] Suzuki，T.；Oshimi，M.；Tomono，K.；Hanano，M.；Watanabe，J. Investigation of transport mechanism of pentazocine across the blood-brain barrier using the *in situ* rat brain perfusion. *J. Pharm. Sci.* **91**，2346 – 2353（2002）.

[156] Spector，R. Transport of amantadine and rimantadine through the blood-brain barrier. *J. Pharmacol. Exp. Ther.* **244**，516 – 519（1988）.

[157] Pardridge，W. M.；Yoshikawa，T.；Kang，Y. S.；Miller，L. P. Blood-brain barrier transport and brain metabolism of adenosine and adenosine analogs. *J. Pharmacol. Exp. Ther.* **268**，14 – 18（1994）.

[158] Cornford，E. M.；Diep，C. P.；Pardridge，W. M. Blood-brain barrier transport of valproic acid. *J. Neurochem.* 44，1541 – 1550（1985）.

[159] Bickel，U.；Schumacher，O. P.；Kang，Y. -S.；Voigt，K. Poor permeability of morphine-3-glucuronide and morphine-6-glucuronide through the blood-brain barrier in the rat. *J. Pharmacol. Exp. Ther.* **278**，107 – 113（1996）.

[160] Greig，N. H.；Soncrant，T.；Shetty，H. U.；Momma，S.；Smith，Q. R.；Rapoport，S. I. Brain uptake and anticancer activities of vincristine and vinblastine are restricted by their low cerebrovascular permeability and binding to plasma constituents in rat. *Cancer Chemother. Pharmacol.* **26**，263 – 268（1990）.

[161] Guillot，F.；Misslin，P.；Lemaire，M. Comparison of fluvastatin and lovastatin blood-

brain barrier transfer using *in vitro* and *in vivo* methods. *J. Cardiovasc. Pharmacol.* **21**, 339 – 346 (1993).

[162] Chen, T. C.; Mackic, J. B.; McComb, J. G.; Giannotta, S. L.; Weiss, M. H.; Zlokovic, B. V. Cellular uptake and transport of methylprednisolone at the blood-brain barrier. *Neurosurgery* **38**, 348 – 354 (1996).

[163] Zlokovic, B. V.; Lipovac, M. N.; Begley, D. J.; Davson, H.; Rakic, L. J. Transport of leucine-enkephalin across the blood-brain barrier in the perfused guinea pig brain. *J. Neurochem.* **49**, 310 – 315 (1987).

[164] Aoyagi, M.; Agranoff, B. W.; Washburn, L. C.; Smith, Q. R. Blood-brain barrier transport of 1-aminocyclohexanecarboxylic acid, a nonmetabolic amino acid for *in vivo* studies of brain transport. *J. Neurochem.* **50**, 1220 – 1226 (1988).

[165] Mahar Doan, K. M.; Lakhman, S. S.; Boje, K. M. Blood-brain barrier transport studies of organic guanidino cations using an *in situ* brain perfusion technique. *Brain Res.* **876**, 141 – 147 (2000).

[166] Begley, D. J.; Squires, L. K.; Zlokovic, B. V.; Mitrovic, D. M.; Hughes, C. C. W.; Revest, P. A.; Greenwood, J. Permeability of the blood-brain barrier to immunosuppressive cyclic peptide cyclosporin A. *J. Neurochem.* **55**, 1222 – 1230 (1990).

[167] Allen, D. D.; Smith, Q. R. Characterization of the blood-brain barrier choline transporter using the *in situ* rat brain perfusion technique. *J. Neurochem.* **76**, 1032 – 1041 (2001).

[168] Smith, Q. R.; Takasato, Y. Kinetics of amino acid transport at the blood-brain barrier studied using an *in situ* brain perfusion technique. *Ann. N. Y. Acad. Sci.* **481**, 186 – 201 (1986).

[169] Momma, S.; Aoyagi, M.; Rapoport, S. I.; Smith, Q. R. Phenylalanine transport across the blood-brain barrier as studied with the *in situ* brain perfusion technique. *J. Neurochem.* **48**, 1291 – 1300 (1987).

[170] Zlokovic, B. V.; Lipovac, M. N.; Begley, D. J.; Davson, H.; Rakic, L. J. Slow penetration of thurotropin releasing hormone across the blood-brain barrier of an *in situ* perfused guinea pig brain. *J. Neurochem.* **51**, 252 – 257 (1988).

[171] Fukui, S.; Schwarcz, R.; Rapoport, S. I.; Takada, Y.; Smith, Q. R. Blood-brain barrier transport of kynurenines: Implications for brain synthesis and metabolism. *J. Neurochem.* **56**, 2007 – 2017, (1991).

[172] Barrera, C. M.; Banks, W. A.; Kastin, A. J. Passage of Tyr-MIF-1 from blood to brain. *Brain Res. Bull.* **23**, 439 – 442 (1989).

[173] Abbruscato, T. J.; Williams, S. A.; Misicka, A.; Lipkowski, V.; Hruby, V.;

Davis, T. P. Blood-to-central nervous system entry and stability of biphalin, a unique double-enkephalin analog, and its halogenated derivatives. *J. Pharmacol. Exp. Ther.* **276**, 1049 – 1057 (1996).

[174] Adkinson, K. D.; Shen, D. D. Uptake of valproic acid into rat brain is mediated by a medium-chain fatty acid transporter. *J. Pharmacol. Exp. Ther.* **276**, 1189 – 1200 (1996).

[175] Anthonypillai, C.; Sanderson, R. N.; Gibbs, J. E.; Thomas, S. A. The distribution of the HIV protease inhibitor, ritonavir, to the brain, cerebrospinal fluid, and choroid plexuses of the guinea pig. *J. Pharmacol. Exp. Ther.* **308**, 912 – 920 (2004).

[176] Davson, H. A. A comparative study of the aqueous humoris and cerebrospinal fluid in the rabbit. *J. Physiol. London* **129**, 111 – 133 (1955).

[177] Reed, D. J.; Woodbury, D. M. Effect of hypertonic urea on cerebrospinal fluid pressure and brain volume. *J. Physiol. London* **164**, 252 – 264 (1962).

[178] Kleeman, C. R.; Davson, H.; Levin, E. Urea transport in the central nervous system. *Am. J. Physiol.* **203**, 739 – 747 (1962).

[179] Thompson, A. M. Hyperosmotic effects on brain uptake of nonelectrolytes. In: Crone, C.; Lassen, N. A. (eds.). *Capillary Permeability*, Munksgaard, Copenhagen, 1970, pp. 459 – 467.

[180] Yudilevich, D. L.; DeRose, N. Blood-brain transfer of glucose and other molecules measured by rapid indicator dilution. *Am. J. Physiol.* **220**, 841 – 846 (1971).

[181] Betz, A. L.; Gilboe, D. D. Effect of pentobarbital on amino acid and urea flux in the isolated dog brain. *Am. J. Physiol.* **224**, 580 – 587 (1973).

[182] Oldendorf, W. H. Carrier mediated blood-brain barrier transport of short-chain monocarboxylic organic acids. *Am. J. Physiol.* **224**, 1450 – 1453 (1973).

[183] Patlak, C. S.; Fernstermacher, J. D. Measurements of dog blood-brain transfer constants by ventriculocisternal perfusion. *Am. J. Physiol.* **229**, 877 – 884 (1975).

[184] Bradbury, M. W. B.; Patlak, C. S.; Oldendorf, W. H. Analysis of brain uptake and loss of radiotracers after intracarotid injection. *Am. J. Physiol.* **229**, 1110 – 1115 (1975).

[185] Levin, V. A.; Landahl, H. D.; Freeman-Dove, M. A. The application of brain capillary permeability coefficient measurements to pathological conditions and the selection of agents which cross the blood-brain barrier. *J. Pharmacokinet. Biopharm.* **4**, 499 – 519 (1976).

[186] Raichle, M. E.; Eichling, J. O.; Straatman, M. G.; Welch, M. J.; Larson, K. B.; Ter-Pogossian, M. M. Blood-brain barrier permeability of 11C-labeled alcohols and 15O-labeled water. *Am. J. Physiol.* **230**, 543 – 552 (1976).

[187] Rosenberg, G. A.; Kyner, W. T. Grey and white matter blood-brain barrier transfer

constants by steady-state tissue clearance in cat. *Brain Res.* **193**, 59 – 66 (1980).

[188] Cameron, I. R.; Davson, H.; Segal, M. The effect of hypercapria on the blood-brain barrier to sucrose in the rabbit. *J. Biol. Med.* **42**, 241 – 247 (1969 – 1970).

[189] Davson, H.; Spaziani, E. The blood-brain barrier and the extracellular space of the brain. *J. Physiol. London* **149**, 135 – 143 (1959).

[190] Simionescu, N.; Simionescu, M.; Palade, G. E. Permeability of muscle capillaries to small heme-peptides. Evidence for the existence of patent transendothelial channels. *J. Cell Biol.* **64**, 586 – 607 (1975).

[191] Taylor, E. M.; Yan, R.; Hauptmann, N.; Mahel, T. J.; Djahandideh, D.; Glasky, A. J. AIT-082, a cognitive enhancer, is transported into brain by a nonsaturable influx mechanism and out of brain by a saturable efflux mechanism. *J. Pharmacol. Exp. Ther.* **293**, 813 – 821 (2000).

[192] Bihorel, S.; Camensich, G.; Gross, G.; Lemaire, M.; Scherrmann, J. -M. Influence of hydroxyurea on imatinib mesylate (Gleevec) transport at the mouse blood-brain barrier. *Drug Metab. Disp.* **34**, 1945 – 1949 (2006).

[193] Hirohashi, T.; Terasaki, T.; Shigetoshi, M.; Sugiyama, Y. *In vivo* and *in vitro* evidence for nonrestrictive transport of 2′,7′-bis (2-carboxyethyl)-5 (6)-carboxyfluorescein tetraacetoxymethyl ester at the blood-brain barrier. *J. Pharmacol. Exp. Ther.* **280**, 813 – 819 (1997).

[194] Levitan, H.; Ziylan, Z.; Smith, Q. R.; Takasato, Y.; Rapoport, S. I. Brain uptake of a food dye, erythrosin B, prevented by plasma protein binding. *Brain Res.* **322**, 131 – 134 (1984).

[195] Rousselle, C.; Clair, P.; Lefauconnier, J. -M.; Kaczorek, M.; Scherrmann, J. -M. New advances in the transport of doxorubicin through the blood-brain barrier by a peptide vector-mediated strategy. *Mol. Pharmacol.* **57**, 679 – 686 (2000).

[196] Smith, Q. R. Private correspondence, 2004.

[197] Okura, T.; Ito, R.; Ishiguro, N.; Tamai, I.; Deguchi, Y. Blood-brain barrier transport of pramipexole, a dopamine D2 agonist. *Life Sci.* **80**, 1564 – 1571 (2007).

[198] Gynther, M.; Ropponen, J.; Laine, K.; Leppanen, J.; Haapakoski, P.; Peura, L.; Jarvinen, T.; Rautio, J. Glucose promoiety enables glucose transporter mediated brain uptake of ketoprofen and indomethacin prodrugs in rats. *J. Med. Chem.* Electronic: DOI: 10.1021/jm8015409 (2009).

[199] Ouyang, H.; Andersen, T. E.; Chen, W.; Nofsinger, R.; Steffansen, B.; Borchardt, R. T. A comparison of the effects of P-glycoprotein inhibitors on the blood-brain barrier permeation of cyclic prodrugs of an opioid peptide (DADLE). *J. Pharm. Sci.* **98**, 2227 – 2236 (2009).

[200] Zhao, R.; Kalvass, J. C.; Yanni, S. B.; Bridges, A. S.; Pollack, G. M. Fexofenadine brain exposure and the influence of blood-brain barrier P-glycoprotein after fexofenadine and terfenadine administration. *Drug Metab. Dispos.* **37**, 529 – 535 (2009).

[201] Yamazaki, M.; Fukuoka, H.; Nagata, O.; Kato, H.; Ito, Y.; Terasaki, T.; Tsuji, A. Transport mechanism of an H1-antagonist at the blood-brain barrier: Transport mechanism of mepyramine using the carotid injection technique. *Biol. Pharm. Bull.* **17**, 676 – 679 (1994).

[202] Kavvadias, D.; Sand, P.; Youdim, K. A.; Qaiser, M. Z.; Rice-Evans, C.; Baur, R.; Sigel, E.; Rausch, W. -D.; Riederer, P.; Schreier, P. The flavone hispidulin, a benzodiazepine receptor ligand with positive allosteric properties, traverses the blood-brain barrier and exhibits anticonvulsive effects. *Br. J. Pharmacol.* **142**, 811 – 820 (2004).

[203] Begley, D. J. Efflux mechanisms in the central nervous system: a powerful influence on drug distribution within the brain. In: Sharma, H. S.; Westman, J. (eds.). *Blood-Spinal Cord and Brain Barriers in Health and Disease*, Elsevier, Amsterdam, 2004, pp. 83 – 97.

[204] Ohtsuki, S.; Terasaki, T. Contribution of carrier-mediated transport systems to the blood-brain barrier as a supporting and protecting interface for the brain; importance for CNS drug delivery and development. *Pharm. Res.* **24**, 1745 – 1758 (2007).

[205] Gupta, A.; Chatelain, P.; Massingham, R.; Jonsson, E. N.; Hammarlund-Udenaes, M. Brain distribution of cetirizine enantiomers: comparison of three different tissue-to-plasma partition coefficients: K_p, $K_{p,u}$, and $K_{p,uu}$. *Drug Metab. Dispos.* **34**, 318 – 323 (2006).

[206] Scherrmann, J. -M. Transporters in absorption, distribution, and elimination. *Chem. Biodiv.* **6**, 1933 – 1942 (2009).

[207] Tournier, N.; Decleves, X.; Saubamea, B.; Scherrmann, J. -M.; Cisternino, S. Opiod transport by ATP-binding cassette (ABC) transporters at the blood-brain barrier: Implications for neuropsychopharmacology. *Curr. Pharm. Design* **17**, 2829 – 2842 (2011).

[208] de Lange, E. C.; Danhof, M.; de Boer, A. G.; Breimer, D. D. Critical factors of intercerebral microdialysis as a technique to determine the pharmacokinetics of drugs in rat brain. *Brain Res.* **666**, 1 – 8 (1994).

[209] Stahle, L.; Oberg, B. Pharmacokinetics and distribution over the blood brain barrier of two acyclic guanosine analogs in rats, studied by microdialysis. *Antimicrob. Agents Chemother.* **36**, 339 – 342 (1992).

[210] Stahle, L.; Borg, N. Transport of alovudine (3′-fluorothymidine) into the brain and

the cerebrospinal fluid of the rat, studied by microdialysis. *Life Sci.* **66**, 1805 – 1816 (2000).

[211] Edwards, J. E.; Brouwer, K. R.; McNamara, P. J. GF120918, a P-glycoprotein modulator, increases the concentration of unbound amprenavir in the central nervous system in rats. *Antimicrob. Agents Chemother.* **46**, 2284 – 2286 (2002).

[212] Sam, E.; Sarre, S.; Michotte, Y.; Verbeke, N. Distribution of apomorphine enantiomers in plasma, brain tissue and striatal extracellular fluid. *Eur. J. Pharmacol.* **329**, 9 – 15 (1997).

[213] Deguchi, Y.; Inabe, K.; Tomiyasu, K.; Nozawa, K.; Yamada, S.; Kimura, R. Study on brain interstitial fluid distribution and blood-brain barrier transport of baclofen in rats by microdialysis. *Pharm. Res.* **12**, 1838 – 1844 (1995).

[214] Tsai, T. H.; Liu, S. C.; Tsai, P. L.; Ho, L. K.; Shum, A. Y.; Chen, C. F. The effects of the cyclosporin A, a P-glycoprotein inhibitor, on the pharmacokinetics of baicalein in the rat: A microdialysis study. *Br. J. Pharmacol.* **137**, 1314 – 1320 (2002).

[215] Sun, Y.; Nakashima, M. N.; Takahashi, M.; Kuroda, N.; Nakashima, K. Determination of bisphenol A in rat brain by microdialysis and column switching high-performance liquid chromatography with florescence detection. *Biomed. Chromatogr.* **16**, 319 – 326 (2002).

[216] Hansen, D. K.; Scott, D. O.; Otis, K. W.; Lunte, S. M. Comparison of *in vitro* BBMEC permeability and *in vivo* CNS uptake by microdialysis sampling. *J. Pharm. Biomed. Anal.* **27**, 945 – 958 (2002).

[217] Tsai, T. H.; Lee, C. H.; Yeh, P. H. Effect of P-glycoprotein modulators on the pharmacokinetics of camptothecin using microdialysis. *Br. J. Pharmacol.* **134**, 1245 – 1252 (2001).

[218] Van Belle, K.; Sarre, S.; Ebinger, G.; Michotte, Y. Brain, liver and blood distribution kinetics of carbamazepine and its metabolic interaction with clomipramine in rats: A quantitative microdialysis study. *J. Pharmacol. Exp. Ther.* **272**, 1217 – 1222 (1995).

[219] Tsai, T. H.; Chen, Y. F. Simultaneous determination of cefazolin in rat blood and brain by microdialysis and microbore liquid chromatography. *Biomed. Chromatogr.* **14**, 274 – 278 (2000).

[220] Tsai, T. H.; Chen, Y. F.; Chen, K. C.; Shum, A. Y.; Chen, C. F. Concurrent quantification and pharmacokinetic analysis of cefotaxime in rat blood and brain by microdialysis and microbore liquid chromatography. *J. Chromatogr. B Biomed. Sci. Appl.* **738**, 75 – 81 (2000).

[221] Tsai, T. H.; Cheng, F. C.; Chen, K. C.; Chen, Y. F.; Chen, C. F. Simultane-

ous measurement of cefuroxime in rat blood and brain by microdialysis and microbore liquid chromatography. Application to pharmacokinetics. *J. Chromatogr. B Biomed. Sci. Appl.* **735**, 25 – 31 (1999).

[222] Tsai, T. H.; Hung, L. C.; Chang, Y. L.; Shum, A. Y.; Chen, C. F. Simultaneous blood and brain sampling of cephalexin in the rat by microdialysis and microbore liquid chromatography: Application to pharmacokinetics studies. *J. Chromatogr. B Biomed. Sci. Appl.* **740**, 203 – 209 (2000).

[223] Chen, Y. F.; Chang, C. H.; Wang, S. C.; Tsai, T. H. Measurement of unbound cocaine in blood, brain and bile of anaesthetized rats using microdialysis coupled with liquid chromatography and verified by tandem mass spectrometry. *Biomed. Chromatogr.* **19**, 402 – 408 (2005).

[224] Xie, R.; Hammarlund-Udenaes, M. Blood-brain barrier equilibration of codeine in rats studied with microdialysis. *Pharm. Res.* **15**, 570 – 575 (1998).

[225] Desrayaud, S.; Guntz, P.; Scherrmann, J. M.; Lemaire, M. Effect of the P-glycoprotein inhibitor, SDZ PSC 833, on the blood and brain pharmacokinetics of colchicine. *Life Sci.* **61**, 153 – 163 (1997).

[226] Dubey, R. K.; McAllister, C. B.; Inoue, M.; Wilkinson, G. R. Plasma binding and transport of diazepam across the blood-brain barrier. No evidence for *in vivo* enhanced dissociation. *J. Clin. Invest.* **84**, 1155 – 1159 (1989).

[227] Ooie, T.; Terasaki, T.; Suzuki, H.; Sugiyama, Y. Quantitative brain microdialysis study on the mechanism of quinolones distribution in the central nervous system. *Drug Metab. Dispos.* **25**, 784 – 789 (1997).

[228] Sun, H.; Miller, D. W.; Elmquist, W. F. Effect of probenecid on fluorescein transport in the central nervous system using *in vitro* and *in vivo* models. *Pharm. Res.* **18**, 1542 – 1549 (2001).

[229] Wang, Y.; Welty, D. F. The simultaneous estimation of the influx and efflux blood-brain barrier permeabilities of gabapentin using a microdialysis-pharmacokinetic approach. *Pharm. Res.* **13**, 398 – 403 (1996).

[230] Tsai, T. H. Concurrent measurement of unbound genistein in the blood, brain and bile of anaesthetized rats using microdialysis and its pharmacokinetic application. *J. Chromatogr. A* **10073**, 317 – 322 (2005).

[231] Tong, X.; Patsalos, P. N. A microdialysis study of the novel antiepileptic drug levetiracetam: Extracellular pharmacokinetics and effect on taurine in rat brain. *Br. J. Pharmacol.* **133**, 867 – 874 (2001).

[232] Deguchi, Y.; Yokoyama, Y.; Sakamoto, T.; Hayashi, H.; Naito, T.; Yamada, S.; Kimura, R. Brain distribution of 6-mercaptopurine is regulated by the efflux

transport system in the blood-brain barrier. *Life Sci.* **66**, 649 -662 (2000).

[233] Tsai, T. H.; Chen, Y. F. Pharmacokinetics of metronidazole in rat blood, brain and bile studied by microdialysis coupled to microbore liquid chromatography. *J. Chromatogr. A* **987**, 277 -282 (2003).

[234] Bouw, M. R.; Gardmark, M.; Hammarlund-Udenaes, M. Pharmacokinetic-pharmacodynamic modelling of morphine transport across the blood-brain barrier as a cause of the antinociceptive effect delay in rats—A microdialysis study. *Pharm. Res.* **17**, 1220 -1227 (2000).

[235] Tunblad, K.; Jonsson, E. N.; Hammarlund-Udenaes, M. Morphine blood-brain barrier transport is influenced by probenecid co-administration. *Pharm. Res.* **20**, 618 - 623 (2003).

[236] Xie, R.; Bouw, M. R.; Hammarlund-Udenaes, M. Modelling of the blood-brain barrier transport of morphine-3-glucuronide studied using microdialysis in the rat: Involvement of probenecid-sensitive transport. *Br. J. Pharmacol.* **131**, 1784 - 1792 (2000).

[237] Tunblad, K.; Hammarlund-Udenaes, M.; Jonsson, E. N. Influence of probenecid on the delivery of morphine-6-glucuronide to the brain. *Eur. J. Pharm. Sci.* **24**, 49 - 57 (2005).

[238] Tsai, T. H. Determination of naringin in rat blood, brain, liver, and bile using microdialysis and its interaction with cyclosporin a, a *p*-glycoprotein modulator. *J. Agric. Food Chem.* **50**, 6669 -6674 (2002).

[239] Chenel, M.; Marchand, S.; Dupuis, A.; Lamarche, I.; Paquereau, J.; Pariat, C.; Couet, W. Simultaneous central nervous system distribution and pharmacokinetic-pharmacodynamic modelling of the electroencephalogram effect of norfloxacin administered at a convulsant dose in rats. *Br. J. Pharmacol.* **142**, 323 -330 (2004).

[240] Cheng, F. C.; Ho, Y. F.; Hung, L. C.; Chen, C. F.; Tsai, T. H. Determination and pharmacokinetic profile of omeprazole in rat blood, brain and bile by microdialysis and high-performance liquid chromatography. *J. Chromatogr. A* **949**, 35 - 42 (2002).

[241] Potschka, H.; Loscher, W. Multidrug resistance-associated protein is involved in the regulation of extracellular levels of phenytoin in the brain. *Neuroreport* **12**, 2387 -2389 (2001).

[242] Deguchi, Y.; Nozawa, K.; Yamada, S.; Yokoyama, Y.; Kimura, R. Quantitative evaluation of brain distribution and blood-brain barrier efflux transport of probenecid in rats by microdialysis: Possible involvement of the monocarboxylic acid transport system. *J. Pharmacol. Exp. Ther.* **280**, 551 -560 (1997).

[243] Yang, Z.; Brundage, R. C.; Barbhaiya, R. H.; Sawchuk, R. J. Microdialysis studies of the distribution of stavudine into the central nervous system in the freely-moving rat. *Pharm. Res.* **14**, 865 – 872 (1997).

[244] Terasaki, T.; Deguchi, Y.; Sato, H.; Hirai, K.; Tsuji, A. *In vivo* transport of a dynorphin-like analgesic peptide, E-2078, through the blood-brain barrier: An application of brain microdialysis. *Pharm. Res.* **8**, 815 – 820 (1991).

[245] Tsai, T. H.; Liang, C. Pharmacokinetics of tetramethylpyrazine in rat blood and brain using microdialysis. *Int. J. Pharm.* **216**, 61 – 66 (2001).

[246] Tsai, T. H.; Liu, M. C. Determination of unbound theophylline in rat blood and brain by microdialysis and liquid chromatography. *J. Chromatogr. A* **1032**, 97 – 101 (2004).

[247] Mather, L. E.; Edwards, S. R.; Duke, C. C.; Cousins, M. J. Microdialysis study of the blood-brain equilibration of thiopental enantiomers. *Br. J. Anaesth.* **84**, 67 – 73 (2000).

[248] Borg, N.; Stahle, L. Pharmacokinetics and distribution over the blood-brain barrier of zalcitabine (2′,3′-dideoxycytidine) and BEA005 (2′,3′-dideoxy-3′-hydroxymethylcytidine) in rats, studied by microdialysis. *Antimicrob. Agents Chemother.* **42**, 2174 – 2177 (1998).

10 总结及一些简要补充

前 9 章中探讨了可电离药物吸收的理化性质（作为 pH 的函数）之间的很多关系，包括电离常数、辛醇 - 水分配系数、脂质体 - 水分配系数、溶解度；体外上皮细胞和内皮细胞单细胞层及体内血脑屏障的人工膜的渗透性。下面是一些总结性的想法，以及在前述章节中推导的一些有用的补充。

第 2 章首先介绍了一个简单的基于 Fick 扩散定律的吸附模型，并介绍了模型中的关键成分：渗透性、溶解度和电荷状态（pK_a）。BCS 分类方法或多或少是沿着这些思路构建的。与渗透性密切相关的是辛醇 - 水分配（广泛研究）和脂质体 - 水分配（研究较少）。我们对最近的文献进行了仔细研究。描述了可产生高质量结果的实验方法，包括一些快速、小体积方法。同时也重新回顾了被遗忘的经典工作。利用辛醇、脂质体和溶解度的四元平衡形态图深刻阐述了“这不仅仅是个数字”的观点。介绍了具有（0，±1）斜率的 log - log 图，以使真实的 pK_a 与表观 pK_a 相关联，并学习一些关于“表观（apparency）”的知识。通过这些工作，产生了 pK_a^{OCT}、pK_a^{MEM}、pK_a^{GIBBS} 和 pK_a^{FLUX} 的实用概念。

第 3 章（pK_a 测定）章节利用 6 - pK_a 分子和 30 - pK_a 分子强调了非常有用的 Bjerrum 图。

长期以来用于测定共溶剂混合物的 pK_a 外推法的不确定性问题已经基本解决。对于几乎不溶性化合物，推荐应用原点位移的 Yasuda - Shedlovsky（OSYS）水混溶性共溶剂法来外推至酸表观 pK_a 值的零共溶剂。但是，对于碱而言，推荐应用简单的共溶剂 wt% 外推法。

利用水混溶性共溶剂，通过表观 pK_a 相对于共溶剂 wt% 图的斜率的符号来鉴定酸或碱。通过对 100% 甲醇的表观常数的外推，可以确定磷脂双层中的两亲性分子的 pK_a 值，这是一种利用介电效应估算 pK_a^{MEM} 的方法。使用这种基于介电效应的预测，当甲醇表观溶解度 $\log S_0^{APP}$ 与甲醇 wt% 外推至 0% 时，可估算水溶解度 $\log S_0$；而当 $\log S_0^{APP}$ 外推至 100% 共溶剂时，可以估算出膜溶解度 $\log S_0^{MEM}$。近似的膜分配系数可以从两种溶解度之间的差值计算出：$\log P_{MEM}^{N} = \log S_0^{MEM} - \log S_0$，这个概念在这里被称为“溶解度 - 分配合一（solubility - partition unification）”。

仔细分析了在辛醇 - 水中的离子对分配。肽类的“抛物线 vs. 阶梯”状 log *D* 图应不再是争议的重点。在渗透性章节中探讨了“离子配对是事实还是虚构”的话题。季

铵盐类药物在辛醇 - 水溶剂中的分配行为的显著性尚未完全解决。例如，在高 pH 下测量华法林通过磷脂浸润的滤膜的渗透性时，在接收室中没有发现华法林透过。考虑到辛醇的复杂结构，以及在高 pH 下华法林通过辛醇浸润的滤膜的渗透性时的钠依赖性，表明这种渗透性与其说是生物膜的特性，不如说是辛醇的特性。口服的两亲性分子，甚至是带电分子，也可以通过“紧密连接的皮肤下方”的上皮细胞屏障进入血液，如图 2.7 中的方案 3a→3b→3c 所描述，这一假设是值得探索的。但对于这种两亲性分子是如何穿过紧密连接上层细胞屏障的，我们却所知甚少。

辛醇 - 水的离子对分配的研究提出了“*diff* 3~4”的补充。由此，只通过中性物质的 $\log P_{OCT}$就可以预测离子对的分配系数。在脂质体 - 水系统中，该规则适用于“$diff_{mem}$1~2”。了解这些“经验法则”可以防止错误地使用公式以将单点 $\log D$ 值转换为 $\log P$ 值。也提出了溶解度的一种类似“*sdiff* 3~4”的补充。这有助于在生理浓度的 NaCl 或 KCl 的本底中预测盐的影响。

就 δ 参数而言，对药物进入脂质体的分配的研究已揭示了一些令人困惑的现象。为什么阿昔洛韦有如此高的脂质体 - 水 $\log P$ 及如此低的辛醇 - 水 $\log P$？在 IAM 色谱中是否观察到这种异常？文献综述提示，高脂质体 - 水 $\log P$ 值表明了一种表面现象（氢键，焓驱动），它减弱甚至阻止了膜转运。有时，在 IAM 色谱中，高的膜 $\log P$ 或长的保留时间意味着分子与膜表面结合，而不是渗透。这个想法需要进一步探讨。

HTS 溶解度测量（表 6.5）中“Δ - 位移”的概念是很有用的。这意味着 DMSO 可用于溶解度的测量，然后将测量值修正为不含 DMSO 的条件。因此，可同时兼顾速度和准确性。药剂学研究需要使用兼具速度和准确性的新工具，并且在将来会更加需要。使用计算机方法获得的数据并不比使用这些工具好。

溶解度（和溶解）是一个发生在胃液和腔液中的过程，不一定发生在上皮细胞表面。理想的溶解度测量需要在 pH 1.7（胃）和 pH 5~8（小肠）的环境中进行。理想情况下，实验溶液应类似于肠液，并含有胆汁酸 - 卵磷脂混合胶束。目前也有在此类环境下评估溶解度的快速且可靠的技术。需要在溶解度实验方案上达成行业共识，以便产生临床相关的检验结果。

肠渗透性与上皮细胞表面的环境密切相关。如果微环境的 pH 不低于 5 且不高于 8，平均约为 6，那么测量 pH 1.7 时的渗透性就没有意义。基于供给测 pH 5.0~7.4 和接收测 pH 7.4 的体外渗透性筛选似乎是正确的。利用计算方法对未搅拌水层获得的数据进行校正是有用的。

如果考虑到“通量 - pH 曲线”的形状，只要预测特定测定的 pH 结果，就可以更好地评估弱酸和弱碱。

3 个渗透性章节中叙述了不同的人工膜配方和体外模型的研究，并比较了每种人工膜的转运结果与人空肠渗透率。描述了一种很有前景的体外筛选系统：双漏槽 PAMPA GIT 模型。

当分子具有“不溶性”BCS 分类时，预期的吸收曲线如图 2.2 所示。图 2.2 中表示 log P_0的上水平线（实线）可以通过渗透性章节中描述的方法来确定。而表示 log C_0（不带电形式的可电离分子的浓度）的“斜率 0，±1”段曲线（虚线）可通过溶解度章节中描述的方法来确定。log P_0和 log C_0曲线的总和产生了 log 通量 - pH 图。这些图表明在什么 pH 条件下有最大吸收。

Dressman - Amidon - Fleisher 吸收电势的概念[45]最初是基于辛醇 - 水分配系数计算，可通过使用 PAMPA 渗透率而不是分配系数，变得更具预测性，其所有原因已在 PAMPA 章节中讨论。这样的方案可用于使对人体肠道渗透性的假阳性预测降至最低。

像 Lipinski 及其同事描述的“MAD”（最大可吸收剂量）系统的半定量方案，可以通过应用仿生方案和 PAMPA 渗透性测量的溶解度，增强预测性。

BCS 方案可以通过结合进一步改进的理化性质基础而变得更加有用。例如，可进一步限定 pH 在渗透性测量中的作用。可以更好地推广模拟肠液用于溶解度测量的用途。可在具有最佳临床相关性的方法中更好地解决进食/禁食状态对吸收的影响。

本书中，从概念上进行了严谨的分析，以描述与吸收有关的过程的最先进的物理方法。其目的是为制药公司中进行此类测量工作的分析化学家提供概念性工具，这样他们就可以向药物化学家传达：结构修饰如何影响那些使候选分子具“成药性”的物理特性。

正如 Taylor 在引言中所建议的，“所有这些都能带来巨大的进步和机会……”